Grundlagen des Bauingenieurwesens

Konrad Zilch • Claus Jürgen Diederichs
Rolf Katzenbach • Klaus J. Beckmann (Hrsg.)

Grundlagen des Bauingenieurwesens

Springer Vieweg

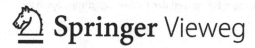

Herausgeber
Konrad Zilch
Lehrstuhl für Massivbau
Technische Universität München
München, Deutschland

Rolf Katzenbach
Institut und Versuchsanstalt für Geotechnik
Technische Universität Darmstadt
Darmstadt, Deutschland

Claus Jürgen Diederichs
DSB + IG-Bau Gbr
Eichenau, Deutschland

Klaus J. Beckmann
Berlin, Deutschland

Der Inhalt der vorliegenden Ausgabe ist Teil des Werkes „Handbuch für Bauingenieure", 2. Auflage

ISBN 978-3-642-41867-9
DOI 10.1007/978-3-642-41868-6

ISBN 978-3-642-41868-6 (eBook)

Die Deutsche Nationalbibliothek verzeichnet diese Publikation in der Deutschen Nationalbibliografie; detaillierte bibliografische Daten sind im Internet über http://dnb.d-nb.de abrufbar.

Springer Vieweg

Gedruckt auf säurefreiem und chlorfrei gebleichtem Papier

Springer Vieweg ist eine Marke von Springer DE. Springer DE ist Teil der Fachverlagsgruppe Springer Science+Business Media.
www.springer-vieweg.de

Vorwort des Verlages

Teilausgaben großer Werke dienen der Lehre und Praxis. Studierende können für ihre Vertiefungsrichtung die richtige Selektion wählen und erhalten ebenso wie Praktiker die fachliche Bündelung der Themen, die in ihrer Fachrichtung relevant sind.

Die nun vorliegende Ausgabe des „Handbuchs für Bauingenieure", 2. Auflage, erscheint in 6 Teilausgaben mit durchlaufenden Seitennummern. Das Sachverzeichnis verweist entsprechend dieser Logik auch auf Begriffe aus anderen Teilbänden. Damit wird der Zusammenhang des Werkes gewahrt.

Der Verlag bietet mit diesen Teilausgaben eine einzeln erhältliche Fassung aller Kapitel des Standardwerkes für Bauingenieure an.

Übersicht der Teilbände:

1) Grundlagen des Bauingenieurwesens (Seiten 1 – 378)
2) Bauwirtschaft und Baubetrieb (Seiten 379 – 965)
3) Konstruktiver Ingenieurbau und Hochbau (Seiten 966 – 1490)
4) Geotechnik (Seiten 1491 – 1738)
5) Wasserbau, Siedlungswasserwirtschaft, Abfalltechnik (Seiten 1739 – 2030)
6) Raumordnung und Städtebau, Öffentliches Baurecht (Seiten 2031 – 2096) und Verkehrssysteme und Verkehrsanlagen (Seiten 2097 – 2303).

Berlin/Heidelberg, im November 2013

Inhaltsverzeichnis

Autorenverzeichnis

Arslan, Ulvi, Prof. Dr.-Ing., TU Darmstadt, Institut für Werkstoffe und Mechanik im Bauwesen, *Abschn. 4.1*, arslan@iwmb.tu-darmstadt.de

Bandmann, Manfred, Prof. Dipl.-Ing., Gröbenzell, *Abschn. 2.5.4*, manfred.bandmann@online.de

Bauer, Konrad, Abteilungspräsident a.D., Bundesanstalt für Straßenwesen/Zentralabteilung, Bergisch Gladbach, *Abschn. 6.5*, kkubauer@t-online.de

Beckedahl, Hartmut Johannes, Prof. Dr.-Ing., Bergische Universität Wuppertal, Lehr- und Forschungsgebiet Straßenentwurf und Straßenbau, *Abschn. 7.3.2*, beckedahl@uni-wuppertal.de

Beckmann, Klaus J., Univ.-Prof. Dr.-Ing., Deutsches Institut für Urbanistik gGmbH, Berlin, *Abschn. 7.1 und 7.3.1*, kj.beckmann@difu.de

Bockreis, Anke, Dr.-Ing., TU Darmstadt, Institut WAR, Fachgebiet Abfalltechnik, *Abschn. 5.6*, a.bockreis@iwar.tu-darmstadt.de

Böttcher, Peter, Prof. Dr.-Ing., HTW des Saarlandes, Baubetrieb und Baumanagement Saarbrücken, *Abschn. 2.5.3*, boettcher@htw-saarland.de

Brameshuber, Wolfgang, Prof. Dr.-Ing., RWTH Aachen, Institut für Bauforschung, *Abschn. 3.6.1*, brameshuber@ibac.rwth-aachen.de

Büsing, Michael, Dipl.-Ing., Fughafen Hannover-Langenhagen GmbH, *Abschn. 7.5*, m.buesing@hannover-airport.de

Cangahuala Janampa, Ana, Dr.-Ing., TU Darmstadt, Institut WAR, Fachgebiet, Wasserversorgung und Grundwasserschutz, *Abschn. 5.4*, a.cangahuala@iwar.tu-darmstadt.de

Corsten, Bernhard, Dipl.-Ing., Fachhochschule Koblenz/FB Bauingenieurwesen, *Abschn. 2.6.4*, b.corsten@web.de

Dichtl, Norbert, Prof. Dr.-Ing., TU Braunschweig, Institut für Siedlungswasserwirtschaft, *Abschn. 5.5*, n.dichtl@tu-braunschweig.de

Diederichs, Claus Jürgen, Prof. Dr.-Ing., FRICS, DSB + IQ-Bau, Sachverständige Bau + Institut für Baumanagement, Eichenau b. München, *Abschn. 2.1 bis 2.4*, cjd@dsb-diederichs.de

Dreßen, Tobias, Dipl.-Ing., RWTH Aachen, Lehrstuhl und Institut für Massivbau, *Abschn. 3.2.2*, tdressen@imb.rwth-aachen.de

Eligehausen, Rolf, Prof. Dr.-Ing., Universität Stuttgart, Institut für Werkstoffe im Bauwesen, *Abschn. 3.9*, eligehausen@iwb.uni-stuttgart.de

Franke, Horst, Prof. , HFK Rechtsanwälte LLP, Frankfurt am Main, *Abschn. 2.4*, franke@hfk.de

Freitag, Claudia, Dipl.-Ing., TU Darmstadt, Institut für Werkstoffe und Mechanik im Bauwesen, *Abschn. 3.8*, freitag@iwmb.tu-darmstadt.de

Fuchs, Werner, Dr.-Ing., Universität Stuttgart, Institut für Werkstoffe im Bauwesen, *Abschn. 3.9*, fuchs@iwb.uni-stuttgart.de

Giere, Johannes, Dr.-Ing., Prof. Dr.-Ing. E. Vees und Partner Baugrundinstitut GmbH, Leinfelden-Echterdingen, *Abschn. 4.4*

Grebe, Wilhelm, Prof. Dr.-Ing., Flughafendirektor i.R., Isernhagen, *Abschn. 7.5*, dr.grebe@arcor.de

Gutwald, Jörg, Dipl.-Ing., TU Darmstadt, Institut und Versuchsanstalt für Geotechnik, *Abschn. 4.4*, gutwald@geotechnik.tu-darmstadt.de

Hager, Martin, Prof. Dr.-Ing. †, Bonn, *Abschn. 7.4*

Hanswille, Gerhard, Prof. Dr.-Ing., Bergische Universität Wuppertal, Fachgebiet Stahlbau und Verbundkonstruktionen, *Abschn. 3.5*, hanswill@uni-wuppertal.de

Hauer, Bruno, Dr. rer. nat., Verein Deutscher Zementwerke e.V., Düsseldorf, *Abschn. 3.2.2*

Hegger, Josef, Univ.-Prof. Dr.-Ing., RWTH Aachen, Lehrstuhl und Institut für Massivbau, *Abschn. 3.2.2*, heg@imb.rwth-aachen.de

Hegner, Hans-Dieter, Ministerialrat, Dipl.-Ing., Bundesministerium für Verkehr, Bau und Stadtentwicklung, Berlin, *Abschn, 3.2.1*, hans.hegner@bmvbs.bund.de

Helmus, Manfred, Univ.-Prof. Dr.-Ing., Bergische Universität Wuppertal, Lehr- und Forschungsgebiet Baubetrieb und Bauwirtschaft, *Abschn. 2.5.1 und 2.5.2*, helmus@uni-wuppertal.de

Hohnecker, Eberhard, Prof. Dr.-Ing., KIT Karlsruhe, Lehrstuhl Eisenbahnwesen Karlsruhe, *Abschn. 7.2*, eisenbahn@ise.kit.edu

Jager, Johannes, Prof. Dr., TU Darmstadt, Institut WAR, Fachgebiet Wasserversorgung und Grundwasserschutz, *Abschn. 5.6*, j.jager@iwar.tu-darmstadt.de

Kahmen, Heribert, Univ.-Prof. (em.) Dr.-Ing., TU Wien, Insititut für Geodäsie und Geophysik, *Abschn. 1.2*, heribert.kahmen@tuwien-ac-at

Katzenbach, Rolf, Prof. Dr.-Ing., TU Darmstadt, Institut und Versuchsansalt für Geotechnik, *Abschn. 3.10, 4.4 und 4.5*, katzenbach@geotechnik.tu-darmstadt.de

Köhl, Werner W., Prof. Dr.-Ing., ehem. Leiter des Instituts f. Städtebau und Landesplanung der Universität Karlsruhe (TH), Freier Stadtplaner ARL, FGSV, RSAI/GfR, SRL, Reutlingen, *Abschn. 6.1 und 6.2*, werner-koehl@t-online.de

Könke, Carsten, Prof. Dr.-Ing., Bauhaus-Universität Weimar, Institut für Strukturmechanik, *Abschn. 1.5*, carsten.koenke@uni-weimar.de

Krätzig, Wilfried B., Prof. Dr.-Ing. habil. Dr.-Ing. E.h., Ruhr-Universität Bochum, Lehrstuhl für Statik und Dynamik, *Abschn. 1.5*, wilfried.kraetzig@rub.de

Krautzberger, Michael, Prof. Dr., Deutsche Akademie für Städtebau und Landesplanung, Präsident, Bonn/Berlin, *Abschn. 6.3*, michael.krautzberger@gmx.de

Kreuzinger, Heinrich, Univ.-Prof. i.R., Dr.-Ing., TU München, *Abschn. 3.7*, rh.kreuzinger@t-online.de

Maidl, Bernhard, Prof. Dr.-Ing., Maidl Tunnelconsultants GmbH & Co. KG, Duisburg, *Abschn. 4.6*, office@maidl-tc.de

Maidl, Ulrich, Dr.-Ing., Maidl Tunnelconsultants GmbH & Co. KG, Duisburg, *Abschn. 4.6*, u.maidl@maidl-tc.de

Meißner, Udo F., Prof. Dr.-Ing., habil., TU Darmstadt, Institut für Numerische Methoden und Informatik im Bauwesen, *Abschn. 1.1*, sekretariat@iib.tu-darmstadt.de

Meng, Birgit, Prof. Dr. rer. nat., Bundesanstalt für Materialforschung und -prüfung, Berlin, *Abschn. 3.1*, birgit.meng@bam.de

Meskouris, Konstantin, Prof. Dr.-Ing. habil., RWTH Aachen, Lehrstuhl für Baustatik und Baudynamik, *Abschn. 1.5*, meskouris@lbb.rwth-aachen.de

Moormann, Christian, Prof. Dr.-Ing. habil., Universität Stuttgart, Institut für Geotechnik, *Abschn. 3.10*, info@igs.uni-stuttgart.de

Petryna, Yuri, S., Prof. Dr.-Ing. habil., TU Berlin, Lehrstuhl für Statik und Dynamik, *Abschn. 1.5*, yuriy.petryna@tu-berlin.de

Petzschmann, Eberhard, Prof. Dr.-Ing., BTU Cottbus, Lehrstuhl für Baubetrieb und Bauwirtschaft, *Abschn. 2.6.1–2.6.3, 2.6.5, 2.6.6*, petzschmann@yahoo.de

Plank, Johann, Prof. Dr. rer. nat., TU München, Lehrstuhl für Bauchemie, Garching, *Abschn. 1.4*, johann.plank@bauchemie.ch.tum.de

Pulsfort, Matthias, Prof. Dr.-Ing., Bergische Universität Wuppertal, Lehr- und Forschungsgebiet Geotechnik, *Abschn. 4.3*, pulsfort@uni-wuppertal.de

Rackwitz, Rüdiger, Prof. Dr.-Ing. habil., TU München, Lehrstuhl für Massivbau, *Abschn. 1.6*, rackwitz@mb.bv.tum.de

Rank, Ernst, Prof. Dr. rer. nat., TU München, Lehrstuhl für Computation in Engineering, *Abschn. 1.1*, rank@bv.tum.de

Rößler, Günther, Dipl.-Ing., RWTH Aachen, Institut für Bauforschung, *Abschn. 3.1*, roessler@ibac.rwth-aachen.de

Rüppel, Uwe, Prof. Dr.-Ing., TU Darmstadt, Institut für Numerische Methoden und Informatik im Bauwesen, *Abschn. 1.1*, rueppel@iib.tu-darmstadt.de

Savidis, Stavros, Univ.-Prof. Dr.-Ing., TU Berlin, FG Grundbau und Bodenmechanik – DEGEBO, *Abschn. 4.2*, savidis@tu-berlin.de

Schermer, Detleff, Dr.-Ing., TU München, Lehrstuhl für Massivbau, *Abschn. 3.6.2*, schermer@mytum.de

Schießl, Peter, Prof. Dr.-Ing. Dr.-Ing. E.h., Ingenieurbüro Schießl Gehlen Sodeikat GmbH München, *Abschn. 3.1*, schiessl@ib-schiessl.de

Schlotterbeck, Karlheinz, Prof., Vorsitzender Richter a. D., *Abschn. 6.4*, karlheinz.schlotterbeck0220@orange.fr

Schmidt, Peter, Prof. Dr.-Ing., Universität Siegen, Arbeitsgruppe Baukonstruktion, Ingenieurholzbau und Bauphysik, *Abschn. 1.3*, schmidt@bauwesen.uni-siegen.de

Schneider, Ralf, Dr.-Ing., Prof. Feix Ingenieure GmbH, München, *Abschn. 3.3*, ralf.schneider@feix-ing.de

Scholbeck, Rudolf, Prof. Dipl.-Ing., Unterhaching, *Abschn. 2.5.4*, scholbeck@aol.com

Schröder, Petra, Dipl.-Ing., Deutsches Institut für Bautechnik, Berlin, *Abschn. 3.1*, psh@dibt.de

Schultz, Gert A., Prof. (em.) Dr.-Ing., Ruhr-Universität Bochum, Lehrstuhl für Hydrologie, Wasserwirtschaft und Umwelttechnik, *Abschn. 5.2*, gert_schultz@yahoo.de

Schumann, Andreas, Prof. Dr. rer. nat., Ruhr-Universität Bochum, Lehrstuhl für Hydrologie, Wasserwirtschaft und Umwelttechnik, *Abschn. 5.2*, andreas.schumann@rub.de

Schwamborn, Bernd, Dr.-Ing., Aachen, *Abschn. 3.1*, b.schwamborn@t-online.de

Sedlacek, Gerhard, Prof. Dr.-Ing., RWTH Aachen, Lehrstuhl für Stahlbau und Leichtmetallbau, *Abschn, 3.4*, sed@stb.rwth-aachen.de

Spengler, Annette, Dr.-Ing., TU München, Centrum Baustoffe und Materialprüfung, *Abschn. 3.1*, spengler@cbm.bv.tum.de

Stein, Dietrich, Prof. Dr.-Ing., Prof. Dr.-Ing. Stein & Partner GmbH, Bochum, *Abschn. 2.6.7 und 7.6*, dietrich.stein@stein.de

Straube, Edeltraud, Univ.-Prof. Dr.-Ing., Universität Duisburg-Essen, Institut für Straßenbau und Verkehrswesen, *Abschn. 7.3.2*, edeltraud-straube@uni-due.de

Strobl, Theodor, Prof. (em.) Dr.-Ing., TU München, Lehrstuhl für Wasserbau und Wasserwirtschaft, *Abschn. 5.3*, t.strobl@bv.tum.de

Urban, Wilhelm, Prof. Dipl.-Ing. Dr. nat. techn., TU Darmstadt, Institut WAR, Fachgebiet Wasserversorgung und Grundwasserschutz, *Abschn. 5.4*, w.urban@iwar.tu-darmstadt.de

Valentin, Franz, Univ.-Prof. Dr.-Ing., TU München, Lehrstuhl für Hydraulik und Gewässerkunde, *Abschn. 5.1*, valentin@bv.tum.de

Vrettos, Christos, Univ.-Prof. Dr.-Ing. habil., TU Kaiserslautern, Fachgebiet Bodenmechanik und Grundbau, *Abschn. 4.2*, vrettos@rhrk.uni-kl.de

Wagner, Isabel M., Dipl.-Ing., TU Darmstadt, Institut und Versuchsanstalt für Geotechnik, *Abschn. 4.5*, wagner@geotechnik.tu-darmstadt.de

Wallner, Bernd, Dr.-Ing., TU München, Centrum Baustoffe und Materialprüfung, *Abschn. 3.1*, wallner@cmb.bv.tum.de

Weigel, Michael, Dipl.-Ing., KIT Karlsruhe, Lehrstuhl Eisenbahnwesen Karlsruhe, *Abschn 7.2*, michael-weigel@kit.edu

Wiens, Udo, Dr.-Ing., Deutscher Ausschuss für Stahlbeton e.V., Berlin, *Abschn. 3.2.2*, udo.wiens@dafstb.de

Wörner, Johann-Dietrich, Prof. Dr.-Ing., TU Darmstadt, Institut für Werkstoffe und Mechanik im Bauwesen, *Abschn. 3.8*, jan.woerner@dlr.de

Zilch, Konrad, Prof. Dr.-Ing. Dr.-Ing. E.h., TU München, em. Ordinarius für Massivbau, *Abschn. 1.6, 3.3 und 3.10*, konrad.zilch@tum.de

Zunic, Franz, Dr.-Ing., TU München, Lehrstuhl für Wasserbau und Wasserwirtschaft, *Abschn. 5.3*, f.zunic@bv.tum.de

1 Allgemeine Grundlagen

Inhalt

1.1 Bauinformatik

Ernst Rank, Udo F. Meißner, Uwe Rüppel

1.1.1 Einleitung

Die Entwicklung und Erforschung der Rechentechnik sowie der Informationsverarbeitung gehen zurück auf den Bauingenieur Konrad Zuse. Er konstruierte 1936 bis 1938 in Berlin die ersten funktionsfähigen digitalen Rechenautomaten: die rein mechanisch arbeitende „Z1“ und die mit Relais arbeitende „Z2“. 1941 stellte er die erste funktionsfähige programmgesteuerte Rechenanlage „Z3“ vor, den weltweit ersten Computer, mit dem mathematische Bauingenieuraufgaben numerisch gelöst werden konnten. Dieser geniale Erfinder, der 1995 in Hünfeld im Alter von 85 Jahren starb, entwickelte über lange Zeit fundamentale Grundlagen für die moderne Informationsverarbeitung. Über Zuse-Schüler und Zuse-Rechner wurden die neuen Techniken und Methoden in Deutschland seit den 50er-Jahren in die Ingenieurpraxis umgesetzt. Inzwischen wurde mit dem Computer als Massenware eine neue vernetzte Welt des „erweiterten Rechnens“, wie es Zuse nannte, erschlossen. Zwar basieren diese Systeme nach wie vor auf dem dualen Zahlensystem mit den Zahlenwerten 0 und 1, wie es schon Leibniz 1679 beschrieben hatte, und den Methoden der mathematischen Logik mit den Wahrheitswerten „wahr“ und „falsch“ sowie den Operatoren „und“, „oder“ und „nicht“ der Booleschen Algebra, die Zuse in seine technischen Systeme und 1945 in die erste algorithmische Programmiersprache – der „Plankalkül“ – umgesetzt hat, doch bieten die jetzt verfügbaren nutzungsfreundlichen Hard- und Software-Betriebsmittel eine multifunktionale Arbeitsumgebung für vielfältige Aufgaben. Unter Ingenieuranforderungen der Planung und des Bauens, der Arbeitsplanung und der Bauorganisation, der Baubetriebswirtschaft und des Baurechts, der Nutzung und der Bestandsverwaltung sind dabei besonders die Bereiche

- der Büroorganisation und -kommunikation,
- der lokalen und standortübergreifenden Rechnervernetzung,
- der interaktiven Graphik und Animation,
- des rechnerunterstützten Entwerfens und Konstruierens (CAD),
- des Informations- und Modellaustausches,
- der Telekommunikation und -kooperation in Rechnernetzen,
- der numerischen Berechnung und des Höchstleistungsrechnens,
- der objektorientierten Modellierung und Modellverwaltung sowie
- der Wissensaquisition und Wissensverarbeitung

hervorzuheben. Alte zentralistische Konzepte der Rechnerhierarchie und traditionelle Werkzeuge des Ingenieurwesens wurden durch das dezentrale Konzept der multifunktionalen Arbeitsplatzrechner ersetzt. Digitale Kommunikationstechniken und Telekommunikationsverbindungen, die den Globus umspannen, ermöglichen heute zuverlässig die umfassende Informationsbeschaffung und den weltweiten Informationsaustausch. Völlig neue Kooperationsmöglichkeiten und Organisationsformen für Ingenieure und Unternehmungen haben sich in Rechnernetzen zur Auftragsaquisition, für die Objektplanung, die Projektabwicklung und das Management herausgebildet. Vernetzte Rechnersysteme und globale Kommunikationsmittel, nutzungsfreundliche Betriebssoftware und fachspezifische Anwendungssoftware, Softwareagenten in Netzen und Middleware für die Kommunikation von Objekten verändern nachhaltig die Arbeitsmittel und die Arbeitsorganisation des Bauingenieurwesens. Wissenschaft und Industrie sind aufgerufen, zukunftsweisende Anforderungen an die neuen Technologien zu stellen, diese durch Forschung und Entwicklung zu beherrschen und das Berufsfeld durch Aus- und Weiterbildung zu unterstützen.

1.1.2 Der vernetzte Rechnerarbeitsplatz des Ingenieurs

1.1.2.1 Rechneraufbau und Betriebssystem

Digitalrechner Arbeitsplatzrechner sind programmierbare, elektronische Rechenanlagen, die digital gespeicherte Befehle und Daten i. d. R. in sequentieller Folge verarbeiten. Abbildung 1.1-1 zeigt den prinzipiellen Aufbau.

Ein Computer besteht i. Allg. aus dem eigentlichen Rechner, der Zentraleinheit (CPU Central Processing Unit), und den über Ein-/ Ausgabe-Einheiten (engl.: I/O-controller) angeschlossenen peripheren Geräten wie Tastatur, Bildschirm, Drucker und Permanentspeicher. Die Zentraleinheit ist aus den Komponenten des Rechenwerkes (ALU Arithmetic and Logical Unit), des Leit- oder Steuerwerks (engl.: control unit) und des Haupt- oder Arbeitsspeichers (engl.: main memory) aufgebaut.

Im Hauptspeicher sind sowohl die zu verarbeitenden Daten als auch die Verarbeitungsbefehle in einer linearen Anordnung von Speicherzellen, die mit Adressen durchnummeriert sind, abgespeichert. Auf diese Speicherzellen kann wahlfrei zugegriffen werden (RAM Random Access Memory). Über die Kanäle des Bussystems, das die elektrischen Verbindungsleitungen für die Ansteuerung, die Adressierung und den Transport bildet, werden die digi-

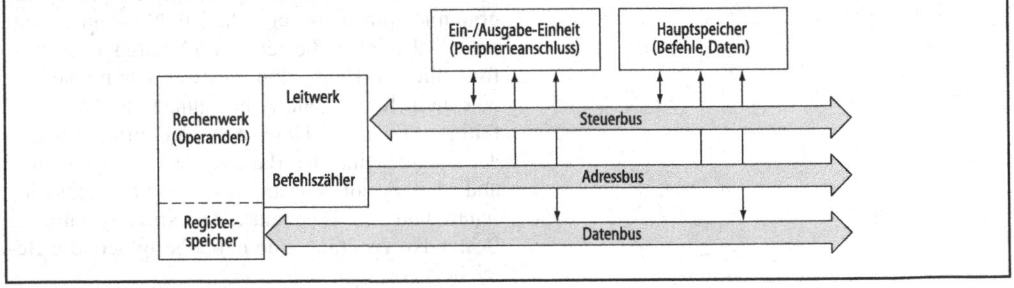

Abb. 1.1-1 Blockschaltbild der Zentraleinheit

talen Informationen als endliche Impulsfolgen nahezu mit Lichtgeschwindigkeit transportiert.

Das Leitwerk veranlasst das Lesen, die Interpretation und die Steuerung ihrer Ausführung im Rechenwerk. Dabei wird die Adresse des aktuell zu verarbeitenden Befehls im Befehlszähler notiert. Darüber hinaus übernimmt das Leitwerk die gesamte Steuerung der Zentraleinheit sowie die Ansteuerung des Hauptspeichers und der Ein-/Ausgabe-Einheiten.

Die zu verarbeitenden Operanden werden aus dem Hauptspeicher in das Rechenwerk gelesen, die arithmetischen oder logischen Befehle des Grundbefehlssatzes dort ausgeführt und die Resultate anschließend in den Hauptspeicher geschrieben. Das Rechenwerk übernimmt dabei mit seinen sehr schnellen Registern die Funktion eines Zwischenspeichers.

Das Funktionsprinzip eines solchen Rechenautomaten, der in sequentieller Reihenfolge einen Befehl nach dem anderen mit den zugehörigen Daten verarbeitet, geht auf von Neumann [Bauer 1998] zurück und wird auch als „SISD-Prinzip“ (SISD Single Instruction, Single Data) bezeichnet. Bei der Programmierung werden sowohl die Daten als auch die Befehle des Programms im Hauptspeicher abgelegt. Die Befehle liegen dabei in maschinenspezifischer Form vor. Die Programmierung auf dieser untersten Ebene kann mit Hilfe eines sog. „Assembler“ vorgenommen werden.

Der technologische Fortschritt in der Halbleiterindustrie ermöglicht heute, sehr kleine Chip-Strukturgrößen und die Integration mehrerer Rechenkerne in einem einzelnen Prozessorchip, womit eine wesentliche Leistungssteigerung erreicht werden kann. Durch die Verwendung entsprechender Materialien und Prozesstechnologien kann die Anzahl der integrierten Transistoren auf einem einzigen Chip kontinuierlich erhöht werden („Gesetz von Moore“), wobei Begrenzungen in Bezug auf die Erhöhung der Schaltgeschwindigkeiten, des Energieverbrauchs und der Wärmeentwicklung bestehen. Im Gegensatz zu Prozessoren mit einem einzigen Rechenkern kennt man Multicore-, und Manycore-Prozessorarchitekturen (> 16 Rechenkerne). Bei Parallelrechnern unterscheidet man im Wesentlichen zwischen Vektor- und Parallelrechnern. Neben dem SISD-Prinzip finden sich bei Vektorrechnern SIMD (Multiple Data Stream) Strukturen und bei Parallelrechnern MIMD Architekturen. Eine Vektorpipeline ist dabei in der Lage, mehrere arithmetische Operationen gleichzeitig auszuführen (Segmentation). Ein wesentliches Klassifizierungsmerkmal von Parallelrechnern ist ferner der Speicherzugriffsart (uniform, nicht uniform), wobei man grundsätzlich zwischen einem einheitlich adressierbaren Speicher (Shared Memory) und einem verteilten Speicher (Distributed Memory) unterscheidet.

Mit der beschriebenen Entwicklung steigen aber auch die Anforderungen an die Datenparallelität (SIMD) und die Skalierbarkeit von Software und Anwendungen, um das Potential dieser Hardwarelösungen überhaupt nutzen zu können. Parallele Architekturen ermöglichen es, ingenieurrelevante Probleme schneller bzw. große Probleme überhaupt erst lösen zu können.

Betriebssystem Die Programme des Betriebssystems (engl.: operating system), das auch die Peripheriegeräte des Rechners für den Anwender in einen benutzbaren Zustand bringt, übernehmen die Nutzung, Verwaltung und Überwachung aller Hardwarekomponenten eines Rechners sowie der darauf ablaufenden Rechen- und Organisationsprogramme. Das Betriebssystem wird nach dem Einschalten des Rechners automatisch gestartet.

Das Betriebssystem ist eine Ansammlung von Organisations-, Verwaltungs- und Dienstprogrammen, die zum Betrieb eines Rechners erforderlich sind. Der Kern eines Betriebssystems besteht aus einer Menge von Programmen, welche auf die Prozessor- und Rechnerarchitektur abgestimmt sind. Diese dienen als Grundlage für alle anderen Betriebssystembausteine. Der Kern bietet eine Menge von standardisierten Schnittstellen, an die sich die übrigen Betriebssystem- und Anwenderprogramme koppeln. Er übernimmt die Organisation der ablaufenden Prozesse, weist diesen Betriebsmittel zu und stellt die Verbindung zu Dateisystem und Peripheriegeräten her. Bei Verwendung eines anderen Prozessors sind deshalb grundsätzlich nur Änderungen am Kern notwendig.

Die Benutzungsschnittstelle umgibt den Kern und erlaubt dem Benutzer durch Eingabe von Kommandos oder unter Verwendung der Fenstertechnik das Arbeiten mit dem Rechner. Mit der Benutzungsschnittstelle wird die Benutzungsoberfläche definiert, über die der Nutzer auf standardisierte Weise auf die Funktionalitäten des Betriebssystems zugreifen kann.

Die Aufgaben des Betriebssystems umfassen im Wesentlichen:

- *Verwaltung des Prozessors:* Steuerung der Programmausführung, Ausnahme- und Fehlerbehandlung, Unterbrechung, Synchronisation verschiedener Prozesse,
- *physikalische Verwaltung der Betriebsmittel des Rechners:* Bereitstellung und Steuerung von Arbeitsspeicher und Peripheriegeräten,
- *Interaktion mit dem Nutzer:* Organisation von Ein- und Ausgabe über Tastatur und Maus auf den Bildschirm oder über Schnittstellen usw. (z. B. auf den Drucker).

Moderne Betriebssysteme (Windows-Varianten NT, XP, Vista, Windows 7, Unix usw.) nutzen allesamt fensterorientierte Benutzungsoberfläche. Sie sind in der Lage, mehrere Anwendungsprozesse (Multi-Tasking) scheinbar gleichzeitig auf dem Rechner ablaufen zu lassen. Als Mehrbenutzersysteme (engl.: multi-user) haben sie eine Verwaltung, die den Nutzern als Missbrauchsschutz differenzierte Zugriffsrechte (Lesen, Schreiben, Ausführen) auf Daten und Ressourcen zuweist und in Rechnernetzen die gleichzeitige Nutzung der Rechnerressourcen durch viele Benutzer gestattet. Gegenüber Einbenutzersystemen (engl.: single-user) wird dabei allerdings die Person eines Systemadministrators für den Betrieb und die Verwaltung erforderlich; er unterstützt die anderen Benutzer durch zentrale Dienstleistungen wie Systemkonfiguration, Datensicherung und Beratung.

Rechnernetze Arbeitsplatzrechner sind in aller Regel in Nah- oder Weitverkehrsnetze eingebunden. Ein Nahverkehrsnetz (LAN Local Area Network) ist auf ein kleines Gebiet der näheren Umgebung wie zum Beispiel ein Bürogebäude begrenzt und besitzt üblicherweise eine sehr einfache Netzwerkstruktur. Weitverkehrsnetze (WAN Wide Area Network) hingegen umspannen große Entfernungen, können sich aus heterogenen Teilsystemen mit Knotenrechnern zusammensetzen und sind mit Hilfe von Überseekabeln und Satellitenverbindungen zu weltumspannenden Netzen ausgebaut. Dadurch entstehen oft mehrfach redundante Verbindungsmöglichkeiten, die durch hochentwickelte Wegewahlalgorithmen (engl.: Routing) unterschiedlichen Netzwerkverbindungen dynamisch zugeteilt werden. Über Vermittlungsrechner (Gateways) können Nahverkehrs- und Weitverkehrsnetze untereinander verbunden werden. Das am weitesten verbreitete WAN ist das *Internet* (s. 1.1.2.2).

Die Kommunikation innerhalb der Netze findet nachrichtentechnisch über standardisierte Kommunikationsprotokolle statt und ist in Schichten organisiert, wie zum Beispiel im OSI-Schichten-Referenzmodell (OSI Open Systems Interconnection) der ISO (International Standardization Organisation) festgelegt. Zu den wichtigsten Aufgaben dieser Kommunikationsprotokolle gehört neben der reinen Vermittlung und Übertragung von Daten auch die Kontrolle und Behebung von Übertragungsfehlern und die Regelung der Übertragungsgeschwindigkeit (Flusskontrolle).

Zur Verbindung von Netzwerkkomponenten innerhalb einer bestimmten Referenzschicht dienen Hubs, Switches und Router (Sternkoppler), zur Verstärkung der Signale und als Zwischenelemente bei der Überbrückung von größeren Distanzen dienen Bauteile wie Repeater und Bridges. Als Übertragungsmedien werden meist verdrillte Kupferkabel (engl.: twisted pair) oder Lichtwellenleiter (engl.: fiber optic cable) verwendet, wobei Lichtwellenleiter durch ihre geringere Signaldämpfung größere Entfernungen ohne zwischengeschaltete Verstärkerelemente überbrücken können. Große Verbreitung haben mittlerweile Funknetze (Wireless LAN, WLAN) gefunden. Für die zugrundeliegende Hardware aller Netzwerkkomponenten hat sich in LANs die Norm IEEE 802.3 durchgesetzt, das sogenannte „Ethernet".

Die Kooperation der Rechnerknoten untereinander orientiert sich meist an der *Client-Server-Architektur.* Sie ermöglicht beispielsweise den Betrieb eines gemeinsamen Druckers an nur einem Rechner oder die gemeinsame Nutzung von Software wie eines Datenbanksystems, die nur auf einem Rechner installiert ist. Der Rechner, der den Dienst im Netzwerk zur Verfügung stellt, hat die Rolle des Dienstanbieters (engl.: server); die anderen Rechner bedienen sich dieses Dienstes und übernehmen dementsprechend die Rolle von anfragenden und abholenden Kunden (engl.: client).

1.1.2.2 Speicherung und Verarbeitung von Informationen in Digitalrechnern

Zur maschinellen Verarbeitung werden verschiedenartige Informationen wie Texte, Zahlen, Bilder und Töne nach einem einheitlichen Prinzip in digitale Informationsobjekte zerlegt, in binärer Form codiert und elektronisch, elektromagnetisch oder optisch gespeichert. Das dabei benutzte Dualsystem wurde bereits von Gottfried Wilhelm Freiherr von Leibniz (1649–1716) entwickelt und von Konrad Zuse (1910–1995) bei der Entwicklung der modernen Rechentechnik angewendet.

Informationseinheiten Die beiden Binärzeichen 0 und 1 bilden den elementaren Zeichenvorrat, aus dem digitale Informationsobjekte aufgebaut werden. Dabei ergibt sich aus dem semantischen Zusammenhang der Verwendung die jeweilige Bedeutung des Informationsinhaltes, wie Abb. 1.1-2 erläutert. In Programmiersprachen wird die Bedeutung und Länge des Informationsobjekts durch eine Typdeklaration für die zu erzeugenden Objekte festgelegt.

Beim Lesen und Schreiben der digitalen Information von und auf Speichermedien können die beiden Dualwerte eines Bit in idealer Weise in die Zustände 0 = AUS und 1 = EIN von physikalischen Schaltern abgebildet werden. Entsprechend kann die Verarbeitung der digitalen Informationen (z. B. arithmetische, logische, graphische oder akustische Operationen) in Rechenanlagen durch den Ablauf elementarer Schaltvorgänge (Programmablauf) erfolgen.

Zahlen werden rechnerintern im Dualsystem der Zahlenbasis 2 dargestellt, z. B. für eine ganze Zahl durch

$$z = \sum_{i=0}^{n} d_i \cdot 2^i ,$$

wobei d_i der duale Zahlenwert 0 oder 1 zum Stellenwert 2^i ist. Zum Beispiel bedeutet

$$1101_2 = 1 \cdot 2^3 + 1 \cdot 2^2 + 0 \cdot 2^1 + 1 \cdot 2^0 .$$

Die Dualzahl $z = 1101_2$ entspricht der Dezimalzahl $z = 13_{10}$. Jeweils vier Ziffern des Dualsystems lassen sich zu einer

$$\text{Hexadezimalziffer } z_{16} = \underset{3}{\square}\underset{2}{\square}\underset{1}{\square}\underset{0}{\square}$$

(Ziffern 0–9, A–F)

zusammenfassen, um die Inhalte von Dualzahlen kompakter anzugeben.

Gegenüber analogen Informationen haben so aufgebaute digitale Informationsobjekte unter anderem den großen Vorteil, dass sich aus dem Inhalt der Informationen vor der Übertragung eine Prüfsumme erzeugen lässt, so dass Übertragungs-

Informationsobjekt	Typ des Inhalts	Wertebereich
Bit □ 0	binäre Ziffern	0, 1
□ 0	logische Wahrheitswerte	wahr, falsch
□ 0	Helligkeitsstufen	normal, intensiv
Byte (8 Bit) □□□□□□□□ 7 6 5 4 3 2 1 0	Zeichen (ASCII-Code)	Buchstaben, Ziffern, Sonderzeichen, unsichtbare Steuerzeichen Graphiksymbole
Wort (2/4/8 Byte) [+]……□□□ n … 2 1 0	ganze Zahl i	$-2^n \le i \le 2^n - 1$
Wort (4/8/16 Byte) [+]……□□□[+]……□ Mantisse m, Exponent e	Gleitkommazahl r	$r = m \cdot \text{Basis}^e$ z.B. $-3{,}4 \cdot 10^{38} \le r \le 3{,}4 \cdot 10^{38}$ (compilerabhängig)

Abb. 1.1-2 Elementare Informationsobjekte verschiedener Länge

fehler nach der Übertragung weitgehend selbständig erkannt und ggf. korrigiert werden können. Dies macht die hohe Zuverlässigkeit und das geringe Rauschen digitaler Kommunikationssysteme aus.

Speicherung und Zugriff Für die Verarbeitung der Informationen im Rechner werden die Informationsobjekte im Hauptspeicher gespeichert. Er besteht aus einer linearen Folge von Speichereinheiten, auf die über Adressen wahlfrei zugegriffen werden kann (RAM Random Access Memory).

Entsprechend der Breite der adressierbaren Speichereinheit unterscheidet man zwischen Wort-Maschinen (hauptsächlich für den technisch-wissenschaftlichen Bereich) und Byte-Maschinen (früher hauptsächlich für den kaufmännischen Bereich), wobei letztere inzwischen als Industriestandard universal genutzt werden. Um Speichereinheiten in größeren Paketen durch das Betriebssystem effizient auf periphere Massenspeicher ein- und auslagern zu können (engl.: paging), ist der Hauptspeicher i. Allg. in Segmente (engl.: segment) oder Seiten (engl.: page) unterteilt, die über eine Segmentnummer adressiert werden (Abb. 1.1-3).

Innerhalb der Segmente werden die einzelnen Speichereinheiten über eine Relativadresse (engl.: offset) angesprochen. Die physikalische Adresse einer Speichereinheit besteht daher aus den beiden Teilen Segment: Relativadresse (engl.: segment: offset), die u. a. im Hexadezimalsystem angegeben werden. Da man in einem 16-Bit-Wort Adressen zwischen 0 und $2^{16} - 1 = 65535_{10}10 = FFFF_{16}$ speichern kann, haben die Segmente üblicherweise eine Größe von 64 kByte = 65536 Byte. Für einen 64-Bit-Rechner, auf dem die größte physikalische Adresse FFFFFFFF:FFFFFFFF betragen kann, ist deshalb die Speicheradressierung und damit auch der Speicherausbau auf eine Größe von etwas über 18 Exabyte „beschränkt".

Dateisystem Für die dauerhafte Speicherung von Informationsobjekten auf Massenspeichern wie Magnetplatten, CDs, DVDs oder BDs werden die Informationen i. Allg. in größeren Organisationseinheiten strukturiert, die man „Dateien" nennt. Die über alle Geräte einheitliche Organisation des Dateisystems hat große Ähnlichkeit mit dem Aufbau von Akten oder Büchern. Als Begriffe sind entlehnt: Inhaltsverzeichnisse (engl.: directory), Akten oder Dateien (engl.: file) und Sätze (engl.: records).

Jede Datei hat einen eindeutigen Namen, unter dem sie geöffnet, umbenannt, kopiert, geschlossen oder gelöscht werden kann. Als Schutz vor unerlaubten Zugriffen dienen Lese- und Schreibrechte für einzelne Benutzer oder Benutzergruppen. Die physikalische Speicherung auf magnetischen Datenträgern hat auch die Organisation verschiedener Dateiarten geprägt. Bei allen Lese- und Schreibvorgängen werden die Informationsobjekte in größeren Datenpaketen zusammengefasst, die man „logische Sätze" nennt und die in einem Strom (engl.: stream) zusammenhängend gelesen und geschrieben werden.

Jedes Speichermedium bildet Informationen auf einen wohl definierten physikalischen Zustand eines ‚geometrischen Ortes' ab. Die kleinsten Speichereinheiten können geometrisch eindimensional (z. B. auf einem Magnetband) oder zweidimensional (z. B. auf einer CD oder im Speicherbaustein eines Memory-Sticks) angeordnet sein. An dreidimensional angeordneten optischen und elektronischen Medien wird derzeit geforscht. Während in der frühen Zeit der Computertechnologie bei der Verwendung von Magnetbändern diese zum Lesen bzw. Schreiben von Daten vorwärts- bzw. rück-

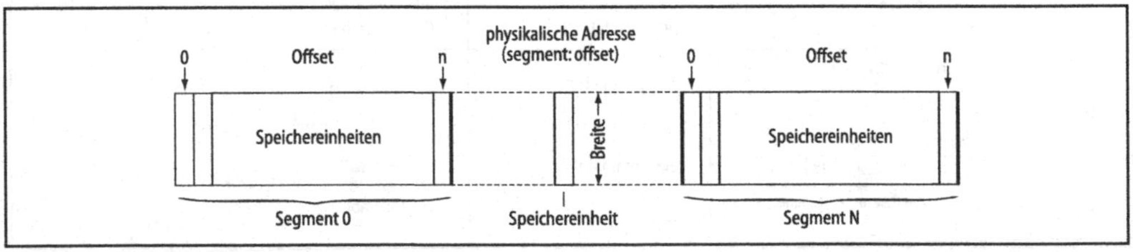

Abb. 1.1-3 Hauptspeicher

wärts gespult werden mussten und damit Dateizugriffe streng sequentiell erfolgen mussten, findet man heute nahezu ausschließlich Speichermedien, die einen (mehr oder weniger) gleich schnellen Zugriff auf alle gespeicherten Daten (random access memory) erlauben.

Auf jedem Speichermedium befindet sich dabei ein entsprechendes Dateisystem, das alle Dateien und Dateiinhaltsverzeichnisse, auch „Ordner" (engl.: directory) genannt, in einer Baumstruktur hierarchisch verwaltet (Abb. 1.1-4). Diese Struktur sollte von der Größe der Dateien und Verzeichnisse her in ihrer Tiefe grundsätzlich nicht beschränkt sein.

Das Betriebssystem muss die notwendige Funktionalität bereitstellen, um dieses komplexe Dateisystem möglichst effizient zu verwalten. Dazu gehört u. a. die Bereitstellung von freien Hauptspeicherbereichen, die Verwaltung der Speicherpuffer, der schnellstmögliche Zugriff auf die gespeicherten Daten und die Sicherung einer optimalen Transferrate zwischen Massen- und Hauptspeicher. Für den Benutzer werden entsprechende Dienstprogramme mit graphischer Benutzungsoberfläche (Datei-Browser, z. B. Explorer für Windows-Betriebssysteme) bereitgestellt, damit er durch das baumartige Dateisystem navigieren, nach Dateiobjekten suchen, Dateien kreieren, bearbeiten oder löschen kann.

Internet Als Reaktion auf die Raumfahrterfolge der Sowjetunion in den 50er-Jahren wurden in den USA die Tätigkeiten der ARPA (Advanced Research Project Agency) zur Entwicklung des ARPANet vom amerikanischen Verteidigungsministerium forciert und bereits Mitte der 60er-Jahre erste Rechnernetze aufgebaut und betrieben. ARPANet diente zur Erforschung eines katastrophensicheren Computernetzes. Dabei wurde das flexible und fehlertolerante Netzwerkprotokoll IP (Internet Protocol) zum Datenaustausch zwischen Rechnern entwickelt.

Auf Basis des ARPANet entstand schließlich das heutige Internet als „das Netz der Netze". Das Internet ist technisch sowie organisatorisch durch den Zusammenschluss vieler Teilnetze gewachsen. Diesbezüglich existiert keine zentrale Verwaltung des Internet, sondern die Teilnetze werden unabhängig voneinander verwaltet. Diese Dezentralisierung erstreckt sich auch auf die Finanzierung, indem alle lokalen, regionalen oder nationalen Institutionen die Kosten für den zugehörigen Teil des Netzes tragen.

Für einen Zugang zum Internet bieten sich unterschiedliche Möglichkeiten der technischen Realisierung an:

- Mittlerweile veraltet ist der Zugang über eine analoge Telefonleitung per Modem. Dieses wandelt digitale Signale in akustische Signale um (Modulation), überträgt diese über die Telefonleitung. Empfangene derartige akustische Signale werden wiederum in digitale Signale zurückgewandelt (Demodulation).
- Eine schnellere Kommunikation mit hoher Qualität lässt sich über einen digitalen ISDN-Anschluss (ISDN Integrated Services Digital Network) realisieren. Hierbei entfällt die Analogumwandlung digitaler Informationen.
- Besonders schnell ist die Kommunikation über DSL. Diese modulieren die Signale nicht mehr in den eher niederfrequenten akustischen Frequenzbereichen einer analogen Telefonleitung, sondern übertragen die Daten auf sehr viel höheren Frequenzbändern und erreichen dadurch eine besonders hohe Übertragungsgeschwindigkeit. Diese beträgt etwa das dreitausendfache eines analogen Modems.
- Am schnellsten, aber auch besonders teuer, ist die direkte Verbindung über eine sogenannte *Standleitung* ins Internet und wird von manchen Unternehmen und Behörden genutzt.

Über den jeweiligen Anschluss wird ein nächstgelegener Einwahlknoten (PoP Point of Presence) eines Internet-Dienstleisters (Provider) angewählt, der die Weiterleitung der digitalen Informationen vom Telefonnetz in das Internet übernimmt.

Das Internet bietet eine große Zahl von Diensten, die für Ingenieurzwecke genutzt werden können. Im Folgenden wird eine kleine Auswahl wichtiger Dienste beschrieben:

- *Elektronische Post (E-Mail).* Sie ermöglicht das im Vergleich zum Postversand enorm schnelle und kostengünstige Verschicken von Nachrichten und beliebigen digitalen Dokumenten zwischen den Inhabern von E-Mail-Konten. Empfänger und Sender werden durch ihre jeweilige

E-Mail-Adresse identifiziert. Diese besteht aus zwei Teilen in der Form lokalerTeil@domänen-Teil, getrennt durch das Zeichen „@". Der Domänenteil identifiziert den Anbieter des E-Mail-Dienstes und der lokale Teil das E-Mail-Konto des jeweiligen Teilnehmers bei diesem Anbieter.

– *Dateitransfer.* Der Dateitransfer basiert auf dem Client-Server-Konzept, wobei der Server ein Dateisystem bereitstellt, auf das der Client über das Netzwerk zugreifen kann. Zur Dateiübertragung ist ein Protokoll erforderlich, wobei das bekannteste derartige Protokoll das File Transfer Protocol (FTP) ist. Bei peer-to-peer-Netzwerken verschmelzen die Rollen von Client und Server.
– *WWW (World Wide Web).* Ein weiteres Protokoll zum Dateitransfer ist das Hypertext Transfer Protocol HTTP, welches speziell zum Übertragen von Hypertext-Dokumenten im Internet entwickelt wurde. Es wurde aber bewusst für andere Zwecke der Datenübertragung offengehalten.
  Mit *Hypertext* bezeichnet man allgemein Texte, die Verweise (Links) auf andere Textstellen enthalten. Der Text ist damit kein lineares Gebilde mit geradlinigem Verlauf mehr – ähnlich einem Faden – sondern gleicht eher einem Netz, das sich an mehreren Stellen verzweigt und dem Leser die Wahl lässt, in welche Richtung er weiterlesen möchte. Wenn solche Verweise auch auf andere Medien, wie Video, Audio oder Graphiken gehen, spricht man von *Hypermedia.* Die Offenheit von HTTP ermöglicht auch deren Übertragung. Da nun Hypertext-Verweise im Internet auf beliebige andere Hypertext-Dokumente gehen können, besteht mittlerweile ein Netzwerk von Hypermedia-Dokumenten, welches die gesamte Welt umspannt, eben das *World Wide Web.*
  Die Codierung der Hypermedia-Dokumente wird im Format HTML (Hypertext Markup Language) vorgenommen, deren Wiedergabe und Navigation auf dem Bildschirm erfolgt mit Browsern. Diese kommunizieren als WWW-Client mit WWW-Servern per HTTP, holen die Daten auf den eigenen Rechner, stellen sie auf dem Bildschirm dar und leiten Benutzerinteraktionen an den Server weiter.
  Die Ingenieurtätigkeit kann mit dem Medium des WWW nach Inhalt und Form sachlich und adäquat unterstützt werden [Rüppel 1996]. Bauwerkbeschreibungen und Bauprojekte lassen sich deshalb besonders gut wegen der Verknüpfung der textlichen Projekt- und Tätigkeitsbeschreibung mit ergänzenden Photos, Plänen, Bildern, Graphiken sowie sprachlichen Erläuterungen und Filmaufnahmen aufbereiten und präsentieren. Insbesondere der WWW-Dienst ist eine ideale Plattform, um Kooperationsbeziehungen zwischen Ingenieuren ohne räumliche und zeitliche Schranken effizient zu gestalten (engl.: net based engineering) [Rank/Rücker 1996].
– *Informationsrecherchen.* Zu ihrer Unterstützung existieren im Internet zahlreiche öffentlich zugängliche Softwarewerkzeuge, sog. „Suchmaschinen". Sie durchsuchen Internet-Dokumente nach Informationen zu eingegebenen Stichwörtern und stellen dem Nutzer die zugehörigen Adressen zur Verfügung. Diese Informationen werden durch Verwendung sogenannter *Webcrawler* zusammengestellt. Webcrawler (z. B. das Programm wget) holen sich Webseiten vom Internet, untersuchen diese, folgen dann ausgewählten Verweisen auf andere Webseiten, welche wiederum geholt und untersucht werden. Für Suchmaschinen werden die so ermittelten Informationen analysiert und in Datenbanken abgespeichert, um zu ermöglichen, lokale oder weltweite Recherchen effizient durchzuführen. Das Problem der Suchmaschinenbetreiber ist, die zu verfolgenden Verweise geschickt auszuwählen um möglichst interessante Ergebnisse zu erzielen.

Dies ist nur eine sehr kleine Auswahl der „klassischen" Internet-Medien. Der Katalog wird ständig erweitert. So gibt es Datenbankserver zum Zugriff auf gemeinsame Daten über das Internet oder Protokolle zum entfernten Aufruf von Programmroutinen (RMI, CORBA, Web-Services). Diese ermöglichen, mehrere Module eines einzigen Anwendungsprogramms auf verschiedenen Rechnern auf der Welt verteilt laufen zu lassen.

Grundsätzlich ist die Internet-Technologie ein hervorragendes Medium zum schnellen und ortsunabhängigen Informationsaustausch, zur fachspezifischen Informationsrecherche sowie zur multimedialen Projektpräsentation. Neben diesen Nutzen des Internet haben sich auch einige nachteilige Effekte und Gefahren gezeigt. Auch die folgenden Liste der Nachteile ist bei weitem unvollständig:

So besteht mittlerweile mehr als die Hälfte des E-Mail-Verkehrs aus unerwünschter Werbung (spam), Betrugsversuchen (scam, phishing, etc.) oder Versuchen, den Empfängern Schadsoftware (Viren, Trojaner, Keylogger, etc.) unterzuschieben.

Dateitransfer ist umstritten, da auch urheberrechtlich geschützte Dateien schnell verbreitet werden können, ohne dass die Inhaber der Urheberrechte dies kontrollieren können.

Die Inhalte mancher Seiten des WWW sind umstritten. Zudem gibt es auch Seiten, die versuchen, beim bloßen Betrachten mit dem Browser Schadsoftware auf dem Rechner des Betrachters zu installieren.

Es wurden Strategien entwickelt, die Ergebnisse der Suchmaschinen zum eigenen Vorteil zu manipulieren, was als Suchmaschinen-„optimierung" bezeichnet wird. Dazu werden Webseiten so gestaltet, dass sie von den Analyseverfahren der Suchmaschinenbetreiber irrtümlich für besonders relevant gehalten werden, selbst wenn sie etwa für die Benutzer wertlose Werbung enthalten. Die Suchmaschinenbetreiber wiederum sind gezwungen, derartige Manipulationen zu erkennen und ihre Analysesoftware entsprechend anzupassen.

1.1.3 Mengen und Abbildungen als Grundlagen der Informatik

Die wohl wichtigste theoretische Grundlage der Informatik ist die Mathematik. Deshalb kann es nicht verwundern, dass drei zentrale Begriffe der Mathematik – Mengen, Zahlen und Abbildungen – für nahezu jede Fragestellung der Informatik ebenfalls von grundlegender Bedeutung sind. Während die Darstellung, Speicherung und Verarbeitung von Zahlen bereits in 1.1.2 angesprochen wurde, wird hier die Bedeutung von Mengen und Abbildungen als Grundlage für Datenstrukturen und Algorithmen beschrieben. Als Beispiele werden relationale Datenbanken, die Tabellenkalkulation und Computeralgebrasysteme vorgestellt, die als grundlegende Werkzeuge vielfältig im Bauwesen Anwendung finden können.

Elementare Kenntnisse der Mengenlehre werden als bekannt vorausgesetzt. Für eine weitergehende Betrachtung der hier vorgestellten Konzepte sei z. B. auf [Ebbinghaus 1994, Kamke 1962] verwiesen.

1.1.3.1 Mengen, Relationen und relationale Datenbanken

Man betrachte zwei (der Einfachheit halber endliche) Mengen *PG* als Profilgruppennamen und *NH* als Nennhöhen für Stahlbauprofile:

$$PG = \{IPE, HEA, HEB, HEM\},$$
$$NH = \{80, 100, 120, 140, 700, 800, 900, 1000\}.$$

Dann ist das kartesische Produkt $P = PG \times NH$ die Menge aller aus *PG* und *NH* gebildeten Paare, also

$$P = PG \times NH = \{(IPE, 80), (IPE, 100), (IPE, 120), (IPE, 140), (IPE, 700), (IPE, 800), (IPE, 900), (IPE, 1000), \ldots\}.$$

Nun können die zwei Mengen *PG* und *NH* zueinander in Beziehung gesetzt werden. Es lässt sich eine *Relation* ρ als Teilmenge der Produktmenge *P* definieren, also z. B. die Menge der in einem Lager verfügbaren Profile.

$$\rho = \{(IPE, 80), (IPE, 100), (IPE, 140), (HEA, 120), (HEB, 700), (HEB, 800)\}.$$

Diese *zweistellige* oder *binäre* Relation zwischen zwei Mengen lässt sich leicht auf eine *n-stellige Relation* erweitern. Als weitere Mengen seien z. B. die Menge *PN* der Profilnamen, die Menge *H* der Profilhöhen, die Menge *B* der Profilbreiten, die Menge *S* der Stegdicken und die Menge *T* der Flanschdicken hinzugenommen. Eine „Profilkartei" wird dann durch eine Relation

$$\rho \subseteq PG \times NH \times PN \times H \times B \times S \times T$$

definiert.

Es ist nahe liegend, diese n-stellige Relation als *Tabelle* zu schreiben siehe 1.1-1, wobei nun zusätzlich zur eigentlichen Relation ρ *Attributnamen* für die Mengen *PG, NH, PN, H, B, S* und *T* (im Beispiel die Überschriften der Spalten) vergeben werden.

Die Attribute zusammen mit den *Wertebereichen der Spalten*, also den jeweiligen Mengen, bilden das *relationale Schema* $A(\rho)$ der Relation ρ und definieren damit den Aufbau der Tabelle „Profilmaße".

Betrachtet man nun nicht nur ein Schema, sondern eine endliche Menge von relationalen Schemata, so entsteht ein *Datenbankschema*. Eine konkrete Belegung aller zum Datenbankschema gehörenden Tabellen mit Daten heißt „(relationale) Datenbank". Zur Vervollständigung des Beispiels soll dazu eine zweite Tabelle angelegt werden, die den Profilnamen mit der Querschnittsfläche A und dem Flächenmoment 2. Grades I_y in Beziehung setzt. Die dazu notwendigen Grundmengen seien mit A und I_y bezeichnet. Als Attribute dieses relationalen Schemas seien Profilname, Querschnittsfläche und Iy gewählt.

Eine mögliche Belegung zu diesem Schema ist dann durch Tabelle 1.1-2 gegeben. Die Zeilen der Tabelle heißen *Datensätze*, Spalten werden auch als *Schlüssel* bezeichnet, wenn die entsprechenden Daten ausreichen, um einen Datensatz eindeutig zu identifizieren. Nicht nur die Mengen, die eine einzelne Tabelle definieren, auch Mengen in unterschiedlichen Tabellen können zueinander in Beziehung gesetzt sein. Zusammengefasst (und etwas verkürzt dargestellt) ist damit eine relationale Datenbank nichts anderes als eine Menge von zueinander in Beziehung stehenden Mengen.

Datenbankmanagementsysteme sind Benutzungsoberflächen (engl.: user interface. kurz: UI) für Datenbanken, die es erlauben, Datenbankschemata zu definieren, *Lese-, Schreib-* oder *Änderungsoperationen* für einzelne Datenelemente oder ganze Datensätze bereitzustellen sowie Mengenoperationen auf den Relationen der Datenbank auszuführen. Die beiden elementarsten Operationen sind die *Projektion* und die *Selektion* oder *Restriktion*, die jeweils für eine Relation (d. h. eine Tabelle) einer Datenbank definiert sind. Dabei wählt die Projektion bestimmte Spalten der Tabelle aus. So stellt die an die im Beispiel definierte Datenbank gestellte Anfrage „Gib die Profilhöhen aller verfügbaren Profile" eine Projektion dar. Eine Restriktion selektiert dagegen Zeilen der Tabelle, die einer bestimmten Bedingung genügen. Ein Beispiel ist die Datenbankanfrage „Gib die gespeicherten Daten der Tabelle ‚Profilmaße' für alle verfügbaren Profile, deren Höhe kleiner als 140 mm ist".

Die dritte elementare Datenbankoperation, der *Verbund*, fasst zwei Relationen zusammen, die bezüglich eines Attributs die gleichen Grundmengen besitzen, die also jeweils eine Spalte gleichartigen Inhalts aufweisen. Dazu müssen zunächst zwei Tabellen über die jeweilige Spalte zueinander in Beziehung gesetzt werden. Im Beispiel bietet die Spalte „Profilname" die Möglichkeit, einen Verbund zwischen der Tabelle „Profilmaße" und der Tabelle „Statische Werte" herzustellen. Anschaulich gesprochen, hängt die Operation *Verbund* die Tabelle „Statische Werte" an der Tabelle „Profilmaße" an, wobei die Zuordnung der jeweiligen Zeilen über den Profilnamen hergestellt wird. Formal wird dieser Verbund geschrieben als

Profilmaße [‚Profilname'] Statische Werte.

Eine weitere elementare Datenbankoperation ist die *Umbenennung* einzelner Spalten oder ganzer Tabellen. Aus den beschriebenen Grundoperationen lassen sich nun komplexere Datenbankanfragen zusammensetzen. Eine häufig genutzte Operation ist die *assoziative Anfrage*, die für das Beispiel folgendermaßen lauten könnte:

„Gib die Namen und die Querschnittswerte I_y aller verfügbaren Profile, deren Stegdicke größer

Tabelle 1.1-1 Profilmaße

Profilgruppe	Nennhöhe	Profilname	Höhe	Breite	Stegdicke	Flanschdicke
IPE	80	IPE80	80	46	3,8	5,2
IPE	100	IPE100	100	55	4,1	5,7
IPE	140	IPE140	140	73	4,7	6,9
HEA	120	HEA120	120	120	5,0	8,0
HEB	700	HEB700	700	300	17,0	32,0
HEB	800	HEB800	800	300	17,5	33,0

als 4,2 mm ist." Zur Beantwortung dieser Anfrage sind offenbar die beiden Tabellen zu *verbinden*, die entstehenden Zeilen hinsichtlich der Bedingung Stegdicke > 4,2 zu *selektieren* und aus den verbleibenden Zeilen die Spalten „Profilname" und „Iy" zu *projizieren*.

Die meisten Datenbanksysteme (z. B. mySQL, MS-Access und Oracle) erlauben eine graphisch-interaktive Definition des Datenbankschemas, die Festlegung von Beziehungen zwischen einzelnen Tabellen sowie vom Nutzer konfigurierbare Formulare zur Erfassung bzw. Ausgabe von Datensätzen. Anfragen an die Datenbank können entweder interaktiv oder von anderen Programmen über eine Programmierschnittstelle, meist SQL (Structured Query Language) erfolgen.

Werden Daten nur kurzfristig benötigt, genügt eine zeitlich begrenzte (*transiente*) Speicherung. In Datenbanksystemen werden jedoch meist Informationen gesammelt, die dauerhaft, d. h. *persistent* auf geeigneten Datenspeichern (z. B. Festplatten), abzulegen sind, wodurch sich das Problem der Konsistenzerhaltung der Daten ergibt. Eine Datenmenge heißt „konsistent", wenn sie den Regeln und Restriktionen, die im modellierten Teilbereich der Realität gelten, entspricht. Hierbei wird unterschieden zwischen logischer und physikalischer Konsistenz. Die *logische Konsistenz* einer Datenmenge ist immer dann gegeben, wenn alle Daten definierten Integritätsbedingungen genügen. Diese dienen dem Schutz der Datenmenge vor unplausiblen Werten und definieren Regeln der gegenseitigen Abhängigkeit der Daten. Ziel der *physikalischen Konsistenz* ist es, die fehlerfreie Speicherung und Erhaltung einer Datenmenge zu garantieren. Hierbei werden Mechanismen zur fehlerfreien Datenübertragung und zum Wiederherstellen (engl.: recovery) zerstörter Datenmengen benötigt.

Die Gewährleistung der Konsistenz einer Datenmenge ist ebenso Aufgabe eines Datenbank-Managementsystems wie die Verwaltung konkurrierender Zugriffe. Zur Sicherstellung der Datenkonsistenz kann es notwendig sein, mehrere Datenbankzugriffe zu einer *Transaktion* zusammenzufassen, die entweder ganz oder gar nicht ausgeführt wird. Ein sehr naheliegendes Beispiel hierfür ist die Überweisung eines Geldbetrags von einem auf ein anderes Konto. Der erste Datenbankzugriff („Verminde

Tabelle 1.1-2 Statische Werte

Profilname	**Querschnittsfläche**	**Iy**
IPE80	7,64	80,1
IPE100	10,30	171,0
IPE140	16,40	541,0
HEA120	25,30	606,0
HEB700	306,00	256900,0
HEB800	334,00	359100,0

Kontostand von A um Geldbetrag g" wird genau dann ausgeführt, wenn auch der zweite Datenbankzugriff („Erhöhe Kontostand von B um Geldbetrag g") durchgeführt wird.

Weitere Sicherungsmaßnahmen sind zu beachten, wenn mehrere Benutzer gleichzeitig auf dieselben Daten zugreifen wollen. Hierbei können sich (trotz einzeln korrekten Verhaltens) gegenseitige Störungen ergeben. Um diese zu vermeiden, ist es erforderlich, durch geeignete Mechanismen den konkurrierenden Datenzugriff zu *sequentialisieren*. Dies bedeutet, dass sich das System bei gleichzeitigem Zugriff so verhält, als würde ein Benutzer nach dem anderen auf die Daten zugreifen. Moderne Datenbanksysteme verwenden dazu das Prinzip des transaktionierten Zugriffs [Vosse 1995, Kemper 2006].

1.1.3.2 Transformationen

Transformationen, auch „Abbildungen" oder „Funktionen" genannt, sollen nun an einigen Beispielen erläutert werden. Allgemein ist eine Transformation eine Vorschrift, die aus gegebenen Eingabedaten Ausgabedaten erzeugt (Abbildung 1.1-4).

Ein einfaches Beispiel ist die Rechenvorschrift

$$y = x^2,$$

die für jede Eingabe einer (reellen) Zahl x ein Ergebnis, nämlich das Quadrat von x, liefert. Offensichtlich kann man nicht jedes beliebige Eingabedatum für diese Abbildung verwenden: Eine Belegung von x mit dem Wert „November" würde z. B. kein sinnvolles Ergebnis liefern können. An diesem simplen Beispiel wird deutlich, dass eine Transformation immer nur für einen bestimmten *Datentyp*

Abb. 1.1-4 Transformationen

erklärt sein kann und selbst immer ein Ergebnis eines wohl definierten Datentyps liefert. Transformationen können sehr komplex sein. So kann man z. B. eine Finite-Element-Berechnung, die aus geometrischen und physikalischen Eingabedaten Verschiebungen und Spannungen berechnet, ebenfalls als Transformation im Sinne von „Abbildung" verstehen. Prinzipiell lassen sich alle im Weiteren betrachteten Transformationen in *elementare Grundstrukturen* zerlegen. Eine *Folge* dieser Grundstrukturen, die einen konstruktiven Lösungsweg für ein gegebenes Problem darstellt, wird dann *Algorithmus* genannt. Dabei ist nicht nur die *Art der Anweisungen,* sondern ebenso deren *Ausführungsbedingung* von entscheidender Bedeutung für den Ablauf eines Algorithmus. Bevor hierauf in 1.1.3.5 näher eingegangen wird, sollen zwei Werkzeuge – die Tabellenkalkulation und die Computeralgebra – besprochen werden. Sie ermöglichen eine Lösung zahlreicher Aufgaben im Bauingenieurwesen ohne die Verwendung klassischer Programmiersprachen oder komplexer Werkzeuge zur Softwareentwicklung, lassen aber allgemeine Prinzipien der Modellbildung deutlich werden.

1.1.3.3 Tabellenkalkulation

Tabellenkalkulationsprogramme ermöglichen es, in *Formularen* oder Tabellen zu *rechnen.* Das zentrale Merkmal ist dabei ein *Raster* aus *n* Zeilen und *k* Spalten. Ein derart aufgebautes Raster wird im weiteren Verlauf „Tabellenblatt" oder auch „Arbeitsblatt" (engl.: worksheet) genannt. Ein Beispiel eines Arbeitsblattes ist in Abbildung 1.1-5 dargestellt.

Folgende allgemeine Merkmale finden sich in jedem Tabellenkalkulationsprogramm:

- Jede Zelle hat eine eindeutige Adresse, den sog. „Zellbezug". Beispielsweise bedeutet „B4" Spalte B, Zeile 4.
- Jede Zelle kann mit *Wertzuweisungen* belegt werden. Diese können Texte oder Zahlen sein, den Wert anderer Zellen als *Variable* (z. B. über den Zellbezug B4) oder Ausdrücke in Form von Formeln (=A1*B2/C3) oder Funktionen (=SUMME(A1:A10)) darstellen. Jeder Eintrag einer Wertzuweisung in eine Zelle ist die Definition einer elementaren Transformation im Sinne von 1.1.3.2. Weiterhin ist auch die Verwendung von Kontrollstrukturen (*Wenn-Dann-Bedingungen*) oder von selbst erstellten Unterprogrammen oder Funktionen möglich.

Das folgende Beispiel zeigt einige Möglichkeiten der Entwicklung einfacher Tabellenkalkulationsanwendungen. Für einen Zweifeldträger mit feldweiser Gleichlast soll dazu der Momenten-

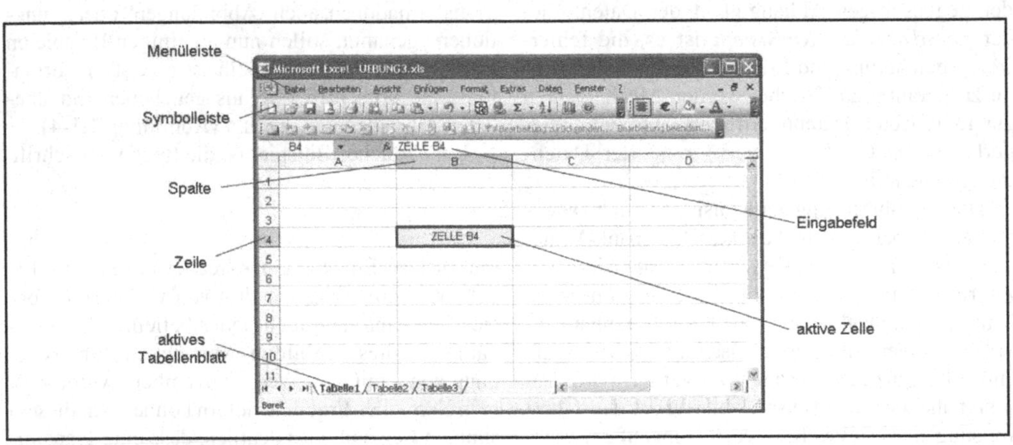

Abb. 1.1-5 Arbeitsblatt im Tabellenkalkulationsprogramm MS-Excel

verlauf bestimmt und graphisch dargestellt werden.

Die Eingabedaten sind vom Anwender in der Spalte B von Zeile 5 bis Zeile 11 einzugeben. Die Aktualisierung aller anderen Zellen und der Darstellung im Diagramm erfolgt automatisch, wenn nur einer der Eingabeparameter verändert wird.

Das Arbeitsblatt kann in zwei verschiedenen Ansichten dargestellt werden. Abbildung 1.1-6 zeigt die Resultatansicht, in der die Ergebnisse der Berechnungsformeln zu sehen sind. Einige der in den jeweiligen Zellen eingetragenen Formeln sind Abbildung 1.1-10 zu entnehmen.

Für die Berechnung des hier gesuchten Biegemomentenverlaufs $M_y(x)$ werden als Hilfswerte das Steifigkeitsverhältnis j und das Stützmoment M_b über dem Mittelauflager benötigt:

$$M_b = \frac{q_1 \cdot l_1^3 + q_2 \cdot l_2^3 \cdot j}{8 \cdot (l_1 + l_2 \cdot j)} \quad \text{mit} \quad j = \frac{I_{y1}}{I_{y2}}.$$

$M(x)$ in den beiden Feldern wird dann mit dem Verfahren der ω-Funktionen bestimmt [Pflüger 1978]. Der Verlauf von $M(x)$ wird dazu abschnittsweise für jedes Feld berechnet:

$$\text{für } x \le l_1 \quad M(x) = M_b \frac{x}{l_1} - \frac{q_1 \cdot l_1^2}{2} \cdot \omega_{R,1}$$

$$\text{mit } \omega_{R,1} = \frac{x}{l_1} - \left(\frac{x}{l_1}\right)^2,$$

$$\text{für } x \ge l_1 \quad M(x) = 1 - M_b \frac{x - l_1}{l_2} - \frac{q_2 \cdot (x - l_1)^2}{2} \cdot \omega_{R,2}$$

$$\text{mit } \omega_{R,2} = \frac{x_2}{l_2} - \left(\frac{x_2}{l_2}\right)^2.$$

Für das gewählte Beispiel sollen die Werte für $M(x)$ jeweils in den 1/10-Punkten der einzelnen Felder ermittelt werden. In den Spalten B und C der Zeilen 22 bis 42 können damit grundsätzlich

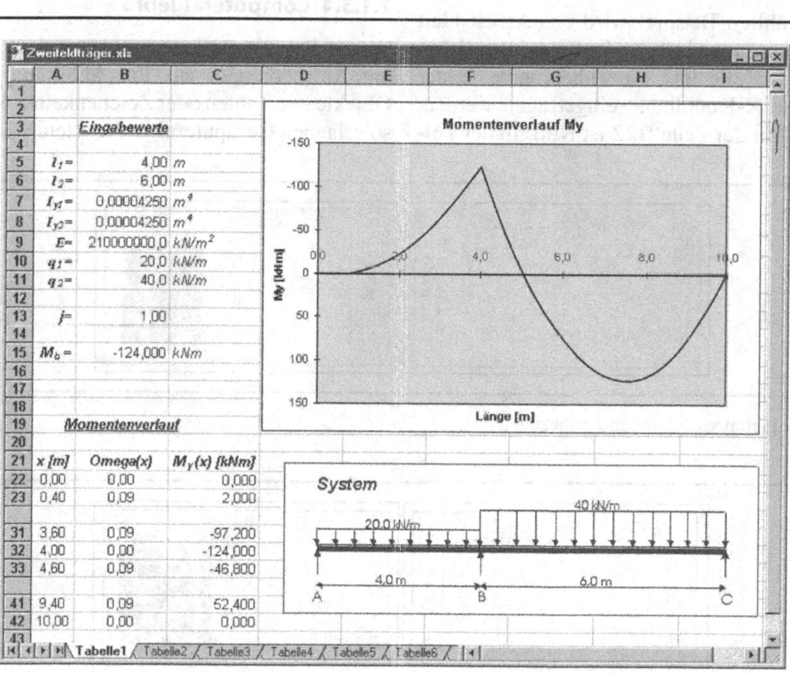

Abb. 1.1-6 Arbeitsblatt in Resultatssicht

die gleichen Formeln eingetragen werden. Sinnvollerweise werden hierfür Kopierfunktionen des Tabellenkalkulationsprogramms genutzt, was jedoch sofort die Frage aufwirft, ob und wie sich Zellbezüge in Formeln ändern, wenn diese in andere Zellen übertragen werden. Hierbei spielen zwei Adressierungsarten eine Rolle, die relative und die absolute Adressierung von Zellen:

- *Kopieren von relativen Zellbezügen.* Beim Kopieren der Zellinhalte werden alle Adressen relativ zur Zieladresse des Kopiervorgangs verändert (Abbildung 1.1-7).
- *Kopieren von absoluten Zellbezügen.* Durch Voranstellen eines Absolutbezugssymbols (hier \$-Zeichen) wird der Zellbezug festgeschrieben und beim Kopieren, Verschieben oder Einfügen von Leerzellen nicht angepasst (Abbildung 1.1-8).
- *Kopieren von gemischten Zellbezügen.* Es ist möglich, relative und absolute Adressierung für den Zeilen- bzw. Spaltenindex zu mischen (Abbildung 1.1-9).

Im hier gewählten Beispiel wird das Arbeitsblatt wie folgt weiterentwickelt: In der Spalte B soll von Zelle B22 bis Zelle B42 eine über beide Felder durchlaufende X-Koordinate eingetragen werden. Der Startwert in der Zelle B22 ist Null. In der Zelle B23 wird die X-Koordinate für den ersten 1/10-Punkt des ersten Feldes berechnet.

$$x_i = x_{i-1} + \frac{l_k}{10}$$

mit $k = 1$ für $x \leq l_1$, $k = 2$ für $x > l_1$.

In Abbildung 1.1-10 sind die Kopiervorgänge für das Beispiel dargestellt.

Nur in den hellgrau hinterlegten Zellen sind Formeln von Hand einzugeben. Diese können dann durch Kopieren in die darunter liegenden Zellen übertragen werden, wobei die richtige Verwendung von absoluten und relativen Zellbezügen zu beachten ist. Für die Visualisierung des Momentenverlaufs wird schließlich ein in vielen gängigen Tabellenkalkulationsprogrammen verfügbares Diagramm zur Funktionsdarstellung genutzt (die dargestellte Systemskizze ist mit einem vom Tabellenkalkulationsprogramm unabhängigen Zeichenprogramm erzeugt).

1.1.3.4 Computeralgebra

Waren Transformationen in den bisher vorgestellten Anwendungen auf die Abbildung einfacher Objekte wie Zahlen oder Zeichenketten beschränkt, so erlauben Computeralgebrasysteme die Manipu-

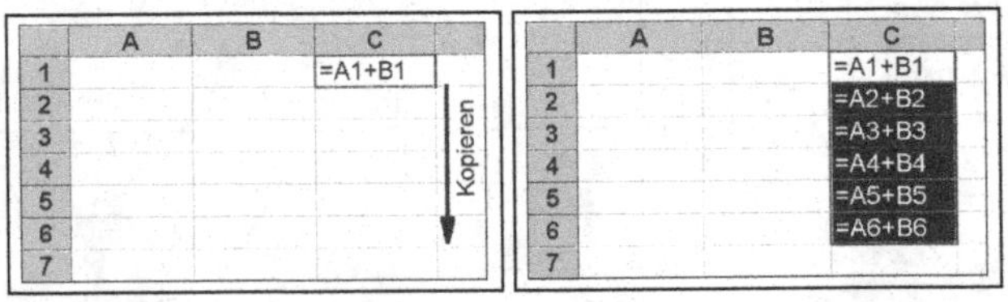

Abb. 1.1-7 Kopieren von relativen Zellbezügen

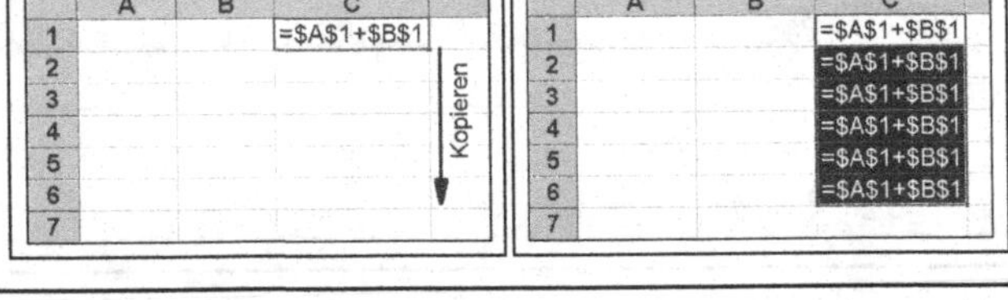

Abb. 1.1-8 Kopieren von absoluten Zellbezügen

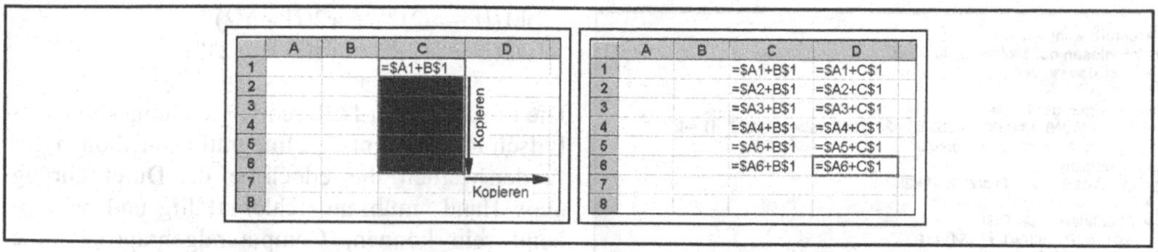

Abb. 1.1-9 Kopieren von gemischten Zellbezügen

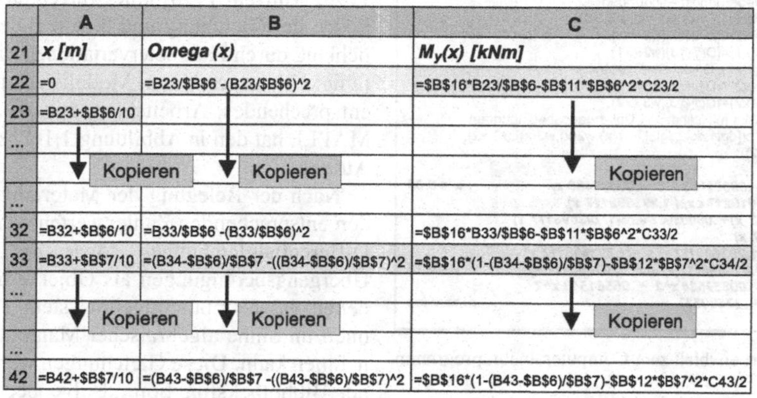

	A	B	C
21	***x [m]***	***Omega (x)***	***M_y(x) [kNm]***
22	=0	=B23/$B$6 -(B23/$B$6)^2	=$B$16*B23/$B$6-$B$11*$B$6^2*C23/2
23	=B23+$B$6/10		
...			
	Kopieren	Kopieren	Kopieren
...			
32	=B32+$B$6/10	=B33/$B$6 -(B33/$B$6)^2	=$B$16*B33/$B$6-$B$11*$B$6^2*C33/2
33	=B33+$B$7/10	=(B34-$B$6)/$B$7 -((B34-$B$6)/$B$7)^2	=$B$16*(1-(B34-$B$6)/$B$7)-$B$12*$B$7^2*C34/2
...			
	Kopieren	Kopieren	Kopieren
...			
42	=B42+$B$7/10	=(B43-$B$6)/$B$7 -((B43-$B$6)/$B$7)^2	=$B$16*(1-(B43-$B$6)/$B$7)-$B$12*$B$7^2*C43/2

Abb. 1.1-10 Ausschnitt aus dem Arbeitsblatt in Formelansicht

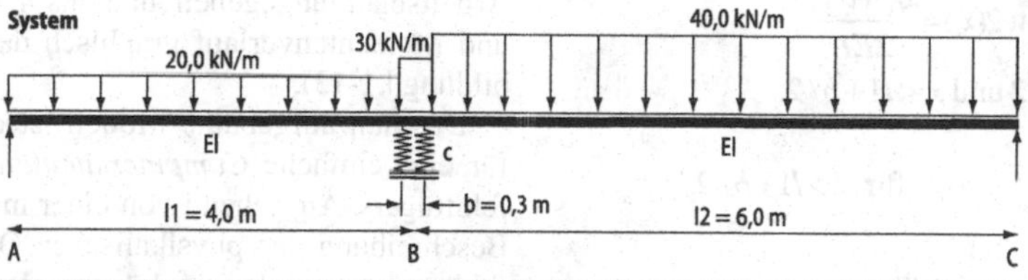

Abb. 1.1-11 Zweifeldträger

lation komplexer mathematischer Ausdrücke und damit z. B. formales Differenzieren oder Integrieren von Funktionen. Damit eröffnen sich neuartige und häufig sehr effiziente Möglichkeiten der Modellbildung, die an einem einfachen Beispiel erläutert werden sollen. Man betrachte dazu wieder den in 1.1.3.3 untersuchten Zweifeldträger. Das mittlere Auflager soll nun jedoch durch eine elastische Bettung mit einer Bettungsziffer c und einer Auflagerbreite b modelliert werden (Abbildung 1.1-11).

Die Durchbiegung und der Schnittgrößenverlauf des Zweifeldträgers sind durch eine Differentialgleichung mit Rand- und Übergangsbedingungen an den beiden Kanten des gebetteten Bereichs bestimmt und lassen sich wie folgt formulieren:

```
>restart: with(plots):
># Einlesen der Bibliotheksfunktion
>read('dsolve_pcc.prc'):
>
># Belegen der Parameter
>E:=210*10^9: I:=0.0000425:  q1:=20*10^3: q2:=40*10^3:  l1:=4:
      l2:=6:  c:=1*10^8:  b:=0.3:
># Hilfsgrößen
> x1:=l1-b/2:  x2:=l1+b/2:  l:=l1+l2:
>
> # Definieren der DGLs
> dgl1 := E*I*diff(w1(x),x$4)=q1:
> dgl2 := E*I*diff(w2(x),x$4)+c*w2(x)=(q1+q2)/2:
> dgl3 := E*I*diff(w3(x),x$4)=q2:
>
> # Definieren der Randbedingungen
> rb:=  w1(0)=0 ,  (D@@2)(w1)(0)=0 ,  w3(l)=0 ,  (D@@2)(w3)(l)=0:
>
> # Definieren der Uebergangsbedingungen
>  ueb1:= w1(x1)=w2(x1), D(w1)(x1)=D(w2)(x1),
      (D@@2)(w1)(x1)=(D@@2)(w2)(x1),
      (D@@3)(w1)(x1)=(D@@3)(w2)(x1):
>  ueb2:= w2(x2)=w3(x2), D(w2)(x2)=D(w3)(x2),
      (D@@2)(w2)(x2)=(D@@2)(w3)(x2),
      (D@@3)(w2)(x2)=(D@@3)(w3)(x2):
> # Loesen der 3 DGLs mit Rand- und Uebergangsbedingungen
> w_erg:=dsolve_pcc([dgl1,dgl2,dgl3],[w1(x),w2(x),w3(x)],[x1,x2],
      {rb,ueb1,ueb2});
 w_erg := {
   .00009337 x^4  - .00021163 x^3  - .00086488 x,                x < 3.85
   .00030000 + .14016217 exp(-1.293698117 x)
   cos(1.293698117 x)+ .00003602 exp(1.293698117 x)
   cos(1.293698117 x)
   .06647063 exp(-1.293698117 x) sin(1.293698117 x)
   .00001939 exp(1.293698117 x) sin(1.293698117 x),              x < 4.15
   .00018674 x^4  - .00559534 x^3  + .05581548 x^2
   - .2129611815 x+ .27599327,                                   otherwise
```

Abb. 1.1-12 Arbeitsblatt zum Computeralgebraprogramm MAPLE

$$w1(x)'''' = \frac{q_1}{EI} \qquad \text{für } x < l1 - b/2,$$

$$w2(x)'''' + \frac{c}{EI} w2(x) = \frac{q_1 + q_2}{2EI}$$
$$\text{für } x > l1 - b/2 \text{ und } x < l1 + b/2,$$

$$w3(x)'''' = \frac{q_2}{EI} \qquad \text{für } x > l1 + b/2.$$

Rand- und Übergangsbedingungen:

$$w1(0) = 0 \qquad w1(0)'' = 0$$
$$w3(l1 + l2) = 0 \qquad w3(l1 + l2)'' = 0,$$

$$w1(l1 - b/2) = w2(l1 - b/2)$$
$$w2(l1 + b/2) = w3(l1 + b/2),$$

$$w1(l1 - b/2)' = w2(l1 - b/2)$$
$$w2(l1 + b/2)' = w3(l1 + b/2)',$$

$$w1(l1 - b/2)'' = w2(l1 - b/2)'',$$
$$w2(l1 + b/2)'' = w3(l1 + b/2)'',$$

$$w1(l1 - b/2)''' = w2(l1 - b/2)''$$
$$w2(l1 + b/2)''' = w3(l1 + b/2)'''.$$

Die Lösung dieser Differentialgleichung kann analytisch mit elementaren Integrationsmethoden gefunden werden, die jedoch bei der Durchführung „von Hand“ mühsam, fehleranfällig und zeitraubend sein können. Computeralgebraprogramme (z. B. MAPLE, Matlab, Mathematica, Macsyma) [Fuchssteiner B et al. 1994, Mongan et al. 1996, Krawietz 1997, Braun/Hüser 1994, Westermann 1996, Wolfram 1996] unterstützen das analytische Lösen der Gleichung und bieten zudem die Möglichkeit, durch Parametervariationen die Leistungsfähigkeit des gewählten Modells zu studieren. Ein entsprechendes Arbeitsblatt für das Programm MAPLE hat den in Abbildung 1.1-12 dargestellten Aufbau.

Nach der Belegung der Materialparameter mit den entsprechenden Zahlenwerten werden die drei Differentialgleichungen sowie die Rand- und Übergangsbedingungen als Objekte definiert, mit denen das Computeralgebrasystem Transformationen im Sinne algebraischer Manipulationen vornehmen kann. Diese Gleichungen werden dann einer Bibliotheksfunktion „dsolve_pcc“ übergeben, in der die *analytische* Lösung (also eine Lösung in mathematisch geschlossener Form) einer abschnittsweise definierten linearen Differentialgleichung bestimmt wird. Das Ergebnis w_erg ist im Arbeitsblatt angegeben und als Durchbiegungs- und Momentenverlauf graphisch darstellbar (Abbildung l.1-13).

Das nun aufgebaute Modell ist die Grundlage für eine einfache *Computersimulation* des Zweifeldträgers. Ausgehend von einer mathematischen Beschreibung des physikalischen Objekts „Zweifeldträger“, wurde die Lösung der Differentialgleichung *algorithmisiert*, d. h. ein konstruktiver Lösungsweg gefunden. Damit ist nun ein Experimentieren am Computer möglich, also eine Veränderung der beschreibenden Parameter (z. B. Bettungszahl oder Stützenbreite). Die *Visualisierung* der Ergebnisse erlaubt es schließlich, das mechanische Verhalten des Modellsystems zu beurteilen.

Im ersten Beispiel wurde mit $c = 10^5$ kN/m^2 eine recht geringe Federsteifigkeit gewählt. Als Folge ist neben einer Stützensenkung eine deut-

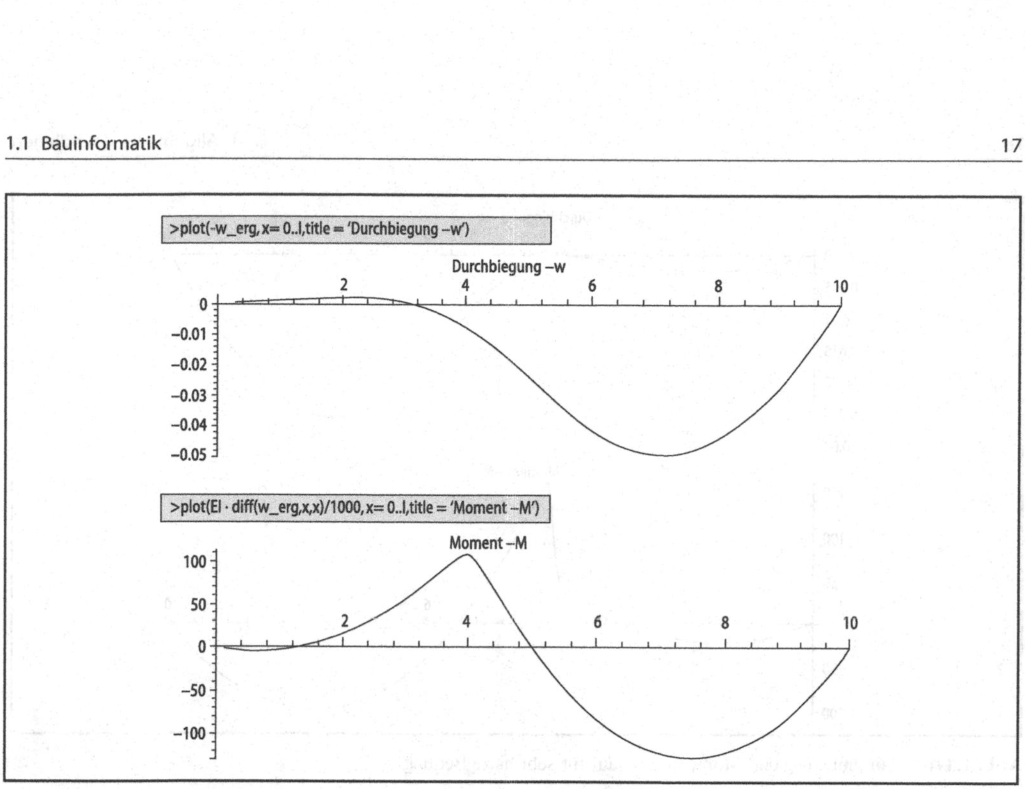

Abb. 1.1-13 Durchbiegung und Momentenverlauf für weiche Bettung

liche Ausrundung des Stützmoments mit einem Maximalwert von –108,7 kNm zu erkennen (s. Abbildung 1.1-13). Im Vergleich dazu ergibt sich nach der in 1.1.3.3 gezeigten ω-Methode, der ein punktförmiges, festes Auflager zugrunde liegt, ein Stützmoment von –124,0 kNm.

Wird stattdessen die Federsteifigkeit c mit dem Wert $210 \cdot 10^6$ kN/m² belegt, und damit der Balken im gebetteten Bereich nahezu starr eingespannt, so tritt das maximale Moment mit –161,1 kNm nun nicht mehr in der Mitte des Trägers, sondern am Anschnitt der Bettung auf (Abbildung 1.1-14).

Wie dieses Beispiel zeigt, kann ein Computeralgebrasystem weder die Beherrschung der Mechanik noch der Mathematik ersetzen, sie ermöglicht jedoch eine effiziente rechnergestützte Modellbildung und vor allem auch das Studium der Gültigkeit verschiedener Modellannahmen. So treten beim ersten hier gewählten Parametersatz im linken Teil des gebetteten Bereichs abhebende Kräfte auf. Das Modell kann einen realen Zweifeldträger damit nur dann sinnvoll beschreiben, wenn diese Kräfte von der realen Struktur auch aufgenommen werden können.

1.1.3.5 Elementare Algorithmen und Datenstrukturen

Hier werden am Beispiel zweier Sortierverfahren elementare Programm- und Datenstrukturen und der Begriff „Zeitkomplexität" eines Algorithmus behandelt. Ausgangspunkt sei die Sortierung einer Zahlenfolge. Die folgenden Überlegungen lassen sich aber auch unmittelbar auf verwandte Probleme wie die Sortierung von Adresskarteien bzw. Stücklisten oder Ergebnisdaten bei Finite-Element-Berechnungen übertragen. Man betrachte dazu eine Liste von n ganzen Zahlen, z. B. (17, 3, 30, 41, 24, 35, 50, 12), die in eine aufsteigende Reihenfolge gebracht werden sollen. Der wohl einfachste Algorithmus „Bubble-Sort" (Sortieren durch Austauschen) wird schematisch als sog. „Struktogramm" [Schwarzenberg 1990] dargestellt (Abbildung 1.1-15):

Sei N: Anzahl der zu sortierenden Zahlen,
$a_1, \ldots, a_N$: zu sortierende Zahlen.

Dieser Algorithmus verwendet *elementare Grundstrukturen,* aus denen auch jedes komplexe Pro-

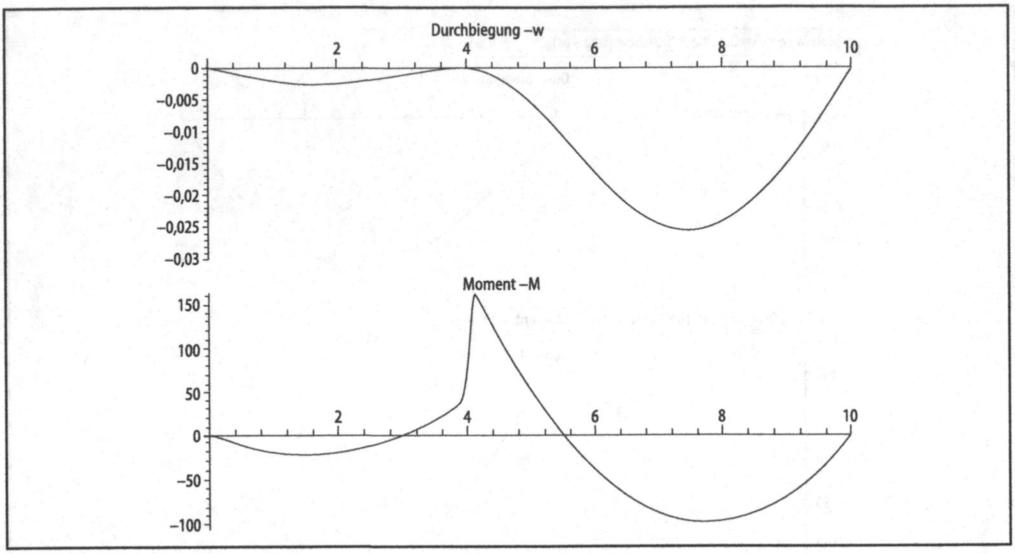

Abb. 1.1-14 Durchbiegung und Momentenverlauf für sehr harte Bettung

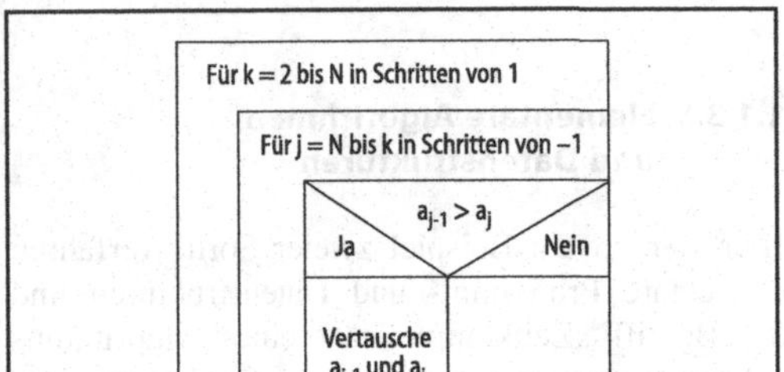

Abb. 1.1-15 Struktogramm für Algorithmus „Sortieren durch Austauschen“

gramm aufgebaut ist, nämlich Modul-, Selektions- und Iterationsblöcke.

Ein *Modulblock* (hier: Vertausche a_{j-1} und a_j) fasst eine oder mehrere nacheinander auszuführende elementare Anweisungen zusammen, in diesem Beispiel etwa

Speichere a_{j-1} auf Hilfsvariable b,
Kopiere a_j nach a_{j-1},
Kopiere b nach a_j.

Oft werden Modulblöcke zu *Prozeduren, Unterprogrammen* oder *Funktionen* zusammengefasst, die in Abhängigkeit von bestimmten Übergabeparametern wohldefinierte Aufgaben erledigen und selbst wieder aus elementaren Grundstrukturen zusammengesetzt sein können.

Unter einem *Iterationsblock* oder einer *Schleife* versteht man eine Folge von Anweisungen, die so oft auszuführen sind, bis eine Abbruchbedingung erfüllt ist. Im Beispiel bedeutet die (äußere) Schleife (für $k = 2 \ldots N$ in Schritten von 1), dass alle im zugehörigen Block eingeschlossenen Anweisungen für die entsprechenden Werte von k durchzuführen sind. Die innere Schleife verwendet die Zählvariable j, deren erster Wert N ist und die dann in jedem Durchlauf um 1 erniedrigt wird, bis sie den Wert k erreicht. Der (innerste) Selektionsblock führt bestimmte Anweisungen nur aus, wenn eine Bedingung (hier $a_{j-1} > a_j$) erfüllt ist. Am Zahlenbeispiel in Tabelle 1.1-3 sieht man, wie die jeweils kleineren Zahlen durch Vertauschen mit dem linken Nachbarelement an den Anfang der Liste geschoben werden.

Der Rechenaufwand und damit die Effizienz des Algorithmus lässt sich quantifizieren, indem man die Anzahl der Austauschoperationen ab-

Tabelle 1.1-3 Sortieren einer Zahlenfolge

Anfangsfolge:	17	3	30	41	24	35	50	12
k=2, j=8	17	3	30	41	24	35	12	50
k=2, j=7	17	3	30	41	24	12	35	50
k=2, j=6	17	3	30	41	12	24	35	50
k=2, j=5	17	3	30	12	41	24	35	50
k=2, j=4	17	3	12	30	41	24	35	50
k=2, j=3				-"-				
k=2, j=2	3	17	12	30	41	24	35	50
k=3, j=8		...						
.								
.								
.								
k=3, j=3	3	12	17	24	30	41	35	50
		.						
		.						
		.						

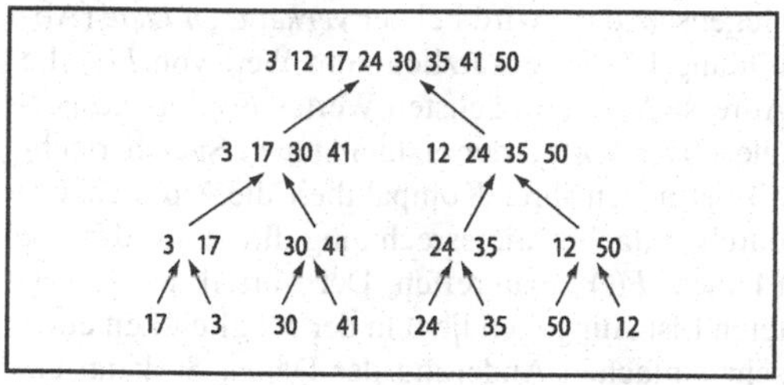

Abb. 1.1-16 Sortieren durch Mischen

schätzt. Die Maximalzahl der Austauschoperationen ist gegeben durch

$$(n-1)+(n-2)+\ldots+2+1=n(n-1)/2.$$

Da im Mittel nur jedes zweite Paar zu vertauschen ist, lässt sich die Zahl der Austauschoperationen zu $n(n - 1)/4$ schätzen. Der Algorithmus hat damit eine Zeitkomplexität von der Ordnung $\boldsymbol{O}(n^2)$, d. h., eine Verdoppelung der Anzahl der Elemente führt bis zu einer Vervierfachung des Rechenaufwands.

Ein völlig andersartiges Verfahren zur Sortierung einer Zahlenfolge ist das „Sortieren durch Mischen" (auch „Sortieren durch Verschmelzen" oder engl. „Mergesort" genannt). Zur Erläuterung gehe man von zwei Listen aus, die bereits für sich gesehen sortiert sind und aus denen eine sortierte Gesamtliste erzeugt werden soll. Die beiden Listen seien z. B.

(3, 17, 30, 41) und (12, 24, 35, 50).

Man stelle sich nun unter beiden Listen jeweils einen Kartenstapel vor, bei dem jeweils das erste Element (also 3 und 12) oben liegt. Eine neue sortierte Liste aus allen Elementen erhält man dadurch, dass man das jeweils kleinere zuoberst liegende Element der beiden Stapel wegnimmt und an die neue Liste anfügt.

Dieser simple Mischalgorithmus kann nun, wie Abbildung 1.1-16 zeigt, *rekursiv* angewandt werden. Zunächst wird aus je zwei aufeinander folgenden Elementen der Ausgangsmenge ein Paar gebildet (unterste Zeile), das durch „Mischen" in die richtige Reihenfolge gebracht und dann durch den Mischvorgang mit dem benachbarten Paar zu einer sortierten Vierergruppe zusammengefasst wird. Fortlaufendes Zusammenfassen benachbarter Gruppen führt schließlich zur sortierten Gesamtliste. Dieser Algorithmus lässt sich ohne weiteres auf Mengen erweitern, deren Elementezahl nicht wie im angeführten Beispiel eine Zweierpotenz ist.

Beim Sortieren durch Mischen werden im Allgemeinen die „Knoten" in Abbildung 1.1-16, also die sortierten Teillisten, nicht explizit gebildet. Vielmehr wird bei der Umsetzung des Algorithmus in eine Programmiersprache meist eine rekursive, d. h. sich selbst aufrufende Funktion verwendet.

Betrachtet man nun die Zeitkomplexität dieses Verfahrens, so ist zunächst festzustellen, dass bei $n = 2^m$ zu sortierenden Elementen $m = \log_2 n$ Schichten in der *baumartigen* Struktur (s. Abbildung 1.1-16) des Algorithmus entstehen. Weiterhin sind für das Mischen auf jeder Schicht höchstens $n - 1 \approx n$ Vergleichs- und Austauschoperationen vorzunehmen. Insgesamt ergibt sich damit ein Aufwand von $\boldsymbol{O}(n \cdot m) = \boldsymbol{O}(n \cdot \log_2 n)$ Operationen zur Sortierung von n Elementen.

Vergleicht man die beiden vorgestellten Algorithmen, so ist für kleine n kein wesentlicher Unterschied festzustellen. Wählt man jedoch beispielsweise $n = 1000000$, so ist $n^2/4 = 2{,}5 \cdot 10^{11}$, während $n \cdot \log_2 n \approx 2 \cdot 10^8$ ergibt. Der erste Algorithmus beansprucht also mehr als 1000 mal so viel Rechenzeit wie der zweite.

Die beiden vorgestellten Algorithmen verwenden zwei Datenstrukturen, die in vielfältigen Anwendungen eine Rolle spielen, *lineare Listen* und *Bäume*. Ein Baum – in der Darstellung meist mit der „Wurzel" nach oben gezeichnet – besteht aus einer Menge von Knoten. Er ist dadurch gekennzeichnet, dass es genau einen ausgezeichneten Knoten – die Wurzel – gibt und dass jeder andere Knoten genau ein Vorgängerelement hat. Ein Baum ist damit eine spezielle Relation. Eine mögliche definierte Beziehung lautet: „Elemente haben gleiches Vorgängerelement".

Eine noch elementarere Datenstruktur ist durch eine lineare Liste gegeben, die dadurch gekennzeichnet ist, dass jedes Objekt (bis auf das letzte) *genau ein Nachfolgeobjekt* besitzt. Jede Zeile der Datenbelegung in Tabelle 1.1-3 oder jede sortierte Teilliste in Abbildung 1.1-16 ist eine lineare Liste. Die Elemente können entweder so gespeichert werden, dass alle Elemente in ihrer Reihenfolge, d. h. sequentiell, abgelegt werden (sog. *Felder* oder *Arrays*) oder dass zusätzlich zu jedem Element ein *Zeiger* (oft auch *Referenz* genannt) auf die Adresse des Nachfolgeelements gespeichert wird. Im zweiten Fall spricht man von einer „verketteten Liste".

Als Beispiel sei ein Feld F aus N Werten betrachtet, wobei jedes Feldelement eine Gleitkommazahl aufnehmen kann. In der *sequentiellen Speicherung* (Abbildung 1.1-17) stehen an einer i. A. durch das Betriebssystem vergebenen Adresse im Speicher der Wert $F(1)$ und dann unmittelbar aufeinander folgend die weiteren Werte von F. Im Gegensatz dazu wird bei der *verketteten Liste* (Abbildung 1.1-18) zusätzlich zum Wert von $F(i)$ die Adresse $N(i)$ des nächsten Wertes $F(i + 1)$ gespeichert. Der Vorteil der erstgenannten Speichertechnik ist neben ihrer Kompaktheit die Möglichkeit, durch einfache Adressrechnung direkt auf das i-te Element $F(i)$ zuzugreifen. Der Vorteil der verketteten Liste hingegen liegt in der Möglich-keit einer sehr einfachen Änderung der Daten. So kann ein neues Feldelement z. B. nach einem Element i dadurch eingefügt werden, dass sein Wert an eine beliebige Stelle im Speicher geschrieben wird und lediglich der Datenzeiger des Elements i angepasst wird. Diese Operationen können mit konstantem Zeitaufwand, also unabhängig von der Anzahl der Feldelemente von F, durchgeführt werden.

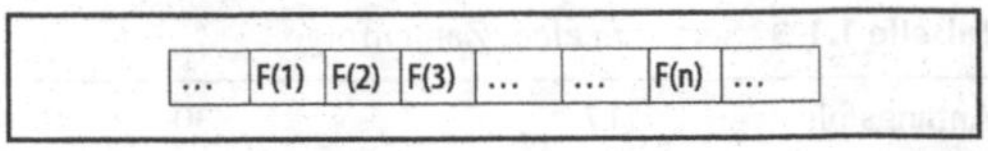

Abb. 1.1-17 Speicherbelegung einer sequenziellen linearen Liste

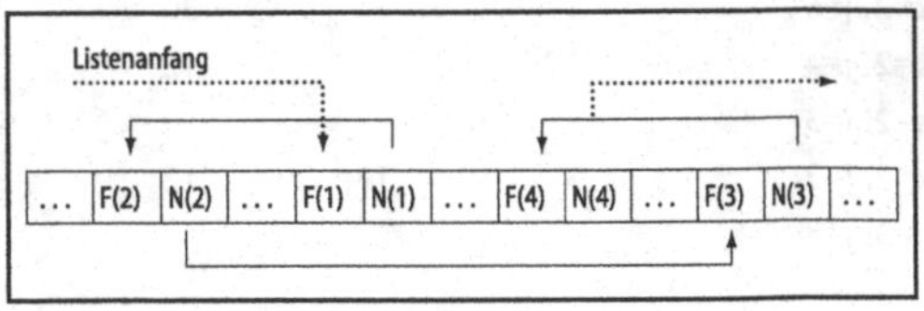

Abb. 1.1-18 Speicherbelegung einer verketteten linearen Liste

1.1.4 Geometrische Modelle

Bauingenieure erstellen, bewerten und bearbeiten räumliche Strukturen. Deshalb nehmen geometrische Objekte in der Bauinformatik eine zentrale Rolle ein. Hier werden Datenmodelle zur Speicherung und Methoden zur Veränderung bzw. Darstellung von geometrischen Objekten beschrieben. Dabei ist für die Beschreibung eines geometrischen Modells gleichermaßen die *Topologie* – das ist das Beziehungsgeflecht zwischen Punkten, Kanten,

Flächen und Körpern – und die *Geometrie*, also die Beschreibung der Lage, des Verlaufs und der Gestalt der topologischen Objekte von Bedeutung. Das Beziehungsgeflecht der Topologie eines geometrischen Modells wird im einfachsten Fall durch Relationen (s. 1.1.3) dargestellt.

Dies soll zunächst an einem ebenen Beispiel erläutert und dann auf den räumlichen Fall verallgemeinert werden.

1.1.4.1 Geometrische Modelle in 2D

Man betrachte ebene Strukturen, die sich aus einer Menge von nicht überlappenden Polygonen zusammensetzen und einander nur an Knoten oder an ganzen Kanten berühren dürfen. Die elementaren Objekte zur Beschreibung dieser Strukturen sind Knoten, Kanten und (geschlossene) Kantenfolgen, die im Folgenden als „Regionen" bezeichnet werden. Sind alle Kanten geradlinig, so ist eine Region ein Polygon.

Als Beispiel sei die in Abb. 1.1-19 dargestellte Struktur betrachtet. Eine Beschreibung dieses geometrischen Objekts kann in drei miteinander verknüpften Tabellen gespeichert werden (Tabelle 1.1-4).

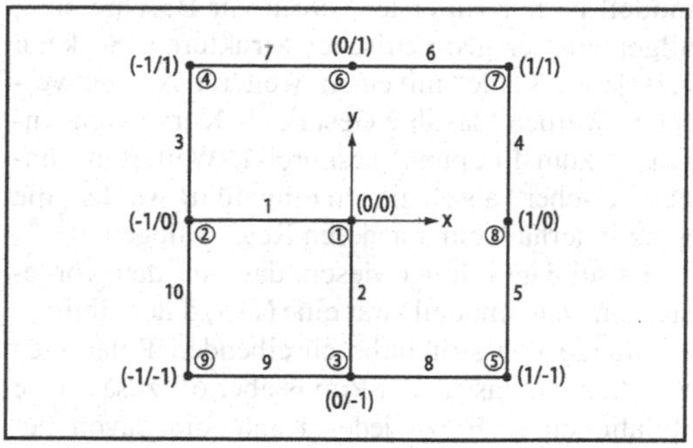

Abb. 1.1-19 Beispiel für ein zweidimensionales geometrisches Modell

Dabei ist KNR die Nummer eines Knotens mit den Koordinaten X und Y, ENR die Nummer einer Kante vom Anfangsknoten K1 zum Endknoten K2 und RNR die Nummer einer Region, die von den Kanten ENR1 bis ENRn gegen den Uhrzeigersinn umlaufen wird. Die Vergabe von „Namen" oder Adressen für die einzelnen Objekte ermöglicht es, die Tabellen zueinander in Beziehung zu setzen, also eine relationale Datenbank in dem in 1.1.3.1 beschriebenen Sinn aufzubauen. Dieses Polygon-

Tabelle 1.1-4 Schema für ein zweidimensionales geometrisches Modell

Knoten

KNR	X	Y
1	0	0
2	-1	0
3	0	-1
4	-1	1
5	1	-1
6	0	1
7	1	1
8	1	0
9	-1	-1

Kanten

ENR	K1	K2
1	2	1
2	1	3
3	2	4
4	8	7
5	8	5
6	7	6
7	6	4
8	3	5
9	3	9
10	9	2

Regionen

RNR	ENR1	ENR2	ENR3	ENR4	ENR5	ENR6	ENR7	ENR8
1	1	2	8	5	4	6	7	3
2	1	10	9	2				

modell ist nur ein erster Schritt zur Beschreibung allgemeinerer geometrischer Strukturen. So kann z. B. jede „Kante" mit einem weiteren Attribut versehen werden, das ihre Gestalt als Kurve vom Anfangs- zum Endpunkt beschreibt. Weiterhin können „Löcher" als Regionen eingeführt werden, die ganz innerhalb einer anderen Region liegen.

Es sei darauf hingewiesen, dass mit dem vorgestellten Datenmodell zwar eine (fast) datenminimale Menge von strukturbeschreibenden Relationen gegeben ist, dass in der Praxis aber oft zusätzliche Relationen (z. B. zu jeder Kante die davon begrenzten Regionen) gespeichert werden. Dadurch wird zwar die Datenmenge erhöht, die Zeitkomplexität für verschiedene Algorithmen kann aber wesentlich verringert werden (z. B. [Bungartz/Griebel/Zenger 1996]).

1.1.4.2 Geometrische Modelle in 3D

Bei 3D-Modellen unterscheidet man zwischen Datenstrukturen für Kanten-, Flächen- und Volumenmodelle. Im ersten Fall werden lediglich Knoten mit ihren räumlichen Koordinaten und (geradlinige) Kanten zwischen je zwei Knoten gespeichert. Damit entsteht ein „Drahtmodell", das z. B. als Grundlage für die Speicherung von räumlichen Stabwerken dienen kann. Zur Beschreibung von Faltwerken oder anderen Strukturen, die sich aus ebenen Flächen im Raum zusammensetzen, kann die in 1.1.4.1 beschriebene Datenstruktur dahingehend verallgemeinert werden, dass alle eine Region definierenden Kanten (und damit ebenfalls die entsprechenden Knoten) zwar nach wie vor in einer Ebene liegen, die aber nicht mehr notwendigerweise die x-y-Ebene zu sein braucht. Dieses Flächenmodell erfordert also lediglich die zusätzliche Speicherung der z-Koordinaten für jeden Knoten. Gekrümmte Schalenstrukturen werden oft durch Attributierung der Regionen eines Flächenmodells gespeichert. Die jeweilige Region wird dazu zunächst topologisch in einer Parameterebene definiert und dann mittels einer geometrischen Transformation auf die tatsächliche gekrümmte Fläche abgebildet.

Flächenmodelle reichen zur Speicherung von Volumeninformationen noch nicht aus, da damit nicht festgestellt werden kann, ob ein Punkt innerhalb oder außerhalb des Körpers liegt. Zu einer vollständigen Volumenbeschreibung sind zwei grundsätzlich unterschiedliche Modelltypen gebräuchlich, die im Folgenden besprochen werden sollen. Im ersten Fall wird ein Körper durch die ihn umschließenden Oberflächen beschrieben und damit das Flächenmodell verallgemeinert, im zweiten Fall wird ein Körper aus elementaren Grundbausteinen zusammengesetzt.

Oberflächenmodell (Boundary representation, B-rep) Dieses Modell verallgemeinert wie das bereits skizzierte Flächenmodell die einfache zweidimensionale Datenstruktur aus 1.1.4.1. Es verbindet Punkte durch geradlinige Kanten, verwendet Kantenzüge zur Umschreibung von Regionen und erschließt den Körper über die begrenzenden Regionen. Neben einer dritten Koordinate in der Knotentabelle wird das Datenmodell aus 1.1.4.1 also um eine Relation zur Volumenbeschreibung erweitert.

Als Attributnamen für das Schema der Relation „Körper", welche die Relationen „Knoten", „Kanten" und „Regionen" aus 1.1.4.1 ergänzt, wähle man

VNR N FNRl FNR2 ... FNRn.

VNR ist die Nummer des (Teil-) Körpers, FNRl bis FNRn sind die Nummern seiner Oberflächen-Regionen. Die Größe N dient zur Festlegung, auf welcher Seite der Oberfläche der Körper liegt. Als Konvention kann z. B. bestimmt werden, dass $N = 1$, wenn der Normalenvektor auf der Region FNR1 aus dem Körper herauszeigt, und $N = -1$ zu setzen ist, wenn dieser Normalenvektor in den Körper hinein gerichtet ist. Als Beispiel ist die Datenstruktur in den Tabellen 1.1-5 für die in Abb. 1.1-20 dargestellte Pyramide gegeben.

Einerseits lässt sich zwar jeder Körper unter den genannten Restriktionen mit dem angegebenen Datenbankschema beschreiben, andererseits sind wesentliche topologische und geometrische Bedingungen an die Daten zu stellen, um zu gewährleisten, dass damit auch ein „vernünftiger" Körper definiert wird.

Unter anderem ist zu fordern, dass alle Knoten, die eine Fläche beschreiben, in einer Ebene liegen, dass die beteiligten Flächen eine geschlossene Hülle bilden und dass es nur zweiseitige Flächen

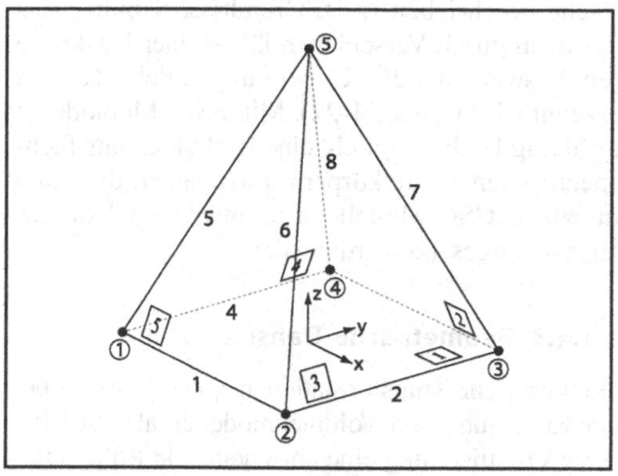

Abb. 1.1-20 Beispiel für ein räumliches geometrisches Modell

mit einer dem Körper zugewandten und einer dem Körper abgewandten Seite gibt. Die Forderung nach einer konsistenten topologischen Beschreibung kann dadurch erfüllt werden, dass ein Körper ausgehend von wohldefinierten Grundelementen durch sog. „Euler-Operatoren" aus einfacheren Körpern aufgebaut wird. Etwas verkürzt dargestellt, stellen diese Operatoren sicher, dass ein zulässiger Körper, also eine konsistente Beschreibung im Datenbankschema, immer in einen zulässigen Körper transformiert wird. Für Details sei auf vertiefende Literatur verwiesen (z.B. [Bungartz/Griebel/Zenger 1996]).

CSG-Modell (CSG Constructive Solid Geometry) Einen vollkommen anderen Zugang zu Volumenmodellen bietet die Constructive Solid Geometry. Das CSG-Modell geht von einfachen, vordefinierten Grundkörpern aus (Quader, Kugel, Kegel, Zylinder, Torus, Keil). Diese Grundkörper können geometrischen Transformationen (Translation, Rotation, Skalierung und Spiegelung) unterworfen werden, aber auch durch Boolesche Mengenoperationen (Vereinigung ∪, Durchschnitt ∩ und Differenz \ ) zu fortlaufend komplexeren Baugliedern entwickelt werden. Das rechnerinterne Modell enthält die Beschreibung der Grundkörper

Tabelle 1.1-5 Schema für ein räumliches geometrisches Modell

Knoten

KNR	X	Y	Z
1	–1	–1	0
2	1	–1	0
3	1	1	0
4	–1	1	0
5	0	0	1

Regionen

RNR	ENR1	ENR2	ENR3	ENR4
1	1	2	3	4
2	7	8	3	
3	2	7	6	
4	4	8	5	
5	1	6	5	

Kanten

ENR	K1	K2
1	1	2
2	2	3
3	3	4
4	4	1
5	1	5
6	2	5
7	3	5
8	4	5

Volumina

VNR	n	FNR1	FNR2	FNR3	FNR4	FNR5
1	–1	1	2	3	4	5

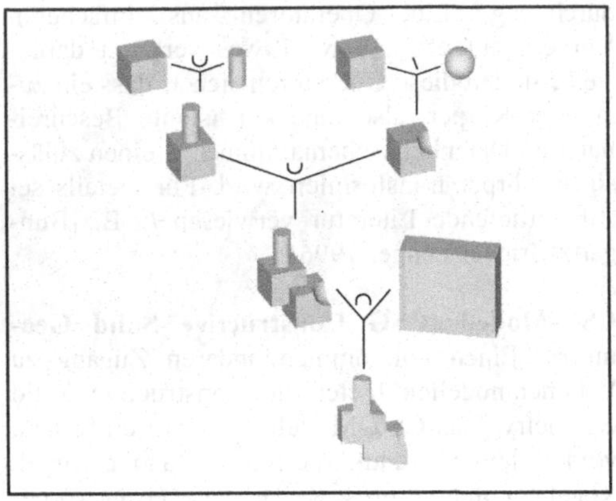

Abb. 1.1-21 CSG-Baum

mit den jeweiligen Transformationen und die baumartigen CSG-Anweisungen. Ein Beispiel ist in Abb. 1.1-21 dargestellt, bei dem aus den Grundkörpern Quader, Kugel und Zylinder durch Positionierung im Raum und durch Boolesche Operationen ein Bauteil zusammengesetzt ist, wobei durch die abschließende Durchschnittbildung mit einem Quader ein Schnitt durch das Innere des Körpers gelegt wird.

Für die graphische Darstellung werden häufig die CSG-Anweisungen zur Laufzeit eines Programms ausgewertet, und der entstehende Baukörper wird in ein Oberflächenmodell umgewandelt.

Extrusionsmodelle. Im Bauwesen lassen sich viele typische Körper (z. B. Wände oder Träger) durch ein Extrusionsmodell (engl.: swept area model) beschreiben. Dazu wird zunächst eine Grundfläche beschrieben (z. B. Grundriss, Schnitt), aus der dann durch Verschieben längs einer Leitkurve (engl.: sweeping) ein Körper mit parallelen Kanten erzeugt wird (Abb. 1.1-22). Mit dieser Methode ist es häufig leicht möglich, eine Bibliothek aus fachspezifischen Grundkörpern aufzubauen, die dann in einem CSG-Modell zu komplexeren Körpern zusammengesetzt werden können.

1.1.4.3 Geometrische Transformation

Geometrische Transformationen spielen sowohl bei der Erzeugung von Volumenmodellen als auch bei ihrer Visualisierung eine entscheidende Rolle. Diesen Transformationen werden z. B. alle Knotenkoordinaten eines elementaren Grundkörpers unterworfen, wenn ein verschobener, gedrehter oder skalierter Körper erzeugt werden soll. Mathematisch lassen sich diese Operationen als *affine Transformationen* beschreiben. Sehr ähnlich können aber auch Projektionen eines Körpers dargestellt werden, z. B. eine perspektivische Abbildung eines räumlichen Modells auf dem (ebenen) Bildschirm.

Affine Transformationen und Projektionen in R^3 lassen sich sehr einfach durch *homogene Koordinaten* darstellen. Sei dazu in einem rechtshändigen Koordinatensystem in R^3 zunächst ein Punkt $v(x, y, z)$ betrachtet. Seine Darstellung in homogenen Koordinaten $v(X, Y, Z, w)$ ist mit einem Skalierungsfaktor $w \neq 0$ gegeben durch

$$x = \frac{X}{w} \qquad y = \frac{Y}{w} \qquad z = \frac{Z}{w},$$

wobei im Folgenden immer $w = 1$ gesetzt wird. Mit der Einführung der vierten Koordinate scheint zu-

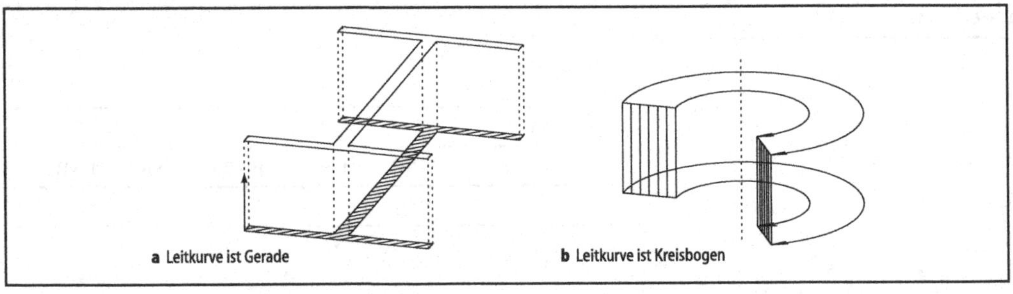

Abb. 1.1-22 Extrusionsmodelle

nächst noch nichts gewonnen zu sein; der Vorteil liegt jedoch darin, dass sich *alle* affinen Transformationen durch *eine* Multiplikation einer Transformationsmatrix mit einem Vektor darstellen lassen und damit eine einheitliche, sehr effiziente Möglichkeit der Implementierung in ein Computerprogramm gegeben ist.

Für die Translation gilt

$$v' = v \cdot T$$

mit der Translationsmatrix

$$T = \begin{pmatrix} 1 & 0 & 0 & 0 \\ 0 & 1 & 0 & 0 \\ 0 & 0 & 1 & 0 \\ T_x & T_y & T_z & 1 \end{pmatrix},$$

also

$$(x', y', z', 1) = (x, y, z, 1)T$$

oder ausmultipliziert

$$x' = x + T_x,\ y' = y + T_y,\ z' = z + T_y$$

Eine Skalierung wird beschrieben durch

$$v' = v \cdot S$$

mit der Skalierungsmatrix

$$S = \begin{pmatrix} S_x & 0 & 0 & 0 \\ 0 & S_y & 0 & 0 \\ 0 & 0 & S_z & 0 \\ 0 & 0 & 0 & 1 \end{pmatrix}.$$

Rotationen um die x-,y- bzw. z-Achse erhält man schließlich durch

$$v' = v \cdot R_x,\ v' = v \cdot R_y,\ v' = v \cdot R_z$$

mit

$$R_x = \begin{pmatrix} 1 & 0 & 0 & 0 \\ 0 & \cos\theta & \sin\theta & 0 \\ 0 & -\sin\theta & \cos\theta & 0 \\ 0 & 0 & 0 & 1 \end{pmatrix},$$

$$R_y = \begin{pmatrix} \cos\theta & 0 & -\sin\theta & 0 \\ 0 & 1 & 0 & 0 \\ \sin\theta & 0 & \cos\theta & 0 \\ 0 & 0 & 0 & 1 \end{pmatrix},$$

$$R_z = \begin{pmatrix} \cos\theta & \sin\theta & 0 & 0 \\ -\sin\theta & \cos\theta & 0 & 0 \\ 0 & 0 & 1 & 0 \\ 0 & 0 & 0 & 1 \end{pmatrix}.$$

Allgemeinere Transformationen lassen sich nun als Hintereinanderausführung dieser elementaren affinen Transformationen realisieren. Da bei vielen praktischen Anwendungen der geometrischen Modellierung sehr viele Vektoren (z.B. alle Koordinaten der Knoten eines Körpermodells) zu transformieren sind, rechnet man sinnvoller Weise erst durch Matrizenmultiplikation die Matrix der Nettotransformation aus und unterwirft dann alle Koordinaten v der Multiplikation mit dieser Gesamtmatrix.

$$v' = v \cdot M_1 \cdot M_2 \cdot M_3 \cdot \ldots \cdot M_n = vM$$

ist die Nettotransformation und hat die allgemeine Form

$$M = \begin{pmatrix} a_{11} & a_{12} & a_{13} & 0 \\ a_{21} & a_{22} & a_{23} & 0 \\ a_{31} & a_{32} & a_{33} & 0 \\ f_x & f_y & f_z & 1 \end{pmatrix}.$$

In Abb. 1.1-23 ist ein Beispiel für die Zerlegung einer Rotation eines Rechtecks um den Punkt p dargestellt. Die Eckpunktkoordinaten des Rechtecks werden zunächst durch eine Translation so verschoben, dass das Bild von p im Ursprung liegt, dann erfolgt eine Rotation um den Winkel Θ und schließlich eine Translation zurück in p.

1.1.4.4 Projektionen

Soll ein räumliches geometrisches Modell auf einem Bildschirm oder auf Papier dargestellt werden, so ist dazu eine Projektion aller räumlichen Koordinaten auf eine Projektionsebene, also eine Abbildung von 3D-Koordinaten $(x_v, y_v, z_v, 1)$ auf 2D-Koordinaten (x_s, y_s), nötig. Als Beispiel wird hier eine geeignete Transformation für eine Zentral-

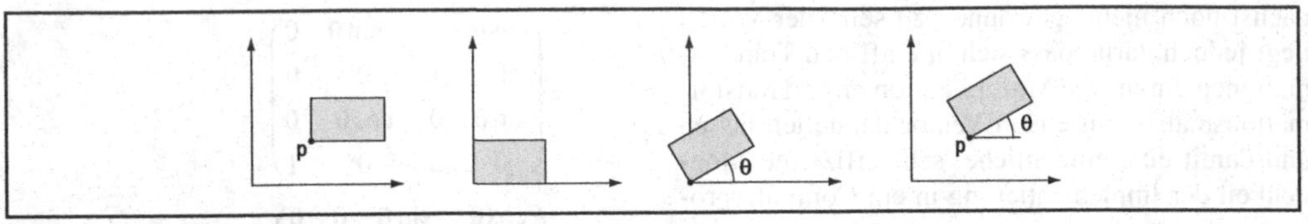

Abb. 1.1-23 Zusammengesetzte affine Transformation

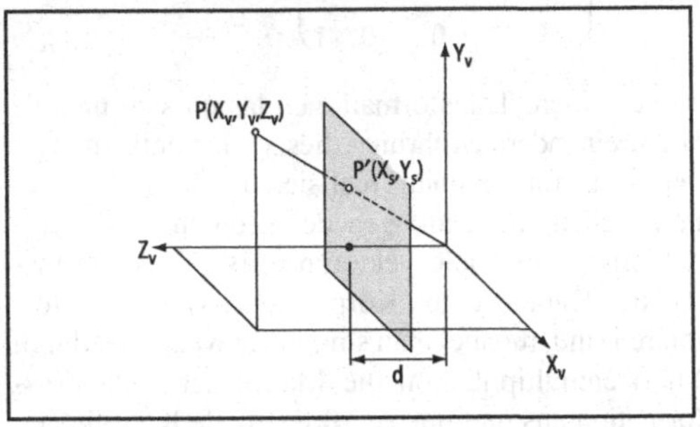

Abb. 1.1-24 Zentralperspektive

projektion hergeleitet. Der Einfachheit halber sei eine Situation wie in Abb. 1.1-24 angenommen, bei der sich das Projektionszentrum im Ursprung eines Augpunktkoordinatensystems (x_v, y_v, z_v) befindet und die Projektionsebene im Abstand d parallel zur (x_v, y_v)-Ebene liegt. Stellt man sich als Betrachter in den Ursprung und blickt durch die Projektionsebene auf das geometrische Modell dahinter, so findet man die Koordinaten eines Punktes $P(x_v, y_v, z_v)$ auf der Projektionsebene im Durchstoßpunkt $P'(x_s, y_s)$. Zur Bestimmung von (x_s, y_s) betrachte man die Situation aus der Sicht der y_v- und der x_v-Achse.

Nach dem Strahlensatz kann man nun aus Abb. 1.1-25 ablesen, dass

$$\frac{x_s}{d} = \frac{x_v}{z_v}; \quad \frac{y_s}{d} = \frac{y_v}{z_v}.$$

Für die homogenen Koordinaten gilt also

$$(x_s, y_s, d, 1) = \left(\frac{x_v}{z_v/d}, \frac{y_v}{z_v/d}, d, 1\right) = (x_v, y_v, z_v, z_v/d)$$

oder

$$(x_s, y_s, d, 1) = (x_v, y_v, z_v, 1) \cdot T_{persp}$$

mit

$$T_{persp} = \begin{pmatrix} 1 & 0 & 0 & 0 \\ 0 & 1 & 0 & 0 \\ 0 & 0 & 1 & \frac{1}{d} \\ 0 & 0 & 0 & 1 \end{pmatrix}.$$

Auf ähnliche Weise kann für eine Parallelprojektion die Transformationsmatrix

$$T_{par} = \begin{pmatrix} 1 & 0 & 0 & 0 \\ 0 & 1 & 0 & 0 \\ 0 & 0 & 0 & 0 \\ 0 & 0 & 0 & 1 \end{pmatrix}$$

hergeleitet werden.

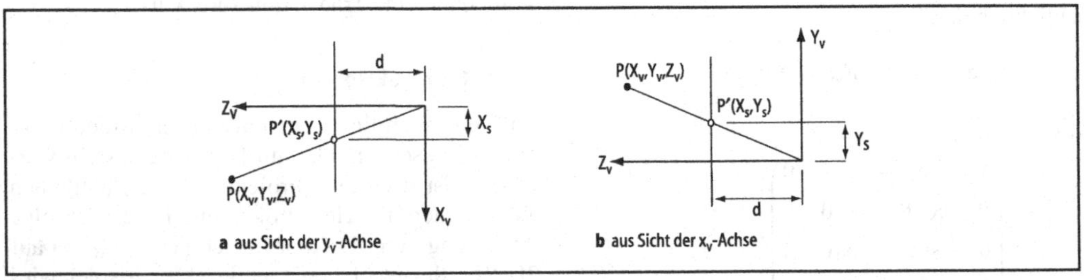

Abb. 1.1-25 **a)** Aus Sicht der y_v-Achse; **b)** Aus Sicht der x_v-Achse

1.1.5 Computer-Aided Drafting (CAD)

1.1.5.1 Grundbegriffe

Der Begriff „Computer-Aided Design (CAD)“ wurde bereits 1957 von D.T. Ross bei der Entwicklung eines NC-Systems (NC Numerical Control) als Methodik für Problemlösungen verschiedener Komplexität in Verbindung mit elektronischen Datenverarbeitungsanlagen geprägt. Nach [Eigner 1986] versteht man darunter einen „Sammelbegriff für alle Aktivitäten, bei denen die EDV direkt oder indirekt im Rahmen von *Konstruktions- und Entwicklungstätigkeiten* eingesetzt wird“.

Dagegen stand im Bauwesen bis vor wenigen Jahren noch die Unterstützung und Rationalisierung von reinen Zeichentätigkeiten im Mittelpunkt. Es zeigen sich in letzter Zeit jedoch erheblich erweiterte Möglichkeiten, wenn (räumliche) Bauwerke virtuell als dreidimensionale Objekte im Computer abgebildet werden. Sie können dann als Kern eines Bauwerkmodells dienen, in dem neben topologisch-geometrischen Daten Informationen gespeichert und verändert werden, die vom statischen Modell bis zu Daten über die aktuelle Nutzung des Objekts reichen können (siehe Abschnitt 1.1.7).

Daher wird heute das computergestützte Erstellen von reinen Bauplänen, das in diesem Abschnitt behandelt wird, als *Computer-Aided Drafting* (Computergestütztes Zeichnen) bezeichnet, um es deutlich gegenüber dem 3D-Modell-basierten Bauwerksentwurf abzugrenzen.

1.1.5.2 Graphisch-interaktive Systeme

CAD-Programme sind graphisch-interaktive Softwaresysteme; sie werden meist unter Verwendung von ineinanderliegenden Schalen aufgebaut. Damit wird ein Prinzip genutzt, das als sehr allgemeines Architekturmodell für komplexe Software Anwendung findet.

Der innerste Kern dieses *Schalenmodells* (Abb. 1.1-26) ist dabei ein Baustein, der elementare Graphikbefehle in Befehle für die Ein-/Ausgabe-Geräte (z. B. Bildschirm und Plotter) umsetzt. Dieser sog. „Gerätetreiber“ ist unabhängig vom speziellen Anwendungsbereich des Gesamtprogramms und kann damit unverändert für verschiedenste Anwendungen eingesetzt werden. Ähnlich verhält es sich mit den umliegenden Schalen. So können die Funktionen eines graphischen Kernsystems gleichermaßen von einem CAD-Programm wie von einem Postprozessor für ein Berechnungsprogramm genutzt werden. Erst die äußere Schale stellt die fachspezifische Anwendung dar, die ihrerseits wieder auf ein fachunabhängiges CAD-System aufsetzen kann.

1.1.5.3 2D-Konstruktionssysteme

Zeichnungselemente

Grundsätzlich setzen sich alle zweidimensionalen Zeichnungen aus 0-, 1-, oder 2-dimensionalen *Graphikprimitiven* zusammen. Diese sind punktförmig (z. B. Markierungen, Eckpunkte eines Polygonzugs oder einer Fläche), linienförmig (z. B.

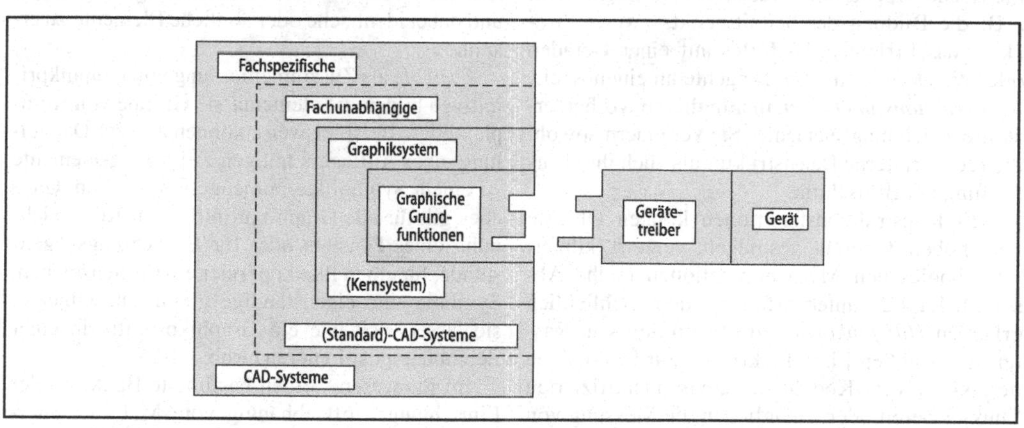

Abb. 1.1-26 Schalenkonzept eines CAD-Systems

Kanten, Polygonzüge, Kurven), flächenförmig (z.B. Rechtecke, Polygone, Kreisflächen) oder Textbausteine.

Zeichnungselemente können mit *elementbezogenen Attributen* versehen werden. Für Punkte sind dies Punktsymbole und Farben, für Linien Strichstärke, Strichfarbe und Linientyp, für Flächen Schraffuren, die Farbe und die Füllart. Texte erhalten die Schrifthöhe, den Zeichensatz, die Farbe und die Richtung als Attribute.

Grundlegende Funktionalitäten von CAD-Systemen

CAD-Systeme bieten die Möglichkeit, durch eine *interaktive Benutzeroberfläche* Zeichnungselemente zu *definieren*, zu *modifizieren* und zu *organisieren*. Zur Definition eines Graphikprimitivs ist dieses aus einem Katalog auszuwählen, mit Attributen zu versehen und auf der Zeichnung zu positionieren. Die Veränderung oder das Löschen eines Objekts erfordert seine Identifikation im Datenmodell des CAD-Systems. Das „Anklicken" eines Zeichnungselements löst dazu die Suche nach allen Datenelementen aus, die sich innerhalb eines Suchkreises mit einem definierten *Fangradius* um die Fadenkreuzposition befinden. Weitere häufig verwendete Möglichkeiten der Identifikation bieten *Lassofunktionen*, mit denen z.B. alle innerhalb eines Rechtecks befindlichen Elemente ausgewählt werden.

Zur grundlegenden Funktionalität eines CAD-Systems gehört weiterhin die Möglichkeit, geometrische Operationen auszuführen. Dazu zählt z.B. die Bildung des Schnittpunkts zweier Strecken, das Errichten des Lotes auf einer Geraden oder die Definition einer Tangente an einen Kreis. *Konstruktionsfunktionen* manipulieren vorher erstellte Zeichnungselemente. Sie verändern sowohl die rechnerinterne Datenstruktur als auch ihre Darstellung am Bildschirm.

Mit Konstruktionsfunktionen können Objekte verschoben, verdreht, gespiegelt, verzerrt, kopiert oder booleschen Mengenoperationen (siehe Abschnitt 1.1.4.2) unterworfen werden. Schließlich erlauben *Hilfsfunktionen* die Definition von Rasterlinien, stellen Linealfunktionen zur Übernahme der x- bzw. y-Koordinate eines identifizierten Punktes bereit oder ermöglichen die Messung von Abständen, Winkeln und Flächenwerten.

Planstruktur und Folientechnik

Ein Plan wird aus *Ansichtsfenstern* (engl.: viewports), die im CAD-System getrennt verwaltet werden, zusammengesetzt (Abb. 1.1-27). Ansichtsfenster können sich selbst wieder aus Folien (engl.: layers) aufbauen, die jeweils eine Menge von Zeichnungselementen enthalten und „übereinander gelegt" werden. Durch Aktivieren und Deaktivieren von Folien können Inhalte (Zeichnungselemente) aus- bzw. eingeblendet werden. Des Weiteren kann eine Folie „aktuell" gesetzt werden, was bedeutet, dass alle neu konstruierten Zeichnungselemente in diese Folie eingetragen werden. So lässt sich z.B. ein Ansichtsfenster aus drei Folien, in denen der Grundriss, die Vermaßung und die Beschriftung getrennt gespeichert werden, zusammensetzen. Dies ermöglicht eine verbesserte Übersichtlichkeit bei der Konstruktionsarbeit und ermöglicht das Generieren unterschiedlicher Pläne aus einer CAD-Basiszeichnung.

Rationalisierung durch Wiederverwendbarkeit

Ein wichtiges Ziel der Anwendung von CAD ist die Steigerung der Produktivität. Rationalisierung kann dabei in erster Linie durch Wiederverwendung bereits modellierter Objekte erreicht werden. CAD-Systeme unterstützen dies mit ihren Werkzeugen zum *Zusammenfassen, Verändern* und *Verwalten* von komplexen Bausteinen in der *Variantentechnik* bzw. durch die Verwendung von *Komplexteilen*. Die effiziente Nutzung dieser Werkzeuge verlangt jedoch, das endgültige Modell in seinem Aufbau bereits vor der Ausarbeitung zu gliedern und dabei identische oder ähnliche Elemente zu erkennen.

Symbole als Zusammenfassung von Graphikprimitiven bilden die elementarste Gruppe von Komplexteilen. Beispielsweise können alle zur Darstellung eines Auflagers nötigen Zeichnungselemente zu einem Symbol zusammengefasst werden. Gleiches gilt für alle Graphikprimitive zur Kennzeichnung eines Fensters oder für Einrichtungsgegenstände, für einen Plankopf oder ein Firmenzeichen. Symbole sind eigenständige graphische Objekte; sie lassen sich wie ein Graphikprimitiv in einer Zeichnung positionieren (Abb. 1.1-28).

Im Bauwesen werden bestimmte Bauteile oder Einrichtungen oft abhängig vom Maßstab unterschiedlich dargestellt. Entsprechend kann auch die

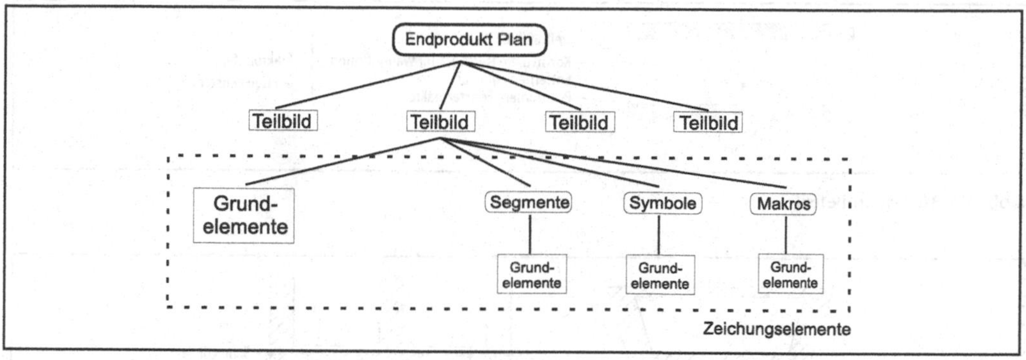

Abb. 1.1-27 Planstruktur

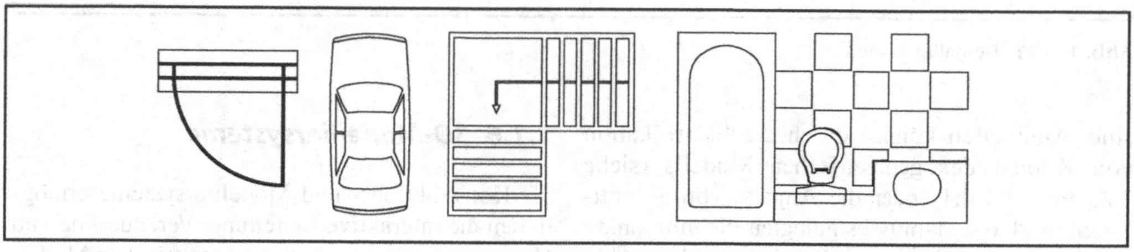

Abb. 1.1-28 Beispiele für Symbole

graphische Darstellung von Symbolen vom Plantyp bzw. Planmaßstab abhängig sein.

Eine erste Verallgemeinerung von Symbolen bilden *parametrisierte Makros*. Hierbei liegen nur die Konstruktionsvorschrift, die Topologie und evtl. einzelne geometrische Abmessungen fest. Die fehlenden Daten werden durch freie Parameter definiert, die nach dem Aufruf mit aktuellen Werten gefüllt werden (Abb. 1.1-29).

Eine weitere Verallgemeinerung stellen *Makrobefehle* (in manchen CAD-Systemen auch „Segmente" genannt) dar, in denen häufig auftretende Folgen von Konstruktionsbefehlen zusammengefasst werden (Abb. 1.1-30).

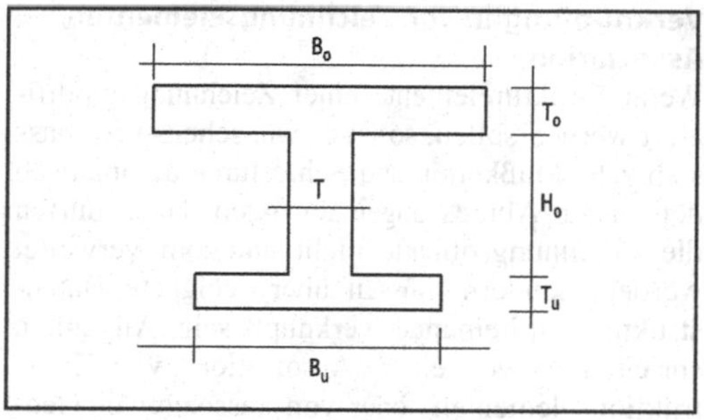

Abb. 1.1-29 Parametrisiertes Makro

Bemaßung

Die Bemaßung eines Planes macht oft 35% bis 40% der Zeichentätigkeit aus und ist bei manueller Anfertigung von Zeichnungen zudem fehleranfällig. Da jedoch die Grundlage für die Bemaßung durch Geometrie und Topologie des in einem Plan dargestellten geometrischen Modells gegeben ist, stehen einem CAD-System die für die Bemaßung notwendigen Daten zur Verfügung. Problematisch ist aber das Layout von Maßketten, die übersichtlich, klar zuordnenbar und ohne Überschreibung anderer Zeichnungselemente anzubringen sind. Da sich diese Forderungen nur schwer vollautomatisch realisieren lassen, wird die Bemaßung meist interaktiv vorgenommen. Der Benutzer gibt dazu an, welche Zeichnungselemente vermaßt werden sollen und wo die Maßketten anzuordnen

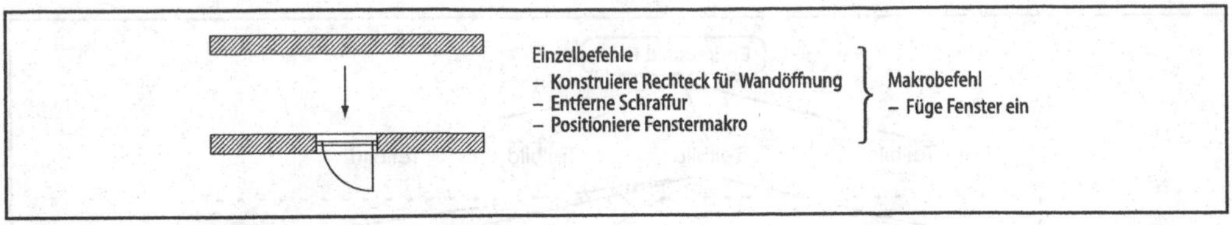

Abb. 1.1-30 Makrobefehl

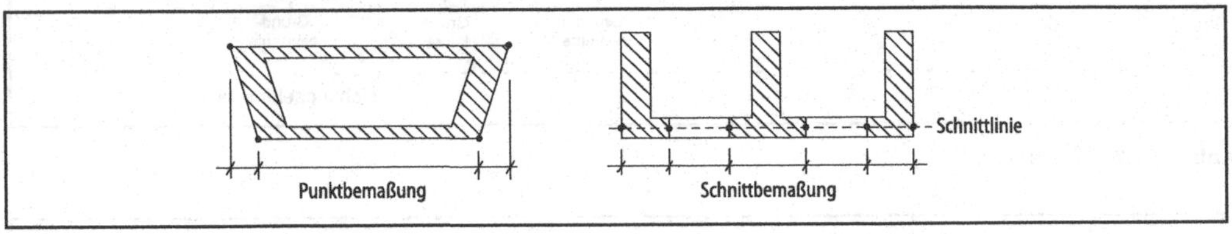

Abb. 1.1-31 Bemaßungsarten

sind. Maßketten können durch die Identifikation von Knoten des geometrischen Modells (siehe Abschnitt 1.1.4.1) oder die Angabe von Schnittlinien und die damit festgelegten Schnittpunkte mit Zeichnungselementen definiert werden (Abb. 1.1-31).

Verknüpfungen von Zeichnungselementen, Assoziation

Wenn Strukturelemente einer Zeichnung modifiziert werden sollen, so ist es wünschenswert, dass sich z. B. Maßketten und Schraffuren automatisch den neuen Abmessungen anpassen. Dazu dürfen die Zeichnungsobjekte nicht autonom verwaltet werden, sondern müssen über geeignete Datenstrukturen miteinander verknüpft sein. Allgemein spricht man von einer „Assoziation" von Konstruktionselementen oder von „assoziativer Geometrie", wenn die Veränderung eines Elements automatisch die Änderung der assoziierten Elemente nach sich zieht. Als Beispiel zeigt Abb. 1.1-32 das Ergebnis der Modifikation eines Rechtecks auf die Bemaßung und Schraffur bei assoziativer und nicht-assoziativer Geometrieverwaltung.

In Abb. 1.1-33 ist ein Installationsmakro zu einer Wand assoziiert. Die Position des Makros wird dazu relativ zum Wandanfang über einen Ankerpunkt definiert und ändert damit seine Lage, wenn das geometrische Objekt, das die Wand darstellt, verschoben oder verdreht wird.

1.1.6 3D-Modelliersysteme

3D-Konstruktions- und Modelliersysteme ermöglichen die interaktive Erstellung, Veränderung und Verwaltung von räumlichen geometrischen Modellen. Sie erlauben deren Visualisierung sowie die Verknüpfung mit zweidimensionalen, zeichnungsorientierten Teilsystemen. 3D-Modelle erfordern wesentlich größeren Speicher- und Rechenaufwand als ebene Modelle und verlangen vom Benutzer ein Umdenken durch die Loslösung vom traditionell zeichnungsorientierten Plan. Die ungleich größeren Möglichkeiten von 3D-Systemen lassen jedoch erwarten, dass diese Systeme, ähnlich wie im Maschinenbau zu beobachten, auch im Bauwesen immer stärker in den Vordergrund treten werden.

Weitere Ausführungen zu den Vorteilen und Möglichkeiten des Modell-basierten Entwurfs sind dem folgenden Abschnitt zu entnehmen.

1.1.7 Building Information Modeling

Unter einem Building Information Model (BIM) versteht man das digitale Abbild eines existierenden oder sich in Planung befindlichen Bauwerks. Dementsprechend beschreibt Building Information Modeling im engeren Sinne den Vorgang zur Erschaffung eines solchen digitalen Bauwerk-

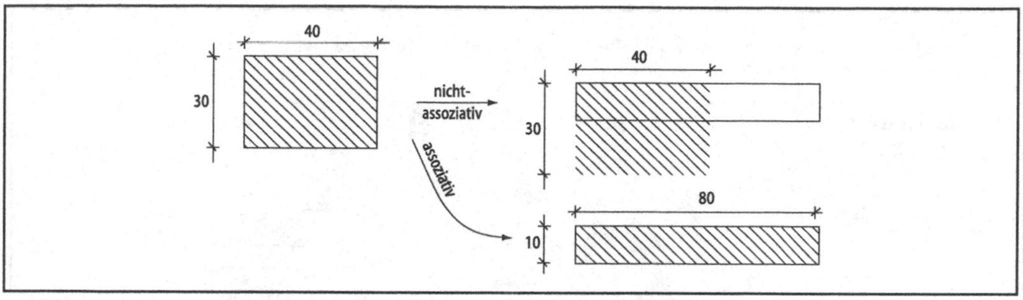

Abb. 1.1-32 Assoziative Vermaßung und Schraffur

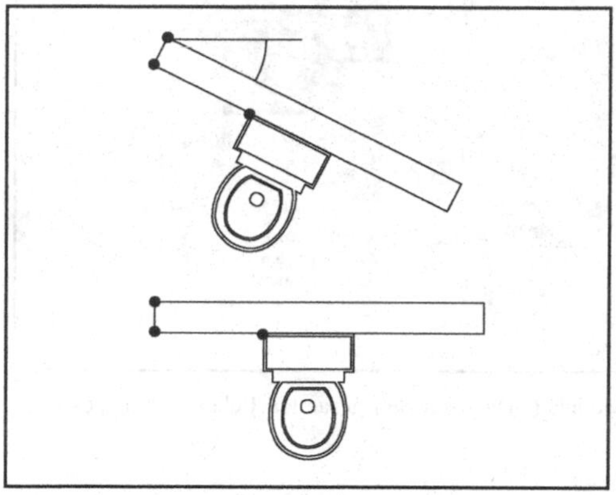

Abb. 1.1-33 Assoziation über Ankerpunkt

modells mit Hilfe entsprechender Softwarewerkzeuge. Im weiteren Sinne wird der Begriff Building Information Modeling jedoch auch verwendet, um einen Prozess zu charakterisieren, der die Verwendung eines digitalen Bauwerkmodells über den gesamten Lebenszyklus eines Bauwerks – also von der Planung, über die Ausführung bis zur Bewirtschaftung und schließlich zum Rückbau – vorsieht [Eastman 2008] (Abb. 1.1-34).

1.1.7.1 2D vs. 3D vs. BIM

Konventionell wird die Planung von Bauwerken mit 2D-Plänen realisiert, die das Bauwerk vollständig beschreiben und die rechtsverbindliche Grundlage für die Ausführung bilden. Diese Herangehensweise bei der Modellierung von Bauwerken rührt von der traditionellen Entwurfsarbeit her, die durch Verwendung eines Zeichenbretts geprägt war. Die erste Generation von Computerprogrammen zur Unterstützung des Entwurfsprozesses nahm diese Methodik auf und ermöglichte das Erstellen von digitalen Zeichnungen, was auch als Computer-Aided Drawing (CAD) bezeichnet wird.

Die Vorteile der Verwendung dieser CAD-Programme wie bspw. AutoDesk AutoCAD und Bentley Microstation, die in großen Teilen der Baubranche eingesetzt werden, liegen gegenüber der Verwendung von Zeichenbrettern u. a. in der deutlich vereinfachten Überarbeitung von Plänen (Löschen statt Radieren), der erhöhten Genauigkeit und der erleichterten Wiederverwendbarkeit (Kopieren). Allerdings wird bei derartigen Programmen das Potential einer computergestützten Modellierung von Bauwerken nur ansatzweise genutzt. So können beispielsweise Inkonsistenzen zwischen Grundriss und Schnitten vom Computer nicht erkannt werden, keine 3D-Visualisierungen erzeugt oder baustatische Berechnungen durchgeführt werden.

An dieser Stelle setzt eine seit Ende der 90er entwickelte und zunehmend an Bedeutung gewinnende, neue Generation von Planungswerkzeugen an, die auf einem Bauwerksinformationsmodell (engl.: Building Information Model, BIM) basieren. Augenfälligstes Merkmal ist die dreidimensionale Modellierung des Bauwerks, die das Ableiten von konsistenten 2D-Plänen für Grundrisse und Schnitte ermöglicht. Wesentlich dabei ist aber, dass BIM-Entwurfswerkzeuge im Unterschied zu reinen 3D-Modellierern einen Katalog mit bauspezifischen Objekten anbieten, der vordefinierte Bauteile wie Wände, Stützen, Fenster, Türen etc. beinhaltet.

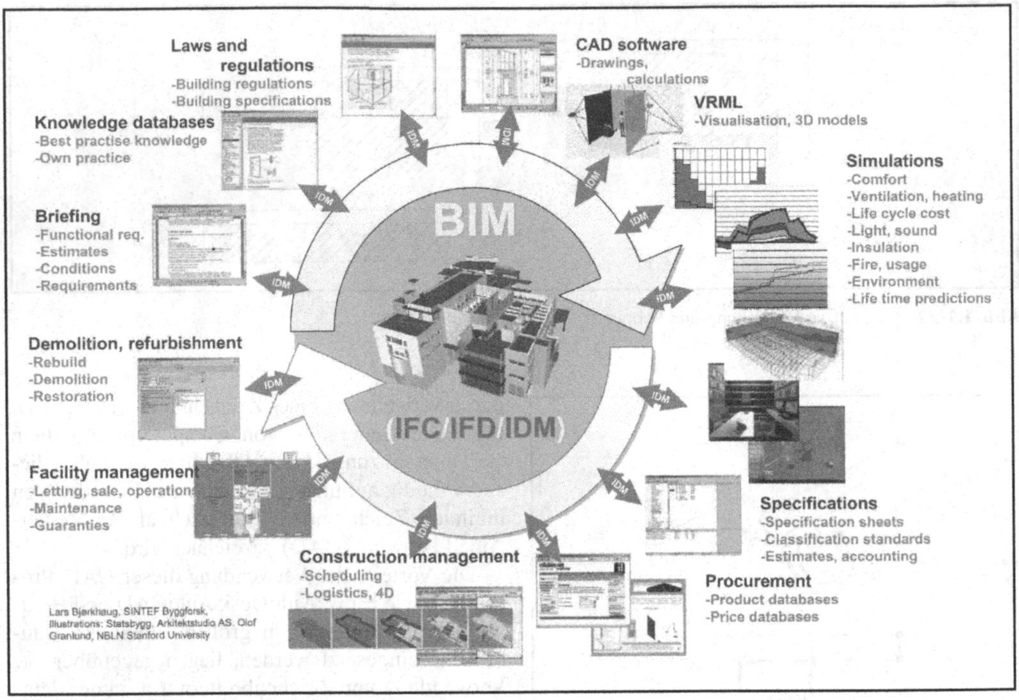

Abb. 1.1-34 Wiederverwendung des Building Information Models (BIM) über den gesamten Lebenszyklus des Bauwerks (Abb. vom IAI Nordic Chapter)

Die Arbeit mit diesen Bauteilen ist notwendig, damit die aus dem BIM abgeleiteten Pläne tatsächlich auch den geltenden, in DIN 1356-1 beschriebenen Normen entsprechen [DIN 1356]. Zur Veranschaulichung soll das 3D-Modell einer Tür und die zugehörige symbolische Darstellung in einem Bauplan betrachtet werden (Abb. 1.1-35): Ein einfacher Schnitt durch den 3D-Körper der Tür würde nicht zur gewünschten Plandarstellung führen, bei der ein Viertelkreis die Aufschwingrichtung markiert. Um eine solche Darstellung zu erzielen, ist es notwendig, dass die Entwurfssoftware „weiß", dass es sich bei diesem Objekt um eine Tür handelt, um entsprechende Regeln für ihre Darstellung anwenden zu können. Dieser Ansatz der objektorientierten, bauteilbezogenen Modellierung, der in allen BIM-Tools realisiert wird, gewinnt noch weiter an Bedeutung, wenn man die unterschiedlichen Plan-Darstellungen in Abhängigkeit vom gewählten Maßstab in Betracht zieht.

Die Modellierung eines Bauwerks mit Bauteilobjekten erlaubt neben der Generierung von DIN-gerechten Plänen vor allem auch die Anwendung unterschiedlichster Analyse- und Simulationswerkzeuge. Eine Evakuierungssimulation benötigt beispielsweise genaue Informationen darüber, bei welchen Elementen es sich um (zu öffnende) Türen handelt und wo sich Treppen befinden, um eine entsprechende Ableitung von Fluchtwegen vornehmen zu können. Ein pures 3D-Modell wäre hierfür nicht brauchbar. Ähnliches gilt für statische Berechnungen, die dank der im BIM hinterlegten Informationen zur Funktion von Bauteilen (tragende/nicht-tragende Wand) und den verwendeten Materialen (E-Modul, Festigkeit etc.) einen deutlich verringerten Aufwand zur Aufbereitung des Eingangsmodells benötigen.

Da BIM-Tools im Unterschied zu reinen 3D-Modellierern die Bedeutung von Bauteilen kennen, spricht man in diesem Zusammenhang auch von

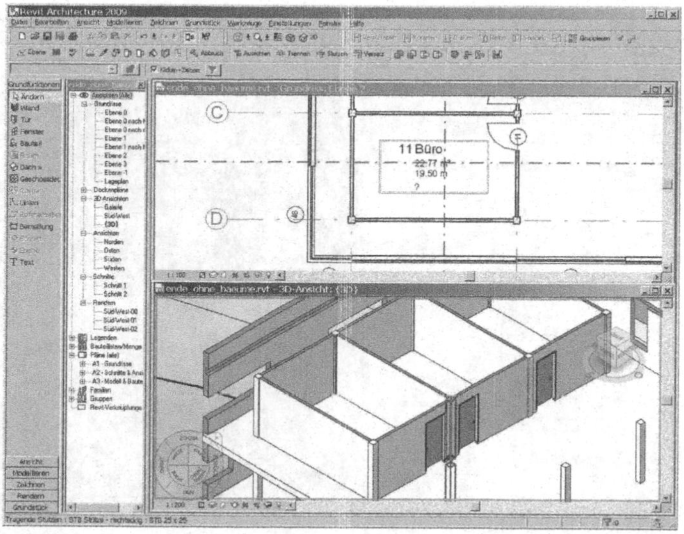

Abb. 1.1-35 3D-Modell und 2D-Plandarstellung in AutoDesk Revit

semantischer Modellierung. Bei der semantischen Modellierung nach dem objektorientierten Paradigma (siehe Abschnitt 1.1.8.3) werden zunächst alle denkbaren Bauteiltypen als sogenannte Klassen erfasst. Diese Klassen besitzen Attribute, die ihre Eigenschaften reflektieren, und können Beziehungen zu anderen Klassen besitzen.

Ein konkretes Beispiel ist die Klasse *Wand* mit den Attributen *Länge, Breite, Höhe* und *Position* sowie einer Beziehung zur Klasse *Öffnung*. Die Klasse *Öffnung* wiederum besitzt ebenfalls die Attribute *Länge* und *Breite* und *Position* sowie zwei sogenannte Subklassen *Türöffnung* und *Fensteröffnung,* die wiederum Beziehungen zu den Klassen *Tür* bzw. *Fenster* besitzen. Wichtig ist, die abstrakte Beschreibung auf Klassenebene konzeptionell von der konkreten Ausprägung, also dem Modell eines bestimmten Bauwerks, zu trennen. Während die Bauteilklassen zusammen das Datenmodell formen, repräsentieren die einzelnen Objekte eines Bauwerkmodells konkrete Ausprägungen dieser Klassen. Dabei werden den Attributen konkrete Werte zugewiesen und die Beziehungen mit Referenzen auf andere Objekten besetzt.

In diesem Zusammenhang verwendet man in der Bauinformatik auch die Begriffe *Produktmodell* und *Produktdatenmodell.* Ein Produktdatenmodell bildet dabei das Schema, durch das festgelegt wird, wie die Daten des zu beschreibenden Produkts aufgebaut sein müssen und welche Beziehung sie zueinander haben sollen. Wird dieses Produktdatenmodell mit den Daten eines konkreten Produkts gefüllt, so entsteht das Produktmodell.

Zu den kommerziell verfügbaren Softwareprodukten, die eine bauteilbezogenen Entwurf unterstützen und damit zu den Building Information Modelers gezählt werden, gehören u. a. AutoDesk Architecture, AutoDesk Revit, Graphisoft ArchiCAD, Nemetschek Allplan, Tekla Structure, Bentley Architecture und Digital Project von Gehry Technologies (Abb. 1.1-36–1.1-38).

1.1.7.2 Parametrische Modellierung

Die jüngste Generation von Planungswerkzeugen unterstützt die parametrische Modellierung, die das Erstellen und vor allem das Ändern von Building Information Models weiter vereinfachen. Als Parameter gelten dabei die Attribute der Bauteile, also bei-

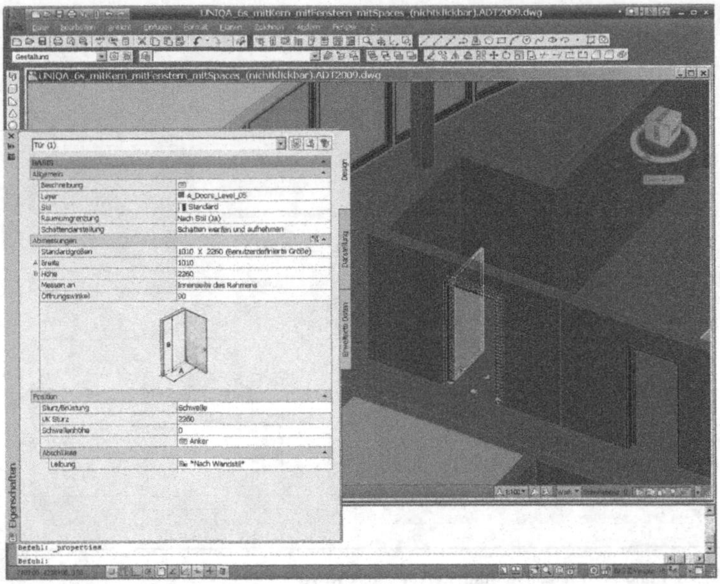

Abb. 1.1-36 Attribute einer Tür in AutoDesk Architecture

spielsweise die Höhe, Breite, Länge, Position und Ausrichtung einer Wand. Das Besondere an der parametrischen Modellierung ist, dass zwischen den Parametern Abhängigkeiten bzw. Zwangsbedingungen (engl.: Constraints) definiert werden können. Auf diese Weise kann zum Beispiel erzwungen werden, dass alle Wände einer Etage die gleiche Höhe haben.

Dabei können zwei Ebenen der Parametrik unterschieden werden: Auf der ersten Ebene stehen Modellierer, die eine Auswahl vordefinierter Zwangsbedingungen bieten. Typische Beispiele für derartige Zwangsbedingungen sind

- Ausrichtung: Bauteile werden horizontal oder vertikal aneinander ausgerichtet. Ändert sich die Position eines dieser Bauteile, ändern sich auch die der anderen.
- Orthogonalität: Bauteile bleiben orthogonal zueinander.
- Parallelität: Bauteile bleiben parallel zueinander.
- Verbindung: Die Verbindung zweier Bauteile bleibt erhalten.
- Abstand: Der Abstand zwischen zwei Bauteilen bleibt erhalten.

Zu den BIM-Produkten, die diese Art von parametrischen Modellieren unterstützen, gehören u.a. AutoDesk Revit, Graphisoft ArchiCAD und Tekla Structure.

Auf der zweiten Ebene stehen Modellierer, die dem Nutzer die Möglichkeit einräumen, Zwangsbedingungen selbst zu definieren. Als Parameter stehen in diesem Fall alle geometrischen Abmessungen zur Verfügung und Abhängigkeiten können mit Hilfe von Formeln definiert werden.

Diese Form von Parametrik wird i.d.R. nicht von BIM-Produkten angeboten, sondern lediglich von reinen 3D-Modellierern ohne Unterstützung für das semantische Modellieren, darunter beispielsweise SolidWorks, Catia und UGS NX. Eine Ausnahme bildet hierbei Digital Project von Gehry Technologies, bei dem ein vollparametrischer Modellierkern um einen bauspezifischen Bauteilkatalog mit entsprechender Semantik erweitert wurde.

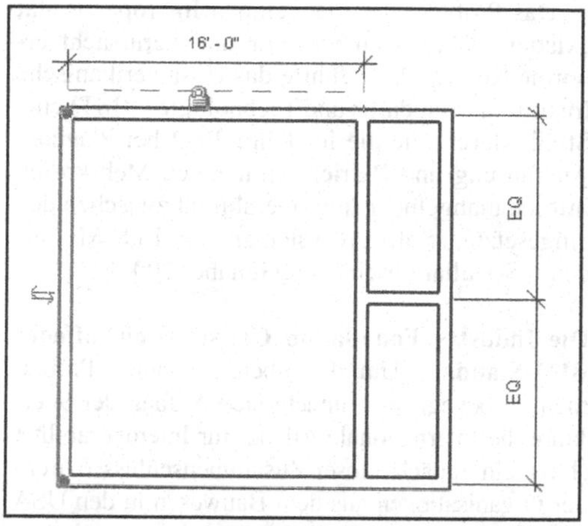

Abb. 1.1-37 AutoDesk Revit stellt vordefinierte Zwangsbedingungen zur Verfügung, beispielsweise zur Fixierung eines Abstandes (Schloss-Symbol). EQ steht für „equal" – dieses Constraint sorgt dafür, dass das betreffende Bauteil genau in der Mitte positioniert bleibt

1.1.7.3 Unterstützung des kollaborativen Planungsprozesses – Datenaustausch und Interoperabilität

Hintergrund Charakteristisch für die Planung von Bauwerken ist

- die große Zahl beteiligter Fachplaner aus unterschiedlichen Domänen,
- die Verteilung der Planungsaufgaben über verschiedene Unternehmen (Planungsbüros) hinweg,
- die Heterogenität der eingesetzten Software-Lösungen,
- die starken Abhängigkeiten von Planungsentscheidungen untereinander,
- das häufige Auftreten von Änderungen auch in späten Planungsphasen.

Aus diesen Randbedingungen resultiert der Zwang zu intensivem Informationsaustausch zwischen den Beteiligten. Herkömmlich wird dieser Informationsaustausch durch das Verschicken von Plänen realisiert, auf denen ggf. Änderungen entsprechend markiert sind. Diese Vorgehensweise führt jedoch zu enormen Aufwand beim Empfänger, der diese Änderungen erneut in sein eigenes Software-

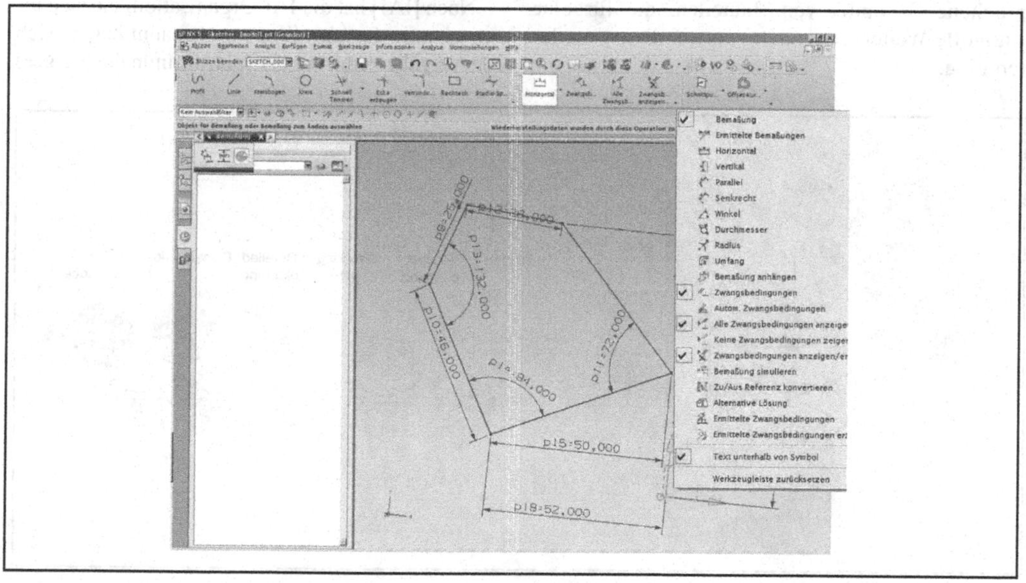

Abb. 1.1-38 Modellieren von Zwangsbedingungen in UGS NX

System einpflegen muss. Daher setzte sich bald die Erkenntnis durch, dass der Austausch digitaler Daten zu einem deutlichen Produktivitätsgewinn führen kann.

Vor allem aber die Heterogenität der eingesetzten Software-Lösungen verhindert bislang einen durchgehend digitalen Datenfluss und führte dazu, dass sich sogenannte Automatisierungsinseln („Islands of Automation", Hannus) bildeten, die zur Realisierung einer Teilaufgabe im Planungsprozess zwar ausgezeichnet geeignet waren, jedoch nur wenig bis gar keine Unterstützung für den Austausch mit anderen Programmen boten.

Partiell entschärft wurde dieses Problem im Laufe der 1990er-Jahre dadurch, dass einzelne Hersteller bilaterale Schnittstellen aufbauten, die es ermöglichten, Daten zwischen den Programmen zweier Hersteller auszutauschen. Problematisch blieb jedoch, dass (1) der Aufwand einzelner Hersteller zur Pflege proportional zur Anzahl der Marktteilnehmer stieg, sich (2) sogenannte Pseudo-Standards wie das von AutoDesk entwickelt Format DWG etablierten, was den „Besitzern" dieser Standards weitreichende Einflussmöglichkeiten auf den Markt bescherte, und (3) sich i. d. R. auf den Austausch von Geometrie beschränkt wurde, wodurch die im vorangegangen Abschnitt angeprochene Semantik von Bauteilen, die für eine sinnvolle Weiterverwendung notwendig ist, verloren ging.

Das Problem der mangelnden Interoperabilität existiert daher nach wie vor und verursacht enorme Kosten: 2004 führte das US-amerikanische Institut für Standards und Technologie (NIST) eine Studie durch, die die im Jahre 2002 bei Planung, Ausführung und Betrieb anfallenden Mehrkosten infolge mangelnder Interoperabilität zwischen den eingesetzten Softwaresystemen mit 15,8 Milliarden US-Dollar abschätzte [Gallaher 2004].

Die Industry Foundation Classes – ein offener BIM-Standard Um den oben genannten Problemen zu begegnen, gründete sich Anfang der 90er-Jahre die Internationale Allianz für Interoperabilität (IAI), ein zunächst loser Zusammenschluss führender Organisationen aus dem Bauwesen in den USA und seit 1995 eine öffentliche Organisation, mit dem Ziel, einen gemeinsamen Standard zur Beschreibung von Bauwerksmodellen und damit ein herstellerunabhängiges Datenformat zu schaffen. Dieser Industriestandard wurde Industry Foundation Classes (IFC) genannt und liegt heute (2009) in der Version 2x4 vor. Er beinhaltet eine umfangreiche Sammlung von Definitionen aus nahezu allen erdenklichen Bereichen des Hochbaus (Abb. 1.1-39). Zukünftig sollen auch Modelle für andere Bauwerkstypen wie Brücken, Staudämme etc. hinzukommen.

Nach [IAI] hat die IAI-Organisation, die sich inzwischen in *BuildingSmart* umbenannt hat, es sich zur Aufgabe gemacht, ein (plattformunabhängiges)

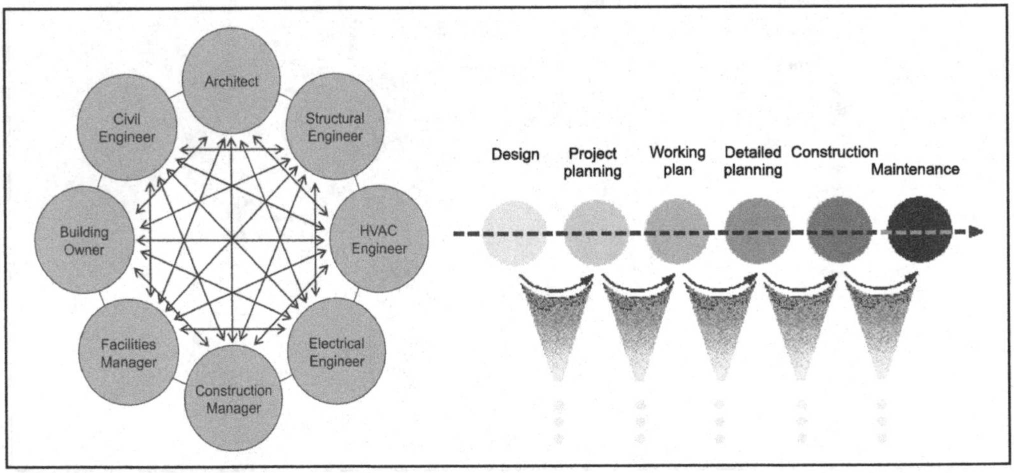

Abb. 1.1-39 Datenaustausch in einem typischen Bauprojekt [IAI]

Basismodell zur gemeinsamen Datennutzung im Bauwesen zu erstellen, welches den Datenaustausch und die gemeinsame Datennutzung in der Bauindustrie (engl.: *AEC*, Architecture, Engineering and Construction) und im Facilities Management (FM) unterstützt. Dabei entspricht die Art der Beschreibung des Datenmodells der IFC (mit der Beschreibungssprache EXPRESS) weitgehend dem STEP-Standard und profitiert dadurch von den Erfahrungen der Automobilindustrie im Umgang mit Produktdatenmodellen [ISO 10303-P1].

Nationale Gruppen von *BuildingSmart* sind in sogenannten „Chapters" zusammengefasst, die an einer Reihe von Projekten zur Erweiterung des IFC-Objektmodells arbeiten. Diese Projekte sind z. B. BS-8 (HVAC extension), BS-7 (building performance monitoring), ST-4 (structure analysis domain), ST-5 (timber construction) oder ST-7 (load definition and rating).

Die IFC definieren ein integriertes, objektorientiertes und semantisches Modell aller Komponenten, Attribute, Eigenschaften und Beziehungen innerhalb des Produktes *Gebäude*. Sie sammeln grundsätzlich alle Informationen bezüglich Entwurf und Entstehungsgeschichte, Daten über den gesamten Lebenszyklus bis hin zum Rückbau [IAI].

Die Architektur der IFC sieht einen hierarchischen, modularen Ansatz vor, der das Modell in vier Schichten (Layer) strukturiert, deren Detaillierungsgrad von unten nach oben zunimmt [IAI]. Das heißt, Elemente aus höheren Schichten bauen auf Elementen aus unteren Schichten auf:

Resource Layer: Diese „low-level" Schicht enthält Objektklassen beispielsweise zur Beschreibung des geometrischen Modells, die unabhängig von ihrem Anwendungsbereich sind und von anderen Klassen höherer Level genutzt werden.

Core Layer: In der zweiten Schicht wird der Kernel (der Kern) und dessen Erweiterungen, die „Core Extensions" definiert. Sie beschreibt die grundlegende Struktur des IFC Objektmodells; ihre Konzepte werden in den folgenden Layern referenziert und weiter spezialisiert.

Interoperability Layer: Dieser enthält Schemata, die Konzepte und Objekte definieren, die innerhalb von mindestens zwei AEC-Anwendungsbereichen (AEC = Architecture, Engineering, Construction) gemeinsame Verwendung finden und somit Interoperabilität (d. h. vollständigen Modellaustausch) zwischen den Domänen gewährleisten.

Domain Layer: In dieser Schicht findet die Spezialisierung für den konkreten Anwendungsbereich statt.

Der hierarchische Aufbau der IFC 2x Spezifikation kann Abbildung 1.1-40 entnommen werden, wobei Spezifikationen, die von der IAI als ausgereift angesehen werden, Teil der sogenannten *IFC 2x Plattform* sind, die im November 2002 als ISO/PAS 16739 registriert wurde. Sinn der *IFC 2x Plattform* ist die Schaffung eines über einen längeren Zeitraum unveränderlichen Kerns als Teil der IFC, der der Software-Industrie ausreichend zeitlichen Spielraum zur Implementierung geben sollte. Führende Softwarehersteller bieten gegenwärtig Schnittstellen zu Teilmodellen der IFC 2x Plattform an. Beispielsweise bieten die Firmen Autodesk mit dem *Architectural Desktop (ADT)* und *Revit*, Graphisoft mit *ArchiCAD* und Nemetschek mit *Allplan* Schnittstellen zu ihren Produkten an, die für IFC 2x zertifiziert sind [IAI].

Seit 1. Oktober 2007 wird in Finnland für alle von der öffentlichen Hand in Auftrag gegebenen Gebäude die Verwendung eines IFC-Gebäudemodells vorgeschrieben. Dänemark, Norwegen und die Niederlande sind ebenfalls dabei, vergleichbare Vorschriften einzuführen. Die einflussreichste Unternehmung in diesem Bereich ist jedoch die Schaffung eines National BIM Standard (NBIMS)[1] in den USA, die ab 2010 ebenfalls die Abgabe von IFC-Gebäudemodellen bei öffentlichen Aufträgen vorsieht.

Die Industry Foundation Classes stellen ein *Schema* dar, mit dem Produktinformationen eines Bauwerks beschrieben werden können. Das mit Hilfe der IFC definierte *Modell* eines konkreten Bauwerks kann in Form einer Datei (IFC Physical File, STEP Part 21) gespeichert oder in einer geeigneten Datenbank abgelegt werden.

Methoden der Datenhaltung Orthogonal zur Art der Bauwerksmodellierung (2D/3D/BIM) ist die Verwaltung der anfallenden Daten zu sehen (Abb. 1.1-41). Die Datenübergabe in Form von Dateien

[1] http://www.wbdg.org/bim/nbims.php

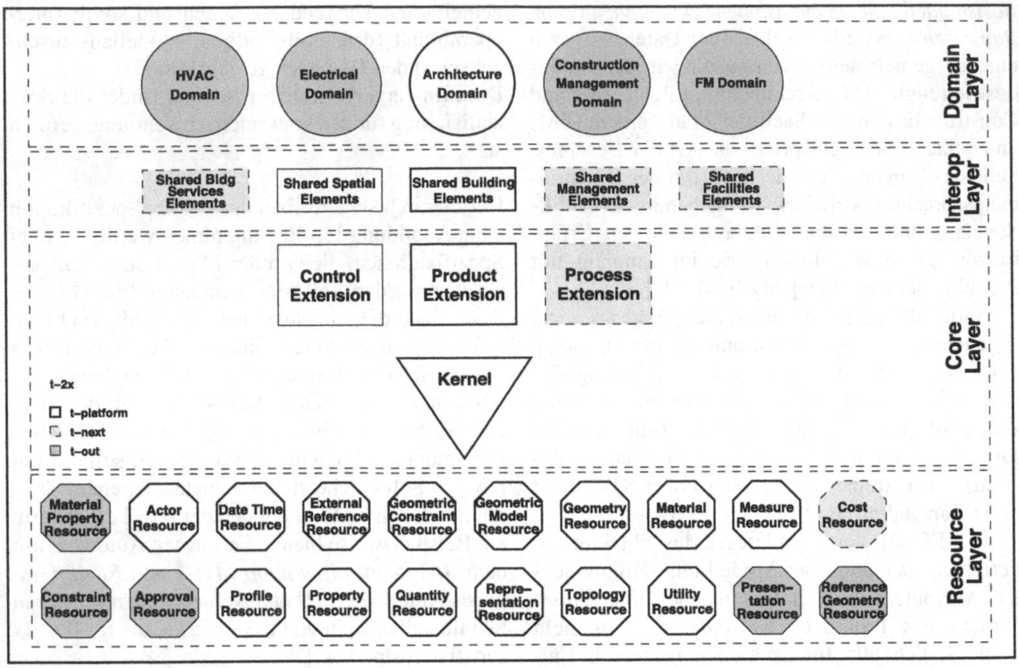

Abb. 1.1-40 Strukturierung der IFC 2x Spezifikation nach [IAI]

ist die zur Zeit übliche Verfahrensweise, birgt jedoch einige Probleme: Häufig wird in den verschiedenen Planungsbüros parallel weiter an den Dateien gearbeitet, was zu Unstimmigkeiten (Inkonsistenzen) zwischen den verschiedenen Planständen führen kann.

Der Umgang mit Planungsdateien erfordert daher informationstechnische Disziplin von allen Projektbeteiligten, was i. d. R. dadurch sichergestellt wird, dass umfangreiche Regelungen zur Datenübergabe als Bestandteil des Vertragswerks aufgenommen werden.

Als technische Antwort auf diese Probleme wurden zunächst Dokumentmanagementsysteme (DMS) entwickelt. Sie tragen dafür Sorge, dass sich alle anfallenden Projektdaten an einem einzigen Ort befinden und regeln den Zugriff durch eine detaillierte Rechteverwaltung. Ein DMS ermöglicht es daher u. a. nachzuverfolgen, welches Dokument zu welchem Zeitpunkt von welchem Bearbeiter geändert wurde. Außerdem sorgt das DMS durch Integration einer sogenannten Workflow-Engine dafür, dass die betroffenen Planer über das Einstellen einer neuen Planversion informiert werden.

Die kleinste von einem DMS verwaltbare Einheit ist eine Datei. Die wünschenswerte Versionierung und Zugriffskontrolle auf der kleineren Objektebene ist daher nicht möglich. Hier sollen zukünftig sogenannte Modell-Server Abhilfe schaffen, deren Aufgabe es sein wird, ein Building Information Model zentral in einer Datenbank vorzuhalten und für alle Projektbeteiligten zugänglich zu machen (Abb. 1.1-41). Sie sollen es ermöglichen, dass beispielsweise der Zugriff auf einzelne Bauteile für den Zeitraum ihrer Bearbeitung für alle anderen Planer gesperrt sind. Auf diese Weise können Inkonsistenzen von vornherein vermieden werden.

Derartige BIM-Server sind derzeit jedoch noch nicht in einem ausgereiften Stadium erhältlich, sondern existieren lediglich als Prototypen im Forschungsumfeld. Auf der anderen Seite erfordern allgemeine Produktmodell-Server wie der EDMserver

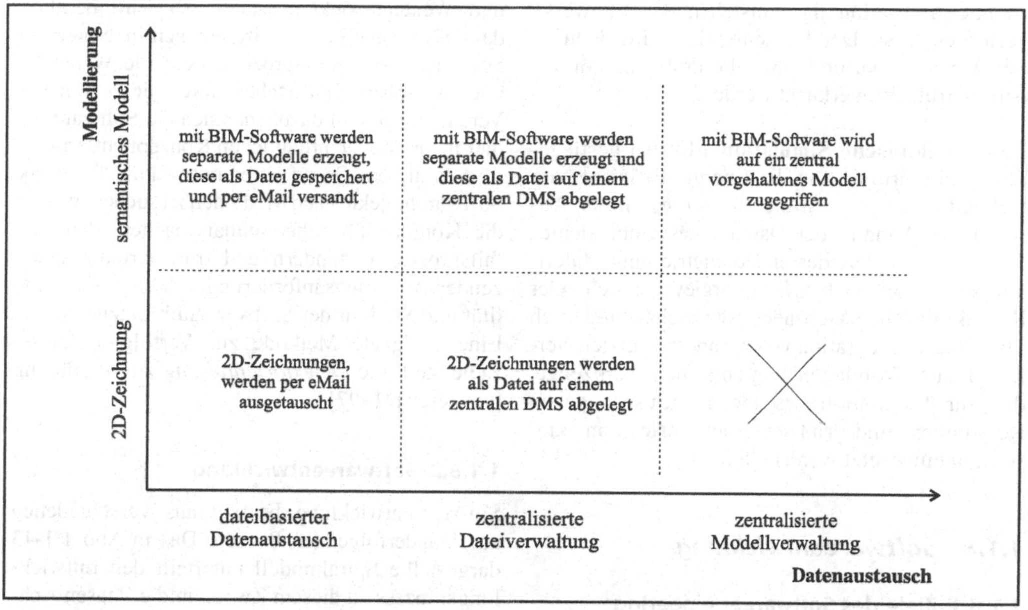

Abb. 1.1-41 Die Methode der Datenhaltung ist orthogonal zur Methode der Bauwerksmodellierung. Es ist zu erwarten, dass sich das Vorhalten eines gemeinsamen Building Information Models an einem zentralen Modell-Server langfristig durchsetzen wird, da damit enorme organisatorische Vorteile einhergehen

von EPM Technology und der EuroSTEP Model Server einen enormen Aufwand für die Anpassung an Bauprozesse und konnten sich daher bislang nicht durchsetzen. Für AutoDesk-spezifische Modelle gibt es hingegen bereits ein weitgehend ausgereiftes Produkt, den Enterprise Model Server.

BIM-gestützte Berechnungen und Simulationen Als eines der wesentlichen Potentiale des Einsatzes von BIM ist die vereinfachte (weitgehend automatisierte) Verwendbarkeit des Bauwerkmodells für verschiedenste Simulations- und Analyseverfahren zu sehen. Die bislang übliche „Modellierung" eines Gebäudes mit Hilfe von 2D-Plänen hatte i. d. R. eine sehr aufwändige Aufbereitung der Eingangsdaten notwendig gemacht, die bis hin zum Nachmodellieren der Bauteilgeometrie reichte.

Im folgenden sollen einige typische BIM-basierte Anwendungen vorgestellt werden. Diese werden wegen ihrer nachgeordneten Rolle im Entwurfsprozess auch als Downstream-Applikationen bezeichnet.

Modellprüfung Ein sogenannter Model Checker prüft, ob das übergebene Modell bestimmten Regeln entspricht. Die Regeln können dabei von einfachen Konsistenzregeln (keine doppelten Wände) über eine Kollisionsprüfung bis hin zur Überprüfung der Einhaltung bestimmter Normen, beispielsweise zum Brandschutz reichen. Als Produkt sind hier die Model „Checker" von Solibri und EDM zu nennen (Abb. 1.1-42).

Baustatische Berechnung Diese Applikation profitiert stark von der Übergabe eines BIM als Eingangsdaten. Einem BIM können neben der Bauteilgeometrie vor allem auch Materialparameter entnommen werden. BIM-fähige Baustatik-Produkte sind beispielsweise SOFiSTiK, Nemetschek Scia und Tekla Structure.

Bauablaufsimulation Bei der Bauablaufsimulation wird das dreidimensionale Gebäudemodell mit einem Bauzeitenplan gekoppelt. Ergebnis ist ein 4D-Modell, anhand dessen sich durch entsprechende Animation das Entstehen des Bauwerks verfolgen lässt. Der Bauzeitenplan wird dadurch leichter erfassbar und mögliche Probleme können bereits frühzeitig erkannt werden.

Bauphysikalische Simulation Mit den gestiegenen Anforderungen an die Energie-Effizienz von Gebäuden steigt auch die Bedeutung dieser Anwendung. Anhand der Daten eines Gebäudemodells, insbesondere dessen Geometrie- und Materialdaten, lassen sich z.B. Energieverbrauch oder Raumklima eines Gebäudes gut abschätzen. Durch die weitere Integration von rechnergestützten Verfahren zur Ökobilanzierung entstehen Werkzeuge, die zur Simulation des lebenszyklusbezogenen Ressourcen- und Primärenergiebedarfes von Bauwerken eingesetzt werden können.

1.1.8 Softwareentwicklung

1.1.8.1 Ziele des Softwareengineering

Die Erstellung anspruchsvoller Softwaresysteme erfordert die Bereitschaft, immer wieder neue Sachverhalte im Team zu durchdringen und intelligent zu strukturieren. Betrachtet man die Erstellungs- und Weiterentwicklungszeiten, so wird deutlich, dass ein Großteil der Anstrengungen innerhalb des Softwareentwicklungsprozesses auf die Weiterentwicklungsphase fällt. Dabei führen die zahlreichen Veränderungen oft dazu, dass sich die Software immer mehr vom ursprünglichen Konzept entfernt.

Aus diesem Grund ist es notwendig, für große Softwareprojekte nach Methoden zu suchen, welche die Komplexität beherrschbar machen, den Zerfallsprozess verhindern und trotz strukturzersetzender Änderungsanforderungen helfen, die Qualität und Struktur der Software aufrechtzuerhalten. Eine geeignete Methode zur Verfolgung dieser Ziele stellt die *Objektorientierung* zur Verfügung [Oestereich 1997].

1.1.8.2 Softwareentwicklung

Softwareentwicklung besteht aus verschiedenen aufeinanderfolgenden Phasen. Das in Abb. 1.1-43 dargestellte Spiralmodell unterteilt den Entwicklungsprozess zu diesem Zweck in die Phasen Analyse, Entwurf, Programmierung und Einsatz im Testbetrieb.

Durch mehrmaliges Durchlaufen der vier Phasen entlang der Spirale entsteht in wohldefinierten Abschnitten ein komplexes Softwaresystem. Grund-

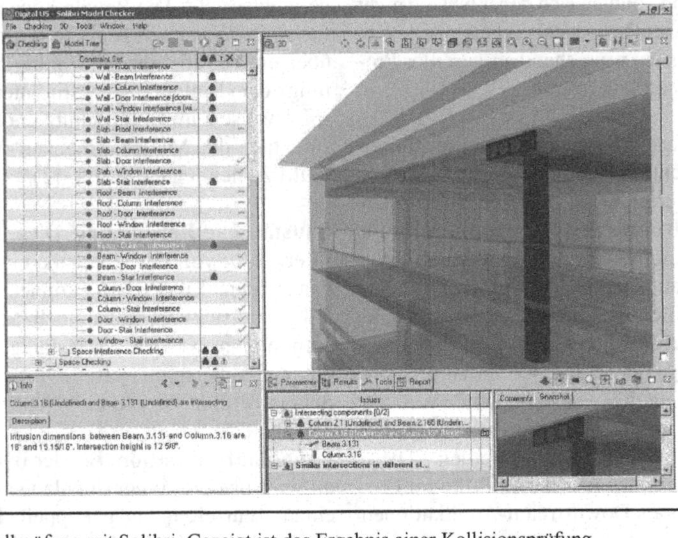

Abb. 1.1-42 Modellprüfung mit Solibri. Gezeigt ist das Ergebnis einer Kollisionsprüfung

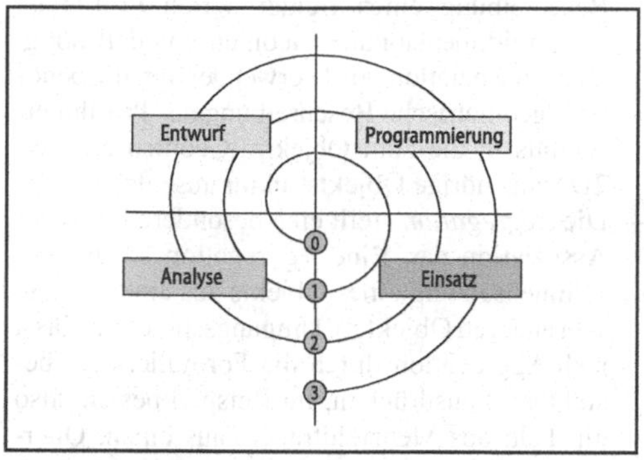

Abb. 1.1-43 Spiralmodell

sätzlich sollte dabei am Ende eines Durchlaufs ein definiertes Teilziel erreicht werden, welches im nächsten Durchlauf als Basis eines weiteren Entwicklungszyklus dienen kann. Wesentlich für diese Vorgehensweise ist dabei die Gliederung der Entwicklungsaktivitäten in kleine Einheiten sowie die koordinierte Verzahnung von Aktivitäten auf Basis unterschiedlicher Spezialisierungsgrade.

Zur Strukturierung und Spezifikation des Softwaresystems in den Phasen Analyse und Entwurf können objektorientierte Modellierungsmethoden verwendet werden ([Booch 1994], Object Modeling Technique (OMT) [Rumbaugh 1993], Unified Modeling Language (UML) [RSC 1997]). Sie unterscheiden sich hinsichtlich ihrer Notation und der zur Abbildung des Problemraumes zu erstellenden Teilmodelle. Alle Modellierungsmethoden versuchen dabei durch sukzessive Erhöhung des Spezialisierungsgrades eine durchgängige Lösung – von der Analyse bis zur Programmierung – anzubieten. Speziell für die Implementierung des Softwaresystems ist es erforderlich, dass die innerhalb der Modellierungsmethode gewählten Ansätze durch geeignete Programmkonstrukte der verwendeten Programmiersprache (z. B. C++, Java und Eiffel) unterstützt werden. Einige der genannten Konzepte werden im Folgenden am Beispiel der Entwicklung von Software zur Berechnung eines Mehrfeldträgers erläutert (Abb. 1.1-44).

1.1.8.3 Objektorientierte Analyse und Entwurf

Ziel der Analysephase ist es, eine Problemstellung aus der realen Welt zu verstehen und geeignet zu modellieren. Zu diesem Zweck werden mit Hilfe von Szenarien relevante Abläufe und Strukturen analysiert und mit potentiellen Nutzern der zu entwickelnden Software diskutiert. Die hierbei erarbeiteten Ergebnisse werden in einem *Fachkonzept* festgehalten. Dieses spezifiziert auf fachlicher Ebene, also aus Anwendersicht, den Anforderungs- und Aufgabenkatalog für das zu erstellende Softwaresystem.

Für das als Beispiel gewählte Tragwerk bedeutet dieser Analyseprozess, dass zunächst ein mechanisches Modell zu wählen ist, das eine Abstraktion der realen Struktur – z. B. als Mehrfeldträger – erlaubt. Weiterhin sind Annahmen zur Geometrie des Trägerquerschnitts und zu möglichen Lasten zu treffen. Der Analyseprozess legt bei diesem Beispiel weiterhin die Art der gewünschten Ergebnisse und insbesondere die zur Berechnung zu verwendenden mathematischen und numerischen Methoden fest, ohne sich jedoch bereits um eine konkrete softwaretechnische Umsetzung zu kümmern.

Aufbauend auf diesem Fachkonzept wird ein Softwarekonzept entwickelt, dessen Aufgabe es ist, einen ersten Lösungsentwurf für das zu erstellende System anzubieten. Von zentraler Bedeutung ist dabei das *Objektmodell* (Abb. 1.1-45), das die Objekte und ihre Beziehungen erfasst. Die Objekte

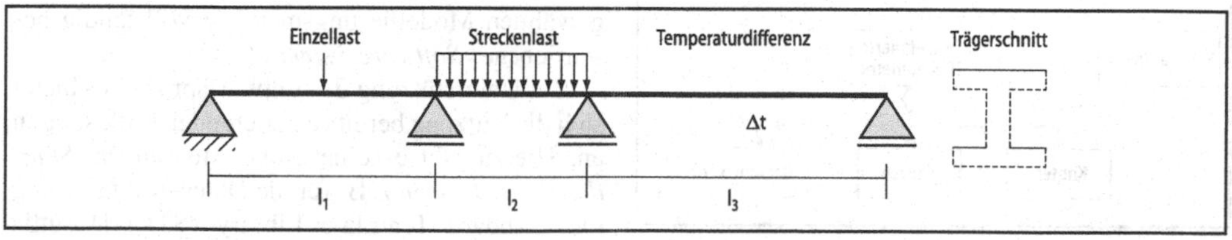

Abb. 1.1-44 Mehrfeldträger mit beliebigem Querschnitt

selbst werden durch ihre Attribute und Verarbeitungsmethoden beschrieben. Die Attribute kann man mit Hilfe der verfügbaren Methoden verändern (s. dazu die nähere Beschreibung zum Objekt*knoten* in 1.1.8.4).

Für die Strukturierung des Objektmodells stehen drei Beziehungstypen zur Verfügung:

– Die *Generalisierung* bzw. *Spezialisierung* ermöglicht es, Gemeinsamkeiten bzw. Unterschiede zwischen verschiedenen Objekten auszudrücken. Hierbei werden generelle Eigenschaften in Form von Attributen und Methoden einem übergeordneten Objekt (z. B. „Querschnitt") zugeordnet. Durch Vererbung können nun diese generellen Eigenschaften an andere untergeordnete Objekte (z. B. „Standardprofil" oder „Freidefiniertes Profil") weitergegeben werden. Innerhalb dieser Objekte findet dann durch Erweiterung der vererbten Eigenschaften um objektspezifische Eigenschaften (wie eine Listenstruktur zur Aufnahme der Eckpunkte des polygonal berandeten Querschnitts für das Objekt „Freidefiniertes Profil") die Spezialisierung statt.
– *Assoziationen* drücken Beziehungen zwischen verschiedenen Objekten aus. Das Objekt „Freidefiniertes Profil" unterhält z. B. eine Beziehung zum Objekt „Geometriemodell 2D", d. h. zur Beschreibung eines freidefinierten Profils ist ein zweidimensionales Geometriemodell nötig. Diese Assoziation wird verwendet, um die benötigte geometrische Beschreibung des Profilquerschnitts in die zum Objekt, „Geometriemodell 2D" zugehörige Objektstruktur auszulagern.
– Die *Aggregation* stellt eine besondere Form der Assoziation dar. Eine Aggregation ist die Zusammensetzung eines Objekts aus einer Menge von anderen Objekten. Umgangssprachlich lässt sich Aggregation durch die Formulierung „besteht aus" ausdrücken. Im Beispiel besteht also ein Feld des Mehrfeldträgers aus einem Querschnitt, einer Belastung und weiteren im Beispiel nicht näher ausgeführten Objekten.

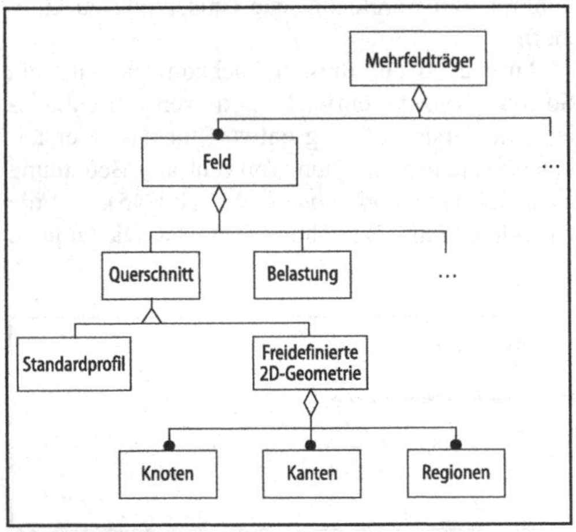

Abb. 1.1-45 Objektmodell eines Mehrfeldträgers

Neben dem Objektmodell, welches die statische Struktur beschreibt, lassen sich mit Hilfe weiterer Modelle andere Aspekte des Softwaresystems ausdrücken. Wichtige Gesichtspunkte sind dabei Zustandsänderungen, die mit Hilfe des dynamischen Modells wiedergegeben werden, und Datenflüsse, die mit Hilfe des funktionalen Modells in der Notation nach OMT modelliert werden können. Welche Modelle zur Beschreibung der verschiedenen Blickwinkel auf ein Softwaresystem letztlich zur Verfügung stehen, hängt von der verwendeten Modellierungsmethode ab.

Während die Phase der objektorientierten Analyse dazu dient, den Problemraum zu erfassen und zu strukturieren, ist es Aufgabe des objektorientierten Entwurfs, die in der Analysephase erzeugten Modelle zu einem Softwareentwurf weiterzuentwickeln. Hierzu sind neben Konzepten für implementationstechnische Details (wie die Umsetzung der Objektbeziehungen) vor allem der Entwurf der Benutzungsschnittstelle, der Entwurf der Anbindung an eine Datenbank und der Entwurf für die Einbindung der Softwarekomponenten in bestehende Softwaresysteme erforderlich. Ergebnis dieser Arbeitsschritte ist ein durch die Modelle der gewählten Modellierungsmethode vollständig beschriebenes *Softwaresystem*.

Zur Unterstützung des Entwurfsprozesses bietet sich die Nutzung bereits existierender Teillösungen an. Hierzu gibt es eine große Auswahl an *Standardbibliotheken*, z. B. für die Datenstrukturierung die Standard Template Library (STL) [Josuttis 1996], für die Entwicklung von Anwendungen unter Windows die Microsoft Foundation Classes (MFC) [Kruglinski 1997] oder für numerische Berechnungen der linearen Algebra (z. B. LAPACK 3.3). Diese bieten jeweils für bestimmte Anwendungsfelder fertige und wohldefinierte Lösungsansätze, die in geeigneter Weise in den eigenen Entwurf integriert werden können.

1.1.8.4 Objektorientierte Programmierung

Nachdem das Softwaresystem vollständig beschrieben wurde, ist es die Aufgabe der Programmierung, das Ergebnis des Softwareentwurfs in ein ablauffähiges *Programmsystem* umzusetzen. Hierzu eignen sich besonders objektorientierte Programmiersprachen (z. B. Smalltalk, Eiffel, C++, Java), da diese spezielle Sprachkonzepte zur Verfügung stellen, durch welche die in den vorangegangenen Phasen entwickelte komplexe Objekt- und Beziehungsstruktur effizient umgesetzt werden kann. Abbildung 1.1-46 zeigt exemplarisch einen Programmausschnitt für einen Knoten der Querschnittsbeschreibung des Mehrfeldträgers bei der Umsetzung in eine C++-Klasse [Breymann 1993, Stroustrup 1998].

Im Folgenden werden einige zentrale objektorientierte Programmierkonzepte am Beispiel von C++ vorgestellt.

Wichtigstes Merkmal einer objektorientierten Programmiersprache wie C++ ist das *Klassenkonzept*. Dabei können elementare Datentypen (oder bereits bestehende Klassen) zu sog. „Klassen" zusammengefasst werden. Im Beispiel werden die Koordinaten *x* und *y* sowie die Identifikationsnummer *id* als Attribute oder Daten der Klasse *knoten* zusammengefasst. Die Klasse verfügt zusätzlich über Methoden (*wertesetzen(. . .)*, *verschieben(. . .)* und *info( )*) zur Manipulation und Bearbeitung der Attribute. Durch das Zusammenfassen von Attributen und Methoden zu Klassen lässt sich eine bessere Abbildung der realen Welt bei der Umsetzung in die Programmiersprache erreichen. Eine Klasse ist also die allgemeine Beschreibung eines Objekts, nach der konkrete Objekte der Klasse (sog. „Instanzen") erzeugt werden können. Im Beispiel sind das Knoten mit konkreten Koordinaten und je einer Identifikationsnummer.

Für jede Klasse kann zwischen öffentlichen (engl.: public) und privaten (engl.: private) Daten

```
class knoten                                  // Deklaration der Klasse knoten
{
  private:                                    // Daten sind gekapselt
    double x, y;                              // Daten der Klasse knoten
  public:
    int id;                                   // Öffentliche Daten der Klasse knoten
    knoten(int);                              // Konstruktor der Klasse knoten
    void wertesetzen(double, double);         // Methode zur Datenmanipulation
    void verschieben(double, double);         // Methode der Klasse knoten
    void info();                              // Methode zur Datenausgabe
};

knoten::knoten(int nr)                        // Konstruktor der Klasse knoten
{
  id = nr;                                    // Zuweisung einer eindeutigen
                                              // Identifikationsnummer
  x = 0.; Y = 0.;                             // Koordinaten werden initial mit null
}                                             // belegt

void knoten::wertesetzen(double xneu, double yneu)
{                                             // Definition der Methode wertesetzen
  x = xneu; y = yneu;                         // Werte übernehmen
}

void knoten::verschieben(double vx, double vy)
{                                             // Definition der Methode verschieben
  x = x + vx; y = y + vy;                     // Die Koordinaten werden verändert
}

void knoten::info()                           // Ausgabe der Daten der Klasse knoten
{                                             // auf dem Bildschirm
  cout << "Informationen für Knoten Nr. " << id << ":" << endl;
  cout << "Koordinaten: " << x << " und " << y << endl;
}
```

Abb. 1.1-46 C++-Quelltext der Klasse knoten

und Methoden unterschieden werden. Private Daten und Methoden können dabei nur von Methoden der Klasse selbst manipuliert werden. Zugriffe von anderen Klassen geschehen kontrolliert über Methoden, die im öffentlichen Bereich der Klasse zur Verfügung gestellt werden, also die Schnittstelle der Klasse nach außen definieren. Dieses Konzept des kontrollierten Zugriffs auf Attribute und Methoden wird als „Kapselung" bezeichnet. Im Beispiel der Klasse *knoten* kann also nur über die öffentlichen Methoden *wertesetzen (...)* und *verschieben (...)* auf die privaten Datenspeicher *x* und *y* zugegriffen werden.

Klassen lassen sich, wie in der Analyse gezeigt, zu Klassenhierarchien anordnen. Ein wichtiger Mechanismus dabei ist die *Vererbung*. Abgeleitete Klassen (z. B. „Standardprofil" oder „Freidefiniertes Profil" aus Abb. 1.1-45) erben dabei Daten und Methoden der übergeordneten Klasse („Querschnitt"). Zusätzlich dazu enthalten sie jedoch i. d. R. weitere Daten und Methoden. Die Möglichkeit der Vererbung in einer objektorientierten Programmiersprache erlaubt es damit, das im Objektmodell verwendete Konzept der Generalisierung bzw. Spezialisierung direkt abzubilden.

Als sehr nützliches Merkmal der objektorientierten Modellierung und Programmierung erweist sich der *Polymorphismus*. Er gestattet die unterschiedliche Implementierung einer Methode gleichen Namens mehrmals. Erst im Kontext des aufrufenden Objekts wird dann zur Laufzeit die entsprechende Methode aus der zugehörigen Klasse ausgewählt.

1.1.9 Integration

1.1.9.1 Datenaustausch

Die an Planung, Konstruktion und Ausführung beteiligten Fachplaner nutzen für die Bearbeitung ihrer Aufgaben i. d. R. verschiedene Programme, so dass für die durchgängig DV-gestützte Planung dem Datenaustausch größte Bedeutung zukommt. Ein verlustfreier Datenaustausch ist jedoch meist nur dann möglich, wenn die gleichen Programme verwendet werden. Ein Datenaustausch zwischen verschiedenen Programmen hingegen ist nur über vereinbarte Schnittstellen möglich und in der Praxis häufig mit einem Verlust an Information verbunden. Jeder Datenaustausch setzt eine Absprache bezüglich des Übertragungsmediums und des Übertragungsformats voraus. Als Medium setzt sich neben herkömmlichen Datenträgern immer mehr die Datenfernübertragung per Telekommunikations- oder Rechnernetz durch.

Als Basis zahlreicher darauf aufbauender Übertragungsformate dient die *ASCII-Norm* (ASCII American Standard Code for Information Interchange), die ein allgemeines Austauschformat für nichtgraphische Daten definiert. ASCII selbst legt lediglich die Darstellung einzelner Zeichen ohne weitere Strukturierung fest (vgl. Abb. 1.1-2).

Schnittstellen für den Austausch von CAD-Daten Mit der Definition neutraler Schnittstellen für die Übertragung von CAD-Daten wird der Versuch unternommen, einen produktübergreifenden Datenaustausch zu ermöglichen (Tabelle 1.1-6).

In der Praxis sind herstellerspezifische Schnittstellen weit verbreitet, da hiermit zumindest ein verlustfreier Datenaustausch zwischen den Produkten eines Herstellers möglich wird (Tabelle 1.1-7).

Schnittstellen für den Austausch von Finite-Element-Daten Die meisten am Markt befindlichen Finite-Element-Programme für das Bauwesen erlauben lediglich eine Übernahme von einfachen Bauteilgeometrien aus CAD-Programmen, die dann dem Präprozessor und der Diskretisierung zugeführt werden. Der Austausch von diskretisierten Systemen mit allen zugehörigen Elementen, Randbedingungen, Belastungen usw. ist meist nicht realisiert. Es existiert jedoch ein Standard für den Austausch diskretisierter Systeme, der in der ISO 10303-STEP normiert wurde (vgl. 1.1.9.2). Darin erlaubt der Teil ISO 10303-104 „Integrated application resources: Finite Element Analysis" die Modellierung und Übertragung komplexer Daten für die Finite-Element-Analyse.

Schnittstellen für den Austausch von Daten für AVA (Ausschreibung, Vergabe, Angebot) Im Projektmanagement kommt der elektronischen Datenübertragung besonders im Hinblick auf eine konsistente Erstellung von Angebotsunterlagen

Tabelle 1.1-6 Neutrale Schnittstellen

IGES	„Initial Graphics Exchange Specification“, Internationale Norm, IGES Ver. 5.3, U.S. Product Data Association (US PRO)/ IGES/PDES Organization (IPO)
SET	„Spécifications du standard d'échange et de transfert“ (SET), Französische Norm, NF Z 68-300, Dezember 1993, Association française de normalisation (AFNOR)
STEP	„Standard for the Exchange of Product Model Data“, ISO 10303 Norm, Application Protocol 201, 202 und 225

Tabelle 1.1-7 Herstellerspezifische Schnittstellen

DXF	Austauschformat des CAD-Systems AutoCAD der Firma Autodesk
IGDS	Austauschformat von INTERGRAPH
RIF	Austauschformat des Systems RIBCON der Firma RIB/RZD, Stuttgart

Tabelle 1.1-8 Schnittstellen für den Austausch von AVA-Daten

REB	„Regelungen für die elektronische Bauabrechnung“, Schnittstelle für den Austausch von Abrechnungs- und Aufmaßdaten (Datenart 11 nach GAEB)
GAEB	„Gemeinsamer Ausschuss Elektronik im Bauwesen“, Weiterentwicklung der REB, erlaubt auch die Übermittlung von Ausschreibungs-, Angebots- und Auftragsunterlagen; erlaubt auch aus einigen CAD-Systemen eine direkte Übernahme von Informationen für die Angebotserstellung [GAEB 1998]
DATANORM	„Datenaustauschverfahren im Baunebengewerbe“, Schnittstelle, die von mehreren Herstellern entwickelt wurde, um Informationen zwischen Architekten und Fachingenieuren (bes. HKLS – Heizungs-, Klima-, Lüftungs- und Sanitärtechnik) austauschen zu können [DATANORM 1998]
EDIFACT	„Electronic Data Interchange For Administration, Commerce and Transport“, internationales Austauschformat: EDI/EDIFACT (ISO 9735), das die Übertragung von Kosten- und Termindaten, von Daten des Beschaffungs- und Rechnungswesens und von administrativen Daten ermöglicht

große Bedeutung zu. In Tabelle 1.1-8 werden dafür einige Schnittstellen aufgeführt [Kretzschmar et al. 1994].

Schnittstellen für den Austausch von Projektmanagementdaten Für Projektmanagementsoftware gibt es z. Zt. keine allgemein vereinbarten Schnittstellen. In der Regel sind jedoch Austauschmöglichkeiten zu Standardapplikationen (Access, Excel usw.) vorhanden. Weit verbreitet ist darüber hinaus das MPX-Austauschformat des Projektmanagementsystems *Microsoft Project*. Dieses auf dem ASCII-Standard aufbauende Dateiformat erlaubt die Übertragung von Daten für komplexe Abläufe und Vorgänge, für die Kostenverfolgung sowie für Verknüpfungen zwischen einzelnen Vorgängen mit ihren Anordnungsbeziehungen und Meilensteinen.

1.1.9.2 Produktmodellierung

Während die bisher betrachteten Schnittstellen nur Teilausschnitte erfassen, versucht die Produktmodellierung, eine umfassende Abbildung komplexer ingenieurtechnischer Systeme zu ermöglichen [Grabowski/Anderl/Polly 1994]. Die Produktmodellierung im Bauwesen wird auch als BIM (Building Information Modeling) bezeichnet und ist im Abschnitt 1.1.7 ausführlich beschrieben.

Die Produktmodellierung ist ein Ansatz, um eine Übertragung von Modellinformationen für eine durchgängig DV-gestützte Planung, Konstruktion und Ausführung verlustfrei vornehmen zu können. Dazu ist es notwendig, alle für eine spezielle Aufgabe notwendigen Informationen zu definieren und in geeigneter Weise zu strukturieren [Rüppel/Meißner 1996, Kowalczyk 1997].

STEP (Standard for the Exchange of Product Model Data) Ein Produktmodell im Bauwesen ist i. A. die Spezifikation von beschreibenden Informationen zu allen Entwicklungsphasen eines Bauwerks in einer strukturierten, digital verarbeitbaren Darstellung. Im Bauwesen erfolgt die Bildung von Teilproduktmodellen unter den spezifischen Anforderungen der beteiligten Fachplaner und gemäß den vorgegebenen Leistungsphasen der HOAI. Die Vereinigung aller Teilmodelle soll demnach alle Informationen enthalten, die zur Planung, zum Entwurf, zur Fertigung und zur Nutzung eines Bauwerks erforderlich sind.

Produktmodelle werden seit 1984 mit der Norm ISO 10303-STEP semantisch und syntaktisch spezifiziert [Haas 1993]. Grundlage für den Austausch von komplexen Produktmodellen ist eine klare Gliederung des Aufbaus dieser Modelle. Produktmodelle werden mit Hilfe der Spezifikationssprache EXPRESS, die Bestandteil von STEP ist, genormt. Nach der EXPRESS-Spezifikation, die das Produktmodell auf einer logischen Ebene beschreibt, richtet sich der Aufbau der physikalischen STEP-Austauschdatei. Die STEP-Datei ist ein ASCII-File, in dem in sequentieller Reihenfolge einzelne Datensätze mit ihren Attributen und Verweisen auf andere Datensätze stehen.

Abbildung 1.1-47 zeigt beispielhaft die Spezifikation eines Polygons in EXPRESS sowie die mögliche Umsetzung in eine konkrete ASCII-Austauschdatei.

Die Norm ISO 10303-STEP umfasst Produktmodelle für nahezu alle Bereiche der Technik. Sie ist in einzelne Applikationsprotokolle (AP Application Protocol) unterteilt. Die für das Bauwesen relevanten Applikationsprotokolle sind insbesondere AP201 „Explicit draughting", AP202 „Associative draughting" und AP 225 „Building elements using explicit shape representation". Grundsätzlich können Bauwerke mit Hilfe des AP 225 ganzheitlich beschrieben werden, da die Spezifikation von Geometrie, Topologie, Funktionalität und allen Eigenschaften von Bauteilen und Räumen sowie sonstiger Strukturen in dem Datenmodell möglich ist.

IFC (Industry Foundation Classes) Wie bereits im Abschnitt 1.1.7 beschrieben, hat es sich die Internationale Allianz für Interoperabilität (IAI), ein Zusammenschluss verschiedener Organisationen der Bauindustrie, der Softwareanbieter unter der Leitung der Firma Autodesk und der Wissenschaft, zum Ziel gesetzt, ein neutrales, objektorientiertes Datenaustauschmodell zu entwickeln, bei dem die Objektinformationen und Objektbeziehungen von Bauteilen im semantischen Zusammenhang übergeben werden, so dass ein Zugriff aller am Bauplanungsprozess beteiligten Fachplaner auf ein zentrales Informationsmodell möglich wird.

Dabei wird sowohl für die Spezifikation der Produktmodelle (EXPRESS) als auch für den Datenaustausch und die Schnittstellen (STEP-Austauschdatei und STEP Data Access Interface (SDAI)) auf die Konzepte der ISO 10303 zurückgegriffen. Für die Implementierung der Schnittstellen werden die im Absatz 1.1.7.3 ausführlich erläuterten Industry Foundation Classes (IFC) entwickelt, die die komplexen Beziehungen zwischen den auszutauschenden Informationen in hierarchische Objektstrukturen abbilden [IFC 1998].

1.1.9.3 Verteilte Objektverwaltung

Neue Ansätze in der computergestützten Planung erlauben das gleichzeitige Bearbeiten von Informationsbeständen durch mehrere Fachplaner. Die Informationen werden von einem Dienstanbieter (Ser-

EXPRESS-Definition	STEP-Austauschdatei
ENTITY cartesian_point SUBTYPE OF (point); Coordinates : LIST [3:3] OF length_measure; END_ENTITY; ENTITY poly_loop; polygon : LIST [3:?] OF cartesian_point; END_ENTITY;	#77 = CARTESIAN_POINT ((0, 0, -3.4)); #78 = CARTESIAN_POINT ((1.1, 0, -3.4)); #79 = CARTESIAN_POINT ((0, 2.1, -3.4)); #80 = POLY_LOOP ((#77, #78, #79));

Abb. 1.1-47 Spezifikation eines Polygons in EXPRESS sowie Umsetzung in Austauschdatei

ver) zentral verwaltet und können von verschiedenen Dienstnutzern (Clients) manipuliert werden. Unter *verteilten Anwendungssystemen* versteht man demnach Applikationen, die in einer räumlich und u. U. organisatorisch verteilten Client-Server-Umgebung laufen. Die Clients übernehmen dabei die Rolle der Schnittstellen, die Anfragen an den Server senden und Ergebnisse, die vom Server bereitgestellt werden, empfangen und weiterverarbeiten.

Verteilte Anwendungssysteme sind die Grundlage für *kooperatives Arbeiten* (Telekooperation). Vorteile dieser Architektur sind:

- effiziente Nutzung vorhandener Ressourcen durch Arbeitsteilung zwischen Client und Server,
- gute Erweiterbarkeit des Systems durch Einbindung weiterer Clients und Bereitstellung neuer Ressourcen auf der Serverseite,
- leichte Wartung des Informationsbestands durch zentrale, redundanzfreie Datenhaltung,
- automatische Mehrfachspeicherung (Replikation) des zentralen Datenbestands an verschiedenen Orten,
- große Nutzerfreundlichkeit durch Verwendung bereits vorhandener Schnittstellen und Standardsoftware.

Nachteile sind:

- höhere Komplexität bei der Entwicklung von Anwendungen,
- höherer Administrationsaufwand für das Gesamtsystem,
- verschärfte Sicherheitsprobleme bei der Kommunikation in Netzwerken.

Das Konzept des *Data Warehousing* beschäftigt sich vorrangig mit Architekturen, Werkzeugen und Methoden, um eine große Anzahl verteilter und heterogener Informationsquellen zu verwalten und relevante Information bei Anfragen effizient zur Verfügung zu stellen. Um dieses Ziel zu erreichen, werden vergleichbare Informationen an unterschiedlichen Orten vorgehalten (gespiegelt). Dies erfordert eine permanente Reaktion auf Änderungen der zentralen Datenquelle sowie eine im Hintergrund laufende Filterung und Integration der Informationen. Das Prinzip dieser Vorgehensweise ermöglicht eine konsequente Nutzung verteilter Informationsbestände durch Softwarewerkzeuge, die beliebig im Rechnernetz verteilt sein können. Bei konsistenter Replikation des Informationsbestands wird zusätzlich eine hohe Verfügbarkeit sichergestellt, auch wenn einzelne Informationsquellen temporär nicht nutzbar sind.

Unter *Middleware* [Tresch 1996] versteht man Kommunikationssoftware, die Clients und Server verbindet. Typische Middleware-Dienste sind u. a.

- *Kommunikationsdienste:* elektronischer Datenaustausch, elektronische Post (E-Mail), World Wide Web (WWW), Nachrichtenverarbeitung;
- *Systemdienste:* Konfigurationsmanagement, Softwareinstallation, Fehlererkennung, Authentifizierung, Verschlüsselung, Zugriffskontrolle;
- *Informationsdienste:* relationale und objektorientierte Datenbankmanagementsysteme (DBMS), Dateiserver;
- *Präsentationsdienste:* Multimedia- und Hypermediasysteme, Graphikverarbeitung, Animationen;
- *Berechnungsdienste:* mathematische Simulationen, Datenkonvertierungen bzgl. Internationalisierung (Zeit-, Währungs- und Einheiteneinstellungen).

Ein Hauptprinzip der verteilten Objektverwaltung ist, dass Informationen auf einer semantisch hohen Ebene so ausgetauscht werden können, dass sie vollständig, verlustfrei und konsistent bleiben.

Ein sehr einfaches Beispiel für den konsistenten Objektdatenaustausch ist in Abb. 1.1-48 dargestellt. Dabei wurde in Microsoft Excel eine graphische Darstellung des Momentenverlaufs für einen Zweifeldträger als eigenständiges Objekt erstellt (vgl. 1.1.3.3). Dieses Objekt wurde mit Hilfe des *OLE-Mechanismus* (OLE Object Linking and Embedding) in ein Dokument in Microsoft Word integriert. Ein wichtiger Vorteil dieser Vorgehensweise ist, dass das Word-Dokument automatisch aktualisiert werden kann, falls Änderungen am Objekt in Excel vorgenommen werden.

OLE baut auf das *Component Object Model* (COM), seit 1997 weiterentwickelt zum *Distributed Component Object Model* (DCOM), auf. COM ist ein eigener Middleware-Standard von Microsoft zum Objektdatenaustausch. Dabei ist ein Informationsaustausch auch zwischen verteilten Applikationen, die auf verschiedenen Rechnern laufen, möglich. Die Objektinformationen werden von einer

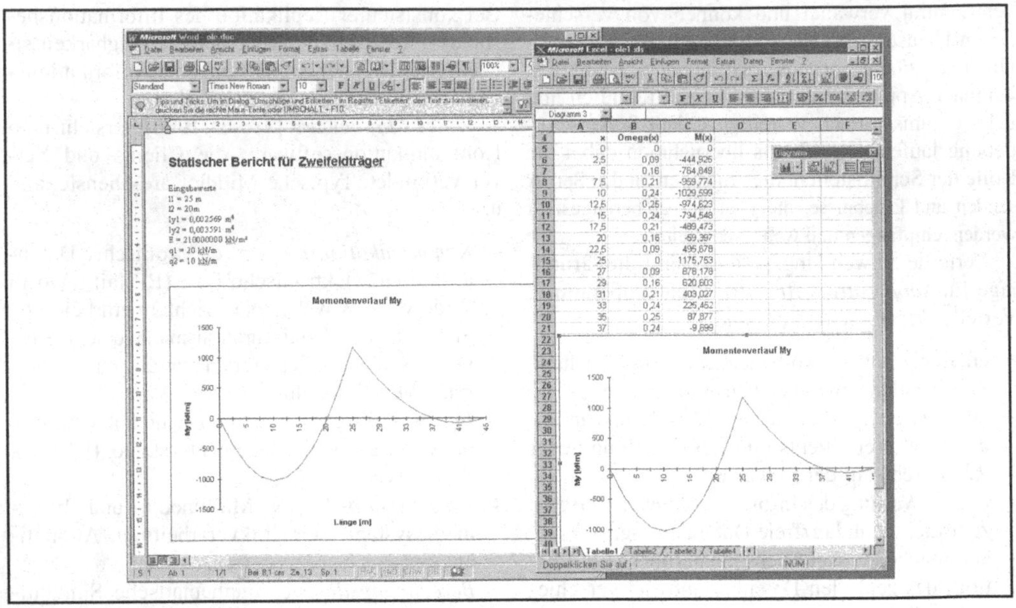

Abb. 1.1-48 Integration mit OLE

Applikation als Objektserver im Netzwerk bereitgestellt. Die Verbindung zur anderen Applikation, die als Client auf das Objekt zugreift, erfolgt über eine Schnittstellenfestlegung (Interface).

Im Gegensatz zum herstellerspezifischen Standard COM wird die Kommunikations-Middleware *CORBA* seit 1989 als Rahmensystem für die Erstellung verteilter Informationssysteme von der *Object Management Group* (OMG), einem unabhängigen Konsortium, entwickelt. Kernstück von CORBA ist die *Object Management Architecture* (OMA), bestehend aus den folgenden Komponenten (Abb. 1.1-49):

- Der *Object Request Broker* (ORB) liegt als Kommunikationskern zwischen Server und Client. Der ORB ist eine Komponente, die von Objekten zur Kommunikation mit anderen Objekten in heterogenen Rechnernetzen genutzt werden kann. Er ermöglicht das Weiterleiten einer Anfrage (engl.: request) zu einem Zielrechner und dem dort befindlichen Objekt, unabhängig davon, welches Betriebssystem verwendet wird und in welcher Programmiersprache das aufgerufene Objekt implementiert ist. Der ORB verwaltet die Anfragen eines Clients und die Antworten (engl.: answers) eines Servers.
- Die *Common Object Services* definieren die allgemeinen und anwendungsunabhängigen Systemgrundoperationen zur Verwaltung (Modellierung und Speicherung) von *Objekten.*
- Die *Common Facilities* definieren spezialisierte und anwendungsspezifische Funktionalitäten, z. B. Schnittstellen (engl.: User interfaces).
- Die Sprache IDL (Interface Definition Language) wird zur programmiersprachen- und betriebssystemunabhängigen Definition der Objektschnittstellen verwendet (Syntax ähnlich C++), die in die Programmiersprache der Implementierung eingebunden wird.
- *Application Objects* definieren die Implementierung der Anwendungsobjekte.

Eine bidirektionale Kommunikation für den Objektdatenaustausch zwischen den beiden Standards DCOM/OLE und CORBA ist möglich.

Weitere Middleware-Standards sind das XML-basierte Konzept der Web-Services, das zunehmend Popularität gewinnt, der ASP.NET-Pro-

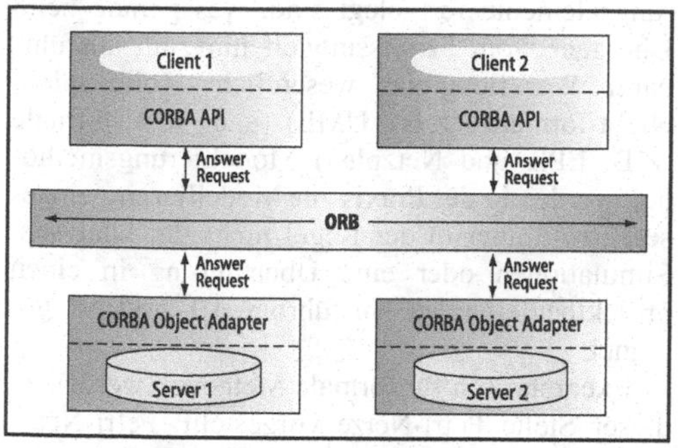

Abb. 1.1-49 Die CORBA Systemarchitektur

grammrahmen für derartige Web-Services von Microsoft und *RMI* (Remote Method Invocation). RMI wurde von SUN Microsystems zur Ausführung von Java-Applikationen auf entfernten Rechnern entworfen. Java ist eine objektorientierte Programmiersprache, die im Konzept C++ ähnelt, sich jedoch durch ihre Plattformunabhängigkeit auszeichnet und sich somit in den letzten Jahren als Netzwerkprogrammiersprache durchgesetzt hat. RMI ähnelt in seinem grundsätzlichen Aufbau den bereits erwähnten Konzepten COM/DCOM und CORBA, ist jedoch an die Programmiersprache Java gebunden. Es ist Bestandteil des Java Development Kit 1.1 und dient zur netzweiten Verteilung von Objekten. Wesentliche Bedeutung kommt diesem Konzept in Verbindung mit dem Internet zu [Merkle 1997].

1.1.10 Prozessmodellierung

1.1.10.1 Einführung

Die Planungsprozesse im Bauwesen sind gekennzeichnet durch ein sehr hohes Maß an arbeitsteiliger Kooperation von vielen heterogenen Fachplanern an unterschiedlichen Standorten, die oftmals verschiedenen selbständigen Organisationen angehören. Für eine erfolgreiche Kooperation – d.h. die Zusammenarbeit mehrerer Personen, Gruppen oder Institutionen in einem Team an einem gemeinsamen Material auf ein gemeinsames Ziel hin – ist es erforderlich, die Kommunikation in einem Bauprojekt zu koordinieren. Solch eine Koordination erfordert die Modellierung der Prozesse der beteiligten Planungspartner [Rüppel 2007]. Mit Prozessmodellen können Analysen und Simulationen der geplanten Arbeiten durchgeführt werden, um Konflikte identifizieren und den Ablauf optimieren zu können, so dass das Prozessmodell strukturell richtig ist und eindeutig definiert, analysiert, verifiziert und verbessert wurde, bevor es zur Unterstützung der Ausführung von Prozessen eines Bauprojekts in einem Workflow-Management-System eingesetzt wird.

Ein Prozess ist die inhaltliche und sachlogische Folge von Aktivitäten, die zur Bereitstellung eines Objekts in einem spezifizierten Endzustand notwendig ist [Fischer 2006]. Gemäß [van der Aalst 2002] sind die wesentlichen Elemente eines Prozesses:

- *Aktivität:* Eine Aktivität ist ein zeitverbrauchendes Element und beschreibt die Durchführung einer in sich abgeschlossenen Aufgabe.
- *Zustand:* Ein Zustand ist ein passives und zeitloses Element und besitzt Attribute sowie Bedingungen.
- *Ereignis:* Ein Ereignis ist das Eintreten eines definierten Zustandes.
- *Ressource:* Ressourcen sind die zur Durchführung einer Aufgabe erforderlichen Mittel (z. B. Material und Personal).

Für die Kombination der Prozess-Elemente zur Beschreibung der Abfolge stehen im Wesentlichen die folgenden Komponenten zur Verfügung:

- *Nebenläufigkeit:* Zwischen den einzelnen Prozessen besteht keine kausale Beziehung: sie können unabhängig voneinander ausgeführt werden.
- *Parallelität:* Die Prozesse werden gleichzeitig durchgeführt. Anfang und Ende der parallelen Prozesse müssen synchronisiert werden.
- *Konkurrenz:* Die Aktivität eines Prozesses beeinflusst einen anderen Prozess.
- *Synchronisation:* Nebenläufige Prozesse werden zeitlich aufeinander abgestimmt, d.h. ein Gleichlaufpunkt wird modelliert. Grundsätzlich können Prozesse synchron, d.h. in zeitlicher Übereinstimmung, oder asynchron, d.h. zeitlichen voneinander unabhängig, ablaufen.
- *Verzweigung:* Alternative und/oder Abfolgen von Prozessen, die an Bedingungen geknüpft werden.

Prozesse können in verschiedene Typen klassifiziert weiden. Hierzu wird folgende Kategorisierung vorgenommen:

- *Ad-hoc Prozesse:* Ad-hoc-Prozesse werden als kurzlebige Arbeitsschritte realisiert. Bei gängigen Projektkommunikationssystemen zeigt sich ein solcher ad-hoc-Prozess häufig als Dokumentenumlauf: Zu den Dokumenten werden Aufgaben mit Terminverfolgung definiert und auf Basis eines Mail-Systems verteilt.
- *Strukturierte Prozesse:* Strukturierte Prozesse werden für wiederholt auftretende Vorgänge mit planbaren Situationen verwendet.
- *Semistrukturierte Prozesse:* Semistrukturierte Prozesse stellen ein Mischform dar: Es gibt keine detaillierten Ablaufregeln, jedoch sind definierte Eingangs- und Ausgangsinformationen für die Arbeitsvorgänge in einer definierten Gruppe erforderlich.

Eine für Bauprojekte geeignete Prozess-Kategorie ist der strukturiert vorgegebene Ablauf mit der Möglichkeit von Ad-hoc-Modifikationen. Hier kann trotz vorstrukturierter Prozesse flexibel auf Besonderheiten im Sinne von dynamischen Abweichungen, die während der Durchführung eines Bauprojektes auftreten, reagiert werden.

1.1.10.2 Analyse, Modellierung und Simulation

Zur Erstellung von Prozessdefinitionen wird die Prozessmodellierung als Formalismus mit entsprechenden Ausdrucksmitteln verwendet. Beispiele für in Software-Systemen implementierte Methoden zur Prozessmodellierung sind:

- UML: Aktivitäts-, Sequenz- und Zustandsdiagramm [Grässle et al. 2000]
- Ereignisgesteuerte Prozess-Ketten (EPK) [Keller et al. 1992]
- Netzplantechniken [Seeling 1996]
- Workflow-Graphen [van der Aalst et al. 2002]
- Petri-Netze [Reisig et al. 1998]

Ein Klassifizierungsmerkmal zur Eignung einer Modellierungsmethode stellt der Formalisierungsgrad dar. Der Grad der Formalisierung gibt an, inwieweit die Syntax und Semantik der Modellierungselemente festgelegt sind, was gerade beim Übergang vom Prozessmodell hin zum ausführbaren Workflow eine wesentliche Rolle spielt. Nicht-formale (z.B. UML) und semi-formale (z.B. EPK und Netzplan) Modellierungsmethoden werden in der Praxis zur Modellierung eingesetzt, sind aber in der Regel nicht für Analysen, Simulationen oder eine Überführung in einen projektbegleitenden, ausführbaren Workflow geeignet.

Exemplarisch für formale Methoden werden an dieser Stelle Petri-Netze vorgestellt. Petri-Netze sind eine im Ingenieurwesen weit verbreitete Methode zur Beschreibung, Analyse und Simulation dynamischer Systeme mit nebenläufigen und nichtdeterministischen Vorgängen. Sie bieten sowohl einen grafischen als auch einen mathematischen Formalismus zur Beschreibung verteilter synchroner und asynchroner Prozesse eines diskreten Systems [Baumgarten 1996]. Ihre Entwicklung geht auf das Jahr 1962 zurück, als Carl Adam Petri mit seiner Dissertation „Kommunikation mit Automaten" promovierte [Petri 1962]. In der Folgezeit setzte weltweit eine intensive Erforschung und praktische Anwendung der Petri-Netze in verschiedenen Bereichen ein. Die klassischen Petri-Netze wurden stetig weiterentwickelt und um Datenkonzepte, zeitliche und hierarchische Aspekte erweitert [Priese et al. 2008]. Insbesondere wurde auch die Anwendung von Petri-Netzen auf Probleme des Workflow-Managements erforscht [van der Aalst et al. 2002]. Die Grundstruktur eines Petri-Netzes wird im Folgenden anhand eines Stellen-/Transitions-Netzes illustriert. Das Petri-Netz ist ein bipartiter gerichteter Graph mit den Stellen S und den Transitionen T,

$$\textit{Stellen:} \quad S = \{s_1, s_2, \dots, s_n\}$$
$$\textit{Transitionen:} \quad T = \{t_1, t_2, \dots, t_n\},$$

so dass gilt:

$$S \cap T = \phi \text{ und } S \cup T \neq \phi$$

Stellen und Transitionen sind durch gerichtete Kanten, so genannte Flussrelationen F miteinander verbunden:

$$F \subseteq (S\,x\,T) \cup (T\,x\,S)$$

Stellen, Transitionen und Flussrelationen bilden einen Netzgraphen *NG*, der beschrieben wird als:

$$NG = (S, F, T).$$

Stellen können Markierungen aufnehmen, wobei eine Anfangsmarkierung der Stellen durch die Menge M^0 gegeben ist. Die Anzahl der aufnehmbaren Markierungen kann durch eine Kapazität *K* begrenzt sein. Kanten können Kantengewichte *W* zugeordnet werden. Sofern kein Gewicht angegeben ist, hat eine Kante das Gewicht eins.

Ein Stellen-/Transitions-Netz (kurz S/T-Netz) ist somit ein geordnetes 6-Tupel Netz: $STN = (S, T, F, K, W, M^0)$. Abbildung 1.1-50 stellt die Elemente eines Stellen-/Transitions-Netzes grafisch dar.

Aufgrund dieser Informationen lässt sich die Markierungsgleichung

$$M_i = M_i^0 + N_{ij} \cdot T_j$$

aufstellen.
Hierin sind:

- M_i der Markierungsvektor, der für jede Stelle s_i die aktuelle Markierung angibt,
- M_i^0 der Anfangsmarkierungsvektor, der für jede Stelle s_i zum Ausgangszeitpunkt der Simulation die Anzahl der Marken angibt,
- T_j der Vektor der Schaltungen, der für jede Transition t_j angibt, wie oft sie geschaltet wurde,
- N_{ij} die Inzidenzmatrix, die eine mathematische Repräsentation des Petri-Netzes darstellt,

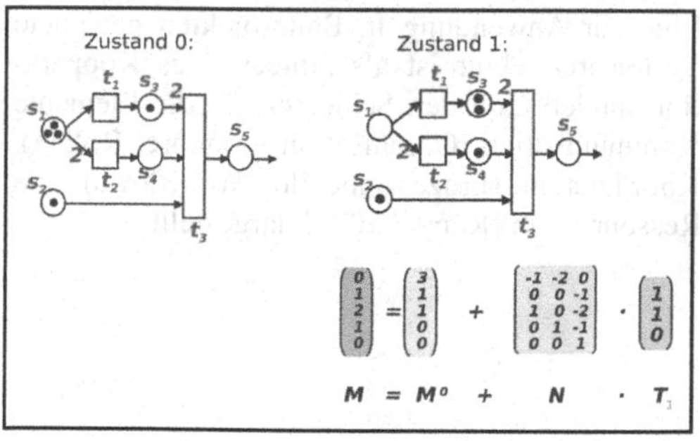

Abb. 1.1-50 Elemente eines Stellen-/Transitions-Netzes

wobei gilt:

$$M_{ij} = \begin{cases} W(t_j, s_i) & \text{wenn } (t_j, s_i) \in F \\ -W(s_i, t_j) & \text{wenn } (s_i, t_j) \in F \\ 0 & \text{sonst} \end{cases}$$

Die Markierungsgleichung stellt die Grundlage für die Analyse der modellierten Abläufe dar. Ebenso ist sie die Grundlage für die Laufzeitsteuerung, da aufgrund der aktuellen Markierung die möglichen Schaltungen der nachfolgenden Transitionen bestimmt werden (Abbildung 1.1-51).

Planungsprozesse im Bauwesen werden mit den Elementen der Petri-Netze wie in Tabelle 1.1-9 dargestellt beschrieben:

Darüber hinaus wurden zur Prozessmodellierung höhere Petri-Netze und spezielle Erweiterungen entwickelt. In [Oberweis 1996] wird ein spezieller Netztyp vorgestellt, um komplexe Datenstrukturen zu erfassen. Van der Aalst definiert in [van der Aalst 1998] ein Workflow-Netz (kurz WF-Netz) als die Spezialisierung eines Petri-Netzes, das vier verschiedene Transitionstypen vorsieht: automatisch ablaufende, nutzerbasierte, nachrichtenbasierte und zeitbasierte Transitionen, um spezielle Vorgänge charakterisieren zu können.

1.1.10.3 Ausführungsunterstützung

Die Ausführung der modellierten und verifizierten Prozesse während eines Bauprojekts wird mit Systemen der Software-Kategorie „Workflow-Management" unterstützt. Workflow-Management beschäftigt sich mit der softwaretechnischen Unterstützung der Aufgaben, die bei der Analyse, Modellierung, Simulation sowie bei der Ausführung und Steuerung von Workflows erfüllt werden müssen: Mit einem Workflow-Management-System (WfMS) werden Workflows definiert, erzeugt und deren Ausführung verwaltet. Solch ein System ist in der Lage, die Prozessdefinitionen zu interpretieren, mit den Teilnehmern zu kommunizieren und – wenn nötig – andere Applikationen aufzurufen. Spezielle zur Überwachung und Steuerung der Prozesse ist der Einsatz eines Laufzeitsystems (Workflow-Engine) erforderlich. Hierbei handelt es sich um eine spezielle Software-Komponente, welche die einzelnen Arbeitsschritte gemäß des im Prozessmodell definierten strukturellen und zeitlichen Ablaufs in

Tabelle 1.1-9 Abbildung von Planungsprozessen mit Elementen der Petri-Netze

Planungsprozess	Repräsentation im Petri-Netz	Grafische Darstellung
Planungszustände	Stellen S	○
Planungsaktivitäten	Transitionen T	□
Abhängigkeiten	Flussrelationen F	→
Informationen, Objekte	Marken M	•

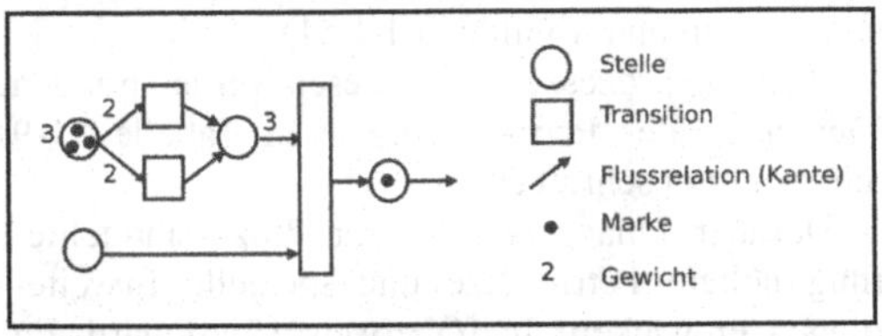

Abb. 1.1-51 Markenfluss und Zustände in Petri-Netzen

Aufgaben überführt und diese den Projektbeteiligten in Form von Aufgabenlisten zuweist. Das Laufzeitsystem überwacht darüber hinaus den Ausführungsstatus der sequentiell oder nebenläufig ablaufenden Aktivitäten und unterstützt die Projektbeteiligten in Entscheidungssituationen, die sich durch alternative Verzweigungen der Prozesse ergeben. Gegebenenfalls ist eine Interaktion mit externen Fachanwendungen notwendig, um die verschiedenen Aktivitäten auszuführen. Abweichungen vom Prozessmodell, die sich erst während der Durchführung der Prozesse ergeben, werden ebenfalls mit dem Laufzeitsystem verarbeitet.

1.1.10.4 Hinweise zur Anwendung

Der Vorteil einer konsistenten Prozessmodellierung ergibt sich besonders bei Arbeitsvorgängen mit den folgenden Eigenschaften:

- Hohe Anzahl von Personen und/oder Anwendungen
- Hoher Grad der Strukturierung
- Hoher Koordinierungsbedarf
- Hohe Wiederholungsrate mit nur wenigen Ausnahmen

Bei der Einführung der Prozessmodellierung in eine Bauprojektorganisation ist zu beachten, dass sie einen beachtenswerten Aufwand darstellt, der durch den Nutzen des Systems gerechtfertigt werden muss. Je nach Art der Bauprojektorganisation und des Bauprojektes können sich unterschiedliche Effekte ergeben. Ausgewählte Vorteile, die grundsätzlich mit der Prozessmodellierung und den zugehörigen Software-Systemen bei Bauprojekten erreicht werden können, sind:

- *Erhöhte Produktivität:* Zeiteinsparungen werden z.B. durch Optimierung der Kooperation im Sinne der Mängelvermeidung und der aufgabengerechten Informationsbereitstellung mit schnellem Zugriff erreicht.
- *Nachweisbarkeit:* Die Dokumentation von Abläufen erfolgt automatisiert: das ist vor allem dort von Bedeutung, wo diese Dokumentation vorgeschrieben ist.
- *Qualitätssicherung:* Das Software-System überwacht die Ausführung von Aktivitäten und sorgt dafür, dass sie auch wirklich erledigt werden oder meldet zumindest, dass die Erledigung noch aussteht.
- *Auskunftsfähigkeit:* Der aktuelle Bearbeitungsstand eines Vorgangs kann jederzeit ermittelt werden.

Eine zur Anwendung in Bauprojekten geeignete Systemarchitektur ist als „Integratives Kooperationsmodell“ mit den Schichten für die Elemente Kommunikation, Organisation (Akteure, Rollen), Koordination (Prozessmodelle, Workflows) und Ressourcen in [Rüppel 2007] dargestellt.

1.1.11 Informationssysteme im Bauwesen

Das Interesse an einem Informationssystem (IS) ergibt sich meist aus konkreten Bedürfnissen einer Organisation und dem Wunsch nach einem integrierten Informationsmanagement. Unter Informationssystemen versteht man Software, die zur Informationsverwaltung z. B. eines Bauunternehmens oder einer Baubehörde verwendet werden kann. IS bestehen aus einer Datenbank und einem auf den gespeicherten Informationen operierenden Programmsystem, das zur Erfassung, Verwaltung, Analyse und Ausgabe der Informationen dient.

Das Informationssystem einer Organisation kann aus drei Sichten betrachtet werden:

- Die *technische Sicht* betrachtet Punkte wie Effizienz, Stabilität, Sicherheit und Integrität (s. 1.1.3.1).
- Die *wirtschaftliche Sicht* ist von der Kosten-/Nutzen-Analyse geprägt. Die Kosten ergeben sich aus dem Unterhalt der Ressourcen (Rechner, Personal), der Einarbeitung der Anwender und der Beschaffung von Informationen, womit oft die höchsten Kosten verbunden sind.
- Die *soziale Sicht* ist die der Endanwender und derer, über die Daten gehalten werden. Diese Sicht spielt im Ingenieurwesen meist eine untergeordnete Rolle, da Informationssysteme im Bauwesen technische und nicht sozio-ökonomische Informationen verwalten.

Im Folgenden wird am Beispiel Geographischer Informationssysteme (GIS) der Aufbau und die Anwendung von Informationssystemen im Bauwesen erläutert.

Im Rahmen bauspezifischer Planungen werden klein- und großmaßstäbliche Informationen (Planungsgrundlagen für die Bau- und Umweltplanung) benötigt. Grundlage dafür bilden heute meist zweidimensionale, grundrissbezogene Darstellungen, d. h. digitale Karten von flächen- und objektbezogenen Sachverhalten sowie ihre Auswertung und Beurteilung. Die Erfassung, Erstellung und Verarbeitung digitaler Karten und zugrundeliegender Geländemodelle ist die Voraussetzung für eine DV-gestützte raumbezogene Entscheidungsfindung. Der Bedarf an digitalen Karten und deren Weiterverarbeitung ist in den letzten Jahren stark gestiegen, so dass mittlerweile fast alle topographischen Aufnahmen in datenverarbeitungsgerechter Form von Behörden oder sonstigen Organisationen vorgehalten werden. Auf der Basis digitaler geographischer Informationen kann eine effektive Aufgabenbewältigung im Hinblick auf die Informationsbeschaffung und die anschließende transparente Verarbeitung eigener fachspezifischer Informationen erfolgen.

1.1.11.1 Definition und Grundlage Geographischer Informationssysteme (GIS)

Die Grundlage digitaler Karten ist das *Digitale Geländemodell*, das sich aus flächenbildenden Polygonen zusammensetzt und die Geometrie der Erdoberflache approximiert. Hinzu kommen Flächenobjekte (z. B. Altlastenstandorte oder Mülldeponien) sowie Einzelobjekte (z. B. Brunnen oder Bohrlöcher) innerhalb von Flächen und Flächenbegrenzungen. Alle Objekte besitzen eine geometrische Repräsentation bzw. einen direkten geometrischen Bezug. Entsprechend werden alle Systeme zur Erfassung, Verwaltung, Fortführung, Analyse, Generierung neuer Informationen und Ausgabe raumbezogener, komplexer und logisch-inhaltlich zusammenhängender Sach- und Geometriedaten (der realen Welt) als *Geographische Informationssysteme* bezeichnet [Diaz 1998].

Je nach Anwendung werden GIS unterschieden in *Netzinformationssysteme* (NIS) zur Planung von Versorgungsnetzen (Strom, Wasser, Gas usw.), in *Kommunale Informationssysteme* (KIS) für die Stadtplanung sowie *Umweltinformationssysteme* (UIS) zur Unterstützung umweltrelevanter Problemstellungen. Zur Unterstützung bautechnischer Ingenieuraufgaben werden GIS, im städtischen Bereich insbesondere Kommunale Informationssysteme, benötigt. Dabei sind die Anwendungsbereiche *Kartographie* (z. B. Flächennutzung), *Objektverwaltung* (z. B. Eigentumsfragen) und *Geländemodellierung für Infrastrukturen* (z. B. Trassenplanung) von zentraler Bedeutung. In Abb. 1.1-52 ist die Nutzung eines Kommunalen Informationssystems dargestellt.

1.1.11.2 Einsatzbereiche und Systemarchitektur Geographischer Informationssysteme (GIS) im Bauwesen

Die Nutzung von GIS hängt sehr stark von der verfügbaren Hard- und Software ab. Der überwiegende Teil der Anwender nutzt den PC als Basistechnologie. Neben den reinen GIS existieren Softwarekombinationen aus CAD und Datenbank, wie MM-GEO (Zusatzmodule zu AutoCAD), MicroStation usw., die mit Datenbanken (z. B. Oracle oder Informix) oder Statistikpaketen (z. B. SPSS und SAS) verknüpft werden. Zu bemerken ist, dass abhängig vom Fachgebiet entweder größerer Wert auf die Visualisierung oder die Datenhaltung gelegt wird [Bill/Fritsch 1991].

Ein GIS kann sehr vielseitig verwendet werden. Im Rahmen der Bau- und Umweltplanung dienen GIS als grundlegende Werkzeuge zur Planung, Prognose, Beurteilung und Entscheidungsfindung bei Bauprojekten oder Raumplanungsverfahren; sie werden häufig mit CAD und auch mit fachspezifischen Planungstechniken gekoppelt. GIS sind v. a. in den folgenden Teilbereichen der Bau- und Umweltplanung zu finden [Ebbinghaus/Günther u. a. 1992]:

- Bodenkunde, Hydrogeologie (z. B. Fernerkundung zur Bodenfeuchtesimulation),
- Ver- und Entsorgung,
- Bebauungsplanung,
- Umweltqualitätsmanagement,
- Landschafts- und Umweltplanung sowie
- Umweltüberwachung (z. B. Grundwasserüberwachung).

1.1.11.3 Strukturen und Modelle räumlicher Daten

Die Datentypen eines GIS gliedern sich in *Rasterdaten*, *Vektordaten* und *Sachdaten*. Die gleichzeitige Verarbeitung dieser Datentypen wird als „hybride Datenverarbeitung" bezeichnet.

Rasterdaten bestehen aus einzelnen Bildpunkten (Pixel; Abb. 1.1-54). Die Qualität von Rasterdaten ist vorgegeben durch die Feinheit des eingestellten Bildpunktrasters. Pixelelemente sind durch Löschen und Neuzeichnen beliebig veränderbar. Eine Skalierung von Pixelgraphiken ist i. d. R. mit Qualitätsverlusten behaftet. Zum Beispiel kann bei einer Vergrößerung der Pixelgraphik die Anzahl der Bildpunkte nicht erhöht werden. Der Speicheraufwand von Pixelgraphiken ist wesentlich größer als der von Vektorgraphiken, da jeder Bildpunkt in einer Informationseinheit mit Attributen gespeichert werden muss.

Vektordaten bestehen aus graphischen Elementen, die durch mathematische Kurven beschrieben werden (Abb. 1.1-53). Auf die so erzeugten Vektorelemente können die geometrischen Grundfunktionen (Verschieben, Rotieren, Spiegeln usw.) angewendet werden. Vektorgraphiken sind

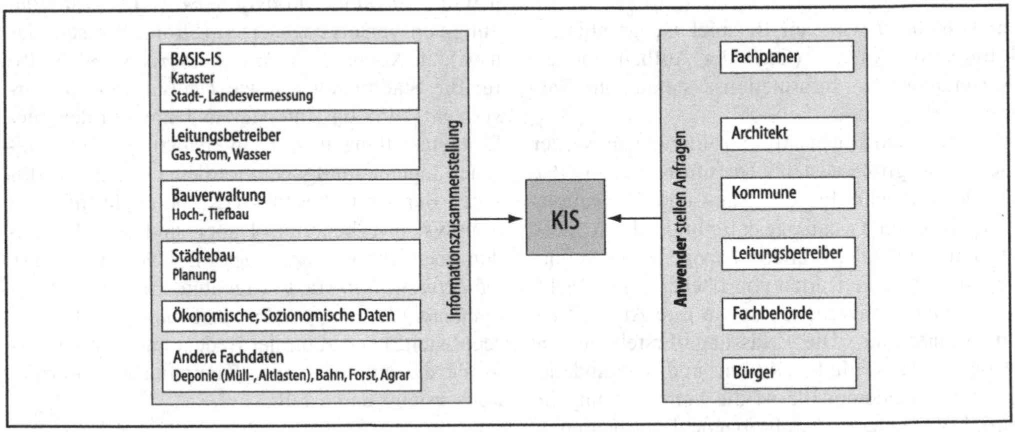

Abb. 1.1-52 Kommunales Informationssystem als Spezialisierung eines GIS

unabhängig von der verfügbaren Auflösung der Hardware, d. h., sie können beliebig skaliert werden. Mit geeigneten Gerätetreibern lassen sich Vektorgraphiken der jeweiligen digitalen Auflösung der Ausgabegeräte (Bildschirm, Drucker, Plotter) anpassen.

Sachdaten sind nichtgraphische, d. h. alphanumerische Daten wie Zahlen und Texte.

In Tabelle 1.1-10 werden Vektor- und Rastersysteme hinsichtlich ihrer Vor- und Nachteile, gespeicherten Grundelemente, Verknüpfung mit Sachdaten und Eignung für Planungsaufgaben einander gegenübergestellt.

1.1.11.4 Datenerfassung

Die verwendete Art der Daten ist abhängig vom Erfassungsverfahren. Bei der Digitalisierung von Papiervorlagen mit Scannern werden mittels elektro-optischer Verfahren Rasterdaten erzeugt, die z. T. mit geeigneter Software und manueller Nachbearbeitung in Vektordaten umgewandelt werden können. Des weiteren lässt sich die Digitalisierung auch per Hand durch Abtasten einer maßstäblichen Vorlage mit einem Zeigegerät (z. B. Digitalisiertablett) durchführen. Bei der Erfassung mittels photogrammetrischer Verfahren werden Luftbildaufnahmen mit Scannern digitalisiert, oder die Rasterdaten werden direkt erzeugt. Im Rahmen der manuellen Erfassung werden die Koordinaten der Vektordaten eingegeben. Generell haben Vektordaten zwar die höhere Aussagekraft und bieten reichhaltigere Möglichkeiten der Verarbeitung und Auswertung, sie erfordern aber bei der Erzeugung einen größeren Ressourceneinsatz als Rasterdaten [Bartelme 1995].

Der Aufbau eines GIS-Datenbestands beginnt bei der topographischen Datenaufnahme [Pillmann 1992]. Dies kann durch Messungen in situ oder in Form von digitalisierten Karten und Luftbildern geschehen [Stahl 1995]. Als Ergebnis entsteht das *Digitale Geländemodell* (DGM), das durch Objektbildung und Generalisierung geprägt wird. Danach folgt die kartographische Bearbeitung, in der die graphischen Objekte des DGM mittels einer Signatur klassifiziert werden. Dieses Modell dient als Basis, um weitere benutzerspezifische Informationen einzufügen. Das hieraus resultierende, benutzerspezifische Geländemodell kann zur strukturierten Verwaltung der benötigten Informationen benutzt werden. In Abb. 1.1-55 ist der Datenfluss zur Erstellung eines GIS-Datenbestands dargestellt.

1.1.11.5 Kopplung von Sach- und Lageinformationen

Die in einem GIS enthaltenen Informationskomponenten, die elementar oder zusammengesetzt sein können und die sowohl quantitative (geometrische) als auch qualitative (thematische) Komponenten aufweisen, werden als „raumbezogene Objekte" bezeichnet [Göpfert 1987]. In Abhängigkeit vom räumlichen Bezug der Daten haben sie unterschied-

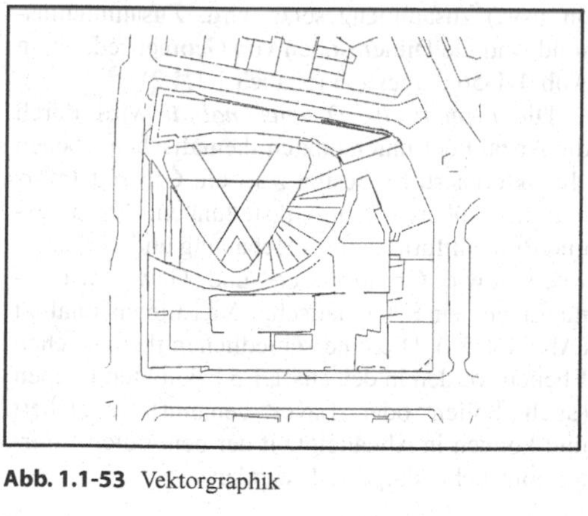

Abb. 1.1-53 Vektorgraphik

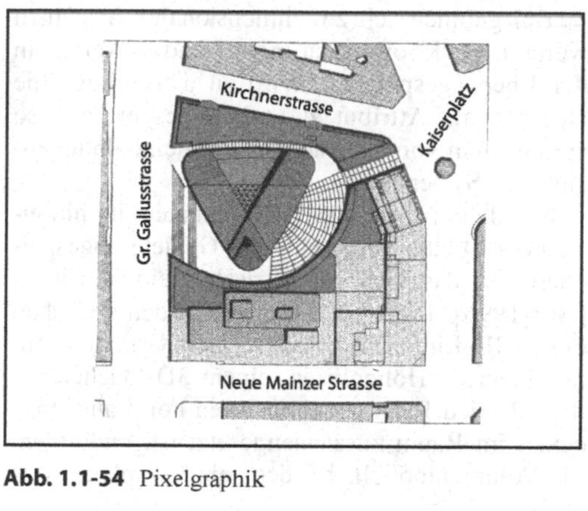

Abb. 1.1-54 Pixelgraphik

Tabelle 1.1-10 Rastersysteme versus Vektorsysteme

	Rastersysteme	Vektorsysteme
Vorteile	– einfache Datengewinnung, z. B. durch Scannen analoger Vorlagen	– geringer Speicherbedarf
	– einfache Algorithmen der Bildbearbeitung anwendbar	– Attribute können für Punkte, Linien und Flächen vergeben werden
	– detaillierte Darstellung einer Information möglich, da jedem Bildpunkt ein Farbwert zugeordnet werden kann (Bsp.: Meereshöhen in einer Karte)	– einfache Bearbeitung und Erstellung in CAD
		– hohe Verarbeitungsgeschwindigkeit
		– gute graphische Selektionsmöglichkeiten
		– freie Skalierbarkeit
Nachteile	– Attribute können nur für Punkte vergeben werden	– analoge Vorlagen müssen zunächst aufwendig digitalisiert werden
	– durch Vergrößerung (Zoomen) keine Steigerung des Informationsgehaltes	– kompliziertere Algorithmen zur Bearbeitung erforderlich
	– langsame Verarbeitungsgeschwindigkeit	
gespeicherte Grundelemente	– nur Punkte	– Punkte, Linien, Flächen
Verknüpfung mit Sachdaten	– nur für einzelne Bildpunkte möglich	– einfach, da Objekte gebildet werden können
	– keine Objektbildung möglich	
Eignung	– Visualisierung von Karten	– Kataster, Vermessung
	– Ausbreitungssimulation	– Netzinformationssysteme
	– Standortsuche	– Simulation der Ausbreitung von Schadstoffen

liche Dimensionen für die Aspekte *Geometrie* und *Thematik*.

Bei geometrisch zweidimensionalen Systemen werden die Koordinaten mit x- und y-Werten in der Ebene gespeichert. Wird zu dieser Lage die Höhe z als Attribut zusätzlich gespeichert, so spricht man von „geometrisch zweieinhalbdimensionalen Systemen“.

Werden x-, y- und z-Koordinaten in hinreichender Dichte vollständig für Gebiete abgespeichert, ist das GIS geometrisch dreidimensional [Bill 1996]. Dabei ist zu unterscheiden zwischen einem 3D-Linienmodell, z. B. einem Grundriss mit überlagerten Höhenlinien, einem 3D-Flächenmodell, das i. d. R. in der einfachsten Form aus Dreiecken im Raum zusammengesetzt ist, und einem 3D-Volumenmodell, bei dem ein komplexer Geländekörper aus Grundkörpern (Quader, Kegel usw.) mit Booleschen Operationen (Addition, Subtraktion usw.) zusammengesetzt wird. Zusammenfassend sind die Dimensionen von Geometriedaten in Abb. 1.1-56 dargestellt (s. auch 1.1.4.2).

Die *thematische Dimensionalität* wird durch die Anzahl der unterstützten thematischen Ebenen charakterisiert. So besitzt z. B. ein GIS mit Informationen über Versorgungsleitungen, Nutzungs- und Bodeninformationen, Bebauung und Verkehrswege sowie Grundwasser- und Gewässerinformationen eine thematische Vierdimensionalität (Abb. 1.1-57). Die unterschiedlichen thematischen Ebenen werden in den aus 1.1.5 bekannten Ebenen (auch „Folien“ oder „Layer“ genannt) gespeichert und können in Abhängigkeit der benötigten Informationsdichte dargestellt werden.

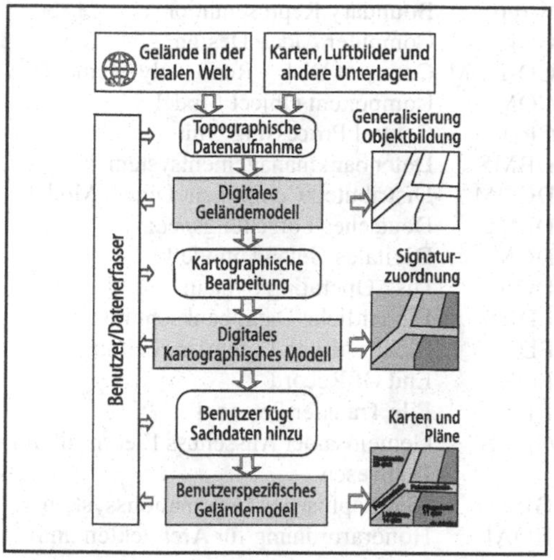

Abb. 1.1-55 Datenfluss beim Aufbau eines GIS-Datenbestandes

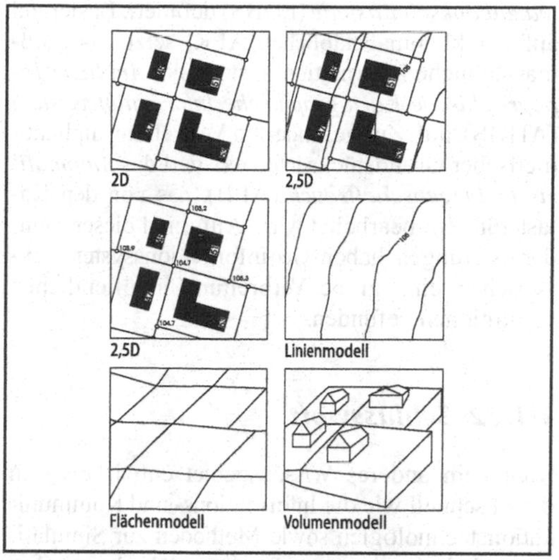

Abb. 1.1-56 Dimension von Geometriedaten

1.1.11.6 Datenschnittstellen und Standardisierungen in Geographischen Informationssystemen (GIS)

Zur Vereinheitlichung von GIS existieren zahlreiche Standardisierungen für den Bereich der Beschaffung, Speicherung, Verarbeitung und Übermittlung geographischer Informationen. Von der Vereinigung der kommunalen Spitzenverbände der Bundesländer wurde die *Automatisierte Liegenschaftskarte* (ALK) mit Richtlinien für den digitalen, kleinmaßstäblichen Kartenbereich auf der Grundlage von Punkt-, Grundriss- und Messelementdateien entwickelt. Hinzu kommen Methoden der Erfassung und der integrierten Vorgangsbearbeitung. Innerhalb der ALK wird zum Datenaustausch eine *Einheitliche*

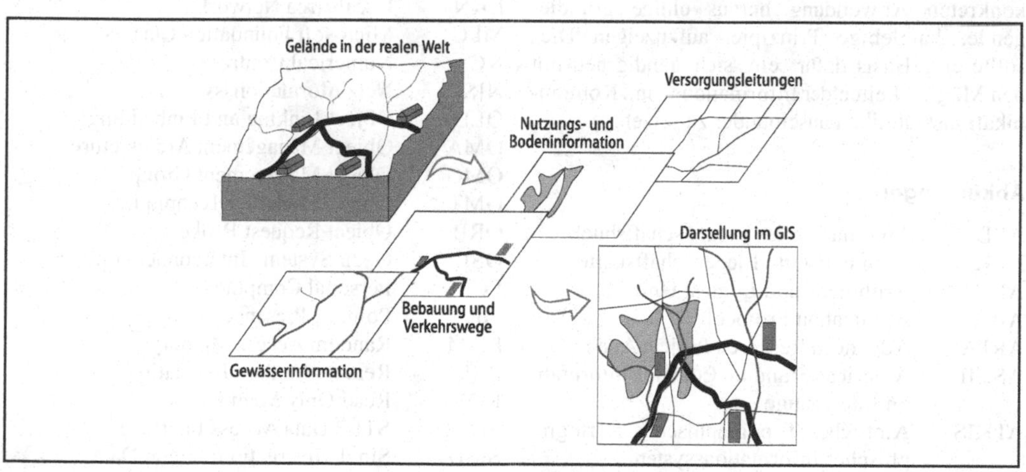

Abb. 1.1-57 Thematische Dimensionalität im GIS

Datenbankschnittstelle (EDBS) definiert. Basierend auf der kleinmaßstäblichen ALK, setzt das großmaßstäbliche Informationssystem, das *Amtliche Topographische Kartographische Informationssystem* (ATKIS), auf. Zur gesonderten Verwaltung alphanumerischer Grundstücksdaten existiert das *Automatisierte Liegenschaftsbuch* (ALB), das von den Katasterämtern bearbeitet wird. Aufgrund dieser Standardisierungen haben Geoinformationssysteme inzwischen eine große Verbreitung in öffentlichen Institutionen gefunden.

1.1.12 Schlusswort

Kaum ein anderes Wissensgebiet entwickelt sich derart schnell wie die Informations- und Kommunikationstechnologien sowie Methoden zur Simulation technisch-wissenschaftlicher und planerischer Prozesse. Mit Sicherheit kann deshalb davon ausgegangen werden, dass der Einfluss dieser Methoden auf das Bauwesen und damit die Bedeutung der Bauinformatik in den nächsten Jahren noch weiter steigen werden. Die extrem kurzen Innovationszyklen und das ständige Auftauchen neuer Basistechnologien mit kaum absehbaren Implikationen auf mögliche Anwendungen im Bauwesen machen es naturgemäß überaus schwer, mehr als eine Momentaufnahme des Lehr- und Forschungsgebiets Bauinformatik – wie hier gesehen – darzustellen.

Wir haben deshalb versucht, aus der heutigen konkreten Anwendung heraus einige grundlegende, ‚langlebige' Prinzipien aufzuzeigen. Dies sollte eine Basis dafür sein, sich ständig neu mit den Möglichkeiten der Informations- und Kommunikationstechniken auseinander zu setzen.

Abkürzungen

ALB	Automatisiertes Liegenschaftsbuch
ALK	Automatisierte Liegenschaftskarte
ALU	Arithmetic and Logical Unit
AP	Application Protocol
ARPA	Advanced Research Project Agency
ASCII	American Standard Code for Information Interchange
ATKIS	Amtliches Topographisches Kartographisches Informationssystem
AVA	Ausschreibung, Vergabe, Abrechnung
B-rep	Boundary Representation
CAD	Computer Aided Design
CD-ROM	Compact Disk – Read Only Memory
COM	Component Object Model
CPU	Central Processing Unit
DBMS	Datenbankmanagementsystem
DCOM	Distributed Component Object Model
DFN	Deutsches Forschungsnetz
DGM	Digitales Geländemodell
DOS	Disk Operating System
EDBS	Einheitliche Datenbankschnittstelle
EDV	Elektronische Datenverarbeitung
EOR	End Of Record
FTP	File Transfer Protocol
GAEB	Gemeinsamer Ausschuss Elektronik im Bauwesen
GIS	Geographisches Informationssystem
HOAI	Honorarordnung für Architekten und Ingenieure
HTML	Hypertext Markup Language
HTTP	Hypertext Transfer Protocol
IAI	Internationale Allianz für Interoperabilität
IDL	Interface Definition Language
IFC	Industry Foundation Classes
IP	Internet Protocol
IS	Informationssystem
ISDN	Integrated Services Digital Network
ISO	International Standardization Organisation
KIS	Kommunales Informationssystem
LAN	Local Area Network
MFC	Microsoft Foundation Classes
NC	Numerical Control
NIS	Netzinformationssystem
OLE	Object Linking and Embedding
OMA	Object Management Architecture
OMG	Object Management Group
OMT	Object Modeling Technique
ORB	Object Request Broker
OSI	Open Systems Interconnection
PC	Personal Computer
PoP	Point of Presence
RAM	Random Access Memory
RMI	Remote Method Invocation
ROM	Read Only Memory
SDAI	STEP Data Access Interface
SISD	Single Instruction, Single Data
SQL	Structured Query Language

STEP	Standard for the Exchange of Product Model Data
STL	Standard Template Library
UI	User Interface
UIS	Umweltinformationssystem
UML	Unified Modeling Language
WAN	Wide Area Network

Literaturverzeichnis Kap. 1.1

van der Aalst WMP (1998) The Application of Petri-Nets to Workflow Management. In: Journal of Circuits, Systems and Computers 8(1), Pages: 21–66, World Scientific, Singapore

van der Aalst WMP, Hirnschall A, Verbeek H (2002) An alternative way to analyze Workflow Graphs, Proceedings of the 14th International Conference on Advanced Information Systems Engineering (CAiSE'02). Springer Verlag, Berlin

van der Aalst WMP, van Hee KM (2002) Workflow Management: Models, Methods, and Systems. MIT Press, Cambridge

Anderl R (1993) CAD-Schnittstellen, Methoden und Werkzeuge zur CA-Integration. Hanser Verlag, München

Bartelme N (1995) Geoinformatik – Modelle, Strukturen, Funktionen. Springer Verlag, Berlin

Baumgarten B (1996) Petri-Netze – Grundlagen und Anwendungen. Spektrum Akademischer Verlag

Bauer FL (1998) Wer erfand den von-Neumann-Rechner? Informatik Spektrum 21 (1998) H 2, S 84

Bill R, Fritsch D (1991) Grundlagen der Geo-Informationssysteme. Bd 1.Wichmann Verlag, Karlsruhe

Bill R (1996) Grundlagen der Geo-Informationssysteme. Bd 2. Wichmann Verlag, Karlsruhe

Booch G (1994) Object oriented analysis and design with applications. 2nd edn. Benjamin/Cummings Publishing Company Inc, Redwood City, CA (USA)

Braun S, Hüser H (1994) Macsyma Version 2: Systematische und praxisnahe Einführung mit Anwendungsbeispielen. Addison-Wesley, Bonn

Breymann U (1993) C++ – Eine Einführung. Hanser Verlag, München

Bungartz H-J, Griebel M, Zenger Ch (1996) Einführung in die Computergraphik. Verlag Vieweg, Braunschweig

DATANORM (1998). Krammer Verlag, Düsseldorf

Diaz J (1998) Objektorientierte Modellierung geotechnischer Systeme. Bericht 2/98, Institut für Numerische Methoden und Informatik im Bauwesen, TU Darmstadt

Eastman CM (1999) Building Product Models: Computer Environments Supporting Design and Construction. CRC Press, Boca Raton, FL (USA)

Eastman CM, Teicholz P, Sacks R, Liston K (2008) BIM Handbook: A guide to building information modeling for owners, managers, designers, engineers, and contractors. John Wiley & Sons, Hoboken NJ (USA)

Ebbinghaus J, Günther O u. a. (1992) Objektorientierte Datenbanksysteme für Geo- und Umweltanwendungen – eine Vergleichsstudie. FAW-TR-93001, Ulm

Ebbinghaus H-D (1994) Einführung in die Mengenlehre. BI-Wiss.-Verl., Mannheim

Eigner M, Maier H (1986) Einstieg in CAD. Hanser Verlag, München

Fischer L (2006) 2006 Workflow Handbook. Future Strategies Inc.

Fuchssteiner B et al (1994) MuPAD tutorial. Birkhäuser, Basel (Schweiz)

Gallaher MP, O'Connor AC, John J, Dettbarn L, Gildday LT (2004) Cost analysis of inadequate interoperability in the U.S. capital facilities industry. National Institute of Standards and Technology (NIST)

Göpfert W (1987) Raumbezogene Informationssysteme: Datenerfassung – Verarbeitung – Integration. Wichmann Verlag, Karlsruhe

Grabowski H, Anderl R, Polly A (1994) Integriertes Produktmodell. Beuth Verlag, Berlin

Grässle P, Baumann H, Baumann, P (2000) UML projektorientiert. Geschäftsprozessmodellierung, IT-System-Spezifikation und Systemintegration mit der UML. Galileo Press

Haas W (1988) CAD in der Bautechnik. Bauingenieur 63 (1988) S 95–104

Haas W (Hrsg) (1993) CAD-Datenaustausch-Knigge: STEP-2DBS für Architekten und Bauingenieure. Springer Verlag, Berlin

Hartmann G-D (1991) EDV mit Mikrocomputern. Fernstudien-Kurs G04, Weiterbildendes Studium Bauingenieurwesen, Universität Hannover

Hockney RW, Jesshope CR (1988) Parallel computers 2. A. Hilger, Bristol (UK)

IAI – International Alliance for Interoperability (2008): http://www.iai-international.org oder http://www.buildingsmart.de

FC Industry Foundation Classes (1998): http://iaiweb.lbl.gov

Josuttis N (1996) Die C++ Standardbibliothek. Addison-Wesley, Bonn

Kamke E (1962) Mengenlehre. De Gruyter, Berlin

Keller G, Nüttgens M, Scheer A (1992) Semantische Prozessmodellierung auf der Grundlage „Ereignisgesteuerter Prozessketten (EPK)", Technischer Bericht 107, Institut für Wirtschaftsinformatik an der Universität des Saarlandes, Saarbrücken

Kemper A (2006) Datenbanksysteme: eine Einführung. Oldenbourg-Verlag, München

Kowalczyk W (1997) Ein interaktiver Modellierer für evolutionäre Produktmodelle. Berichte aus dem Konstruktiven Ingenieurbau, TU München

Krawietz A (1997) Maple V für das Ingenieurstudium. Springer Verlag, Berlin

Kretzschmar H et al (1994) Computergestützte Bauplanung. Verlag für Bauwesen, Berlin

Kruglinski DJ (1997) Inside Visual C++. 4th edn. Microsoft Press, Redmond, WA (USA)
LAPACK. Linear Algebra PACKage 3.0 (1998): http://www.netlib.org/lapack/index.html
Meißner U, von Mitschke-Collande P, Nitsche G (1992) CAD im Bauwesen. Springer Verlag, Berlin
Merkle B (1997) RMI: Verteilte Java-Objekte, „In die Ferne schweifen". iX Multiuser-Multitasking Magazin 12 (1997)
Mongan MB et al. (1996) Programmieren mit Maple V. Springer Verlag, Berlin
Oberweis A (1996) Modellierung und Ausführung von Workflows mit Petri-Netzen. Teubner-Verlag, Stuttgart
Petri CA (1962) Kommunikation mit Automaten. Schriften des Instituts für Instrumentelle Mathematik der Universität Bonn, Bonn
Priese L, Wimmel H (2008): Theoretische Informatik. Petri-Netze, Springer Verlag, Berlin
Oestereich B (1997) Objektorientierte Softwareentwicklung: Analyse und Design. Oldenburg Verlag, München
Pflüger A (1978) Statik der Stabtragwerke. Springer Verlag, Berlin
Pillmann W (1992) Gewinnung und Nutzung von Umweltinformationen im internationalen Bereich. Informatik für den Umweltschutz. Springer Verlag, Berlin
Rank E, Rücker M (1996) Technische Dokumentation im Datennetz. Bauingenieur 71(1996) S 57–62
Rational Software Corp (1997) UML v1.1 Unified Modeling Language, Set of documents submitted for standardization: http://www.rational.com
Reisig W, Rozenberg G (1998) Lectures on Petri Nets 1: Basic Models, in: Lecture Notes in Computer Science vol. 1419. Springer Verlag, Berlin
Rumbaugh J, Blaha MI u. a. (1993) Objektorientiertes Modellieren und Entwerfen. Prentice-Hall International, London
Rüppel U, Meißner U (1995) Objektorientierter Datenaustausch zwischen CAD-Systemen. Bauingenieur 70 (1995) S 461–467
Rüppel U, Meißner U (1996) Integrierte Planung, Fertigung und Nutzung von Bauwerken auf der Basis von Produktmodellen. Bauingenieur 71 (1996) S 47–55
Rüppel U (1996) Multimediale Kommunikation für Ingenieure. Deutsches Ingenieurblatt (1996) H 6, S 14–23
Rüppel U (Hrsg.) (2007) Vernetzt-kooperative Planungsprozesse im Konstruktiven Ingenieurbau – Grundlagen, Methoden, Anwendungen und Perspektiven zur vernetzten Ingenieurkooperation. Springer Verlag, Berlin Heidelberg
Schwarzenberg E (1990) Struktogramme. Franzis Verlag, München
Seeling R (1996) Projektsteuerung im Bauwesen, Teubner-Verlag
Spur G, Krause F-L (1984) CAD-Technik. Hanser Verlag, München
Stahl R (1995) GIS – Mehr als bunte Landkarten. iX Multiuser-Multitasking Magazin 9 (1995)
Stroustrup B (1998) Die C++ Programmiersprache. Addison-Wesley, Bonn
Tanenbaum AS (2003) Computernetzwerke. Pearson Studium Verlag, New Jersey
Tresch M (1996) Middleware: Schlüsseltechnologie zur Entwicklung verteilter Informationssysteme. Informatik-Spektrum 19 (1996) S 249–256
Vossen G (1995) Datenbank-Theorie. Internat. Thomson Publ., Bonn
Westermann T (1996) Mathematik für Ingenieure mit Maple. Bd 1 u 2. Springer Verlag, Berlin
Wolfram S (1996) The Mathematica Book II. Wolfram Media, Champaign Normen
DIN 1356-1: Bauzeichnungen – Teil 1: Arten, Inhalte und Grundregeln der Darstellung
ISO 9735: Electronic Data Interchange for Administration, Commerce and Transport (EDICFACT) – Application level syntax rules (11.90)
ISO 10303: Industrial automation systems and integration – Product data representation and exchange (12.94)
ISO 10303 – Part 1: Industrial automation systems and integration – Product data representation and exchange – Part 1: Overview and fundamantal principles. (1994)

1.2 Ingenieurgeodäsie

Heribert Kahmen

1.2.1 Einführung

Das *Vermessungswesen* befasst sich mit der Vermessung und Berechnung größerer oder kleinerer Teile der Erdoberfläche und ihrer Darstellung: digital in räumlichen Informationssystemen bzw. analog in Karten und Plänen. Wenn die Bestimmung der Figur und des Schwerefeldes der Erde sowie die Erdrotation von besonderer Bedeutung sind, verwendet man den Begriff „Geodäsie".

Im Allgemeinen beschreibt man die Objekte in erdgebundenen Koordinatensystemen. Dies schließt auch Aufgaben der Navigation ein. Die Definition und Realisierung von Koordinatensystemen sowie die Herstellung von Beziehungen zwischen ihnen ist folglich eine der wichtigsten Grundaufgaben der *Geodäsie*. Bei hohen Genauigkeitsanforderungen und bewegten Objekten kommt noch die Zeit als vierter Parameter hinzu.

Das Vermessungswesen lässt sich in vier Teilgebiete untergliedern, wobei

- die *Erdmessung* sich mit der Bestimmung der Erdrotation sowie der Form und Größe der Erde und ihres Schwerefeldes auseinandersetzt,
- die *Landesvermessung* sich mit der großräumigen Erfassung der Landesoberfläche durch Festpunktfelder, geographische Informationssysteme und amtliche topographische Karten befasst,
- der *Katastervermessung* die örtliche Feststellung, Abgrenzung und Sicherung des Eigentums an Grund und Boden durch Vermessung der Flurstücke obliegt und
- die *Ingenieurvermessung* (häufig auch Ingenieurgeodäsie genannt) sich mit der Anwendung der Methoden der Geodäsie in anderen Ingenieurdisziplinen (Bauingenieurwesen, Maschinenbau, Flugzeugbau, Fahrzeugbau usw.) auseinandersetzt.

1.2.2 Bezugsflächen

Zur Bestimmung der Position feststehender oder beweglicher Objekte sind zunächst Aussagen über Bezugsflächen zu treffen. Letztere sollen sich der Figur der Erde möglichst gut anpassen. Eine sehr einfache Bezugsfläche ist die *Kugel* mit einem Radius von 6371,0 km. Für viele Aufgabenstellungen ist diese Approximationsfläche bereits genau genug. Eine genauere Anpassung ist jedoch gegeben, wenn man die Erdfigur durch ein Rotationsellipsoid annähert. Die Definition eines solchen *mittleren Erdellipsoids* für die gesamte Erdoberfläche ist erst mit Hilfe von Messungen zu künstlichen Erdsatelliten möglich geworden. In der Vergangenheit haben aus praktischen Gründen einzelne Staaten ihre Landesvermessung auf einem eigenen sog. *Referenz-* oder *Bezugsellipsoid* berechnet, welches jeweils andere Dimensionen und eine spezielle Lagerung zum Erdkörper hat. Die Länder haben dabei stets versucht, ihr Referenzellipsoid dem jeweiligen Vermessungsgebiet möglichst gut anzupassen.

Im Vermessungswesen sind *Niveauflächen* – Flächen gleichen Schwerepotentials – von besonderer Bedeutung. Laut physikalischer Definition wird bei Bewegungen entlang einer Niveaufläche

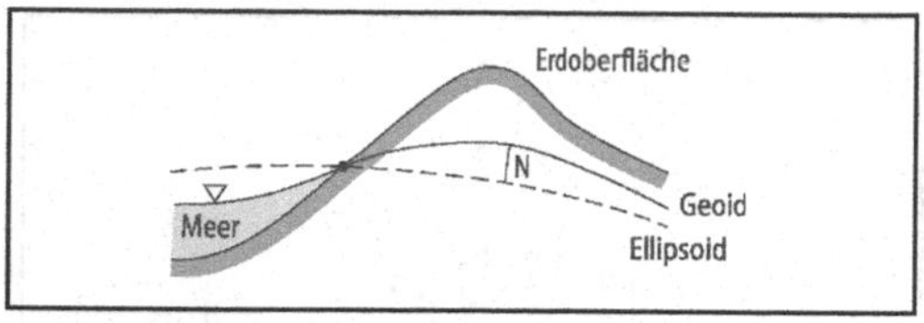

Abb. 1.2-1 Geoid, Ellipsoid

keine Arbeit verrichtet, d. h., es kann auch kein Wasser fließen. In der unendlichen Schar der Niveauflächen gibt es eine ausgezeichnete, die etwa in mittlerer Höhe der ruhend gedachten Meeresoberfläche verläuft; diese bezeichnet man als *Geoid.* Abbildung 1.2-1 zeigt die Anpassung eines Geoids und Ellipsoids an die feste sichtbare Erdoberfläche (Lithosphäre) und Meeresoberfläche (Hydrosphäre).

Die Abstände zwischen dem Geoid und dem mittleren Erdellipsoid bezeichnet man als *absolute Undulation* (Geoidundulation *N*); sie können Werte bis ±100 m annehmen. Bei Referenzellipsoiden betragen die Abweichungen nur wenige Meter. Hier spricht man von *relativen Undulationen.*

In der Vergangenheit wurden geodätische *Lagenetze* auf einem Ellipsoid berechnet. Dabei wurden die Lage- und die Höhenbestimmung getrennt, da man technisch brauchbare Höhen nur erhält, wenn man sie auf eine vom Schwerefeld beeinflusste Fläche wie das Geoid bezieht. Ellipsoidische Koordinaten dienen als Ausgangsprodukt für die Herleitung ebener Kartensysteme. Für die Höhen entstand ein eigenes *Höhennetz* mit der Bezugsfläche Geoid. Aufgrund dieser Aufteilung sprach man in der Vergangenheit häufig von einer „zweidimensionalen Geodäsie". Mit Hilfe der Satellitenpositionierungsverfahren ist heute die gleichzeitige und gleichberechtigte Bestimmung der drei kartesischen Raumkoordinaten möglich. Diese lassen sich in ellipsoidische Koordinaten (ellipsoidische Länge L, ellipsoidische Breite B, ellipsoidische Höhe h) umrechnen (Abb. 1.2-2). Die Verbindung zwischen den Geoidhöhen und den ellipsoidischen Höhen ist über die Geoidundulationen gegeben.

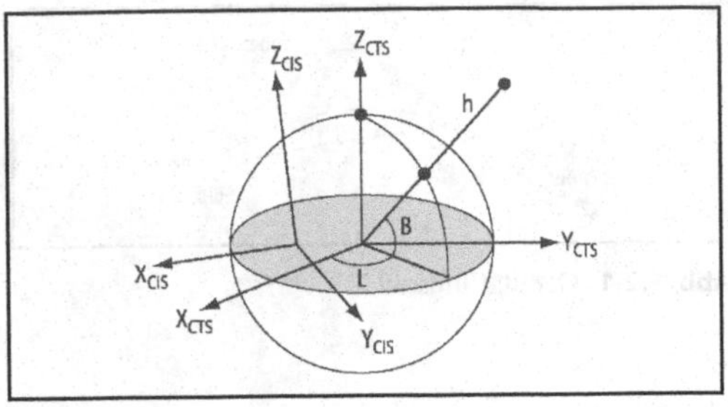

Abb. 1.2-2 Referenzellipsoid mit ellipsoidischen und kartesischen Koordinaten

1.2.3 Koordinatensysteme, Koordinatentransformationen

Je nach dem Zweck der gestellten Aufgabe arbeitet man im Vermessungswesen mit unterschiedlichen Koordinatensystemen, wobei orthogonale kartesische und orthogonale Flächenkoordinaten bevorzugt werden. Die Definition von Koordinatensystemen beruht je nach der Zielsetzung der gestellten Aufgabe auf Vereinbarungen der Nutzer. In der Geodäsie sind die Koordinatensysteme ausgehend vom globalen Bereich bis in den lokalen hinein hierarchisch gegliedert.

Allgemein unterscheidet man noch zwischen dem ideellen Konzept und der Realisierung eines Koordinatensystems; das erste nennt man international „Coordinate System", das zweite „Coordinate Frame".

1.2.3.1 Koordinatensysteme in ihrer hierarchischen Folge

Das moderne Vermessungswesen stützt sich heute wesentlich auf ein globales, geozentrisches, mit der Erde fest verbundenes kartesisches System: das *Conventional Terrestrial System* (CTS). Dies ist in einem Inertialsystem – Conventional Inertial System (CIS) – gelagert (Abb. 1.2-2). Laut Vereinbarung weist die *Z*-Achse des CTS zum mittleren Pol der Jahre 1900 bis 1905, bezeichnet als Conventional International Origin (CIO); die *XZ*-Ebene liegt im mittleren Meridian von Greenwich.

Der *International Terrestrial Reference Frame* (ITRF) ist eine Realisierung des CTS. Dieser Referenzrahmen stützt sich erdumspannend auf etwa 150 Beobachtungsstationen. Die innere Genauigkeit des ITRF wird mit wenigen Zentimetern angegeben. Da Bewegungen innerhalb der Erdkruste vergleichsweise größere Beträge pro Jahr annehmen, gelten die Realisierungen nur für einen bestimmten Zeitpunkt, was durch eine angehängte zweistellige Jahreszahl ausgedrückt wird (z. B. ITRF-89).

Das *World Geodetic System 84* (WGS-84) ist ein weiteres globales Koordinatensystem, welches ebenfalls mit dem CTS übereinstimmt. Dieses System wurde durch fünf weltweit verteilte Kontrollstationen realisiert. Das WGS-84 und der ITRF sind beide mit dem Satellitensystem *Global Positioning System* (GPS) verknüpft, so dass im Zusammenhang mit Messungen zu Satelliten auch von beiden Satellitenbahndaten zur Verfügung gestellt werden können.

Um in Europa ein noch dichteres Netz aufzubauen, hat man sich 1990 entschlossen, mit 1989-ITRF-Koordinaten von 35 europäischen Stationen den *Europäischen Terrestrischen Referenzrahmen* (ETRF-89) zu definieren. Aufbauend auf diesem Rahmen entstanden inzwischen nationale Netze, wie ein *Deutscher Referenzrahmen* (DREF). Auf diese Weise liegen inzwischen ITRF-Koordinaten in einer hohen Verdichtungsstufe vor. GPS-Messungen in Verbindung mit permanenten Referenzstationen (s. 1.2.8) stützen sich auf diese Netze.

In den vergangenen Jahrhunderten entwickelten die einzelnen Länder aus politischen und praktischen Gründen eigene Landesvermessungssysteme (LS). Basis ist ein orthogonales (rechtwinkliges) kartesisches System, dem ein Ellipsoid zugeordnet ist. (Ein geeignetes kartesisches System $(X,Y,Z)_{LS}$ für das Referenzellipsoid ist gegeben, wenn man den Ursprung in den Mittelpunkt legt und die Z_{LS}-Achse mit der kleinen Halbachse zusammenfallen lässt.) Die *LS* weisen gegenüber dem *CTS* leichte Verschiebungen und Verdrehungen auf. Beide Systeme lassen sich über Koordinatentransformationen miteinander verknüpfen:

$$\begin{bmatrix} X \\ Y \\ Z \end{bmatrix}_{CTS} \Leftrightarrow \begin{bmatrix} X \\ Y \\ Z \end{bmatrix}_{LS}, \qquad (1.2.1)$$

wobei „€" für Hin- und Rücktransformation steht.

Über weitere Transformationen lassen sich die kartesischen und ellipsoidischen Koordinaten ineinander umrechnen:

$$\begin{bmatrix} X \\ Y \\ Z \end{bmatrix}_{LS} \Leftrightarrow \begin{bmatrix} B \\ L \\ h \end{bmatrix}_{LS} . \qquad (1.2.2)$$

Für viele technische Aufgaben in der angewandten Geodäsie benötigt man eine ebene Abbildung des Ellipsoids, d. h. ein *ebenes rechtwinkliges Koordinatensystem*. Man bevorzugt hierfür isotherme Koordinaten, da sie eine konforme, d. h. winkeltreue Abbildung ermöglichen. „Isotherm" bedeutet, dass die Parameterlinien (Meridiane, Parallelkreise) orthogonal sind und auf ihnen ein gleicher Maßstab gegeben ist; d. h., es wird ein Netz aus infinitesimalen Quadraten gebildet. Eine konforme Abbildung hat zwar den Nachteil, dass Längenverzerrungen unvermeidlich sind, von besonders praktischer Bedeutung ist jedoch, dass sie von der Richtung unabhängig sind.

In der Praxis hat sich heute die *Meridianstreifenabbildung* – vielfach auch Gauß-Krüger-Abbildung genannt – weltweit durchgesetzt. Ein schmaler Streifen östlich und westlich ausgewählter Mittelmeridiane wird so konform in die Ebene abgebildet, dass im Mittelmeridian Streckentreue vorliegt (Abb. 1.2-3).

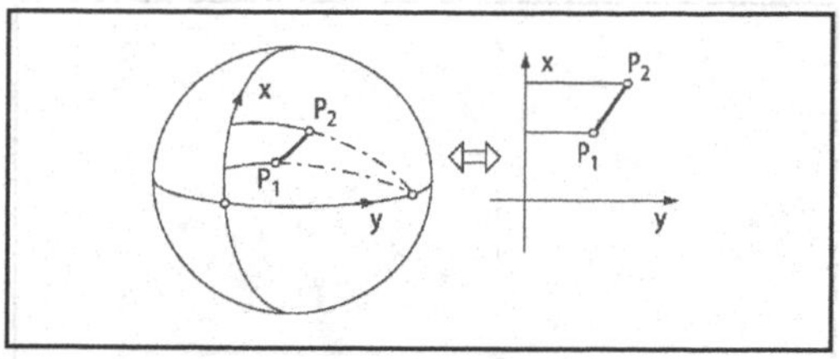

Abb. 1.2-3 Abbildung ellipsoidischer Koordinaten in rechtwinklige Koordinaten

Die x-Achse in der Abbildungsebene ist das Bild des Mittelmeridians des Referenzellipsoids und die y-Achse das Bild des Äquators. Die ellipsoidischen Koordinaten und die rechtwinkligen Koordinaten (X_{GK}, Y_{GK}) lassen sich über Transformationsformeln ineinander umrechnen:

$$\begin{bmatrix} B \\ L \end{bmatrix}_{LS} \Leftrightarrow \begin{bmatrix} X \\ Y \end{bmatrix}_{GK} . \qquad (1.2.3)$$

Die Verzerrung der Strecken nimmt mit dem Abstand der Strecke vom Mittelmeridian zu. Eine 1-km-Strecke wird bei einem mittleren Abstand von 50 km (100 km) um 3,1 cm (12,3 cm) durch die Abbildung verlängert. Man begrenzt daher die Meridianstreifen in der seitlichen Ausdehnung so, dass die Verzerrungen gering gehalten werden. In Deutschland z. B. wurden Systeme mit den Hauptmeridianen 6°, 9 °, 12°, 15° östlich von Greenwich als Abszissenachsen eingerichtet (Abb. 1.2-4). Jedes System hat nach beiden Seiten eine Ausdehnung von 1°-40¢ in Länge (etwa 100 km), so dass zwei benachbarte Systeme sich mit 20 Längenminuten, d. h. einem im Mittel rund 23 km breiten Streifen überdecken.

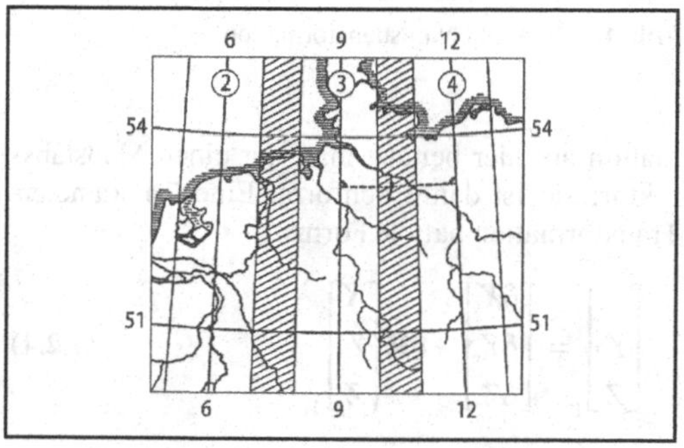

Abb. 1.2-4 Gauß-Krüger-Koordinatensysteme in Deutschland (Ausschnitt)

Auf Baustellen benötigt man spezielle *Baustellenkoordinatensysteme* (BKS) zur optimalen Anpassung an die örtlichen Gegebenheiten (s. 1.2.10 und 1.2.11). Die Definition eines speziellen Systems ist auch dann immer notwendig, wenn die Genauigkeitsanforderungen der Baustelle nicht vom übergeordneten System erfüllt werden können.

1.2.3.2 Koordinatentransformationen

Bei *Transformationen kartesischer Systeme* vollzieht man i. Allg. eine Verschiebung des Koordinatenursprungs, eine oder mehrere Drehungen um die Koordinatenachsen und Maßstabsänderungen (Abb. 1.2-5). Im Vermessungswesen wendet man vorwiegend die 7-Parameter-Ähnlichkeitstransfor-

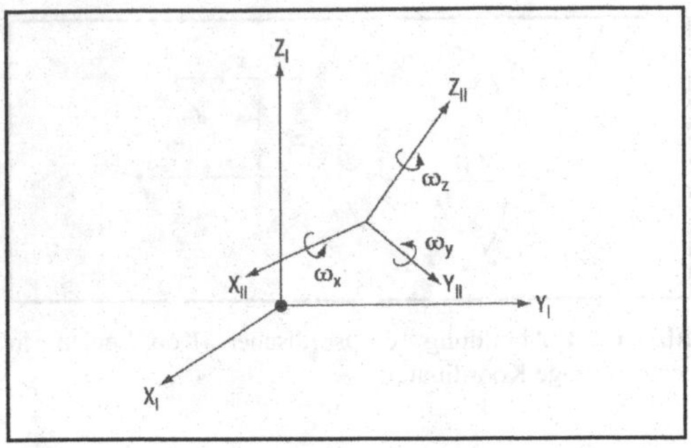

Abb. 1.2-5 Ähnlichkeitstransformation

mation an; hier benutzt man nur einen Maßstabsfaktor; sie ist damit konform. Eine 7-Parameter-Transformation hat die Form

$$\begin{bmatrix} X \\ Y \\ Z \end{bmatrix}_I = \begin{bmatrix} \delta X \\ \delta Y \\ \delta Z \end{bmatrix} + q\mathbf{R} \begin{bmatrix} X \\ Y \\ Z \end{bmatrix}_{II} \tag{1.2.4}$$

bzw.

$$\mathbf{X}_I = \delta\mathbf{X} + q \cdot \mathbf{R} \cdot \mathbf{X}_{II}. \tag{1.2.5}$$

Dabei beschreiben die Indizes I und II die beiden Systeme, $\delta\mathbf{X}$ die Translationen, q den Maßstabsfaktor und die Matrix **R** die Rotationen um die X-, Y- und Z-Achse. Bei kleinen Drehungen hat **R** die Form

$$\mathbf{R} = \begin{bmatrix} 1 & \omega_Z & -\omega_Y \\ -\omega_Z & 1 & \omega_X \\ \omega_Y & -\omega_X & 1 \end{bmatrix}. \tag{1.2.6}$$

Bei Transformationen eines Landessystems in ein globales geozentrisches System sind z. B. die Rotationswinkel i. d. R. sehr klein (einige Bogensekunden). Der Maßstabsfaktor hat die Form $q = 1 + m$, wobei m in der Einheit ppm (mm/km) angegeben wird.

Auf die Transformationen, Gln. (1.2.2) und (1.2.3), kann hier nicht weiter eingegangen werden; ausführliche Beschreibungen aller Transformationen findet man u. a. in [Heck 1993] und [Torge 2003].

Wie bei Vermessungsaufgaben auf Baustellen vielfach alle diese Systeme ineinandergreifen, soll

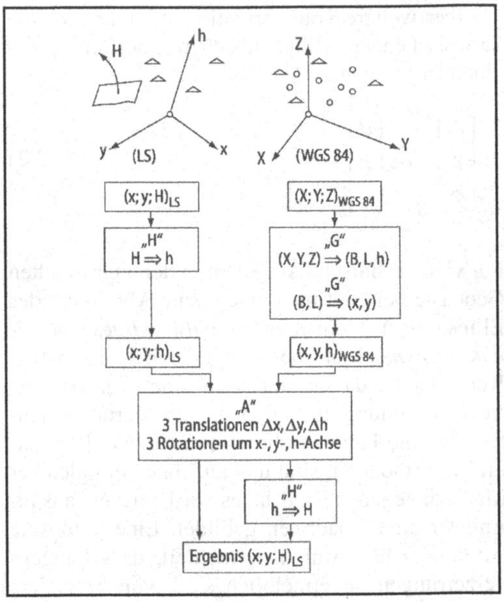

Abb. 1.2-6 Transformation eines Baustellennetzes in das Landesnetz

das folgende Beispiel zeigen, bei dem ein Baustellennetz mit hoher Genauigkeit durch das satellitengestützte GPS-Verfahren vermessen wird und in ein weniger genaues Landesnetz einzupassen ist (Abb. 1.2-6).

Aufgrund der GPS-Messungen liegen dann Koordinaten (X,Y,Z) in dem globalen Bezugssystem WGS-84 (oder ITRF) vor. Für einen Teil dieser Punkte sollen auch Gaußsche Koordinaten $(x,y)_{LS}$ und geoidbezogene Höhen $(H)_{LS}$ im Landessystem gegeben sein; bei ihnen handelt es sich somit um identische Punkte. Die Koordinaten der Neupunkte sollen optimal in das Landessystem eingepasst werden. Zunächst sind die geozentrischen kartesischen Koordinaten $(X,Y,Z)_{WGS\text{-}84}$ in ellipsoidische Koordinaten (B,L) und ellipsoidische Höhen (h) umzurechnen. Es erfolgt eine weitere Transformation, durch welche die ellipsoidischen Koordinaten (B,L) in Gaußsche (x,y) umgewandelt werden, wonach schließlich das Koordinatentripel $(x,y,h)_{WGS\text{-}84}$ vorliegt.

Im Landessystem seien für die identischen Punkte die Koordinaten $(x,y,H)_{LS}$ gegeben. Mit einer Höhentransformation sind dann zunächst mit

Hilfe der Geoidundulationen N (s. 1.2.2) die geoidbezogenen Höhen $(H)_{LS}$ in ellipsoidische $(h)_{LS}$ umzuwandeln.

Erst nach diesen vorbereitenden Berechnungen kann man jetzt mit den Koordinatentripeln $(x,y,h)_{LS}$ und $(x,y,h)_{WGS-84}$ die Transformationsparameter in einem Teilsystem berechnen und anschließend mit diesen die Neupunkte transformieren. Bei technischen Netzen lässt man häufig den Maßstabsfaktor unberücksichtigt, wenn das neu vermessene Netz eine höhere Genauigkeit aufweist als das übergeordnete. Die Höhen sind schließlich noch einer inversen Höhentransformation zu unterwerfen, um die ellipsoidischen Höhen in geoidbezogene $(H)_{LS}$ umzuwandeln. Für jeden Neupunkt gibt es dann das Koordinatentripel $(x,y,H)_{LS}$.

1.2.4 Höhen und Höhensysteme

1.2.4.1 Grundlagen

In der Wissenschaft hat man sich bis heute nicht einigen können, welche Definition der Höhe bzw. welches Höhensystem sich für praktische Aufgaben am besten eignet. Ellipsoidische Höhen (Abb. 1.2-2) sind rein geometrisch definierte Höhen und daher nur für Spezialaufgaben von Bedeutung. Um die physikalischen Vorgänge auf der Erde besser zu erfassen, werden Höhen in der Geodäsie nicht in Metern, sondern in *Potentialdifferenzen* gemessen. Wie Wasser fließt oder welche Arbeit ein Fahrzeug zu leisten hat, wenn es einen Berg überquert, läßt sich mit Potentialdifferenzen, nicht jedoch mit ellipsoidischen Höhen, beschreiben.

Wie die einführenden Bemerkungen zeigen, ist es sinnvoll, Höhen i. Allg. auf *Niveauflächen* – Flächen gleichen Schwerepotenzials – zu beziehen (Abb. 1.2-7):

$$W = W_p = const. \tag{1.2.7}$$

Wegen der Abplattung der Erde, der Erdrotation und der ungleichen Verteilung der Massen innerhalb der Erde verlaufen die Niveauflächen nicht parallel und die Lotlinien, welche die Niveauflächen senkrecht schneiden, sind Raumkurven. Bewegt man sich auf einer Niveaufläche, so folgt dW = 0. Erfolgt die Bewegung in Richtung der äu-

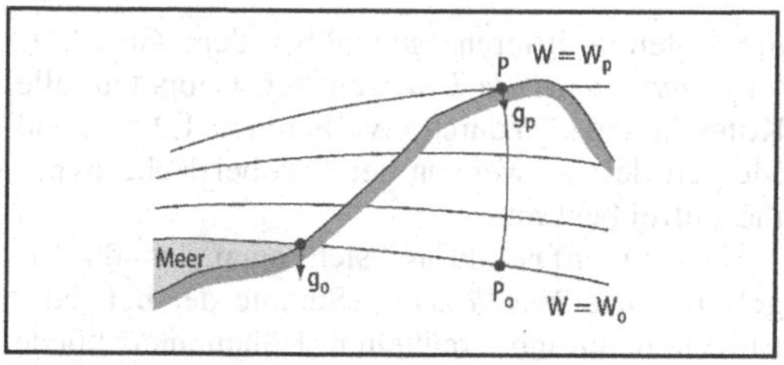

Abb. 1.2-7 Definition von Höhen

ßeren Flächennormalen $\underline{h}$, so beträgt die Potentialdifferenz

$$d W = -\mathbf{g} \cdot \mathbf{dh}\,, \tag{1.2.8}$$

wobei **g** die Schwere beschreibt, die senkrecht auf $W=W_p$ steht. Die Beziehung (1.2.8) beschreibt den fundamentalen Zusammenhang zwischen der Potentialdifferenz (physikalische Größe) und dem Höhenunterschied (geometrische Größe). Verändert sich **g** auf der Niveaufläche, so muss sich entsprechend Gl. (1.2.8) auch der Abstand d$\underline{\mathbf{h}}$ zur benachbarten Niveaufläche ändern. Da die d$\underline{\mathbf{h}}$ in der Lotlinie liegen, ist dW wegunabhängig.

Idealisiert kann man das Wasser der Meere als frei bewegliche, homogene Masse betrachten, auf welche nur die Schwerkraft wirkt. Die Oberfläche bildet dann eine Niveaufläche des Schwerefeldes, welche man sich unter den Kontinenten fortgesetzt denken kann (Abb. 1.2-1). Diese Niveaufläche wird als *Geoid* bezeichnet (s. 1.2.2); sie folgt der Gleichung

$$W = W_o = const.$$

Sie ist eine geeignete Bezugsfläche für Potentialdifferenzen, welche das geometrische Nivellement zusammen mit Schweremessungen liefert. Ein Punkt auf der Erdoberfläche lässt sich im System der Niveauflächen durch eine negative Potentialdifferenz zum Geoid festlegen (Abb. 1.2-7). Ist P_o ein Punkt auf dem Geoid mit dem Potential W_o, so beschreibt das wegunabhängige Linienintegral

$$C = W_0 - W_P = -\int_{P_o}^{P} dW = \int_{P_o}^{P} \mathbf{g} \cdot \mathbf{dh} \tag{1.2.9}$$

die Potentialdifferenz gegenüber dem Geoid. *C* wird *geopotentielle Kote* genannt. Geopotentielle Koten lassen sich durch Nivellieren (s. 1.2.5.3) und Messen der Schwere an der Erdoberfläche hypothesenfrei bestimmen.

Zusammenfassend lässt sich sagen, dass das Ergebnis eines *Nivellements* (Summe der bei jeder Einzelaufstellung ermittelten Höhenunterschiede $d\underline{h}$) wegabhängig ist. Um eindeutige Ergebnisse zu erzielen, müssen die Ergebnisse des Nivellements transformiert werden. Ausgehend von Gl. (1.2.9), gibt es hierfür mehrere Wege, wobei für die Praxis von Bedeutung ist, dass man die Höhen in Metern angeben kann. Beispielsweise lassen sich die geopotentiellen Koten in metrische Höhen transformieren, indem man durch einen Schwerewert dividiert [Torge 2003].

Nimmt man als Schwerewert eine mittlere Schwere, die sich durch Mittelbildung von Schwerewerten längs der Lotlinie ergibt, so erhält man *orthometrische Höhen* H. Diese Schwerewerte können nur durch die Annahme von Hypothesen über den Dichteverlauf in der Erdkruste bestimmt werden.

Nachteilig bei dieser Transformation ist, dass Punkte auf ein und derselben Niveaufläche unterschiedliche orthometrische Höhen haben, da unberücksichtigt bleibt, dass die Niveauflächen nicht parallel verlaufen. In vielen praktischen Fällen – insbesondere im Flachland – kann dieser Effekt jedoch vernachlässigt werden.

Ein Rotationsellipsoid kann mit einem künstlichen sog. „normalen“ Schwerefeld ausgestattet und zur Niveaufläche U_0-const einer Potentialfunktion U gemacht werden. In Bezug auf die Niveaufläche $U = U_0$ sind in einem solchen Schwerefeld die *Normalhöhen* definiert. Für die Transformation berechnet man jetzt als Schwerewert einen Normalschwerewert hypothesenfrei im definierten Normalschwerefeld.

In der Vergangenheit haben viele Länder (z. B. Deutschland und Österreich) mit orthometrischen Höhen gearbeitet. In den Staaten Osteuropas hatte man jedoch Normalhöhen eingeführt. Auch Deutschland hat sich nach der Wiedervereinigung für diese Höhen entschieden. Es ist geplant, künftig in ganz Europa die Normalhöhen zu verwenden.

1.2.4.2 Höhenfestpunktfelder

Die Ausgangspunkte nationaler und internationaler Höhensysteme sind auf das Mittelwasser bestimmter Küsten bezogen; die Mittelwassermarke wird mit Hilfe von Registrierungen an Gezeitenpegeln festgelegt. In Europa ist künftig der sog. „Europahorizont“ maßgeblich, welcher sich auf das Mittelwasser der Nordsee der Jahre 1940 bis 1958 bezieht und aus Beobachtungen am „Neuen Amsterdamer Pegel“ abgeleitet ist.

Die einzelnen Länder unterhalten *nationale Höhennetze*; für Deutschland z. B. ist dies das *Deutsche Haupthöhennetz* (DHHN). Es besteht aus Nivellementschleifen mit einem Durchmesser von 20 bis 80 km. Die im DHHN berechneten Höhen stellen den in Meter ausgedrückten Abstand von einer Bezugsfläche (s. 1.2.4.1) dar. Dieses Netz 1. Ordnung wurde durch weitere Netze 2., 3. und 4. Ordnung so verdichtet, dass nun Höhenmarken landesweit in einem Abstand von 1 bis 2 km zur Verfügung stehen. Die Punkte werden normalerweise durch Mauerbolzen (Abb. 1.2-8a) oder Pfeilerbolzen (Abb. 1.2-8b) vermarkt.

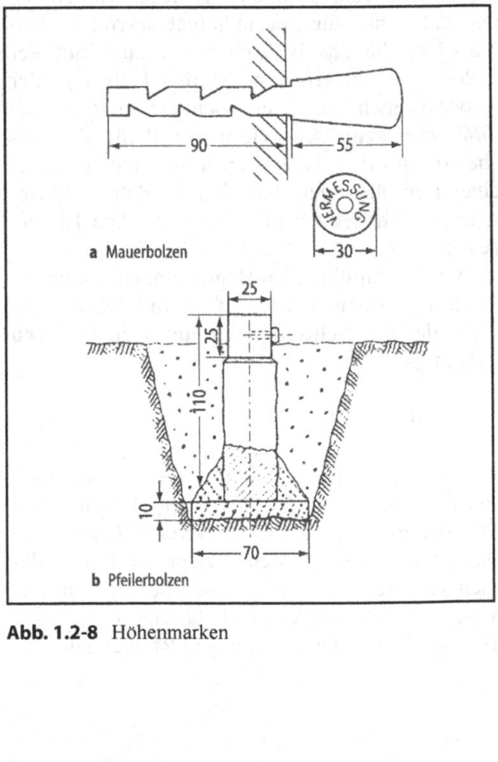

Abb. 1.2-8 Höhenmarken

1.2.5 Richtungs-, Distanz- und Höhenmessung

Um Punkte in der Ebene oder im Raum mit Koordinaten festlegen zu können, misst man Richtungen, Distanzen und Höhenunterschiede. *Richtungen* misst man mit einem Theodolit, *Distanzen* mit Stahlmaßstäben, Messbändern, Messdrähten oder elektronischen Distanzmessern, *Höhenunterschiede* mit Nivelliergeräten, hydrostatischen Messsystemen oder trigonometrischen Verfahren.

1.2.5.1 Richtungsmessung mit dem Theodolit

Der *Theodolit* ist ein Instrument, mit dem sich Horizontal- und Vertikalrichtungen messen lassen. Abbildung 1.2-9 zeigt den Aufbau eines Theodolits. Er besteht aus einem festen und einem um die Vertikalachse (Stehachse) drehbaren Teil. Der bewegliche Teil ist die Stütze, welche die Steh- und Kippachse miteinander verbindet. Die Kippachse ist in der Stütze drehbar gelagert und trägt fest verbunden mit ihr das Fernrohr und den Vertikalkreis. Die Stehachse, ein Teil der Stütze, kann sich in der Stehachsbuchse drehen. Die Stehachsbuchse trägt den Horizontalkreis und verbindet den drehbaren Teil des Theodoliten mit dem festen Unterbau, einem Dreifuß. Über Indexmarken können am Horizontal- und Vertikalkreis *Horizontalrichtungen* r und *Vertikalrichtungen* (Zenitwinkel) z abgelesen werden. Die Vertikalrichtungen beziehen sich auf die Richtung zum Zenit, die Horizontalrichtungen auf die Nullmarke des Teilkreises (Abb. 1.2-10).

Die gemessenen Richtungen sollen sich auf die Koordinatenachsen der Koordinatensysteme beziehen. Man lässt daher normalerweise die Stehachse mit der Richtung zum Zenit (häufig als z-Achse bezeichnet) zusammenfallen. Praktisch erfolgt dies über das Einstellen von Dreifußschrauben und das Beobachten einer zweiachsigen Libelle. Die durch das Fernrohr definierte Zielachse lässt sich desto genauer auf eine Zielmarke einstellen, je höher die Qualität des Fernrohres ist.

Die zuvor beschriebenen Richtungen lassen sich nur dann fehlerfrei messen, wenn folgende Bedingungen erfüllt sind:

- Die Stehachse muss streng lotrecht ausgerichtet sein.
- Die Kippachse muss senkrecht auf der Stehachse stehen.
- Die Zielachse soll die Kippachse senkrecht schneiden.
- Die Stehachse soll den Horizontalkreis senkrecht in seinem Mittelpunkt und die Kippachse den Vertikalkreis senkrecht in seinem Mittelpunkt durchstoßen.

Sind diese Bedingungen nicht erfüllt, so lassen sich die hieraus resultierenden Richtungsfehler nahezu vollständig mit Hilfe spezieller Messanordnungen beseitigen [Kahmen 2006].

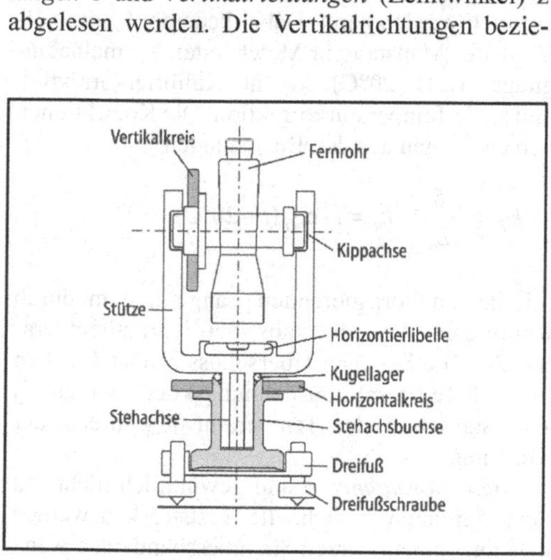

Abb. 1.2-9 Theodolit

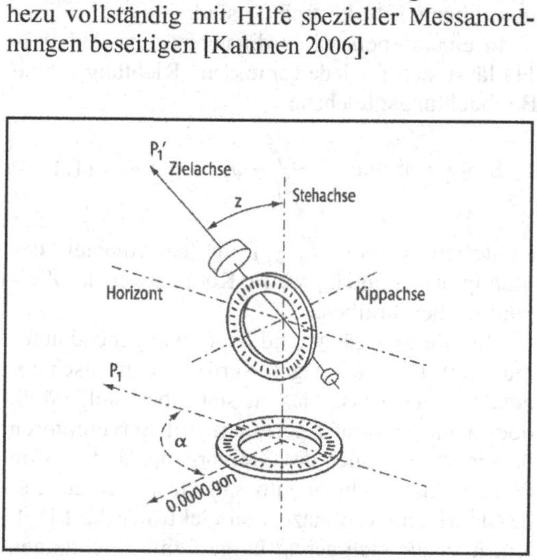

Abb. 1.2-10 Horizontal- und Vertikalrichtungen

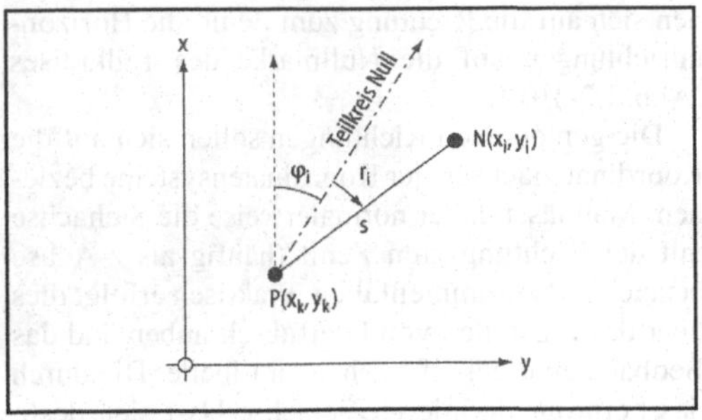

Abb. 1.2-11 Richtungen und Strecken in einem rechtwinkligen Koordinatensystem

Die gemessenen Horizontalrichtungen sind nur dann für Koordinatenberechnungen zu verwenden, wenn sie sich auch auf die horizontalen Koordinatenachsen beziehen, d. h., sie müssen noch orientiert werden. Man macht dies rechnerisch, indem die Nullrichtung des Teilkreises so lange verdreht wird, bis sie mit der x-Richtung des Koordinatensystems zusammenfällt. Hierfür muss aber zumindest ein Festpunkt angezielt werden. Den Drehwinkel bezeichnet man als *Orientierungsunbekannte* φ.

Koppelt man den Theodolit mit einem *Vermessungskreisel*, so lassen sich die Horizontalrichtungen ohne Anzielen eines Festpunktes orientieren. Dieses Verfahren wendet man jedoch nur bei Spezialaufgaben an (z. B. beim Tunnelbau), da die Instrumente sehr kostspielig sind.

In einem ebenen Koordinatensystem (Abb. 1.2-11) lässt sich für jede gemessene Richtung r_i eine Beobachtungsgleichung

$$L_i = r_i = \arctan \frac{y_k - y_i}{x_k - x_i} - \varphi_i \qquad (1.2.10)$$

aufstellen, wobei (x_k, y_k) die Koordinaten des Standpunktes und (x_i, y_i) die Koordinaten des Zielpunktes beschreiben.

Die Messvorgänge sind heute weitgehend automatisiert: Die Richtungen werden elektronisch abgetastet, die Achsen lassen sich über Stellknöpfe oder vom Computer gesteuert mit Servomotoren bewegen, und auch der Zielvorgang lässt sich in einigen Instrumenten automatisch ausführen. Für das Horizontieren nutzt man elektronische Libellen, über die sich geringfügige Fehlausrichtungen automatisch korrigieren lassen.

Auf der Gegenstation verwendet man spezielle *Zielmarken*. Bei hochgenauen Messungen kann der Theodolit samt Stehachsbuchse aus dem Dreifuß gelöst bzw. herausgehoben und gegen eine Zieltafel ausgetauscht werden. Der Fuß der Stehachsbuchse und der Zieltafel müssen dann identisch sein. Diese Art der austauschbaren Zentrierung bezeichnet man als *Zwangszentrierung*.

Für die Beurteilung der Qualität der Theodolite wird nach DIN-18723 angegeben, mit welcher Standardabweichung sich Richtungen messen lassen. Man unterscheidet

- Theodolite niederer Genauigkeit 0,5…1 cgon,
- Theodolite mittlerer Genauigkeit 1 mgon,
- Theodolite hoher Genauigkeit 0,1…0,2 mgon.

1.2.5.2 Distanzmessung mit Stahlmaßstäben, Messbändern und elektronischen Distanzmessern

Stahlmaßstäbe verwendet man insbesondere, wenn Messungen auf engem Raum und mit geringem Aufwand auszuführen sind. Zweckmäßig verwendet man 1 m lange Stäbe mit schneidenförmigen Enden, deren Länge mit Hilfe der Gleichung des Längenmaßstabs

$$L = L_o + k_K + k_t \qquad (1.2.11)$$

ermittelt werden kann. Dabei bedeutet L_o die Sollänge des Maßstabs in Meter unter Normalbedingungen (z. B. 20°C), k_K die Kalibrierkorrektion und k_t die Temperaturkorrektion. Die Korrektionen berechnet man aus den Beziehungen

$$k_K = l\frac{\delta}{L_o}; \quad k_t = l \cdot \alpha_{st}(t - 20°C)$$

mit der zu korrigierenden Länge l, dem durch Kalibrieren des Maßstabs bei Normaltemperatur (20°C) erhaltenen Überschuss δ über L_o, dem linearen Temperaturausdehnungskoeffizienten α_{st} von Stahl und der Temperatur t während der Messung.

Diese *Normalmeter* sind gewöhnlich nicht mit einer Teilung versehen; die Reststrecken werden daher mit einem kurzen Stahlmessband oder, wenn es sich um geringe Abweichungen von einem vollen Meter handelt, mit einem Messkeil bestimmt.

Prüfmeterstäbe werden mit einem Prüfschein satzweise geliefert. Sie sind i. d. R. mit A und B bezeichnet und haben eine Länge von 1000±0,02mm. Typisches Anwendungsgebiet ist z. B. die stichprobenweise Überprüfung von Fertigteilen bei Fertigteilbauprojekten [Kahmen 2006].

Nutzt man ein *Messband*, so lässt sich seine tatsächliche Länge ebenfalls mit Gl. (1.2.11) berechnen. Bei hohen Genauigkeitsanforderungen sind allerdings noch weitere Korrekturen zu berücksichtigen [Kahmen 2006]:

- eine Durchhangkorrektur, wenn das Band nicht aufliegend benutzt wird,
- eine Spannkraftkorrektur, wenn die Zugspannung für das geradlinige Ausrichten des Bandes nicht der Zugspannung bei der Eichung entspricht.

Heute setzt man vorwiegend *elektronische Entfernungsmesser* ein. Sie messen die Laufzeit t, welche ein Messsignal benötigt, um die auszumessende Distanz D zu durchlaufen. Die Distanz berechnet sich dann aus

$$D = c \cdot t \tag{1.2.12}$$

mit

$$c = \frac{c_0}{n}. \tag{1.2.13}$$

Dabei beschreibt c die aktuelle Ausbreitungsgeschwindigkeit der elektromagnetischen Wellen, c_0 die Ausbreitungsgeschwindigkeit im Vakuum und n den Brechungsindex des Ausbreitungsmediums.

Die Geräte arbeiten entweder mit dem Impuls- oder Phasenvergleichsverfahren. Als Trägerwellen nutzen sie vorwiegend Laser oder Mikrowellen. Für die Laufzeitmessung werden die Messsignale den Trägerwellen aufgeprägt; einige Geräte messen die Laufzeit auch unmittelbar mit den Trägerwellen. Für Geräte, die mit Laser arbeiten, ist die Reichweite durch die Witterung begrenzt; sie entspricht etwa der Sichtweite, d. h., bei dunstigem Wetter kann sie auf weniger als 100 m eingeschränkt sein. Mikrowellengeräte arbeiten unabhängig von der Witterung. Elektrooptische Distanzmesser setzt man für Distanzmessungen zwischen zwei Stationen auf der Erde, Mikrowellendistanzmesser für Distanzmessungen zu Satelliten ein. Die Messprinzipien sind in Abb. 1.2-12a bis d wiedergegeben.

Bei *Laserentfernungsmessern* (Abb. 1.2-12a) befinden sich der Sender S und der Empfänger E auf einer Station, auf der Gegenstation baut man einen Reflektor R (ein Prisma) auf. Der Sender sendet durch Modulationsverfahren erzeugte Impulse aus, welche die zu messende Strecke durchlaufen, am Reflektor reflektieren und schließlich vom Empfänger empfangen werden. Zum Empfänger gelangt außerdem ein geringer Anteil des ausgesendeten Impulses unmittelbar. Ein hochgenauer Laufzeitmesser L bestimmt die Differenz der Laufzeit beider Impulse; sie entspricht der Zeit 2t, die der externe Impuls für das zweimalige Durchlaufen der Distanz D benötigt und muss daher noch halbiert werden.

Bei *Mikrowellengeräten* befinden sich Sender und Empfänger auf verschiedenen Stationen (Abb. 1.2-12b). Für das Aussenden und Empfangen der Messsignale benötigt man Antennen A. Sender und Empfänger müssen bei diesem Verfahren mit einer hochgenauen Uhr U gekoppelt sein. Die Uhr im Sender bestimmt, wann der Impuls gesendet wird, die Uhr im Empfänger die Empfangszeit. Die Laufzeit ermittelt der Empfänger mit einem Korrelator.

Geräte, die mit dem Phasenvergleichsverfahren arbeiten (Abb. 1.2-12c, d), sind ähnlich aufgebaut wie Impulsentfernungsmesser. Hier wird mit einem Phasenmesser Ph die Differenz der Phasen gemessen, die das Messsignal im Sender und Empfänger hat. Für den einfachen Weg zwischen Sender und Empfänger soll diese F betragen. Die Laufzeit erhält man dann nach Division durch die Frequenz ϕ des Messsignals zu

$$t = \frac{\Phi}{f}. \tag{1.2.14}$$

Ähnlich wie bei der mechanischen Längenmessung müssen für die gemessene Distanz noch Verbesserungen durchgeführt werden, bevor mit ihr in einem ebenen Koordinatensystem Koordinatenberechnungen ausgeführt werden können [Kahmen 2006]. Man unterscheidet physikalische Korrektionen:

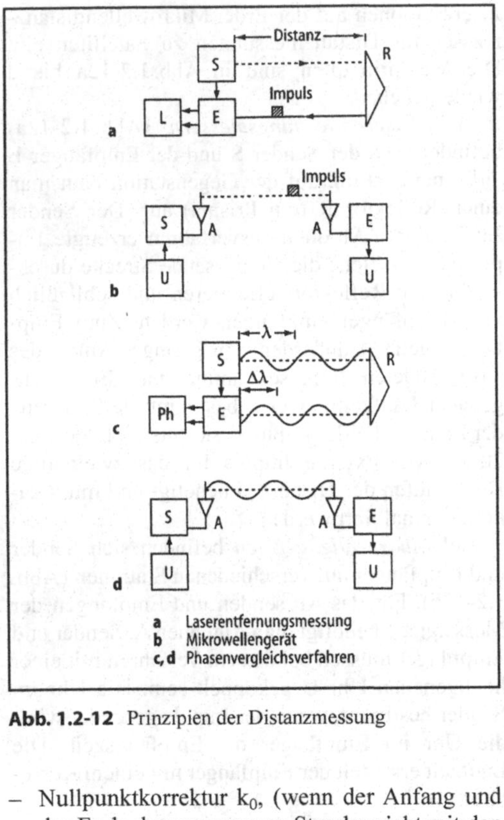

Abb. 1.2-12 Prinzipien der Distanzmessung

- Nullpunktkorrektur k_0, (wenn der Anfang und das Ende der gemessenen Strecke nicht mit den Stehachsen der Geräte zusammenfällt),
- Korrektur wegen Brechungsindex k_n, (wenn der tatsächliche Brechungsindex des Ausbreitungsmediums nicht mit dem zusammenfällt, für welchen das Messverfahren konzipiert wurde),

und geometrische Reduktionen (Abb. 1.2-13):

- Reduktion r_s der schräg im Raum gemessenen Distanz D auf die entsprechende Länge S in der Bezugsfläche (Ellipsoid oder näherungsweise Kugel bzw. Ebene),
- Längenverzerrung r_L wegen der ebenen Abbildung des Ellipsoids (z. B. Gauß-Krüger-Abbildung).

Je nach ihrer Genauigkeit (Standardabweichung d_s einer gemessenen Distanz) kann man die Distanzmesser in zwei Gruppen aufteilen:

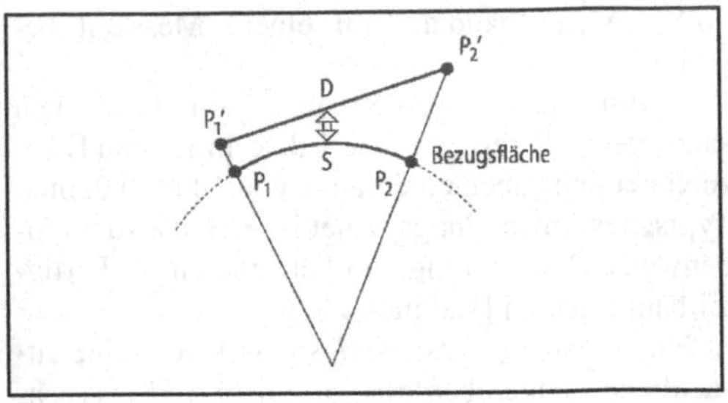

Abb. 1.2-13 Geometrische Reduktion der Strecken

- Distanzmesser hoher Genauigkeit 1…5 mm + 1…3 ppm,
- Distanzmesser mittlerer Genauigkeit 0,1…3 m.

Die Strecke s berechnet sich aus der am Gerät abgelesenen Distanz D nach

$$s = D + k_0 + k_n + r_s + r_L\,. \qquad (1.2.15a)$$

Sie lässt sich in einem ebenen Koordinatensystem (Abb. 1.2-11) durch die Beobachtungsgleichung

$$L_i = s_i = q\sqrt{(x_k - x_i)^2 + (y_k - y_i)^2} \qquad (1.2.15b)$$

darstellen. Ein Maßstabsfaktor q ist dann zu berücksichtigen, wenn die Maßeinheit des Festpunktfeldes sich von der des Messgeräts unterscheidet.

1.2.5.3 Höhenmessung durch Nivellieren und trigonometrische Höhenübertragung

Der Höhenunterschied zweier Punkte A und B wird ermittelt, indem man ihren lotrechten Abstand in Bezug auf eine horizontale Linie oder Ebene misst (Abb. 1.2-14a bis c). Die Bezugslinie bzw. Bezugsebene stellt man mit einer Nivelliereinrichtung her, und zum Ausmessen der lotrechten Abstände dienen Nivellierlatten oder andere Maßstäbe.

Das am häufigsten verwendete *Nivelliergerät* besteht aus einem Fernrohr, mit dem eine Ziellinie definiert wird, und einer Zusatzeinrichtung, mit der sich die Ziellinie horizontieren lässt (Abb. 1.2-14a). Die Ziellinie ist durch den Mittelpunkt des Objektivs und ein Strichkreuz in der Abbildungsebene des Objektivs gegeben. Das Fernrohr ist über einen

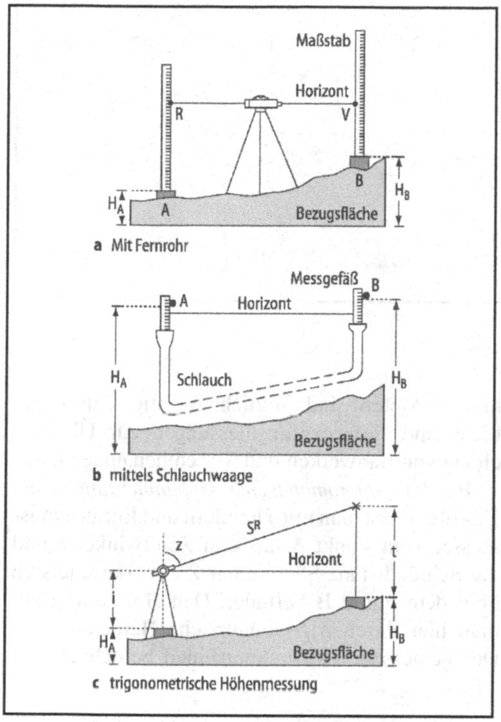

Abb. 1.2-14 Messprinzipien für Höhenmessungen

festen Unterbau mit dem Dreifuß verbunden. Der Dreifuß wird mit einer Klemmschraube auf dem Teller eines Stativs befestigt. Über Dreifußschrauben kann der Dreifuß relativ zum Stativ bewegt und mit einer Libelle in Zielachsenrichtung horizontiert werden. Die zuvor beschriebenen Nivelliergeräte bezeichnet man als *Libellennivelliere*.

Heute werden vorwiegend *Kompensatornivelliere* verwendet. Der äußere Aufbau entspricht dem der Abb. 1.2-15. Um Zeit beim Einstellen einzusparen, horizontiert man diese Instrumente nur noch näherungsweise mit einer Dosenlibelle. Wie Abb. 1.2-15 zeigt, verläuft dann der durch den Mittelpunkt des Objektivsystems gehende horizontale Zielstrahl nicht mehr durch das Strichkreuz. Er muss daher an der Stelle K durch ein optisches Bauelement entsprechend umgelenkt werden. Die Steuerung der Strahlumlenkung erfolgt mit Hilfe der Schwerkraft, und zwar i. d. R. durch Pendel, die mit beweglichen Umlenkprismen gekoppelt sind.

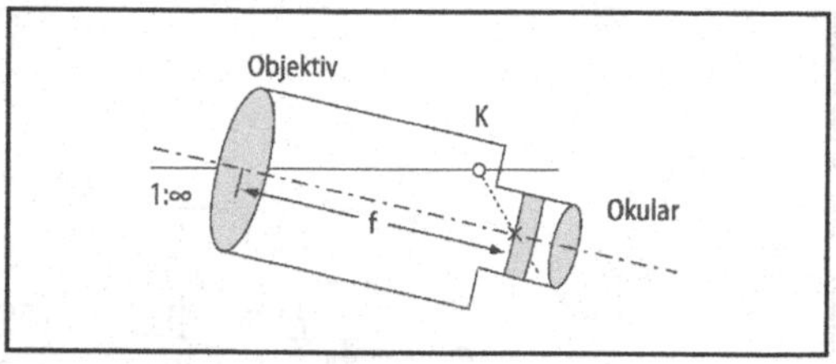

Abb. 1.2-15 Prinzip des Kompensatornivelliers

Im Vergleich zu Libellennivellieren erhöht sich die Messgeschwindigkeit um 30% bis 40%.

Nivellierlatten sind normalerweise 3 m lang und haben eine Teilung auf der Vorderfläche; der Teilungsnullpunkt liegt in der Ebene der Aufsatzfläche. Präzisionslatten haben genauere Teilungen. Bei *analogen Nivelliergeräten* liest der Beobachter mit Hilfe der Strichmarke im Fernrohr den Messwert an der Nivellierlatte ab. *Digitale Nivelliere* arbeiten mit Latten, bei denen Teilung und Ziffern durch einen Code ersetzt sind. In den optischen Strahlengang dieser Nivelliere ist eine digitale Kamera eingebaut, die Bilder des Codes dort aufnimmt, wo die horizontale Ziellinie die Latte trifft. Der Code der gesamten Latte ist auch in einem Computer des Nivelliers gespeichert. Die Ablesung erhält man mit Methoden der digitalen Bildverarbeitung, indem der Codeausschnitt so lange längs des gespeicherten Codes verschoben wird, bis dieser detektiert ist. Der Messwert entspricht dem Betrag der Verschiebung.

Die Ablesung der vorderen Latte bezeichnet man als Vorblick V, die an der zurückliegenden Latte als Rückblick R. Der gemessene Höhenunterschied beträgt dann (Abb. 1.2-14a)

$$h = R - V\,. \qquad (1.2.16)$$

Höhere Genauigkeiten erzielt man mit Nivellierverfahren nur dann, wenn die Zielweite begrenzt wird; je nach Anforderung beträgt sie etwa 20 bis 100 m. Bei größeren Punktabständen muss man daher die Nivellementslinie durch Wechselpunkte W_i in einzelne Messabschnitte unterteilen (Abb. 1.2-16). Der gemessene Höhenunterschied berechnet sich dann aus

$$h = h_1 + h_2 + \ldots + h_n = \sum h_i\,. \qquad (1.2.17)$$

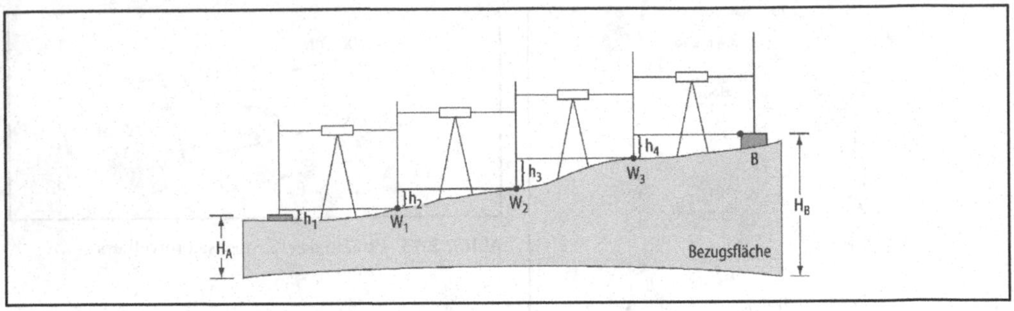

Abb. 1.2-16 Nivellieren längs einer Nivellementslinie

Für die Beurteilung der Messgenauigkeit von Nivellieren und Messausrüstung wird nach DIN 18723 die Standardabweichung für 1 km Doppelnivellement angegeben. Man unterscheidet

- Nivelliere mittlerer Genauigkeit ≤10 mm/km,
- Nivelliere hoher Genauigkeit ≤3 mm/km,
- Nivelliere höchster Genauigkeit ≤0,5 mm/km.

Neben der Qualität der Nivellierausrüstung ist die Wahl der Messanordnung für die Genauigkeit von großer Bedeutung. Um den Einfluss von Erdkrümmung und Refraktion zu eliminieren, sollte das Nivellier möglichst in der Mitte zwischen den Latten aufgestellt werden. Bei höheren Genauigkeiten macht man Doppelablesungen in der Reihenfolge R_1, V_1, V_2, R_2 und bildet schließlich den Vor- und Rückblick aus $(V_1+V_2)/2$ und $(R_1+R_2)/2$.

Ein Spezialnivellier ist die *Schlauchwaage* (Abb. 1.2-14b). Sie besteht aus Messgefäßen – i. d. R. Glaszylinder mit einer Teilung – und einem Schlauch, der die Messgefäße miteinander verbindet. Die Messeinrichtung wird mit einer Flüssigkeit gefüllt; die Flüssigkeitsoberfläche bildet dann den Bezugshorizont. Den Höhenunterschied zweier Messmarken erhält man aus den Skalenablesungen der Messgefäße in Bezug auf den Horizont. Die Messeinrichtungen können auch mehrere Messgefäße umfassen.

Die Messungen lassen sich automatisieren, wenn die Änderungen der Flüssigkeitspegel in den Gefäßen mit einem elektrischen Sensor (Extensometer) beobachtet werden. Ein Computer kann dann den Zeitpunkt der Messungen steuern und eine Auswertung in Echtzeit vornehmen. Genauigkeiten von 0,5 bis 0,1 mm bei Gefäßabständen von mehreren hundert Metern sind möglich. Wichtige Einsatzgebiete sind Deformationsmessungen zur Überwachung von Bauwerken und Maschinenanlagen.

Bei der *trigonometrischen Höhenmessung* (Abb. 1.2-14c) misst man mit Theodolit und Entfernungsmesser vom Punkt A aus den Zenitwinkel z und die Schrägdistanz S^R zu einer Zielmarke, die sich über dem Punkt B befindet. Den Horizont erhält man hier durch trigonometrische Berechnungen. Der gemessene Höhenunterschied berechnet sich aus

$$h = i + S^R \cos z - t \qquad (1.2.18)$$

mit der Höhe i der Kippachse des Theodolits über dem Punkt A und der Höhe t der Zielmarke über dem Punkt B. Vergleicht man das Verfahren mit dem der Abb. 1.2-14a, so ist jetzt der Rückblick R durch i und der Vorblick V durch $t–S^R\cos z$ gegeben. Genauigkeiten besser als 1 mm sind möglich. Bei hohen Genauigkeiten müssen allerdings eine Korrektion r_E wegen der Erdkrümmung und eine Korrektion r_{Ref} wegen Zielstrahlverbiegungen aufgrund von Refraktionserscheinungen berücksichtigt werden. Beide Einflüsse nehmen mit dem Quadrat des Abstands der Messpunkte zu. Der Einfluss der Erdkrümmung beträgt bei einem Punktabstand von 200 m 3,2 mm. Für alle Höhenmessverfahren (Abb. 1.2-14) gilt die Beobachtungsgleichung

$$h = H_B - H_A + \text{Korrektionen}, \qquad (1.2.19)$$

die jetzt neben der Messgröße h und den Korrektionen die Höhen (H_A, H_B) der Punkte A und B über dem Bezugshorizont enthält.

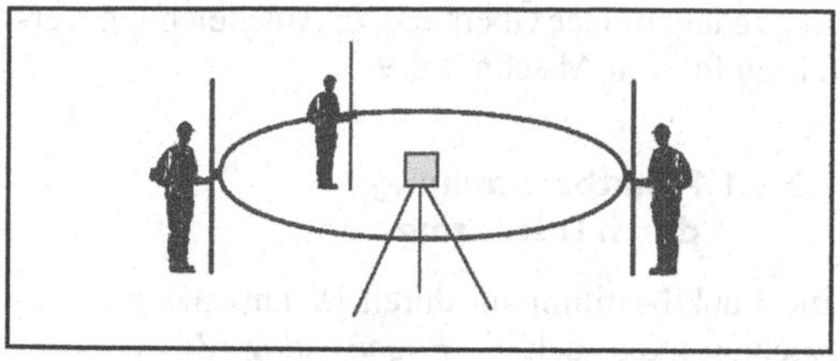

Abb. 1.2-17 Lasernivellier mit rotierendem Laser

Die *Höhenaufnahme* lässt sich mit den Messeinrichtungen der Abb. 1.2-14 auch *flächenhaft* ausführen. Die horizontale Bezugslinie muss dann um eine vertikale Achse geschwenkt werden. Bei einem Nivelliergerät mit Fernrohr und Theodolit ist dies aufgrund der Gerätekonstruktion immer möglich.

Insbesondere auf Baustellen verwendet man auch Lasernivelliere, bei denen ein durch Prismen und einen Kompensator horizontal ausgerichteter Laserstrahl um eine Vertikalachse rotiert. Die vom Laser auf Nivellierlatten erzeugten „Laserstriche" können von einem Beobachter abgelesen oder von einer elektrooptischen Abtasteinrichtung automatisch registriert werden (Abb. 1.2-17). Bei Schlauchwaagen lässt sich eine flächenhafte Überwachung von Höhenpunkten in Bezug auf einen konstanten Horizont ausführen, wenn eines der Gefäße – das Referenzgefäß – als Überlaufgefäß gebaut ist. Von einer Pumpe müssen dann kontinuierlich geringe Mengen Flüssigkeit nachgefüllt werden.

1.2.5.4 Gerätekonzepte

Theodolit und elektronischer Distanzmesser bilden normalerweise eine Geräteeinheit. In diesem Fall spricht man auch von einem *Tachymeter*. Als besonders vorteilhaft erweist es sich, wenn die optischen Achsen des Theodolits und des Entfernungsmessers zusammenfallen. Ein Beispiel für ein Tachymeter zeigt Abb. 1.2-18a. Heute stehen Theodolite und Tachymeter zur Verfügung, die vom Anzielen der Zielmarken über das Registrieren der Messwerte bis zur Auswertung der Ergebnisse alle Arbeitsgänge – gesteuert durch einen Computer – automatisch ausführen. Diese Gerätesysteme bezeichnet man auch als *Messroboter*.

Bei den Nivelliergeräten setzen sich zunehmend *digitale Nivelliere* durch (Abb. 1.2-18b). „Digital" kennzeichnet hier, dass die Daten digital ausgegeben werden.

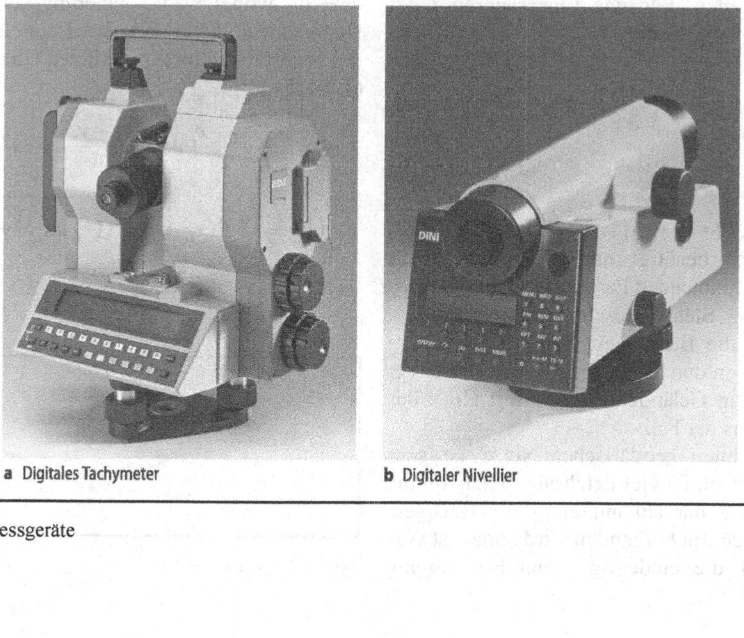

a Digitales Tachymeter

b Digitaler Nivellier

Abb. 1.2-18 Messgeräte

1.2.6 2D-Positionsbestimmung mit Theodolit und Distanzmesser

Wenn einige Punkte mit Koordinaten in einem ebenen rechtwinkligen Koordinatensystem gegeben sind, so kann man von ihnen ausgehend die Koordinaten weiterer Punkte bestimmen. Die gegebenen, bereits durch Koordinaten festgelegten Punkte bezeichnet man als *Festpunkte*, die neu zu bestimmenden Punkte heißen *Neupunkte*. Die messtechnische Bestimmung von Neupunkten erfolgt durch Messen von Richtungen (bzw. Winkeln) und Distanzen.

Misst man zur Berechnung von Neupunkten nur so viele Größen, wie zu ihrer im geometrischen Sinne eindeutigen Festlegung notwendig sind, so liegt eine *eindeutige Punktbestimmung* vor. Werden zusätzlich Größen gemessen, so spricht man von einer *überbestimmten Punktbestimmung*. Die Lösung ist in diesem Fall über ein Ausgleichungsverfahren – z. B. unter Anwendung der Methode der kleinsten Quadrate – gegeben. Überbestimmte Lösungen haben den Vorteil, dass Genauigkeits- und Zuverlässigkeitsuntersuchungen angestellt werden können.

Ausgangsbasis für Koordinatenberechnungen sind die Beobachtungsgleichungen (1.2.10) und (1.2.15b), die vielfach in ihrer linearisierten Form verwendet werden. Für das Linearisieren nutzt man die Taylorsche Reihe

$$L_i = f_i(x_0, y_0, K) + \left(\frac{\partial f_i}{\partial x}\right)_0 dx + \left(\frac{\partial f_i}{\partial y}\right)_0 dy + K \tag{1.2.20}$$

mit $x = x_0 + dx$, $y = y_0 + dy$, … . Wie aus Gl. (1.2.20) zu erkennen ist, benötigt man in diesem Fall für die neu zu bestimmenden Parameter Näherungskoordinaten x_0, y_0. Stehen diese nicht zur Verfügung, so kann man die Berechnungen mit trigonometrischen Ansätzen durchführen; dies ist z. B. bei der topographischen Geländeaufnahme mit Hilfe des Polarverfahrens der Fall.

Das Berechnen geodätischer Netze ist sehr komplex und benötigt viel Erfahrung. Hier soll die Vorgehensweise nur anhand einfacher Beispiele deutlich werden. Im Folgenden wird zunächst vorbereitend auf die eindeutige Punktbestimmung eingegangen. Der Übergang zu Ausgleichungsverfahren folgt in Abschn. 1.2.9.

1.2.6.1 Punktbestimmung durch Distanzmessung

Die Punktbestimmung durch Distanzmessung bezeichnet man auch als *Bogenschlag*. Zur Bestimmung eines Neupunktes N_i werden zwischen ihm und mehreren Festpunkten P_i Strecken s_i bestimmt (Abb. 1.2-19). Für jede aus Messungen abgeleitete Strecke kann man eine Beobachtungsgleichung des Typs (1.2.15b) aufstellen. Sie lautet in allgemeiner Form

$$L_i = s_i = f(x_N, y_N, q)\,. \tag{1.2.21}$$

Es treten drei Unbekannte auf: die Koordinaten des Neupunktes (x_N, y_N) und der Maßstabsfaktor q. Eine eindeutige Lösung des Bogenschlags ist demnach gegeben, wenn mindestens drei aus Messungen abgeleitete Strecken s_i vorliegen. Im Beispiel der Abb. 1.2-19 sind dies die Strecken s_1, s_2, s_3; sie wurden vorbereitend mit der Beziehung (1.2.15a) aus den gemessenen Distanzen D_i abgeleitet.

Die Linearisierung ergibt sich aus der Taylorschen Reihe mit $x = x_0 + dx$, $y = y_0 + dy$ und $q = q_0 + dq$, wobei x_0, y_0 Näherungskoordinaten des Neupunktes N sind und $q_0 = 1$ ein Näherungswert des Maßstabsfaktors ist. Mit den Gln. (1.2.20) und (1.2.15b) folgt

$$s_i = s_i^0 + \frac{x_0 - x_i}{s_i^0}\mathrm{d}x + \frac{y_0 - y_i}{s_i^0}\mathrm{d}y + s_i^0\mathrm{d}q\,,$$

$$\text{mit}\quad s_i^0 = f_i(x_0, y_0) = \sqrt{(x_0 - x_i)^2 + (y_0 - y_i)^2}\,. \tag{1.2.22}$$

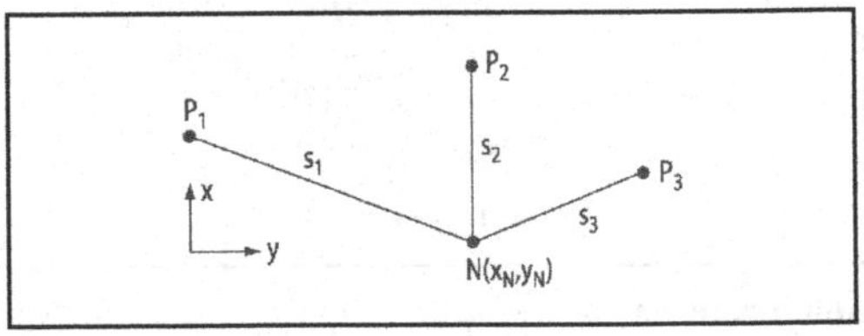

Abb. 1.2-19 Bogenschlag

In verkürzter Schreibweise lässt sich Gl. (1.2.22) darstellen durch

$$s_i = s_i^0 + a_{i1}\mathrm{d}x + a_{i2}\mathrm{d}y + s_i^0\mathrm{d}q. \qquad (1.2.23)$$

Fasst man nun noch die Absolutglieder s_i und s_i^0 zu $l_i=s_i-s_i^0$ zusammen, so gilt für das System der Beobachtungsgleichungen

$$\mathbf{l}=\mathbf{A}\mathbf{x}\,,$$

$$\text{mit } \mathbf{l} = \begin{bmatrix} l_1 \\ l_2 \\ l_3 \end{bmatrix}, \mathbf{A}=\begin{bmatrix} \frac{x_0-x_1}{s_1^0} & \frac{y_0-y_1}{s_1^0} & s_1^0 \\ \frac{x_0-x_2}{s_2^0} & \frac{y_0-y_2}{s_2^0} & s_2^0 \\ \frac{x_0-x_3}{s_3^0} & \frac{y_0-y_3}{s_3^0} & s_3^0 \end{bmatrix} \text{ und}$$

$$\mathbf{x}=\begin{bmatrix} \mathrm{d}x \\ \mathrm{d}y \\ \mathrm{d}q \end{bmatrix}. \qquad (1.2.24)$$

Der Lösungsvektor lautet

$$\mathbf{x} = \mathbf{A}^{-1}\mathbf{l}\,. \qquad (1.2.25)$$

Schließlich berechnen sich die Koordinaten des Neupunktes aus

$$\begin{aligned} x_N &= x_0 + \mathrm{d}x \\ y_N &= y_0 + \mathrm{d}y \end{aligned}\,. \qquad (1.2.26)$$

1.2.6.2 Punktbestimmung durch Richtungsmessung

Beim *Vorwärtseinschneiden* misst man auf zwei oder zusätzlichen Festpunkten P_i Richtungen r_i zu einem Neupunkt N_i und zu weiteren Festpunkten (Abb. 1.2-20). Für jede gemessene Richtung kann man dann eine Beobachtungsgleichung des Typs (1.2.10) aufstellen. Diese lauten in allgemeiner Form

$$L_i = r_i = f(\varphi_i), \qquad (1.2.27a)$$

wenn ein Festpunkt bzw.

$$L_i = r_i = f(x_N, y_N, \varphi_i), \qquad (1.2.27b)$$

wenn ein Neupunkt mit den Koordinaten (x_N, y_N) angezielt wird.

In dem Fall (Abb. 1.2-27b) treten vier Unbekannte auf. Sie sind bei jeder Aufstellung des Theodolits die Orientierungsunbekannten (φ_i) und die Koordinaten (x_N, y_N). Eine eindeutige Lösung ist gegeben, wenn von zwei Festpunkten (P_1, P_2) aus die Richtungen zu den Festpunkten (P_3, P_4) und einem Neupunkt N_i gemessen werden.

Man kann die Lösung der Aufgabe in zwei Operationen aufteilen: Im ersten Schritt berechnet man zunächst aus den Richtungen (r_3, r_4), die zwischen Festpunkten gemessen wurden, mit Gl. (1.2.10) auf P_1 und P_2 die Orientierungsunbekannten. Die zwei verbleibenden Beobachtungsgleichungen haben dann die vereinfachte Form

$$r_{iN}^0 = \arctan\frac{y_N - y_i}{x_N - x_i}, \qquad (1.2.28)$$

wobei $r^0_{iN}=r_{iN}+\varphi$ als orientierte Richtung bezeichnet wird.

Im zweiten Schritt lassen sich dann mit der linearisierten Form von Gl. (1.2.28) die Neupunktkoordinaten berechnen. Mit Hilfe der Taylorschen Reihe erhält man

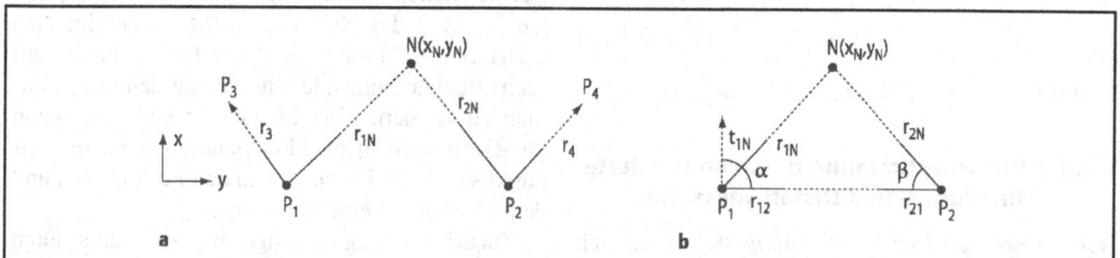

Abb. 1.2-20 Vorwärtseinschneiden mit a vier und b zwei Festpunkten

$$r_{iN}^0 = t_i^0 - \frac{y_0 - y_i}{\left(s_i^0\right)^2}\rho dx + \frac{x_0 - x_i}{\left(s_i^0\right)^2}\rho dy$$

$$\text{mit } \left(s_i^0\right)^2 = (x_0 - x_i)^2 + (y_0 - y_i)^2 \text{ und}$$

$$t_i^0 = \arctan\frac{y_0 - y_i}{x_0 - x_i}. \qquad (1.2.29)$$

$$r_{iN}^0 = t_i^0 - a_{i1}dx + a_{i2}dy.$$

Die x_0 und y_0 sind die Näherungskoodinaten des Neupunktes und $\rho = 200^{gon}/\pi$.

In verkürzter Schreibweise lässt sich Gl. (1.2.29) auch darstellen durch $r^0{}_{iN} = t_i{}^0 - a_{i1}dx + a_{i2}dy$.

Fasst man nun noch die Absolutglieder $r^0{}_{iN}$ und $t_i{}^0$ zusammen zu $l_i = r^0{}_{iN} - t_i{}^0$, so gilt in Matrizenschreibweise

$$\mathbf{l} = \mathbf{A}\mathbf{x}, \qquad (1.2.30)$$

$$\text{mit } \mathbf{l} = \begin{bmatrix} l_1 \\ l_2 \end{bmatrix}, \mathbf{A} = \rho \begin{bmatrix} \frac{y_0 - y_1}{(s_1^0)^2} & \frac{x_0 - x_1}{(s_1^0)^2} \\ \frac{y_0 - y_2}{(s_2^0)^2} & \frac{x_0 - x_2}{(s_2^0)^2} \end{bmatrix}; \mathbf{x} = \begin{bmatrix} dx \\ dy \end{bmatrix}.$$

Die Neupunktkoordinaten ergeben sich schließlich wieder aus

$$\mathbf{x} = \mathbf{A}^{-1}\mathbf{l}$$

mit $x_N = x_0 + dx$ und $y_N = y_0 + dy$.

Eine weitere Lösung ist gegeben, wenn man von P_1 aus den Punkt P_2 und von P_2 aus den Punkt P_1 anzielt (Abb. 1.2-20b). Der trigonometrische Ansatz lautet dann

$$x = s_{12}\frac{\sin\beta\cos t_{1N}}{\sin(\alpha + \beta)}, \quad y = s_{12}\frac{\sin\beta\sin t_{1N}}{\sin(\alpha + \beta)} \qquad (1.2.31)$$

$$\text{mit } \alpha = r_{12} - r_{1N},\ \beta = r_{2N} - r_{21},\ t_{1N} + r_{1N} + \alpha.$$

1.2.6.3 Punktbestimmung durch kombinierte Richtungs- und Distanzmessung

Bei der *polaren Punktbestimmung* stellt man sich mit einem Tachymeter auf einem Festpunkt P_1 auf und misst Richtungen und Distanzen zu mindestens einem Festpunkt P_i und den Neupunkten N (Abb. 1.2-21). Bei der Bestimmung eines Neupunktes treten vier Unbekannte auf: die Orientierungsunbekannte φ bei der Aufstellung des Theodolits, ein Maßstabsfaktor q und die zwei Koordinaten (x_N, y_N) des Neupunktes. Mit der gemessenen Richtung zwischen den Festpunkten berechnet man zunächst die Orientierungsunbekannte nach Gl. (1.2.10). Die Neupunktkoordinaten erhält man dann aus dem trigonometrischen Ansatz

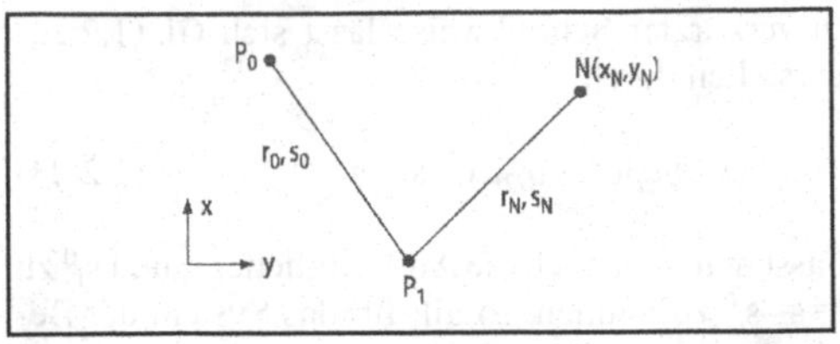

Abb. 1.2-21 Polare Punktbestimmung auf einem Festpunkt

$$x_N = x_1 + qs_N\cos r_N^0$$
$$y_N = y_1 + qs_N\sin r_N^0 \qquad (1.2.32)$$

mit $r^0{}_N = r_N + \varphi$ und $q = s^*{}_0/s_0$. $s^*{}_0$ ist die aus Koordinaten berechnete und s_0 die aus Messungen nach Gl. (1.2.15a) abgeleitete Strecke zwischen P_1 und P_0.

Häufig muss man sich bei der Polaraufnahme auf einem frei gewählten Standpunkt aufstellen. Dieses Verfahren nennt man dann *polare Punktbestimmung bei freier Stationierung* (Abb. 1.2-22). Von dem frei gewählten Standpunkt S aus werden die Distanzen und Richtungen zu den Festpunkten P_i und Neupunkten N_i gemessen. Es treten sechs Unbekannte auf: eine Orientierungsunbekannte φ, ein Maßstabsfaktor q, zwei Koordinaten (x_s, y_s) des frei gewählten Standpunktes und zwei Koordinaten (x_N, y_N) des Neupunktes. Man benötigt also sechs Beobachtungen, um die Unbekannten mit sechs Beobachtungsgleichungen eindeutig bestimmen zu können. Eine Lösung ist gegeben, wenn die Richtungen zu zwei Festpunkten und dem Neupunkt sowie die Distanzen zu den Festpunkten und dem Neupunkt gemessen werden.

Zunächst vergegenwärtige man sich, dass durch das Tachymeter, mit dem die Richtungen r_i und die Strecken s_i ermittelt werden, ein ebenes karte-

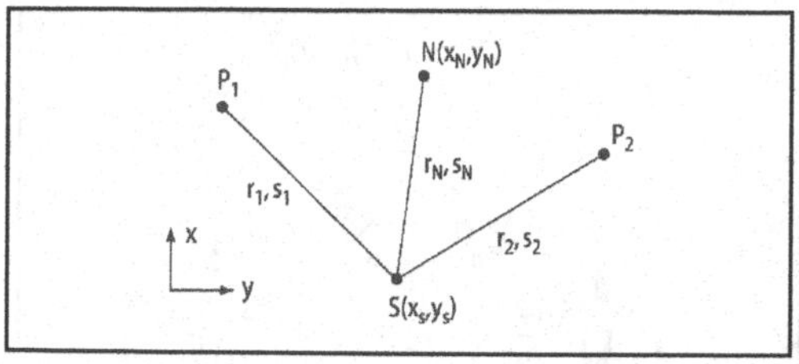

Abb. 1.2-22 Polare Punktbestimmung auf einer frei gewählten Station

sisches Koordinatensystem definiert wird. Es liegt in der Ebene des Teilkreises, Ursprung ist der Mittelpunkt des Kreises, und eine Koordinatenachse fällt mit „Teilkreis Null" zusammen. In diesem Koordinatensystem sind die Punkte P_1 und P_2 durch ihre Polarkoordinaten r_1, r_2 und s_1, s_2 gegeben. Da P_1 und P_2 außerdem Festpunkte im x-y-Koordinatensystem des Festpunktfeldes sind, können sie in beiden Systemen als identische Punkte betrachtet werden. Die Koordinaten des Neupunktes lassen sich daher durch eine Ähnlichkeitstransformation (s. 1.2.3.2) berechnen:

- Im ersten Schritt berechnet man die Translationsparameter x_s, y_s sowie den Drehwinkel φ und den Maßstabsfaktor q.
- Im zweiten Schritt folgt dann die Transformation der Neupunkte. Hierfür können die Gln. (1.2.32) herangezogen werden, wenn man $x_1 \int x_s$ und $y_1 \int y_s$ betrachtet (vgl. beispielsweise [Kahmen 2006]).

Mit einem *Polygonzug* lassen sich längs einer Linie angeordnete Neupunkte berechnen (Abb. 1.2-23). Als Beispiel sei zunächst der Zug P_o, P_1, N_1, N_2, N_3 betrachtet. Gegeben seien die Koordinaten der Festpunkte P_o, P_1, gesucht die Koordinaten der Neupunkte N_1, N_2, N_3. Auf P_1, N_1 und N_2 seien jeweils die Richtungen zu benachbarten Punkten gemessen. Damit sind auch die Winkel β_1 bis β_3 bekannt, die sich jeweils aus der Differenz der Richtungen ergeben. Außerdem sollen aus Distanzmessungen die Strecken s_{N1} bis s_{N3} abgeleitet sein.

In einem ersten Schritt berechnet man zunächst mit Gl. (1.2.10) die orientierte Richtung $r_{01}{}^0$ der Seite P_0 P_1. Mit Hilfe der Winkel β_i erhält man dann in einem zweiten Schritt die orientierten Richtungen $r^0{}_{Ni}$ für die Seiten s_{Ni}:

$$\begin{aligned} r^0_{N1} &= r^0_{01} + \beta_1 \pm 200^{gon}, \\ r^0_{N2} &= r^0_{N1} + \beta_2 \pm 200^{gon}, \\ r^0_{N3} &= r^0_{N2} + \beta_3 \pm 200^{gon}. \end{aligned} \tag{1.2.33}$$

Mit diesen orientierten Richtungen und den Seiten s_i lassen sich dann von Punkt zu Punkt fortschreitend die Koordinaten von N_1 bis N_3 durch polare Punktbestimmung nach Gl. (1.2.32) berechnen.

In der Regel führt man bei den zuvor beschriebenen Aufgaben mehr Messungen aus, als zur eindeutigen Lösung notwendig sind. Die Berechnungen erfolgen dann mit Hilfe eines *Ausgleichungsverfahrens*. Dies hat den Vorteil, dass dann die Genauigkeit und die Zuverlässigkeit der Messungen sowie der berechneten Parameter bewertet werden können. Ein Beispiel hierfür sei der in Abb. 1.2-23 dargestellte erweiterte Polygonzug. Bei linearen Netzen dieser Art führt man normalerweise noch die Strecke $N_3P_2 = s_{N4}$ und die Winkel β_4 und β_5 auf N_3 und P_2 in die Berechnungen ein.

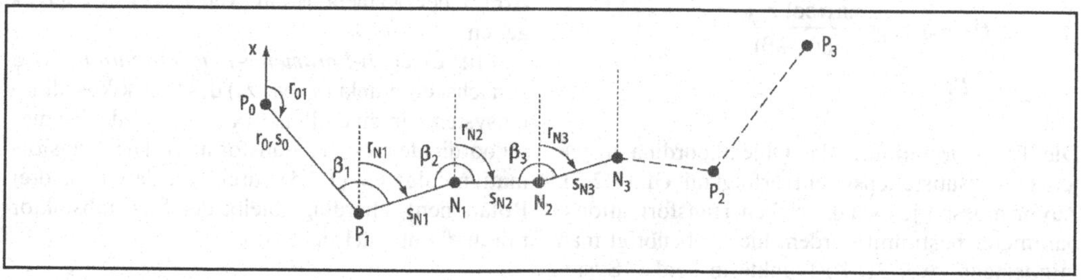

Abb. 1.2-23 Polygonzug

1.2.7 *Optische 3D-Messverfahren*

1.2.7.1 Punktbestimmung durch Richtungsmessungen mit Theodoliten

Bei einer einfachen Messanordnung mit zwei Theodoliten spricht man auch von *räumlichem Vorwärtseinschneiden* (Abb. 1.2-24). Man denke sich durch den Schnittpunkt P'_1 der Achsen des über dem Punkt P_1 aufgebauten Theodolits eine Horizontalebene gelegt. Diese schneidet die Stehachse des zweiten Theodolits in P'_2. In der Horizontalebene ist dann das Koordinatensystem des Theodolitmesssystems festgelegt: Die y-Achse verläuft durch P'_1 und P'_2, die x-Achse steht senkrecht auf ihr und verläuft durch P'_1. P_1 hat als Koordinatenursprung die Lagekoordinaten (0,0), und die Koordinaten von P_2 sind festgelegt, wenn die Strecke $s_{12} = P_1{}^{æ}P_2{}^{æ}$ zuvor bestimmt wurde. Die z-Achse steht senkrecht auf der x- und y-Achse. H_1 und H_2 seien die Höhen über der Bezugsfläche. Bei dieser Messanordnung treten fünf Unbekannte auf: zwei Orientierungsunbekannte φ_i auf den Stationen P_1 und P_2 sowie die drei Koordinaten x_N, y_N, z_N. Eine einfache Lösung ergibt sich, wenn man drei nacheinander ablaufende Lösungsschritte vorsieht:

- Bestimmung der beiden Orientierungsunbekannten mit Gl. (1.2.10), nachdem zuvor mit den Theodoliten die Richtungen r_{12} und r_{21} gemessen wurden. Bei hohen Genauigkeitsanforderungen wendet man spezielle Verfahren wie die gegenseitige Kollimation an.
- Bestimmung von x_N und y_N durch Vorwärtseinschneiden (s. 1.2.6.2).
- Bestimmung von z_N von P_1 oder P_2 aus mit

$$z_N = H_1 + i_1 + s_{12}\frac{\sin\beta\cot z_{1N}}{\sin(\alpha+\beta)}$$

$$= H_2 + i_2 + s_{12}\frac{\sin\alpha\cot z_{2N}}{\sin(\alpha+\beta)}.$$

$$s_{12} = \overline{P_1 P_2}$$

Die Transformation in das Objektkoordinatensystem (z. B. Baustellensystem) erfolgt mit Gl. (1.2.5). Zuvor müssen jedoch die sieben Transformationsparameter bestimmt werden; hierfür benötigt man mindestens zwei 3D-Festpunkte in beiden Systemen und eine Höhenmarke.

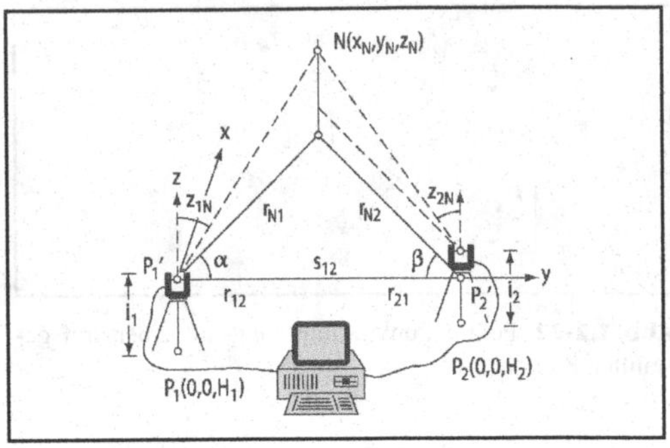

Abb. 1.2-24 Räumliches Vorwärtseinschneiden

Theodolitmesssysteme bestehen aus zwei oder mehreren Theodoliten und einem Computer, der die Steuerung des Messsystems, die Auswertung der Daten sowie die Speicherung und Visualisierung der Ergebnisse übernimmt (Abb. 1.2-24). Heute stehen automatisierte Systeme zur Verfügung. Typische Anwendungsgebiete dieses Messverfahrens sind

- die Qualitätskontrolle von Fertigteilen bei Fertigteilbauwerken,
- Deformationsmessungen an Bauwerken und Maschinenanlagen,
- die Erfassung der Geometrie von Bauwerken.

1.2.7.2 Punktbestimmung durch Richtungsmessungen mit photogrammetrischen Verfahren

Bei photogrammetrischen Verfahren werden Raumrichtungen mit analogen oder digitalen Kameras bestimmt. Die Abbildung eines Objektpunktes P auf den Film oder einen elektrischen Sensor (CCD-Array) der Kamera ist in Abb. 1.2-25 wiedergegeben.

Mit einer *6-Parameter-Transformation* wird zunächst ein Punkt (x_0, y_0, z_0) des Objektkoordinatensystems in einen Punkt (x_K, y_K, z_K) des Kamerakoordinatensystems transformiert. Die Transformation folgt Gl. (1.2.5) (drei Translationen, drei Rotationen), allerdings bleibt der Maßstabsfaktor mit m=0 unberücksichtigt:

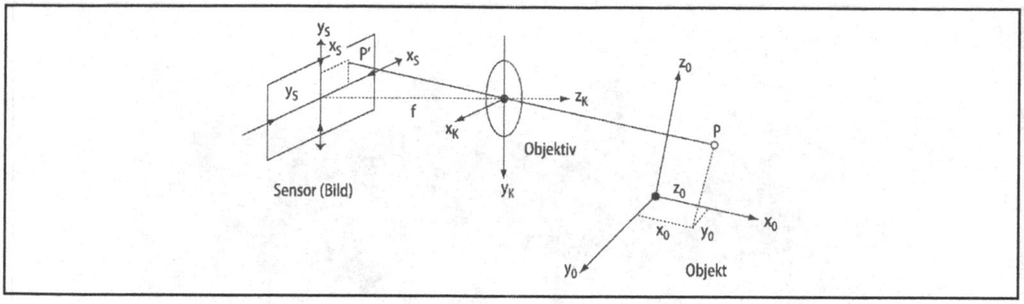

Abb. 1.2-25 Abbildungsvorgang bei photogrammetrischer Punktbestimmung

$$\begin{bmatrix} x \\ y \\ z \end{bmatrix}_K = \begin{bmatrix} \delta x \\ \delta y \\ \delta z \end{bmatrix} + \mathbf{R} \begin{bmatrix} x \\ y \\ z \end{bmatrix}_0 . \qquad (1.2.34)$$

Es folgt eine perspektive Abbildung dieses Punktes in das Bild bzw. Sensorkoordinatensystem

$$x_s = f \cdot \left(\frac{x_K}{z_K}\right); \quad y_s = f \cdot \left(\frac{y_K}{z_K}\right), \qquad (1.2.35)$$

dabei bezeichnet f die Kammerkonstante der Kamera, welche näherungsweise der Bildweite des Objektivsystems entspricht.

Die Kombination der Gln. (1.2.34) und (1.2.35) führt zu den Beobachtungsgleichungen (Kollinearitätsgleichungen)

$$x_s = -f \frac{r_{11}(x_0 - \delta x) + r_{12}(y_0 - \delta y) + r_{13}(z_0 - \delta z)}{r_{31}(x_0 - \delta x) + r_{32}(y_0 - \delta y) + r_{33}(z_0 - \delta z)} .$$

$$y_s = -f \frac{r_{21}(x_0 - \delta x) + r_{22}(y_0 - \delta y) + r_{23}(z_0 - \delta z)}{r_{31}(x_0 - \delta x) + r_{32}(y_0 - \delta y) + r_{33}(z_0 - \delta z)} \qquad (1.2.36)$$

Die Koeffizienten $r_{11} \ldots r_{33}$ sind Funktionen, welche die räumliche Orientierung der optischen Objekt-Achse in Bezug auf das Koordinatensystem beschreiben. Sind sie nicht bekannt, so werden sie in Gl. (1.2.36) neben den s_x, s_y und s_z als weitere Unbekannte betrachtet. Für ihre Berechnung benötigt man einige Festpunkte (sog. „Passpunkte") im Objektkoordinatensystem. Messwerte (bzw. Beobachtungen) sind die Bildkoordinaten (x_s, y_s).

Ein Punkt ist im Raum jedoch erst durch den Schnitt zweier im Raum festgelegter Richtungen eindeutig bestimmt. Für die 3D-Punktbestimmung benötigt man daher mindestens zwei Aufnahmekameras. Vielfach wählt man jedoch eine „Multi-Stations-Lösung", bei der mehrere Kameras benutzt werden. Die Auswertung erfolgt dann über ein Ausgleichungsverfahren.

Für das Ausmessen der Bildkoordinaten, die Auswertung des Modells Gl. (1.2.36) und die Darstellung der Ergebnisse in numerischer oder graphischer Form stehen analytische Auswertegeräte – analytische Stereoplotter (Abb. 1.2-26) – zur Verfügung. Das Messsystem besteht im Wesentlichen aus dem Komparator für die Messaufgaben, einem Computer für die Steuerung und Auswertung sowie einem Zeichentisch und einem Drucker. Heute stehen weitgehend automatisierte Systeme zur Verfügung.

Die Bilder werden entweder mit Kameras auf der Erde oder von Flugzeugen aus aufgenommen. Typische Anwendungsbereiche sind

- die Herstellung von Planungsunterlagen für Großbaustellen und
- die Fassadenvermessung bei der Altbausanierung.

Sonst entsprechen die Einsatzgebiete denen des Abschn. 1.2.7.1, wobei nicht immer leicht zu entscheiden ist, ob es sinnvoller ist, Kameras oder Theodolite für die Messwerterfassung zu verwenden.

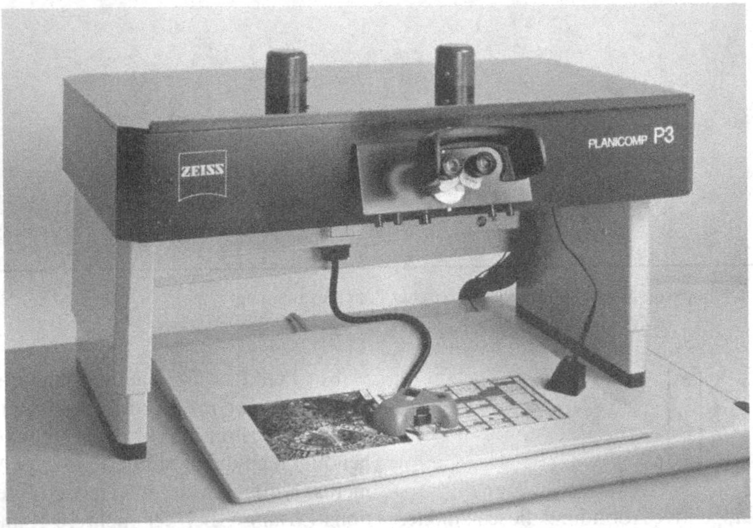

Abb. 1.2-26 Analytischer Stereoplotter

1.2.7.3 Punktbestimmung mit polaren Vermessungssystemen

Bei diesen Messeinrichtungen (elektronischen Tachymetern und Messrobotern) ist das Basiskoordinatensystem (Abb. 1.2-27) durch den Schnittpunkt der Achsen des Theodolits und den Horizontalkreis vorgegeben. Die h-Achse ist durch die Stehachse, die x-Achse durch eine Parallele zur Richtung „Teilkreis Null" und der Ursprung durch den Schnittpunkt P_0 von Steh-, Kipp- und Zielachse vorgegeben.

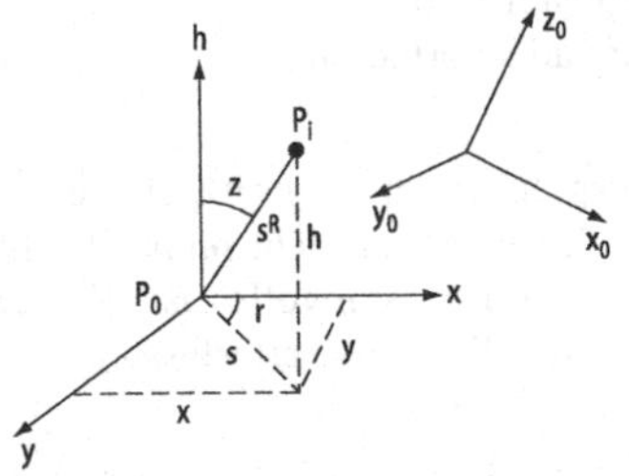

Abb. 1.2-27 Konzept eines polaren Vermessungssystems

Eine einfache Lösung für die Berechnung der P_i im Objektkoordinatensystem ergibt sich, wenn man zwei aufeinanderfolgende Rechenschritte vorsieht:

- Bestimmung der rechtwinkligen Koordinaten der Objektpunkte aus den gemessenen Polarkoordinaten (r, z, s^R):

$$\begin{bmatrix} x \\ y \\ h \end{bmatrix} = \begin{bmatrix} s^R \sin z \cos r \\ s^R \sin z \sin r \\ s^R \cos z \end{bmatrix} . \quad (1.2.37)$$

- Transformation dieser Koordinaten mit Gl. (1.2.5) in das Objektkoordinatensystem.

Die Mess- und Auswertevorgänge laufen nahezu oder vollständig automatisch ab, wenn Messroboter (s. 1.2.5.4) verwendet werden. Typische Einsatzgebiete sind die Absteckung und Aufmessung von Bauwerken, Deformationsmessungen, die Navigation von Baumaschinen sowie die Qualitätskontrolle von Fertigteilen.

1.2.8 3D-Positionsbestimmung mit Satellitenverfahren

Seit 1960 werden Satellitensysteme für Positionsbestimmungen und weltweite Navigation entwickelt. Die Betreiber haben sich beim Aufbau des Systems GPS folgende Ziele gesetzt: Weltweit soll es an jedem Ort, zu jeder Zeit und bei jedem Wetter eine Messgenauigkeit (2σ) der Position von 16 m, der Geschwindigkeit von rund 0,2 m/s und der Zeit von <100 ns ermöglichen.

Im Gesamtkonzept unterscheidet man zwischen dem Raum-, Kontroll- und Nutzersegment. Das *Raumsegment* besteht aus 24 Satelliten, deren Bahnen in sechs verschiedenen Bahnebenen liegen. Ihre Höhe beträgt 20000 km bei einer Umlaufzeit von 12 h (Abb. 1.2-28).

Das *Kontrollsegment* besteht aus der Master Control Station (MCS), die sich in Colorado Springs (USA) befindet, und vier weiteren Monitorstationen, die weltweit verteilt sind. Die MCS sammelt die von den Kontrollstationen zu den Satelliten ausgeführten Distanzmessungen und berechnet daraus Uhrenparameter für die Satellitenuhren sowie die Parameter (Ephemeriden) der zukünftigen Satellitenbahnen. Diese werden über Bodenantennen an die Satelliten und von dort als Datensignal an die Empfänger gesendet.

Das *Nutzersegment* besteht aus der Gesamtheit der Empfänger. Ihre Hauptaufgabe ist es, die über dem Horizont vorhandenen Satelliten zu identifizieren, die von ihnen gesendeten Signale zu empfangen und mit den Träger- bzw. Codesignalen die Distanzen zu den Satelliten zu bestimmen. Das

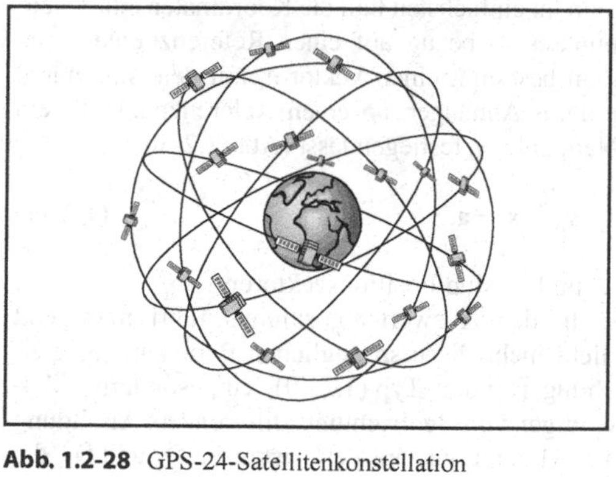

Abb. 1.2-28 GPS-24-Satellitenkonstellation

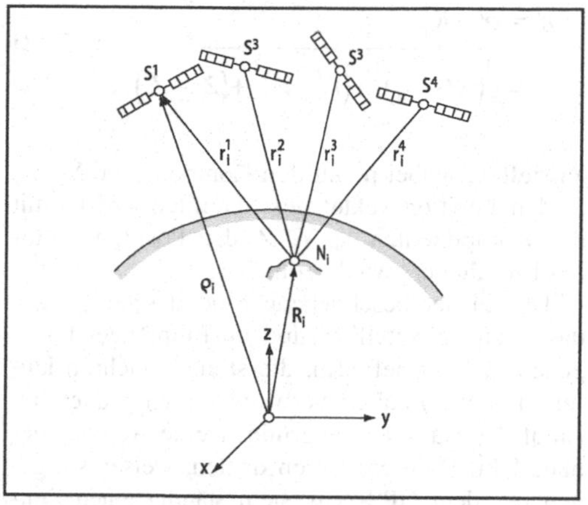

Abb. 1.2-29 Prinzip der absoluten Positionierung

Tabelle 1.2-1 Messsignale der Satellitenpositionierung

Signal	MHz	l	Genauigkeit
Träger L1	1575,42	20 cm	2 mm
L2	1227,60	25 cm	2 mm
Codes P	10,23	30 m	0,03...0,3 m
C/A	1,023	300 m	0,3...3,0 m

Datensignal wird für die Positions- und Navigationsberechnungen benötigt. Das Prinzip der Distanzmessung ist für Codesignale in Abb. 1.2-12b und für Trägersignale in Abb. 1.2-12d dargestellt. Die Bezeichnungen der Messsignale, ihre Frequenzen, ihre Wellenlängen und das Potential für die Genauigkeit der Distanzmessungen sind in Tabelle 1.2-1 wiedergegeben.

Man unterscheidet zwischen absoluter und relativer Positionierung. Das Prinzip der *absoluten Positionierung* ist in Abb. 1.2-29 dargestellt. Misst man drei Distanzen r_i^j zu Satelliten, so ist durch jede Distanz eine Kugel bestimmt, in deren Zentrum sich der entsprechende Satellit befindet. Drei Distanzen definieren drei Kugeln, mit denen sich die Position des Empfängers durch einen räumlichen Bogenschlag bestimmen lässt. Die Station liegt nämlich dort, wo die drei Kugeln einander in einem Punkt schneiden. Mit Abb. 1.2-29 kann man jetzt die Beobachtungsgleichung

$$r_i^j = \left|\rho^j - R_i\right| = \sqrt{\left(X^j - X_i\right)^2 + \left(Y^j - Y_i\right)^2 + \left(Z^j - Z_i\right)^2} \quad (1.2.38)$$

aufstellen, wobei $\boldsymbol{\rho}^j$ mit den Komponenten X^j, Y^j, Z^j den Positionsvektor des Satelliten und $\mathbf{R}_i$ mit den Komponenten X_i, Y_i, Z_i den Positionsvektor des Empfängers wiedergibt.

Das bisher beschriebene Modell setzt voraus, dass sich im Satelliten und im Empfänger hochgenaue Uhren befinden, die streng synchron laufen. In Wirklichkeit verwendet man jedoch im Empfänger aus Kostengründen eine weniger genaue Uhr. Da diese Uhren driften, weisen sie gegenüber dem GPS-Zeitsystem ständig einen Zeitfehler δt_i auf, der zusätzlich in der Beobachtungsgleichung zu berücksichtigen ist:

$$r_i^j = \left|\rho^j - R_i\right| + c\delta t_i = \rho_i^j + c\delta t_i. \quad (1.2.39)$$

Dabei beschreiben die ρ_i^j die geometrische Weglänge. Insgesamt sind somit vier Unbekannte vorhanden: die drei Koordinaten (X_i, Y_i, Z_i) der Bodenstation und die Zeitkorrektur δt_i. Für eine eindeutige Lösung der Positionierungsaufgaben müssen also mindestens vier Satelliten sichtbar sein, damit man zu ihnen Distanzen messen kann. Die Positionskoordinaten der Satelliten werden mit dem Datensignal der Satelliten oder von einem anderen Service zur Verfügung gestellt.

In Wirklichkeit sind noch weitere Korrekturglieder zu berücksichtigen. In vereinfachter Form lassen sie sich alle in der Beobachtungsgleichung

$$r_i^j = \rho_i^j + \alpha_r + \beta^s + \gamma_r^s \quad (1.2.40)$$

darstellen. Dabei erfassen die Beiwerte

- α_r empfängerspezifische Einflüsse, wie Fehler der Empfängeruhr, Beeinträchtigungen des Signals im Empfänger und in seiner Umgebung, bedingt durch die Atmosphäre;
- β^s satellitenspezifische Einflüsse, wie Fehler der Satellitenuhr, Satellitenbahnfehler, Beeinträchtigungen des Signals im Satelliten und in seiner weiteren Umgebung, bedingt durch die Ionosphäre;

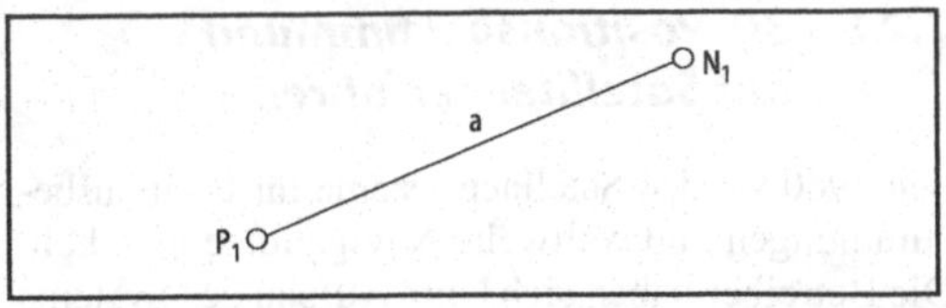

Abb. 1.2-30 Relative Positionierung

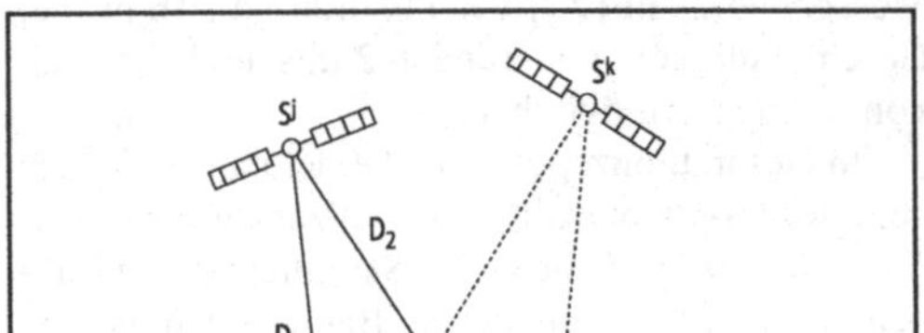

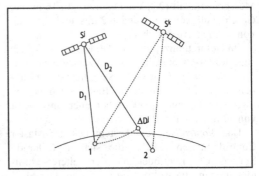

Abb. 1.2-31 Beobachtungen für das Bilden von Doppeldifferenzen

- γ_r^s Satelliten-Empfänger-Paar-spezifische Einflüsse, wie Beeinträchtigungen des Signals im Ausbreitungsmedium.

Bei der Positionierung begrenzen die in Gl. (1.2.40) zusammengefassten Fehlereinflüsse die Genauigkeit normalerweise auf etwa 16 m.

Alle Fehlereinflüsse lassen sich weitgehend eliminieren, wenn man das Verfahren in ein Differenzmessverfahren umfunktioniert. Man spricht dann von *relativer Positionierung*. Bei ihr bestimmt man im einfachsten Fall die Koordinaten eines Neupunktes in bezug auf einen Referenzpunkt, d. h., man bestimmt einen Vektor **a**, mit dem sich durch polares Anhängen an einen Referenzpunkt P_1 ein Neupunkt N_i festlegen lässt (Abb. 1.2-30):

$$\mathbf{x}_N = \mathbf{x}_1 + \mathbf{a}. \quad (1.2.41)$$

$\mathbf{x}_1$ und $\mathbf{x}_N$ sind Positionsvektoren.

In den Auswertealgorithmus führt man jetzt nicht mehr die ursprünglichen Beobachtungsgleichungen vom Typ (1.2.40) ein, sondern Gleichungen von Beobachtungsdifferenzen. Abbildung 1.2-31 zeigt, wie aus den Distanzen D_1 und D_2, die

Abb. 1.2-32 GPS-Messausrüstung

von zwei Empfängern zu einem Satelliten j gemessen werden, die Einfachdifferenz $DD^j = D_2 - D_1$ gebildet wird. Eine weitere Einfachdifferenz DD^k erhält man, wenn von den beiden Empfängern aus zu einem zweiten Satelliten k zusätzliche zwei Distanzen gemessen werden. Aus der Differenz der Einfachdifferenzen erhält man dann eine Doppeldifferenz: $DD^{jk} = DD^j - DD^k$. Vorwiegend arbeiten die Auswerteprogramme heute mit solchen Doppeldifferenzen. Für den Referenzpunkt benötigt man Koordinaten im ITRF-, ETRF- oder WGS-84-Koordinatensystem. Wie Gl. (1.2.41) zeigt, werden dann auch alle Neupunkte in diesem System bestimmt.

Bei der relativen Positionierung benötigt man folglich immer mindestens zwei Empfänger: einen auf der Referenzstation und weitere auf den Neupunkten. Die Instrumente sind leicht transportierbar und können entweder auf einem Stativ oder einem Lotstock befestigt werden. Der Rest der Messeinrichtung wird in einem Rucksack getragen (Abb. 1.2-32).

Bei Echtzeitmessungen benötigt man die Daten beider Stationen auf der Station, wo die Auswertungen unmittelbar vorgenommen werden sollen. Für den Datenaustausch dient dann eine zusätzliche Telemetrieausrüstung.

Orientiert an der Genauigkeit, kann man die Messsysteme in zwei Gerätegruppen aufteilen:

- Gruppe I: Genauigkeiten der Basislinien 2…20 mm + 0,01…1 ppm,
- Gruppe II: Genauigkeiten der Basislinien 0,1…5 m.

In vielen Ländern werden von staatlichen oder privaten Organisationen flächendeckend in Abständen von etwa 40 km permanent arbeitende Referenzstationen betrieben. Die Daten werden von Rundfunkanstalten oder mit Mobiltelefonen übertragen. So werden in Deutschland z. B. vom Satellitenpositionierungsdienst der deutschen Landesvermessung SAPOS folgende Dienste angeboten:

- SAPOS EPS: Echtzeitpositionierung mit 1 bis 3 m Genauigkeit. Anwendungsbeispiele: Fahrzeugnavigation, Verkehrsleitsysteme, Telematik im Verkehr, Flottenmanagement, Polizei, Rettungsdienste, Feuerwehr und Hydrographie.
- SAPOS HEPS: Echtzeitpositionierung mit 1 bis 5 cm Genauigkeit. Anwendungsbeispiele: Bau- und Ingenieurvermessung, Katasterwesen, Geoinformationssysteme, Hydrographie und Navigation von Baumaschinen.
- SAPOS GPPS: 1 cm Genauigkeit „near online" oder im Postprocessing. Der Datenaustausch erfolgt über Mobiltelefon oder auf Datenträgern. Anwendungsbeispiele: Ingenieurvermessung und Katastervermessung.
- SAPOS GHPS: Positionierung im Millimeterbereich. Anwendungsbeispiele: Referenzsysteme für Landesvermessung und Ingenieurvermessung (Tunnelnetze, Brückennetze, Deformationsmessungen, Gleisvermessungen).

1.2.9 Grundprinzip der Ausgleichungsverfahren

Ausgleichungsverfahren wendet man an, wenn die Anzahl der Beobachtungen größer ist als die Anzahl der Unbekannten. Wesentliche Vorteile sind:

- Die Genauigkeiten der neu berechneten Parameter lassen sich beurteilen.
- Die Zuverlässigkeit der Messungen lässt sich überprüfen, indem man feststellt, inwieweit grobe Fehler vorliegen und wie sie sich auf das Auswerteergebnis auswirken.

Die Beobachtungsgleichungen – z. B. die Gln. (1.2.10), (1.2.15b), (1.2.19), (1.2.36) und (1.2.39) – sind in Verbesserungsgleichungen umzuwandeln, indem an die Beobachtungen L_i, welche stets kleinere Fehler aufweisen, Verbesserungen v_i angebracht werden:

$$L_i + v_i = f(x, y, z). \qquad (1.2.42)$$

Falls kein linearer Zusammenhang gegeben ist, sind diese Gleichungen zunächst mit der Taylorschen Reihe (vgl. 1.2.6) zu linearisieren. Man erhält dann folgendes System von Gleichungen:

$$L_i + v_i = a_{i1}\mathrm{d}y + a_{i2}\mathrm{d}y + a_{i3}\mathrm{d}z. \qquad (1.2.43)$$

In Matrizenschreibweise hat Gl. (1.2.43) die Form

$$\mathbf{L} + \mathbf{v} = \mathbf{Ax} \qquad (1.2.44)$$

mit $x = x_0 + dx$, $y = y_0 + dy$, $z = z_0 + dz$; x_0, y_0, z_0 sind Näherungskoordinaten.

Das Gleichungssystem lässt sich lösen, wenn man z. B. die von Gauß entwickelte Methode der kleinsten Quadrate anwendet. Man erhält dann zunächst die Normalgleichungen

$$\mathbf{A}^T\mathbf{Ax} - \mathbf{A}^T\mathbf{L} = 0 \qquad (1.2.45)$$

und daraus den Vektor der Unbekannten

$$\hat{x} = (\mathbf{A}^T\mathbf{A})^{-1}(\mathbf{A}^T\mathbf{L}). \qquad (1.2.46)$$

Bei den $\hat{x}$ handelt es sich jetzt um Schätzwerte. Von besonderem Interesse ist noch der Faktor $(\mathbf{A}^T\mathbf{A})^{-1}$. Er enthält die Varianzen der neu berechneten Parameter und ermöglicht eine Beurteilung ihrer Genauigkeit.

Die Ausgleichungsverfahren können hier nur in ihrer einfachsten Form beschrieben werden. In Wirklichkeit sind sie sehr komplex. Es sei daher auf weitere Literatur wie [Caspary/Wichmann 2007] und [Koch 1999] verwiesen.

1.2.10 Absteckung von Bauwerken

Bei der Absteckung von Objekten handelt es sich um eine Umkehrung der Ansätze, die für die Punktbestimmung zur Verfügung stehen (s. 1.2.6 bis 1.2.8). Die Objekte sind durch einzelne Objektpunkte, deren Koordinaten bekannt sind, abstrahiert. Die Objektpunkte sind dabei so zu wählen, dass sie das Objekt vollständig beschreiben.

Bei vektoriellen Messinstrumenten berechnet man jetzt aus den Koordinaten der Objektpunkte die Werte, die bei der Punktbestimmung abgelesen werden. Es sind dies die auf Teilkreis Null bezogenen Richtungen, die Zenitwinkel und die Distanzen. Diese Werte stellt man am Gerät ein, um die Punkte im Gelände aufzusuchen. Bei Messeinrichtungen, die unmittelbar rechtwinklige Koordinaten erzeugen, stellt man den Zielpunktsensor in der Nähe des gesuchten Objektpunktes auf und erzeugt sich dort die Näherungskoordinaten. Aus den Differenzen zwischen den Soll- und Ist-Koordinaten kann man dann Suchhilfen für das endgültige Aufsuchen des Zielpunktes ableiten.

In der Regel benötigt man für jede Baustelle ein eigenes Baustellennetz, das sich dem abzusteckenden Objekt optimal anpasst. Die Punkte des Netzes sollen so liegen, dass sich von ihnen ausgehend die Detailabsteckungen mit möglichst geringem Aufwand ausführen lassen. So haben z. B. die Baustellennetze beim Verkehrswegebau, Tunnelbau und Brückenbau sehr unterschiedliche Geometrien.

Bei der *Absteckung von Verkehrswegen* schafft man sich i. d. R. ein Grundnetz (Abb. 1.2-33), das eine linienförmige Gestalt hat. Normalerweise besteht es aus Punkten, die sich in einem Abstand von etwa 1 km längs der Trasse erstrecken. Für die Verknüpfung mit dem Landeskoordinatensystem müssen einige Festpunkte des Landesnetzes einbe-

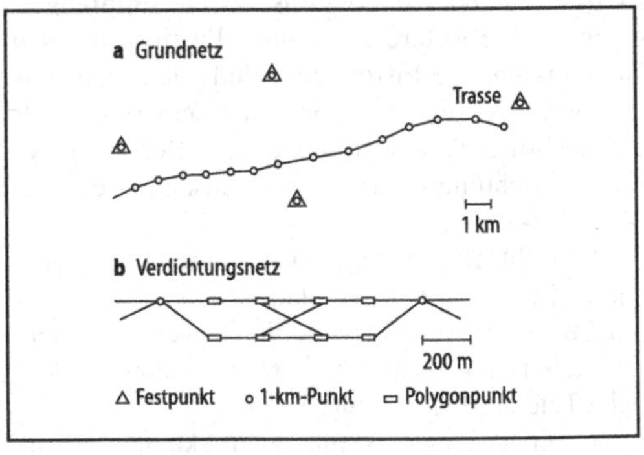

Abb. 1.2-33 Baustellennetz für den Verkehrswegebau

zogen werden. Dieses Grundnetz lässt sich am wirtschaftlichsten mit Satellitenpositionierungsverfahren vermessen.

Als Grundlage für die Detailabsteckungen schafft man sich durch parallel verlaufende Polygonzüge am Rande der Baustelle in einer zweiten Stufe ein Verdichtungsnetz. Diese Polygonpunkte sollen längs der Trasse einen Abstand von etwa 200 m haben. Das Polygonnetz kann man sehr wirtschaftlich mit elektronischen Tachymetern vermessen. Ausgehend von diesen Punkten erfolgt dann über Polarverfahren (mit Tachymetern, Messrobotern oder GPS) die Detailabsteckung. Die Höhen des Grundnetzes bestimmt man durch ein Feinnivellement, die des Verdichtungsnetzes durch trigonometrische Höhenmessungen. Die relative Genauigkeit zwischen benachbarten Punkten soll in der Lage normalerweise kleiner als 1 cm und in der Höhe kleiner als 2 bis 3 mm sein.

Ziel der *Absteckung von Tunneln* ist es, die Tunnelachse und das Tunnelbauwerk abzustecken. Man benötigt hierfür ein spezielles *Tunnelnetz*. Die für die Absteckung notwendigen Berechnungen werden normalerweise nicht in einem räumlichen System, sondern getrennt nach Lage und Höhe ausgeführt. Ein Tunnelnetz besteht aus zwei Teilnetzen mit jeweils unterschiedlichen Zwecken: einem Hauptnetz (Stufe 1), das die Verbindung zwischen den Portalen herstellt (Abb. 1.2-34a), und einem unterirdischen Netz, das den Absteckungsarbeiten und der Kontrolle des Bauwerkes dient (Abb. 1.2-34b).

Das Hauptnetz besteht aus Hauptpunkten, von denen je einer in der Nähe der Tunnelmünder vermarkt wird. Für den Richtungsanschluss müssen außerdem in der Nähe der Hauptpunkte je zwei bis drei Nebenpunkte vermarkt sein. Ihr Abstand von den Hauptpunkten soll 1 bis 2 km nicht überschreiten, damit auch bei ungünstiger Witterung noch Beobachtungen möglich sind. Zur Verknüpfung mit dem Landesnetz müssen Festpunkte in das Hauptnetz einbezogen werden. Für die Lagemessungen nutzt man Satellitenpositionierungsverfahren, für die Höhenbestimmungen Feinnivellements. In dem unterirdischen Netz wählt man die Form eines Polygonzuges oder Polygonnetzes. Ein Polygonnetz wird praktisch immer bevorzugt, da es in sich kontrolliert werden kann. Für die Festlegung der Punkte werden normalerweise an den seitlichen Tunnelwänden spezielle Konsolen montiert.

Die Qualität des Gesamtnetzes muss so beschaffen sein, dass eine vorgeschlagene Durchschlagsgenauigkeit eingehalten wird. Sie ist abhängig von der Vortriebslänge und wird allgemein als Wert s (in cm/km Tunnellänge) vorgegeben.

Für die *Absteckung von Brücken* benötigt man spezielle Brückennetze. Häufig wird eine Anordnung der Punkte symmetrisch zur Brückenachse gewählt (Abb. 1.2-35). Das Grundnetz (Stufe 1) besteht dann aus aneinandergereihten Rechtecken mit Hauptpunkten. Für die Verknüpfung mit dem Landesnetz sind auch Festpunkte in das Grundnetz einzubeziehen. Die Lagekoordinaten bestimmt man durch Satellitenpositionierung, die Höhen durch ein

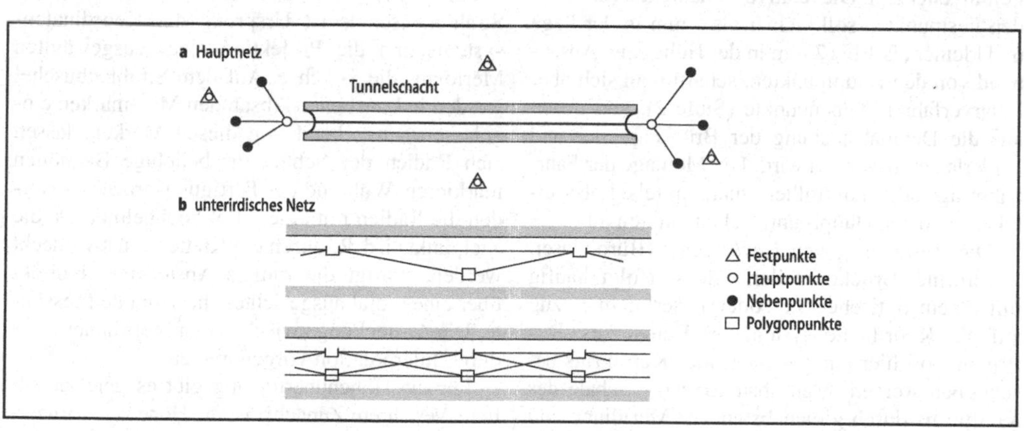

Abb. 1.2-34 Baustellennetz für den Tunnelbau

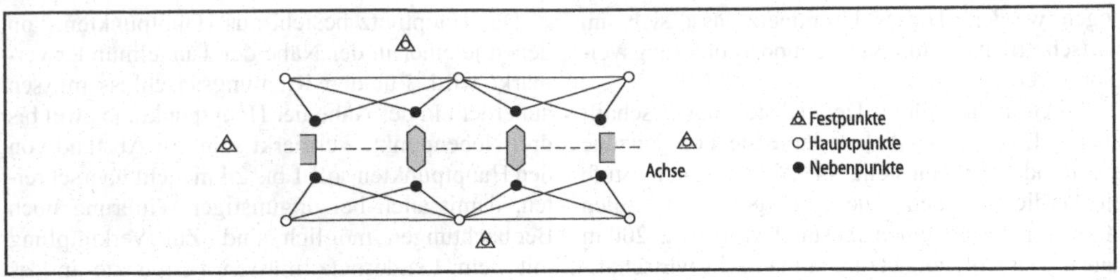

Abb. 1.2-35 Baustellennetz für den Brückenbau

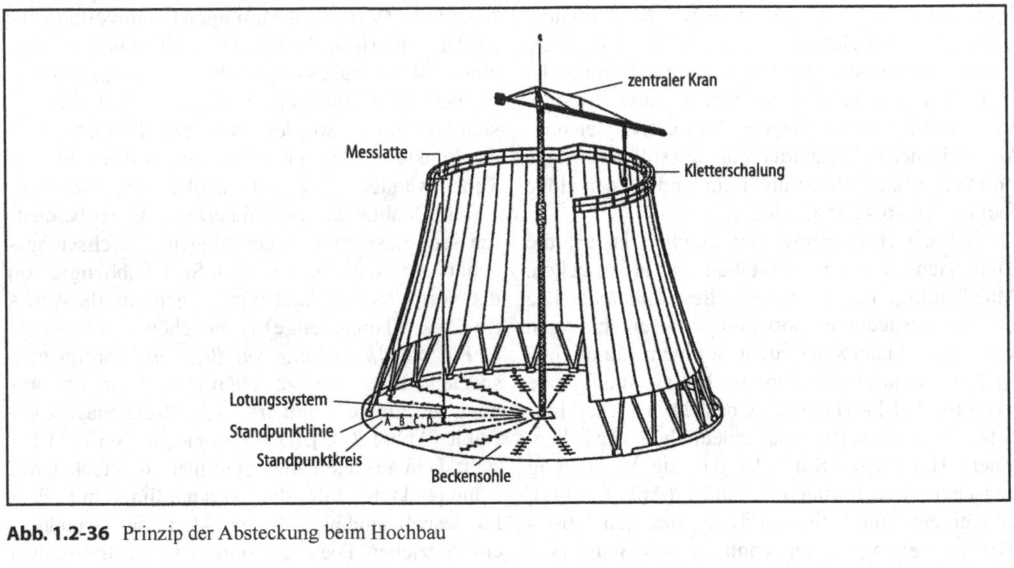

Abb. 1.2-36 Prinzip der Absteckung beim Hochbau

Feinnivellement. Die relative Genauigkeit zwischen den Festpunkten soll kleiner als 5 mm in der Lage und kleiner als 1 bis 2 mm in der Höhe sein. Ausgehend von den Hauptpunkten, schafft man sich über Polarverfahren Nebenpunkte (Stufe 2), von denen aus die Detailabsteckung der Brückenpfeiler und Widerlager ausgeführt wird. Die Montage der Fahrbahntragwerke kontrolliert man mittels Polarverfahren von den Haupt- und Nebenpunkten aus.

Die *Absteckung von Hochbauten* (Bürohäuser, Kühltürme, Brückenpfeiler, Silos) erfolgt häufig mit einem optischen Lot oder Laserlot in Bezug auf das Koordinatensystem des Bauwerkes. Das Prinzip soll hier am Beispiel eines Kühlturms beschrieben werden. Man abstrahiert die Schale des Kühlturms durch gleichabständige Meridiane und bildet diese orthogonal auf der Beckensohle ab (Abb. 1.2-36). Das Zentrum des entstehenden Strahlenbüschels ist Ursprung des Koordinatensystems und die Projektion eines ausgewählten Meridians die x-Achse. Auf dem Strahlenbüschel werden in konstanten Abständen Messmarken eingelassen. Ausgehend von diesen Marken, lassen sich Radien der Schale für beliebige Bauhöhen markieren. Während des Fertigungsprozesses werden die Radien mit einem Lot hochgelotet. Da die Zielpunkte i. d. R. durch ein Klettergerüst verdeckt werden, erfolgt die radiale Absteckung indirekt über eine radial ausgerichtete horizontale Messlatte. Die Absteckung zwischen den Meridianen wird durch Interpolation vorgenommen.

Für die Höhenübertragung gibt es unterschiedliche Verfahren: Zunächst ist die Höhe von vornherein durch das Schalungsverfahren gegeben, da man

Schalungstafeln konstanter Höhe verwendet. Die Höhen können aber auch mit einem Nivelliergerät, das sich auf der Bühne des Klettergerüstes befindet, auf die Betonwand übertragen werden, nachdem man den Betrag der Höhe über der Beckensohle mit dem Nivelliergerät an einem Maßstab abgelesen hat, der am zentralen Kran befestigt ist. Die Aufmessung erfolgt mit dem gleichen Verfahren wie die Absteckung. Eine ausführliche Beschreibung der Methoden kann man z. B. in [Kahmen 2006] finden.

1.2.11 Deformationsmessungen an Bauwerken

Deformationsmessungen(Überwachungsmessungen) haben die Aufgabe, Lage- und Höhenänderungen eines Untersuchungsobjekts gegenüber seiner Umgebung und/oder dessen Verformung als Funktion der Zeit zu ermitteln. Ursachen können innere oder äußere Einflüsse sein, wie Veränderungen des Untergrunds, Lastauftragung, Lastabtragung, Materialveränderungen, Temperatur, Winddruck, Feuchtigkeit usw. Grundsätzlich unterscheidet man bei der Art der Deformationen zwischen Verformungen (Dehnung, Scherung, Durchbiegung, Torsion) und Festkörperbewegungen (Senkung, Hebung, Schiefstellung) des gesamten Objekts.

Um den Aufwand der Überwachungsmessungen wirtschaftlich zu gestalten, abstrahiert man das Bauwerk durch eine Anzahl von Objektpunkten, welche das Objekt eindeutig beschreiben. Als Mess- und Auswerteverfahren eignen sich alle in Abschn. 1.2.5 bis 1.2.9 beschriebenen Verfahren sowie Alignements und Lotungsverfahren. Bei der Planung der Überwachungsmessungen unterscheidet man noch zwischen relativen Überwachungsmessungen, bei denen nur die Relativlage der Objektpunkte zueinander kontrolliert wird, und absoluten Überwachungsmessungen, bei denen die Bewegung der Objektpunkte gegenüber äußeren Festpunkten kontrolliert wird (Abb. 1.2-37). Häufig wendet man beide Verfahren zusammen an.

Von den vielen denkbaren Anwendungsbeispielen soll hier nur eines kurz beschrieben werden: die *Überwachung eines Staudammes* (Abb. 1.2-38). Für die absolute Überwachung errichtet man auf der Landseite ein Netz von Kontrollpunkten, die nach außen durch Messungen zu Festpunkten gesichert werden.

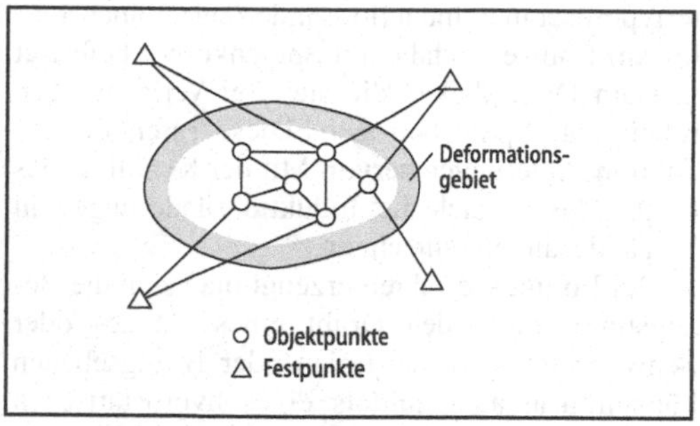

Abb. 1.2-37 Absolute und relative Deformationsmessungen

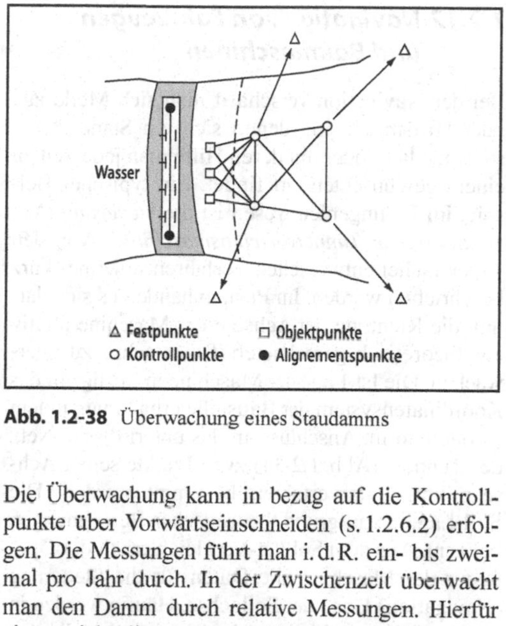

Abb. 1.2-38 Überwachung eines Staudamms

Die Überwachung kann in bezug auf die Kontrollpunkte über Vorwärtseinschneiden (s. 1.2.6.2) erfolgen. Die Messungen führt man i. d. R. ein- bis zweimal pro Jahr durch. In der Zwischenzeit überwacht man den Damm durch relative Messungen. Hierfür eignen sich Alignements und Lotungsverfahren.

Beim Alignement beobachtet man Verformungen des Bauwerkes relativ zu einer Bezugslinie oder Bezugsebene. Eine Bezugslinie kann z. B. durch einen gespannten Draht, einen Laserstrahl oder die Visurlinie eines Theodolitfernrohres realisiert werden. Die Verformungen in der Umgebung der Bezugslinie lassen sich dann mit Hilfe eines Maßstabs oder mit einem elektrischen Sensor, einem Extensometer, bestimmen. Der Maßstab wird dabei am Bauwerk befestigt; am Draht befindet sich ein Zeiger, mit dem abgelesen werden kann. Bei einem häufig verwendeten Extensometertyp misst man Induktionsänderungen einer Spule. Am Bauwerk sind dann Spulenkörper befestigt und am Draht Anker, die sich bei Verformungen relativ zur Spule bewegen. Diese rufen die Induktionsänderungen hervor. Mit der Kennlinie des Gebers lassen sich die Induktionsänderungen in Wegänderungen umrechnen.

Bei Lotungsverfahren erzeugt man sich die Bezugslinie durch den Draht eines Hänge- oder Schwimmlotes. Bezugslinien oder Bezugsebenen können u. a. auch mittels eines hydrostatischen Schlauchwaagensystems erzeugt werden.

1.2.12 Navigation von Fahrzeugen und Baumaschinen

Bei der Navigation verschafft man sich Merkmale oder Hilfsmittel, mit denen sich ein Standort bestimmen lässt oder mit deren Hilfe man jederzeit zu einem gewünschten Ort findet. Ein typisches Beispiel im Bauingenieurwesen ist die *Steuerung (Navigation) von Tunnelvortriebsmaschinen.* Von den vielen bisher entwickelten Verfahren soll eines kurz beschrieben werden. Im Prinzip handelt es sich darum, die Richtung der Achse einer Maschine relativ zur theoretisch gerechneten Tunnelachse zu überwachen. Die Ist-Lage der Maschine in Bezug auf das Koordinatensystem der Baustelle erhält man, indem fortlaufend im Anschluss an das unterirdische Netz des Tunnels (Abb. 1.2-34) zwei Punkte seiner Achse mittels Polarverfahren bestimmt werden. Die Soll-Lage ist aufgrund theoretischer Berechnungen bekannt. Aus dem Soll/Ist-Vergleich erhält der Operateur der Maschine alle Daten für die Steuerung (Navigation) längs der Sollachse. Häufig werden in die Vortriebsmaschinen noch elektronische Libellen eingebaut, um zusätzlich das Verrollen um die Längsachse und ein Verkippen in Vortriebsrichtung zu überwachen. Verwendet man für die Bestimmung der Achsenpunkte Messroboter, so lässt sich der gesamte Navigationsvorgang gesteuert durch einen Computer weitgehend automatisch betreiben.

Sensoren für die 3D-Punktbestimmung ermöglichen es inzwischen, auch *Baumaschinen* im Erd- und Straßenbau weitgehend automatisch zu steuern bzw. zu navigieren. Vorteilhaft ist dies z. B. bei Gradern, Planierraupen, Straßenfertigern und Bohrausrüstungen. Die Maschine wird bei diesen Verfahren durch ein Maschinenkoordinatensystem abstrahiert (Abb. 1.2-39). Mit einem automatischen 3D-Positionierungssystem – es eignen sich GPS-Empfänger oder Messroboter – werden ständig drei Zielpunkte auf der Maschine in bezug auf das Koordinatensystem der Baustelle bestimmt. Damit ist auch fortlaufend das Koordinatensystem der Baumaschine in bezug auf das Baustellennetz festgelegt. Ist außerdem die Geometrie der rotatorischen und translatorischen Bewegungen der Mechanik der Maschine bekannt, so lässt sich das Muster der Bewegungen der Bearbeitungsgeräte vorab berechnen und in einem Computer speichern. Nach diesem Muster können dann die Werkzeuge (Bohrer, Planierschaufeln usw.) mit hoher Genauigkeit computergesteuert geführt werden.

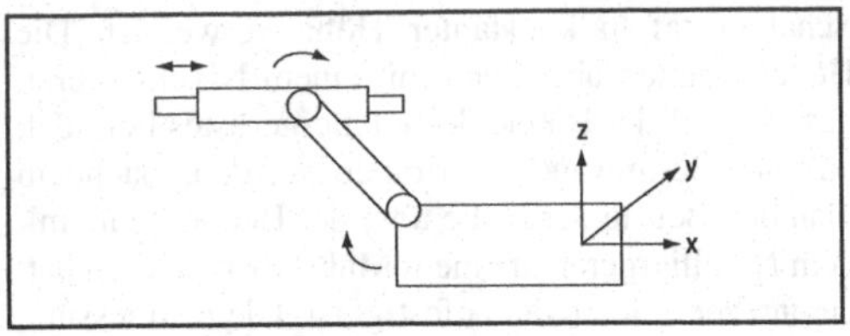

Abb. 1.2-39 Navigation einer Baumaschine

Von besonderem Interesse ist die *Navigation der Fahrzeugflotte* eines Bauunternehmens. Die Position aller im Einsatz befindlichen Fahrzeuge lässt sich z. B. mit dem System SAPOS EPS (s. 1.2.8) jederzeit mit hoher Genauigkeit festlegen. Von einer Zentrale aus kann dann ein optimaler Einsatz der Fahrzeuge überwacht werden.

Literaturverzeichnis Kap. 1.2

Caspari W, Wichmann K (2007) Auswertung von Messdaten statistische Methoden für Geo- und Ingenieurwissenschaften. Oldenburg Wissenschaftsverlag, München

Heck B (2003) Rechenverfahren und Auswertemodelle der Landesvermessung. Wichmann Verlag, Heidelberg

Kahmen H (2006) Vermessungskunde. Walter de Gruyter, Berlin/New York

Koch KR (1999) Parameterschätzung und Hypothesentests in linearen Modellen. Dümmler Verlag, Bonn

Torge W (2003) Geodäsie. Walter de Gruyter, Berlin/New York

Normen, Richtlinien

DIN 18723: Feldverfahren zur Genauigkeitsuntersuchung geodatischer Instrumente (07/ 1990)

1.3 Bauphysik

Peter Schmidt

1.3.1 Allgemeines

Die Bauphysik umfasst im engeren Sinn die Gebiete Wärmeschutz und Energieeinsparung bei Gebäuden, Feuchteschutz sowie Schallschutz. Im weiteren Sinn werden zur Bauphysik auch der bauliche Brandschutz sowie die Bauwerksabdichtungen gezählt.

In den letzten Jahren hat sich die Bauphysik, insbesondere der Bereich Wärmeschutz und Energieeinsparung bei Gebäuden, von einem Nebenfach des Bauingenieurwesens zu einem komplexen Haupttätigkeitsfeld entwickelt. Die Gründe hierfür liegen zum einen in den drastisch gestiegenen Kosten für Energie und zum anderen in den Umweltproblemen, die durch den CO_2-Anstieg und den dadurch verursachten globalen Klimawandel entstehen. Klimaschutz, Ressourcenschonung und Energieeinsparung sind die Herausforderungen dieses Jahrhunderts. Allein für die Beheizung von Gebäuden sowie Warmwasserbereitung wird in Deutschland in jedem Jahr ca. 40% der gesamten Endenergie benötigt. Die aktuellen Klimaschutzziele der Bundesregierung (Senkung der CO_2-Emissionen bis 2020 um 40% bezogen auf das Jahr 1990) lassen sich nur erreichen, wenn auch im Gebäudesektor in Zukunft spürbare Energieeinsparungen gelingen. Die Bauphysik übernimmt hier die anspruchsvolle Aufgabe, die zum Erreichen dieser Ziele notwendigen Grundlagen zu schaffen.

1.3.2 Wärmeschutz und Energieeinsparung bei Gebäuden

1.3.2.1 Allgemeines

Wärmeschutz und Energieeinsparung bei Gebäuden sind vor allem aus folgenden Gründen notwendig:

1. Reduzierung des Energiebedarfs zum Heizen und Kühlen sowie Warmwasserbereitung aus Kostengründen und zum Schutz der Umwelt (energiesparender Wärmeschutz),
2. Vermeidung von Tauwasserbildung auf Bauteiloberflächen aus hygienischen Gründen (Verhinderung von Schimmelpilzbildung) und zur Gewährleistung der Behaglichkeit (Mindestwärmeschutz),
3. Verhinderung zu starker Erwärmung von Räumen und Gebäuden im Sommer infolge Sonneneinstrahlung aus Gründen der Behaglichkeit und zur Schaffung eines akzeptablen, hygienischen Raumklimas (sommerlicher Wärmeschutz).

Energiesparender Wärmeschutz

Der Energiebedarf zur Beheizung von Gebäuden lässt sich verringern, indem man die Transmissionswärmeverluste, d. h. die Wärmeverluste durch die Bauteile der Gebäudehülle reduziert, die Lüftungswärmeverluste minimiert sowie interne und solare Wärmegewinne nutzt. Anforderungen an den energiesparenden Wärmeschutz sind in der Energieeinsparverordnung (EnEV) geregelt. Die Bilanzierungsverfahren zur Bestimmung der Kenngrößen (Jahres-Primärenergiebedarf und Endenergiebedarf) werden in zugehörigen Normen, z. B. DIN 4108, DIN EN 832, DIN V 18599, DIN V 4701-10, beschrieben. Gleichzeitig spielt auch die Anlagentechnik bei der Energieeinsparung bei Gebäuden eine wesentliche Rolle. Mit modernen, effizienten Heizungsanlagen, dem Einsatz von Lüftungsanlagen mit Wärmerückgewinnung sowie Wärmepumpen lässt sich der Energiebedarf für Heizung und Warmwasser deutlich reduzieren. Darüber hinaus kann durch Nutzung erneuerbarer Energien (Solarthermie, Erdwärme, Holzpellets) eine weitere Energieeinsparung erzielt werden. Für Neubauten ist der Einsatz erneuerbarer Energien im Wärmebereich ab dem 1. Januar 2009 gesetzlich vorgeschrieben (Erneuerbare-Energien-Wärmegesetz).

Mindestwärmeschutz

Zusätzlich zum energiesparenden Wärmeschutz sind bei der Planung eines Gebäudes auch die Anforderungen des Mindestwärmeschutzes zu erfüllen. Unter Mindestwärmeschutz sind Maßnahmen zu verstehen, die ein hygienisches Raumklima sicherstellen, sodass Tauwasserbildung an Innenoberflächen von Außenbauteilen und Schimmelpilze vermieden werden. Insbesondere im Bereich von Wärmebrücken besteht aufgrund der niedrigeren Innenoberflächentemperaturen die Gefahr der Tauwasserbildung. Anforderungen an den Mindestwärmeschutz sind in DIN 4108-2:2003-07 geregelt.

Sommerlicher Wärmeschutz

Ziel des sommerlichen Wärmeschutzes ist es, eine zu starke Aufheizung von Räumen und Gebäuden im Sommer durch geeignete Maßnahmen zu verhindern und ein akzeptables Raumklima zu gewährleisten. Der sommerliche Wärmeschutz wird in der Energieeinsparverordnung sowie in der DIN 4108-2:2003-07 geregelt. Eine besondere Bedeutung hat dabei der energiesparende sommerliche Wärmeschutz, bei dem nur durch bauliche Maßnahmen (z. B. Sonnenschutzvorrichtungen), d. h. ohne zusätzlichen Einsatz von Klima- oder Kühlanlagen, unzumutbar hohe Innentemperaturen vermieden werden.

1.3.2.2 Behaglichkeitskriterien

Das Behaglichkeitsempfinden des Menschen in einem Raum wird von der Raumlufttemperatur, der relativen Luftfeuchte, der Luftbewegung im Raum und der Oberflächentemperatur der raumumfassenden Bauteile beeinflusst. Für ein günstiges Wohlbefinden des Menschen sollte die Raumlufttemperatur zwischen 18°C und 22°C liegen. Die Raumlufttemperatur hängt dabei auch von der gerade ausgeübten Tätigkeit sowie vom individuellen Empfinden ab. Die Oberflächentemperaturen auf der Innenseite der raumumfassenden Bauteile (Decke, Wände, Fußboden, Fenster) sollten nicht mehr als 2 bis 4 K unter der Raumlufttemperatur liegen (Abb. 1.3-1). Für die relative Luftfeuchte gelten Werte zwischen 40 und 60% als ideal (Abb. 1.3-2).

1.3.2.3 Begriffe

Wärme

Wärme ist eine Energieform und kennzeichnet die kinetische Energie der kleinsten Teilchen. Je höher die Temperatur eines Stoffes ist desto schneller bewegen sich seine Atome bzw. Moleküle. Bei einer Temperatur von T = 0 K = –273,15°C kommt die Bewegung der Atome und Moleküle zum Stillstand, d. h. die kinetische Energie ist in diesem Fall gleich Null. Die zugehörige Temperatur wird als absoluter Nullpunkt bezeichnet.

Temperatur

Die *Temperatur* ist ein Maß für den Wärmezustand eines Stoffes, eines Gases oder einer Flüssigkeit. Temperaturen werden in der Bauphysik üblicherweise in den Einheiten Celsius (°C) und Kelvin (K) angegeben. Die Einheit Celsius wird für die Angabe von absoluten Temperaturen (z. B. Raumlufttemperatur, Außenlufttemperatur) verwendet, zugehöriges Formelzeichen ist θ (= „Theta"). Beispiele: θ_i = Raumlufttemperatur (innen); θ_{si} = Oberflächentemperatur auf der Innenseite; θ_e = Außenlufttemperatur; θ_{se} = Oberflächentemperatur

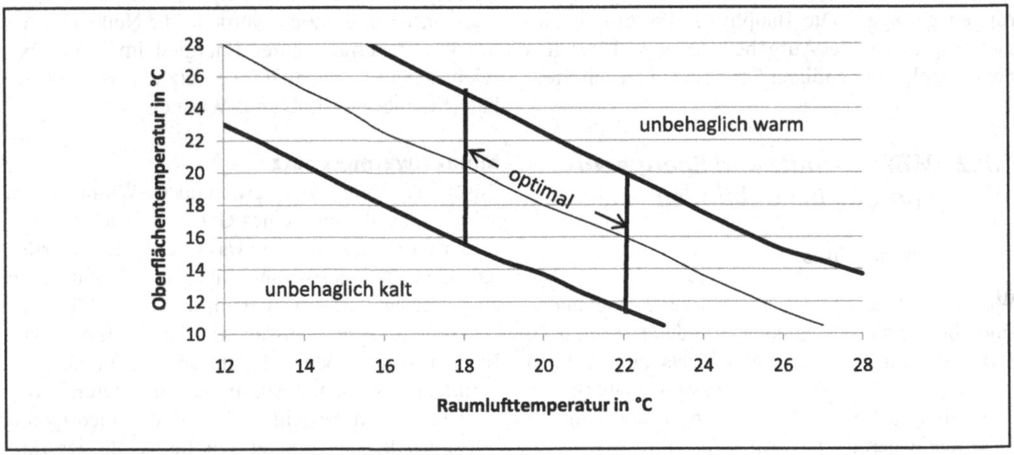

Abb. 1.3-1 Zusammenhang zwischen Raumlufttemperatur und Oberflächentemperatur für das Behaglichkeitsempfinden des Menschen

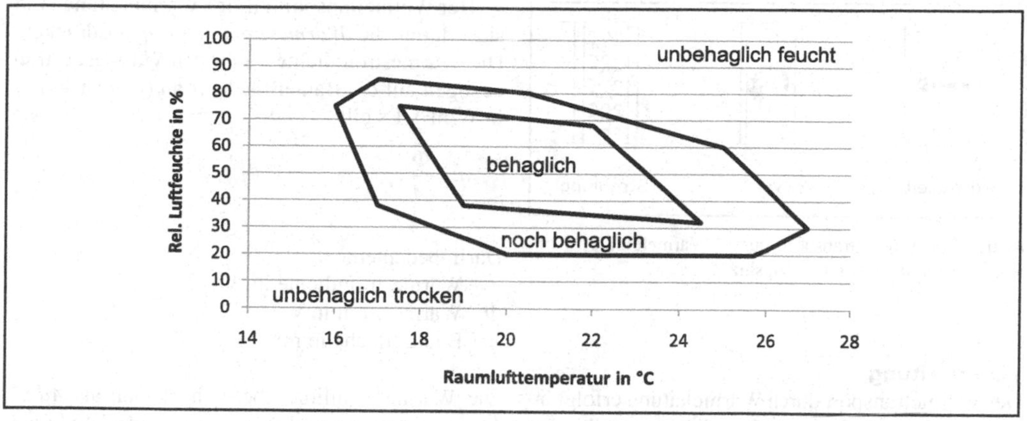

Abb. 1.3-2 Zusammenhang zwischen Raumlufttemperatur und relativer Luftfeuchte für das Behaglichkeitsempfinden des Menschen

auf der Außenseite. Die Einheit Kelvin ist eine SI-Einheit und wird dagegen für die Angabe von Temperaturunterschieden verwendet, zugehöriges Formelzeichen ist T. Die Celsius-Skala ist um 273,15 K gegenüber der Kelvin-Skala versetzt. Für die Umrechnung gilt:

$$\theta = T - 273{,}15. \tag{1.3.1}$$

Darin bedeuten:
θ Temperatur in °C
T Temperatur in K

Die Celsius-Skala ist so gestaltet, dass bei 0°C der Eispunkt und bei 100°C der Dampfpunkt von Wasser liegen. In der Einheit °C gibt es daher sowohl positive als auch negative Temperaturwerte. Bei der Temperaturskala in Kelvin wird der absolute Nullpunkt (s. o.) mit 0 K definiert, es gibt daher nur positive Temperaturwerte (Tabelle 1.3-1).

1.3.2.4 Wärmetransport

Wärme wird auf folgende drei Arten transportiert (Abb. 1.3-3):

- *Wärmeleitung* oder Transmission: Wärmetransport zwischen unmittelbar benachbarten Teilchen. Wärmeleitung ist nur *in* einem Stoff möglich.
- *Konvektion*: Wärmetransport mit Hilfe eines strömenden Mediums (z. B. Gase, Flüssigkeiten). Konvektion ist nur *mit* einem Medium möglich.
- *Strahlung*: Wärmetransport durch elektromagnetische Wellen. Ein Medium ist nicht erforderlich. Wärmetransport durch Strahlung erfolgt daher auch im luftleeren Raum (z. B. Sonnenstrahlung im Weltall).

Grundsätzlich gilt, dass Wärme nur transportiert werden kann, wenn ein Temperaturgefälle ΔT bzw. $\Delta\theta$ vorhanden ist. Der Wärmestrom fließt dabei immer vom Ort mit höherer Temperatur (hohes Potenzial) zum Ort mit niedriger Temperatur (niedriges Potenzial).

Tabelle 1.3-1 Vergleich der Temperatur-Einheiten Celsius und Kelvin

	Temperatureinheit	
	Celsius in °C	**Kelvin in K**
Siedepunkt des Wassers (Dampfpunkt)	100°C	373,15 K
Schmelzpunkt des Eises (Eispunkt)	0°C	273,15 K
Absoluter Nullpunkt	-273,15°C	0 K

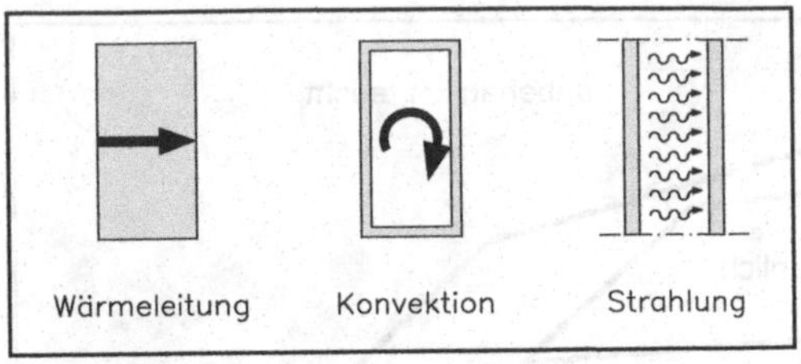

Abb. 1.3-3 Wärmetransport durch Wärmeleitung, Konvektion und Strahlung (Prinzipskizze)

Wärmeleitung

Der Wärmetransport durch Wärmeleitung erfolgt innerhalb eines Stoffes zwischen den unmittelbar benachbarten Teilen (Atome und Moleküle). Stoffe mit sehr dichtem Gefüge (z.B. Metalle) leiten Wärme sehr gut, sie werden als gute Wärmeleiter bezeichnet. Stoffe mit großem Gefügeabstand (z.B. Dämmstoffe) sind dagegen schlechte Wärmeleiter.

Physikalische Kenngröße für die Wärmeleitung eines Stoffes ist die *Wärmeleitfähigkeit* λ (Einheit: W/(mK)). Die Wärmeleitfähigkeit variiert erheblich mit der Stoffgruppe (z.B. Metalle, Polymere, Gase) und ist besonders groß bei Metallen und sehr gering bei Gasen ohne Konvektion. Im Wesentlichen ist die Wärmeleitfähigkeit eines Stoffes von dessen Rohdichte abhängig, aber auch der Feuchtegehalt sowie die Temperatur sind Einflussgrößen. Mit zunehmender Rohdichte nimmt i. Allg. auch die Wärmeleitfähigkeit zu. Je geringer die Rohdichte eines Stoffes ist, d. h. je größer sein Porenanteil ist desto näher liegt seine Wärmeleitfähigkeit bei der von Luft. Weiterhin gilt, dass mit zunehmendem Feuchtegehalt eines Stoffes auch dessen Wärmeleitfähigkeit ansteigt. Bei Stoffen mit kleiner Rohdichte ist der Einfluss des Feuchtegehaltes auf die Wärmeleitfähigkeit geringer als bei Stoffen mit größerer Rohdichte. Der Einfluss der Temperatur auf die Wärmeleitfähigkeit ist dagegen relativ gering. Hier gilt, dass mit steigender Temperatur die Wärmeleitfähigkeit eines Stoffes zunimmt. Für baupraktische Berechnungen und Nachweise wird mit Bemessungswerten der Wärmeleitfähigkeit gearbeitet. Diese gelten für bestimmte Randbedingungen (Temperatur = 23°C, Relative Luftfeuchte = 80%) und sind in DIN V 4108-4 für Baustoffe angegeben (Auszug s. Tabelle 1.3-2).

Der Wärmetransport infolge Wärmeleitung lässt sich durch die *Wärmestromdichte* q ausdrücken. Die Wärmestromdichte q gibt den Wärmestrom Φ bezogen auf die Bauteilfläche A an (Dimension: q in W/m²). Es gilt:

$$q = \frac{\Phi}{A}. \tag{1.3.2}$$

Darin bedeuten:
- q Wärmestromdichte in W/m²
- Φ Wärmestrom in W
- A Bauteilfläche in m²

Die Wärmestromlinien bezeichnet man als *Adiabaten*. Sie stehen senkrecht auf den Flächen konstanter Temperatur – den *Isothermen*. Die Wärmestromdichte ist dem Temperaturgradienten entgegen gerichtet und proportional, d. h. der Ableitung der Temperatur nach der Normalen n zur Isothermen. Sie ist proportional zur *Wärmeleitfähigkeit* λ. Das negative Vorzeichen in Gl. (1.3.3) besagt, dass der Wärmestrom von höheren zu niedrigeren Temperaturen erfolgt:

$$q = -\lambda \cdot \frac{\partial \theta}{\partial n} = -\lambda \cdot \boldsymbol{grad}(\theta). \tag{1.3.3}$$

Unter stationären Bedingungen, d. h. für zeitlich konstante Temperaturverhältnisse sowie für ebene Bauteile ist die Wärmestromdichte in allen Bauteilschichten gleich. Es gilt:

$$q = -\lambda \cdot \frac{d\theta}{dn} = \frac{\lambda}{d} \cdot \Delta\theta = \frac{\lambda}{d} \cdot (\theta_1 - \theta_2). \tag{1.3.4}$$

In den Gln. (1.3-3) und (1.3-4) bedeuten:
- λ Wärmeleitfähigkeit in W/(mK)
- $\Delta\theta$... Temperaturdifferenz in K ($\Delta\theta = \theta_1 - \theta_2$)
- d Dicke des Bauteils bzw. Schichtdicke in m

Der Wärmestrom, der innerhalb einer bestimmten Zeitdauer t durch ein Bauteil hindurch geht, wird als *Wärmemenge* Q bezeichnet (Dimension: Q in Wh bzw. J). Es gilt:

$$Q = \Phi \cdot t = q \cdot A \cdot t. \tag{1.3.5}$$

Tabelle 1.3-2 Bemessungswerte der Wärmeleitfähigkeit und Richtwerte der Wasserdampf-Diffusionswiderstandszahlen für ausgewählte Stoffe nach DIN V 4108-4:2007-06

Zeile	Stoff	Rohdichte ρ [kg/m³]	Bemessungswert der Wärmeleitfähigkeit λ [W/(mK)]	Richtwert der Wasserdampf-Diffusionswiderstandszahl μ [-]
1	Putze, Mörtel und Estriche			
1.1	Putzmörtel aus Kalk, Kalkzement und hydraulischem Kalk	(1800)	1,0	15/35
1.2	Putzmörtel aus Kalkgips, Gips, Anhydrit und Kalkanhydrit	(1400)	0,70	10
1.3	Leichtputz	< 1300 bis ≤ 700	0,56 bis 0,25	15/20
1.4	Gipsputz ohne Zuschlag	(1200)	0,51	10
1.5	Wärmedämmputz nach DIN 18550-3	(≥ 200)	0,060 bis 0,10	5/20
1.6	Kunstharzputz	(1100)	0,70	50/200
1.7	Zementmörtel	(2000)	1,6	
1.8	Normalmörtel NM	(1800)	1,2	
1.9	Zementestrich	2000	1,4	15/35
1.10	Anhydrit-Estrich	(2100)	1,2	
1.11	Magnesia-Estrich	1400	0,47	
2	Betone			
2.1	Leichtbeton	800 bis 2000	0,39 bis 1,6	70/150
2.2	Porenbeton	300 bis 1000	0,10 bis 0,31	5/10
2.3	Beton, mittlere Rohdichte	2200	1,65	70/120
2.4	Beton, hohe Rohdichte	2400	2,00	80/130
2.5	Stahlbeton (mit 1% Stahl)	2300	2,30	80/130
3	Bauplatten			
3.1	Porenbeton-Bauplatten	400 bis 800	0,20 bis 0,29	5/10
3.2	Wandplatten aus Leichtbeton	800 bis 1400	0,29 bis 0,58	5/10
3.3	Wandbauplatten aus Gips	600 bis 1200	0,29 bis 0,58	5/10
3.4	Gipskartonplatten nach DIN 18180	900	0,25	nach Herstellerangaben
4	Mauerwerk			
4.1	Vollklinker, Hochlochklinker, Keramikklinker	1800 bis 2400	0,81 bis 1,4	50/100
4.2	Vollziegel, Hochlochziegel. Füllziegel	1200 bis 2400	0,50 bis 1,4	5/10
4.3	Hochlochziegel mit Lochung A und B (NM/DM)	550 bis 1000	0,32 bis 0,45	5/10
4.4	Mauerwerk aus Kalksandsteinen	1000 bis 2200	0,50 bis 1,3	5/25
4.5	Mauerwerk aus Porenbeton-Plansteinen	300 bis 800	0,10 bis 0,25	5/10
5	Wärmedämmstoffe			
5.1	Holzwolle-Leichtbauplatten, Plattendicke d≥25 mm	(360 bis 460)	0,065 bis 0,15	2/5
5.2	Korkdämmstoffe	(80 bis 500)	0,045 bis 0,055	5/10
5.3	Schaumkunststoffe			
5.3.1	Polystyrol(PS)-Partikelschaum	≥ 15	0,035 bis 0,040	20/50 bis 40/100
5.3.2	Polystyrol-Extruderschaum	≥ 25	0,030 bis 0,040	80/250
5.3.3	Polyurethan(PUR)-Hartschaum	≥ 30	0,020 bis 0,040	30/100

Tabelle 1.3-2 (Fortsetzung)

Zeile	Stoff	Rohdichte ρ [kg/m³]	Bemessungswert der Wärmeleitfähigkeit λ [W/(mK)]	Richtwert der Wasser-dampf-Diffusions-widerstandszahl μ [-]
5.4	Mineralische und pflanzliche Faserdämmstoffe	(8 bis 500)	0,035 bis 0,050	1
5.5	Schaumglas	(100 bis 150)	0,045 bis 0,060	Praktisch dampfdicht
5.6	Holzfaserdämmplatten	(110 bis 450)	0,035 bis 0,070	5
6	Holz und Holzwerkstoffe			
6.1	Konstruktionsholz	500 bis 700	0,13 bis 0,18	20/50 bis 50/200
6.2	Sperrholz	300 bis 1000	0,09 bis 0,24	50/150 bis 110/250
6.3	Spanplatten	300 bis 900	0,10 bis 0,18	10/50 bis 20/50
7	Beläge, Abdichtungsstoffe und Abdichtungsbahnen			
7.1	Linoleum	1200	0,17	800/1000
7.2	Kunststoff (z. B. PVC)	1700	0,25	10000
7.3	Bitumendachbahn nach DIN 52128	(1200)	0,17	10000/80000
8	Sonstige Stoffe			
8.1	Fliesen	2300	1,3	Dampfdicht
8.2	Glas	2000 bis 2500	1,00 bis 1,40	Dampfdicht
8.3	Metalle			
8.3.1	Stahl	7800	50	Dampfdicht
8.3.2	Kupfer	8900	380	Dampfdicht
8.3.3	Aluminiumlegierungen	2800	160	Dampfdicht
8.4	Trockene Luft	1,23	0,025	1
8.5	Wasser bei 0°C	1000	0,60	
8.6	Eis bei 0°C	900	2,20	

Die in Klammern angegebenen Rohdichtewerte dienen nur zur Ermittlung der flächenbezogenen Masse, z. B. für den Nachweis des sommerlichen Wärmeschutzes.

Darin bedeuten:

Φ Wärmestrom in W

t Zeitdauer in h

q Wärmestromdichte in W/m²

A Bauteilfläche in m²

In Abb. 1.3-4 ist die Energiebilanz eines kleinen Volumenelements dargestellt. Das Koordinatensystem ist so ausgerichtet, dass die isothermen Flächen in den y-z-Ebenen liegen, die Normale n dazu folglich in die x-Richtung zeigt. Die Differenz zwischen zufließendem und abfließendem Wärmestrom ist gleich der zeitbezogen in das Volumenelement eingespeicherten Wärme ΔQ. Sie führt gemäß Gl. (1.3.24) zu einer Temperaturerhöhung:

$$(q_0 - q_{\Delta x}) \cdot \Delta A = (-\lambda \left.\frac{\partial \vartheta}{\partial x}\right|_0 + \lambda \left.\frac{\partial \vartheta}{\partial x}\right|_{\Delta x}) \Delta A = \frac{\partial \Delta Q}{\partial t} = \rho c \Delta V \frac{\partial \vartheta}{\partial t}\,. \quad (1.3.6)$$

Teilt man Gl. (1.3.6) durch das Volumenelement $\Delta V = \Delta A \cdot \Delta x$ sowie durch ρc und führt den Grenzübergang $\Delta x \rightarrow 0$ durch, dann erhält man die Fourier-Gleichung für die Wärmeleitung im einachsigen Fall:

$$\frac{\partial \vartheta}{\partial t} = \frac{1 \cdot \partial}{\rho c \cdot \partial x}\left(\lambda \frac{\partial \vartheta}{\partial x}\right) \approx a \frac{\partial^2 \vartheta}{\partial x^2} \quad mit\ a = \frac{\lambda}{\rho c}\,. \quad (1.3.7)$$

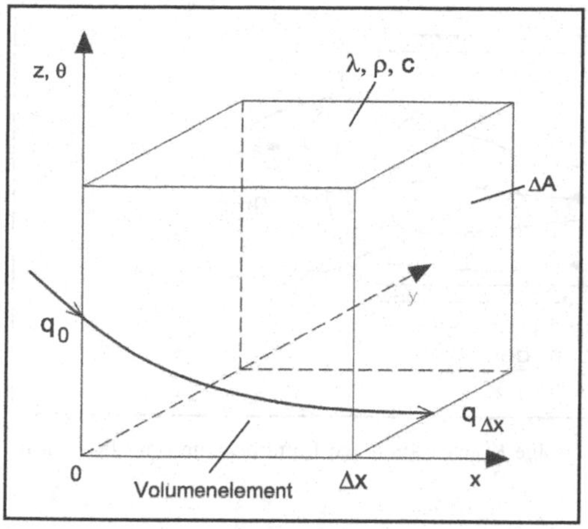

Abb. 1.3-4 Wärmestrom und Wärmespeicherung in einem Volumenelement

bzw. im mehrachsigen Fall:

$$\frac{\partial\vartheta}{\partial t} = \frac{1}{\rho c} div(\lambda grad\vartheta) \approx a div grad\vartheta, \qquad (1.3.8)$$

wobei a die *Temperaturleitfähigkeit* des Materials ist. Diese Beziehung kann auch als Basis für FE-Berechnungen (FE: finite Elemente) genutzt werden.

Beispiel

Gegeben ist eine homogen aufgebaute Außenwand aus Kalksandstein-Mauerwerk (Dicke d = 24 cm, Wärmeleitfähigkeit λ = 0,70 W/(mK)). Die Temperaturen betragen innen θ_i = 20°C und außen θ_e = −10°C. Gesucht sind die Wärmestromdichte q, der Wärmestrom Φ bei einer Wandfläche von A = 15 m² und die Wärmemenge Q für eine Zeitdauer von 30 Tagen.

Wärmstromdichte q nach Gl. (1.3.4):

$$q = \frac{\lambda}{d} \cdot (\theta_i - \theta_e) = \frac{0{,}70}{0{,}24} \cdot (20 - (-10)) = 87{,}5 \text{ W/m}^2$$

Wärmestrom Φ nach Gl. (1.3.2):

$$q = \frac{\Phi}{A} \Rightarrow \Phi = q \cdot A = 87{,}5 \cdot 15{,}0 = 1312{,}5 \text{ W}$$

Wärmemenge Q nach Gl. (1.3.5):

$$Q = \Phi \cdot t = 1312{,}5 \cdot 30 \cdot 24 = 945000 \text{ Wh} = 945 \text{ kWh}$$

Ergebnis: In 30 Tagen fließt bei einer Temperaturdifferenz von 30 K durch die betrachtete Außenwand eine Wärmemenge von insgesamt Q = 945 kWh.

Konvektion

Der Wärmetransport durch Konvektion setzt ein strömendes Medium wie Gase (z. B. Luft) oder Flüssigkeiten (z. B. Wasser) voraus. Teilchen, die sich in Gasen oder Flüssigkeiten fortbewegen, nehmen quasi ihren Wärmeinhalt mit. In der Bauphysik sind zwei Transportmedien besonders wichtig: Wasser als flüssiges Wasser und als Wasserdampf sowie Luft.

Auslöser für Konvektion sind Temperaturunterschiede, Dichteunterschiede, Druckunterschiede sowie mechanische Hilfsmittel (z. B. Ventilator, Lüftungsanlage). Temperatur- und Dichteunterschiede führen zur Konvektion, da warme Luft leichter ist als kalte und feuchte Luft leichter ist als trockene. In einem Raum mit Heizkörpern bildet sich aus diesen Gründen eine *Konvektionswalze* aus. Luft wird durch den Heizkörper erwärmt und steigt wegen der geringeren Dichte auf. Dabei nimmt sie die Wärme vom Heizkörper mit und transportiert diese in andere Bereiche des Raums. Direkt unter der Decke werden daher in Räumen mit Heizkörpern die größten Temperaturen gemessen (Abb. 1.3-5).

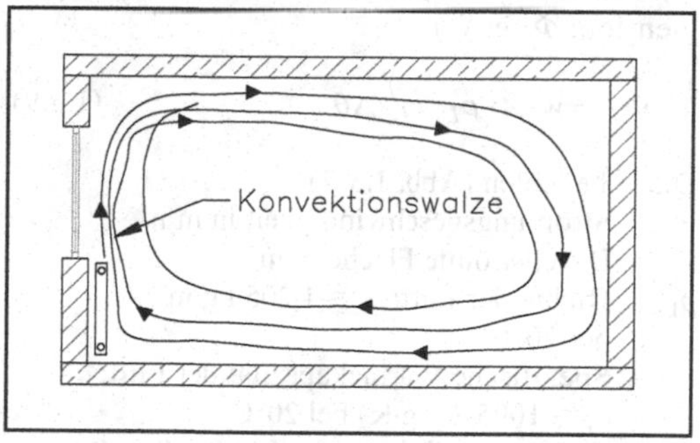

Abb. 1.3-5 Wärmetransport infolge Konvektion in einem Raum mit Heizkörpern aufgrund von Temperatur- und Dichteunterschieden; Ausbildung einer Konvektionswalze (Prinzipskizze)

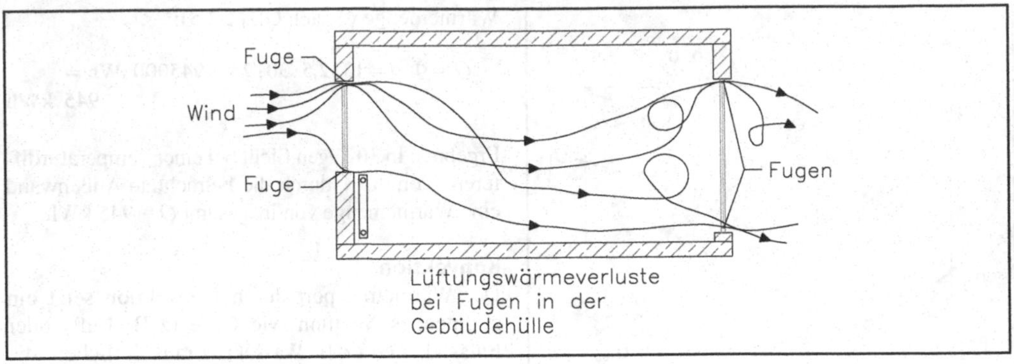

Abb. 1.3-6 Schematische Darstellung des Wärmetransports infolge Konvektion durch Luftdruckunterschiede bei luftdurchlässigen Bauteilen (Lüftungswärmeverluste)

Auch Druckunterschiede können Konvektion verursachen. Sind beispielsweise Fenster geöffnet oder Leckagen in der Gebäudehülle vorhanden, strömt warme Raumluft bei Luftdruckunterschieden nach außen (Lüftungswärmeverluste). Luftdruckunterschiede entstehen bei Wind, der das Gebäude anströmt (Abb. 1.3-6). Hinweis: Lüftungswärmeverluste erreichen bei heutigen Neubauten in etwa die gleiche Größenordnung wie die Transmissionswärmeverluste. In Zukunft wird eine spürbare Senkung des Energiebedarfs daher nur durch Reduzierung der Lüftungswärmeverluste zu erreichen sein, da die Transmissionswärmeverluste auf Grund der sehr guten Dämmung heutiger Neubauten kaum noch verringert werden können.

Der *Wärmestrom infolge Konvektion der Luft* Φ_L berechnet sich mit folgender Gleichung (Dimension: Φ_L in W):

$$\Phi_L = w \cdot A \cdot \rho_L \cdot c_L \cdot \Delta\theta. \qquad (1.3.9)$$

Darin bedeuten (Abb. 1.3-7):

- w Strömungsgeschwindigkeit in m/h
- A Durchströmte Fläche in m²
- ρ_L Dichte der Luft: $\rho_L = 1{,}205$ kg/m³ bei 20°C
- c_L Spezifische Wärmekapazität der Luft: $c_L = 1005$ J/(kg·K) bei 20°C
- $\Delta\theta$ Temperaturdifferenz in K ($\Delta\theta = \theta_1 - \theta_2$)

In Gl. (1.3.9) gibt der Ausdruck ($w \cdot A$) den *Luftvolumenstrom* $\dot{V}$ an (Dimension: $\dot{V}$ in m³/h. Es gilt:

$$\dot{V} = w \cdot A \qquad (1.3.10)$$

Wird in Gl. (1.3.9) für die Dichte der Luft $\rho_L = 1{,}205$ kg/m³ (bei 20°C) und für die spezifische Wärmekapazität der Luft $c_L = 1005$ J/(kg·K) (bei 20°C) angesetzt sowie für den Ausdruck ($w \cdot A$) der Luftvolumenstrom $\dot{V}$ eingesetzt, vereinfacht sich Gl. (1.3.9) zu:

$$\Phi_L = w \cdot A \cdot \rho_L \cdot c_L \cdot \Delta\theta \approx 0{,}34 \cdot \dot{V} \cdot \Delta\theta \qquad (1.3.11)$$

Darin bedeuten:

- $\dot{V}$ Luftvolumenstrom in m³/h ($\dot{V} = w \cdot A$)
- $\Delta\theta$ Temperaturdifferenz in K ($\Delta\theta = \theta_1 - \theta_2$)
- $\rho_L \cdot c_L = 1{,}205 \cdot 1005 / 3600 = 0{,}34$ Wh/(m³K)

Das Verhältnis zwischen dem Luftvolumenstrom V und dem Raumluftvolumen V_R entspricht der *Luftwechselzahl n*. Die Luftwechselzahl n gibt an, wie oft das (beheizte) Raumluftvolumen pro Stunde gegen die (kalte) Außenluft ausgetauscht wird. Ge-

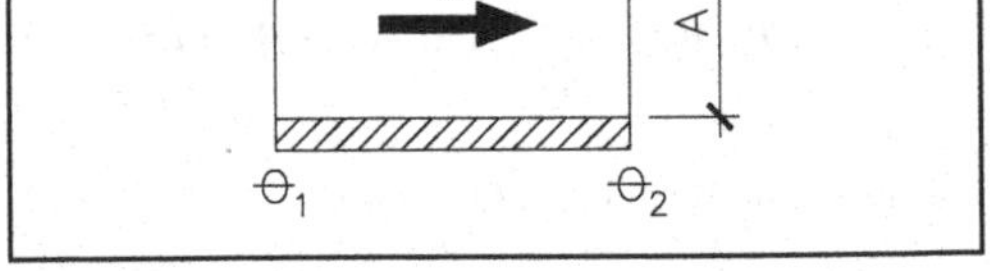

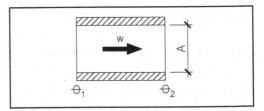

Abb. 1.3-7 Wärmetransport infolge Konvektion: Erläuterung der in Gl. (1.3.9) verwendeten Größen

mäß EnEV ist für zu errichtende Gebäude mit manueller Fensterlüftung als Luftwechselzahl $n = 0{,}7$ h^{-1} anzusetzen, sofern keine Dichtheitsprüfung („Blower-Door-Test") erfolgt. Dieser Wert berücksichtigt den geplanten Luftaustausch durch das regelmäßige Öffnen von Fenstern und Außentüren sowie den ungewollten Luftaustausch durch undichte Fugen und Leckagen in der Gebäudehülle. Es gilt (Dimension: n in h^{-1}):

$$n = \frac{\dot{V}}{V_R} \tag{1.3.12}$$

Darin bedeuten:

$\dot{V}$ Luftvolumenstrom in m³/h ($\dot{V} = w \cdot A$)

V_R Raumluftvolumen in m³

Beispiel

Für ein Einfamilienhaus mit einem beheizten Raumluftvolumen von $V_R = 500$ m³ soll der Wärmestrom infolge Konvektion sowie die zugehörige Wärmemenge berechnet werden (Lüftungswärmeverluste). Randbedingungen: Luftwechselzahl $n = 0{,}7$ h^{-1}, Temperaturdifferenz $\Delta\theta = 15$ K, Zeitdauer 185 Tage = Dauer der Heizperiode gemäß EnEV. Luftvolumenstrom nach Gl. (1.3.12):

$$n = \frac{\dot{V}}{V_R} \Rightarrow \dot{V} = n \cdot V_R = 0{,}7 \cdot 500 = 350 \text{ m}^3\text{/h}$$

Wärmestrom infolge Konvektion nach Gl. (1.3.11):

$$\Phi_L = w \cdot A \cdot \rho_L \cdot c_L \cdot \Delta\theta \approx 0{,}34 \cdot \dot{V} \cdot \Delta\theta = 0{,}34 \cdot 350 \cdot 15 = 1785 \text{ W}$$

Wärmemenge in 185 Tagen:

$$Q = \Phi_L \cdot t = 1785 \cdot 185 \cdot 24/1000 = 7925{,}4 \text{ kWh}$$

Strahlung

Unter Strahlung ist der Wärmetransport durch elektromagnetische Wellen zu verstehen. Ein Medium ist nicht erforderlich, d. h. der Wärmetransport durch Strahlung erfolgt daher auch im luftleeren Raum (z. B. durch das Weltall von der Sonne zur Erde). Die Ausbreitung findet mit Lichtgeschwindigkeit statt. Wärmeübertragung durch Wärmestrahlung beruht auf Emission und Absorption elektromagnetischer Wellen. Die Strahlung wird von einem Bauteil reflektiert, absorbiert und transmittiert. Wenn auf einen Körper insgesamt der Strahlungsfluss (die Strahlungsleistung) Φ_0 auftrifft, und davon Φ_r reflektiert, Φ_a absorbiert und Φ_t transmittiert wird, dann sind der *Reflexionsgrad* ρ, der *Absorptionsgrad* α und der *Transmissionsgrad* τ wie folgt definiert (ρ, α und τ sind dimensionslos):

$$\rho = \frac{\Phi_r}{\Phi_0},\ \alpha = \frac{\Phi_a}{\Phi_0},\ \tau = \frac{\Phi_t}{\Phi_0}. \tag{1.3.13}$$

Wegen des Energieerhaltungssatzes gilt folgende Beziehung:

$$\rho + \alpha + \tau = 1{,}0. \tag{1.3.14}$$

In den Gln. (1.3.13) und (1.3.14) bedeuten:

ρ Reflexionsgrad nach Gl. (1.3.13)

α Absorptionsgrad nach Gl. (1.3.13)

τ Transmissionsgrad nach Gl. (1.3.13)

Φ_r reflektierte Strahlungsleistung in W

Φ_a absorbierte Strahlungsleistung in W

Φ_t transmittierte Strahlungsleistung in W

Φ_0 auftreffende Strahlungsleistung in W

Jeder Körper bzw. jedes Bauteil, dessen Temperatur über dem absoluten Nullpunkt (0 K = –273,15°C) liegt, sendet Wärmestrahlung aus, wobei die Größe der abgegebenen Strahlungsleistung von der *Strahlungszahl C* abhängt (Dimension: C in W/(m²K⁴)). Die Strahlungszahl für Metalle mit einer polierten Oberfläche liegt zwischen 0,12 bis 0,26 W/(m²K⁴), bei üblichen Baustoffen wie Mauerwerk, Holz, Dachpappe liegt C bei ungefähr 5,4 W/(m²K⁴). Der *absolut schwarze Körper* besitzt die größte Strahlungszahl, die als *Strahlungskonstante* C_s bezeichnet wird. Es gilt:

$$C_s = 10^8 \cdot \sigma = 5{,}67 \text{ W/(m}^2\text{K}^4). \tag{1.3.15}$$

Darin bedeuten:

C_s Strahlungskonstante in W/(m²K⁴)

σ *Stefan-Boltzmann-Konstante*: $\sigma = 5{,}67$ W/ (m²K⁴)

Der schwarze Körper absorbiert jede einfallende Strahlung unabhängig von der Wellenlänge und der Temperatur. Der Begriff „schwarz“ wurde von dem schmalen Bereich der sichtbaren Strahlung mit Wellenlängen λ zwischen etwa 380 nm (Violett) und etwa 780 nm (Rot) auf das gesamte elektromagnetische Spektrum übertragen. Für den schwarzen Körper gilt $\alpha = 1, \rho = \tau = 0$.

Der *Emissionsgrad* ε eines Körpers bzw. Bauteils gibt das Verhältnis zwischen der abgegebenen thermischen Strahlung zu der eines schwarzen Körpers an (Tabelle 1.3-3). Der zweite Hauptsatz der Thermodynamik (Entropiegesetz) besagt, dass zwischen zwei Körpern mit derselben Temperatur kein Wärmetransport von selbst stattfindet. Damit dies auch für Wärmestrahlung erfüllt ist, muss gelten (Kirchhoffsches Gesetz):

$$\alpha(\lambda,T) = \varepsilon(\lambda,T). \quad (1.3.16)$$

Das Plancksche Strahlungsgesetz beschreibt die Emission eines idealen schwarzen Körpers als Funktion der Wellenlänge λ der elektromagnetischen Strahlung. Die *spezifische Ausstrahlung* M_e ist der gesamte Strahlungsfluss, geteilt durch die abstrahlende Fläche.

Aus Abb. 1.3-8 erkennt man, dass sich bei der abgegebenen (emittierten) Strahlung die Wellenlänge des Maximums mit der Temperatur verschiebt. Dies beschreibt das Wiensche Verschiebungsgesetz:

$$\lambda_{max} \cdot T = 2{,}898\ \mu m \cdot K. \quad (1.3.17)$$

Bei der Oberflächentemperatur der Sonne (ca. 5800 K) liegt dieses Maximum mit λ_{max}=500nm nahe dem Maximum der Augenempfindlichkeit (555 nm), bei den bauphysikalisch relevanten Temperaturen zwischen 100°C und –40°C im Infraroten (7,7 bis 12 µm). Man erkennt, dass die wesentliche thermische Strahlung nicht sichtbar ist. Folglich sind visuelle Eindrücke für die Beurteilung thermischen Strahlungsverhaltens unzureichend.

Die auf die ausstrahlende Fläche A bezogene Strahlungsleistung Φ_e, die spezifische Ausstrahlung M_e, nimmt mit der vierten Potenz der Temperatur T zu. Es gilt:

$$M_e = \frac{\Phi_e}{A} = \varepsilon \cdot \sigma \cdot T^4. \quad (1.3.18)$$

Darin bedeuten:

M_e spezifische Ausstrahlung in W/m²
Φ_e Strahlungsleistung in W
A Abstrahlfläche in m²
ε Emissionsgrad (= Quotient aus abgegebener Strahlung zu der eines schwarzen Körpers; für den schwarzen Körper gilt: $\varepsilon = 1{,}0$)
σ Stefan-Boltzmann-Konstante: $\sigma = 5{,}67$ W/(m²K⁴)
T Absolute Temperatur in K

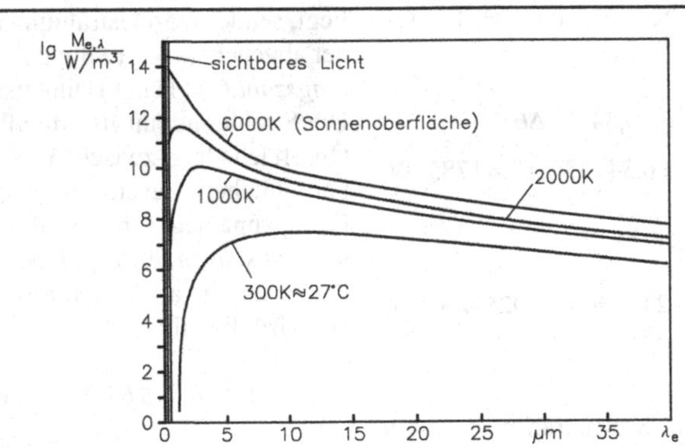

Abb. 1.3-8 Plancksches Strahlungsgesetz für ideal schwarze Körper bei 6000 K (≈ 5727°C), 2000 K (≈ 1727°C), 1000 K (≈ 727°C) und 300 K (≈ 27°C). Die spezifische Ausstrahlung $M_{e,\lambda}$ ist in einem logarithmischen Maßstab in der Einheit W/m³ dargestellt. Das schmale Band des sichtbaren Lichts zwischen λ_e = 0,38 µm und 0,78 µm ist eingetragen

Der Wärmestrom durch Strahlung zwischen zwei Körpern mit unterschiedlicher Temperatur ergibt sich mit folgender Gleichung (Dimension: Φ_r in W):

$$\Phi_r = \frac{\partial Q}{\partial t} = A \cdot C_{12} \cdot \left\{ \left(\frac{T_1}{100} \right)^4 - \left(\frac{T_2}{100} \right)^4 \right\}, \quad (1.3.19)$$

wobei C_{12} von C_s, der Geometrie und dem Emissionsverhalten der beiden Flächen abhängt. Die Berechnung von C_{12} vereinfacht sich, wenn zwei gleich große Flächen A parallel angeordnet sind und der Abstand zwischen ihnen im Vergleich zur Fläche so klein ist, dass die seitliche Abstrahlung vernachlässigbar ist. Es gilt:

$$C_{12} = \frac{C_s}{\frac{1}{\varepsilon_1} + \frac{1}{\varepsilon_2} - 1}. \quad (1.3.20)$$

In den Gln. (1.3.19) und (1.3.20) bedeuten:

Φ_r Wärmestrom durch Strahlung in W
A Abstrahlfläche in m²
ε_1, ε_2 Emissionsgrade der Körper 1 und 2
T_1, T_2 Absolute Temperaturen der Körper 1 und 2 in K
C_s Strahlungskonstante: $C_s = 5{,}67\ \mathrm{W/(m^2K^4)}$

Für weitere Fälle gibt es tabellierte Werte, z. B. [Lutz u. a. 2008].

Für den Wärmestrom durch Strahlung gilt:
- Er hängt bei parallelen, hinreichend großen Flächen nicht vom Abstand ab.
- Er nimmt mit der vierten Potenz der Temperatur zu.

Im infraroten Bereich, der für die Bauphysik besonders wichtig ist, weicht das Materialverhalten wesentlich von dem im sichtbaren Bereich des Lichts ab. Das zeigen insbesondere die Absorptionsgrade einiger Stoffe in Tabelle 1.3-4. Im Infraroten haben lediglich Metalle einen niedrigen Absorptionsgrad, während er für andere Stoffe in der Nähe von eins liegt – auch für weiße Farben, Eis, Schnee und Glas. Diese Stoffe sind im Infraroten „schwarz". Darauf beruht auch der sog. Glashauseffekt. Glas lässt sichtbares Licht durch. Dieses Licht wird im Raum zum Teil absorbiert und heizt die Körper im Raum auf. Für die Wärmestrahlung ist Glas aber undurchlässig „schwarz". Die Wärme bleibt daher im Raum „gefangen". Folglich steigt bei Sonneneinstrahlung hinter den Glasflächen die Raumtemperatur an. Durch dünne Eisschichten auf Metalloberflächen ändert sich ebenfalls das Absorptions- und damit auch das Emissionsverhalten im infraroten Bereich. Ferner ist es für die Wärmestrahlung unerheblich, ob ein Heizkörper z. B. weiß oder schwarz lackiert ist.

Tabelle 1.3-3 Emissionsgrade für ausgewählte Stoffe

Stoff		Emissionsgrad ε
Stahl, Eisen	poliert	0,04…0,19
	blank geschmirgelt	0,24
	angerostet	0,61
	stark verrostet	0,85
Kupfer	poliert	0,012…0,019
	oxidiert	0,76
Holz		0,94
Glas		0,91

Tabelle 1.3-4 Absorptionsgrade verschiedener Stoffe für eine Wärmestrahlung von ca. 20°C und für sichtbares Licht

Stoff	Absorptionsgrad α	
	Wärmestrahlung (≈20°C)	Sichtbares Licht
Metalle		
Kupfer, poliert	0,03	
Aluminium, walzblank	0,04	
Stahl, geschmirgelt	0,25	
Stahl, verrostet	0,61	
Anstriche		
Emaillelack, schwarz	0,95	0,90
Emaillelack, weiß	0,93	0,30
Ölfarbe, dunkel	0,90	0,87
Verschiedene Stoffe		
Dachpappe	0,90	0,90
Holz	0,94	0,40
Beton	0,96	0,55
Putz, weiß	0,97	0,36
Putz, grau	0,97	0,65
Floatglas (6 mm)	0,91	0,12

1.3.2.5 Wärmeübergang und Wärmeübergangswiderstände

Der Wärmeaustausch zwischen der Luft und einem Körper (z. B. einer Wandoberfläche) wird als *Wärmeübergang* bezeichnet. Für die Wärmestromdichte q beim Wärmeübergang gilt (Dimension: q in W/m²):

$$q = h \cdot (\theta_s - \theta_a). \tag{1.3.21}$$

Darin bedeuten:

- q Wärmestromdichte beim Wärmeübergang in W/m²
- h Wärmeübergangskoeffizient in W/(m²K)
- θ_s Temperatur auf der Bauteiloberfläche in °C
- θ_a Temperatur der Umgebungsluft in °C (Raumlufttemperatur θ_i oder Außenlufttemperatur θ_e)

Der *Wärmeübergangskoeffizient* h ist abhängig von der Geschwindigkeit der an der Bauteiloberfläche vorbeiströmenden Luft, der Rauigkeit und Beschaffenheit der betrachteten Bauteiloberfläche, der Geometrie des betrachteten Bereichs sowie dem Strahlungsaustausch mit anderen Oberflächen der Umgebung. Der Wärmeübergangskoeffizient h setzt sich aus den Anteilen infolge Konvektion, Strahlung und Transmission zusammen. Der Anteil infolge Transmission ist in der Regel sehr klein und wird daher wird baupraktische Berechnungen und Nachweise vernachlässigt. Für die Ermittlung des Wärmeübergangskoeffizienten h gilt (Dimension: h in W/(m²K):

$$h = h_c + h_r + h_t \approx h_c + h_r. \tag{1.3.22}$$

Darin bedeuten:

- h Wärmeübergangskoeffizient in W/(m²K)
- h_c Wärmeübergangskoeffizient infolge Konvektion in W/(m²K)
- h_r Wärmeübergangskoeffizient infolge Strahlung in W/(m²K)
- h_t Wärmeübergangskoeffizient infolge Transmission; h_t kann vernachlässigt werden, da der Wärmestrom infolge Transmission beim Wärmeübergang kaum eine Rolle spielt.

Der Wärmeübergangskoeffizient liegt bei Bauteilen zwischen 5,9 W/(m²K) (bei Fußböden und Deckenoberseiten), 7,7 W/(m²K) (bei Innenseiten von Außenwänden), 23 W/(m²K) (bei allen Außenflächen) und unendlich (bei Außenflächen, die ans Erdreich grenzen).

Für bauphysikalische Berechnungen und Nachweise wird der Kehrwert des Wärmeübergangskoeffizienten verwendet, er wird als *Wärmeübergangswiderstand* R bezeichnet. Es gilt (Dimension: R in m²K/W):

$$R = \frac{1}{h}; \quad \text{innen}: R_{si} = \frac{1}{h_{si}}; \quad \text{außen}: R_{se} = \frac{1}{h_{se}}. \tag{1.3.23}$$

Darin bedeuten:

- R Wärmeübergangswiderstand in m²K/W
- R_{si} Wärmeübergangswiderstand auf der Bauteilinnenseite in m²K/W
- R_{se} Wärmeübergangswiderstand auf der Bauteilaußenseite in m²K/W
- h Wärmeübergangskoeffizient in W/(m²K)
- h_{si} Wärmeübergangskoeffizient auf der Bauteilinnenseite in W/(m²K)
- h_{se} Wärmeübergangskoeffizient auf der Bauteilaußenseite in W/(m²K)

Die *Wärmeübergangswiderstände* (innen und außen) verursachen Temperaturdifferenzen zwischen den Bauteiloberflächen und der umgebenden Luft. Sie sind für die Wasserdampfkondensation (Tauwasserbildung) wichtig. Je größer im Innenraum der Wärmeübergangswiderstand und damit die Temperaturdifferenz werden desto höher ist die Gefahr einer Kondensation bzw. Tauwasserbildung. Bei bauphysikalischen Nachweisen ist stets der ungünstigere Wert für den Wärmeübergangswiderstand einzusetzen, d. h. beim Abschätzen der Gefahr der Tauwasserbildung der größere Wert und bei der Berechnung des Wärmedurchgangskoeffizienten U einer Konstruktion der kleinere Wert.

Wärmeübergangswiderstände für wärmeschutztechnische Berechnungen

Für wärmeschutztechnische Berechnungen und Nachweise (z. B. für die Berechnung des Wärmedurchgangskoeffizienten U) werden Bemessungswerte der Wärmeübergangswiderstände R_{si} und R_{se} verwendet. Sie werden nach DIN V 4108-4:2007-06 in Verbindung mit DIN EN ISO 6946 und DIN

Tabelle 1.3-5 Bemessungswerte der Wärmeübergangswiderstände R_{si} und R_{se} in m²K/W für wärmeschutztechnische Berechnungen (z. B. Berechnung U-Wert) nach DIN EN ISO 6946

	Richtung des Wärmestromes		
	Aufwärts	**Horizontal** [1)]	**Abwärts**
R_{si}	0,10	0,13	0,17
R_{se}	0,04	0,04	0,04

[1)] Die Werte gelten für Richtungen des Wärmestromes von ±30° zur horizontalen Ebene.
Anmerkung: Die oben angegebenen Werte sind Bemessungswerte. Für die Angabe des Wärmedurchgangskoeffizienten von Bauteilen und anderen Fällen, in denen von der Richtung des Wärmestromes unabhängige Werte gefordert werden, wird empfohlen, die Werte für horizontalen Wärmestrom zu verwenden.

EN ISO 13370 ermittelt. Die in Tabelle 1.3-5 angegebenen Bemessungswerte der *Wärmeübergangswiderstände* gelten für ebene Bauteiloberflächen und dürfen verwendet werden, wenn keine besonderen Angaben über Randbedingungen vorliegen, s. auch Abb. 1.3-9. Für nichtebene Oberflächen oder für spezielle Randbedingungen gelten die in DIN EN ISO 6946, Anhang A angegebenen Verfahren zur Ermittlung der Wärmeübergangswiderstände.

Weiterhin gelten folgende Regelungen: Bei erdberührten Bauteilen ist der Wärmeübergangswiderstand auf der dem Erdreich zugewandten Seite zu vernachlässigen, d. h. hier gilt $R_{se} = 0$. Bei hinterlüfteten Bauteilen, nicht ausgebauten Dachgeschossen und Abseitenwänden zum nicht wärmegedämmten Dachraum ist für den Wärmeübergangswiderstand auf der Außenseite der gleiche Wert wie auf der Innenseite anzusetzen, d. h. es gilt $R_{se} = R_{si}$ (Abb. 1.3-9).

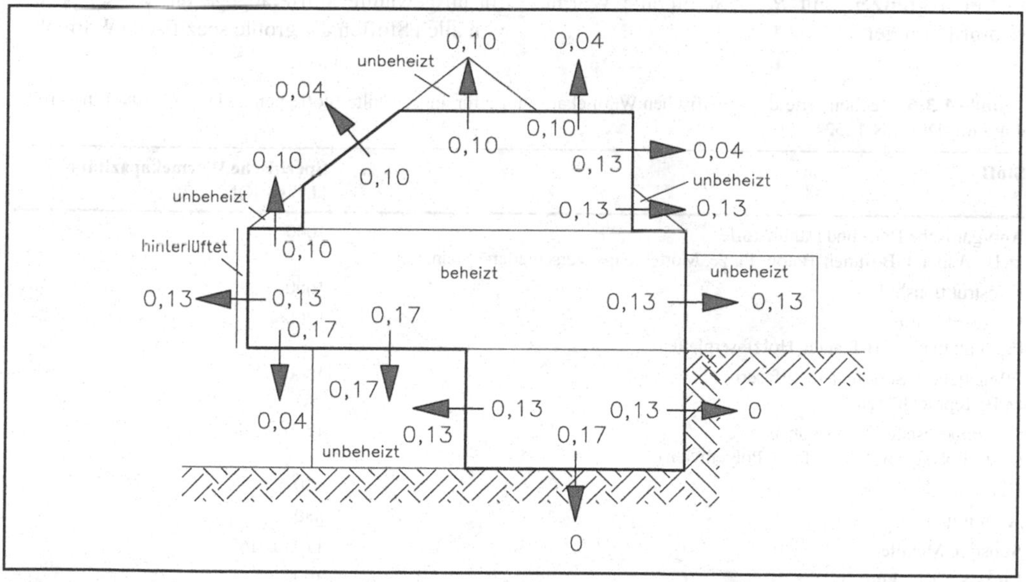

Abb. 1.3-9 Bemessungswerte der Wärmeübergangswiderstände R_{si} und R_{se} in m²K/W für verschiedene Bauteile bei wärmeschutztechnischen Berechnungen (z. B. Berechnung U-Wert) gemäß DIN EN ISO 6946

Wärmeübergangswiderstände für feuchteschutztechnische Berechnungen

Für feuchteschutztechnische Berechnungen und Nachweise (z. B. Überprüfung, ob Gefahr der Tauwasserbildung besteht) sind teilweise andere Wärmeübergangswiderstände zu verwenden. Diese sind im Vergleich zu den Werten, die für wärmeschutztechnische Berechnungen anzusetzen sind, unterschiedlich und werden gemäß DIN 4108-3:2001-07 für ebene Bauteile wie folgt festgelegt:

Raumseitig ist für horizontal und aufwärts gerichtete Wärmestromrichtungen sowie bei Dachschrägen R_{si} = 0,13 m²K/W anzusetzen. Für abwärts gerichtete Wärmestromrichtungen gilt R_{si} = 0,17 m²K/W.

Auf der Außenseite wird für alle Wärmestromrichtungen R_{se} = 0,04 m²K/W angesetzt, wenn die Außenoberfläche an Außenluft grenzt. Diese Regelung gilt auch für die Außenoberfläche von zweischaligem Mauerwerk mit Luftschicht. Wenn die Außenoberfläche an belüftete Luftschichten (z. B. hinterlüftete Außenbekleidungen, belüftete Dachräume, belüftete Luftschichten in belüfteten Dächern) grenzt, ist R_{se} = 0,08 m²K/W anzusetzen. Bei Außenoberflächen, die an das Erdreich grenzen, gilt R_{se} = 0 für alle Wärmestromrichtungen.

1.3.2.6 Spezifische Wärmekapazität

Die *spezifische Wärmekapazität eines Stoffes c* ist eine physikalische Eigenschaft und gibt an, welche Wärmemenge einem Stoff mit einer Masse von 1 kg zugeführt werden muss, um seine Temperatur um 1 K zu erhöhen. Es gilt (Dimension: c in J/(kg·K)):

$$c = \frac{\Delta Q}{m \cdot \Delta T}. \qquad (1.3.24)$$

Darin bedeuten:

c spezifische Wärmekapazität in J/(kg·K)
ΔQ Wärmemenge, die dem Stoff zugeführt wird in Ws (1 Ws = 1 J)
m Masse des Stoffes in kg
ΔT Temperaturdifferenz in K

Bei Gasen ist die spezifische Wärmekapazität von den äußeren Randbedingungen abhängig. Hier wird unterschieden zwischen der spezifischen Wärmekapazität bei konstantem Druck (c_p) und bei konstantem Volumen (c_v). In Tabelle 1.3-6 sind Rechenwerte der spezifischen Wärmekapazität *c* für ausgewählte Stoffe angegeben. Wasser besitzt von allen Stoffen die größte spezifische Wärmeka-

Tabelle 1.3-6 Rechenwerte der spezifischen Wärmekapazität *c* für ausgewählte Stoffe gemäß DIN V 4108-4 in Verbindung mit DIN EN 12524

Stoff	Spezifische Wärmekapazität c [J/(kg · K)]
Anorganische Bau- und Dämmstoffe (z. B.: Asphalt, Bitumen, Beton, Putze, Mörtel, Gips, verschiedene Steinarten)	1000
Konstruktionsholz	1600
Holzwerkstoffe (Spanplatten, OSB-Platten, Holzfaserplatten)	1700
Pflanzliche Fasern und Textilfasern (z. B. Teppichböden)	1300
Schaumkunststoffe und Kunststoffe (z. B.: Polystyrol, Polyurethan, Polyethylen)	1300 ... 1800
Glas	750
Aluminium	880
Sonstige Metalle	130 bis 460
Luft (ρ = 1,25 kg/m³)	1000
Wasser (bei ≥ 0°C)	4190 ≈ 4200

pazität. Aus diesem Grund wird Wasser beispielsweise als Medium zum Wärmetransport in Heizungen oder als Kühlmittel bei Motoren verwendet (Tabelle 1.3-6).

1.3.2.7 Wärmespeicherfähigkeit

Die *Wärmespeicherfähigkeit eines Stoffes* Q_s beschreibt die Wärmemenge, die von ihm aufgenommen werden kann. Sie ist umso größer je größer die Masse und die spezifische Wärmekapazität ist. Für Bauteile mit homogenem Aufbau gilt (Dimension: Qs in J/(m²K)):

$$Q_s = m \cdot c. \tag{1.3.25}$$

Darin bedeuten:

m flächenbezogene Masse in kg/m² ($m = \rho \cdot d$; ρ = Rohdichte in kg/m³; d = Schichtdicke in m)

c spezifische Wärmekapazität in J/(kg·K) nach Tabelle 1.3-6

1.3.2.8 Wärmedurchgang durch Bauteile unter stationären Bedingungen

Allgemeines

Für die üblichen baupraktischen Berechnungen und Nachweise werden folgende Vereinfachungen getroffen:

1. Es handelt sich um ebene Probleme, d.h. die Bauteile sind eben. Die Isothermen verlaufen eben und parallel, wobei Randeinflüsse vernachlässigbar sind.
2. Es werden stationäre Bedingungen vorausgesetzt, d.h. die Temperaturen auf beiden Seiten eines Bauteils bleiben jeweils dauerhaft konstant. Aufheiz- und Abkühlvorgänge werden nicht berücksichtigt.

Mit dieser Vereinfachung wird die Wärmestromdichte q in einem Querschnitt konstant. Die Temperaturgradienten innerhalb einer Schicht sind ebenfalls konstant. Die Differenzen Δx können durch die Bauteildicke $d = \Delta x = x_2 - x_1$ und die Temperaturdifferenzen durch $\Delta\theta = -(\theta_2 - \theta_1)$ ersetzt werden.

Wärmedurchlasswiderstand R

Der Wärmedurchlasswiderstand R ist eine zentrale Kenngröße bei der Beschreibung der wärmeschutztechnischen Wirkung ebener Bauteile. Er gibt den Widerstand gegen die Wärmedurchlässigkeit einer Bauteilschicht bzw. Bauteils an. Je größer der Wärmedurchlasswiderstand ist desto geringer ist der Wärmestrom durch das Bauteil. Die Berechnung des Wärmedurchlasswiderstandes erfolgt nach DIN EN ISO 6946:2008-04. Für einschichtige Bauteile gilt (Dimension: R in m²K/W):

$$R = \frac{d}{\lambda}. \tag{1.3.26}$$

Für mehrschichtige Bauteile berechnet sich R mit folgender Gleichung:

$$R = \sum_{i=1}^{n} R_i = \frac{d_1}{\lambda_1} + \frac{d_2}{\lambda_2} + \ldots + \frac{d_n}{\lambda_n}. \tag{1.3.27}$$

In den Gln. (1.3.26) und (1.3.27) bedeuten:

d_i Dicke der Schicht i in m

λ_i Bemessungswert der Wärmeleitfähigkeit des Stoffes der Schicht i in W/(m·K)

Für Luftschichten gelten die Gln. (1.3.26) und (1.3.27) nicht, da zwischen dem Wärmedurchlasswiderstand und der Dicke der Luftschicht kein linearer Zusammenhang besteht. Vielmehr wird der maximale Wärmedurchlasswiderstand einer Luftschicht bei einer Schichtdicke von 2 bis 3 cm erreicht (Abb. 1.3-10). Bei größeren Luftschichtdicken nimmt der Wärmedurchlasswiderstand wieder ab, weil zusätzlich zum Wärmetransport infolge Strahlung und Wärmeleitung auch die Konvektion eine maßgebliche Rolle spielt (Ausbildung einer Konvektionswalze).

Der Einfluss unbeheizter Räume oder Gebäudeteile auf den Wärmedurchlasswiderstand eines Bauteils kann nach den Vereinfachungen in DIN EN ISO 6946:2008-04 berücksichtigt werden. Dabei wird der unbeheizte Raum so betrachtet, als wäre er eine wärmetechnisch homogene Bauteilschicht mit einem Wärmedurchlasswiderstand R_u. Exemplarisch sind für unbeheizte Dachräume die Wärmedurchlasswiderstände R_u in Tabelle 1.3-7 angegeben.

Wärmedurchgangswiderstand R_T

Der Wärmedurchgangswiderstand R_T eines ebenen Bauteils aus thermisch homogenen Schichten setzt sich aus zusammen aus dem Wärmedurchlasswi-

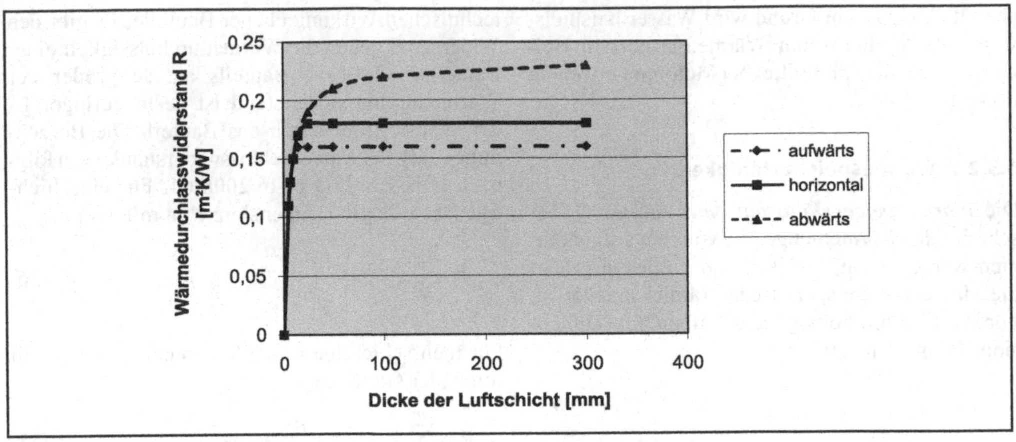

Abb. 1.3-10 Wärmedurchlasswiderstand von ruhenden Luftschichten nach DIN EN ISO 6946:2008-04, Tabelle 2

Tabelle 1.3-7 Wärmedurchlasswiderstände von Dachräumen gemäß DIN EN ISO 6946:2008-04, Tabelle 3

	Beschreibung des Daches	**R_u [m²K/W]**
1	Ziegeldach ohne Pappe, Schalung oder ähnlichem	0,06
2	Plattendach oder Ziegeldach mit Pappe oder Schalung oder ähnlichem unter den Ziegeln	0,2
3	Wie 2, jedoch mit Aluminiumverkleidung oder einer anderen Oberfläche mit geringem Emissionsgrad an der Dachunterseite	0,3
4	Dach mit Schalung und Pappe	0,3

Anmerkung: Die Werte enthalten den Wärmedurchlasswiderstand des belüfteten Raumes und der (Schräg)-Dachkonstruktion. Sie enthalten nicht den äußeren Wärmeübergangswiderstand R_{se}

derstand R sowie den Wärmeübergangswiderständen auf der Innenseite (R_{si}) und der Außenseite (R_{se}). Die Berechnung erfolgt nach DIN EN ISO 6946, es gilt (Dimension: R_T in m²K/W):

$$R_T = R_{si} + R + R_{se} = R_{si} + R_1 + R_2 + \ldots + R_n + R_{se}. \quad (1.3.28)$$

Darin bedeuten:

R_{si} Wärmeübergangswiderstand innen in m²K/W

R Wärmedurchlasswiderstand nach Gl. (1.3.26) bzw. (1.3.27) in m²K/W

$R_1, R_2 \ldots R_n$ Wärmedurchlasswiderstand jeder Schicht in m²K/W

R_{se} Wärmeübergangswiderstand außen in m²K/W

Bei Bauteilen aus zusammengesetzten Querschnitten (z.B. Dachquerschnitt mit abwechselnd nebeneinander liegenden Bereichen bestehend aus Sparren und Dämmstoff) ist der Wärmedurchgangswiderstand nach dem folgenden vereinfachten Verfahren gemäß DIN EN ISO 6946:2008-04 zu berechnen (Randbedingungen siehe Norm). Das Verfahren berücksichtigt auch den Wärmestrom zwischen den aneinander grenzenden Bauteilen. Der Wärmedurchgangswiderstand R_T berechnet sich zu:

$$R_T = \frac{R_T' + R_T''}{2}. \quad (1.3.29)$$

Darin bedeuten:

R_T' oberer Grenzwert des Wärmedurchgangswiderstands nach Gl. (1.3.30) in m²K/W

R_T'' unterer Grenzwert des Wärmedurchgangswiderstands nach Gl. (1.3.31) in m²K/W

Für die Berechnung des oberen und unteren Grenzwertes ist die Bauteilkomponente so in Abschnitte und Schichten aufzuteilen, dass die sich ergebenden Teile selbst thermisch homogen sind (Abb. 1.3-11).

Der obere Grenzwert des Wärmedurchgangswiderstands nach Gl. (1.3.29) entspricht der flächenanteiligen Mittelung der Wärmedurchgangswiderstände aller Schichten und ergibt sich mit folgender Formel (Dimension: R_T' in m²K/W):

$$\frac{1}{R_T'} = \frac{f_a}{R_{Ta}} + \frac{f_b}{R_{Tb}} + \ldots + \frac{f_q}{R_{Tq}}. \qquad (1.3.30)$$

Darin bedeuten:

$f_a, f_b, \ldots, f_q$ Teilflächen jedes Abschnittes (Abb. 1.3-11)

$R_{Ta}, R_{Tb}, \ldots, R_{Tq}$ Wärmedurchgangswiderstände von Bereich zu Bereich für jeden Abschnitt nach Gl. (1.3.28)

Der untere Grenzwert des Wärmedurchgangswiderstands nach Gl. (1.3.30) gibt den flächenanteiligen Mittelwert der Wärmedurchgangswiderstände jeder einzelnen Schicht an und berechnet sich wie folgt (Dimension: R_T'' in m²K/W):

$$R_T'' = R_{si} + R_1 + R_2 + \ldots + R_n + R_{se}. \qquad (1.3.31)$$

$$\frac{1}{R_j} = \frac{f_a}{R_{aj}} + \frac{f_b}{R_{bj}} + \ldots + \frac{f_q}{R_{qj}}. \qquad (1.3.32)$$

Darin bedeuten:

R_{si} Wärmeübergangswiderstand innen in m²K/W

$R_1, R_2 \ldots R_n$ Wärmedurchlasswiderstand für jede thermisch inhomogene Schicht nach Gl. (1.3.32) in m²K/W

R_{se} Wärmeübergangswiderstand außen in m²K/W

$f_a, f_b, \ldots, f_q$ Teilflächen jedes Abschnittes (Abb. 1.3-11)

$R_{aj}, R_{bj}, \ldots, R_{qj}$ Wärmedurchgangswiderstände des Teilbereichs *a* der Schicht *j* usw. in m²K/W

Wärmedurchgangskoeffizient U

Der Wärmedurchgangskoeffizient *U* (U-Wert) entspricht dem Kehrwert des Wärmedurchgangswiderstandes R_T. Er gibt an, wie viel Wärme durch ein Bauteil mit einer Fläche von einem Quadratmeter bei einer Temperaturdifferenz von einem Kelvin hindurch fließt. Ein großer U-Wert bedeutet, dass der Wärmedurchgang durch das Bauteil groß ist, d.h. in energetischer Hinsicht ist dieses Bauteils als schlecht zu betrachten. Bei einem klei-

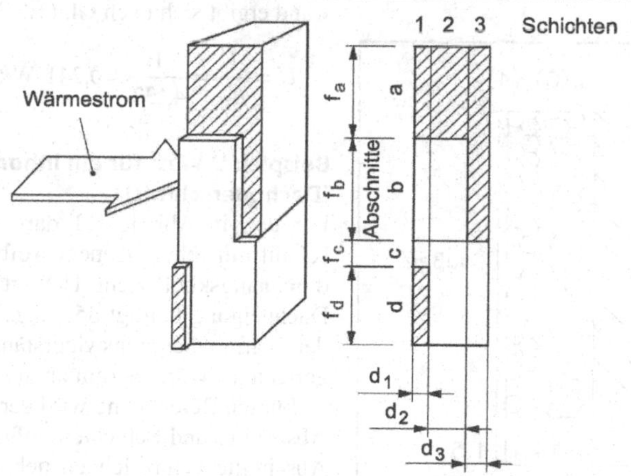

Abb. 1.3-11 Abschnitte und Schichten einer thermisch inhomogenen Bauteilkomponente nach DIN EN ISO 6946:2008-04

Tabelle 1.3-8 Kennwerte und Berechnung des Wärmedurchgangswiderstands R_T für die Außenwand nach Abb. 1.3-12

Schicht-Nr.	Bezeichnung	Dicke *d*	Wärmeleitfähigkeit λ	Wärmedurchlasswiderstand R, Wärmeübergangswiderstände R_{si} bzw. R_{se}
		[m]	[W/(mK)]	[m²K/W]
	Wärmeübergang innen	-	-	0,130
1	Gipsputz	0,015	0,70	0,021
2	Mauerwerk aus Kalksandstein (ρ = 1200 kg/m³)	0,24	0,56	0,429
3	Wärmedämmung	0,14	0,040	3,500
4	Kalkzementputz	0,015	0,87	0,017
	Wärmeübergang außen	-	-	0,040
	Wärmedurchgangswiderstand: $\Sigma = R_T =$			4,137

nen U-Wert ist der Wärmedurchgang durch das Bauteil gering, d. h. es handelt sich um eine energetisch gute Konstruktion. Für die Berechnung gilt (Dimension: U in W/(m²K)):

$$U = \frac{1}{R_T}. \quad (1.3.33)$$

Darin bedeutet:

R_T Wärmedurchgangswiderstand nach Gl. (1.3.28) für homogene Bauteile und nach Gl. (1.3.29) für inhomogene Bauteile in m²K/W

Der nach Gl. (1.3.33) ermittelte Wärmedurchgangskoeffizient ist ggf. noch zu korrigieren, um folgende Einflüsse zu berücksichtigen: Luftspalte im Bauteil, mechanische Befestigungsteile, die Bauteilschichten durchdringen, Niederschlag auf Umkehrdächern. Angaben zu den Korrekturwerten enthält DIN EN ISO 6946:2008-04, Anhang D.

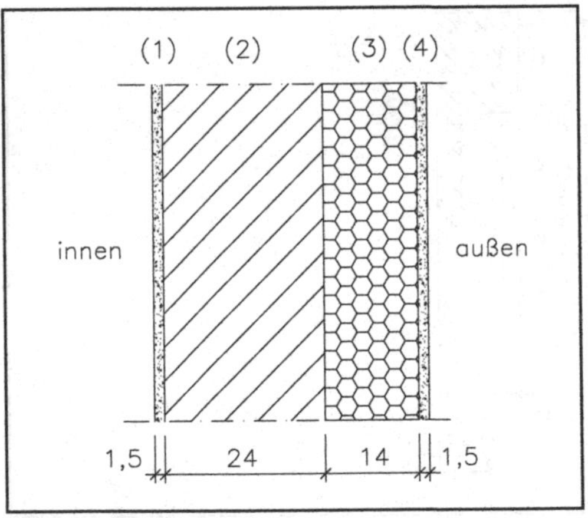

Abb. 1.3-12 Außenwand mit homogenem Aufbau

Beispiel: U-Wert für ein homogenes Bauteil (Außenwand)

Für die in Abb. 1.3-12 dargestellte Außenwand mit homogenem Aufbau ist der Wärmedurchgangskoeffizient (U-Wert) zu berechnen.

Die Berechnung des Wärmedurchgangswiderstands R_T nach Gl. (1.3.28) erfolgt tabellarisch (Tabelle 1.3-8).

Der Wärmedurchgangskoeffizient der Außenwand ergibt sich nach Gl. (1.3.33) zu:

$$U = \frac{1}{R_T} = \frac{1}{4{,}137} = 0{,}241 \text{ W/(m}^2\text{K)}.$$

Beispiel: U-Wert für ein inhomogenes Bauteil (Dachquerschnitt)

Für den in Abb. 1.3-13 dargestellten Dachquerschnitt mit inhomogenem Aufbau ist der Wärmedurchgangskoeffizient (U-Wert) zu berechnen. Die Dachneigung beträgt 35°, d. h. für die Ermittlung der Wärmeübergangswiderstände ist ein aufwärts gerichteter Wärmestrom anzusetzen.

Für die Berechnung wird der Dachquerschnitt in Abschnitte und Schichten aufgeteilt (Abb. 1.3-13). Abschnitte kennzeichnen nebeneinander liegende Bereiche und sind senkrecht zu den Oberflächen der Bauteilkomponente angeordnet. Die Abschnitte

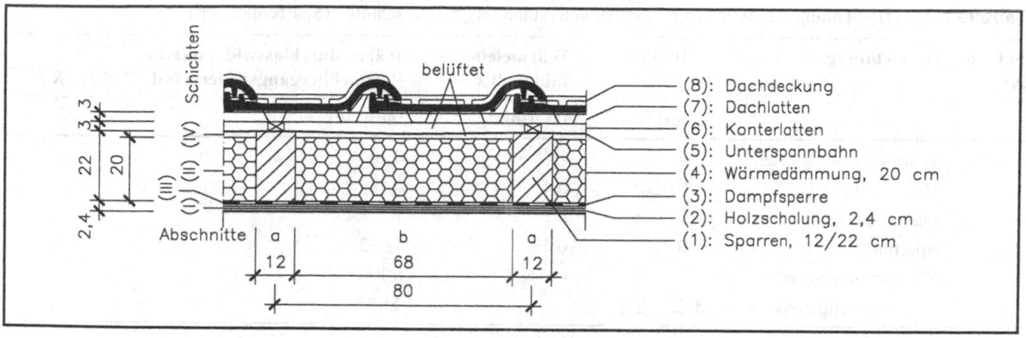

Abb. 1.3-13 Dachquerschnitt mit inhomogenem Aufbau sowie Aufteilung in Abschnitte und Schichten

sind thermisch homogen, d. h. sie weisen einen homogenen Schichtenaufbau auf. Im vorliegenden Beispiel sind jeweils der Sparrenbereich (Abschnitt a) sowie der Gefachbereich mit der Dämmung (Abschnitt b) thermisch homogene Abschnitte. Die Abschnitte selbst werden in thermisch homogene Schichten eingeteilt. Bei vorliegendem Beispiel ergeben sich folgende Schichten: (I) Holzschalung in Abschnitt a und b; (II) Dampfsperre in Abschnitt a und b; (III) Sparren in Abschnitt a sowie Wärmedämmung in Abschnitt b; (IV) Sparren in Abschnitt a sowie schwach belüftete Luftschicht in Abschnitt b. Die weiteren Schichten (Lattung, Dachdeckung) werden nicht angesetzt.

Flächenanteile:
Abschnitt a: $f_a = {}^{12}\!/_{80} = 0{,}15$; Abschnitt b: $f_b = {}^{68}\!/_{80} = 0{,}85$.

Oberer Grenzwert des Wärmedurchgangswiderstands R_T':

$$\frac{1}{R_T'} = \frac{f_a}{R_{Ta}} + \frac{f_b}{R_{Tb}} = \frac{0{,}15}{2{,}077} + \frac{0{,}85}{5{,}385} = 0{,}230 \text{ W/(m}^2\text{K)}$$

$$\Rightarrow R_T' = {}^{1}\!/_{0{,}230} = 4{,}347 \text{ m}^2\text{K/W}$$

mit R_{Ta} nach Tabelle 1.3-9 und R_{Tb} nach Tabelle 1.3-10.

Unterer Grenzwert des Wärmedurchgangswiderstands R_T'':

Die Berechnung erfolgt in Tabelle 1.3-11.

Wärmedurchlasswiderstand nach Gl. (1.3.29):

$$R_T = \frac{R_T' + R_T''}{2} = \frac{4{,}347 + 4{,}275}{2} = 4{,}311 \text{ m}^2\text{K/W}.$$

Der Wärmedurchgangskoeffizient des Daches ergibt sich nach Gl. (1.3.33) zu:

$$U = \frac{1}{R_T} = \frac{1}{4{,}311} = 0{,}232 \text{ W/(m}^2\text{K)}.$$

Wärmedurchgangskoeffizient für Fenster

Der Wärmedurchgangskoeffizient für Fenster wird mit U_w bezeichnet (Index w = window) und berechnet sich nach DIN EN ISO 10077. Er ist abhängig vom U-Wert (U_g) und der Fläche (A_g) der Verglasung (Index g = glazing), vom U-Wert des Rahmens (U_f) und seiner Fläche (A_f) (Index f = frame) sowie vom Wärmedurchgangskoeffizienten und der Länge des Randverbunds (Ψ_g und l_g). Im Gegensatz zu den opaken Bauteilen wird der Wärmedurchgangskoeffizient eines Fensters von der Fenstergröße direkt beeinflusst. Hier gilt, dass der Wärmedurchgangskoeffizient eines Fensters U_w mit zunehmender Fenstergröße geringer wird und sich dem U-Wert der Verglasung U_g annähert. Umgekehrt weisen kleine Fenster mit einem hohen Rahmenanteil einen großen U_w-Wert auf.

Der Nennwert des Wärmedurchgangskoeffizienten für Fenster U_w ergibt sich mit folgender Formel (Dimension: U_w in W/(m²K)):

$$U_w = \frac{A_g \cdot U_g + A_f \cdot U_f + l_g \cdot \psi_g}{A_g + A_f}. \quad (1.3.34)$$

Darin bedeuten:

A_g Fläche der Verglasung in m²; Definition s. Abb. 1.3-14

Tabelle 1.3-9 Berechnung des Wärmedurchgangswiderstands R_{Ta} für Abschnitt a (Sparrenbereich)

Schicht-Nr.	Bezeichnung	Dicke d	Wärmeleitfähigkeit λ	Wärmedurchlasswiderstand R, Wärmeübergangswiderstände R_{si} bzw. R_{se}
		[m]	[W/(mK)]	[m²K/W]
	Wärmeübergang innen	-	-	0,100
2	Holzschalung	0,024	0,13	0,185
3	Dampfsperre [1)]	-	-	-
1	Sparren	0,22	0,13	1,692
	Wärmeübergang außen	-	-	0,100
	Wärmedurchgangswiderstand: $\Sigma = R_{Ta} =$			2,077

[1)] Die Dampfsperre wird nicht berücksichtigt.

Tabelle 1.3-10 Berechnung des Wärmedurchgangswiderstands R_{Tb} für Abschnitt b (Gefachbereich)

Schicht-Nr.	Bezeichnung	Dicke d	Wärmeleitfähigkeit λ	Wärmedurchlasswiderstand R, Wärmeübergangswiderstände R_{si} bzw. R_{se}
		[m]	[W/(mK)]	[m²K/W]
	Wärmeübergang innen	-	-	0,100
2	Holzschalung	0,024	0,13	0,185
3	Dampfsperre [1)]	-	-	-
4	Wärmedämmung	0,20	0,04	5,000
	Wärmeübergang außen	-	-	0,100
	Wärmedurchgangswiderstand: $\Sigma = R_{Tb} =$			5,385

[1)] Die Dampfsperre wird nicht berücksichtigt.

Tabelle 1.3-11 Berechnung des unteren Grenzwertes des Wärmedurchgangswiderstands R_T''

Schicht-Nr.	Bezeichnung	Abschnitt a (Sparren) f_a/R_{ja}	Abschnitt b (Gefach) f_b/R_{jb}	Summe $1/R_j$	Wärmedurchlasswiderstand R, Wärmeübergangswiderstände R_{si} bzw. R_{se}
		[W/m²K]	[W/m²K]	[W/m²K]	[m²K/W]
	Wärmeübergang innen				0,10
I	Holzschalung	homogene Schicht			0,185
II	Sparren / Wärmedämmung	$f_a/R_{IIa} = 0{,}15/(0{,}20/0{,}13) = 0{,}098$	$f_b/R_{IIb} = 0{,}85/(0{,}20/0{,}04) = 0{,}170$	0,268	3,731
III	Dampfsperre [1)]	-	-	-	-
IV	Sparren / schwach belüftete Luftschicht	$f_a/R_{IVa} = 0{,}15/(0{,}02/0{,}13) = 0{,}975$	$f_b/R_{IVb} = 0{,}85/(0{,}16) = 5{,}313$ [2)]	6,288	0,159
	Wärmeübergang außen				0,10
	Unterer Grenzwert des Wärmedurchgangswiderstands: $\Sigma = R_T'' =$				4,275

[1)] Die Dampfsperre wird nicht berücksichtigt.
[2)] Für den Wärmedurchlasswiderstand der schwach belüfteten Luftschicht wird hier $R = 0{,}16$ m²K/W angesetzt.

U_g Wärmedurchgangskoeffizient der Verglasung in W/(m²K); übliche Werte s. Tabelle 1.3-12
A_f Fläche des Rahmens in m²; Definition s. Abb. 1.3-14
U_f Wärmedurchgangskoeffizient des Rahmens in W/(m²K); übliche Werte s. Tabelle 1.3-13
l_g Länge des Randverbunds bzw. des Abstandhalters in m; Definition s. Abb. 1.3-14
Ψ_g Längenbezogener Wärmedurchgangskoeffizient des Randverbunds in W/(mK); übliche Werte s. Tabelle 1.3-14

Übliche Wärmedurchgangskoeffizienten von Verglasungen (U_g-Werte) sind in Tabelle 1.3-12 angegeben. Zweischeiben-Isolierverglasungen erreichen heute standardmäßig einen U_g-Wert von 1,0 bis 1,1 W/(m²K). Die Verglasung ist mit einer Beschichtung bestehend aus einer extrem dünnen und lichtdurchlässigen Silberoxidschicht versehen. Die Beschichtung befindet sich auf der raumseitigen Scheibe im Scheibenzwischenraum und hat die Aufgabe, die Wärmestrahlung in den Raum zurück zu reflektieren. Dadurch werden Wärmeverluste durch die Verglasung deutlich reduziert. Der Scheibenzwischenraum selbst ist mit einem Edelgas (in der Regel Argon, seltener Krypton) befüllt. Der Randverbund der Verglasung besteht teilweise aus thermisch verbesserten Abstandhaltern um die Wärmebrückenwirkung zu verringern. Weiterhin ist der Randverbund so gut abgedichtet, dass die Edelgaskonzentration im Scheibenzwischenraum selbst nach mehreren Jahrzehnten nicht unter 90% sinkt. Neben den Zweischeiben-Isolierverglasungen werden heute zunehmend auch Dreischeiben-Isolierverglasungen eingesetzt. Bei einer Dreischeiben-Isolierverglasung besteht die Verglasung aus drei am Rand luftdicht miteinander verbundenen Einzelscheiben. Mit Dreischeiben-Isolierverglasung werden U-Werte von 0,5 bis 0,8 W/(m²K) erreicht

Wärmedurchgangskoeffizienten von Rahmen aus Kunststoff und Holz (U_f-Werte) befinden sich in Tabelle 1.3-13. Für die Größe des Wärmedurchgangskoeffizienten U_f spielt neben der Tiefe des Rahmens auch die Anzahl der Kammern bei Kunststoffprofilen eine entscheidende Rolle. Die Kunststoffprofile besitzen im Querschnitt mehrere hintereinander liegende Kammern. Diese sind in der Regel hohl, d.h. mit Luft gefüllt. Die Größe der Kammern, d.h. der lichte Abstand der Kunststoffstege ist so gewählt, dass in den Kammern gerade eben keine Konvektion stattfindet. Die Luft in den Kammern eingeschlossene Luft wird somit optimal als natürlich vorhandener Dämmstoff eingesetzt. Ältere Kunststoffrahmen besitzen lediglich zwei oder drei Kammern mit entspre-

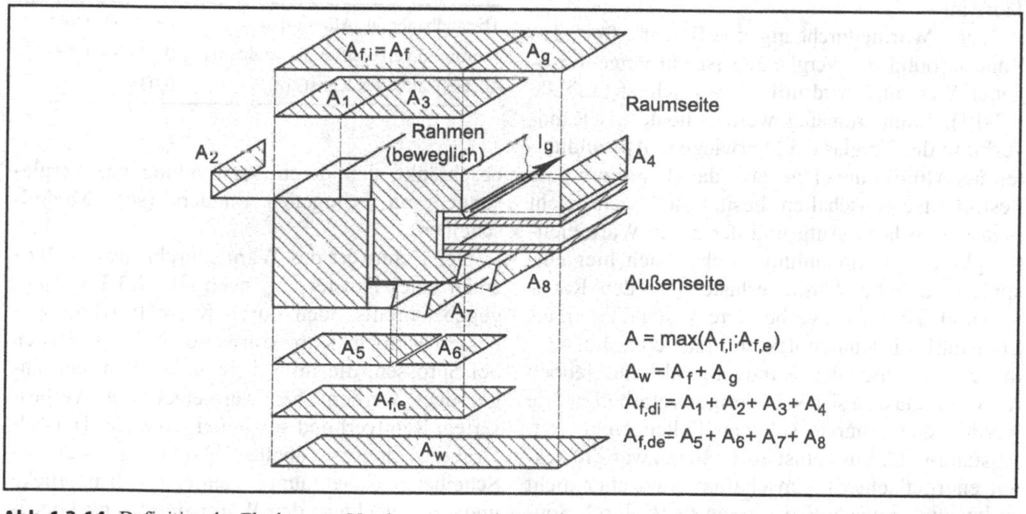

Abb. 1.3-14 Definition der Flächen von Verglasung A_g und des Rahmens A_f sowie der Länge des Randverbunds l_g gemäß DIN EN ISO 10077

Tabelle 1.3-12 Heute übliche Wärmedurchgangskoeffizienten von Verglasungen (U_g-Werte)

Art	Dicke in mm	Aufbau	Befüllung des SZR	U_g-Wert in W/(m²K)
Zweischeiben-Isolierverglasung	24	4-16-4	Argon	1,1
	20	4-12-4	Krypton	1,0
Dreischeiben-Isolierverglasung	44	4-16-4-16-4	Argon	0,6
	36	4-12-4-12-4	Krypton	0,5

SZR = Scheibenzwischenraum

Tabelle 1.3-13 Wärmedurchgangskoeffizienten von Rahmen (U_f-Werte)

Material	Beschreibung	U_f-Wert in W/(m²K)
Kunststoff	*2- oder 3-Kammer-Profilsystem, Tiefe = 60 mm (Hinweis: wird heute nicht mehr verwendet)*	*≥ 2,0*
	5-Kammer-Profil, Tiefe = 70 mm	1,3 bis 1,5
	6-Kammer-Profilsystem, Tiefe = 82 mm	1,1
	8-Kammer-Profilsystem, Tiefe = 82 mm	0,8 bis 0,9
Holz	je nach Dicke	1,0 bis 2,9 (abh. von der Rahmendicke)

chend schlechten U_f-Werten. Heute werden standardmäßig Profile mit mindestens fünf Kammern eingesetzt. Einige Hersteller bieten sogar Profile mit acht Kammern und entsprechender großer Tiefe an.

Der Wärmedurchgangskoeffizient für den Randverbund der Verglasung ist ein längenbezogener Wert und wird mit Ψ_g bezeichnet (Tabelle 1.3-14). Standardmäßig werden heute als Randverbund der Verglasung überwiegend Abstandhalter aus Aluminium eingesetzt, da Aluminium gute Festigkeitseigenschaften besitzt und sich leicht verarbeiten lässt. Aufgrund der guten Wärmeleitfähigkeit von Aluminium ergeben sich hier entsprechend hohe Wärmeverluste über den Randverbund. Thermisch verbesserte Abstandhalter aus Edelstahl mit Kunststoffkern reduzieren die Wärmeverluste über den Randverbund, sind jedoch teurer und lassen sich schwieriger verarbeiten. Sie werden daher nur in seltenen Fällen eingesetzt. Abstandhalter aus Kunststoff haben zwar die besten energetischen Eigenschaften, sind aber nicht so beständig gegen Erwärmung (z. B. durch Sonneneinstrahlung im Sommer). Aus diesem Grund beschränkt sich deren Verwendung auf Verglasungen mit gebogenen Rändern (sog. Modellscheiben).

Tabelle 1.3-14 Längenbezogene Wärmedurchgangskoeffizienten des Randverbunds (Ψ_g-Werte)

Beschreibung	ψ_g-Wert in W/(mK)
Abstandhalter aus Aluminium	0,060 bis 0,080
Thermisch verbesserte Abstandhalter	0,040 bis 0,050
Abstandhalter aus Kunststoff	0,035

Der Nennwert des Wärmedurchgangskoeffizienten eines Fensters U_w nach Gl. (1.3.3.4) muss gegebenenfalls noch durch Korrekturwerte verbessert werden. Korrekturwerte sind erforderlich bei Sprossen, die im Scheibenzwischenraum angeordnet werden, bei wärmetechnisch verbessertem Randverbund sowie bei fehlender Herstellerüberwachung (Tabelle 1.3-15). Sprossen im Scheibenzwischenraum bilden eine Wärmebrücke und verschlechtern den Wärmedurchgangskoeffizienten des Fensters deutlich. Der Randverbund

Tabelle 1.3-15 Korrekturwerte ΔU_w

Beschreibung		Korrekturwert ΔU_w in W/(m²K)
Art der Sprossen	Aufgesetzte Sprossen	keine Korrektur erforderlich
	Sprossen im SZR (Einfaches Sprossenkreuz)	+0,1
	Sprossen im SZR (mehrfache Sprossenkreuze)	+0,2
	Glasteilende Sprossen	+0,3
Wärmetechnisch verbesserter Randverbund (Anforderungen nach DIN 4108 müssen erfüllt sein)		-0,1
Verwendung einer Verglasung ohne Herstellerüberwachung		+0,1

der Verglasung kann durch den Einsatz von speziellen Abstandhaltern (Edelstahl mit Kunststofffüllung; Kunststoff) wärmetechnisch verbessert werden, so dass sich der Wärmedurchgangskoeffizient des Fensters verringert. Aus dem Nennwert U_w und den Korrekturwerten ΔU_w ergibt sich der Bemessungswert des Wärmedurchgangskoeffizienten des Fensters $U_{w,BW}$ (Dimension: $U_{w,BW}$ in W/(m²K)):

$$U_{w,BW} = U_w + \sum \Delta U_w \,. \tag{1.3.35}$$

Darin bedeuten:

U_w Nennwert des Wärmedurchgangskoeffizienten des Fensters nach Gl. (1.3.34) in W/(m²K)

ΔU_w Korrekturwerte nach Tabelle 1.3-15 in W/(m²K)

Beispiel: U_w-Wert eines Fensters

Für ein Fenster mit der Größe 1,23 m x 1,48 m (Prüfstandgröße) und Sprossen im Scheibenzwischenraum (einfaches Sprossenkreuz) soll der Bemessungswert des Wärmedurchgangskoeffizienten $U_{w,BW}$ berechnet werden. Weitere Angaben: Ansichtsbreite Rahmen-Flügel: 121 mm, Gesamtfläche Fenster: $A_w = A_g + A_f = 1{,}82$ m², Fläche Rahmen: $A_f = 0{,}59$ m², Fläche Verglasung: $A_g = 1{,}23$ m², Länge des Randverbundes: $l_g = 4{,}45$ m, U_f-Wert Rahmen: $U_f = 1{,}2$ W/(m²K), U_g-Wert Verglasung: $U_g = 1{,}1$ W/(m²K), Abstandhalter aus Aluminum: $\Psi_g = 0{,}08$ W/(mK).

Nennwert des Wärmedurchgangskoeffizienten nach Gl. (1.3.34):

$$U_w = \frac{A_g \cdot U_g + A_f \cdot U_f + l_g \cdot \psi_g}{A_g + A_f}$$
$$= \frac{1{,}23 \cdot 1{,}1 + 0{,}59 \cdot 1{,}2 + 4{,}45 \cdot 0{,}080}{1{,}23 + 0{,}59}$$
$$= 0{,}743 + 0{,}389 + 0{,}196$$
$$= 1{,}328 \text{ W/(m}^2\text{K)}$$

Korrekturwert für Sprossen im Scheibenzwischenraum (einfaches Sprossenkreuz) nach Tabelle 1.3-15:

$$\Delta U_w = +0{,}1 \text{ W/(m}^2\text{K)}$$

Bemessungswert des Wärmedurchgangskoeffizienten für das Fenster $U_{w,Bw}$ nach Gl. (1.3.35):

$$U_{w,BW} = U_w + \sum \Delta U_w$$
$$= 1328 + 0{,}1$$
$$= 1{,}428 \text{ W/(m}^2\text{K)}$$

1.3.2.9 Temperaturen in Bauteilen und auf Bauteiloberflächen

Temperaturen in Bauteilen und auf Bauteiloberflächen (Temperaturverlauf) werden aus folgenden Gründen benötigt:

- Bei bekanntem Temperaturverlauf kann festgestellt werden, ob sich Tauwasser im Bauteilquerschnitt (Glaserverfahren) oder auf den Bauteiloberflächen bildet. Insbesondere aus hygienischen und gesundheitlichen Gründen ist Tauwasserbildung auf Bauteiloberflächen zu vermeiden, da Tauwasser zur Bildung von Schimmelpilzen führen kann.

– Die Kenntnis der raumseitigen Oberflächentemperatur ist für die Beurteilung der raumklimatischen Verhältnisse (z.B. Beurteilung der Behaglichkeit) erforderlich.

Der Temperaturverlauf kann rechnerisch und zeichnerisch ermittelt werden. Unter stationären Bedingungen (d.h. die Temperaturen auf beiden Seiten des Bauteils sind dauerhaft konstant; es finden weder Aufheiz- noch Abkühlvorgänge statt) kann angenommen werden, dass die Wärmestromdichte q in jeder Bauteilschicht sowie in den Wärmeübergangsschichten konstant ist (Abb.1.3-15). Weiterhin wird angenommen, dass ein seitlicher Wärmestrom vernachlässigbar ist. Für die Wärmestromdichte q in einem Bauteil ergibt sich daher folgende Beziehung (Dimension: q in W/m²):

$$q = q_1 = q_2 = \ldots = q_i = \text{const.} \qquad (1.3.36)$$

Darin bedeuten:
q Wärmestromdichte im gesamten Bauteil in W/m²
q_1 Wärmestromdichte in Schicht 1 des Bauteils in W/m²
q_2 Wärmestromdichte in Schicht 2 des Bauteils in W/m²
q_i Wärmestromdichte in Schicht i des Bauteils in W/m²

Mit den o. g. Vereinfachungen ergibt sich die Wärmestromdichte q nach Gl. (1.3.4) zu (Dimension: q in W/m²):

$$q = U \cdot (\theta_i - \theta_e)\,. \qquad (1.3.37)$$

Darin bedeuten:
U Wärmedurchgangskoeffizient nach Gl. (1.3.33) in W/(m²K)
θ_i Lufttemperatur innen
θ_e Lufttemperatur außen

Für den Temperaturverlauf gelten folgende Merkmale (Abb. 1.3-16):
– Innerhalb einer Bauteilschicht ist der Temperaturverlauf linear.
– An den Schichtgrenzen tritt ein Knick auf.
– Im Bereich des Wärmeübergangs ist der Temperaturverlauf parabelförmig.
– Je kleiner die Wärmeleitfähigkeit λ einer Bauteilschicht ist, desto steiler ist in dieser Schicht die Temperaturverlaufslinie und umso größer ist der Temperaturgradient.

Die Oberflächentemperatur auf der Innenseite des Bauteils θ_{si} ergibt sich bei bekannter Wärmestromdichte (Gl. (1.3.37)) und bekanntem Wärmedurchgangskoeffizienten (Gl. (1.3.33)) mit folgender Formel (Dimension: θ_{si} in °C):

$$\theta_{si} = \theta_i - R_{si} \cdot U \cdot (\theta_i - \theta_e) = \theta_i - R_{si} \cdot q\,. \qquad (1.3.38)$$

Die Temperaturen an den Schichtgrenzen θ_i eines Bauteils berechnen sich mit folgenden Gleichungen (hier: Bauteil mit vier Schichten, Abb. 1.3-16):

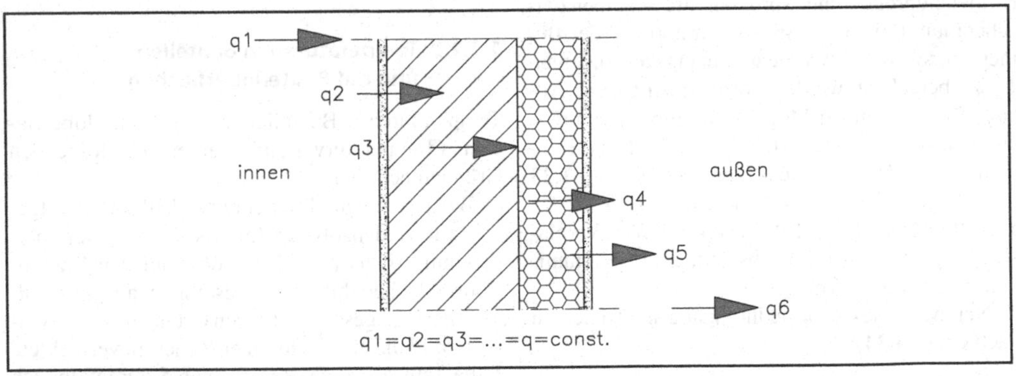

Abb. 1.3-15 Wärmestromdichte q in einer Außenwand bei stationären Bedingungen (Prinzipskizze)

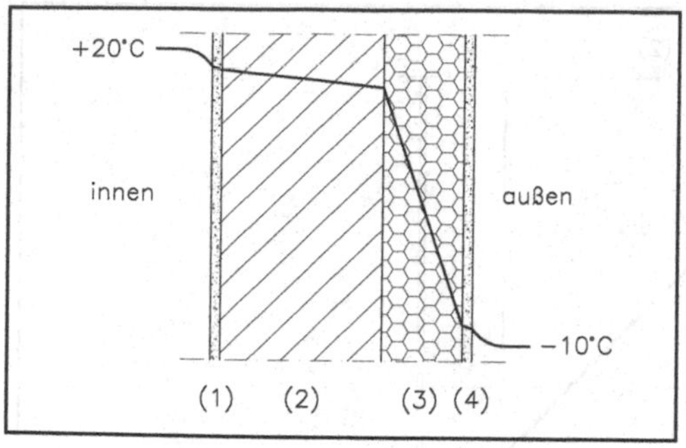

Abb. 1.3-16 Temperaturverlauf in einer Außenwand mit vier Schichten: (1) Innenputz, (2) Mauerwerk, (3) Wärmedämmung, (4) Außenputz

$$\begin{aligned}\theta_{1-2} &= \theta_{si} - R_1 \cdot q\\ \theta_{2-3} &= \theta_{1-2} - R_2 \cdot q\\ \theta_{3-4} &= \theta_{2-3} - R_3 \cdot q\\ \theta_{se} &= \theta_{3-4} - R_4 \cdot q\\ \theta_e &= \theta_{se} - R_{se} \cdot q \text{ (zur Kontrolle)}\end{aligned} \qquad (1.3.39)$$

In den Gln. (1.3.38) und (1.3.39) bedeuten:

θ_i Lufttemperatur innen in °C
θ_e Lufttemperatur außen in °C
θ_{si} Temperatur auf der Bauteiloberfläche innen in °C
θ_{se} Temperatur auf der Bauteiloberfläche außen in °C
θ_{1-2} Temperatur zwischen Schicht 1 und 2 in °C
θ_{2-3} Temperatur zwischen Schicht 2 und 3 in °C
θ_{3-4} Temperatur zwischen Schicht 3 und 4 in °C
U Wärmedurchgangskoeffizient nach Gl. (1.3.33) in W/(m²K)
R_{si} Wärmeübergangswiderstand innen in m²K/W
R_{se} Wärmeübergangswiderstand außen in m²K/W
q Wärmestromdichte nach Gl. (1.3.37) in W/m²
$R_1, R_2, \ldots, R_i$ Wärmedurchlasswiderstand der Schicht 1, 2,…, i in m²K/W

Der Temperaturverlauf kann auch zeichnerisch bestimmt werden. Dazu werden in einem Diagramm auf der x-Achse die Wärmeübergangswiderstände R_{si} und R_{se} sowie die Wärmedurchlasswiderstände der einzelnen Bauteilschichten R_i (= d_i/λ_i) maßstäblich aufgetragen. Auf der y-Achse werden auf der Innenseite die Lufttemperatur innen θ_i und auf der Außenseite die Lufttemperatur außen θ_e aufgetragen. Dann werden beide Punkte durch eine Gerade miteinander verbunden. Die Temperaturen auf den Bauteiloberflächen sowie an den Schichtgrenzen ergeben sich an den Schnittpunkten der Geraden mit den einzelnen Schichtgrenzen und können auf der y-Achse abgelesen werden, s. Abb. 1.3-17.

Beispiel: Ermittlung der Temperaturen in einer Außenwand

Für die in Abb. 1.3-12 dargestellte Außenwand ist der Temperaturverlauf rechnerisch und zeichnerisch zu ermitteln.

Gegeben: Lufttemperatur innen: θ_i = +20°C; Lufttemperatur außen: θ_e = –10°C. Wandaufbau und bauphysikalische Kennwerte s. Tabelle 1.3-8.

Rechnerische Ermittlung:
Wärmedurchgangskoeffizient:

$$U = 0{,}241 \text{ W/(m²K)}$$

Wärmestromdichte nach Gl. (1.3.37):

$$q = U \cdot (\theta_i - \theta_e) = 0{,}241 \cdot (20 - (-10)) = 7{,}23 \text{ W/m²}$$

Oberflächentemperatur auf der Innenseite der Wand nach Gl. (1.3-38):

$$\theta_{si} = \theta_i - R_{si} \cdot q = 20 - 0{,}13 \cdot 7{,}23 = 19{,}06 \text{ °C}$$

Temperaturen an den Schichtgrenzen nach Gl. (1.3-39), s. Abb. 1.3-18:

$$\begin{aligned}\theta_{1-2} &= \theta_{si} - R_1 \cdot q = 19{,}06 - 0{,}021 \cdot 7{,}23 = 18{,}91 \text{ °C}\\ \theta_{2-3} &= \theta_{1-2} - R_2 \cdot q = 18{,}91 - 0{,}429 \cdot 7{,}23 = 15{,}80 \text{ °C}\\ \theta_{3-4} &= \theta_{2-3} - R_3 \cdot q = 15{,}80 - 3{,}500 \cdot 7{,}23 = -9{,}51 \text{ °C}\\ \theta_{se} &= \theta_{3-4} - R_4 \cdot q = -9{,}51 - 0{,}017 \cdot 7{,}23 = -9{,}63 \text{ °C}\\ \text{Kontrolle}: \theta_e &= \theta_{se} - R_{se} \cdot q = -9{,}63 - 0{,}04 \cdot 7{,}23 = \\ &\quad -9{,}92 \cong -10 \text{ °C}\end{aligned}$$

Zeichnerische Ermittlung s. Abb. 1.3-19.

1.3.2.10 Wärmebrücken

Wärmebrücken sind örtlich begrenzte Stellen in der Gebäudehülle mit einem signifikant höheren Wärmedurchgang als in den benachbarten Bauteil-

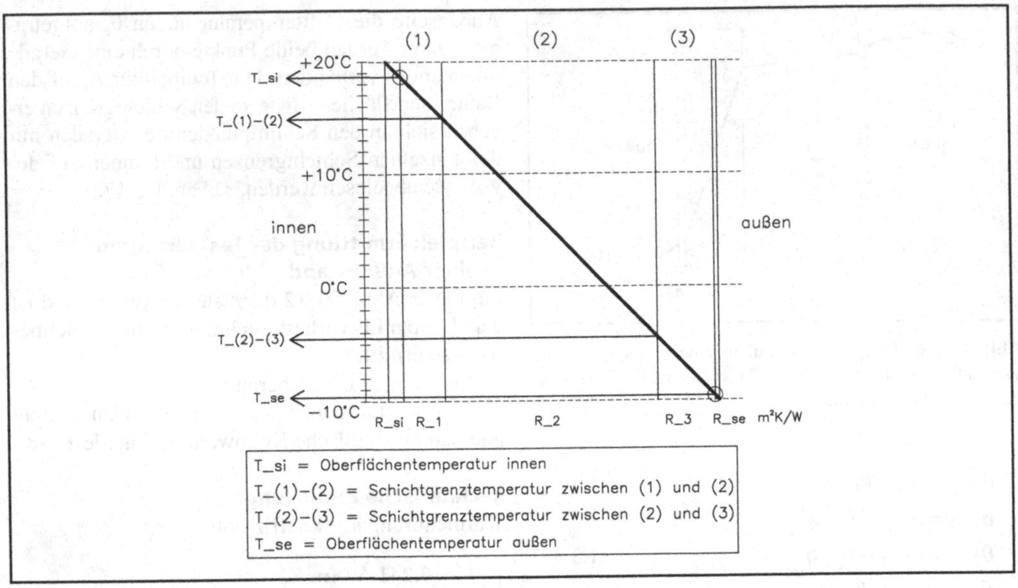

Abb. 1.3-17 Zeichnerische Ermittlung des Temperaturverlaufs in einer Außenwand mit vier Schichten

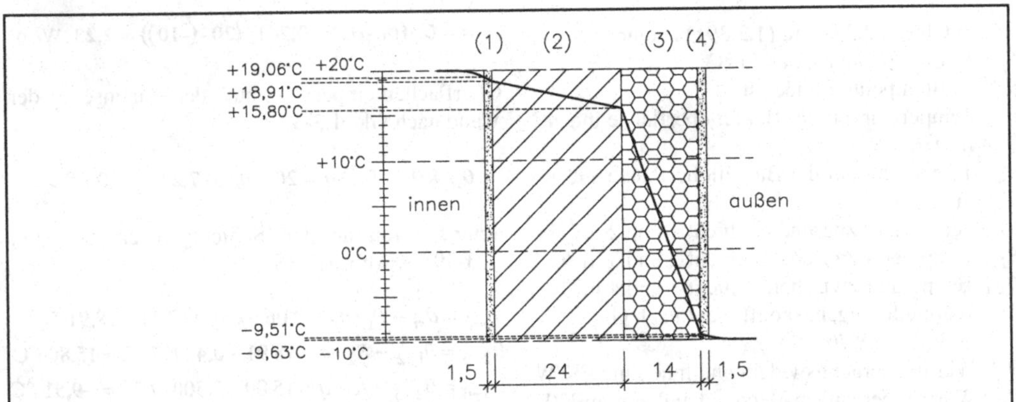

Abb. 1.3-18 Temperaturverlauf im Wandquerschnitt

bereichen. Im Bereich einer Wärmebrücke verlaufen die Isothermen (Linien gleicher Temperatur) gekrümmt. Auf der Innenseite kommt es zum Teil zu deutlich verringerten Innenoberflächentemperaturen im Vergleich zum Normalbereich. Dadurch besteht hier die erhöhte Gefahr der Tauwasserbildung. Grundsätzlich werden zwei Arten von Wärmebrücken unterschieden:

– *Geometrische Wärmebrücken* (z. B. Außenwandecken, Abb. 1.3-20). Sie entstehen, wenn bei einem Bauteil keine ebenen Verhältnisse vorliegen und die Außenfläche größer als die Innenfläche ist. Die Dichte der Wärmestromlinien (Adiabaten) nimmt nach außen hin ab. Dadurch verlagern sich auch die Isothermen zum Raum hin, und die Oberflächentemperatur auf der In-

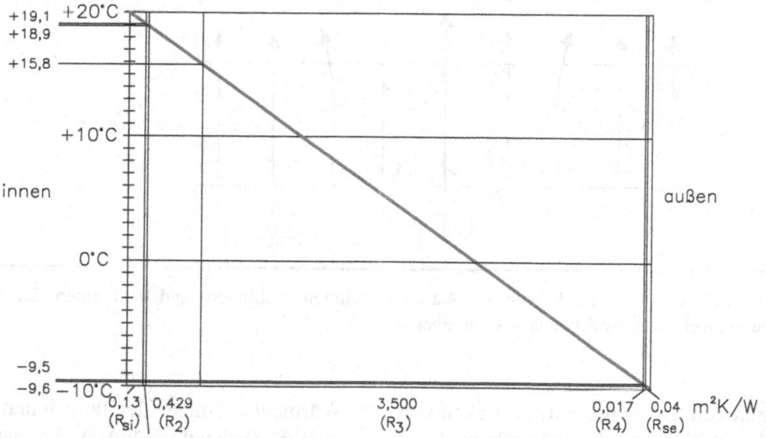

Abb. 1.3-19 Zeichnerische Ermittlung der Temperaturen in der Außenwand

nenseite des Bauteils ist niedriger als im Normalbereich. Details findet man in [Hauser/Stiegel 1992].

- *Material- oder stoffbedingte Wärmebrücken.* Sie entstehen, wenn Materialien mit unterschiedlichen Wärmeleitfähigkeiten verwendet werden (z. B. Stahlbetonstütze in einer Mauerwerkswand aus Porenbeton, Abb. 1.3-21). Auch hier verlaufen die Isothermen gekrümmt und die Oberflächentemperatur auf der Innenseite des Bauteils ist geringer als im ungestörten Bereich.

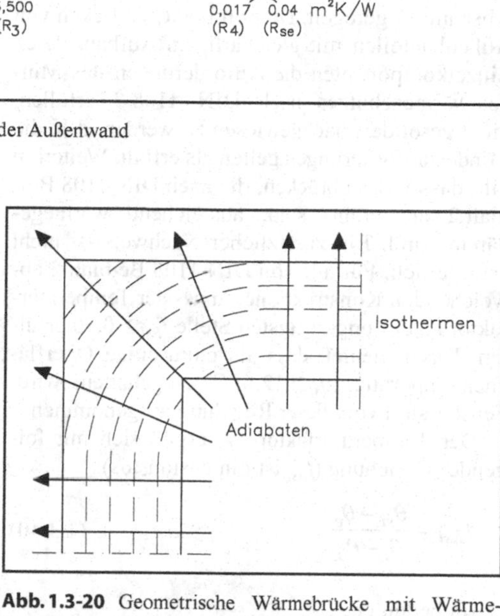

Abb. 1.3-20 Geometrische Wärmebrücke mit Wärmestromlinien (Adiabaten) (Volllinien) und Isothermen (Strichlinien); hier: Außenwandecke

Die Berechnung von Wärmebrücken (Temperaturverteilung, Wärmeströme) kann mit FE-Programmen erfolgen. Für häufig vorkommende Konstruktionen existieren auch Lösungen in Wärmebrückenkatalogen, aus denen die wesentlichen Kennwerte entnommen werden können [z. B. Hauser/Stiegel 1992].

Die Energieeinsparverordnung (EnEV) fordert, dass der Einfluss konstruktiver Wärmebrücken auf den Jahres-Heizwärmebedarf so gering wie möglich gehalten wird. Der verbleibende Einfluss der Wärmebrücken ist entweder durch einen Wärmebrückenzuschlag ΔU_{WB} pauschal zu berücksichtigen oder durch eine Berechnung aller Wärmebrücken nach DIN V 4108-6:2003-06 genau zu erfassen. Bei Anwendung von Planungsbeispielen nach DIN 4108 Beiblatt 2:2006-03 werden die Wärmeverluste infolge Wärmebrücken durch Erhöhung der Wärmedurchgangskoeffizienten um $\Delta U_{WB} = 0{,}05$ W/(m²K) für die gesamte übertragende Umfassungsfläche berücksichtigt.

Mindestanforderungen an den Wärmeschutz im Bereich von Wärmebrücken sind in DIN 4108-2,

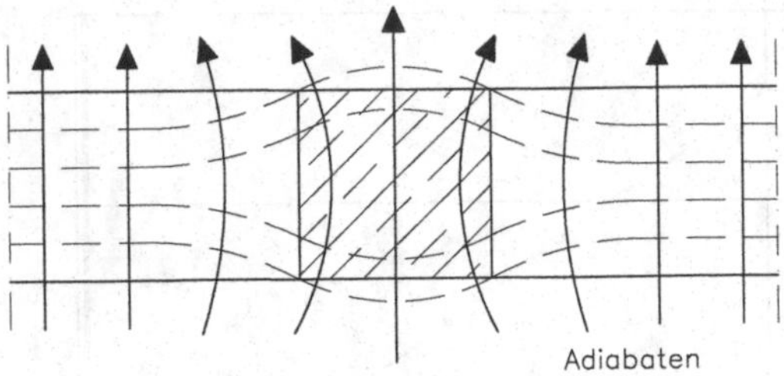

Abb. 1.3-21 Materialbedingte Wärmebrücke mit Wärmestromlinien (Volllinien) und Isothermen (Strichlinien); hier: Stahlbetonstütze in einer Mauerwerkswand aus Porenbeton

Abschnitt 6 geregelt. Danach brauchen Ecken von Außenbauteilen mit gleichartigem Aufbau, deren Einzelkomponenten die Anforderungen des Mindestwärmeschutzes nach DIN 4108-2 erfüllen, nicht gesondert nachgewiesen zu werden, d. h. die Mindestanforderungen gelten als erfüllt. Weiterhin gilt, dass Wärmebrücken, die nach DIN 4108 Beiblatt 2 ausgeführt sind, ausreichend wärmegedämmt sind. Ein zusätzlicher Nachweis ist nicht erforderlich. Für alle von DIN 4108 Beiblatt 2 abweichenden Konstruktionen muss der Temperaturfaktor an der ungünstigsten Stelle $f_{Rsi} \geq 0{,}70$ erfüllen. Das bedeutet, dass als raumseitige Oberflächentemperatur $\theta_{si} \geq 12{,}6\,°C$ eingehalten wird. Fenster sind von dieser Regelung ausgenommen.

Der Temperaturfaktor f_{Rsi} ergibt sich mit folgender Gleichung (f_{Rsi} ist dimensionslos):

$$f_{Rsi} = \frac{\theta_{si} - \theta_e}{\theta_i - \theta_e}\,. \tag{1.3.40}$$

Darin bedeuten:

θ_i Lufttemperatur innen in °C

θ_e Lufttemperatur außen in °C

θ_{si} Temperatur auf der Bauteiloberfläche innen in °C

Dabei liegen folgende Randbedingungen zugrunde:

- Innenlufttemperatur $\theta_i = 20°C$
- Relative Luftfeuchte innen $\varphi_i = 50\%$
- Kritische Luftfeuchte für Schimmelpilzbildung auf der Bauteiloberfläche $\varphi_{si} = 80\%$
- Außenlufttemperatur $\theta_e = -5°C$
- Wärmeübergangswiderstand innen: $R_{si} = 0{,}25$ m²W/K (beheizte Räume), $R_{si} = 0{,}17$ m²W/K (unbeheizte Räume)
- Wärmeübergangswiderstand außen: $R_{se} = 0{,}04$ m²K/W

Bei Bauteilen, die an das Erdreich grenzen gelten andere Temperatur-Randbedingungen, siehe DIN 4108. An Fenstern ist Tauwasserbildung vorübergehend und in kleinen Mengen zulässig, wenn die Oberfläche die Feuchtigkeit nicht absorbiert und wenn Maßnahmen zur Vermeidung eines Kontaktes mit angrenzenden feuchteempfindlichen Materialien (z. B. Mineralfaserdämmstoff) getroffen werden. Für Verbindungsmittel (z. B. Nägel, Schrauben, Drahtanker), Fensteranschlüsse an angrenzende Bauteile und Mörtelfugen von Mauerwerk ist ein Nachweis der Wärmebrückenwirkung nicht zu führen.

Beispiel

Die Temperatur auf der Innenoberfläche einer Außenwandecke (Wärmebrücke) beträgt $\theta_{si} = 9{,}8°C$. Welcher Temperaturfaktor ergibt sich und wie ist die Konstruktion zu beurteilen?

$$f_{Rsi} = \frac{\theta_{si} - \theta_e}{\theta_i - \theta_e} = \frac{9{,}8 - (-5)}{20 - (-5)} = 0{,}592 < 0{,}70$$

Die Konstruktion ist nicht zulässig, es besteht Gefahr der Tauwasserbildung auf der Innenoberfläche im Bereich der Außenwandecke.

1.3.2.11 Energieeinsparverordnung (EnEV)

Einführung

Die Energieeinsparverordnung (EnEV) ist die Umsetzung der EU-Richtlinie über die Gesamtenergieeffizienz von Gebäuden (Richtlinie des Europäischen Parlaments und des Rates vom 16. Dezember 2002) in Deutschland. Die Europäische Kommission hat diese EU-Richtlinie erlassen, damit Gebäude in den Mitgliedstaaten der Europäischen Union in Zukunft energieeffizienter geplant, gebaut und betrieben werden. Unter anderem fordert diese EU-Richtlinie die ganzheitliche energetische Bewertung von Gebäuden, die Einhaltung von Grenzwerten für den Energiebedarf bei Neubauten sowie bei Modernisierungen und Änderungen von bestehenden Gebäuden, die regelmäßige Überprüfung von Heiz- und Klimaanlagen, die Nutzung erneuerbarer Energien im Wärmebereich und die Einführung von Energieausweisen. Mit Inkrafttreten der EnEV 2007 im Juli 2007 sowie des Erneuerbare-Energien-Wärmegesetzes (EEWärmeG) Anfang 2009 wurden diese Forderungen in Deutschland vollständig umgesetzt. Inzwischen ist eine weitere Novelle der EnEV verabschiedet worden, die am 1. Oktober 2009 in Kraft getreten ist (EnEV 2009). Die EnEV 2009 bringt erstmalig seit Einführung der Energieeinsparverordnung im Jahre 2002 eine Verschärfung der Anforderungen um ca. 30% mit sich. Eine weitere Novelle der EnEV ist für 2012 vorgesehen, auch hier sollen die Anforderungen nochmals deutlich verschärft werden.

Die folgenden Angaben beziehen sich auf die amtliche Fassung der EnEV 2009 (Verordnung zur Änderung der Energieeinsparverordnung vom 30. April 2009, Bundesgesetzblatt Jahrgang 2009 Teil I Nr. 23). Die Struktur der EnEV 2009 geht aus Abb. 1.3-22 hervor.

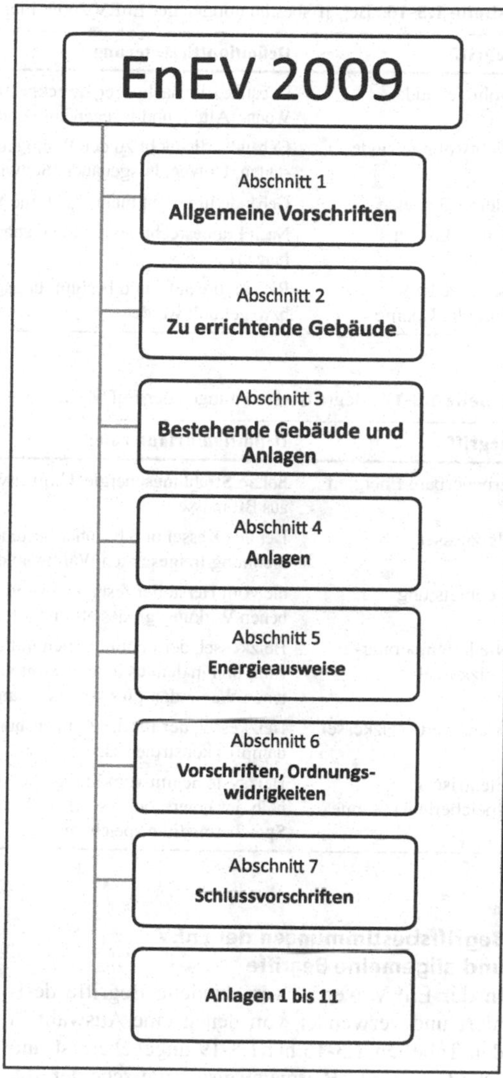

Abb. 1.3-22 Struktur der EnEV 2009

Anwendungsbereich der EnEV

Die EnEV 2009 gilt für Gebäude, soweit sie unter Einsatz von Energie beheizt oder gekühlt werden sowie für Anlagen und Einrichtungen der Heizungs-, Kühl-, Raumluft- und Beleuchtungstechnik und der Warmwasserversorgung von Gebäuden. Von dieser Regelung gibt es einige Ausnahmen. Beispielsweise gilt die EnEV 2009 nicht für Wohngebäude mit einer Nutzungsdauer von weniger als vier Monaten (z. B. Ferienhäuser) sowie für Gebäude, die dem Gottesdienst oder ähnlichen religiösen Zwecken gewidmet sind. Auch Betriebsgebäude mit einer Innentemperatur von weniger als 12°C fallen nicht unter die Regelungen der EnEV. Für weitere Angaben wird auf den Verordnungstext der EnEV verwiesen.

Tabelle 1.3-16 Begriffsbestimmungen der EnEV 2009; hier: Gebäude und Räume

Begriff	Definition/Erläuterung
Wohngebäude	Gebäude, die nach ihrer Zweckbestimmung überwiegend dem Wohnen dienen, einschließlich Wohn-, Alten- und Pflegeheime und ähnliche Einrichtungen
Nichtwohngebäude	Gebäude, die nicht zu den Wohngebäuden zählen (z. B. Bürogebäude, Schulen, Kindertagesstätten, Universitätsgebäude, Schwimmbäder, Hotels, Veranstaltungsgebäude)
Kleine Gebäude	Gebäude mit nicht mehr als 50 m² Nutzfläche.
Baudenkmäler	Nach Landesrecht geschützte Gebäude (Hinweis: Für Baudenkmäler gelten besondere Regelungen)
Beheizte bzw. gekühlte Räume	Räume, die aufgrund bestimmungsgemäßer Nutzung direkt oder durch Raumverbund beheizt bzw. gekühlt werden.

Tabelle 1.3-17 Begriffsbestimmungen der EnEV; hier: Anlagen

Begriff	Definition/Erläuterung
Erneuerbare Energien	Solare Strahlungsenergie, Umweltwärme, Geothermie, Wasserkraft, Windenergie und Energie aus Biomasse.
Heizkessel	Der aus Kessel und Brenner bestehende Wärmeerzeuger, der zur Übertragung der durch die Verbrennung freigesetzten Wärme an den Wärmeträger Wasser dient.
Nennleistung	die vom Hersteller festgelegte und im Dauerbetrieb unter Beachtung des vom Hersteller angegebenen Wirkungsgrades als einhaltbar garantierte größte Wärme- oder Kälteleistung in Kilowatt.
Niedertemperatur-Heizkessel	Heizkessel, der kontinuierlich mit einer Eintrittstemperatur von 35 bis 40°C betrieben werden kann und in dem es unter bestimmten Umständen zur Kondensation des in den Abgasen enthaltenen Wasserdampfes kommen kann.
Brennwert-Heizkessel	Heizkessel, der für die Kondensation eines Großteils des in den Abgasen enthaltenen Wasserdampfes konstruiert ist.
Elektrische Speicherheizsysteme	Heizsysteme mit vom Energielieferanten unterbrechbarem Strombezug, die nur in Zeiten außerhalb des unterbrochenen Betriebes durch eine Widerstandsheizung Wärme in einem geeigneten Speichermedium speichern.

Begriffsbestimmungen der EnEV und allgemeine Begriffe

In der EnEV werden verschiedene Begriffe definiert und verwendet, von denen eine Auswahl in den Tabellen 1.3-16 bis 1.3-19 angegeben ist und erläutert wird. Beispielsweise unterscheidet die EnEV Wohngebäude und Nichtwohngebäude und legt hierfür auch unterschiedliche Anforderungen fest. Zu den Wohngebäuden zählen gemäß EnEV alle Gebäude, die überwiegend dem Wohnen dienen. Hierzu gehören beispielsweise Ein- und Mehrfamilienhäuser, aber auch Wohn, Alten- und Pflegeheime. Als Nichtwohngebäude werden demnach alle Gebäude bezeichnet, die nicht unter die Kategorie Wohngebäude fallen.

Anforderungen an Gebäude

Die EnEV regelt Anforderungen an Gebäude, wobei hier unterschiedliche Regelungen für zu errichtende und bestehende Gebäude gelten.

Anforderungen an zu errichtende Gebäude

Bei zu errichtenden Gebäuden werden Anforderungen an den Jahres-Primärenergiebedarf sowie an die energetische Qualität der Bauteile der Gebäudehülle (wärmeübertragende Umfassungsfläche) gestellt. Die Höchstwerte des Jahres-Primärenergiebedarfs ergeben sich bei Wohn- und Nichtwohngebäuden durch Berechnung eines Referenzgebäudes, das die gleiche Geometrie, Ausrichtung und Gebäudenutzfläche (bei Wohngebäuden) bzw. Nettogrundfläche (bei Nichtwohngebäuden) auf-

Tabelle 1.3-18 Begriffsbestimmungen der EnEV und allgemeine Begriffe; hier: Flächen und Volumen, Zone

Begriff	Definition/Erläuterung
Gebäudenutzfläche A_N	Die Gebäudenutzfläche wird als Bezugsfläche für die energiebezogenen Angaben bei Wohngebäuden verwendet. Die Berechnung erfolgt nach EnEV Anlage 1. Es gilt: $A_N = 0{,}32 \cdot V_e$ bei Geschosshöhen h_G zwischen 2,5 m und 3 m. Bei Geschosshöhen h_G mit weniger als 2,5 m oder mehr als 3 m gilt: $A_N = \left(\frac{1}{h_G} - 0{,}04\right) \cdot V_e$ mit V_e = beheiztes Gebäudevolumen in m³
Nettogrundfläche A_{NGF}	Nettogrundfläche (A_{NGF}) nach anerkannten Regeln der Technik, die beheizt oder gekühlt wird (Berechnung und Definition nach DIN V 18599-1:2007-02). Die Nettogrundfläche wird als Bezugsfläche für die energiebezogenen Angaben bei Nichtwohngebäuden verwendet.
Wärmeübertragende Umfassungsfläche A	**Wohngebäude:** Die wärmeübertragende Umfassungsfläche A eines Wohngebäudes ist nach Anhang B der DIN EN ISO 13789:1999-10, Fall „Außenabmessung", zu ermitteln. Die zu berücksichtigenden Flächen sind die äußere Begrenzung einer abgeschlossenen beheizten Zone. Außerdem ist die wärmeübertragende Umfassungsfläche A so festzulegen, dass ein in DIN EN 832:2003-06 beschriebenes Ein-Zonen-Modell entsteht, das mindestens die beheizten Raume einschließt. **Nichtwohngebäude:** Die wärmeübertragende Umfassungsfläche bei einem Nichtwohngebäude ist die Hüllfläche als äußere Begrenzung jeder beheizten bzw. gekühlten Zone. Die Hüllfläche bzw. wärmeübertragende Umfassungsfläche wird durch eine stoffliche Grenze gebildet, üblicherweise durch Außenfassade, Innenflächen, Kellerdecke, oberste Geschossdecke oder Dach. Regeln zur Abgrenzung von Hüllflächen sind in DIN V 18599-1, 8.1 beschrieben.
Beheiztes Gebäudevolumen V_e	Das beheizte Gebäudevolumen V_e ist das Volumen, das von der wärmeübertragenden Umfassungsfläche A umschlossen wird. Es enthält auch die Volumina der Bauteile.
Zone	Als Zone wird die grundlegende räumliche Berechnungseinheit für die Energiebilanzierung bezeichnet. Eine Zone fasst den Grundflächenanteil bzw. Bereich eines Gebäudes zusammen, der durch gleiche Nutzungsrandbedingungen gekennzeichnet ist und keine relevanten Unterschiede hinsichtlich der Arten der Konditionierung und anderer Zonenkriterien aufweist. Die Nutzungsrandbedingungen sind in DIN V 18599-10 festgelegt. Die Zonenkriterien sind als Teilungskriterien in DIN V 18599-1, 6.2.2 erläutert.

weist wie das zu errichtende Gebäude. Bei Nichtwohngebäuden ist zusätzlich noch die Nutzung zu berücksichtigen. Die Ausführung sowie die technische Ausstattung des Referenzgebäudes sind in der EnEV jeweils für Wohn- und Nichtwohngebäude festgelegt. Aus Platzgründen wird hier nur die Ausführung des Referenzgebäudes für Wohngebäude wiedergegeben (Tabelle 1.3-20).

Zusätzlich zur energetischen Kenngröße Jahres-Primärenergiebedarf, der die Gesamtenergieeffizienz eines Gebäudes angibt, wird als zweite Forderung bei zu errichtenden Gebäuden auch der Transmissionswärmeverlust begrenzt. Diese Forderung stellt sicher, dass die Bauteile der Gebäudehülle einen energetischen Mindeststandard erfüllen. Bei Wohngebäuden wird dieser Nachweis über den Höchstwert des spezifischen Transmissionswärmeverlusts formuliert (Tabelle 1.3-21). Bei Nichtwohngebäuden werden Höchstwerte der Wärmedurchgangskoeffizienten für Außenbauteile (U-Werte) festgelegt, die nicht überschritten werden dürfen (Tabelle 1.3-22).

Weiterhin sind bei zu errichtenden Gebäuden Anforderungen an die Dichtheit der Gebäudehülle sowie an den Mindestwärmeschutz einzuhalten. Wärmeverluste durch konstruktive Wärmebrücken

Tabelle 1.3-19 Begriffe; hier: Energiebedarfsgrößen

Begriff	Definition/Erläuterung
Primärenergiebedarf	Der Primärenergiebedarf ist die berechnete Energiemenge, die zusätzlich zum Energieinhalt des notwendigen Brennstoffs und der Hilfsenergien für die Anlagentechnik auch die Energiemengen einbezieht, die durch vorgelagerte Prozessketten außerhalb des Gebäudes bei der Gewinnung, Umwandlung und Verteilung der jeweils eingesetzten Brennstoffe entstehen.
Endenergiebedarf	Der Endenergiebedarf ist die berechnete Energiemenge, die der Anlagentechnik (Heizungsanlage, raumlufttechnische Anlage, Warmwasserbereitungsanlage, Beleuchtungsanlage) zur Verfügung gestellt wird, um die festgelegte Rauminnentemperatur, die Erwärmung des Warmwassers und die gewünschte Beleuchtungsqualität über das ganze Jahr sicherzustellen. Diese Energiemenge bezieht die für den Betrieb der Anlagentechnik benötigte Hilfsenergie ein. Die Endenergie wird an der „Schnittstelle" Gebäudehülle übergeben und stellt somit die Energiemenge dar, die der Verbraucher für eine bestimmungsgemäße Nutzung unter normativen Randbedingungen benötigt.
Nutzwärmebedarf (Heizwärmebedarf)	Der Nutzwärmebedarf (Heizwärmebedarf) ist der rechnerisch ermittelte Wärmebedarf, der zur Aufrechterhaltung der festgelegten thermischen Raumkonditionen innerhalb einer Gebäudezone während der Heizzeit benötigt wird.
Nutzkältebedarf (Kühlbedarf)	Der Nutzkältebedarf (Kühlbedarf) ist der rechnerisch ermittelte Kühlbedarf, der zur Aufrechterhaltung der festgelegten thermischen Raumkonditionen innerhalb einer Gebäudezone benötigt wird in Zeiten, in denen die Wärmequellen eine höhere Energiemenge anbieten als benötigt wird.
Nutzenergiebedarf für Trinkwarmwasser	Der Nutzenergiebedarf für Trinkwarmwasser ist der rechnerisch ermittelte Energiebedarf, der sich ergibt, wenn die Gebäudezone mit der im Nutzungsprofil festgelegten Menge an Trinkwarmwasser entsprechender Zulauftemperatur versorgt wird.
Nutzenergiebedarf der Beleuchtung	Der Nutzenergiebedarf der Beleuchtung ist der rechnerisch ermittelte Energiebedarf, der sich ergibt, wenn die Gebäudezone mit der im Nutzungsprofil festgelegten Beleuchtungsqualität beleuchtet wird.

sollten gemäß EnEV so gering wie möglich gehalten werden. Außerdem sind zu errichtende Gebäude so auszuführen, dass der sommerliche Wärmeschutz den Anforderungen der DIN 4108-2 genügt.

Berechnungsverfahren

Die Berechnung Jahres-Primärenergiebedarfs erfolgt gemäß EnEV 2009 für Wohn- und Nichtwohngebäude nach DIN V 18599:2007-02.

Bei Wohngebäuden kann der für die Ermittlung des Jahres-Primärenergiebedarfs zu bestimmende Jahres-Heizwärmebedarf alternativ mit dem Monatsbilanzverfahren nach DIN EN 832:2003-06 in Verbindung mit DIN V 4108-6:2003-06 und DIN V 4701-10:2003-08, geändert durch A1:2006-12, ermittelt werden.

Bei beiden Rechenverfahren wird eine Energiebilanzierung von Wärmequellen (z. B. solare Wärmegewinne, interne Wärmegewinne) und Wärmesenken (z. B. Transmissionswärmeverluste, Lüftungswärmeverluste, Verluste bei der Wärmeerzeugung, Verteilung und Wärmeübergabe) innerhalb des Gebäudes vorgenommen sowie zusätzlich die außerhalb der Gebäudegrenze entstehenden Verluste durch Gewinnung, Umwandlung und Transport des Energieträgers berücksichtigt.

Beim Nachweis des Jahres-Primärenergiebedarfs ist darauf zu achten, dass das Referenzgebäude sowie das vorhandene Gebäude mit dem gleichen Verfahren berechnet werden.

Bei Wohngebäuden werden bei der Berechnung des Jahres-Primärenergiebedarfs die Anteile für Heizung, Warmwasserbereitung, Lüftung und Kühlung berücksichtigt. Der Energiebedarf für Warmwasser ist bei Wohngebäuden in der Berechnung des Jahres-Primärenergiebedarfs je nach gewähltem Berechnungsverfahren entweder nach DIN V 18599-10:2007-02 bei Anwendung des Rechenverfahrens der DIN V 18599 oder pauschal mit 12,5 kWh/(m²a) bei Anwendung des Monatsbilanzverfahrens nach DIN EN 832:2003-06 in Verbindung mit DIN V 4108-6:2003-06 und DIN V 4701-10:2003-08, geändert durch A1:2006-12, anzusetzen.

Tabelle 1.3-20 Ausführung des Referenzgebäudes für Wohngebäude nach EnEV 2009, Anlage 1, Tabelle 1

Zeile	Bauteil/System	Referenzausführung bzw. Wert (Maßeinheit)	
		Eigenschaft (zu Zeilen 1.1 bis 3)	
1.1	Außenwand, Geschossdecke gegen Außenluft	Wärmedurchgangskoeffizient	$U = 0{,}28$ W/(m²K)
1.2	Außenwand gegen Erdreich, Bodenplatte, Wände und Decken zu unbeheizten Räumen (außer solche nach Zeile 1.1)	Wärmedurchgangskoeffizient	$U = 0{,}35$ W/(m²K)
1.3	Dach, oberste Geschossdecke, Wände zu Abseiten	Wärmedurchgangskoeffizient	$U = 0{,}20$ W/(m²K)
1.4	Fenster, Fenstertüren	Wärmedurchgangskoeffizient	$U_w = 1{,}3$ W/(m²K)
		Gesamtenergiedurchlassgrad der Verglasung $g_\perp$	$g_\perp = 0{,}60$
1.5	Dachflächenfenster	Wärmedurchgangskoeffizient	$U_w = 1{,}4$ W/(m²K)
		Gesamtenergiedurchlassgrad der Verglasung $g_\perp$	$g_\perp = 0{,}60$
1.6	Lichtkuppeln	Wärmedurchgangskoeffizient	$U_w = 2{,}7$ W/(m²K)
		Gesamtenergiedurchlassgrad der Verglasung $g_\perp$	$g_\perp = 0{,}64$
1.7	Außentüren	Wärmedurchgangskoeffizient	$U = 1{,}80$ W/(m²K)
2	Bauteile nach den Zeilen 1.1 bis 1.7	Wärmebrückenzuschlag	$\Delta U_{WB} = 0{,}05$ W/(m²K)
3	Luftdichtheit der Gebäudehülle	Bemessungswert n_{50}	Bei Berechnung nach DIN V 4198-6:2003-06: mit Dichtheitsprüfung DIN V 18599-2:2007-02: nach Kategorie I
4	Sonnenschutzvorrichtung	keine Sonnenschutzvorrichtung	
5	Heizungsanlage	Wärmeerzeugung durch Brennwertkessel (verbessert), Heizöl EL, Aufstellung: – für Gebäude bis zu 2 Wohneinheiten innerhalb der thermischen Hülle – für Gebäude mit mehr als 2 Wohneinheiten außerhalb der thermischen Hülle	
		Auslegungstemperatur 55/45 °C, zentrales Verteilsystem innerhalb der wärmeübertragenden Umfassungsfläche, innen liegende Stränge und Anbindeleitungen, Pumpe auf Bedarf ausgelegt (geregelt, Δp konstant), Rohrnetz hydraulisch abgeglichen, Wärmedämmung der Rohrleitungen nach EnEV 2009 Anlage 5	
		Wärmeübergabe mit freien statischen Heizflächen, Anordnung an normaler Außenwand, Thermostatventile mit Proportionalbereich 1 K	
6	Anlage zur Warmwasserbereitung	zentrale Warmwasserbereitung	
		gemeinsame Wärmebereitung mit Heizungsanlage nach Zeile 5	
		Solaranlage (Kombisystem mit Flachkollektor) entsprechend den Vorgaben nach DIN V 4701-10:2003-08 oder DIN V18599-5:2007-02	
		Speicher, indirekt beheizt (stehend), gleiche Aufstellung wie Wärmeerzeuger, Auslegung nach DIN V 4701-10:2003-08 oder DIN V 18599-5:2007-02 als	
		kleine Solaranlage bei AN kleiner 500 m² (bivalenter Solarspeicher)	
		große Solaranlage bei AN größer gleich 500 m²	
		Verteilsystem innerhalb der wärmeübertragenden Umfassungsfläche, innen liegende Stränge, gemeinsame Installationswand, Wärmedämmung der Rohrleitungen nach Anlage 5, mit Zirkulation, Pumpe auf Bedarf ausgelegt (geregelt, Δp konstant)	
7	Kühlung	Keine Kühlung	
8	Lüftung	Zentrale Abluftanlage, bedarfsgeführt mit geregeltem DC-Ventilator	

Tabelle 1.3-21 Höchstwerte des spezifischen, auf die wärmeübertragende Umfassungsfläche bezogenen Transmissionswärmeverlustes bei Wohngebäuden nach EnEV 2009, Anlage 1, Tabelle 2

Zeile	Gebäudetyp		Höchstwert des spezifischen Transmissionswärmeverlusts
1	Freistehendes Wohngebäude	mit $A_N \leq 350$ m²	$H_T' = 0{,}40$ W/(m²K)
		mit $A_N > 350$ m²	$H_T' = 0{,}50$ W/(m²K)
2	Einseitig angebautes Wohngebäude		$H_T' = 0{,}45$ W/(m²K)
3	Alle anderen Wohngebäude		$H_T' = 0{,}65$ W/(m²K)
4	Erweiterungen und Ausbauten von Wohngebäuden gemäß EnEV 2009 § 9 Abs. 5		$H_T' = 0{,}65$ W/(m²K)

Tabelle 1.3-22 Höchstwerte der Wärmedurchgangskoeffizienten der wärmeübertragenden Umfassungsfläche von Nichtwohngebäuden nach EnEV 2009, Anlage 2, Tabelle 2

Zeile	Bauteil	Höchstwerte der Wärmedurchgangskoeffizienten, bezogen auf den Mittelwert der jeweiligen Bauteile, U in W/(m²K)	
		Zonen mit Raum-Solltemperaturen im Heizfall ≥ 19°C	Zonen mit Raum-Solltemperaturen im Heizfall von 12 bis < 19°C
1	Opake Außenbauteile, soweit nicht in Bauteilen der Zeilen 3 und 4 enthalten	0,35	0,50
2	Transparente Außenbauteile, soweit nicht in Bauteilen der Zeilen 3 und 4 enthalten	1,90	2,80
3	Vorhangfassade	1,90	3,00
4	Glasdächer, Lichtbänder, Lichtkuppeln	3,10	3,10

Bei Nichtwohngebäuden ist bei der Berechnung des Jahres-Primärenergiebedarfs zusätzlich der Anteil für die eingebaute Beleuchtung zu berücksichtigen.

Für die Bilanzierung wird bei Wohngebäuden in der Regel eine Zone mit gleichen Randbedingungen (Temperatur, Nutzung, technische Ausstattung) angesetzt. Bei Nichtwohngebäuden ist eine Einteilung in mehrere Zonen vorzunehmen, wenn sich in dem Gebäude Flächen hinsichtlich ihrer Nutzung, ihrer technischen Ausstattung, ihrer inneren Lasten oder ihrer Versorgung mit Tageslicht wesentlich unterscheiden. Die Randbedingungen für die Nutzung werden in DIN V 18599-10:2007-02 geregelt.

Für Nichtwohngebäude kann der Jahres-Primärenergiebedarf gemäß EnEV nach einem vereinfachten Verfahren berechnet werden. Hierbei darf ein *Ein-Zonen-Modell* für die Berechnung zugrunde gelegt werden. Es gilt beispielsweise für Bürogebäude, Gebäude des Groß- und Einzelhandels sowie Gewerbebetriebe mit höchstens 1000 m² Nettogrundfläche, Schulen, Turnhallen, Kindergärten und -tagesstätten, Beherbergungsstätten ohne Schwimmhalle, Sauna oder Wellnessbereich und Bibliotheken; genauere Angaben s. EnEV.

Als Bezugsgröße für die Angabe des Jahres-Primärenergiebedarfs bei Wohngebäuden wird die Gebäudenutzfläche A_N verwendet. Die Gebäudenutzfläche ist dabei bei üblichen Geschosshöhen h_G, d. h. h_G zwischen 2,5 und 3,0 m, ausschließlich abhängig vom beheizten Gebäudevolumen V_e. Bei anderen Geschosshöhen, d. h. h_G ist weniger als 2,5 oder mehr als 3,0 m, fließt in die Berechnung neben der Größe des beheizten Gebäudevolumens V_e außerdem die Geschosshöhe h_G mit ein (Tabelle 1.3-18). Bei Nichtwohngebäuden wird als Bezugsgröße für die Angabe des Jahres-Primärenergiebedarfs die Nettogrundfläche verwendet.

Der prinzipielle Rechenablauf zur Ermittlung des Jahres-Primärenergiebedarfs nach DIN V 18599 stellt sich wie folgt dar:

1. Festlegen der Nutzungsrandbedingungen nach DIN V 18599-10:2007-02,
2. Zonierung des Gebäudes (DIN V 18599-1:2007-02),
3. Geometrie (Abmessungen usw.) für jede Zone ermitteln,
4. Bauphysikalische Kennwerte der Bauteile für jede Zone berechnen (U-Werte, g-Werte),
5. Nutz- und Endenergiebedarf für Beleuchtung für jede Zone ermitteln (DIN V 18599-4:2007-02),
6. Wärmequellen/-senken durch Lüftungssysteme in der Zone festlegen,
7. Wärmequellen/-senken durch Personen, Geräten, Prozesse in der Zone festlegen,
8. Erste überschlägige Bilanzierung des Nutzwärme/-kältebedarfs der Zone,
9. Aufteilung der überschlägig bilanzierten Nutzenergie auf die Versorgungssysteme der Zone (Heizung, RLT-Anlagen, Kühlung),
10. Wärmequellen durch die Heizung (Verteilung, Speicherung, ggf. Erzeugung) in der Zone ermitteln (DIN V 18599-2:2007-02),
11. Wärmequellen durch die Trinkwarmwasserbereitung (Verteilung, Speicherung, ggf. Erzeugung) in der Zone ermitteln (DIN V 18599-8:2007-02),
12. Endgültige Bilanzierung des Nutzwärme/-kältebedarfs der Zone (DIN V 18599-1 und -2:2007-02),
13. Nutzenergiebedarf für Luftaufbereitung ermitteln (DIN V 18599-3:2007-02),
14. Endgültige Aufteilung der bilanzierten Nutzenergie auf die Versorgungssysteme der Zone (Heizung, RLT-Anlagen, Kühlung),
15. Ermittlung der Verluste und Hilfsenergien für Heizung (Übergabe, Verteilung, Speicherung), RLT-Anlagen, Warmwasserbereitung und Kühlsysteme,
16. Aufteilung der Nutzwärmeabgabe/Nutzkälteabgabe aller Erzeuger auf die die unterschiedlichen Erzeugungssysteme,
17. Zusammenstellung der erforderlichen Energien für Heizung, Kühlung, Lüftung, Warmwasserbereitung und Beleuchtung sowie Zuordnung zu den Energieträgern,
18. Aufsummierung über alle Zonen und Bilanzierung Endenergiebedarf (DIN V 18599-1:2007-02),
19. Bilanzierung Primärenergiebedarf (DIN V 18599-1:2007-02).

Die Berechnung ist relativ aufwändig und per Hand nicht zu erledigen, d. h. es sind für die praktische Anwendung geeignete Rechenprogramme erforderlich.

Anforderungen an bestehende Gebäude

Bei bestehenden Gebäuden sind Anforderungen nur bei wesentlichen Änderungen an Außenbauteilen (z. B. Austausch der Fenster, Dämmung der Außenwände) sowie bei der Erweiterung und dem Ausbau zu beachten. Wesentliche Änderungen liegen vor, wenn mehr als 10% der jeweiligen Fläche geändert werden sollen. Der Nachweis kann wahlweise über das Bauteilverfahren oder über das Referenzgebäudeverfahren erbracht werden.

Beim *Bauteilverfahren* darf das geänderte Bauteil festgelegte Höchstwerte der Wärmedurchgangskoeffizienten (U-Werte) nicht überschreiten. Die einzuhaltenden U-Werte sind in der EnEV, Anlage 3 festgelegt und sind abhängig vom Bauteil, von der Änderungsmaßnahme sowie von der Innentemperatur. Beispielsweise darf bei Wohngebäuden und Zonen von Nichtwohngebäuden mit Innentemperaturen größer gleich 19°C bei Außenwänden ein U-Wert von 0,24 W/(m²K) nicht überschritten werden. Für Fenster und Fenstertüren ist der U_w-Wert auf maximal 1,30 W/(m²K) festgelegt, für Fenster und Fenstertüren mit Sonderverglasungen beträgt der maximale U_w-Wert 2,00 W/(m²K). Für Verglasungen ist der Höchstwert mit 1,10 W/(m²K) festgelegt (bei Sonderverglasungen 1,60 W/(m²K). Bei Steildächern ist ein U-Wert von 0,24 W/(m²K), bei Flachdächern ein U-Wert von 0,20 W/(m²K) einzuhalten. Für genauere Angaben wird auf die EnEV verwiesen.

Alternativ zum Bauteilverfahren kann der Nachweis, dass die geänderten Außenbauteile die Anforderungen der EnEV erfüllen, auch mit dem *Referenzgebäudeverfahren* geführt werden. Beim Referenzgebäudeverfahren wird der Nachweis über den Jahres-Primärenergiebedarf für das geänderte Gebäude insgesamt geführt. Die Anforderungen sind erfüllt, wenn das geänderte Gebäude insgesamt den Jahres-Primärenergiebedarf des Referenzgebäudes um nicht mehr als 40% überschreitet. Diese Regelung gilt für Wohn- und Nichtwohngebäude.

Energieausweise

Die EU-Richtlinie über die Gesamtenergieeffizienz von Gebäuden fordert unter anderem die Einführung von Energieausweisen sowohl für neue als auch für bestehende Gebäude. Diese Forderung wurde bereits mit Einführung der EnEV 2007 umgesetzt. Seit Juli 2009 gilt für alle Gebäude eine Ausweispflicht. Bei Gebäuden mit mehr als 1000 m^2 Nutzfläche und großem Publikumsverkehr (z. B. Rathäuser, Schulen, Universitäten) ist der Energieausweis an gut sichtbarer Stelle öffentlich auszuhängen (Abb. 1.3-23).

Der Energieausweis soll Auskunft über die Gesamtenergieeffizienz und die energetische Qualität eines Gebäudes geben. Dadurch wird potenziellen Käufern oder Mietern ein Vergleich der energetischen Qualität von Gebäuden ermöglicht. Außerdem lässt der Energieausweis Rückschlüsse auf die erwartenden Heizkosten zu. Der Energieausweis soll weiterhin Anreize zur energetischen Modernisierung geben.

Die EnEV unterscheidet zwei unterschiedliche Energieausweis-Typen. Es gibt den bedarfsorientierten (*Bedarfsausweis*) sowie den verbrauchsorientierten Energieausweis (*Verbrauchsausweis*). Ein Bedarfsausweis ist zwingend bei zu errichtenden Gebäuden auszustellen, da hier keine Verbrauchswerte vorliegen. Weiterhin ist ein Bedarfsausweis erforderlich für bestehende Gebäude, wenn diese weniger als fünf Wohnungen umfassen, nicht modernisiert sind (Anforderungsniveau WSchVO 1977) und für die der Bauantrag vor dem 1.11.1977 gestellt worden ist. Für alle anderen Gebäude besteht Wahlfreiheit zwischen Bedarfs- und Verbrauchsausweis.

Der bedarfsorientierte Energieausweis beruht auf berechneten Größen, die für normierte Randbedingungen für das betrachtete Gebäude ermittelt werden. Im Bedarfsausweis werden der Jahres-Primärenergiebedarf und der Endenergiebedarf jeweils in kWh/(m^2a) sowie der spezifische, auf die wärmeübertragende Umfassungsfläche bezogene Transmissionswärmeverlust in W/(m^2K) angegeben. Vorteil des Bedarfsausweises ist die objektive Bewertung der energetischen Qualität des Gebäudes, da das tatsächliche Nutzerverhalten nicht in die Berechnung einfließt. Die energetische Qualität von verschiedenen Gebäuden kann objektiv nur mit Hilfe eines Bedarfsausweises verglichen werden, da die Randbedingungen gleich sind und das Nutzerverhalten normiert ist.

Der verbrauchsorientierte Energieausweis oder Verbrauchsausweis verwendet dagegen einen Energieverbrauchskennwert, der aus den tatsächlichen Verbräuchen der letzten drei Jahre bzw. Abrechnungsperioden ermittelt wird. Bei der Berechnung des Energieverbrauchskennwertes wird eine Bereinigung durch einen Klimafaktor vorgenommen, um die in Deutschland vorkommenden unterschiedlichen Klimaregionen (z. B. Mittelgebirge mit geringeren Temperaturen als die Küstengebiete oder das Rheintal) zu berücksichtigen. Weiterhin sind längere Leerstände bei der Ermittlung des Energieverbrauchskennwertes angemessen zu berücksichtigen. Allerdings ist zu beachten, dass der Energieverbrauchskennwert (Angabe in kWh/(m^2a)) stark vom tatsächlichen Nutzerverhalten abhängig ist. Versuche haben gezeigt, dass hier große Schwankungen möglich sind. Aus diesem Grund ist der Verbrauchsausweis für den Vergleich mit anderen Gebäuden nur bedingt geeignet. Außerdem gibt er nur eingeschränkt Auskunft über die tatsächliche energetische Qualität des Gebäudes und lässt auch keine genauen Rückschlüsse auf die zu erwartenden Heizkosten zu.

Beide Ausweistypen enthalten außerdem konkrete Angaben zu möglichen Modernisierungsempfehlungen. Der Energieausweis darf nur von berechtigten Personen ausgestellt werden und ist dem Eigentümer oder Vermieter vom Aussteller zu erläutern. Die Gültigkeit eines Energieausweises beträgt zehn Jahre. Danach, oder nach Modernisierungen bzw. Änderungen ist ein neuer Energieausweis auszustellen. Für weitere Angaben wird auf den Verordnungstext der EnEV verwiesen.

Sonstige Regelungen der EnEV

Die EnEV sieht auch Nachrüstverpflichtungen bei Anlagen (z. B. Austausch alter Heizkessel, Dämmung von Wärmeverteilungs- und Warmwasserleitungen) und bei Gebäuden (z. B. Dämmung oberster Geschossdecken) vor. Weiterhin fordert die EnEV, dass elektrische Speicherheizsysteme (Nachtspeicherheizungen) schrittweise bis zum Jahr 2020 außer Betrieb genommen werden müssen, wobei hier Übergangsfristen auch über das Jahr 2020 hinaus gelten. Für größere Klima- und Lüftungsanlagen fordert die EnEV die Nachrüstung von selbsttätig

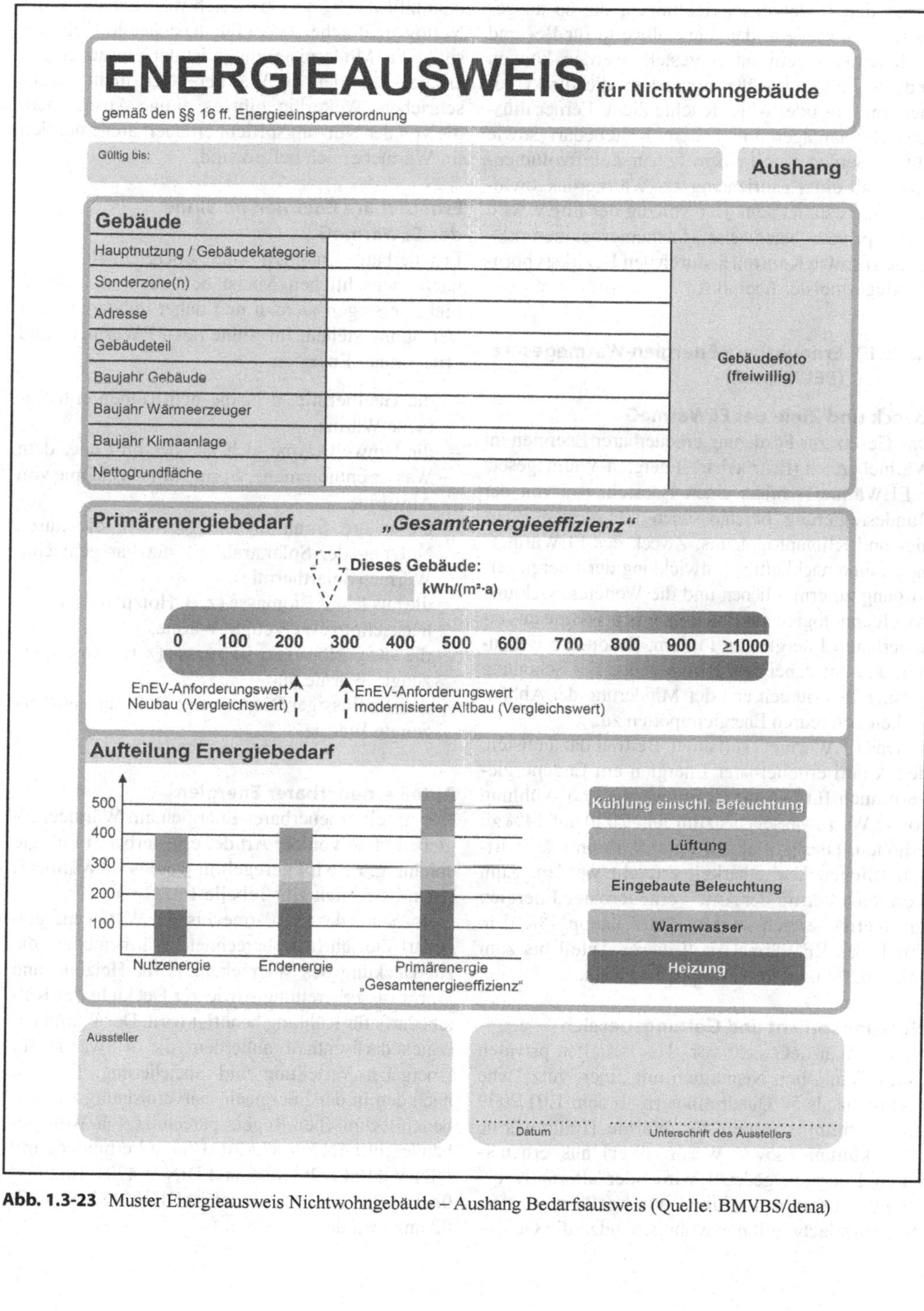

ENERGIEAUSWEIS für Nichtwohngebäude
gemäß den §§ 16 ff. Energieeinsparverordnung
Gültig bis:
Aushang
Gebäude
Hauptnutzung / Gebäudekategorie
Sonderzone(n)
Adresse
Gebäudeteil
Baujahr Gebäude
Baujahr Wärmeerzeuger
Baujahr Klimaanlage
Nettogrundfläche
Gebäudefoto (freiwillig)
Primärenergiebedarf
„Gesamtenergieeffizienz"
Dieses Gebäude:
kWh/(m²·a)
0 100 200 300 400 500 600 700 800 900 ≥1000
EnEV-Anforderungswert Neubau (Vergleichswert)
EnEV-Anforderungswert modernisierter Altbau (Vergleichswert)
Aufteilung Energiebedarf
500
400
300
200
100
Nutzenergie
Endenergie
Primärenergie „Gesamtenergieeffizienz"
Kühlung einschl. Befeuchtung
Lüftung
Eingebaute Beleuchtung
Warmwasser
Heizung
Aussteller
Datum
Unterschrift des Ausstellers

Abb. 1.3-23 Muster Energieausweis Nichtwohngebäude – Aushang Bedarfsausweis (Quelle: BMVBS/dena)

wirkenden Regelungseinrichtungen, die so ausgestattet sein müssen, dass die Sollwerte für Be- und Entfeuchtung getrennt eingestellt werden können und als Führungsgröße mindestens die direkt gemessene Zu- oder Abluftfeuchte dient. Ferner müssen Klimaanlagen mit hohem Kältebedarf sowie Lüftungsanlagen mit einem hohen Zuluftvolumenstrom mit einer Einrichtung zur Wärmerückgewinnung ausgestattet sein. Der Vollzug der EnEV wird durch private Nachweise (Fachunternehmererklärungen) sowie Kontrollen durch den Bezirksschornsteinfegermeister überprüft.

1.3.2.12 Erneuerbare-Energien-Wärmegesetz (EEWärmeG)

Zweck und Ziele des EEWärmeG

Das Gesetz zur Förderung erneuerbarer Energien im Wärmebereich (Erneuerbare-Energien-Wärmegesetz – EEWärmeG) bildet einen Baustein des von der Bundesregierung beschlossenen integrierten Energie- und Klimaprogramms. Zweck des EEWärmeG ist es, eine nachhaltige Entwicklung der Energieversorgung zu ermöglichen und die Weiterentwicklung von Technologien zur Erzeugung von Wärme aus erneuerbaren Energien zu fördern. Besondere Bedeutung kommt dabei dem Klimaschutz, der Schonung fossiler Ressourcen und der Minderung der Abhängigkeit von teuren Energieimporten zu.

Das EEWärmeG soll einen Beitrag dazu leisten, den Anteil erneuerbarer Energien am Endenergieverbrauch für Wärme (Raumwärme und -kühlung sowie Warmwasser) bis zum Jahr 2020 auf 14% zu erhöhen. Dieses Ziel soll unter Wahrung der wirtschaftlichen Vertretbarkeit erreicht werden. Zum Vergleich betrug der Anteil erneuerbarer Energien im Wärmebereich im Jahr 2007 knapp 7%, d. h. durch das EEWärmeG soll dieser Anteil bis zum Jahr 2020 ungefähr verdoppelt werden.

Nutzungspflicht und Geltungsbereich

Das EEWärmeG sieht vor, dass bei allen privaten und öffentlichen Neubauten mit einer Nutzfläche von mehr als 50 Quadratmetern ab dem 1.01.2009 ein bestimmter Anteil für Wärme (Raumwärme und -kühlung sowie Warmwasser) aus erneuerbaren Energien gedeckt wird oder alternativ bestimmte Ersatzmaßnahmen durchgeführt werden. Als Nutzfläche gilt bei Wohngebäuden die Gebäudenutzfläche A_N und bei Nichtwohngebäuden die Nettogrundfläche A_{NGF}. Für bestehende Gebäude sowie bei Modernisierungen ist der Einsatz erneuerbarer Energien im Wärmebereich nicht vorgeschrieben. Weiterhin gibt es einige Ausnahmen, die von der Nutzungspflicht erneuerbarer Energien im Wärmebereich befreit sind.

Erneuerbare Energien im Sinne des EEWärmeG

Erneuerbare Energien sind Energiequellen, die nach menschlichen Maßstäben auch in Zukunft nicht versiegen werden und daher unbegrenzt zur Verfügung stehen. Im Sinne des EEWärmeG sind erneuerbare Energien:

- die Geothermie, d. h. die dem Boden entnommene Wärme,
- die Umweltwärme, d. h. die der Luft oder dem Wasser entnommene Wärme mit Ausnahme von Abwärme,
- die solare Strahlungsenergie, d. h. die durch Nutzung der Solarstrahlung nutzbar gemachte Wärme (Solarthermie),
- die aus fester Biomasse (z. B. Holzpellets, Holzhackschnitzel) erzeugte Wärme,
- die aus gasförmiger Biomasse (z. B. Biogas) erzeugte Wärme und
- die aus flüssiger Biomasse (z. B. Pflanzenöl) erzeugte Wärme.

Anteil erneuerbarer Energien

Der Anteil erneuerbarer Energien am Wärmeenergiebedarf ist von der Art der erneuerbaren Energie abhängig. Er wird geregelt in § 5 des EEWärmeG; einen Überblick gibt Tabelle 1.3-23.

Im Sinne des EEWärmeG ist der Wärmeenergiebedarf die jährliche berechnete Wärmemenge, die zur Deckung des Wärmebedarfs für Heizung und Warmwasserbereitung sowie zur Deckung des Kältebedarfs für Kühlung benötigt wird. Der Wärmeenergiebedarf enthält außerdem die Aufwände für Übergabe, Verteilung und Speicherung. Er wird nach den in der Energieeinsparverordnung angegebenen technischen Regeln berechnet. Für Wohngebäude gilt DIN EN 832:2003-06 in Verbindung mit DIN V 4108-6:2003-06 und DIN V 4701-10:2003-08. Bei Nichtwohngebäuden ist DIN V 18599:2007-02 anzuwenden.

Tabelle 1.3-23 Anteil erneuerbarer Energien am Wärmeenergiebedarf nach dem EEWärmeG

Art der erneuerbaren Energie	Anteil erneuerbarer Energien am Wärmeenergiebedarf
Solare Strahlungsenergie (Solarthermie)	mindestens 15%
Gasförmige Biomasse (z. B. Biogas)	mindestens 30%
Flüssige Biomasse (z. B. Pflanzenöl)	mindestens 50%
Feste Biomasse (z. B. Holz oder Holzpellets)	mindestens 50%
Geothermie und Umweltwärme	mindestens 50%

Solare Strahlungsenergie

Bei Nutzung solarer Strahlungsenergie durch Solarkollektoren (Solarthermie) gilt der Mindestanteil erneuerbarer Energien am Wärmeenergiebedarf als erfüllt, wenn Solarkollektoren mit der in Tabelle 1.3-24 angegebenen Fläche installiert werden.

Die Solarkollektoren müssen nach dem Verfahren der DIN EN 12975-1:2006-06, 12975-2:2006-06, 12976-1:2006-04 und 12976-2:2006-04 mit dem europäischen Prüfzeichen „Solar Keymark" zertifiziert sein. Als Nachweis im Sinne des § 10 des EEWärmeG gilt das Zertifikat „Solar Keymark".

Beispiel

Nachfolgend soll die erforderliche Solarkollektorfläche bei einem Mehrfamilienhaus mit zwei Wohnungen ermittelt werden.

Gegeben:

Beheiztes Gebäudevolumen: $V_e = 1130$ m³

Gebäudenutzfläche: $A_N = 0{,}32 \times V_e = 0{,}32 \times 1130 = 362$ m² (= Nutzfläche im Sinne des EEWärmeG)

Gesucht: Erforderliche Fläche der Solarkollektoren (Aperturfläche).

Lösung:

Nach Tabelle 1.3-24 sind bei einem Wohngebäude mit bis zu zwei Wohnungen (hier: zwei Wohnungen) 4% der Nutzfläche als Solarkollektorfläche erforderlich, um die Anforderungen des EEWärmeG zu erfüllen. Damit ergibt sich die Solarkollektorfläche zu:

$A_{Solar} = 0{,}04 \times A_N = 0{,}04 \times 362 = 14{,}5$ m², d. h. es sind 14,5 m² an Solarkollektorfläche (Aperturfläche) erforderlich.

Tabelle 1.3-24 Mindestfläche der Solarkollektoren bei Nutzung solarer Strahlungsenergie

Wohngebäude mit	Mindestfläche der Solarkollektoren [1]
bis zu zwei Wohnungen	4% der Nutzfläche
mehr als zwei Wohnungen	3% der Nutzfläche

Hinweis: Über die Anforderungen bei Nichtwohngebäuden werden im EEWärmeG keine Angaben gemacht.

[1] Als maßgebende Fläche gilt die sog. Aperturfläche. Diese entspricht der sonnenwirksamen Fläche eines Solarkollektors und ergibt sich als projizierte Fläche der Lichteintrittsöffnung auf den Absorber. Die Aperturfläche wird vom Sonnenlicht direkt getroffen (Abb. 1.3-24).

Ersatzmaßnahmen und Kombination von Maßnahmen

Das EEWärmeG lässt auch Ersatzmaßnahmen zu, falls erneuerbare Energien nicht eingesetzt werden können oder sollen. Zu den Ersatzmaßnahmen zählen die Nutzung von Abwärme durch Wärmerückgewinnung, die Nutzung von Kraft-Wärme-Kopplungsanlagen (KWK) und die Unter-

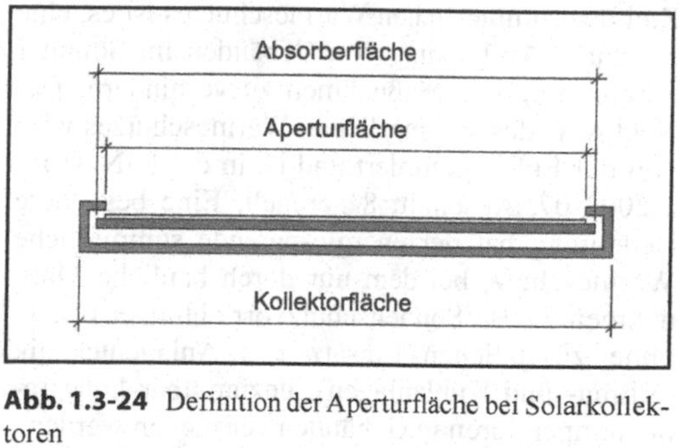

Abb. 1.3-24 Definition der Aperturfläche bei Solarkollektoren

schreitung der Anforderungen der EnEV um mindestens 15%. Auch die Kombination von einzelnen Maßnahmen ist zulässig, um die Verpflichtung zur Nutzung erneuerbarer Energien im Wärmebereich zu erfüllen.

1.3.2.13 Mindestwärmeschutz

Neben dem energiesparenden Wärmeschutz, der durch die Energieeinsparverordnung geregelt wird, ist auch der Mindestwärmeschutz zu beachten. Hierunter sind Maßnahmen zu verstehen, die ein hygienisches Raumklima sicherstellen und Tauwasser- und Schimmelpilzfreiheit an Innenoberflächen von Außenbauteilen gewährleisten. Die Anforderungen an den Mindestwärmeschutz sind in DIN 4108-3:2003-07 geregelt. Die Norm gibt Mindestwerte der Wärmedurchlasswiderstände *R* nichttransparenter Bauteile an und regelt Mindestanforderungen an den Wärmeschutz im Bereich von Wärmebrücken (s. Abschn. 1.3.2.10).

Die Mindestwerte der Wärmedurchlasswiderstände *R* sind abhängig von der Bauweise und der Art des Bauteils. Bei leichten Bauteilen mit einer flächenbezogenen Masse unter 100 kg/m² sowie bei Rahmen- und Skelettbauarten sind die Anforderungen höher als bei Massivbauteilen. Der Grund hierfür liegt darin, dass bei leichten Bauteilen das Wärmespeichervermögen reduziert ist. Weiterhin spielt die Höhe der Soll-Innentemperatur im Gebäude eine Rolle. Die Anforderungen für Gebäude mit niedrigen Innentemperaturen ($12\ °C \leq \theta_i < 19°C$) sind deutlich geringer als bei Gebäuden mit normalen Innentemperaturen ($\theta_i \geq 19°C$).

1.3.2.14 Sommerlicher Wärmeschutz

Ziel des sommerlichen Wärmeschutzes ist es, eine zu starke Aufheizung von Gebäuden im Sommer durch geeignete Maßnahmen zu verhindern. Der Nachweis des sommerlichen Wärmeschutzes wird von der EnEV gefordert und ist in der DIN 4108-2:2003-07, Abschnitt 8 geregelt. Eine besondere Bedeutung hat der energiesparende sommerliche Wärmeschutz, bei dem nur durch bauliche Maßnahmen (z. B. Sonnenschutzvorrichtungen), d. h. ohne zusätzlichen Einsatz von Anlagentechnik (Klima- und Kühlanlagen), unzumutbar hohe Innentemperaturen in Gebäuden vermieden werden.

Klimaregionen

Die Bundesrepublik Deutschland ist in drei Klimaregionen eingeteilt, um regionale Unterschiede der sommerlichen Klimaverhältnisse zu berücksichtigen (Abb. 1.3-25):

– Sommerkühle Gebiete = Region A
– Gemäßigte Gebiete = Region B
– Sommerheiße Gebiete = Region C

Für jede *Klimaregion* wird ein maximaler Grenzwert für die Innentemperatur festgelegt, der an nicht mehr als 10% der Aufenthaltszeit überschritten werden soll (s. Tabelle 1.3-25). Die Aufenthaltszeit beträgt bei Wohngebäuden 24 h/d (d. h. maximale Überschreitung des Grenzwertes der Innentemperatur = 2,4 h/d) und bei Bürogebäuden 10 h/d (d. h. maximale Überschreitung des Grenzwertes der Innentemperatur = 1 h/d).

Wärmeschutz im Sommer und Einflussgrößen

Bei Wohn-, Bürogebäuden oder Gebäuden mit ähnlicher Nutzung sind im Regelfall Anlagen zur Raumluftkonditionierung bei ausreichenden baulichen und planerischen Maßnahmen nicht notwendig. Der sommerliche Wärmeschutz ist abhängig vom Gesamtenergiedurchlassgrad der Verglasung von der Art und Wirksamkeit der Sonnenschutzvorrichtungen, vom Anteil und der Orientierung der Fensterflächen, von der Neigung der Fenster in Dachflächen, von der Lüftung der Räume – besonders während der späten Nachtstunden –, von der Wärmespeicherfähigkeit – insbesondere der innen liegenden Bauteile – und von der Wärmeleitfähigkeit der nicht transparenten Außenbauteile.

Folgende Grundsätze sind bei der Planung der Gebäude für den Nachweis des sommerlichen Wärmeschutzes zu beachten:

– Große Fensterflächen ohne Sonnenschutz und zu wenige innen liegende wärmespeichernde Bauteile erhöhen die Überhitzungswahrscheinlichkeit im Sommer.
– Dunkle, unverschattete Außenbauteile weisen höhere Temperaturschwankungen auf als helle Oberflächen.
– Ein Sonnenschutz für die Fensterflächen kann durch bauliche Maßnahmen, z. B. Balkon oder Dachüberstände, oder durch den Einsatz von Sonnenschutzvorrichtungen, z. B. Rollläden

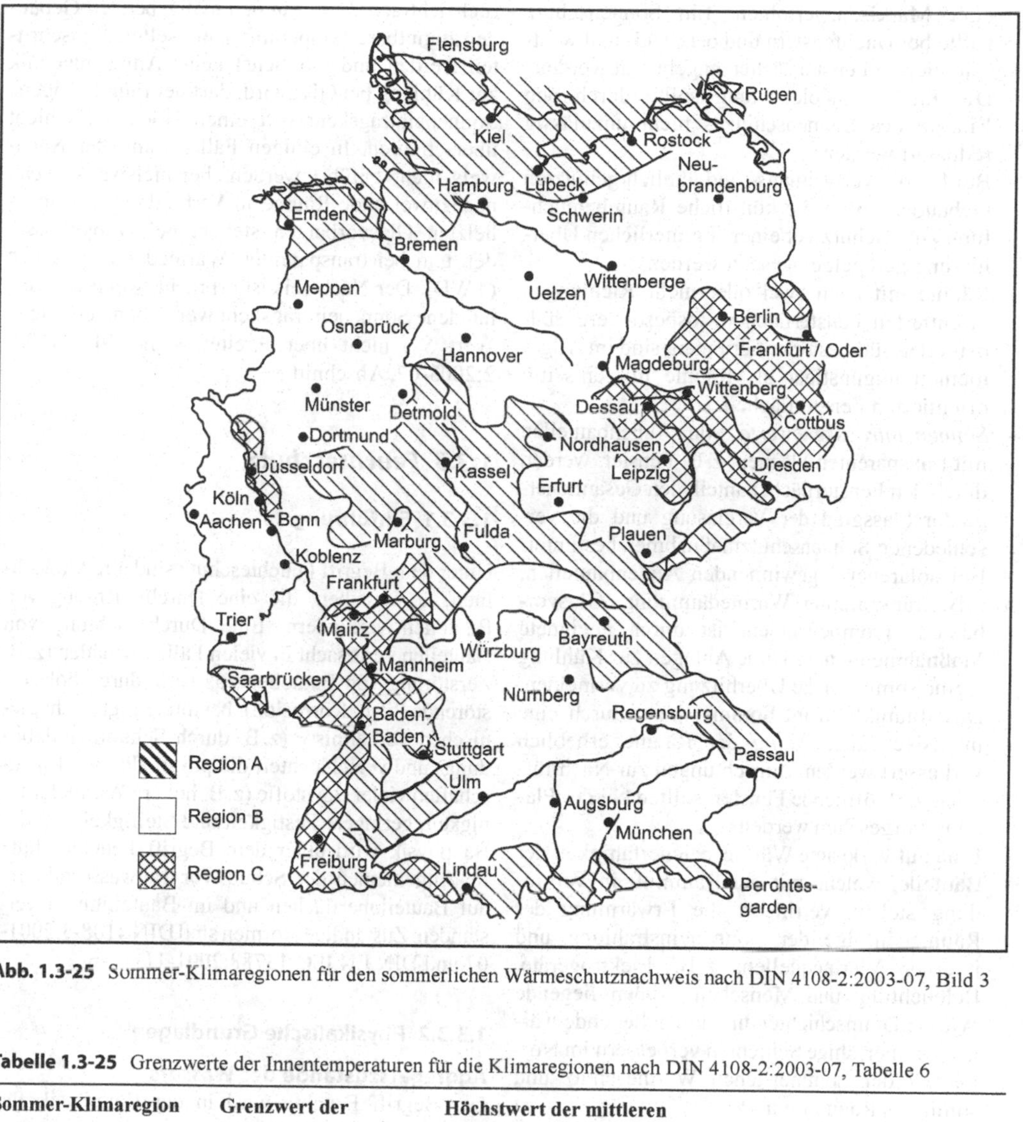

Abb. 1.3-25 Sommer-Klimaregionen für den sommerlichen Wärmeschutznachweis nach DIN 4108-2:2003-07, Bild 3

Tabelle 1.3-25 Grenzwerte der Innentemperaturen für die Klimaregionen nach DIN 4108-2:2003-07, Tabelle 6

Sommer-Klimaregion	Grenzwert der Innentemperatur [a)] in °C	Höchstwert der mittleren monatlichen Außentemperatur θ in °C
A = sommerkühl	25	$\theta \leq 16{,}5$
B = gemäßigt	26	$16{,}5 < \theta < 18{,}0$
C = sommerheiß	27	$\theta \geqq 18{,}0$

[a)] Hinweis: Die festgelegten Grenzwerte der Innentemperaturen sollten bei Wohngebäuden um nicht mehr als 2,4 Stunden am Tag und bei Bürogebäuden um nicht mehr als 1 Stunde am Tag überschritten werden.

oder Markisen, erfolgen. Ein Sonnenschutz sollte bei Dachfenstern und ost-, süd- und westorientierten Fensterflächen angebracht werden.
- Die Innenraumbeleuchtung sollte durch den Einsatz des Sonnenschutzes nicht unzulässig reduziert werden.
- Bei Büro-, Verwaltungs- und ähnlich genutzten Gebäuden sollte die künstliche Raumbeleuchtung zum Schutz vor einer sommerlichen Überhitzung geregelt eingesetzt werden.
- Räume mit nach zwei oder mehr Richtungen orientierten Fensterflächen, insbesondere Südost- oder Südwestorientierungen, sind im Allgemeinen ungünstiger als Räume mit einseitig orientierten Fensterflächen.
- *Sonneneintragskennwerte* von Außenbauteilen mit transparenten Flächen, z. B. Fenster, werden durch den Fensterflächenanteil, den Gesamtenergiedurchlassgrad der Verglasung und die verschiedenen Sonnenschutzmaßnahmen bestimmt.
- Bei solarenergiegewinnenden Außenbauteilen, z. B. transparenter Wärmedämmung, Glasvorbauten, Trombewänden, ist durch geeignete Maßnahmen – aber keine Anlagen zur Kühlung – eine sommerliche Überhitzung zu vermeiden.
- Das Raumklima im Sommer kann durch eine intensive *Nachtlüftung* der Räume erheblich verbessert werden. Einrichtungen zur Nachtlüftung, z. B. öffnende Fenster, sollten bei der Planung vorgesehen werden.
- Eine gut wirksame Wärmespeicherfähigkeit der Bauteile, welche mit der Raumluft in Verbindung stehen, verringert die Erwärmung der Räume infolge der Sonneneinstrahlung und interner Wärmequellen, z. B. Elektrogeräte, Beleuchtung und Menschen. Außen liegende Wärmedämmschichten und innen liegende wärmespeicherfähige Schichten verbessern im Normalfall den sommerlichen Wärmeschutz und somit das Raumklima.

Nachweisverfahren nach DIN 4108-2

Der vereinfachte Nachweis nach DIN 4108-2:2003-07, Abschnitt 8 für die Begrenzung der solaren Wärmeeinträge ist für die kritischen Räume bzw. Raumbereiche an der Außenfassade, die der Sonneneinstrahlung besonders ausgesetzt sind, durchzuführen. Dabei sind auch Dachflächen, sofern sie zu Wärmeeinträgen beitragen, mit zu berücksichtigen. Damit in den maßgebenden Gebäuden zumutbare Temperaturen nur selten überschritten werden und möglichst keine Anlagentechnik zur Kühlung benötigt wird, darf der raumbezogene Sonneneintragskennwert einen Höchstwert nicht überschreiten. In einigen Fällen kann der Nachweis nicht geführt werden, beispielsweise wenn nachzuweisende Räume in Verbindung mit unbeheizten Glasvorbauten stehen, bei Doppelfassaden und bei transparenten Wärmedämmsystemen (TWD). Der Nachweis ist erbracht, wenn der vorhandene Sonneneintragskennwert S den zulässigen Wert S_{zul} nicht überschreitet, siehe DIN 4108-2:2003-07, Abschnitt 8.

1.3.3 Feuchteschutz

1.3.3.1 Einführung

Unter dem Begriff Feuchteschutz sind alle Maßnahmen zu verstehen, die eine Durchfeuchtung von Bauteilen verhindern. Eine Durchfeuchtung von Bauteilen verursacht in vielen Fällen Schäden (z. B. Zerstörung von Bauteilen aus Holz durch holzzerstörende Pilze; Korrosion), beeinträchtigt die hygienischen Verhältnisse (z. B. durch Schimmelpilzbildung) und verschlechtert die physikalischen Eigenschaften vieler Baustoffe (z. B. höhere Wärmeleitfähigkeit, geringere Festigkeit und Steifigkeit). In der Bauphysik wird unter dem Begriff Feuchteschutz im Allgemeinen der Schutz vor Tauwasserbildung auf Bauteiloberflächen und im Bauteilinnern verstanden. Zuständige Normen sind DIN 4108-3:2001-07 und DIN EN ISO 13788:2001-11.

1.3.3.2 Physikalische Grundlagen

Aggregatszustände des Wassers

Der Begriff Feuchte wird in der Bauphysik für Wasser in seinen drei Aggregatszuständen gasförmig, flüssig und gefroren verwendet. Die Phasenübergänge sind mit erheblichen Umwandlungs-Enthalpien verbunden, vgl. Tabelle 1.3-26. Die Enthalpie ist ein Maß für die Energie eines thermodynamischen Systems.

Welche Phasen stabil sind, hängt von dem Druck und der Temperatur ab. In weiten Bereichen können beide geändert werden, wobei nur eine

Tabelle 1.3-26 Phasen des Wassers

Phase 1	Phase 2	Übergang 1 → 2	Übergang 2 → 1	spez. Umwandlungs-Enthalpie in kJ/kg
Wasser	Eis	Gefrieren	Schmelzen	334
Wasserdampf	Wasser	Kondensieren	Verdunsten	2256
Wasserdampf	Eis	Sublimation		

Phase stabil ist. Wenn zwei Phasen eines reinen Stoffes gleichzeitig im Gleichgewicht stehen sollen, dann kann man eine Größe – Druck oder Temperatur – frei wählen. Die andere ist dann durch die Grenzkurve des Phasendiagramms festgelegt. Das Phasendiagramm gilt für reines Wasser. Bei gelösten Stoffen, gekrümmten Oberflächen und in hochporösen Stoffen gelten abweichende Zusammenhänge.

Wichtig ist der Phasenübergang in die und aus der Gasphase (Verdunsten und Sublimieren bzw. Kondensieren). Wasser siedet, wenn unter atmosphärischen Bedingungen – Luftdruck 1013 hPa – die Temperatur von 100°C überschritten wird. Dann entsteht auch im Wasser gegen den äußeren Druck Dampf. Allerdings verdunstet Wasser an freien Oberflächen auch unterhalb von 100°C. Im Gleichgewicht verdunsten gleich viele Wassermoleküle wie kondensieren. In der Gasphase bildet sich dadurch ein partieller Wasserdampfdruck aus, der dem Druck an der Grenzkurve des Phasendiagramms entspricht. Der Wasserdampfpartialdruck überlagert sich den Partialdrücken der anderen Komponenten der Luft, insbesondere dem Stickstoff- und dem Sauerstoffpartialdruck.

Ideale Gasgleichung

Die Komponenten der Luft können in guter Näherung als ideale Gase betrachtet werden. Für sie gilt die allgemeine Gasgleichung zwischen (Partial-) Druck p, Volumen V, Temperatur T und Stoffmenge n bzw. der Masse m:

$$p \cdot V = n \cdot R \cdot T = m_B \cdot R_B \cdot T. \qquad (1.3.41)$$

Darin ist R = 8,314472 J/(mol·K) die universelle (molare) Gaskonstante und $R_B = R/M_B$ die spezifische (stoffbezogene) Gaskonstante, wobei $m_B = m/n$ die molare Masse des Stoffes B ist. Für Wasserdampf beträgt die spezifische Gaskonstante $R_B = R_D$ = 4611,5 J/(kg·K).

Wasserdampfgehalt und Sättigungsmenge der Luft

Der Wasserdampfgehalt in der Luft gibt die Wasserdampf- bzw. Feuchtigkeitsmenge an, die in einem Kubikmeter Luft enthalten ist (Formelzeichen = c, Dimension g/m³). Luft kann bei einer bestimmten Temperatur nur eine ganz bestimmte Menge an Wasserdampf aufnehmen. Entspricht die vorhandene Wasserdampfmenge der maximal aufnehmbaren Menge, dann ist die Luft mit Wasserdampf gesättigt. Die maximal aufnehmbare Wasserdampfmenge wird als *Sättigungsmenge* bezeichnet (Formelzeichen: c_s, Dimension: g/m³).

Mit steigender Lufttemperatur kann die Luft mehr Wasserdampf aufnehmen, d. h. die Sättigungsmenge steigt; mit abnehmender Temperatur sinkt die maximal aufnehmbare Wasserdampfmenge, d. h. die Sättigungsmenge c_s nimmt ab. Dabei besteht kein linearer Zusammenhang, sondern die Sättigungsmenge nimmt mit zunehmender Lufttemperatur überproportional zu (Abb. 1.3-26).

Relative Luftfeuchte

Die *relative Luftfeuchte* gibt das Verhältnis zwischen der vorhandenen Wasserdampfmenge in der Luft zur Sättigungsmenge an (Formelzeichen: Φ, Dimension: - oder %). Es gilt:

$$\phi = \frac{c}{c_s} \text{ bzw. } \phi = \frac{c}{c_s} \cdot 100. \qquad (1.3.42)$$

Darin bedeuten:

c vorhandene Wasserdampfmenge in der Luft in g/m³

c_s Sättigungsmenge der Luft in g/m³

Es gelten folgende Regelungen:

– Die vorhandene Wasserdampfmenge c in der Luft kann nicht größer als die Sättigungsmenge

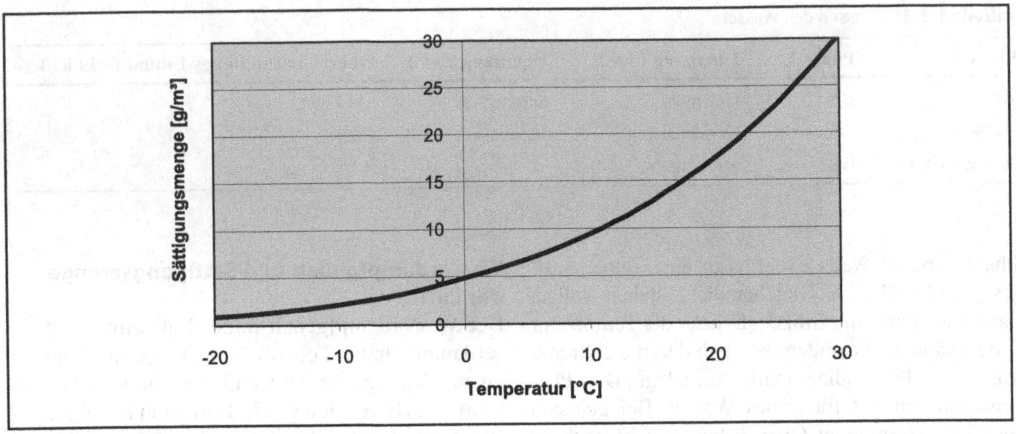

Abb. 1.3-26 Zusammenhang zwischen Sättigungsmenge und Lufttemperatur

c_s sein, d. h. die relative Luftfeuchte kann nur Zahlenwerte zwischen 0 und 1 (bzw. 0 bis 100%) annehmen. Überschreitet die vorhandene Wasserdampfmenge die Sättigungsmenge (z. B. beim Abkühlen der Luft), dann wird überschüssiger Wasserdampf in flüssiger Form als Tauwasser ausgeschieden.

- Beispielsweise bedeutet eine relative Luftfeuchte von 0,5 oder 50%, dass die Luft zur Hälfte oder zu 50% mit Wasserdampf gesättigt ist. In diesem Fall könnte die Luft noch einmal die gleiche Menge Wasserdampf aufnehmen.
- Weiterhin gilt, dass die relative Luftfeuchte auch von der Lufttemperatur abhängig ist. Wird die Luft abgekühlt (z. B. durch Nachtabsenkung der Heizung), dann steigt die relative Luftfeuchte, wenn weder Feuchtigkeit zu- noch abgeführt wird. Umgekehrt sinkt beim Erwärmen der Luft die relative Luftfeuchte (z. B. beim Lüften im Winter).

Wasserdampf-Partialdruck und Wasserdampf-Sättigungsdruck

In der Bauphysik ist es üblich, feuchteschutztechnische Berechnungen nicht mit dem tatsächlichen Wasserdampfgehalt c sowie der Sättigungsmenge c_s durchzuführen, sondern hierfür den Wasserdampf-Partialdruck p und den Wasserdampf-Sättigungsdruck p_s zu verwenden (Dimension beider Größen: Pa).

Der *Wasserdampf-Partialdruck p* gibt den Anteil des Gesamtdruckes in dem Wasserdampf-Luftgemisch an, der allein durch den Wasserdampf entsteht. Zwischen dem Wasserdampf-Partialdruck p und der in der Luft vorhandenen Wasserdampfmenge c besteht ein proportionaler Zusammenhang, der durch die ideale Gasgleichung beschrieben wird (s. o.). Es gilt (Dimension: p in Pa):

$$p \cdot = c \cdot R_D \cdot T\,. \qquad (1.3.43)$$

Bei bekannter relativer Luftfeuchte berechnet sich der Wasserdampf-Partialdruck mit folgender Gleichung (Dimension: p in Pa):

$$p \cdot = \phi \cdot p_s\,. \qquad (1.3.44)$$

Der *Wasserdampf-Sättigungsdruck* p_s gibt an, wie groß der maximale Druck in einem mit Wasserdampf gesättigten Wasserdampf-Luftgemisch ist. Es gilt (Dimension: p_s in Pa):

$$p_s \cdot = c_s \cdot R_D \cdot T\,. \qquad (1.3.45)$$

Da der Wasserdampf-Partialdruck p sowie der Wasserdampf-Sättigungsdruck p_s linear von der vorhandenen Wasserdampfmenge c und der Sättigungsmenge c_s abhängig sind, kann die relative Luftfeuchte ϕ auch durch folgende Gleichung ausgedrückt werden:

$$\phi = \frac{c}{c_s} = \frac{p}{p_s} bzw.\ \phi = \frac{c}{c_s} \cdot 100 = \frac{p}{p_s} \cdot 100. \qquad (1.3.46)$$

In den Gln. (1.3.43) bis (1.3.46) bedeuten:

p Wasserdampf-Partialdruck in Pa
p_s Sättigungsdruck in Pa
c vorhandene Wasserdampfmenge in g/m³
c_s Sättigungsmenge in g/m³
R_D Spezifische Gaskonstante für Wasserdampf: $R_D = 461{,}5$ J/(kg K)
T Absolute Temperatur in K
Φ Relative Luftfeuchte (hier als Dezimalzahl zwischen 0 und 1 einzusetzen)

Der Wasserdampf-Sättigungsdruck p_s berechnet sich mit folgender Gleichung (Dimension: p_s in Pa):

$$p_s = a \cdot \left(b + \frac{\theta}{100°C}\right)^n. \qquad (1.3.47)$$

Darin bedeuten:
Werte a, b und n nach Tabelle 1.3-26
θ Lufttemperatur in °C

Beispiel
Wasserdampf-Sättigungsdruck bei 20°C (Sättigungsmenge: $c_s = 17{,}3$ g/m³)
Nach Gl. (1.3.44):

$$p_s := c_s \cdot R_D \cdot T = 17{,}3 \cdot 461{,}5 \cdot (20 + 273{,}15) \cdot 10^{-3} = 2340 \text{ Pa}$$

Nach Gl. (1.3.46):

$$p_s = a \cdot \left(b + \frac{\theta}{100°C}\right)^n = 288{,}68 \cdot \left(1{,}098 + \frac{20}{100}\right)^{8{,}02} = 2339 \cong 2340 \text{ Pa}$$

Taupunkttemperatur
Als *Taupunkttemperatur* θ_S wird diejenige Lufttemperatur bezeichnet, bei der Tauwasserbildung einsetzt. Die Taupunkttemperatur ist abhängig von der Lufttemperatur und dem Wasserdampfgehalt der Luft bzw. der relativen Luftfeuchte. Ist die Luft mit Wasserdampf gesättigt, d. h., beträgt die relative Luftfeuchte 100%, dann entspricht die Taupunkttemperatur genau der Lufttemperatur. Je kleiner der Wasserdampfgehalt der Luft ist desto niedriger liegt die Taupunkttemperatur. Erreicht die vorhandene Wasserdampfmenge in der Luft die Sättigungsmenge (z. B. beim Abkühlen der Luft), dann fällt überschüssiger Wasserdampf als Tauwasser aus. Die Kenntnis der Taupunkttemperatur ist beispielsweise erforderlich, um festzustellen, ob sich Tauwasser auf Bauteiloberflächen bildet. Zur Tauwasserbildung kommt es, wenn die Oberflächentemperatur θ_{si} eines Bauteils gleich der Taupunkttemperatur θ_s oder kleiner ist ($\theta_{si} \leq \theta_s$). Die Taupunkttemperatur θ_S berechnet sich mit folgender Gleichung:

Tabelle 1.3-26 Werte für Gl. (1.3.47)

Wert	Temperaturbereich	
	0°C ≤ θ ≤ 30°C:	−20°C ≤ θ ≤ 0°C
a in Pa	288,68	4,689
b	1,098	1,486
n	8,02	12,30

$$\theta_s = \left(\frac{\phi}{100}\right)^{0{,}1247} \cdot (109{,}8 + \theta) - 109{,}8. \qquad (1.3.48)$$

Darin bedeuten:
φ Relative Luftfeuchte in %
θ Lufttemperatur in °C

Beispiel
Gegeben: Lufttemperatur $\theta = 20$ °C, relative Luftfeuchte $\varphi = 50\%$
Gesucht: Taupunkttemperatur θ_s

$$\theta_s = \left(\frac{\phi}{100}\right)^{0{,}1247} \cdot (109{,}8 + \theta) - 109{,}8 = \left(\frac{50}{100}\right)^{0{,}1247} \cdot (109{,}8 + 20) - 109{,}8 = 9{,}25 \cong 9{,}3\ °C$$

1.3.3.3 Feuchtetransport

Der Feuchtetransport kann durch *Wasserdampfdiffusion* und durch *Kapillarleitung* erfolgen (Abb.

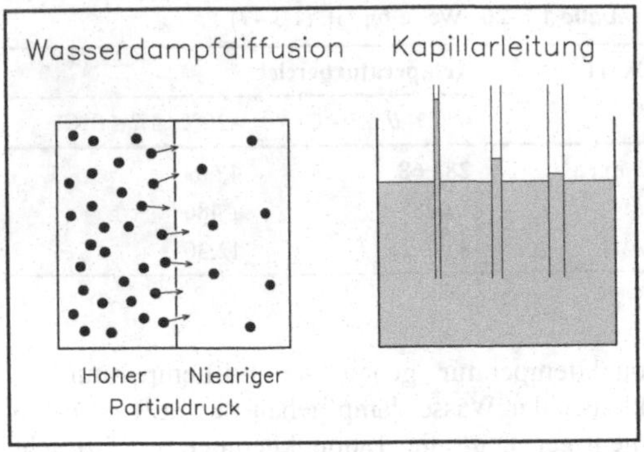

Abb. 1.3-27 Mechanismen des Feuchtetransports: Wasserdampfdiffusion (links) und Kapillarleitung (rechts)

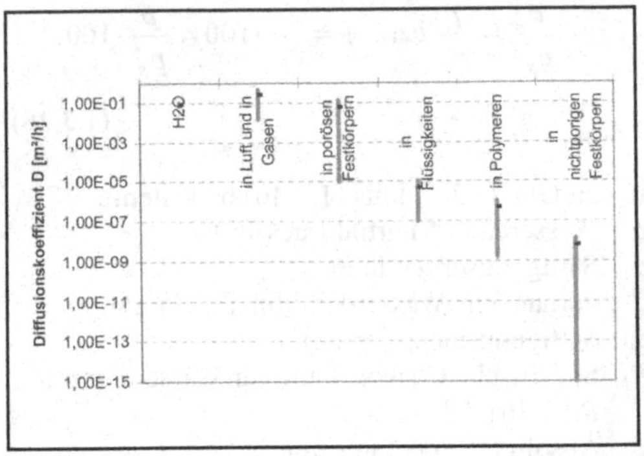

Abb. 1.3-28 Größenordnung des Diffusionskoeffizienten *D* in verschiedenen Stoffen, Flüssigkeiten und Gasen

1.3-27). Nachfolgend werden beide Feuchtetransport-Mechanismen beschrieben.

Wasserdampfdiffusion

Unter Wasserdampfdiffusion ist die Bewegung von Wasserdampfmolekülen in einem Gasgemisch (z. B. Luft) zum Ausgleich des Dampfgehaltes oder des Dampfteildruckes bei gleichbleibendem Gesamtdruck zu verstehen. Dabei bewegen sich die Wasserdampfmoleküle aufgrund ihrer Eigenbewegung (Molekularbewegung) vom höheren zum niedrigeren Potenzial, d. h. von Bereichen mit höherem Wasserdampf-Partialdruck in Bereiche mit niedrigerem Wasserdampf-Partialdruck.

Rechnerisch wird dieser Zusammenhang durch das sog. *1. Fick'sche Gesetz* beschrieben. Dieses Gesetz gibt die Massestromdichte an, die sich auf Grund eines Konzentrations- bzw. Potentialgefälles einstellt. Die Gleichung ist formal genauso aufgebaut wie die Formel zur Berechnung der Wärmestromdichte q (Gl. (1.3.3) bzw. (1.3.37)). Statt des Wärmedurchgangskoeffizienten U wird der Diffusionskoeffizient D_D und statt des Temperaturunterschiedes $\Delta\theta$ wird das Konzentrations- bzw. Potentialgefälle $\Delta c/\Delta x$ angesetzt. Damit ergibt sich die *Massestromdichte* mit folgender Gleichung (Dimension: Massestromdichte in g/h):

$$\dot{m} = -D \cdot \frac{\Delta c}{\Delta x} \,. \qquad (1.3.49)$$

Darin bedeuten:

D Diffusionskoeffizient in m²/h
c Feuchtekonzentration in kg/m³
x Weglänge in m

Der *Diffusionskoeffizient D* gibt die Durchlässigkeit eines Mediums gegenüber den darin diffundierenden Teilchen an. Der Diffusionskoeffizient D ist abhängig von der Art des Mediums und von der Art der diffundierenden Teilchen. Das negative Vorzeichen gibt an, dass der Massenstrom in Richtung des fallenden Konzentrations- bzw. Potentialgefälles gerichtet ist. Die Größe des Diffusionskoeffizienten D geht aus Abb. 1.3-28 hervor. Das Konzentrations- bzw. Potenzialgefälle $\Delta c/\Delta x$ gibt an, wie stark sich die Konzentration c entlang des Weges x ändert.

Wasserdampf-Diffusionskoeffizient

In der Bauphysik ist die Wasserdampfdiffusion von großem Interesse, um zu prüfen, ob sich Tauwasser auf Bauteiloberflächen oder in den Bauteilen selbst bildet. Aus diesem Grund wird in die obige Gleichung für den Diffusionskoeffizienten D der *Wasserdampf-Diffusionskoeffizient* D_D eingesetzt. Weiterhin ist es üblich, statt des Konzentrationsgefälles $\Delta c/\Delta x$ den Unterschied des Wasserdampf-Partialdruckes $\Delta p/\Delta x$ zu verwenden. Damit ergibt sich die Massenstromdichte für Wasserdampf zu (Dimension: Massestromdichte in g/h):

$$\dot{m}_D = -D_D \cdot \frac{\Delta p}{\Delta x} \,. \tag{1.3.50}$$

Darin bedeuten:
D_D Wasserdampf-Diffusionskoeffizient in m²/h
p Wasserdampf-Partialdruck in Pa
x Weglänge in m

Der Wasserdampf-Diffusionskoeffizient D_D ist abhängig von der Temperatur und dem Luftdruck. Je niedriger der Luftdruck und je höher die Temperatur, desto größer ist der Wasserdampf-Diffusionskoeffizient D_D. Er berechnet sich mit folgender Gleichung (Dimension: D_D in m²/h):

$$D_D = 0{,}083 \cdot \frac{p_0}{p} \cdot \left(\frac{T}{T_0}\right)^{1{,}81} . \tag{1.3.51}$$

Darin bedeuten:
p_0 Normaler atmosphärischer Luftdruck: p_0 = 101325 Pa = 1013 hPa
p Tatsächlicher Luftdruck in Pa
T Absolute Temperatur in K
T_0 T_0 = 273,15 K

Bei Temperaturen zwischen –20°C und +30°C und normalem atmosphärischen Luftdruck (101325 Pa) liegt die Größenordnung des Diffusionskoeffizienten für Wasserdampf D_D zwischen 0,0724 m²/h (bei –20°C) und 0,1010 m²/h (bei +30°C).

Massestromdichte für Wasserdampf

Unter Berücksichtigung der „idealen Gasgleichung" ($p = c \cdot R_D \cdot T$) ergibt sich die Massenstromdichte für Wasserdampf zu (Dimension: g/h):

$$\dot{m}_D = -D_D \cdot \frac{\Delta c}{\Delta x} = -\frac{D_D}{R_D \cdot T} \cdot \frac{\Delta p}{\Delta x} = -\delta_a \cdot \frac{\Delta p}{\Delta x} \,. \tag{1.3.52}$$

Darin bedeuten:
D_D Wasserdampf-Diffusionskoeffizient in m²/h; bei einer Lufttemperatur von 10°C ist D_D = 0,0886 m²/h
c Feuchtekonzentration in kg/m³
x Weglänge in m
R_D Spezifische Gaskonstante für Wasserdampf; R_D = 461,5 J/(kg K)
T Absolute Temperatur in K
p Wasserdampf-Partialdruck in Pa
δ_a Wasserdampf-Diffusionsleitkoeffizient der Luft in kg/(m h Pa); $\delta_a = 6{,}780 \cdot 10^{-7}$ kg/(m h Pa), bzw. $1/\delta_a = 1{,}5 \cdot 10^6$ m h Pa/kg

Wasserdampf-Diffusionsleitkoeffizient der Luft

Der *Wasserdampf-Diffusionsleitkoeffizient der Luft* δ_a berechnet sich mit folgender Gleichung (Dimension: δ_a in kg/(m h Pa)):

$$\delta_a = \frac{D_D}{R_D \cdot T} \,. \tag{1.3.53}$$

Darin bedeuten:
D_D Wasserdampf-Diffusionskoeffizient in m²/h; bei einer Lufttemperatur von 10°C ist D_D = 0,0886 m²/h
R_D Spezifische Gaskonstante für Wasserdampf; R_D = 461,5 J/(kg K)
T Absolute Temperatur in K; Hinweis: bei 10°C ist T = 273,15 + 10 = 283,15 K

Der Wasserdampf-Diffusionsleitkoeffizient in Luft δ_a ändert sich bei den im Bauwesen üblichen Temperaturen zwischen –10°C und +20°C nur wenig. Für feuchteschutztechnische Berechnungen darf daher der folgende Wert angesetzt werden:

$$\delta_a = \frac{0{,}0886}{461{,}5 \cdot 283{,}15} = 6{,}780 \cdot 10^{-7} \text{ kg/(m h Pa)} \,. \tag{1.3.54}$$

bzw.

$$\frac{1}{\delta_a} = \frac{1}{6{,}870 \cdot 10^{-7}} \cong 1{,}5 \cdot 10^6 \text{ m h Pa/kg} \cong 5{,}4 \cdot 10^9 \text{ m s Pa/kg} \,. \tag{1.3.55}$$

Wasserdampf-Diffusionswiderstandszahl

Bei Diffusionsbetrachtungen wird statt der Diffusionsleitkoeffizienten der einzelnen Baustoffe (δ_1, δ_2 usw.) die Kenngröße *Wasserdampf-Diffusionswiderstandszahl* μ verwendet (μ = dimensionslose Größe). Die Wasserdampf-Diffusionswiderstandszahl μ gibt an, um wie viel mal der Diffusionswiderstand einer Baustoffschicht größer ist als der einer gleich dicken Luftschicht. Die Wasserdampf-Diffusionswiderstandszahl μ ist abhängig vom Baustoff. Bei Wasserdampf-durchlässigen Baustoffen (Holz, Mauerwerk, Putze, Beton) ist μ relativ klein (z. B.: Holz: $\mu = 20$ bis 50; Kalksandstein-Mauerwerk: $\mu = 5$ bis 10; Stahlbeton: $\mu = 80$ bis 130). Bei Wasserdampf-undurchlässigen Baustoffen (Folien, Metalle, Glas) ist μ groß und ist bei einigen Stoffen sogar unendlich (z. B.: Kunststoff-Folien: $\mu = 10000$; Metalle, Glas: $\mu = \infty$; diese Stoffe gelten als dampfdicht). Für trockene Luft ist $\mu = 1$. Werte für Wasserdampf-Diffusionswiderstandszahlen μ sind für ausgewählte Baustoffe in Tabelle 1.3-2 angegeben.

Wasserdampfdiffusionsäquivalente Luftschichtdicke

Die *wasserdampfdiffusionsäquivalente Luftschichtdicke* s_d ist die Dicke einer ruhenden Luftschicht, die den gleichen Wasserdampf-Diffusionswiderstand besitzt wie die betrachtete Bauteilschicht bzw. das aus Schichten zusammengesetzte Bauteil. Sie bestimmt den Widerstand gegen Wasserdampfdiffusion. Die wasserdampfdiffusionsäquivalente Luftschichtdicke ist eine Schicht- bzw. Bauteileigenschaft und berechnet sich mit folgender Gleichung (Dimension: s_d in m):

$$s_d = \mu_1 \cdot d_1 + \mu_2 \cdot d_2 + \ldots + \mu_n \cdot d_n = \sum \mu_j \cdot d_j \,. \tag{1.3.56}$$

Darin bedeuten:

μ Wasserdampf-Diffusionswiderstandszahl
d Schichtdicke in m
j Index der Einzelschichten, $j = 1, 2, \ldots$ n
n Anzahl der Einzelschichten

Je nach Größe der wasserdampfäquivalenten Luftschichtdicke s_d wird unterschieden in:

- Diffusionsoffene Schicht: Bauteilschicht mit $s_d \leq 0{,}5$ m
- Diffusionshemmende Schicht: Bauteilschicht mit 0,5 m $< s_d \leq$ 1500 m
- Diffusionsdichte Schicht: Bauteilschicht mit $s_d >$ 1500 m

Wasserdampf-Diffusionsdurchlasswiderstand

Der *Wasserdampf-Diffusionsdurchlasswiderstand* Z einer Baustoffschicht, wird für eine Bezugstemperatur von 10°C mit folgender Gleichung berechnet (Dimension: Z in m² · h · Pa/kg):

$$Z = 1{,}5 \cdot 10^6 \cdot \mu \cdot d = 1{,}5 \cdot 10^6 \cdot s_d \,. \tag{1.3.57}$$

Darin bedeuten:

μ Wasserdampf-Diffusionswiderstandszahl
d Schichtdicke in m
s_d Wasserdampfdiffusionsäquivalente Luftschichtdicke in m
$1{,}5 \cdot 10^6$ Kehrwert des Wasserdampf-Diffusionsleitkoeffizienten in Luft δ_a bei der Bezugstemperatur von 10°C in m² · h · Pa/kg

Sind mehrere Baustoffschichten hintereinander angeordnet, wird der Wasserdampf-Diffusionsdurchlasswiderstand Z nach folgender Gleichung ermittelt:

$$Z = 1{,}5 \cdot 10^6 \cdot (\mu_1 \cdot d_1 + \mu_2 \cdot d_2 + \ldots + \mu_n \cdot d_n) = 1{,}5 \cdot 10^6 \cdot (s_{d,1} + s_{d,2} + \ldots + s_{d,n}) \,. \tag{1.3.58}$$

Darin bedeuten:

μ_n Wasserdampf-Diffusionswiderstandszahl der einzelnen Bauteilschichten
d_n Schichtdicke der einzelnen Bauteilschichten in m
$s_{d,n}$ Wasserdampfdiffusionsäquivalente Luftschichtdicke der einzelnen Bauteilschichten in m
n Anzahl der Einzelschichten
$1{,}5 \cdot 10^6$ Kehrwert des Wasserdampf-Diffusionsleitkoeffizienten in Luft δ_a bei der Bezugstemperatur von 10°C in m²·h·Pa/kg

Wasserdampf-Diffusionsstromdichte

Die *Wasserdampf-Diffusionsstromdichte* g gibt an, welche Menge an Wasserdampf durch ein Bauteil diffundiert. Sie berechnet sich im stationären Zustand (ohne Tauwasserausfall) mit folgender Gleichung (Dimension: g in kg/(m²·h)):

$$g = \frac{p_i - p_e}{Z} \,. \tag{1.3.59}$$

Darin bedeuten:

p_i Wasserdampf-Partialdruck raumseitig (innen) in Pa

p_e Wasserdampf-Partialdruck außenseitig in Pa

Z Wasserdampf-Diffusionsdurchlasswiderstand in m² h Pa/kg

Kapillarleitung

Unter Kapillarleitung ist der Transport von Wasser in flüssiger Form in kapillarporösen Baustoffen zu verstehen (kapillarporöser Baustoff: Modell, bei dem der Baustoff parallel angeordnete, zylindrische Poren aufweist). Die Kapillarleitung wirkt in alle Richtungen, d.h. auch entgegen der Schwerkraft. Ursache für den Feuchtetransport sind Kapillarkräfte, die durch die Oberflächenspannung von Wasser in engen Poren ausgelöst werden. Die Kapillarleitung ist vom Kapillarradius der Poren abhängig. In extrem engen Poren (Radius $r < 100$ nm = 10^{-7} m = 10^{-4} mm = 1/10.000 mm) und in großen Poren ($r > 0{,}1$ mm) kann Feuchtigkeit nicht durch Kapillarleitung transportiert werden. Wird für die rechnerische Ermittlung der Kapillarleitung vereinfachend das oben beschriebene Modell „kapillarporöser Baustoffe" angesetzt, dann kann der entstehende Kapillardruck P_K nach Gl. (1.3.60) berechnet werden (Abb. 1.3-28). Der Kapillardruck ist die treibende Kraft (Potenzial) beim Transportmechanismus Kapillarleitung. Es gilt (Dimension: P_K in N/mm²):

$$P_K = \frac{2 \cdot \sigma \cdot \cos\Theta}{r_K} \,. \qquad (1.3.60)$$

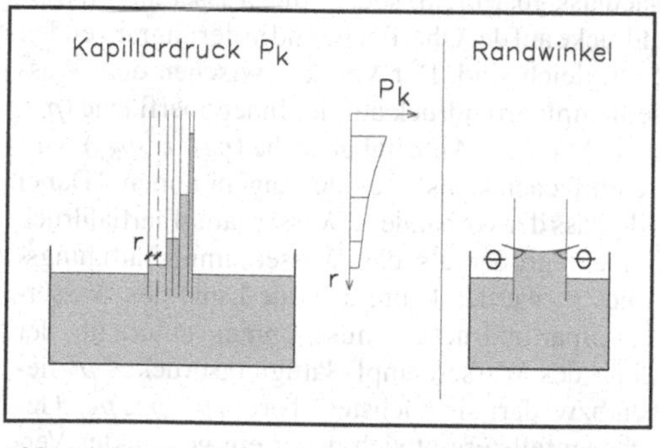

Abb. 1.3-28 Kapillardruck P_K für verschiedene Kapillarradien (Modell „kapillarporöser Baustoff") sowie Definition des Randwinkels Θ

Darin bedeuten:

σ Grenzflächenspannung des Baustoffes in N/mm

Θ Randwinkel in Grad; Abb. 1.3-28

r_K Kapillarradius in mm

Die Grenzflächenspannung des Baustoffes σ gibt an, wie weit sich Wasser in flüssiger Form auf der Baustoffoberfläche ausbreiten kann.

1.3.3.4 Tauwasserbildung auf Bauteiloberflächen

Zur Tauwasserbildung auf Bauteiloberflächen kommt es, wenn die Oberflächentemperatur eines Bauteils unter die Taupunkttemperatur absinkt. Tauwasserbildung auf Bauteiloberflächen kann demnach vermieden werden, wenn die Oberflächentemperatur θ_{si} größer als die Taupunkttemperatur θ_s ist, d.h. wenn die Bedingung $\theta_{si} > \theta_s$ erfüllt ist. Zur Vermeidung von Tauwasserbildung an Innenoberflächen von Bauteilen werden nach DIN 4108-3 Mindestwerte des Wärmedurchlasswiderstandes R gefordert. Diese Mindestwerte sind immer einzuhalten, unabhängig der Forderungen der EnEV.

Für ebene Bauteile ohne Wärmebrücken ist der Mindestwert des Wärmedurchlasswiderstandes R mit folgender Gleichung zu ermitteln ist (Dimension: R in m²K/W):

$$R = R_{si} \cdot \frac{\theta_i - \theta_e}{\theta_i - \theta_s} - (R_{si} + R_{se}) \,. \qquad (1.3.61)$$

Der entsprechende Wärmedurchgangskoeffizient U berechnet sich mit folgender Formel (Dimension: U in W/m²K):

$$U = \frac{\theta_i - \theta_s}{R_{si} \cdot (\theta_i - \theta_e)} \,. \qquad (1.3.62)$$

In den beiden Gleichungen bedeuten:

θ_i Raumlufttemperatur $\theta_i = 20$°C

θ_e Außenlufttemperatur $\theta_e = -5$°C

R_{si}, Wärmeübergangswiderstand innen in m²K/W ($R_{si} = 0{,}25$ m²K/W für beheizte Räume; $R_{si} = 0{,}17$ m²K/W für unbeheizte Räume)

R_{se} Wärmeübergangswiderstand außen: $R_{se} = 0{,}04$ m²K/W

θ_s Taupunkttemperatur in °C

Für Bauteile mit Wärmebrücken ist zur Vermeidung von Tauwasserbildung an den Innenoberflächen die niedrigste Temperatur der raumseitigen Oberfläche an der Wärmebrücke maßgebend. Die Berechnung erfolgt nach DIN EN ISO 10211.

Zur Beurteilung der Gefahr der Bildung von Schimmelpilzen ist das Kriterium der Tauwasserbildung auf Bauteiloberflächen nicht ausreichend, da bereits bei einer relativen Luftfeuchte von mehr als 80%, die über mehrere Tage andauert, Schimmelpilze auf der Bauteiloberfläche entstehen können. Aus diesem Grund wird in DIN 4108-2 als weiteres Kriterium zur Vermeidung von Schimmelpilzbildung der Nachweis über den Temperaturfaktor f_{Rsi} eingeführt; s. Abschn. 1.3.2.10 und Gl. (1.3.40). Der Temperaturfaktor f_{Rsi} muss bei festgelegten Klima-Randbedingungen (Raum-Lufttemperatur innen $\theta_i = 20°C$; Außen-Lufttemperatur $\theta_e = -5°C$; rel. Luftfeuchte innen $\varphi_i = 50\%$) mindestens 0,70 betragen, was einer Innen-Oberflächentemperatur der Bauteile von mindestens 12,6°C entspricht. Ausgenommen von diesem Nachweis sind Planungs- und Ausführungsbeispiele, die beispielhaft in DIN 4108 Beiblatt 2 aufgeführt sind. Für alle von DIN 4108 Beiblatt 2 abweichenden Konstruktionen muss der Temperaturfaktor an der ungünstigsten Stelle $f_{Rsi} \geq 0{,}70$ erfüllen. Tauwasserbildung ist vorübergehend und in kleinen Mengen an Fenstern zulässig, wenn die Oberfläche die Feuchtigkeit nicht absorbiert und wenn Maßnahmen zur Vermeidung eines Kontaktes mit angrenzenden feuchteempfindlichen Materialien (z. B. Mineralfaserdämmstoff) getroffen werden. Ein Nachweis der Wärmebrückenwirkung ist für Verbindungsmittel (z. B. Nägel, Schrauben, Drahtanker), Fensteranschlüsse an angrenzende Bauteile und Mörtelfugen von Mauerwerk nicht zu führen.

1.3.3.5 Tauwasserbildung im Bauteilinnern und Glaserverfahren

Tauwasser kann im Inneren von Bauteilen nur dann ausfallen, wenn ein Temperaturgefälle über den Bauteilquerschnitt vorhanden ist und der Wasserdampfteildruck im Bauteilinneren den Sättigungszustand (Wasserdampfsättigungsdruck) erreicht. Um festzustellen, ob und an welcher Stelle im Querschnitt Tauwasser ausfällt, ist die Verteilung des Wasserdampfteildrucks mit der Verteilung des Wasserdampfsättigungsdrucks über den gesamten Querschnitt zu vergleichen. Dabei hängen die vorhandene Dampfdruckverteilung von den beiden umgebungsseitigen Wasserdampfteildrücken sowie von den Wasserdampf-Diffusionsdurchlasswiderständen der Bauteilschichten und die Sättigungsdampfdruckverteilung von der Temperaturverteilung über den Querschnitt ab.

Glaserverfahren nach DIN 4108-3

Zur Überprüfung, ob sich im Bauteilinnern Tauwasser bildet, wird das grafische Verfahren von Glaser (*Glaserverfahren*) verwendet. Hierbei werden für den zu untersuchenden Bauteilquerschnitt die Temperaturen an den Schichtgrenzen berechnet und die zugehörigen Sättigungsdrücke p_S bestimmt. Für die einzelnen Bauteilschichten werden die äquivalenten Luftschichtdicken s_d ermittelt, wobei als Diffusionswiderstandszahlen μ diejenigen Werte zu verwenden sind, die zu der zur größten Tauwassermenge $m_{W,T}$ führen. Die vorgenannten Bearbeitungsschritte werden zweckmäßigerweise tabellarisch durchgeführt. Anschließend wird das Diffusionsdiagramm (Glaserdiagramm) gezeichnet, indem auf der Abzisse (x-Achse) die äquivalenten Luftschichtdicken s_d des Bauteilquerschnittes aufgetragen und auf der Ordinate (y-Achse) die Wasserdampf-Sättigungsdrücke p_S eingezeichnet werden. Danach wird der Verlauf des Wasserdampfpartialdrucks p ins Diffusionsdiagramm eingezeichnet. Im Vergleich zum Wärmetransport sind beim Feuchttransport durch Wasserdampfdiffusion die Übergangswiderstände vernachlässigbar klein, sodass die Wasserdampfpartialdrücke auf der Oberfläche und in der angrenzenden Luft gleich sind. Der Verlauf zwischen dem Wasserdampfpartialdruck auf der Innenoberfläche ($p_i = \varphi_i \cdot p_{S,i}$) und der Außenoberfläche ($p_e = \varphi_e \cdot p_{S,e}$) wird vereinfachend als Gerade angenommen. Dabei gilt, dass der vorhandene Wasserdampfpartialdruck p nicht größer als der Wasserdampf-Sättigungsdruck p_S werden kann, d. h. die Linie des Wasserdampfpartialdruckes muss immer unterhalb der Linie des Wasserdampf-Sättigungsdruckes p_S liegen bzw. darf sie höchstens berühren ($p \leq p_S$). Gegebenenfalls ergibt sich daher ein geknickter Verlauf des Wasserdampfpartialdruckes p. Grundsätzlich lassen sich folgende Fälle unterscheiden:

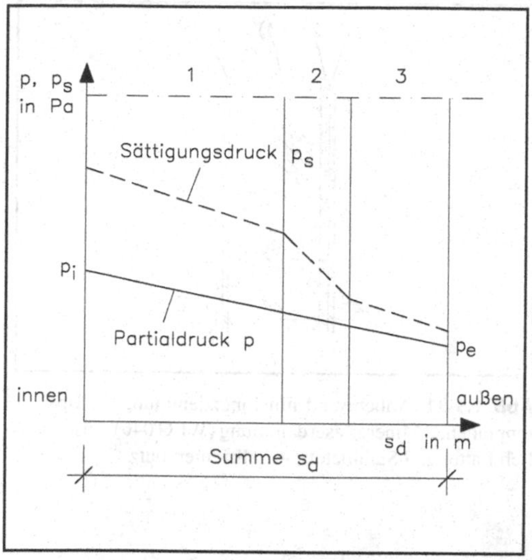

Abb. 1.3-29 Glaserdiagramm für die Tauperiode: „Fall a" nach DIN 4108-3, d. h. keine Tauwasserbildung

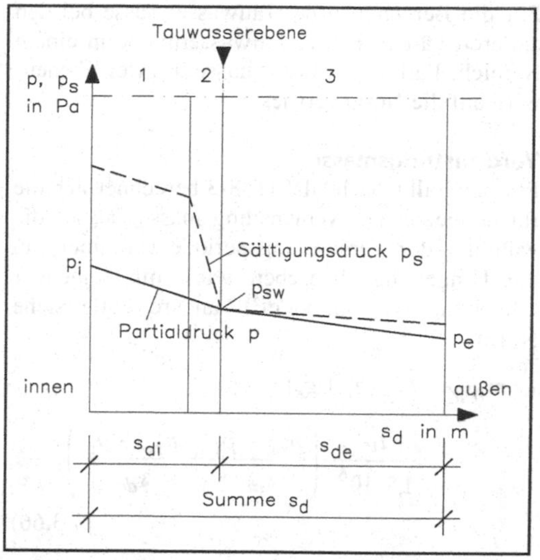

Abb. 1.3-30 Glaserdiagramm für die Tauperiode: „Fall b" nach DIN 4108-3, Tauwasserbildung in einer Ebene des Bauteilquerschnittes

a) Berühren sich die Gerade des Wasserdampfpartialdruckes p und die Kurve des Wasserdampfsättigungsdruckes p_S nicht, so fällt kein Tauwasser aus („Fall a" nach DIN 4108-3; Abb. 1.3.29).

b) Die gerade Verbindungslinie zwischen dem Wasserdampfpartialdruck auf der Innenoberfläche p_i und auf der Außenoberfläche p_e würde den Kurvenzug des Wasserdampf-Sättigungsdruckes p_S schneiden. In diesem Fall sind statt der Geraden zwischen p_i und p_e von diesen Punkten aus die Tangenten an die Kurve des Sättigungsdruckes zu zeichnen, da der Wasserdampfpartialdruck nicht größer als der Sättigungsdruck sein kann (Fälle „b" bis „d" nach DIN 4108-3; Abb. 1.3-30). Die Berührungsstellen der Tangenten mit dem Kurvenzug des Wasserdampf-Sättigungsdruckes bestimmen bzw. begrenzen den Ort bzw. den Bereich des Tauwasserausfalls im Bauteil. Die Größe der Tauwassermasse ergibt sich als Differenz zwischen den je Zeit- und Flächeneinheit ein- bzw. ausdiffundierenden Wasserdampfmassen (Differenz der Diffusionsstromdichte), wobei die Neigung der Tangenten ein Maß für die jeweilige Diffusionsstromdichte g ist.

Tauwassermasse

Für den „Fall b" nach DIN 4108-3 (Tauwasserbildung in einer Ebene) berechnet sich die während der Tauperiode (Winter) anfallende Tauwassermasse $m_{W,T}$ mit folgender Gleichung ($m_{W,T}$ in kg/m²):

$$m_{W,T} = t_T \cdot (g_i - g_e) = \frac{t_T}{1{,}5 \cdot 10^6} \cdot \left(\frac{p_i - p_{sw}}{s_{di}} - \frac{p_{sw} - p_e}{s_{de}} \right). \tag{1.3.63}$$

Darin bedeuten:

g_i Diffusionsstromdichte von der Innenoberfläche in das Bauteil bis zur Tauwasserebene in kg/(m²·h):

$$g_i = \frac{p_i - p_{sw}}{Z_i} . \tag{1.3.64}$$

g_e Diffusionsstromdichte von der Tauwasserebene zur Außenoberfläche des Bauteils in kg/(m²·h):

$$g_e = \frac{p_{sw} - p_e}{Z_e} . \tag{1.3.65}$$

t_T Dauer der Tauperiode (t_T = 1440 h)

Für die Berechnung der Tauwassermasse bei den anderen Fällen (Fall c: Tauwassermasse in einem Bereich; Fall d: Tauwassermasse in zwei Ebenen) wird auf die Norm verwiesen.

Verdunstungsmasse

Für den Fall b nach DIN 4108-3 berechnet sich die flächenbezogene Verdunstungsmasse $m_{w,V}$, die während der Verdunstungsperiode (Sommer) an die Umgebung abgegeben wird, mit folgender Gleichung ($m_{w,V}$ in kg/m²); andere Fälle siehe Norm:

$$m_{W,V} = t_V \cdot (g_i + g_e) = \frac{t_V}{1{,}5 \cdot 10^6} \cdot \left(\frac{p_{sw} - p_i}{s_{di}} + \frac{p_{sw} - p_e}{s_{de}} \right). \quad (1.3.66)$$

Darin bedeuten:

g_i Diffusionsstromdichte von der Tauwasserebene zur Innenoberfläche in kg/(m²·h):

$$g_i = \frac{p_{sw} - p_i}{Z_i}. \quad (1.3.67)$$

g_e Diffusionsstromdichte von der Tauwasserebene zur Außenoberfläche in kg/(m²·h):

$$g_e = \frac{p_{sw} - p_e}{Z_e}. \quad (1.3.68)$$

t_V Dauer der Verdunstungsperiode ($t_V = 2160$ h)

Nachweis

Tauwasserbildung im Bauteilinnern wird innerhalb gewisser Grenzen toleriert, wobei folgende Regelungen gelten. Baustoffe, die mit Tauwasser in Berührung kommen, dürfen nicht geschädigt werden (z.B. durch Korrosion, Pilzbefall). Das während der Tauperiode im Bauteilinnern anfallende Tauwasser muss während der Verdunstungsperiode wieder an die Umgebung abgegeben werden ($m_{w,T} \leq m_{w,V}$). Zusätzlich darf bei Dach- und Wandkonstruktionen eine flächenbezogene Tauwassermasse von 1,0 kg/m² nicht überschritten werden ($m_{w,T} \leq$ 1,0 kg/m²). Tritt Tauwasser an Berührungsflächen mit kapillar nicht wasseraufnahmefähigen Schichten auf, ist die maximale Tauwassermasse auf 0,5 kg/m² begrenzt ($m_{w,T} \leq$ 0,5 kg/m²). Bei Bauteilen Holz darf Tauwasserbildung den massebezogenen Feuchtegehalt um nicht mehr als 5% (bei Holzwerkstoffen um nicht mehr als 3%) erhöhen.

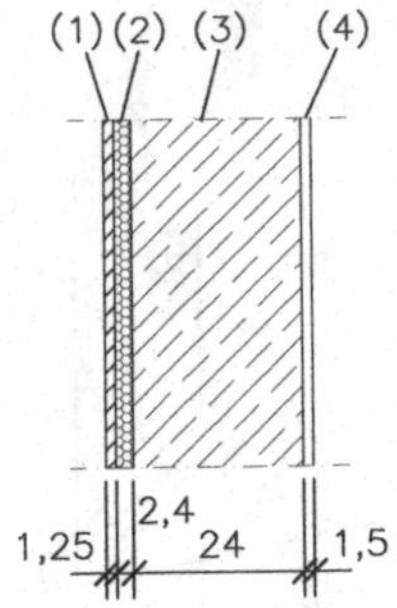

Abb. 1.3-31 Außenwand mit Innendämmung. *1* Gipskartonplatten; *2* Mineralfaserdämmung (WLG 040) einschließlich Lattung; *3* Stahlbeton; *4* Kalkzementputz

Beispiel

Für die abgebildete Außenwand mit Innendämmung (Abb. 1.3-31) ist zu prüfen, ob sich Tauwasser im Bauteilinnern bildet. Die Tauwasser- und Verdunstungsmasse sind zu berechnen. Es ist zu überprüfen, ob die Wandkonstruktion feuchtetechnisch zulässig ist.

Die für das Glaserdiagramm (Abb. 1.3-32) der Tauperiode benötigten Werte werden tabellarisch berechnet (Tabelle 1.3-27). Aus dem Glaserdiagramm folgt, dass sich Tauwasser zwischen den Schichten (2) Wärmedämmung und (3) Stahlbeton bildet.

Tauwassermasse: Tauwasser fällt in einer Ebene aus, d. h. es gilt „Fall b" nach DIN 4108-3.

$$m_{W,T} = t_T \cdot (g_i - g_e) = \frac{t_T}{1{,}5 \cdot 10^6} \cdot \left(\frac{p_i - p_{sw}}{s_{di}} - \frac{p_{sw} - p_e}{s_{de}} \right)$$

$$= \frac{1440}{1{,}5 \cdot 10^6} \cdot \left(\frac{1170 - 398}{0{,}074} - \frac{398 - 208}{31{,}72} \right)$$

$$= 10{,}01 \text{ kg/m}^2$$

mit:

p_{sw} = 398 Pa (Sättigungsdruck in der Tauwasserebene)

Tabelle 1.3-27 Tabellarische Berechnung der Wärmedurchlasswiderstände, des Wärmedurchgangskoeffizienten, der wasserdampfdiffusionsäquivalenten Luftschichtdicken, der Schichtgrenztemperaturen sowie der Wasserdampf-Sättigungsdrücke

Schicht	d	μ	$s_d = \mu \cdot d$	λ	R_{si}/R_{se} d/λ	θ	p_s
	(m)	**(-)**	**(m)**	**(W/mK)**	**(m²K/W)**	**(°C)**	**(Pa)**
Wärmeübergang innen						20,0	2340
					0,130		
(1) Gipskartonplatten (DIN 18180)						15,8	1795
	0,0125	4/10	0,05/0,125	0,25	0,050		
(2) Mineralfaserdämmung	0,024	1	0,024	0,04	0,600	14,2	1621
(3) Stahlbeton	0,24	80/130	19,2/31,2	2,5	0,096	-5,1	398
(4) Kalkzementputz	0,015	15/35	0,225/0,525	1,0	0,015	-8,2	304
Wärmeübergang außen						-8,7	291
					0,040		
						-10,0	260
			$\Sigma s_d =$ 31,80		$\Sigma = R_T =$ 0,931	m²K/W	
				$\Rightarrow U = 1/R_T =$	1,074	W/(m²K)	

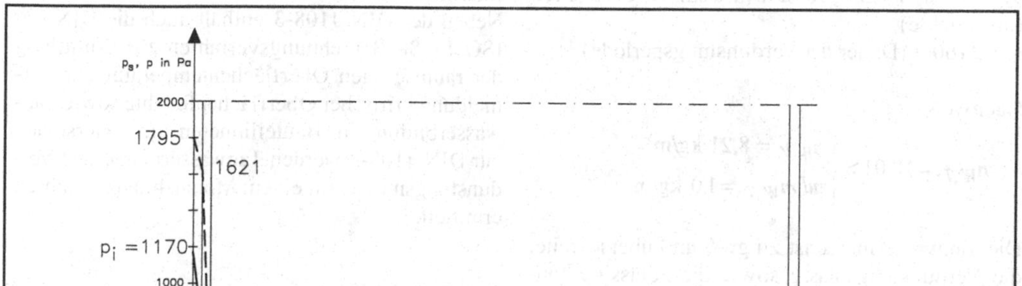

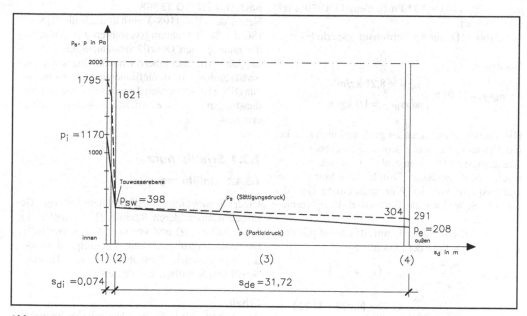

Abb. 1.3-32 Glaserdiagramm für die Tauperiode

p_i = 0,50 ·2340 = 1170 Pa (innen: 20°C/50% rel. Luftfeuchte)
p_e = 0,80 · 260 = 208 Pa (außen: –10°C/80% rel. Luftfeuchte)
t_T = 1440 h (Dauer der Tauperiode)

Verdunstungsmasse:

$$m_{W,V} = t_V \cdot (g_i + g_e)$$
$$= \frac{t_V}{1{,}5 \cdot 10^6} \cdot \left(\frac{p_{sw} - p_i}{s_{di}} + \frac{p_{sw} - p_e}{s_{de}} \right)$$
$$= \frac{2160}{1{,}5 \cdot 10^6} \cdot \left(\frac{1403 - 982}{0{,}074} + \frac{1403 - 982}{31{,}72} \right)$$
$$= 8{,}21 \text{ kg/m}^2$$

mit:
p_{sw} = 1403 Pa (Sättigungsdruck bei 12°C/Tauwasserebene)
p_i = 0,70 ·1403 = 982 Pa (innen: 12°C/70% rel. Luftfeuchte)
p_e = 0,70 ·1403 = 982 Pa (außen: 12°C/70% rel. Luftfeuchte)
t_V = 2160 h (Dauer der Verdunstungsperiode)

Nachweis:

$$m_{W,T} = 10{,}01 > \begin{cases} m_{W,V} = 8{,}21 \text{ kg/m}^2 \\ zul\ m_{W,T} = 1{,}0 \text{ kg/m}^2 \end{cases}$$

Die Tauwassermasse ist zu groß und überschreitet die Verdunstungsmasse sowie die zulässige Tauwassermasse. Die Konstruktion ist feuchtetechnisch nicht zulässig. Durch Anordnung einer Dampfsperre vor der Wärmedämmung (auf der warmen Seite) kann die Tauwasserbildung vermieden werden.

Erforderliche wasserdampfdiffusionsäquivalente Luftschichtdicke der Dampfsperre:

$$s_{d/DS} = \frac{p_i - p_e}{p_{sw} - p_e} \cdot s_{de} - (s_{di} + s_{de})$$
$$= \frac{1170 - 208}{398 - 208} \cdot 31{,}72 - (0{,}074 + 31{,}72)$$
$$= 128{,}8 \text{ m}$$

Bauteile ohne Tauwasser-Nachweis nach DIN 4108-3

In DIN 4108-3:2001-07, Abschnitt 4.3 sind Bauteile angegeben, für die kein rechnerischer Tauwasser-Nachweis erforderlich ist, sofern sie einen ausreichenden Wärmeschutz nach DIN 4108-2 (Mindestwärmeschutz) aufweisen und eine luftdichte Ausführung nach DIN V 4108-7 gewährleistet ist. Der Tauwasser-Nachweis darf nur entfallen, wenn die Klima-Randbedingungen nach DIN 4108-3:2001-07, Tabelle A.1 eingehalten sind. Liegen andere Klima-Randbedingungen vor, so ist ein rechnerischer Tauwasser-Nachweis zu führen. Bei den Bauteilen, für die kein rechnerischer Tauwasser-Nachweis erforderlich ist, handelt es sich um bestimmte Außenwandtypen und Dächer. Weiterhin ist auch für Fenster, Außentüren und Vorhangfassaden, die aus wasserdampfdiffusionsdichten Elementen gefertigt werden, kein Tauwasser-Nachweis erforderlich.

Klimabedingter Feuchteschutz nach DIN EN ISO 13788

Neben der DIN 4108-3 enthält auch die DIN EN ISO 13788 Berechnungsverfahren zur Ermittlung der raumseitigen Oberflächentemperatur zur Vermeidung kritischer Oberflächenfeuchte sowie Tauwasserbildung im Bauteilinneren. Im Unterschied zur DIN 4108-3 werden Tauwassermasse und Verdunstungsmasse mit einem Monatsbilanzverfahren ermittelt.

1.3.4 Schallschutz

1.3.4.1 Einführung

Unter *Schallschutz* sind Maßnahmen vor Geräuschen aus anderen Räumen (Luftschallschutz, Trittschallschutz) und vor Geräuschen von außen (Außenlärm) zu verstehen. Nachfolgend werden die wesentlichen Grundbegriffe zur Thematik Schall und Schallschutz erläutert.

Schall

Als *Schall* wird die mechanische Schwingung eines elastischen Mediums (fest, flüssig, gasförmig), insbesondere im Frequenzbereich des menschlichen Hörens (ca. 16 bis 20000 Hz), bezeichnet. Eine mechanische Schwingung wieder-

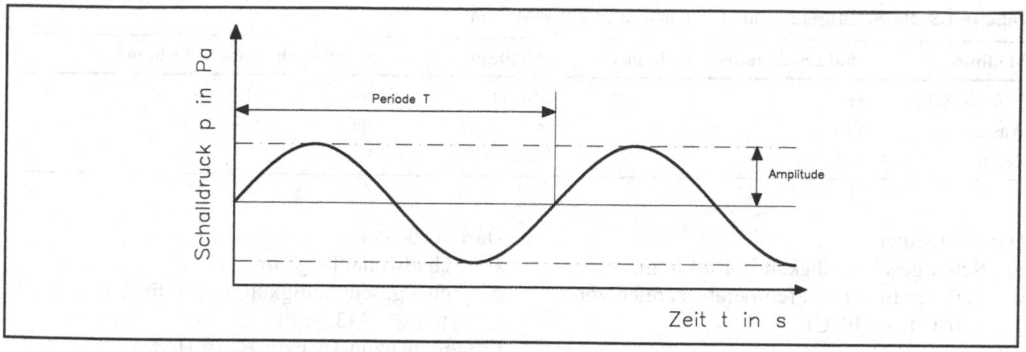

Abb. 1.3-33 Erläuterung der Begriffe Amplitude, Periode

um ist eine zeitlich periodische Zustandsänderung, die auftritt, wenn bei Störung des mechanischen Gleichgewichts Kräfte wirken, die dieses Gleichgewicht wiederherzustellen versuchen.

Schallschnelle, Schallgeschwindigkeit, Schallwelle

Die Geschwindigkeit, mit der sich die Teilchen des elastischen Mediums um ihren Ruhepunkt bewegen, wird als *Schallschnelle v* bezeichnet. Die Entfernung der schwingenden Teilchen von der Ruhelage wird *Amplitude* genannt. Je größer die Amplitude ist desto lauter wird der Schall empfunden und desto größer ist der Schalldruck. In der Luft überlagern sich die Schalldruckschwankungen (Amplituden) dem atmosphärischen Druck (Luftdruck). Der Ablauf einer vollständigen Schwingung wird als *Periode* mit der Dauer *T* bezeichnet. Die sich wiederholenden Schwingungszustände ergeben jeweils eine Phase. Der Abstand einer Phase ist als *Wellenlänge* λ definiert (Abb. 1.3-33).

In dem elastischen Medium breiten sich die Schwingungen als *Schallwellen* mit der *Schallgeschwindigkeit c* aus. Bei Ausbreitung in der Luft wird von *Luftschall*, bei Ausbreitung in einem Festkörper von *Körperschall* gesprochen. Der Schalldruck *p* hängt von der Schallschnelle *v* sowie von der Schallgeschwindigkeit *c* ab. Im eindimensionalen Fall gilt folgende Beziehung:

$$\frac{\partial^2 p}{\partial t^2} = c^2 \cdot \frac{\partial^2 p}{\partial x^2} \quad \text{bzw.} \qquad \frac{\partial^2 v}{\partial t^2} = c^2 \cdot \frac{\partial^2 v}{\partial x^2} \tag{1.3.69}$$

Im mehrdimensionalen Fall gilt:

$$\frac{\partial^2 p}{\partial t^2} = c^2 \operatorname{div} \operatorname{grad} p \quad \text{bzw.} \qquad \frac{\partial^2 v}{\partial t^2} = c^2 \operatorname{div} \operatorname{grad} v \tag{1.3.70}$$

Darin bedeuten:

- *p* Schalldruck in Pa
- *c* Schallgeschwindigkeit in m/s
- *v* Schallschnelle in m/s

In Luft können sich die Schallwellen nur in longitudinaler Richtung ausbreiten (Schwingungsrichtung ist parallel zur Ausbreitungsrichtung), da Gase keine Schubkräfte übertragen können. In idealen Gasen hängt die Schallgeschwindigkeit vom Druck und der Dichte sowie über die ideale Gasgleichung auch von der Temperatur ab. Für Luft kann die Schallgeschwindigkeit näherungsweise mit folgender Gleichung berechnet werden (c in m/s):

$$c_{Luft} \cong 331{,}6 + 0{,}6 \cdot \theta. \tag{1.3.71}$$

Tabelle 1.3-28 Schallgeschwindigkeit c in ausgewählten Medien

Medium	Schallgeschwindigkeit c in m/s	Medium	Schallgeschwindigkeit c in m/s
Luft (20°C)	343	Ziegel	3600
Wasser	1480	Nadelholz	3600
Beton	3655	Stahl	5920

Darin bedeuten:
c_{Luft} Schallgeschwindigkeit in Luft in m/s
θ Temperatur in °C (Temperaturbereich von –20°C bis +40°C)

Bei einer Temperatur von 20°C beträgt die Schallgeschwindigkeit in Luft c_{Luft} = 343,6 m/s (bzw. 1240 km/h). Im Wasser sowie in Festkörpern ist die Schallgeschwindigkeit deutlich größer. In Festkörpern können sich die Schallwellen sowohl in Ausbreitungsrichtung (Longitudinalwellen) als auch in Querrichtung (Transversalwellen) ausbreiten, da Festkörper Schubkräfte übertragen können. Die Schallgeschwindigkeit hängt in Festkörpern von der Dichte, dem Elastizitätsmodul und der Querdehnzahl ab. Bei Flüssigkeiten ist die Schallgeschwindigkeit abhängig von Kompressionsmodul und Dichte. Werte der Schallgeschwindigkeit in verschiedenen ausgewählten Medien sind in Tabelle 1.3-28 angegeben. In der Bauphysik wird die Schallgeschwindigkeit als Konstante angenommen, da sich die Temperaturen im baupraktischen Bereich nur geringfügig ändern.

Frequenz, Schallwellenlänge

Als *Frequenz* wird die Anzahl der Schwingungen pro Sekunde bezeichnet. Es gilt (f in 1/s oder Hz):

$$f = \frac{1}{T}\,. \qquad (1.3.72)$$

Darin bedeuten:
f Frequenz in 1/s bzw. Hz (= Hertz)
T Dauer der Periode in s

Zwischen der der Frequenz f, der Schallgeschwindigkeit c sowie der Schallwellenlänge λ besteht ein proportionaler Zusammenhang. Die *Schallwellenlänge* ergibt sich zu (λ in m):

$$\lambda = \frac{c}{f}\,. \qquad (1.3.73)$$

Darin bedeuten:
λ Schallwellenlänge in m
c Schallgeschwindigkeit in m/s; für Luft (20°C) ist c_{Luft} = 343,6 m/s
f Frequenz in 1/s bzw. Hz (= Hertz)

Da die *Schallgeschwindigkeit* im für die Bauphysik üblichen Temperaturbereich als Konstante angesehen werden kann, bedeutet eine Erhöhung der Frequenz zwangsläufig eine Reduzierung der Schallwellenlänge und umgekehrt. Im Frequenzspektrum werden verschiedene Frequenzbereiche unterschieden: Infraschall, Hörschall, Ultraschall und Hyperschall (Tabelle 1.3-29).

Die Verdoppelung der Frequenz entspricht einer *Oktave*. Im Bereich des Hörschalls ergibt sich somit eine Unterteilung in zehn Oktaven: 16 bis 32 Hz, 32 bis 63 Hz, 63 bis 125 Hz, 125 bis 250 Hz, 250 bis 500 Hz, 500 bis 1000 Hz, 1000 bis 2000 Hz, 2000 bis 4000 Hz, 4000 bis 8000 Hz und 8000 bis 16000 Hz (= 16 kHz).

Ton, Klang, Geräusch, Knall

Bei einem reinen *Ton* verläuft die Schwingung sinusförmig, d. h. die Frequenz ist konstant. Ein *Klang* setzt sich aus mehreren Tönen, mit jeweils konstanten Frequenzen, zusammen. Die Einzeltöne eines Klanges lassen sich durch Zerlegung mit-

Tabelle 1.3-29 Frequenzbereiche

Bezeichnung	Frequenz	Erläuterung
Infraschall	< 16 Hz	Für Menschen nicht hörbar (niederfrequent)
Hörschall	16 Hz bis 20 kHz	Für Menschen hörbarer Schall
Ultraschall	20 kHz bis 1 GHz	Für Menschen nicht hörbar (hochfrequent)
Hyperschall	> 1 GHz	Nur noch bedingt ausbreitungsfähige Wellen

tels einer Fourier-Analyse bestimmen. Ein Geräusch besteht aus sehr vielen Teiltönen, deren Frequenzen in keinem definierten Zahlenverhältnis zueinander stehen. Ein Geräusch deckt meist das gesamte Frequenzspektrum ab. Als *Knall* wird ein plötzlich auftretendes sehr lautes Geräusch bezeichnet, das langsam wieder abnimmt.

Schalldruck, Schalldruckpegel

Die Stärke des Schalls wird durch Druckschwankungen gekennzeichnet, die dem atmosphärischen Druck (Luftdruck) überlagert sind. Die Druckschwankung selbst wird dabei als Schalldruck bezeichnet. Der Vergleich des Luftdrucks (1013 hPa = 101300 Pa) mit der Druckschwankung, die als Schmerzgrenze des menschlichen Gehörs gilt (130 dB = 63 Pa), zeigt, dass der Schalldruck im Vergleich zum atmosphärischen Druck relativ gering ist. Der Schalldruck unterscheidet sich um bis zu 5 Zehnerpotenzen (10^{-4} bis 10 N/m²), aus diesem Grund wird der Schalldruck als logarithmisches Maß als Schalldruckpegel angegeben.

Der Schalldruckpegel (auch Schallpegel) berechnet sich mit folgender Gleichung (L_p in dB):

$$L_p = 20 \cdot \log\left(\frac{p}{p_0}\right). \qquad (1.3.74)$$

Darin bedeuten:

L_p Schalldruckpegel bzw. Schallpegel in dB
p Schalldruck in Pa (= 1 N/m²)
p_0 Bezugswert (Hörschwelle mit $p_0 = 20$ µPa = $2 \cdot 10^{-5}$ Pa)

Der Schalldruckpegel wird in der Einheit Dezibel (dB) angegeben. Ein dB entspricht dabei einem Zehntel der Einheit „Bel" (benannt nach dem Erfinder des Telefons Graham Bell). Beispiele für Schalldruckpegel verschiedener Schallquellen sind in Tabelle 1.3-30 angegeben.

Addition und Subtraktion von Schalldruckpegeln

Schalldruckpegel verschiedener Schallquellen addieren sich mit folgender Gleichung ($L_{p,ges}$ in dB):

Tabelle 1.3-30 Schalldruckpegel für verschiedene Schallquellen

Schallquelle	Schalldruckpegel L_p in dB
Düsenflugzeug in 30 m Entfernung	150
Gewehr aus 1 m Entfernung	140
Schmerzschwelle	130
Presslufthammer in 1 m Entfernung	100
Hauptverkehrsstraße in 10 m Entfernung	80...90
Rufen, Schreien	80...85
Starker Straßenverkehr	70...80
Normale Unterhaltung	50...60
Leise Unterhaltung	40...50
Sehr ruhiges Zimmer	20...30
Leises Blätterrauschen	15...20
Hörschwelle	0

$$L_{p,ges} = 10 \cdot \log \sum_{j=1}^{n} 10^{0,1 \cdot L_{p,j}}. \qquad (1.3.75)$$

Für gleich große Schalldruckpegel gilt:

$$L_{p,ges} = L_{p,i} + 10 \cdot \log n. \qquad (1.3.76)$$

In den Gln. (1.3.75) und (1.3.76) bedeuten:

$L_{p,ges}$ Gesamt-Schalldruckpegel bzw. Gesamt-Schallpegel in dB
$L_{p,j}$ Schalldruckpegel bzw. Schallpegel der Einzelschallquelle in dB
n Anzahl der Schallquellen (n = ganze Zahl)

Beispiele

In einem Raum wirken vier Schallquellen mit folgenden Schalldruckpegeln: $L_{p,1} = 60$ dB, $L_{p,2} = 70$ dB, $L_{p,3} = 45$ dB, $L_{p,4} = 80$ dB. Wie groß ist der Gesamt-Schalldruckpegel?

$$\begin{aligned} L_{p,ges} &= 10 \cdot \log\left(10^{0,1 \cdot L_{p,1}} + 10^{0,1 \cdot L_{p,2}} + 10^{0,1 \cdot L_{p,3}} + 10^{0,1 \cdot L_{p,4}}\right) \\ &= 10 \cdot \log\left(10^{0,1 \cdot 60} + 10^{0,1 \cdot 70} + 10^{0,1 \cdot 45} + 10^{0,1 \cdot 80}\right) \\ &= 10 \cdot \log\left(10^6 + 10^7 + 10^{4,5} + 10^8\right) \\ &= 10 \cdot \log\left(1,1103 \cdot 10^8\right) \\ &= 10 \cdot 8,05 \\ &= 80,5\ dB \end{aligned}$$

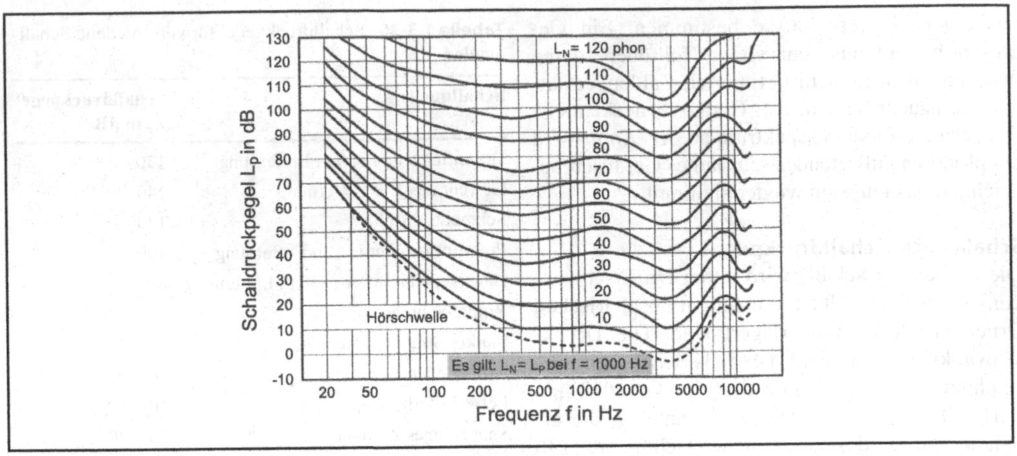

Abb. 1.3-34 Zusammenhang zwischen Schalldruckpegel und Lautstärkepegel

Im vorgenannten Raum werden die beiden Schallquellen mit 60 dB und 45 dB abgeschaltet. Der verbleibende Gesamt-Schalldruckpegel beträgt:

$$\begin{aligned} L_{p,ges} &= 10 \cdot \log \left(10^{0{,}1 \cdot L_{p,2}} + 10^{0{,}1 \cdot L_{p,4}}\right) \\ &= 10 \cdot \log \left(10^7 + 10^8\right) \\ &= 10 \cdot \log \left(1{,}1 \cdot 10^8\right) \\ &= 10 \cdot 8{,}04 \\ &= 80{,}4\ dB \end{aligned}$$

Fazit: Schallpegel, die um mehr als 10 dB niedriger (leiser) als andere sind, können bei Geräuschen gleicher Frequenz vernachlässigt werden.

Für die Subtraktion von Schalldruckpegeln gilt:

$$L_{p,1} = 10 \cdot \log \left[10^{0{,}1 \cdot L_{p,ges}} - \sum_{i=2}^{n} 10^{0{,}1 \cdot L_{p,i}}\right]. \tag{1.3.77}$$

Lautstärkepegel

Das menschliche Ohr empfindet zwei Töne mit dem gleichen Schalldruckpegel verschieden laut, wenn sie unterschiedliche Frequenzen aufweisen. Hohe Töne werden lauter empfunden als tiefe Töne. Zur besseren, subjektiveren Bewertung des Schalls wird daher zusätzlich zum Schalldruckpegel L_p der *Lautstärkepegel* L_N verwendet. Die Einheit des Lautstärkepegels ist phon. Der Zusammenhang zwischen dem Schalldruckpegel L_p und dem Lautstärkepegel L_N in Abhängigkeit von der Frequenz ist in Abb. 1.3-34 dargestellt. Bei einer Frequenz von 1000 Hz entspricht der Lautstärkepegel genau dem Schalldruckpegel, d.h. es gilt $L_N(1000\ \text{Hz}) = L_p(1000\ \text{Hz})$.

Bewerteter Schallpegel

Neben dem Lautstärkepegel wird zur Berücksichtigung der subjektiven Empfindung des Schalls durch das menschliche Ohr ein *bewerteter Schallpegel* eingeführt. Der bewertete Schallpegel ergibt sich aus dem Schalldruckpegel und einem Korrekturwert ΔL, der frequenzabhängig ist. Nach DIN 60651 werden drei unterschiedliche Bewertungen unterschieden (A für niedrige, B für mittlere und C für hohe Schalldruckpegel), wobei für schallschutztechnische Berechnungen die Bewertung nach Kurve A vorwiegend verwendet wird (Abb. 1.3-25). Es gilt (L_A in dB(A)):

$$L_A = L_p + \Delta L. \tag{1.3.78}$$

Darin bedeuten:

L_A Bewerteter Schalldruckpegel in dB(A), Bewertung nach Kurve A
L_p Schalldruckpegel in dB
ΔL Schalldruckpegelkorrektur nach Bewertungskurve A in dB

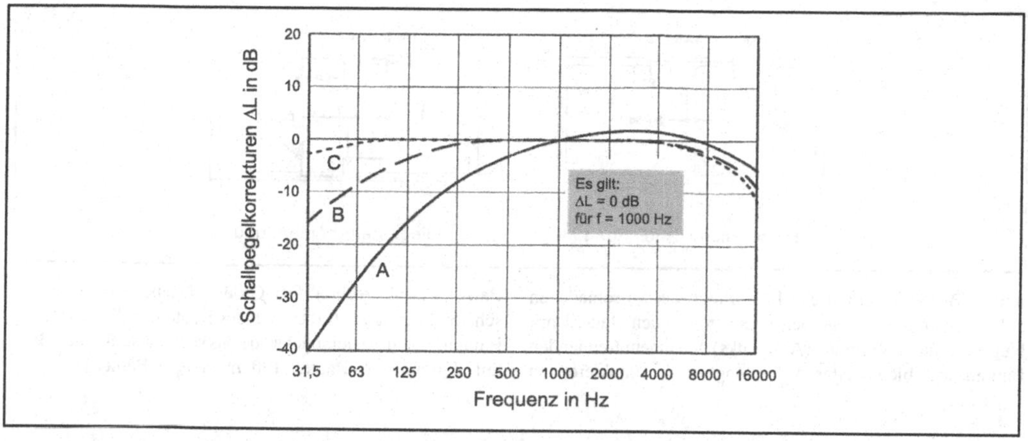

Abb. 1.3-35 Schalldruckpegelkorrektur ΔL nach DIN 60651 für die Bewertungen A, B und C

1.3.4.2 Schallübertragung in Gebäuden

Bei der *Schallübertragung* in Gebäuden werden je nach Übertragungsweg Luftschall, Körperschall und Trittschall unterschieden. Beim *Luftschall* breiten sich die Schallwellen in der Luft aus. Luftschall entsteht beispielsweise durch Sprechen oder durch den Betrieb von Geräten. Die so erzeugten Luftdruckschwankungen im Senderaum regen die raumumfassenden Bauteile (Wände, Decken) zu Biegeschwingungen an. Dadurch werden die im Nachbarraum (Empfangsraum) befindlichen Luftteilchen in Schwingungen versetzt, die Schallübertragung erfolgt hier wieder als Luftschall. Bauteile mit einer großen flächenbezogenen Masse vermindern die Luftschallübertragung. Als *Körperschall* wird Schall, der sich in Bauteilen ausbreitet, bezeichnet. Bei Decken wird hierfür die Bezeichnung *Trittschall* verwendet. Körperschall entsteht durch Anregung von Bauteilen zu Biegeschwingungen (z. B. Klopfen an einer Wand, Begehen einer Decke). Die Biegeschwingungen der trennenden Bauteile regen wiederum die Luftteilchen in den Nachbarräumen zu Schwingungen an. Der Schall wird hier als Luftschall weiter übertragen. Körperschall und Trittschall werden vermindert, wenn die Bauteile schalltechnisch entkoppelt werden, d. h. zwischen dem angeregten Bauteil und anderen Bauteilen keine starre Verbindung besteht (z. B. schwimmender Estrich bei Decken).

Neben der direkten Schallübertragung, bei der der Schall auf direktem Weg über das trennende Bauteil vom Sende- in den Empfangsraum übertragen wird, spielt auch die Längsleitung des Schalls über die flankierenden Bauteile eine entscheidende Rolle. In Abb. 1.3-36 sind die verschiedenen Wege der Schallübertragung schematisch dargestellt.

1.3.4.3 Luftschallschutz in Gebäuden

Unter Luftschallschutz werden Maßnahmen zur Verringerung der Übertragung von Luftschall in Gebäuden verstanden. Von Bedeutung ist hierbei der Schalltransmissionsgrad, der das Verhältnis zwischen der transmittierten, d. h. auf der Rückseite des Bauteils abgestrahlten Schall-Leistung, und der auf der Vorderseite des Bauteils auftreffenden Schall-Leistung angibt. Je kleiner der Schalltransmissionsgrad ist desto besser ist der Luftschallschutz des betrachteten Bauteils. Der Schalltransmissionsgrad ist frequenzabhängig, es gilt folgende Beziehung:

$$\tau = \frac{P_\tau}{P_e} \,. \qquad (1.3.79)$$

Darin bedeuten:

τ frequenzabhängiger Schalltransmissionsgrad (dimensionslos)

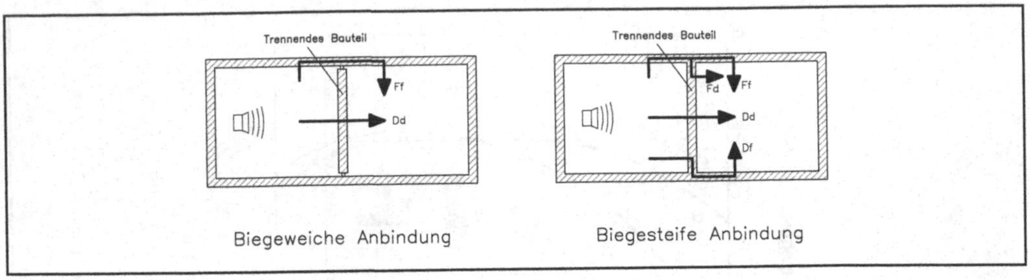

Abb. 1.3-36 Schematische Darstellung der verschiedenen Schallübertragungswege bei einem trennenden Bauteil mit biegeweicher Anbindung (Abb. links) und einem trennenden Bauteil mit biegesteifer Anbindung an die flankierenden Bauteile (Abb. rechts). Der Großbuchstabe bezeichnet das schallaufnehmende (D: trennendes Bauteil, F: flankierendes Bauteil) und der Kleinbuchstabe das schallabstrahlende Bauteil (d: trennendes Bauteil, f: flankierendes Bauteil)

P_τ transmittierte, d. h. auf der Rückseite des Bauteils abgestrahlte, frequenzabhängige Schall-Leistung in W

P_e auftreffende, frequenzabhängige Schall-Leistung in W

Die Differenz zwischen der auf das Bauteil auftreffenden und transmittierten, d. h. auf der Rückseite des Bauteils abgestrahlten Schall-Leistung, ergibt sich dadurch, dass ein Teil der Schall-Leistung vom Bauteil reflektiert wird und ein weiterer Teil im Bauteil in Wärme umgewandelt, d. h. dissipiert wird (Abb. 1.3-37). Der Schalltransmissionsgrad erstreckt sich in der Praxis über einen Wertebereich von ca. 10^{-1} bis 10^{-8}.

Schallpegeldifferenz

Für den Luftschallschutz von Gebäuden ist neben dem Schalltransmissionsgrad auch die Differenz der Schallpegel zwischen Sende- und Empfangsraum von Bedeutung. Dieser als *Schallpegeldifferenz* bezeichnete Wert gibt den Unterschied der Schallpegel zwischen dem lauten (Senderaum) und dem leisen Raum (Empfangsraum) an und berechnet sich mit folgender Gleichung:

$$L_S - L_E = R - 10\log\frac{S}{A}. \qquad (1.3.80)$$

Darin bedeuten:

L_S Schallpegel im Senderaum in dB

L_E Schallpegel im Empfangsraum in dB

R Schalldämm-Maß in dB

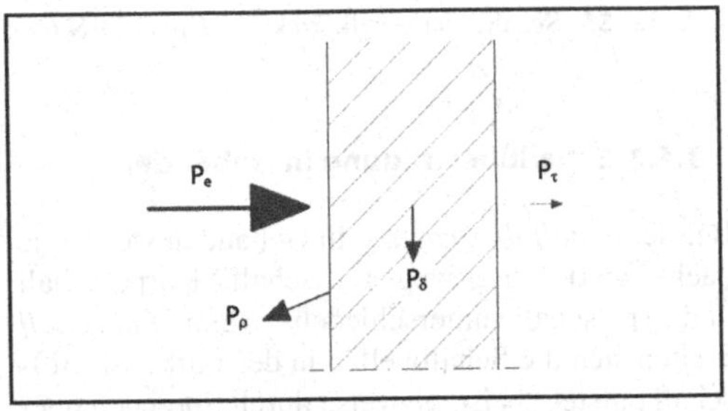

Abb. 1.3-37 Aufteilung der Schall-Leistung eines auf ein Bauteil treffendes Schallsignal P_e in folgende Anteile: P_τ = transmittierte (auf der Rückseite des Bauteils abgestrahlte) frequenzabhängige Schall-Leistung in W, P_ρ = reflektierte Schall-Leistung in W, P_δ = in Wärme umgewandelte (dissipierte) Schallleistung in W

S Fläche des trennenden Bauteils in m²

A Äquivalente Schallabsorptionsfläche im leisen Raum (Empfangsraum) in m²

Die Schallpegeldifferenz wird maßgeblich vom Schalldämm-Maß R des trennenden Bauteils bestimmt. Sie ist aber auch von der Fläche des trennenden Bauteils S sowie von der äquivalenten Schallabsorptionsfläche im Empfangsraum A abhängig (Abb. 1.3-38).

Äquivalente Schallabsorptionsfläche, Nachhallzeit

Die in Gl. (1.3.80) enthaltene *äquivalente Schallabsorptionsfläche A* eines Raums ist eine frequenzabhängige Größe und entspricht einer virtuellen

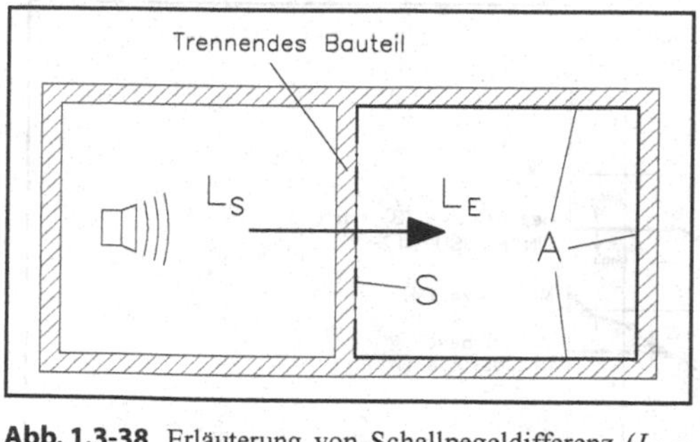

Abb. 1.3-38 Erläuterung von Schallpegeldifferenz ($L_S - L_E$) sowie Schalldämm-Maß R

Fläche mit einem Schallabsorptionsgrad von $\alpha = 1$. Sie berechnet sich nach der *Sabine'schen Formel* mit folgender Gleichung:

$$A = 0{,}163 \cdot \frac{V}{T}. \qquad (1.3.81)$$

Darin bedeuten:
A Äquivalente Schallabsorptionsfläche im Empfangsraum in m²
V Raumvolumen in m³
T Nachhallzeit

Die *Nachhallzeit T* ist derjenige Zeitraum, in dem ein Schallsignal im betrachteten Raum mit dem Schalldruckpegel L um 60 dB abnimmt.

Schalldämm-Maß

Das *Schalldämm-Maß R* beschreibt das Vermögen eines Bauteils, den Schall zu dämmen. Es ist eine frequenzabhängige Größe und wird als logarithmisches Maß angegeben, die Einheit ist Dezibel (dB). Das Schalldämm-Maß ist das Verhältnis der auf ein trennendes Bauteil (z. B. Wand oder Decke) auftreffenden Schallintensität I_1 zu der auf der Rückseite des Bauteils abgegebenen Schallintensität I_2. Die *Schallintensität I* bezeichnet dabei die Schallleistung, die je Flächeneinheit durch ein Bauteil tritt (Dimension ist W/m²). Sie berechnet sich aus dem Produkt von *Schallschnelle v* und *Schalldruck p*. Das Schalldämm-Maß R berechnet sich mit folgender Gleichung:

$$R = 10\log\frac{1}{\tau} = 10\log\frac{I_1}{I_2} = L_S - L_E + 10\log\frac{S}{A}. \qquad (1.3.82)$$

Darin bedeuten:
R Schalldämm-Maß in dB
τ Schalltransmissionsgrad nach Gl. (1.3-80)
I_1 auf das trennende Bauteil auftreffende Schallintensität in W/m²
I_2 vom trennenden Bauteil abgegebene Schallintensität in W/m²
L_S Schallpegel im Senderaum in dB
L_E Schallpegel im Empfangsraum in dB
S Fläche des trennenden Bauteils in m²
A Äquivalente Schallabsorptionsfläche im leisen Raum (Empfangsraum) in m²

Für den baupraktischen Wertebereich des Schalltransmissionsgrades τ von 10^{-1} bis 10^{-8} ergeben sich daher Schalldämm-Maße zwischen 10 und 80 dB. Beispielsweise bedeutet ein Schalldämm-Maß von 10 dB, dass 1/10 der Schallenergie, die auf das Bauteil trifft, durch dieses in den Nachbarraum gelangt. Bei einem Schalldämm-Maß von R = 20 dB gelangt 1/100 der Schallenergie durch das Bauteil, bei R = 30 dB sind es 1/1.000, bei R = 40 dB gelangen 1/10.000 durch das Bauteil usw. Das Schalldämm-Maß kann durch Messung nach DIN EN ISO 140 bestimmt werden. Der auf diese Weise ermittelte Wert wird als Labor-Schalldämm-Maß R bezeichnet. Beim Labor-Schalldämm-Maß wird der Schall ausschließlich durch das zu prüfende Bauteil übertragen, die Schallübertragung über flankierende Bauteile ist ausgeschlossen. Enthält das Schalldämm-Maß zusätzlich zur Schallübertragung durch das trennende Bauteil auch die Übertragung über Flanken und andere Nebenwege wird es als Bau-Schalldämm-Maß R′ bezeichnet. Das *Bau-Schalldämm-Maß* kann bis zu 10 dB schlechter sein als das Labor-Schalldämm-Maß.

Bewertetes Schalldämm-Maß

Das Schalldämm-Maß ist frequenzabhängig. Für die schallschutztechnische Beurteilung eines Bauteils im Rahmen von baupraktischen Nachweisen ist eine frequenzabhängige Angabe des Schalldämm-Maßes nicht sinnvoll. Aus diesem Grund

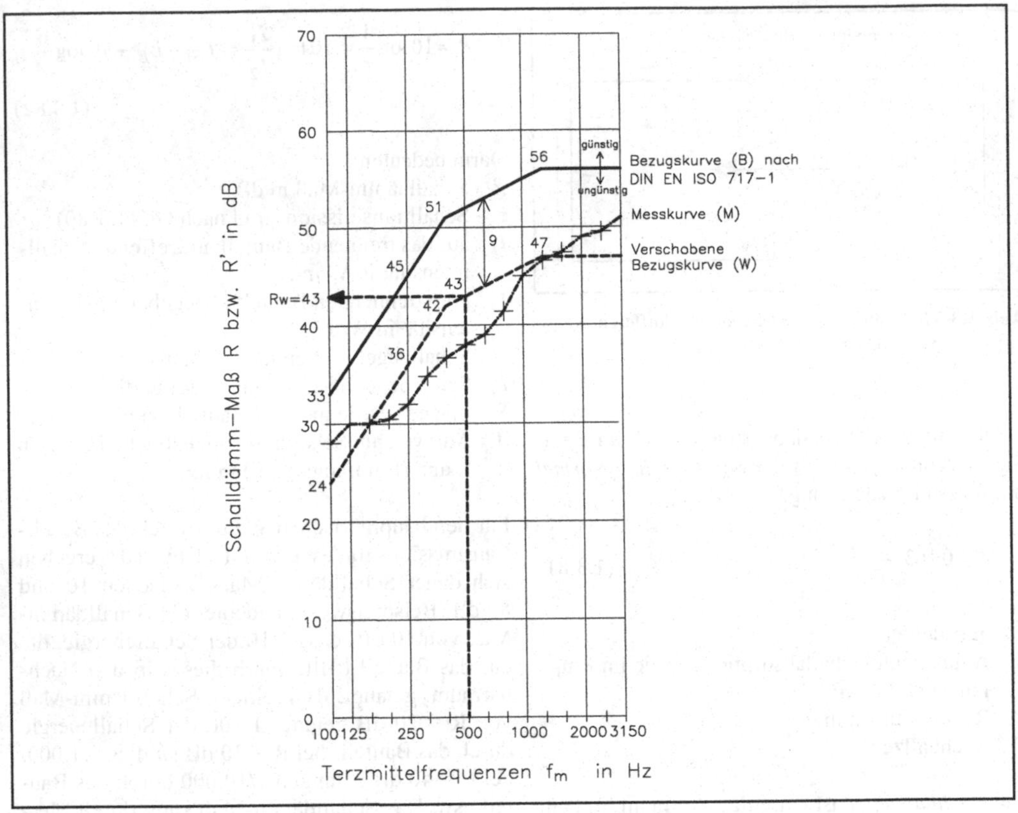

Abb. 1.3-39 Ermittlung des bewerteten Schalldämm-Maßes R_w eines Bauteils: Die Bezugskurve B wird über die Messkurve M geschoben (Bewertungskurve W). Die Verschiebung der Bezugskurve erfolgt in ganzen dB-Schritten, bis die mittlere ungünstige Abweichung der Bezugskurve gegenüber der Messkurve kleiner als 2 dB bleibt, aber gleichzeitig nahezu 2 dB ergibt. Bei 500 Hz wird dann an der Bewertungskurve W das bewertete Schalldämm-Maß R_w abgelesen. Hier: $R_w = 43$ dB

wird für Nachweise das bewertete Schalldämm-Maß R_w bzw. R_w' verwendet. Hierbei handelt es sich um eine Einzahlangabe, die einer Art „Mittelwert" entspricht. Das bewertete Schalldämm-Maß wird aus dem frequenzabhängigen Schalldämm-Maß durch den Vergleich mit einer Bezugskurve ermittelt. Dadurch werden vor allem Einbrüche bei bestimmten Frequenzen korrekt berücksichtigt. Die Bewertung berücksichtigt darüber hinaus die geringere Empfindlichkeit des menschlichen Ohrs für tiefe Frequenzen (Abb. 1.3-39).

Beispiel

Ermittlung des bewerteten Schalldämm-Maßes eines Bauteils (Abb. 1.3-39):

Die Unterschreitungen der Messkurve bezogen auf die verschobene Bezugskurve werden bei den Frequenzen 125, 250, 500, 1000 und 2000 Hz abgelesen. Es ergeben sich folgende Werte: f = 125 Hz → 0 dB, f = 250 Hz → 4 dB, f = 500 Hz → 5 dB, f = 1000 Hz → 1 dB, f = 2000 Hz → 0 dB. Die mittlere Unterschreitung beträgt $u = (0+4+5+1+0)/5 = 10/5 = 2$ dB und ist damit kleiner gleich 2 dB (maximaler Wert der Unterschreitung). Bei der Frequenz f = 500 Hz wird das bewertete Schalldämm-Maß an der Bewertungskurve W abgelesen. Es ergibt sich ein Wert von $R_w = 43$ dB.

Bei der Beurteilung von Bauteilen bezüglich der Luftschalldämmung wird grundsätzlich zwischen einschaligen und zwei- bzw. mehrschaligen Bauteilen unterschieden.

Luftschalldämmung von einschaligen Bauteilen

Unter schalltechnisch einschaligen Bauteilen sind Bauteile zu verstehen, die als Ganzes schwingen. Sie sind im Wesentlichen homogen aufgebaut. Die Bauteilschichten von einschaligen Bauteilen müssen eine konstante Dicke aufweisen, aus einheitlichen oder zumindest ähnlichen Baustoffen bestehen und flächig miteinander verbunden sein (z. B. Wand aus Mauerwerk mit Putzschichten). Bei einschaligen Bauteilen ist das Schalldämm-Maß R in erster Linie von der flächenbezogenen Masse abhängig (*Berger'sches Massegesetz*). Grundsätzlich führt eine große flächenbezogene Masse eines einschaligen Bauteils zu einer guten Luftschalldämmung (großes R), bei einem Bauteil mit einer geringen flächenbezogenen Masse ist die Luftschalldämmung entsprechend schlecht (kleines R). Das Berger'sche Massegesetz lautet (Abb. 1.3-40):

$$R = 10\log\left[1+\left(\frac{\pi\cdot f\cdot m'}{\rho_L\cdot c_L}\cdot\cos\vartheta\right)^2\right] \qquad m'=\rho\cdot d. \tag{1.3.83}$$

Darin bedeuten:

- R Schalldämm-Maß in dB (frequenzabhängig)
- f Frequenz in Hz
- m' flächenbezogene Masse in kg/m²
- ρ_L Rohdichte der Luft ($\rho_L = 1{,}25$ kg/m³)
- c_L Schallgeschwindigkeit in Luft ($c_L = 340$ m/s)
- ϑ Einfallswinkel des Schalls (Winkel zwischen der Flächennormalen und dem Schallsignal)
- d Dicke des Bauteils in m
- ρ Rohdichte des Baustoffes in kg/m³

Aus Gl. (1.3.83) ist zu erkennen, dass sich das Schalldämm-Maß R bei einer Verdoppelung der flächenbezogenen Masse um +6 dB erhöht. Weiterhin führt eine Erhöhung der Frequenz um eine Oktave (= Verdoppelung der Frequenz) zu einer Erhöhung des Schalldämm-Maßes um gleichfalls +6dB. Bei schrägem Einfall des Schalls auf das Bauteil (Winkel $\vartheta \rightarrow 90°$; $\cos\vartheta \rightarrow 1$) sinkt das Schalldämm-Maß stark ab. Bei senkrechtem Einfall des Schalls (Winkel $\vartheta \rightarrow 0°$; $\cos\vartheta \rightarrow 0$) erreicht das Schalldämm-Maß sein Maximum.

Bei üblichen baupraktischen Bedingungen (Schallausbreitung in Räumen und Ausbildung eines diffusen Schallfeldes) spielt schräger Einfall des Schalls nur eine untergeordnete Bedeutung für das Schalldämm-Maß. Damit vereinfacht sich das Berger'sche Massegesetz nach Gl. (1.3-84) wie folgt:

$$R = 10\log(f\cdot m') - 47 \qquad m'=\rho\cdot d. \tag{1.3.84}$$

Darin bedeuten:

- R Schalldämm-Maß in dB (frequenzabhängig)
- f Frequenz in Hz
- m' flächenbezogene Masse in kg/m²

Koinzidenzeffekt, Grenzfrequenz

Neben der flächenbezogenen Masse spielt für das Schalldämm-Maß von einschaligen Bauteilen auch die Biegesteifigkeit des Bauteils eine Rolle. Insbesondere bei dünnen Bauteilen ist festzustellen, dass die Schalldämmung zunächst mit zunehmender Frequenz ansteigt, dann abnimmt und schließlich wieder ansteigt (Abb. 1.3-41). Diese Eigenschaft beruht auf einer Resonanz, bei der die Fortpflanzungsgeschwindigkeit der Biegewellen innerhalb des Bauteils mit der Geschwindigkeit übereinstimmt, mit der die schräg auf das Bauteil treffende Luftschallwelle die Wandoberfläche entlangläuft (Spuranpassung). Bei diesem als *Koinzidenz- oder Spuranpassungseffekt* bezeichneten Phänomen überlagern sich Luftschall- und Biegewelle maximal (Abb. 1.3-42). Das Bauteil schwingt mit größter Amplitude, wodurch die Schalldämmung in diesem Frequenzbereich deutlich verschlechtert wird. Die geringste Schalldämmung tritt im Bereich der sogenannten *Grenzfrequenz* f_g auf. Oberhalb der Grenzfrequenz verbessert sich die Schalldämmung wieder und erreicht größere Werte als nach dem Berger'schen Massegesetz. Als bauakustisch kritisch gilt der Bereich zwischen 100 Hz und 2000 Hz. Die Grenzfrequenz eines Bauteils sollte aus diesem Grund unter 100 Hz (biegesteifes Bauteil) oder über 2000 Hz (biegeweiches Bauteil) liegen. Für homogene, plattenförmige Bauteile (z. B. Wände, Decken) berechnet sich die Grenzfrequenz f_g mit folgender Gleichung:

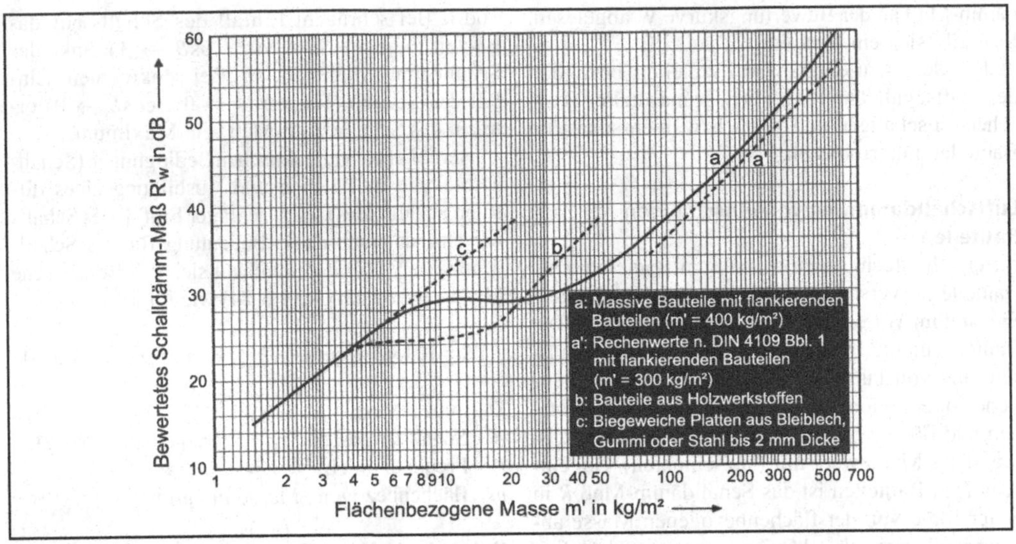

Abb. 1.3-40 Abhängigkeit des Schalldämm-Maßes (hier: bewertetes Schalldämm-Maß R'_w) von der flächenbezogenen Masse m' (*Berger'sches Massegesetz*)

$$f_g = \frac{c_L^2}{2\pi}\sqrt{\frac{m'}{B}} \approx 6{,}0 \cdot 10^4 \cdot \frac{1}{d}\sqrt{\frac{\rho}{E}} \qquad B = \frac{Ed^3}{12(1-\mu^2)}\,. \tag{1.3.85}$$

Darin bedeuten:

- f_g Grenzfrequenz in Hz
- c_L Schallgeschwindigkeit in der Luft in m/s (c_L = 340 m/s)
- m' flächenbezogene Masse des Bauteils in kg/m²; $m' = \rho \cdot d$
- B Biegesteifigkeit der Platte in Nm (bezogen auf ihre Breite)
- E Elastizitätsmodul in N/m²
- d Dicke des Bauteils in m
- ρ Rechenwert der Rohdichte des Baustoffes in kg/m³
- μ Poissionsche Querkontraktionszahl des Baustoffes ($\mu \approx 0{,}35$)

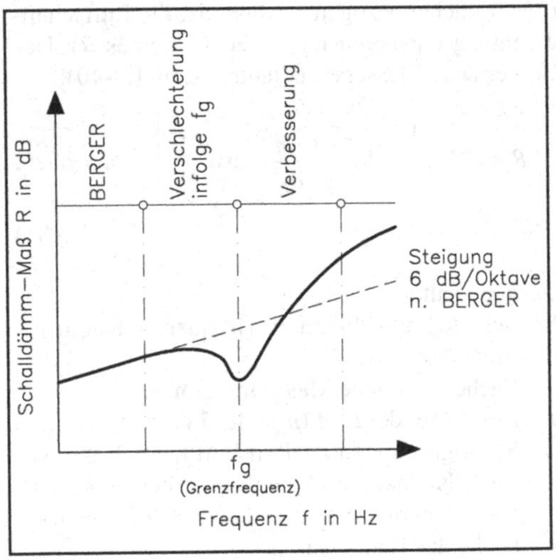

Abb. 1.3-41 Schalldämm-Maß in Abhängigkeit von der Frequenz für eine Wand; Grenzfrequenz f_g

Luftschalldämmung von zwei- und mehrschaligen Bauteilen

Zwei- und mehrschalige Bauteile bestehen aus mehreren Schalen, die nicht starr, sondern federnd (z. B. durch Dämmstoffe) miteinander verbunden sind (*Masse-Feder-System*). Das Schalldämmverhalten von zwei- bzw. mehrschaligen Bauteilen weicht deutlich vom theoretischen Verhalten nach dem Berger'schen Massegesetz ab. Im unteren

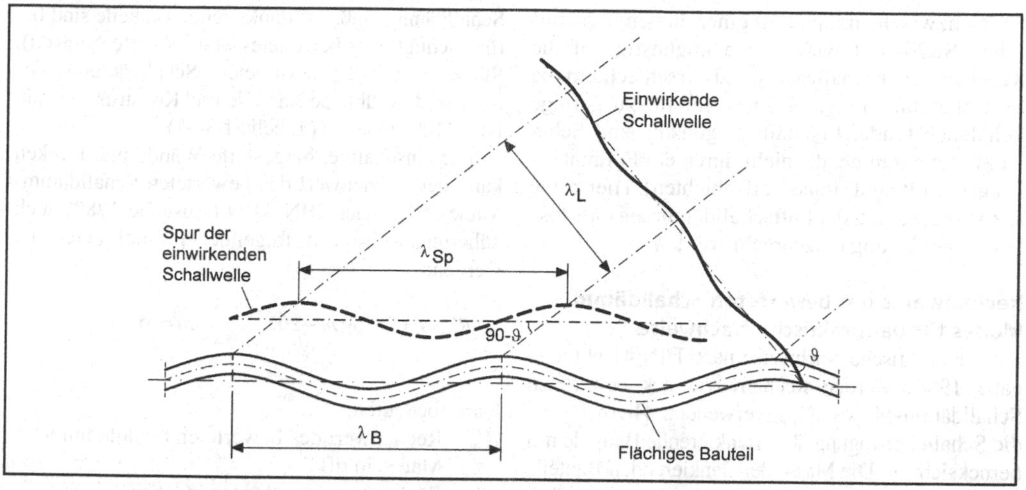

Abb. 1.3-42 Koinzidenz- oder Spuranpassungseffekt von Luftschallwelle und Biegewelle

Frequenzbereich steigt das Schalldämm-Maß gemäß Berger an, nimmt im Bereich der *Resonanzfrequenz* f_0 deutlich ab und verbessert sich dann um ca. +18 dB je Oktave (zum Vergleich: Steigerung +6 dB/Oktave bei einer einschaligen Wand nach Berger). Der Grund für die starke Verbesserung des Schalldämm-Maßes oberhalb der Resonanzfrequenz liegt darin, dass in diesem Bereich die Schalen gegensinnig und entkoppelt schwingen. Im oberen Frequenzbereich kommt es dann zu mehreren Einbrüchen infolge der unterschiedlich hohen Grenzfrequenzen der einzelnen Schalen (Abb. 1.3-43).

Resonanzfrequenz

Die *Resonanzfrequenz* f_0 eines zweischaligen Bauteils berechnet sich zu (Tabelle 1.3-31):

$$f_0 = \frac{1000}{2 \cdot \pi} \cdot \sqrt{s' \cdot \left(\frac{1}{m'_1} + \frac{1}{m'_2} \right)} \qquad s' = \frac{E_{dyn}}{d} \,. \tag{1.3.86}$$

Darin bedeuten:

f_0 Resonanzfrequenz in Hz
s' Dynamische Steifigkeit in MN/m³
m'_1 flächenbezogene Masse der Schale 1 in kg/m²
m'_2 flächenbezogene Masse der Schale 2 in kg/m²
E_{dyn} dynamischer Elastizitätsmodul in MN/m²
d Dicke der Dämmschicht in m

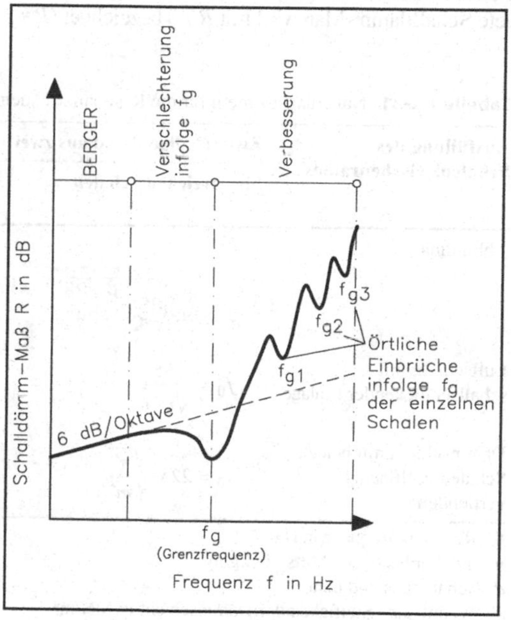

Abb. 1.3-43 Verlauf des Schalldämm-Maßes bei einem zweischaligen Bauteil

Die Resonanzeigenschaften eines zwei- bzw. mehrschaligen Systems hängen im Wesentlichen von der Federsteifigkeit des Zwischenraums (dynamische Steifigkeit s') ab. Materialien für den

Schalenzwischenraum mit einer hohen dynamischen Steifigkeit wirken sich ungünstig auf die Resonanzeigenschaften aus und verschlechtern die Luftschalldämmung. Gleiches gilt für zu geringe Schalenabstände. Ebenfalls ungünstig sind Schalenzwischenräume, die nicht durch ein Füllmaterial ausgefüllt sind (reine Luftschichten). Hier sollte zur Verbesserung der Luftschalldämmung eine lose Hohlraumfüllung eingebracht werden.

Rechenwerte des bewerteten Schalldämm-Maßes für baupraktische Nachweise

Für baupraktische Nachweise nach DIN 4109 (Ausgabe 1989) werden Rechenwerte des bewerteten Schalldämm-Maßes $R'_{w,R}$ verwendet. Hierbei wird die Schallübertragung über flankierende Bauteile mit berücksichtigt. Die Masse der flankierenden Bauteile wird im Mittel mit 300 kg/m² angenommen. Außerdem wird eine biegesteife Anbindung an das trennende Bauteil vorausgesetzt. Das so ermittelte bewertete Schalldämm-Maß wird mit $R'_{w,R}$ bezeichnet (R = Schalldämm-Maß, $'$ = flankierende Bauteile sind berücksichtigt, w = bewertetes Maß, R = Rechenwert). Rechenwerte des bewerteten Schalldämm-Maßes $R'_{w,R}$ sind für übliche Bauteile und Konstruktionen in DIN 4109 enthalten (Tabelle 1.3-32).

Für einschalige, biegesteife Wände und Decken kann der Rechenwert des bewerteten Schalldämm-Maßes $R'_{w,R}$ nach DIN 4109 (Ausgabe 1989) auch näherungsweise mit folgender Formel berechnet werden:

$$R'_{w,R} = 28 \log m' - 20 \qquad m' = \rho \cdot d. \quad (1.3.87)$$

Darin bedeuten:

- $R'_{w,R}$ Rechenwert des bewerteten Schalldämm-Maßes in dB
- m' flächenbezogene Masse in kg/m²
- ρ Rechenwert der Rohdichte des Baustoffes in kg/m³ (z. B. Tabellen 1.3-32 und 1.3-33)
- d Dicke des Bauteils in m

Tabelle 1.3-31 Näherungsformeln für die Resonanzfrequenz f_0 zweischaliger Bauteile

Ausfüllung des Schalenzwischenraums	Zweischalige Wand aus zwei biegeweichen Schalen	biegesteifen Schalen	einer biegesteifen und einer biegeweichen Vorsatzschale
Abbildung	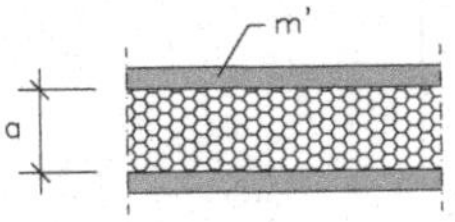	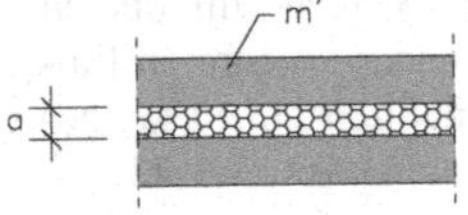	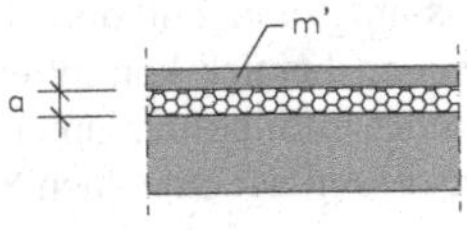
Luftschicht mit schallschluckender Einlage	$f_0 = \frac{85}{\sqrt{m' \cdot a}}$	$f_0 = \frac{340}{\sqrt{m' \cdot a}}$	$f_0 = \frac{60}{\sqrt{m' \cdot a}}$
Dämmschicht mit beiden Schalen vollflächig verbunden	$f_0 = 225 \cdot \sqrt{\frac{s'}{m'}}$	$f_0 = 900 \cdot \sqrt{\frac{s'}{m'}}$	$f_0 = 160 \cdot \sqrt{\frac{s'}{m'}}$

f_0 Resonanzfrequenz in Hz
m' flächenbezogene Masse in kg/m²
d Schalenabstand in m
s' dynamische Steifigkeit der Dämmschicht in MN/m³

Tabelle 1.3-32 Rechenwerte des bewerteten Schalldämm-Maßes $R'_{w,R}$ von einschaligen, biegesteifen Wänden und Decken in Abhängigkeit von der flächenbezogenen Masse m' nach DIN 4109 Beiblatt 1 (Auszug)

m′ in kg/m²	150	190	250	320	380	410	450	530	580
$R'_{w,R}$	41	44	47	50	52	53	54	56	57

Tabelle 1.3-33 Rechenwerte der Rohdichten für ausgewählte Bauteile nach DIN 4109

Baustoff	Rechenwert der Rohdichte in kg/m³		
Fugenlose Wände und Wände aus geschosshohen Platten aus unbewehrtem Beton und Stahlbeton	2300		
Einschalige, biegesteife Wände aus Steinen und Platten	Stein-/Plattenrohdichte in kg/m³	Rechenwert der Wandrohdichte in kg/m³	
		Normalmörtel	Leichtmörtel (Rohdichte ≤ 1000 kg/m³)
	2200	2080	1940
	1800	1720	1600
	1400	1360	1260
	1200	1180	1090
	1000	1000	950
	800	820	770
	400	460	410

Tabelle 1.3-34 Flächenbezogene Masse von Wandputz nach DIN 4109

Putzdicke in mm	Flächenbezogene Masse m' von	
	Kalkgipsputz, Gipsputz in kg/m²	Kalkputz, Kalkzementputz, Zementputz in kg/m²
10	10	18
15	15	25
20	-	30

Rechenwerte der Rohdichten für Wand- und Deckenbaustoffe sowie Rechenwerte der flächenbezogenen Masse von Putzen enthält DIN 4109 (Tabellen 1.3-33 und 1.3-34).

Beispiel:
Rechenwert des bewerteten Schalldämm-Maßes einer einschaligen Wand aus Mauerwerk (Dicke d = 24 cm, Steinrohdichte 1800 kg/m³, Normalmörtel), beidseitig verputzt (Kalkzementputz, Dicke 15 mm):

Rechenwert der Rohdichte der Wand: $\rho = 1720$ kg/m³ (Tabelle 1.3-32)

Flächenbezogene Masse (Gl. (1.3.84)):

$$m' = \rho \cdot d + m'_{Putz} = 1720 \cdot 0{,}24 + 2 \cdot 25 = 462{,}8 \text{ kg/m}^2$$

Bewertetes Schalldämm-Maß der Wand (Gl. (1.3.86)):

$$R'_{w,R} = 28 \log m' - 20 = 28 \log 462{,}8 - 20 = 54{,}6 \text{ dB}$$

Hinweis: Gemäß DIN 4109 (Ausgabe 1989) wird für Wohnungstrennwände ein $R'_w \geq 53$ dB gefordert. Die im Beispiel behandelte Wand würde somit die Anforderungen der DIN 4109 erfüllen.

1.3.4.4 Trittschallschutz

Als *Trittschall* wird Körperschall bezeichnet, der durch das Begehen einer Decke erzeugt wird. Weitere Ursachen für Trittschall können z.B. der Betrieb von Haushaltsgeräten, Aufprallgeräusche, das Herunterfallen von Gegenständen oder Stühlerücken sein. Trittschall wird als Körperschall in den Bauteilen übertragen und in andere Räume abgestrahlt.

Trittschallpegel, Norm-Trittschallpegel

Maßgebliche Größe für die Bewertung des Trittschallschutzes ist der Trittschallpegel L_i im Empfangsraum. Da neben dem trennenden Bauteil selbst auch die raumakustischen Verhältnisse im Empfangsraum (z. B. Vorhandensein von schallabsorbierenden Oberflächen) einen erheblichen Einfluss auf die Größe des Trittschallpegels im

Empfangsraum haben, wurde der *Norm-Trittschallpegel* L_n eingeführt:

$$L_n = L + 10\log\frac{A}{A_0}. \qquad (1.3.88)$$

Darin bedeuten:

L_n Norm-Trittschallpegel in dB (frequenzabhängig)

L Gemessener Trittschallpegel in dB (frequenzabhängig)

A äquivalente Schallabsorptionsfläche des Empfangsraums (Raum unter der Decke) in m²

A_0 Bezugsabsorptionsfläche (A_0 = 10 m²)

Der *Norm-Trittschallpegel* wird im Empfangsraum gemessen, wobei die zu prüfende Decke mit einem Norm-Hammerwerk angeregt wird. Für baupraktische Nachweise ist die Verwendung des Norm-Trittschallpegels zu aufwändig, da es sich um eine frequenzabhängige Größe handelt. Aus diesem Grund wird – wie bei Schalldämm-Maß – ein äquivalenter bewerteter Norm-Trittschallpegel $L'_{n,w}$ eingeführt, der als Einzahlangabe rechnerische Nachweise erleichtert. Weiterhin werden Einflüsse durch flankierende Bauteile berücksichtigt. Im Gegensatz zum Schalldämm-Maß bedeuten große Werte des bewerteten äquivalenten Norm-Trittschallpegels eine schlechte Trittschalldämmung, da hierbei viel Schall durch die Decke gelangt. Kleine Werte von $L'_{n,w}$ bedeuten dagegen eine gute Trittschalldämmung. Der äquivalente bewertete Norm-Trittschallpegel ergibt sich durch Bewertung der Messwerte mit einer Bezugskurve für die Frequenz von 500 Hz.

Mit einschaligen Decken ist ein ausreichender Trittschallschutz nicht erreichbar. Aus diesem Grund ist immer eine Deckenauflage erforderlich, die den Trittschallschutz verbessert. Geeignete Deckenauflagen sind beispielsweise *schwimmende Estriche* und weichfedernde Bodenbeläge. Der Rechenwert des äquivalenten bewerteten Norm-Trittschallpegels für Massivdecken mit Deckenauflage berechnet sich mit folgender Gleichung:

$$L'_{n,w,R} = L_{n,w,eq,R} - \Delta L_{w,R}. \qquad (1.3.89)$$

Darin bedeuten:

$L'_{n,w,R}$ äquivalenter bewerteter Norm-Trittschallpegel der Massivdecke mit Deckenauflage in dB (Rechenwert)

$L'_{n,w,eq,R}$ äquivalenter bewerteter Norm-Trittschallpegel der Massivdecke ohne Deckenauflage in dB (Rechenwert)

$\Delta L_{w,R}$ Trittschallverbesserungsmaß der Deckenauflage in dB (Rechenwert)

Rechenwerte für die in Gl. (1.3.89) angegebenen Größen enthält DIN 4109 (Ausgabe 1989). Für Wohnungstrenndecken wird nach DIN 4109 (Ausgabe 1989) ein $L'_{n,w} \leq 53$ dB gefordert. Dieser Wert kann nur als Mindestanforderung gelten, insbesondere wenn man bedenkt, dass Gehgeräusche erst bei einem Trittschallpegel von $L'_{n,w} < 30$ bis 35 dB kaum noch hörbar sind. Decken ohne einen schwimmenden Estrich erreichen dagegen nur Trittschallpegel von 80 bis 85 dB.

Bei der Ausführung des schwimmenden Estrichs ist darauf zu achten, dass keine Schallbrücken zwischen dem schwimmend gelagerten Estrich sowie dem Bodenbelag und der übrigen Konstruktion vorhanden sind. Selbst kleinste Verbindungsstellen (*Schallbrücken*) können die Wirksamkeit des schwimmenden Estrichs zunichte machen.

1.3.4.5 Anforderungen an den Schallschutz

Anforderungen an den Schallschutz sind in DIN 4109 geregelt. Darüber hinaus enthält auch die VDI-Richtlinie 4100 Anforderungen an den Schallschutz. Einige Anforderungswerte zum Schallschutz sind in Tabelle 1.3-35 informativ angegeben.

1.3.4.6 Hinweise auf das zukünftige Nachweiskonzept nach neuer DIN 4109

Die Regelungen in der bisher noch gültigen Schallschutznorm DIN 4109 sind fast 20 Jahre alt und bedürfen daher einer Neufassung. Aus diesem Grund wurde bereits Ende der 1990er Jahre mit der Überarbeitung der DIN 4109 begonnen. Die Arbeiten sind zurzeit (Stand: August 2009) noch nicht vollständig abgeschlossen. Trotzdem soll an dieser Stelle kurz auf die wesentlichen Änderungen der neuen DIN 4109 gegenüber der alten Ausgabe eingegangen werden.

Die wesentliche Änderung betrifft das Nachweiskonzept, das grundlegend umgestellt wurde. Während in der bisherigen Ausgabe aus dem Jahre 1989 die Nachweise des Schallschutzes über das

Tabelle 1.3-35 Anforderungen an den Schallschutz nach DIN 4109 (Ausgabe 1989)

Bauteil	DIN 4109 (1989)		Erhöhter Schallschutz nach DIN 4109 Beiblatt 2 (1989) [1)]		Bemerkung
	erf R'_w in dB	erf. $L'_{n,w}$ in dB	erf R'_w in dB	erf. $L'_{n,w}$ in dB	
Wohnungstrenndecken	54	53	≥ 55	≤ 46	Geschosshäuser mit Wohnungen und Arbeitsräumen
Treppenläufe und -podeste	-	58	-	≤ 46	
Wohnungstrennwände	53	-	≥ 55	-	
Decken	54	53	≥ 55	≤ 46	Beherbergungsstätten
Wände zwischen Übernachtungsrumen	47	-	≥ 52	-	
Türen zwischen Fluren und Übernachtungsräumen	32	-	≥ 37	-	
Decken zwischen Unterrichtsräumen	55	53	k.A.	k.A.	Schulen
Wände zwischen Unterrichtsräumen	47	-	k.A.	k.A.	
Wände zwischen Unterrichtsräumen und besonders lauten Räumen (z. B. Sporthallen)	55	-	k.A.	k.A.	

[1)] Hinweis: Empfehlungen zum erhöhten Schallschutz wird es in der zukünftigen DIN 4109 nicht mehr geben.

bewertete Schalldämm-Maß R'_w (beim Luftschall) sowie über den Norm-Trittschallpegel $L'_{n,w}$ (beim Trittschall) geführt werden, sieht die neue DIN 4109 die Nachweisführung über die *Standard-Schallpegeldifferenz* D_{nT} beim Luftschall und über den *Standard-Trittschallpegel* L'_{nT} beim Trittschall vor.

Beim Nachweis des Luftschallschutzes steht in Zukunft der *Schallschutz des Gebäudes* im Vordergrund und nicht mehr die *Schalldämmung des trennenden Bauteils*. Die zukünftig verwendete Nachweisgröße der Standard-Schallpegeldifferenz D_{nT} ist neben dem Schalldämm-Maß des trennenden Bauteils auch von der Größe des Empfangsraums abhängig. Bei kleinen Räumen muss das Schalldämm-Maß des trennenden Bauteils besser sein als bei Räumen mit größeren Abmessungen. Dieser Aspekt wurde in der alten Ausgabe der DIN 4109 nicht berücksichtigt und ist in der Neufassung Grundlage der Nachweise. Mit dem Erscheinen des Weißdrucks der DIN 4109 ist in Kürze zu rechnen.

Literaturverzeichnis Kap. 1.3

Arndt H (1996) Wärmeschutz und Feuchte in der Praxis. Huss Medien Verlag Bauwesen, Berlin

Fasold F, Veres E (2003) Schallschutz und Raumakustik in der Praxis. 2. Aufl. Huss Medien Verlag Bauwesen, Berlin

Fouad NA (Hrsg) (2009) Bauphysik-Kalender 2009 – Schallschutz und Akustik. Ernst & Sohn, Berlin

Fouad NA (Hrsg) (2007) Bauphysik-Kalender 2007 – Neue EnEV, Energiebedarf nach DIN V 18599. Ernst & Sohn, Berlin

Gösele K, Schüle W, Künzel H (1997) Schall, Wärme, Feuchte. 10. Aufl. Bauverlag, Wiesbaden

Hauser G, Stiegel H (1992) Wärmebrücken-Atlas für den Holzbau. Bauverlag, Wiesbaden

Lutz P u. a. (2008) Lehrbuch der Bauphysik. 6. Aufl. Vieweg+Teubner, Wiesbaden

Moll M (2009) Analytische Herleitung von Anforderungen an den Luftschallschutz zwischen Räumen. Bauphysik 31 (2009) 4

Schmidt P (2009) Erneuerbare Energien und das neue EEWärmeG in der Praxis. PraxisCheck (2009) 1

Schmidt P (Hrsg) (2009) Die neue Energieeinsparverordnung im Bild. Weka-Verlag, Kissing

Schmidt P, Kempf H (2008) Die neue EnEV in der Praxis. PraxisCheck (2008) 2

Willems WM, Schild K, Dinter S, Stricker D (2007) Formeln und Tabellen Bauphysik. Vieweg, Wiesbaden

Willems WM, Schild K, Dinter S (2006) Vieweg Handbuch Bauphysik. Teil 1 – Wärme und Feuchteschutz, Behaglichkeit, Lüftung. Vieweg+Teubner, Wiesbaden

Willems WM, Schild K, Dinter S (2006) Vieweg Handbuch Bauphysik. Teil 2 – Schall- und Brandschutz, Fachwörterglossar deutsch-englisch, englisch-deutsch. Vieweg+Teubner, Wiesbaden

1.4 Bauchemie

Johann Plank

1.4.1 Allgemeines

Die Bauchemie befasst sich mit den chemischen Bestandteilen der Baustoffe und den bei ihrer Herstellung, Verarbeitung und Schädigung ablaufenden chemischen Prozessen [Benedix 2008, Plank et al. 2004]. Zu den Themen der Bauchemie gehören:

- *Bindemittel:*
  - anorganische Bindemittel: Portlandzement, Aluminatzement, Phosphatzement, Kalk, $CaSO_4$-Bindemittel (Anhydrit, Halbhydrat), Wasserglasbinder, Alumosilikate (Lehm),
  - organische Bindemittel: Epoxidharze, Polyurethane, Latex-Dispersionen, Silicone,
- *reaktive Zusatzstoffe:*
  - natürliche und künstliche Puzzolane (Flugasche, Hüttensand, Mikrosilica, Trass, Metakaolin),
- *chemische Prozesse in Baustoffen:*
  - Erhärtungsprozesse,
  - Korrosionsprozesse und Baustoffschädigung,
  - Instandsetzungsmaßnahmen nach Baustoffschädigung,
- *bauchemische Zusatzmittel:*
  - Verflüssiger, Fließmittel, Verzögerer, Beschleuniger, Luftporenbildner, Schäumer, Entschäumer, Wasserretentionsmittel, Stellmittel, Schwindreduzierer, Hydrophobierungsmittel, Thixotropiermittel, Treibmittel,
- *moderne Baustoffsysteme:*
  - Dämmstoffe, Wärmedämmverbundsysteme, selbstverdichtender Beton, selbstnivellierende Fußbodenausgleichsmassen, selbstreinigende Oberflächen mit Lotus- oder photokatalytischem Effekt, spektralselektive Oberflächen, Phase Change Materials,
- *Umweltverträglichkeit von Baustoffen:*
  - Energieeinsatz bei der Herstellung und Verarbeitung von Baustoffen,
  - Wiederverwertbarkeit von Rohstoffen und Baustoffen,
  - Emissionen aus Baustoffen.

Die mineralischen (nicht-metallisch-anorganischen), die metallischen und die organischen Baustoffe sind Thema der *Baustoffchemie*, ebenso ihre Reaktionen (z. B. Erhärtungsreaktionen) und die Reaktionen, die bei der Kombination von Baustoffen und Bauhilfsstoffen ablaufen [Henning/Knöfel 2002, Karsten 2002, Scholz 2007].

Die wichtigsten Anwendungsgebiete bauchemischer Produkte sind Beton, Trockenmörtel sowie Baufarben.

1.4.2 Chemie der anorganischen Bindemittel

Die Aufgabe von Bindemitteln besteht darin, körnige Materialien (Zuschläge wie z. B. Sand, Kies) zu binden, d. h. die einzelnen Körner zu einem Festkörper dreidimensional miteinander zu verkleben. Beim Anrühren anorganischer Bindemittel mit Wasser treten *chemische Reaktionen* ein, die eine Verfestigung bewirken. Neben chemischen Reaktionen spielen dabei *Lösungs- und Kristallisationsprozesse* sowie *Vorgänge an Grenzflächen* eine wichtige Rolle.

Die anorganischen Bindemittel werden je nach ihrem Abbindeverhalten unter Wasser in folgende Gruppen eingeteilt:

- *hydraulische* Bindemittel:
  Sie erhärten auch unter Wasser und sind wasserfest.
  Beispiele: Portlandzement, hydraulischer Kalk.
- *latent-hydraulische* Bindemittel:
  Sie benötigen einen Anreger (z. B. $Ca(OH)_2$, $Mg(OH)_2$, Zement), um hydraulische Eigenschaften zu entwickeln.
  Beispiele: Flugasche, Hüttensand, Mikrosilica, Trass.
- *nicht-hydraulische* Bindemittel:
  Sie erhärten nicht unter Wasser, sondern nur an Luft und sind nicht wasserbeständig.
  Beispiele: Lehm, Kalk, Anhydrit, Calciumsulfat-Halbhydrat, Phosphatzemente.

Das mengenmäßig weltweit am meisten eingesetzte anorganische Bindemittel ist Lehm (5 Mrd. to/Jahr), gefolgt von Zement (ca. 2.7 Mrd. to 2008). Damit ist Zement das derzeit größte industriell hergestellte Produkt überhaupt. Gips ($CaSO_4$-Bindemittel) spielt im Vergleich zu Zement mit ca. 200 Mio. to Jahresverbrauch eine relativ geringe Rolle.

1.4.2.1 Portlandzement

Zemente sind feingemahlene *hydraulische Bindemittel*, die nach dem Vermischen mit Wasser („Anmachen“) sowohl an Luft als auch unter Wasser erhärten [Kühl 1967, Taylor 1997, Locher 2000, Odler 2000, Stark/Wicht 2000].

Geschichtliches

Der Begriff „Zement“ geht auf die Römer zurück. Sie bezeichneten mit *„opus caementitium“* ein dem heutigen Beton ähnliches Material aus Bruchsteinen und gebranntem, tonhaltigem Kalk als Bindemittel, das in vielen römischen Bauwerken (u. a. im Fundament des Colosseums in Rom) verwendet wurde. Kern ihrer Erfindung war die Zugabe von Ziegelmehl zum Kalkstein, wodurch beim Brennen erstmals ein wasserfestes („hydraulisches“) Bindemittel entstand. Der „Zement“ der Römer entsprach in seiner Zusammensetzung mehr einem hydraulischen Kalk (d. h. einem Kalk mit silikatischen Anteilen). Mit dem Germaneneinfall und dem Untergang des Römischen Reiches ging die Technologie der römischen Zementherstellung gänzlich verloren. Im Mittelalter war Zement unbekannt. Erst Ende des 18. Jahrhunderts wurde der römische Zement wiederentdeckt. 1843 gelang dem Engländer William Aspdin erstmals die Herstellung eines Zements mit erheblichen gesinterten Anteilen, nach unserer heutigen Nomenklatur der erste Portlandzement. Der Name *Portland*zement geht auf die südenglische Halbinsel Portland zurück, wo im 18./19. Jahrhundert ein grau gefärbter Kalkstein abgebaut wurde, der im Aussehen und Festigkeit erhärtetem Zement ähnelt und ein damals sehr beliebter Naturstein war.

Herstellung und Zusammensetzung

Portlandzement ist ein unscheinbares, graues Pulver, das nicht vermuten lässt, welch komplexe chemische Zusammensetzung es besitzt und welch vielseitige Reaktionen bei seiner Herstellung und – mehr noch – bei seiner Reaktion mit Wasser („Abbinden“ bzw. „Hydratation“) ablaufen. Diese werden im Folgenden beschrieben.

Portlandzement besteht grundsätzlich aus zwei Komponenten: dem im Drehrohrofen bei ca. 1400°C hergestellten Klinker, einem keramischen, harten Material sowie dem Sulfatträger (i. d. R. eine $CaSO_4$-Verbindung) zur Regulierung der Verarbeitbarkeit („Rücksteifverhalten“). Der Gewichtsanteil des Sulfatträgers im Zement beträgt ca. 3–7 Gew.-%. Der Klinker besteht im Wesentlichen aus zwei silikatischen Phasen, nämlich dem Tricalciumsilikat (C_3S, auch als Alit bezeichnet) und dem Dicalciumsilikat (C_2S bzw. Belit) sowie der Aluminat- (C_3A) und der Ferritphase C_4AF (auch Ferratphase genannt). Die beiden silikatischen Phasen stellen mit ca. 80 Gew.-% den Hauptbestandteil des Zements dar. Sie sind gleichzeitig die festigkeitsgebenden Phasen.

Portlandzementklinker wird in einer Hochtemperatur-Festkörperreaktion ähnlich wie ein keramisches Material hergestellt. Dazu wird eine Mischung aus *Kalkstein* und *Ton* – das sog. „Rohmehl“ – sowie von Korrekturstoffen (z. B. Quarzsand, Eisenerz) in bis zu 100 m langen Drehrohröfen bis zur *Sinterung* auf Temperaturen von 1400°C bis 1500°C erhitzt. Dabei tritt *partielles Schmelzen* ein (Schmelzanteil 20–30%). Nach einer Verweilzeit von ca. 45 Minuten im Ofen wird das entstandene Sinterprodukt (der Klinker) äußerst rasch auf ca. 150°C abgekühlt, um die Umwandlung der metastabilen Silikatphasen in solche mit geringerer hydraulischer Aktivität zu verhindern.

Zur Erzielung optimaler Eigenschaften ist eine *spezielle chemische Zusammensetzung* des Rohmehls erforderlich. Der Spielraum für die oxidische Zusammensetzung ist gering; er ist aus der Lage des *Portlandzementfeldes* im Dreistoffsystem CaO/MgO–Al_2O_3/FeO_3–SiO_2, das auch als *Rankin-Diagramm* bezeichnet wird, abzulesen (Abb. 1.4-1). Entscheidend ist der Kalkgehalt des Zements. Ein zu hoher Kalkgehalt verursacht Kalktreiben (Expansionsrisse), ein zu niedriger Kalkgehalt führt zu Einbußen in der Festigkeit, da die Bildung von Tricalciumsilikat unvollständig bleibt.

Zur Berechnung des optimalen Kalkgehalts werden folgende Kennwerte verwendet:

Hydraulischer Modul

$$HM = \frac{CaO}{SiO_2 + Al_2O_3 + Fe_2O_3}$$

Grenzwerte: HM = 2,0…2,4; (1.4.1)

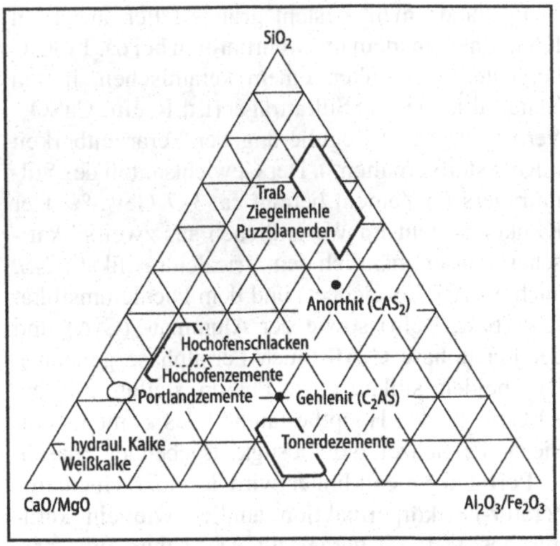

Abb. 1.4-1 Phasendiagramm für das Dreistoffsystem Kalk-Tonerde-Kieselsäure (Rankin-Diagramm), aus [Hennig/Knöfel 2002]

Kalkstandard KSt-I

$$\text{KSt-I} = \frac{100 \cdot CaO}{2{,}8 \cdot SiO_2 + 1{,}1 \cdot Al_2O_3 + 0{,}7 \cdot Fe_2O_3}$$

Grenzwerte: KSt-I = 90…100. (1.4.2)

In die Gleichungen sind die anhand der chemischen Analyse eines Zements bzw. des Rohmehls ermittelten Oxidgehalte in Massenprozent einzusetzen. Die Oxide SiO_2, Al_2O_3 und Fe_2O_3 werden auch als Hydraulefaktoren bezeichnet. Beim KSt-I (nach Kühl) wird der Berechnung die mögliche Bildung der Phasen C_3S, $C_{12}A_7$ und C_4AF zugrunde gelegt. Beim KSt-II wurden die Faktoren für SiO_2, Al_2O_3 und Fe_2O_3 verbessert (praxisnäher). Unter zusätzlicher Berücksichtigung des MgO ergibt sich der KSt-III (nach Spohn, Woermann und Knöfel) zu:

Kalkstandard KSt-III bei <2 M.-% MgO

$$\text{KSt-III} = \frac{100 \cdot (CaO + 0{,}75 \cdot MgO)}{2{,}80 \cdot SiO_2 + 1{,}18 \cdot Al_2O_3 + 0{,}65 \cdot Fe_2O_3} \quad (1.4.3)$$

Kalkstandard KSt-III bei ≥2 M.-% MgO

$$\text{KSt-III} = \frac{100 \cdot (CaO + 1{,}5)}{2{,}80 \cdot SiO_2 + 1{,}18 \cdot Al_2O_3 + 0{,}65 \cdot Fe_2O_3} \quad (1.4.4)$$

Ein PZ-Klinker mit KSt-III 100 enthält den höchsten CaO-Gehalt, der unter technischen Bedingungen an seine Hydraulefaktoren gebunden werden kann (optimaler CaO-Gehalt).

Neben den Kalkkennwerten HM und KSt gibt es weitere Quotienten, die einen schnellen Überblick über die chemische Zusammensetzung eines Zementrohmehls gestatten:

Silicatmodul SM

$$SM = \frac{SiO_2}{Al_2O_3 + Fe_2O_3}$$

Grenzwerte: SM = 1,8…3,9; (1.4.5)

Tonerdemodul TM

$$TM = \frac{Al_2O_3}{Fe_2O_3}$$

Grenzwerte: TM = 1,5…2,9. (1.4.6)

Mit steigendem Silicatmodul (SiO_2-Anteil) nimmt die Festigkeit zu, das Sinterverhalten verschlechtert sich jedoch. Der Tonerdemodul (Al_2O_3-Anteil) hat auf die Festigkeitsentwicklung keinen wesentlichen Einfluss; mit sinkendem Tonerdemodul nimmt der C_3A-Gehalt ab, die Schmelze wird niedriger viskos.

Die *chemischen Umsetzungen,* die bei der thermischen Behandlung eines Zementrohmehls mit steigender Temperatur stattfinden, sind in Tabelle 1.4-1 dargestellt. Die in der Zementchemie gebräuchliche Kurzschreibweise für die einzelnen Oxide ist in Tabelle 1.4-2 angegeben. Bei der maximalen Brenntemperatur liegen die Silicate in fester Form vor, der Rest ist geschmolzen. Während der Abkühlung kristallisieren die Aluminat- und die Ferratphase. Wie bereits erwähnt muss die Kühlung rasch erfolgen, da C_3S sonst unter Bildung von C_2S und CaO wieder zerfällt.

Bei der industriellen Zementherstellung entstehen praktisch nie die reinen Klinkerphasen C_3S, C_2S, C_3A oder C_4AF. In den Rohstoffen Kalkstein und Ton sind stets Verunreinigungen enthalten, die

Tabelle 1.4-1 Chemische Umsetzungen bei der thermischen Behandlung von Portlandzement-Rohmehl (Hauptreaktionen beim Klinkerbrand) [Henning/Knöfel 2002]

Temperatur °C	Vorgang	Chemische Umsetzung
20 … 200	Abgabe von freiem Wasser (Trocknung)	
200 … 450	Abgabe von adsorbiertem Wasser	
450 … 600	Tonzersetzung, dabei Bildung von Metakaolinit	$Al_4(OH)_8Si_4O_{10} \rightarrow 2\ (Al_2O_3 \cdot 2SiO_2) + 4\ H_2O$
600 … 950	Metakaolinitzersetzung, dabei Bildung einer reaktionsfähigen Oxidmischung	$Al_2O_3 \cdot 2SiO_2 \rightarrow Al_2O_3 + 2SiO_2$
800 … 1000	Kalksteinzersetzung, dabei Bildung von CS und CA	$CaCO_3 \rightarrow CaO + CO_2$ $3\ CaO + 2\ SiO_2 + Al_2O_3 \rightarrow 2\ (CaO \cdot SiO_2) + CaO \cdot Al_2O_3$
1000 … 1300	Kalkaufnahme durch CS und CA, Bildung von C_2S, C_3A und C_4AF	$CS + C \rightarrow C_2S$ $2\ C + S \rightarrow C_2S$ $CA + 2\ C \rightarrow C_3A$ $CA + 3\ C + F \rightarrow C_4AF$
1300 … 1450	weitere Kalkaufnahme durch C_2S	$C_2S + C \rightarrow C_3S$

Tabelle 1.4-2 In der Zementchemie gebräuchliche Kurzschreibweise der Oxide

Oxid	Kurzschreibweise
CaO	C
SiO_2	S
Al_2O_3	A
Fe_2O_3	F
MgO	M
Na_2O	N
K_2O	K
H_2O	H
SO_3	$\bar{s}$
CO_2	$\bar{c}$

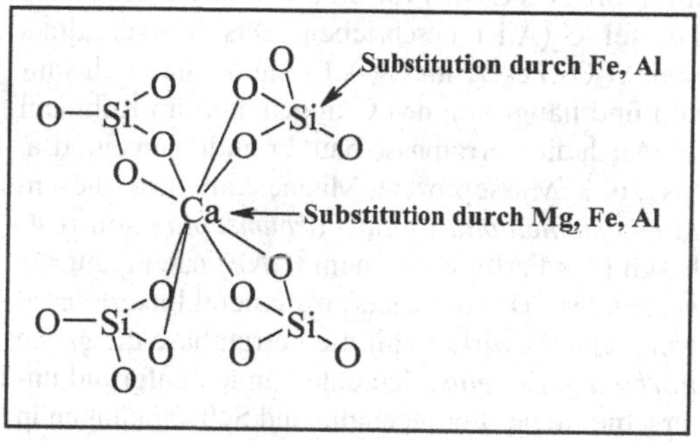

Abb. 1.4-2 Möglichkeiten des Fremdioneneinbaus in C_3S

zum Einbau von Fremdionen in die Kristallgitter der Klinkerphasen führen. Auf diese Weise entstehen *mit Fremdionen dotierte Klinkerphasen.* Ihre Bildung ist vorteilhaft, da ihre Reaktivität mit Wasser meist höher ist als die der undotierten, reinen Phasen. Abbildung 1.4.-2 erläutert beispielhaft die in Alit häufigen Substitutionsmöglichkeiten, nämlich den Ersatz von Calcium durch Magnesium, sowie den Ersatz eines Calcium- und eines Siliciumatoms durch jeweils zwei Aluminium- oder zwei Eisenatome. Dem Fremdioneneinbau sind mengenmäßig jedoch Grenzen gesetzt: Im Alit können z. B. bis zu 2 M.-% Calcium durch Magnesium ersetzt werden. Für Aluminium oder Eisen betragen die Einbaugrenzen jeweils ca. 1 M.-%.

Alit (mit Fremdionen dotiertes Tricalciumsilicat, $Ca_3(SiO_4)O$, C_3S) ist der Hauptbestandteil des Zementklinkers. Sein Anteil im Zement beträgt etwa 50 bis 75 M.-%. Bei langsamer Abkühlung zerfällt Alit unterhalb von 1250°C in C_2S und CaO, so dass für eine schnelle Abkühlung des Klinkers gesorgt werden muss. Dabei wird ein energiereicher, reaktionsfähiger, sog. „metastabiler“ Zustand (hoher Gehalt an innerer Energie) eingefroren, der zu einer hohen hydraulischen Aktivität (Reaktivität) des Zements führt.

Belit (dotiertes Dicalciumsilicat, $Ca_2(SiO_4)$, C_2S) ist die β-Modifikation des Dicalciumsilicats, die zu etwa 5 bis 20 M.-% im Klinker enthalten ist. Belitkristalle enthalten z. B. >0,2 M.-% Alkalioxide, welche die β-Form stabilisieren, die allein hydraulische Aktivität zeigt.

Aluminat (Tricalciumaluminat, $Ca_9Al_6O_{18}$, C_3A) ist zu etwa 2 bis 15 M.-% im Klinker enthalten. Es baut besonders hohe Gehalte an Alkalioxiden (bis zu 5,7 Gew.-% K_2O, Na_2O) in sein Kristallgitter ein. C_3A ist die reaktivste aller Klinkerphasen. Beim Anmachen mit Wasser setzt es bei weitem die höchste Wärmemenge frei. Außerdem bestimmt es wesentlich die Verarbeitungseigenschaften von frisch angemischtem Zement.

Ferrat (Tetracalciumaluminatferrat, $Ca_4Al_2Fe_2O_{10}$, C_4AF), ist zu etwa 5 bis 15 M.-% im Klinker enthalten. Im Gegensatz zu den anderen Phasen ist C_4AF nicht immer stöchiometrisch (d. h. entsprechend der chemischen Formel) zusammengesetzt. Es liegt vielmehr als Mischkristall mit den beiden Endgliedern C_2A (eisenfreies C_4AF) und C_2F (aluminiumfreies C_4AF) vor und wird besser durch die Formel $C_2(A,F)$ beschrieben. Das Molverhältnis von Al_2O_3:Fe_2O_3 im $C_2(A,F)$ kann somit schwanken und hängt von den Oxidgehalten im Rohmehl ab. Auch die Ferratphase baut Fremdionen ein, u. a. bis zu 2 Masseprozent Magnesium. Mit diesem *Magnesiumeinbau* ist ein *Farbumschlag* von rostbraun (der Farbe von reinem C_4AF) nach graugrün verbunden. Da alle anderen Zementklinkerphasen weiß sind, bewirkt somit die Ferratphase die *graue Farbe des Zements*. Zemente können aufgrund unterschiedlicher Ferratgehalte und Schwankungen in der Magnesiumdotierung des C_4AF hellgraue bis dunkelgraue Färbungen aufweisen.

Nicht gebundenes CaO („Freikalk“) und MgO (Periklas) sind in den meisten Klinkern enthalten. Ihre Gehalte sollen jeweils unter etwa 2 M.-% liegen, da sonst Treiberscheinungen in einem mit diesen Zementen hergestellten Beton zu erwarten sind.

Wichtig für die Beurteilung des Klinkerbrands und der Erhärtungsprozesse ist die Kenntnis der Phasenzusammensetzung des Klinkers bzw. des Portlandzements. Zur Berechnung wurde früher häufig die *Phasenberechnung nach Bogue* angewendet, bei der von der chemischen Analyse (Oxidgehalte) ausgegangen und ein potentieller Phasenbestand berechnet wird [Bogue 1955]. In modernen Zementwerken wird der Phasengehalt heute meist durch *Röntgenpulverdiffraktometrie* mit anschließender *Rietveld-Auswertung* (benannt nach dem Erfinder Hugo Rietveld) ermittelt. Bei dieser Methode werden rechnerisch Röntgendiffraktogramme erzeugt, die unterschiedlichsten Klinkerzusammensetzungen entsprechen. Stimmt ein für eine bestimmte Phasenzusammensetzung simuliertes Diffraktogramm mit dem tatsächlich gemessenen Diffraktogramm der Probe überein, ist der Phasengehalt in der Probe ermittelt. Ein weiteres, heute nur noch selten angewendetes Verfahren ist die Punktezählmethode im Auflichtmikroskop (*Klinkermikroskopie*). Dabei wird ein Klinkeranschliff im Auflicht (s. Abb. 1.4-3) betrachtet und die Flächen der einzelnen Phasen ermittelt.

Spezialzemente haben z. T. eine abweichende Phasenzusammensetzung: HS-Zemente (Zemente mit hohem Sulfatwiderstand) sind CEM I mit <3 M.-% C_3A oder CEM III/B mit ≥70 M.-% Hüttensand. Weißzement enthält kein $C_2(A,F)$. NW-Zemente (Zemente mit niedriger Hydratationswärme; nach 7 Tagen <270 J/g) sind entweder hüttensandreiche CEM III/B oder belitreiche CEM I. NA-Zemente (Zemente mit niedrigem wirksamem Alkaligehalt) sind CEM I mit <0,60 M.-% Na_2O-Äquivalent oder hüttensandreiche CEM III/B (≥50 M.-% Hüttensand) mit <1,10 M.-% Na_2O-Äquivalent.

Zur Herstellung von Zement werden die Klinker fein gemahlen (spezifische Oberfläche 2500 bis 6000 cm^2/g). Die Messung der spezifischen Oberfläche von Zementen erfolgt gewöhnlich nach dem *Blaine*-Verfahren. Zementklinker ist ein hartes, keramisches Material, welches eine hohe Mühlenleistung erfordert. Um den Energieverbrauch beim Mahlen zu senken, werden *Mahlhilfsmittel* (z.B. Triethanolamin, Polyethylenglykol) eingesetzt. Sie steigern den Mühlendurchsatz erheblich und bringen bei gleichem Energieeinsatz eine um ca. 800 cm^2/g höhere spezifische Oberfläche. Zur *Abbinderegelung* müssen dem gemahlenen Klinker stets etwa 3 bis 7 M.-% *Gips* und/oder *Anhydrit* als Erstarrungsverzögerer zugegeben werden. Nach DIN 1164 Teil 1 darf der Sulfatgehalt (als SO_3) für CEM I maximal 3,5 M.-% (Festigkeitsklassen 32,5; 42,5) bzw. 4,0 M.-% (Festigkeitsklassen 42,5 R; 55) betragen. Zu hohe Halbhydrat-Gehalte im Zement sind ungünstig, da sie zum Frühansteifen des Zementleims führen können. Der optimale Sulfatzusatz hängt insbesondere vom C_3A-Gehalt und der Feinheit des Zements ab.

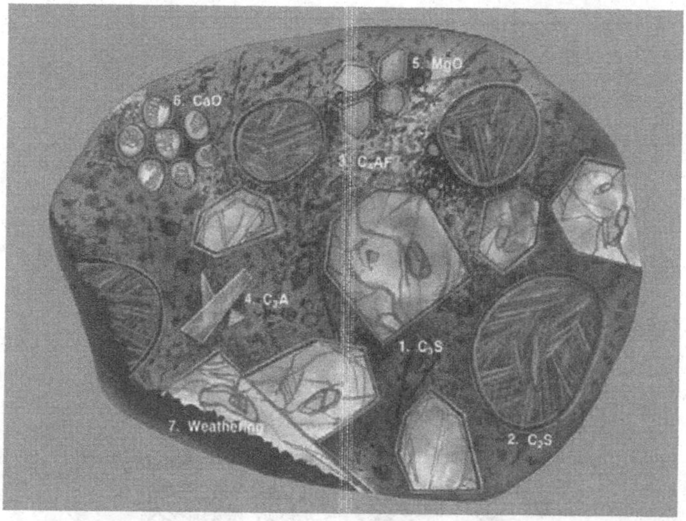

Abb. 1.4-3 Phasenzusammensetzung eines angeätzten Zementkorns, sichtbar im Auflichtmikroskop [Plank et al. 2004]

Hydratation von Portlandzement

Unter der *Zementhydratation* wird der gesamte komplexe Prozess der Reaktionen eines Zements mit Wasser (Ansteifen, Erstarren und Erhärten) verstanden.

Es existieren zwei klassische Theorien der Zementerhärtung.

Die *Kristalltheorie* von Le Chatelier (1882) unterscheidet zwischen zwei Perioden:

- Die Klinkerbestandteile gehen in Lösung, wobei Hydrolyse und Hydratation stattfinden. Das Resultat ist eine an Hydraten übersättigte Lösung,
- Ausscheidung sich verfilzender, nadelförmiger Kristalle.

Die *Kolloidtheorie* von Michaelis (1892) unterscheidet ebenfalls zwischen zwei Teilprozessen:

- Bildung einer kolloiden Grundmasse aus Calciumsilicathydraten, -aluminathydraten und -ferrathydraten (Gel-Bildung),
- Schrumpfung dieser kolloidalen Grundmasse (Hydrogel) infolge „innerer Absaugung" des Wassers durch noch nicht hydratisierten Zement (Gel-Schrumpfung).

Heute weiß man, dass sowohl Gelbildung als auch Kristallisation die beiden entscheidenden Prozesse bei der Zementerhärtung sind. Neuere Vorstellungen entwickelten z. B. Rehbinder (Strukturbildungstheorie, 1960), Keil (Festwassertheorie, 1961), Powers (1961), Mtschedlow-Petrossian (Strukturumwandlungstheorie, 1967), Kondo (Hydratationstheorie, 70er Jahre) und Wittmann (Münchener Modell, 1977).

Abbildung 1.4-4 zeigt die *Hydratphasen- und Gefügeentwicklung* im Zementleim und im erhärteten Zementstein. Tabelle 1.4-3 gibt die Reaktionsfolge bei der Hydratation von Portlandzement wieder, die in insgesamt *fünf verschiedene Perioden* eingeteilt wird. Sie unterscheiden sich durch unterschiedliche *Wärmefreisetzung* (Reaktionswärmen), welche im Wärmekalorimeter gut verfolgt werden kann. Abbildung 1.4-5 zeigt beispielhaft die Wärmefreisetzung eines reinen Portlandzements CEM I 32,5 R sowie von reinem C_3S, gemessen bei +20°C.

Bei der *Hydratation* der Klinkerphasen *Alit* und *Belit*, die zusammen etwa 80 M.-% des Phasenbestands eines Portlandzements ausmachen, werden nanokristalline, spitznadelige Calciumsilicathydrate (C-S-H-Phasen, Länge ca. 500 nm, Di-

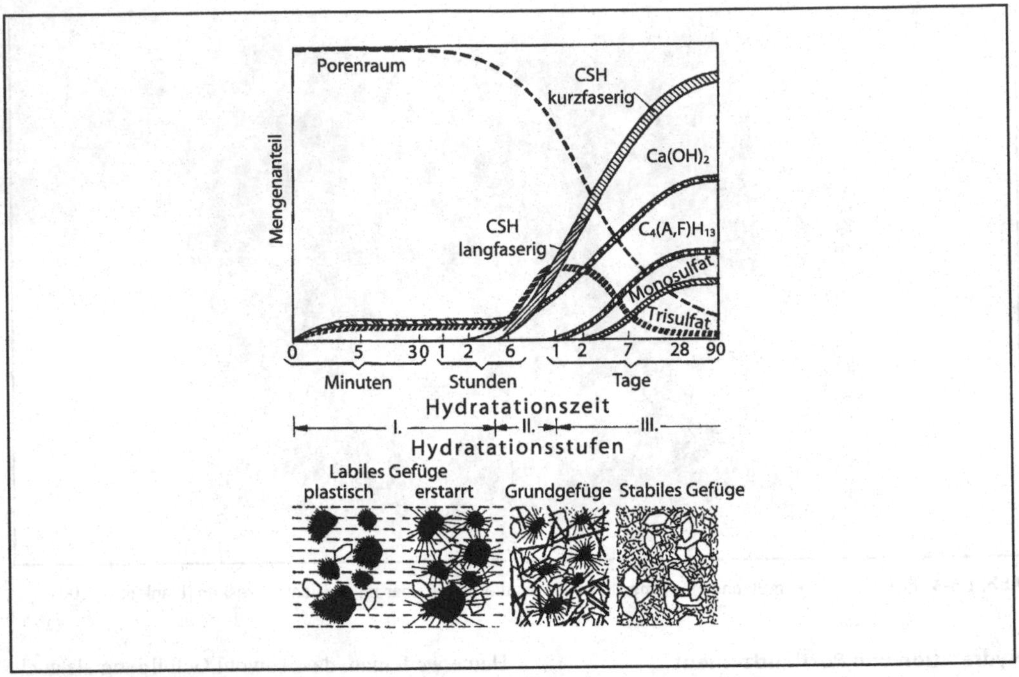

Abb. 1.4-4 Schematische Darstellung der Hydratphasenbildung und der Gefügeentwicklung bei der Hydratation von Zement, aus [Locher et al. 1976]

Tabelle 1.4-3 Reaktionsfolge bei der Hydratation von Portlandzement

Reaktions-periode Nr.	Bezeichnung der Periode*	Zeitraum der Periode	Vorgang	Strukturbildung
I	Induktionsperiode (initial reaction)	< 15 min	Hydratation von C_3A und C_4AF, Bildung von AFm- und AFt-Phasen	Ausbildung der Grundstruktur (Primärstruktur)
II	dormate Periode (induction reaction)	15…60 min	Topochemische Reaktion von C_3S mit Wasser, C-S-H-Keimbildung	Erstarrungsbeginn
III	Akzelerationsperiode (acceleratory period)	1…5 h	Hydratation von C_3S, C-S-H-Bildung	Beginn der Ausbildung der Sekundärstruktur, Erstarrungsende und Erhärtungsbeginn
IV	Retardationsperiode (deceleratory period)	5…24 h	Weitere C_3S-Hydratation, Beginn der C_2S-Hydratation	Verdichtung der Sekundärstruktur, Frühfestigkeit
V	Finalperiode (period of slow, continued reaction)	> 24 h	C_3S- und C_2S-Hydratation	weitere Verdichtung der Sekundärstruktur, Spätfestigkeit

* [Henning/ Knöfel 1997] u. [Taylor 1990]

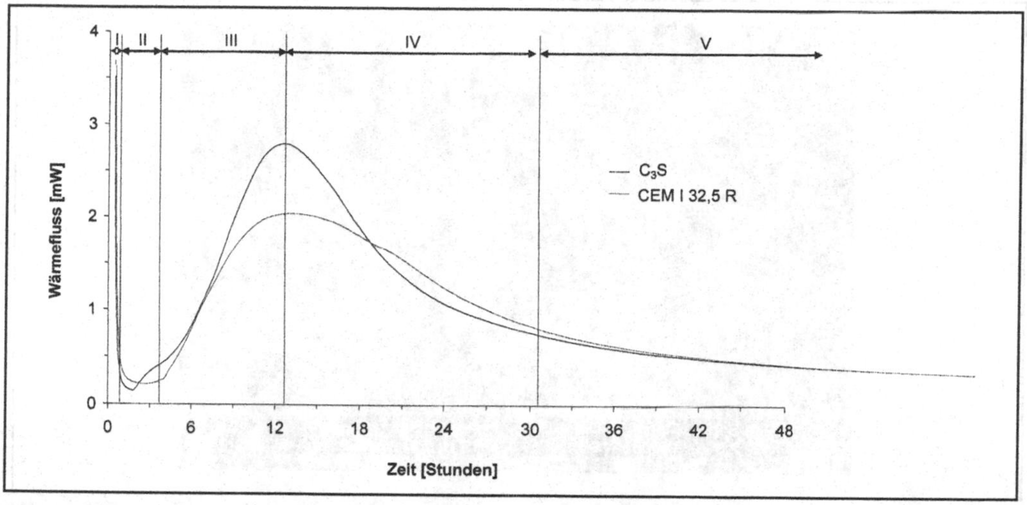

Abb. 1.4-5 Zeitlicher Wärmefluss bei der Hydratation von CEM I 32,5 R sowie von Alit bei 20°C (Wasser/Bindemittel-Wert jeweils 0,5)

cke ca. 10 nm, s. Abb. 1.4-6) gebildet. Ihre Zusammensetzung schwankt und hängt u. a. vom Wasser zu Zementverhältnis (W/Z-Wert) ab. Bei einem W/Z-Wert von 0.45 z. B. entsteht ein Hydrat der Zusammensetzung $C_3S_2H_3$. Alit und Belit können z. B. nach folgenden Reaktionsgleichungen hydratisieren:

Alit: $2\ C_3S+6H \rightarrow C_3S_2H_3+3\ CH$ (1.4.7)

Belit: $2\ C_2S+4\ H \rightarrow C_3S_2H_3+CH$ (1.4.8)

Die Bildung von *Calciumhydroxid* (mineralogische Bezeichnung *Portlandit*) ist von großer Bedeutung für den *Korrosionsschutz* des Stahles im *Stahlbeton*, da Eisen in einem derartig basischen Milieu (pH-Wert 12 bis 13,5) nicht angegriffen wird.

Belit hydratisiert wesentlich langsamer als Alit. Ursache ist die deutlich geringere Löslichkeit von Belit in Wasser. Die Hydratation von Belit setzt im Wesentlichen erst dann ein, wenn Alit weitgehend abreagiert hat.

Die Reaktion der *Aluminatphase* mit Wasser liefert in Abwesenheit von Sulfat das stabile kubische Hexahydrat, den *Katoit*.

$C_3A+6\ H \rightarrow C_3AH_6$ (1.4.9)

Im Unterschied zu Alit und Belit wird hier kein Calciumhydroxid gebildet. Bei tiefen Temperaturen (<20°C) entstehen als Zwischenprodukte schichtenförmig aufgebaute, hexagonale Calciumaluminathydrate, z. B.

$C_3A+CH+12\ H \rightarrow C_4AH_{13}$ (1.4.10)

Sie wandeln sich jedoch rasch in den stabilen Katoit um.

Heutige Zemente enthalten jedoch stets Calciumsulfate zur Abbinderegelung. In deren Gegenwart reagiert C_3A grundsätzlich anders, nämlich unter Bildung komplexer Calciumaluminiumsulfathydrate:

$C_3A+\overline{CS}+12\ H \rightarrow C_3A\cdot\overline{CS}\cdot H_{12}$
(Monosulfat), (1.4.11)

$C_3A+3\overline{CS}\ 32\ H \rightarrow C_3A\cdot(\overline{CS})_3\cdot H_{32}$
(Trisulfat) (1.4.12)

Monosulfat (AF_m) bildet hexagonale, *plättchenförmige* Kristalle und ist isomorph mit C_4AH_{13}. Wie dieses besitzt es einen schichtenförmigen Aufbau aus $[Ca_2Al(OH_6)]^+$-Hauptschichten, zwischen denen Sulfat-Anionen und Wassermoleküle einge-

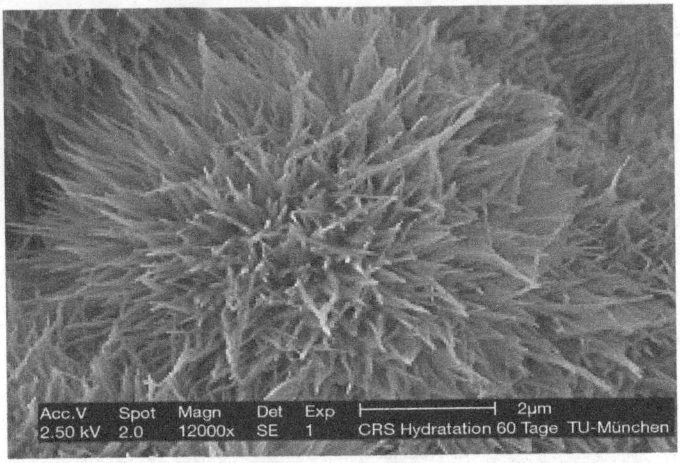

Abb. 1.4-6 Durch Reaktion von C_3S mit Wasser nach 60 d gebildete, spitznadelige Calciumsilikathydrate (C-S-H-Phasen); rasterelektronenmikroskopische Aufnahme, nach [Plank et al. 2004]

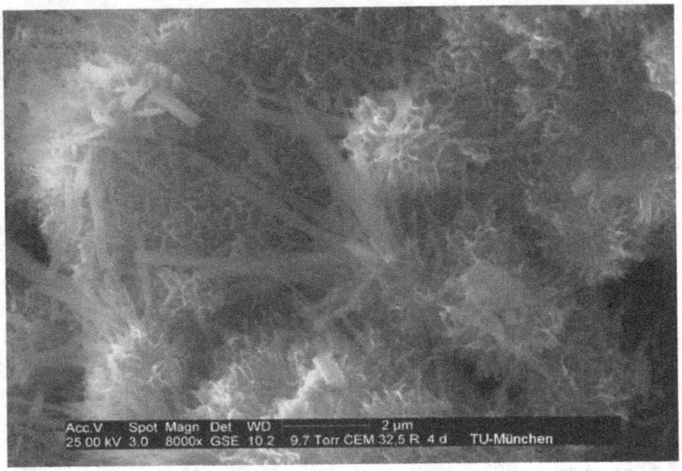

Abb. 1.4-7 Nadelförmige Ettringitkristalle (l bis 5 µm), umgeben von Calciumsilikathydraten im Zementsteingefüge eines CEM I 32,5 R nach 4 d Aushärtung; rasterelektronenmikroskopische Aufnahme nach [Plank et al. 2004]

lagert sind. Ettringit (Trisulfat, AF_t) hingegen kristallisiert in Form hexagonaler Stäbchen bzw. Nadeln (Abb. 1.4-7). Ettringit ist nur bei erhöhtem Sulfatgehalt (>2.85 mg/L) in der Zementporenlösung stabil. Sinkt der Sulfatgehalt durch zunehmenden Verbrauch infolge Ettringitbildung, wandelt sich Ettringit in Monosulfat um. Der Übergang ist mit einer *Volumenänderung* verbunden (Dichten: Monosulfat 2,03 g/cm^3, Trisulfat 1,78 g/cm^3).

Die erstarrungsverzögernde Wirkung des Gipszusatzes beruht darauf, dass sich in Gegenwart von Sulfat bereits in den ersten Minuten der Reaktion

Abb. 1.4-8 Rasterelektronenmikroskopische Aufnahme von Calciumaluminathydraten

auf den C_3A-Oberflächen ein amorpher oder feinkristalliner Belag von Trisulfat bildet, der das Gesamtgefüge des Zementleims nicht deutlich verändert. Ein gegenseitiges Bewegen der Körner ist weiterhin möglich [Locher et al. 1976 und 1980], der Zementleim bleibt somit flüssig. Erst nach Stunden entstehen durch Sammel- bzw. Rekristallisation aus den kleinen, auf den Oberflächen liegenden Ettringit-Kristallen größere langprismatische, stäbchenförmige Kristalle, die eine gegenseitige Verzahnung und damit eine erste Verfestigung (Erstarren) hervorrufen.

Wäre im Zement kein Sulfat anwesend, würde das C_3A sofort zu dünntafeligen Calciumaluminathydraten (Abb. 1.4-8) reagieren. Durch Bildung eines kartenhausähnlichen Gefüges überbrücken diese sofort den wassergefüllten Porenraum, die Zementpartikel verwachsen miteinander. Dadurch tritt unmittelbar nach der Zugabe des Wassers eine erste Verfestigung ein („Löffelbinder"). Die Erstarrungsverzögerung von Zement wird also durch Verhinderung der Calciumaluminathydrat-Bildung erreicht. Durch Sulfatzugabe entsteht stattdessen Ettringit, der eine günstigere Gefügeentwicklung mit längerer Verarbeitbarkeit des Zementleims bewirkt.

Hydratisieren Calciumaluminate in Gegenwart von Calciumsilicaten, so können *quaternäre Hydrate* der Hydrogranatreihe entstehen:

$$(C_3AH_6) - C_3ASH_4 - C_3AS_2H_2 - (C_3AS_3)$$

In ihnen sind je 2 Mol Wasser durch 1 Mol SiO_2 ersetzt. Daneben kann auch *Gehlenithydrat* C_2ASH_8 entstehen.

Die Hydratation der *Ferrat*-Phase ist bis heute nicht eindeutig geklärt. Es existieren zwei Modelle. Nach der Vorstellung von Taylor reagiert C_4AF analog wie C_3A zu Monosulfat bzw. Trisulfat, wobei ein Teil der Aluminium-Atome durch Eisen ersetzt ist. Es entstehen somit eisenhaltiges Mono- bzw. Trisulfat [Taylor 1997]. Nach dem Modell von Stark wird aus dem C_4AF Aluminium in Form von Aluminat ausgelaugt, welches mit in der Porenlösung vorhandenen Ca^{2+}- und Sulfat-Ionen zu eisenfreiem Mono- bzw. Trisulfat reagiert. Am Ende des Auslaugungsprozesses bleibt C_2F zurück [Stark/Wicht 2000]. Das Beispiel der ungeklärten C_4AF-Hydratation zeigt, wie schwer die Zementhydratation analytisch zu verfolgen ist.

Ein Grund für die Komplexität der Zementhydratation ist, dass sehr unterschiedliche Reaktionen sowohl gleichzeitig als auch zu deutlich verschiedenen Zeitpunkten ablaufen. Die heutige Vorstellung zum zeitlichen Ablauf ist in Abb. 1.4-9 gezeigt. Das Diagramm gibt jedoch nur die an der Oberfläche des Zementkorns ablaufenden topochemischen Prozesse wieder. Nach vielen Stunden

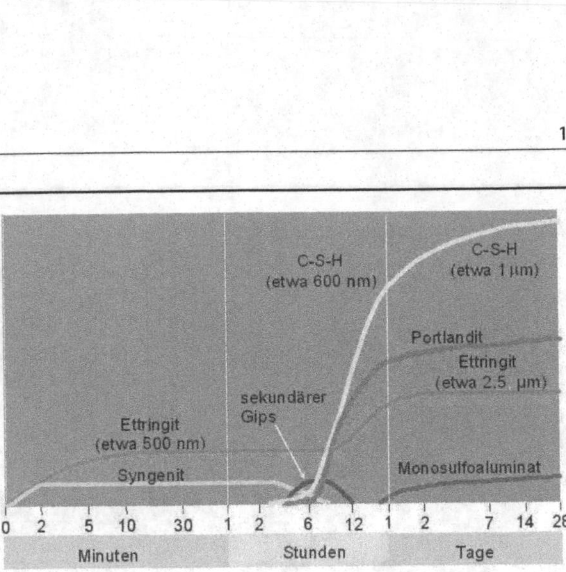

Abb. 1.4-9 Zeitlicher Verlauf der Bildung von Reaktionsprodukten bei der Hydratation von Portlandzement, nach [Stark et al. 2001]

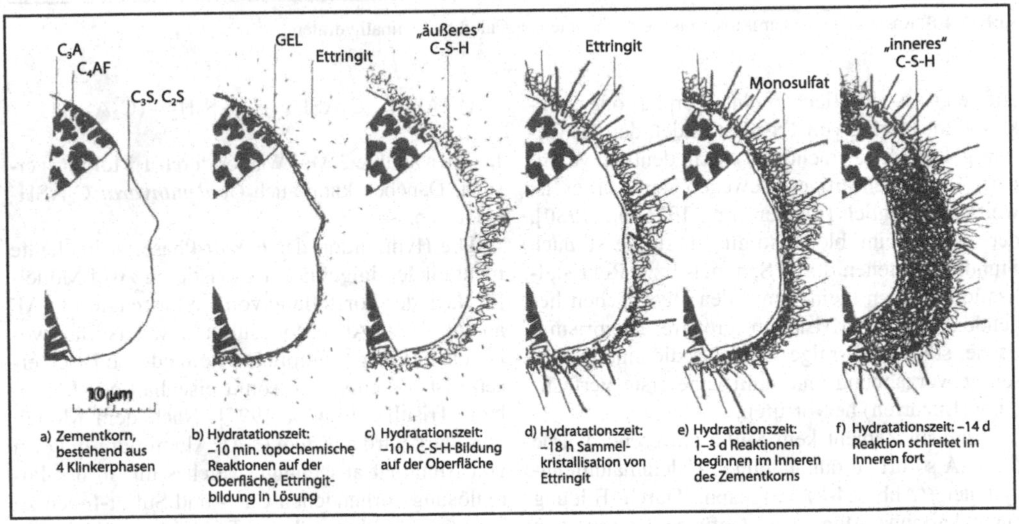

Abb. 1.4-10 Hydratation eines Zementkorns an der Oberfläche **(a-d)** sowie im Inneren **(e-f)**, nach Scrivener aus [Taylor 1990]

bzw. Tagen beginnt das Wasser, die an der Oberfläche gebildete Hydratschicht zu durchdringen und auch die im Inneren des Zementkorns befindlichen Klinkerphasen zu hydratisieren. Dieser Vorgang ist *diffusionsgesteuert* und verläuft somit sehr langsam. Abbildung 1.4-10 gibt das Modell von Scrivener zur inneren Hydratation wieder. Die Diffusionskontrolle ist die Ursache dafür, dass Zemente Monate benötigen, um vollständig zu hydratisieren und ihre Endfestigkeit zu erreichen. Sehr grobgemahlene Zemente, bei denen der Diffusionsprozess entsprechend länger dauert, benötigen dafür z. T. Jahre und entwickeln aufgrund der besonders langsamen Auskristallisation der C-S-H-Phasen extrem hohe Festigkeiten. Derartige Zemente erlauben jedoch keinen raschen Baufortschritt und werden deshalb heute kaum mehr eingesetzt.

Die unterschiedliche *Hydratationsgeschwindigkeit* und die Festigkeitsentwicklung der einzelnen Klinkerphasen gehen aus den in Abb. 1.4-11 dar-

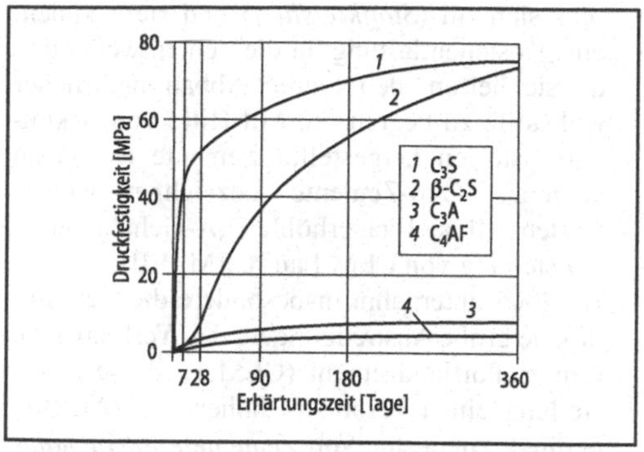

Abb. 1.4-11 Druckfestigkeit der Portlandzement-Klinkerphasen nach unterschiedlichen Hydratationszeiten, W/Z=0.5 (nach Bogue), aus [Henning/Knöfel 2002]

gestellten Festigkeiten in Abhängigkeit von der Hydratationsdauer hervor. Alit sorgt wegen seiner hohen Reaktionsfähigkeit für die Frühfestigkeit des Zements. Der reaktionsträgere Belit erreicht letztlich bei langen Hydratationsdauern dieselbe Druckfestigkeit. Aluminat- und Ferratphase tragen nur wenig zur Festigkeitsentwicklung bei.

Nach der Hydratation liegen im Zementstein mehr als 70% Calciumsilicathydrate neben Calciumhydroxid und anderen Hydraten vor. Diese Neubildungen haben eine etwa 1000-mal größere *Oberfläche* als der Ausgangsstoff Zement (Zementstein ca. 300 m^2/g, Zement ca. 0,3 m^2/g). Für die *Festigkeit* ist die sehr große Oberfläche von Bedeutung, da sie *Adhäsion* und *Adsorption* in starkem Maße ermöglicht. Letzten Endes beruht die Festigkeit von Zementstein auf den miteinander verwachsenen, nadelförmigen C-S-H-Phasen. Sind sie besonders fein ausgebildet und stark miteinander verfilzt, wird ähnlich wie bei einem Klettverschluss eine sehr hohe Festigkeit erzielt (s. Abb. 1.4-6). Die *Festigkeit* von erhärtetem Zementstein ist somit auf ein einfaches *physikalisches Bauprinzip* zurückzuführen.

Die *Festigkeit* eines Zementsteins oder Betons ist umso höher, je niedriger das *Wasser-Zement-Verhältnis* (W/Z-Wert) ist. Für eine vollständige Hydratation ist ein W/Z-Wert von etwa 0,40 erforderlich. In der Praxis ergeben derartig geringe W/Z-Werte eine schlechte Verarbeitung. Es wird deshalb mit höheren W/Z-Werten oder mit Betonzusatzmitteln (Verflüssiger, Fließmittel) gearbeitet. Höhere W/Z-Werte führen zu geringeren Festigkeiten, was auf die zunehmende *Porosität* zurückzuführen ist. Da für die Festigkeit nur die Kräfte zwischen Feststoffen maßgeblich sind, bedeutet steigende Porosität abnehmende Festigkeit. Das zugegebene Wasser, das nicht chemisch oder physikalisch gebunden wird, hinterlässt nach der Trocknung *Kapillarporen* (Ø 10 nm bis 100 µm) im Beton.

Bezüglich der *Volumenänderungen* des Mörtels bzw. Betons im frischen und erhärteten Zustand unterscheidet man:

- *Inneres* oder *physikalisches Schwinden*: Volumenverringerung des ganz jungen, noch nicht völlig erstarrten Betons infolge Wasserentzugs (z. B. Austrocknung). Man spricht deshalb auch von Trocknungsschwinden.
- *Chemisches Schwinden* oder *Schrumpfen*: Volumenverringerung infolge der chemischen Wasserbindung bei der Hydratation, da das Volumen der neu gebildeten Hydratphasen immer kleiner ist als die Summe der Volumina von Bindemittel und Wasser (Abnahme um 2 bis 8 cm^3 bei 100 cm^3 Frischbeton). Das Schrumpfen ist irreversibel und eine materialspezifische Eigenschaft von Zement. Zum Ausgleich des Schwindens können dem Beton Quellzusätze wie z. B. Calciumsulfoaluminat-Zemente (CSA-Zemente) zugesetzt werden. Die Trockenmörtelindustrie bietet schwindkompensierte Systeme an, in denen das Schwinden des Portlandzements durch Beimischung von Tonerdezement und Anhydrit (verstärkte Ettringitbildung) kompensiert ist.
- *Schwinden und Quellen*: meist reversible Volumenänderung im erhärteten Zustand infolge von Temperaturänderungen und Abgabe oder Aufnahme von Wasser (*thermisches* bzw. *hygrisches* Schwinden/Quellen). In Abhängigkeit von der Luftfeuchtigkeit, der Temperatur usw. treten *„Endschwindmaße"* von 0,2 bis 1,0 mm/m und *Quellmaße* von 0,1 bis 0,3 mm/m auf.

Folgende *Einflussgrößen* werden während des Verfestigungsprozesses u. a. wirksam und beeinflussen dadurch die Geschwindigkeit der Festigkeitsbildung und des Schwindens:

- *äußere* Einflüsse (Temperatur, Umgebungsfeuchte, Druck) und
- *innere* Ursachen (chemische Zusammensetzung, Mahlfeinheit, Wassergehalt).

Bei *erhöhter Temperatur* ist die Frühfestigkeit von Zement höher, jedoch die Endfestigkeit etwas niedriger als bei normaler Temperatur. Die Ursache liegt darin, dass die Kristallisation der C-S-H-Phasen bei höherer Temperatur rascher abläuft, wodurch weniger regelmäßige und geringer verfilzte Kristalle entstehen. Bei tiefen Temperaturen (z. B. 5°C) bilden sich besonders langfaserige C-S-H-Phasen, die zu höheren Festigkeiten führen. Generell gilt: Die *Abbindegeschwindigkeit* von Zement nimmt mit steigender Temperatur stark zu und verlangsamt sich bei kühlen Temperaturen.

Umweltaspekte der Zementherstellung

Bei der Herstellung von Zement entstehen große Mengen des Gases *Kohlendioxid* (CO_2), das über die Schornsteine des Zementwerks an die Umwelt abgegeben und als *Treibhausgas* für die Erwärmung der Erde verantwortlich gemacht wird. Pro Tonne reinen Portlandzements (CEM I) entweichen ca. 800 kg CO_2, das einerseits aus der *chemischen Entsäuerung des Kalksteins* ($CaCO_3 \rightarrow CaO+CO_2$) und andererseits aus dem *Energieaufwand* beim *Sintern* und *Vermahlen* des Klinkers entsteht. Aufgrund der jüngsten Begrenzung des industriellen CO_2-Ausstoßes (Kyoto-Protokoll, Handel mit CO_2-Emissionszertifikaten) sowie der hohen Energiepreise hat die Zementindustrie folgende Maßnahmen ergriffen, um ihre *Ökobilanz* zu verbessern:

- Einsatz von *Sekundärbrennstoffen:*
  Es werden kohlenstoffhaltige Abfallstoffe wie Altöl, Autoreifen und Kunststoffgranulate verfeuert. Sie helfen, den Verbrauch an zugekaufter Primärenergie zu reduzieren.
- Einsatz von *Sekundärrohstoffen:*
  Anstelle der natürlichen Primärrohstoffe Kalkstein und Ton werden recyclierte Materialien verwendet, deren Oxidgehalte es erlauben, ein Rohmehl mit passender Zusammensetzung gemäß dem Rankin-Diagramm (s. Abb. 1.4-1) zu erhalten. Beispiele für derartige Sekundärrohstoffe sind Ziegelmehle, Ofenstäube, getrockneter Klärschlamm, Aschen aus Müllverbrennungsanlagen, Gießereisande, Tiermehl usw. [Mutter 2008]. Bei einigen Zementwerken liegt der Anteil der Sekundärrohstoffe heute bereits über 70%. Die Wiederverwertung ist ökologisch sehr sinnvoll (*Stoffkreislauf*) und stellt zudem eine Kostenentlastung für die Zementwerke dar, da sie helfen, den teuren Abbau natürlicher Rohstoffe zu begrenzen. Mit Hilfe von Sekundärrohstoffen hergestellte Zemente (in Japan auch als „Öko-Zemente" bezeichnet) weisen tendenziell deutlich erhöhte C_3A-Gehalte auf.
- Umstellung von CEM I auf CEM II/III:
  Ab 2005 unternahm insbesondere die Betonindustrie große Anstrengungen, den Verbrauch an reinem Portlandzement (CEM I), dessen Herstellung einen besonders hohen CO_2-Ausstoß bedingt, zugunsten von *Zementen mit Zumahlstoffen* (sog. Portlandkompositzemente CEM II, z. B. mit Kalksteinmehl oder Flugasche als Zumahlstoff; s. auch Abschn. 1.4.2.2) oder durch *Hochofenzement* (CEM III) zu verringern. Eine Tonne CEM II z. B. bedingt aufgrund des geringeren Klinkeranteils nur noch 600–650 kg CO_2-Ausstoß, gegenüber 820 kg CO_2 für CEM I-Klinker. Der Substitutionsprozess ist inzwischen weit fortgeschritten. Die Transportbetonindustrie, die etwa 50% der gesamten deutschen Zementproduktion verbraucht, setzte im Jahre 2008 nur noch wenig CEM I ein. Auch die Fertigteilindustrie (ca. 25% Anteil am Zement-Gesamtverbrauch) hat in Teilen bereits umgestellt. Lediglich die Trockenmörtelindustrie (ca. 16% Anteil) verwendet nach wie vor überwiegend reinen Portlandzement, der allein die in hochwertigen Produkten wie z. B. Fliesenklebern und Selbstverlaufsmassen benötigten Frühfestigkeiten ergibt. Es ist zu erwarten, dass bis zum Jahr 2010 der Anteil von CEM I an der gesamten Zementproduktion auf ca. 40% fallen wird.

Im weltweiten Vergleich sind neben Deutschland vor allem Japan und Korea führend hinsichtlich umweltfreundlicher Technologien zur Zementherstellung.

1.4.2.2 Zemente mit Zumahlstoffen

Die Zumahlstoffe für Portlandzement können in zwei Gruppen eingeteilt werden:

- *latent hydraulische Stoffe* (basische Schlacken und Aschen) sowie
- *nicht hydraulische Stoffe* (Puzzolane).

Die *latent hydraulischen* Stoffe haben zwar Erhärtungseigenschaften, zu ihrer Anregung sind jedoch basische (oder auch sulfatische wie im Sulfathüttenzement) Stoffe (= -Anreger) erforderlich. Bei der Portlandzement-Erhärtung entsteht der Anreger von selbst in Form von *Kalkhydrat* $Ca(OH)_2$, das die Reaktion der Schlacke oder Asche mit Wasser auslöst.

Hüttensand wird durch schnelle Abkühlung von flüssiger Hochofenschlacke durch einen Wasser- oder Luftstrahl hergestellt. Während die in Hochofenschlacken vorliegenden *kristallinen* Phasen Åkermanit C_2MS_2, Gehlenit C_2AS und die Melilithe (Mischkristalle aus Åkermanit und Gehlenit) *keine* Erhärtungsfähigkeit haben, zeigen die *amorphen Glasphasen* gleicher Zusammensetzung *gute* hydraulische Eigenschaften. Daher sollte der *Glasgehalt* eines Hüttensandes mindestens 90% betragen. Die Hüttensande müssen „basisch" sein, d.h., die Summe der CaO-, Al_2O_3- und MgO-Gehalte muss größer sein als der SiO_2-Gehalt. Neben Portlandzement führen z.B. auch $Ca(OH)_2$, Gips, Natronlauge und andere Stoffe zur hydraulischen Anregung von Schlacken. Als Hydratationsprodukte entstehen C-S-H-Phasen.

Gemahlene basische Schlacken (Hüttensand) sind in folgenden Zementen enthalten:

- Portlandhüttenzement CEM II-S: <35 M.-%,
- Hochofenzement CEM III: 35 bis 85 M.-%.

Im Portlandölschieferzement CEM II-T ist bis zu 35 M.-% des hydraulisch aktiven, selbsterhärtenden Ölschiefers enthalten.

Die *nicht hydraulischen Stoffe*, die allein keine hydraulischen Eigenschaften haben, jedoch in der Lage sind, mit $Ca(OH)_2$ hydraulisch zu reagieren, werden als *Puzzolane* bezeichnet.

Dazu gehören Stoffe wie Trass, kieselsäurereiche Flugasche, Silicastaub, Kieselgur, getemperte Tone und Ziegelmehl. Portlandpuzzolanzement CEM-II-P enthält <35 M.-% Trass als Zumahlstoff.

Auch die Filteraschen aus Steinkohlekraftwerken können mit $Ca(OH)_2$ reagieren. Sie sind in Portlandflugaschezement CEM II/A-V mit 6 bis 20 M.-% enthalten.

Das weitgehend *inerte* Kalksteinmehl ist zu 6 bis 20 M.-% im Portlandkalksteinzement CEM II/A-L enthalten.

Zemente mit latent hydraulischen oder puzzolanischen Zumahlstoffen erhärten langsamer als reiner Portlandzement und entwickeln relativ niedrige Hydratationswärmen. Sie sind besonders zur Herstellung von Massenbeton für Grund- und Wasserbauten sowie für Gründungsarbeiten des Hoch- und Tiefbaus sowie Industriebauten geeignet. Für Spannbeton sind CEM III (mit mehr als 50 M.-% Hüttensand) und CEM II/P nicht zugelassen, da sie einen weniger stark alkalischen pH-Wert aufweisen und somit der Bewehrung nur einen verringerten Korrosionsschutz bieten. Hochfeste und hochdichte Betone (sog. *ultrahochfeste Betone* mit Druckfestigkeiten >150 N/mm²) können durch den Einsatz von 5 bis 15 M.-% Silicastaub bei gleichzeitiger Verwendung von Fließmitteln hergestellt werden.

Der Einsatz von latent hydraulischen und puzzolanischen Zusatzstoffen ist nicht auf Normzemente beschränkt. Er kann z.B. auch bei Kalken erfolgen.

1.4.2.3 Sonderzemente

Tonerdezement

Tonerdezemente (TZ), die bei entsprechender Herstellung auch als Tonerde*schmelz*zemente bezeichnet werden, sind hydraulische Bindemittel, die im Wesentlichen aus *Calciumaluminaten* (daher auch die Bezeichnung Aluminatzemente) bestehen. Ihr Erfinder war der Franzose Jules Bied (1908). Die Vorteile gegenüber Portlandzementen liegen in einer deutlich höheren Frühfestigkeit sowie einer höheren Temperatur- und Säure- bzw. Korrosionsbeständigkeit. Diese Bindemittel werden deshalb zur Herstellung von Beton für *hohe Temperaturen* (feuerfestes Material für Ortbetonierung und Auskleidung von Industrieöfen) sowie für Trockenmörtel, die eine besonders rasche Erhärtung erfordern (z.B. Fliesenkleber oder Selbstverlaufsmassen) verwendet. Weitere Anwendungen stellen die Auskleidung von Abwasserrohren (verbesserter Korrosionsschutz) sowie die Zementierung von Geothermie- oder von Öl- und Gasbohrungen in Permafrostgebieten dar [Scrivener/Capmas 1998, Bensted 2002].

Da die beiden *Hauptklinkerphasen Monocalciumaluminat* ($CaO \cdot Al_2O_3$, CA) und untergeordnet *Calciumdialuminat* ($CaO \cdot 2Al_2O_3$, CA_2) sehr schnell hydratisieren, sind hohe Anfangsfestigkeiten von 20 bis 60 N/mm^2 nach einem Tag erzielbar (bei normalen Erstarrungszeiten). Die Erhärtung verläuft unter hoher Wärmeentwicklung (TZ 550 bis 670 J/g, CEM I 380 bis 525 J/g, CEM III 250 bis 350 J/g). Die gesamte Hydratationswärme des TZ wird im Wesentlichen innerhalb des ersten Tages freigesetzt, dagegen entwickeln CEM I und erst recht CEM III ihre Hydratationswärme über einen wesentlich längeren Zeitraum (Wochen!).

Im Gegensatz zum Portlandzement bilden sich bei der *Hydratation* der Tonerdezemente Calciumaluminathydrate *ohne* Abspaltung von Calciumhydroxid. Art und Zusammensetzung der entstehenden Hydrate hängen stark von der *Hydratationstemperatur* ab:

$$<20°C: CA+10\,H \rightarrow CAH_{10} \quad (1.4.13)$$

$$22°C \text{ bis } 30°C: 2\,CA+11\,H \rightarrow C_2AH_8+AH_3 \quad (1.4.14)$$

$$>30°C: 3\,CA+12\,H \rightarrow C_3AH_6+4\,AH_3 \quad (1.4.15)$$

Die Hydratation des CA_2 verläuft analog, jedoch deutlich langsamer.

Oberhalb 30°C geht bereits gebildetes hexagonales Dekahydrat in kubisches Hexahydrat (Katoit) über (sog. *Konversionsreaktion* von Tonerdezement):

$$3\,CAH_{10} \rightarrow C_3AH_6+2\,AH_3+18\,H \quad (1.4.16)$$

Die festen Reaktionsprodukte (C_3AH_6 und AH_3) nehmen nur etwa 50% des Volumens des Ausgangsstoffes CAH_{10} ein. Diese Tatsache sowie der Austritt des abgespaltenen Wassers bewirken eine hohe Porosität des Betons, Risse usw. und damit einen *Festigkeitsabfall*, was Ursache für zahlreiche Schadensfälle war.

Mit CO_2 aus der Luft reagiert das Dekahydrat wie folgt:

$$3\,CAH_{10}+3\,CO_2 \rightarrow 3\,CaCO_3+3\,AH_3+21\,H \quad (1.4.17)$$

Bei beiden Umwandlungen sinkt der *pH-Wert* von zunächst 11,5 bis 11,7 auf Werte unter 9. Damit ist der *Korrosionsschutz* der Stahlbewehrung *aufgehoben*. Aus diesem Grund ist Tonerdezement in Deutschland nicht für tragende Beton- und Stahlbetonbauteile zugelassen.

Bei sehr niedrigen W/Z-Werten (z. B. 0,3) entsteht weit überwiegend und sofort der stabile kubische Katoit, die schädliche Konversionsreaktion unterbleibt bzw. spielt keine nennenswerte Rolle mehr. Auf diese Weise hergestellte Bauteile zeigen dauerhaft hohe Festigkeiten.

Schnellzement

Schnellzement wird in Deutschland durch Vermischen von *Portlandzement*, *Tonerdezement* und Zusätzen (z. B. Anhydrit) hergestellt. Er zeichnet sich durch eine nicht zu kurze Erstarrungszeit und eine hohe Anfangsfestigkeit aus und wird z. B. für Reparaturarbeiten an Betonbauteilen, für das Einsetzen von Ankern sowie in Rapidmörteln der Trockenmörtelindustrie verwendet.

Sulfathüttenzement

Sulfathüttenzement (SHZ) enthält mindestens 75 M.-% *Hüttensand* mit hohem Al_2O_3-Gehalt (mind. 13 M.-%), der mit 10 bis 15 M.-% *Calciumsulfat* angeregt wird. Diese Zementart wird derzeit in Deutschland mangels geeigneter Schlacken mit ausreichend hohem Al_2O_3-Gehalt nicht mehr hergestellt.

Sulfathüttenzement hydratisiert einerseits durch Calciumsilicathydratbildung, andererseits auch durch Ettringitbildung, die zu einem derart frühen Zeitpunkt unschädlich ist.

Das HGZ-Bindemittel (Hüttensand-Gips-Zement) stellt eine Weiterentwicklung des Sulfathüttenzements unter Verwendung von Al_2O_3-ärmeren Schlacken (etwa 10 M.-% Al_2O_3) dar.

Sulfathüttenzement bzw. HGZ ist besonders für stark sulfatbelastete Bauteile geeignet, da dort selbst bei Verwendung von HS-Zementen Schädigungen infolge von Ettringit- oder Thaumasittreiben auftreten können.

Quellzement

Quellzemente oder schwindarme Zemente enthalten meist Klinker mit hohem C_3A-Gehalt oder Tonerdezement, die unter Reaktion mit Calciumsulfat zu einem gesteuerten Ettringittreiben führen. Auch die Quellfähigkeit von CaO kann ausgenutzt werden (Kalktreiben). Quellzemente sind insbesondere in Produkten der Trockenmörtelindustrie (z. B. als schwindkompensierte Fußbodenselbstverlaufsmassen) von Bedeutung.

1.4.2.4 Baukalke

Die zu Bauzwecken verwendeten Kalke sind *Kalkstein, Branntkalk* und *Kalkhydrat*. Nach dem zunehmenden Gehalt an Hydraulefaktoren unterscheidet man nach DIN 1060 Teil 1 *Luftkalke* (mindestens 70 M.-% CaO+MgO), *hydraulische Kalke* und *Dolomitkalke* (s. auch [Schiele/Behrens 1972], [Strübel et al. 1998]). Die Lage der hydraulischen Kalke im Rankin-Diagramm ist aus Abb. 1.4-1 ersichtlich [Oates 1998].

Weißkalke

Beim Brennen von *reinem Kalkstein* (Brenntemperatur etwa 1000°C) entsteht ab ca. 900°C Branntkalk:

$$CaCO_3 \rightarrow CaO + CO_2 \qquad (1.4.18)$$

Die Zersetzung, auch als Calcinierung oder *Entsäuerung* bezeichnet, verläuft nur so lange, wie *Wärme zugeführt* wird, da es sich um einen *endothermen* Prozess handelt. Mit steigenden Brenntemperaturen, die ein schnelleres Brennen ermöglichen, wächst jedoch die *Größe* der entstehenden CaO-Kristalle, wodurch die Löschreaktion mit Wasser immer langsamer und träger wird. Bei der Herstellung von Branntkalk wird deshalb nur so hoch erhitzt, dass noch *keine Sinterung* eintritt. Branntkalk darf also nicht „überbrannt" werden; andererseits darf er aber auch nicht „schwach gebrannt" sein, da er in diesem Fall noch $CaCO_3$ als unwirksamen Bestandteil enthält.

Calciumoxid wird im Bauwesen in Form von Branntkalk für *Mörtelzwecke* eingesetzt. Dazu wird es zunächst mit Wasser behandelt (gelöscht):

$$CaO + H_2O \rightarrow Ca(OH)_2 \qquad (1.4.19)$$

Da es sich hierbei um einen stark *exothermen* Prozess handelt, erhitzt sich die Mischung bei dieser Reaktion sehr stark. Es können Temperaturen von über 100°C auftreten, die ein Verspritzen der heißen, ätzenden Masse verursachen (besonders auf Augenschutz achten!). Wird mit *Wasserüberschuss* gelöscht (Baustelle), so resultiert ein Kalkbrei (= Nasslöschen), werden nur die *stöchiometrisch* erforderliche sowie die verdampfende Wassermenge zugegeben (Kalkwerk), so entsteht Kalkpulver (= Trockenlöschen). Das entstehende Calciumhydroxid wird technisch auch als gelöschter Kalk, Kalkhydrat oder Löschkalk bezeichnet. Es zeigt eine schwache Löslichkeit in Wasser (1,3 g/L), die Lösung (= Kalkwasser) ist eine relativ starke Base; der pH-Wert einer gesättigten $Ca(OH)_2$-Lösung liegt bei etwa 12,5.

Die *Erhärtung* eines Luftkalkmörtels erfolgt durch Bindung von *Kohlendioxid*, das in der Luft enthalten ist. Diese Erhärtungsart, die für *Luftmörtel* charakteristisch ist, wird als *Carbonaterhärtung* bezeichnet, da als Endprodukt Calciumcarbonat (in Form von spindelförmigen Kristallen) entsteht. Die Reaktion kann nur in Gegenwart von etwas Feuchtigkeit ablaufen:

$$Ca(OH)_2 + H_2O + CO_2 \rightarrow CaCO_3 + 2\,H_2O \qquad (1.4.20)$$

Die Carbonaterhärtung verläuft relativ langsam, da Luft nur etwa 0,035 Vol.-% CO_2 enthält. Sie kann durch die Erhöhung der CO_2-Konzentration in der Luft beschleunigt werden (z. B. offene Koksöfen, Propangasbrenner).

Als *Nebenprodukt* tritt bei der Erhärtung von Kalkmörtel Wasser auf, das als *Baufeuchtigkeit* in Neubauten in Erscheinung tritt und durch gute Durchlüftung abgeführt werden muss. Luftkalkmörtel dürfen daher nicht frühzeitig gegen Luft abgesperrt werden (z. B. durch Spachtelmassen, Lacktapeten, dichte Oberputze, Fliesen), da einerseits die Carbonatisierung verhindert, andererseits die Haftung von z. B. Fliesen durch die allmähliche Wasserbildung beeinträchtigt wird.

Dolomitkalke

Dolomitkalk wird durch Brennen von Dolomit oder dolomithaltigem Kalkstein hergestellt. Der *Brennvorgang* läuft in zwei Schritten ab:

$$\text{ab } 600°\text{C:}\quad CaCO_3 \cdot MgCO_3 \rightarrow CaCO_3 + MgO + CO_2 \qquad (1.4.21)$$

$$\text{ab } 900°\text{C:}\quad CaCO_3 \rightarrow CaO + CO_2 \qquad (1.4.22)$$

Die *Löschreaktion* ist analog zu der des Branntkalkes; es entstehen $Ca(OH)_2$ und $Mg(OH)_2$. Die Löschreaktion erfolgt mit zunehmendem MgO-Gehalt langsamer.

Bei der *Erhärtung* eines Dolomitkalkmörtels entstehen neben Calcit zusätzlich hydratwasserhaltige basische Magnesiumcarbonate.

Hydraulische Kalke

Kalke mit hydraulischen Anteilen entstehen, wenn *Mergel* (tonhaltiger Kalkstein) bei 1000°C bis 1200°C gebrannt wird. Neben Branntkalk entstehen dabei vergleichbare Verbindungen wie im PZ-Klinker, d. h. Dicalciumsilicat (Belit), Tricalciumaluminat (Aluminat) und Tetracalciumaluminatferrat (Ferrit). Tricalciumsilicat (Alit) wird bei diesen im Vergleich zum Portlandzementklinker niedrigeren Brenntemperaturen nicht gebildet, es ist daher eine typische Zementphase. Hydraulische Kalke ähneln somit in ihrer Zusammensetzung dem „Zement" der Römer.

Beim *Löschen* dieser Kalke wird soviel Wasser zugegeben, dass nur das reaktivere Calciumoxid gelöscht wird, während die hydraulischen Phasen nicht hydratisieren. Hydraulische Kalke können auch durch Mischen und Vermahlen von Kalk und Hüttensand oder Puzzolanen (meist Trass) hergestellt werden (gemischte hydraulische Kalke).

Bei der *Erhärtung* von Kalken mit hydraulischen Anteilen tritt neben der *Carbonaterhärtung* auch – wie beim Portlandzement – *hydraulische Erhärtung* ein, wobei höhere Festigkeiten als bei reinen Luftkalken erhalten werden.

1.4.2.5 Baugipse

Baugipse bestehen zu mindestens 50 M.-% aus Dehydratationsprodukten des Calciumsulfat-Dihydrats (Gips). Sie werden aus Rohgips (Gipsgestein oder Nebenprodukte der Industrie) durch Aufbereitungs- und Brennverfahren mit anschließender Mahlung hergestellt [Wirsching 2002]. Man verwendet sie ohne werksseitig zugegebene Zusätze (Stuckgips, Putzgips) oder mit werksseitig zugegebenen Zusätzen (z. B. Haftputz-, Fertigputz-, Maschinenputz- und Fugengips). Als Zusätze werden inerte (z. B. Fasern) oder reaktive Stoffe (z. B. Anreger) oder bauchemische Zusatzmittel (s. Abschn. 1.4.4) verwendet. Sie sollen die Eigenschaften (z. B. Haftung, Konsistenz, Ansteifungszeit) günstig beeinflussen. Die Anforderungen an Baugipse sind in DIN 1168 bzw. DIN 4208 (Anhydritbinder) genormt.

Über die wichtigsten wasserhaltigen und wasserfreien Formen von Calciumsulfat gibt Tabelle 1.4-4 eine Übersicht.

Beim *Halbhydrat* existieren zwei Formen, die als α- bzw. β-Halbhydrat bezeichnet werden. Das zu höherer Festigkeit führende α-Halbhydrat (Hartform- oder Modellgips) besteht aus großen, gut ausgebildeten Kristallen und findet z. B. Anwendung für Formen zur Herstellung von Sanitärkeramik, in Gipsverbänden oder in der Zahntechnik, zunehmend auch für Fließestriche. β-Halbhydrat (Stuckgips) bildet bei der Hydratation kleine nadelige Kristalle (Abb. 1.4-12) und wird z. B. für Stuck- und Formarbeiten sowie zur Herstellung von *Gipsbauplatten* verwendet. Im Gipsputz ist ein Gemisch aus β-Halbhydrat und Anhydrit (sog. *Mehrphasengips*) enthalten.

Bei der Hydratation (Erhärtung) von Halbhydrat und Anhydrit entsteht Dihydrat (Abb. 1.4-12):

$$CaSO_4 \cdot ½H_2O + 1½H_2O \rightarrow CaSO_4 \cdot 2\,H_2O \qquad (1.4.23)$$

$$CaSO_4 + 2H_2O \rightarrow CaSO_4 \cdot 2\,H_2O \qquad (1.4.24)$$

In Gegenwart von Anregern läuft auch die Hydratation von Anhydrit-II rasch ab. Es werden drei Arten der Anregung unterschieden:

- *Sulfatische Anregung* durch Alkalisulfate wie K_2SO_4 oder $(NH_4)_2SO_4$, $FeSO_4$, $ZnSO_4$, $CuSO_4$. Dabei unterscheidet sich die Wirksamkeit der Kationen in der Reihenfolge $K^+ \geq Na^+ > NH_4^+ > Cu^{2+} > Fe^{2+} \geq Zn^{2+}$.
- *Basische Anregung* durch Alkalihydroxide, $Ca(OH)_2$, Portlandzement.
- *Saure Anregung* durch H_2SO_4, $KHSO_4$, $NaHSO_4$, $Al_2(SO_4)_3$, $Fe_2(SO_4)_3$.

In der Praxis arbeitet man aus Kostengründen häufig mit einer gemischten Anregung, d. h. man setzt dem Anhydrit sowohl K_2SO_4 (sulfatische Anregung) als auch Zement (basische Anregung) zu.

Stuckgips erstarrt bereits 10 bis 15 Minuten nach der Berührung mit Wasser. Zusätze wie Zitronensäure, Weinsäure, Alaun, Zucker u. ä. verzögern den Verfestigungsprozess, Zusätze wie fein-

Tabelle 1.4-4 Wasserfreie und wasserhaltige Phasen von Calciumsulfat

Formel	Bezeichnung	Bildung aus	Umwandlung in
$CaSO_4$	Anhydrit AI Hochtemperaturanhydrit	AII>1196°C	$CaO+SO_3$ >1214°C
$CaSO_4$	Anhydrit AII totgebrannter Gips, enthalten im Estrichgips; Mineral: Anhydrit	AIII >240°C DH 300 … 700°C (im Rostbrandofen) DH >500°C (im Drehofen)	AI >1196°C
$CaSO_4$	Anhydrit AIII α-Anhydrit III	α-HH >180°C	DH bei Hydratation
$CaSO_4$	Anhydrit AIII β-Anhydrit III	β-HH >180°C	AII >240°C DH (schnelle Hydratation) HH (durch Luftfeuchte)
$CaSO_4 \cdot {}^1/_2H_2O$	α-Halbhydrat α-HH Hartformgips	DH bei 160 … 180°C (im Selbstdämpfer) oder bei 110 … 140°C (im Autoklaven)	DH bei Hydratation
$CaSO_4 \cdot {}^1/_2H_2O$	α-Halbhydrat β-Halbhydrat β-HH Stuckgips, auch in Putzgips Mineral: Bassanit	DH bei 130 … 180°C (im Drehrohr) DH bei 150°C (im Gipskocher)	DH bei Hydratation
$CaSO_4 \cdot 2H_2O$	Dihydrat DH Gipsstein; Mineralien: Gips, Alabaster, Marienglas	HH und AIII bei Hydratation	HH bei 130 … 180°C

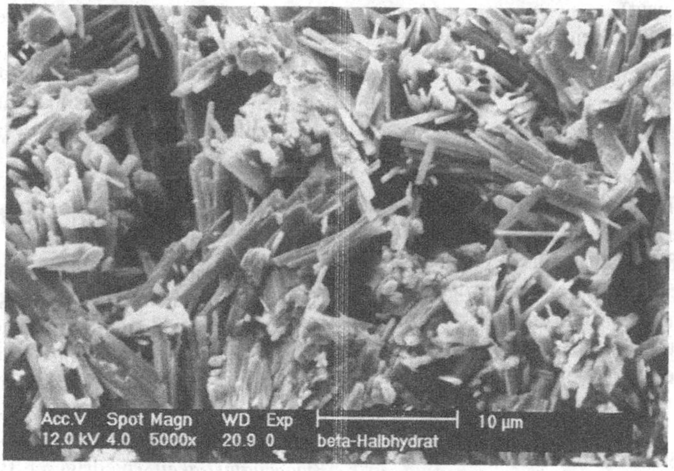

Abb. 1.4-12 Erhärtungsprodukte von β-Halbhydrat (Stuckgips) nach 7 Tagen

gemahlener Rohgipsstein, NaCl, K_2SO_4 oder KOH beschleunigen ihn.

Stuckgips wird bei *Wasser-Gips-Werten* von etwa 0,6 verarbeitet, Hartformgips bei 0,3 bis 0,35. Die Druckfestigkeiten (nach Trocknung) liegen beim β-Halbhydrat, z. B. Stuckgips, bei maximal 10-N/mm² und beim α-Halbhydrat, z. B. Hartformgips, bei maximal 50 N/mm².

Gips weist im erhärteten und ausgetrockneten Zustand ein Gefüge mit hohem Kapillarporengehalt auf, was ein hohes Wasseradsorptionsvermögen (Wasseraufnahme bis zu 50%) bewirkt. Da Wasseraufnahme und -abgabe schnell erfolgen, regulieren Gipsflächen die Luftfeuchtigkeit in Innenräumen. Das hohe *Wasserspeichervermögen* führt zu *Behaglichkeit* in *Wohnräumen* und ist ein Grund für die häufige Verwendung von Gips als Innenputz. Erhärteter Zement besitzt im Vergleich zum Gips wesentlich weniger Kapillarporen, dafür sehr viele kleine Gelporen (Ø 1 bis 10 nm), wodurch sein Wasserspeichervermögen gering ist.

Darüber hinaus haben Gipsbaustoffe weitere Vorteile:

- feuerhemmende Wirkung,
- schalldämmende und wärmeisolierende Eigenschaften,
- geringer Energieverbrauch bei der Herstellung (ca. $^1/_{10}$ von Zement),
- ästhetische Wirkung (weiß, beliebig färbbar).

Weitere spezifische Eigenschaften der Gipsbaustoffe, die bei ihrer Anwendung beachtet werden müssen, sind:

- bei Durchfeuchtung starker Festigkeitsrückgang;
- Lösungserscheinungen bei Berührung mit fließendem Wasser (relativ hohe Wasserlöslichkeit von 2 g/L bei 18°C), daher dürfen Gipsbaustoffe nur im Innenbereich verwendet werden;
- fehlender Korrosionsschutz für Bewehrungsstahl (Gips ist pH-neutral, Sulfat-Ionen sind korrosionsfördernd).

1.4.2.6 Sonstige anorganische Bindemittel

Putz- und Mauerbinder

Putz- und Mauerbinder (PM-Binder, DIN 4211) ist ein hydraulisches Bindemittel, welches aus Zement (ggf. auch Kalkhydrat), Gesteinsmehl und Zusatzmitteln besteht. Verwendet wird er für Putz- und Mauermörtel der Mörtelgruppen I und II.

Magnesiabinder

Magnesiabinder ist ein nicht hydraulisches Bindemittel, welches aus trockenem Magnesiumoxid und einer Magnesiumsalzlösung (Chlorid oder Sulfat) besteht. Die Erhärtung beruht auf einer Säure-Basen-Reaktion unter Bildung schwerlöslicher basischer Magnesiumsalzhydrate, z. B.

$$MgCl_2+3\ MgO+11\ H_2O \rightarrow MgCl_2\cdot 3\ Mg(OH)_2\cdot 8\ H_2O \qquad (1.4.25)$$

Unter Zusatz entsprechender Füllstoffe werden mit diesem Bindemittel (auch „Sorel-Zement“ genannt) künstliche Steine, Estriche, Holzwolle-Leichtbauplatten u. ä. hergestellt. Nachteilig sind die Unbeständigkeit gegen heißes Wasser und die korrosionsfördernde Wirkung für Stahl.

Phosphatbinder

Mischungen aus Aluminiumhydroxid und Phosphorsäure reagieren unter Bildung von schwerlöslichem Aluminiumphosphat:

$$Al(OH)_3+H_3PO_4 \rightarrow AlPO_4+3\ H_2O \qquad (1.4.26)$$

Aluminiumphosphatbinder werden ähnlich wie Tonerdezemente zur Herstellung feuerfester Betone verwendet. Zu den Phosphatbindemitteln zählen auch der Calciumphosphat- und der Magnesiumphosphatbinder.

1.4.3 Organische Bindemittel

Die Bauindustrie setzt neben anorganischen auch organische Bindemittel ein. Im Vergleich zum Zement zeichnen sie sich durch eine wesentlich *höhere Korrosionsbeständigkeit* und Lebensdauer aus, auch bei hoher mechanischer Belastung (z. B. Epoxid- und Polyurethanharze). Latex-Dispersionen verleihen Zementmörteln eine deutlich *höhere Biegezugfestigkeit* (niedrigerer E-Modul). Da sie erheblich teurer sind als anorganische Bindemittel, kommen sie i. d. R. als dünne Beschichtungen oder zur Vergütung von Mörteln und Betonen zum Einsatz. Wichtige Anwendungsgebiete sind:

- *Bodenbeschichtungen:* mechanisch oder chemisch stark beanspruchte Fußböden (z. B. in Parkhäusern, in Lagerhallen von Industrieunternehmen, Verladetrassen in Chemiewerken usw.) werden mit 1 mm bis mehrere cm dicken Beschichtungen dieser organischen Reaktivharze versehen. Die Oberfläche kann sowohl glatt und hochglänzend als auch rau und rutschfest ausgeführt werden.
- *Betonschutz und -instandsetzung:* Korrosionsgefährdete Betonoberflächen werden mit einer wenige mm dicken Polymerschicht zum Schutz vor aggressiven Medien wie saurem Regen, Karbonatisierung, gefrierendem Wasser usw. beschichtet. Bei der Instandsetzung vormals geschädigter und sanierter Betonoberflächen kann eine derartige Beschichtung nachträglich aufgebracht werden.
- *Injektionsharz:* Zur Rissverfüllung geschädigten Betons werden organische Harze injiziert und somit gegenüber Schadstoffen verschlossen.
- *Fliesenkleber und -fugen:* Für das Verlegen und Verfugen von keramischen oder Kunststofffliesen im Bereich aggressiver Medien (z. B. Chlorwasser in Schwimmbädern oder in Fußböden und Arbeitsplatten von Großküchen) hat sich die Anwendung organischer anstelle von zementären Fliesenklebern aufgrund ihrer höheren Chemikalienbeständigkeit sehr bewährt.

1.4.3.1 Epoxidharze (EP)

Sie zeichnen sich durch eine besonders *rasche Durchhärtung* aus (s. Abb. 1.4-13) [Seidler 2001]. EP-Harze sind i. d. R. so eingestellt, dass nach 12–16 Stunden ein wesentlicher Teil ihrer Aushärtung vollzogen ist. Übliche Epoxidharze erreichen Endfestigkeiten von 80-90 N/mm² und übertreffen damit gewöhnliche Betone (20-50 N/mm²) deutlich.

Epoxidharze sind *Reaktionsharze*, die aus zwei Komponenten (2K-System), einem *Basis-Harz* und einem *Härter*, bestehen [Möckel/Fuhrmann 1996]. Diese werden auf der Baustelle vermischt und reagieren unter Epoxidharzbildung und Wärmefreisetzung. Die Gesamtreaktion, die zur Epoxidharzbildung führt, ist schematisch in Abb. 1.4-14 dargestellt. Zunächst wird ein *Epoxid* (meist Epichlorhydrin) mit einem *Diol* (z. B. Bisphenol A) zu einem *Basis-Harz* umgesetzt. Dieses ist für die weitere Verarbeitung häufig zu viskos und wird deshalb entweder mit einem Lösemittel oder durch chemische Umsetzung mit einem sog. Reaktivharzverdünner (z. B. Poly(propylenoxid)diglycidylether) auf eine geeignete Viskosität eingestellt. Das viskositätseingestellte, meist honiggelbe Basis-Harz setzt der Handwerker auf der Baustelle mit geringen Mengen eines Härters (Amin) um. Dabei entsteht durch Polyaddition das hochmolekulare Epoxidharz. Als *Härter* kommen mehrfunktionelle primäre oder sekundäre *Amine* wie z. B. Dipropylentriamin oder Diamino-diphenylmethan in Frage. Abbildung 1.4-15 zeigt als Beispiel für die komplexen chemischen Reaktionen, die bei der Bildung eines Epoxidharzes ablaufen, die Entstehung eines EP-Harzes ausgehend von Epichlorhydrin und Bisphenol A, einem häufig verwendeten Diol. Je nach Ausgangsharz können Verarbei-

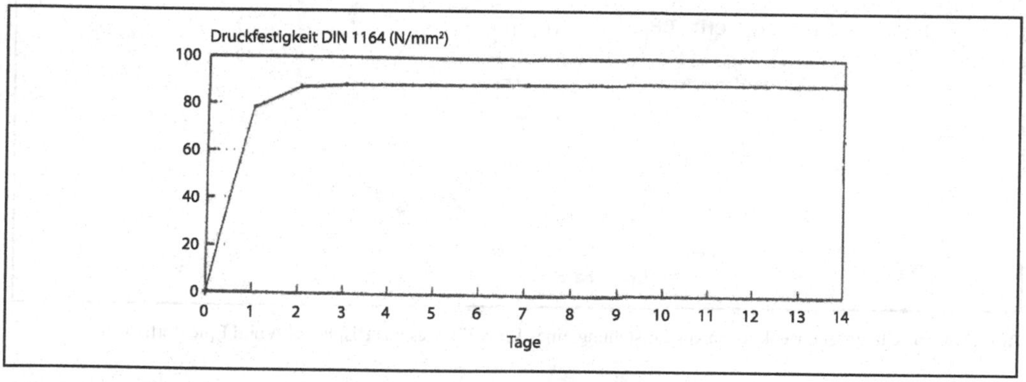

Abb. 1.4-13 Festigkeitsentwicklung eines Epoxidmörtels, nach [Seidler 2001]

tungszeiten („Topfzeit") von 20–60 Minuten eingestellt werden. Bei der Verarbeitung ist eine
mögliche Toxizität des Amin-Härters zu beachten.

Epoxidharze sind *Duromere*, d. h. Polymere mit
harter Oberfläche. Sie eignen sich deshalb vorzüg-
lich für Beschichtungen mit hoher mechanischer
Belastung. Daneben weisen sie im Vergleich zum
Zement noch folgende Vorteile auf:

– rasche Durchhärtung, auch bei niedrigen Temperaturen,
– geringe Feuchtigkeitsempfindlichkeit nach der
  Erhärtung,
– hohe Chemikalienbeständigkeit,
– gute Haftung und geringer Reaktionsschwund,
– sehr geringe Wasserdampfdurchlässigkeit.

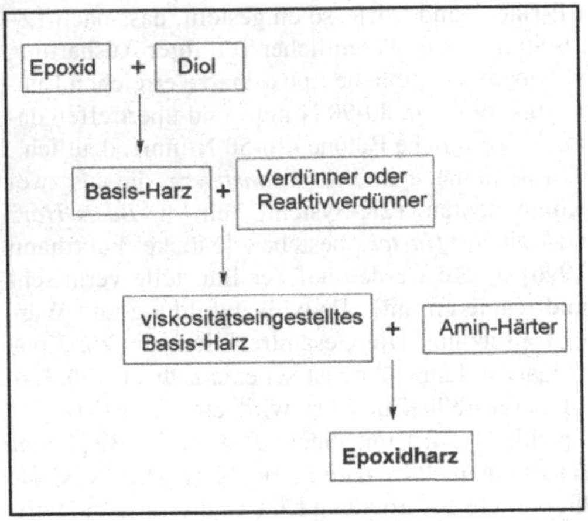

Abb. 1.4-14 Schema zur Reaktionsfolge bei der Bildung
eines Epoxidharzes

(n + 1) $H_2C - CH - CH_2 - Cl$ + n $HO-\bigcirc-\overset{CH_3}{\underset{CH_3}{C}}-\bigcirc-OH$

Epichlorhydrin (=Epoxid)   Bisphenol A (=Diol)

$H_2C - CH - CH_2 - O - \bigcirc - \overset{CH_3}{\underset{CH_3}{C}} - \bigcirc - \left[O - CH_2 - CH - CH_2 - O - \bigcirc - \overset{CH_3}{\underset{CH_3}{C}} - \bigcirc \right]_{n-1} O - CH_2 - CH - CH_2$

Basis-Harz

2 $R - CH_2 - CH - CH_2$ + $H - \overset{R'}{\underset{}{N}} - H$

Epoxid im Basis-Harz   Amin-Härter

Polyaddition

$R - CH_2 - \overset{}{\underset{OH}{CH}} - CH_2 - \overset{R'}{N} - CH_2 - \overset{}{\underset{OH}{CH}} - CH_2 - R$

Epoxidharz

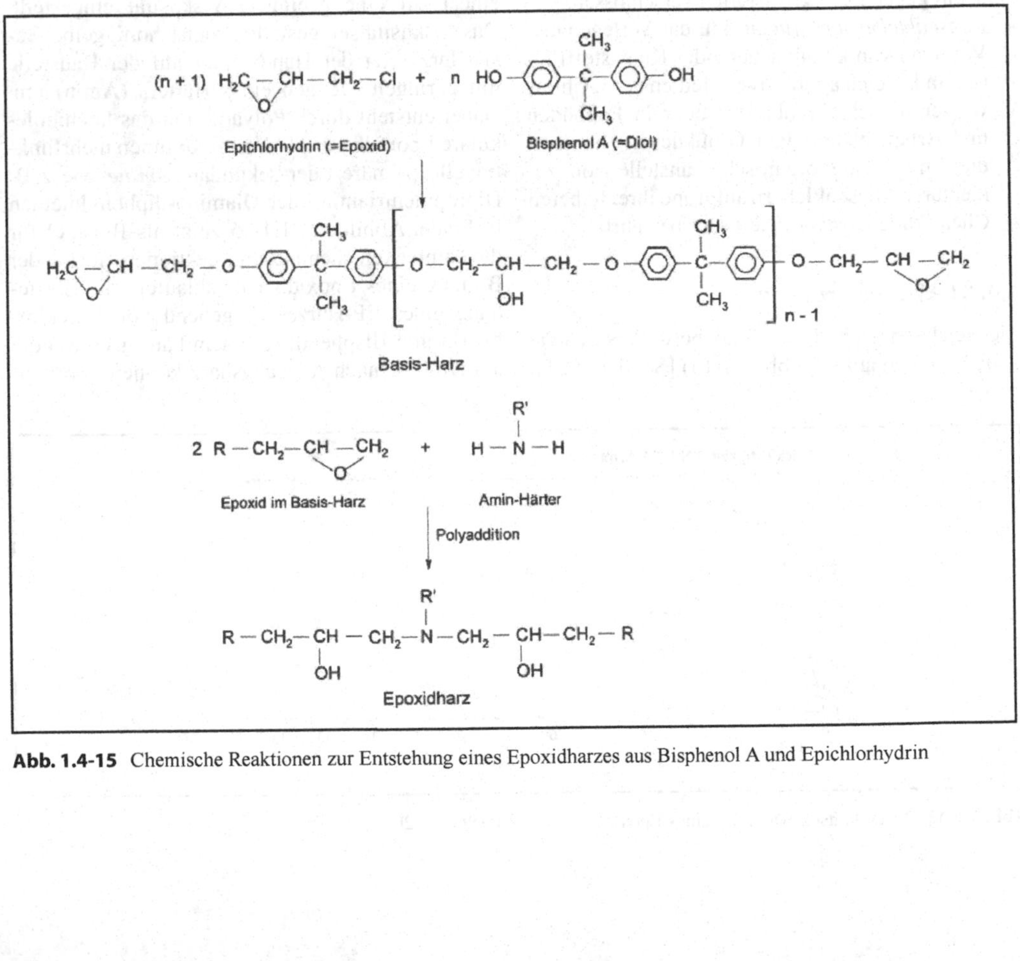

Abb. 1.4-15 Chemische Reaktionen zur Entstehung eines Epoxidharzes aus Bisphenol A und Epichlorhydrin

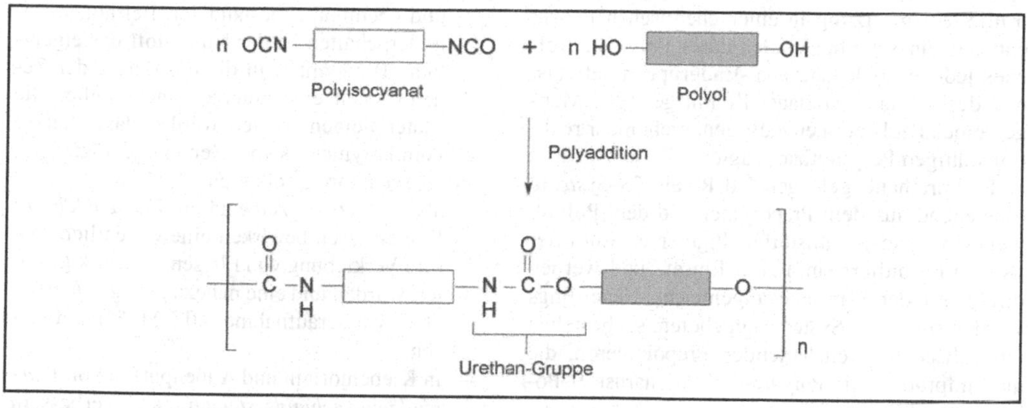

Abb. 1.4-16 Schema zur Bildung eines Polyurethan-Harzes

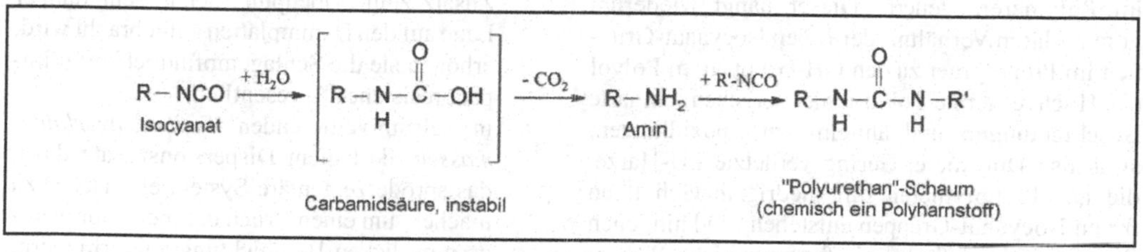

Abb. 1.4-17 Reaktionsfolge zur Bildung von Polyurethan-Schaum

1.4.3.2 Polyurethane (PU)

Im Gegensatz zu den Epoxidharzen lassen sich Polyurethane je nach verwendeten Rohstoffen als *Elastomere*, *Thermoplaste* oder *Duromere* herstellen. Ihre Einsatzbereiche sind daher sehr vielfältig und reichen von zähharten Fußbodenbeschichtungen über elastische Sport- und Laufbahnen bis hin zu Polyurethanschäumen [Meier-Westhues 2007, Bock/Zorll 1999].

Die *Grundreaktion* der Polyurethanbildung wurde erstmals 1937 in einem Patent der I.G. Farben beschrieben. Sie ist in Abb. 1.4-16 schematisch dargestellt. Ein *Polyol* (= mehrfacher Alkohol, z.B. ein Polyether- oder ein Polyesterpolyol) wird meist mit einem *Diisocyanat* (z.B. Toluylen-2,4-diisocyanat oder Diphenylmethan-diisocyanat) umgesetzt. Dabei entsteht durch *Polyadditionsreaktion* das Polyurethan, in dem der Isocyanat-Baustein über eine Urethangruppe mit der Diol-Einheit verknüpft ist.

Bei Anwesenheit von Wasser (z.B. Feuchtigkeit) während der Umsetzung des Polyols mit dem Isocyanat verläuft die Reaktion grundsätzlich anders (s. Schema in Abb. 1.4-17). Anstelle des Urethans entsteht ein Harnstoff, gleichzeitig werden unter Aufschäumen große Mengen CO_2-Gas freigesetzt. Nach diesem Reaktionsprinzip entstehen die sog. *Polyurethan-Schäume,* die im Bauwesen als Hartschäume zum Einsetzen von Türen oder Fenstern verwendet werden. Die Bezeichnung „Polyurethan" hierfür ist chemisch nicht zutreffend (richtig wäre „Polyharnstoff"), sie hat sich jedoch fest eingebürgert.

Die vorhin beschriebene Feuchtigkeitsempfindlichkeit des Systems hat dazu geführt, dass Polyurethan-Beschichtungen auf der Baustelle nicht aus den reinen, hochreaktiven Polyisocyanaten hergestellt werden. Stattdessen finden sog. *Prepolymere* Einsatz. Ihr Gehalt an freien Isocyanat-Gruppen schwankt zwischen 10 und 40 M.-%. Durch kontrollierte Umsetzung in einer chemischen Fabrik entsteht ein sehr hochmolekulares Polymer, welches jedoch noch Isocyanat-Endgruppen aufweist und deshalb auf der Baustelle mit geringen Mengen eines Diols zum endgültigen, nicht mehr reaktionsfähigen Polyurethan reagiert.

Polyurethane gelangen i. d. R. als *2K-Systeme* (bestehend aus dem Prepolymer und dem Polyol, welchem meist Füllstoffe, Pigmente, Entlüfter usw. zuformuliert sind) zum Einsatz und werden direkt auf der Baustelle angemischt. Neuerdings werden sogar 1K-Systeme angeboten; sie bestehen aus luftfeuchtigkeitshärtenden Prepolymeren, die als Endprodukt ein Polyurethan-Polyharnstoff-Polymer ergeben.

Die *mechanischen* Eigenschaften von Polyurethan-Harzen lassen sich über den *Vernetzungsgrad* im Polymeren steuern. Dieser hängt wiederum vom molaren Verhältnis der freien Isocyanat-Gruppen im Prepolymer zu den OH-Gruppen im Polyol ab. Hochvernetzte Polyurethane ergeben zähharte Beschichtungen und ähneln den Epoxidharzen, sind also Duromere. Gering vernetzte PU-Harze, die aus Prepolymeren mit niedrigem Gehalt an freien Isocyanat-Gruppen entstehen, sind hingegen Elastomere. Sie finden als fußfreundliche Bodenbeschichtung oder auf Sportbahnen Anwendung.

1.4.3.3 Kunststoff-Dispersionen

Latex-Dispersionen sind organische Polymere, die sowohl als *Klebstoffe* als auch zur Verbesserung der *Elastizität* (Biegezugfestigkeit, E-Modul) spröder zementärer Systeme eingesetzt werden [Lagaly et al. 1997]. Wichtige Anwendungen sind:

- im Beton
  - als *Haftbrücke* (Grundierung) bei der Betonsanierung; die mit Mörtel bzw. Beton zu füllende Stelle wird mit Dispersion bestrichen und anschließend Frischmörtel/-beton aufgetragen; auf diese Weise resultiert eine gute Haftung auf dem Untergrund.
  - Als sog. *Polymerbeton* (häufig ein „Polymermörtel", da gröbere Zuschläge fehlen) mit >5 M.-% Polymer, bezogen auf den Zementanteil [Ettel 1998]. Derartige Betone/Mörtel weisen hohe Biegezugfestigkeiten auf, sind dichter und gleichzeitig korrosions- und chemikalienbeständiger. Bei hohen Polymergehalten ist der Kunststoff das eigentliche Bindemittel in diesem Beton, der Zement spielt eine untergeordnete Rolle. Die Materialeigenschaften werden dann stärker vom Polymer als vom Zement geprägt.
- in Trockenmörtelprodukten
  - als Zusatz zu zementären *Fliesenklebern;* Dispersionen bewirken eine wesentlich bessere Verklebung von Fliesen, die stark gesintert wurden und eine nahezu glasige Oberfläche (Wasseraufnahme <0.5 M.-%) aufweisen.
  - in Klebemörteln und Außenputzen von *Wärmedämmverbundsystemen*; sie verbessern die Adhäsion (Verklebung) der Dämmplatten (Glaswolle, EXPS, EPS) am Mauerwerk; bei Zusatz zum Außenputz, der in sehr dünner Lage auf den Dämmplatten aufgebracht wird, erhöhen sie die Schlagempfindlichkeit („impact resistance") wesentlich.
  - in selbstnivellierenden *Fußbodenverlaufsmassen*; dort dient Dispersionszusatz dazu, das spröde zementäre System elastischer zu machen, um einen Bruch der meist nur wenige mm dicken Beschichtung zu verhindern. Außerdem verbessert die Dispersion die Verarbeitbarkeit.

Chemisch bestehen Latex-Dispersionen aus winzigen Polymerkügelchen, die im Wasser dispergiert (aufgeschlämmt) sind. Sie besitzen daher ein ähnliches Aussehen wie Milch. Ihre Herstellung erfolgt meist nach dem Verfahren der *Emulsionspolymerisation.* Dabei entstehen runde Polymerpartikel mit Durchmessern von 200 nm bis 1 µm (Baubereich). Auf ihren Oberflächen befinden sich die Emulgator-Moleküle, welche die Dispersion stabilisieren und ein Absetzen (Koagulation) verhindern [Distler 1999].

Im Baubereich häufig eingesetzte Dispersionen bestehen entweder aus Copolymeren von Ethylen und Vinylacetat oder von Styrol und n-Butylacrylat. Bei der Herstellung werden zahlreiche weitere sog. Comonomere, Emulgatoren und andere Hilfsstoffe verwendet. Die günstige Wirkung der Dispersionen beruht auf einer Verschmelzung (Verfilmung) der einzelnen Polymerkügelchen zu einem Polymerfilm (s. Abb. 1.4-18). Die Verfil-

Abb. 1.4-18 Rasterelektronenmikroskopische Aufnahme von Polymerpartikeln in einer Styrol-Butylacrylat-Dispersion (links); Verklebung von Fliesen mit Hilfe eines Dispersionsfilms (rechts)

mung tritt ein, sobald dem Mörtel bzw. Beton das Wasser durch die Hydratation des Zements oder durch Austrocknen entzogen wird. Die Polymerteilchen werden dabei so stark aneinander gepresst, dass ihre Polymerketten miteinander verhaken und ein zusammenhängender Polymerfilm entsteht (s. Schema in Abb. 1.4-19). Für die Verfilmung ist außerdem eine bestimmte Mindesttemperatur (*Mindestfilmbildetemperatur*, MFT) erforderlich. Sie lässt sich über die Art und den molaren Anteil der Monomere im Polymerteilchen steuern und wird experimentell auf einer sog. Kofler-Bank bestimmt. Ethylen-Vinylacetat-Dispersionen z.B. besitzen deutlich niedrigere MFTs (–10°C bis +15°C; sie werden deshalb als „weiche" Dispersionen bezeichnet) als die „harten" Styrol-Butylacrylat-Dispersionen (+10°C bis +40°C). Die Polymerfilme gehen ab einer bestimmten Temperatur (sog. *Glasübergangstemperatur*, Tg) vom elastischen in einen spröden, glasigen Zustand über, der unerwünscht ist. Die Glasübergangstemperatur hängt wie die MFT von der Monomer-Zusammensetzung im Polymer ab und kann mit Hilfe der sog. Fox-Gleichung berechnet werden.

Die Trockenmörtelindustrie setzt zumeist pulverförmige Dispersionen (sog. redispergierbare Pulver) ein. Diese werden in komplizierten Sprühtrocknungsverfahren hergestellt. Schutzkolloide und anorganische Füllstoffe verhindern, dass die Polymerteilchen während des Trocknungsprozesses bereits verfilmen. Beim Einrühren dieser Pul-

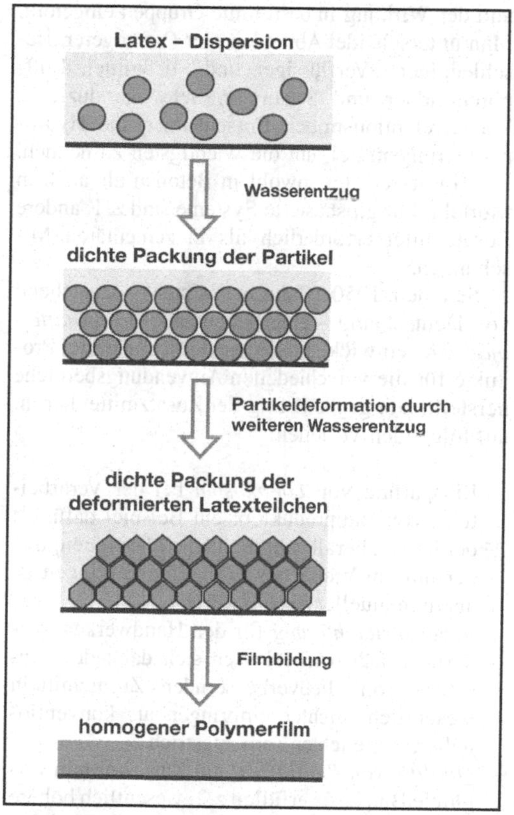

Abb. 1.4-19 Schema zur Verfilmung von Polymerteilchen einer Latex-Dispersion

ver in Wasser (Redispergieren) entstehen wieder die in der Ausgangsdispersion vorhandenen, einzelnen Polymerkügelchen.

1.4.4 Zusatzmittel

Durch *bauchemische Zusatzmittel* können die Eigenschaften von Mörteln oder Betonen gezielt verbessert werden (vgl. [Reul 1993, Benedix 2008]). Zum Einsatz kommen anorganische und vor allem organische Zusätze, die meist durch chemische Reaktion künstlich hergestellt und seltener natürlichen Ursprungs sind [Plank et al. 2004]. Zusatzmittel sind jedoch keine Korrekturmittel, die eine mangelhafte Zusammensetzung oder eine fehlerhafte Mischung eines Mörtels oder Betons ausgleichen.

Zusatzmittel werden je nach ihrem Einsatzzweck und der Wirkung in bestimmte Gruppen eingeteilt. Man unterscheidet Abbinderegler (Verzögerer, Beschleuniger), Verflüssiger und Fließmittel, Luftporenbildner und Schäumer, Schwindreduzierer, Wasserretentionsmittel, Entschäumer und Hydrophobierungsmittel, um die wichtigsten zu nennen. Ihr Einsatz erfolgt sowohl in Betonen als auch in Mörteln. Für gipsbasierte Systeme sind z. T. andere Zusatzmittel erforderlich als in zementären Mischungen.

Seit den 1950er-Jahren hat sich – ausgehend von Deutschland – eine bedeutende *Zusatzmittelindustrie* entwickelt, die maßgeschneiderte Produkte für die verschiedenen Anwendungsbereiche herstellt. Der große Erfolg der Zusatzmittel beruht auf folgenden Vorteilen:

- Einsparung von *Lohnkosten* bei der Verarbeitung von Bauprodukten; ein Beispiel dafür ist der heute überall gebräuchliche Maschinenputz, der um ein Vielfaches rascher aufzubringen ist als in manueller Arbeitsweise.
- *Arbeitserleichterung* für den Handwerker; moderne Fließestriche lassen sich dank des Einsatzes von fließverbessernden Zusatzmitteln wesentlich leichter einbringen als konventioneller, erdfeuchter Zementestrich.
- *Qualität von Baustoffen;* mit Zusatzmitteln vergütete Baustoffe erfüllen z. T. wesentlich höhere Anforderungen; ein Beispiel dafür ist der ultrahochfeste Beton mit W/Z-Wert <0.25, der ohne Fließmittel nicht verarbeitbar wäre, und Druckfestigkeiten von über 150 N/mm² erzielt.
- *Resourcenschonung*; mit Hilfe von Zusatzmitteln können der Energieverbrauch bei der Herstellung von Baustoffen gesenkt und gleichzeitig recyclierte Rohstoffe verwendet werden.

1.4.4.1 Abbinderegler (Beschleuniger, Verzögerer)

Beschleuniger dienen dazu, die Hydratation des anorganischen Bindemittels Zement oder Gips zeitlich zu verkürzen. Man unterscheidet folgende Einsatzgebiete:

- Betonieren im Winterbau
  Die Hydratation normaler Zemente wird bei tiefen Temperaturen (unter +4°C) derart langsam, dass ein sinnvoller Baufortschritt aufgrund der zu langsamen Festigkeitsentwicklung nicht mehr gewährleistet ist. Zur Beschleunigung werden insbesondere Calciumsalze eingesetzt, und zwar *Calciumchlorid* für unbewehrten und *Calciumnitrat* für bewehrten und Stahlbeton. Die Zugabemengen betragen 1–3 M.-%, bezogen auf den Zementgehalt.
- Spritzbeton
  Die Betonauskleidung von Gebirgs-, U-Bahn- oder Eisenbahntunnels erfolgt gewöhnlich durch Beton, der mittels Spritzrobotern aufgebracht wird. Zur Erzielung einer guten Haftung an der Tunnelwand und zur Minimierung des sog. Rückpralls (d. h. des Betons, der nicht an der Wand haftet und zu Boden fällt) wird ein Beschleuniger zugesetzt, der innerhalb von Sekunden Erstarren herbeiführt. Früher wurden als Spritzbetonbeschleuniger *alkalihaltige* Produkte wie z. B. Natriumsilikat (Natronwasserglas) oder Natriumaluminat verwendet. Sie wurden aufgrund ihrer ätzenden Wirkung inzwischen durch *alkalifreie* Beschleuniger ersetzt. Zu ihnen gehören vor allem Aluminiumsalze (Aluminiumhydroxysulfat, Aluminiumdihydroxyformiat, amorphes Aluminiumhydroxid). Gelegentlich kommt auch ein reaktives Polymersystem, bestehend aus Polyethylenoxid und Naphthalinsulfonsäure-Formaldehyd-Polykondensat, zum Einsatz. Im Gegensatz zu den vorher erwähnten anorganischen Beschleunigern reduziert es die Endfestigkeit des Spritzbetons nicht.

- Fliesenkleber
  Bei der Verlegung von Fliesen sind einerseits eine ausreichend lange Verarbeitungszeit (ca. 1 Std.) und andererseits eine besonders rasche Festigkeitsentwicklung (für Begehbarkeit des Raumes) erwünscht. Letztere wird durch Zusatz von Calciumformiat oder – heute weniger gebräuchlich – von Calciumrhodanid erreicht.
- Tonerdezement
  Für die Beschleunigung von Tonerdezement wird meist fein gemahlenes Lithiumcarbonat eingesetzt.

Bei Calciumsulfat-Baustoffen muss außer beim Anhydrit nicht beschleunigt werden, deshalb spielen Beschleuniger dort keine große Rolle. Die für Anhydrit gebräuchlichen Beschleuniger (Anreger) wurden in Abschn. 1.4.2.5 beschrieben.

Mengenmäßig sind *Verzögerer* wesentlich bedeutender als Beschleuniger. Sie umfassen zudem eine deutlich größere Gruppe an chemischen Substanzen. Ihre Hauptanwendungsgebiete in zementären Systemen sind:

- Transportbeton
  Verzögerer-Zugabe gewährleistet, dass die flüssige Ausgangskonsistenz des Betons auch nach einer Fahrtzeit von 2 Stunden bis zur Auslieferung auf der Baustelle erhalten bleibt. Am häufigsten werden hierfür Natriumgluconat und Ligninsulfonat (s. Abschn. 1.4.4.2) eingesetzt.
- Betonieren bei hohen Temperaturen
  Beim Betonieren im Sommer oder in heißen Ländern sorgen Verzögerer für eine ausreichende Verarbeitungszeit auf der Baustelle, indem sie die durch die hohe Temperatur wesentlich beschleunigte Zementhydratation wieder verlangsamen. Beispiele für Verzögerer in diesem Bereich sind Tetrakaliumpyrophosphat, Natriumgluconat, Molasse aus der Zuckerherstellung und Lignosulfonat.
- Betonieren von massiven Bauteilen
  Hier kann die große Menge an Hydratationswärme zu thermischen Spannungsrissen führen, die sich nachteilig auf die Endfestigkeit auswirken. Durch Verzögererzugabe wird der Zeitraum der Wärmefreisetzung in einen günstigeren Bereich verschoben.
- Tiefbohrzementierung
  Bei der Suche nach Öl und Gas werden heute Bohrungen mit Tiefen bis zu 9.000 m erstellt, in die aus Sicherheitsgründen ein Metallrohr („casing") einzementiert wird. Damit der Zement bei der auf der Bohrlochsohle herrschenden hohen Temperatur (bis 260°C) nicht blitzartig abbindet, werden Verzögerer zugesetzt. Es kommen sowohl Lignosulfonate (für den niedrigen bis mittleren Temperaturbereich) als auch synthetische Copolymere (z. B. AMPS®-Itaconsäure-Copolymere) im hohen Temperaturbereich zum Einsatz.
- Verwertung von Restbeton
  Restbeton, der im Betonwerk z. B. am Freitagnachmittag anfällt, kann durch Zugabe von Phosphonat-basierten Verzögerern (z. B. Phosphonobutantricarbonsäure, PBTC) über das Wochenende „konserviert" (d. h. bezüglich seiner Hydratation weitgehend eingefroren) werden. Der so verzögerte Beton kann entweder durch Zumischen zu frischem, unverzögertem Beton oder durch Zugabe eines Beschleunigers („Aktivator"), welcher die Verzögerung aufhebt, wiederverwendet werden.

Gipsbaustoffe, die α- oder β- Halbhydrat als Bindemittel enthalten, müssen ebenfalls häufig verzögert werden. Besonders wirksam sind hierbei α-Hydroxycarbonsäuren wie z. B. Zitronensäure und natürliche Weinsäure (die anderen Diastereomere der Weinsäure sind deutlich weniger wirksam). *Weinsäure* zeigt die ungewöhnliche Eigenschaft, beim Abbinden von β-Halbhydrat sehr stark das Erstarrungsende, nicht jedoch den Erstarrungsbeginn zu verzögern (s. Abb. 1.4-20). Sie ist deshalb der ideale Verzögerer für den *Gipsputz*, da dieser einerseits etwas anziehen kann und damit gut haftet, gleichzeitig aber auch 2–3 Stunden nach dem Auftragen noch zugerieben werden kann. Eine weitere Besonderheit von natürlicher Weinsäure besteht darin, dass sie für optimale Wirksamkeit einen pH-Wert >9 benötigt. Nachteilig ist, dass sie Festigkeitseinbußen von bis zu 50% ergibt.

In Anwendungen außerhalb des Putzes verwendet die Gipsindustrie meist andere Verzögerer als Weinsäure. Dazu gehören z. B. Iminodisuccinat, Polyasparaginsäure oder ein spezielles Polykondensat aus Pyrrol und Formaldehyd, das unter dem

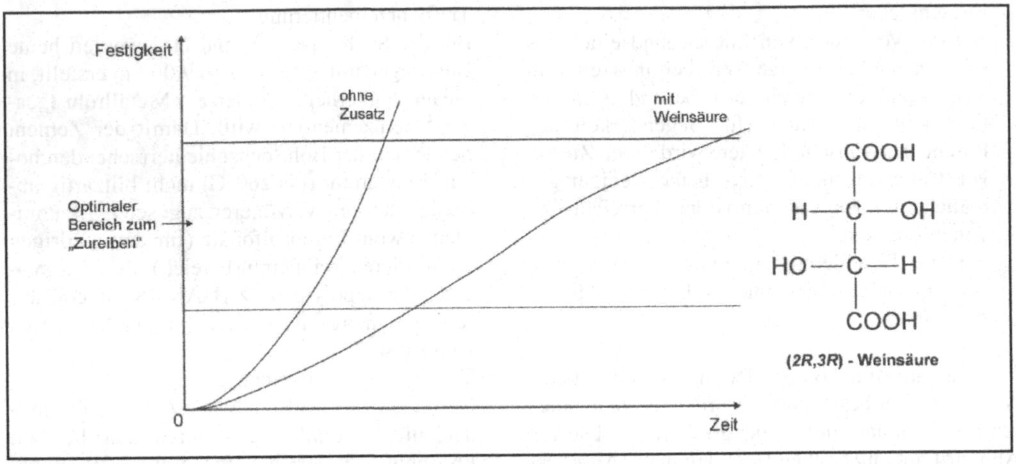

Abb. 1.4-20 Abbindeverhalten von Gipsputz ohne und mit 0,3 M.-% Weinsäure (links); chemische Struktur von natürlicher L(+)-Weinsäure (rechts)

Namen Retardan® im Handel ist. Daneben zeigen Polyphosphate insbesondere mit α-Halbhydrat eine sehr gute Wirkung. Diese Zusätze wirken über einen breiteren pH-Wertbereich als Weinsäure, sie verzögern jedoch stets auch den Erstarrungsbeginn, was außer im Gipsputz meist erwünscht ist.

Übliche Verzögererdosierungen liegen im Bereich von 0,05 bis 0,5 M.-%, bezogen auf das Bindemittel. Es ist darauf hinzuweisen, dass Verzögerer bei *Überdosierung* häufig eine starke *beschleunigende* Wirkung zeigen. Dieses als „Umschlagen" bezeichnete Verhalten tritt z. B. bei Zitronensäure im Zement ab Dosierungen von 2–3 M.-% ein.

Verzögerer führen des Weiteren häufig zu *höheren Endfestigkeiten* des Mörtels oder Betons. Grund ist das verlangsamte Wachstum der Zementhydratphasen, insbesondere der C-S-H-Phasen. Wie bereits beschrieben (s. Abschn. 1.4.2.1), beruht die Festigkeit von Zementstein auf einer möglichst starken Verwachsung der nanokristallinen C-S-H-Phasen. Beim Einsatz von Verzögerern bilden sich diese nadelförmigen Hydratphasen besonders regelmäßig und verfilzen stärker. Umgekehrt führen Zementbeschleuniger i. d. R. zu Festigkeitsverlusten.

Die Wirkmechanismen von Verzögerern wurden ausführlich untersucht. Sie sind je nach Art des Verzögerers verschieden. Man unterscheidet in Verzögerer,

a) die an der Bindemitteloberfläche adsorbieren (d. h. physikalisch gebunden werden) und auf diese Weise den Wasserzutritt zur Bindemitteloberfläche und somit das Auflösen des Bindemittels verlangsamen.
b) welche die für die Hydratbildung benötigte Calcium-Konzentration im Porenwasser des Bindemittelleims durch Bildung von Calcium-Chelatkomplexen oder durch Bildung schwerlöslicher, Calcium-haltiger Niederschläge verringern; auf diese Weise wird die Auskristallisation der Hydratphasen verzögert.
c) die auf den Oberflächen der frisch gebildeten Hydratationsprodukte adsorbieren und deren weiteres Wachstum hemmen.

Häufig wirken Verzögerer nach mehreren dieser Mechanismen. Die z. B. in Gipsbaustoffen eingesetzte Zitronensäure adsorbiert einerseits auf dem Bindemittel und bildet gleichzeitig lösliche Calcium-Komplexe. Phosphate hingegen wirken verzögernd durch Bildung von Präzipitäten aus schwerlöslichem Calciumphosphat.

1.4.4.2 Verflüssiger, Fließmittel

Verflüssiger und *Fließmittel* sind oberflächenaktive Stoffe, welche die Oberflächenspannung des

Wassers herabsetzen und dadurch das Benetzungsvermögen gegenüber Zement steigern. Bei gleicher Verarbeitbarkeit wird der W/Z-Wert verringert, wodurch Festigkeit und Dichtigkeit des Betons steigen. Neben dieser „Wassereinsparung“ oder *„Wasserreduzierung“* werden Verflüssiger verwendet, um Betonen bzw. Mörteln eine *weichere Konsistenz* (d. h. Fließfähigkeit) zu geben. *Fließmittel* sind noch wirksamer als Verflüssiger, sie ermöglichen wesentlich höhere Wassereinsparungen als diese (bis zu 30%, gegenüber ca. 10% bei Verflüssigern).

Der am häufigsten eingesetzte Verflüssiger ist *Ligninsulfonat* (auch als Lignosulfonat bezeichnet). Er wird aus dem in der Holzrinde vorkommenden Lignin durch Sulfitierung mit Calcium- oder Natriumhydrogensulfit hergestellt (s. Abb. 1.4-21). Durch die Sulfitierung wird das Lignin wasserlöslich und anionisch geladen, wodurch es erst seine Wirkung als Fließmittel entfalten kann. Als Betonverflüssiger eingesetzte Lignosulfonat-Lösungen sind dunkelbraun gefärbt und weisen einen charakteristischen holzartig-süßlichen Geruch auf. Zu beachten ist, dass gewöhnliche, unbehandelte Lignosulfonate häufig mit Zuckerverbindungen (Hexosen, Pentosen und Zuckersäuren) verunreinigt sind, welche verzögernd wirken. Aus diesem Grund kann Lignosulfonat auch als milder Verzögerer eingesetzt werden. Zusätzlich sind noch Reste von Baumharzen und -ölen enthalten, die schäumend wirken. Gewöhnliche Lignosulfonate führen daher stets etwas Luftporen in den Beton ein. Einige Hersteller bieten deshalb entschäumte und durch enzymatische Behandlung zuckerfrei erhaltene Lignosulfonate an.

Benötigt man eine besonders hohe Wassereinsparung oder Konsistenzverbesserung, dann sind *Fließmittel* einzusetzen. Ihre Anwendung im Beton wurde durch die 1974 als Zusatz zur DIN 1045 herausgegebenen „Richtlinien für die Herstellung und Verarbeitung von Fließbeton“ geregelt.

Chemisch werden Fließmittel in zwei Gruppen eingeteilt, die *Polykondensate* und die *Polycarboxylate*.

Das wichtigste Polykondensat-Fließmittel ist β-Naphthalinsulfonsäure-Formaldehyd-Harz (auch kurz als Naphthalin-Harz, NSF-Harz oder BNS bezeichnet). Seine chemische Struktur zeigt Abb. 1.4-22. Es wurde 1962 von der japanischen Firma Kao Soap entwickelt. Die *Herstellung* erfolgt durch Sulfonierung von Naphthalin mit rauchender Schwefelsäure. Anschließend wird bei 120–150°C und 2–4 bar Druck mit Formaldehyd methyloliert und zum Kondensatharz polymerisiert. Bei der abschließenden Neutralisation wird entweder Natronlauge oder Kalkmilch verwendet. Im ersteren Fall entsteht das Natriumsalz des Polykondensats sowie 5–8 M.-% Natriumsulfat, welches häufig stört, da es bei kühler Lagerung aus der Fließmittellösung auskristallisieren kann. Die Verwendung von Kalkmilch ist deshalb vorteilhafter, jedoch teurer. Die in Restmengen enthaltene Schwefelsäure fällt als Gips aus, der abfiltriert werden muss. Nach diesem Verfahren erhält man eine völlig lagerungsbeständige, weitgehend sulfatfreie NSF-Harzlösung mit 40–45 M.-% Wirkstoffgehalt.

Naphthalinsulfonat-Fließmittel sind hellbraun gefärbt. Im Betonwerk kommen meist 20%ige Lö-

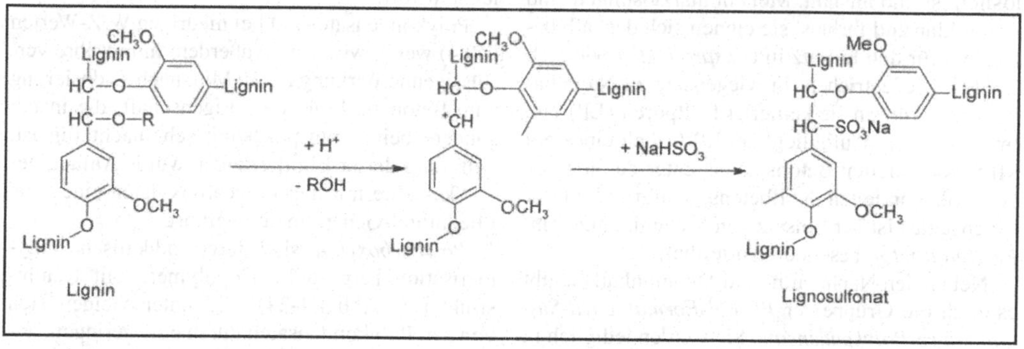

Abb. 1.4-21 Herstellung eines Lignosulfonat-Verflüssigers durch Sulfitierung von Lignin

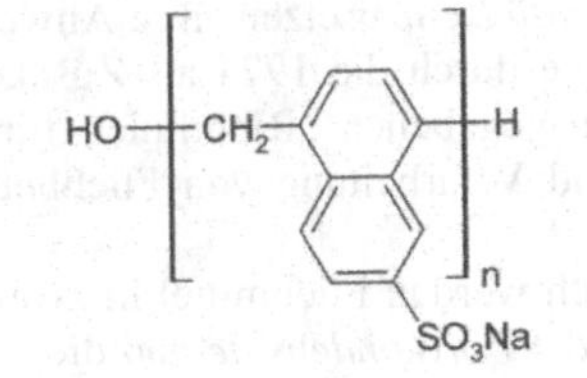

Abb. 1.4-22 Chemische Struktur eines β-Naphthalinsulfonsäure-Formaldehyd-Fließmittels

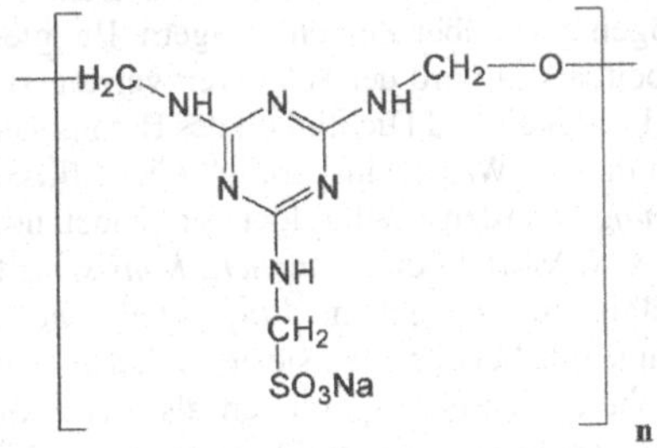

Abb. 1.4-23 Chemische Struktur eines Melamin-Formaldehyd-Sulfit-Fließmittels

sungen zum Einsatz. Übliche Dosierungen liegen bei 0,3–1,5 Liter pro m^3 Beton. Gelegentlich besitzen einzelne Produkte eine (allerdings geringe) lufteinführende Wirkung. Hauptanwendungsgebiet für NSF-Fließmittel ist der *Transportbeton*.

Ebenfalls 1962 wurde in Deutschland bei der Firma SKW Trostberg ein weiteres Polykondensat-Fließmittel entwickelt, das *Melamin–Formaldehyd-Sulfit-Harz* (auch kurz Melaminharz, MFS-Harz oder PMS genannt). Die chemische Struktur zeigt Abb. 1.4-23. Es handelt sich um ein *Aminoplastharz*, welches durch Umsetzung der organischen Verbindung Melamin mit Formaldehyd und anschließende Sulfitierung mit Natriumhydrogensulfit erhalten wird. Melaminharze sind grundsätzlich nur als Natriumsalz und mit 5–7% Natriumsulfat als Nebenprodukt zu enthalten, da die Neutralisation nur mit Natronlauge erhalten ist. Bei Verwendung von Kalkmilch entsteht das Calciumsalz des Melaminharzes, welches schlecht wasserlöslich ist und ausfällt. Melaminharzlösungen sind völlig klar und farblos, sie eignen sich deshalb besonders für den Einsatz in *Gipsprodukten* wie z. B. $CaSO_4$-Fließestrichen. Im Gegensatz zu Naphthalinharzen führen sie keinerlei Luftporen (LP) ein. Im Gegenteil, häufig liegt der LP-Gehalt eines mit MFS behandelten Betons sogar unter demjenigen des unbehandelten Nullbetons. Aufgrund dieser Eigenschaft ist der Einsatz von Melaminharzen im *Fertigteilbeton* besonders vorteilhaft.

Neben den Naphthalin- und Melaminharzen gibt es noch die Gruppe der *Phenol-Formaldehyd-Sulfanilsäure-Polykondensate*. Sie werden lediglich in China – dort allerdings in sehr großen Mengen – produziert. In den 1970er Jahren gelangten auch *Harnstoff-Formaldehyd-Sulfit-Fließmittel* auf den Markt. Sie sind sehr preiswert, jedoch nur kurze Zeit lagerstabil. Inzwischen sind sie vom Markt verschwunden. Große Bedeutung haben *Aceton-Formaldehyd-Sulfit-Harze* als Fließmittel bei der Zementierung von Öl- und Gasbohrungen erlangt. Sie sind besonders temperaturstabil (bis 250°C) und wirken auch in Gegenwart hoher Salzmengen.

Sowohl Naphthalin- als auch Melaminharze enthalten nach der Herstellung *Restmengen* an *Formaldehyd*, die durch chemische Nachbehandlung entfernt werden. Bei NSF-Harzen wird freies Formaldehyd durch Verkochen mit Kalkmilch (sog. CANNIZZARO-Reaktion) in Methanol und Ameisensäure umgewandelt. Bei Melaminharzen ist die Entfernung wesentlich komplizierter, sie gelingt durch nachträgliche Sulfitierung der endständigen (terminalen) Methylolgruppen oder durch Zugabe von Formaldehyd-Fängern wie z. B. Ethylenharnstoff.

Polykondensate sind bei niedrigen W/Z-Werten ($\leq$0,4) wenig wirksam. Außerdem nimmt ihre verflüssigende Wirkung ca. 30 Min. nach Zudosierung zum Beton stark ab, eine Eigenschaft, die insbesondere beim Transportbeton sehr nachteilig ist. Aufgrund dieser Limitierungen wurde Anfang der 1980er-Jahre mit den Polycarboxylaten eine neue Fließmittel-Generation eingeführt.

Polycarboxylate sind durch radikalische Polymerisation hergestellte Copolymere mit Kammstruktur (s. Abb. 1.4-24). Sie unterscheiden sich von den Polykondensaten durch eine geringere anionische (negative) Ladungsdichte und durch die

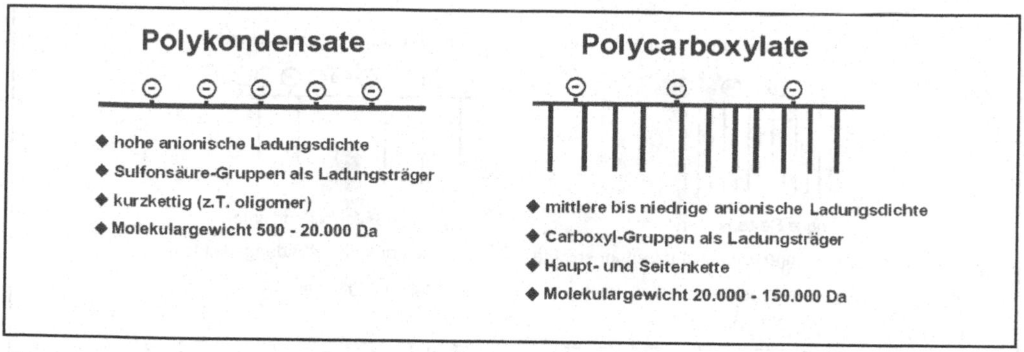

Abb. 1.4-24 Wichtige Merkmale von Polykondensat- und Polycarboxylat-Fließmitteln

Anbindung von *Seitenketten* an die ladungstragende Hauptkette. Außerdem weisen sie Carboxylat- anstelle der bei Polykondensaten enthaltenen Sulfonatgruppen auf.

1986 gelangte als erstes Polycarboxylat ein von der japanischen Firma Nippon Shokubai entwickeltes Copolymer aus Methacrylsäure und ω-Methoxypoly(ethylenglykol)methacrylsäureester (MPEG-MA-Ester) auf den Markt. Seine allgemeine Struktur ist in Abb. 1.4-25 dargestellt. Der weitaus überwiegende Teil der heute eingesetzten Polycarboxylate beruht auf dieser *Methacrylsäureester-Chemie*. Die Produkte unterscheiden sich hinsichtlich der Zahl der Seitenketten im Molekül (Molverhältnis Methacrylsäure: Methacrylat-Ester) sowie hinsichtlich der Länge der Seitenkette (Zahl der Ethylenoxid-Einheiten). Die industrielle Herstellung von Polycarboxylaten erfolgt entweder durch radikalische Polymerisation der Makromonomere oder durch Verestern von Polymethacrylsäure mit Methoxypolyethylenglykolen. Beim ersten Verfahren entstehen bevorzugt Blockcopolymere mit ungleichmäßiger Verteilung der Seitenketten entlang der Hauptkette, während beim zweiten Verfahren statistische Copolymere mit gleichmäßiger Anbindung der Seitenketten an die Hauptkette resultieren. Hieraus ergeben sich Unterschiede in der Wirkung.

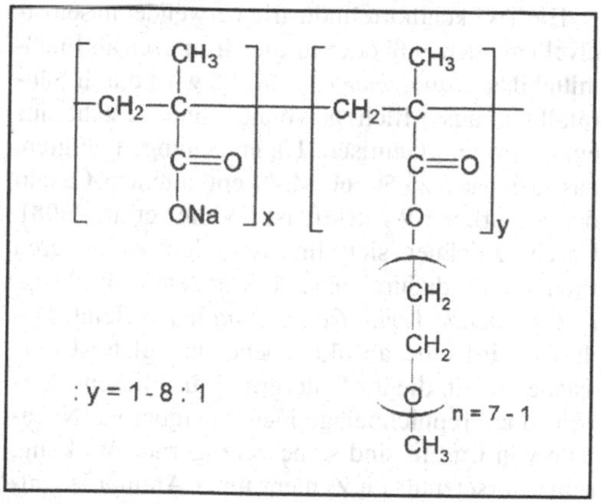

Abb. 1.4-25 Chemische Struktur eines Polycarboxylat-Fließmittels auf Methacrylsäure-Ester-Basis

Heute sind neben den Produkten auf Methacrylsäureester-Chemie auch Copolymere von Allyl- und Vinylethern mit Maleinsäureanhydrid sowie Pfropfpolymerisate aus Polyacrylsäure und sog. Jeffaminen® (N-Methoxypoly(propylenglykolethylenglykol)acrylamid) im Einsatz. Besonders wirksam sind Polycarboxylate mit Polyamidoamin-Seitenketten. Sie verflüssigen selbst bei W/Z-Werten von nur 0,15 sehr gut.

Bei Polycarboxylaten kann die im Anwendungsgebiet Transportbeton sehr wichtige, *lang anhaltende Verflüssigungswirkung* (bis 2 Std.) durch eine bestimmte Molekülstruktur mühelos eingestellt werden. Erforderlich ist dazu eine hohe *Seitenkettendichte* im Molekül. Die Unterschiede im molekularen Aufbau, der Verflüssigungswirkung derartiger Polycarboxylate im Vergleich zu Polycarboxylaten für den Betonfertigteilbereich sind in Abb. 1.4-26 dargestellt. Daraus ist ersichtlich, dass Polycarboxylate für den *Transportbeton* die Verflüssigungswirkung und der benötigten Dosierung

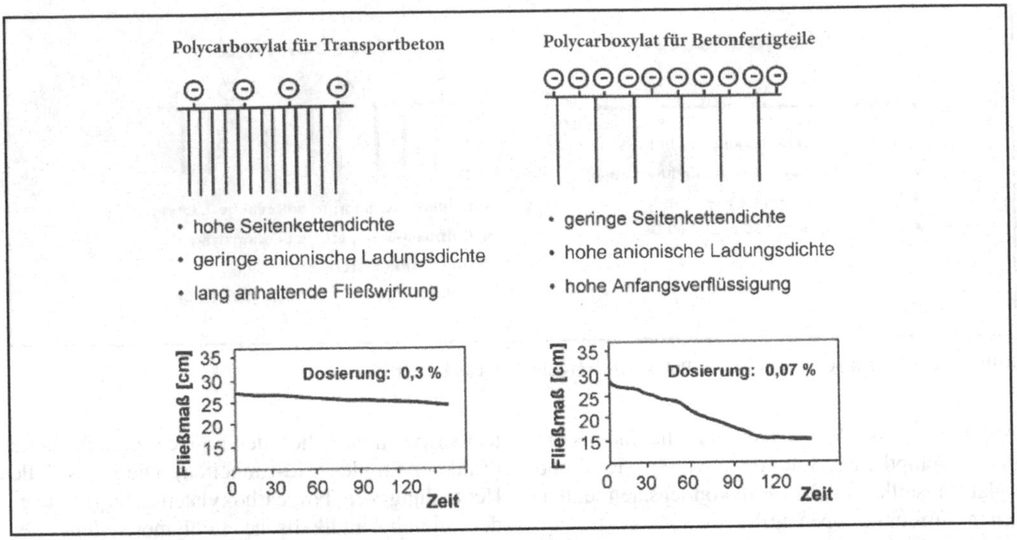

Abb. 1.4-26 Molekularer Aufbau, Eigenschaften und Wirkung von Polycarboxylaten für Transportbeton- (links) und Betonfertigteil-Anwendungen (rechts)

lange beibehalten, jedoch relativ hoch dosiert (0,2–0,3 M.-%, bez. auf Zement) werden müssen. Polycarboxylate mit geringer Seitenkettendichte für *Fertigteilbeton* sind hochwirksam; sie haben jedoch ähnlich wie Polykondensat-Fließmittel den Nachteil, dass sie nur kurzzeitig wirken.

Polycarboxylate sind *Makrotenside*, die zum *Schäumen* bzw. zur *Lufteinführung* im Beton neigen. Sie erfordern daher stets einen Entschäumer (s. Abschn. 1.4.4.6), der i. d. R. bereits vom Hersteller zugegeben wird. Mit Einführung der Polycarboxylate konnten die Probleme der lang anhaltenden Verflüssigung und Wirksamkeit bei niedrigen W/Z-Werten erfolgreich gelöst werden. Ein Nachteil der Polycarboxylate ist jedoch ihre *Empfindlichkeit* gegenüber *unterschiedlichen Zementzusammensetzungen* (v. a. Art und Menge des Sulfatträgers). Die Industrie versucht derzeit, robustere Moleküle zu entwickeln, die in ihrer Zuverlässigkeit bei der Anwendung den Polykondensaten näher kommen.

Neben den Polykondensaten und Polycarboxylaten gibt es noch sog. *Small-molecule-Fließmittel*. Ihr chemisches Strukturmerkmal besteht darin, dass der anionische Teil im Molekül nicht aus einem Polymer, sondern aus einer oder wenigen funktionellen Gruppen besteht. Das am häufigsten eingesetzte Small-molecule-Fließmittel ist Polyethylenglykolamin-di(methylenphosphonat) (Abb. 1.4-27, links oben). Es verleiht Betonen eine außerordentlich lang anhaltende Verarbeitbarkeit (engl.: „slump retention“). Ein weiteres Beispiel für ein Small-molecule-Fließmittel ist Methoxypolyethylenglykolphthalsäuremonoester (Abb. 1.4-27, rechts oben).

Die Trockenmörtelindustrie verwendet in selbstnivellierenden Fußbodenausgleichsmassen als Fließmittel das *Biopolymer Casein*. Es wird durch Säurefällung aus Milch gewonnen und besteht aus einem Protein-Gemisch. Untersuchungen zeigten, dass das darin zu 50–60 M.-% enthaltene α-Casein der eigentliche Wirkstoff ist [Winter et al. 2008]. Casein zeichnet sich im Vergleich zu anderen Fließmitteln dadurch aus, dass es dem Mörtel sog. *selbstheilende Verlaufseigenschaften* verleiht. Dadurch wird eine absolut ebene und glatte Oberfläche erzielt, die als Untergrund für Fliesen-, Parkett- oder Teppichbeläge ideal geeignet ist. Nachteile von Casein sind seine verzögernde Wirkung, seine Zersetzung im Zement unter Ammoniakentwicklung sowie seine die Bildung von Schimmelpilz fördernde Wirkung.

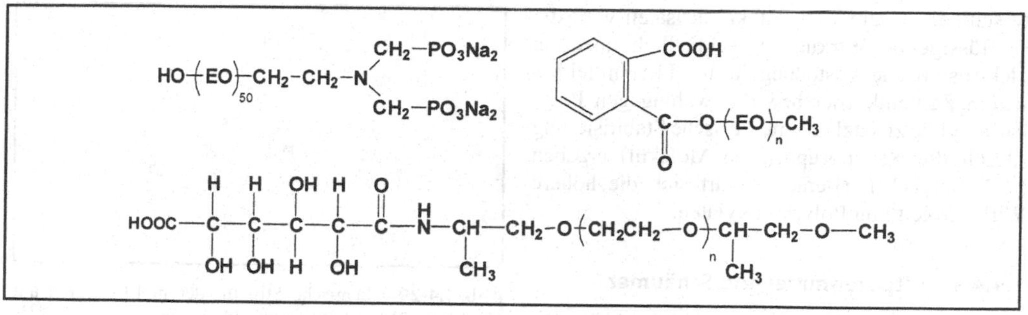

Abb. 1.4-27 Chemische Strukturen verschiedener Small-Molecule-Fließmittel

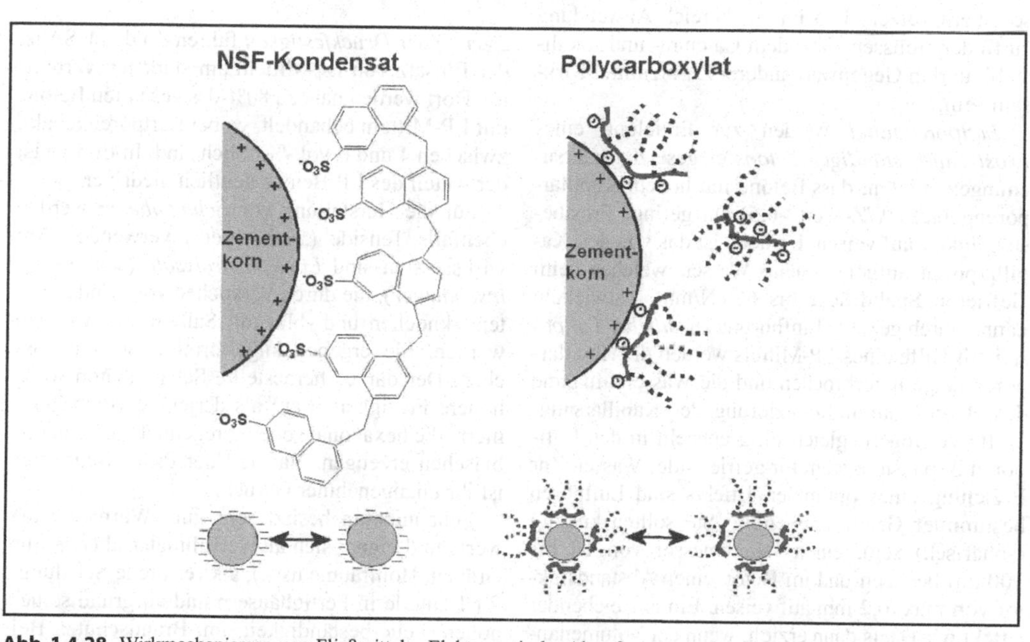

Abb. 1.4-28 Wirkmechanismen von Fließmitteln. Elektrostatische Abstoßung zwischen Zementkörnern nach Adsorption von NSF (links) und sterisch bedingte Verflüssigungswirkung durch Polycarboxylat-Kammpolymere (rechts)

Der *Wirkmechanismus* von Verflüssigern und Fließmitteln ist heute weitgehend bekannt. Um wirken zu können, müssen diese Moleküle auf positiven Oberflächen von Zementhydratphasen adsorbieren (s. Abb. 1.4-28). Untersuchungen zeigten, dass insbesondere die Oberflächen von Ettringit und – in geringerem Umfang – von AF_m-Phasen (z. B. Monosulfat) mit Fließmitteln belegt sind. Die Calciumsilikathydrate hingegen nehmen nur wenig Fließmittel auf. Adsorption ist ein physikalischer Vorgang, der einerseits auf *elektrostatischer Anziehung* zwischen der Zementoberfläche und dem entgegengesetzt geladenen Fließmittelmolekül und andererseits auf einem *Entropiegewinn* als Folge der Adsorption beruht. Fließmittelmoleküle adsorbieren je nach ihrer Molekülstruktur (anionische Ladungsmenge, Art der anionischen Gruppe, Molekulargewicht, sterischer Molekülaufbau usw.) in hoher oder geringer Menge. Dementsprechend kann ihre verflüssigende Wirkung sehr unterschiedlich sein. Bei Polykondensaten wird die verflüssigende Wirkung ausschließlich über die elektrostatische Abstoßung der mit Fließmittel belegten Zementkörner bewirkt, wohingegen Polycarboxylate zusätzlich eine sterische Stabilisierung (durch die Seitengruppen im Molekül) ergeben (s. Abb. 1.4-28). Hieraus erklärt sich die höhere Wirksamkeit von Polycarboxylaten.

1.4.4.3 Luftporenmittel und Schäumer

Luftporenmittel (LP-Mittel) und Schäumer sind *Tenside*, welche die Oberflächenspannung des Wassers herabsetzen. Um im Baubereich Anwendung zu finden, müssen sie zudem Calcium- und Alkalistabil und in Gegenwart anderer Zusatzmittel wirksam sein.

Luftporenmittel werden zur Erzielung eines *Frost-Tau-beständigen Betons* eingesetzt. Untersuchungen zeigten, dass Betone mit hohem Kapillarporengehalt (W/Z-Wert >0,5) nur geringe Frostbeständigkeit aufweisen. Ursache ist das von den Kapillarporen aufgenommene Wasser, welches beim Gefrieren Spaltdrücke bis 600 N/mm^2 entwickeln kann. Durch gezielte Einführung *künstlicher Luftporen* mit Hilfe eines LP-Mittels werden die Kapillarporengänge unterbrochen und die Wasseraufnahme des Betons durch Reduzierung der Kapillarsaugkräfte verringert; gleichzeitig entsteht in den Luftporen Expansionsraum für gefrierendes Wasser. Zur Erzielung eines optimalen Effekts sind Luftporen bestimmter Größe notwendig: Sie sollten kugelig (sphärisch) sein, einen Durchmesser von 10 bis 300 µm besitzen und im Beton einen Abstandsfaktor von max. 0,2 mm aufweisen. Ein ausreichender Effekt wird stets dann erzielt, wenn der Volumenanteil dieser Poren am Beton ≥1,8 Vol.-% beträgt.

Die beste Wirksamkeit als LP-Mittel weisen sog. Vinsolharze auf, die durch Wasserdampfextraktion aus den Haarwurzeln von Nadelhölzern gewonnen werden. Sie sind somit ein Naturprodukt. Ihr wirksamer Bestandteil ist das Natriumsalz der Abietinsäure (s. Abb. 1.4-29). Daneben setzt die Industrie auch eine Reihe synthetischer Tenside ein, darunter Alkylsulfate und Alkylarylsulfonate wie z. B. Natriumdodecylbenzolsulfonat.

LP-Mittel werden i. Allg. in sehr geringen Dosierungen (0,01–0,1 M.-%, bezogen auf Zement) eingesetzt. Zu beachten ist, dass sie zu einer *Reduzierung* der *Druckfestigkeit* führen. In den USA ist der Einsatz von LP-Mitteln am stärksten verbreitet. Dort werden nahezu 80% des gesamten Betons mit LP-Mitteln behandelt, wobei Luftporengehalte zwischen 4 und 6 Vol.-% üblich sind. In Europa ist der Anteil des LP-Betons deutlich niedriger.

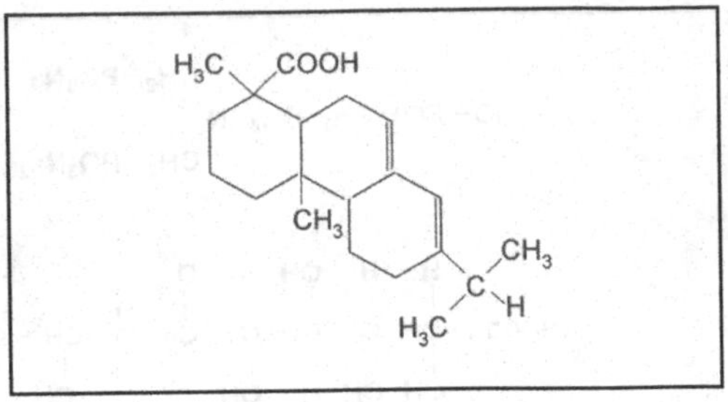

Abb. 1.4-29 Chemische Struktur der in LP-Mitteln auf Vinsolharz-Basis enthaltenen Abietinsäure

Für die Herstellung von *Schaumbeton* werden ebenfalls Tenside („Schäumer") verwendet. Am wirksamsten sind *Eiweißhydrolysate* (sog. *Proteinschäumer*), die durch Verkochen von Rinderhäuten, -knochen und -blut mit Salzsäure gewonnen werden. Sie ergeben kugelförmige Schaumbläschen. Der daraus hergestellte Schaumbeton weist höhere Festigkeiten auf als derjenige von Schäumern, die hexagonale oder unregelmäßige Schaumbläschen erzeugen. Nachteil der Proteinschäumer ist ihr unangenehmer Geruch.

Schaumbeton besitzt sehr gute Wärmedämmwerte und eignet sich als Verfüllmaterial (z. B. für Gräben, Hohlräume usw.), als verlorene Schalung, für Bauteile in Fertighäusern und aufgrund seiner hohen Feuerbeständigkeit im Brandschutz. Bei seiner Herstellung wird meist mit Hilfe einer Schaumpistole vorerzeugter Schaum (Dichte ca. 0,07 kg/l) in den Beton bzw. Mörtel eingemischt. Auf diese Weise lassen sich Schaumbetone mit Dichten von nur 0,4 kg/l erzeugen. Die direkte Zugabe des Schäumers zum Beton führt stets zu schlechten Resultaten und ist nicht zu empfehlen.

In den letzten Jahren werden Schaumzemente verstärkt auch im Ölfeld zur Zementierung druckschwacher Gesteinsformationen eingesetzt. Dort gelangen überwiegend nicht – ionische Tenside (z. B. Nonylphenolethoxylate) oder Betaine (z. B. Decylamidopropylbetain) zum Einsatz.

1.4.4.4 Wasserretentionsmittel

Wasserretentionsmittel stellen wertmäßig die *bedeutendste Gruppe* bauchemischer Zusatzmittel dar. Ihr Haupteinsatzgebiet sind Produkte der *Trockenmörtelindustrie*, insbesondere Putze, Fliesenkleber, Fugenmörtel und Selbstverlaufsmassen. Im Beton finden sie selten Anwendung.

Wasserretentionsmittel (auch Wasserrückhaltemittel genannt) binden das zum Anmachen eines Mörtels verwendete Wasser und verhindern so eine unerwünschte Wasserabgabe an saugende, poröse Untergründe (z. B. Ziegel, Kalksandstein, Gasbeton). Auf diese Weise bleibt der Wassergehalt im Mörtel konstant. Gleichmäßige Verarbeitbarkeit und vollständige Hydratation des Bindemittels werden gewährleistet.

Die *Prüfung* auf *Wasserrückhaltevermögen* eines Mörtels kann entweder nach ASTM C1506 oder nach dem in der Branche sehr verbreiteten sog. „Papiertuchtest" erfolgen. Beim ASTM-Test wird der Mörtel über eine Filternutsche entweder unter Anlegen eines Wasserstrahlpumpenvakuums (Prüfung für Fliesenkleber) oder bei einem Vakuum von 50 Torr (Prüfung für Putze) abfiltriert und die Wasserabgabe innerhalb von 15 Minuten bestimmt. Beim „Papiertuchtest" wird die Wasseraufnahme von saugfähigem Papier, auf welches ein Vicat-Ring befüllt mit dem Prüfmörtel gegeben wird, nach 7 Minuten gemessen. Gutes Wasserrückhaltevermögen liegt vor, wenn weniger als 5 M.-% und insbesondere nur 2–3 M.-% des Anmachwassers abgegeben werden.

Chemisch bestehen Wasserretentionsmittel aus *Celluloseethern*. Sie werden durch Umsetzung von Cellulosefasern, die aus Baumwolle oder Holz gewonnen werden, mit Methylchlorid erzeugt. Dabei entsteht die sog. *Methylcellulose* (häufig kurz MC genannt), deren chemische Struktur Abb. 1.4-30 zeigt. Für die Qualität und Eigenschaften einer Methylcellulose entscheidend sind der Polymerisationsgrad, die Viskosität und der Substitutionsgrad (= Zahl der Methylgruppen pro Anhydroglucose-Ring in der Cellulose). Die beste Wirkung wird bei hohem Polymerisationsgrad und hoher Viskosität erzielt. Übliche Substitutionsgrade liegen bei 1,8–2,0. Die Trockenmörtelindustrie verwendet jedoch kaum reine Methylcellulose. Die Produkte sind häufig mit Ethylenoxid bzw. Propylenoxid weiter umgesetzt. Dabei entstehen die Methylhydroxyethylcellulose *(MHEC)* bzw. Methylhydroxypropylcellulose *(MHPC)*. Sie stellen doppelt derivatisierte Celluloseether dar. Der Substitutionsgrad bei dieser zweiten Derivatisierung beträgt nur 0,1–0,4.

In *Putzen* (Zement- oder Gips-basiert) findet weit überwiegend *MHPC* Einsatz. Grund ist die *lufteinführende* Wirkung, die auf die Hydroxypropylgruppe zurückgeht. Sie verleiht dem Putz eine sahnige Konsistenz, erhöht die Ergiebigkeit und verbessert seine wärmeisolierenden und wasserspeichernden Eigenschaften. Zur Erzielung eines hohen Zusammenhaltevermögens werden in Putzen stets hochviskose MHPC-Typen eingesetzt. Sie machen das früher vor dem Auftragen des Putzes notwendige Vornässen der Wand überflüssig. Moderne Putze werden heute praktisch ausschließlich als *Maschinenputz* aufgetragen. Diese erfordern, dass sich die MHPC innerhalb weniger Sekunden auflöst und seine Wirkung entfaltet. Die Hersteller bieten deshalb äußerst fein gemahlene Produkte (Partikelgrößen von <200 μm bis <60 μm) an, die diesen Anforderungen gerecht werden. Übliche Dosierungen liegen bei ca. 0,2 M.-%, bezogen auf den Zementgehalt. Bei Gipsputzen sind tendenziell stets höhere Dosierungen notwendig.

Eine für den Handwerker unangenehme Eigenschaft derartiger Putze ist ihre *Klebrigkeit* auf der

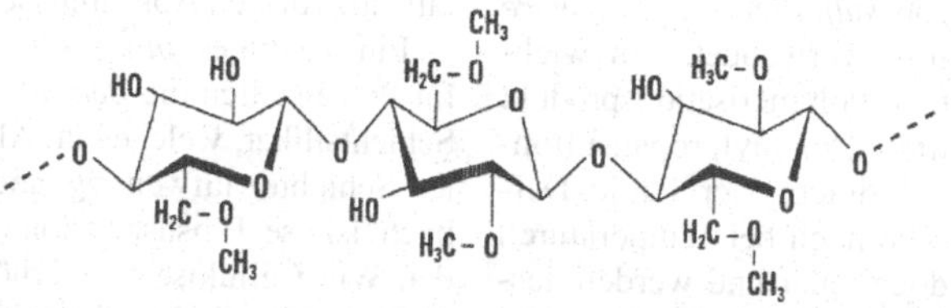

Abb. 1.4-30 Chemische Struktur (Ausschnitt) einer Methylcellulose mit Substitutionsgrad 1,67

Kelle bzw. Abziehlatte. Diese kann durch Zusatz äußerst geringer Mengen (z. B. 0,005 M-%) an *Hydroxypropylstärke* (HPS) korrigiert werden. HPS wird durch chemische Umsetzung von Kartoffelstärke mit Propylenoxid (ähnlich wie bei Cellulose) hergestellt. Gleichzeitig erhöht HPS die Adhäsion des Putzes auf dem Untergrund. Man bezeichnet sie deshalb auch als *Stellmittel*.

In *Fliesenklebern, Fugenmörteln* und *Selbstverlaufsmassen* werden bevorzugt *MHEC*-Typen eingesetzt, da dort eine Lufteinführung äußerst unerwünscht ist. Zu beachten ist, dass bei den dort üblichen Dosierungen (ca. 0,4 M.-%, bez. auf Zementanteil) eine durch die MHEC bedingte Verzögerung der Festigkeitsentwicklung des Mörtels eintritt, die mit Beschleunigern oder mit rasch festigkeitsgebenden Bindemitteln korrigiert werden muss.

Die in der Trockenmörtelindustrie verwendeten Celluloseether sind häufig mit bis zu 10 M.-% an synthetischen Polymeren (insbesondere *Polyacrylamiden*) vermischt. Auf diese Weise werden optimale Viskositätsprofile für die verschiedenen Anwendungen erzielt.

Für die Herstellung von *Unterwasserbeton* eignet sich *Hydroxypropylcellulose* (HPC). Sie verleiht dem Beton Zusammenhaltevermögen und verhindert das Auswaschen von Zement und feiner Gesteinskörnung beim Einbringen in Wasser.

Die Wirkung der Celluloseether beruht auf ihrem enormem Wasserbindevermögen. Die Cellulosestränge quellen bei Wasseraufnahme um ein Vielfaches ihres Durchmessers auf. Es wurde berechnet, dass ein Anhydroglucose-Ring mehrere Hundert Wassermoleküle binden kann.

In der *Tiefbohrzementierung* von Öl- und Gasbohrungen werden neben Celluloseethern (insbesondere Hydroxyethylcellulose, HEC mit Substitutionsgrad 1,8 sowie Carboxymethylhydroxyethylcellulose, CMHEC, temperaturstabil bis 150°C) auch häufig synthetische *sulfonierte Copolymere* als Wasserretentionsmittel verwendet. Ein wichtiger Vertreter davon ist das Polymerisationsprodukt aus Calcium-2-acrylamido-2-methylpropansulfonsäure (AMPS®) und N,N-Dimethylacrylamid. Derartige Copolymere wirken noch bei Temperaturen bis 225°C, sie sind jedoch teuer und werden deshalb in konventionellen Bauanwendungen nicht eingesetzt.

1.4.4.5 Verdickungsmittel

Die Trockenmörtelindustrie und – zu einem weitaus geringeren Teil – die Betonindustrie verwenden Verdickungsmittel zur Erzielung eines viskoseren, steiferen Mörtels bzw. Betons. Darüber hinaus wirken einige Verdickungsmittel der Bildung von Blutwasser entgegen.

Verdickungsmittel beeinflussen allgemein die *Rheologie* (d. h. das Fließverhalten bzw. die Verarbeitbarkeit) eines Baustoffs. Man unterscheidet nach Zusatzmitteln, welche die sog. *Plastische Viskosität*, und solchen, welche die sog. *Fließgrenze* des Baustoffs verändern. Die Plastische Viskosität ist ein Maß für den Widerstand, den ein Baustoff beim Rühren, Streichen oder Verpumpen (also beim Verarbeiten und Fördern) zeigt. Je höher die Plastische Viskosität, umso größer ist die Kraft, die beim Bewegen des Baustoffs erforderlich ist. Die Fließgrenze hingegen liefert Information darüber, ob ein Baustoff entmischt, blutet oder absetzt. Allgemein gilt: Je höher die Fließgrenze, umso geringer ist die Neigung schwerer Partikel (z. B. von Kies im Beton) zum Sedimentieren. Viele Verdickungsmittel verändern gleichzeitig Plastische Viskosität und Fließgrenze. Diese Größen lassen sich experimentell mit Hilfe von *Rotationsviskosimetern* (z. B. nach Brookfield) bestimmen. Bei Betonen ist diese Messung allerdings wegen der durch grobe Gesteinskörnungen bedingten Inhomogenität nicht möglich.

Die wichtigsten Verdickungsmittel für Trockenmörtel (Putze, Fliesenkleber und Fugenmörtel) sind die bereits in Abschn. 1.4.4.4 beschriebenen Celluloseether. Zur Erzielung einer optimalen Wirkung werden bevorzugt sehr hochviskose Typen mit Viskositätsgraden zwischen 60.000 und 200.000 mPa.s eingesetzt. Sie erhöhen insbesondere die Plastische Viskosität und – in geringerem Umfang – die Fließgrenze. Gleiches gilt für Hydroxypropylstärke und Polyacrylamide, die ebenfalls im vorigen Abschnitt beschrieben wurden.

Ein wichtiges *anorganisches* Verdickungsmittel für Putze stellen die *Bentonit*e dar. Bentonit ist ein Schichtsilikat, welches im Alkalischen (pH>9) unter Schichtenaufweitung anquillt und dabei eine hochviskose Tonsuspension (Aufschlämmung) bildet. Wie Celluloseether erhöht auch Bentonit sowohl die Plastische Viskosität als auch die Fließgrenze. Die höchste Wirkung unter den Bentoniten

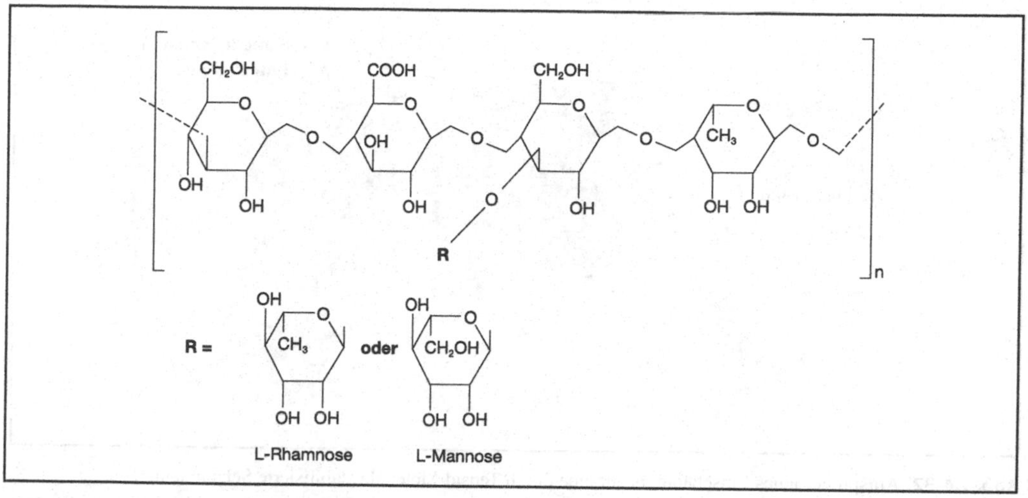

Abb. 1.4-31 Chemische Struktur des Biopolymer Welan gum

zeigt der sog. Montmorillonit, ein Magnesiumaluminiumsilikat der ungefähren Zusammensetzung $(Al_{1.67}Mg_{0.33})(Si_{3.5}Al_{0.5})O_{10}(OH)_2$. Auch in *Baufarben* sind Bentonite häufig im Einsatz (s. Abschn. 1.4.4.9).

Eine besondere Stellung innerhalb der Verdickungsmittel nehmen fermentativ hergestellte *Biopolymere* ein [Plank 2003]. Sie erhöhen weitgehend nur die Fließgrenze und sind damit ideal zur Vermeidung von Blutwasserabsonderung auf Mörtel- und Betonoberflächen sowie von Sedimentieren. Besonders wirksam ist das mit Hilfe eines Bakteriums aus Zucker (Glucose) als Nährstoff hergestellte *Welan gum*, ein sehr hochmolekulares Polysaccharid mit ähnlicher chemischer Struktur wie Cellulose (s. Abb. 1.4-31). Im Gegensatz zu diesem weist es jedoch Seitengruppen aus L-Rhamnose oder L-Mannose auf. Häufig reichen sehr geringe Dosierungen (0,01–0,05 M.-%, bezogen auf Zement) dieses Biopolymeren aus, um jegliche Blutwasserbildung in Beton oder Mörtel zu unterbinden.

Gelegentlich verwendet wird *Xanthan gum*, ein weiteres mikrobiell hergestelltes Biopolymer. Im Gegensatz zu Welan gum wird es jedoch von Calcium-Ionen ausgefällt. In zementären oder Gipsbasierten Systemen wirken deshalb nur speziell modifizierte, Calcium-beständige Typen des Xanthan gum zufriedenstellend.

1.4.4.6 Entschäumer

Die ungewollte Einführung von Luftporen in Mörtel oder Beton führt zu einer unerwünschten Reduzierung der Druckfestigkeit im erhärteten Baustoff. Als Faustregel gilt, dass 1 Vol.-% zusätzlicher Luftporengehalt die Druckfestigkeit um 1,5-2 N/mm² erniedrigt. Um diesen Effekt zu vermeiden, werden Entschäumer zugesetzt. Je nach Wirkung unterscheidet man drei Arten:

- *Schaumbildungsverhinderer:* Sie verhindern bereits die Entstehung von Schaum und werden auch als „interne Entschäumer" bezeichnet,
- *Schaumzerstörer:* Einmal gebildeter Schaum wird bei Bedarf zerstört („externe Entschäumung"),
- *Entlüfter:* Sie befördern Schaum aus dem Inneren des Baustoffs an die Oberfläche und „entlüften" ihn auf diese Weise. Entlüfter spielen insbesondere im Bereich Baufarben eine große Rolle.

Unter *Schaum* versteht man allgemein eine Dispersion (Verteilung) von Gasbläschen in einer Flüssigkeit. Beim Anmischen oder Verarbeiten von Baustoffen kommt es praktisch immer zum Einrühren von Luft in den flüssigen Bindemittelbrei. Die Luft entweicht jedoch rasch, solange kein Tensid (s. Abschn. 1.4.4.3) anwesend ist. Ist dies aber

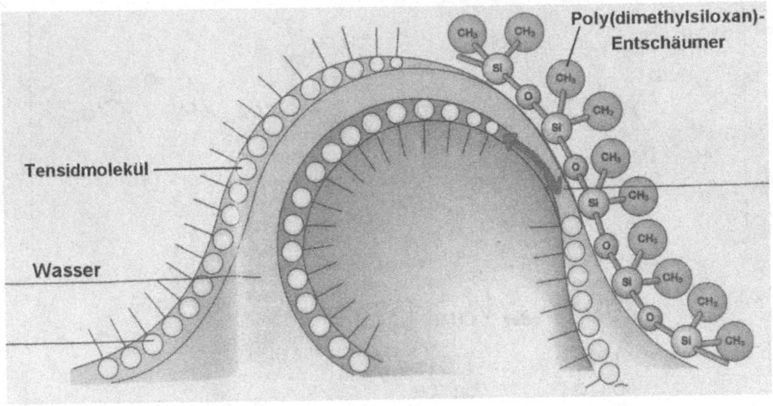

Abb. 1.4-32 Aufspreiten eines Entschäumers auf eine durch Tensid-Moleküle stabilisierte Schaumlamelle

der Fall, bildet sich auf der Flüssigkeitsoberfläche eine Tensid-stabilisierte *Schaumlamelle*, deren Dicke wenige µm beträgt (s. Abb. 1.4-32). Aus ihr kann die Luft nur noch schlecht entweichen, es liegt ein stabiler Schaum vor.

Entschäumer wirken, indem sie sich zwischen die Tensidschichten einer Schaumlamelle schieben („*spreiten*"), diese destabilisieren und so für ein Aufreißen der Schaumlamelle unter Entweichen der Luft sorgen (s. Abb. 1.4-32). Geeignete Entschäumer müssen unverträglich mit der Flüssigkeit und dem Tensid sein, eine möglichst hohe *Spreitungsaktivität* aufweisen und die Oberflächenspannung von Wasser deutlich herabsetzen. Aufgrund dieser Vielzahl an Kriterien erfolgt die Auswahl geeigneter Entschäumer auch heute noch weitgehend empirisch. Für jedes individuelle Baustoffsystem ist ein spezifisches Entschäumersystem erforderlich. Im Folgenden sind einige wichtige Produkte aufgeführt.

- *Neutrale* Entschäumer
  Polydimethylsiloxane (sog. Silikonölentschäumer), Polypropylenglykole und Tributylphosphat zeigen meist gute bis ausreichende Wirkung. Gelegentlich werden auch Acetylendiole verwendet.
- *Anionische* Entschäumer
  Zu dieser Gruppe gehören das Methylpolypropylenoxidsulfat sowie Diphenyloxidsulfonate.

Im *Beton* werden Entschäumer zur Bekämpfung der von Zusatzmitteln ggf. eingeführten Luft eingesetzt. Lufteinführend wirken Naphthalinsulfonat-basierte Fließmittel (gering), Lignosulfonat-Verflüssiger (mittel) sowie Polycarboxylat-Fließmittel (gering bis stark). Die Zusatzmittelhersteller geben ihren Produkten häufig bereits geeignete Entschäumer zu, um dem Anwender die oft schwierige Suche danach zu ersparen.

Ein besonderes Problem besteht in der Langzeit-*Lagerstabilität* derartiger Formulierungen. Da ein Entschäumer möglichst unverträglich mit dem zu entschäumenden System sein sollte, kommt es meist nach kurzer Zeit zur Entmischung, d. h. der Entschäumer schwimmt auf der Zusatzmittellösung. Die Industrie hat deshalb u. a. Entschäumer entwickelt, die chemisch mit dem schaumerzeugenden Zusatzmittel (z. B. Polycarboxylat-Fließmittel) verbunden sind.

Die *Trockenmörtelindustrie* verwendet Entschäumer vor allem in Formulierungen, die Dispersionen (redispergierbare Pulver, s. Abschn. 1.4.3.3) enthalten. Bei deren Herstellung werden Emulgatoren verwendet, die Tensidcharakter besitzen und lufteinführend wirken. Wichtige Einsatzgebiete sind Selbstverlaufsmassen und Fliesenkleber. Übliche Entschäumer sind wachsartige bis ölige Substanzen, der Trockenmörtelformulierer benötigt jedoch ein rieselfähiges Pulver. Die chemische Industrie hat deshalb Verfahren entwickelt, bei denen flüssige Entschäumer auf anorganische Trägersubstanzen mit großer Oberfläche (z. B. pyrogene Kieselsäure oder Talk) aufgetragen und auf diese Weise gut dosierbare *Pulverentschäumer* entstehen.

Im *Farben-* und *Lackbereich* sorgen *Entlüfter* für die Koaleszenz (Vereinigung) von Mikroluftbläschen zu größeren Blasen, die aufgrund ihres höheren Auftriebs aufsteigen können und die Luft an der Oberfläche entweichen lassen. Als Entlüfter haben sich in diesem Bereich besonders Glykole und Silikonöle bewährt.

1.4.4.7 Schwindreduzierer

Zementäre Systeme zeigen im Gegensatz zu $CaSO_4$-Baustoffen die Eigenschaft des Schwindens (Volumenkontraktion). Wie in Abschn. 1.4.2.1 ausgeführt, unterscheidet man dabei zwischen chemischem und physikalischem Schwinden. Letzteres wird auch als *Trocknungsschwinden* bezeichnet. Es beruht auf der mit dem Austrocknen verbundenen Verengung von Kapillarporen. Dieser Prozess kann durch schwindreduzierende Zusatzmittel deutlich verringert werden.

Schwindreduzierer bestehen zumeist aus kleinen *organischen Molekülen*, die mehrere alkoholische OH-Gruppen oder Amino-Gruppen enthalten [Plank et al. 2004]; Abb. 1.4-33 zeigt eine Auswahl industriell eingesetzter Produkte. Ein häufig verwendeter Schwindreduzierer ist *Neopentylglykol*. Ähnlich wie bei Entschäumern ist auch bei Schwindreduzierern eine eindeutige Zuordnung von Struktur und Wirkung derzeit nicht möglich, d. h. strukturell sehr ähnlich aufgebaute Moleküle können den gesamten Bereich von sehr guter bis kaum vorhandener Wirkung abdecken.

Ein großer Nachteil der heute verfügbaren Schwindreduzierer besteht in den überaus *hohen Dosierungen* (2–3 M-%, bez. auf Zementanteil), die für eine ausreichende Wirkung notwendig sind. Seit Jahren sucht die Industrie nach verbesserten Produkten, jedoch ohne Erfolg. Ursache ist u. a., dass der Wirkmechanismus der Schwindreduzierer derzeit wenig verstanden wird. Neuesten Ergebnissen zufolge verringern Schwindreduzierer den Anteil der schwindauslösenden Poren (Durchmesser 2,5–50 nm) im Beton. Es gibt jedoch auch davon abweichende Aussagen in der Literatur.

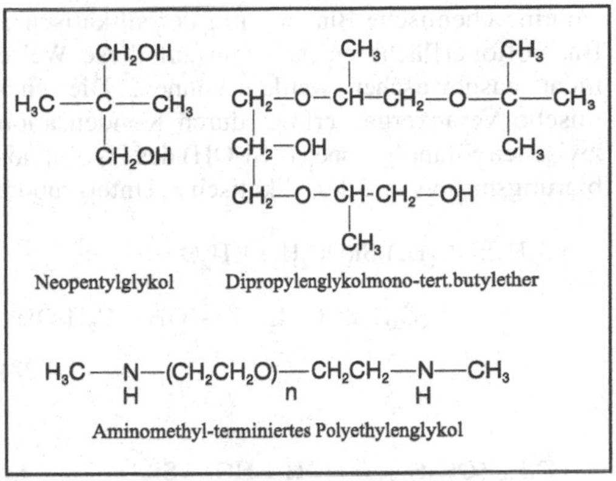

Abb. 1.4-33 Chemische Strukturen einiger schwindreduzierender Zusatzmittel

1.4.4.8 Hydrophobierungsmittel

Hydrophobierungsmittel sind Stoffe mit *wasserabweisender* Eigenschaft. Ihre Haupteinsatzgebiete sind Fassadenputze (Außenputze) und Beton, der Sprühnebeln aus Tausalz und Wasser ausgesetzt ist.

Fassaden müssen *hydrophobierend* (wasserabweisend) ausgerüstet werden, damit insbesondere bei Schlagregen eine zu starke Durchfeuchtung des Mauerwerks unterbleibt. Tritt diese ein, kann es in Innenräumen zu Feuchteschäden und Schimmelbildung kommen. Untersuchungen ergaben, dass gewöhnliches, nicht hydrophobiertes Mauerwerk mehrere Liter Wasser pro m^2 Fläche aufnehmen kann [Karsten 2002].

Einfache Hydrophobierungsmittel für Putze bestehen aus Metallseifen, d. h. den Erdalkalisalzen von Fettsäuren. Ein sehr gebräuchliches und preiswertes Hydrophobierungsmittel ist Calciumstearat. Es wird dem Trockenputz als Pulver zugemischt. Sein Nachteil besteht darin, dass es im Laufe der Zeit ausgewaschen wird und damit seine Langzeitwirkung einbüßt.

Langanhaltende Hydrophobierung wird mit siliciumorganischen Verbindungen, sog. *Silanen* erzielt. Ein typischer Vertreter aus dieser Gruppe ist Isobutyl-Triethoxysilan (chemische Struktur s. Abb. 1.4-34). In einigen Produkten sind anstelle der Isobutyl-Gruppe auch längerkettige Alkyl-Gruppen (z. B. Octyl- oder Nonyl-Gruppen) enthalten. Die Silane zeichnen sich dadurch aus, dass sie eine chemische Bindung mit der silikatischen Baustoffoberfläche ergeben und auf diese Weise nicht ausgewaschen werden können. Die chemische Verankerung erfolgt durch Kondensation zwischen Silanolgruppen (≡Si-OH) des Hydrophobierungsmittels und des silikatischen Untergrunds:

$$(C_4H_9)(OC_2H_5)_2Si(OC_2H_5) + H_2O \longrightarrow (C_4H_9)(OC_2H_5)_2Si{-}OH + C_2H_5OH \quad (1.4.28)$$

$$(C_4H_9)(OC_2H_5)_2Si{-}OH + HO{-}Si\equiv \longrightarrow (C_4H_9)(OC_2H_5)_2Si{-}O{-}Si\equiv + H_2O \quad (1.4.29)$$

Gemäß dieser Reaktion bildet sich ein molekularer Überzug des Hydrophobierungsmittels auf der Baustoffoberfläche (s. Abb. 1.4-35). Die wasserabweisende Wirkung wird dabei durch die unpolaren, *hydrophoben* („wasserscheuen") *Alkylgruppen* erzeugt. Mit Hilfe dieser Silane wird die Fassadenfläche zwar wasserabweisend, sie bleibt jedoch nach wie vor wasserdampfdurchlässig, da die Poren nicht verstopft werden. Auf diese Weise ist ein atmungsaktives Mauerwerk gewährleistet. Der Wirkungszeitraum von Silan-Hydrophobierungen beträgt 10 Jahre und länger. Ähnlich wie die Entschäumer sind auch die hier verwendeten Silane Öle, die in technischen Prozessen in rieselfähige

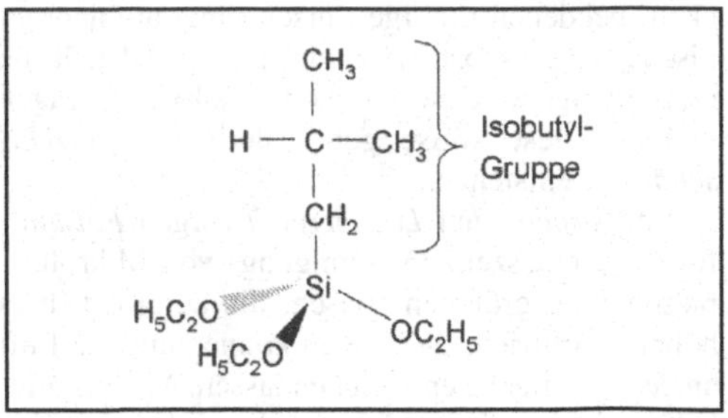

Abb. 1.4-34 Chemische Struktur des Hydrophobierungsmittels Isobutyl-Triethoxysilan

Pulver überführt werden müssen, bevor sie dem Trockenputz zugemischt werden können.

Die *Hydrophobierung* von *Betonoberflächen* ist stets dann sinnvoll, wenn über die Wasseraufnahme auch Schadstoffe in den Beton gelangen können, die ihn u. U. zerstören. Dies ist z. B. bei Pfeilern und Brücken von Autobahnen der Fall. Von Fahrzeugreifen aufgewirbelte Sprühnebel enthalten im Winter Tausalz, welches mit dem Wasser über die Kapillarporen an die Bewehrung gelangt und in kurzer Zeit zu schwersten Korrosionsschäden führen kann.

Beton-Hydrophobierungen werden i. d. R. nachträglich auf der ausgehärteten Betonoberfläche aufgebracht. Im Gegensatz zu Putzen verwendet man hier flüssige Emulsionen oder Pasten aus *Siloxanen*, mit denen die Betonoberfläche bestrichen wird. Siloxane sind oligomere (niedermolekulare) Silane mit Si-O-Si-Bindungen. Ähnlich wie die Silane sind auch die Siloxane chemisch mit dem sili-

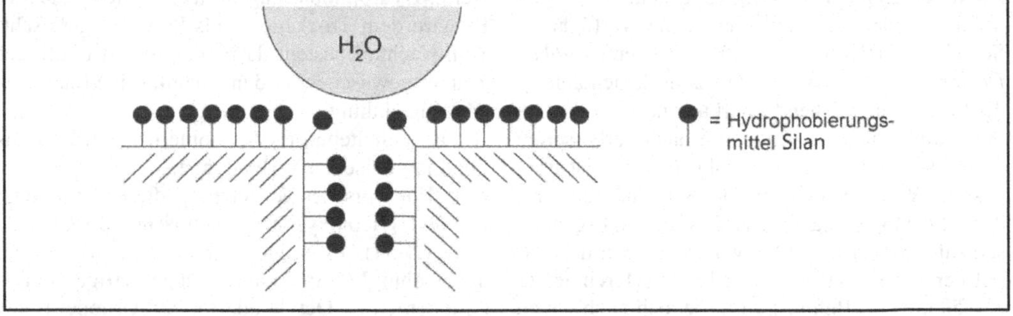

Abb. 1.4-35 Schematische Darstellung zur Hydrophobierung von Mauerwerk mit Silanen

katischen Betonuntergrund verbunden. Mit ihrer Hilfe gelingt es, die Wasseraufnahme von Beton um bis zu 90% zu verringern, wobei die Wasserdampfdurchlässigkeit nur um 5–10% abnimmt.

1.4.4.9 Baufarben

Baufarben unterteilen sich in *Innen-* und *Fassadenfarben.* Letztere enthalten praktisch immer ein Hydrophobierungsmittel, Innenfarben jedoch nur bei speziellen Anforderungen wie z. B. in Feuchträumen wie Bädern. Baufarben bestehen aus den beiden *Grundkomponenten* Farbmittel und Bindemittel.

Als *Farbmittel* werden aufgrund ihrer hohen UV-Beständigkeit weit überwiegend *anorganische Pigmente* verwendet. Besonders häufig sind *Weißpigmente* in Form von *Titanweiß* (TiO_2, Rutil-Modifikation), Zinkweiß (ZnO), Lithopone (ein Gemisch aus ZnS und $BaSO_4$), Kreide ($CaCO_3$) und Kalk ($Ca(OH)_2$). Als *Buntpigmente* sind verschiedene Eisenoxide (Fe_2O_3, Fe_3O_4) für Farbtöne von gelb über rostbraun bis schwarz, Chromgrün (Cr_2O_3), Kobaltblau ($CoAl_2O_4$, Spinell) und Ultramarinblau (ein Natriumaluminiumsilikat) im Einsatz. Lichtechte und langzeitbeständige organische Farbstoffe fanden erst in den letzten Jahren Eingang. Sie werden häufig für spezielle Glanzeffekte verwendet.

Das *Bindemittel* besitzt die Aufgabe, die Pigmentteilchen miteinander zu verbinden und Haftung auf dem Untergrund zu erzeugen. Wasser-basierte Baufarben werden nach ihrem Bindemittel in vier Gruppen eingeteilt:

- Silikatfarben,
- Dispersionsfarben,
- Dispersionssilikatfarben,
- Siliconharzemulsionsfarben.

Silikatfarben enthalten als Bindemittel *Kaliumsilikat* (Kali-Wasserglas) der Zusammensetzung $K_2O \cdot nSiO_2$, mit n>3.2. Es reagiert mit Wasser und CO_2 aus der Luft zu Kieselsäure, welche anschließend zu Polysilikaten kondensiert. Auf diese Weise wird eine feste Matrix erzeugt, in welcher die Pigmentteilchen eingebunden sind. Reinstsilikatfarben sind stets zweikomponentig aufgebaut. Eine typische Zusammensetzung zeigt Tabelle 1.4-5. Bei der Verarbeitung werden die beiden Komponenten vermischt und reifen anschließend, bevor sie aufgetragen werden können. Aufgrund der komplizierten Verarbeitungsweise, mit denen nur noch wenige Handwerker vertraut sind, werden Reinstsilikatfarben heute praktisch nur noch in der *Denkmalpflege* bei historischen Bauwerken verwendet. Silikatfarben sind als besonders umweltfreundlich einzustufen, da sie keine Emissionen organischer Stoffe zeigen.

Dispersionsfarben enthalten als Bindemittel Kunststoffteilchen (Latex-Dispersionen), die bereits im Abschn. 1.4.3.3 beschrieben wurden. Beim Trocknen der Farbe entsteht ein Polymerfilm, welcher die Pigmentteilchen miteinander verklebt und für Haftung auf dem Untergrund sorgt. Dispersionsanstriche sind an der meist glatten Oberfläche gut zu erkennen. Ihre Vorteile sind *leichte Verarbeitbarkeit*, Preiswürdigkeit und geringes „Kreiden" (Abrieb bei Berührung der Wand). Nachteilig ist ihre begrenzte Haltbarkeit. Starkes Sonnenlicht, häufige Temperaturwechsel und die photokatalytische Zersetzungswirkung von Titanweiß führen zu einer Versprödung des Polymerfilms, der schließlich reißt und meist in Form größerer Schuppen abblättert.

Dispersionssilikatfarben enthalten eine Mischung aus Dispersion und Kaliwasserglas. Ihr Dispersionsanteil darf 5 M.-% nicht überschreiten,

Tabelle 1.4-5 Typische Zusammensetzung einer weißen Reinstsilikatfarbe (Komponenten A und B sind im Verhältnis 3:1 zu mischen)

	Bestandteil	Anteil [M.-%]
Komponente A (Pulver)	Kreide	45.4
	Kreide, feinst	9.7
	Quarzmehl	10.0
	Bariumsulfat	12.0
	Zinkweiß	11.5
	Lithopone	6.0
	Titanweiß	5.0
	Dispiergiermittel	0.2
	Methylcellulose	0.1
	Xanthan Gum	0.1
Komponente B (flüssig)	Kaliwasserglas	71.3
	Glycerin	0.3
	Wasser	28.4

Tabelle 1.4-6 Typische Zusammensetzung einer weißen Dispersionssilikatfarbe

Bestandteil	[M.-%]
Styrol-Acrylat-Dispersion	8.0
Kaliwasserglas (28%ig)	24.6
Filmbildehilfsmittel	1.5
Kreide	30.0
Kaolin	7.5
Titanweiß	10.0
Dispergiermittel	0.2
Xanthan gum	0.2
Stabilisierer	0.5
Entschäumer	0.2
Wasser	17.2

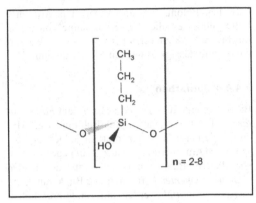

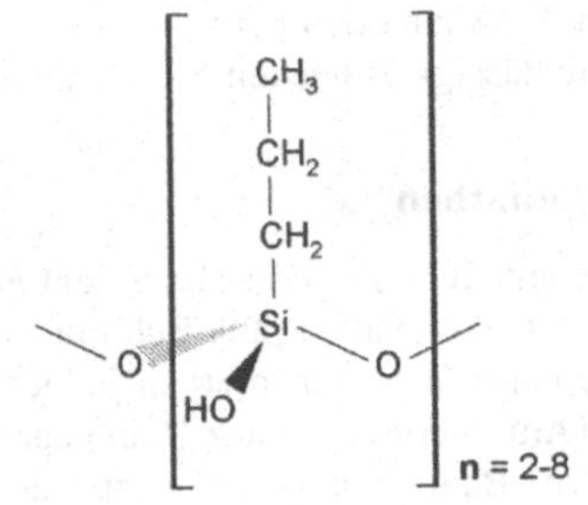

Abb. 1.4-36 Chemische Struktur eines in Silikonharzemulsionsfarben enthaltenen Polysiloxans

ansonsten sind sie als *Dispersionsfarbe* zu bezeichnen. Tabelle 1.4-6 zeigt eine typische Zusammensetzung. Sie eignen sich besonders für frische Kalk-Zement- und Weißkalk-Putze, da sie im Gegensatz zu reinen Dispersionsanstrichen die Putzoberfläche nicht verkleben. Auf diese Weise wird weiteres Austrocknen ermöglicht und die Atmungsaktivität des Mauerwerks bleibt erhalten. Dispersionssilikatfarben vereinigen die Vorteile ihrer beiden Bindemittelsysteme und stellen eine interessante Alternative zu reinen Dispersionsfarben dar. Die Handwerker bezeichnen sie häufig fälschlicherweise als „Silikatfarben". Diese Bezeichnung sollte jedoch den Reinstsilikatfarben vorbehalten bleiben.

In jüngerer Zeit wird als Alternative zu Dispersionssilikatfarben die Silikonharzemulsionsfarbe angeboten. Sie besteht aus polymeren Siliconharzteilchen (Polysiloxanen, s. Abb. 1.4-36), die in Wasser mit Hilfe eines Tensids emulgiert sind. Der Vorteil der Siliconharzemulsionsfarben liegt darin, dass sie wie Silikatfarben eine chemische Bindung mit dem Untergrund eingehen können. Auf diese Weise entsteht ein sehr dauerhafter Anstrich.

1.4.4.10 Holzschutzmittel

Holzschutzmittel sind nötig, um Holz vor *tierischen* (z. B. Hausbock, Nagekäfer, Borkenkäfer und Holzwespe) und *pflanzlichen* Schädlingen (Hausschwamm, Bläuepilze) zu schützen. Wirksame Holzschutzmittel müssen deshalb insektizide und fungizide Wirkung besitzen. Man unterscheidet wasserlösliche, ölige und lösemittelhaltige Holzschutzmittel.

Wasserlösliche Holzschutzmittel bestanden früher meist aus Hexafluorosilikaten (z. B. $CuSiF_6$, $MgSiF_6$), Hydrogenfluoriden (KHF_2) oder Boraten ($Na_2B_4O_7$). Nachteil dieser Salze war, dass sie im Holz nicht fixiert (d. h. gebunden) waren und ausgewaschen werden konnten. Aus diesem Grund führte die Industrie in den 1960er-Jahren witterungsbeständige *fixierte Salze* ein, die z. B. aus Dichromat ($Na_2Cr_2O_7$) oder einer Mischung von Dichromat mit Arsenpentoxid oder aus Kupfersalzen ($CuSO_4/CuSiF_6$) bestanden. Diese Verbindungen sind jedoch sehr giftig und inzwischen vom Markt verschwunden.

Ölige Holzschutzmittel bestanden im Wesentlichen aus *Carbolineum*, welches durch Destillation aus Steinkohle gewonnen wird. Es stellte ein außerordentlich wirksames Holzschutzmittel dar, mit dem z. B. Eisenbahnschwellen aus Holz behandelt wurden. Seine Nachteile waren der intensive, teerartige Geruch und hautreizende sowie krebsauslösende Wirkung.

Heute verwendet die Industrie *lösemittelhaltige* Systeme, in denen 1–3 Gew.-% des Holzschutzmittels enthalten sind. Beispiele für häufig eingesetzte Produkte sind *Tolylfluanid*, *Propiconazole* sowie *Chlornaphthaline* (s. Abb. 1.4-37). Auch organische Phosphorsäureester und Carbamate sind

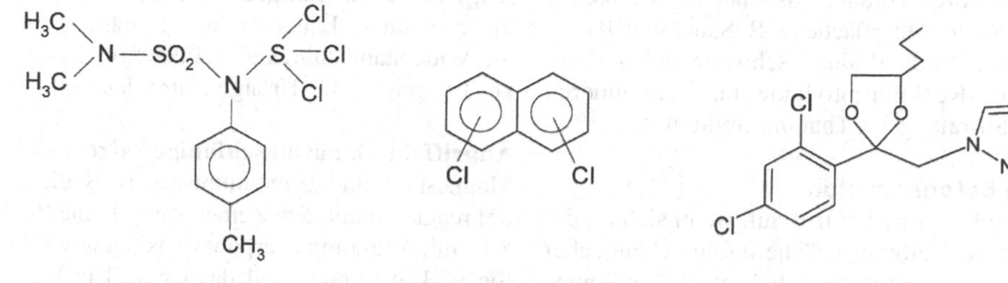

Abb. 1.4-37 Chemische Strukturen wichtiger Holzschutzmittel

im Einsatz. Bis in die 1980er Jahre wurde auch γ-Hexachlorcyclohexan („Lindan") in solchen Zubereitungen verwendet. Als seine Giftigkeit und mögliche gesundheitliche Langzeitschäden bekannt wurden, wurde es vom Markt genommen. Die Industrie musste hier schmerzlich erfahren, dass Produkte insbesondere im Wohn- und Arbeitsbereich einer gründlichen *toxikologischen Prüfung* bedürfen, bevor sie im Lebensbereich von Menschen angewendet werden können. Die bauchemische Industrie hat sich deshalb intensiv mit Fragen der *Emissionen aus Baustoffen*, den zugehörigen analytischen Verfahren und Grenzwerten befasst. Teilweise wurden freiwillig Regelsysteme zur Bewertung des Emissionsverhaltens von Baustoffen eingeführt (z. B. das EMICODE-System der Gütegemeinschaft emissionskontrollierter Verlegewerkstoffe GEV e.V. für Bodenklebstoffe, Spachtelmassen und Grundierungen), teilweise erließ der Gesetzgeber entsprechende Richtlinien (AgBB-Schema) zur Bewertung von Baustoffemissionen.

1.4.5 Chemische Schadensprozesse in Baustoffen

Baustoffschädigende Prozesse können chemischer Natur (Lösungen von Säuren, Laugen und Salzen, organische Stoffe, Abgase), physikalischer Natur (Wärme, Temperaturwechsel, v. a. Frost-Tau-Wechsel, Wind, Staub) und/oder biologischer Natur (Mikroorganismen, Pilze, Algen usw.) sein; s. auch [Knöfel 1982, Stark/Stürmer 1996 und Stark/Wicht 2001].

1.4.5.1 Korrosion von Mörtel und Beton

Im Wesentlichen wird hier die Betonkorrosion behandelt. Die Korrosionsmechanismen gelten aber i. d. R. auch für Mörtel mit anderen Bindemitteln wie Kalk oder Gips.

Richtig zusammengesetzter Beton ist unter normalen Umweltbedingungen dauerhaft. Besondere angreifende Bedingungen können jedoch zu Schädigungen führen. Dies gilt für Zementbeton ebenso wie für Zementmörtel. Die Schädigungsreaktionen können von außen (meist schädigender Angriff durch Gase oder Flüssigkeiten) oder von den Ausgangsstoffen des Mörtels bzw. Betons selbst herrühren.

Der i. Allg. leichter angreifbare Bestandteil eines Mörtels/Betons ist der Zement- bzw. Bindemittelstein und nicht der Zuschlag. Wie bereits erwähnt, benötigt Zement etwa 40 M.-% Wasser (W/Z = 0,40) zur vollständigen Hydratation. Das darüber hinaus zugesetzte, nur der Verarbeitbarkeit dienende Zugabewasser verursacht nach der Erhärtung wassergefüllte Poren, die austrocknen. Je poröser der Zementstein ist, desto größer wird die innere angreifbare Oberfläche und desto leichter können angreifende Lösungen und Gase in den Beton eindringen. Ein *dauerhafter, korrosionsbeständiger Beton/Mörtel* ist somit über einen *niedrigen W/Z-Wert* (≤0,40) erhältlich. Er weist eine geringe Kapillarporosität und somit eine niedrige Wasserdurchlässigkeit auf.

Nach ihrem äußeren Erscheinungsbild und ihren Auswirkungen können zwei Arten der Schädigung unterschieden werden:

- lösend: durch Bildung löslicher Reaktionsprodukte an der Oberfläche (z. B. Säureangriff),
- treibend: durch Bildung schwerlöslicher voluminöser Reaktionsprodukte im Betoninneren (z. B. Sulfatangriff, Thaumasitbildung).

Lösende Betonkorrosion

Eine lösende Korrosion tritt auf, wenn sich an der Mörtel- bzw. Betonoberfläche infolge chemischer Reaktionen aus schwerlöslichen Verbindungen leicht lösliche Reaktionsprodukte bilden. Diese werden abgetragen. Es entsteht zunächst eine „waschbetonartige" Oberfläche, aus der später auch die Zuschläge herausbrechen. Lösender Angriff wirkt fast ausschließlich auf den Zementstein bzw. die Bindemittelmatrix, der Zuschlag (Ausnahmen: Kalkstein und Dolomit, die durch Säuren angegriffen werden) ist i. d. R. dauerhaft.

Angriff durch Säuren. Der Angriffsgrad der Säuren ist von ihrer Stärke und Konzentration abhängig. Starke Säuren, v. a. Mineralsäuren wie Salzsäure, Schwefelsäure und Salpetersäure (Ausnahmen: Flusssäure und Phosphorsäure) lösen alle Bestandteile des Zementsteins bzw. der Bindemittelmatrix unter Bildung von Calcium-, Aluminium- und Eisensalzen sowie Kieselgel auf. Schwache Säuren wie Kohlensäure und viele organische Säuren wie Humussäure (im Erdboden), Milch- oder Zitronensäure bilden nur mit einigen Calciumverbindungen wasserlösliche Salze. Stärkere Schäden sind hier erst bei längerer Einwirkung zu erwarten.

Eine besondere Rolle spielt die Auslaugung durch kalklösende Kohlensäure, wobei es nach anfänglicher Verfestigung durch Bildung des schwerlöslichen Calciumcarbonats

$$Ca(OH)_2 + CO_2 + H_2O \rightarrow CaCO_3 + 2\,H_2O \tag{1.4.30}$$

bei weiterer Einwirkung CO_2-haltigen Wassers zur Bildung des leichtlöslichen Calciumhydrogencarbonats kommt:

$$CaCO_3 + CO_2 + H_2O \rightarrow Ca(HCO_3)_2 \tag{1.4.31}$$

Dieses wird vom Sickerwasser aufgenommen und fortgeführt, wodurch der Zementstein zunehmend ausgelaugt wird.

Angriff durch Laugen. Während Beton gegen nicht zu starke Laugen relativ beständig ist, sinkt die Widerstandsfähigkeit bei der Einwirkung starker Laugen (z. B. >10%ige Natronlauge).

Angriff durch austauschfähige Salze. Bestimmte Magnesium- und Ammoniumsalze (z. B. die Chloride) reagieren mit dem Zementstein (keine Reaktion z. B. mit Ammoniumcarbonat, -oxalat und -fluorid). Sie wirken lösend, weil das Chlorid insbesondere mit dem Calciumhydroxid des Zementsteins leicht wasserlösliche Verbindungen bildet, die weggeführt werden können. Magnesium kann sich als Hydroxid (weiche, gallertartige Masse) außen oder innen abscheiden und dabei u. U. auch zu Treiberscheinungen führen. Im hier angegebenen Beispiel für eine Austauschreaktion reagiert das Calciumcarbonat eines Kalkmörtels mit Ammoniumchlorid zu leicht löslichem Calciumchlorid, welches anschließend durch Wasser ausgewaschen wird:

$$CaCO_3 + 2\,NH_4Cl \rightarrow CaCl_2 + (NH_4)_2CO_3 \tag{1.4.32}$$

Treibende Betonkorrosion

Umsetzungen, die zu voluminösen Neubildungen im noch plastischen Stadium führen, sind i. d. R. unbedenklich, da ein Ausweichen möglich ist (vgl. Ettringitbildung bei Quellzementen, Abschn. 1.4.2.3). Im festen Zustand ist dagegen kein unbehindertes Ausweichen gegenüber voluminösen Neubildungen im Inneren eines Bauteils möglich; schädliche Treiberscheinungen sind die Folge.

Voraussetzungen für eine Rissbildung infolge von Treibreaktionen sind:

- chemische Reaktionen im Inneren des Bauteils,
- Volumen der Neubildungen ist größer als Volumen der festen Ausgangsstoffe (flüssige und gasförmige Ausgangsstoffe sind nicht zu berücksichtigen, da sie durch das Porensystem zu- bzw. abgeführt werden),
- entstehende Spannungen sind größer als die Festigkeit des Baustoffs.

Treibvorgänge wirken i. Allg. stärker zerstörend als Lösungserscheinungen. Sie können durch Reaktionen des Zementsteins (bzw. des erhärteten Bindemittelleims), des Zuschlags und (beim Stahlbeton) der Bewehrung verursacht werden.

Ursache Zementstein. Bei zu hohen Gehalten an freiem Calciumoxid (>2 M.-%) kann *Kalktreiben* auftreten. Die Reaktionsfähigkeit des Calciumoxids nimmt mit steigender Brenntemperatur ab. Enthält bei 1400°C bis 1500°C hergestellter Portlandzement freien Kalk („Freikalk"), so hydratisiert dieser bei der Erstarrung nicht schnell genug. Die nicht hydratisierten Kalkanteile liegen damit im festen Mörtel oder Beton noch vor. Beim Eindringen von Feuchtigkeit findet eine allmähliche Hydratation des Calciumoxids statt:

$$CaO + H_2O \rightarrow Ca(OH)_2 \quad (1.4.33)$$

Dabei tritt eine Volumenzunahme auf das Doppelte ein, die zu Sprengwirkungen und damit zu Gefügeschäden führt (Abb. 1.4-38).

Magnesiatreiben tritt ein, wenn der Zementklinker mehr als 5 M.-% Magnesiumoxid enthält. Etwa 2,5 M.-% MgO können die Klinkerphasen in fester Lösung aufnehmen, der Rest liegt als Periklas vor. Bei Einwirkung von Wasser reagieren Periklaskristalle nur sehr langsam unter Bildung von Magnesiumhydroxid:

$$MgO + H_2O \rightarrow Mg(OH)_2 \quad (1.4.34)$$

Ähnlich wie beim Kalktreiben beruht die Sprengwirkung auf einer 2,2-fachen Volumenzunahme beim Übergang vom Oxid zum Hydroxid.

Beim Eindringen magnesiumsalzhaltiger Wässer (z.B. $MgCl_2$- und $MgSO_4$-Lösungen) in Beton – z.B. bei der Verwendung von „Magnesiumlauge" zur Schnee- und Eisbeseitigung auf Betonstraßendecken – kommt es unter Volumenvergrößerung zur Bildung von $Mg(OH)_2$, welches schwerer löslich ist als $Ca(OH)_2$:

$$MgSO_4 + Ca(OH)_2 + 2\,H_2O \rightarrow CaSO_4 \cdot 2H_2O + Mg(OH)_2 \quad (1.4.35)$$

Da bei dieser Reaktion aus einem Mol $Ca(OH)_2$ im Betongefüge je ein Mol $CaSO_4 \cdot 2H_2O$ und $Mg(OH)_2$ entstehen, tritt eine Volumenzunahme ein, die Sprengwirkungen zur Folge hat. In diesem Fall liegt eine Treiberscheinung vor, die wegen der Gipsbildung auch als Sulfattreiben bezeichnet werden kann. Bei der Einwirkung von $MgCl_2$ bilden sich voluminöses Magnesiumhydroxychloridhydrat $Mg_2(OH)_3Cl \cdot 4H_2O$ und $Mg(OH)_2$.

Wirken auf erhärteten Beton oder Mörtel sulfathaltige Lösungen ein, so kommt es in Gegenwart von Calciumaluminat (C_3A) bzw. Calciumaluminathydraten zum Sulfattreiben. Dabei bildet sich der sehr kristallwasserreiche Ettringit (Trisulfat), z.B.

$$3CaO \cdot Al_2O_3 + 3(CaSO_4 \cdot 2H_2O) + 26\,H_2O \rightarrow 3CaO \cdot Al_2O_3 \cdot 3CaSO_4 \cdot 32H_2O \quad (1.4.36)$$

Beim Übergang von C_3A zu Ettringit (s. Abb. 1.4-7) vergrößert sich das Volumen auf das Sieben- bis Achtfache.

Sulfatlösungen dringen infolge ihres hohen Benetzungsvermögens schnell und tief in den Beton ein. Bei erwartetem Sulfatangriff auf Mörtel oder Beton sollten HS-Zemente verwendet werden (s. Abschn. 1.4.2.1). Allerdings kann bei einem Kontakt dieser Mörtel mit Gips Thaumasit $CaO \cdot SiO_2 \cdot CaSO_4 \cdot CaCO_3 \cdot 14{,}5H_2O$ gebildet werden. Auch Kalke mit hydraulischen Anteilen können infolge ihres C_3A-Gehalts durch Sulfattreiben geschädigt werden.

Ursache Zuschlag. Enthalten die Betonzuschläge amorphe oder schlecht kristallisierte Kieselsäure und die Zemente erhebliche Alkaligehalte, so kommt es zu Treiberscheinungen, die als Alkalitreiben oder Alkali-Kieselsäure-Reaktion bezeichnet werden. Dabei bilden sich Alkali-Silicat-Gele, die unter Wasseraufnahme quellen. Diese Gele treiben, erzeugen Risse und können schließlich zur vollständigen Zerstörung des Betons führen. Erkennungszeichen der Alkalireaktion sind weiße

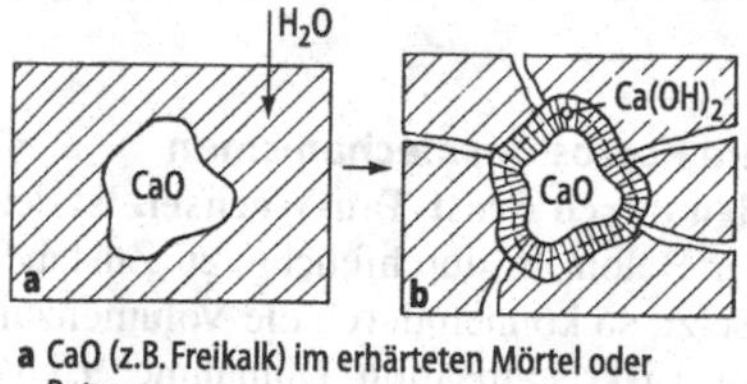

a CaO (z.B. Freikalk) im erhärteten Mörtel oder Beton;
b Sprengwirkung bei allmählicher Hydratation zu $Ca(OH)_2$

Abb. 1.4-38 Kalktreiben, aus [Henning/Knöfel 2002]

Ausblühungen um die Zuschlagskörner, sowie netzartige Risse auf der Betonoberfläche.

Als alkaliempfindliche Zuschläge sind v. a. amorphes oder feinkristallines SiO_2, welches unter hohem tektonischem Druck entstanden ist, zu nennen. Dazu gehören Opal, Flint (Feuerstein) Grauwacke und Chalcedon. Auch mit kieseligen Kalksteinen und Dolomiten, glashaltigen vulkanischen Gesteinen und sogar mit manchen Graniten, Basalten und Schiefern wurden Reaktionen beobachtet. Zur Vermeidung einer Alkali-Kieselsäure-Reaktion sollte der Zement einen geringen Alkaligehalt aufweisen. Für eine schädigende Reaktion ist ein Mindestalkaligehalt von >3 kg Na_2O-Äquivalente pro m^3 Beton Voraussetzung. Verhindern lässt sich das Alkalisilicattreiben bei Betonen durch entsprechende Wahl der Ausgangsstoffe, d. h. NA-Zement mit niedrigem wirksamem Alkaligehalt und Zuschläge, die frei von amorphem SiO_2 sind. Die Alkali-Kieselsäure-Reaktion wurde bisher vorwiegend mit Zuschlägen aus Ost- und Norddeutschland beobachtet.

Ursache Bewehrung. Stahl im Beton (schlaffe oder gespannte Bewehrung) unterliegt i. Allg. keiner Korrosion, da er einer Porenflüssigkeit ausgesetzt ist, deren pH-Wert bei 12,5 bis etwa 13,5 liegt (gesättigtes Kalkwasser: pH = 12,6, durch Alkaligehalt wird der pH-Wert auf ≥13 erhöht). In diesem pH-Bereich ist Eisen passiviert, d. h., es ist keine Korrosion möglich. Die Passivierung oder Immunisierung des Eisens wird aufgehoben durch Erniedrigung der OH-Konzentration im Porenwasser (pH <9,5) z. B. infolge Carbonatisierung des Betons und durch die Anwesenheit spezifisch wirkender Ionen (insbesondere Chlorid) in der wässrigen Phase. Die Korrosionsgefahr erhöht sich bei Spannstählen (Spannungsrisskorrosion).

Bei der Carbonatisierung reagiert das bei der Hydratation der Calciumsilicate neben den C-S-H-Phasen gebildete Calciumhydroxid (Portlandit) in Gegenwart von Feuchtigkeit mit dem CO_2 der Luft zu Calciumcarbonat:

$$Ca(OH)_2 + CO_2 + H_2 \rightarrow CaCO_3 + 2\,H_2O \quad (1.4.37)$$

Dabei sinkt der pH-Wert auf etwa 9. Rostet nun die Bewehrung, so tritt neben dem Festigkeitsverlust eine Volumenzunahme um das 2,5-fache ein:

$$2Fe + 1\tfrac{1}{2}O_2 + H_2O \rightarrow 2FeOOH \quad (1.4.38)$$

Diese Volumenzunahme kann ein Absprengen des Betons vor der Bewehrung verursachen. Eine Carbonatisierung des Betons kann durch Besprühen der Betonoberfläche mit Indikatorlösung (z. B. Phenolphthalein) leicht nachgewiesen werden. Die Carbonatisierung hängt von verschiedenen Einflussfaktoren ab.

Schnellster Carbonatisierungsfortschritt tritt bei 50% bis 70% relativer Luftfeuchtigkeit auf; erhöhte CO_2-Konzentration und erhöhte Temperatur beschleunigen die Carbonatisierung. Verzögernd wirken eine Herabsetzung des Wasser-Zement-Wertes, eine Erhöhung des Zementgehalts, eine Erhöhung der Zementqualität (z. B. Portlandzement CEM I-52,5 statt Hochofenzement CEM III/B 32,5) sowie eine höhere Betondichtigkeit. Eine gute Verdichtung und eine lange feuchte Nachbehandlung (bedeutet hohen Hydratationsgrad) wirken ebenfalls verzögernd auf die Carbonatisierung. Der Carbonatisierungsfortschritt in die Betontiefe verläuft unter gleichbleibenden Umweltbedingungen etwa proportional zur Quadratwurzel aus der Zeit.

Halogenide – von besonderer Bedeutung sind hier die *Chloride* – heben die Passivierung an der Stahloberfläche auf. Ihre Wirkung ist Lochfraß im nichtcarbonatisierten Bereich bzw. Flächenabtrag dort, wo der Beton bereits carbonatisiert ist. Chlorid wird vom Portlandzementstein z. T. gebunden, dabei bildet sich Friedelsches Salz ($3CaO \cdot Al_2O_3 \cdot CaCl_2 \cdot 10H_2O$); auch in andere Phasen wird Chlorid eingebaut. Der Zerfall dieser Phasen durch Carbonatisierung ist nicht auszuschließen. Ein Beton aus Hochofenzement bindet mehr Chlorid als einer aus Portlandzement. Nur ungebundenes, lösliches Chlorid ist für die Bewehrung gefährlich.

Weitere Korrosionsmechanismen

Schäden durch Frost-Tau-Wechsel. Ist der Mörtel oder Beton im durchfeuchteten Zustand Frost ausgesetzt, so können durch die Volumenzunahme bei der Eiskristallisation (Zunahme 9,1 Vol.-%) Spannungen entstehen. Das heißt, wenn das Porensystem des Baustoffs zu mindestens 91 Vol.-% mit Wasser gefüllt ist, so reicht der vorhandene Porenraum nicht aus, um das beim Gefrieren entstehende größere Eisvolumen aufzunehmen. Je nach Art und Menge der gelösten Bestandteile gefriert das Wasser jedoch nicht bei 0°C, sondern erst bei tieferen Temperaturen (z.B. eine gesättigte NaCl-Lösung erst bei –21°C).

Gefriert das Wasser in den Poren, so ist der auskristallisierende Eisanteil temperaturabhängig. Die Eisbildung hat die genannte Volumenvergrößerung zur Folge und bewirkt, dass im noch flüssigen Wasser des Porensystems ein hydrostatischer Druck entsteht. Dieser hydrostatische Druck kann sich in einem nicht mit Wasser gefüllten Raum (z.B. einer Pore) entspannen. Ist ein solcher Raum nicht vorhanden, so kann der hydrostatische Druck die Festigkeit des Baustoffs überschreiten, und es kommt zu Rissbildungen oder Abplatzungen. Bei plötzlicher Abkühlung verlaufen diese Vorgänge schneller. Da aber der Druckausgleich in einer wasserfreien Pore nicht so schnell erreicht werden kann, sind solche Abkühlungen kritischer. In der Praxis treten sie beim Aufstreuen von Taumitteln auf vereiste Baustoffe auf.

Der Frost-Tau-Wechsel-Widerstand eines Mörtels lässt sich durch Einführung von künstlichen Luftporen verbessern (s. Abschn. 1.4.4.3). Da bei der Wasseraufnahme die Kapillarkräfte eine wesentliche Rolle spielen, sind Baustoffe mit großen Poren weniger frostgefährdet als solche, die das gleiche Gesamtporenvolumen in Form von kleineren Poren haben. Luftporen (Durchmesser etwa 0,2 mm) unterbrechen die Kapillarporen, saugen sich nicht mit Wasser voll und wirken somit als Druckausgleichsporen. Ihre Einführung gelingt durch Zusatzmittel wie Luftporenbildner, Mikrohohlkugeln oder aber auch durch spezielle Kunststoffdispersionen.

Schäden durch Salzkristallisation. Schädliche Salze sind weit verbreitet und eine häufige Schadensursache, insbesondere in Putzen und Mauermörteln. Sie sind nicht selten als weiße Ausblühungen sichtbar. Die Salze können die hygroskopische und osmotische Wasseraufnahme fördern sowie sprengend wirken. Die sprengende Wirkung kann zwei Ursachen haben: Bei der Kristallisation aus einer übersättigten Lösung wird durch den wachsenden Kristall bzw. die komprimierte Flüssigkeit ein Druck auf die Umgebung ausgeübt. Voraussetzung für die Schädigung ist eine weitgehend gefüllte Pore, flüssige oder gasförmige Stoffzufuhr durch feine Kapillaren und ein Kristallisationsdruck, der größer als die Druckfestigkeit des Mörtels bzw. Betons ist.

Kristallisationsdrücke entstehen auch, wenn meist unlösliche bzw. schwer lösliche in voluminösere (meist leichter lösliche) feste Bestandteile umgesetzt werden. Ein Beispiel ist die folgende Reaktion, die unter einer Volumenverdopplung abläuft:

$$CaCO_3 + SO_4^{2-} + 2H_2O \rightarrow CaSO_4 \cdot 2H_2O + CO_3^{2-} \quad (1.4.39)$$

Biologische Korrosion. Auch Mikro- und Makroorganismen können zerstörend wirken. Das Ausmaß der Schädigung ist sowohl von den Arten der Organismen als auch den von ihnen ausgeschiedenen Stoffwechselprodukten abhängig. Zu den beeinflussenden Makroorganismen gehören z.B. Tiere (Exkremente), Bäume (Wurzelsprengungen) und Moose. Schädliche Mikroorganismen sind u.a. Schwefelsäure produzierende Bakterien (bacillus concretivorus) und in Biofilmen enthaltene Organismen. Günstige Besiedlungsbedingungen für Mikroorganismen sind neben einer ausreichenden Nährstoffbasis eine konstante Feuchtigkeit und Temperatur sowie die Abfuhr der z.T. schädlichen Stoffwechselprodukte.

1.4.3.2 Korrosionsschutz von Beton und Instandsetzung

Die wesentlichen Möglichkeiten des Korrosionsschutzes von Beton sind:

- Einsatz einwandfreier Ausgangsstoffe als Komponenten des Betons oder Mörtels sowie entsprechende Rezeptierung, Verarbeitung und Nachbehandlung;
- Anwendung besonderer Korrosionsschutzmaßnahmen für „sehr starken“ Angriff. Hierzu gehören Beschichtungen (z.B. Bitumen oder Kunststoffe, etwa Epoxidharze), keramische Beläge oder Bekleidungen mit Kunststofffolien und -bahnen;
- Vermeidung korrosionsfördernder konstruktiver Details bei der Gestaltung und Ausführung der Bauwerke.

DIN-1045 enthält Angaben zum Schutz von Betonen gegen „schwachen" und „starken" Angriff. Bei „sehr starkem" Angriff ist außer den für „starken" Angriff erforderlichen Maßnahmen ein ständiger Schutz des Betons gegen den unmittelbaren Zutritt des angreifenden Mediums erforderlich.

Zur Instandsetzung von geschädigtem Beton wird auf die weiterführende Literatur (u. a. [Biczók 1972, Bisle 1988, Knöfel/Schubert 1993 und Schönburg 2009]) verwiesen.

1.4.3.3 Innovative Baustoffe

Durch Anwendung bauchemischen Wissens und bauchemischer Produkte lassen sich innovative Bau- und Werkstoffe erzielen, die den heutigen Vorstellungen einer rationellen Verarbeitbarkeit, hoher Funktionalität und ökologischen Gesichtspunkten gerecht werden.

Beispiele für *Hochleistungsbaustoffe* im Betonbereich sind *selbstverdichtender* und *ultrahochfester Beton*. Sie sind ohne bauchemische Zusatzmittel nicht möglich. Technologisch interessant ist *transluzenter* (durchscheinender) Beton, der mit Hilfe von Glasfasern oder transparenten Kunstharzen hergestellt wird.

Besondere Bedeutung kommt künftig allen Verfahren und Produkten zu, die den *Energieverbrauch* bei der Herstellung von Baustoffen und dem Unterhalt von Gebäuden senken. Jüngste Innovationen in diesem Bereich sind *Wärmedämmverbundsysteme* für Fassaden, *spektralselektive Außenanstriche* und *Latent-Wärmespeicher* (sog. Phase Change Materials). Sie sollen helfen, ein Gebäude im Sommer kühl und im Winter warm zu halten.

Ein weiterer Trend sind *intelligente Oberflächen*. Dazu gehören selbstreinigende Dachziegel mit Lotus®-Effekt oder auch schadstoffabbauende Innen- und Fassadenfarben. Letztere enthalten *photokatalytisch aktives Titandioxid* (Anatas-Modifikation), welches Schmutz, Nicotin, Küchenfett, Algen, Biofilme, Bakterien und andere organische Stoffe oxidativ entfernt. Auf diese Weise lassen sich dauerhaft saubere Fassadenflächen bzw. geruchsfreie, ästhetische und hygienische Innenwandflächen erzielen. Mit Titandioxid beschichtete Betonfahrdecken ermöglichen auch den Abbau von Feinstaub und NO_x aus Autoabgasen.

Literaturverzeichnis Kap. 1.4

ASTM C1506-08 Standard Test Method for Water Retention of Hydraulic Cement-Based Mortars and Plasters

Benedix R (2008) Bauchemie. 4. Aufl. Vieweg+Teubner, Wiebaden

Bensted J (2002) Calcium Aluminate Cement. In: Bensted J, Barens P (Hrsg) Structure and Performance of Cements. Spon Press, London

Biczók I (1972) Concrete Corrosion and Concrete Protection. 3. Aufl. Adler's Foreign Books Inc

Bisle H (1988) Betonsanierungssysteme. Bauverlag, Wiesbaden

Bock M, Zorll U (1999) Polyurethane für Lacke und Beschichtungen. Vincentz Network, Hannover

Bogue RH (1955) The Chemistry of Portland Cement. 2. Aufl. Reinhold Publishing Corporation, New York

DIN 1045 Beton und Stahlbeton; Bemessung und Ausführung 07/88

DIN 1060 Teil-1 Baukalk; Definitionen, Anforderungen, Überwachung 03/95

DIN 1164 Teil-1 Zement; Zusammensetzung, Anforderungen 10/94

DIN 1168 Teil-1 Baugipse; Begriffe, Sorten und Verwendung, Lieferung und Kennzeichnung 01/86

DIN 1168 Teil-2 Baugipse; Anforderungen, Prüfung, Überwachung 07/75

DIN 4208 Anhydritbinder 04/87

DIN 4211 Putz- und Mauerbinder; Anforderungen, Überwachung 03/95

Distler D (1999) Wässrige Polymerdispersionen. Wiley VCH, Weinheim

Ettel WP (1998) Kunstharze und Kunststoffdispersionen für Mörtel und Betone. Vbt Verlag Bau und Technik, Düsseldorf

Henning O, Knöfel D (2002) Baustoffchemie. 6. Aufl, Verlag für Bauwesen, Berlin und Bauverlag, Wiesbaden

Karsten R (2002) Bauchemie. 11. Aufl. Müller CF (Hrsg), Heidelberg

Knöfel D (1982) Stichwort Baustoffkorrosion. 2. Aufl. Bauverlag, Wiesbaden

Knöfel D, Schubert P (1993) Handbuch Mörtel und Steinergänzungsstoffe in der Denkmalpflege. Ernst & Sohn, Berlin

Kühl H (1967) Der Baustoff Zement. 2. Aufl. Verlag für Bauwesen, Berlin

Lagaly G, Schulz O, Zimehl R (1997) Dispersionen und Emulsionen. Steinkopff-Verlag, Darmstadt

Locher FW (2000) Zement. Grundlagen der Herstellung und Verwendung. Vbt Verlag Bau und Technik, Düsseldorf

Locher FW, Richartz W, Sprung S (1976) Erstarren von Zement. Teil I: Reaktionen und Gefügeentwicklung. Zement-Kalk-Gips 29, S 435–442

Locher FW, Richartz W, Sprung S (1980) Erstarren von Zement. Teil II: Einfluss des Calciumsulfatzusatzes. Zement-Kalk-Gips 33, S 271–277

Meier-Westhues U (2007) Polyurethane: Lacke, Kleb- und Dichtstoffe. Vincentz Network, Hannover
Möckel J, Fuhrmann U (1996) Die Bibliothek der Technik, Bd. 51, Epoxidharze. Verlag Moderne Industrie, Landsberg a. Lech
Mutter M (2008) The practical aspects of alternative fuels. Global Cement 9, S 22–27
Oates JAH (1998) Lime and Limestone. Wiley-VCH, Weinheim
Odler I (2000) Special inorganic cements. E&FN Spon, London and New York
Plank J (2003) Applications of Biopolymers in Construction Engineering. In: Steinbüchel A (Hrsg) Biopolymers Vol 10. Wiley-VCH, Weinheim
Plank J, Stephan D, Hirsch C (2004) Bauchemie. In: Winacker-Küchler (Hrsg), Chemische Technik-Prozesse und Produkte Bd. 7, Wiley-VCH, Weinheim, S 1–167
Reul H (1993) Handbuch Bauchemie. Verlag für chem. Industrie, H. Ziolkowsky KG, Augsburg
Schiele E, Behrens LW (1972) Kalk – Herstellung, Eigenschaften, Verwendung. Verlag Stahleisen, Düsseldorf
Scholz W (2007) Baustoffkenntnis. 16. Aufl. Werner, Düsseldorf
Schönburg K (2009) Schäden an Sichtflächen. 3. Aufl. Fraunhofer-Informationszentrum Raum und Bau Verlag, Stuttgart
Scrivener K, Capmas A (1998) Calcium Aluminate Cement. In: Hewlett PC (Hrsg) Lea's Chemistry of Cement and Concrete. John Wiley & Sons, New York, S 709–778
Seidler P (2001) Handbuch Industriefußböden. 4. Aufl. Expert-Verlag, Renningen
Stark J, Möser B, Eckart A (2001) Neue Ansätze zur Zementhydratation – Teil 2. Zement-Kalk-Gips International 02/2001, S 114–119
Stark J, Stürmer S (1996) Bauschädliche Salze. Schriften der Bauhaus-Universität Weimar, Bd. 103
Stark J, Wicht B (2000) Zement und Kalk. Birkhäuser Verlag, Basel
Stark J, Wicht B (2001) Dauerhaftigkeit von Beton. Birkhäuser Verlag, Basel
Strübel G, Kraus K, Kuhl O, Dettmering T (1998) Hydraulische Kalke für die Denkmalpflege. 2. Aufl. Institut für Steinkonservierung (Hrsg), Wiesbaden, Bericht Nr. 1
Taylor HFW (1997) Cement Chemistry. 2. Aufl. Thomas Telford Ltd, London
Winter C, Plank J, Sieber R (2008) The efficience of α-, β- and κ-casein fractions for plasticising cement-based self levelling grouts. In: Fentiman C, Mangabhai R, Scrivener K (Hrsg) Calcium Aluminate Cement 2008: Proceedings of the Centenary Conference. HIS BRE Press, Bracknell, S 543–556
Wirsching F (2002) Calcium Sulfate. In: Ullmann's Encyclopedia of Industrial Chemistry. 6. Aufl. Wiley-VCH, Weinheim

1.5 Theorie der Tragwerke

Carsten Könke, Wilfried B. Krätzig, Konstantin Meskouris, Yuri S. Petryna

1.5.1 Festigkeitslehre

Die Festigkeitslehre verknüpft die theoretischen Konzepte der Kontinuums- und Diskontinuumsmechanik fester Körper mit den im Materialprüfwesen gewonnenen charakteristischen Materialkennwerten. Während in der Diskontinuumsmechanik von einem Ensemble miteinander verbundener diskreter Körper ausgegangen wird, die sich im Laufe des Deformationsprozesses beliebig voneinander lösen können, werden die Körper in der Kontinuumsmechanik im undeformierten und im deformierten Zustand als kontinuierlich mit Materialphasen gefüllt angesehen. In der klassischen Kontinuumsmechanik gilt gleichzeitig die Anforderung, dass alle Felder von Zustands- und Prozessvariablen durch kontinuierliche Funktionen beschrieben werden können [Malvern 1969]. Neuere Ansätze aus den numerischen Simulationsmethoden erlauben die Integration auch von diskontinuierlichen Funktionenfeldern in den Rahmen der Kontinuumsmechanik.

1.5.1.1 Spannungen

Man definiert den *Spannungsvektor* **t** im Punkt P eines durch den Normalenvektor **n** festgelegten ebenen Schnitts durch einen Körper (Abb. 1.5-1) als

$$\mathbf{t} = \frac{d\mathbf{F}}{dA}. \tag{1.5.1}$$

Der Spannungsvektor lässt sich in die beiden Komponenten $\boldsymbol{\sigma}$ und $\boldsymbol{\tau}$ zerlegen, wobei $\boldsymbol{\sigma}$ als *Normalspannung* senkrecht zur Schnittfläche steht, während $\boldsymbol{\tau}$ als Tangentialkomponente in der Fläche selbst liegt (*Schubspannung*). Der Spannungszustand in P wird für jeden beliebigen Schnitt durch den *Cauchy*'schen Spannungstensor $\boldsymbol{\sigma}$ (1.5.2) beschrieben; er gibt die Spannungskomponenten in drei zueinander senkrecht stehenden Ebenen durch P an (Abb. 1.5-2):

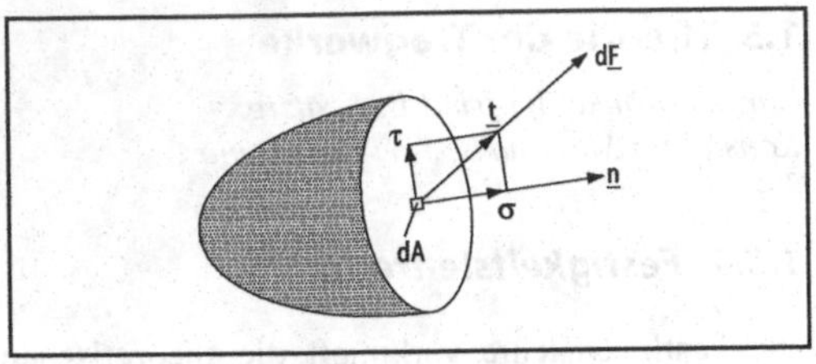

Abb. 1.5-1 Zur Definition der Spannung

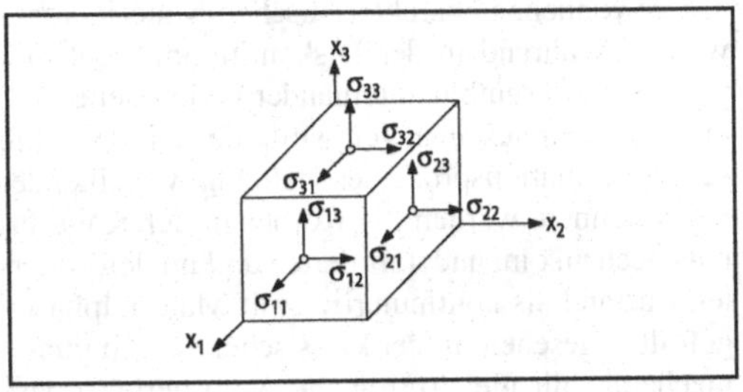

Abb. 1.5-2 Spannungskomponenten im kartesischen Koordinatensystem

$$\boldsymbol{\sigma} = \begin{bmatrix} \sigma_{xx} & \tau_{xy} & \tau_{xz} \\ \tau_{yx} & \sigma_{yy} & \tau_{yz} \\ \tau_{zx} & \tau_{zy} & \sigma_{zz} \end{bmatrix} = \begin{bmatrix} \sigma_{11} & \sigma_{12} & \sigma_{13} \\ \sigma_{21} & \sigma_{22} & \sigma_{23} \\ \sigma_{31} & \sigma_{32} & \sigma_{33} \end{bmatrix} \quad (1.5.2)$$

Sonderfälle dieses allgemeinen Spannungszustands sind der *einachsige* Spannungszustand, etwa bei einem Zug- oder Druckstab, sowie der ebene Spannungszustand (siehe Abb. 1.5-6 und Abschn. 1.5.1.3).

Der *Spannungstensor* $\boldsymbol{\sigma}$ ist nach dem *Boltzmann*-Axiom symmetrisch, wie die Betrachtung des Momentengleichgewichts um die drei Achsen zeigt. Damit sind auch die Schubspannungen in aufeinander senkrecht stehenden Schnittflächen paarweise gleich.

Für eine beliebige Schnittebene durch P, definiert durch den zugehörigen Normalenvektor **n**, erhält man den zugehörigen Spannungsvektor **t** aus

$$\mathbf{t} = \boldsymbol{\sigma} \cdot \mathbf{n} = \boldsymbol{\sigma}^{\mathrm{T}} \cdot \mathbf{n} . \quad (1.5.3)$$

Der Normalenvektor **n** wird üblicherweise in Form eines Einheitsvektors angegeben:

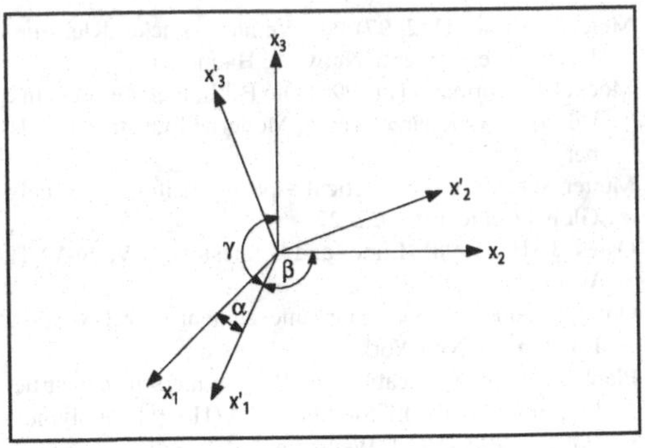

Abb. 1.5-3 Ursprüngliches und gedrehtes kartesisches Koordinatensystem

$$\mathbf{n} = \begin{bmatrix} \lambda_1 \\ \lambda_2 \\ \lambda_3 \end{bmatrix} = \begin{bmatrix} \cos\alpha_1 \\ \cos\alpha_2 \\ \cos\alpha_3 \end{bmatrix} . \quad (1.5.4)$$

Hierbei sind α_i die Winkel zwischen dem Normalenvektor und den Achsen x_1, x_2 und x_3 (bzw. x, y und z) des zugrunde liegenden kartesischen Koordinatensystems. Für das nach Abb. 1.5-3 bezüglich (x_1, x_2, x_3) gedrehte Koordinatensystem (x'_1, x'_2, x'_3) lässt sich der Spannungstensor $\boldsymbol{\sigma}'$ mittels einer Ähnlichkeitstransformation errechnen [Mang et al. 2000]:

$$\sigma' = \mathbf{L} \cdot \sigma \cdot \mathbf{L}^{\mathrm{T}} . \quad (1.5.5)$$

Die Koeffizienten λ_{ik} der Transformationsmatrix **L** sind die Richtungskosinus der Winkel zwischen den Achsen x'_i und x_k:

$$\mathbf{L} = \begin{bmatrix} \lambda_{11} & \lambda_{12} & \lambda_{13} \\ \lambda_{21} & \lambda_{22} & \lambda_{23} \\ \lambda_{31} & \lambda_{32} & \lambda_{33} \end{bmatrix} . \quad (1.5.6)$$

So gilt z. B. mit α,β und γ als Winkel zwischen der Achse x'_1 und (jeweils) x_1, x_2 und x_3: $\lambda_{11} = \cos\alpha$, $\lambda_{12} = \cos\beta$, $\lambda_{13} = \cos\gamma$. Die Matrix **L** ist orthogonal, womit ihre Transponierte gleich ihrer Inversen ist, $\mathbf{L}^{\mathrm{T}} = \mathbf{L}^{-1}$.

Als Beispiel sei die Rotation des gedrehten Koordinatensystems um den Winkel α um die x_3-

Achse in Abb. 1.5-4 betrachtet. Die Transformationsmatrix lautet hier:

$$\mathbf{L} = \begin{bmatrix} \cos\alpha & \sin\alpha & 0 \\ -\sin\alpha & \cos\alpha & 0 \\ 0 & 0 & 1 \end{bmatrix}. \qquad (1.5.7)$$

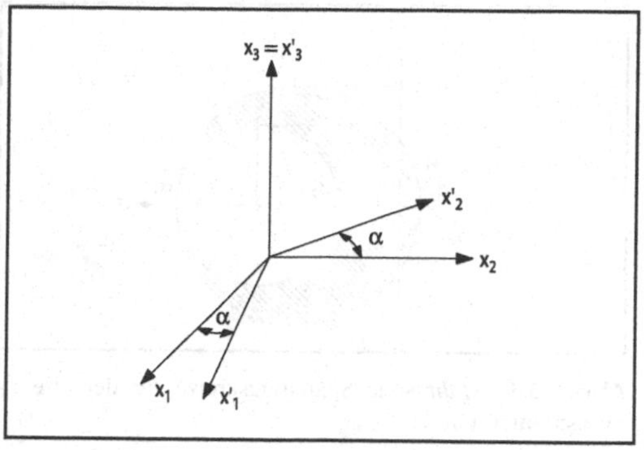

Abb. 1.5-4 Transformation des Koordinatensystems durch Drehung um die x_3-Achse

Das als *Hauptachsensystem* bezeichnete besondere Koordinatensystem zeichnet sich dadurch aus, dass in den Ebenen senkrecht zu den drei Koordinatenachsen (= Hauptachsen) nur Normalspannungen auftreten und die Schubspannungen alle identisch Null sind. Der Spannungstensor nimmt für das Hauptachsensystem *Diagonalform* an:

$$\boldsymbol{\sigma} = \begin{bmatrix} \sigma_1 & 0 & 0 \\ 0 & \sigma_2 & 0 \\ 0 & 0 & \sigma_3 \end{bmatrix}. \qquad (1.5.8)$$

Die Hauptspannungen σ_1, σ_2, σ_3 ergeben sich als reelle Lösungen der kubischen Gleichung

$$\sigma^3 - I_1\sigma^2 - I_2\sigma - I_3 = 0 \qquad (1.5.9)$$

mit den Invarianten des Spannungstensors:

$$\begin{aligned} I_1 &= \sigma_{11} + \sigma_{22} + \sigma_{33} = \sigma_1 + \sigma_2 + \sigma_3, \\ I_2 &= \sigma_{12}^2 + \sigma_{23}^2 + \sigma_{31}^2 \\ &\quad -(\sigma_{11}\sigma_{22} + \sigma_{22}\sigma_{33} + \sigma_{33}\sigma_{11}) \\ &= -(\sigma_1\sigma_2 + \sigma_2\sigma_3 + \sigma_3\sigma_1), \\ I_3 &= \begin{vmatrix} \sigma_{11} & \sigma_{12} & \sigma_{13} \\ \sigma_{21} & \sigma_{22} & \sigma_{23} \\ \sigma_{31} & \sigma_{32} & \sigma_{33} \end{vmatrix} = \sigma_1\sigma_2\sigma_3. \end{aligned} \qquad (1.5.10)$$

Die Richtung einer Hauptachse wird durch die Kosinus der Winkel, die sie mit den Koordinatenachsen x,y,z bildet, definiert. Sie ergeben sich durch Einsetzen der jeweiligen Hauptspannung und Lösung des folgenden Gleichungssystems, das hier für die Hauptspannung σ_1 und die zugehörige Hauptachse angeschrieben ist:

$$\begin{aligned} &(\sigma_{11} - \sigma_1)\lambda_{11} + \sigma_{12}\lambda_{12} + \sigma_{13}\lambda_{13} = 0, \\ &\sigma_{12}\lambda_{11} + (\sigma_{22} - \sigma_1)\lambda_{12} + \sigma_{23}\lambda_{13} = 0, \\ &\lambda_{11}^2 + \lambda_{12}^2 + \lambda_{13}^2 = 1. \end{aligned} \qquad (1.5.11)$$

Sind die Hauptachsen und die Hauptspannungen bekannt, ergeben sich die maximalen Schubspannungen (= Hauptschubspannungen) zu

$$\tau_1 = \pm\frac{\sigma_2 - \sigma_3}{2}, \quad \tau_2 = \pm\frac{\sigma_3 - \sigma_1}{2}, \quad \tau_3 = \pm\frac{\sigma_1 - \sigma_2}{2}. \qquad (1.5.12)$$

Diese Hauptschubspannungen wirken in Ebenen, deren Normale senkrecht auf einer Hauptachse steht und die mit den beiden anderen Hauptachsen Winkel von 45° bilden. In diesen Ebenen sind die Normalspannungen nicht Null; zur Hauptschubspannung τ_1 gehört z. B. die Normalspannung $\sigma = 0{,}5 \cdot (\sigma_2 + \sigma_3)$. Für $\sigma_1 \geq \sigma_2 \geq \sigma_3$ beträgt die maximale Schubspannung $\max\tau = 0{,}5 \cdot (\sigma_1 - \sigma_3)$.

Der dreiachsige Spannungszustand lässt sich graphisch durch drei *Mohr*sche Spannungskreise darstellen (Abb. 1.5-5), die den Ebenen senkrecht zu den Hauptachsen entsprechen. Normalspannung σ und Schubspannung τ in einer beliebigen Ebene definieren einen Punkt, der im gerasterten Bereich des Diagramms liegen muss.

Im allgemeinen zweidimensionalen Fall mit den Spannungen $\sigma_{xx} = \sigma_x$, $\sigma_{yy} = \sigma_y$ und τ_{xy} lauten die Ausdrücke für die Normalspannung σ_α und die Schubspannung τ_α in einem Schnitt, dessen Nor-

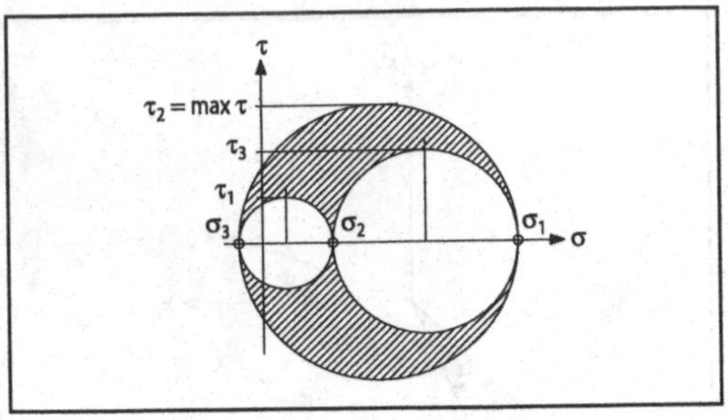

Abb. 1.5-5 *Mohr*'sche Spannungskreise für den dreidimensionalen Fall

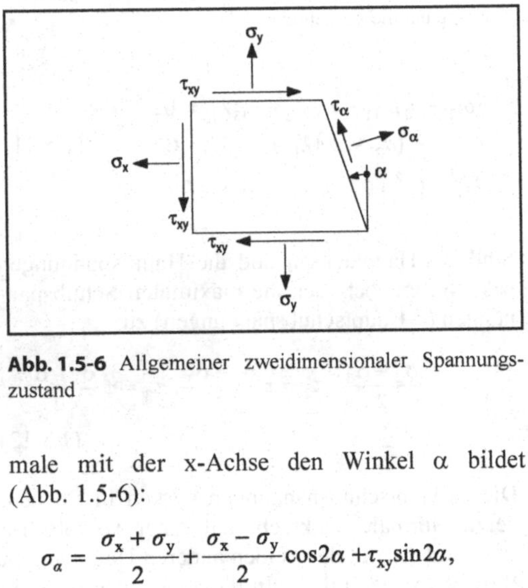

Abb. 1.5-6 Allgemeiner zweidimensionaler Spannungszustand

male mit der x-Achse den Winkel α bildet (Abb. 1.5-6):

$$\sigma_\alpha = \frac{\sigma_x + \sigma_y}{2} + \frac{\sigma_x - \sigma_y}{2}\cos 2\alpha + \tau_{xy}\sin 2\alpha,$$
$$\tau_\alpha = -\frac{\sigma_x - \sigma_y}{2}\sin 2\alpha + \tau_{xy}\cos 2\alpha. \tag{1.5.13}$$

Die Hauptnormalspannungen ergeben sich für

$$\alpha = \frac{1}{2}\arctan\frac{2\tau_{xy}}{\sigma_x - \sigma_y} \tag{1.5.14}$$

zu

$$\sigma_1 = \frac{\sigma_x + \sigma_y}{2} + \sqrt{\frac{(\sigma_x - \sigma_y)^2}{4} + \tau_{xy}^{\ 2}},$$
$$\sigma_2 = \frac{\sigma_x + \sigma_y}{2} - \sqrt{\frac{(\sigma_x - \sigma_y)^2}{4} + \tau_{xy}^{\ 2}}, \tag{1.5.15}$$

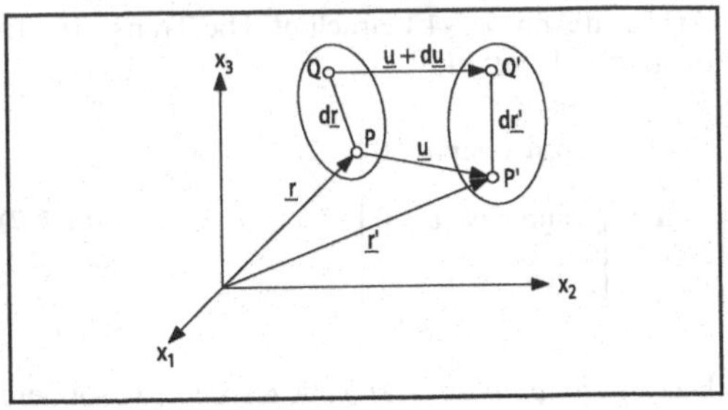

Abb. 1.5-7 Unverformte und verformte Konfiguration

und die maximale Schubspannung erreicht den Wert:

$$\max\tau = \sqrt{\frac{(\sigma_x - \sigma_y)^2}{4} + \tau_{xy}^{\ 2}}\ . \tag{1.5.16}$$

1.5.1.2 Verzerrungen

Der Vektor **dr** mit seiner Länge ds soll zwei Punkte P und Q eines Kontinuums in der unverformten Lage miteinander verbinden. Im Zuge einer aufgebrachten Verformung gehen die beiden Punkte in die Positionen P′ und Q′ mit dem sie verbindenden Vektor **dr**′ über (Abb. 1.5-7). Die zugehörigen Ortsvektoren zu den Punkten P und P′ sind gegeben durch:

$$\mathbf{r}^T = (X_1, X_2, X_3),\ \mathbf{r}'^T = (x_1, x_2, x_3)\ . \tag{1.5.17}$$

Die relative Lageänderung des Punktes Q gegenüber P aufgrund der aufgebrachten Verformung beträgt **du** = **dr**′–**dr**, und es gilt

$$\begin{pmatrix} \frac{du_1}{dS} \\ \frac{du_2}{dS} \\ \frac{du3}{dS} \end{pmatrix} = \begin{pmatrix} \frac{\partial u_1}{\partial X_1} & \frac{\partial u_1}{\partial X_2} & \frac{\partial u_1}{\partial X_3} \\ \frac{\partial u_2}{\partial X_1} & \frac{\partial u_2}{\partial X_2} & \frac{\partial u_2}{\partial X_3} \\ \frac{\partial u_3}{\partial X_1} & \frac{\partial u_3}{\partial X_2} & \frac{\partial u_3}{\partial X_3} \end{pmatrix} \cdot \begin{pmatrix} \frac{dX_1}{dS} \\ \frac{dX_2}{dS} \\ \frac{dX_3}{dS} \end{pmatrix}, \tag{1.5.18}$$

$$\mathbf{du} = \mathbf{J}\cdot\mathbf{dr}\ \ .$$

mit der Matrix der Verschiebungsgradienten **J**, die auch als *Jacobi*-Matrix bezeichnet wird und deren

Koeffizienten für hinreichend kleine Verschiebungen die Form $J_{ik} = u_{i,k}$ annehmen [Gross et al. 1993, Malvern 1969] mit

$$u_{i,k} = \frac{\partial u_i}{\partial X_k} = \frac{\partial u_i}{\partial x_k} . \tag{1.5.19}$$

Eine Aufspaltung des Verschiebungsgradienten in zwei additive Terme gemäß

$$J_{ij} = \frac{1}{2}(u_{i,j} + u_{j,i}) + \frac{1}{2}(u_{i,j} - u_{j,i}) = \varepsilon_{ij} + \omega_{ij} \tag{1.5.20}$$

liefert den infinitesimalen *Verzerrungstensor* ε_{ij} und den infinitesimalen *Drehtensor* ω_{ij}. Letzterer beschreibt Drehungen, die keine Spannungen hervorrufen, und braucht hier nicht weiter betrachtet zu werden. Der infinitesimale Verzerrungstensor ε_{ij} lautet in matrizieller Form für das (x,y,z)-Koordinatensystem

$$\varepsilon = \begin{bmatrix} \varepsilon_{xx} & \frac{1}{2}\gamma_{xy} & \frac{1}{2}\gamma_{xz} \\ \frac{1}{2}\gamma_{yx} & \varepsilon_{yy} & \frac{1}{2}\gamma_{yz} \\ \frac{1}{2}\gamma_{zx} & \frac{1}{2}\gamma_{zy} & \varepsilon_{zz} \end{bmatrix} = \begin{bmatrix} \varepsilon_{11} & \varepsilon_{12} & \varepsilon_{13} \\ \varepsilon_{21} & \varepsilon_{22} & \varepsilon_{23} \\ \varepsilon_{31} & \varepsilon_{32} & \varepsilon_{33} \end{bmatrix}. \tag{1.5.21}$$

Darin treten Dehnungen ε_{ii} und Gleitungen γ_{ij} auf, gemäß

$$\varepsilon_{xx} = \frac{\partial u_x}{\partial x}, \varepsilon_{yy} = \frac{\partial u_y}{\partial y}, \varepsilon_{zz} = \frac{\partial u_z}{\partial z} \tag{1.5.22}$$

$$\gamma_{xy} = \frac{\partial u_x}{\partial y} + \frac{\partial u_y}{\partial x}, \gamma_{yz} = \frac{\partial u_y}{\partial z} + \frac{\partial u_z}{\partial y}, \quad \gamma_{zx} = \frac{\partial u_z}{\partial x} + \frac{\partial u_x}{\partial z} . \tag{1.5.23}$$

Der Verzerrungstensor (1.5.21) ist ebenso wie der Spannungstensor (1.5.2) symmetrisch, und er lässt sich wie der Spannungstensor auf ein Hauptachsensystem mit den Hauptdehnungen ε_1, ε_2, ε_3 analog zu (1.5.8) transformieren.

1.5.1.3 Elastisches Stoffgesetz

Der einfachste Zusammenhang zwischen Spannungs- und Verzerrungsgrößen ist das lineare *Hooke*'sche Gesetz, das beim einachsigen Spannungszustand $\sigma_x \neq 0$, $\sigma_y = \sigma_z = 0$ eines Zug- oder Druckversuchs in der Form

$$\sigma_{xx} = E \cdot \varepsilon_{xx} \tag{1.5.24}$$

angegeben werden kann. Darin ist E der *Elastizitätsmodul* (*Hooke*'sche Konstante). Für die Dehnungen quer zur Stabachse ergibt sich

$$\varepsilon_{yy} = \varepsilon_{zz} = -\nu \cdot \varepsilon_{xx} = -\frac{\nu \cdot \sigma_{xx}}{E} \tag{1.5.25}$$

mit der dimensionslosen Konstanten ν, der *Querdehnungszahl* (*Poisson*'sche Zahl), die für viele Werkstoffe etwa 0,3 beträgt. Die Querdehnungszahl liegt, außer für Materialien mit künstlich hergestellter Mikrostruktur, immer im Bereich $0 < \nu < 0{,}5$. Ein Wert von 0,5 wäre physikalisch unmöglich, wie der Blick in den Nennerausdruck von (1.5.29) lehrt.

Ein Torsions- oder Scherversuch liefert den Zusammenhang

$$\gamma = G \cdot \tau \tag{1.5.26}$$

zwischen der Schubspannung τ und der *Gleitung* γ, mit G als *Schubmodul*. Schließlich führt eine Temperaturänderung um den Betrag ΔT zu einer Dehnung

$$\varepsilon = \alpha_T \cdot \Delta T, \tag{1.5.27}$$

mit α_T als linearem *Wärmeausdehnungskoeffizienten*. Die Betrachtung beschränkt sich hier auf *isotropes* Material, dessen elastische Eigenschaften in allen Richtungen gleich sind. Für den allgemeinen dreidimensionalen Beanspruchungszustand lautet das *Hooke*'sche Gesetz [Pestel/Wittenburg 1992]:

$$\varepsilon_{xx} = \frac{1}{E}\left[\sigma_{xx} - \nu(\sigma_{yy} + \sigma_{zz})\right] + \alpha_T \Delta T\,,$$
$$\varepsilon_{yy} = \frac{1}{E}\left[\sigma_{yy} - \nu(\sigma_{zz} + \sigma_{xx})\right] + \alpha_T \Delta T\,,$$
$$\varepsilon_{zz} = \frac{1}{E}\left[\sigma_{zz} - \nu(\sigma_{xx} + \sigma_{yy})\right] + \alpha_T \Delta T\,,$$
$$\gamma_{xy} = \frac{\tau_{xy}}{G}\,, \qquad (1.5.28)$$
$$\gamma_{yz} = \frac{\tau_{yz}}{G}\,,$$
$$y_{zx} = \frac{\tau_{zx}}{G}\,.$$

Diese Gleichungen lassen sich auch nach den Spannungskomponenten auflösen; man erhält:

$$\sigma_{xx} = \frac{2G}{1-2\nu}\left[(1-\nu)\varepsilon_{xx} + \nu(\varepsilon_{yy} + \varepsilon_{zz}) - (1+\nu)\alpha_T \Delta T\right],$$
$$\sigma_{yy} = \frac{2G}{1-2\nu}\left[(1-\nu)\varepsilon_{yy} + \nu(\varepsilon_{zz} + \varepsilon_{xx}) - (1+\nu)\alpha_T \Delta T\right], \qquad (1.5.29)$$
$$\sigma_{zz} = \frac{2G}{1-2\nu}\left[(1-\nu)\varepsilon_{zz} + \nu(\varepsilon_{xx} + \varepsilon_{yy}) - (1+\nu)\alpha_T \Delta T\right],$$
$$\tau_{xy} = G\gamma_{xy}\,,$$
$$\tau_{yz} = G\gamma_{yz}\,,$$
$$\tau_{zx} = G\gamma_{zx}\,.$$

Von besonderem Interesse sind die Sonderfälle des ebenen Spannungszustands und des ebenen Verzerrungszustands. Der *ebene Spannungszustand* wird definiert durch:

$$\tau_{zx} = \tau_{zy} = \sigma_{zz} = 0. \qquad (1.5.30)$$

Er tritt z.B. in dünnen Platten auf und zeichnet sich dadurch aus, dass alle Spannungskomponenten senkrecht zur (x,y)-Plattenebene verschwinden. Das zugehörige Elastizitätsgesetz lautet:

$$\varepsilon_{xx} = \frac{1}{E}\left(\sigma_{xx} - \nu\sigma_{yy}\right) + \alpha_T \Delta T\,,$$
$$\varepsilon_{yy} = \frac{1}{E}\left(\sigma_{yy} - \nu\sigma_{xx}\right) + \alpha_T \Delta T\,,$$
$$\varepsilon_{zz} = -\frac{\nu}{E}\left(\sigma_{xx} + \sigma_{yy}\right) + \alpha_T \Delta T\,, \qquad (1.5.31)$$
$$\gamma_{xy} = \frac{\tau_{xy}}{G}\,,$$
$$\gamma_{xz} = \gamma_{yz} = 0\,.$$

Offensichtlich tritt eine Querdehnung ε_{zz} auf, die als Funktion von ε_{xx} und ε_{yy} darstellbar ist. Der *ebene Verzerrungszustand* wird definiert durch

$$\varepsilon_{zx} = \varepsilon_{zy} = \varepsilon_{zz} = 0. \qquad (1.5.32)$$

Damit sind alle Verzerrungen und Verschiebungen in z-Richtung Null. Das ist z.B. der Fall bei Baukörpern mit in z-Richtung konstanter Form und Belastung, deren z-Verschiebungen verhindert sind. Es entstehen folgende Verzerrungen:

$$\varepsilon_{xx} = \frac{1}{2G}\left[(1-\nu)\sigma_{xx} - \nu\sigma_{yy}\right] + (1+\nu)\alpha_T \Delta T\,,$$
$$\varepsilon_{yy} = \frac{1}{2G}\left[(1-\nu)\sigma_{yy} - \nu\sigma_{xx}\right] + (1+\nu)\alpha_T \Delta T\,,$$
$$\gamma_{xy} = \frac{\tau_{xy}}{G}\,. \qquad (1.5.33)$$

Die in z-Richtung wirkende Spannung hängt nur von σ_{xx} und σ_{yy} ab; sie beträgt

$$\sigma_{zz} = \nu(\sigma_{xx} + \sigma_{yy}) - E\alpha_T \Delta T\,. \qquad (1.5.34)$$

Formal lässt sich der ebene Verzerrungszustand auf den ebenen Spannungszustand zurückführen, wenn modifizierte Werkstoffkonstanten E' und ν' anstelle von E und ν verwendet werden, nämlich

$$E' = \frac{E}{1-\nu^2}\,,\quad \nu' = \frac{\nu}{1-\nu}\,. \qquad (1.5.35)$$

Die Werkstoffkonstanten E, G und ν sind miteinander verknüpft; es gilt

$$E = 2G(1+\nu). \qquad (1.5.36)$$

Alternative Elastizitätskennwerte sind die *Lamé*'schen Konstanten λ und μ und der *Kompressionsmodul* K. Sie hängen wie folgt mit den bereits eingeführten Parametern zusammen:

$$G = \mu,\ \lambda = \frac{\nu E}{(1+\nu)(1-2\nu)},\ K = \frac{E}{3(1-2\nu)} \qquad (1.5.37)$$

In Tabelle 1.5-1 sind Elastizitätsmodul, Schubmodul, Querdehnungszahl sowie Wärmeausdehnungskoeffizient einiger Werkstoffe zusammengestellt.

1.5.1.4 Inelastische Stoffgesetze – Elasto-Plastizität

Die in Abschn. 1.5.1.3 getroffene Annahme eines unbegrenzt linearen Zusammenhangs zwischen Dehnungen und Spannungen, wie im *Hooke*'schen Elastizitätsgesetz postuliert, ist für viele Werkstoffe nur bei kleinen Dehnungen in guter Näherung gültig. Sie verliert ihre Gültigkeit bereits für mittelgroße Verzerrungen (Abb. 1.5-8). Ein wesentliches Merkmal *inelastischen Materialverhaltens* ist der Verlust der Eindeutigkeit der Abbildungsbeziehung zwischen Dehnung und Spannung: Einem Spannungszustand können mehrere Dehnungswerte zugeordnet werden. Neben den aktuellen Spannungen beeinflussen nun auch andere Einflüsse, wie die Belastungsgeschichte, die aktuellen Verzerrungen.

Sofern zeitabhängige Einflüsse auf das Materialverhalten ausgeschlossen werden, lässt sich inelastisches Verhalten im Rahmen der Elasto-Plastizitätstheorie beschreiben [Malvern 1969, Mang et al. 2000].

Für eine allgemeine dreidimensionale Plastizitätstheorie werden die folgenden Bestandteile benötigt:

- eine *Fließbedingung* bzw. *Fließfunktion*, die festlegt, ob das Material unter einem bestimmten mehraxialen Spannungszustand elastische oder plastische Verzerrungen erfährt,
- eine *Fließregel*, die bestimmt, wie sich die plastischen Verzerrungen in Abhängigkeit der Spannungen entwickeln,
- eine *Verfestigungsregel*, die festlegt, wie sich die Fließfunktion in Abhängigkeit der Spannungsgeschichte und möglicher anderer Einflussfaktoren ändert.

Die Fließbedingung formuliert in allgemeiner Form, dass für einen gegebenen mehraxialen Spannungszustand eine Funktion $f(\boldsymbol{\sigma})$ existiert, welche festlegt, ob das Material

$$\text{elastisch ist für } f(\boldsymbol{\sigma}) < 0, \qquad (1.5.38)$$

$$\text{plastisch ist für } f(\boldsymbol{\sigma}) = 0 \text{ und } \frac{\partial f}{\partial \sigma_{ij}} \cdot d\sigma_{ij} \geq 0 \qquad (1.5.39)$$

Zur Beschreibung der konkreten Form und Lage der Fließfläche im Spannungsraum werden unterschiedliche Fließhypothesen eingesetzt. Zwei der bekanntesten Hypothesen für isotropes Material sind die Fließhypothesen nach *von-Mises* und *Tresca*.

Tabelle 1.5-1 Kennwerte einiger Werkstoffe

Werkstoff	E kN/m²	G kN/m²	ν	α_T 1/K
Beton	$2-5\ 10^7$	$\approx 1{,}5\ 10^7$	0,2	$1{,}0\ 10^{-5}$
Gusseisen	$1\ 10^8$	$0{,}4\ 10^8$	0,3	$1{,}0\ 10^{-5}$
Baustahl	$2{,}1\ 10^8$	$0{,}8\ 10^8$	0,3	$1{,}0\ 10^{-5}$
Aluminium	$0{,}7\ 10^8$	$0{,}27\ 10^8$	0,3	$2{,}4\ 10^{-5}$
Kupfer	$1{,}25\ 10^8$	$0{,}46\ 10^8$	0,3	$1{,}7\ 10^{-5}$
Bauglas	$\approx 0{,}7\ 10^8$	$\approx 0{,}2\ 10^8$	0,2	$0{,}9\ 10^{-5}$
Nadelholz, in Faserrichtung	$\approx 1{,}2\ 10^7$	–	–	$\approx 5{,}0\ 10^{-5}$
Nadelholz, quer zur Faser	$\approx 0{,}1\ 10^7$	–	–	$\approx 0{,}4\ 10^{-5}$

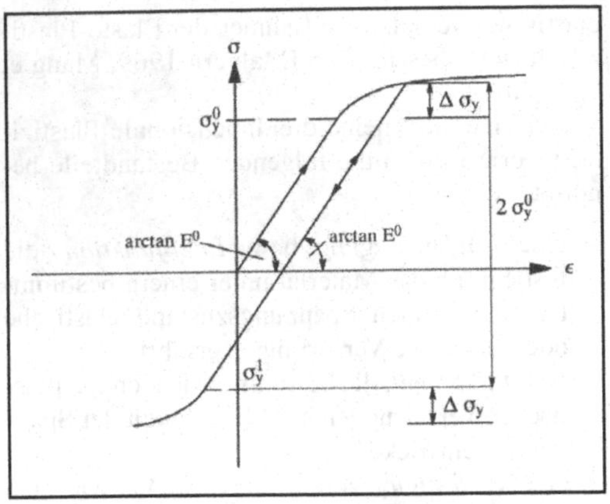

Abb. 1.5-8 Elasto-plastisches Materialverhalten unter einaxialer zyklischer Zug- und Druckbelastung

Fließhypothese nach *von-Mises*

Diese Hypothese geht von der Annahme aus, dass der gestaltändernde Anteil der Verzerrungsenergie den Beginn plastischer Deformationen in einem Materialpunkt beschreibt. Die zugehörige Fließbedingung vergleicht demzufolge den gestaltändernden Anteil des Spannungstensors mit einer die Fließgrenze im Material beschreibenden Konstanten k (Fließspannung). Diese Hypothese wurde für metallische Werkstoffe entwickelt:

$$f(\boldsymbol{\sigma}) = \frac{1}{2}\sigma'_{ij} \cdot \sigma'_{ij} - k^2, \tag{1.5.40}$$

mit den *Deviatorspannungen* $\sigma'_{ij} = \sigma_{ij} - \frac{1}{3}\sigma_{mm} \cdot \delta_{ij}$ und dem *Kronecker*symbol δ_{ij}. Durch den Vergleich der im Versuch unter einaxialer Zug- oder Druckbelastung ermittelten Fließspannung σ_y mit (1.5.40) kann die Materialkonstante k zu

$$k = \frac{\sigma_y}{\sqrt{3}} \tag{1.5.41}$$

festgelegt werden.

Fließhypothese nach *Tresca*

In der *Tresca*-Fließhypothese wird angenommen, dass für den Fließbeginn in einem Materialpunkt die größte Schubspannung maßgebend ist. Sie wird deshalb auch als Hypothese der maximalen Schubspannung bezeichnet:

$$f(\boldsymbol{\sigma}) = (\sigma_{max} - \sigma_{min}) - \sigma_y\,, \tag{1.5.42}$$

mit σ_{max} als größter und σ_{min} als kleinster Hauptnormalspannung in einem Materialpunkt.

Allgemeine Fließhypothese

Neben den beiden oben genannten Fließhypothesen sind eine Vielzahl anderer Fließbedingungen für *isotropes* und *anisotropes* Werkstoffverhalten in der Literatur dokumentiert [Malvern 1969, Sattler 1974]. So wird in der folgenden Fließbedingung mit zwei Materialparametern c und k, der Fließbe-

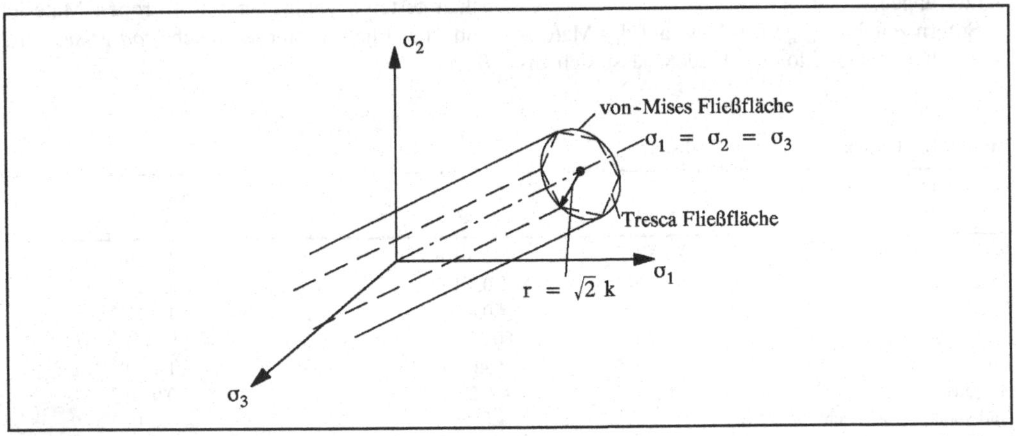

Abb. 1.5-9 Fließflächen von *von Mises* und *Tresca* im Hauptspannungsraum

ginn in Abhängigkeit der zweiten und dritten Invarianten des Spannungsdeviators J'_2 und J'_3 festgelegt:

$$f(\sigma) = J'_2\left(1 - c\frac{(J'_3)^2}{(J'_2)^3}\right) - k^2 \quad (1.5.43)$$

Fließregel

Die Fließregel definiert die Evolution der plastischen Verzerrungen, das heißt, sie stellt einen Ausdruck für die Rate der plastischen Verzerrungen dar. Unter der Voraussetzung eines im Sinn des Postulats von *Drucker* stabilen Materialverhaltens kann die Rate der plastischen Verzerrungen aus der Ableitung der Fließfläche nach den Spannungen bestimmt werden

$$d\varepsilon^p_{ij} = d\lambda\frac{\partial f}{\partial \sigma_{ij}} \quad (1.5.44)$$

Mit dieser assoziierten Fließregel wird die Richtung des Verzerrungsinkrement-Vektors $d\varepsilon$ senkrecht zur Fließfläche festgelegt und sein Betrag mittels des skalaren Faktors $d\lambda$ bestimmt.

Verfestigungsregel

Verfestigungsgesetze beschreiben die Änderungen von Größe und Form der Fließfläche sowie ihrer Lage im Hauptspannungsraum in der Folge fortschreitender plastischer Verzerrungen. Man unterscheidet zwischen perfekt plastischem Verhalten, isotroper und kinematischer Verfestigung sowie einer Kombination aus den beiden letztgenannten.

Im Fall des perfekt plastischen Verhaltens ändert sich die Fließfläche im Verlauf der plastischen Deformationen nicht. Der skalare Faktor $d\lambda$ ergibt sich damit zu

$$d\lambda = \sqrt{II_{Dp}}\left(\frac{1}{2}\cdot\frac{\partial f}{\partial \sigma_{ij}}\cdot\frac{\partial f}{\partial \sigma_{ij}}\right)^{-\frac{1}{2}} \quad (1.5.45)$$

unter Verwendung der zweiten Invarianten der plastischen Anteile des Tensors der Deformationsraten II_{Dp}

$$II_{Dp} = \frac{1}{2}D^p_{ij}\cdot D^p_{ij} \quad \text{und} \quad D^p_{ij} = \frac{d\varepsilon^p_{ij}}{dt}. \quad (1.5.46)$$

Bei einer *isotropen Verfestigung* vergrößert sich die Fließfläche gleichförmig im Hauptspannungsraum. Die Lage ihrer Achse bleibt unverändert. Die Fließspannung

$$\sigma_y = \sigma_y(\kappa) \quad (1.5.47)$$

wird nun eine Funktion der inneren Variablen κ, des Verfestigungsparameters, der z. B. durch die effektive plastische Verzerrung

$$\kappa = \int\sqrt{\frac{2}{3}\cdot d\varepsilon^p_{ij}\cdot d\varepsilon^p_{ij}} \quad (1.5.48)$$

beschrieben werden kann. Die inkrementelle Änderung der Fließfläche ergibt sich aus dem Produkt des von der effektiven plastischen Verzerrung abhängigen isotropen Verfestigungsmoduls $H_{isotrop}(\kappa)$ mit der inkrementellen effektiven plastischen Verzerrung

$$df(\kappa) = H_{isotrop}(\kappa)\cdot d\kappa. \quad (1.5.49)$$

Im Fall der *kinematischen Verfestigung* ändert die Fließfläche weder ihre Form noch ihre Größe, wird aber im Hauptspannungsraum translatorisch verschoben. Der aktuelle Ursprung der Fließfläche wird durch den kinematischen Verfestigungstensor α_{ij} beschrieben. Die inkrementelle Änderung dieser Größe kann z. B. in Abhängigkeit der inkrementellen plastischen Verzerrungen formuliert werden:

$$d\alpha_{ij} = H_{kinematisch}(\kappa)\cdot d\,\varepsilon^p_{ij}. \quad (1.5.50)$$

Auf diesen Grundlagen lautet der elasto-plastische Materialtensor, der die Veränderung der Materialsteifigkeit in der Folge der plastischen Verzerrungen erfasst [Mang et al. 2000]:

$$C^{ep}_{ijkl} = C_{ijkl} - \frac{C_{ijcd}\cdot\frac{\partial f}{\partial \sigma_{cd}}\cdot\frac{\partial f}{\partial \sigma_{ab}}\cdot C_{abkl}}{\frac{\partial f}{\partial \sigma_{rs}}\cdot C_{rstu}\cdot\frac{\partial f}{\partial \sigma_{tu}}}. \quad (1.5.51)$$

1.5.1.5 Bruchhypothesen

Um die Sicherheit eines (statisch) beanspruchten Bauteils gegenüber einem durch Sprödbruch oder durch plastische Verformungen eingeleiteten Versagen beurteilen zu können, muss der i. Allg. mehraxiale Spannungszustand im Bauteil zu den experimentell bestimmten Festigkeitskennwerten des Werkstoffs in Beziehung gebracht werden; letztere sind in der Regel seine Zug- und seine Druckfestigkeit mit den entsprechenden Dehnungen. Derartige Verknüpfungen bezeichnet man als *Festigkeitshypothesen* [Young 1989]:

- die Hauptspannungshypothese,
- die Hauptdehnungshypothese,
- die Gestaltänderungsarbeithypothese
- die Schubspannungshypothese und
- die *Mohr-Coulomb*-Hypothese

Die nur für spröde Werkstoffe brauchbare *Hauptspannungshypothese* sagt Versagen voraus, wenn die (absolut betrachtet) größte Hauptnormalspannung je nach Belastungsrichtung die Zug- oder die Druckfestigkeit überschreitet. Nach der *Hauptdehnungshypothese*, die kaum praktische Bedeutung besitzt, tritt bei Erreichen einer maximalen Dehnung durch die Hauptdehnung Versagen ein. Für duktile Werkstoffe gut geeignet ist die mit den Namen *Huber*, *von Mises* und *Hencky* verknüpfte *Gestaltänderungsarbeithypothese*. Sie postuliert Versagen, wenn die Vergleichsspannung

$$\sigma_V = \sqrt{\frac{1}{2}\left[(\sigma_1 - \sigma_2)^2 + (\sigma_2 - \sigma_3)^2 + (\sigma_3 - \sigma_1)^2\right]} \qquad (1.5.52)$$

die Zugfestigkeit erreicht. Hierin, sowie in (1.5.53), sind σ_i Hauptspannungen. Die *Schubspannungshypothese* schließlich, die ebenfalls für duktile Werkstoffe geeignet ist, markiert Versagen, wenn die maximale Schubspannung die Hälfte der Zugfestigkeit erreicht. Damit beträgt die Vergleichsspannung, die der Zugfestigkeit gegenüberzustellen ist (für $\sigma_1 \geq \sigma_2 \geq \sigma_3$)

$$\sigma_V = \sigma_1 - \sigma_3 = 2\tau_{max}. \qquad (1.5.53)$$

Die *Mohr-Coulomb*-Hypothese kann für nichtbindige Erdmaterialien eingesetzt werden. Sie postuliert, dass Gleiten in einer Fläche auftritt, wenn die in dieser Fläche wirkende Schubspannung größer ist als die aufnehmbare Reibspannung. Im allgemeinen dreidimensionalen Fall ergeben sich damit sechs Gleichungen, die die Flächen einer sechsseitigen Pyramide, die Versagensfläche, im Hauptspannungsraum beschreiben. Versagen tritt dann ein, wenn eine der folgenden sechs Gleichungen erfüllt ist

$$\sigma_n \cdot \tan^2\left(\frac{\pi}{4} - \frac{\varphi}{2}\right) - \sigma_m - 2 \cdot c \cdot \frac{\cos\varphi}{1 + \sin\varphi} \geq 0 \qquad (1.5.54)$$

für n = 1; m = 2, 3;
n = 2; m = 1, 3;
n = 3; m = 1, 2.

Dabei ist σ_n die größere und σ_m die kleinere Hauptspannung, φ der Winkel der inneren Reibung und c die Kohäsion des Materials.

1.5.1.6 Bruchmechanik

Mit Erreichen eines Beanspruchungszustands von zumindest bereichsweisem Versagen des Materials endet die Phase, in der kontinuumsmechanische Modelle eingesetzt werden können. Mit dem Auftreten von *makroskopisch* großen Rissen gewinnt die Bruchmechanik [Kienzler 1993, Heckel 1983, Anderson 1995] Gültigkeit. Die ersten Grundlagen einer linear-elastischen Bruchmechanik wurden von *Griffith* [Griffith 1920] eingeführt und von *Irwin* in den 1950er-Jahren weiterentwickelt [Irwin 1957]. Das von *Griffith* definierte Kriterium für instabiles Risswachstum in ideal spröden Werkstoffen vergleicht die beim Wachsen eines Risses freigesetzte elastische *Verzerrungsenergierate* G_e, mit der für die Bildung der neuen Rissoberflächen notwendigen Energierate G_O. Für einen Riss der Länge 2a in einer Scheibe im ebenen Spannungszustand ergibt sich als Kriterium für *instabiles Risswachstum*

$$G_e = -\frac{\partial U_e}{\partial 2a} \geq G_O = \frac{\partial U_O}{\partial 2a} \qquad (1.5.55)$$

mit der elastischen Verzerrungsenergie U_e und der für die Bildung neuer Rissoberflächen notwendigen Energie U_O. Die Energiefreisetzungsrate kann unter Berücksichtigung der bereits von [Inglis 1913] angegebenen Spannungsfunktionen für ein elliptisches Loch in einer unendlichen Scheibe unter Zugbelastung σ_a zu

$$G_e = \frac{\sigma_a^2 \pi a}{E} \qquad (1.5.56)$$

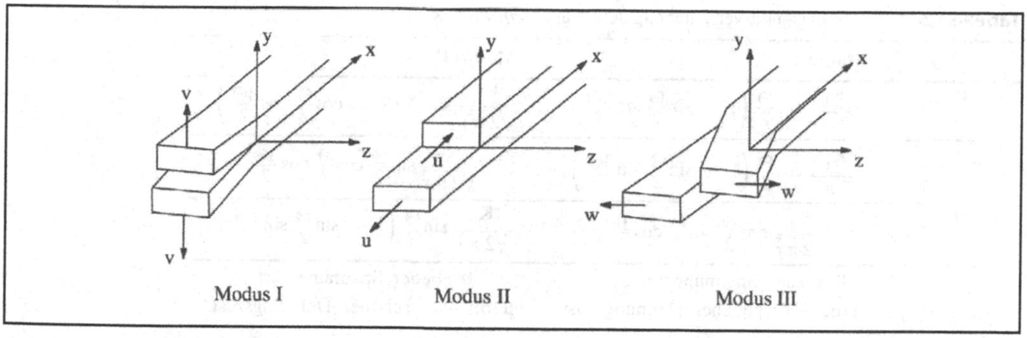

Abb. 1.5-10 Definition der Rissöffnungsmodalformen

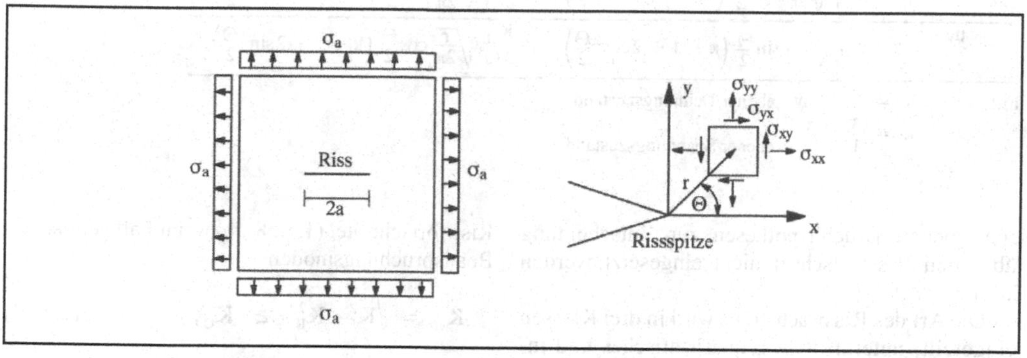

Abb. 1.5-11 Lokale Koordinaten und Spannungskomponenten am *Griffith*-Riss

hergeleitet werden. Die für die Bildung der neuen Rissoberflächen erforderliche Oberflächenenergie erhält man zu

$$U_O = 4 \cdot \alpha_1 \qquad (1.5.57)$$

mit der spezifischen Oberflächenenergie α_1.

Einsetzen von (1.5.56) und (1.5.57) in das Energiekriterium (1.5.55) führt auf die theoretische Zugfestigkeit des Materials. Nachdem diese Zugfestigkeit in Laborexperimenten jedoch selbst für Einkristalle nicht erreicht werden konnte, modifizierte *Irwin* das *Griffith*'sche Konzept. Überschreitet die von *Irwin* als Risserweiterungskraft bezeichnete elastische Energiefreisetzungsrate G_e einen kritischen, materialabhängigen Wert G_c, so tritt *instabiles Risswachstum* auf. Mit der gleichzeitig eingeführten Definition des *Spannungsintensitätsfaktors* K_I, welcher den Grad der Spannungssingularität an der Rissspitze kennzeichnet, erhält man

$$G_e = \frac{K_I^2}{E} = \frac{\sigma_a^2 \pi a}{E} \geq G_C \text{ oder}$$
$$K_I \geq K_C \,. \qquad (1.5.58)$$

Für den allgemeinen dreidimensionalen Fall der Belastung eines Festkörpers können drei unterschiedliche Rissöffnungsarten unterschieden werden (Abb. 1.5-10). Aus ihrer Kombination lässt sich jede beliebige Rissöffnung zusammensetzen.

Bezogen auf das in Abbildung 1.5-11 definierte Koordinatensystem in der Rissspitze sind in Tabelle 1.5-2 die Spannungs- und Verschiebungsfelder in der Umgebung der Rissspitze zusammengestellt. Aus den in den Spannungsfeldern erkennbaren Rissspitzen-Singularitäten wird klar, warum Spannungskriterien im Sinne der in Abschn. 1.5.1.5 be-

Tabelle 1.5-2 Spannungs- und Verschiebungsfelder am *Griffith*-Riss

	Modus I	Modus II
σ_{xx}	$\frac{K_I}{\sqrt{2\pi r}} \cos\frac{\Theta}{2}\left(1 - \sin\frac{\Theta}{2}\sin\frac{3\Theta}{2}\right)$	$\frac{K_{II}}{\sqrt{2\pi r}} \sin\frac{\Theta}{2}\left(2 + \cos\frac{\Theta}{2}\cos\frac{3\Theta}{2}\right)$
σ_{yy}	$\frac{K_I}{\sqrt{2\pi r}} \cos\frac{\Theta}{2}\left(1 + \sin\frac{\Theta}{2}\sin\frac{3\Theta}{2}\right)$	$\frac{K_{II}}{\sqrt{2\pi r}} \sin\frac{\Theta}{2}\cos\frac{\Theta}{2}\cos\frac{3\Theta}{2}$
σ_{xy}	$\frac{K_I}{\sqrt{2\pi r}} \cos\frac{\Theta}{2}\sin\frac{\Theta}{2}\cos\frac{3\Theta}{2}$	$\frac{K_{II}}{\sqrt{2\pi r}} \sin\frac{\Theta}{2}\left(1 - \sin\frac{\Theta}{2}\sin\frac{3\Theta}{2}\right)$
σ_{zz}	0 ebener Spannungszust. $\mu(\sigma_{xx} + \sigma_{yy})$ ebener Dehnungszust.	0 ebener Spannungszust. $\mu(\sigma_{xx} + \sigma_{yy})$ ebener Dehnungszust.
σ_{xz}, σ_{yz}	0	0
u_x	$\frac{K_I}{2G}\sqrt{\frac{r}{2\pi}} \cos\frac{\Theta}{2}\left(\kappa - 1 + 2\sin^2\frac{\Theta}{2}\right)$	$\frac{K_{II}}{2G}\sqrt{\frac{r}{2\pi}} \sin\frac{\Theta}{2}\left(\kappa + 1 + 2\cos^2\frac{\Theta}{2}\right)$
u_y	$\frac{K_I}{2G}\sqrt{\frac{r}{2\pi}} \sin\frac{\Theta}{2}\left(\kappa - 1 + 2\cos^2\frac{\Theta}{2}\right)$	$\frac{K_{II}}{2G}\sqrt{\frac{r}{2\pi}} \cos\frac{\Theta}{2}\left(\kappa + 1 + 2\sin^2\frac{\Theta}{2}\right)$

mit $\kappa = 3 - 4\nu$ ebener Dehnungszustand

$\kappa = \frac{3 - \nu}{1 + \nu}$ ebener Spannungszustand

schriebenen Bruchhypothesen zur Entscheidung über den Rissfortschritt nicht eingesetzt werden können.

Die Art des Risswachstums wird in drei Klassen eingeteilt: unterkritisches, quasistatisches und instabiles Risswachstum. Im ersten Fall des *unterkritischen Risswachstums* ist die risserweiternde Kraft kleiner als die Widerstandskraft. Trotzdem kann es z. B. durch schwingende Beanspruchungen (Ermüdungsbelastungen) oder durch Spannungsrisskorrosion zu einem Risswachstum kommen. Im Fall des *quasistatischen Risswachstum* entspricht die risserweiternde Kraft genau der Widerstandskraft, das heißt der Spannungsintensitätsfaktor K ist gleich dem kritischen Spannungsintensitätsfaktor K_c. Um den Riss wachsen zu lassen, ist jedoch eine geringe ständige Energiezufuhr in das System notwendig und der Rissfortschritt geschieht so langsam, dass Massenträgheitseffekte vernachlässigt werden können. Im Fall des *instabilen Risswachstum* erfolgt der Rissfortschritt so schnell, dass Massenträgheitskräfte berücksichtigt werden müssen.

Die weiteren Ausführungen beschränken sich auf den Fall des quasistatischen Risswachstums. Neben dem Kriterium, welches festlegt, ob der Riss fortschreitet (1.5.58), bzw. im Fall gemischter Beanspruchungsmoden

$$K_{eff} = \sqrt{K_I^2 + K_{II}^2} \geq K_C, \qquad (1.5.59)$$

muss zusätzlich ein Kriterium zur Prognose der Risswachstumsrichtung vorhanden sein. Hier sind drei unterschiedliche Hypothesen gebräuchlich:

- Die Hypothese der maximalen Umfangsspannung prognostiziert die Risswachstumsrichtung senkrecht zur maximalen Hauptzugspannung in der Umgebung der Rissfront.
- Die Hypothese der maximalen Energiefreisetzungsrate sagt voraus, dass der Riss derart wächst, dass die maximale Energiefreisetzungsrate erreicht wird.
- Die dritte Hypothese der minimalen elastischen Verzerrungsenergie lässt den Riss in derjenigen Richtung fortschreiten, in der das System nach dem Risswachstum einen Zustand minimaler elastischer Verzerrungsenergie erreicht.

Welche dieser Hypothesen im Einzelfall gilt, kann nur durch Versuche entschieden werden.

1.5.2 Statik der Stabtragwerke

1.5.2.1 Grundlagen

Einführung

Was ist Statik der Tragwerke?

Die Statik ist als Wissenschaftsdisziplin Teil der Physik. Innerhalb dieser beschreibt die *Mechanik* Kräfte- und Bewegungszustände von Materie, eingeteilt in feste, flüssige oder gasförmige Stoffe (Abb. 1.5-12). Die Mechanik fester Körper, die *Festkörpermechanik*, unterteilt sich in die *Kinematik* und die *Dynamik*. Erstere beschreibt Bewegungs- und Verformungszustände ohne Wechselwirkung zu Kräften, letztere verknüpft die Kinematik mit den einwirkenden und hervorgerufenen Kräftefeldern. Einen Sonderfall der Dynamik bilden Ruhezustände, *Gleichgewichtszustände*, eben das Aufgabengebiet der *Statik*. Hiervon grenzt sich die *Kinetik* ab, die feste Körper unter zeitabhängigen Einwirkungsprozessen behandelt. In der modernen Technik wird die Kinetik (von *kinesis*, griech. für Bewegung) heute als Dynamik (von *dynamis*, griech. für Kraft) bezeichnet.

Wegen der Dominanz ruhender oder schwachbeweglicher Lasten im konstruktiven Ingenieurbau spielt dort zur Tragwerksanalyse die Statik als *Statik der Tragwerke* die bekannt wichtige Rolle. Je nach Anwendungszweck existieren gemäß Abb. 1.5-13 sehr unterschiedliche Theorievarianten. Das Fundament bildet die *lineare Statik*: Wegen der Annahmen linear-elastischen Werkstoffverhaltens und infinitesimal kleiner Tragwerksdeformationen – als Folge darf das Gleichgewicht an der unverformten Konfiguration formuliert werden – entstehen lineare Beziehungen zwischen Ein- und Auswirkungen. Konsequenterweise gilt das Superpositionsgesetz. Mögliche größere Tragwerksdeformationen müssen bei der Gleichgewichtsformulierung Berücksichtigung finden. Es entstehen *geometrisch-nichtlineare Theorien*, als einfachste die *Theorie 2. Ordnung*. Eine Zwischenstufe

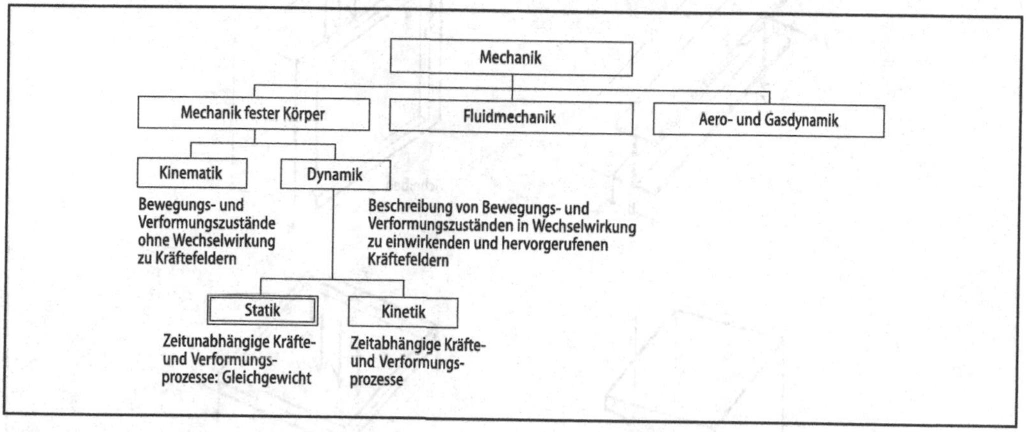

Abb. 1.5-12 Die Statik als Teilgebiet der Mechanik

	Lineare Statik	Geometrisch-nichtlineare Statik	Physikalisch-nichtlineare Statik
Äußere Einwirkung Verformung Werkstoffverhalten	zeitunabhängig infinitesmal klein linear-elastisch	zeitunabhängig endlich linear-elastisch	zeitunabhängig infinitesmal klein nichtlinear-elastisch/inelastisch
Näherungstheorie:		Stabilitätstheorie Theorie 2. Ordnung	Fließgelenktheorie 1. Ordnung Fließlinientheorie
		Fließgelenktheorie 2. Ordnung	

Abb. 1.5-13 Untergliederung der Statik der Tragwerke

bilden *Stabilitätstheorien*, welche Instabilitätslasten ohne zugehörige Verformungen festlegen.

Während bisher das Stoffgesetz linear-elastisch blieb, müssen für alle Traglastuntersuchungen realistischere Werkstoffmodellierungen zur Anwendung kommen, z. B. elasto-plastische Modelle wie bei den *Fließgelenkverfahren*. Heute entstehen zunehmend computerorientierte Analysekonzepte, die hochgenaue geometrisch- und physikalisch-nichtlineare Tragwerksanalysen anstreben, sog. *Simulationstheorien*.

Tragelemente

Geometrisch stellen Tragwerke mit Materie gefüllte Teilräume des 3-dimensionalen Erfahrungsraumes E3 dar. Tragwerksanalysen jedoch stets durch Lösung von 3D Randwertproblemen gewinnen zu wollen, wäre kaum zu bewältigen und bautechnisch wenig sinnvoll. Zur Aufwandsreduzierung verwendet man daher Tragelemente mit niedrigerer Dimensionszahl typischer Abmessungsverhältnisse. Viele Tragelemente füllen nämlich gemäß Abb. 1.5-14 Teilräume des E3 aus, welche näherungsweise flächenhaft (2D) oder linienhaft (1D) sind.

Als *Flächentragwerke* bezeichnet man daher alle Strukturen, deren Dicken *h* klein sind gegenüber ihren Längen und Breiten; Sie werden durch ihre Mittelflächen repräsentiert. Je nach Lasteintragung unterscheidet man *Scheiben* oder *Platten*;

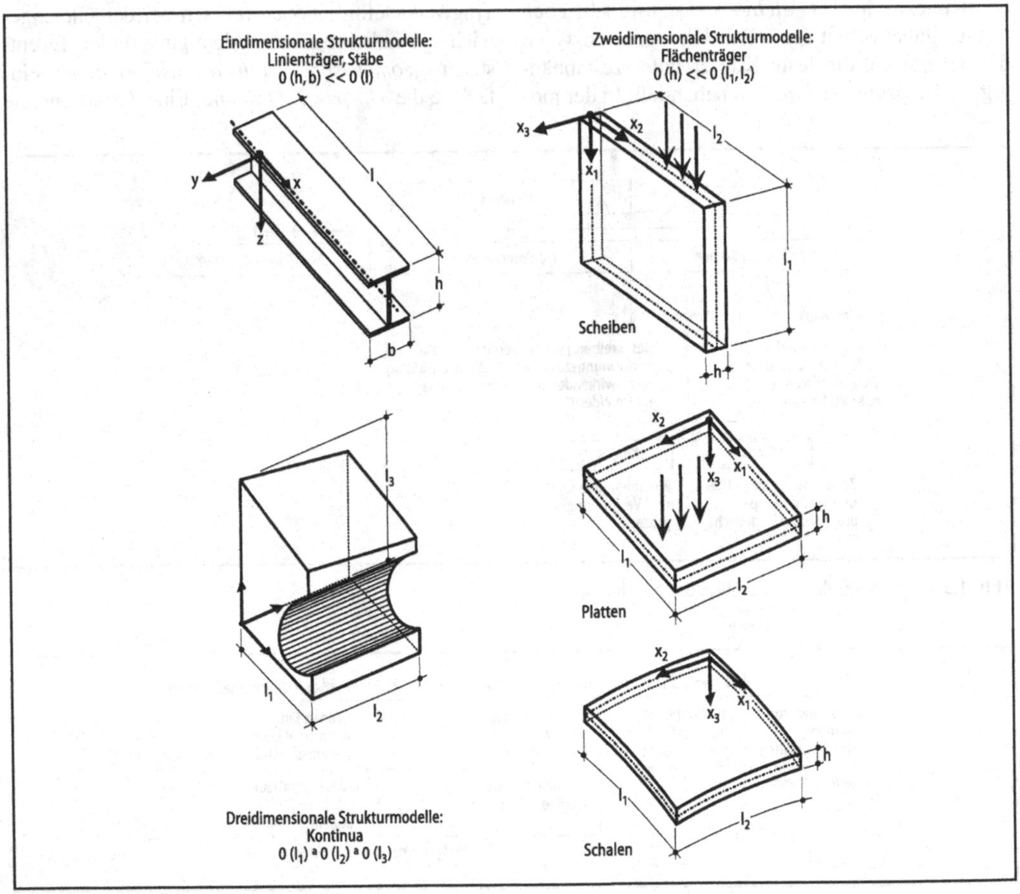

Abb. 1.5-14 Tragelemente in der Statik

gekrümmte Flächentragwerke heißen *Schalen*. Bei *Linienträgern* bzw. *Stäben* übertrifft die Elementlänge l deren Höhe h und Breite b um ein Vielfaches. Gemäß Abb. 1.5-14 lassen sich Tragelemente somit wie folgt systematisieren:

- 3D Tragelemente $(0(l_1) \approx 0(l_2) \approx 0(l_3))$
- 2D Tragelemente $(0(l_1, l_2) >> 0(h))$: Flächenträger (eben: Scheiben, Platten; gekrümmt: Schalen)
- 1D Tragelemente $(0(l) >> 0(b, h))$: Linienträger, Stäbe (gerade: Fachwerkstäbe, Balken, Stützen; gekrümmt: Seile, Bogen)

In Abschn. 1.5.2 werden nur Tragwerke aus Stabelementen behandelt.

Kräfte, Kräftesysteme und Gleichgewicht

Zur Einführung seien die wichtigsten Grundlagen über Kräfte und Kräftesysteme aus der Mechanik wiederholt. Jede Ursache einer Bewegung oder Deformation bezeichnet man als *Kraft* oder *Kraftgröße* und beschreibt damit eine Erfahrung, die durch das Trägheitsaxiom ausgedrückt wird: Jeder Körper verharrt im Zustand der Ruhe (Gleichgewicht) oder der gleichförmigen Bewegung, solange er nicht durch Krafteinwirkungen zur Änderung seines Zustandes gezwungen wird.

Jede Krafteinwirkung ist durch Angabe ihres *Betrages*, ihres *Angriffspunktes* und ihrer *Wirkungsrichtung* eindeutig bestimmt. Die durch Angriffspunkt und Kraftrichtung definierte Gerade heißt *Wirkungslinie*. Kräfte sind somit als *Vektoren* im Anschauungsraum E3 definierbar.

Unsere Erfahrungen mit Kräften sind in den folgenden vier Axiomen zusammengefasst (Abb. 1.5-15):

- Verschiebungsaxiom: Kräfte sind linienflüchtige Vektoren.
- Äquivalenzaxiom: Kräfte sind äquivalent (gleichwertig) bei gleicher Wirkung auf einen Körper.
- Reaktionsaxiom: Wird von einem Körper 1 eine Kraft F_{12} auf einen Körper 2 ausgeübt, so gilt dies auch umgekehrt.
- Parallelogrammaxiom: Die Wirkung zweier Kräfte ist ihrer vektoriellen Summe äquivalent.

Nach diesen axiomatischen Grundlagen wird in Abb. 1.5-16 ein *zentrales Kräftesystem* im E3 betrachtet, dessen Einzelkräfte $\mathbf{F}_i$ alle einen gemeinsamen Angriffspunkt besitzen. Zusammenfassung aller Einzelkräfte $\mathbf{F}_i$ auf der Basis des Parallelogrammaxioms zur Resultierenden $\mathbf{F}_R$ beweist, dass Gleichgewicht gerade eine weitere Kraft $-\mathbf{F}_R$ gleicher Größe und Wirkungslinie, aber umgekehrter Wirkungsrichtung erfordert: Ein zentrales Kräftesystem befindet sich somit im Gleichgewicht, wenn die Summe aller Kräfte verschwindet: $\Sigma\mathbf{F} = \mathbf{0}$.

Ein zentrales Kräftesystem stellt den Sonderfall eines *allgemeinen Kräftesystems* dar; bei letzterem existiert kein gemeinsamer Schnittpunkt. Abbildung 1.5-17 verdeutlicht, dass die Definition des statischen Momentes

$$\mathbf{M} = \mathbf{r} \times \mathbf{F} \tag{1.5.60}$$

als (äußeres) *Vektorprodukt* aus Ortsvektor $\mathbf{r}$ und Kraft $\mathbf{F}$ deren Parallelverschiebung in einen beliebigen Punkt außerhalb ihrer Wirkungslinie ermöglicht. $\mathbf{M}$ steht als Vektor orthogonal auf $\mathbf{r}$ und $\mathbf{F}$, er ist im Sinne einer Rechtsdrehung positiv definiert.

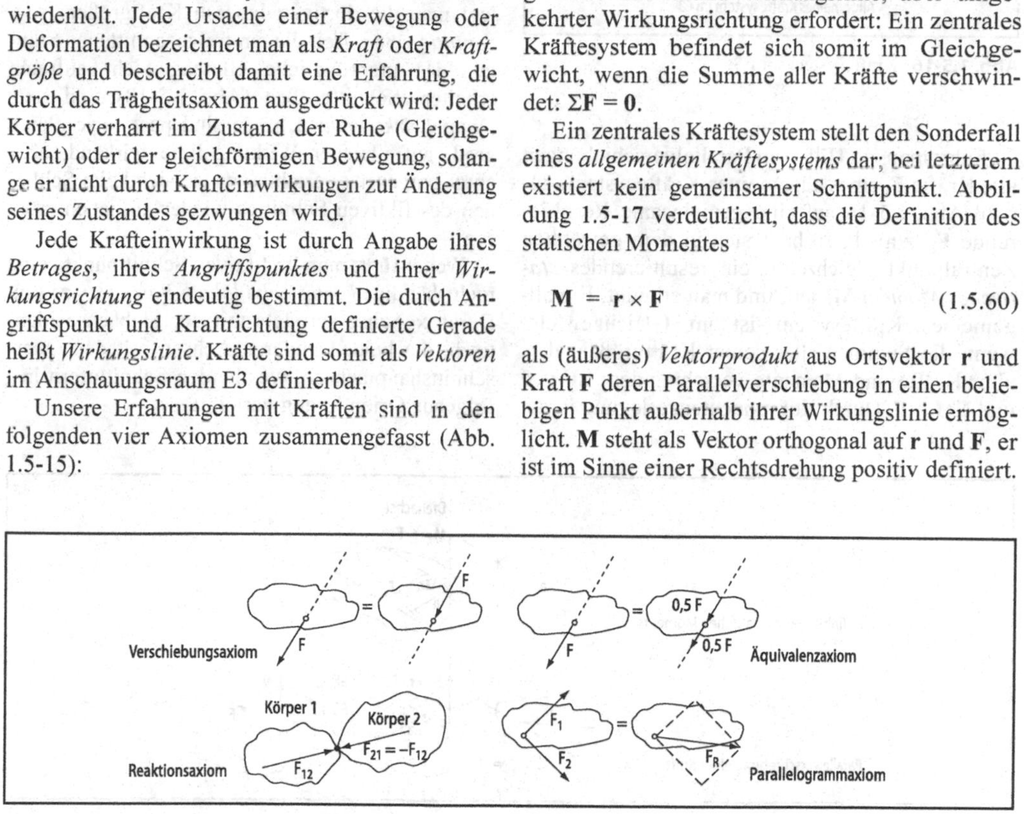

Abb. 1.5-15 Zur Axiomatik von Kräften

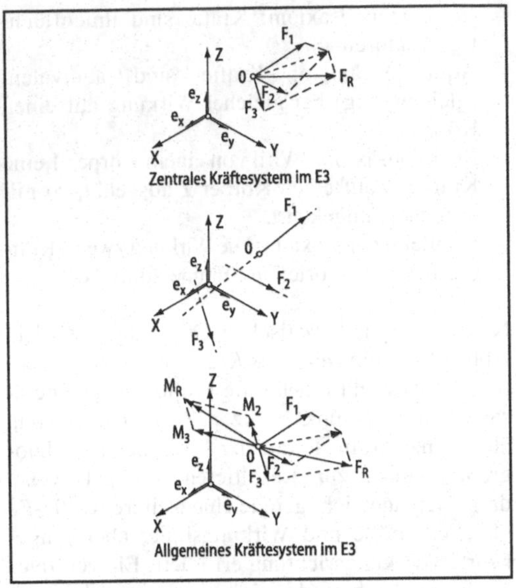

Abb. 1.5-16 Kräftesystem im E3

Führt man mit Hilfe von Parallelverschiebungen alle Kräfte $\mathbf{F}_i$ eines allgemeinen Kräftesystems gemäß Abb. 1.5-16 auf eine gemeinsame Resultierende $\mathbf{F}_R$ zurück, so baut sich in dem gewählten Zentralpunkt gleichzeitig ein resultierendes *statisches Moment* $\mathbf{M}_R$ auf, und man erkennt: Ein allgemeines Kräftesystem ist im Gleichgewicht, wenn die Summen aller seiner Kraftgrößen, d. h. aller Kräfte und Momente verschwinden: $\Sigma\mathbf{F} = \mathbf{0}$ und $\Sigma\mathbf{M} = \mathbf{0}$. Durch Komponentenzerlegung in die 3 Koordinatenrichtungen {x, y, z} des E3 entstehen hieraus die Gleichgewichtsbedingungen

$$\Sigma F_x = \Sigma F_y = \Sigma F_z = \Sigma M_x = \Sigma M_y = \Sigma M_z = 0 \qquad (1.5.61)$$

oder in die Richtungen einer {x,z}-Ebene

$$\Sigma F_x = \Sigma F_z = \Sigma M_y = 0 \qquad (1.5.62)$$

als grundlegendes Werkzeug der Statik der Tragwerke.

Das Stabkontinuum

Lasten, Schnittgrößen und Gleichgewicht

Ein Teilstab (*Stabkontinuum*) eines beliebigen, belasteten Stabtragwerks im E3 wird nun in Abb. 1.5-18 betrachtet, das durch die rechtshändige *kartesische globale Basis* {X,Y,Z} beschrieben werde. Durch einen fiktiven Schnitt im Tragwerkspunkt i legt man die dortigen inneren Kraftgrößen, sog. *Schnittgrößen*, frei, die am freigeschnittenen Stabteil das ursprüngliche Gleichgewicht aufrecht erhalten. Schnittgrößen (Abb. 1.5-18) sind stets *Doppelwirkungen*; d. h. sie sind paarweise gleich groß, auf gleicher Wirkungslinie wirkend, aber entgegengesetzt gerichtet, da sie sich beim Schließen des fiktiven Schnittes wieder aufheben müssen.

Weiter führt man im fiktiven Schnittpunkt i eine rechtshändige *kartesische lokale Basis* {x,y,z} ein. Deren x-Achse sei stets mit der Stabachse identisch, die beiden anderen Achsen mit den Querschnittshauptachsen, was beiden Schnittufern in i folgende Orientierung verleiht:

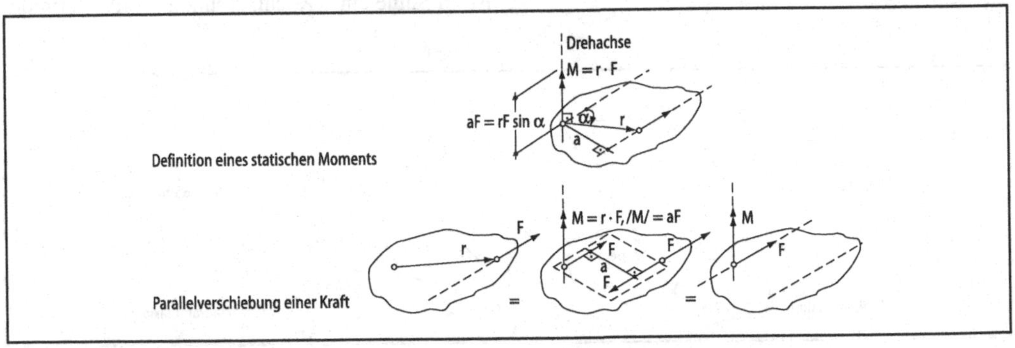

Abb. 1.5-17 Statisches Moment und Kräftepaar

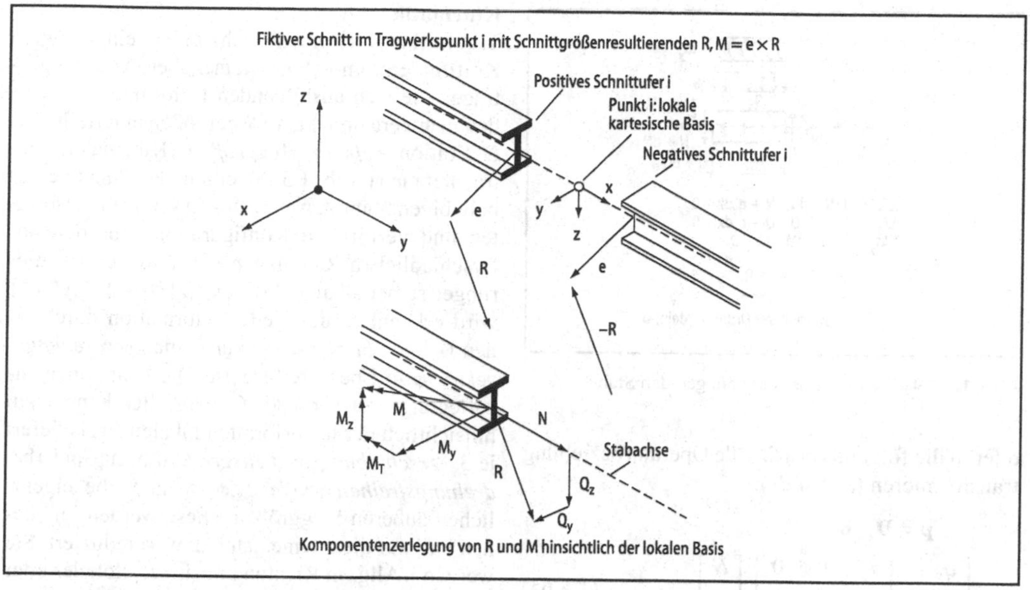

Abb. 1.5-18 Definition räumlicher Stabschnittgrößen

- beim positiven Schnittufer bildet die positive x-Achse dic Normale,
- beim negativen Schnittufer die negative x-Achse.

Die inneren vektoriellen Schnittgrößen **R**, **M** = **e** × **R** der Abb. 1.5-18 können bezüglich der lokalen Basis {x,y,z} in Komponenten zerlegt werden. Das Ergebnis sind im E3 die *Normalkraft N* und die *Querkräfte* Q_y, Q_z sowie das *Torsionsmoment* M_T und die *Biegemomente* M_y, M_z, im ebenen Fall die Normalkraft N, die Querkraft Q und das Biegemoment M. Dieses sind die für Tragwerksdimensionierungen maßgebenden Größen. Sie sind positiv, wenn ihre Vektorkomponenten am positiven Schnittufer in Richtung der positiven, lokalen Basis zeigen.

Abbildung 1.5-19 zeigt zwei um dx benachbarte fiktive Schnitte eines differentiell kleinen, geraden Stabelements, aus einem ebenen Stabtragwerk herausgetrennt. *Äußere Kraftgrößen*, i. Allg. *Lasten* genannt, sind eine Streckenachsiallast q_x, eine Streckenquerlast q_z sowie ein Streckenlastmoment m_y. Als Schnittgrößen treten die Normalkraft N, die Querkraft Q und das Biegemoment M am (linken) negativen Schnittufer auf, am (rechten) positiven mit jeweils differentiellen Zuwächsen. Wegen des ebenen Problems entfällt die Indizierung der Schnittgrößen.

Abbildung 1.5-19 enthält die 3 folgenden Gleichgewichtsbedingungen:

$$\frac{dN}{dx} = -q_x, \quad \left.\begin{aligned} \frac{dQ}{dx} &= -q_z \\ \frac{dM}{dx} &= Q - m_y \end{aligned}\right\} \frac{d^2M}{dx^2} = -q_z - \frac{dm_y}{dx} \tag{1.5.63}$$

Diese kann man in eine matrizielle Dgl. 1. Ordnung

$$\frac{\mathrm{d}}{\mathrm{dx}}\boldsymbol{\sigma} = \mathbf{A}\cdot\boldsymbol{\sigma} \qquad + \mathbf{p}$$

$$\frac{\mathrm{d}}{\mathrm{dx}}\begin{bmatrix} N \\ Q \\ M \end{bmatrix} = \begin{bmatrix} 0 & 0 & 0 \\ 0 & 0 & 0 \\ 0 & 1 & 0 \end{bmatrix} \cdot \begin{bmatrix} N \\ Q \\ M \end{bmatrix} - \begin{bmatrix} q_x \\ q_z \\ m_y \end{bmatrix} \tag{1.5-64}$$

$$\Sigma F_x = 0 : N + dN - N + q_x dx = 0$$
$$\Sigma F_z = 0 : Q + dQ - Q + q_z dx = 0$$
$$\Sigma M_y = 0 : M + dM - M - Q dx$$
$$+ m_y dx + q_z \frac{(dx)^2}{2} = 0$$

von höherer Ordnung klein: 0

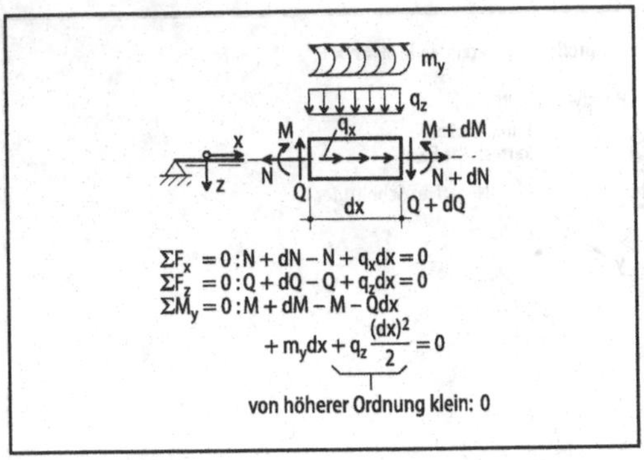

Abb. 1.5-19 Element eines ebenen, geraden Stabes

oder in die folgende matrizielle Operatorbeziehung transformieren ($d_x = d/dx$):

$$-\mathbf{p} = \mathbf{D}_e \cdot \boldsymbol{\sigma}$$

$$-\begin{bmatrix} q_x \\ q_z \\ m_y \end{bmatrix} = \begin{bmatrix} d_x & 0 & 0 \\ 0 & d_x & 0 \\ 0 & -1 & d_x \end{bmatrix} \cdot \begin{bmatrix} N \\ Q \\ M \end{bmatrix} \qquad (1.5.65)$$

Die erste Beziehung dient zu analytischen und numerischen Integrationen [Krätzig, Harte et al. 1999], die zweite zur Herleitung der *Navier*'schen Dgl.

Kinematik

Tragwerke verformen sich unter eingeprägten Kraftfeldern um i. Allg. kleine, aber messbare Beträge. Die sich ausbildenden Deformationen werden in äußere und innere Weggrößen unterteilt. Zur Definition *äußerer Weggrößen* (Kinematen) betrachtet man (Abb. 1.5-20) erneut den Punkt i eines beliebigen Stabtragwerks, nun in seiner unverformten und verformten Konfiguration. Aus den unterschiedlichen Raumlagen von i sowie Orientierungen seiner lokalen Basis {x,y,z} bzw. {x*,y*,z*} wird erkennbar, dass jede Deformation durch einen *Verschiebungsvektor* **u** und einen *Verdrehungsvektor* **φ** in i beschreibbar ist. Die Komponentenzerlegungen dieser beiden vektoriellen Kinematen hinsichtlich der unverformten lokalen Basis liefert je 3 *Verschiebungsfreiheitsgrade* u_x, u_y, u_z und *Verdrehungsfreiheitsgrade* $\varphi_x, \varphi_y, \varphi_z$ in i, die eigentlichen äußeren Weggrößen. Diese werden im ebenen Fall auf die 3 Kinematen u, w, φ reduziert. Sie werden i. Allg. in Richtung positiver globaler oder lokaler Bezugssysteme als positiv vereinbart. Äußere Weggrößen leisten mit (äußeren) Lastkomponenten in deren Richtungen *äußere Formänderungsarbeit*.

Für ein ebenes Stabkontinuum existieren gemäß Abb. 1.5-21 folgende *innere Weggrößen*: die *Stab-*

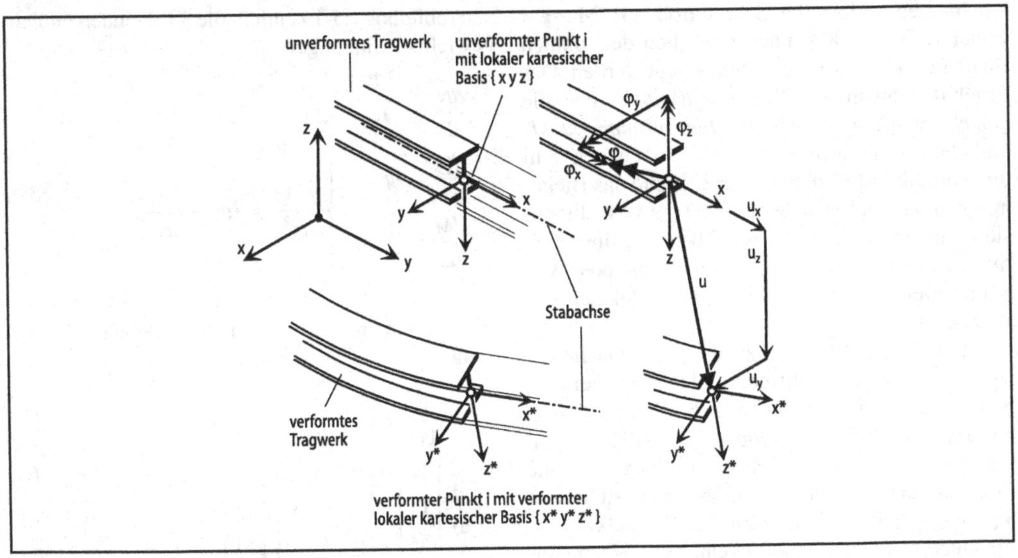

Abb. 1.5-20 Definition äußerer Weggrößen

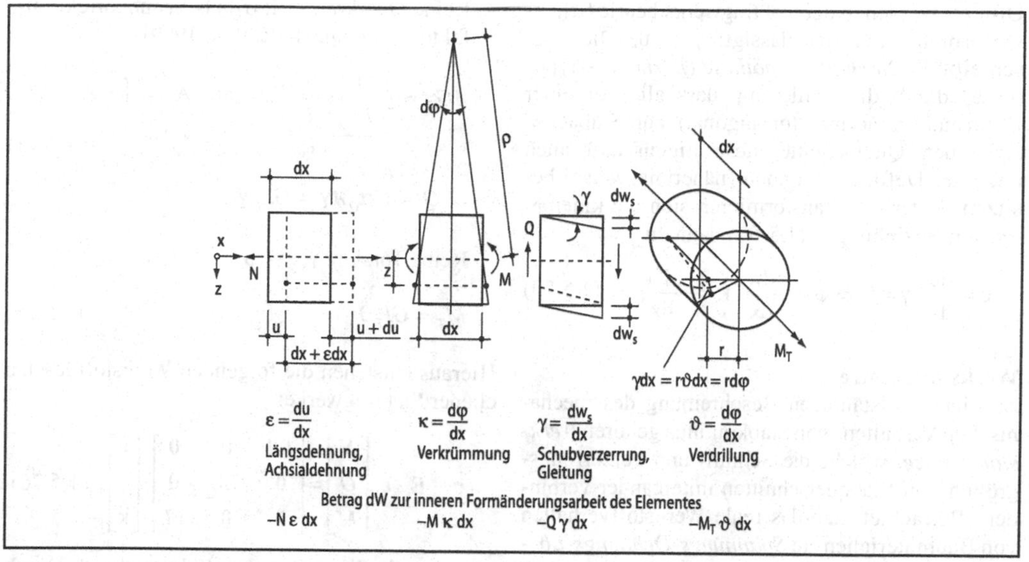

Abb. 1.5-21 Definition innerer Kinematen

achsendehnung ε, die *Verkrümmung* κ, die (konstant über den Querschnitt wirkende) *Schubverzerrung* γ und im Falle von Torsion die *Stabachsenverdrillung* ϑ. Im räumlichen Fall ergeben sich die Längsdehnung ε, die Schubverzerrungen γ_y, γ_z ,die Verdrillung ϑ und die Verkrümmungen κ_y, κ_z. Innere Weggrößen, auch *Verzerrungsgrößen* genannt, sind den Schnittgrößen über die Formänderungsarbeit zugeordnet. Eine Verzerrung ist positiv, wenn sie mit ihrer korrespondierenden Schnittgröße, aufgefasst als äußere Kraftgröße an einem Element des Stabes wirkend, einen positiven Beitrag zur Formänderungsarbeit leistet. Die einzelnen Beiträge zur *inneren Formänderungsarbeit* im ebenen Fall enthält Abb. 1.5-21; im Fall räumlicher Stabwerke lauten diese:

$$W^{(i)} = -\int_0^l \left(N\varepsilon + Q_y\gamma_y + Q_z\gamma_z + M_T\vartheta + M_y\kappa_y + M_z\kappa_z\right) dx. \tag{1.5.66}$$

Zwischen inneren und äußeren Weggrößen existieren die folgenden *kinematischen Beziehungen* eines ebenen, geraden Stabelementes:

$$\left.\begin{aligned} \frac{du}{dx} &= \varepsilon \\ \frac{dw}{dx} + \varphi &= \gamma \\ \frac{d\varphi}{dx} &= \kappa \end{aligned}\right\} \frac{d^2w}{dx^2} = -\kappa + \frac{d\gamma}{dx} \tag{1.5.67}$$

Sie finden in der Statik als skalare oder matrizielle Differentialgleichungen

$$\frac{d}{dx} = \mathbf{A}\cdot\mathbf{u} \qquad +\boldsymbol{\varepsilon}$$

$$\frac{d}{dx}\begin{bmatrix} u \\ w \\ \varphi \end{bmatrix} = \begin{bmatrix} 0 & 0 & 0 \\ 0 & 0 & -1 \\ 0 & 0 & 0 \end{bmatrix} \cdot \begin{bmatrix} u \\ w \\ \varphi \end{bmatrix} + \begin{bmatrix} \varepsilon \\ \gamma \\ \kappa \end{bmatrix} \tag{1.5.68}$$

oder als matrizielle Operatorbeziehungen Verwendung [Krätzig/Harte 1999].

$$\boldsymbol{\varepsilon} = \mathbf{D}_k \cdot \mathbf{u}$$

$$\begin{bmatrix} \varepsilon \\ \gamma \\ \kappa \end{bmatrix} = \begin{bmatrix} d_x & 0 & 0 \\ 0 & d_x & 1 \\ 0 & 0 & d_x \end{bmatrix} \cdot \begin{bmatrix} u \\ w \\ \varphi \end{bmatrix} \tag{1.5.69}$$

Oftmals werden in der Stabtragwerkstheorie Schubverformungen vernachlässigt: $\gamma \equiv 0$. Dies beschreibt die *Normalenhypothese* (*Bernoulli*-Hypothese) durch die Forderung, dass alle vor einer Deformation normal (orthogonal) zur Stabachse stehenden Querschnitte diese Eigenschaft auch nach der Deformation noch (näherungsweise) besitzen. Mit $\gamma = 0$ transformieren sich die kinematischen Beziehungen (1.5-67) dann zu

$$\varepsilon = \frac{du}{dx}, \gamma = 0 \Rightarrow \varphi = -\frac{dw}{dx}, \kappa = -\frac{d^2w}{dx^2}. \quad (1.5.70)$$

Werkstoffgesetze

Zu einer vollständigen Beschreibung des mechanischen Verhaltens von Stabkontinua gehören *Werkstoffgesetze*, welche die Schnitt- und Verzerrungsgrößen von Stabquerschnitten miteinander verbinden. Betrachtet man das reale Werkstoffverhalten von Baumaterialien auf *Spannungs-Dehnungs-Ebene* [Basar/Weichert 2000; Bruhns/Lehmann 1994], so erweist sich dieses als für Tragwerksanalysen stark vereinfachungsbedürftig. Folgerichtig verwendet man in der Statik der Tragwerke überwiegend Linearisierungen des Spannungs-Dehnungs-Verhaltens für $\varepsilon \to 0$, die man als *Hooke*sches Gesetz bezeichnet. Für die Normalspannungen σ_{xx} oder für die Schubspannungen τ_{xz} eines beliebigen Tragwerkspunktes P(x,z) bedeutet dies gemäß Abschn. 1.5.1.3:

$$\sigma_{xx}(x,z) = E\,\varepsilon_{xx}(x,z),$$
$$\tau\tau_{xz}(x,z) = G\,\gamma_{xz}(x,z). \quad (1.5.71)$$

Durch Substitution dieser Grundbeziehungen (1.5.71) in die Schnittgrößendefinitionen erhält man:

– Reine Dehnung: $\varepsilon_{xx} = \varepsilon$

$$N = \int_A \sigma_{xx} dA = \int_A E\varepsilon_{xx} dA = E\varepsilon \int_A dA = EA\varepsilon \quad (1.5.72)$$

– Reine Biegung: $\varepsilon_{xx}(z) = \dfrac{d\varphi}{dx} z = \kappa z$

$$M = \int_A \sigma_{xx}(z) z dA = \int_A E\varepsilon_{xx}(z) z dA \quad (1.5.73)$$
$$= E\kappa \int_A z^2 dA = EI\kappa$$

– Reine Querkraft (mit α_Q als Schubkorrektionsfaktor [Krätzig, Harte et al. 1999]):

$$AG\gamma = \underbrace{Q\frac{A}{I^2}\int_A \left(\frac{A_z}{b}\right)^2 dA}_{1/\alpha_Q} \quad \text{mit } A_z = \int z dA \quad (1.5.74)$$

$$Q = G\alpha_Q A\gamma = GA_Q\gamma$$

– Reine Torsion: $\gamma_{x\varphi} = r\vartheta$

$$M_T = GI_T\vartheta \quad (1.5.75)$$

Hieraus entstehen die folgenden Werkstoffgesetze ebener Stabtragwerke:

$$\boldsymbol{\sigma} = \mathbf{E} \cdot \boldsymbol{\varepsilon}: \begin{bmatrix} N \\ Q \\ M \end{bmatrix} = \begin{bmatrix} EA & 0 & 0 \\ 0 & GA_Q & 0 \\ 0 & 0 & EI \end{bmatrix} \cdot \begin{bmatrix} \varepsilon \\ \gamma \\ \kappa \end{bmatrix}, \quad (1.5.76)$$

zumeist als *Elastizitätsgesetz* bezeichnet. Durch Analogieschluss entstehen hieraus die entsprechenden Beziehungen räumlicher Stabtragwerke.

Zustandsgrößen

Durch die Forderung eines Gleichgewichtszustandes werden den einwirkenden *äußeren Kraftgrößen* sog. *innere* Kraftgrößen zugeordnet. Durch Beschränkung auf kinematisch kompatibel deformierte Kontinua kann aus den äußeren Weggrößen auf zugeordnete innere Weggrößen geschlossen werden. Der Arbeitsbegriff ordnet jeder Kraftgröße eine Weggröße zur gemeinsamen Leistung von *Formänderungsarbeit* zu.

Alle definierten Variablen finden in der Statik der Tragwerke Verwendung und besitzen nach DIN 1080, Teil 2 feststehende Bezeichnungen. Abbildung 1.5-22 ordnet sie formänderungsarbeitsmäßig zusammen.

Stabtheorie nach *Timoshenko*

Einen Überblick über alle bisher definierten Variablen und hergeleiteten Transformationen gestattet das Schema [Tonti 1975] in Abb. 1.5-23. Sein Gerippe bilden die durch Ellipsen eingerahmten *matriziellen Variablen* – Kraftgrößen links, Weggrößen rechts, äußere Variablen oben, innere unten – sowie die durch Rechtecke umrahmten *Transformationen*: Der Differential-Gleichgewichtsoperator

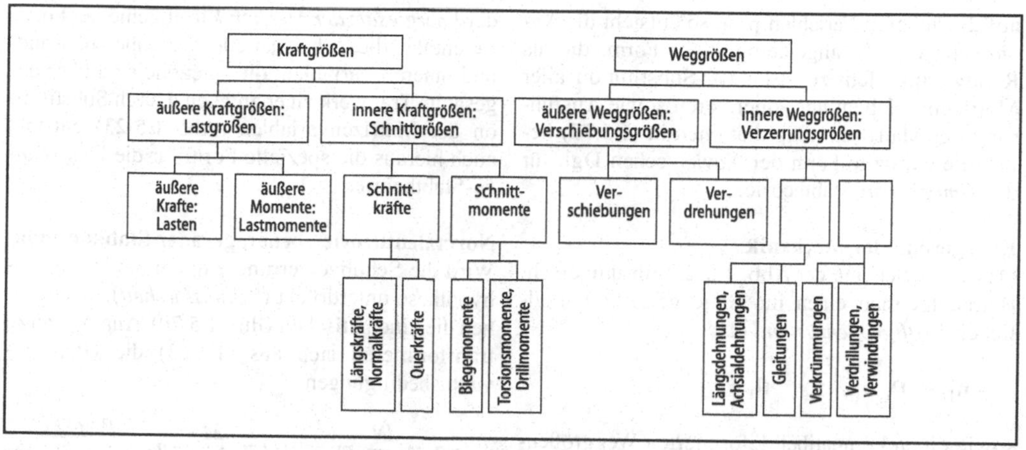

Abb. 1.5-22 Zustandsgrößen der Statik der Tragwerke

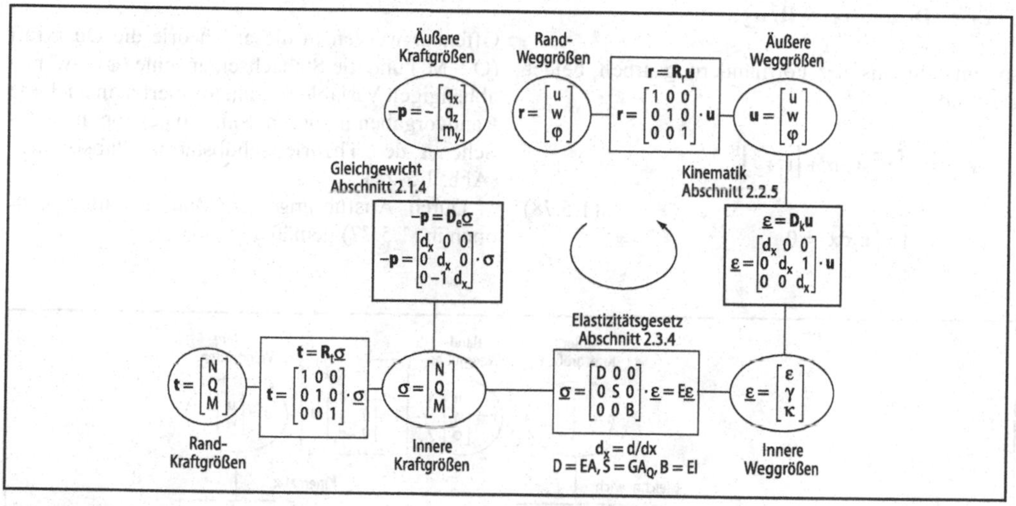

Abb. 1.5-23 Strukturschema der *Timoshenko*-Theorie ebener, gerader Stabkontinua

$\mathbf{D}_e$ nach (1.5.65), der Differential-Kinematikoperator $\mathbf{D}_k$ nach (1.5.69) und der algebraische Elastizitätsoperator **E** nach (1.5.76). Gegenüber den Herleitungen ist das Schema durch mögliche Randvorgaben ergänzt.

Das Grundschema (Abb. 1.5-23) besitzt allgemeine Gültigkeit in der Theorie der Tragwerke, siehe [Krätzig/Basar 1997]. In seiner speziellen Form enthält es sämtliche die Statik ebener, gerader und *schubweicher* Stäbe (*Timoshenko*-Stäbe) beschreibenden Variablen und Transformationen. Kondensiert man die Beziehungen des Schemas durch ineinander Einsetzen von

Gleichgewicht:	$-\mathbf{p} = \mathbf{D}_e\ \boldsymbol{\sigma}$
Elastizitätsgesetz:	$\boldsymbol{\sigma} = \mathbf{E}\ \boldsymbol{\varepsilon}$
Kinematik:	$\boldsymbol{\varepsilon} = \mathbf{D}_k\ \mathbf{u}$

$$-\mathbf{p} = \mathbf{D}_e\,\mathbf{E}\,\mathbf{D}_k\,\mathbf{u} = \mathbf{D}\ \mathbf{u} \qquad (1.5.77)$$

auf die äußeren Variablen **p**, **u**, so entsteht die *Navier*sche Dgl. in allgemeingültiger Form, die als Randwertproblem zu lösen ist. Substitution aller Matrizenvariablen und -operatoren sowie Ausführung der Matrizenmultiplikationen in (1.5.77) liefert die explizite Form der *Navier'*schen Dgl. für die *Timoshenko*-Stabtheorie.

Energiesatz der Mechanik

Das *Tonti*-Schema der Abb. 1.5-23 gilt universell. Betrachtet man einen im Gleichgewicht befindlichen *Kraftgrößenzustand* (1)

$$-\mathbf{p}_1 = \mathbf{D}_e\,\boldsymbol{\sigma}_1\,,\quad \mathbf{t}_1 = \mathbf{R}_t\,\boldsymbol{\sigma}_1$$

sowie einen kompatibel deformierten Weggrößenzustand (2)

$$\boldsymbol{\varepsilon}_2 = \mathbf{D}_k\,\mathbf{u}_2\,,\quad \mathbf{r}_2 = \mathbf{R}_r\,\mathbf{u}_2\,,$$

so entsteht aus der Formänderungsarbeit beider Zustände

$$W_{1,2} = \int_a^b \mathbf{p}_1^T\mathbf{u}_2 dx + \left[\mathbf{t}_1^T\mathbf{r}_2\right]_a^b - \int_a^b \boldsymbol{\sigma}_1^T\boldsymbol{\varepsilon}_2 dx = 0 \quad (1.5.78)$$

der *Energiesatz der Mechanik* in allgemeiner Form. Er enthält die Arbeitsanteile der äußeren, Rand- und inneren Variablen; die Integrale sind über das gesamte Tragwerk zu erstrecken. Durch Substitution der Matrizenvariablen (Abb. 1.5-23) entsteht auch hieraus die spezielle Form für die *Timoshenko*-Stabtheorie.

Normalentheorie ebener, gerader Stabkontinua

Wird die Schubverzerrung γ durch die Normalenhypothese unterdrückt (*Schubstarrheit*), so entstehen die kinematischen Gln. (1.5.70). Analog hierzu transformieren sich aus (1.5.63) die Gleichgewichtsbedingungen

$$-q_x = \frac{dN}{dx}, m_y = 0 : Q = \frac{dM}{dx}, -q_z = \frac{d^2M}{dx^2}\,. \quad (1.5.79)$$

Offenbar werden in dieser Theorie die Querkraft (Q = M') und die Stabachsentangente (φ = -w') zu abhängigen Variablen. Transformiert man auch die Randvorgaben in diesem Sinn, so gewinnt man das Schema der Theorie schubstarrer Stabkontinua (Abb. 1.5-24).

Durch Ausführung der Matrizenmultiplikationen in (1.5.77) gemäß

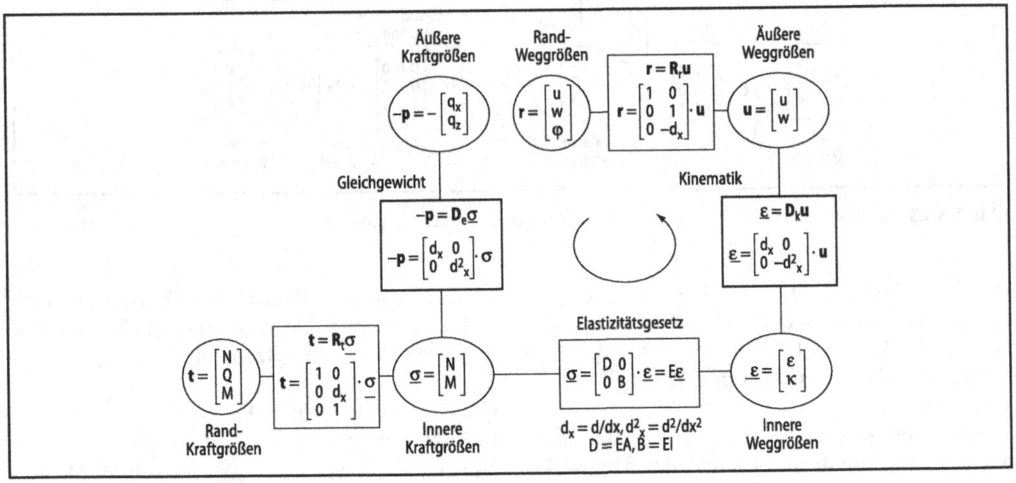

Abb. 1.5-24 Strukturschema der Normalentheorie ebener, gerader Stabkontinua

$$
\begin{array}{ccccc}
\mathbf{p} & \mathbf{D_e} & \mathbf{E} & \mathbf{D_k} & \mathbf{u} \\
 & & \begin{bmatrix} EA & 0 \\ 0 & EI \end{bmatrix} & \begin{bmatrix} d_x & 0 \\ 0 & -d_x^2 \end{bmatrix} & \begin{bmatrix} u \\ w \end{bmatrix}
\end{array}
$$

$$
-\begin{bmatrix} q_x \\ q_z \end{bmatrix} = \begin{bmatrix} d_x & 0 \\ 0 & d_x^2 \end{bmatrix} \begin{bmatrix} EAd_x & 0 \\ 0 & EId_x^2 \end{bmatrix} \begin{bmatrix} EAd_x^2 & 0 \\ 0 & -EId_x^4 \end{bmatrix} \begin{bmatrix} EAu'' \\ -EIw'''' \end{bmatrix}
$$

werden schließlich die beiden bekannten Dgln. ($(EA)' = (EI)' = 0$)

$$-q_x = EA\,u'', \quad q_z = EI\,w'''' \qquad (1.5.80)$$

als *Navier*sche Differentialgleichungen dieser Theorie gewonnen. In [Ramm/Hofmann 1995] finden sich Grundbeziehungen für weitere Stabtheorien.

Tragwerksmodelle

Stäbe, Lager und Anschlüsse

Das *Tragwerk* trägt die einwirkenden Lasten in die Gründung ab. Tragwerke werden für Analysezwecke in sehr vielfältiger Weise modelliert. Ein abgespannter Funkmast z. B. kann als Biegestab mit Halteseilen idealisiert werden, der Mast selbst aber auch als Raumfachwerk und jeder Fachwerkstab schließlich als Struktur von Einzelprofilen nebst Bindeblechen.

Alle Bauwerkskomponenten mit Tragfunktion bilden das *Tragwerk*. Dessen Modell – auf verschiedenen Abstraktionsstufen entwickelbar – bezeichnet man als *Tragstruktur*, *strukturmechanisches Modell* oder einfach *Struktur*.

Hier werden Tragwerke behandelt, deren Tragstrukturen ausschließlich durch Stäbe gebildet werden: *Stabtragwerke*. Diese bestehen aus:

- Stabelementen,
- Stützungen bzw. Lagern sowie
- Knotenpunkten und Anschlüssen.

Bei ersteren unterscheidet man achsiale (N), ebene (N, Q, M) oder räumliche (N, Q_y, Q_z, M_T, M_y, M_z) Stabelemente, alle können gerade oder gekrümmt sein, letztere auch verwunden.

Zur Systematisierung von Stützungen und Lagern betrachtet man den beliebigen Punkt i eines ebenen Tragwerks mit Einzellastgrößen F_x, F_z, M_y sowie Verschiebungsgrößen u, w, φ, beide in Richtung der lokalen Basis. Somit lautet die äußere Formänderungsarbeit

$$W^{(a)} = F_x \cdot u + F_z \cdot w + M_y \cdot \varphi \; . \qquad (1.5.81)$$

Sei i ein *Lagerpunkt* des Tragwerks mit starren, reibungsfreien Stützungselementen, so kann in jedem der 3 korrespondierenden Zustandsgrößenpaare von $W^{(a)}$ ein Faktor zu Null vorgegeben wer-

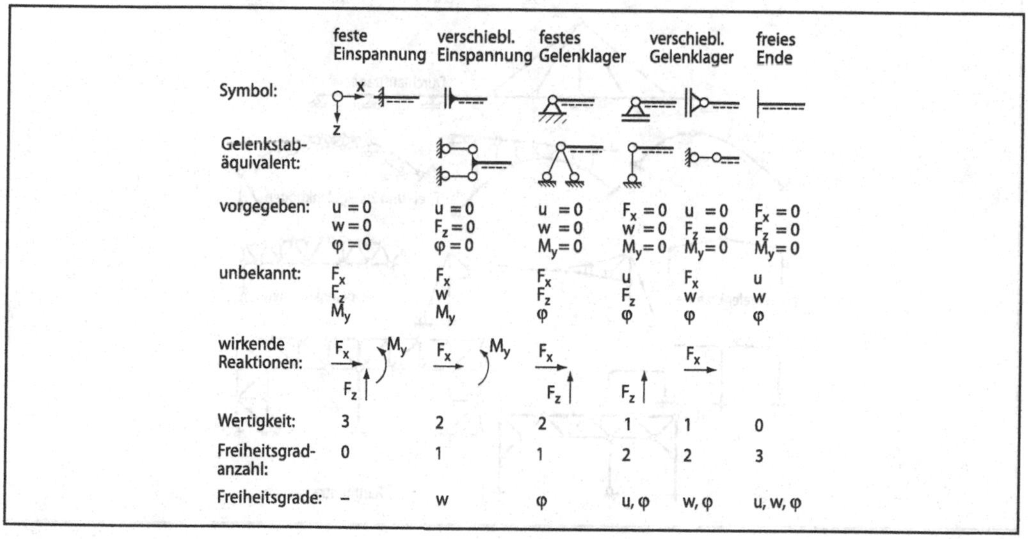
feste Einspannung
verschiebl. Einspannung
festes Gelenklager
verschiebl. Gelenklager
freies Ende
Symbol:
x
z
Gelenkstab-äquivalent:
vorgegeben:
u = 0 w = 0 φ = 0
u = 0 F_z = 0 φ = 0
u = 0 w = 0 M_y = 0
F_x = 0 w = 0 M_y = 0
u = 0 F_z = 0 M_y = 0
F_x = 0 F_z = 0 M_y = 0
unbekannt:
F_x F_z M_y
F_x w M_y
F_x F_z φ
u F_z φ
F_x w φ
u w φ
wirkende Reaktionen:
F_x M_y F_z
F_x M_y
F_x F_z
F_z
F_x
Wertigkeit: 3 2 2 1 1 0
Freiheitsgrad-anzahl: 0 1 1 2 2 3
Freiheitsgrade: – w φ u, φ w, φ u, w, φ

Abb. 1.5-25 Systematik ebener Stützungen

den. Der jeweils verbleibende Faktor ist dann als unbekannte Lagergröße zu bestimmen. So verschwindet in einem festen Gelenklager das Moment M_y mit den beiden Verschiebungen u und w; die Lagerdrehung φ sowie Auflagerkräfte F_x, F_z sind zu bestimmen.

Abbildung 1.5-25 liefert eine Systematik starrer, reibungsfreier Stützungen im ebenen Fall. Diese dienen zur Ausschaltung einzelner äußerer Weg- bzw. Kraftgrößen. Die jeweils korrespondierenden äußeren Kraft- bzw. Weggrößen werden in den Stützungen als Lagerreaktionen oder Lagerverschiebungsgrößen wirksam. Ähnliche Systematiken existieren für Anschlüsse, die zur Ausschaltung innerer Kraft- bzw. Weggrößen dienen [Krätzig, Harte et al. 1999].

Typen von Stabtragwerken

Bauwerke sind Konstruktionen im Raum E3. Daher weisen auch Tragstrukturen i. Allg. eine räumliche Erstreckung auf. Viele Tragstrukturen sind jedoch vollständig oder teilweise in *ebene Teilstrukturen* zerlegbar, einer der Gründe für die bedeutende Rolle von ebenen Tragwerken im Ingenieurbau.

Ebene Tragwerke lassen sich nach ihrer äußeren Form, nach ihrer statischen Wirkungsweise oder nach ihrem Verwendungszweck klassifizieren. Wei-

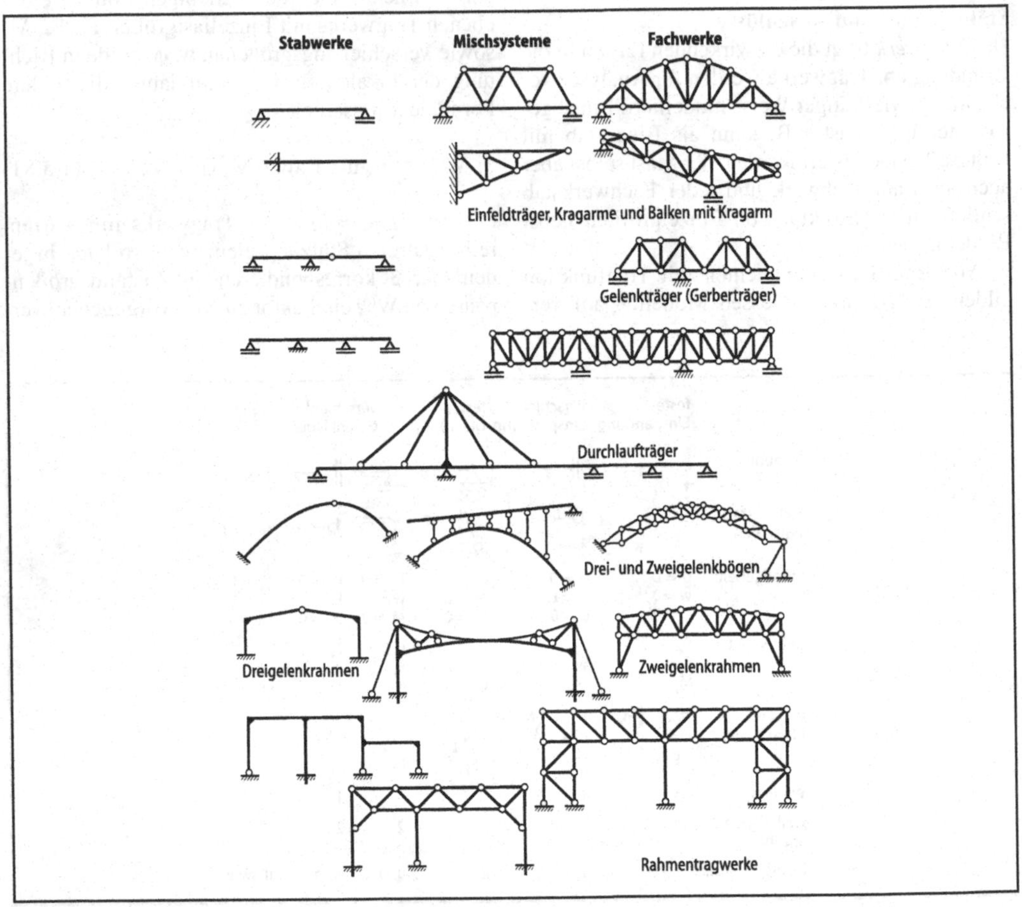

Abb. 1.5-26 Typen ebener Stabtragwerke

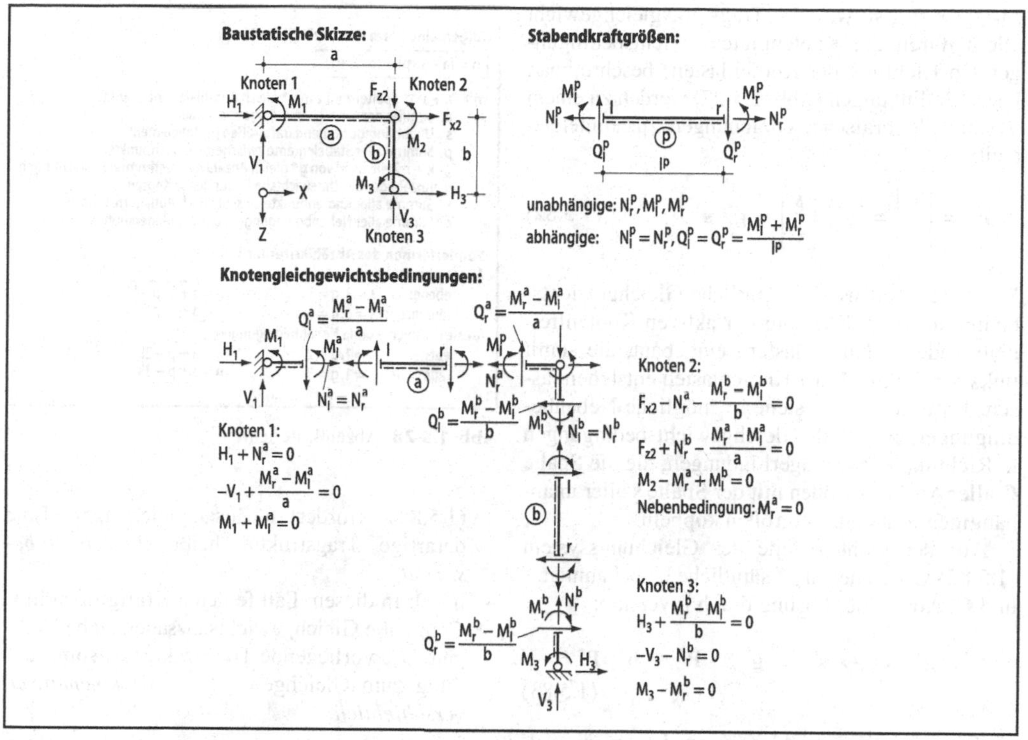

Abb. 1.5-27 Beispiel zur Herleitung von Knotengleichgewichtsbedingungen

tere Unterteilungen bieten sich nach der statischen Funktion ihrer Stabelemente an und zwar in:

- *Stabwerke*, die nur aus Balkenelementen (N, Q, M) bestehen,
- *Fachwerke*, die nur aus geraden Fachwerkstäben (N) mit reibungsfreien Gelenken zusammengesetzt sind,
- *Mischsysteme* aus beiden (und weiteren) Elementtypen.

Eine Typenübersicht über einfache Tragstrukturen des konstruktiven Ingenieurbaus gibt Abb. 1.5-26. Dabei findet sich stets links eine *Stabwerkslösung*, rechts eine *Fachwerkkonstruktion* und in der Mitte ein *Mischsystem*.

Tragwerkstopologie: Abzählkriterien

Jetzt werden beliebige Stabstrukturen betrachtet, die in eine willkürliche Anzahl von *Knotenpunkten* und dazwischenliegenden *Stabelementen* zerlegt werden. Stützungs- und Anschlusspunkte sollen immer Knotenpunkte bilden. Die Informationsmenge der *Knotenpunktsanzahl*, deren *Wertigkeiten* und *die Zahl der Stäbe* bilden die Elemente der *Tragwerkstopologie*. Diese beschreibt grundlegende Tragwerkseigenschaften aus Anzahl, Anordnung und gegenseitigen Beziehungen der Konstruktionselemente, dabei klammert sie alle Abmessungen, Lasten und Steifigkeiten aus.

Im Weiteren wird das einfache Rahmentragwerk der Abb. 1.5-27 betrachtet, worin alle Auflagerreaktionen H_1, V_1, H_3, V_3 und die möglichen Knotenlasten M_1, F_{x2}, F_{z2}, M_2, M_3 (in Richtung der globalen Basis) eingetragen werden. Sodann werden alle drei Knotenpunkte 1, 2 und 3 durch fiktive Rundschnitte aus dem Tragwerk herausgetrennt. Drückt man die je 6 in den beiden Schnittuferpaaren freigelegten Stabendkraftgrößen N_l^p, Q_l^p, M_l^p, N_r^p, Q_r^p, M_r^p der beiden Stabelemente p = a, b allein durch deren unabhängige Untermenge N_r^p,

M_l^p, M_r^p aus, so wird das Tragwerksgleichgewicht allein durch die Knotengleichgewichtsbedingungen (in Richtung der Knotenlasten) beschreibbar. Diese Bedingungen (Abb. 1.5-27) werden zu einem System algebraischer Gleichungen zusammengebaut:

$$\mathbf{P}^* = \begin{bmatrix} \mathbf{P} \\ 0 \end{bmatrix} = \left[\mathbf{g}^*\right] \cdot \begin{bmatrix} \mathbf{s} \\ \mathbf{C} \end{bmatrix} = \mathbf{g}^* \cdot \mathbf{s}^* \qquad (1.5.82)$$

Im oberen Teil werden sämtliche Gleichgewichtsbedingungen in Richtung der aktiven Knotenfreiheitsgrade (= Knotenlasten) eingebaut, die somit links den Vektor **P** der Knotenlasten entstehen lassen. Im unteren Teil stehen r mögliche Nebenbedingungen sowie alle Gleichgewichtsbedingungen in Richtung der Auflagerbindungen, die die Spalte **C** aller Auflagergrößen mit der Spalte **s** aller unabhängigen Stabendkraftgrößen koppeln.

Auf der rechten Seite des Gleichungssystem (1.5.82) stehen neben **g*** sämtliche Unbekannten: **s** und **C**. Aus seiner Lösung durch Inversion:

$$\mathbf{P}^* = \mathbf{g}^* \cdot \mathbf{s}^* \rightarrow \mathbf{s}^* = (\mathbf{g}^*)^{-1} \cdot \mathbf{P}^* = \mathbf{b}^* \cdot \mathbf{P}^* \qquad (1.5.83)$$

sind aus der linearen Algebra zwei an $\mathbf{g}^*$ zu stellende Bedingungen bekannt: **g*** muss quadratisch und regulär sein, zwei Schlüsselkonditionen in der Theorie der Tragwerke.

Zur Prüfung der quadratischen Form von **g*** führt man die auf beliebige Tragwerke verallgemeinerten Bezeichnungen der Abb. 1.5-28 ein und bildet sodann die Differenz ihrer Spaltenzahl s·p + a (Unbekannte) und der Zeilenzahl g·k + r (Bestimmungsgleichungen)

$$n = (a + s \cdot p) - (g \cdot k + r) \ . \qquad (1.5.84)$$

Mit diesem *Abzählkriterium* kann man die folgenden 3 Fälle unterscheiden:

- $n = 0$: Zeilen- und Spaltenzahl sind gleich; **g*** ist quadratisch und somit i. Allg. invertierbar. Die vorliegende Tragstruktur heißt *statisch bestimmt.*
- $n > 0$: Die Zahl der Unbekannten (Spalten) übersteigt diejenige der Bestimmungsgleichungen (Zeilen) gerade um n. Die Inversion in (1.5.83) erfordert n Zusatzgleichungen. Eine derartige Tragstruktur heißt *statisch unbestimmt.*
- $n < 0$: In diesem Fall fehlen n Kraftgrößen in **s**, **C**, um alle Gleichgewichtsaussagen zu befriedigen. Die vorliegende Tragstruktur ist somit unfähig zum Gleichgewicht, sie ist *kinematisch verschieblich.*

Allgemeine Form des Abzählkriteriums:

$n = (a + s \cdot p) - (g \cdot k + r)$

mit $a + s \cdot p$: Spaltenzahl von **g*** gleich Anzahl der Unbekannten
- a Summe der möglichen Auflagerreaktionen
- s Unabhängige Stabendkraftgrößen je Stabelement
- p Summe aller Stabelemente zwischen k Knotenpunkten

$g \cdot k + r$: Zeilenzahl von **g*** gleich Anzahl der Bestimmungsgleichungen
- g Anzahl der Gleichgewichtsbedingungen je Knoten
- k Summe aller Knotenpunkte einschließlich Auflagerreaktionen
- r Summe aller Nebenbedingungen (ohne Auflagerknoten)

Sonderformen des Abzählkriteriums:

Allgemeine Stabwerke
- ebene: $s = 3, g = 3$ — $n = a + 3\,(p - k) - r$
- räumliche: $s = 6, g = 6$ — $n = a + 6\,(p - k) - r$

Ideale Fachwerke ohne Nebenbedingungen
- ebene: $s = 1, g = 2$ — $n = a + p - 2k$
- räumliche: $s = 1, g = 3$ — $n = a + p - 3k$

Abb. 1.5-28 Abzählkriterien

Abzählkriterien, in Abb. 1.5-28 mit allen erforderlichen Abkürzungen auf *Stabwerke* und *Fachwerke* spezialisiert, dienen dazu, den Grad n der statischen Unbestimmtheit zu bestimmen. Für die Lösbarkeit von Gl. (1.5.82) stellen sie im Fall $n \geq 0$ notwendige, jedoch keine hinreichenden Bedingungen dar. Abb. 1.5-29 enthält Beispiele zu den Abzählkriterien.

Statisch bestimmte und unbestimmte Tragwerke

Beide Begriffe grenzen wichtige Tragwerkseigenschaften voneinander ab. Bei *statisch bestimmten Tragwerken* hängen alle Schnitt- und Auflagergrößen allein von den einwirkenden Lasten ab; sie sind unabhängig von den Stabsteifigkeiten. Eingeprägte Temperaturwirkungen oder Verformungen führen zu Tragwerksdeformationen ohne Änderung der Schnitt- und Auflagergrößen. Im Versagenszustand existieren keine Möglichkeiten zu Kraftumlagerungen (Redundanzen), da der Ausfall bereits *einer* Bindung zur kinematischen Verschieblichkeit führt.

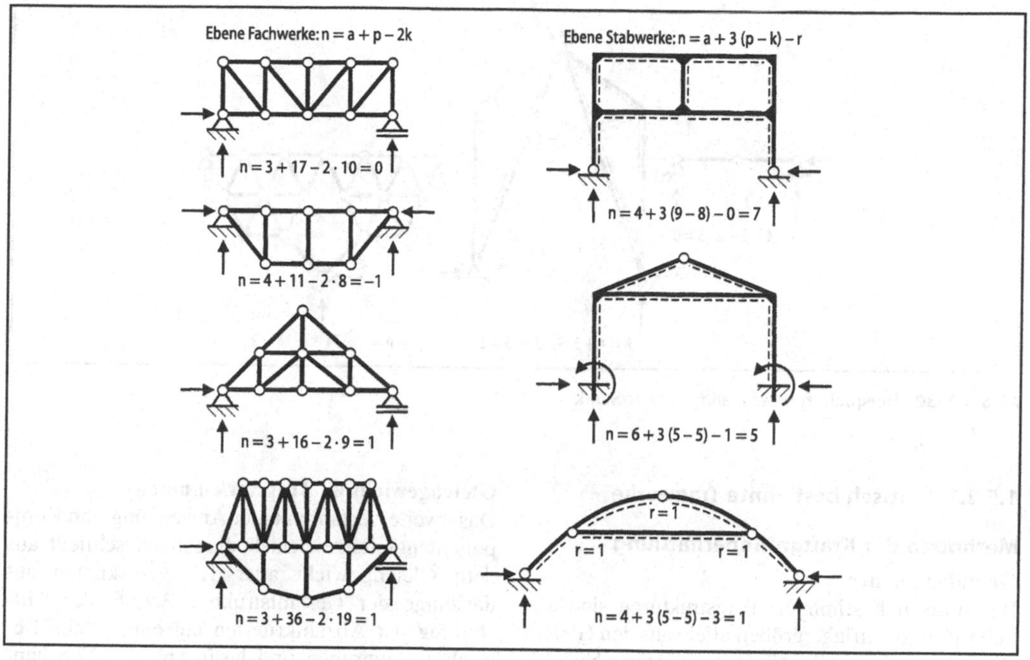

Abb. 1.5-29 Beispiele zu den Abzählkriterien

Bei *statisch unbestimmten Tragwerken* sind dagegen die Schnitt- und Auflagergrößen sowohl von den Lasten als auch von den Stabsteifigkeiten abhängig. Eingeprägte Temperatureinwirkungen und Verformungen führen zu Tragwerksdeformationen sowie zu *Zwangkraftzuständen*. Im Versagenszustand einer Bindung verfügt ein n-fach statisch unbestimmtes Tragwerk über n-1 redundante Möglichkeiten zur Kraftumlagerung.

Zwischen beiden Topologietypen existieren Übergänge, z. B. lediglich *innerlich* statisch unbestimmte Tragwerke. Diese gestatten die statisch bestimmte Ermittlung ihrer Auflager- oder Zwischenscheibenkräfte und erfordern eine statisch unbestimmte Berechnung nur zur Schnittgrößenbestimmung. Kinematisch verschiebliche Strukturen finden im Bauwesen wegen ihrer Unfähigkeit zur Lastabtragung i. Allg. keine Verwendung.

Ausnahmefall der Statik

Abbildung 1.5-30 zeigt Tragwerke, die nach den Abzählkriterien statisch bestimmt oder sogar unbestimmt sind, in Wirklichkeit jedoch ganz offensichtlich *kinematisch verschiebliche Strukturen* darstellen. So bildet die rechte Seite des Dreigelenkrahmens ein verschiebliches Gelenkviereck, ebenso die gesamte dortige Fachwerkkonstruktion. Gleichwohl liefern die Abzählkriterien 5- bzw. 2-fach statische Unbestimmtheit. Ein derartiges Verhalten bezeichnet den *Ausnahmefall der Statik*, welcher ein nach den Abzählkriterien statisch (un-) bestimmtes, tatsächlich jedoch kinematisch verschiebliches Tragwerk charakterisiert.

Der Ausnahmefall der Statik ist stets durch die Bedingung

$$\det \mathbf{g}^* = 0 \tag{1.5.85}$$

gekennzeichnet. Verfahren zu seiner sicheren Identifikation werden noch erörtert.

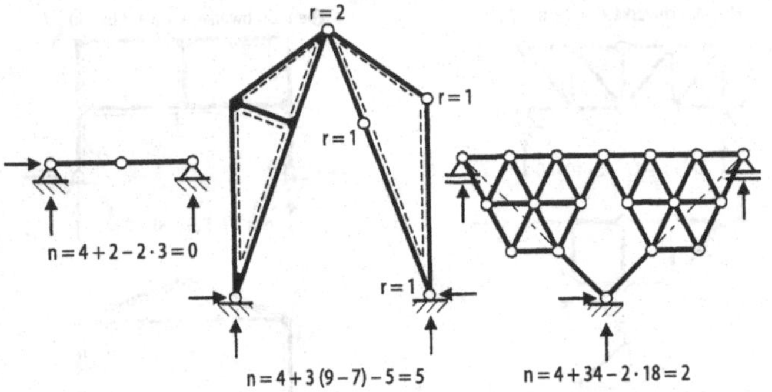

Abb. 1.5-30 Beispiele zum Ausnahmefall der Statik

1.5.2.2 Statisch bestimmte Tragwerke

Methoden der Kraftgrößenermittlung

Grundsätzliches

Bei statisch bestimmten Tragstrukturen sind alle Schnitt- und Auflagergrößen allein aus den Gleichgewichtsbedingungen eindeutig bestimmbar. Als Werkzeuge stehen somit die 6 Komponentengleichgewichtsbedingungen nach (1.5.61) für Raumtragwerke bzw. 3 Komponentengleichgewichtsbedingungen nach (1.5.62) für ebene Tragwerke zur Verfügung.

Gleichgewicht an Teilsystemen

Das erste Verfahren unter Anwendung von Komponentengleichgewichtsbedingungen erfordert zur Schnittgrößenermittlung die Kenntnis der Auflagergrößen und von Zwischenreaktionen. Es besteht aus den folgenden beiden Bearbeitungsschritten:

- Ermittlung der Auflagergrößen aus den Gleichgewichts- und Nebenbedingungen.
- Bestimmung der Schnittgrößen durch fiktives Abtrennen geeigneter Teilsysteme (Freischneiden der Schnittgrößen und Anwendung der Gleichgewichtsbedingungen).

Durch überlegte Schnittführungen mit Gleichgewichtsformulierungen in den Richtungen der lokalen Schnittuferbasen entstehen nur Einzelgleichungen für die unbekannten Schnittgrößen. Im Beispiel Abb. 1.5-31 und Abb. 1.5-32 wurden nur wenige freigeschnittene Teilsysteme wiedergegeben.

Gleichgewicht an Tragwerksknoten

Das zweite Verfahren unter Anwendung von Komponentengleichgewichtsbedingungen schließt aus dem Gleichgewicht aller Tragwerksknoten auf dasjenige der Gesamtstruktur. Bereits der Aufstellung der Abzählkriterien lag eine solche Betrachtung zugrunde, und das in Abb. 1.5-27 behandelte Rahmensystem soll nun wieder aufgegriffen werden.

Die vorliegende Tragstruktur wird zunächst durch fiktives Heraustrennen sämtlicher Knoten in ihre Stabelemente und Knotenpunkte unterteilt. Dabei dürfen Knotenpunkte willkürlich gewählt werden. An beiden Schnittufern jedes Trennschnitts werden Schnittgrößen als Doppelwirkungen freigesetzt. Separiert man nun alle Stabelemente von den Knoten, so werden die elementseitigen Teile der Schnittgrößen zu *Stabendkraftgrößen*, die knotenseitigen zu inneren *Knotenkraftgrößen*. Von den 6 vollständigen Stabendkraftgrößen (Abb. 1.5-27) N_{lp}, Q_{lp}, M_{lp}, N_{rp}, Q_{rp}, M_{rp} sind die folgenden 3: N_{rp}, M_{lp}, M_{rp} *unabhängig* vorgebbar und die restlichen 3: N_{lp}, Q_{lp}, Q_{rp} als *abhängige Größen* berechenbar.

Die aufgestellten Knotengleichungen (Abb. 1.5-27) nebst Nebenbedingungen werden in unabhängigen Kraftvariablen formuliert und in Abb. 1.5-33 in das Schema der Gl. (1.5.82) eingebaut. Bei diesem Verfahren ist somit stets das dortige algebraische Gleichungssystem zu lösen. Wegen der hierin stets auftretenden oberen rechten Nullmatrix hat man dabei 2 Alternativen:

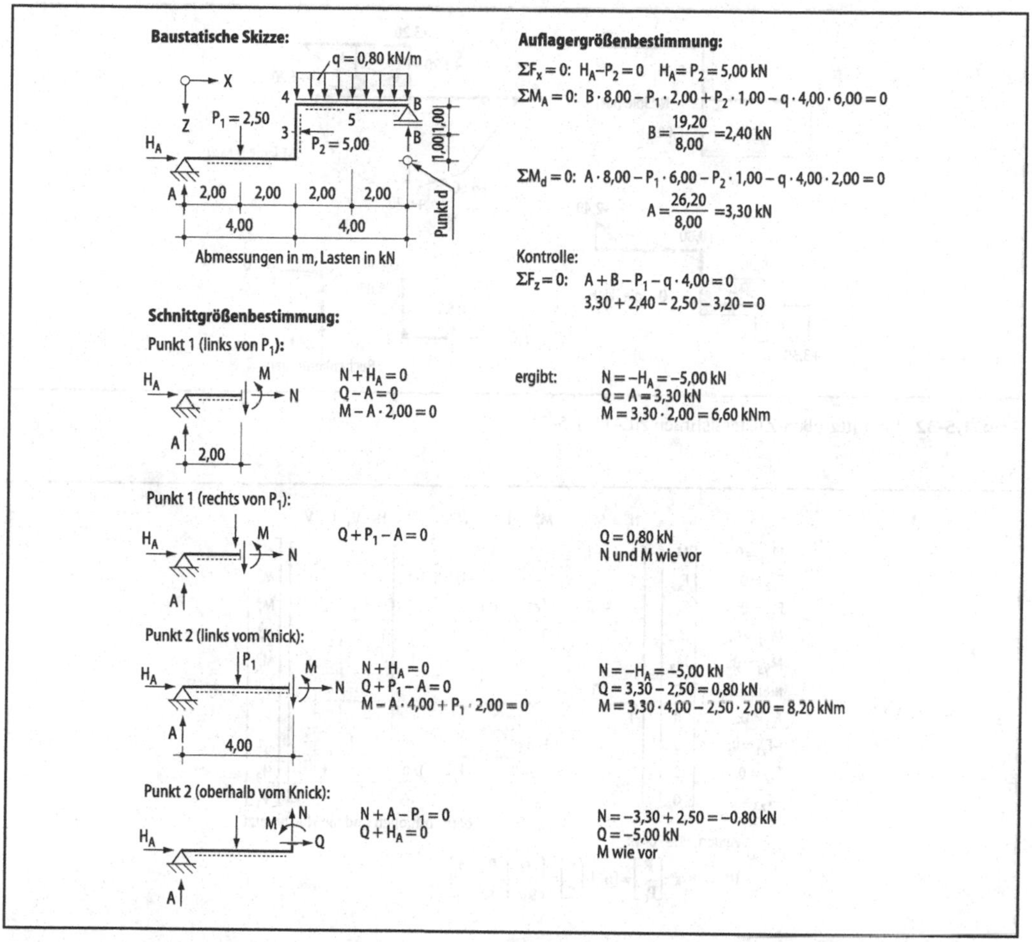

Abb. 1.5-31 Schnitt- und Auflagergrößenbestimmung eines ebenen Rahmens durch Gleichgewicht an Teilsystemen

– Lösung im Gesamtschritt:

$$\mathbf{P}^* = \mathbf{g}^* \cdot \mathbf{s}^* \rightarrow \mathbf{s}^* = \{\mathbf{s}\ \mathbf{C}\}\ . \qquad (1.5.86)$$

– Vorgezogene Lösung des oberen Teilsystems, nachfolgende Ermittlung der Auflagergrößen:

$$\begin{aligned} \mathbf{P} &= \mathbf{g} \cdot \mathbf{s} + \mathbf{0} \cdot \mathbf{C} = \mathbf{g} \cdot \mathbf{s} \rightarrow \mathbf{s}\ , \\ \mathbf{P}_C &= \mathbf{g}_{sC} \cdot \mathbf{s} + \mathbf{I} \cdot \mathbf{C} \rightarrow \\ \mathbf{C} &= -\mathbf{g}_{sC} \cdot \mathbf{s} + \mathbf{P}_C\ . \end{aligned} \qquad (1.5.87)$$

Das obere Teilsystem (Abb. 1.5-33) enthält nur die Gleichgewichtsbedingungen in Richtung der aktiven Knotenfreiheitsgrade. Zur Bestimmung der Stabendkraftgrößen braucht nur dieser Teil aufgestellt und gelöst zu werden. Mittels der links unten in Abb. 1.5-27 angegebenen Beziehungen werden aus den unabhängigen Stabendkraftgrößen **s** elementweise die abhängigen Größen berechnet.

Kinematische Methode

Gleichgewichtsprobleme lassen sich auch mittels kinematischer Vorgehensweisen lösen. Hierzu ver-

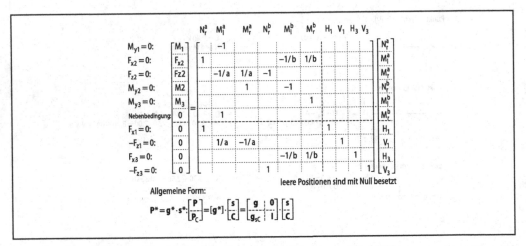

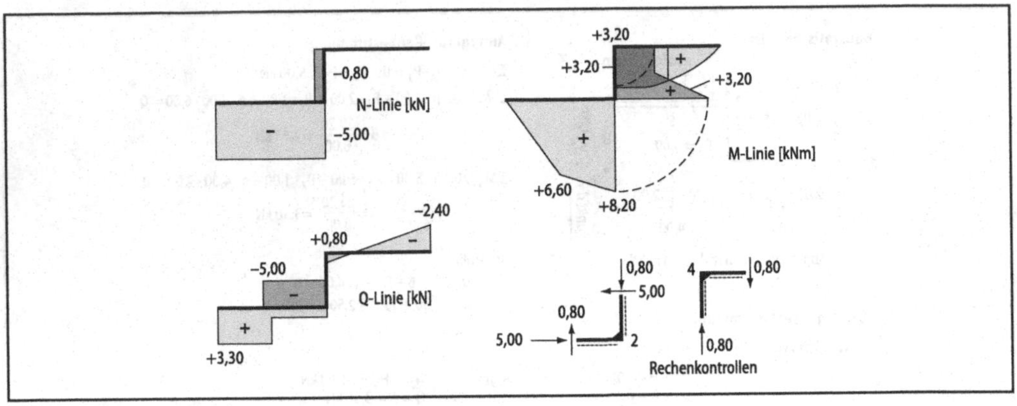

Abb. 1.5-32 Schnittgrößen-Zustandslinien zu Abb.1.5-31

			N_r^a	M_l^a	M_r^a	N_r^b	M_l^b	M_r^b	H_1	V_1	H_3	V_3		
$M_{y1}=0$:	M_1			−1										N_r^a
$F_{x2}=0$:	F_{x2}		1				−1/b	1/b						M_l^a
$F_{z2}=0$:	Fz2			−1/a	1/a	−1								M_r^a
$M_{y2}=0$:	M2				1		−1							N_r^b
$M_{y3}=0$:	M_3	=						1					·	M_l^b
Nebenbedingung:	0			1										M_r^b
$F_{x1}=0$:	0		1						1					H_1
$-F_{z1}=0$:	0			1/a	−1/a					1				V_1
$F_{x3}=0$:	0						−1/b	1/b			1			H_3
$-F_{z3}=0$:	0					1						1		V_3

leere Positionen sind mit Null besetzt

Allgemeine Form:

$$\mathbf{P}^* = \mathbf{g}^* \cdot \mathbf{s}^*: \left[\frac{\mathbf{P}}{\mathbf{P}_C}\right] = [\mathbf{g}^*] \cdot \left[\frac{\mathbf{s}}{\mathbf{C}}\right] = \left[\begin{array}{c|c} \mathbf{g} & \mathbf{0} \\ \hline \mathbf{g}_{sC} & \mathbf{I} \end{array}\right] \cdot \left[\frac{\mathbf{s}}{\mathbf{C}}\right]$$

Abb. 1.5-33 Knotengleichgewichts- und Nebenbedingungen des Beispiels von Abb. 1.5-27

gegenwärtigt man sich (Abb. 1.5-34) zunächst, dass sich Tragwerke aus einzelnen Stab- oder Fachwerkscheiben aufbauen. Scheiben sind dabei Teilstrukturen, deren Knotenpunkte und Tragelemente sich zueinander kinematisch starr verhalten, die also höchstens in sich elastisch deformierbar sind.

Tragwerksscheiben können somit als ganzes kinematische Verrückungen erfahren, sofern deren Rand- und Übergangsbedingungen dies gestatten. Durch Herausnahme einer Bindung aus einem statisch bestimmten Tragwerk entsteht ein 1-fach kinematisch verschiebliches System, eine *zwangsläufige kinematische Kette* als Ensemble von Tragwerksscheiben mit insgesamt einem kinematischen Freiheitsgrad. An derartigen Systemen sollen nun *virtuelle Verschiebungszustände* untersucht werden; dieses sind

- infinitesimal kleine,
- gedachte, also nicht wirklich existierende,
- kinematisch verträgliche,
- vom einwirkenden Kräftezustand unabhängige
- sonst jedoch beliebige Verschiebungszustände.

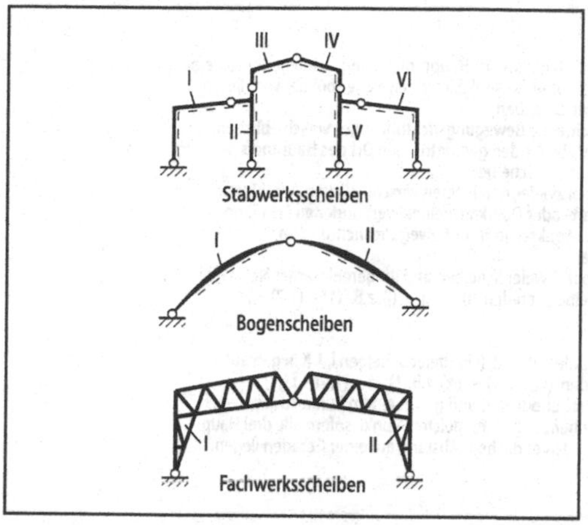

Abb. 1.5-34 Tragstrukturen und Tragwerksscheiben

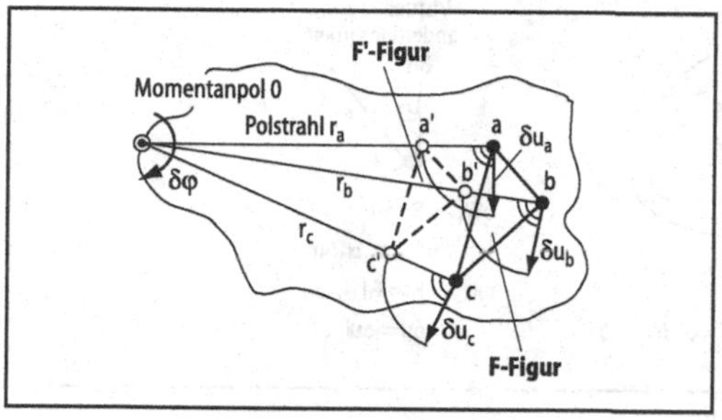

Abb. 1.5-35 Starre Scheibe unter virtueller Drehung

Nun werden zunächst einzelne starre Scheiben unter virtuellen Verrückungen betrachtet. Jede infinitesimal kleine Bewegung lässt sich, wenn man Translationen als Rotationen um einen im Unendlichen liegenden Drehpol interpretiert, als infinitesimale Drehung um einen Momentanpol deuten. Abbildung 1.5-35 zeigt eine solche starre Einzelscheibe unter einer virtuellen Drehung $\delta\varphi$ um den Momentanpol 0. Zu den 3 willkürlich gewählten Punkten a, b und c sind die jeweiligen Polstrahlen r_a, r_b und r_c eingetragen. Ohne weitere Erläuterungen verifiziert man:

- Die virtuelle Verschiebung eines beliebigen Scheibenpunktes steht rechtwinklig auf ihrem Polstrahl.
- Die virtuellen Verschiebungen mehrerer Scheibenpunkte sind ihren Polstrahllängen proportional.

Aus Abb. 1.5-35 liest man weiter mögliche Bestimmungsstücke des virtuellen Verrückungszustandes einer Scheibe ab:

- Lage des Momentanpols und virtuelle Verdrehung,
- Lage des Momentanpols und eine virtuelle Verschiebung,
- eine virtuelle Verschiebung und ein weiterer Polstrahl,
- eine virtuelle Verschiebung und der virtuelle Drehwinkel.

Dreht man die 3 virtuellen Verschiebungsvektoren δu_a, δu_b, δu_c in Abb. 1.5-35 gleichsinnig um 90° auf die jeweiligen Polstrahlen, so entsteht das gestrichelte Dreieck mit den Eckpunkten a', b', c': Innerhalb jeder starren Scheibe ist diese sog. F'-Figur der um 90° gedrehten virtuellen Verschiebungsvektoren ähnlich zur Ausgangsfigur F und liegt ähnlich zu ihr in Bezug zum Momentanpol. Jede F'-Figur lässt sich somit auf Grundlage der oben aufgeführten je 2 Bestimmungsstücke konstruieren, womit die Verschiebungsvektoren aller Punkte einer Scheibe aus einer Verschiebung bestimmbar sind.

Um für zwangsläufige kinematische Ketten (Scheibensystemen mit einem Freiheitsgrad) eindeutig virtuelle Verschiebungszustände beschreiben zu können, benötigt man die Pollagen aller beteiligten Scheiben. Hierzu unterscheidet man gemäß Abb. 1.5-36 zwischen dem

- *Hauptpol* einer Scheibe, ihrem absoluten Drehpunkt (Momentanpol) und dem
- *Nebenpol* zweier Scheiben, dem gemeinsamen relativen Drehpol.

Beide Polarten werden in sog. *Polplänen* als Basis späterer kinematischer Verschiebungsanalysen eingetragen. Die grundlegenden Regeln für Polplankonstruktionen [Hirschfeld 1996, Krätzig, Harte et al.1999, Pflüger 1978] fasst Abb. 1.5-36 zusammen. Darin ist der Hauptpol der Scheibe K mit (k), der Nebenpol der beiden Scheiben K und L mit (k, l) bezeichnet.

Um die Brücke zu kinematischen Kraftgrößenermittlungen zu schlagen, betrachten wir in

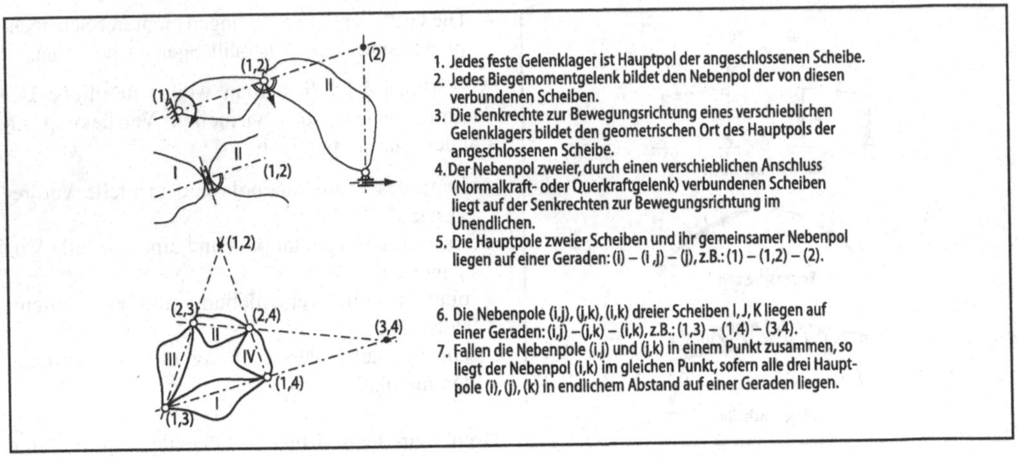
(1,2)
(2)
(1)
I
II
(1,2)
I
II
(1,2)
(2,3)
(2,4)
(3,4)
III
II
IV
(1,4)
I
(1,3)
1. Jedes feste Gelenklager ist Hauptpol der angeschlossenen Scheibe.
2. Jedes Biegemomentgelenk bildet den Nebenpol der von diesen verbundenen Scheiben.
3. Die Senkrechte zur Bewegungsrichtung eines verschieblichen Gelenklagers bildet den geometrischen Ort des Hauptpols der angeschlossenen Scheibe.
4. Der Nebenpol zweier, durch einen verschieblichen Anschluss (Normalkraft- oder Querkraftgelenk) verbundenen Scheiben liegt auf der Senkrechten zur Bewegungsrichtung im Unendlichen.
5. Die Hauptpole zweier Scheiben und ihr gemeinsamer Nebenpol liegen auf einer Geraden: (i) – (i,j) – (j), z.B.: (1) – (1,2) – (2).
6. Die Nebenpole (i,j), (j,k), (i,k) dreier Scheiben I, J, K liegen auf einer Geraden: (i,j) – (j,k) – (i,k), z.B.: (1,3) – (1,4) – (3,4).
7. Fallen die Nebenpole (i,j) und (j,k) in einem Punkt zusammen, so liegt der Nebenpol (i,k) im gleichen Punkt, sofern alle drei Hauptpole (i), (j), (k) in endlichem Abstand auf einer Geraden liegen.

Abb. 1.5-36 Regeln für Polplankonstruktionen

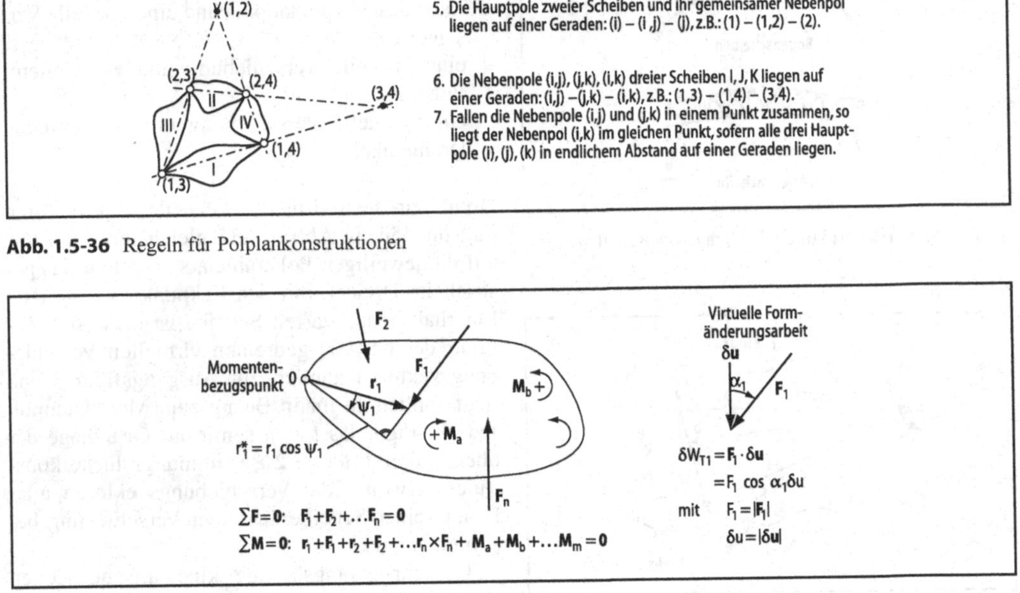
Momenten-
bezugspunkt 0
F2
F1
r1
ψ1
Mb +
+ Ma
r1* = r1 cos ψ1
Fn
ΣF=0: F1+F2+...Fn=0
ΣM=0: r1+F1+r2+F2+...rn×Fn+ Ma+Mb+...Mm=0
Virtuelle Form-
änderungsarbeit
δu
α1
F1
δWT1 = F1 · δu
= F1 cos α1δu
mit F1 = |F1|
δu = |δu|

Abb. 1.5-37 Gleichgewichtsgruppe auf starrer Scheibe

Abb. 1.5-37 eine beliebige Scheibe unter einem im Gleichgewicht befindlichen Kraftgrößensystem. Unterwirft man diese Scheibe einer *virtuellen Translation* $\delta\mathbf{u}$, so lautet die dabei geleistete virtuelle Formänderungsarbeit δW_T:

$$\delta W_T = \mathbf{F}_1 \cdot \delta\mathbf{u} + \mathbf{F}_2 \cdot \delta\mathbf{u} + \ldots \mathbf{F}_n \cdot \delta\mathbf{u} = (\mathbf{F}_1 + \mathbf{F}_2 + \ldots \mathbf{F}_n) \cdot \delta\mathbf{u} \,. \tag{1.5.88}$$

Analog wird bei einer *virtuellen Rotation* $\delta\varphi$ um den Momentanpol 0 die virtuelle Formänderungsarbeit δW_R geleistet:

$$\begin{aligned}\delta W_R &= \mathbf{r}_1 \times \mathbf{F}_1 \cdot \delta\varphi + \mathbf{r}_2 \times \mathbf{F}_2 \cdot \delta\varphi + \ldots \\ &+ \mathbf{r}_n \times \mathbf{F}_n \cdot \delta\varphi + \mathbf{M}_a \cdot \delta\varphi + \mathbf{M}_b \cdot \delta\varphi + \ldots \mathbf{M}_m \cdot \delta\varphi \\ &= (\mathbf{r}_1 \times \mathbf{F}_1 + \mathbf{r}_2 \times \mathbf{F}_2 + \ldots \mathbf{r}_n \times \mathbf{F}_n + \mathbf{M}_a + \mathbf{M}_b + \\ &\ldots \mathbf{M}_m) \cdot \delta\varphi\end{aligned} \tag{1.5.89}$$

Da sowohl $\delta\mathbf{u}$ als auch $\delta\varphi$ beliebig wählbar sind, verschwindet in Übereinstimmung mit den Gleichgewichtsbedingungen (Abb. 1.5-37) die Summe der virtuellen Arbeiten einer Gleichgewichtsgruppe für jede beliebige virtuelle Verrückung.

Mit diesem Prinzip der virtuellen Verrückungen, angewandt auf zwangsläufige kinematische Ketten, gewinnt man folgendes (kinematische) Konzept zur Kraftgrößenermittlung statisch bestimmter Tragwerke, das in Abb. 1.5-38 auf die Ermittlung der Stützkraft S der dortigen Struktur angewendet wird:

- Die gesuchte Kraftgröße wird durch einen fiktiven Schnitt freigelegt: S in Abb. 1.5-38.
- Bestimmung der Pollagen aller Scheiben der durch den fiktiven Schnitt entstandenen zwangs-

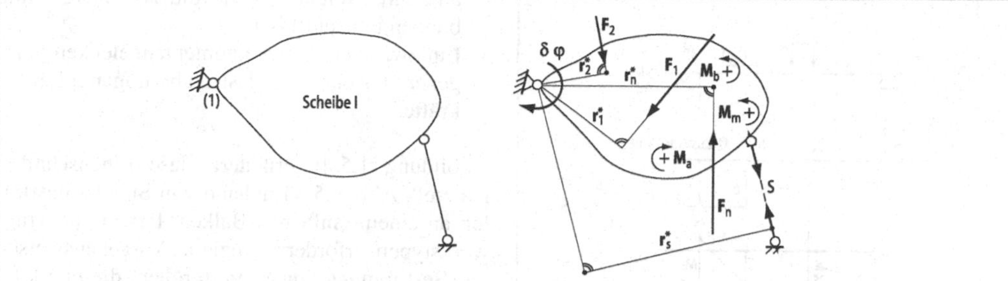

$$\delta W = F_1 r_1^* \delta\varphi + F_2 r_2^* \delta\varphi - F_n r_n^* \delta\varphi + M_a \delta\varphi - M_b \delta\varphi - M_m \delta\varphi + S r_s^* \delta\varphi = (F_1 r_1^* + F_2 r_2^* - F_n r_n^* + M_a - M_b - M_m + S r_s^*)\delta\varphi = 0$$

$$S = -(F_1 r_1^* + F_2 r_2^* - F_n r_n^* + M_a - M_b - M_m) : r_s^*$$

Abb. 1.5-38 Bestimmung der Stabkraft S nach der kinematischen Methode

läufigen Kette, im Beispiel ist dies der Hauptpol (1).
- Ermittlung der gesuchten Kraftgröße durch Formulierung und Nullsetzen der virtuellen Arbeit unter einer geeigneten virtuellen Verrückung: in Abb. 1.5-38 eine Verdrehung $\delta\varphi$ um (1).

Die entstehende Arbeitsgleichung enthält stets die gesuchte Kraftgröße als einzige Unbekannte.

Ausnahmefall der Statik
Ohne besonderen Nachweis geben wir folgenden Satz an: Der Ausnahmefall der Statik liegt vor, wenn sich bei $n \geq 0$ widerspruchsfrei ein Polplan oder eine F'-Figur zeichnen lässt. Beispiele hierzu enthält Abb. 1.5-39.

Schnittgrößen-Zustandslinien

Allgemeine Eigenschaften
Zur Tragwerksbemessung benötigt man Schnittgrößen nicht nur an einzelnen Tragwerkspunkten, sondern kontinuierlich entlang des gesamten Tragwerks. Den funktionalen Verlauf einer Schnittgröße S(x), z. B. N(x), Q(x) oder M(x), längs der lokalen Stabkoordinate x bezeichnet man als *Schnittgrößen-Zustandslinie*. Eine solche beschreibt somit

- den Verlauf einer bestimmten Schnittgröße
- längs des gesamten Tragwerks
- infolge einer vorgegebenen, feststehenden Belastung.

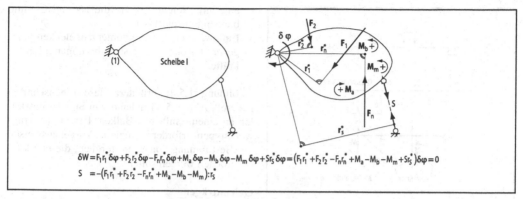

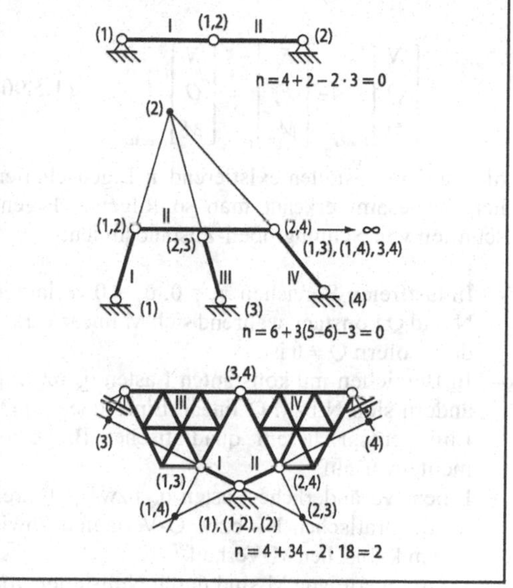

Abb. 1.5-39 Beispiele zum Ausnahmefall der Statik

Schnittgrößen-Zustandslinien werden aus Werten einzelner Tragwerkspunkte verlaufsgemäß interpoliert. Für Streckenlasten q_x, q_z und gerade Stäbe kann man die Verläufe von N, Q und M längs x der matriziellen Gleichgewichtsbedingung (1.5.64) entnehmen.

Sind Einzellasten $\{F_x\, F_z\, M_y\}$ auf dem Tragwerk vorhanden, so leiten sich aus den Gleichgewichtsbedingungen am Lasteinleitungspunkt i

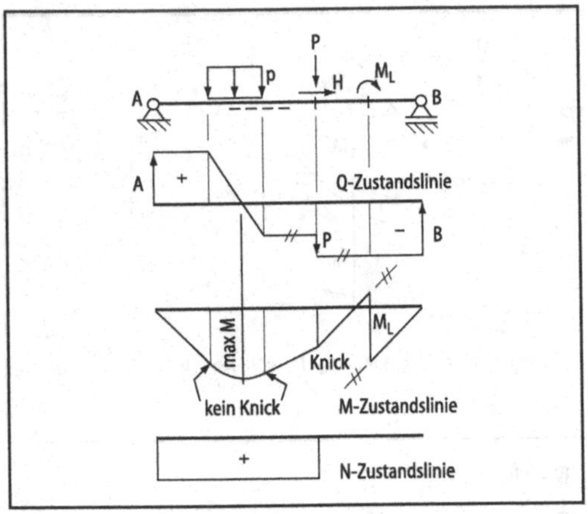

Abb. 1.5-40 Zustandslinien für einen Einfeldträger

$$\begin{bmatrix} N \\ Q \\ M \end{bmatrix}_{i\,links} - \begin{bmatrix} F_x \\ F_z \\ M_y \end{bmatrix}_i = \begin{bmatrix} N \\ Q \\ M \end{bmatrix}_{i\,rechts} \qquad (1.5.90)$$

die an Sprungstellen existierenden Eigenschaften her. Insgesamt erkennt man so folgende Eigenschaften von Schnittgrößen-Zustandslinien:

- In lastfreien Bereichen $q_x = 0$, $q_z = 0$ verlaufen N und Q konstant, während sich M linear verändert, sofern $Q \neq 0$ ist.
- In Bereichen mit konstanten Lasten q_x bzw. q_z ändern sich N bzw. Q linear. Einer linearen Q-Linie entspricht ein quadratischer Biegemomentenverlauf.
- Linear veränderliche Lasten q_x bzw. q_z führen zu quadratischen N- bzw. Q-Verläufen sowie einem kubischen M-Verlauf.
- Extremwerte von M sind durch Nullstellen von Q gekennzeichnet: $Q = 0$.
- In Bereichen mit positivem q_x bzw. q_z nimmt N bzw. Q ab.
- In Bereichen mit positivem Q wächst M an.
- Im Angriffspunkt einer Einzellast F_x besitzt die N-Linie einen Sprung der Größe $-F_x$.
- Im Angriffspunkt i einer Einzellast F_z besitzt die Q-Linie einen Sprung der Größe $-F_z$ und die M-Linie einen Knick.
- Im Angriffspunkt i eines Einzelmomentes M_y weist die M-Linie einen Sprung der Größe $-M_y$ auf, ihre Neigung sowie die N- und Q-Linie bleiben unbeeinflusst.
- Ein zwischen 2 Biegemomentengelenken gelegener Stab ohne Querlasten überträgt nur Längskräfte.

Abbildung 1.5-40 erläutert diese Eigenschaften generell, Abb. 1.5-41 anhand von Standardlastfällen an einem einfachen Balken. Bestimmte Tragwerkstypen erfordern spezielle Vorgehensweisen zur Bestimmung von Schnittgrößen, die nun kurz besprochen werden sollen.

Gelenkträger

Gelenk- oder *Gerberträger* stellen mehrfeldrige Balkentragwerke mit Einzelgelenken dar, in denen keine Biegemomente, wohl aber Quer- und Normalkräfte, übertragen werden. Die Gelenkanzahl ist so gewählt, dass das System statisch bestimmt wird. Die Abzählkriterien zeigen, dass ein statisch bestimmter Gelenkträger über m-Felder gerade m-1 Gelenke aufweisen muss.

Um kinematische Verschieblichkeit im Sinne des Ausnahmefalls der Statik auszuschließen, sind folgende Gelenklageregeln zu beachten:

- Endfelder dürfen höchstens ein Gelenk aufweisen.
- Innenfelder dürfen höchstens 2 Gelenke besitzen.
- Innenfelder mit 2 Gelenken dürfen nicht benachbart sein.
- Endfelder, deren benachbarte Innenfelder 2 Gelenke aufweisen, müssen selbst gelenkfrei sein.

Abbildung 1.5-42 illustriert diese Konstruktionsregeln.

Zur Ermittlung der Auflagerkräfte und Schnittgrößen von Gelenkträgern sind zwei Verfahren gebräuchlich. Beim Verfahren der *Gleichgewichts- und Nebenbedingungen* werden zunächst alle Auflagerkräfte aus den Gleichgewichtsbedingungen und den Momenten-Nebenbedingungen $\Sigma M_{gi} = 0$ um die Gelenke bestimmt. Sodann erfolgt die Schnittgrößenermittlung durch Gleichgewichtsbetrachtungen an Teilsystemen und Interpolation der Einzelwerte zu Zustandslinien.

Beim *Verfahren der Gelenkkräfte* werden gemäß der Funktionsskizze in Abb. 1.5-42 alle Zwischengelenke durch fiktive Schnitte durchtrennt und so die dort wirkenden Gelenkkräfte als Dop-

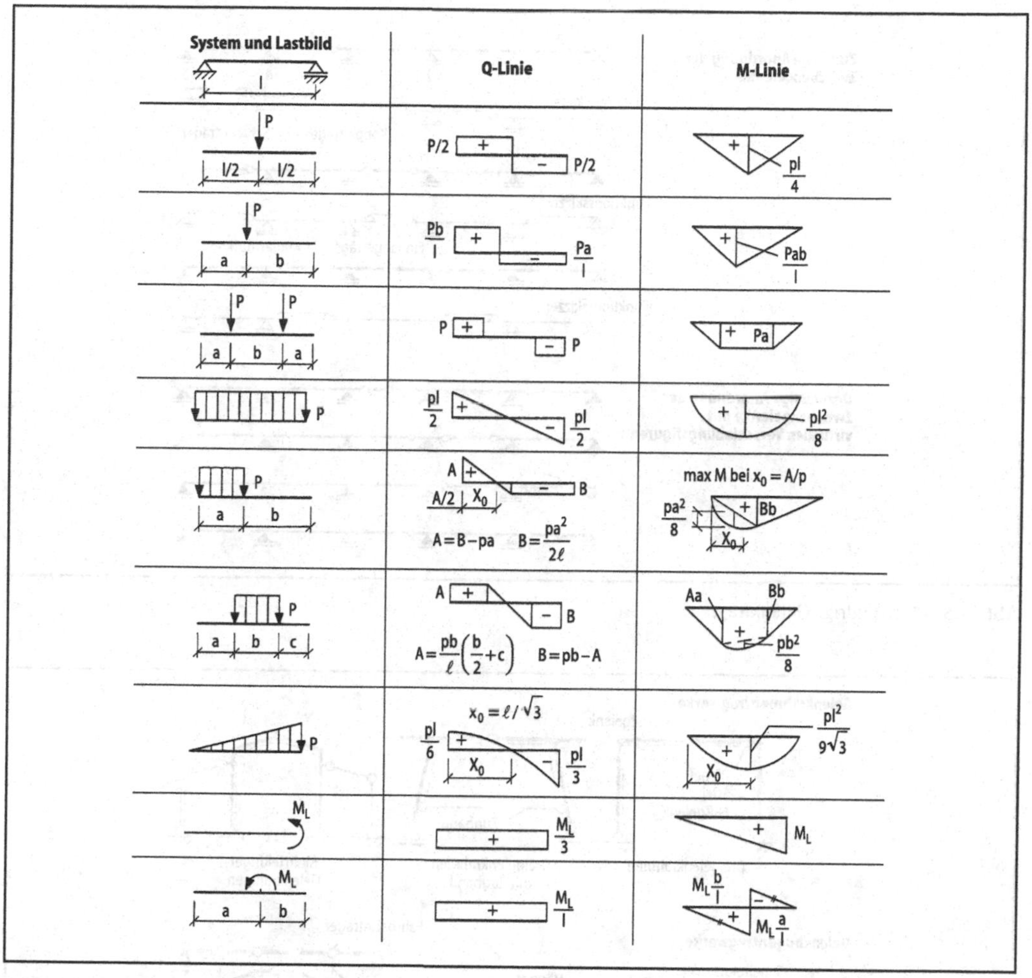

Abb. 1.5-41 Standardlastfälle am Einfeldträger

pelwirkungen freigelegt. Diese sind mittels der Gleichgewichtsbedingungen bestimmbar, beginnend mit der obersten Funktionsebene. Sind die Gelenk- und Auflagerkräfte für alle Funktionsebenen bekannt, so können die Schnittgrößenzustandslinien für jedes Teilsystem an einfachen Balken mit und ohne Kragarme ermittelt werden.

Gelenkrahmen und Gelenkbogen

Rahmentragwerke sind geknickte Stabsysteme mit biegesteifen Ecken, Voll- oder Halbgelenken an den Knickstellen, ihre Stabelemente werden als Riegel oder Stiele bezeichnet. Rahmentragwerke sind i. Allg. vielfach statisch unbestimmt. Stabend- oder Zwischengelenke können jedoch Nebenbedingungen schaffen, die wieder zu statisch bestimmten Strukturen führen. Nur solche Gelenkrahmentragwerke werden hier behandelt.

Ähnliche Topologieregeln gelten für Bogentragwerke. Dreigelenkbogen haben zwei Fußgelenke und ein Scheitelgelenk. Ist die Unverschieblichkeit der Kämpfergelenke nicht sichergestellt,

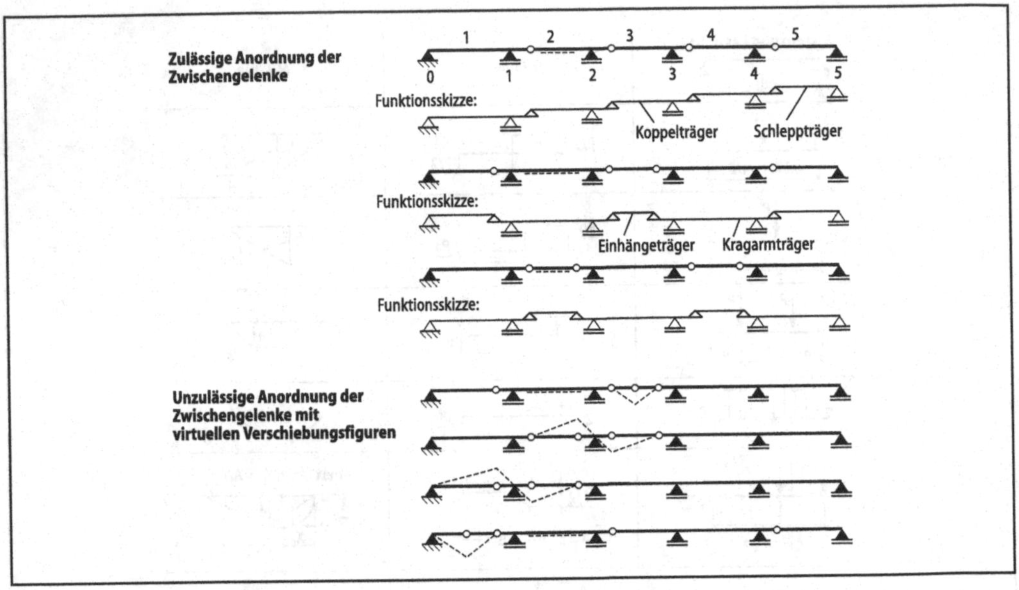

Abb. 1.5-42 5-feldrige Gelenkträger

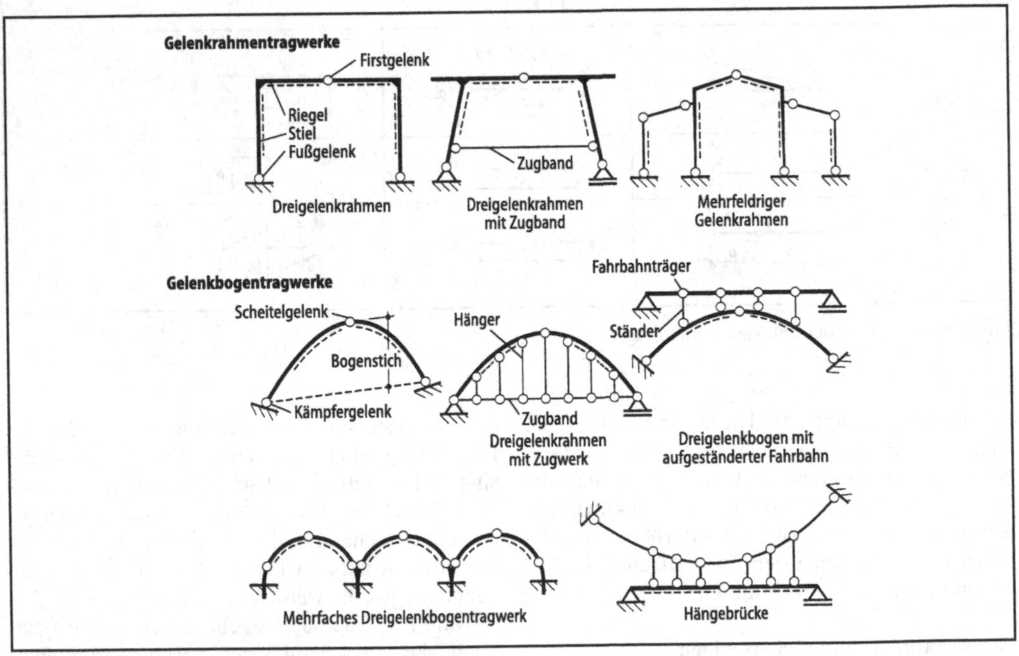

Abb. 1.5-43 Bauformen statisch bestimmter Gelenkrahmen und Gelenkbogen

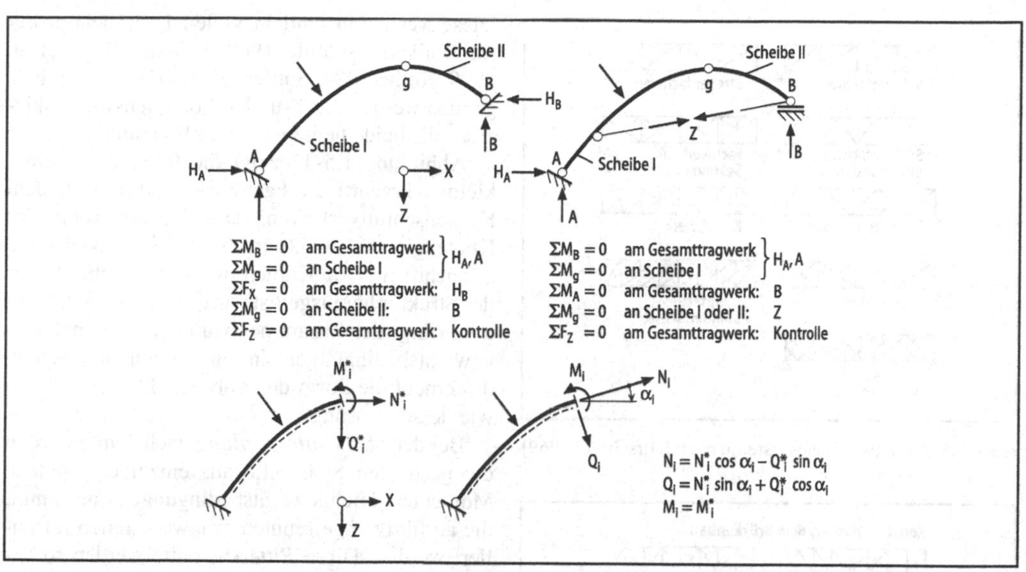

Abb. 1.5-44 Ermittlung von Auflagerkräften, Zugbandkraft und Schnittgrößen von Bogen

so werden Dreigelenkbogen mit Zugband als Konstruktionslösungen vorgesehen. Abbildung 1.5-43 gibt einen Überblick über statisch bestimmte Bauformen.

Alle Berechnungskonzepte verfolgen zunächst die Ermittlung der Auflagergrößen durch Anwendung der Gleichgewichts- und Momentengelenk-Nebenbedingungen $\Sigma M_{gi} = 0$. Die anschließende Schnittgrößenermittlung verwendet bei gekrümmten Stabachsen zweckmäßigerweise zunächst globale innere Kraftgrößen N_i^*, Q_i^*, M_i^* in fiktiven Tragwerksschnitten i und zerlegt diese danach in Schnittgrößen hinsichtlich der lokalen Basis (Abb. 1.5-44).

Fachwerke

Fachwerkkonstruktionen sind klassische Konstruktionsformen und in der Technik weit verbreitet. Zu ihrer Berechnung werden folgende Annahmen getroffen, die *ideale Fachwerke* auszeichnen:

- Alle Stabachsen sind gerade.
- Alle Stäbe sind in den Knotenpunkten zentrisch,
- durch reibungsfreie Gelenke miteinander verbunden.
- Es treten nur Knotenlasten auf.

Durch diese Annahmen bilden sich in den Knotenpunkten zentrale Kräftesysteme aus, denn in den Stäben treten nur Normalkräfte auf. Im Gegensatz hierzu weisen die Stäbe von realen Fachwerken der Baupraxis, deren Stabachsen vorverformt, Knotenanschlüsse biegesteif und Stäbe querbelastet sind, auch Biege- und Schubbeanspruchungen auf, die jedoch i. Allg. als vernachlässigbar kleine *Nebenspannungszustände* angesehen werden.

Eine ebene, *einfache Fachwerkscheibe* entsteht aus einem Stabdreieck, wenn jeder neue Knoten durch 2 unterschiedliche Stäbe angeschlossen wird. Einfache Fachwerkscheiben sind stets innerlich statisch bestimmt. Daneben existieren *komplexe* oder *nicht-einfache* Fachwerkscheiben, die innerlich statisch unbestimmt sind. Abbildung 1.5-45 zeigt eine Auswahl von Ausfachungssystemen der Bautechnik, Abb. 1.5-46 verschiedene Konstruktionsformen.

Die historisch gewachsenen Konzepte zur Stabkraftermittlung werden wie folgt unterteilt:

Gleichgewicht an Tragwerksknoten:

- analytische Stabkraftermittlung: Knotenschnittverfahren
- grafische Stabkraftermittlung: *Cremona*-Plan

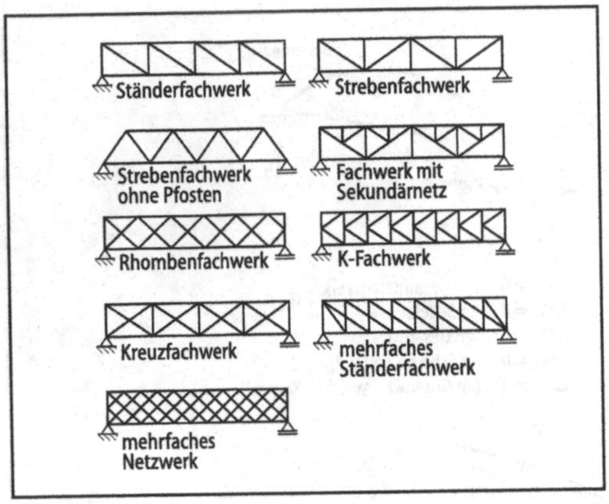

Abb. 1.5-45 Ausfachungssysteme nach [Hirschfeld 1969]

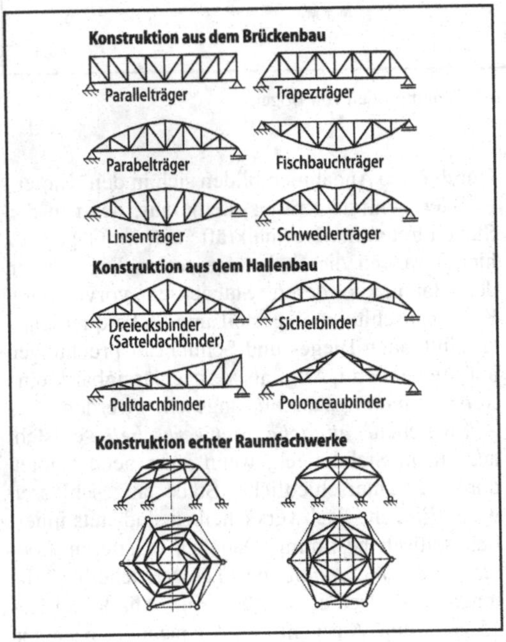

Abb. 1.5-46 Konstruktionsformen statisch bestimmter Fachwerke

Gleichgewicht an Teilsystemen:

- analytische Stabkraftermittlung: *Ritter*sches Schnittverfahren
- grafische Stabkraftermittlung: *Culmann*sches Verfahren

Diese Verfahren sind in vielen Lehrbüchern der Baustatik [Hirschfeld 1969, Krätzig, Harte et al. 1999, Rothe 1984, Sattler 1974] erläutert. Im Folgenden werden die 1. und 3. Vorgehensweise skizziert, die beide heute noch von Bedeutung sind.

Abbildung 1.5-47 zeigt die Behandlung einer kleinen kranartigen Fachwerkstruktur nach dem Knotenschnittverfahren. Die Formulierung des Knotengleichgewichts erfolgt für die Knoten 1 und 2, nachdem beide Knoten durch Rundschnitte aus der Struktur herausgelöst wurden. Im unteren Bildteil erfolgt der Zusammenbau aller Knotengleichgewichtsbedingungen in ein Gleichungssystem, das erneut die Form der Abb. 1.5-33 aufweist, sowie dessen Lösung.

Bei der *Stabkraftermittlung* nach *Ritter* werden die gesuchten Stabkräfte aus einzelnen, zumeist Momentengleichgewichtsbedingungen bestimmt, die an fiktiv abgetrennten Tragwerksteilen formuliert werden. Diese *Ritter*-Schnitte werden so geführt, dass nicht mehr als 3 unbekannte Schnittkräfte freigeschnitten werden. Die Gleichgewichtsbedingung $\Sigma M_R = 0$ um den Schnittpunkt R zweier durchtrennter Stabachsen (*Ritter*-Punkt) liefert (Abb. 1.5-48) eine einzige Bedingung für die dritte unbekannte Stabkraft. Sind 2 Stabachsen parallel, so verwendet man die Kräftegleichgewichtsbedingung senkrecht zur betroffenen Richtung.

Beim *Ritter*-Schnittverfahren sind die Auflagerkräfte vor Rechnungsbeginn zu bestimmen. Das Verfahren ist besonders für die Ermittlung einzelner Stabkräfte geeignet. Beide dargestellten Vorgehensweisen sind auf Raumfachwerke übertragbar [Krätzig, Harte et al. 1999].

Kraftgrößen-Einflusslinien

Definition von Einflusslinien

Kraftgrößenzustandslinien dienen zur Darstellung von Schnittgrößenverläufen für *ortsfeste* Lasten. *Einflusslinien* dagegen werden zur übersichtlichen Erfassung des Einflusses *ortsveränderlicher* Einwirkungen auf einzelne Zustandsgrößen eingesetzt.

Der Begriff der Einflusslinie wird anhand der Auflagerkraftbestimmung des durch einen Pendelstab gestützten Trägers mit Kragarm (Abb. 1.5-49) erläutert. Der Träger werde zunächst durch eine feststehende Einzellast P_m im Punkt m, der *momentanen* Laststellung, beansprucht. Die Momentengleichgewichtsbedingung um den Lagerpunkt A liefert:

Baustatische Skizze:

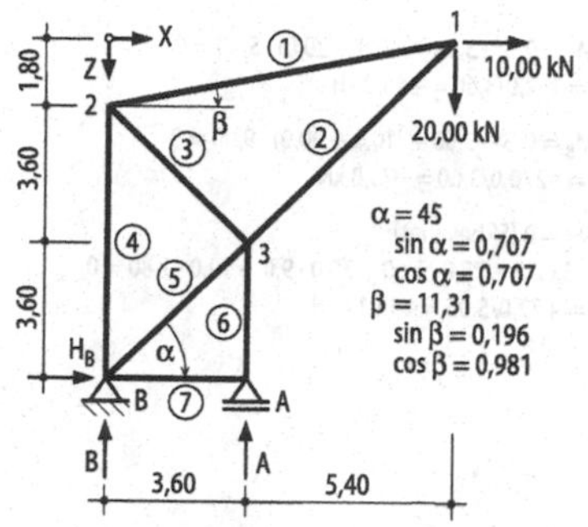

Knotengleichgewicht:

Knoten 1

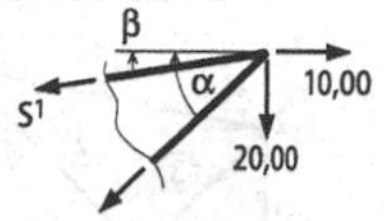

$\Sigma F_x = 0: -S^1 \cos\beta - S^2 \cos\alpha + 10{,}00 = 0$

$\Sigma F_z = 0: +S^1 \sin\beta + S^2 \sin\alpha + 20{,}00 = 0$

$0{,}981\, S^1 + 0{,}707\, S^2 = 10{,}00$

$-0{,}196\, S^1 - 0{,}707\, S^2 = 20{,}00$

Knoten 2

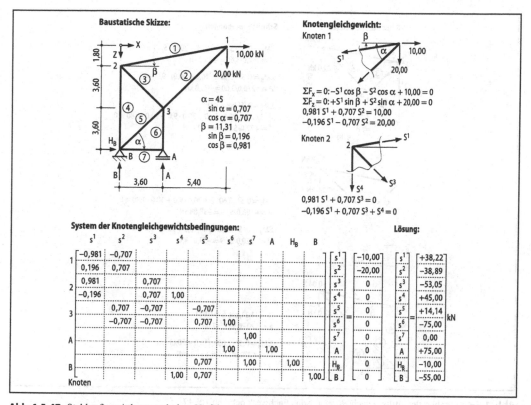

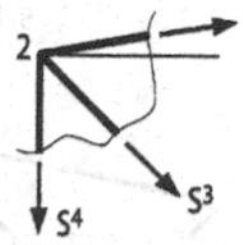

$0{,}981\, S^1 + 0{,}707\, S^3 = 0$

$-0{,}196\, S^1 + 0{,}707\, S^3 + S^4 = 0$

System der Knotengleichgewichtsbedingungen:

Knoten	s^1	s^2	s^3	s^4	s^5	s^6	s^7	A	H_B	B			=			= **Lösung:**	
1	−0,981	−0,707									s^1		−10,00		s^1		+38,22
	0,196	0,707									s^2		−20,00		s^2		−38,89
2	0,981		0,707								s^3		0		s^3		−53,05
	−0,196		0,707	1,00							s^4		0		s^4		+45,00
3		0,707	−0,707		−0,707						s^5	=	0		s^5	=	+14,14 kN
		−0,707	−0,707		0,707	1,00					s^6		0		s^6		−75,00
A							1,00				s^7		0		s^7		0,00
						1,00		1,00			A		0		A		+75,00
B					0,707		1,00		1,00		H_B		0		H_B		−10,00
				1,00	0,707					1,00	B		0		B		−55,00

Abb. 1.5-47 Stabkraftermittlung nach dem Verfahren der Knotengleichgewichtsbedingungen

$$\sum M_A = 0:\ V_{Bm} \cdot 1 - P_m \cdot x_m = 0$$
$$V_{Bm} = P_m \cdot \frac{x_m}{1} = P_m \cdot \eta_{Bm} \qquad (1.5.91)$$

Die Funktion η_{Bm} (1. Index: Ort, 2. Index: Lastursache) beschreibt den Einfluss der Last P_m auf V_B. Interpretiert man nun P_m als *ortsveränderlich* und η_{Bm} als Funktion der Laststellungsordinate x_m des *Lastgurtes* und stellt η_{Bm} zeichnerisch dar, so entsteht in Abb. 1.5-49 eine Gerade mit Nullpunkt in A und Wert +1 in B: die *Einflusslinie* oder *Einflussfunktion* der Zustandsgröße V_B. Da Gl. (1.5.91) linear von P_m abhängt, werden Einflusslinien stets für die Normlast $P_m = 1$ ermittelt.

Die in Abb. 1.5-49 gewonnenen Erkenntnisse können auf beliebige Zustandsgrößen Z_i übertragen werden. Demgemäß ist die in m aufgetragene Ordinate η_{im} der Einflusslinie einer Zustandsgröße Z_i im Tragwerkspunkt i gleich dem Wert Z_{im}, wenn das Tragwerk durch die Last $P_m = 1$ in m beansprucht wird. Eine Einflusslinie η_{im} beschreibt somit den funktionalen Verlauf des Einflusses

- einer Einzelkraft $P_m = 1$ von festgelegter Wirkungsrichtung,
- an Positionen m des Tragwerks-Lastgurtes wirkend,
- auf die Zustandsgröße Z_i im Bezugspunkt i.

Auswertung von Einflusslinien

Tragwerke unterliegen vielfältigeren Einwirkungen als nur Einslasten. Beanspruchen 4 beliebige Einzellasten P_1, P_2, P_3, P_4 an den unterschiedlichen Positionen m = 1, 2, 3, 4 das Tragwerk, so folgt aus der linearen Verknüpfung von P_m in Gl. (1.5.91)

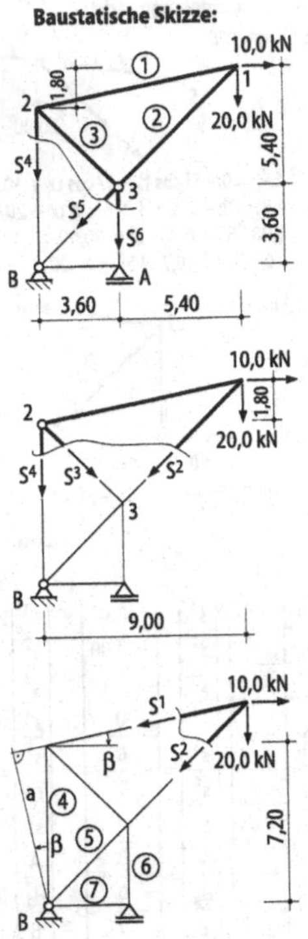

Schnittbedingungen:

$\Sigma M_3 = 0: S^4 \cdot 3{,}60 - (10{,}0 + 20{,}0) \cdot 5{,}40 = 0$
$S^4 = 162{,}0/3{,}60 = +45{,}0\ \text{kN}$

$\Sigma M_B = 0: S^6 \cdot 3{,}60 + (10{,}0 + 20{,}0) \cdot 9{,}00 = 0$
$S^6 = -270{,}0/3{,}60 = -75{,}0\ \text{kN}$

$\Sigma M_2 = 0$ (S^6 bekannt):
$S^5 \cdot 3{,}60\,2 - 75{,}0 \cdot 3{,}60 + 20{,}0 \cdot 9{,}0 + 10{,}0 \cdot 1{,}80 = 0$
$S^5 = +72{,}0/5{,}09 = +14{,}14\ \text{kN}$

$\Sigma M_2 = 0: S^2 \cdot 3{,}60 \cdot 2 + 20{,}0 \cdot 9{,}0 + 10{,}0 \cdot 1{,}80 = 0$
$S^2 = -198{,}0/5{,}09 = -38{,}89\ \text{kN}$

$\Sigma M_B = 0: S^3 \cdot 3{,}60 \cdot 2 + (10{,}0 + 20{,}0) \cdot 9{,}0 = 0$
$S^3 = -270{,}0/5{,}09 = -53{,}05\ \text{kN}$

$\beta = 11{,}31, \cos\beta = 0{,}981$
$a = 7{,}20 \cdot 0{,}981 = 7{,}06$

$\Sigma M_B = 0: S^1 \cdot 7{,}06 - (10{,}0 + 20{,}0) \cdot 9{,}0 = 0$
$S^1 = +270{,}0/7{,}06 = +38{,}22\ \text{kN}$

Abb. 1.5-48 Stabkraftermittlung nach *Ritter* für das Fachwerk der Abb. 1.5-47

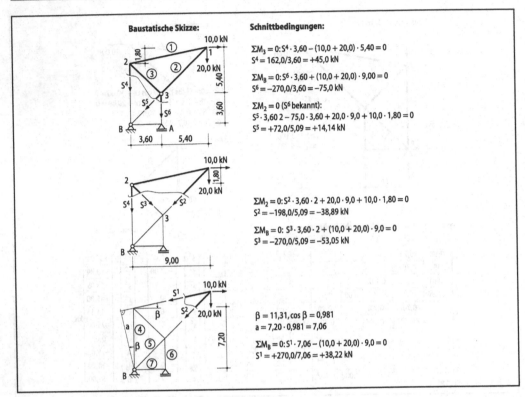

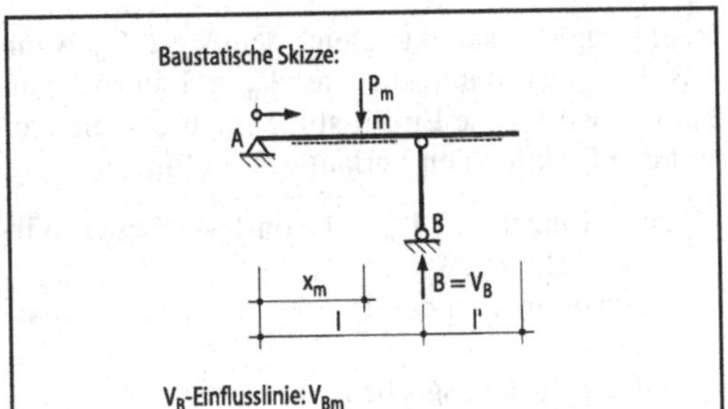

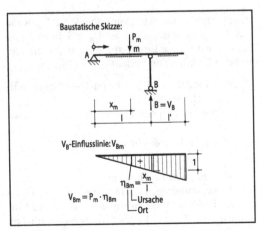

Abb. 1.5-49 Zur Definition von Einflusslinien

$$Z_i = P_1\eta_{i1} + P_2\eta_{i2} + P_3\eta_{i3} + P_4\eta_{i4} = \sum_{m=1}^{4} P_m\eta_{im}. \tag{1.5.92}$$

Für Streckenlasten q(x) ergibt sich Z_i durch Übertragung von Gl. (1.5.92) auf das differentielle Lastelement q(x) dx, wodurch das dortige Summenzeichen zum Integral wird.

$$Z_i = \int_{x_a}^{x_b} q(x)\eta_{im}dx \quad \textit{für} \quad q(x) \ \textit{in} \ [x_a, x_b]. \tag{1.5.93}$$

Einflusslinien setzen die Gültigkeit des *Superpositionsgesetzes* voraus und sind somit typische Werkzeuge der *linearen Statik*.

Kinematische Ermittlung von Einflusslinien
Kraftgrößen-Einflusslinien statisch bestimmter Tragwerke können auf analytischem Wege aus Gleichgewichtsbetrachtungen wie in Gl. (1.5.91) oder durch *kinematische Konzepte* mit dem Prinzip der virtuellen Verrückungen gewonnen werden.

Bei der kinematischen Ermittlung der Einflusslinie η_{im} einer beliebigen Kraftgröße Z_i wird zunächst die zu Z_i korrespondierende Tragwerksbindung in i gelöst, wodurch eine zwangsläufige kinematische Kette entsteht. Aus Gründen des Gleichgewichts zur Last P_m muss die Kraftgröße Z_i in i in wirklicher, allerdings noch unbekannter Größe an der kinematischen Kette angebracht werden. Erteilt man dieser Kette nun eine virtuelle Verrückung δu, so leisten nur P_m entlang δu_m und Z_i entlang δu_i virtuelle Arbeit:

$$\begin{aligned} \delta W &= Z_{im} \cdot \delta u_i + P_m \cdot \delta u_m = 0 \\ &\Rightarrow Z_{im} \cdot (-\delta u_i) = P_m \cdot \delta u_m . \end{aligned} \tag{1.5.94}$$

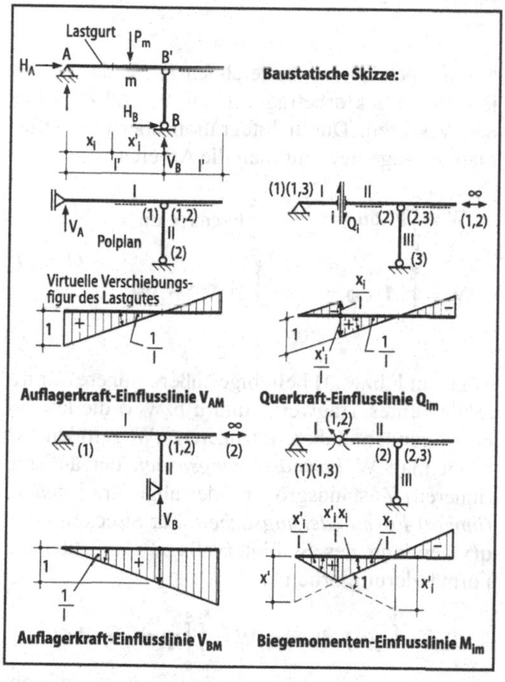

Abb. 1.5-50 Zur kinematischen Ermittlung von Kraftgrößen-Einflusslinien

Wählt man nun die virtuelle Verrückung δu_i in der in i gelösten Bindung gerade gleich „-1", d. h. als Einheitsverrückung entgegen der positiven Wirkungsrichtung von Z_i, so wird aus (1.5.94)

$$Z_{im} = P_m \, \delta u_m = P_m \, \eta_{im} \tag{1.5.95}$$

eine zu (1.5.91) identische Aussage. Setzt man erneut $P_m = 1$, so entsteht die Einflusslinie η_{im} einer Kraftgröße Z_i im Bezugspunkt i als virtuelle Verschiebungsfigur $\delta u(x_m) = \delta u_m$ des Lastgurtes derjenigen kinematischen Kette, die sich ausbildet, wenn die zu Z_i korrespondierende Weggröße, die virtuelle Klaffung, $\delta u_i = -1$ gesetzt wird.

Erläutert wird diese Erkenntnis in Abb. 1.5-50. Zur Ermittlung der Q_i-Einflusslinie führt man dort im Tragwerkspunkt i ein Querkraftgelenk ein und ermittelt den Polplan der entstandenen zwangsläufigen kinematischen Kette. Sodann erteilt man der Kette eine solche virtuelle Verrückung, dass im Querkraftgelenk entgegen der positiven Querkraft ein virtueller Verschiebungssprung $\delta u_i = 1$ auftritt. Die mit den Pollagen verträgliche virtuelle Verschiebungsfigur des Lastgurtes stellt die gesuchte Q_i-Einflusslinie dar. Dieses Vorgehen lässt sich sehr vorteilhaft auf computerorientierte Tragwerksanalysen übertragen, da viele Programmsysteme heute die Möglichkeit zur Einführung virtueller Klaffungen besitzen.

Eigenschaften von Kraftgrößen-Einflusslinien
Aus Abb. 1.5-50 leitet man wichtige Eigenschaften von Kraftgrößen-Einflusslinien statisch bestimmter Tragwerke her:

- Im Bereich jeder Lastgurtscheibe verläuft die Einflusslinie geradlinig, sie setzt sich daher aus stückweise geraden Linienzügen zusammen.
- Einflusslinien besitzen unter den Hauptpolen Nullstellen und unter den Nebenpolen Knicke.
- An den Bezugspunkten i, an welchen die jeweilige Kraftgröße Z_i definiert ist, treten gemäß Abb. 1.5-51 folgende virtuelle Einheitsklaffungen δu_i auf:
- Auflagerkraft: Verschiebung entgegen +A
- Normalkraft: Sprung entgegen $+N_i$
- Querkraft: Sprung entgegen $+Q_i$
- Biegemoment: Knick entgegen $+M_i$

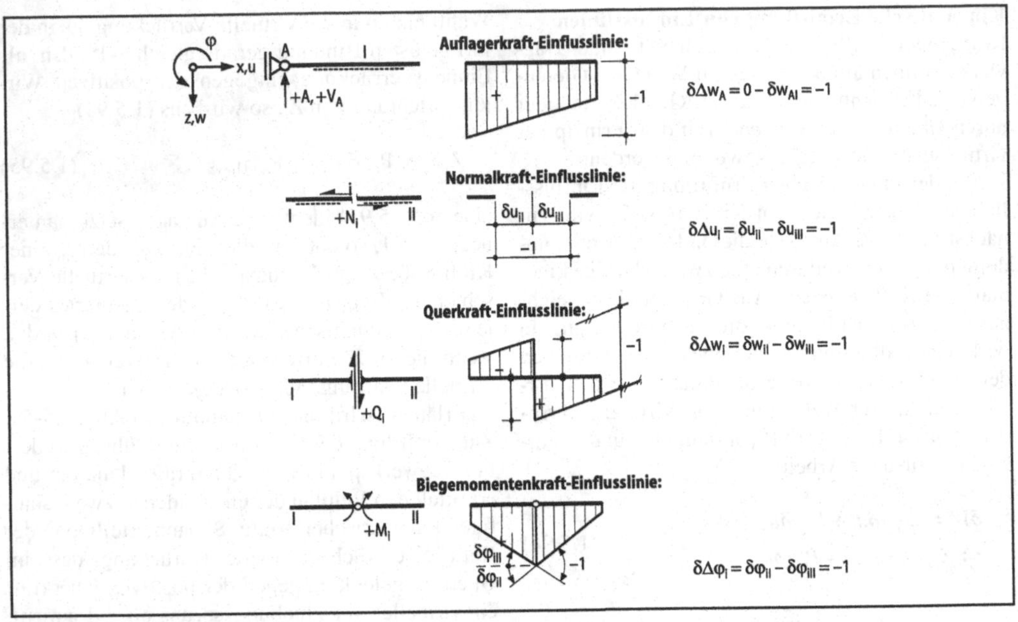

Abb. 1.5-51 Virtuelle Klaffungen zur kinematischen Ermittlung von Kraftgrößen-Einflusslinien

Es ist zu beachten, dass Einflusslinien als virtuelle Verschiebungen *infinitesimal klein* sind. Natürlich ist der Darstellungsmaßstab der Einflusslinie beliebig, sofern nur die Grundregeln der Infinitesimalität ($\delta\varphi \approx \sin\delta\varphi \approx \tan\delta\varphi$, $\cos\delta\varphi \approx 1$) beachtet werden.

1.5.2.3 Formänderungsarbeit und Tragwerksdeformationen

Energieaussagen

Herleitung der Formänderungsarbeit

Bereits mehrfach wurde bisher Formänderungsarbeit verwendet: Zur Definition *korrespondierender Variablen* und als *virtuelle Arbeit* in der kinematischen Methode. Dies werde nun vertieft.

Die mechanische Arbeit einer Einzelkraft **F** (eines Einzelmomentes **M**) entlang eines Verschiebungsdifferentials **du** (Verdrehungsdifferentials d**φ**) wird durch die inneren Produkte der Formänderungsarbeitsdifferentiale

$$dW = \mathbf{F} * d\mathbf{u} = F\, du \cos\alpha\,, \qquad dW = \mathbf{M} * d\boldsymbol{\varphi} = M\, d\varphi \cos\alpha \tag{1.5.96}$$

beschrieben. Hierin bezeichnen F, M, du, dφ die jeweiligen Vektorbeträge; α sind Winkel zwischen den Vektoren. Durch Integration über die Deformationswege gewinnt man die Arbeiten:

$$W = \int_0^u \mathbf{F}\cdot d\mathbf{u} = \int_0^u F\cdot\cos\alpha\cdot du \qquad W = \int_0^\varphi \mathbf{M}\cdot d\boldsymbol{\varphi} = \int_0^\varphi M\cdot\cos\alpha\cdot d\varphi \tag{1.5.97}$$

Sind nun **F** bzw. **M** beliebige äußere (innere) Kraftgrößen eines Tragwerks und **u** bzw. **φ** die korrespondierenden äußeren (inneren) Weggrößen, so nennt man W *Formänderungsarbeit* der äußeren (inneren) Zustandsgrößen oder abgekürzt: *äußere (innere) Formänderungsarbeit.* Für Streckenlasten **q**(x) entlang des Stabintervalls $x_k - x_i$ lautet die Formänderungsarbeit:

$$dW = \int_{x_i}^{x_k} \mathbf{q}(x)\cdot d\mathbf{u}\cdot dx,\quad W = \int_{x_i}^{x_k}\int_0^u \mathbf{q}(x)\cdot d\mathbf{u}\cdot dx. \tag{1.5.98}$$

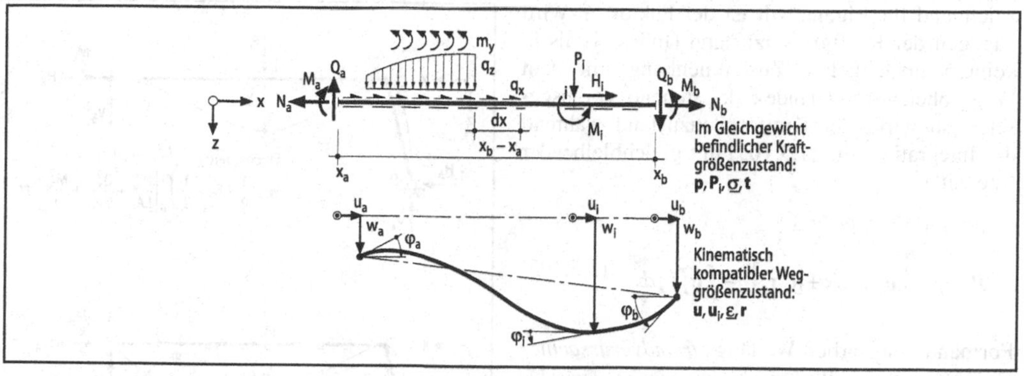

Abb. 1.5-52 Tragwerksabschnitt mit Zustandsgrößen

Betrachtet man auf Abb. 1.5-52 ein ebenes, gerades Stabelement $x_a - x_b$ mit Lastgrößen $\mathbf{p}$, $\mathbf{P}_i$

$$\mathbf{p} = \begin{bmatrix} q_x \\ q_z \\ m_y \end{bmatrix}, \quad \mathbf{P}_i = \begin{bmatrix} H_i \\ P_i \\ M_i \end{bmatrix}, \tag{1.5.99}$$

mit Schnittgrößen $\boldsymbol{\sigma}$, Randkraftgrößen $\mathbf{t}$

$$\boldsymbol{\sigma} = \begin{bmatrix} \mathrm{N(x)} \\ \mathrm{Q(x)} \\ \mathrm{M(x)} \end{bmatrix}, \quad \mathbf{t} = \begin{bmatrix} \mathrm{N} \\ \mathrm{Q} \\ \mathrm{M} \end{bmatrix} \tag{1.5.100}$$

sowie mit äußeren Weggrößen $\mathbf{u}$, Randweggrößen $\mathbf{r}$ und Verzerrungsgrößen $\boldsymbol{\varepsilon}$

$$\mathbf{u} = \begin{bmatrix} \mathrm{u(x)} \\ \mathrm{w(x)} \\ \varphi\mathrm{(x)} \end{bmatrix}, \quad \mathbf{r} = \begin{bmatrix} \mathrm{u} \\ \mathrm{w} \\ \varphi \end{bmatrix}, \quad \boldsymbol{\varepsilon} = \begin{bmatrix} \varepsilon \\ \gamma \\ \kappa \end{bmatrix}, \tag{1.5.101}$$

so lautet die Summe der hierdurch geleisteten äußeren und inneren Formänderungsarbeiten:

$$\begin{aligned} W = W^{(a)} + W^{(i)} &= \int_a^b \left[\int_0^u q_x du + \int_0^w q_z dw + \int_0^\varphi m_y d\varphi \right] dx \\ &+ \int_0^{u_i} H_i du_i + \int_0^{w_i} P_i dw_i + \int_0^{\varphi_i} M_i d\varphi_i \\ &+ \int_0^u [N du]_a^b + \int_0^w [Q dw]_a^b + \int_0^\varphi [M d\varphi]_a^b \\ &- \int_a^b \left[\int_0^\varepsilon N(x) d\varepsilon + \int_0^\gamma Q(x) d\gamma + \int_0^\kappa M(x) d\kappa \right] dx. \end{aligned} \tag{1.5.102}$$

Durch Substitution der obigen Abkürzungen entsteht die matrizielle Form

$$\begin{aligned} \mathrm{W} = \mathrm{W}^{(a)} + \mathrm{W}^{(i)} &= \int_a^b \int_0^\varepsilon \mathbf{p}^T d\boldsymbol{\varepsilon} dx \\ &+ \int_0^u \mathbf{P}_i^T d\mathbf{u} + \int_0^r \left[\mathbf{t}^T d\mathbf{r}\right]_a^b - \int_a^b \int_0^\varepsilon \boldsymbol{\sigma}^T d\boldsymbol{\varepsilon} dx, \end{aligned} \tag{1.5.103}$$

worin die eckigen Klammern den Arbeitsanteil der Randvariablen abkürzen. In der Formänderungsarbeit leisten positive *äußere* Zustandsgrößen stets *positive*, positive *innere* Zustandsgrößen dagegen *negative* Arbeitsanteile.

Eigenarbeit und Verschiebungsarbeit

Die in der Formänderungsarbeitsgleichung (1.5.103) auftretenden Deformationen $\{\mathbf{u},\mathbf{r},\boldsymbol{\varepsilon}\}$ seien durch den im *Gleichgewicht* befindlichen Kraftgrößenzustand $\{\mathbf{p},\mathbf{P},\mathbf{t},\boldsymbol{\sigma}\}$ hervorgerufen. Das Werkstoffverhalten sei *linear elastisch*, und die Belastung wirke durch *proportionales Anwachsen* auf das Tragwerk ein. Durch Integration von (1.5.103) unter diesen Voraussetzungen [Krätzig, Harte et al.1999] entsteht die folgende *Eigenarbeit (aktive Arbeit)*

$$\mathrm{W} = \mathrm{W}^{(a)} + \mathrm{W}^{(i)} = \frac{1}{2}\left[\mathbf{P}_i^T \mathbf{u} + \int_a^b \mathbf{p}^T \mathbf{u} dx + \left[\mathbf{t}^T \mathbf{r}\right]_a^b \right] - \frac{1}{2} \int_a^b \boldsymbol{\sigma}^T \boldsymbol{\varepsilon} dx \tag{1.5.104}$$

als Formänderungsarbeit W eines Kraftgrößenzustandes längs der *eigenen* Verformungswege. Kennzeichnend für Eigenarbeit ist der Faktor ½. Wird dagegen der Kraftgrößenzustand (Index: i) als in keinem ursächlichen Zusammenhang mit dem Weggrößenzustand (Index: k) stehend vorausgesetzt, so wirkt der Kraftgrößenzustand während der Integration von (1.5.103) mit gleichbleibender Intensität:

$$W^* = W^{*(a)} + W^{*(i)} =$$
$$\mathbf{P}_i^T \mathbf{u}_k + \int_a^b \mathbf{p}_i^T \mathbf{u}_k dx + \left[\mathbf{t}_i^T \mathbf{r}_k\right]_a^b - \int_a^b \boldsymbol{\sigma}_i^T \boldsymbol{\varepsilon}_k dx. \quad (1.5.105)$$

Formänderungsarbeit W* längs *fremdverursachter* Deformationen heißt *Verschiebungsarbeit* (*passive Arbeit*). Annahmen über das Werkstoffverhalten können hier entfallen.

In Abb. 1.5-53 sind beide Arbeitsarten durch Substitution der Zustandsgrößenspalten (1.5.99 bis 101) sowie der Werkstoffgesetze (1.5.72 bis 74) und Ausmultiplikation für ein Rahmentragwerk ausgeschrieben. Für räumliche Stabtragwerke erhält man analog:

$$W^{(i)} = -\frac{1}{2}\int_0^l \left[\frac{N_i^2}{EA} + \frac{Q_{yi}^2}{GA_{Qy}} + \frac{Q_{zi}^2}{GA_{Qz}} + \frac{M_{Ti}^2}{GI_T} + \frac{M_{yi}^2}{EI_y} + \frac{M_{zi}^2}{EI_z}\right] dx,$$
$$W^{*(i)} = -\int_0^l \left[\frac{N_i N_k}{EA} + \frac{Q_{yi} Q_{yk}}{GA_{Qy}} + \frac{Q_{zi} Q_{zk}}{GA_{Qz}} + \frac{M_{Ti} M_{Tk}}{GI_T} + \frac{M_{yi} M_{yk}}{EI_y} + \frac{M_{zi} M_{zk}}{EI_z}\right] dx. \quad (1.5.106)$$

Bei idealen Fachwerken vereinfacht sich dies zu:

$$W^{(i)} = -\frac{1}{2}\sum_{alle\ Stäbe} \frac{N_i^2}{EA} s, \quad W^{*(i)} = -\sum_{alle\ Stäbe} \frac{N_i N_k}{EA} s \quad (1.5.107)$$

Arbeitssatz oder Energiesatz der Mechanik

Bei quasistatischen Lastverformungsprozessen lautet der *Arbeitssatz* (*Energiesatz der Mechanik*) für beide Arbeitsarten:

$$W = W^{(a)} + W^{(i)} = 0 \ \text{bzw.}$$
$$W^* = W^{*(a)} + W^{*(i)} = 0\ , \quad (1.5.108)$$

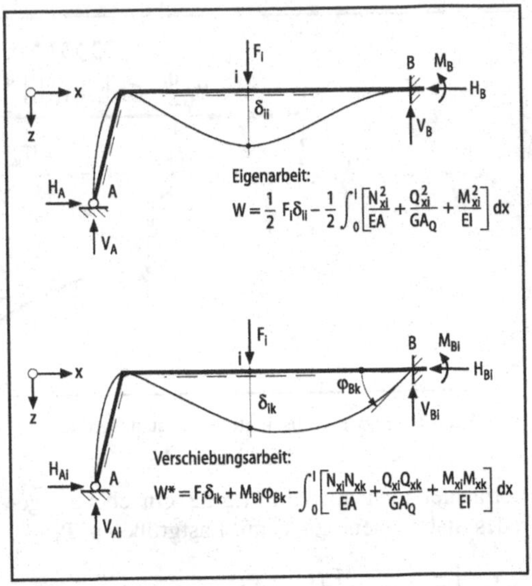

Abb. 1.5-53 Eigenarbeit und Verschiebungsarbeit eines Rahmentragwerks

nach welchem die jeweiligen Summen aus äußeren und inneren Formänderungsarbeiten von im *Gleichgewicht befindlichen Kraftgrößensystemen* entlang *kinematischverträglicher Deformationen* verschwinden. Die Eigenarbeitsformulierung gilt für linear elastisches Werkstoffverhalten. Aus W = 0 schließt man, dass die zur Verformung geleistete Eigenarbeit bei Entlastung vollständig zurückgewonnen wird.

Der Energiesatz ist von fundamentaler Bedeutung für die Tragwerkstheorie und Grundlage der beiden folgenden Prinzipe.

Prinzip der virtuellen Arbeiten

Man definiert nun einen *virtuellen Verschiebungszustand*, unter welchem man einen

- infinitesimal kleinen,
- gedachten, also nicht wirklich existierenden,
- kinematisch verträglichen,
- vom einwirkenden Kraftgrößenzustand unabhängigen,

sonst jedoch willkürlichen Deformationszustand versteht. Fordert man gemäß Gl. (1.5.108) das Verschwinden der mit einem beliebigen Kraftgrößenzustand gebildeten *virtuellen Arbeit*

$$\delta\mathbf{W}^* = \mathbf{P}^T\delta\mathbf{u} + \int_a^b \mathbf{p}^T\delta\mathbf{u}dx + \left[\mathbf{t}^T\delta\mathbf{r}\right]_a^b - \int_a^b \boldsymbol{\sigma}^T\delta\boldsymbol{\varepsilon}\,dx = 0, \tag{1.5.109}$$

so besagt dieses *Prinzip der virtuellen Verrückungen*: Ein Kraftgrößenzustand $\{\mathbf{p},\mathbf{P},\mathbf{t},\boldsymbol{\sigma}\}$ befindet sich im Gleichgewicht, wenn die Summe der virtuellen Arbeiten für einen beliebig gewählten, virtuellen Verschiebungszustand $\{\delta\mathbf{u},\delta\mathbf{r},\delta\boldsymbol{\varepsilon}\}$ verschwindet.

Um die hierzu duale Aussage zu gewinnen, definiert man nun einen virtuellen Kraftgrößenzustand als einen

- gedachten, nicht wirklich existierenden,
- im Gleichgewicht befindlichen,
- vom vorhandenen Deformationszustand unabhängigen,

sonst jedoch willkürlichen Kraftgrößenzustand. Aus dem Verschwinden der mit einem beliebigen Deformationszustand gebildeten virtuellen *konjugierten Arbeit* gemäß Gl. (1.5.108) entsteht das *Prinzip der virtuellen Kraftgrößen*:

$$\delta\overline{\mathbf{W}}^* = \mathbf{u}^T\delta\mathbf{P} + \int_a^b \mathbf{u}^T\delta\mathbf{p}dx + \left[\mathbf{r}^T\delta\mathbf{t}\right]_a^b - \int_a^b \boldsymbol{\varepsilon}^T\delta\boldsymbol{\sigma}\,dx = 0. \tag{1.5.110}$$

Ein Deformationszustand $\{\mathbf{u},\mathbf{r},\boldsymbol{\varepsilon}\}$ ist *kinematisch verträglich*, wenn für einen beliebigen, virtuellen, im Gleichgewicht befindlichen Kraftgrößenzustand $\{\delta\mathbf{p},\delta\mathbf{P},\delta\mathbf{t},\delta\boldsymbol{\sigma}\}$ die Summe der virtuellen, konjugierten Arbeiten verschwindet.

Die Sätze von *Castigliano*

Abbildung 1.5-54 zeigt ein elastisches Tragwerk unter einer beliebigen Gruppe von Einzellasten F_1, $F_2 \ldots F_i \ldots F_m$. Diese Gruppe werde um differentielle Zuwächse $dF_1, dF_2 \ldots dF_i \ldots dF_m$ erhöht: Lässt man zunächst die differentielle Gruppe und danach die ursprüngliche Lastgruppe auf das Tragwerk einwirken, so entsteht aus der gesamt geleisteten Arbeit auf Abb. 1.5-54 für deren Zuwachs $dW^{(a)}$ (unter Streichung quadratisch differentieller Glieder) die Verschiebungsarbeit:

$$dW^{(a)} = dF_1\delta_1 + dF_2\delta_2 + \ldots dF_i\delta_i + \ldots dF_m\delta_m\,. \tag{1.5.111}$$

Bei umgekehrter Belastungsreihenfolge entsteht analog:

$$dW^{(a)} = F_1 d\delta_1 + F_2 d\delta_2 + \ldots F_i d\delta_i + \ldots F_m d\delta_m\,. \tag{1.5.112}$$

Beide Aussagen führen auf die Sätze von *Castigliano*, wonach die partielle Ableitung der äußeren oder negativen inneren Eigenarbeit nach einer Kraftgröße (Weggröße) die korrespondierende Weggröße (Kraftgröße) liefert:

$$\frac{\partial W^{(a)}}{\partial F_i} = -\frac{\partial W^{(i)}}{\partial F_i} = \delta_i, \quad \frac{\partial W^{(a)}}{\partial \delta_i} = -\frac{\partial W^{(i)}}{\partial \delta_i} = F_i. \tag{1.5.113}$$

Die Sätze von *Betti* und *Maxwell*

Auf das gleiche elastische Tragwerk bringt man nun in Abb. 1.5-55 nacheinander zwei unterschiedliche Kraftgrößengruppen 1 und 2 auf. Die dabei geleistete Gesamtarbeit $W^{(a)}$ besteht aus den Eigenarbeiten $W_1^{(a)}$ und $W_2^{(a)}$ der beiden Lastgruppen sowie den Verschiebungsarbeiten $W_{1,2}^{*(a)}$ der Gruppe 1 auf den Wegen der Gruppe 2 oder $W_{2,1}^{*(a)}$ der Gruppe 2 auf den Wegen der Gruppe 1, je nach Belastungsreihenfolge. Aus der Gleichheit beider Gesamtformänderungsarbeiten

$$W_1^{(a)} + W_2^{(a)} + W_{1,2}^{*(a)} = W_2^{(a)} + W_1^{(a)} + W_{2,1}^{*(a)}$$
$$W_{1,2}^{*(a)} = W_{2,1}^{*(a)} \tag{1.5.114}$$

entsteht der *Satz von Betti*, wonach die äußeren (inneren) Verschiebungsarbeiten zweier Kraftgrößengruppen wechselseitig gleich sind.

Spezialisiert man nun die beiden Kraftgrößengruppen auf je eine Einzelgröße F_i bzw. F_k, so vereinfacht sich Gl. (1.5.114) zu

$$W_{i,k}^{*(a)} = F_i\delta_{ik} = W_{k,i}^{*(a)} = F_k\delta_{ki} \tag{1.5.115}$$

Ursprüngliches Kraftgrößensystem:

$$W^{(a)} = \frac{1}{2}(F_1\delta_1 + F_2\delta_2 + \dots F_i\delta_i + \dots F_m\delta_m)$$

1. Differentielles Kraftgrößensystem:

1. Ursprüngliches Kraftgrößensystem:

2. Ursprüngliches Kraftgrößensystem:

2. Differentielles Kraftgrößensystem:

$$W^{(a)} + dW^{(a)}$$
$$= \frac{1}{2}(dF_1 d\delta_1 + dF_2 d\delta_2 + \dots dF_i d\delta_i + \dots dF_m d\delta_m)$$
$$+ W^{(a)}$$
$$+ dF_1\delta_1 + dF_2\delta_2 + \dots dF_i\delta_i + \dots dF_m\delta_m$$

$$W^{(a)} + dW^{(a)}$$
$$= W^{(a)}$$
$$+ \frac{1}{2}(dF_1 d\delta_1 + dF_2 d\delta_2 + \dots dF_i d\delta_i + \dots dF_m d\delta_m)$$
$$+ F_1 d\delta_1 + F_2 d\delta_2 + \dots F_i d\delta_i + \dots F_m d\delta_m$$

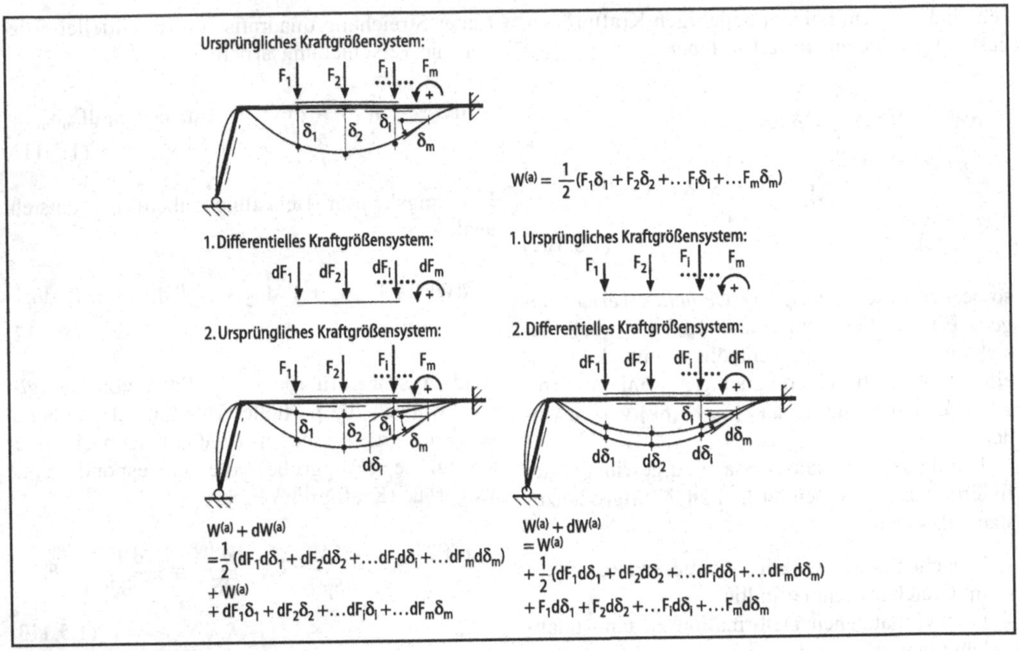

Abb. 1.5-54 Zu den Sätzen von *Castigliano*

(1. Index: Ort, 2. Index: Ursache). Setzt man noch die beiden Lastgrößen gleich „1", so gewinnt man aus Gl. (1.5.115) den *Satz von Maxwell*, wonach elastische Verformungen von Kraftgrößen „1" in den Indizes *vertauschbar* sind:

$$1 \cdot \delta_{ik} = 1 \cdot \delta_{ki} : \quad \delta_{ik} = \delta_{ki}. \tag{1.5.116}$$

Einflusslinien für Weggrößen

Eine besonders anschauliche Anwendung des *Satzes von Maxwell* ist die Berechnung von Weggrößeneinflusslinien beliebiger Stabtragwerke. In Gl. (1.5.95) war die Einflusslinie η_{im} einer beliebigen Zustandsgröße Z_{im} durch

$$Z_{im} = P_m \eta_{im} \tag{1.5.117}$$

Kraftgrößensystem 1:

Kraftgrößensystem 2:

Kraftgrößensystem 2:

Kraftgrößensystem 1:

$$W^{(a)} = W_1^{(a)} + W_2^{(a)} + W_{1,2}^{*(a)}$$

$$W^{(a)} = W_2^{(a)} + W_1^{(a)} + W_{2,1}^{*(a)}$$

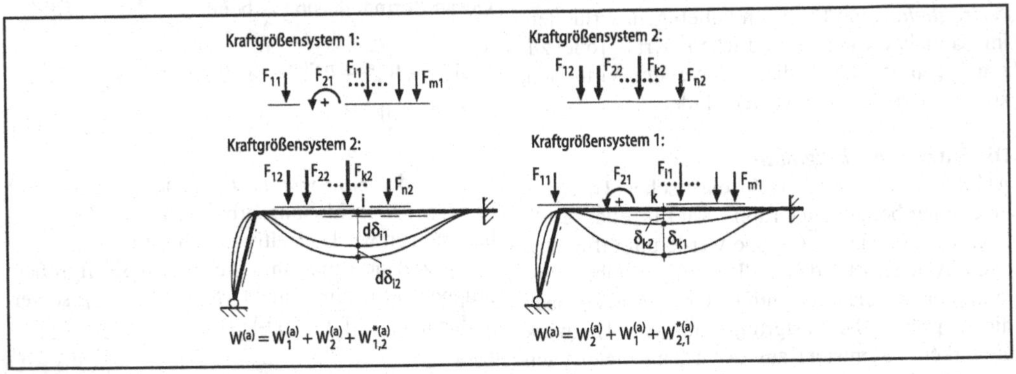

Abb. 1.5-55 Belastungsreihenfolgen beim Satz von *Betti*

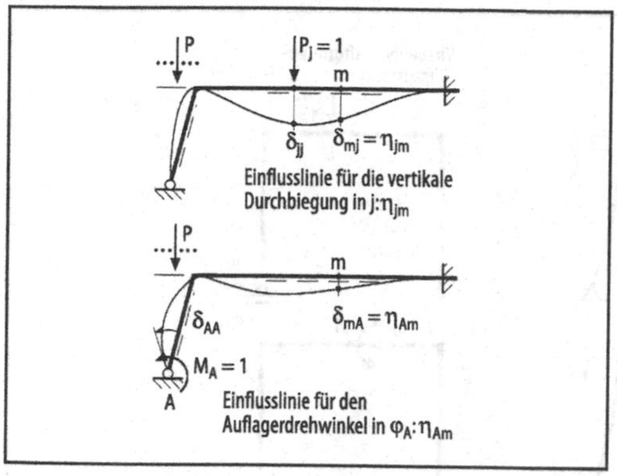

Abb. 1.5-56 Ermittlung von Weggrößeneinflusslinien

eingeführt worden, eine natürlich auch Weggrößen einschließende Definition:

$$\delta_{im} = P_m \, \eta_{im}. \tag{1.5.118}$$

Zur Bestimmung der Einflusslinie η_{im} substituieren wie hierin erneut $P_m = 1$ und erhalten

$$\eta_{im} = \delta_{im} = \delta_{mi}, \tag{1.5.119}$$

bereits unter Anwendung des *Satzes von Maxwell*. Vergegenwärtigt man sich, dass δ_m die Verformungsfigur aller Lastgurtpunkte x_m darstellt, d. h. dessen *Biegelinie*, so lautet (1.5.119) zusammenfassend: Die Einflusslinie η_{im} einer Weggröße δ_i entsteht als Biegelinie δ_{mi} des Lastgurtes, wenn im Punkt i die zu δ_i korrespondierende Kraftgröße „1" wirkt (Abb. 1.5-56).

Ermittlung von Tragwerksverformungen

Prinzip der virtuellen Kraftgrößen

Zur Ermittlung der Verformungen einzelner Tragwerkspunkte eines Deformationszustandes $\{\mathbf{u}_k, \mathbf{r}_k, \boldsymbol{\varepsilon}_{xk}\}$, hervorgerufen z. B. durch Lasteinwirkungen, greift man auf das Prinzip der virtuellen Kraftgrößen Gl. (1.5.110) zurück. Diesem Prinzip gemäß werde das Tragwerk zur Bestimmung einer willkürlichen äußeren Weggröße δ_{ik} im Punkt i infolge der realen Beanspruchungsursache k durch die zu δ_{ik} korrespondierende, virtuelle Einzelkraftgröße der Intensität „1" belastet. δ_{ik} bestimmt sich dann zu:

$$\begin{aligned} \delta\overline{W}^* &= \boldsymbol{\delta}_{ik} \cdot 1 + \left[\boldsymbol{\delta t}_i^T \mathbf{r}_k\right]_0^l - \int_0^l \boldsymbol{\delta\sigma}_{xi} \boldsymbol{\varepsilon}_{xk} \, dx = 0: \\ \boldsymbol{\delta}_{ik} &= \int_0^l \boldsymbol{\delta\sigma}_{xi} \boldsymbol{\varepsilon}_{xk} \, dx - \left[\boldsymbol{\delta t}_i^T \mathbf{r}_k\right]_0^l. \end{aligned} \tag{1.5.120}$$

Hierin repräsentiert $\{\delta\mathbf{P}_i{=}1, \delta\mathbf{t}_i, \delta\boldsymbol{\sigma}_{xi}\}$ den virtuellen, im Gleichgewicht befindlichen *Hilfszustand* der Ursache $\delta\mathbf{P}_i = 1$, einer energetisch zu δ_{ik} korrespondierende Einzelwirkung. Hinweise zum Ansatz derartiger Einzelwirkungen für gesuchte Deformationen enthält Abb. 1.5-57. Der in $\delta\boldsymbol{\sigma}_{xi}$, $\boldsymbol{\varepsilon}_{xk}$ verwendete Ortsindex x bezeichnet Funktionen der Stabachsenkoordinate.

Beanspruchungsursachen

Der Zustand $\{\mathbf{u}_k, \mathbf{r}_k, \boldsymbol{\varepsilon}_{xk}\}$ mit $\delta_{ik} \in \mathbf{u}_k$ verkörpert die vorhandene Beanspruchungsursache des Tragwerks. Sind die Verzerrungsgrößen $\boldsymbol{\varepsilon}_{xk}$ elastische Folgen eines lastverursachten Kraftgrößenzustandes k, so können diese den Gln. (1.5.72 bis 75) entnommen werden. In Tabelle 1.5-3 finden sich diese *elastischen Verzerrungen* für räumliche und ebene Stabtragwerke in den beiden oberen Zeilen. *Kriechdeformationen* werden in Tabelle 1.5-3 gemäß dem Normenwerk durch die Kriechzahl φ_t auf die elastischen Verzerrungen bezogen. Dort finden sich ebenfalls Verzerrungen infolge von *Schwindverkürzungen* ε_s und *Schwindverkrümmungen* κ_s der Stabachse, deren Grundwerte ebenfalls den Baustoffnormen entnommen werden können. Schließlich wurden in den unteren Tabellenzeilen der Tabelle 1.5-3 *Temperaturdehnungen* und *-verkrümmungen* aufgenommen, wobei α_T die lineare Wärmedehnzahl abkürzt.

Substitution der Verzerrungen von Tabelle 1.5-3 gemeinsam mit den Schnittgrößen des virtuellen Hilfszustandes $\boldsymbol{\sigma}_{xi} = \{N_i \; Q_{yi} \; Q_{zi} \; M_{Ti} \; M_{yi} \; M_{zi}\}$ in das Integral Gl. (1.5.120) lässt die Einzelintegrale der Tabelle 1.5-4 für räumliche Stabtragwerke entstehen. Die Anteile für ebene Tragwerke finden sich in den Spalten 1, 3 und 5. Darüber hinaus bezeichnen in Tabelle 1.5-4 N_{ni}, M_{ni} *Federkräfte* und *Federmomente* in den n *Federelementen* des Tragwerks und c_{Nn}, c_{Mn} die zugehörigen *elastischen Federkonstanten*. C_{li} stellen *l* Auflagerkräfte, M_{wi} weitere *w* Einspannmomente des Hilfszustandes dar, c_{lk} und φ_{wk} verkörpern eingeprägte *Lagerverschiebungen* und *Widerlagerverdrehungen*. In Ta-

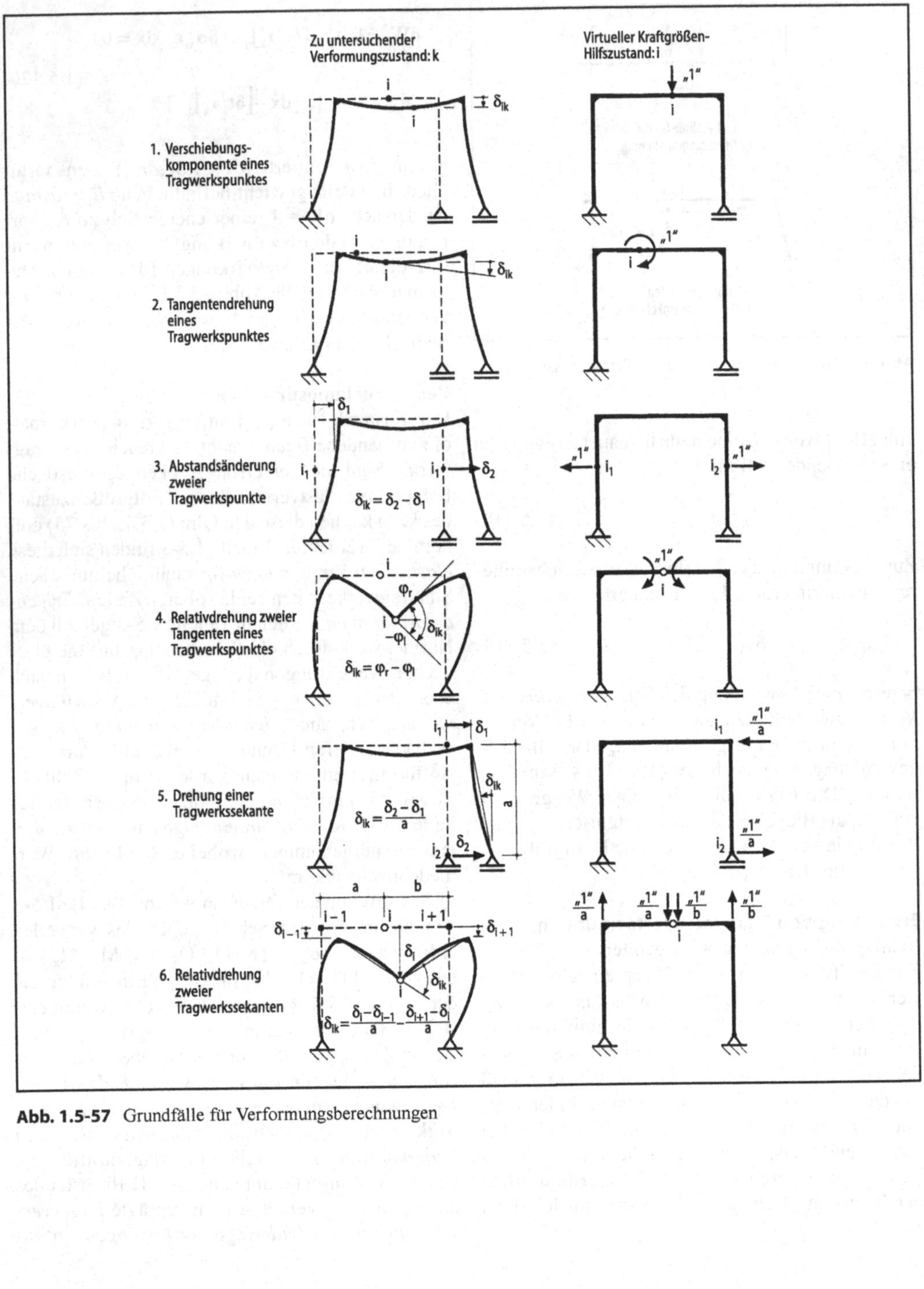

Abb. 1.5-57 Grundfälle für Verformungsberechnungen

Tabelle 1.5-3 Verzerrungsgrößen räumlicher und ebener Stabelemente

Beanspruchungsursachen k	**Verzerrungsgrößen ϵ_k der Querschnitte**					
räumlich	ε	γ_y	γ_z	ϑ	κ_y	κ_z
eben	ε		γ		κ	
Lasten, elastisches Werkstoffverhalten	$\frac{N_k}{EA}$	$\frac{Q_{yk}}{GA_{Qy}}$	$\frac{Q_{zk}}{GA_{Qz}}$	$\frac{M_{Tk}}{GI_T}$	$\frac{M_{yk}}{EI_y}$	$\frac{M_{zk}}{EI_z}$
	$\frac{N_k}{EA}$		$\frac{Q_k}{GA_Q}$		$\frac{M_k}{EI}$	
Lasten, kriechfähiges Werkstoffverhalten	$\varphi_t \frac{N_k}{EA}$	$\varphi_t \frac{Q_{yk}}{GA_{Qy}}$	$\varphi_t \frac{Q_{zk}}{GA_{Qz}}$	$\varphi_t \frac{M_{Tk}}{GI_T}$	$\varphi_t \frac{M_{Tk}}{GI_T}$	$\varphi_t \frac{M_{zk}}{EI_z}$
	$\varphi_t \frac{N_k}{EA}$		$\frac{Q_k}{GA_Q}$		$\varphi_t \frac{M_k}{EI}$	
Schwinden	ε_s				κ_{sy}[a]	κ_{sz}[a]
	ε_s				κ_s[a]	
Temperatureinwirkung	$\alpha_T T$				$\alpha_T \frac{\Delta T_z}{h}$	
	$\alpha_T T$				$\alpha_T \frac{\Delta T_z}{h}$	$\alpha_T \frac{\Delta T_y}{b}$

[a] Zur Ermittlung der Schwindverkrümmung siehe Kapitel Massivbau und Verbundbau

Tabelle 1.5-4 Formänderungsarbeitsanteile räumlicher Tragwerke

Beanspruchungsursachen k					
Lasten, elastisches Werkstoffverhalten	Lasten, kriechfähiges Werkstoffverhalten	Schwinden	Temperatur-einwirkung	Federelastische Lager	Eingeprägte Lagerver-schiebungen
$\int_0^l \frac{N_i N_k}{EA} dx$	$\varphi_t \int_0^l \frac{N_i N_k}{EA} dx$	$\int_0^l N_i \varepsilon_s dx$	$\int_0^l N_i \alpha_T T dx$		
$\int_0^l \frac{Q_{yi} Q_{yk}}{GA_{Qy}} dx$	$\varphi_t \int_0^l \frac{Q_{yi} Q_{yk}}{GA_{Qy}} dx$			$\sum_n \frac{N_{ni} N_{nk}}{c_{Nn}}$	$-\sum_l c_{li} c_{lk}$
$\int_0^l \frac{Q_{zi} Q_{zk}}{GA_{Qz}} dx$	$\varphi_t \int_0^l \frac{Q_{zi} Q_{zk}}{GA_{Qz}} dx$				
$\int_0^l \frac{M_{Ti} M_{Tk}}{GI_T} dx$	$\varphi_t \int_0^l \frac{M_{Ti} M_{Tk}}{GI_T} dx$				
$\int_0^l \frac{M_{yi} M_{yk}}{EI_y} dx$	$\varphi_t \int_0^l \frac{M_{yi} M_{yk}}{EI_y} dx$	$\int_0^l M_{yi} \kappa_{sy} dx$	$\int_9^l M_{yi} \alpha_T \frac{\Delta T_z}{h} dx$	$\sum_n \frac{M_{ni} M_{nk}}{c_{Mn}}$	$-\sum_w M_{wi} \varphi_{wk}$
$\int_0^l \frac{M_{zi} M_{zk}}{EI_z} dx$	$\varphi_t \int_0^l \frac{M_{zi} M_{zk}}{EI_z} dx$	$\int_0^l M_{zi} \kappa_{sz} dx$	$\int_0^l M_{zi} \alpha_T \frac{\Delta T_y}{b} dx$		

belle 1.5-4 wurde das Variationssymbol δ fortgelassen, wie allgemein in der Statik der Tragwerke für den virtuellen Hilfszustand i üblich.

Arbeitsintegrale für Einzelverformungen

Für ebene Stabtragwerke gewinnt man aus Gl. (1.5.120) und Tabelle 1.5-4 folgenden Ausdruck:

$$\begin{aligned}\delta_{ik} &= \int_0^l N_i\left[\frac{N_k}{EA}(1+\varphi_t)+\alpha_T T+\varepsilon_s\right]dx\\&+\int_0^l Q_i\frac{Q_k}{GA_Q}(1+\varphi_t)dx\\&+\int_0^l M_i\left[\frac{M_k}{E}(1+\varphi_t)+\alpha_T\frac{\Delta T}{h}+\kappa_s\right]dx\\&+\sum_n\frac{N_{ni}N_{nk}}{c_{Nn}}+\sum_n\frac{M_{ni}M_{nk}}{c_{Mn}}\\&-\sum_l C_{li}c_{lk}-\sum_w M_{wi}\varphi_{wk}.\end{aligned} \qquad (1.5.121)$$

Die hierin auftretenden Integrale werden i. Allg. mittels Integraltafeln gelöst, wobei die Lösung mit deren charakteristischen Funktionswerten F_i, F_k folgende Form annimmt:

$$\text{Integral} = \text{Faktor}\cdot F_i\cdot F_k\cdot \text{Stablänge } l\,. \qquad (1.5.122)$$

Dabei sind die auftretenden Zustandsgrößenflächen so zu zerlegen, dass die Standardfälle in Abb. 1.5-58 anwendbar werden. Umfangreichere Integraltafeln finden sich in [Duddeck/Ahrens 1998, Haße 1996, Hirschfeld 1969, Krätzig, Harte et al. 1999, Rubin/Schneider 1998].

Bei Anwendung der Integraltafeln empfiehlt es sich, die unterschiedlichen Steifigkeiten eines Arbeitsausdruckes durch *reduzierte Stablängen* zu erfassen. Beispielsweise gewinnt man aus

$$\delta_{ik} = \int_0^l\left[\frac{N_iN_k}{EA}+\frac{Q_iQ_k}{GA_Q}+\frac{M_iM_k}{EI}\right]dx \qquad (1.5.123)$$

durch Multiplikation mit einer Vergleichssteifigkeit EI_c

$$EI_c\delta_{ik} = \int_0^l N_iN_k\underbrace{\frac{I_c}{A}dx}_{dx'}+\int_0^l Q_iQ_k\underbrace{\frac{EI_c}{GA_Q}dx}_{dx''}+\int_0^l M_iM_k\underbrace{\frac{I_c}{I}dx}_{dx'''}, \qquad (1.5.124)$$

worin sich die einzelnen Integrale nun über unterschiedlich reduzierte Stablängen erstrecken, die nicht mehr unbedingt Längendimension besitzen:

Normalkraftintegral	$l' = l\, I_c/A$
Querkraftintegral	$l'' = l\, EI_c/GA_Q$
Biegemomentenintegral	$l''' = l\, I_c/I$

Das hier geschilderte Verfahren findet sich, obwohl über 100 Jahre alt, auch heute noch in Berechnungssoftware auf der Basis von Tabellenkalkulationsprogrammen.

Tabellarische Ermittlung von Einzelverformungen

Für einfache Tragwerke und Standardlastfälle enthalten viele Bautaschenbücher [Duddeck/Ahrens 1998, Haße 1996, Rubin/Schneider 1998] Standardlösungen für Einzelverformungen einfacher Tragwerke. Abbildung 1.5-59 gibt eine Auswahl wieder.

Biegelinien nach dem Verfahren der ω-Funktionen

Sind Einzelverformungen an einer Anzahl von Tragwerkspunkten bekannt oder ermittelt, so können die Biegelinien der zwischen diesen liegenden Stababschnitte mittels ω-Funktionen bestimmt werden. Zur Herleitung liest man aus Abb. 1.5-24 die Differentialbeziehung

$$EIw'' = -M(x):\ EI_cw'' = -\frac{I_c}{I}M(x) \qquad (1.5.125)$$

ab, aus der durch zweifache Integration die Biegelinie w(x) eines geraden Stabes konstanter Biegesteifigkeit entsteht:

$$EIw(x) = \frac{I_c}{I}\left[-\int_0^l\int_0^l M(x)dxdx + C_1x + C_2\right]. \qquad (1.5.126)$$

	F_i (Rechteck)	F_i (Dreieck)	F_i (Parabel)
F_k (Rechteck)	1	$\frac{1}{2}$	$\frac{1}{2}$
F_k (Dreieck)	$\frac{1}{2}$	$\frac{1}{3}$	$\frac{1}{4}$
F_k (Dreieck)	$\frac{1}{2}$	$\frac{1}{6}$	$\frac{1}{4}$
F_k (Dreieck)	$\frac{1}{2}$	$\frac{1}{4}$	$\frac{1}{3}$
F_k Trapez $-F_k$	0	$\frac{1}{6}$	0
quadratische Parabeln	$\frac{2}{3}$	$\frac{1}{3}$	$\frac{5}{12}$
	$\frac{2}{3}$	$\frac{5}{12}$	$\frac{17}{48}$
	$\frac{2}{3}$	$\frac{1}{4}$	$\frac{17}{48}$
	$\frac{1}{3}$	$\frac{1}{4}$	$\frac{7}{48}$
	$\frac{1}{3}$	$\frac{1}{12}$	$\frac{7}{48}$
kubische Parabeln	$\frac{1}{4}$	$\frac{1}{5}$	$\frac{3}{32}$
	$\frac{1}{4}$	$\frac{1}{20}$	$\frac{3}{32}$

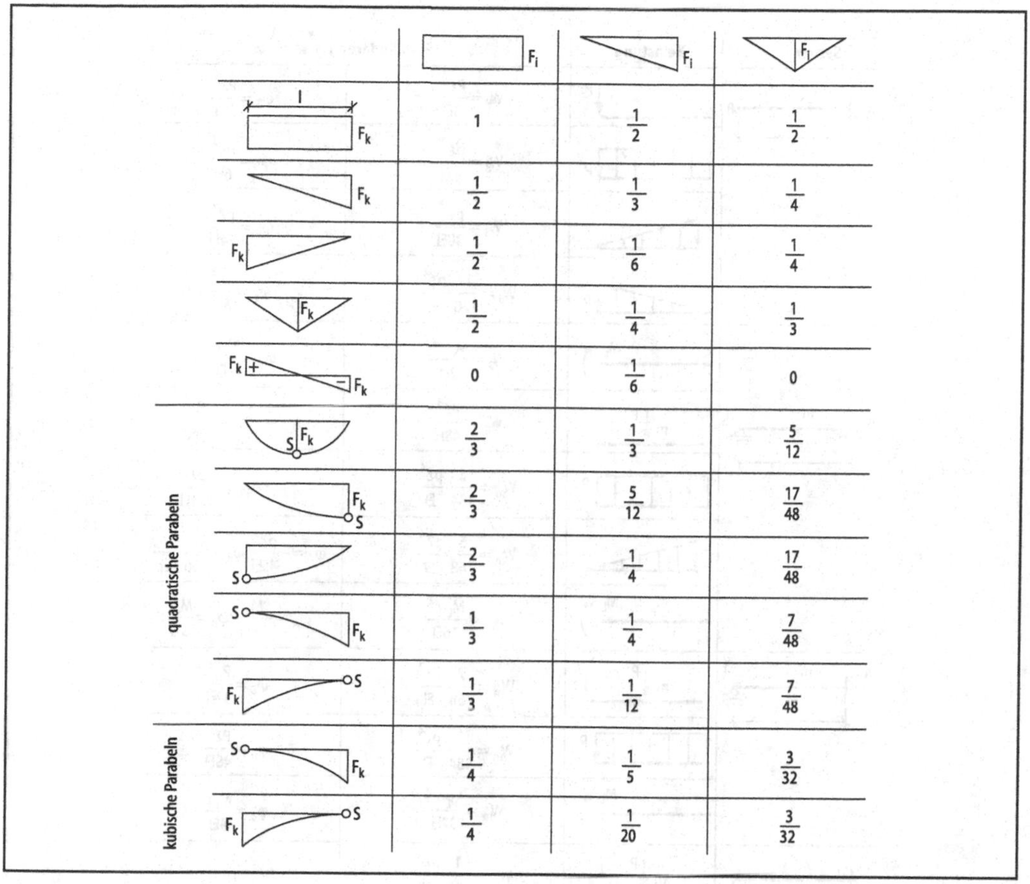

Abb. 1.5-58 Integraltafel

Bestimmt man die freien Konstanten C_1, C_2 aus der Bedingung der Durchbiegungsfreiheit an beiden Stabenden

$$w(x=0) = 0, \quad w(x=l) = 0, \qquad (1.5.127)$$

so heißt die rechteckige Klammer in Gl. (1.5.126) ω-*Funktion*. Diese vom Momentenverlauf $M(x)$ abhängigen Funktionen werden über die dimensionslose Stabkoordinate $\zeta = x/l$ tabelliert, so dass die Biegelinienlösung lautet:

$$EI_c w(x) = \frac{I_c}{I} \cdot Faktor \cdot \omega(\varsigma). \qquad (1.5.128)$$

Abbildung 1.5-60 enthält die jeweiligen Faktoren und ω-Funktionen in analytischer Form. Umfangreichere Tabellen findet der Leser in [Hirschfeld 1969, Krätzig, Harte et al. 1999]. Ein Beispiel zur Anwendung dieser ω-Funktionen zeigt Abb. 1.5-61.

1.5.2.4 Statisch unbestimmte Tragwerke

Das klassische Kraftgrößenverfahren
Bei einem statisch unbestimmten Tragwerk reichen die zur Verfügung stehenden Gleichgewichtsbedingungen nicht aus, um sämtliche unbekannten Auflagerreaktionen und Schnittgrößen zu berechnen. Dazu müssen zusätzlich Verformungsbedin-

System	Belastung	Formänderung $+w \quad +\varphi$	
A———B $\;\;l$	$\downarrow P$	$W_B = \dfrac{P\ell^3}{3EI}$	$\varphi_B = \dfrac{P\ell^2}{2EI}$
	p (gleichmäßig)	$W_B = \dfrac{p\ell^4}{8EI}$	$\varphi_B = \dfrac{p\ell^3}{6EI}$
	p (Dreieck)	$W_B = \dfrac{p\ell^4}{30EI}$	$\varphi_B = \dfrac{p\ell^3}{24EI}$
	p (Dreieck)	$W_B = \dfrac{11}{120}\dfrac{p\ell^4}{EI}$	$\varphi_B = \dfrac{p\ell^3}{8EI}$
	M_L	$W_B = \dfrac{M_L\cdot\ell^2}{2EI}$	$\varphi_B = \dfrac{M_L\ell}{EI}$
A——m——B $\;\;l$	$m\downarrow P$	$W_m = \dfrac{P\ell^3}{48EI}$	$\varphi_A = -\varphi_B = -\dfrac{P\ell^2}{16EI}$
	p (gleichmäßig)	$W_m = \dfrac{5}{384}\dfrac{p\ell^4}{EI}$	$\varphi_A = -\varphi_B = -\dfrac{p\ell^3}{24EI}$
	p (Dreieck)	$W_m = \dfrac{5}{768}\dfrac{p\ell^4}{EI}$	$\varphi_A = -\dfrac{p\ell^3}{45EI};\;\varphi_B = \dfrac{7}{360}\dfrac{p\ell^3}{EI}$
	M_L	$W_m = \dfrac{M_L\cdot\ell^2}{16EI}$	$\varphi_A = -\dfrac{M_L\ell}{6EI};\;\varphi_B = \dfrac{M_L\ell}{3EI}$
A——m——E $\;\;l$	$m\downarrow P$	$W_m = \dfrac{7}{768}\dfrac{P\ell^3}{EI}$	$\varphi_B = \dfrac{P\ell^3}{32EI}$
	p (gleichmäßig)	$W_m = \dfrac{2}{384}\dfrac{p\ell^4}{EI}$	$\varphi_B = \dfrac{P\ell^3}{48EI}$
	M_L	$W_m = \dfrac{M_L\cdot\ell^2}{32EI}$	$\varphi_B = \dfrac{M_L\ell}{4EI}$
———m———	$m\downarrow P$	$W_m = \dfrac{1}{192}\dfrac{P\ell^3}{EI}$	
	p (gleichmäßig)	$W_m = \dfrac{1}{384}\dfrac{p\ell^4}{EI}$	

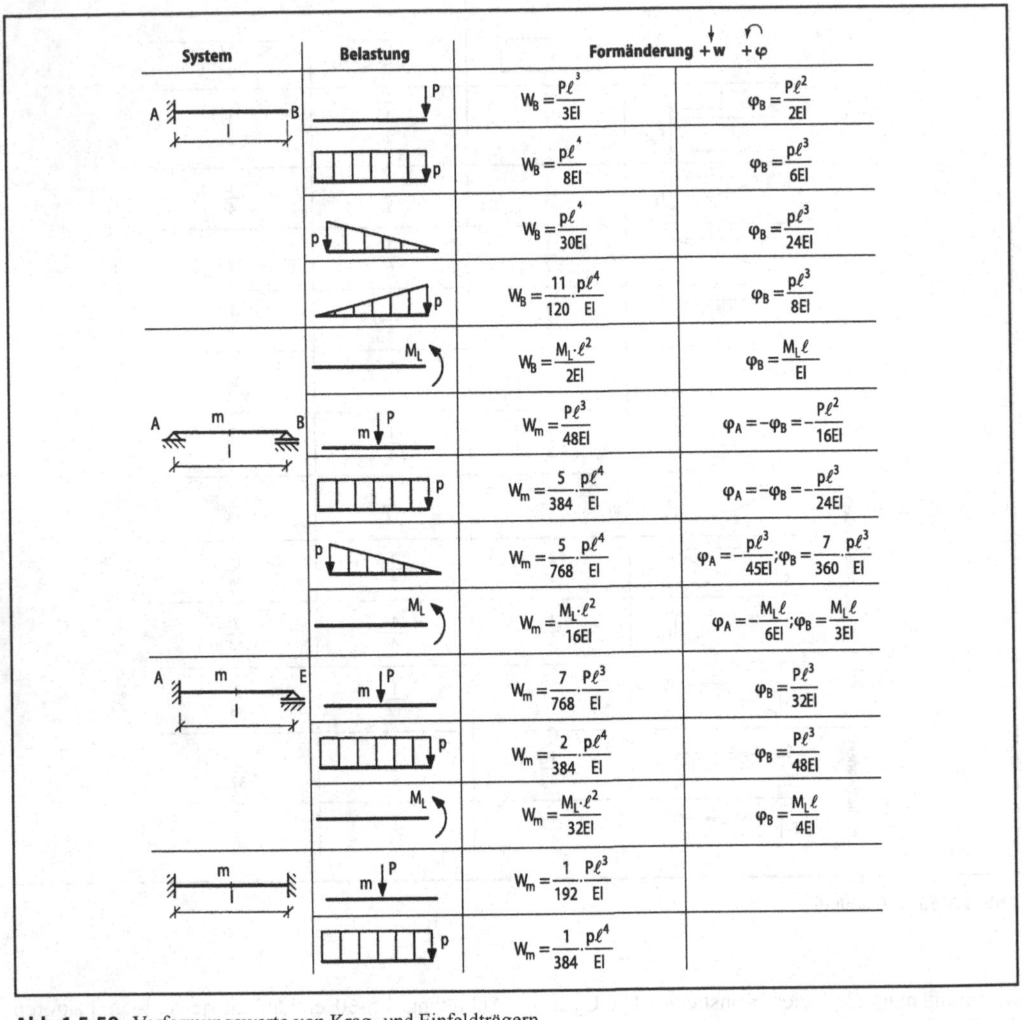

Abb. 1.5-59 Verformungswerte von Krag- und Einfeldträgern

gungen herangezogen werden, deren Anzahl den Grad n der statischen Unbestimmtheit angibt. Beim Kraftgrößenverfahren wird hierzu das n-fach statisch unbestimmte System durch Einfügen von n Mechanismen in ein statisch bestimmtes System verwandelt; an diesem *statisch bestimmten Grundsystem* entstehen damit Verformungen, die am ursprünglichen Tragwerk nicht möglich waren. Um diese rückgängig zu machen, werden an den n Mechanismen die dort in Wirklichkeit vorhandenen inneren Kraftgrößen als äußere Wirkungen X_i mit

i=1…n, d.h. als *statisch Unbestimmte*, angesetzt. Die Wahl des statisch bestimmten Grundsystems ist beliebig, vorausgesetzt, dass beim Einfügen der n Mechanismen keine kinematischen Verschieblichkeiten entstehen, auch nicht in Teilen des Systems. Es ist zu empfehlen, die statisch Unbestimmten stets so zu wählen, dass sich ihr Einfluss auf möglichst kleine Bereiche des Systems erstreckt und dass das statisch bestimmte Grundsystem in seinem Tragverhalten so wenig wie möglich vom gegebenen System abweicht.

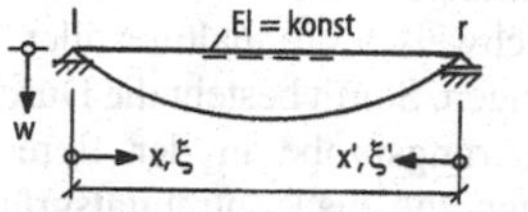

$$\xi = \frac{x}{\ell} \quad \xi' = \frac{x'}{\ell} = 1 - \xi \quad F_P = \int_0^{\ell} w(x)\,dx$$

Nr.	M-Verlauf	EIw(x)	ω(ξ)	$EI \cdot F_P$
1	M	$\frac{M\ell^2}{2} \cdot \omega_R$	$\omega_R = \xi - \xi^2$	$\frac{M\ell^3}{12}$
2	M	$\frac{M\ell^2}{6} \cdot \omega_D$	$\omega_D = \xi - \xi^3$	$\frac{M\ell^3}{24}$
3	M	$\frac{M\ell^2}{6} \cdot \omega'_D$	$\omega'_D = 2\xi - 3\xi^2 + \xi^3$	$\frac{M\ell^3}{24}$
4	−M, M	$\frac{M\ell^2}{6} \cdot \omega''_D$	$\omega''_D = -\xi + 3\xi^2 - 2\xi^3$	$-\frac{M\ell^3}{192}$
5	M	$\frac{M\ell^2}{12} \cdot \omega_\Delta$	$\omega_\Delta = 3\xi - 4\xi^3$	$\frac{5 \cdot M\ell^3}{96}$
6	M	$\frac{M\ell^2}{3} \cdot \omega''_P$	$\omega''_P = \xi - 2\xi^3 + \xi^4$	$\frac{M\ell^3}{15}$
7	M	$\frac{M\ell^2}{12} \cdot \omega_P$	$\omega_P = \xi - \xi^4$	$\frac{M\ell^3}{40}$
8	M	$\frac{M\ell^2}{12} \cdot \omega'_P$	$\omega'_P = 3\xi - 6\xi^2 + 4\xi^3 - \xi^4$	$\frac{M\ell^3}{40}$
9	$\frac{-M}{2}$, M	$\frac{M\ell^2}{4} \cdot \omega_\tau$	$\omega_\tau = \xi^2 - \xi^3$	$\frac{M\ell^3}{48}$
10	M, $\frac{-M}{2}$	$\frac{M\ell^2}{4} \cdot \omega'_\tau$	$\omega'_\tau = \xi - 2\xi^2 + \xi^3$	$\frac{M\ell^3}{48}$

Abb. 1.5-60 Grundgleichungen der ω-Funktionen

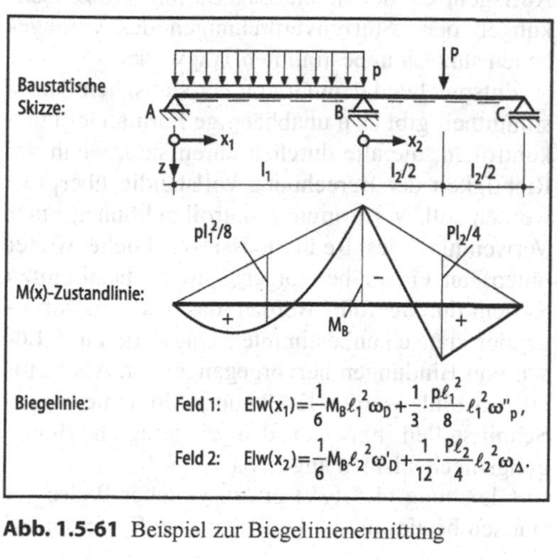

Abb. 1.5-61 Beispiel zur Biegelinienermittlung

Durch die Bedingung, dass die Summe der unverträglichen Verformungen an jedem der n Mechanismen infolge der äußeren Lasten und der X_i verschwinden muss, werden n Bestimmungsgleichungen für die unbekannten Kraftgrößen X_i gewonnen. Diese Gleichungen werden als *Formänderungsbedingungen* oder *Elastizitätsgleichungen* bezeichnet. Sie lauten allgemein

$$\delta_i = \delta_{i0} + X_1 \cdot \delta_{i1} + X_2 \cdot \delta_{i2} + \ldots + X_n \cdot \delta_{in} = 0$$

für i = 1...n bzw.

$$\delta_{i0} + \sum_{k=1}^{n} X_k \cdot \delta_{ik} = 0. \qquad (1.5.129)$$

Damit stehen zur Ermittlung der n Unbekannten X_i genau n Gleichungen zur Verfügung.

Die allgemeine Formel zur Bestimmung einer Formänderung δ_{ik} wurde in (1.5.121) angegeben. Bei den Formänderungswerten δ_{ik} deutet der zweite Index auf die Ursache der Verformung hin: δ_{i0} ist die lastabhängige Verformung, δ_{ik} für k=1...n die Verformung infolge X_k=1. Der erste Index hat drei unterschiedliche Bedeutungen: Er gibt die Art, den Ort und die positive Richtung der Formänderungsgröße an. Ist X_i eine Kraft (ein Moment), so stellt δ_{ik} die Verschiebung (Verdrehung) an der Stelle i in Richtung von X_i dar. Für ein Kräftepaar (Momentenpaar) X_i ergibt sich δ_{ik} als gegenseitige Verschiebung (Verdrehung) der Schnittufer an der Stelle i in Richtung von X_i. Damit lauten die Formänderungswerte eines ebenen Tragwerks bei Vernachlässigung von Kriechen, Schwinden und Querkraftverformungen:

$$\begin{aligned} EI_c\boldsymbol{\delta}_{10} &= \int N_i N_0 \frac{I_c}{A} dx + \int M_i M_0 \frac{I_c}{I} dx \\ &+ EI_c \int \left(N_i \boldsymbol{\alpha}_T T + M_i \boldsymbol{\alpha}_T \frac{\Delta T}{h} \right) dx \\ &+ EI_c \sum_n \left(\frac{N_{ni} N_{n0}}{c_{Nn}} + \frac{M_{ni} M_{n0}}{c_{Mn}} \right) \\ &- EI_c \sum_l C_{li} c_{10} - E\,{}_c \sum_w M_{iw} \boldsymbol{\varphi}_{w0}, \end{aligned} \tag{1.5.130}$$

$$\begin{aligned} EI_c\boldsymbol{\delta}_{ik} &= \int N_i N_k \frac{I_c}{A} dx + \int M_i M_k \frac{I_c}{I} dx \\ &+ EI_c \sum_n \left(\frac{N_{ni} N_{nk}}{c_{Nn}} + \frac{M_{ni} M_{nk}}{c_{Mn}} \right) \end{aligned} \tag{1.5.131}$$

Nach Lösung des Gleichungssystems (1.5.129) werden dem statisch bestimmtem Lastzustand die Wirkungen der statisch Unbestimmten überlagert. Die *endgültigen Zustandsgrößen* Z ergeben sich dann aus

$$Z = Z_0 + X_1 \cdot Z_1 + X_2 \cdot Z_2 + \ldots + X_n \cdot Z_n$$

bzw.

$$Z = Z_0 + \sum_{k=1}^{n} X_k \cdot Z_k. \tag{1.5.132}$$

Die Schnittgrößen statisch bestimmter Tragwerke werden allein mittels *Gleichgewichtskontrollen* überprüft. Zur Überprüfung der Schnittgrößen statisch unbestimmter Systeme sind dagegen zusätzliche *Verformungskontrollen* erforderlich; sie dienen dem Nachweis der Einhaltung aller Formänderungsbedingungen. Somit besteht die Durchführung einer Formänderungsprobe in der Berechnung einer Verformung, die aus Kontinuitätsgründen Null sein muss.

Gleichgewichtsproben $\Sigma H = \Sigma V = \Sigma M = 0$ können

- am Gesamtsystem zur Kontrolle der Auflagerreaktionen,
- an Teilsystemen zur Kontrolle beliebiger Schnittgrößen und
- an Tragwerksknoten zur Kontrolle der Stabendschnittgrößen

durchgeführt werden.

Zu Formänderungsproben dienen natürlich dieselben Beziehungen wie zur Berechnung von Einzelverformungen:

$$\begin{aligned} EI_c\delta_i &= \int N_i N \frac{I_c}{A} dx + \int M_i M \frac{I_c}{I} dx \\ &+ EI_c \int \left(N_i \alpha_T T + M_i \alpha_T \frac{\Delta T}{h} \right) \cdot dx \\ &+ EI_c \sum_n \left(\frac{N_{ni} N_n}{c_{Nn}} + \frac{M_{ni} M_n}{c_{Mn}} \right) \\ &- EI_c \sum_l C_{li} c_l - EI_c \sum_w M_{wi} \varphi_w \end{aligned} \tag{1.5.133}$$

Darin sind N, M, N_n und M_n die endgültigen Schnitt- bzw. Federkraftgrößen und C_l, M_w die Auflagenrreaktionen an Lagern mit Stützensenkungen oder Stützenverdrehungen des vorgegebenen statisch unbestimmten Tragwerks.

Entsprechend dem Grad n der statischen Unbestimmtheit gibt es n unabhängige Formänderungskontrollen, die alle durchzuführen sind, wenn die Richtigkeit der Berechnung vollständig überprüft werden soll. Verformungskontrollen können unter Verwendung des Reduktionssatzes (siehe weiter unten) an einem beliebigen statisch bestimmten System durchgeführt werden, das aus dem vorliegenden statisch unbestimmten Tragwerk durch Lösen von Bindungen hervorgegangen ist. Als virtuelle Lastfälle werden Kräfte oder Momente an den Schnittstellen bzw. an den eingefügten Bewegungsmechanismen angesetzt.

Gleichung (1.5.129) gilt in gleicher Weise für statisch bestimmte und unbestimmte Systeme; bei statisch unbestimmten Systemen enthalten jedoch die Zustandsgrößen M, Q, N, … einen statisch bestimmten Anteil und einen Anteil aus dem Einfluss der statisch Überzähligen X_i. Nach dem Arbeitssatz werden Einzelverformungen durch Integration über Produkte je zweier Schnittkraftflächen berechnet. Die Zustandslinien Z des Systems unter der gegebenen Beanspruchung werden dabei mit den Schnittgrößenflächen $\overline{Z}$ infolge der zur gesuchten Verformung korrespondierenden virtuellen Einheitslast überlagert. Der *Reduktionssatz* besagt, dass sich bei einem statisch unbestimmten Tragwerk jeweils immer nur eine der beiden Zustandsflächen auf dieses System zu beziehen braucht, während für die andere ein beliebiges, kinematisch unverschiebliches Grundsystem herangezogen werden darf, das aus dem statisch unbestimmten System durch Wegnahme von Bindungen hervorgegangen ist. Zweckmäßiger Weise wird für den virtuellen Lastfall ein statisch bestimmtes Grundsystem gewählt. Es gilt

$$\delta_m = \int \frac{\overline{M}M}{EI}\,dx + \dots = \int \frac{\overline{M}_0 M}{EI}\,dx + \dots \quad (1.5.134)$$

Darin bedeuten

- $\overline{M}$, M die virtuellen bzw. wirklichen Momente am gegebenen, statisch unbestimmten System
- $\overline{M}_0$, M_0 die virtuellen bzw. wirklichen Momente am reduzierten, zweckmäßig statisch bestimmt gewählten Grundsystem.

Gleichung (1.5.134) gilt sinngemäß auch für alle anderen Zustandsgrößen, so dass in den Formeln für die Einzelverformung entweder die wirklichen oder die virtuellen Zustandsgrößen von einem beliebig reduzierten Grundsystem stammen dürfen.

Einflusslinien für Schnitt- und Verformungsgrößen statisch unbestimmter Systeme

Die *Einflusslinie für eine Kraftgröße* S_r infolge einer Wanderlast P_m=1 ist identisch mit der Biegelinie w(x) des Lastgurtes, die durch eine zu S_r komplementäre, aufgezwungene Weggröße δ_r=-1 hervorgerufen wird. Dieser Satz gilt unabhängig vom Grad der statischen Unbestimmtheit. Eine erste Möglichkeit zur Ermittlung von Einflusslinien für Kraftgrößen statisch unbestimmter Systeme beruht auf der Benutzung eines statisch bestimmten Hauptsystems: Am statisch bestimmten Grundsystem lässt sich die der gesuchten Einflussgröße entsprechende Einheitsverformung zwanglos einprägen, wobei Formänderungswerte δ_{i0} auftreten, die aus kinematischen Beziehungen bestimmbar sind. Nach Ermittlung der X_i durch Lösung des Systems der Elastizitätsgleichungen ist die Biegelinie zu berechnen, die sich aus einem kinematischen und einem durch Schnittgrößen verursachten Anteil zusammensetzt: Sie ist identisch mit der gesuchten Einflusslinie. In Abb. 1.5-62 ist das Vorgehen anhand der Bestimmung der Einflusslinie des Biegemoments im Querschnitt r eines Zweifeldträgers illustriert.

Eine weitere Möglichkeit zur Bestimmung von Kraftgrößeneinflusslinien statisch unbestimmter Systeme geht vom (n-1)-fach statisch unbestimmten System aus, das aus dem Originaltragwerk durch Herauslösen der zur gesuchten Kraftgröße S_r korrespondierenden Bindung entsteht. Das (n-1)-fach statisch unbestimmte System wird dann durch S_r=1 belastet und die Biegelinie des Lastgurtes ermittelt. Wird diese Biegelinie anschließend derart skaliert, dass die zu S_r korrespondierende Verformung (-1) beträgt, ist sie mit der gesuchten Einflusslinie identisch.

Wenn an einem n-fach statisch unbestimmten System mehr als n Einflusslinien zu ermitteln sind, ist es vorteilhaft, zunächst die Einflusslinien der statisch Unbestimmten X_i zu berechnen und aus diesen dann sämtliche anderen Einflusslinien durch Superposition herzuleiten. Bekanntlich beträgt die Zustandsgröße Z_r an der Stelle r eines n-fach statisch unbestimmten Tragwerks

$$Z_r = Z_{r0} + \sum_{k=1}^{n} X_k \cdot Z_{rk}. \quad (1.5.135)$$

Darin geben Z_{r0} und Z_{rk} die Größe von Z_r im statisch bestimmten Grundsystem infolge der äußeren Lasten bzw. infolge von X_k=1 an. Wirkt auf das System die Wanderlast P_m=1 ein, so treten in (1.5.124) an die Stelle der lastabhängigen Größen Z_r, Z_{r0} und X_k die entsprechenden Einflusslinien. Die lastunabhängigen Werte Z_{rk} bleiben unverändert und man erhält

$$"Z_r" = "Z_{r0}" + \sum_{k=1}^{n} "X_k" \cdot Z_{rk}. \quad (1.5.136)$$

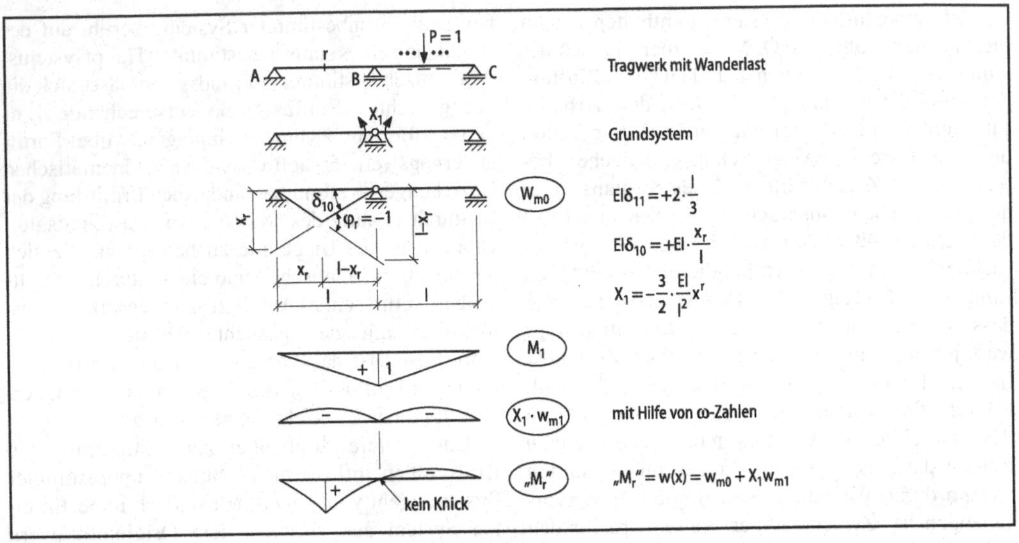

Abb. 1.5-62 Ermittlung der Einflusslinie für ein Feldmoment

Demnach setzt sich die Einflusslinie "Z_r "aus (n+1) einzelnen Einflusslinien zusammen.

Die Einflusslinie "Z_{r0} " kann analytisch oder kinematisch bestimmt werden, die Ermittlung der Einflusslinien "X_k" wird im Folgenden gezeigt. Für ein n-fach statisch unbestimmtes System unter der Wanderlast P_m=1 ergibt sich aus (1.5.129)

$$\delta_{im}+\sum_{k=1}^{n}"X_k"\cdot\delta_{ik}=0. \qquad (1.5.137)$$

Darin ist $\delta_{im}=\delta_{mi}$ die Biegelinie des Lastgurts infolge X_i=1. Mit der negativen Kehrmatrix $\boldsymbol{\beta}=-\boldsymbol{\delta}^{-1}$ lauten die Einflusslinien der statisch Überzähligen

$$„\mathbf{X}“=\boldsymbol{\beta}\cdot\boldsymbol{\delta}_m \qquad (1.5.138)$$

oder in ausgeschriebener Form

$$\begin{bmatrix}"X_1"\\"X_2"\\\vdots\\"X_i"\\\vdots\\"X_n"\end{bmatrix}=\begin{bmatrix}\beta_{11}&\beta_{12}&\cdots&\beta_{1i}&\cdots&\beta_{1n}\\\beta_{21}&\beta_{22}&\cdots&\beta_{2i}&\cdots&\beta_{2n}\\\vdots&\vdots&\vdots&\vdots&\vdots&\vdots\\\beta_{i1}&\beta_{i2}&\cdots&\beta_{ii}&\cdots&\beta_{in}\\\vdots&\vdots&\vdots&\vdots&\vdots&\vdots\\\beta_{n1}&\beta_{n2}&\cdots&\beta_{ni}&\cdots&\beta_{nn}\end{bmatrix}\cdot\begin{bmatrix}\delta_{m1}\\\delta_{m2}\\\vdots\\\delta_{mi}\\\vdots\\\delta_{mn}\end{bmatrix}. \qquad (1.5.139)$$

Jede Einflusslinie „X_i“ stellt somit die Summe von n, mit β_{ik} gewichteten Biegelinien δ_{mk} dar.

Bezüglich der Einflusslinien für Verformungsgrößen ist festzuhalten, dass die Einflusslinie für eine Einzelverformung identisch ist mit der Biegelinie w(x) des Lastgurtes infolge einer Einheitskraftgröße, die in Richtung der gesuchten Verformung wirkt. Das gilt wieder in gleicher Weise für statisch bestimmte und für statisch unbestimmte Tragwerke; das allgemeine Vorgehen lautet im Einzelnen daher wie folgt:

- Das vorgegebene System wird am Ort und in Richtung der gesuchten Verschiebung (Verdrehung) mit P=1 (M=1) belastet, bei gegenseitigen Verformungen mit dem entsprechenden Kraftgrößenpaar.
- Die zugehörigen Schnittgrößen werden berechnet.
- Die Biegelinie des Lastgurts (dessen Verschiebungen in Richtung der Wanderlast) wird ermittelt; die berechnete Biegelinie ist identisch mit der gesuchten Einflusslinie.

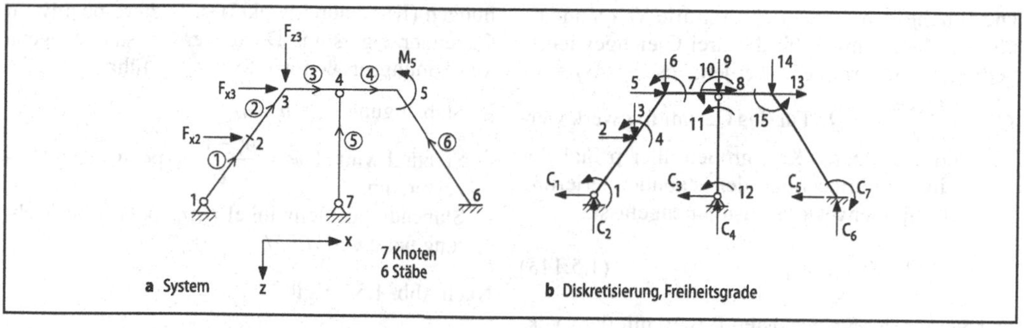

Abb. 1.5-63 Ebenes Stabtragwerk: a) System b) Diskretisierung, Freiheitsgrade

Matrizielle Verfahren

Diskrete Modelle von Stabtragwerken

Die Theorie der heute verfügbaren Berechnungssoftware für Stabtragwerke lässt sich genau wie derjenigen für allgemeine Tragwerke besonders einfach in einer matriziellen Darstellung erläutern, was nun erfolgen soll. Ebene Stabtragwerke bestehen aus geraden oder gekrümmten *Stäben*, die an *Knotenpunkten* miteinander und (mittels geeigneter Lagerkonstruktionen) mit der Gründungsscheibe verbunden sind (Abb. 1.5-63a). Hier werden nur gerade Stäbe betrachtet; jeder Stab kann beliebig durch Knotenpunkte unterteilt werden, wobei jeder hinzugefügte Knoten die Anzahl der Stäbe um Eins erhöht. Die Nummerierung der *Stabelemente* und Knoten sollte fortlaufend erfolgen, ist ansonsten jedoch beliebig. Zur Unterscheidung des Anfangsknotens (i oder ℓ) vom Endknoten (k oder r) wird der Stab mit einer Pfeilspitze in Richtung der positiven x-Achse orientiert (Abb. 1.5-64).

An jedem Knoten werden die kinematisch möglichen und für die Diskretisierung des Systems als wesentlich betrachteten äußeren Weggrößen (Verschiebungen und Verdrehungen) in Richtung des globalen (x,z)-Koordinatensystems eingeführt. Diese insgesamt m *aktiven kinematischen Freiheitsgrade* lassen sich für das Gesamtsystem in dem Spaltenvektor **V** zusammenfassen:

$$\mathbf{V}^T = [\, V_1 \;\; V_2 \; ..... \; V_m \,]. \qquad (1.5.140)$$

Die zugehörigen Knotenlasten (Kräfte und Momente) werden im Vektor **P** zusammengefasst:

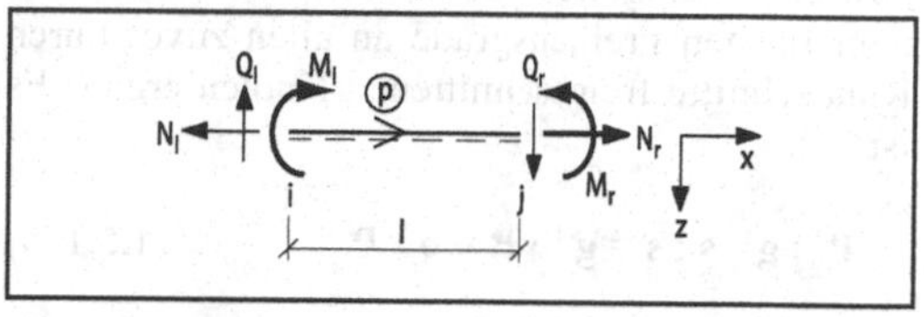

Abb. 1.5-64 Balkenelement mit unabhängigen Stabendkraftgrößen N_r, M_ℓ und M_r

$$\mathbf{P}^T = [\, P_1 \;\; P_2 \; ...... \; P_m \,]. \qquad (1.5.141)$$

Im Beispiel (Tragwerk Abb. 1.5-63) werden 15 kinematische Freiheitsgrade (Abb. 1.5-63b) eingeführt und durchnummeriert. Das System ist auch mit weniger kinematischen Freiheitsgraden sinnvoll diskretisierbar, etwa indem die Längenänderung der Pendelstütze (Element 5) vernachlässigt wird oder die Horizontalverschiebungen der Knoten 3, 4 und 5 gleichgesetzt werden (Vernachlässigung der Längenänderung des Riegels). Die Nummerierung erfolgt fortlaufend, sonst jedoch in beliebiger Weise.

Der Schnittkraftverlauf im Tragwerk ist bekannt, sobald für jedes Stabelement die Stabendschnittkräfte ermittelt wurden. Bei dem unbelasteten, ebenen und geraden Balkenelement p in Abb. 1.5-64 lassen sich die unabhängigen Stabendschnittgrößen N_r, M_ℓ und M_r in dem Spaltenvektor $\mathbf{s}^p$ zusammenfassen:

$$\mathbf{s}^p = \begin{bmatrix} N_r \\ M_\ell \\ M_r \end{bmatrix}^p_{(3,1)} . \qquad (1.5.142)$$

Die abhängigen Stabendschnittkräfte N_ℓ, Q_ℓ und Q_r können daraus mit Hilfe der drei Gleichgewichtsbedingungen ermittelt werden; es ist $N_\ell = N_r$, $Q_r = \dfrac{M_r - M_\ell}{\ell} = Q_\ell$. Für das Gesamttragwerk werden nun die inneren Kraftgrößen aller p Stabelemente in der Reihenfolge der Stabnummerierung in einem Spaltenvektor **s** zusammengefasst:

$$\mathbf{s}^T = [\, \mathbf{s}^a \quad \mathbf{s}^b \quad \ldots \quad \mathbf{s}^p \,]. \tag{1.5.143}$$

Der Vektor der Knotenlasten **P** wird mit dem Vektor **s** der Stabendschnittkräfte durch die Matrix **g** verknüpft, die sich durch Anschreiben der Gleichgewichtsbedingungen in Richtung der aktiven kinematischen Freiheitsgrade an allen zuvor durch Rundschnitte freigeschnittenen Knoten ergibt. Es ist

$$\mathbf{P} = \mathbf{g} \cdot \mathbf{s}\,;\; \mathbf{s} = \mathbf{g}^{-1} \cdot \mathbf{P} = \mathbf{b} \cdot \mathbf{P}. \tag{1.5.144}$$

Hier wurde die Inverse von **g** als Gleichgewichtsmatrix **b** eingeführt: Die Auflösung des Gleichungssystems **P** = **g s** nach **s**, d. h. die Ermittlung des Schnittkraftverlaufs mittels Gleichgewichtsbedingungen, gelingt nur bei quadratischer **g**-Matrix, also bei statischer Bestimmtheit.

Nun zur Kinematik des ebenen Stabelementes (Abb. 1.5-65), dessen Tragwerk zunächst lediglich durch Knotenlasten beansprucht werde. Zu den vollständigen Stabendschnittgrößen (N_ℓ, Q_ℓ, M_ℓ, N_r, Q_r, M_r) korrespondieren die Verschiebungskomponenten (u_ℓ, w_ℓ, φ_ℓ, u_r, w_r, φ_r), d. h. Knotenverschiebungen u, w (positiv jeweils in Richtung der (x,z)-Koordinatenachsen) und Knotenverdrehungen (Knotendrehwinkel) φ, letztere positiv im Gegenuhrzeigersinn. Dazu werden stabbezogene Verformungsgrößen wie folgt eingeführt:

- Stablängung $u_\Delta = u_r - u_\ell$,
- Stabdrehwinkel $\psi = \dfrac{w_r - w_\ell}{\ell}$, positiv im Uhrzeigersinn,
- Stabendtangentenwinkel τ_ℓ, τ_r, positiv in Richtung positiver M_ℓ, M_r.

Nach Abb. 1.5-65 gilt

$$\begin{aligned} \tau_\ell &= -\varphi_\ell - \psi = -(\varphi_\ell + \psi) \\ \tau_r &= \varphi_r + \psi. \end{aligned} \tag{1.5.145}$$

Die den unabhängigen Stabendkraftgrößen $\mathbf{s}^T = [N_r, M_\ell, M_r]$ des Stabelements p arbeitsmäßig zugeordneten (korrespondierenden) inneren Weggrößen sind die in dem Vektor

$$\mathbf{v}^P = \begin{bmatrix} u_\Delta \\ \tau_\ell \\ \tau_r \end{bmatrix}^p_{(3,1)} \tag{1.5.146}$$

zusammengefassten stabbezogenen Verformungsgrößen, d. h. neben der Stablängung u_Δ die Sehnentangentenwinkel τ_ℓ und τ_r.

Der Zusammenhang zwischen den Stabendweggrößen **v** und den Stabendkraftgrößen **s** wird durch das *Werkstoffgesetz* hergestellt. Dazu wird der gerade Stab der Länge *l* mit konstanter Biegesteifigkeit EI und Dehnsteifigkeit EA in Abb. 1.5-66 nacheinander durch die unabhängigen Stabendschnittkräfte N_r, M_ℓ und M_r beansprucht, die die inneren Weggrößen u_Δ, τ_ℓ und τ_r hervorrufen. u_Δ, τ_ℓ und τ_r werden mit Hilfe des Arbeitssatzes gemäß Abb. 1.5-66 bestimmt:

$$\mathbf{v}^P = \begin{bmatrix} u_\Delta \\ \tau_\ell \\ \tau_r \end{bmatrix}^p = \begin{bmatrix} \dfrac{\ell}{EA} & 0 & 0 \\ 0 & \dfrac{\ell}{3EI} & \dfrac{\ell}{6EI} \\ 0 & \dfrac{\ell}{6EI} & \dfrac{\ell}{3EI} \end{bmatrix} \cdot \begin{bmatrix} N_r \\ M_\ell \\ M_r \end{bmatrix}^p = \mathbf{f}^p \cdot \mathbf{s}^p \tag{1.5.147}$$

Die dabei entstandene *Elementnachgiebigkeitsmatrix* (*Elementflexibilitätsmatrix*) $\mathbf{f}^p$ des Stabelementes p ist quadratisch, symmetrisch und positiv

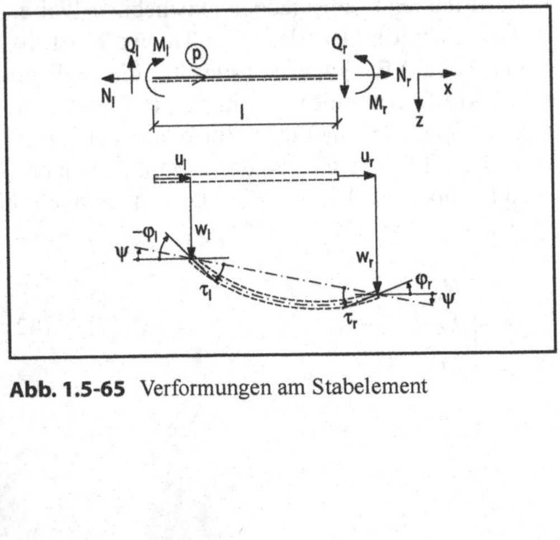

Abb. 1.5-65 Verformungen am Stabelement

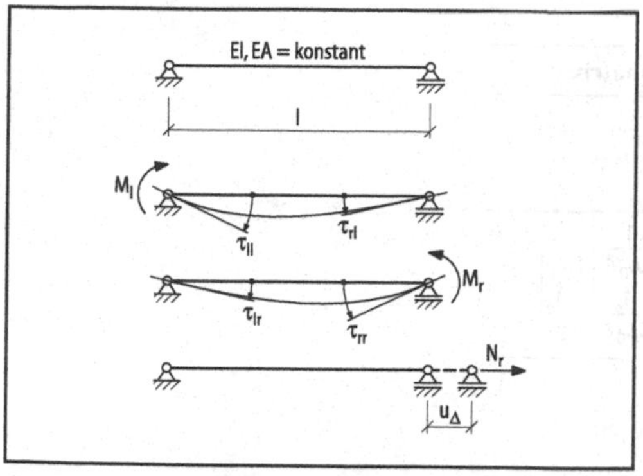

Abb. 1.5-66 Unabhängige Stabendverformungen beim geraden Stabelement

definit. Für das Gesamttragwerk können die Flexibilitätsmatrizen aller Stäbe auf die Diagonale einer *Hypermatrix* **f** abgelegt werden, ohne Beachtung der Lagerbedingungen. Die Matrix **f** ist ebenfalls quadratisch, symmetrisch und positiv definit mit der Kantenlänge 3p bei p Stäben im Tragwerk. Sie verknüpft die unabhängigen Stabendweggrößen **v** aller Stäbe mit den zugehörigen Schnittkräften **s** gemäß

$$\mathbf{v} = \mathbf{f} \cdot \mathbf{s}\,. \tag{1.5.148}$$

Belastungen zwischen den Knoten, sogenannte Elementlasten, führen zu zusätzlichen Stabendverformungen:

$$\mathbf{v}^{0p} = \begin{bmatrix} u_\Delta^0 \\ \boldsymbol{\tau}_l^0 \\ \boldsymbol{\tau}_r^0 \end{bmatrix} \tag{1.5.149}$$

mit

$$u_\Delta^0 = \int_0^\ell \frac{N \cdot \overline{N}}{EA}\,dx \qquad \boldsymbol{\tau}_l^0 = \int_0^\ell \frac{M \cdot \overline{M}_\ell}{EI}\,dx$$

$$\boldsymbol{\tau}_r^0 = \int_0^\ell \frac{M \cdot \overline{M}_r}{EI}\,dx\,.$$

Dabei sind N und M die Schnittkraftverläufe der Normalkraft und des Biegemoments am gedachten Einfeldträger infolge aller vorhandenen Elementlasten und $\overline{N}$, $\overline{M}_\ell$ und $\overline{M}_r$ die Schnittkraftverläufe infolge der entsprechenden virtuellen „1"-Belastungen (Abb. 1.5-67).

Die erweiterte Beziehung (1.5.148) lautet nun:

$$\mathbf{v}^p = \mathbf{f}^p \cdot \mathbf{s}^p + \mathbf{v}^{0p} \tag{1.5.150}$$

bzw. ausführlich:

$$\begin{bmatrix} u_\Delta \\ \boldsymbol{\tau}_\ell \\ \boldsymbol{\tau}_r \end{bmatrix}^p = \begin{bmatrix} \frac{\ell}{EA} & 0 & 0 \\ 0 & \frac{\ell}{3EI} & \frac{\ell}{6EI} \\ 0 & \frac{\ell}{6EI} & \frac{\ell}{3EI} \end{bmatrix}^p \cdot \begin{bmatrix} N_r \\ M_\ell \\ M_r \end{bmatrix}^p + \begin{bmatrix} u_\Delta^0 \\ \boldsymbol{\tau}^0{}_\ell \\ \boldsymbol{\tau}^0{}_r \end{bmatrix}^p . \tag{1.5.151}$$

In Tabelle 1.5-5 sind Elementnachgiebigkeitsmatrizen häufig vorkommender, gerader Stäbe zusammengestellt, der Biegestab schließt dabei Schubverformungen mit ein.

Das Weggrößenverfahren in unabhängigen Stabendvariablen

Im Rahmen des Weggrößenverfahrens (WGV), das nun behandelt wird, führt es zu Vereinfachungen, die positiven Wirkungsrichtungen der Stabendkraftgrößen und Stabendweggrößen an beiden Stabenden gleichsinnig zu vereinbaren. Dies führt zur *Vorzeichenkonvention II*, bei der alle Stabendgrößen positiv sind, wenn sie in Richtung positiver lokaler Koordinaten wirken (Abb. 1.5-69). Die bislang übliche *Vorzeichenkonvention I* des Kraftgrößenverfahrens (KGV) ist zum Vergleich in Abb. 1.5-68 dargestellt.

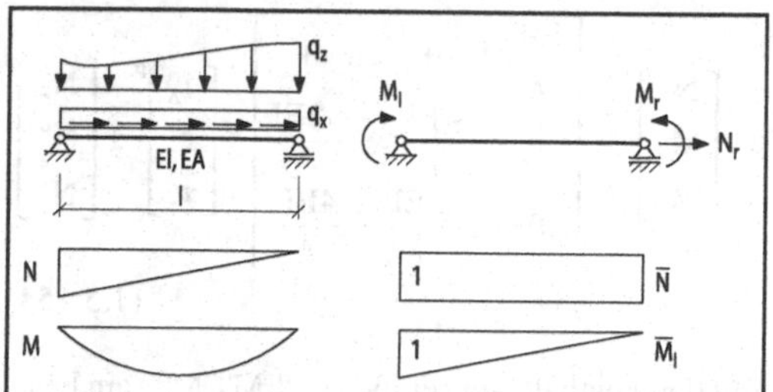

Abb. 1.5-67 Zur Bestimmung der Stabendverformungen bei Stablasten

Tabelle 1.5-5 Elementnachgiebigkeitsmatrizen

Belastung	Elementnachgiebigkeitsmatrix
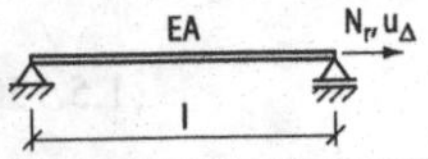	$[u_\Delta]=\left[\frac{\ell}{EA}\right]\cdot[N_r]$
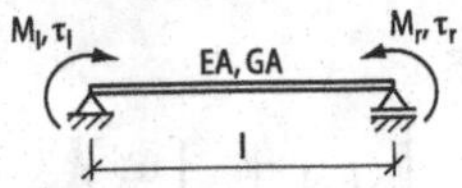	$\begin{bmatrix}\tau_\ell\\ \tau_r\end{bmatrix}=\begin{bmatrix}\frac{\ell}{3EI}+\frac{1}{GA_Q\ell} & \frac{\ell}{6EI}-\frac{1}{GA_Q\ell}\\ \frac{\ell}{6EI}-\frac{1}{GA_Q\ell} & \frac{\ell}{3EI}+\frac{1}{GA_Q\ell}\end{bmatrix}\cdot\begin{bmatrix}M_\ell\\ M_r\end{bmatrix}$
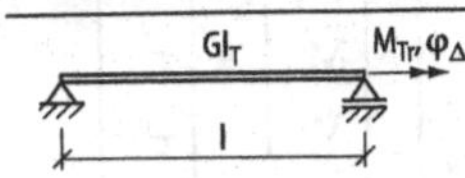	$[\varphi_\Delta]=\left[\frac{\ell}{GI_T}\right]\cdot[M_{Tr}]$

Aus der Elementnachgiebigkeitsbeziehung $\mathbf{v}^p = \mathbf{f}^p \cdot \mathbf{s}^p$ folgt durch Inversion

$$\mathbf{s}^p = (\mathbf{f}^p)^{-1} \cdot \mathbf{v}^p = \mathbf{k}^p \cdot \mathbf{v}^p \qquad (1.5.152)$$

mit Einführung der Vorzeichenkonvention VK II:

$$\mathbf{k}^p = \begin{bmatrix}\frac{EA}{\ell} & 0 & 0\\ 0 & \frac{4EI}{\ell} & -\frac{2EI}{\ell}\\ 0 & -\frac{2EI}{\ell} & \frac{4EI}{\ell}\end{bmatrix}^p . \qquad (1.5.153)$$

In Tabelle 1.5-6 sind die Elementsteifigkeitsmatrizen der bereits in Tabelle 1.5-5 enthaltenen Stäbe, nunmehr in der VK II, zusammengestellt.

Für ein zwischen den Knoten belastetes Stabelement gilt

$$\begin{bmatrix}N_r\\ M_\ell\\ M_r\end{bmatrix}^p = \begin{bmatrix}\frac{EA}{\ell} & 0 & 0\\ 0 & \frac{4EI}{\ell} & -\frac{2EI}{\ell}\\ 0 & -\frac{2EI}{\ell} & \frac{4EI}{\ell}\end{bmatrix}^p \cdot \begin{bmatrix}u_\Delta\\ \tau_\ell\\ \tau_r\end{bmatrix}^p + \begin{bmatrix}N_r^0\\ N_\ell^0\\ N_r^0\end{bmatrix}^p \qquad (1.5.154)$$

mit den Festhaltekraftgrößen (N_r^0, M_ℓ^0, M_r^0) am beidseitig eingespannten Stabelement infolge der Stabbelastung. Ihre Größe kann durch eine statisch unbestimmte Rechnung ermittelt oder für Standardlastfälle der Tabelle 1.5-7 entnommen werden.

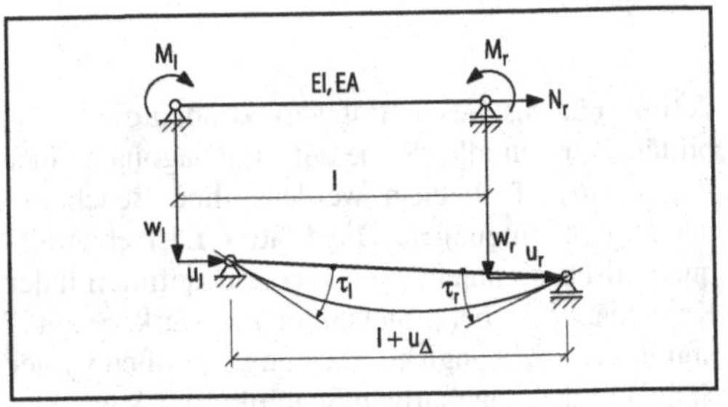

Abb. 1.5-68 Vorzeichenkonvention I

Die Spaltenmatrix $\mathbf{v}$ der unabhängigen Stabendverformungen (u_Δ, τ_ℓ, τ_r) aller p Stabelemente eines Tragwerks wurde bereits durch Gl. (1.5.148) eingeführt. Die Verformungen aller m Freiheitsgrade des Gesamtsystems wurden gemäß (Gl. 1.5.140) in der Spaltenmatrix $\mathbf{V}$ zusammengefasst; dabei hängen die Vektoren $\mathbf{V}$ und $\mathbf{v}$ über folgende *kinematische Transformationsmatrix* $\mathbf{a}$ zusammen:

$$\mathbf{v} = \mathbf{a} \cdot \mathbf{V} \qquad (1.5.155)$$

bzw. ausführlich:

$$\begin{bmatrix}\mathbf{v}^1\\ \mathbf{v}^2\\ \vdots\\ \mathbf{v}^p\end{bmatrix} = \begin{bmatrix}v^1\\ v^2\\ v^3\\ \vdots\\ v^\ell\end{bmatrix} = \begin{bmatrix}a_1^1 & a_2^1 & a_3^1 & \cdots & a_m^1\\ a_1^2 & a_2^2 & a_3^2 & \cdots & a_m^2\\ a_1^3 & a_2^3 & a_3^3 & \cdots & a_m^3\\ \vdots & \vdots & \vdots & \ddots & \vdots\\ a_1^\ell & a_2^\ell & a_3^\ell & \cdots & a_m^\ell\end{bmatrix} \begin{bmatrix}V_1\\ V_2\\ V_3\\ \vdots\\ V_m\end{bmatrix}. \qquad (1.5.156)$$

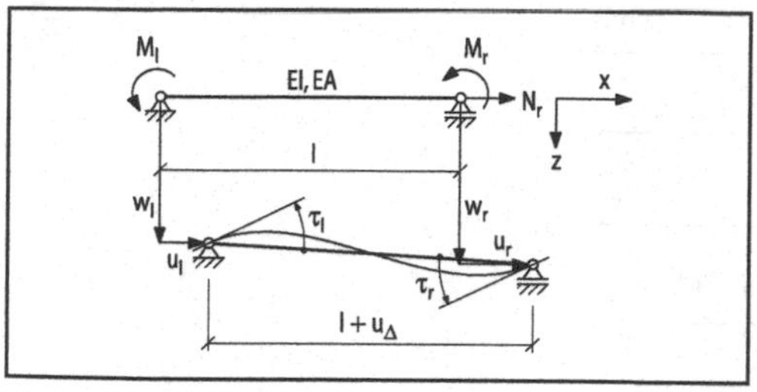

Abb. 1.5-69 Vorzeichenkonvention II

Wird Gleichung (1.5.144) in den Arbeitssatz

$$\mathbf{P}^T \cdot \mathbf{V} = \mathbf{s}^T \cdot \mathbf{v} \tag{1.5.157}$$

eingeführt, so ergibt sich

$$\mathbf{P} = \mathbf{a}^T \cdot \mathbf{s}\,, \tag{1.5.158}$$

und ein Vergleich mit (1.5.144) zeigt dass die frühere Gleichgewichtsmatrix **g** mit der transponierten kinematischen Transformationsmatrix **a** identisch ist. Die Zusammenfassung der Gleichgewichtsbeziehung, der Elementsteifigkeitsbeziehung und der Verträglichkeitsbeziehung liefert die *Gesamtsteifigkeitsbeziehung*:

$$\mathbf{P} = \mathbf{a}^T \cdot \mathbf{k} \cdot \mathbf{a} \cdot \mathbf{V} = \mathbf{K} \cdot \mathbf{V}. \tag{1.5.159}$$

Tabelle 1.5-6 Elementsteifigkeitsmatrizen

Belastung	**Elementsteifigkeitsmatrix**
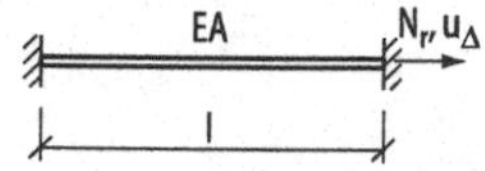	$[N_r] = \left[\frac{EA}{\ell}\right] \cdot [u_\Delta]$
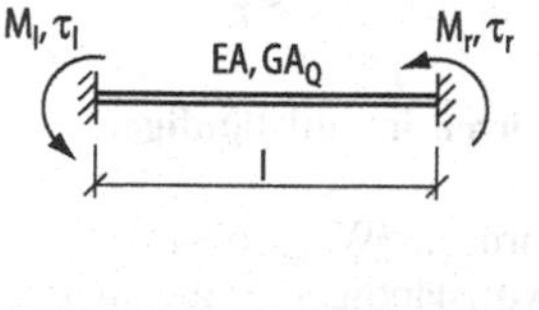	$\begin{bmatrix} M_\ell \\ M_r \end{bmatrix} = \begin{bmatrix} \frac{4+\Phi}{1+\Phi} \cdot \frac{EI}{\ell} & \frac{2-\Phi}{1+\Phi} \cdot \frac{EI}{\ell} \\ \frac{2-\Phi}{1+\Phi} \cdot \frac{EI}{\ell} & \frac{4+\Phi}{1+\Phi} \cdot \frac{EI}{\ell} \end{bmatrix} \cdot \begin{bmatrix} \tau_\ell \\ \tau_r \end{bmatrix}$ $\Phi = \frac{12\,EI}{GA_Q \ell^2}$
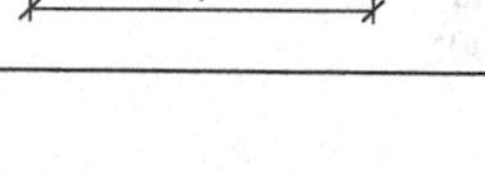	$[M_{Tr}] = \left[\frac{GI_T}{\ell}\right] \cdot [\varphi_\Delta]$

Die hierin mit **K** bezeichnete *Gesamtsteifigkeitsmatrix* des Tragwerks ist quadratisch, symmetrisch und regulär, sofern die Auflagerbedingungen bereits eingeführt wurden. Sind Elementlasten zu berücksichtigen, so gilt

$$\mathbf{P} = \mathbf{a}^T \cdot \mathbf{k} \cdot \mathbf{a} \cdot \mathbf{V} + \mathbf{a}^T \cdot \mathbf{s}^0 = \mathbf{K} \cdot \mathbf{V} + \mathbf{a}^T \cdot \mathbf{s}^0. \tag{1.5.160}$$

Hier sind die Ersatzknotenlasten einer Elementbelastung diejenigen des statisch bestimmten Stabelementes. Der Term $\mathbf{a}^T \cdot \mathbf{s}^0$ kann entfallen, wenn statt des frei aufliegenden Trägers ein beidseitig fest eingespannter Träger nach Abb. 1.5-70 als Sekundärkonstruktion verwendet wird. In diesem Fall sind die statisch unbestimmten Auflagerreaktionen des Sekundärträgers im Lastvektor $\mathbf{P}=\mathbf{P}^*$ zu berücksichtigen, und die Beziehung (1.5.160) lautet einfach

$$\mathbf{P}^* = (\mathbf{P} - \mathbf{a}^T \cdot \mathbf{s}^0) = \mathbf{K}\,\mathbf{V}\,. \tag{1.5.161}$$

Nach Lösung der Gesamtsteifigkeitsbeziehung nach den Verschiebungen gemäß

$$\mathbf{V} = \mathbf{K}^{-1} \cdot \left(\mathbf{P} - \mathbf{a}^T \cdot \mathbf{s}^0\right) = \mathbf{F} \cdot \left(\mathbf{P} - \mathbf{a}^T \cdot \mathbf{s}^0\right) \tag{1.5.162}$$

werden die Stabendweggrößen nach Gl. (1.5.155) bestimmt und damit die Stabendkraftgrößen

Tabelle 1.5-7 Volleinspannmomente von Stabelementen ($\alpha = a/l$, $\beta = b/l$)

Lastbild	$\overset{0}{M}_\ell$	$\overset{0}{M}_r$
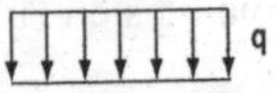	$\frac{q\ell^2}{12}$	$-\frac{q\ell^2}{12}$
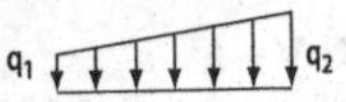	$\frac{\ell^2}{60}(3q_1+2q_2)$	$-\frac{\ell^2}{60}(2q_1+3q_2)$
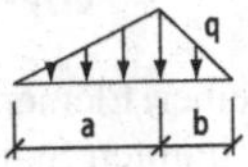	$\frac{q\ell^2}{30}(1+\beta+\beta^2-1{,}5\beta^3)$	$-\frac{q\ell^2}{30}(1+\alpha+\alpha^2-1{,}5\alpha^3)$
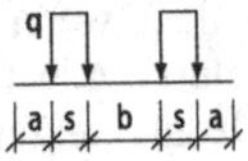	$\frac{qs}{12\ell}\left[3\ell^2-3(b+s)^2-s^2\right]$	$-\frac{qs}{12\ell}\left[3\ell^2-3(b+s)^2-s^2\right]$
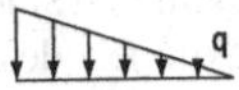	$\frac{q\ell^2}{20}$	$-\frac{q\ell^2}{30}$
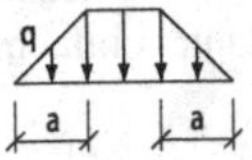	$\frac{q}{12\ell}\left[\ell^3-a^2(2\ell-a)\right]$	$-\frac{q}{12\ell}\left[\ell^3-a^2(2\ell-a)\right]$
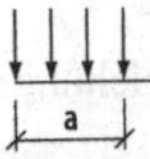	$\frac{qa^2}{12\ell^2}\left[2\ell\cdot(3\ell-4a)+3a^2\right]$	$-\frac{qa^3}{12\ell^2}[4\ell-3a]$
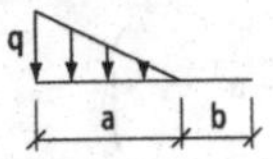	$\frac{qa^2}{60\ell^2}\left[10b\ell+3a^2\right]$	$-\frac{qa^3}{60\ell^2}[5b+2a]$
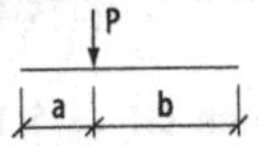	$Pa\beta^2$	$-Pb\alpha^2$
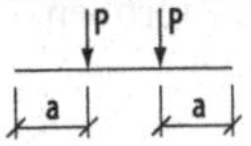	$Pa(1-\alpha)$	$-Pa(1-\alpha)$
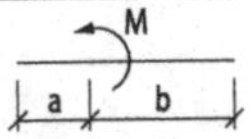	$M\beta(2-3\beta)$	$M\alpha(2-3\alpha)$
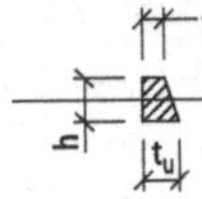	$EI\alpha_T\frac{t_u-t_o}{h}$	$-EI\alpha_T\frac{t_u-t_o}{h}$

$$\mathbf{s} = \mathbf{k}\cdot\mathbf{v}+\mathbf{s}^0 \qquad (1.5.163)$$

ermittelt. Zum Schluss erfolgt die Transformation von **s** in die Vorzeichenkonvention VKI sowie die Ermittlung der Schnittgrößenverläufe zwischen den Knoten durch stabweise Gleichgewichtsbetrachtungen.

Das Weggrößenverfahren in vollständigen Stabendvariablen

Besonders einfach wird das Weggrößenverfahren durch Verwendung vollständiger Stabendvariablen. Dies führt zur leistungsfähigen *Direkten Steifigkeitsmethode*, auf der heute alle Finiten-Element-Programme für Stabtragwerke beruhen [Krätzig, Harte et al. 2005].

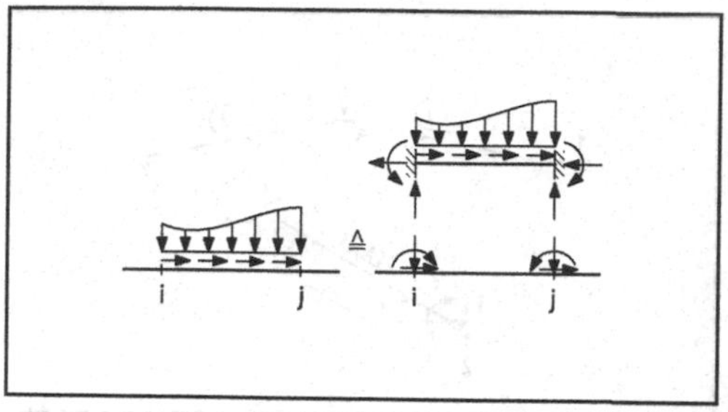

Abb. 1.5-70 Eingespannter Träger als Sekundärkonstruktion

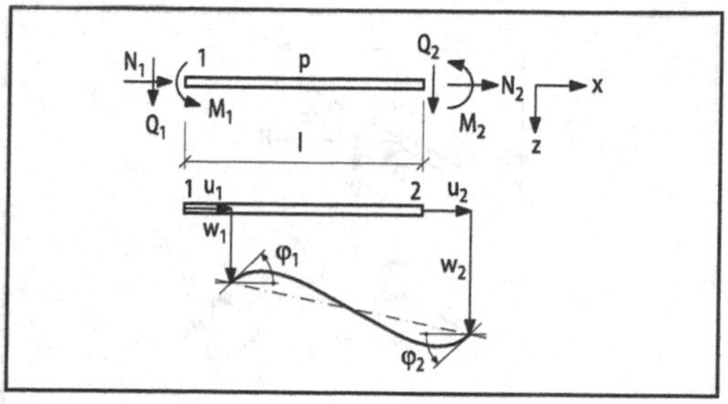

Abb. 1.5-71 Ebenes Stabelement mit vollständigen Stabendvariablen

Nach Abb. 1.5-71 besitzt das ebene Balkenelement p die *vollständigen Stabendkraftgrößen*

$$(\mathbf{s}^T)^p = [\,N_1\,Q_1\,M_1\,N_2\,Q_2\,M_2\,] \qquad (1.5.164)$$

mit den korrespondierenden *vollständigen Stabendweggrößen*

$$(\mathbf{v}^T)^p = [\,u_1\,w_1\,\varphi_1\,u_2\,w_2\,\varphi_2\,]. \qquad (1.5.165)$$

Die Element-Steifigkeitsbeziehung lautet auch hier

$$\mathbf{s}^p = \mathbf{k}^p \cdot \mathbf{v}^p + \mathbf{s}^{0p} \qquad (1.5.166)$$

mit den *vollständigen Festhaltekraftgrößen* $\mathbf{s}^{0p}$; dieses sind die Kraftgrößenwiderstände infolge von Stabeinwirkungen bei homogenen Stabenddeformationen, $v_i = 0$.

Kraft- und Weggrößen an den Elementenden werden auf ein globales Koordinatensystem transformiert (Abb. 1.5-72):

$$\begin{bmatrix} H_G \\ V_G \\ M_G \end{bmatrix} = \begin{bmatrix} \cos\alpha & \sin\alpha & 0 \\ -\sin\alpha & \cos\alpha & 0 \\ 0 & 0 & 1 \end{bmatrix} \begin{bmatrix} N_L \\ Q_L \\ M_L \end{bmatrix}$$

$$\mathbf{s}_G = \mathbf{c}^T\,\mathbf{s}_L\,, \qquad (1.5.167)$$

$$\begin{bmatrix} u_G \\ w_G \\ \varphi_G \end{bmatrix} = \begin{bmatrix} \cos\alpha & \sin\alpha & 0 \\ -\sin\alpha & \cos\alpha & 0 \\ 0 & 0 & 1 \end{bmatrix} \begin{bmatrix} u_L \\ w_L \\ \varphi_L \end{bmatrix}$$

$$\mathbf{v}_G = \mathbf{c}^T\,\mathbf{v}_L\,. \qquad (1.5.168)$$

Die zugehörige Elementsteifigkeitsmatrix im globalen Koordinatensystem wird hiermit

$$\mathbf{k}_G = \mathbf{c}^T\,\mathbf{k}_L\,\mathbf{c}\,. \qquad (1.5.169)$$

Für das ebene Balkenelement der Abb. 1.5-73 lautet sie

$$\mathbf{k}_G = \qquad (1.5.170)$$

$$\left[\begin{array}{ccc|ccc} c^2k_{aa}+s^2k_{vv} & & & & & \\ -csk_{aa}+csk_{vv} & s^2k_{aa}+c^2k_{vv} & & \text{symm.} & & \\ -sk_{vm} & -ck_{vm} & k_{mm} & & & \\ \hline -c^2k_{aa}-s^2k_{vv} & csk_{aa}-csk_{vv} & sk_{vm} & c^2k_{aa}+s^2k_{vv} & & \\ csk_{aa}-csk_{vv} & -s^2k_{aa}-c^2k_{vv} & ck_{vm} & -csk_{aa}+csk_{vv} & s^2k_{aa}+c^2k_{vv} & \\ -sk_{vm} & -ck_{vm} & k_{mc} & sk_{vm} & ck_{vm} & k_{mm} \end{array}\right]$$

mit folgenden Bezeichnungen und Abkürzungen:

$$c = \cos\alpha,\; s = \sin\alpha,\; k_{aa} = \frac{EA}{\ell},\; k_{mm} = \frac{4EI}{\ell}$$

$$k_{mc} = \frac{2EI}{\ell},\; k_{vv} = \frac{12EI}{\ell^3},\; k_{vm} = \frac{6EI}{\ell^2}$$

Bei der Diskretisierung von Elementbelastungen werden die Vektoren s^{0p} folgendermaßen in das globale Koordinatensystem transformiert:

$$(\mathbf{s}^{0p})_G = \mathbf{c}^T \cdot (\mathbf{s}^{0p})_L \qquad (1.5.171)$$

Die auf das globale Koordinatensystem bezogenen Knotenlasten aus Elementbelastungen $(\mathbf{S}^{0P})_G$ können dann unmittelbar im Vektor **P** den äußeren Knotenlasten in Richtung der globalen Systemfreiheitsgrade zuaddiert werden.

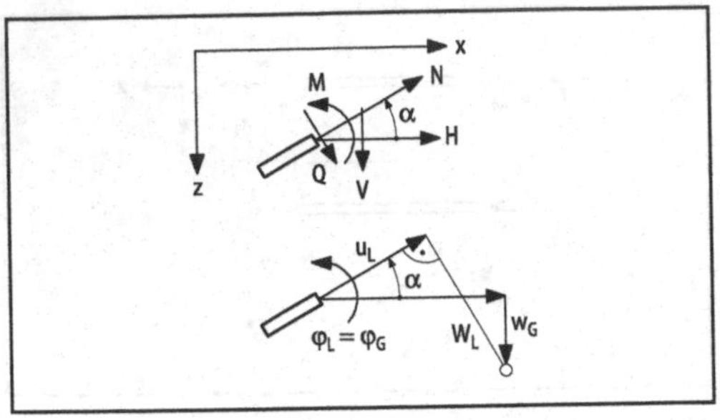

Abb. 1.5-72 Lokale und globale Stabendkraftgrößen

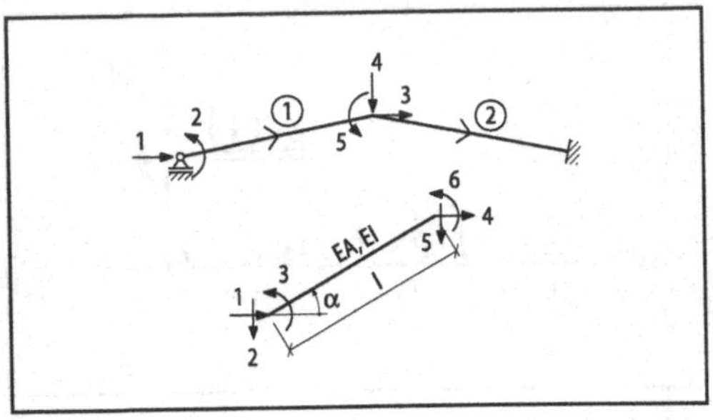

Abb. 1.5-74 Tragwerk aus zwei Stabelementen

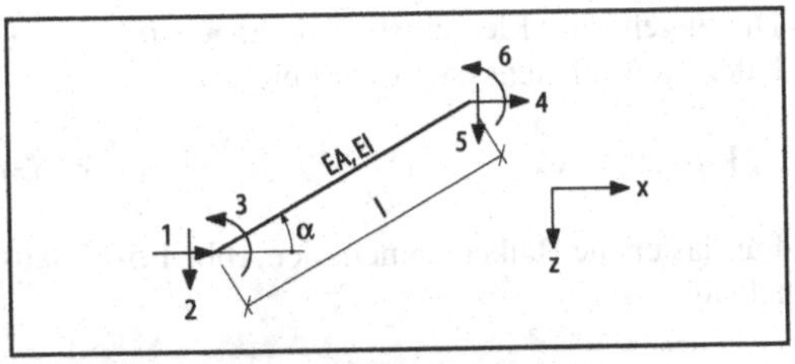

Abb. 1.5-73 Ebenes Balkenelement im globalen Koordinatensystem

Durch die erfolgte Einführung von auf ein *globales Koordinatensystem* bezogenen *Systemfreiheitsgraden* erhält die kinematische Transformationsmatrix **a** eine besonders einfache Form aus Nullen und Einsen als Koeffizienten. Die Ähnlichkeitstransformation $\mathbf{K}=\mathbf{a}^T\,\mathbf{k}\,\mathbf{a}$ (1.5.151) kann damit durch einen *Einmisch-Algorithmus* ersetzt werden. Dabei werden die *Inzidenzen* zwischen Element- und Systemfreiheitsgraden mittels einer *Inzidenzmatrix* beschrieben, die das positionsgerechte Zuaddieren der Koeffizienten der Elementsteifigkeitsmatrizen $\mathbf{k}^p$ auf die korrekten Stellen von **K** steuert. Ferner können die Auflagerbedingungen über die *Freiheitsgradnummerierung* leicht berücksichtigt werden, indem nicht vorhandene Freiheitsgrade (z.B. Verdrehungen an eingespannten Querschnitten oder Durchbiegungen an festen Auflagern) gar nicht erst eingeführt werden, was zu regulären Gesamtsteifigkeitsmatrizen **K** führt (det $\mathbf{K} \neq 0$). Ohne Einarbeitung der Auflagerbedingungen ist **K** dagegen singulär, da Starrkörperverschiebungen möglich sind.

Im Beispiel des Tragwerks in Abb. 1.5-74 enthält die *Inzidenzmatrix* zwei Zeilen entsprechend der beiden Stabelemente 1 und 2, und die den lokalen Freiheitsgraden 1 bis 6 entsprechenden Freiheitsgrade lauten jeweils

$$\begin{pmatrix} 1 & 0 & 2 & 3 & 4 & 5 \\ 3 & 4 & 5 & 0 & 0 & 0 \end{pmatrix}.$$

Allgemein geben die Komponenten jeder Zeile der *Inzidenzmatrix (Element-Inzidenzvektor)* die Nummern derjenigen Systemfreiheitsgrade an, die gerade dem jeweiligen Element-Freiheitsgrad entsprechen. Für behinderte Freiheitsgrade wird eine Null eingetragen. Damit geben die Komponenten des Inzidenzvektors die Nummern der Zeilen und Spalten der Gesamtsteifigkeitsmatrix **K** an, in die die Koeffizienten der (auf das globale Koordinatensystem bezogenen) jeweiligen Elementsteifigkeitsmatrix aufzuaddieren sind. Dieser Algorithmus der *Direkten Steifigkeitsmethode* lässt sich sehr einfach programmieren, weshalb er die Grundlage fast aller Programmsysteme der Statik bildet (siehe Abschn. 1.5.3.4).

1.5.2.5 Geometrisch nichtlineares Tragverhalten

Einführung in Stabilität und Theorie 2. Ordnung

Die lineare Stabtheorie lässt bekanntlich die sich unter Last ausbildenden Deformationen bei der Gleichgewichtsformulierung unberücksichtigt. In der Technik gibt es viele Fälle, in denen eine derartige Ver-

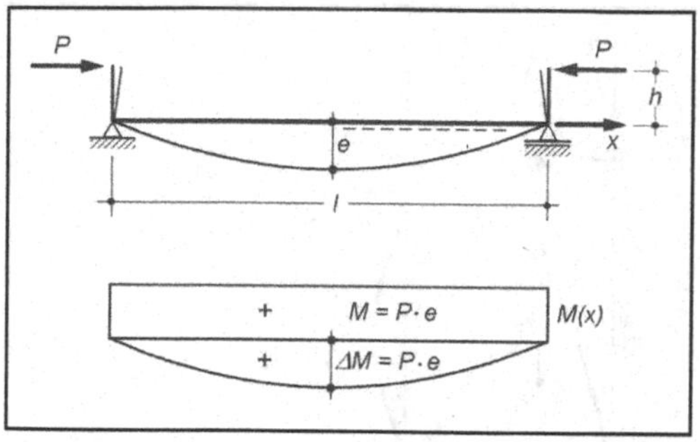

Abb. 1.5-75 Frei aufliegender exzentrisch beanspruchter Druckstab

einfachung zu Sicherheitsdefiziten führen kann, wie Abb. 1.5-75 erläutert. Bei dem dortigen flexiblen Stab *muss* das nach *Theorie 2. Ordnung* ermittelte Biegemoment M^{II}=P (h+e) zwingend der Bemessung zugrunde gelegt werden, wenn der Träger, wie dargestellt, durch P auf Druck beansprucht wird. Dann nämlich würde das Biegemoment M^{I}=P h nach *Theorie 1. Ordnung*, also nach der linearen Stabtheorie, zu einem zu kleinen, d. h. unsicheren Bemessungswert führen. Wirkt P dagegen als Zugkraft, so verringert sich das Biegemoment in Feldmitte, und die Theorie 2. Ordnung *kann* zur Anwendung kommen, z. B. aus Wirtschaftlichkeitsgründen.

Bis auf die im Gleichgewicht nunmehr berücksichtigten, weiterhin als klein angesehenen Verformungen basieren Theorie 1. und 2. Ordnung auf identischen Annahmen gemäß Abschn. 1.5.2.1. Weitergehende Tragwerkstheorien für beliebig große Verformungen heißen *geometrisch* oder *kinematisch nichtlinear*.

Lineare Stabilität und Imperfektionen

Einen ersten Einblick in die Theorie 2. Ordnung, die *Euler*sche Stabilität, verschaffen wir uns in Anlehnung an [Krätzig, Harte et al. 2005, Petersen 1996] an Hand der Abb. 1.5-76. Dort liefert das Momentengleichgewicht im Schnittufer x das Biegemoment

$$M(x) = M^{II}(x) = -S\,w(x): \Rightarrow EIw'' = S\,w, \tag{1.5.172}$$

welches mit M = EIκ = – EIw″ umgeformt wurde. Im Rahmen der Theorie 2. Ordnung werden wir später anstelle der bisherigen Normalkraft N und der Querkraft Q die auf die Basis der unverformten Stabachse x,z bezogene *Längskraft* S und *Transversalkraft* T verwenden, welche für φ = –w(x) <<1 folgendermaßen verknüpft sind:

$$S = N\cos\varphi + Q\sin\varphi \approx N - Q\,w',$$
$$T = Q\cos\varphi - N\sin\varphi \approx Q + N\,w'. \tag{1.5.173}$$

Aus (1.5.172) entsteht nun die homogene Dgl. 2. Ordnung

$$w'' + \frac{\varepsilon^2}{l^2}\,w = 0 \tag{1.5.174}$$

mit der *dimensionslosen Stabkennzahl* ε als konstantem Koeffizienten:

$$\varepsilon = l\sqrt{\frac{-S}{E}}, \tag{1.5.175}$$

und der allgemeinen Lösung:

$$w(x) = C_1\cos\frac{\varepsilon x}{l} + C_2\sin\frac{\varepsilon x}{l}. \tag{1.5.176}$$

Aus den Randbedingungen dieses *Eigenwertproblems* (Abb. 1.5-76)

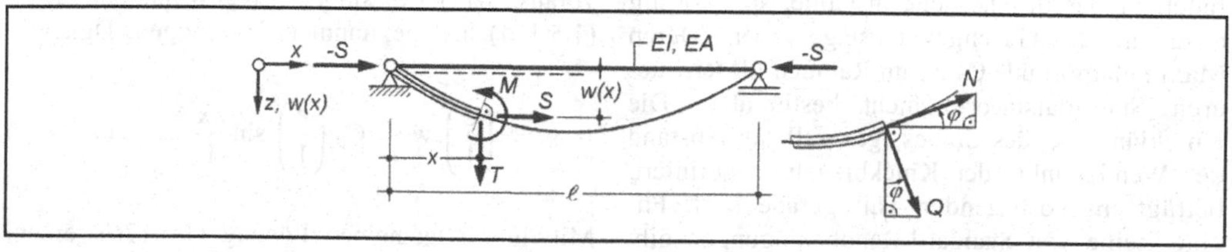

Abb. 1.5-76 Frei aufliegender Druckstab

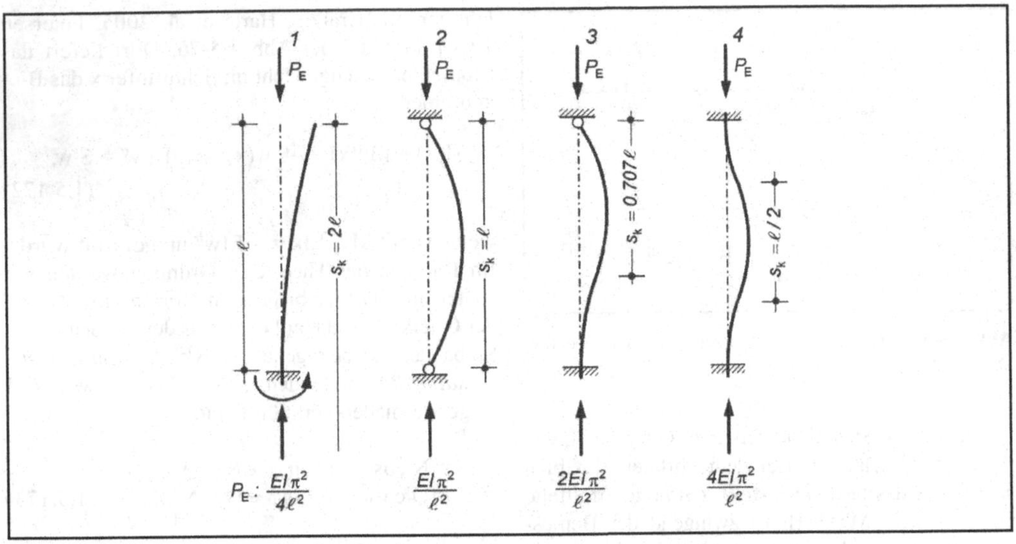

Abb. 1.5-77 Die vier grundlegenden Knickfälle nach *Euler*

$$w(0) = 0 \Rightarrow C_1 = O,$$
$$w(l) = 0 \Rightarrow C_2 \sin\varepsilon = 0 \Rightarrow \varepsilon = n\pi, (n=0,1,2, \ ) \qquad (1.5.177)$$

folgt die *nichttriviale Lösung* $\varepsilon = n\pi$, mit deren Hilfe aus (1.5.175) unmittelbar die *Eulersche Knicklast* des Stabes zu

$$P_E = -S_{ki} = \frac{EI\pi^2}{l^2} \qquad (1.5.178)$$

angebbar ist. Die gemäß (1.5.176) zugehörige Biegelinie $w(x) = C_2 \sin \pi x/l$ bildet eine Sinushalbwelle und wird als *1. Eigenform* bezeichnet. Mit höheren natürlichen Zahlen n in (1.5.177) entstehen höhere Knicklasten und höhere Eigenformen.

Mit Erreichen der kritischen *Eulerlast* P_E geht das stabile Gleichgewicht des ursprünglich geraden Stabes in eine neue instabile, sinusförmig ausgeknickte Gleichgewichtslage über. Deren Maximalamplitude C_2 ist im Rahmen dieser linearen Stabilitätstheorie nicht bestimmbar. Die Knicklänge s_k des Stabes, generell als Abstand der Wendepunkte der Knickbiegelinie definiert, beträgt im vorliegenden Fall gerade $s_k = l$. Für eine Reihe von Standard-Randbedingungen gibt Abb. 1.5-77 die sog. *Euler-Knickfälle* 1–4 an. Ist die *Euler*sche Knicklast P_E eines Stabes mit anderen Randbedingungen, z. B. elastischen Randeinspannungen, bekannt, so ermittelt sich dessen Knicklänge:

$$S_k = \sqrt{\frac{EI\pi^2}{P_E}}. \qquad (1.5.179)$$

Stabilitätslasten können durch Vorverformungen des Stabes, sog. *Imperfektionen*, stark beinträchtigt werden. Zur Herleitung entnehmen wir aus Abb. 1.5-78 gemäß (1.5.172):

$$M^{II}(x) = -S\, w_{ges}(x) = -S\,(w + w_0). \qquad (1.5.180)$$

Setzen wir die Vorverformung w_0 als sinusförmig voraus, $w_0(x) = C_0 \sin \pi x/l$, so gewinnt man die zu (1.5.174) analoge, nunmehr inhomogene Dgl.:

$$w'' + \left(\frac{\varepsilon}{l}\right)^2 w = -C_0 \left(\frac{\varepsilon}{l}\right)^2 \sin\frac{\pi x}{l}. \qquad (1.5.181)$$

Mit ihrer allgemeinen Lösung (1.5.176), einem partikulären Integral und den gleichen Randbedin-

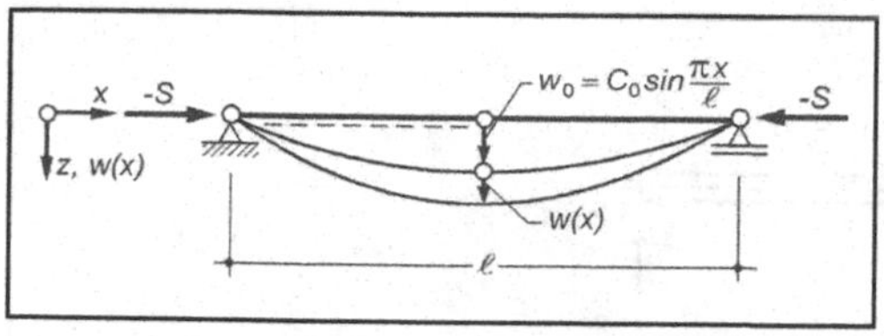

Abb. 1.5-78 Druckstab mit Vorverformung w_0

gungen (1.5.177) gewinnt man aus dieser Dgl. die Gesamtdurchbiegung

$$w_{ges} = w_0 + w = C_0 \sin\frac{\pi x}{l} + C_0 \frac{\varepsilon^2}{\pi^2 - \varepsilon^2} \sin\frac{\pi x}{l}, \tag{1.5.182}$$

woraus Umformungen mittels der Stabkennzahl ε folgende Abhängigkeit der resultierenden Durchbiegung w_{ges} von der Imperfektionsordinate C_0 und dem Verhältnis der einwirkenden Stabkraft S zur *Euler*-Knicklast P_{ki} entstehen lassen:

$$w_{ges} = \frac{1}{1 - \frac{S}{S_{ki}}} C_0 \sin\frac{\pi x}{l}. \tag{1.5.183}$$

Diese bekannte Beziehung beschreibt das typische Verhalten eines mit C_0 vor-verformten geraden Stabes, welches in Abb. 1.5-79 für einen frei aufliegenden Balken (l=3,00 m, EI=359 kNm²) dargestellt ist. Für C_0=0, dem ideal geraden Stab, liegt ein klassisches *Verzweigungsproblem* vor: Unterhalb der *idealen Knicklast* S_{ki} bleibt der Stab völlig gerade und knickt im *Instabilitätspunkt* plötzlich aus, mit horizontaler, scheinbar unendlicher Knickordinate, weil im Rahmen dieser Theorie C_2 nicht bestimmbar ist. Für $C_0 \neq 0$ tritt ein verformungsgesteuerter Übergang in den horizontalen Nachbeulbereich $S=S_{ki}$ auf.

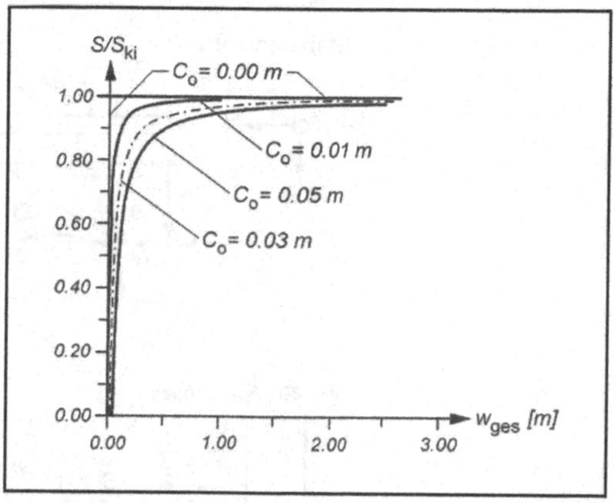

Abb. 1.5-79 Mittendurchbiegungen imperfekter Druckstäbe als Funktion von S/S_{ki}

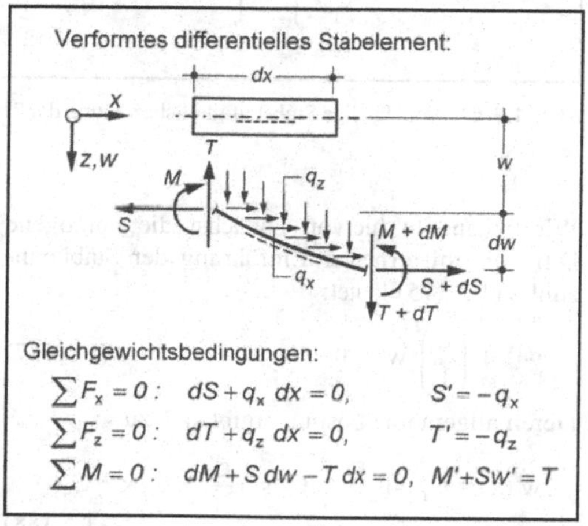

Abb. 1.5-80 Gleichgewicht am verformten Stabelement

Stabsteifigkeitsbeziehung nach Theorie 2. Ordnung

Zur Herleitung der Steifigkeitsbeziehung eines geraden Stabes nach Theorie 2. Ordnung gehen wir von den differentiellen Gleichgewichtsbeziehungen aus, hergeleitet auf Abb. 1.5-80 in Analogie zu denjenigen der linearen Theorie auf Abb.1.5-19. Entnehmen wir diesem Bild die Momentengleichgewichtsbedingung, differenzieren diese einmal

$$M'' + S'w' + Sw'' = T', \tag{1.5.184}$$

substituieren hierin S′ und T′ gemäß Abb. 1.5-80

$$M'' + S\,w'' = -q_z + q_x\,w' \tag{1.5.185}$$

und verwenden weiter $\kappa = -w''$, $M = EI\,\kappa$, so entsteht die folgende Dgl. 4. Ordnung dieser Theorie für quer- und längs belastete Stäbe:

$$(EI\,w'')'' - S\,w'' = q_z - q_x\,w'. \tag{1.5.186}$$

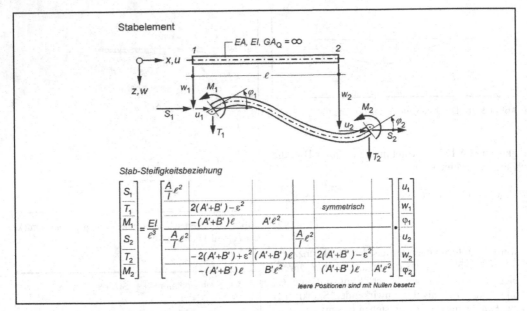

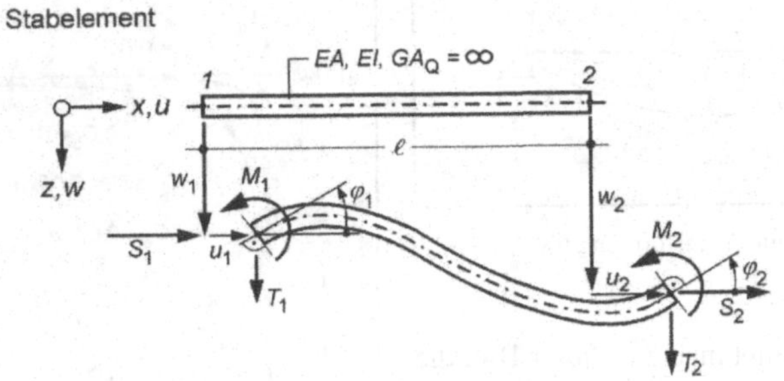

Stab-Steifigkeitsbeziehung

$$\begin{bmatrix} S_1 \\ T_1 \\ M_1 \\ S_2 \\ T_2 \\ M_2 \end{bmatrix} = \frac{EI}{\ell^3} \begin{bmatrix} \frac{A}{I}\ell^2 & & & & & \\ & 2(A'+B')-\varepsilon^2 & & & \text{symmetrisch} & \\ & -(A'+B')\ell & A'\ell^2 & & & \\ -\frac{A}{I}\ell^2 & & & \frac{A}{I}\ell^2 & & \\ & -2(A'+B')+\varepsilon^2 & (A'+B')\ell & & 2(A'+B')-\varepsilon^2 & \\ & -(A'+B')\ell & B'\ell^2 & & (A'+B')\ell & A'\ell^2 \end{bmatrix} \cdot \begin{bmatrix} u_1 \\ w_1 \\ \varphi_1 \\ u_2 \\ w_2 \\ \varphi_2 \end{bmatrix}$$

leere Positionen sind mit Nullen besetzt

Abb. 1.5-81 Vollständige Stabsteifigkeitsbeziehung der Theorie 2. Ordnung

Wir behandeln hiervon zunächst die homogene Dgl., die mit erneuter Einführung der Stabkennzahl ε (1.5.175) lautet:

$$w^{IV} + \left(\frac{\varepsilon}{l}\right)^2 w'' = 0. \qquad (1.5.187)$$

Deren allgemeine Lösung ergibt sich zu

$$w(x) = C_1 \cos\frac{\varepsilon x}{l} + C_2 \sin\frac{\varepsilon x}{l} + C_3\, x + C_4. \qquad (1.5.188)$$

Mit der ersten bis dritten Ableitung dieser Funktion entstehen hieraus Ausdrücke für die Schnittgrößenbeziehungen $M(x) = -EI\, w''(x)$, $Q(x) = -EI\, w'''$. Die Transformation von $Q(x)$ in die Transversalkraft $T(x)$ gemäß (1.5.173) ermöglicht den Aufbau von Verknüpfungen der Stabendkraftgrößen (T_1 M_1 T_2 M_2) mit den vollständigen Stabendkinematen (w_1 φ_1 w_2 φ_2) als Kern der gesuchten Steifigkeitsbeziehung. Superponiert man hierin noch den Einfluss der Stablängskräfte S nach der linearen Theorie, so entsteht die Stabsteifigkeitsbeziehung der Theorie 2. Ordnung gemäß Abb. 1.5.81. Hierin wurden folgende Abkürzungen verwendet:

$$A' = \frac{\varepsilon(\sin\varepsilon - \varepsilon\cos\varepsilon)}{2(1-\cos\varepsilon) - \varepsilon\sin\varepsilon},$$

$$B' = \frac{\varepsilon(\varepsilon - \sin\varepsilon)}{2(1-\cos\varepsilon) - \varepsilon\sin\varepsilon}. \qquad (1.5.189)$$

Details der Herleitung finden sich in [Krätzig, Harte et al. 2005, Petersen 1996].

Damit existiert auch für die Theorie 2. Ordnung eine Stabsteifigkeitsbeziehung analog zur Theorie 1. Ordnung (1.5.170), hier auch in vollständigen Stabendvariablen formuliert gemäß Abschn. 1.5.2.4:

$$\mathbf{s}^{II\,e} = \mathbf{k}^{II\,e} \cdot \mathbf{v}. \qquad (1.5.190)$$

Die Stabendkinematen $\mathbf{v} = [u_1\ w_1\ \varphi_1\ u_2\ w_2\ \varphi_2]$ sind mit denen der linearen Theorie identisch, und der nichtlineare Einfluss der Stablängskraft wird durch die Stabkennzahl ε beschrieben. Ein besonderer Aspekt der Theorie 2. Ordnung ist, dass für $\varepsilon \neq 0$ ihre Element-Steifigkeits-matrix $\mathbf{k}^{II\,e}$ additiv zerlegbar ist

$$\mathbf{k}^{II\,e} = \mathbf{k}^{I\,e} + \mathbf{k}^{geom\,e} \quad (1.5.191)$$

in die bekannte elastische Steifigkeitsmatrix $\mathbf{k}^{Ie} = \mathbf{k}^{e}$ und die *geometrische Steifigkeitsmatrix* $\mathbf{k}^{geom\,e}$. Letztere ($\mathbf{k}^{geom\,e}$) ist eine lineare Funktion der Stablängskraft S.

Wie in der linearen Stabstatik benötigt man auch hier Festhaltekraftgrößen $\mathbf{s}^{II\,0e}$ zur Berücksichtigung von Elementbelastungen:

$$\mathbf{s}^{II\,e} = \mathbf{k}^{II\,e} \cdot \mathbf{v} + \mathbf{s}^{II\,0e}, \quad (1.5.192)$$

die ebenfalls Funktionen der Stabkennzahl ε sind. Aus (1.5.186) gewinnen wir für Stabquerbelastung q_z als inhomogene Dgl.

$$w'''' + \left(\frac{\varepsilon}{l}\right)^2 w'' = \frac{q_z}{E}, \quad (1.5.193)$$

wofür das partikuläre Integral

$$w_p = \frac{q_z x^2}{\varepsilon^2} \cdot \frac{l^2}{2E} = \frac{q_z x^2}{2S} \quad (1.5.194)$$

existiert. Für den Biegemomentenverlauf gewinnen wir hieraus [Rothert/Gensichen 1987]

$$M^{II}(x) = \frac{q_z l^2}{\varepsilon^2} \cdot \left(\frac{\varepsilon}{2} \sin \varepsilon x/l + \frac{\varepsilon}{2} \cdot \frac{1+\cos\varepsilon}{\sin\varepsilon} \cos \varepsilon x/l - 1 \right), \quad (1.5.195)$$

woraus die in Tabelle 1.5-8, Zeilen 2 und 3, aufgeführten Volleinspannmomente entstammen. Die hierin auftretenden Faktoren E_k, E_p, E_D und E_M können [Krätzig, Harte et al. 2005] entnommen werden. Weitere Volleinspannkraftgrößen liefert [Rubin/Schneider 2002]. Der Einfluss der Stabkennzahl ε in den Festhaltekraftgrößen schwindet mit kleinerer Stablänge l. Deswegen verwenden FE-Rechenprogramme für die Theorie 2. Ordnung, die eine Vielzahl von Elementen entlang eines Stabes vorsehen, oft Volleinspanngrößen der linearen Theorie.

Tabelle 1.5-8 Volleinspannmomente nach Theorie 2. Ordnung

Nr.	Lastfall	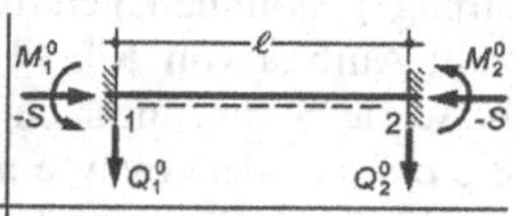
1	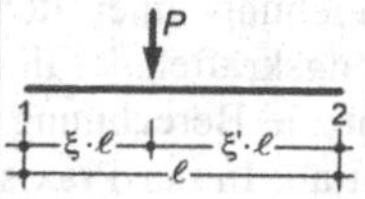	$M_1^0 = \frac{P \cdot \ell}{8} \cdot E_k'$ $M_2^0 = -\frac{P \cdot \ell}{8} \cdot E_k''$
2	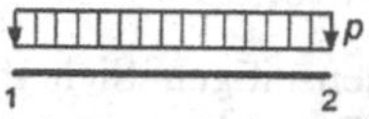	$M_1^0 = -M_2^0 = \frac{p \cdot \ell^2}{12} \cdot E_p'$
3	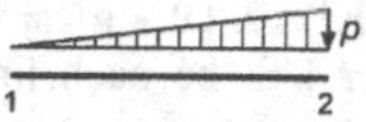	$M_1^0 = \frac{1}{30} \cdot p \cdot \ell^2 \cdot E_D'$ $M_2^0 = -\frac{1}{20} \cdot p \cdot \ell^2 \cdot E_D''$
4	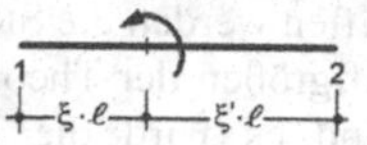	$M_1^0 = M \cdot E_M'$ $M_2^0 = M \cdot E_M''$

Algorithmen der Theorie 2. Ordnung

Der Aufbau der Gesamt-Steifigkeitsbeziehung in der Theorie 2. Ordnung, ihre Inversion und die Ermittlung der Stabendkraftgrößen folgt dem Vorgehen der linearen Theorie, wie er in den Beziehungen (1.5.158) bis (1.5.163) zusammengefasst wurde:

Gleichgewicht: $\mathbf{P} = \mathbf{a}^T \mathbf{s}^{II}$
Werkstoffgesetz: $\mathbf{s}^{II} = \mathbf{k}^{II} \mathbf{v} + \mathbf{s}^{II\,0}$
Kinematik: $\mathbf{v} = \mathbf{a}\,\mathbf{V}$

Gesamtsteifigkeitsbeziehung:

$$\mathbf{P} = \mathbf{a}^T \mathbf{k}^{II} \mathbf{a}\,\mathbf{V} + \mathbf{a}^T \mathbf{s}^{II\,0} = \mathbf{K}^{II} \mathbf{V} + \mathbf{a}^T \mathbf{s}^{II\,0} \Rightarrow \mathbf{V},\ \mathbf{v},\ \mathbf{s}^{II}. \quad (1.5.196)$$

Nach Lösen dieser Gesamtsteifigkeitsbeziehung gewinnt man mittels der kinematischen Verknüpfung die Stabendkinematen **v** und hieraus mit Hilfe von (1.5-192) – siehe Abb. 1.5-82 – elementweise die Stabendkraftgrößen $\mathbf{s}^{II}$ der Theorie 2. Ordnung. Mit diesem Werkzeug werden im konstruktiven Ingenieurbau zwei Klassen von Problemstellungen gelöst: *Spannungsprobleme 2. Ordnung* und *Stabilitätsprobleme*. Beide sollen im Folgenden erläutert werden.

Spannungsprobleme 2. Ordnung: Die Lösung der Gesamtsteifigkeitsbeziehung (1.5.196) erfordert streng genommen iterative Vorgehensweisen, da zum Aufbau von $\mathbf{K}^{II}$, $\mathbf{s}^{II\,0}$ die Stablängskräfte S bzw. die Stabkennzahlen ε bekannt sein müssen, die erst aus der Analyse nach Theorie 2. Ordnung ermittelt werden. Zur Umgehung einer Iteration behilft man sich mit den Längskräften der linearen Analyse beginnt und bricht die Berechnung nach dem ersten Iterationsschritt ab. In der Praxis geht man daher folgendermaßen vor:

- Für die mit der normenseitigen Sicherheit λ multiplizierten Lasten **P** werden aus der Gleichungsauflösung $\mathbf{V} = (\mathbf{K}^{I})^{-1}\,\lambda\,\{\mathbf{P} - \mathbf{a}^{T}\,\mathbf{s}^{I\,0}\}$ die Stablängskräfte S^{I}_{i} aller i Stäbe nach linearer Theorie 1. Ordnung bestimmt.
- Mit diesen Stablängskräften werden die Steifigkeiten und Festhaltekraftgrößen der Theorie 2. Ordnung aufgebaut, und es wird die Tragwerksanalyse (1.5.196) durchgeführt.
- Mit den hieraus ermittelten Schnittgrößen $\{N^{II}(x),\ Q^{II}(x),\ M^{II}(x)\}$ werden die erforderlichen Grenzspannungs- bzw. Grenzschnittgrößennachweise geführt.

Stabilitätsprobleme: Bei dieser Problemklasse wird nach dem kritischen Lastvielfachen λ_{krit} gefragt, bei welchem Tragwerksinstabilität auftritt. Letztere ist dadurch gekennzeichnet, dass die Determinante von $\mathbf{K}^{II}$, die in der stabilen Phase positiv ist, verschwindet, und die Gesamt-Steifigkeitsbeziehung (1.5.196) somit nicht mehr invertierbar ist. Da die additive Zerlegbarkeit der Elementsteifigkeiten $\mathbf{k}^{II}$ (1.5.191) und die lineare Abhängigkeit ihrer geometrischen Anteile von den S_i durch die Kongruenztransformation in (1.5.196) nicht zerstört wird, lautet die Instabilitätsbedingung:

$$\det \mathbf{K}^{II}(\lambda_{krit}\,\mathbf{P}) = \det\{\mathbf{K}^{I} + \lambda_{krit}\,\mathbf{K}^{II}(\mathbf{P})\} = 0, \quad \Rightarrow \lambda_{krit}. \tag{1.5.197}$$

Dies erfordert zur Bestimmung von λ_{krit} sukzessive Laststeigerung ($\lambda \Rightarrow \lambda_{krit}$) sowie arbeitsintensive Nullstellen-Suche von det $\mathbf{K}^{II}$, oder einen Eigenwertlöser für det $\mathbf{K}^{II}$=0, der in Standard-Berechnungssoftware selten verfügbar ist. Eine Entwurfsingenieuren bekannte Abhilfe ist die zusätzliche Aufbringung einer sehr kleinen Störungslast in Richtung der erwarteten Knickinstabilität sowie die Lösung von (1.5.196) bei systematischer Laststeigerung, bis zur Lösungsgrenze. Wir erläutern die Vorgehensweise anhand des Beispiels in Abb. 1.5-82.

Das dortige Tragwerk koppelt die beiden unter Drucklasten von jeweils 1000 kN stehenden Stützen 1 und 2 mittels des Tragwerksriegels 3. Bestimmt werden soll deren gemeinsame Knicklänge s_{ki}. Wir führen nun im linken Tragwerkspunkt 2 in Richtung des erwarteten Instabilwerdens eine sehr kleine Horizontallast H=0,001 kN ein, die das Tragverhalten nur unbedeutend ändert, und steigern sodann sukzessive die vertikale Primärlast. Rechts auf Abb. 1.5-82 ist der Kehrwert $1/\delta$ der berechneten Horizontalverschiebung in Abhängig-

Baustatische Skizze:

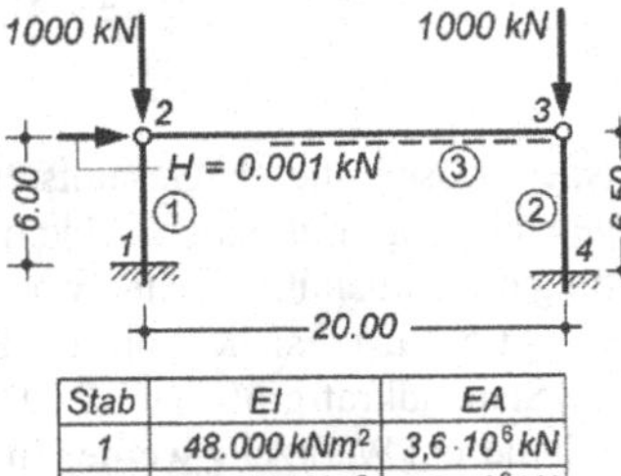

Stab	EI	EA
1	48.000 kNm²	3,6·10⁶ kN
2	48.000 kNm²	3,6·10⁶ kN
3	220.000 kNm²	1,87·10⁶ kN

Ermittlung des Knickfaktors γ:

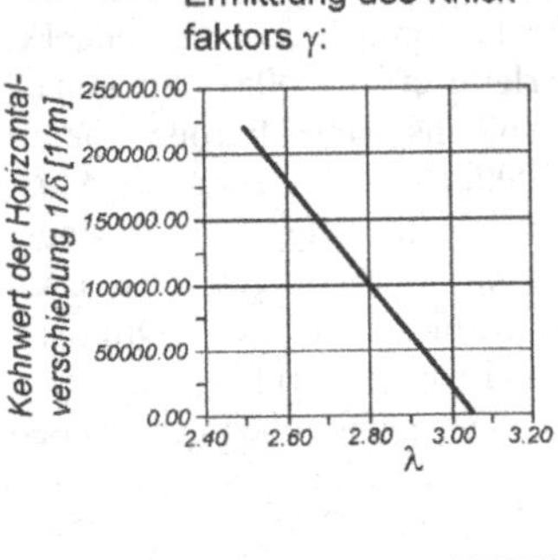

Abb. 1.5-82 Knicklängenberechnung eines Rahmentragwerks

keit des Laststeigerungsfaktors λ der Vertikallasten aufgetragen. $1/\delta=0$, $\delta \Rightarrow \infty$, zeigt Instabilität an, als zugehörigen Lastfaktor extrapolieren wir $\lambda=3{,}055$. Die Knicklänge der Stützen beträgt somit:

$$s_{ki} = \sqrt{\frac{EI \cdot \pi^2}{S_{ki}}} = \sqrt{\frac{48000 \cdot \pi^2}{3055}} = 12{,}45\,\text{m}\,.$$

Stofflich (physikalisch) nichtlineares Verhalten

Alle gebräuchlichen Baumaterialien verhalten sich bei Werkstoffprüfungen früher oder später inelastisch, mindestens in Versagensnähe. Im Rahmen zulässiger Sicherheiten lässt sich dieses *stofflich nichtlineare Verhalten* bei Tragwerksberechnungen ausnutzen.

Abbildung 1.5-83 erläutert das bekannte *elastoplastische Tragverhalten* von Baustählen, links in einem nur geringfügig vereinfachten Versuchsdiagramm, rechts in bilinearer Idealisierung. Elasto-Plastizität lässt sich nur im Rahmen zyklischer Experimente von nichtlinearer Elastizität abgrenzen, weil Be- und Entlastungen dann auf unterschiedlichen Pfaden verlaufen, die durch plastische Dehnungen voneinander getrennt sind.

Durch Ausnutzung plastischer Effekte lassen sich erhebliche *inelastische Tragwerksreserven* aktivieren. Zur Erläuterung denken wir uns einen biegebeanspruchten Rechteckquerschnitt der Breite b und der Höhe h. Dieser sei vollständig durchplastiziert, d. h. in der Zugzone (Druckzone) herrschen *konstante* Fließspannungen σ_F (Quetschspannungen $-\sigma_F$) mit einem Sprung in der neutralen Faser. Das aufnehmbare Biegemoment M_{pl} beträgt dann:

$$M_{pl} = b\frac{h}{2}\frac{h}{4}2\sigma_F = \frac{3}{2}\frac{bh^2}{6}\sigma_F = 1{,}5W_{el}\sigma_F = W_{pl}\sigma_F\,. \tag{1.5.198}$$

Die Darstellung mit dem Widerstandsmoment $W_{el}=bh^2/6$ der klassischen elastischen Balkenbiegelehre zeigt, dass ein durchplastizierter Rechteckquerschnitt mit W_{pl} eine um 50% größere Tragfähigkeit besitzt als der elastische Grenzzustand, bei welchem unter linearer Spannungsverteilung gerade die Fließspannung σ_F in beiden Randfasern erreicht wird: Für Rechteckquerschnitte beträgt der *plastische Formbeiwert* $\alpha^*_{pl}=1{,}5$.

Die Konsequenz derartigen Tragverhaltens erläutert Abb. 1.5-84, [Roik 1983]. Ein einfacher Balken wird dort durch eine mittige Einzellast bis zur Fließspannung im Mittelquerschnitt beansprucht. Man unterscheidet den elastischen Grenzzustand mit dem ersten Erreichen der Fließspannung am Querschnittsrand bei M_F, dann den *teilplastischen* Tragwerksbereich und schließlich die *vollplastische* Mitte mit M_{pl}. Hier wäre die Stabkrümmung ∞ (Knick). Im teilplastischen Bereich, der *Fließzone*, plastiziert der Querschnitt mit ansteigender Nähe zur Tragwerksmitte immer stärker

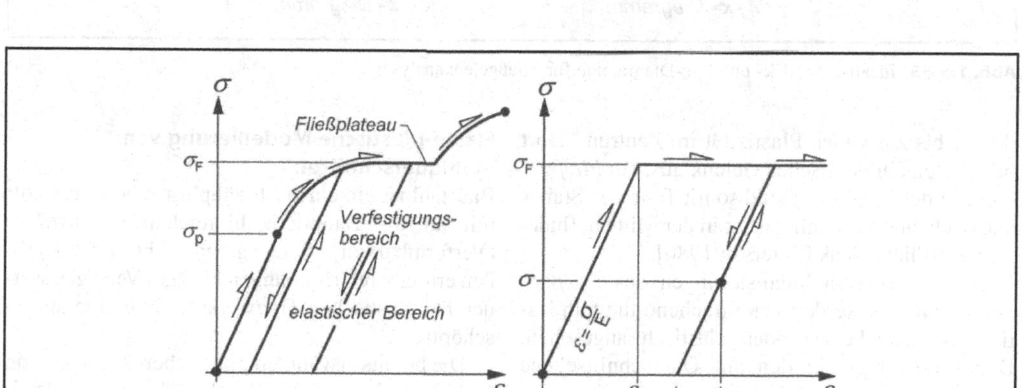

Abb. 1.5-83 σ-ε-Versuchsdiagramm und elastisch-vollplastische Idealisierung

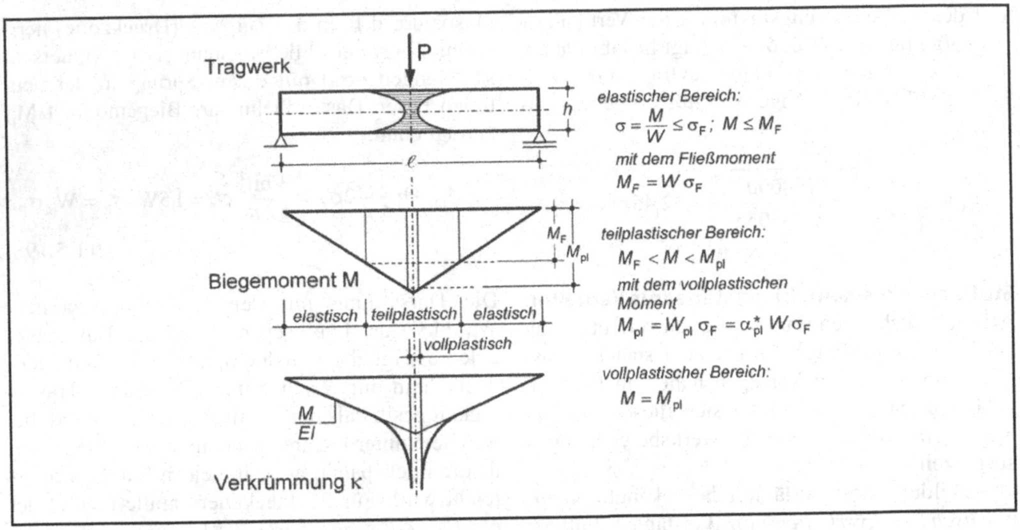

Abb. 1.5-84 Biegemoment M und Verkrümmung κ im Bereich eines Fließgelenks

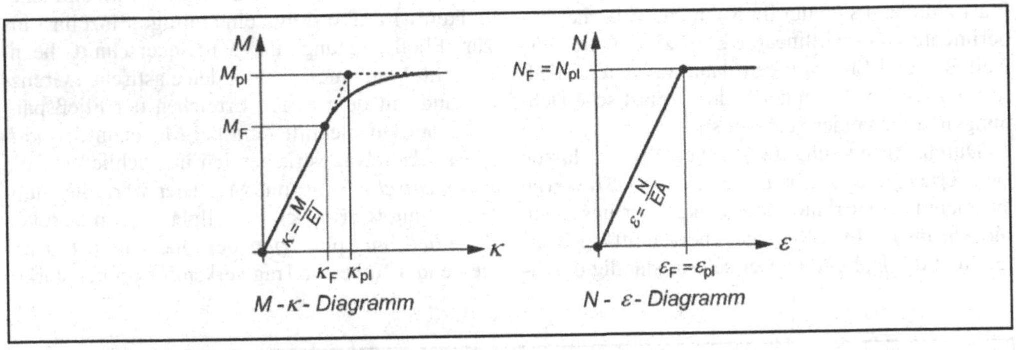

Abb. 1.5-85 Idealisierte M-κ- und N-ε-Diagramme für Fließgelenkanalysen

durch, bis zur vollen Plastizität im Zentrum. Dort bildet sich ein plastisches Gelenk aus, ein *Fließgelenk*. In der Fließphase sind somit Teile des Stabes elastisch, andere teilplastisch; in der Mitte befindet sich ein Fließgelenk [Petersen 1980].

In den späteren Idealisierungen des *Fließgelenkverfahrens* werden vereinfachend die teilplastischen Bereiche als noch elastisch angesehen. Dabei überbrückt in den auf Querschnittsebene verwendeten *elasto-vollplastischen Stoffgesetzen* gemäß Abb. 1.5-85 die Fortsetzung der elastischen Gerade den (gekrümmten) teilplastischen Bereich bis zur vollen Plastizität M_{pl}.

Elasto-plastische Modellierung von Stahlquerschnitten

Baustahl ist ein elastisch-zähplastischer Werkstoff mit für die Baupraxis hinreichender *Duktilität* (Verformbarkeit). Seine gemäß Abb. 1.5-86 großen ertragbaren Dehnungen bis zum Versagen werden bei plastischen Tragwerksanalysen nie ausgeschöpft.

Die bereits erwähnten plastischen Reserven von Stahlquerschnitten, beschrieben durch den plastischen Formbeiwert $\alpha^*_{pl}=W_{pl}/W_{el}$, hängen stark von der Profilform ab. Abbildung 1.5-87 zeigt dies und die Abhängigkeit von α^*_{pl} vom Quotienten

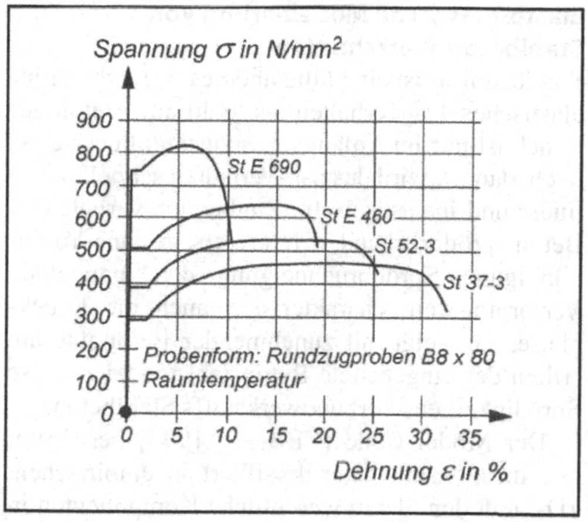

Abb. 1.5-86 σ-ε-Diagramme von Baustählen

aus Gesamtkrümmung κ zur Fließkrümmung κ_F, bezogen auf das erstmalige Erreichen von σ_F in einer Randfaser. Die Abbildung beschreibt somit das Anwachsen von α^*_{pl} während des Durchplastizierens in der teilplastischen Phase. Darunter erläutert noch einmal die bilineare M-κ-Approximation die empfohlene Approximation von der elastischen (M_{el}) zur voll-plastischen (M_{pl}) Phase gemäß DIN 18 800, Teil 1.

In der erwähnten Vorschrift sind auch alle weiteren Elemente einer elasto-plastischen Tragwerksanalyse nach dem Fließgelenkverfahren in wirklichkeitsnaher Idealisierung enthalten. Die Interaktion der *vollplastischen Querschnittswiderstände* basiert auf der 3D Fließbedingung nach *von Mises-Huber-Hencky*: Abbildung 1.5-88 enthält

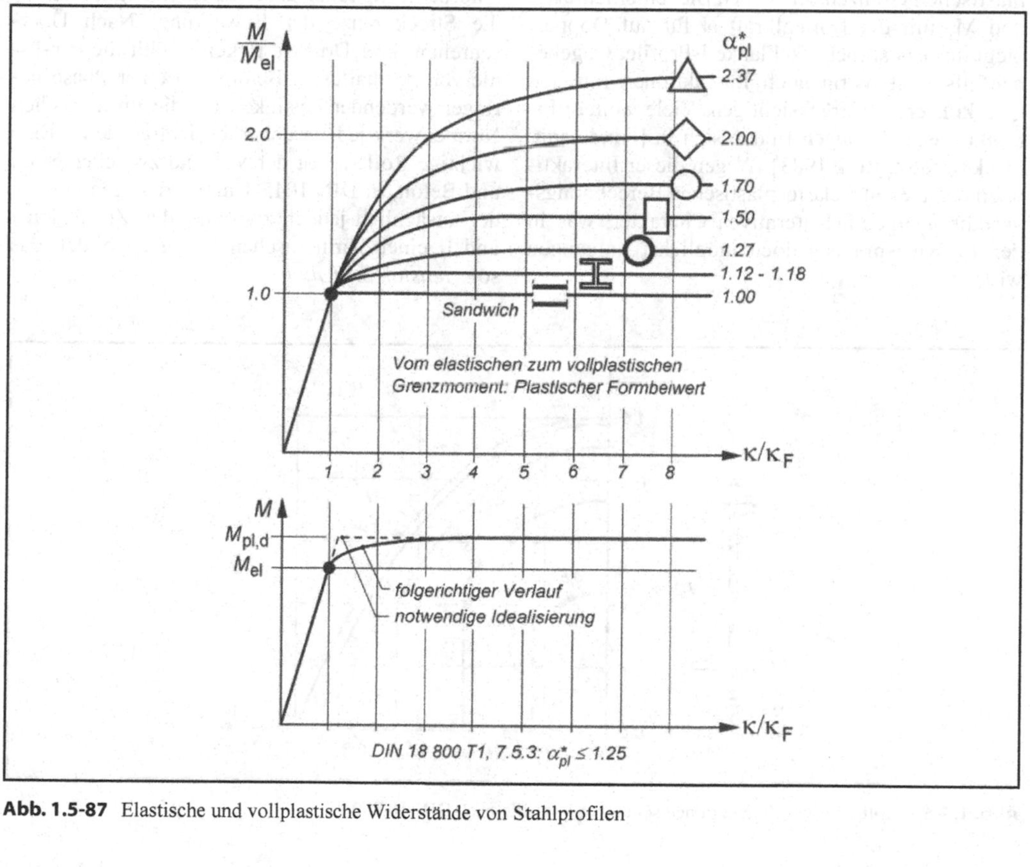

Abb. 1.5-87 Elastische und vollplastische Widerstände von Stahlprofilen

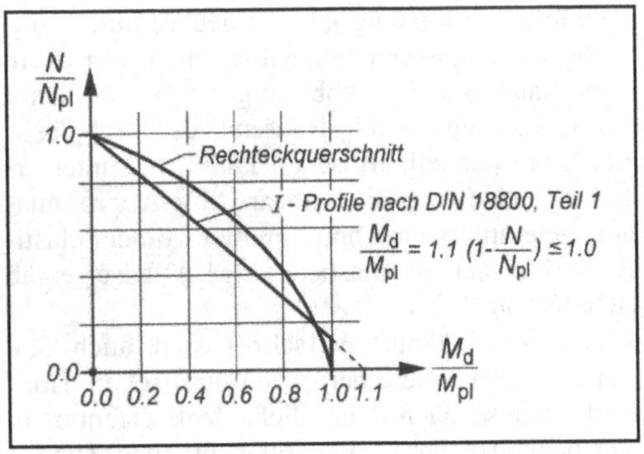

Abb. 1.5-88 Vollplastische M-N-Interaktionsbeziehungen

für eben beanspruchte Rechteck- und I-Profile die einfachste M-N-Interaktion. In Abb. 1.5-89 findet der Leser die Interaktion der beiden, auf ihre vollplastischen Grenzen bezogenen Biegemomente M_y und M_z mit der Normalkraft N für auf Doppelbiegung beanspruchte schlanke I-Profile. Gegebenenfalls sind hierin noch Interaktionen mit den Querkräften zu berücksichtigen. Viele weitere Interaktionsbeziehungen finden sich in [Kindmann/Frickel 2002, Roik 1983]. Wegen dieser Interaktionen besitzen alle elasto-plastischen Berechnungsverfahren eigentlich iterativen Charakter, was in der Entwurfspraxis jedoch möglichst umgangen wird.

Elasto-plastische Modellierung von Stahlbetonquerschnitten

Stahlbeton weist ein völlig anderes, viel stärker inelastisches Tragverhalten als Stahl auf. Beton auf Druck ist nur im Anfangs-Lastzustand linear-elastisch, danach wird das σ-ε-Verhalten schnell nichtlinear und inelastisch. Im Zugbereich verhält sich Beton sprödbrechend, d. h. er versagt ohne Vorankündigung. Sprödbruchneigung, d. h. mangelnde Verformbarkeit, charakterisiert auch die Druckphase, sie steigt mit zunehmender Betongüte an. Allein der eingebettete Betonstahl reduziert diese Sprödigkeit des Verbundwerkstoffs Stahlbeton.

Der Model Code [CEB-FIP 1990] beschreibt alle diese Phänomene detailliert in empirischen, 1D-Modellen, deren wesentliche Komponenten in die DIN 1045-1 übernommen worden sind. Abbildung 1.5-90 gibt deren σ-ε-Diagramme für Beton und Stahl wieder. f_c bzw. f_{cd} kürzen hierin die Betondruckfestigkeiten ab, f_t die Zugfestigkeit und f_y die Streckgrenze der Bewehrung. Nach Überschreiten ihrer Druckfestigkeit f_c fällt die σ-ε-Linie von normalfesten Betonen in einer Phase geringer werdender Festigkeit ab, die im deutschen Normenwerk jedoch unberücksichtigt bleibt. Eine wichtige Rolle spielt der Verbund zwischen Stahl und Beton, in DIN 1045-1 als starr angenommen, der tatsächlich jedoch zwischen den Zuständen I und II einen harmonischen Übergang bildet, das sog. *Tension Stiffening*.

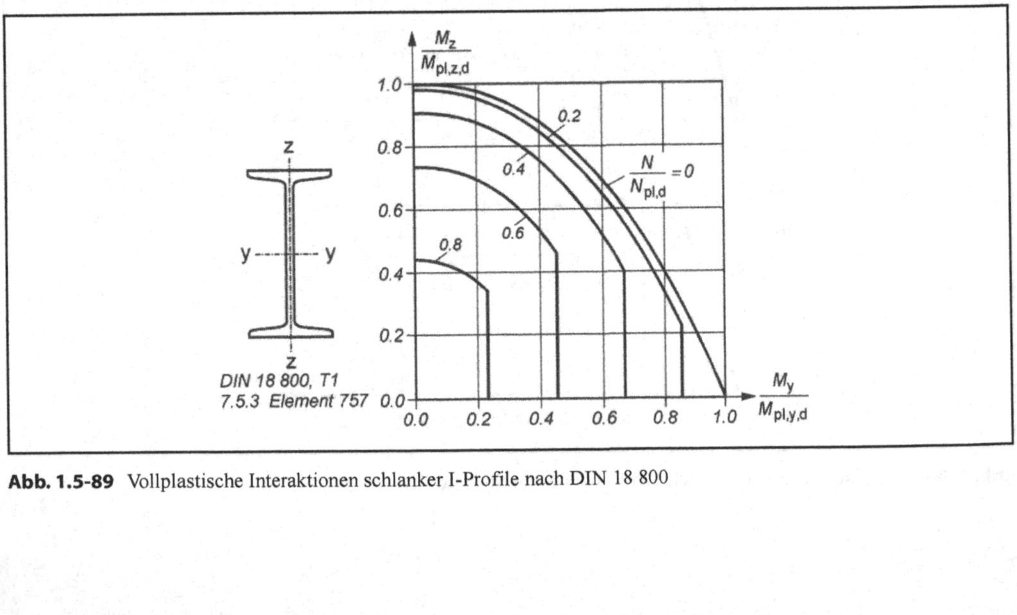

Abb. 1.5-89 Vollplastische Interaktionen schlanker I-Profile nach DIN 18 800

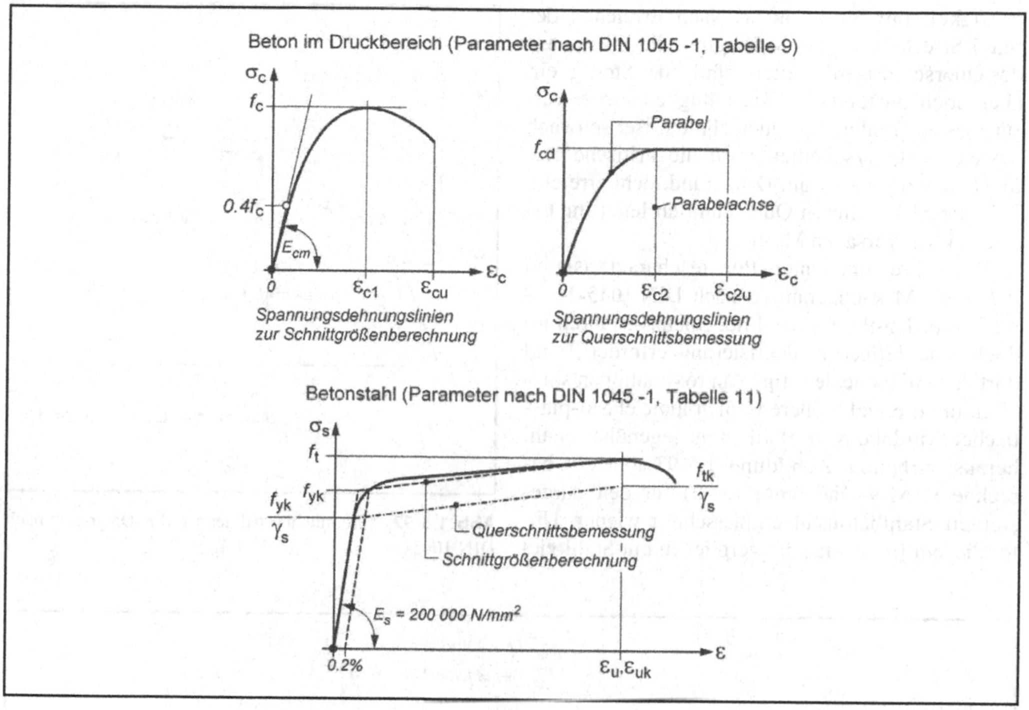

Abb. 1.5-90 σ-ε-Informationen für Beton und Stahl nach DIN 1045-1

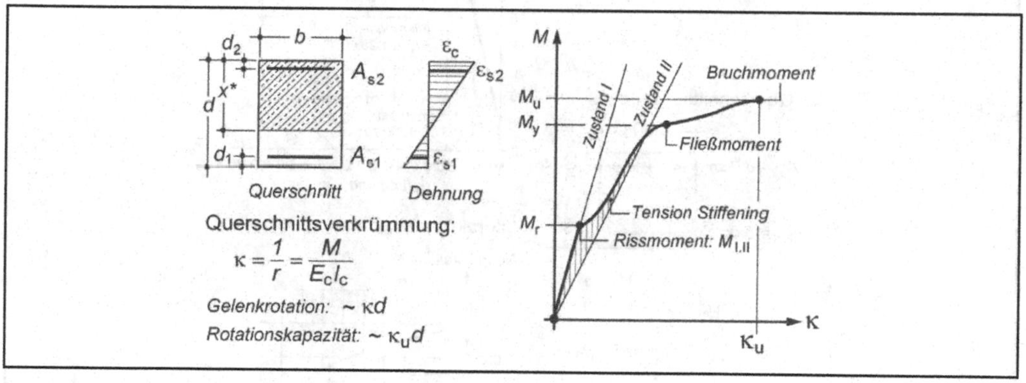

Abb. 1.5-91 Rechteckquerschnitt und zugehöriges M-κ-Diagramm

Aus allem wird deutlich, dass sich Stahlbetonquerschnitte auf ihrem Weg von der elastischen Phase zum Querschnittsversagen erheblich komplizierter als Stahlquerschnitte verhalten. Wird ein Stahlbetonquerschnitt gemäß Abb. 1.5-91 durch ein monoton anwachsendes Biegemoment M beansprucht, so erfolgt nach kurzer elastischer Phase des Zustands I bis M_r=$M_{I,II}$ durch Rissbildung in der Betonzugzone der Übergang in den Zustand II, verbunden mit einem Absinken der Querschnittssteifigkeit um bis zu 60%. Nach Erreichen der Stahl-Streckgrenze bei M_y beginnt die Fließphase des Querschnitts mit weiter abfallender Steifigkeit, aber noch ansteigender Tragfähigkeit durch verstärktes Aufreißen des Querschnitts. Bei schwach bewehrten Querschnitten wird die kritische Betonstauchung 0,35% am Druckrand nicht erreicht, bei normal bewehrten Querschnitten leitet ihr Erreichen das Versagen M_u ein.

Diese drei markanten Punkte charakterisieren *trilineare* M-κ-Diagramme nach DIN 1045-1 gemäß Abb. 1.5-92. Da das Fließgelenkverfahren jedoch eine *bilineare* Idealisierung erfordert, sind dort verschiedene derartige Approximationen skizziert, um die viel größeren Spielräume elasto-plastischer Modelle von Stahlbeton gegenüber Stahl herauszuarbeiten. Abbildung 1.5-93 gibt ein berechnetes M-κ-Diagramm (N=0) für den dargestellten Stahlbetonstützenquerschnitt wieder. Unter diesem findet sich die verglichen mit Stahl viel

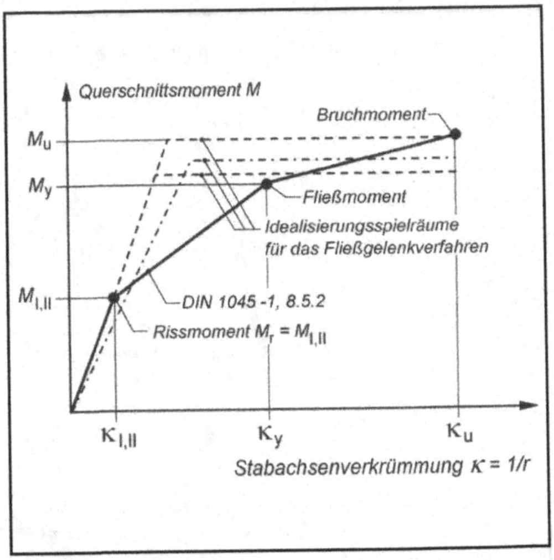

Abb. 1.5-92 Vereinfachtes trilineares M-κ-Diagramm nach DIN 1045-1

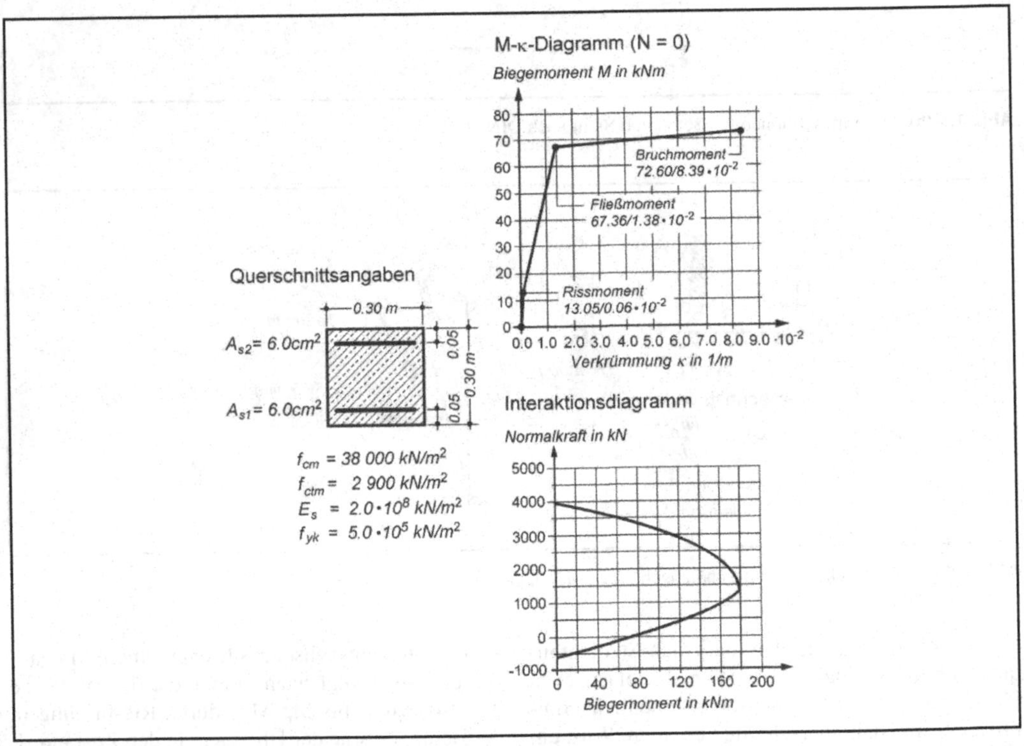

Abb. 1.5-93 M-κ-Diagramm und M-N-Interaktion einer Stahlbetonstütze

intensivere Interaktion mit einer gleichzeitig wirkenden Normalkraft [Krätzig, Harte et al. 2005]. Für beide Fragen, M-κ-Diagramme und M-N-Interaktionen von Stahlbetonquerschnitten, existiert eine umfangreiche Literatur nebst Programmen [Duddeck 1984, Krätzig et al. 1994, Mahin/Bertone 1977].

Inkrementelle Fließgelenkanalysen

Wie bereits anhand von Abb. 1.5-85 erläutert, idealisiert das Fließgelenkverfahren alle Stoffgesetze auf Querschnittsebene als *elastisch-vollplastisch*: Diese Idealisierung nur durch die elastische und die vollplastische Phase besitzt weitreichende Konsequenzen. Wegen der Interaktion von M, N und ggf. Q besitzt es iterativen Charakter, der aber oft unterdrückt wird. Nach Erreichen einer vollplastischen Schnittgröße M_{pl} (bzw. N_{pl}) in einem Bemessungspunkt wird dort ein Momentengelenk (Normalkraftgelenk) eingebaut; der weitere Lastabtrag erfolgt an einem durch das Gelenk modifizierten System. Dieses Vorgehen hat zur Folge, dass bis zur *vollplastischen Traglast* nur elastische Tragwerke berechnet werden müssen, also allseits verfügbare Berechnungssoftware eingesetzt werden kann.

Für die Beschreibung des Vorgehens setzen wir ein beliebiges, n-fach statisch unbestimmtes Tragwerk unter einer gegebenen Lastkombination **P** voraus, die mit dem Faktor λ gesteigert werden soll: λ**P**. Alle elastischen Stabsteifigkeiten seien bekannt, in den Bemessungspunkten ferner die vollplastischen Schnittgrößen M_{pl} bzw. N_{pl} mit ihren Interaktionsbeziehungen. Folgende Schritte werden nun durchgeführt:

- Am n-fach statisch unbestimmten Ursprungstragwerk wird die Last λ**P** solange gesteigert, bis am ersten Bemessungspunkt, unter Beachtung der M-N-Interaktion, mit dem vollplastischen Biegemoment M_{pl} die elastische Phase beendet ist. Der erreichte Lastfaktor betrage:

  $\lambda_{krit\,0} = \lambda_0$.

- Im kritischen Bemessungspunkt erfolgt nun der Einbau eines (Momenten-)Fließgelenks, sodass ein (n-1)-fach statisch unbestimmtes Tragwerk entsteht. An diesem weiterhin elastischen Tragwerk erfolgt eine weitere Laststeigerung λ**P**, bis an einem zweiten Bemessungspunkt, wieder unter Beachtung der M-N-Interaktion, das dortige vollplastische Biegemoment M_{pl} erreicht ist. Der ereichte Zusatzlastfaktor sei $\Delta\lambda_1$, und der Gesamtlastfaktor beträgt:

  $\lambda_{krit\,1} = \lambda_0 + \Delta\lambda_1$.

- Im zuletzt kritischen Bemessungspunkt wird wieder ein (Biegemomenten-)Fließgelenk eingebaut. Das beschriebene Vorgehen wird insgesamt (n+1) mal wiederholt, bis aus dem ursprünglichen Tragwerk ein kinematischer Mechanismus entstanden ist, der keine weiteren Lasten mehr aufnehmen kann. Der Gesamt-Traglastfaktor beträgt schließlich:

  $\lambda_{krit\,n} = \lambda_0 + \Delta\lambda_1 + \Delta\lambda_2 \ldots + \Delta\lambda_n$.

Beispiel

Das einführende Beispiel entnehmen wir [Duddeck 1973]. In Abb. 1.5-94 ist hierzu ein 3-fach statisch unbestimmtes Rahmentragwerk mit seinen Abmessungen, Steifigkeiten, vollplastischen Biegewider-

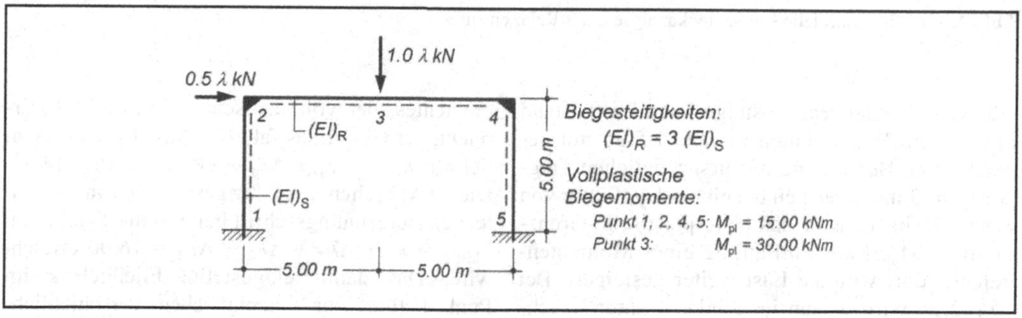

Abb. 1.5-94 Rahmentragwerk n=3 für inkrementelle Fließgelenkanalyse

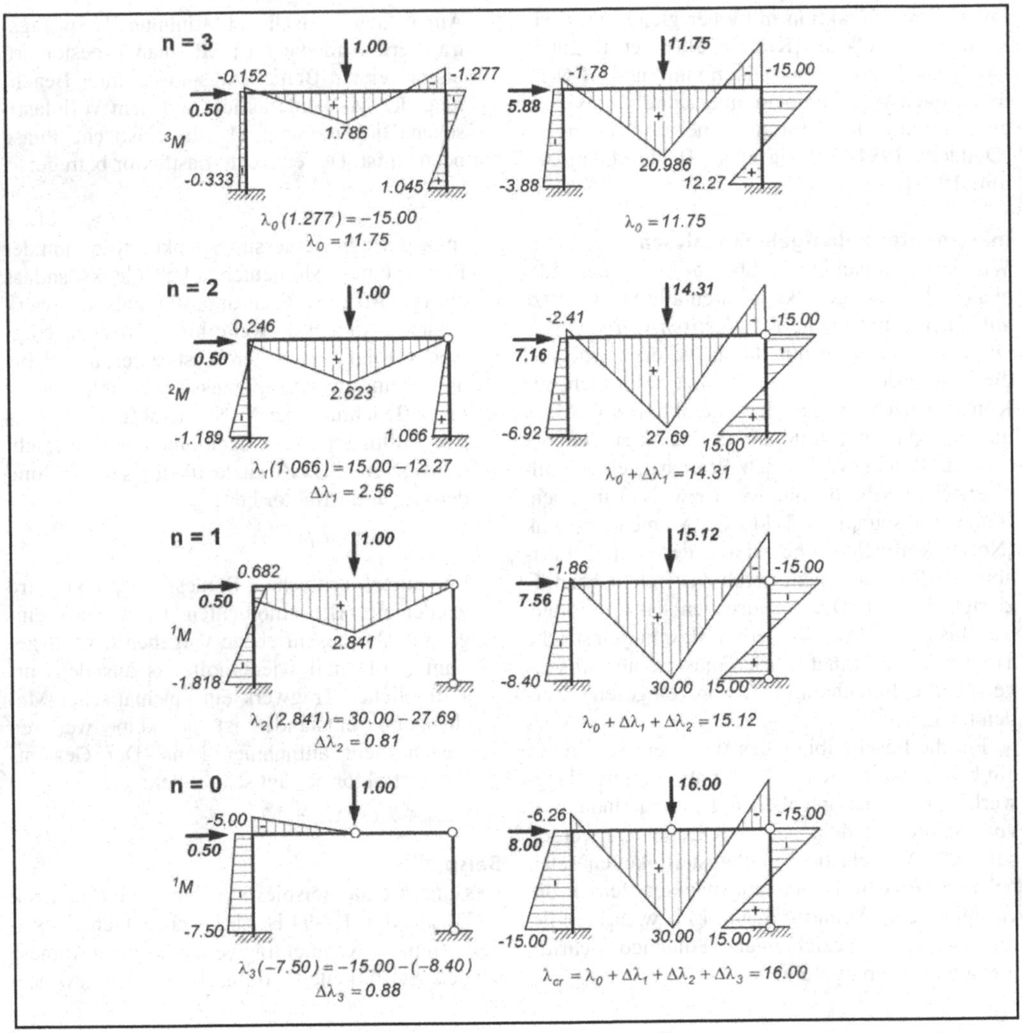

Abb. 1.5-95 Inkrementelle Fließgelenkanalyse eines Rahmens n=3

ständen M_{pl} und dem zu steigernden Lastzustand angegeben. Wir beginnen in Abb. 1.5-95 mit der elastischen Berechnung des ursprünglichen Tragwerks n=3 und erreichen bei einem Lastfaktor von λ_0=11,75 im Punkt 4 das erste plastische Grenzmoment M_{pl}. Nach Einführung eines Momentengelenks dort wird die Last weiter gesteigert. Bei $\Delta\lambda_1$=2,56 wird sodann im Punkt 5, unter Beachtung des im ersten Schritt dort aktivierten Biegemomentes, der vollplastische Grenzwert M_{pl} erreicht; der Gesamtlastfaktor beträgt bis zu diesem Schritt: $\lambda_{krit\,1} = \lambda_0 + \Delta\lambda_1 = 11{,}75 + 2{,}56 = 14{,}31$. Dieses Vorgehen wird fortgesetzt, bis im 4. und letzten Berechnungsschritt bei n=0 die Traglast zu $\lambda_{krit\,3} = \lambda_0 + \Delta\lambda_1 + \Delta\lambda_2 + \Delta\lambda_3 = 16{,}00$ erreicht wird. Das damit eingestellte Fließgelenk im Punkt 1 führt zur kinematischen Verschieblichkeit.

1.5.3 Die Methode der Finiten Elemente

1.5.3.1 Klassische kontinuierliche Tragwerksmodelle

Grundlagen

Formale Modellstruktur. In der Theorie der Tragwerke werden die bereits in Abb. 1.5-10 aufgeführten klassischen Tragelemente verwendet, um Gesamttragwerke zu modellieren. Diese Elemente sind:

- *eindimensionale Tragelemente*: Linienträger oder Stäbe, bestehend aus Fachwerk-, Seil- und Rahmenelementen,
- *zweidimensionale Tragelemente*: Flächenträger oder Schalenelemente, im ebenen Fall zerfallend in *Scheiben-* und *Plattenelemente*,
- *dreidimensionale Tragelemente*: dreidimensionale Kontinua.

Für Stäbe, Schalen und Platten existieren *schubstarre* und *schubweiche* Theorievarianten. Schubstarre basieren auf der Normalenhypothese, nach welcher alle orthogonal zur Stabachse bzw. zur Mittelfläche gerichteten Normalen ihre Orthogonalitätseigenschaft während der Verformung bewahren. Schubweiche Theorievarianten berücksichtigen eine über die Modelldicke konstante Schubverzerrung. Auf diesen Grundtypen bauen verfeinerte Modelle auf, z. B. Stabtheorien mit Wölbbehinderung [Ramm/Hofmann 1995].

Alle genannten Tragmodelle setzen kontinuierliche Strukturen voraus; d. h. Stabachsen, Schalenmittelflächen und dreidimensionale Volumina werden als *kontinuierlich* mit Masse, Festigkeits- sowie Steifigkeitseigenschaften belegt idealisiert. Alle so entstehenden festkörpermechanischen Modelltheorien besitzen eine identische Struktur von Variablen und Operatoren (Abb. 1.5-96). Zur Herleitung eines einheitlichen Konzeptes der Finiten Elemente ist diese identische Darstellung von fundamentaler Bedeutung.

Auf dem äußeren, physikalischen Messtechniken problemlos zugänglichen Modellniveau (Abb. 1.5-96) [Tonti 1975] findet man als äußere, festkörpermechanische Variablen die *Kraftgrößen* $\mathbf{p}$ und die *Verschiebungsgrößen* $\mathbf{u}$. Man legt durch fiktive Schnitte die im Tragwerksinneren wirkenden *Schnittgrößen* $\boldsymbol{\sigma}$ frei. Deren Platzierung auf dem Niveau der inneren Variablen ordnet diesen inneren Kraftgrößen die *Verzerrungsgrößen* $\boldsymbol{\varepsilon}$ als innere Weggrößen zu. Schließlich wirken auf den Oberflächen oder entlang der Tragwerksränder *Randkraftgrößen* $\mathbf{t}$ nebst *Randweggrößen* $\mathbf{r}$ als mögliche Randvorgaben.

Innere und äußere Variablen sind gemäß Abb. 1.5-96 durch zwei grundlegende Gesetze der Festkörpermechanik verknüpft, nämlich

- $\mathbf{p}$ und $\boldsymbol{\sigma}$ durch die *Gleichgewichtsbedingungen*:

$$-\mathbf{p} = \mathbf{D}_e \cdot \boldsymbol{\sigma}\,, \quad (\mathbf{p}, \boldsymbol{\sigma}) \in V. \qquad (1.5.199a)$$

- $\mathbf{u}$ und $\boldsymbol{\varepsilon}$ durch die *kinematischen Beziehungen*:

$$\boldsymbol{\varepsilon} = \mathbf{D}_k \cdot \mathbf{u}\,, \quad (\mathbf{u}, \boldsymbol{\varepsilon}) \in V. \qquad (1.5.199b)$$

Gleichgewichtsoperator $\mathbf{D}_e$ und *Kinematikoperator* $\mathbf{D}_k$ sind Differentialoperatoren, im Fall der linearen Statik *lineare* Differentialoperatoren. Randkraftgrößen $\mathbf{t}$ sind stets mit inneren Kraftgrößen $\boldsymbol{\sigma}$ verknüpft

$$\mathbf{t} = \mathbf{R}_t \cdot \boldsymbol{\sigma}\,, \mathbf{t} \in S\,, \boldsymbol{\sigma} \in V\,, \qquad (1.5.200a)$$

Randweggrößen $\mathbf{r}$ mit äußeren Weggrößen $\mathbf{u}$:

$$\mathbf{r} = \mathbf{R}_r \cdot \mathbf{u}\,, \quad \mathbf{r} \in S\,, \quad \mathbf{u} \in V\,. \qquad (1.5.200b)$$

$\mathbf{R}_t$ und $\mathbf{R}_r$ bilden für Fragestellungen der linearen Statik (im Wesentlichen) algebraische Operatoren. V kürzt in den angegebenen Beziehungen das Modellinnere, S das Modelläußere ab.

Alle bisher aufgeführten Transformationen sind *materialunabhängig*, sie werden als Feldgleichungen bzw. als Randaussagen bezeichnet. Werkstoffspezifische Eigenschaften werden in die Modelle durch das *Werkstoffgesetz* eingeführt, das stets die inneren Variablen $\boldsymbol{\sigma}$ und $\boldsymbol{\varepsilon}$ verknüpft. Im linear elastischen Fall lautet dieses

$$\boldsymbol{\sigma} = \boldsymbol{\sigma}^0 + \mathbf{E} \cdot \left(\boldsymbol{\varepsilon} - \boldsymbol{\varepsilon}^0\right) \quad \text{oder}$$

$$\boldsymbol{\varepsilon} = \boldsymbol{\varepsilon}^0 + \mathbf{E}^{-1} \cdot \left(\boldsymbol{\sigma} - \boldsymbol{\sigma}^0\right) \qquad (1.5.201)$$

mit der Elastizitätsmatrix $\mathbf{E}$ als symmetrischem algebraischem Operator, den Eigenspannungen $\boldsymbol{\sigma}^0$ und den Anfangsdehnungen $\boldsymbol{\varepsilon}^0$, letztere z. B. infolge Schwinden, Quellen oder Temperaturwirkungen.

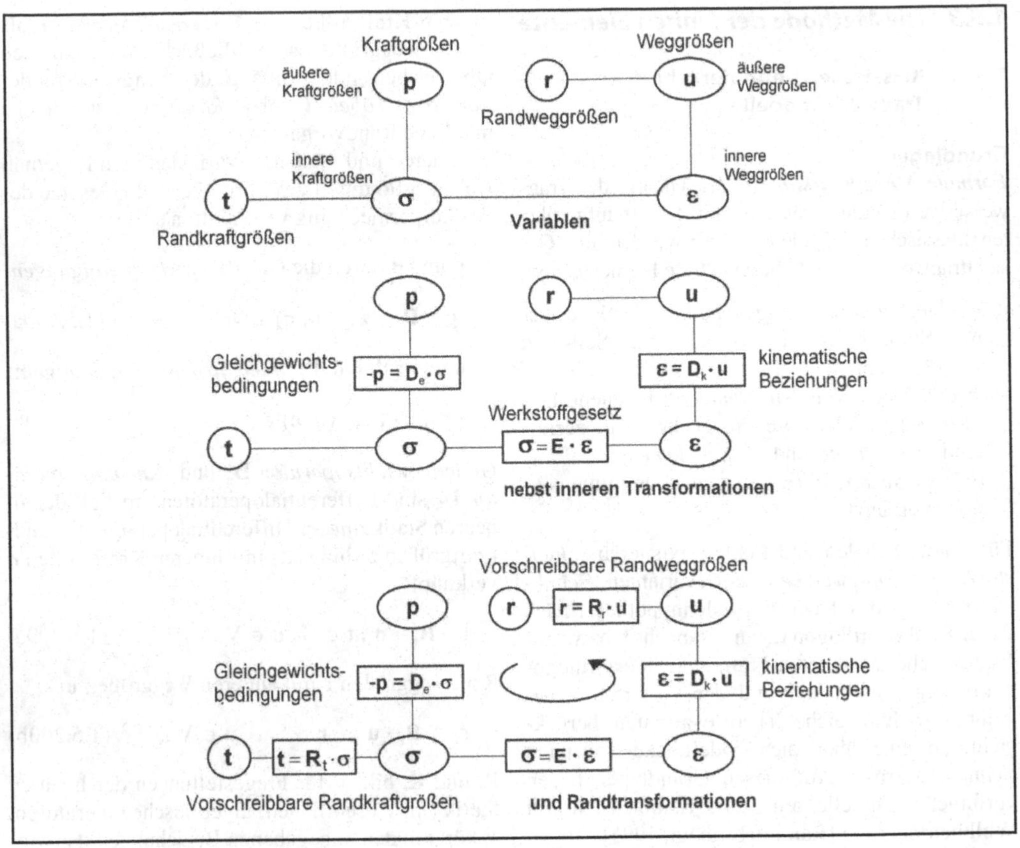

Abb. 1.5-96 Variablen und Transformationen beliebiger Strukturmodelle

Energieaussagen. Variablen des gleichen Niveaus in Abb. 1.5-96 leisten miteinander Formänderungsarbeit. Im Sinne von Verschiebungsarbeit existieren daher stets folgende Beiträge der

äußeren Variablen: $W^{(a)} = \int_V \mathbf{p}^T \cdot \mathbf{u} \cdot dV,$

inneren Variablen: $W^{(i)} = -\int_V \boldsymbol{\sigma}^T \cdot \boldsymbol{\varepsilon} \cdot dV,$

Randvariablen: $W^{(r)} = \int_S \mathbf{t}^T \cdot \mathbf{r} \cdot dS.$ (1.5.202)

Somit lautet die gesamte Formänderungsarbeit als Wechselwirkungsenergie des Kraftgrößenzustands $\{\mathbf{p},\boldsymbol{\sigma},\mathbf{t}\}$ und des Weggrößenzustands $\{\mathbf{u},\boldsymbol{\varepsilon},\mathbf{r}\}$ eines beliebigen Strukturmodells:

$$W = \int_V \mathbf{p}^T \cdot \mathbf{u} \cdot dV + \int_S \mathbf{t}^T \cdot \mathbf{r} \cdot dS - \int_V \boldsymbol{\sigma}^T \cdot \boldsymbol{\varepsilon} \cdot dV = 0. \tag{1.5.203}$$

Eine derartige Aussage wurde bereits in Gl. (1.5.135) als *Arbeitssatz oder Energiesatz der Mechanik* für Stabtragwerke hergeleitet; dieser wird nun auf *beliebige Tragmodelle* verallgemeinert: Die Summe der Formänderungsarbeiten verschwindet für jeden im Gleichgewicht befindlichen Kraftgrößenzustand längs jedes kinematisch verträglichen Deformationszustands.

Wählt man mit $\{\delta\mathbf{u},\delta\boldsymbol{\varepsilon},\delta\mathbf{r}\}$ einen beliebigen virtuellen Verformungszustand, so beschreibt gemäß Gln. (1.5.136, 1.5.203)

$$\delta W^* = \int_V \mathbf{p}^T \cdot \delta\mathbf{u} \cdot dV + \int_S \mathbf{t}^T \cdot \delta\mathbf{r} \cdot dS - \int_V \boldsymbol{\sigma}^T \cdot \delta\boldsymbol{\varepsilon} \cdot dV = 0 \qquad (1.5.204)$$

das *Prinzip der virtuellen Verrückungen* (=Weggrößen) für allgemeine Tragmodelle, das den hierzu auftretenden Kraftgrößenzustand $\{\mathbf{p},\mathbf{t},\boldsymbol{\sigma}\}$ als im Gleichgewicht befindlich ausweist. Analog beschreibt

$$\delta\overline{W}^* = \int_V \delta\mathbf{p}^T \cdot \mathbf{u} \cdot dV + \int_S \delta\mathbf{t}^T \cdot \mathbf{r} \cdot dS - \int_V \delta\boldsymbol{\sigma}^T \cdot \boldsymbol{\varepsilon} \cdot dV = 0 \qquad (1.5.205)$$

im Hinblick auf die Gln. (1.5.137, 1.5.203) das *Prinzip der virtuellen Kraftgrößen*: Es weist $\{\mathbf{u},\mathbf{r},\boldsymbol{\varepsilon}\}$ als kinematisch kompatibel deformiert aus, sofern $\{\delta\mathbf{p},\delta\mathbf{t},\delta\boldsymbol{\sigma}\}$ einen virtuellen Kraftgrößenzustand verkörpert.

Theorie ebener Stabtragwerke

Eben und räumlich beanspruchte Stäbe. Kennzeichen eines jeden Linienträgers ist die Schlankheitsforderung

$$\max\{b/l, h/l\} \ll 1, \qquad (1.5.206)$$

wonach die beiden Hauptabmessungen b, h des Querschnitts sehr viel kleiner sein müssen als seine Länge *l*. Bei Erfüllung dieser Bedingung herrscht im Träger näherungsweise ein *einachsiger Normalspannungszustand* [Krätzig et al. 2000] nebst zugeordnetem Schubspannungszustand. Ein eben beanspruchter Stab liegt vor, wenn sich alle Spannungen nur in Richtung *einer* Hauptachse des Querschnitts verändern. Räumlich beanspruchte Stäbe weisen Schnittgrößenvektoren in Richtung *beider* Hauptachsen auf (Abb. 1.5-97).

Räumlich beanspruchte Stäbe bilden die Superposition zweier orthogonaler, ebener Stabprobleme, ergänzt durch die Torsionsbeanspruchung. Die Theorie ebener Linienträger wurde bereits in 1.5.2 behandelt.

Theorie der Scheibentragwerke

Grundlagen und Feldgleichungen. Scheibentragwerke stellen ebene Flächentragwerke dar, die sich (Abb. 1.5-98) durch eine Ebene als *Mittelfläche* idealisieren lassen. Diese halbiert die reale *Tragwerksdicke* h, gemessen in Richtung x_3, an jeder Stelle. Die beiden die Mittelfläche aufspannenden Koordinaten x_1,x_2 nebst x_3 seien kartesisch, d. h. geradlinig und zueinander orthogonal.

Es gilt die *Dünne-Hypothese*, welche die Tragwerksdicke h als sehr klein im Vergleich zu den beiden Scheibenabmessungen l_1, l_2 voraussetzt:

$$\max\{h/l_1, h/l_2\} \ll 1. \qquad (1.5.207)$$

Da beide *Schalenlaibungen* h/2, -h/2 als spannungsfrei angesehen werden, gilt somit in der Scheibe ein *ebener Spannungszustand*:

$$\sigma_{33} = \sigma_{13} = \sigma_{31} = \sigma_{23} = \sigma_{32} = 0\,. \qquad (1.5.208)$$

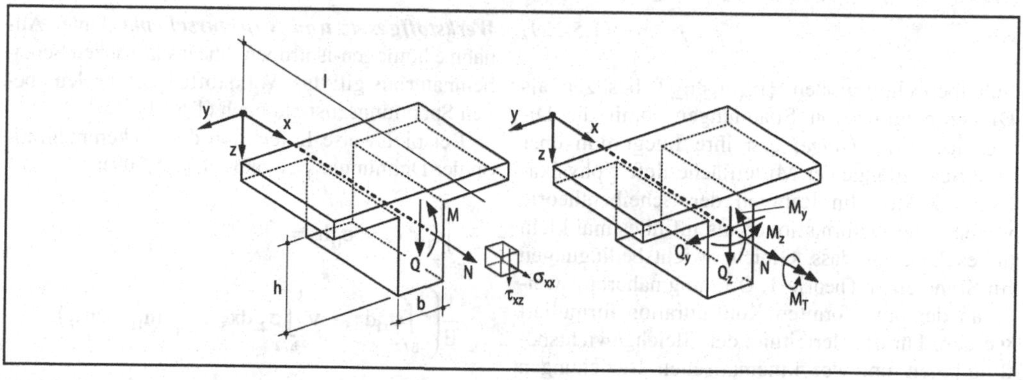

Abb. 1.5-97 Elemente eines eben (links) und räumlich (rechts) beanspruchten Stabes

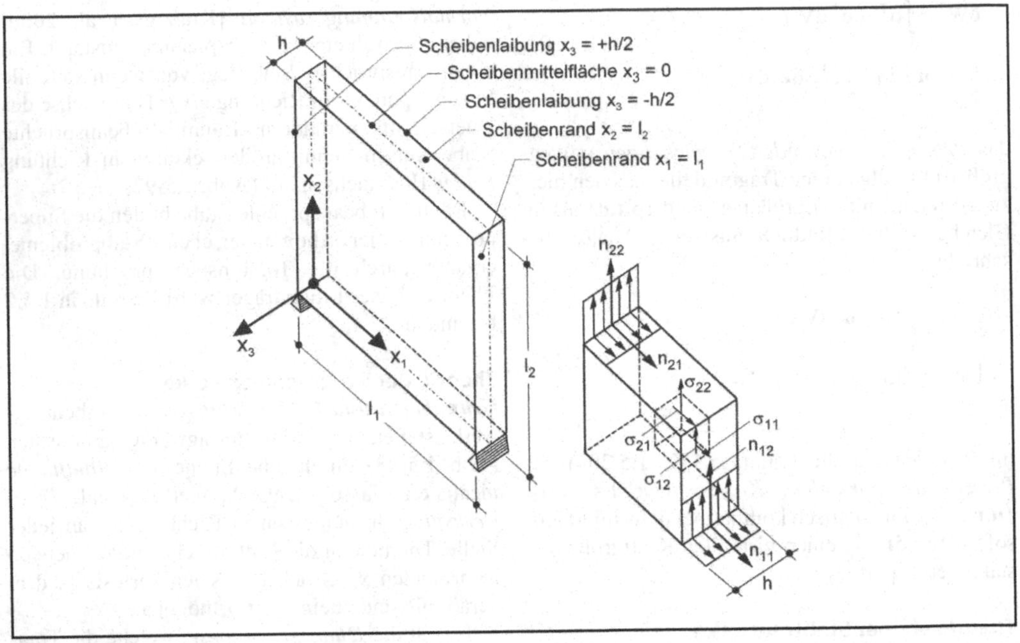

Abb. 1.5-98 Scheibentragwerk, Spannungen und Schnittgrößen

Die folglich in der Scheibentheorie verbleibenden Spannungen σ_{11}, $\sigma_{12} = \sigma_{21}$, σ_{22} werden als über die Dicke konstant verlaufend angesehen und zu Schnittgrößen zusammen gefasst:

$$\begin{bmatrix} n_{11} \\ n_{12} = n_{21} \\ n_{22} \end{bmatrix} = \int_{-h/2}^{h/2} \begin{bmatrix} \sigma_{11} \\ \sigma_{12} = \sigma_{21} \\ \sigma_{22} \end{bmatrix} dx_3 = \begin{bmatrix} \sigma_{11} \\ \sigma_{12} = \sigma_{21} \\ \sigma_{22} \end{bmatrix} \cdot h. \tag{1.5.209}$$

Scheibenschnittgrößen $\{n_{11}, n_{12}, n_{22}\}$ besitzen als Dickenintegrale von Spannungen somit die Dimension *Kraft/Länge*; erst ihre Integration über eine Schnittlänge der Mittelfläche liefert physikalische Kräfte. Im Rahmen der Scheibentheorie werden alle Deformationen als infinitesimal klein angesehen, so dass Gleichgewichtsbedingungen im Sinne einer Theorie 1. Ordnung näherungsweise an der unverformten Konfiguration formuliert werden. Für die Herleitung der Gleichgewichtsbedingungen und der kinematischen Beziehungen siehe [Eschenauer/Schnell 1993, Girkmann 1976, Krätzig/Basar 1997, Mang 1996]. Hier sind in das Strukturschema der Abb. 1.5-99 nur die Ergebnisse der Herleitungen eingetragen; dabei kürzen die Symbole

$$\partial_1 = \partial.../\partial x_1\,, \quad \partial_2 = \partial.../\partial x_2 \tag{1.5.210}$$

partielle Differentiationen ab.

Werkstoffgesetz und Strukturschema. Unter Annahme homogen-isotropen, linear-elastischen Scheibenmaterials gilt das Werkstoffgesetz für den ebenen Spannungszustand nach (1.5.31).

Beispielsweise liefert nun die Dickenintegration der Dehnung ε_{11} gemäß Gl. (1.5.209):

$$\int_{-h/2}^{h/2} \varepsilon_{11} dx_3 = \varepsilon_{11} h = \frac{1}{E}\left(\int_{-h/2}^{h/2} \sigma_{11} dx_3 - \nu \int_{-h/2}^{h/2} \sigma_{22} dx_3 \right) = \frac{1}{E}(n_{11} - \nu n_{22}). \tag{1.5.211}$$

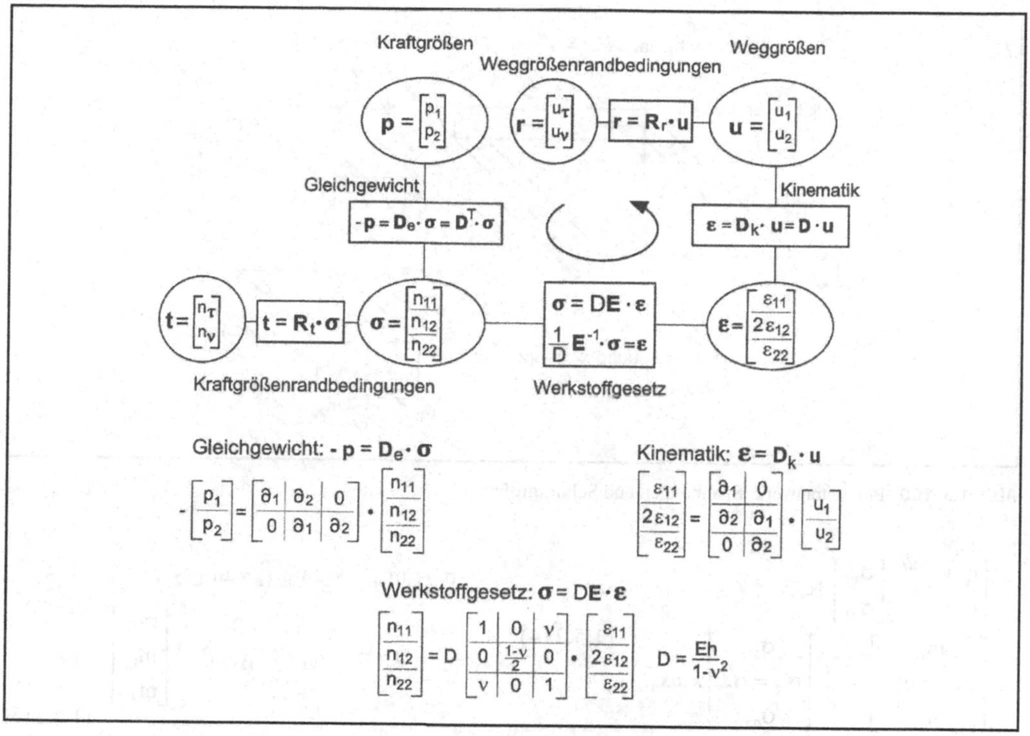

Abb. 1.5-99 Strukturschema und Transformationen der Scheibentheorie

Zusammenfassend entsteht so das auf Abb. 1.5-99 ausgeschriebene Werkstoffgesetz, worin D die *Scheibendehnsteifigkeit* abkürzt:

$$D = Eh/(1-\nu^2)\ . \qquad (1.5.212)$$

Damit lässt sich in Abb. 1.5-99 das vollständige Strukturschema der Scheibentheorie angeben. Die im Weiteren nicht benötigten Randtransformationen fehlen [Krätzig/Basar 1997]. Für klassische Lösungsmethoden der Scheibentheorie siehe [Girkmann 1976, Mang 1996].

Theorie Kirchhoff'scher Plattentragwerke

Grundlagen und Feldgleichungen. Plattentragwerke stellen wie Scheiben ebene Flächentragwerke dar. Gemäß Abb. 1.5-100 werden auch Platten durch eine ebene *Mittelfläche* idealisiert, welche die reale *Tragwerksdicke* h an jeder Stelle halbiert. Die beiden die Mittelfläche aufspannenden Koordinaten x_1, x_2 sowie die senkrecht zur Mittelfläche liegende x_3 seien erneut kartesisch, d. h. geradlinig und zueinander orthogonal. Als typisches Flächentragwerk gilt auch für Platten die *Dünne-Hypothese:*

$$\max\{h/l_1\ ,\ h/l_2\} << 1\ . \qquad (1.5.213)$$

Plattentragwerke werden durch Kräfte orthogonal zur Mittelfläche oder durch Momente längs des Randes belastet, was zu *Biege-* und *Torsionsbeanspruchungen* führt. In einzelnen gedachten Schichten des Tragwerks werden hierdurch näherungsweise linear über h verlaufende, *ebene Spannungszustände* $\sigma_{11}, \sigma_{12} = \sigma_{21}, \sigma_{22}$ hervorgerufen. Ergänzend wirkt ein *transversaler Schubspannungszustand* $\sigma_{13} = \sigma_{31}, \sigma_{23} = \sigma_{32}$, der wegen der Scherspannungsfreiheit der beiden Laibungen dort auf Null abfällt. Sämtliche Spannungen werden wieder zu Schnittgrößen über die Dicke h integriert:

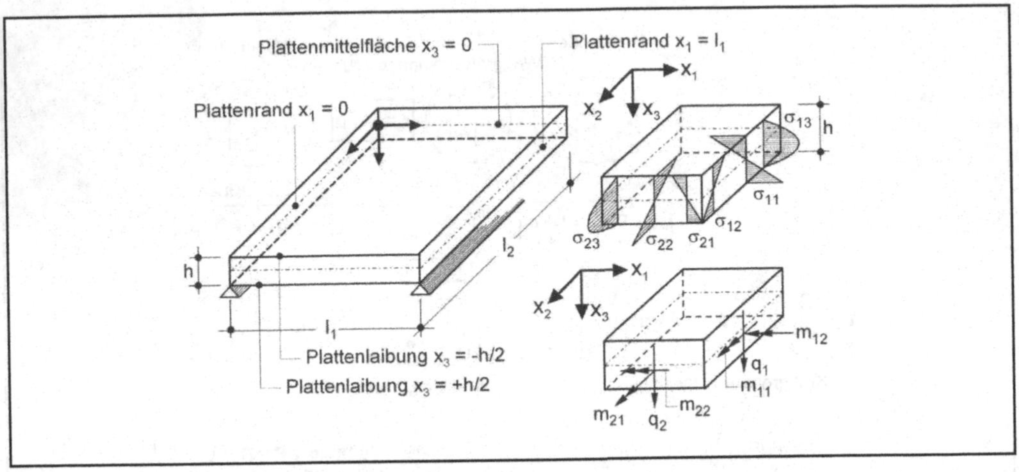

Abb. 1.5-100 Plattentragwerk, Spannungen und Schnittgrößen

$$\begin{bmatrix} q_1 \\ q_2 \end{bmatrix} = \int_{-h/2}^{h/2} \begin{bmatrix} \sigma_{13} \\ \sigma_{23} \end{bmatrix} dx_3,$$

$$\begin{bmatrix} m_{11} \\ m_{12} = m_{21} \\ m_{22} \end{bmatrix} = \int_{-h/2}^{h/2} \begin{bmatrix} \sigma_{11} \\ \sigma_{12} = \sigma_{21} \\ \sigma_{22} \end{bmatrix} x_3 dx_3. \qquad (1.5.214)$$

Dadurch entstehen Querkräfte q_1, q_2 der Dimension *Kraft/Länge* sowie Biegemomente m_{11}, m_{22} und Torsionsmomente $m_{12} = m_{21}$, alle von der Dimension einer *Kraft*. Deren positive Wirkungsrichtungen zeigt Abb. 1.5-100.

Ähnlich wie im Fall der Linienträger existieren Theorien für *schubsteife* und *schubweiche* Platten. Die folgende Darstellung beschränkt sich auf die erstere, die klassische *Kirchhoff*'sche Plattentheorie; für letztere wird der Leser auf [Krätzig/Basar 1997] verwiesen. Ziel ist eine Plattentheorie 1. Ordnung, weshalb Deformationen als infinitesimal klein vorausgesetzt werden und das Gleichgewicht daher an der unverformten Konfiguration aufgestellt werden darf. Zu Einzelheiten der Herleitungsschritte von *Gleichgewicht* und *Kinematik* wird auf umfangreiche Standardliteratur [Girkmann 1976, Krätzig/Basar 1997, Mang 1996] verwiesen. Die transversale Gleichgewichtsbedingung

$$-p = m_{11,11} + 2m_{12,12} + m_{22,22} \, ,$$

$$-p = \mathbf{D}_e \cdot \boldsymbol{\sigma} = \begin{bmatrix} \partial_{11} & 2\partial_{12} & \partial_{22} \end{bmatrix} \cdot \begin{bmatrix} m_{11} \\ m_{12} \\ m_{22} \end{bmatrix} \qquad (1.5.215)$$

geht in ihrer Operatorform ins Strukturschema der Abb. 1.5-101 ein; die beiden in ihr bereits verwendeten tangentialen Momentengleichgewichtsbedingungen

$$q_1 = m_{11,1} + m_{12,2} \, , \quad q_2 = m_{12,1} + m_{22,2} \qquad (1.5.216)$$

gestatten die nachlaufende Ermittlung der beiden Querkräfte aus den Momenten.

Eine zur Normalenhypothese der *Bernoulli-Navier*-Stäbe analoge Annahme, die *Kirchhoff-Love*-Hypothese, unterdrückt beide Schubverzerrungen γ_1, γ_2 und führt damit zu folgenden kinematischen Beziehungen

$$\boldsymbol{\varepsilon} = \mathbf{D}_k \mathbf{u} = \begin{bmatrix} \kappa_{11} \\ 2\kappa_{12} \\ \kappa_{22} \end{bmatrix} = -\begin{bmatrix} \partial_{11} \\ 2\partial_{12} \\ \partial_{22} \end{bmatrix} \cdot [w] = -\begin{bmatrix} w_{,11} \\ 2w_{,12} \\ w_{,22} \end{bmatrix} \qquad (1.5.217)$$

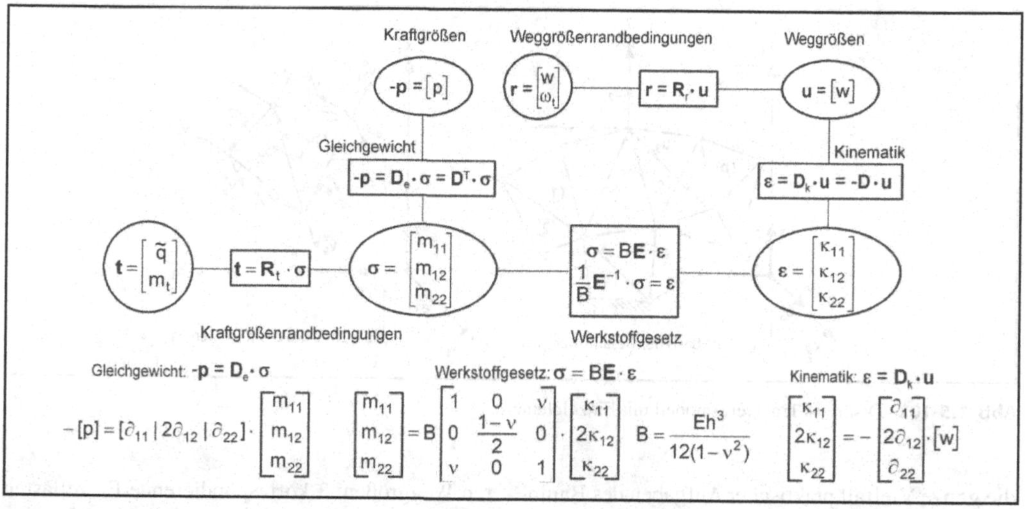

Abb. 1.5-101 Strukturschema und Transformationen der Theorie schubstarrer Platten

mit der transversalen Verschiebung w der Mittelfläche als äußerer kinematischer Zustandsgröße und den beiden Mittelflächenverkrümmungen κ_{11}, κ_{22} sowie der Mittelflächenverwindung κ_{12} als inneren Kinematen. Die Verdrehungen ω_1, ω_2 der Mittelfläche lauten:

$$\gamma_1 = 0:\ \omega_1 = -w_{,1}, \quad \gamma_2 = 0:\ \omega_2 = -w_{,2}. \tag{1.5.218}$$

Werkstoffgesetz und Strukturschema. Wegen der Unterdrückung der beiden transversalen Schubverzerrungen γ_1, γ_2 entfallen Werkstoffgesetze für die beiden Querkräfte. Ein zu den Scheibentragwerken analoges Vorgehen lässt aus den Materialgleichungen des ebenen Spannungszustandes (1.5.31) durch Dickenintegration folgendes Werkstoffgesetz für die Momente entstehen:

$$\kappa_{11}h^3 = \frac{12}{E}(m_{11} - \nu m_{22}),\ 2\kappa_{12}h^3 = \frac{12}{G}m_{12},$$
$$\kappa_{22}h^3 = \frac{12}{E}(m_{22} - \nu m_{11}), \tag{1.5.219}$$

das in Operatorform das Strukturschema der Abb. 1.5-101 vervollständigt. B kürzt hierin die *Plattenbiegesteifigkeit* ab:

$$B = \frac{Eh^3}{12(1-\nu^2)}. \tag{1.5.220}$$

Im Strukturschema der Abb. 1.5-101 fehlen die Randtransformationen, da sie für das hier folgende unbedeutend sind. Die schubstarre *Kirchhoff*'sche Plattentheorie kann an Kraftgrößenrändern zwar ein Randbiegemoment berücksichtigen, Randtorsionsmomente und Randquerkräfte müssen jedoch zu *einer* Variablen, den Randscherkräften q^*_1, q^*_2 vereinigt werden [Girkmann 1976, Krätzig/Basar 1997]. Einen Überblick über die klassischen Lösungskonzepte dieser wichtigen Ingenieurtheorie findet der Leser in [Girkmann 1976, Mang 1996, Timoshenko/Woinowsky-Krieger 1959].

1.5.3.2 Diskrete Tragwerksmodelle

Grundlagen

Diskontinua. Die Analyse der bisherigen kontinuierlichen Tragwerksmodelle mit deren Zustandsvariablen **p**, **u**, **σ**, **ε**, **r**, **t** als *Funktionen* des Modellraums erfordert Lösungsmethoden der *Mathematischen Analysis.* Allerdings liefern analytische Methoden Lösungen lediglich für wenige klassische Randwertprobleme der Festkörpermechanik mit einfachen Randbedingungen. Sie sind unfähig,

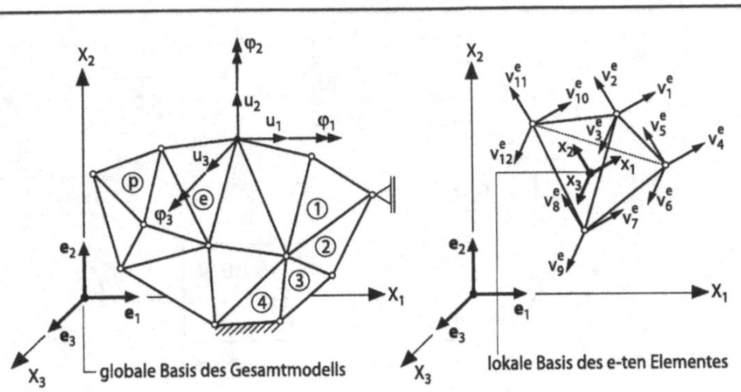

Abb. 1.5-102 Diskretes Tragwerksmodell mit Einzelelement

die ganze Vielfalt praktischer Aufgaben des Bauingenieurwesens in heute erforderlicher Genauigkeit zu erfassen.

Ungleich vorteilhafter sind *diskrete Tragwerksmodelle*, auch *Diskontinua* genannt, deren Zustandsvariablen als algebraische Mengen nur in diskreten Punkten, den *Knotenpunkten*, existieren. Sie eignen sich hervorragend zur Tragwerksanalyse mit Hilfe digitaler Computer, welche gerade mit algebraischen Datenmengen besonders effizient arbeiten können.

Hierzu überzieht man gemäß Abb. 1.5-102 das zu analysierende Tragwerk mit einem geeigneten, beliebigen Netz von Knotenpunkten, das dieses vollständig in eine endliche Anzahl finiter Tragwerkselemente e (e = 1, 2, ... p) aufteilt. Die den Einbettungsraum E3 aufspannende globale kartesische Basis (X_k, $\mathbf{e}_k$; k = 1, 2, 3) dient zur Festlegung der Knotenkoordinaten und zur Beschreibung des äußeren Tragverhaltens.

Äußere Zustandsvariablen. Alle Zustandsvariablen eines Diskontinuums sind ausschließlich in dessen Knotenpunkten definiert. Als *äußere Weggrößen* V_i ($1 \leq i \leq m$) des diskreten Tragwerksmodells dienen sämtliche wesentlichen Knotenfreiheitsgrade, eingeführt und positiv wirkend in Richtung der positiven globalen Basisachsen. *Äußere Kraftgrößen* P_i sind die den V_i energetisch zugeordneten (korrespondierenden) Knotenlasten.

Im 3-dimensionalen Diskontinuum der Abb. 1.5-102 bilden 3 Verschiebungen u_1, u_2, u_3 und 3 Verdrehungen φ_1, φ_2, φ_3 jedes Knotens seine äußeren Weggrößen, 3 korrespondierende Einzellasten F_1, F_2, F_3 und Einzelmomente M_1, M_2, M_3 seine Knotenkraftgrößen. Im Gegensatz zu Kontinua unterscheiden Diskontinua nicht zwischen Tragwerksinnerem und Tragwerksrand. Jeder Knotenfreiheitsgrad kann daher ungefesselt (=*aktiv*) oder gefesselt (=*passiv*) sein. Im ersten Fall kann in Richtung dieses Freiheitsgrades eine äußere Last wirken. Im zweiten Fall wirkt die Auflagerreaktion als äußere Kraftgröße.

Alle äußeren Zustandsvariablen eines diskretisierten Tragwerkmodells werden stets in beliebiger, jedoch korrespondierender gleichlautender Reihenfolge in je einer Spaltenmatrix wie folgt zusammengefasst:

$$\mathbf{P} = \begin{bmatrix} P_1 \\ P_2 \\ . \\ P_i \\ . \\ P_m \end{bmatrix}, \quad \mathbf{V} = \begin{bmatrix} V_1 \\ V_2 \\ . \\ V_i \\ . \\ V_m \end{bmatrix}. \tag{1.5.221}$$

Damit lautet die äußere Wechselwirkungsenergie beider Variablenfelder {**P**, **V**}:

$$W^{(a)} = \mathbf{P}^T \cdot \mathbf{V} = \mathbf{V}^T \cdot \mathbf{P} = P_1 V_1 + P_2 V_2 + \ldots P_i V_i + \ldots P_m V_m \,. \tag{1.5.222}$$

Innere Zustandsvariablen. Im rechten Teil der Abb. 1.5-102 werden nun durch geeignete *fiktive*

Schnitte das e-te finite Element aus dem Gesamttragwerk herausgetrennt, wodurch dessen *innere Zustandsvariablen* freigelegt werden. Da äußere Zustandsgrößen nur in den Knoten definiert sind, können innere auch nur in diesen wirken, denn zwischen beiden müssen Gleichgewicht und kinematische Verträglichkeit erfüllt sein.

Als *innere* Weggrößen v_i^e $(1 \le i \le k)$ des e-ten Elementes dienen modellgerechte, elementbezogene Knotenfreiheitsgrade, ausgerichtet und positiv wirkend hinsichtlich der lokalen Elementbasis $\{x_k, \mathbf{e}_k; k = 1, 2, 3)$. *Innere Kraftgrößen* s_i^e sind die den v_i^e energetisch zugeordneten (korrespondierenden) elementbezogenen Knotenkraftgrößen.

Innere Kraftgrößen s_i^e und innere Weggrößen v_i^e (Abb. 1.5-102) werden elementweise ($\mathbf{s}^e$, $\mathbf{v}^e$; $1 \le e \le p$) beliebig, jedoch gleichlautend korrespondierend durchnummeriert und in je einer Spalte zusammengefasst:

$$\mathbf{s}^e = \begin{bmatrix} s_1 \\ s_2 \\ \cdot \\ s_i \\ \cdot \\ s_k \end{bmatrix}^e, \quad \mathbf{v}^e = \begin{bmatrix} v_1 \\ v_2 \\ \cdot \\ v_i \\ \cdot \\ v_k \end{bmatrix}^e. \qquad (1.5.223)$$

Für das *e*-te finite Element mit *k* Freiheitsgraden lautet damit die innere Wechselwirkungsenergie der beiden Variablenfelder s_i^e, v_i^e:

$$-W^{(i)} = \mathbf{s}^{eT} \cdot \mathbf{v}^e = \mathbf{v}^{eT} \cdot \mathbf{s}^e = s_1 v_1 + s_2 v_2 + \ldots s_i v_i + \ldots s_k v_k \,. \qquad (1.5.224)$$

Für das sich aus allen *p* finiten Elementen mit je *k* Freiheitsgraden aufbauenden Gesamttragwerk erhält man hieraus:

$$\mathbf{s} = \begin{bmatrix} \mathbf{s}^a \\ \mathbf{s}^b \\ \cdot \\ \mathbf{s}^e \\ \cdot \\ \mathbf{s}^p \end{bmatrix} = \begin{bmatrix} s_1 \\ s_2 \\ s_3 \\ s_4 \\ \cdot \\ s_\ell \end{bmatrix}, \quad \mathbf{v} = \begin{bmatrix} \mathbf{v}^a \\ \mathbf{v}^b \\ \cdot \\ \mathbf{v}^e \\ \cdot \\ \mathbf{v}^p \end{bmatrix} = \begin{bmatrix} v_1 \\ v_2 \\ v_3 \\ v_4 \\ \cdot \\ v_\ell \end{bmatrix}. \qquad (1.5.225)$$

mit $l = k \cdot p$ und

$$-W^{(i)} = \mathbf{s}^T \cdot \mathbf{v} = \mathbf{v}^T \cdot \mathbf{s} = s_1 v_1 + s_2 v_2 + s_3 v_3 + s_4 v_4 + \ldots s_\ell v_\ell \qquad (1.5.226)$$

Strukturmechanische Transformationen

Gleichgewicht. Zur Gleichgewichtsformulierung eines diskretisierten Tragwerks wird die folgende *Gleichgewichtstransformation* eingeführt:

$$\mathbf{s} = \mathbf{b} \cdot \mathbf{P}: \begin{bmatrix} s_1 \\ s_2 \\ \cdot \\ s_l \end{bmatrix} = \begin{bmatrix} b_{11} & b_{12} & \cdot & b_{1m} \\ b_{21} & b_{22} & \cdot & b_{2m} \\ \cdot & \cdot & \cdot & \cdot \\ b_{l1} & b_{l2} & \cdot & b_{lm} \end{bmatrix} \cdot \begin{bmatrix} P_1 \\ P_2 \\ \cdot \\ P_m \end{bmatrix}. \qquad (1.5.227)$$

Offensichtlich existiert die *Gleichgewichts-Transformationsmatrix* **b** nur für gleichgewichtsfähige Systeme, für welche **P** die den aktiven Knotenfreiheitsgraden zugeordneten Knotenlasten zusammenfasst. Die j-te Spalte $\mathbf{b}_j$ von **b** enthält sämtliche Element-Knotenkraftgrößen s_i $(1 \le i \le \ell)$ infolge der Knotenlastgröße $P_j = 1$ des ansonsten lastfreien Tragwerks $P_1 = P_2 = \ldots P_m = 0$.

Die Gleichgewichtsmatrix **b** ist ein hervorragender Ergebnisspeicher sämtlicher Element-Knotenkraftgrößen als Folge aller globalen Lastmöglichkeiten. Bedauerlicherweise enthält (1.5.227) keine Handlungsanweisung zum Aufbau von **b**. Eine solche kann aus den *Knotengleichgewichtsbedingungen*

$$\mathbf{P} = \mathbf{g} \cdot \mathbf{s}: \begin{bmatrix} P_1 \\ P_2 \\ \cdot \\ P_m \end{bmatrix} = \begin{bmatrix} g_{11} & g_{12} & \cdot & g_{1l} \\ g_{21} & g_{22} & \cdot & g_{2l} \\ \cdot & \cdot & \cdot & \cdot \\ g_{m1} & g_{m2} & \cdot & g_{ml} \end{bmatrix} \cdot \begin{bmatrix} s_1 \\ s_2 \\ \cdot \\ s_l \end{bmatrix} \qquad (1.5.228)$$

gewonnen werden, in welchen die Spalte **s** nur die *unabhängigen* Elementknotenkraftgrößen enthalten darf. Dieses sind gerade diejenigen s_i^e, in welchen die linearen Abhängigkeiten infolge der Elementgleichgewichtsbedingungen eliminiert wurden [Krätzig/Basar 1997].

Baut man die Knotengleichgewichtsbedingungen (1.5.228) für ein vorliegendes Diskontinuum auf, so lässt sich die hierzu reziproke Bezie-

Fachwerk mit den aktiven Freiheitsgraden zugeordneten Knotenlasten:

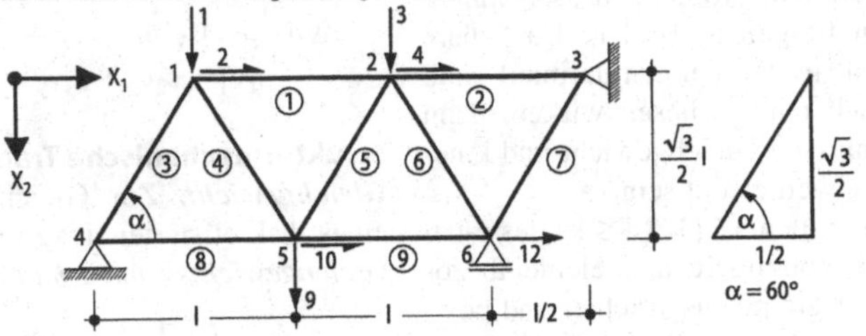

Fachwerk mit den aktiven Freiheitsgraden zugeordneten Knotenlasten:

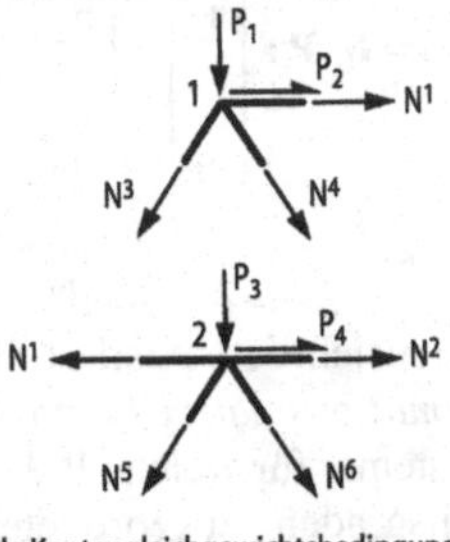

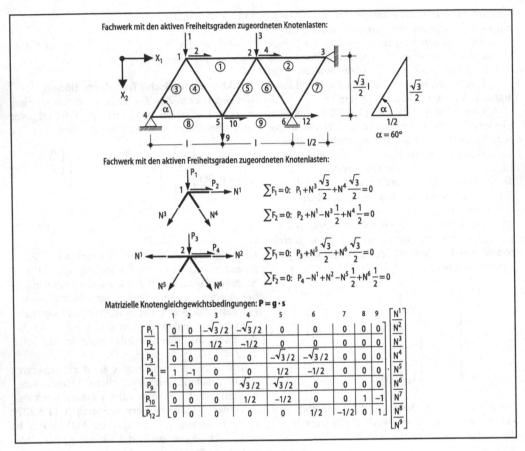

$$\sum F_1 = 0:\; P_1 + N^3\frac{\sqrt{3}}{2} + N^4\frac{\sqrt{3}}{2} = 0$$

$$\sum F_2 = 0:\; P_2 + N^1 - N^3\frac{1}{2} + N^4\frac{1}{2} = 0$$

$$\sum F_1 = 0:\; P_3 + N^5\frac{\sqrt{3}}{2} + N^6\frac{\sqrt{3}}{2} = 0$$

$$\sum F_2 = 0:\; P_4 - N^1 + N^2 - N^5\frac{1}{2} + N^6\frac{1}{2} = 0$$

Matrizielle Knotengleichgewichtsbedingungen: $\mathbf{P} = \mathbf{g} \cdot \mathbf{s}$

$$\begin{bmatrix} P_1 \\ P_2 \\ P_3 \\ P_4 \\ P_9 \\ P_{10} \\ P_{12} \end{bmatrix} = \begin{array}{c} \begin{array}{ccccccccc} 1 & 2 & 3 & 4 & 5 & 6 & 7 & 8 & 9 \end{array} \\ \left[\begin{array}{c|c|c|c|c|c|c|c|c} 0 & 0 & -\sqrt{3}/2 & -\sqrt{3}/2 & 0 & 0 & 0 & 0 & 0 \\ -1 & 0 & 1/2 & -1/2 & 0 & 0 & 0 & 0 & 0 \\ 0 & 0 & 0 & 0 & -\sqrt{3}/2 & -\sqrt{3}/2 & 0 & 0 & 0 \\ 1 & -1 & 0 & 0 & 1/2 & -1/2 & 0 & 0 & 0 \\ 0 & 0 & 0 & \sqrt{3}/2 & \sqrt{3}/2 & 0 & 0 & 0 & 0 \\ 0 & 0 & 0 & 1/2 & -1/2 & 0 & 0 & 1 & -1 \\ 0 & 0 & 0 & 0 & 0 & 1/2 & -1/2 & 0 & 1 \end{array}\right] \end{array} \cdot \begin{bmatrix} N^1 \\ N^2 \\ N^3 \\ N^4 \\ N^5 \\ N^6 \\ N^7 \\ N^8 \\ N^9 \end{bmatrix}$$

Abb. 1.5-103 Knotengleichgewicht eines Fachwerks

hung (1.5.227) nur für statisch bestimmte Tragwerke durch Inversion von **g** gewinnen: $\mathbf{b} = \mathbf{g}^{-1}$. Natürlich existiert **b** auch für statisch unbestimmte Tragwerke. In diesem Fall muss **b** über das Kraftgrößenverfahren bestimmt werden.

In den Abb. 1.5-27 und 1.5-33 findet der Leser den Aufbau der Knotengleichgewichtsmatrix **g** für ein ebenes Rahmensystem. Das Beispiel eines ebenen Fachwerks ist in Abb. 1.5-103 wiedergegeben.

Kinematische Verträglichkeit. Die zum Gleichgewicht konjugierte mechanische Transformation, die der *kinematischen Verträglichkeit*, verknüpft äußere und innere Weggrößen auf Tragwerksebene:

$$\mathbf{v} = \mathbf{a} \cdot \mathbf{V}: \begin{bmatrix} v_1 \\ v_2 \\ \cdot \\ v_l \end{bmatrix} = \begin{bmatrix} a_{11} & a_{12} & \cdot & a_{1m} \\ a_{21} & a_{22} & \cdot & a_{2m} \\ \cdot & \cdot & \cdot & \cdot \\ a_{l1} & a_{l2} & \cdot & a_{lm} \end{bmatrix} \cdot \begin{bmatrix} V_1 \\ V_2 \\ \cdot \\ V_m \end{bmatrix}. \tag{1.5.229}$$

Im Gegensatz zur Gleichgewichtsmatrix **b** existiert die *kinematische Transformationsmatrix* **a** sowohl für gleichgewichtsfähige Systeme, in denen die Spalte **V** nur die *aktiven* Knotenfreiheitsgrade enthält, als auch für solche, in denen **V** alle *aktiven* und *passiven* (= auflagergefesselten) Freiheitsgrade umfasst. Die Spalte **v** der Elementfreiheitsgrade kann sowohl alle *vollständigen* als auch nur die *unabhängigen* Größen aufnehmen.

Die j-te Spalte $\mathbf{a}_j$ von $\mathbf{a}$ listet gemäß (1.5.229) sämtliche Elementknotenfreiheitsgrade v_i infolge der Zwangsverformung $V_j = 1$ des ansonsten knotendeformationsfreien Tragwerks, des *kinematisch bestimmten* Hauptsystems $V_1 = V_2 = ... = V_m = 0$, auf. Damit liefert (1.5.229) im Gegensatz zur Gleichgewichtstransformation eine hervorragende Handlungsweisung zum Aufbau von $\mathbf{a}$:

Ausgehend vom kinematisch bestimmten Hauptsystem gewinnt man $\mathbf{a}$ durch sukzessives Einprägen der Knotendeformation $V_j=1$, Identifikation der dabei sich einstellenden Element-Freiheitsgrade v_i sowie deren positionsgerechten Einbau in die zugeordnete Spalte $\mathbf{a}_j$. Dieses Vorgehen ist völlig unabhängig von der Tragwerkstopologie und vom Grad n der statischen Unbestimmtheit.

Abbildung 1.5-104 zeigt dieses Vorgehen für ein ebenes Fachwerk. Die Kinematiktransformation wird für sämtliche aktiven und passiven äußeren Freiheitsgrade sowie für vollständige Elementdeformationen $\mathbf{v}^e = \{u_l^e\ u_r^e\}$ aufgestellt.

Kontragredienz der Feldtransformationen. Durch (1.5.227) war die Gleichgewichtstransformation sowie durch (1.5.228) die hierzu reziproke Knotengleichgewichtsbedingung eingeführt worden:

$$\mathbf{s} = \mathbf{b} \cdot \mathbf{P}, \quad \mathbf{P} = \mathbf{g} \cdot \mathbf{s}. \qquad (1.5.230)$$

Unabhängig hiervon wurde durch (1.5.182) die kinematische Transformation definiert:

$$\mathbf{v} = \mathbf{a} \cdot \mathbf{V}. \qquad (1.5.231)$$

Aus dem Energiesatz wird deutlich [Krätzig/Basar 1997], dass diese Transformationen nicht unabhängig voneinander vorgebbar sind, sich vielmehr zueinander *kontragredient* verhalten. Die beiden Kraftgrößenfelder $\{\mathbf{P}, \mathbf{s}\}$ eines beliebigen diskreten Tragwerksmodells sind nämlich nur dann im Gleichgewicht und die beiden Weggrößenfelder $\{\mathbf{V}, \mathbf{v}\}$ nur dann kinematisch kompatibel deformiert, wenn die folgenden *kontragredienten Transformationen* bestehen:

$$\begin{matrix} \mathbf{s} = \mathbf{b} \cdot \mathbf{P} \text{ und } \mathbf{V} = \mathbf{b}^T \cdot \mathbf{v} \\ \mathbf{v} = \mathbf{a} \cdot \mathbf{V} \text{ und } \mathbf{P} = \mathbf{a}^T \cdot \mathbf{s} \end{matrix} \quad \text{mit} \quad \begin{matrix} \mathbf{a}^T = \mathbf{b}^{-1} \\ \mathbf{b}^T = \mathbf{a}^{-1} \end{matrix} . \qquad (1.5.232)$$

Werkstoffgesetz. Alle bisherigen Herleitungen sind materialunabhängig. Betrachtet man nun ein einzelnes finites Element *e* mit seinen dynamischen und kinematischen Knotenvariablen $\{\mathbf{s}^e, \mathbf{v}^e\}$, so sind diese beiden Variablenfelder durch das *Werkstoffgesetz* verknüpft. In Form einer *Elementnachgiebigkeitsbeziehung* lautet dieses:

$$\mathbf{v}^e = \mathbf{f}^e \cdot \mathbf{s}^e + \mathbf{v}^{0e}:$$

$$\begin{bmatrix} v_1 \\ v_2 \\ \cdot \\ v_k \end{bmatrix}^e = \begin{bmatrix} f_{11} & f_{12} & \cdot & f_{1k} \\ f_{21} & f_{22} & \cdot & f_{2k} \\ \cdot & \cdot & \cdot & \cdot \\ f_{k1} & f_{k2} & \cdot & f_{kk} \end{bmatrix}^e \cdot \begin{bmatrix} s_1 \\ s_2 \\ \cdot \\ s_k \end{bmatrix}^e + \begin{bmatrix} v_1^0 \\ v_2^0 \\ \cdot \\ v_k^0 \end{bmatrix}^e , \qquad (1.5.233)$$

worin $\mathbf{f}^e$ die *Elementnachgiebigkeitsmatrix* und $\mathbf{v}^{0e}$ *den Vektor der Knotenverschiebungen* infolge von Elementeinwirkungen bezeichnet. Die Spalte $\mathbf{f}_j^e$ von $\mathbf{f}^e$ enthält die Elementdeformationen v_i^e infolge der Einheitsknotenkräfte $s_j = 1$. Da (1.5.233) Deformationen an einem gleichgewichtsfähigen Element beschreibt, kann diese Beziehung nur für unabhängige innere Variablen angegeben werden. $\mathbf{f}_e$ ist stets quadratisch, infolge des Satzes von *Maxwell-Betti* symmetrisch und regulär (det $\mathbf{f}^e \neq 0$). Für alle tragfähigen Werkstoffe ist $\mathbf{f}^e$ positiv definit.

Die zu (1.5.233) reziproke Formulierung wird als *Elementsteifigkeitsbeziehung* bezeichnet:

$$\mathbf{s}^e = \mathbf{k}^e \cdot \mathbf{v}^e + \mathbf{s}^{0e}:$$

$$\begin{bmatrix} s_1 \\ s_2 \\ \cdot \\ s_k \end{bmatrix}^e = \begin{bmatrix} k_{11} & k_{12} & \cdot & k_{1k} \\ k_{21} & k_{22} & \cdot & k_{2k} \\ \cdot & \cdot & \cdot & \cdot \\ k_{k1} & k_{k2} & \cdot & k_{kk} \end{bmatrix}^e \cdot \begin{bmatrix} v_1 \\ v_2 \\ \cdot \\ v_k \end{bmatrix}^e + \begin{bmatrix} s_1^0 \\ s_2^0 \\ \cdot \\ s_k^0 \end{bmatrix}^e . \qquad (1.5.234)$$

Hierin heißt $\mathbf{k}^e$ *Elementsteifigkeitsmatrix* und $\mathbf{s}^{0e}$ *Spalte der Volleinspannkraftgrößen* infolge von Elementeinwirkungen. Jede einzelne Spalte $\mathbf{k}_j^e$ von $\mathbf{k}^e$ enthält gerade diejenigen Knotenkraftgrößen s_i^e des Elements, die sich bei Fesselung aller Elementfreiheitsgrade aus einer Zwangsdeformation $v_j^e = 1$ als Widerstände (= Auflagerreaktionen) einstellen. Für diese Zwängung ist keine Gleichgewichtsfähigkeit erforderlich: (1.5.234) kann daher

Fachwerk mit aktiven und passiven Knoten-Freiheitsgraden:

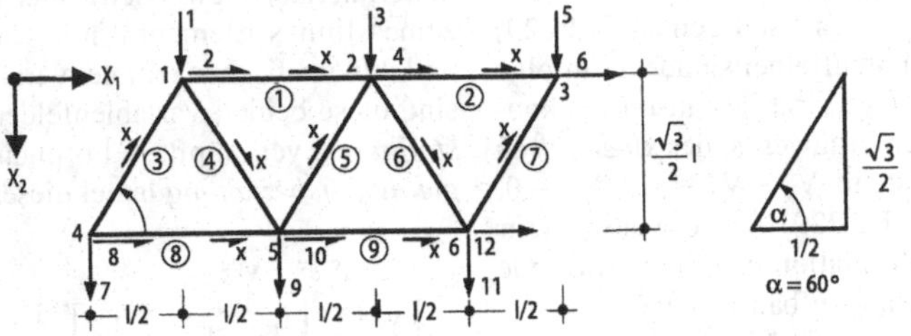

Einheitsverformungszustände $V_i = 1$:

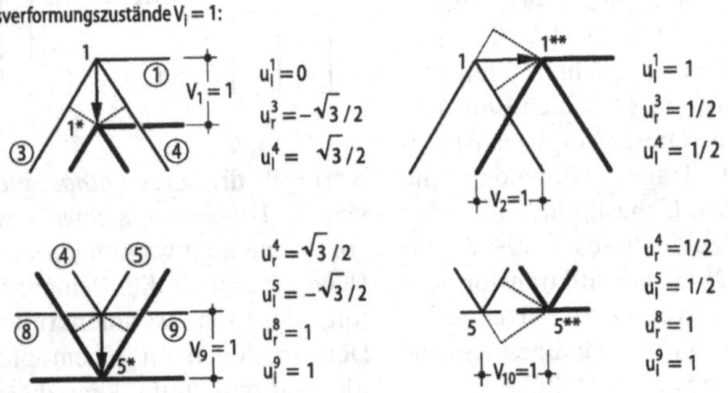

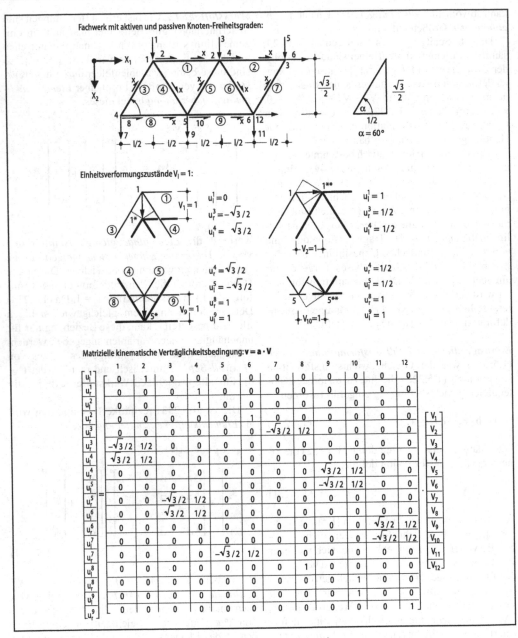

Matrizielle kinematische Verträglichkeitsbedingung: v = a · V

$$
\begin{bmatrix} u_l^1 \\ u_r^1 \\ u_l^2 \\ u_r^2 \\ u_l^3 \\ u_r^3 \\ u_l^4 \\ u_r^4 \\ u_l^5 \\ u_r^5 \\ u_l^6 \\ u_r^6 \\ u_l^7 \\ u_r^7 \\ u_l^8 \\ u_r^8 \\ u_l^9 \\ u_r^9 \end{bmatrix}
=
\begin{array}{c}
\begin{array}{cccccccccccc} 1 & 2 & 3 & 4 & 5 & 6 & 7 & 8 & 9 & 10 & 11 & 12 \end{array} \\
\left[\begin{array}{cccccccccccc}
0 & 1 & 0 & 0 & 0 & 0 & 0 & 0 & 0 & 0 & 0 & 0 \\
0 & 0 & 0 & 1 & 0 & 0 & 0 & 0 & 0 & 0 & 0 & 0 \\
0 & 0 & 0 & 1 & 0 & 0 & 0 & 0 & 0 & 0 & 0 & 0 \\
0 & 0 & 0 & 0 & 0 & 1 & 0 & 0 & 0 & 0 & 0 & 0 \\
0 & 0 & 0 & 0 & 0 & 0 & -\sqrt{3}/2 & 1/2 & 0 & 0 & 0 & 0 \\
-\sqrt{3}/2 & 1/2 & 0 & 0 & 0 & 0 & 0 & 0 & 0 & 0 & 0 & 0 \\
\sqrt{3}/2 & 1/2 & 0 & 0 & 0 & 0 & 0 & 0 & 0 & 0 & 0 & 0 \\
0 & 0 & 0 & 0 & 0 & 0 & 0 & 0 & \sqrt{3}/2 & 1/2 & 0 & 0 \\
0 & 0 & 0 & 0 & 0 & 0 & 0 & 0 & -\sqrt{3}/2 & 1/2 & 0 & 0 \\
0 & 0 & -\sqrt{3}/2 & 1/2 & 0 & 0 & 0 & 0 & 0 & 0 & 0 & 0 \\
0 & 0 & \sqrt{3}/2 & 1/2 & 0 & 0 & 0 & 0 & 0 & 0 & 0 & 0 \\
0 & 0 & 0 & 0 & 0 & 0 & 0 & 0 & 0 & 0 & \sqrt{3}/2 & 1/2 \\
0 & 0 & 0 & 0 & 0 & 0 & 0 & 0 & 0 & 0 & -\sqrt{3}/2 & 1/2 \\
0 & 0 & 0 & 0 & -\sqrt{3}/2 & 1/2 & 0 & 0 & 0 & 0 & 0 & 0 \\
0 & 0 & 0 & 0 & 0 & 0 & 0 & 1 & 0 & 0 & 0 & 0 \\
0 & 0 & 0 & 0 & 0 & 0 & 0 & 0 & 0 & 1 & 0 & 0 \\
0 & 0 & 0 & 0 & 0 & 0 & 0 & 0 & 0 & 1 & 0 & 0 \\
0 & 0 & 0 & 0 & 0 & 0 & 0 & 0 & 0 & 0 & 0 & 1
\end{array}\right]
\end{array}
\cdot
\begin{bmatrix} V_1 \\ V_2 \\ V_3 \\ V_4 \\ V_5 \\ V_6 \\ V_7 \\ V_8 \\ V_9 \\ V_{10} \\ V_{11} \\ V_{12} \end{bmatrix}
$$

Abb. 1.5-104 Kinematische Verträglichkeitstransformation eines Fachwerks

sowohl für unabhängige als auch für vollständige innere Variablen angegeben werden.

Elementsteifigkeitsmatrizen $\mathbf{k}^e$ sind stets quadratisch und symmetrisch. Enthalten die $\{\mathbf{s}^e, \mathbf{v}^e\}$ ausschließlich *unabhängige* Elementvariablen, so ist $\mathbf{k}^e$ regulär (det $\mathbf{k}^e \neq 0$), positiv definit ($\mathbf{v}^{eT}\mathbf{k}^e\mathbf{v}^e > 0$) und es gilt: $\mathbf{k}^e = (\mathbf{f}^e)^{-1}$. Enthalten die $\{\mathbf{s}^e, \mathbf{v}^e\}$ dagegen die *vollständigen* Elementvariablen, so ist $\mathbf{k}^e$ wegen der linearen Abhängigkeiten in $\mathbf{s}^e$ singulär und positiv semi-definit. Der Rangabfall von $\mathbf{k}^e$ entspricht in diesem Fall der Anzahl verfügbarer Element-Gleichgewichtsbedingungen. Ein Beispiel hierfür sind die in 1.5.2.4 abgeleiteten Steifigkeitsmatrizen in unabhängigen und vollständigen Stabendvariablen.

Abschließend sollen nun gemäß (1.5.225) sämtliche Einzelelemente zum Gesamttragwerk vereinigt werden. Man erhält als *Nachgiebigkeitsbeziehung* aller Elemente

$\mathbf{v} = \mathbf{f}\cdot\mathbf{s} + \mathbf{v}^0$:

$$\begin{bmatrix} \mathbf{v}^1 \\ \mathbf{v}^2 \\ . \\ \mathbf{v}^p \end{bmatrix} = \begin{bmatrix} \mathbf{f}^1 & 0 & . & 0 \\ 0 & \mathbf{f}^2 & . & 0 \\ . & . & . & . \\ 0 & 0 & . & \mathbf{f}^p \end{bmatrix} \cdot \begin{bmatrix} \mathbf{s}^1 \\ \mathbf{s}^2 \\ . \\ \mathbf{s}^p \end{bmatrix} + \begin{bmatrix} \mathbf{v}^{01} \\ \mathbf{v}^{02} \\ . \\ \mathbf{v}^{0p} \end{bmatrix} \qquad (1.5.235)$$

und als Steifigkeitsbeziehung aller Elemente:

$\mathbf{s} = \mathbf{k}\cdot\mathbf{v} + \mathbf{s}^0$:

$$\begin{bmatrix} \mathbf{s}^1 \\ \mathbf{s}^2 \\ . \\ \mathbf{s}^p \end{bmatrix} = \begin{bmatrix} \mathbf{k}^1 & 0 & . & 0 \\ 0 & \mathbf{k}^2 & . & 0 \\ . & . & . & . \\ 0 & 0 & . & \mathbf{k}^p \end{bmatrix} \cdot \begin{bmatrix} \mathbf{v}^1 \\ \mathbf{v}^2 \\ . \\ \mathbf{v}^p \end{bmatrix} + \begin{bmatrix} \mathbf{s}^{01} \\ \mathbf{s}^{02} \\ . \\ \mathbf{s}^{0p} \end{bmatrix} \cdot \qquad (1.5.236)$$

Nachgiebigkeitsmatrix $\mathbf{f}$ und Steifigkeitsmatrix $\mathbf{k}$ aller Elemente sind nur in dieser Schreibweise *Bandmatrizen*, sie beschreiben die Elastizitätseigenschaften aller Elemente.

Transformationsschema. Sämtliche bisher definierten Variablen und hergeleiteten Transformationen sind im Schema der Abb. 1.5-105 zusammengefasst, das weitgehend selbsterläuternd ist. Der obere Teil dieser Darstellung, der das allgemeine *Kraftgrößenverfahren* beschreibt, ist von rechts nach links zu lesen, während der untere Teil, das

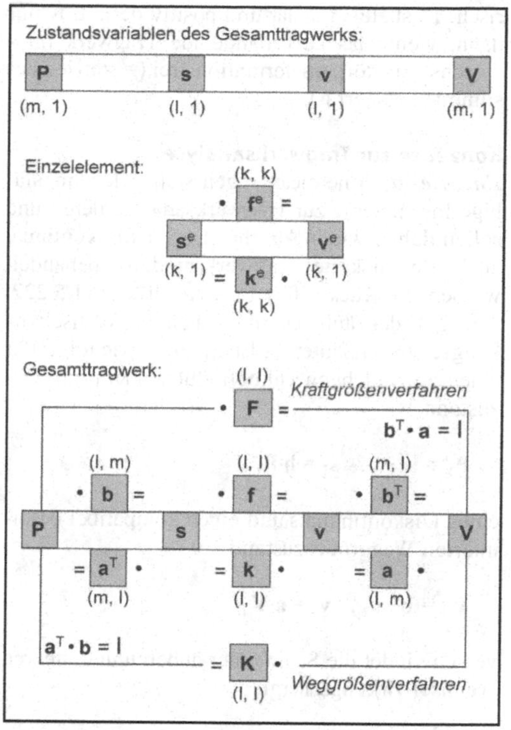

Abb. 1.5-105 Variablen- und Transformationsschema für Diskontinua

allgemeine *Weggrößenverfahren*, der umgekehrten Richtung folgt.

Aus diesem Schema lassen sich verfahrensgemäß zwei unterschiedliche Verknüpfungen der äußeren Zustandsvariablen $\{\mathbf{P}, \mathbf{V}\}$ herleiten, nämlich die *Gesamtnachgiebigkeitsbeziehung*

$$\begin{aligned} &\mathbf{V} = \mathbf{b}^T\cdot\mathbf{v} \;\leftarrow\; \mathbf{v} = \mathbf{f}\cdot\mathbf{s} + \mathbf{v}^0 \;\leftarrow\; \mathbf{s} = \mathbf{b}\cdot\mathbf{P}: \\ &\mathbf{V} = \mathbf{b}^T\cdot\mathbf{f}\cdot\mathbf{b}\cdot\mathbf{P} + \mathbf{b}^T\cdot\mathbf{v}^0 \\ &\quad = \mathbf{F}\cdot\mathbf{P} + \mathbf{b}^T\cdot\mathbf{v}^0 \text{ mit } \mathbf{F} = \mathbf{b}^T\cdot\mathbf{f}\cdot\mathbf{b}, \end{aligned} \qquad (1.5.237)$$

und die *Gesamtsteifigkeitsbeziehung*

$$\begin{aligned} &\mathbf{P} = \mathbf{a}^T\cdot\mathbf{s} \;\leftarrow\; \mathbf{s} = \mathbf{k}\cdot\mathbf{v} + \mathbf{s}^0 \;\leftarrow\; \mathbf{v} = \mathbf{a}\cdot\mathbf{V}: \\ &\mathbf{P} = \mathbf{a}^T\cdot\mathbf{k}\cdot\mathbf{a}\cdot\mathbf{V} + \mathbf{a}^T\cdot\mathbf{s}^0 \\ &\quad = \mathbf{K}\cdot\mathbf{V} + \mathbf{a}^T\cdot\mathbf{s}^0 \text{ mit } \mathbf{K} = \mathbf{a}^T\cdot\mathbf{k}\cdot\mathbf{a}\,. \end{aligned} \qquad (1.5.238)$$

Gesamtnachgiebigkeitsmatrix $\mathbf{F}$ und *Gesamtsteifigkeitsmatrix* $\mathbf{K}$ sind quadratisch und symmetrisch. **F** ist stets regulär und positiv definit, **K** nur dann, wenn das zu behandelnde Tragwerk mindestens starrkörperdeformationsfrei (= statisch bestimmt) gelagert ist.

Konzepte zur Tragwerksanalyse

Energiesatz. Energieaussagen stellen leistungsfähige Instrumente zur Tragwerksanalyse bereit und sollen daher, wie in Abschn. 1.5.3.1 für Kontinua, auch für diskrete Tragwerksmodelle behandelt werden. Im Rückgriff auf die Ausdrücke (1.5.222, 1.5.223) der äußeren und inneren Wechselwirkungsenergien lautet der Energiesatz wie folgt: Für einen im Gleichgewicht befindlichen Kraftgrößenzustand 1

$$\mathbf{P}_1 = \mathbf{a}^T \cdot \mathbf{s}_1 \,, \quad \mathbf{s}_1 = \mathbf{b} \cdot \mathbf{P}_1$$

eines Diskontinuums und einen kompatibel deformierten Weggrößenzustand 2

$$\mathbf{V}_2 = \mathbf{b}^T \cdot \mathbf{v}_2 \,, \quad \mathbf{v}_2 = \mathbf{a} \cdot \mathbf{V}_2$$

verschwindet die Summe der äußeren und inneren Wechselwirkungsenergien:

$$\mathbf{W}_{1,2} = \mathbf{P}_1{}^T \cdot \mathbf{V}_2 - \mathbf{s}_1{}^T \cdot \mathbf{v}_2 = \mathbf{V}_2{}^T \cdot \mathbf{P}_1 - \mathbf{v}_1{}^T \cdot \mathbf{s}_2 = 0 \,. \tag{1.5.239}$$

Substituiert man in den Energiesatz (1.5.239) Gleichgewichts- und Kinematiktransformation

$$\begin{aligned} \mathbf{W}_{1,2} &= \mathbf{P}_1{}^T \cdot \mathbf{V}_2 - \mathbf{s}_1{}^T \cdot \mathbf{v}_2 \qquad = \mathbf{V}_2{}^T \cdot \mathbf{P}_1 - \mathbf{v}_2{}^T \cdot \mathbf{s}_1 \\ &= \mathbf{P}_1{}^T \cdot \mathbf{V}_2 - \mathbf{P}_1{}^T \mathbf{b}^T \cdot \mathbf{a} \mathbf{V}_2 \\ &= \mathbf{V}_2{}^T \cdot \mathbf{P}_1 - \mathbf{V}_2{}^T \mathbf{a}^T \cdot \mathbf{b} \mathbf{P}_1 = 0 \,, \end{aligned} \tag{1.5.240}$$

so gewinnt man hieraus eine wichtige, stets gültige Verknüpfung der beiden (nur für statisch bestimmte Strukturen quadratischen) Transformationsmatrizen **a**, **b**:

$$\mathbf{a}^T \cdot \mathbf{b} = \mathbf{b}^T \cdot \mathbf{a} = \mathbf{I} \,. \tag{1.5.241}$$

Die Variationsprinzipe. Der Energiesatz der Mechanik (1.5.239) gilt für im Gleichgewicht befindliche Kraftgrößenzustände {**P**, **s**} sowie kompatibel deformierte Weggrößenzustände {**V**, **v**}. Für einen wirklichen Kraftgrößenzustand und den um seine 1. Variation ergänzten Deformationszustand {**V** + δ**V**, **v** + δ**v**) verbleibt bei Streichung quadratisch kleiner Glieder

$$W + \delta W = \mathbf{V}^T \cdot \mathbf{P} - \mathbf{v}^T \cdot \mathbf{s} + \delta \mathbf{V}^T \cdot \mathbf{P} - \delta \mathbf{v}^T \cdot \mathbf{s} = 0 \,, \tag{1.5.242}$$

und nach Berücksichtigung von (1.5.239):

$$\delta W = \delta \mathbf{V}^T \cdot \mathbf{P} - \delta \mathbf{v}^T \cdot \mathbf{s} = 0. \tag{1.5.243}$$

Aus diesem Ausdruck für die Variation der Wechselwirkungsenergie gewinnt man durch Substitution der Nebenbedingungen

$$\delta \mathbf{v} = \mathbf{a} \cdot \delta \mathbf{V}$$

gerade die Gleichgewichtsaussage des Gesamtsystems:

$$\delta \mathbf{V}^T \cdot \mathbf{P} - \delta \mathbf{V}^T \cdot \mathbf{a}^T \cdot \mathbf{s} = \delta \mathbf{V}^T \cdot (\mathbf{P} - \mathbf{a}^T \cdot \mathbf{s}) = \mathbf{0}. \tag{1.5.244}$$

Gleichung (1.5.244) stellt das *Prinzip der virtuellen Verrückungen* dar: Die Summe der virtuellen äußeren und inneren Arbeiten eines wirklichen Kraftgrößenzustandes {**P**, **s**} verschwindet für jede kinematisch zulässige Weggrößenvariation {δ**V**, δ**v**}:

$$\delta W = \delta \mathbf{V}^T \cdot \mathbf{P} - \delta \mathbf{v}^T \cdot \mathbf{s} = \mathbf{0} \quad \text{für} \quad \delta \mathbf{v} = \mathbf{a} \cdot \delta \mathbf{V} \,. \tag{1.5.245}$$

Hierdurch wird das Knotengleichgewicht der Gesamtstruktur beschrieben.

Die zu Gl. (1.5.245) duale Aussage stellt das *Prinzip der virtuellen Kraftgrößen* dar: Die Summe der virtuellen äußeren und inneren konjugierten Arbeiten eines wirklichen Deformationszustandes {**V**, **v**} verschwindet für jede statisch zulässige, d. h. im Gleichgewicht befindliche Kraftgrößenvariation {δ**P**, δ**s**}:

$$\delta \overline{\mathbf{W}} = \delta \mathbf{P}^T \cdot \mathbf{V} - \delta \mathbf{s}^T \cdot \mathbf{v} = 0 \quad \text{für} \quad \delta \mathbf{s} = \mathbf{b} \cdot \delta \mathbf{P}. \tag{1.5.246}$$

Hierdurch wird die kinematische Verträglichkeit des Gesamttragwerks beschrieben.

Minimum des Gesamtpotentials und Weggrößenverfahren. Das für elastische Werkstoffe gültige

Prinzip vom Minimum des Gesamtpotentials bildet die Grundlage fast aller heutigen FE-Berechnungskonzepte. Zur Herleitung dieses Zusammenhanges wird mittels der Steifigkeitsbeziehung (1.5.236) aller Elemente eines Tragwerks das folgende Gesamtpotential definiert:

$$\Pi = \frac{1}{2}\mathbf{v}^T \cdot \mathbf{k} \cdot \mathbf{v} + \mathbf{v}^T \cdot \mathbf{s}° - \mathbf{V}^T \cdot \mathbf{P}. \qquad (1.5.247)$$

Mit Hilfe der Kinematiktransformation sowie der Gesamtsteifigkeitsmatrix (1.5.238)

$$\mathbf{v} = \mathbf{a} \cdot \mathbf{V}, \quad \mathbf{K} = \mathbf{a}^T \cdot \mathbf{k} \cdot \mathbf{a}$$

wird dieses in die Form

$$\Pi = \frac{1}{2}\mathbf{V}^T \cdot \mathbf{K} \cdot \mathbf{V} + \mathbf{V}^T \cdot \mathbf{a}^T \cdot \mathbf{s}° - \mathbf{V}^T \cdot \mathbf{P} \qquad (1.5.248)$$

überführt. Dessen erste Variation

$$\delta\Pi = \delta\mathbf{V}^T \cdot \left(\mathbf{K} \cdot \mathbf{V} + \mathbf{a}^T \cdot \mathbf{s}° - \mathbf{P}\right) = 0 \qquad (1.5.249)$$

entspricht wegen der Willkürlichkeit von $\delta\mathbf{V}$ gerade der Gesamtsteifigkeitsbeziehung (1.5.238) als *Grundgleichung des Weggrößenverfahrens*. Die Definitheitseigenschaften der 2. Variation von $\delta\Pi$

$$\delta^2\Pi = \delta\mathbf{V}^T \cdot \mathbf{K} \cdot \delta\mathbf{V} \geq 0 \qquad (1.5.250)$$

bestätigen, dass die Gesamtsteifigkeitsbeziehung gerade das Minimum des Gesamtpotentials (1.5.248) einstellt.

Das diesem Minimum zugeordnete Berechnungsverfahren ist gemäß Gl. (1.5.249) das Weggrößenverfahren, heute – mit weiteren Modifikationen – Grundlage jedes professionellen FE-Softwaresystems zur Tragwerksanalyse. Abbildung 1.5-106 erläutert gemäß den Herleitungen seine prinzipiellen Einzelschritte. Allerdings wird der Aufbau der Gesamtsteifigkeitsmatrix **K** in FE-Programmen deutlich effizienter durchgeführt als anhand der kinematischen Transformationsmatrix **a**, dazu siehe 1.5.3.4.

Aufbau der Spalten P der vorgegebenen Knotenlasten und s° der aus den Elementeinwirkungen berechenbaren Volleinspannkraftgrößen.

Spaltenweiser Aufbau der kinematischen Transformationsmatrix a durch die Anwendung von Knotendeformationen Vj = 1, j = 1,2, … m am kinetisch bestimmten Hauptsystem:

$$\mathbf{v} = \mathbf{a} \cdot \mathbf{V}.$$

Ermittlung der Steifigkeitsmatrix k aller Elemente. Berechnung der Gesamt-Steifigkeitsmatrix K durch Kongruenztransformation:

$$\mathbf{K} = \mathbf{a}^T \cdot \mathbf{k} \cdot \mathbf{a}.$$

Aufbau der Gesamt-Steifigkeitsbeziehung und Auflösung nach V:

$$\mathbf{P} = \mathbf{K} \cdot \mathbf{V} + \mathbf{a}^T \cdot \mathbf{s}° \rightarrow \mathbf{V} = \mathbf{K}^{-1} \cdot (\mathbf{P} - \mathbf{a}^T \cdot \mathbf{s}°.$$

Ermittlung der Element-Knotendeformationen v nach der kinematischen Transformation:

$$\mathbf{v} = \mathbf{a} \cdot \mathbf{V}.$$

Ermittlung der Element-Knotenkraftgrößen s aus der Steifigkeitsbeziehung aller p Elemente:

$$\mathbf{s} = \mathbf{k} \cdot \mathbf{v} + \mathbf{s}°.$$

Abb. 1.5-106 Standard-Weggrößenalgorithmus

1.5.3.3 Einführung in finite Weggrößenelemente

Das Elementkonzept

Vorbemerkungen. Gemäß 1.5.3.1 basieren alle klassischen Strukturmodelle der Tragwerksmechanik auf *Kontinuumsvorstellungen*, deren Lösungsmethoden der Analysis angehören. Für computerorientierte Tragwerksanalysen bilden dagegen *diskrete Strukturmodelle* nach 1.5.3.2 das vorteilhaftere Konzept. Beide grundverschiedenen Modellvorstellungen werden über Energieaussagen miteinander verknüpft. Hierzu greift man auf das Prinzip der virtuellen Verrückungen in seiner allgemeinen, für Kontinuumsmodelle geltenden Form (1.5.204)

$$\delta W = \int_V \delta\mathbf{u}^T \cdot \mathbf{p} \cdot dV + \int_{S_t} \delta\mathbf{r}^T \cdot \mathbf{t} \cdot dS - \int_V \delta\boldsymbol{\varepsilon}^T \cdot \boldsymbol{\sigma} \cdot dV = 0 \qquad (1.5.251)$$

zurück, das bekanntlich in jedem Modellraum V mit Kraftgrößenrandvorgaben S_t wegen seiner integralen Beschreibung eine schwache Gleichgewichtsaussage darstellt. Voraussetzung seiner Gültigkeit ist ein kompatibler Deformationszustand der Weggrößenvariationen $\{\delta \mathbf{u}, \delta \mathbf{r}, \delta \boldsymbol{\varepsilon}\}$, d.h. die kinematischen Feldgleichungen nebst den Weggrößenrandbedingungen erfüllen:

$$\delta \boldsymbol{\varepsilon} = \mathbf{D}_k \cdot \delta \mathbf{u} \in V, \delta \mathbf{r} = \mathbf{R}_t \cdot \delta \mathbf{u} \in S_t. \qquad (1.5.252)$$

In finiten Teilräumen des Gesamttragwerks werden im Folgenden die Deformationsfelder derart interpoliert, dass die Interpolationsparameter ausschließlich in den Knotenpunkten definiert sind. Interpretiert man das mittels (1.5.251) erhaltene Ergebnis im Sinne eines *Diskontinuums*, so lassen sich auf diesem Wege Elementmatrizen für Weggrößenelemente herleiten. Diese bilden die eigentliche Grundlage der anschließenden diskreten (FE-) Tragwerksanalyse.

Selbstverständlich kann in diesem Buch nur eine erste Einführung in finite Weggrößenelemente erfolgen. Zu finiten Weggrößenelementen existiert heute eine umfangreiche Fachliteratur. Überblicke liefern die Monographien [Argyris/Mlejnek 1986, Bathe 1986, Krätzig/Basar 1997, Zienkiewicz et al. 2006, Knothe/Wessels 2008]; weitere Informationen findet der Leser in [Hahn 1975, Schwarz 1980, Wunderlich/Redanz 1995].

Herleitung von Elementmatrizen. Bei der Herleitung von Elementmatrizen wird deutlich werden, dass das Herleitungskonzept völlig unabhängig vom speziellen Tragwerksmodell der Abschnitte 1.5.3.1 gilt. Gemäß Abb. 1.5-107 trennt man aus dem Inneren des zu untersuchenden Tragwerks ein geeignetes finites Element e heraus, das ein Volumen, ein Flächen- oder ein Stababschnitt sein kann. Der Einfachheit halber soll dieses Element vollständig von anderen Elementen umgeben sein.

Innerhalb dieses Elementes herrsche ein beliebiger, das Strukturmodell kennzeichnender Verschiebungszustand $\mathbf{u}^e$, welcher durch den Näherungsansatz

$$\mathbf{u}^e = \boldsymbol{\Phi}^e \cdot \hat{\mathbf{u}}^e \qquad (1.5.253)$$

approximiert werde. Hierin bezeichnet $\boldsymbol{\Phi}^e$ die *Matrix der Ansatzfunktionen* und $\hat{\mathbf{u}}^e$ den Vektor der freien Parameter. Um diese durch anschaulich interpretierbare Größen zu ersetzen, führt man in (1.5.253) nacheinander die Knotenkoordinaten ein und definiert so die Knotenfreiheitsgrade $\mathbf{v}^e$:

$$\mathbf{v}^e = \hat{\boldsymbol{\Phi}}^e \cdot \hat{\mathbf{u}}^e. \qquad (1.5.254)$$

Quadratische Form von $\hat{\boldsymbol{\Phi}}^e$ voraussetzend ist Gl. (1.5.254) invertierbar und das Ergebnis in (1.5.253) substituierbar:

$$\begin{aligned} \hat{\mathbf{u}}^e &= \left(\hat{\boldsymbol{\Phi}}^e\right)^{-1} \cdot \mathbf{v}^e \\ \mathbf{u}^e &= \boldsymbol{\Phi}^e \cdot \left(\hat{\boldsymbol{\Phi}}^e\right)^{-1} \cdot \mathbf{v}^e = \boldsymbol{\Omega}^e \cdot \mathbf{v}^e \end{aligned} \qquad (1.5.255)$$

Die so entstandene Approximation des Verschiebungsfeldes $\mathbf{u}^e$ mit der *Matrix der Formfunktionen* $\boldsymbol{\Omega}^e$ weist Interpolationseigenschaften auf, d.h. jede

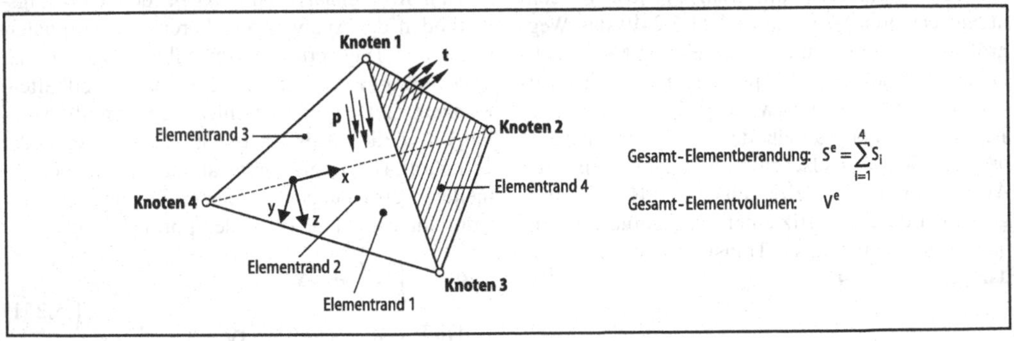

Abb. 1.5-107 Finites Element e

ihrer Funktionen besitzt den Wert 1 im Bezugsknoten und Nullwerte in anderen Elementknoten. Sie beschreibt die Verformung im Inneren und an den Rändern des Elements in Abhängigkeit von den Knotenverschiebungen $\mathbf{v}^e$. Begänne man mit einem Satz mathematischer Interpolationsfunktionen [Schwarz 1993], so wäre (1.5-255) der Ausgangspunkt.

Mit Hilfe dieses Ansatzes lassen sich sämtliche in (1.5.251) auftretenden kinematischen Felder in Abhängigkeit der in den Elementknoten definierten Freiheitsgrade $\mathbf{v}^e$ approximieren

$$\begin{aligned} \boldsymbol{\varepsilon}^e &= \mathbf{D}_k \cdot \left(\boldsymbol{\Omega}^e \cdot \mathbf{v}^e\right) = \mathbf{H}^e \cdot \mathbf{v}^e, \\ \boldsymbol{\sigma}^e &= \mathbf{E} \cdot \boldsymbol{\varepsilon}^e = \left(\mathbf{E} \cdot \mathbf{H}^e\right) \cdot \mathbf{v}^e, \\ \mathbf{r}^e &= \mathbf{R}_t \cdot \boldsymbol{\Omega}^e \cdot \mathbf{v}^e \end{aligned} \qquad (1.5.256)$$

und sodann in das Funktional einsetzen. Die Operatoren $\mathbf{D}_k$, $\mathbf{R}_t$ und $\mathbf{E}$ entstammen der jeweiligen Modelltheorie der Abschn. 1.5.3.1. $\mathbf{H}^e = \mathbf{D}_k\, \boldsymbol{\Omega}^e$ ist die *Matrix der Verzerrungsformfunktionen,* und $\mathbf{R}_t{\cdot}\boldsymbol{\Omega}^e$ sowie $\mathbf{E}{\cdot}\mathbf{H}^e$ lassen sich als Formfunktionen der Randweggrößen $\mathbf{r}^e$ und der elastischen Schnittgrößen $\boldsymbol{\sigma}^e$ interpretieren. Mit den gewonnenen Approximationen (1.5.256) lässt sich der virtuelle Arbeitsausdruck nun im Sinne diskreter Tragwerksmodelle interpretieren:

$$\delta W^e = \delta \mathbf{v}^{eT} \cdot \left[-\int_V \boldsymbol{\Omega}^{eT} \cdot \mathbf{p}^0 \cdot dV - \int_{S_t} \mathbf{R}_r^T \cdot \boldsymbol{\Omega}^{eT} \cdot \mathbf{t} \cdot dS + \left(\int_V \mathbf{H}^{eT} \cdot \mathbf{E} \cdot \mathbf{H}^e \cdot dV \right) \cdot \mathbf{v}^e \right] = 0. \qquad (1.5.257)$$

Wegen des virtuellen Knotenfreiheitsgradvektors $\delta\mathbf{v}^{eT}$ verkörpert die eckige Klammer eine *wirkliche* Knotenkraftspalte. Die die vorgegebenen Lasten $\mathbf{p}^0$ und die Randkraftgrößen $\mathbf{t}$ enthaltenden Teilintegrale sind somit Knotenkraftgrößen infolge äußerer Elementlasten sowie infolge der Gleichgewichtsgrößen zur Elementumgebung:

$$\begin{aligned} \mathbf{s}^{0e} &= -\int_V \boldsymbol{\Omega}^{eT} \cdot \mathbf{p}^0 \cdot dV, \\ \mathbf{s}^e &= \int_{S_t} \mathbf{R}_r^T \cdot \boldsymbol{\Omega}^{eT} \cdot \mathbf{t} \cdot dS. \end{aligned} \qquad (1.5.258)$$

Das letzte Knotenkraftintegral in Gl. (1.5.257) stellt als Produkt mit dem Vektor der Freiheitsgrade $\mathbf{v}^e$ gerade die *Steifigkeitsmatrix* $\mathbf{k}^e$ dar:

$$\mathbf{k}^e = \int_V \mathbf{H}^{eT} \cdot \mathbf{E} \cdot \mathbf{H}^e \cdot dV. \qquad (1.5.259)$$

Mit diesen Abkürzungen nimmt das Funktional (1.5.257) folgende Gestalt an:

$$\delta W^e = -\delta \mathbf{v}^{eT} \cdot \left[\mathbf{s}^{0e} - \mathbf{s}^e + \mathbf{k}^e \cdot \mathbf{v}^e\right] = 0. \qquad (1.5.260)$$

Da dieses für beliebige Variationen $\delta\mathbf{v}^e$ erfüllt sein muss, folgt hieraus gemäß Gl. (1.5.234) die *Elementsteifigkeitsbeziehung*:

$$\mathbf{s}^{0e} - \mathbf{s}^e + \mathbf{k}^e \cdot \mathbf{v}^e = \mathbf{0} \Rightarrow \mathbf{s}^e = \mathbf{k}^e \cdot \mathbf{v}^e + \mathbf{s}^{0e}. \qquad (1.5.261)$$

Hierin müssen somit nur die Elementsteifigkeitsmatrix $\mathbf{k}^e$ und der Vektor $\mathbf{s}^{0e}$ der Volleinspannkraftgrößen berechnet werden.

Beispiele für finite Weggrößenelemente

Gerades schubsteifes Stabelement. Im Folgenden wird gemäß der Standardvorgehensweise auf Abb. 1.5-106 die Elementsteifigkeitsbeziehung eines geraden, ebenen und schubsteifen Stabelementes nach der *Bernoulli-Navier*-Theorie gemäß Abb. 1.5-24 hergeleitet.

Zunächst wählt man in Abb. 1.5-108 als Stabendvariablen die vollständigen Größen. Im mittleren Teil enthält diese Abbildung sodann die gewählten Ansätze für das axiale und transversale Verschiebungsfeld. Um hieraus sämtliche Knotenfreiheitsgrade definieren zu können, muss noch aus w die Approximation für das Drehwinkelfeld φ berechnet werden:

$$\varphi = -w' = a_4 - 2a_5 x - 3a_6 x^2 . \qquad (1.5.262)$$

Durch Substitution der Knotenkoordinaten in die Gesamtapproximationen für $\{u,\varphi,w\}$ werden in Abb. 1.5-108 sodann die Knotenfreiheitsgrade definiert. Die Inversion dieser Beziehung liefert die Matrix $\left(\hat{\boldsymbol{\Phi}}^e\right)^{-1}$.

Hiermit lassen sich auf Abb. 1.5-109 die Formfunktionsmatrizen $\boldsymbol{\Omega}^e$ der Verschiebungsfelder und

BERNOULLI - NAVIER - Stabelement mit vollständigen Stabendvariablen:

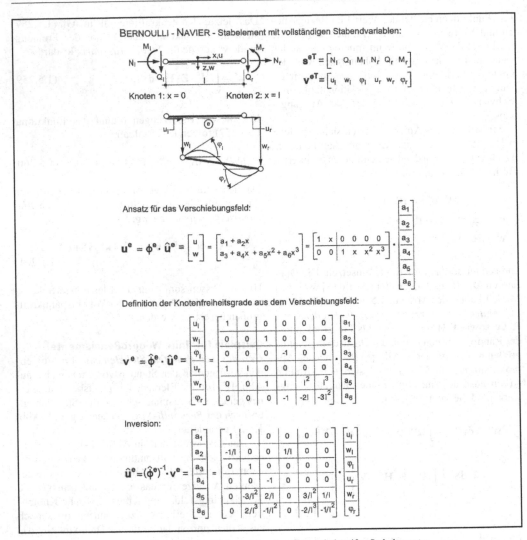

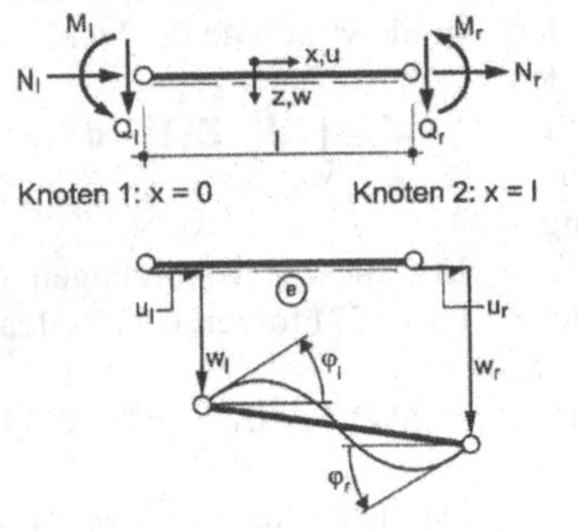

$$\mathbf{s}^{eT} = \begin{bmatrix} N_l & Q_l & M_l & N_r & Q_r & M_r \end{bmatrix}$$

$$\mathbf{v}^{eT} = \begin{bmatrix} u_l & w_l & \varphi_l & u_r & w_r & \varphi_r \end{bmatrix}$$

Ansatz für das Verschiebungsfeld:

$$\mathbf{u}^e = \boldsymbol{\phi}^e \cdot \hat{\mathbf{u}}^e = \begin{bmatrix} u \\ w \end{bmatrix} = \begin{bmatrix} a_1 + a_2 x \\ a_3 + a_4 x + a_5 x^2 + a_6 x^3 \end{bmatrix} = \begin{bmatrix} 1 & x & 0 & 0 & 0 & 0 \\ 0 & 0 & 1 & x & x^2 & x^3 \end{bmatrix} \cdot \begin{bmatrix} a_1 \\ a_2 \\ a_3 \\ a_4 \\ a_5 \\ a_6 \end{bmatrix}$$

Definition der Knotenfreiheitsgrade aus dem Verschiebungsfeld:

$$\mathbf{v}^e = \hat{\boldsymbol{\phi}}^e \cdot \hat{\mathbf{u}}^e = \begin{bmatrix} u_l \\ w_l \\ \varphi_l \\ u_r \\ w_r \\ \varphi_r \end{bmatrix} = \begin{bmatrix} 1 & 0 & 0 & 0 & 0 & 0 \\ 0 & 0 & 1 & 0 & 0 & 0 \\ 0 & 0 & 0 & -1 & 0 & 0 \\ 1 & l & 0 & 0 & 0 & 0 \\ 0 & 0 & 1 & l & l^2 & l^3 \\ 0 & 0 & 0 & -1 & -2l & -3l^2 \end{bmatrix} \cdot \begin{bmatrix} a_1 \\ a_2 \\ a_3 \\ a_4 \\ a_5 \\ a_6 \end{bmatrix}$$

Inversion:

$$\hat{\mathbf{u}}^e = (\hat{\boldsymbol{\phi}}^e)^{-1} \cdot \mathbf{v}^e = \begin{bmatrix} a_1 \\ a_2 \\ a_3 \\ a_4 \\ a_5 \\ a_6 \end{bmatrix} = \begin{bmatrix} 1 & 0 & 0 & 0 & 0 & 0 \\ -1/l & 0 & 0 & 1/l & 0 & 0 \\ 0 & 1 & 0 & 0 & 0 & 0 \\ 0 & 0 & -1 & 0 & 0 & 0 \\ 0 & -3/l^2 & 2/l & 0 & 3/l^2 & 1/l \\ 0 & 2/l^3 & -1/l^2 & 0 & -2/l^3 & -1/l^2 \end{bmatrix} \cdot \begin{bmatrix} u_l \\ w_l \\ \varphi_l \\ u_r \\ w_r \\ \varphi_r \end{bmatrix}$$

Abb. 1.5-108 Grundlagen der Verschiebungsfeldapproximation eines schubsteifen Stabelementes

$\mathbf{H}^e$ der Verzerrungsfelder aufstellen. Erwartungsgemäß wird die Achsialverschiebung *u linear*, die Transversalverschiebung *w kubisch* approximiert. Die Formfunktionen ω_3 bis ω_6 stellen *Hermite*'sche Interpolationspolynome dar, die Bauingenieuren als Einflussfunktionen der Randkraftgrößen eines beidseitig eingespannten Stabes bekannt sind [Krätzig et al. 2005]. Mit dem aus Abb. 1.5-24 bekannten kinematischen Feldoperator $\mathbf{D}_k$ entsteht die Abb. 1.5-109 abschließende Verzerrungsapproximation.

Als letztes bildet man auf Abb. 1.5-110 die Matrix des Integranden $\mathbf{H}^{eT}{\cdot}\mathbf{E}{\cdot}\mathbf{H}^e$, mit $\mathbf{E}$ erneut gemäß Abb. 1.5-24. Durch Integration über die Stablänge *l* gewinnt man schließlich die *Elementsteifigkeitsmatrix* $\mathbf{k}^e$. In völlig analoger Weise kann man den *Vektor* $\mathbf{s}^{0e}$ der *Volleinspannkraftgrößen* bestimmen, der für konstante Lasten $\{q_x, q_z\}$ folgende Form annimmt:

Approximation (Formfunktionen) des Verschiebungsfeldes $\mathbf{u}^e$:

$$\mathbf{u}^e = \Phi^e \cdot (\hat{\Phi}^e)^{-1} \cdot \mathbf{v}^e = \boldsymbol{\Omega}^e \cdot \mathbf{v}^e = \begin{bmatrix} \omega_1 & 0 & 0 & \omega_2 & 0 & 0 \\ 0 & \omega_3 & \omega_4 \cdot l & 0 & \omega_5 & \omega_6 \cdot l \end{bmatrix} \cdot \mathbf{v}^e$$

$$= \begin{bmatrix} u \\ w \end{bmatrix}^e = \begin{bmatrix} 1-\xi & 0 & 0 & \xi & 0 & 0 \\ 0 & 1-3\xi^2+2\xi^3 & (-\xi+2\xi^2-\xi^3)\cdot l & 0 & 3\xi^2-2\xi^3 & (\xi^2-\xi^3)\cdot l \end{bmatrix}^e \cdot \begin{bmatrix} u_l \\ w_l \\ \varphi_l \\ u_r \\ w_r \\ \varphi_r \end{bmatrix}^e$$

Darstellung der Interpolationsfunktionen:

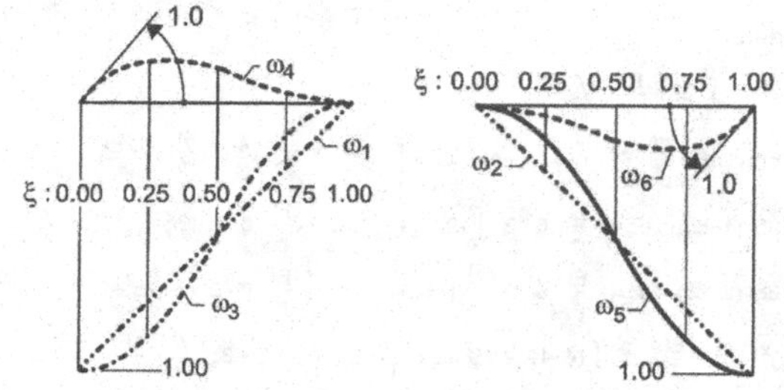

Approximation (Formfunktionen) des Verzerrungsfeldes $\boldsymbol{\varepsilon}^e$:

$$\boldsymbol{\varepsilon}^e = (\mathbf{D}_k \cdot \boldsymbol{\Omega}^e) \cdot \mathbf{v}^e = \mathbf{H}^e \cdot \mathbf{v}^e = \begin{bmatrix} \frac{1}{l}\frac{d}{d\xi} & 0 \\ 0 & -\frac{1}{l^2}\frac{d^2}{d\xi^2} \end{bmatrix} \cdot \begin{bmatrix} 1-\xi & 0 & 0 & \xi & 0 & 0 \\ 0 & 1-3\xi^2+2\xi^3 & (-\xi+2\xi^2-\xi^3)\cdot l & 0 & 3\xi^2-2\xi^3 & (\xi^2-\xi^3)\cdot l \end{bmatrix}^e \cdot \begin{bmatrix} u_l \\ w_l \\ \varphi_l \\ u_r \\ w_r \\ \varphi_r \end{bmatrix}^e$$

$$= \begin{bmatrix} \varepsilon \\ \kappa \end{bmatrix}^e = \frac{1}{l} \begin{bmatrix} -1 & 0 & 0 & 1 & 0 & 0 \\ 0 & (6-12\xi)\frac{1}{l} & -(4-6\xi) & 0 & -(6-12\xi)\frac{1}{l} & -(2-6\xi) \end{bmatrix}^e \cdot \begin{bmatrix} u_l \\ w_l \\ \varphi_l \\ u_r \\ w_r \\ \varphi_r \end{bmatrix}^e$$

Abb. 1.5-109 Approximationen der Verschiebungs- und Verzerrungsfelder eines schubsteifen Stabelementes

$$\left(\mathbf{s}^{0e}\right)^T = \left[q_x \frac{1}{2} \quad q_z \frac{1}{2} \quad -q_z \frac{l^2}{12} \quad q_x \frac{1}{2} \quad q_z \frac{1}{2} \quad q_z \frac{l^2}{12} \right]. \quad (1.5.263)$$

CST-Scheibenelement. Als zweites Beispiel folgt ein dreieckiges Scheibenelement mit Eckknoten. Dieses *Constant-Strain-Triangle* oder *CST-Element* entstammt der Frühzeit numerischer Berechnungstechniken [Turner et al. 1956]. Die zitierte Arbeit führte den Begriff *Finite Elemente* erstmalig ein.

Abbildung 1.5-111 zeigt ein derartiges Element mit seinen 6 Knotenfreiheitsgraden. Hier und im Folgenden beziehen sich die in Klammern gesetzten Indizes auf die Knotenpunkte 1, 2 oder 3. Man approximiert die Verschiebungsgrößen $\mathbf{u}^e = \{u_1 \ u_2\}$ des Elementes in beiden Koordinaten x_1, x_2 durch die auf Abb. 1.5-111 wiedergegebene *lineare* Verknüpfung mit den 6 freien Konstanten a_1 bis a_6, die im unteren Teil durch die Knotenfreiheitsgrade

$$\mathbf{v}^e = \{u_{1(1)} \ u_{1(2)} \ u_{1(3)} \ u_{2(1)} \ u_{2(2)} \ u_{2(3)}\} \quad (1.5.264)$$

gemäß der Standardvorgehensweise von Abb. 1.5-106 abgelöst werden.

Element - Steifigkeitsmatrix: $\mathbf{k}^e = \int_0^l \mathbf{H}^{eT} \cdot \mathbf{E} \cdot \mathbf{H}^e \, dx = \int_0^1 \mathbf{H}^{eT} \cdot \mathbf{E} \cdot \mathbf{H}^e \, l \, d\xi$

$$\mathbf{H}^{eT} \cdot \mathbf{E} \cdot \mathbf{H}^e = \begin{bmatrix} \frac{EA}{l^2} & 0 & & -\frac{EA}{l^2} & & \\ 0 & \frac{EI}{l^4}(6-12\xi)^2 & -\frac{EI}{l^3}(6-12\xi)(4-6\xi) & 0 & \frac{EI}{l^3}(6-12\xi)^2 & -\frac{EI}{l^3}(6-12\xi)(2-6\xi) \\ 0 & -\frac{EI}{l^3}(4-6\xi)(6-12\xi) & \frac{EI}{l^2}(4-6\xi)^2 & 0 & \frac{EI}{l^3}(4-6\xi)(6-12\xi) & \frac{EI}{l^2}(4-6\xi)(2-6\xi) \\ -\frac{EA}{l^2} & 0 & 0 & \frac{EA}{l^2} & 0 & 0 \\ 0 & -\frac{EI}{l^4}(6-12\xi)^2 & \frac{EI}{l^3}(6-12\xi)(4-6\xi) & 0 & \frac{EI}{l^4}(6-12\xi)^2 & \frac{EI}{l^3}(6-12\xi)(2-6\xi) \\ 0 & -\frac{EI}{l^3}(2-6\xi)(6-12\xi) & \frac{EI}{l^2}(2-6\xi)(4-6\xi) & 0 & \frac{EI}{l^3}(2-6\xi)(6-12\xi) & \frac{EI}{l^2}(2-6\xi)^2 \end{bmatrix}$$

Integrationen:

$$\int_0^1 \frac{EA}{l^2} \cdot l \, d\xi = \frac{EA}{l} \cdot \int_0^1 d\xi = \frac{EA}{l} \, \xi \, \Big/_0^1 = \frac{EA}{l}$$

$$\int_0^1 \frac{EI}{l^4}(6-12\xi)^2 \cdot l \, d\xi = \frac{EI}{l^3} \cdot 6^2 \cdot \int_0^1 (1-4\xi+4\xi^2) \, d\xi = \frac{EI}{l^3} \cdot 6^2 \cdot (\xi - 2\xi^2 + \frac{4}{3}\xi^3) \Big/_0^1 = \frac{12EI}{l^3}$$

$$\int_0^1 -\frac{EI}{l^3}(6-12\xi)(4-6\xi) \cdot l \, d\xi = -\frac{EI}{l^2} \cdot 6 \cdot 2 \cdot \int_0^1 (2-7\xi+6\xi^2) d\xi = -\frac{EI}{l^2} \cdot 6 \cdot 2 \cdot (2\xi - \frac{7}{2}\xi^2 + 2\xi^3) \Big/_0^1 = -\frac{6EI}{l^2}$$

$$\int_0^1 -\frac{EI}{l^3}(6-12\xi)(2-6\xi) \cdot l \, d\xi = -\frac{EI}{l^2} \cdot 6 \cdot 2 \cdot \int_0^1 (1-5\xi+6\xi^2) d\xi = -\frac{EI}{l^2} \cdot 6 \cdot 2 \cdot (\xi - \frac{5}{2}\xi^2 + 2\xi^3) \Big/_0^1 = -\frac{6EI}{l^2}$$

$$\int_0^1 \frac{EI}{l^2}(4-6\xi)^2 \cdot l \, d\xi = \frac{EI}{l} \cdot 2^2 \cdot \int_0^1 (4-12\xi+9\xi^2) d\xi = \frac{EI}{l} \cdot 2^2 \cdot (4\xi - 6\xi^2 + 3\xi^3) \Big/_0^1 = \frac{4EI}{l}$$

$$\int_0^1 \frac{EI}{l^2}(2-6\xi)(4-6\xi) \cdot l \, d\xi = \frac{EI}{l} \cdot 2^2 \cdot \int_0^1 (2-9\xi+9\xi^2) d\xi = \frac{EI}{l} \cdot 2^2 \cdot (2\xi - \frac{9}{2}\xi^2 + 3\xi^3) \Big/_0^1 = \frac{2EI}{l}$$

$$\int_0^1 \frac{EI}{l^2}(2-6\xi)^2 \cdot l \, d\xi = \frac{EI}{l^2} \cdot 2^2 \cdot \int_0^1 (1-6\xi+9\xi^2) \, d\xi = \frac{EI}{l^2} \cdot 2^2 \cdot (\xi - 3\xi^2 + 3\xi^3) \Big/_0^1 = \frac{4EI}{l}$$

Vollständige Form der Element - Steifigkeitsmatrix (Vorzeichenkonvention II):

$\mathbf{k}^e =$

EA/l	0	0	−EA/l	0	0
0	$12EI/l^3$	$-6EI/l^2$	0	$-12EI/l^3$	$-6EI/l^2$
0	$-6EI/l^2$	$-4EI/l$	0	$6EI/l^2$	$2EI/l$
−EA/l	0	0	EA/l	0	0
0	$-12EI/l^3$	$6EI/l^2$	0	$12EI/l^3$	$6EI/l^2$
0	$-6EI/l^2$	$2EI/l$	0	$6EI/l^2$	$4EI/l$

Abb. 1.5-110 Element-Steifigkeitsmatrix eines schubsteifen Stabelementes

Die sich ergebende Approximation des Verschiebungsfeldes mittels der Matrix $\mathbf{\Omega}^e$ der Formfunktionen leitet Abb. 1.5-112 ein. Deutlich erkennt man in der dortigen Teilmatrix $\boldsymbol{\omega}$ die in x_1, x_2 *lineare* Verschiebungsapproximation. Substituiert man in diese Matrix nacheinander die Koordinaten der Knotenpunkte, so erhält man nach einigen Umrechnungen in den jeweiligen Bezugsknoten die Werte 1, in den jeweils anderen Knoten die Werte 0: Wie auf Abb. 1.5-112 dargestellt, weisen die Formfunktionen lineare Interpolationseigenschaften auf. Durch Anwendung des kinematischen Differentialoperators $\mathbf{D}_k$ gemäß Abb. 1.5-99 bestimmt man aus $\mathbf{\Omega}^e$ sodann die Formfunktionsmatrix der Verzerrungen, wiedergegeben im mittleren Teil von Abb. 1.5-112. Wie erkennbar wird jede Verzerrungskomponente als konstanter Wert approximiert, woraus sich der Name des Elementes herleitet.

Aus der Formfunktionsmatrix $\mathbf{H}^e$ der Verzerrungsfelder $\boldsymbol{\varepsilon}^e$ berechnet man sodann die *Elementsteifigkeitsmatrix* $\mathbf{k}^e$ gemäß der auf Abb. 1.5-113 wiedergegebenen Integration unter Verwendung der Elastizitätsmatrix $\mathbf{E}$ und der Scheibendehnsteifigkeit aus Abb. 1.5-99. Das Ergebnis ist die in geschlossener Form wiedergegebene quadratische Matrix 6. Ordnung.

Anders als in der Stabtheorie besitzen die aus der Elementsteifigkeitsbeziehung

Dreieckiges Scheibenelement mit Knotenfreiheitsgraden:

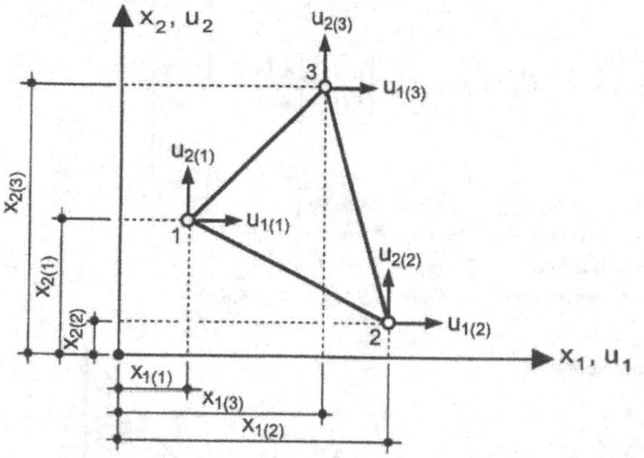

Linearer Approximationsansatz für das Verschiebungsfeld:

$$\mathbf{u}^e = \boldsymbol{\phi}^e \cdot \hat{\mathbf{u}}^e = \begin{bmatrix} u_1(x_1, x_2) \\ u_2(x_1, x_2) \end{bmatrix} = \begin{bmatrix} 1 & x_1 & x_2 & 0 & 0 & 0 \\ 0 & 0 & 0 & 1 & x_1 & x_2 \end{bmatrix} \cdot \begin{bmatrix} a_1 \\ a_2 \\ a_3 \\ a_4 \\ a_5 \\ a_6 \end{bmatrix}$$

Definition der Knotenfreiheitsgrade:

$$\mathbf{v}^e = \hat{\boldsymbol{\phi}}^e \cdot \hat{\mathbf{u}}^e = \begin{bmatrix} u_{1(1)} \\ u_{1(2)} \\ u_{1(3)} \\ u_{2(1)} \\ u_{2(2)} \\ u_{2(3)} \end{bmatrix} = \left[\begin{array}{ccc|ccc} 1 & x_{1(1)} & x_{2(1)} & & & \\ 1 & x_{1(2)} & x_{2(2)} & & 0 & \\ 1 & x_{1(3)} & x_{2(3)} & & & \\ \hline & & & 1 & x_{1(1)} & x_{2(1)} \\ & 0 & & 1 & x_{1(2)} & x_{2(2)} \\ & & & 1 & x_{1(3)} & x_{2(3)} \end{array}\right] \cdot \begin{bmatrix} a_1 \\ a_2 \\ a_3 \\ a_4 \\ a_5 \\ a_6 \end{bmatrix} = \left[\begin{array}{c|c} \hat{\varphi} & 0 \\ \hline 0 & \hat{\varphi} \end{array}\right] \cdot \hat{\mathbf{u}}^e$$

$$\det \hat{\varphi} = x_{1(2)} x_{2(3)} - x_{1(3)} x_{2(2)} - x_{1(1)} x_{2(3)} + x_{1(3)} x_{2(1)} + x_{1(1)} x_{2(2)} - x_{1(2)} x_{2(1)} = 2A^e ,$$

$\det \phi^e = (2A^e)^2$, A^e: Fläche des Dreieckelementes

Inversion:

$$\hat{\mathbf{u}}^e = (\hat{\boldsymbol{\phi}}^e)^{-1} \cdot \mathbf{v}^e = \left[\begin{array}{c|c} \hat{\varphi}^{-1} & 0 \\ \hline 0 & \hat{\varphi}^{-1} \end{array}\right]^e \cdot \mathbf{v}^e$$

$$\text{mit: } \hat{\varphi}^{-1} = \frac{1}{2A^e} \begin{bmatrix} x_{1(2)} x_{2(3)} - x_{1(3)} x_{2(2)} & x_{1(3)} x_{2(1)} - x_{1(1)} x_{2(3)} & x_{1(1)} x_{2(2)} - x_{1(2)} x_{2(1)} \\ x_{2(23)} & x_{2(31)} & x_{2(12)} \\ x_{1(32)} & x_{1(13)} & x_{1(21)} \end{bmatrix}$$

sowie den Abkürzungen: $x_{1(kl)} = x_{1(k)} - x_{1(l)}$, $x_{2(kl)} = x_{2(k)} - x_{2(l)}$

Abb. 1.5-111 CST-Element: Verschiebungsfeldapproximation

Formfunktionen $\boldsymbol{\Omega}^e$ des Verschiebungsfeldes $\mathbf{u}^e$:

$$\mathbf{u}^e = \boldsymbol{\phi}^e \cdot (\hat{\boldsymbol{\phi}}^e)^{-1} \mathbf{v}^e = \boldsymbol{\Omega}^e \cdot \mathbf{v}^e = \begin{bmatrix} u_1 \\ \hline u_2 \end{bmatrix} = \left[\begin{array}{c|c} \boldsymbol{\omega} & \mathbf{0} \\ \hline \mathbf{0} & \boldsymbol{\omega} \end{array}\right] \cdot \begin{bmatrix} u_{1(1)} \\ u_{1(2)} \\ u_{1(3)} \\ \hline u_{2(1)} \\ u_{2(2)} \\ u_{2(3)} \end{bmatrix}$$

$$\text{mit: } \boldsymbol{\omega}^T = \frac{1}{2A^e} \begin{bmatrix} x_{1(2)}x_{2(3)} - x_{1(3)}x_{2(2)} & +x_{2(23)} \cdot x_1 & +x_{1(32)} \cdot x_2 \\ x_{1(3)}x_{2(1)} - x_{1(1)}x_{2(3)} & +x_{2(31)} \cdot x_1 & +x_{1(13)} \cdot x_2 \\ x_{1(1)}x_{2(2)} - x_{1(2)}x_{2(1)} & +x_{2(12)} \cdot x_1 & +x_{1(21)} \cdot x_2 \end{bmatrix} = \begin{bmatrix} \omega_1 \\ \omega_2 \\ \omega_3 \end{bmatrix}$$

sowie den Abkürzungen: $x_{1(kl)} = x_{1(k)} - x_{1(l)}$, $x_{2(kl)} = x_{2(k)} - x_{2(l)}$

Darstellung der Formfunktionen:

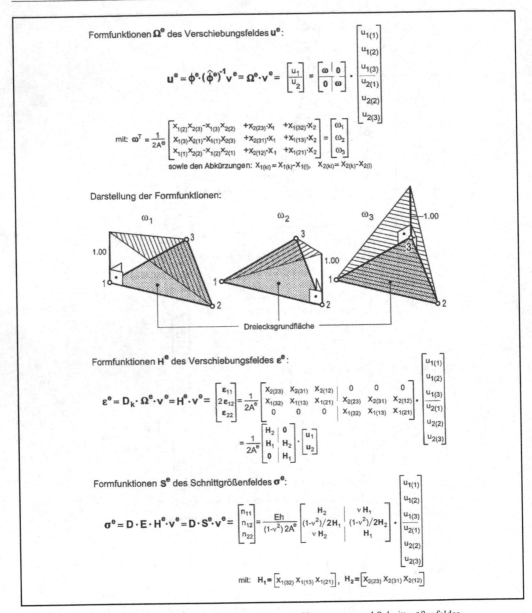

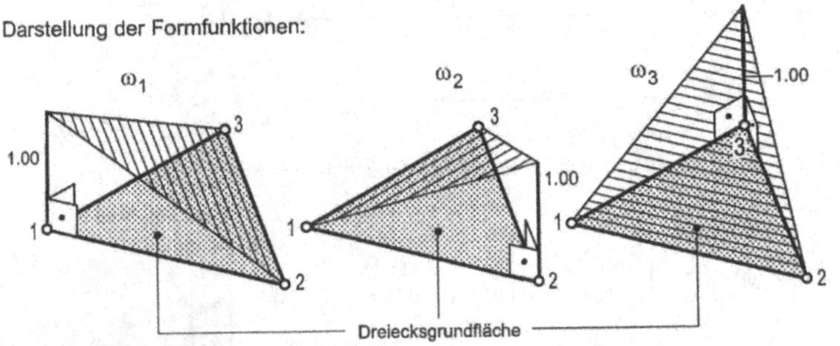

Formfunktionen $\mathbf{H}^e$ des Verschiebungsfeldes $\boldsymbol{\varepsilon}^e$:

$$\boldsymbol{\varepsilon}^e = \mathbf{D}_k \cdot \boldsymbol{\Omega}^e \cdot \mathbf{v}^e = \mathbf{H}^e \cdot \mathbf{v}^e = \begin{bmatrix} \varepsilon_{11} \\ 2\varepsilon_{12} \\ \varepsilon_{22} \end{bmatrix} = \frac{1}{2A^e} \left[\begin{array}{ccc|ccc} x_{2(23)} & x_{2(31)} & x_{2(12)} & 0 & 0 & 0 \\ x_{1(32)} & x_{1(13)} & x_{1(21)} & x_{2(23)} & x_{2(31)} & x_{2(12)} \\ 0 & 0 & 0 & x_{1(32)} & x_{1(13)} & x_{1(21)} \end{array}\right] \cdot \begin{bmatrix} u_{1(1)} \\ u_{1(2)} \\ u_{1(3)} \\ \hline u_{2(1)} \\ u_{2(2)} \\ u_{2(3)} \end{bmatrix}$$

$$= \frac{1}{2A^e} \left[\begin{array}{c|c} \mathbf{H}_2 & \mathbf{0} \\ \mathbf{H}_1 & \mathbf{H}_2 \\ \mathbf{0} & \mathbf{H}_1 \end{array}\right] \cdot \begin{bmatrix} \mathbf{u}_1 \\ \mathbf{u}_2 \end{bmatrix}$$

Formfunktionen $\mathbf{S}^e$ des Schnittgrößenfeldes $\boldsymbol{\sigma}^e$:

$$\boldsymbol{\sigma}^e = \mathbf{D} \cdot \mathbf{E} \cdot \mathbf{H}^e \cdot \mathbf{v}^e = \mathbf{D} \cdot \mathbf{S}^e \cdot \mathbf{v}^e = \begin{bmatrix} n_{11} \\ n_{12} \\ n_{22} \end{bmatrix} = \frac{Eh}{(1-\nu^2)\, 2A^e} \left[\begin{array}{c|c} \mathbf{H}_2 & \nu \mathbf{H}_1 \\ (1-\nu^2)/2\mathbf{H}_1 & (1-\nu^2)/2\mathbf{H}_2 \\ \nu \mathbf{H}_2 & \mathbf{H}_1 \end{array}\right] \cdot \begin{bmatrix} u_{1(1)} \\ u_{1(2)} \\ u_{1(3)} \\ \hline u_{2(1)} \\ u_{2(2)} \\ u_{2(3)} \end{bmatrix}$$

mit: $\mathbf{H}_1 = \begin{bmatrix} x_{1(32)} & x_{1(13)} & x_{1(21)} \end{bmatrix}$, $\mathbf{H}_2 = \begin{bmatrix} x_{2(23)} & x_{2(31)} & x_{2(12)} \end{bmatrix}$

Abb. 1.5-112 CST-Element: Formfunktionen der Verschiebungs-, Verzerrungs- und Schnittgrößenfelder

Integrationsvorschrift und Element-Steifigkeitsmatrix $\mathbf{k}^e$:

$$\mathbf{k}^e = \int_{A^e} \mathbf{H}^{eT} \mathrm{D} \cdot \mathbf{E} \cdot \mathbf{H}^e \mathrm{d}A = \mathrm{D}A^e \cdot \mathbf{H}^{eT} \cdot \mathbf{E} \cdot \mathbf{H}^e = \frac{Eh}{4(1-\nu^e)A^e} \left[\begin{array}{c|c} \mathbf{k}_{11} & \mathbf{k}_{12} \\ \hline \mathbf{k}_{21} = \mathbf{k}_{12}^T & \mathbf{k}_{22} \end{array} \right]$$

mit:

$$\mathbf{k}_{11} = \begin{bmatrix} x_{2(23)}^2 + \frac{1-\nu}{2} x_{1(32)}^2 & x_{2(23)} x_{2(31)} + \frac{1-\nu}{2} x_{1(32)} x_{1(13)} & x_{2(23)} x_{2(12)} + \frac{1-\nu}{2} x_{1(32)} x_{1(21)} \\ & x_{2(31)}^2 + \frac{1-\nu}{2} x_{1(13)}^2 & x_{2(31)} x_{2(12)} + \frac{1-\nu}{2} x_{1(13)} x_{1(21)} \\ \text{symmetrisch} & & x_{2(12)}^2 + \frac{1-\nu}{2} x_{1(21)}^2 \end{bmatrix}$$

$$\mathbf{k}_{12} = \begin{bmatrix} \frac{1-\nu}{2} x_{1(32)}^2 x_{2(23)} & \frac{1-\nu}{2} x_{1(32)} x_{2(31)} + \nu x_{1(13)} x_{2(23)} & \frac{1-\nu}{2} x_{1(32)} x_{2(12)} + \nu x_{1(21)} x_{2(23)} \\ \frac{1-\nu}{2} x_{1(13)} x_{2(23)} + \nu x_{1(32)} x_{2(31)} & \frac{1-\nu}{2} x_{1(13)} x_{2(31)} & \frac{1-\nu}{2} x_{1(13)} x_{2(12)} + \nu x_{1(21)} x_{2(31)} \\ \frac{1-\nu}{2} x_{1(21)} x_{2(23)} + \nu x_{1(32)} x_{2(12)} & \frac{1-\nu}{2} x_{1(21)} x_{2(31)} + \nu x_{1(13)} x_{2(12)} & \frac{1-\nu}{2} x_{1(21)} x_{2(12)} \end{bmatrix}$$

$$\mathbf{k}_{22} = \begin{bmatrix} x_{2(32)}^2 + \frac{1-\nu}{2} x_{2(23)}^2 & x_{1(32)} x_{1(13)} + \frac{1-\nu}{2} x_{2(31)} x_{2(23)} & x_{1(32)} x_{1(21)} + \frac{1-\nu}{2} x_{2(23)} x_{2(12)} \\ & x_{1(13)}^2 + \frac{1-\nu}{2} x_{2(31)}^2 & x_{1(13)} x_{1(21)} + \frac{1-\nu}{2} x_{2(31)} x_{2(12)} \\ \text{symmetrisch} & & x_{1(21)}^2 + \frac{1-\nu}{2} x_{2(12)}^2 \end{bmatrix}$$

Abb. 1.5-113 CST-Element: Elementsteifigkeitsmatrix $\mathbf{k}^e$

$$\mathbf{s}^e = \mathbf{k}^e \cdot \mathbf{v}^e \tag{1.5.265}$$

nunmehr bestimmbaren Knotenkraftgrößen $\mathbf{s}^e$ keine mechanisch einfach interpretierbare Verbindung zu den Scheibenschnittkräften $\boldsymbol{\sigma}^e$. Um letztere in gleicher Güte wie die Verzerrungen zu approximieren, substituiert man die Verzerrungsapproximation in das Elementstoffgesetz

$$\begin{aligned} \boldsymbol{\varepsilon}^e &= \mathbf{D}_k \cdot (\boldsymbol{\Omega}^e \cdot \mathbf{v}^e) = \mathbf{H}^e \cdot \mathbf{v}^e, \\ \boldsymbol{\sigma}^e &= \mathbf{E} \cdot \boldsymbol{\varepsilon}^e = (\mathbf{E} \cdot \mathbf{H}^e) \cdot \mathbf{v}^e, \\ \mathbf{r}^e &= \mathbf{R}_t \cdot \boldsymbol{\Omega}^e \cdot \mathbf{v}^e \end{aligned} \tag{1.5.266}$$

und erhält damit die Abb. 1.5-112 abschließende Formmatrix $\mathbf{S}^e$: Offensichtlich werden die Schnittgrößen $\boldsymbol{\sigma}^e$ ebenso wie die Verzerrungen als elementweise konstant approximiert.

Dieses einfachste CST-Element besitzt äußerst schwache Konvergenzeigenschaften. Es gibt heute vielfach bessere und dementsprechend kompliziertere Scheibenelemente [Zienkiewicz et al. 2006, Krätzig/Basar 1997].

4-Knoten-Rechteckplattenelement. Abschließend wird, wieder nach der in Abb. 1.5-106 niedergelegten Standardvorgehensweise, das einfachste, auf [Adini 1961] zurückgehende rechteckige schubstarre Plattenelement hergeleitet. In seinen 4 Eckknoten sind gemäß Abb. 1.5-114 die transversale Durchbiegung w und die beiden Drehvektoren φ_1, φ_2 als Freiheitsgrade definiert. Das Element mit den Seitenlängen *a, b* werde durch ein kartesisches System von *physikalischen* Koordinaten x_1, x_2 aufgespannt. Wie in der FE-Technik üblich, wird dieses Element auf ein ebenfalls kartesisches System von sog. *natürlichen*, dimensionslosen Koordinaten $\zeta_1 = x_1/a$, $\zeta_2 = x_2/b$ abgebildet, in dem die Definition von Ansatzfunktionen wie die Berechnung von Elementmatrizen standardisiert werden kann.

Die insgesamt 12 Knotenfreiheitsgrade gestatten einen 12-parametrigen Polynomansatz, als welcher das unvollständige, symmetrische quadratische Polynom der Abb. 1.5-114 in dimensionslosen, natürlichen Koordinaten gewählt wird. Der Ansatz beschreibt alle 3 Starrkörperdeformationen sowie konstante Verkrümmungen nebst Verwindungen. Allerdings ist er nichtkonform, wie in

Element, Knotenpunkte und Freiheitsgrade:

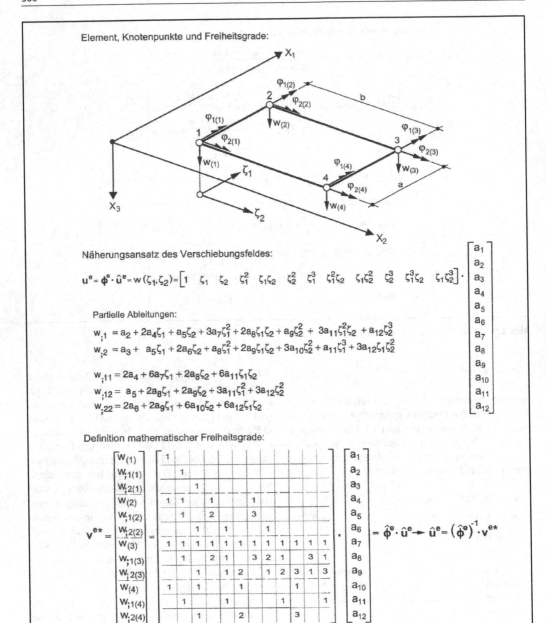

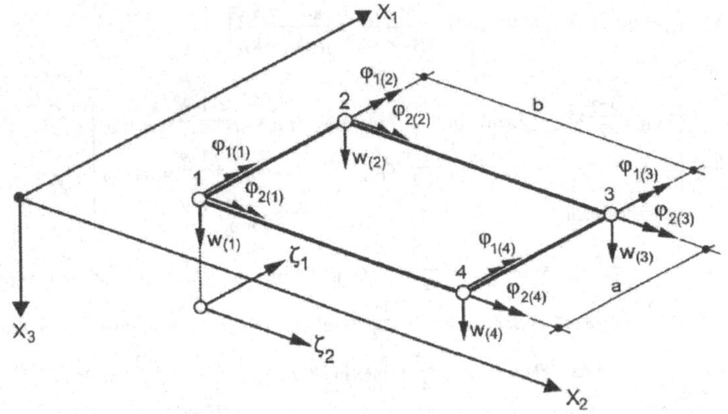

Näherungsansatz des Verschiebungsfeldes:

$$u^e = \phi^e \cdot \hat{u}^e = w(\zeta_1, \zeta_2) = \begin{bmatrix} 1 & \zeta_1 & \zeta_2 & \zeta_1^2 & \zeta_1\zeta_2 & \zeta_2^2 & \zeta_1^3 & \zeta_1^2\zeta_2 & \zeta_1\zeta_2^2 & \zeta_2^3 & \zeta_1^3\zeta_2 & \zeta_1\zeta_2^3 \end{bmatrix} \cdot \begin{bmatrix} a_1 \\ a_2 \\ a_3 \\ a_4 \\ a_5 \\ a_6 \\ a_7 \\ a_8 \\ a_9 \\ a_{10} \\ a_{11} \\ a_{12} \end{bmatrix}$$

Partielle Ableitungen:

$$w_{;1} = a_2 + 2a_4\zeta_1 + a_5\zeta_2 + 3a_7\zeta_1^2 + 2a_8\zeta_1\zeta_2 + a_9\zeta_2^2 + 3a_{11}\zeta_1^2\zeta_2 + a_{12}\zeta_2^3$$
$$w_{;2} = a_3 + a_5\zeta_1 + 2a_6\zeta_2 + a_8\zeta_1^2 + 2a_9\zeta_1\zeta_2 + 3a_{10}\zeta_2^2 + a_{11}\zeta_1^3 + 3a_{12}\zeta_1\zeta_2^2$$

$$w_{;11} = 2a_4 + 6a_7\zeta_1 + 2a_8\zeta_2 + 6a_{11}\zeta_1\zeta_2$$
$$w_{;12} = a_5 + 2a_8\zeta_1 + 2a_9\zeta_2 + 3a_{11}\zeta_1^2 + 3a_{12}\zeta_2^2$$
$$w_{;22} = 2a_6 + 2a_9\zeta_1 + 6a_{10}\zeta_2 + 6a_{12}\zeta_1\zeta_2$$

Definition mathematischer Freiheitsgrade:

$$v^{e*} = \begin{bmatrix} w_{(1)} \\ w_{;1(1)} \\ w_{;2(1)} \\ w_{(2)} \\ w_{;1(2)} \\ w_{;2(2)} \\ w_{(3)} \\ w_{;1(3)} \\ w_{;2(3)} \\ w_{(4)} \\ w_{;1(4)} \\ w_{;2(4)} \end{bmatrix} = \begin{bmatrix} 1 & & & & & & & & & & & \\ & 1 & & & & & & & & & & \\ & & 1 & & & & & & & & & \\ 1 & 1 & & 1 & & & 1 & & & & & \\ & 1 & & 2 & & & 3 & & & & & \\ & & 1 & & 1 & & & 1 & & & & \\ 1 & 1 & 1 & 1 & 1 & 1 & 1 & 1 & 1 & 1 & 1 & 1 \\ & 1 & & 2 & 1 & & 3 & 2 & 1 & & 3 & 1 \\ & & 1 & & 1 & 2 & & 1 & 2 & 3 & 1 & 3 \\ 1 & & 1 & & & 1 & & & & 1 & & \\ & 1 & & & 1 & & & & 1 & & & 1 \\ & & 1 & & & 2 & & & & 3 & & \end{bmatrix} \cdot \begin{bmatrix} a_1 \\ a_2 \\ a_3 \\ a_4 \\ a_5 \\ a_6 \\ a_7 \\ a_8 \\ a_9 \\ a_{10} \\ a_{11} \\ a_{12} \end{bmatrix} = \hat{\phi}^e \cdot \hat{u}^e \rightarrow \hat{u}^e = \left(\hat{\phi}^e\right)^{-1} \cdot v^{e*}$$

Abb. 1.5-114 Rechteckplattenelement: Verschiebungsfeldapproximation 1

Formfunktionen des Verschiebungsfeldes:

$$\mathbf{u}^e = \boldsymbol{\phi}^e \cdot \hat{\mathbf{u}}^e = \hat{\boldsymbol{\phi}}^e \cdot (\hat{\boldsymbol{\phi}}^e)^{-1} \cdot \mathbf{v}^{e^*} = \boldsymbol{\Omega}^{e^*} \cdot \mathbf{v}^{e^*}$$

$$= \mathbf{w}(\xi_1, \xi_2) = \begin{bmatrix} \Omega_1^* & \Omega_2^* & \Omega_3^* & \Omega_4^* & \Omega_5^* & \Omega_6^* & \Omega_7^* & \Omega_8^* & \Omega_9^* & \Omega_{10}^* & \Omega_{11}^* & \Omega_{12}^* \end{bmatrix} \cdot \begin{bmatrix} w_{(1)} \\ w_{;1(1)} \\ w_{;2(1)} \\ w_{(2)} \\ w_{;1(2)} \\ w_{;2(2)} \\ w_{(3)} \\ w_{;1(3)} \\ w_{;2(3)} \\ w_{(4)} \\ w_{;1(4)} \\ w_{;2(4)} \end{bmatrix}$$

$$\Omega_1^* = 1 - 3\xi_1^2 - \xi_1\xi_2 - 3\xi_2^2 + 2\xi_1^3 + 3\xi_1^2\xi_2 + 3\xi_1\xi_2^2 + 2\xi_2^2 - 2\xi_1^3\xi_2 - 2\xi_1\xi_2^3$$
$$\Omega_2^* = \xi_1 - 2\xi_1^2 - \xi_1\xi_2 + \xi_1^3 + 2\xi_1^2\xi_2 - \xi_1^3\xi_2$$
$$\Omega_3^* = \xi_2 - \xi_1\xi_2 - 2\xi_2^2 + 2\xi_1\xi_2^2 + \xi_2^3 - \xi_1\xi_2^3$$
$$\Omega_4^* = 3\xi_1^2 + \xi_1\xi_2 - 2\xi_1^2 - 3\xi_1^2\xi_2 - 3\xi_1\xi_2^2 + 2\xi_1^3\xi_2 - 2\xi_1\xi_2^3$$
$$\Omega_5^* = -\xi_1^2 + \xi_1^3 + \xi_1^2\xi_2 - \xi_1^3\xi_2$$
$$\Omega_6^* = \xi_1\xi_2 - 2\xi_1\xi_2^2 + \xi_1\xi_2^3$$
$$\Omega_7^* = -\xi_1\xi_2 + 3\xi_1^2\xi_2 + 3\xi_1\xi_2^2 - 2\xi_1^3\xi_2 - 2\xi_1\xi_2^3$$
$$\Omega_8^* = -\xi_1^2\xi_2 + \xi_1^3\xi_2$$
$$\Omega_9^* = -\xi_1\xi_2^2 + \xi_1\xi_2^3$$
$$\Omega_{10}^* = \xi_1\xi_2 + 3\xi_2^2 - 3\xi_1^2\xi_2 - 3\xi_1\xi_2^2 - 2\xi_2^3 + 2\xi_1^3\xi_2 + 2\xi_1\xi_2^2$$
$$\Omega_{11}^* = \xi_1\xi_2 - 2\xi_1^2\xi_2 + \xi_1^3\xi_2$$
$$\Omega_{12}^* = -\xi_2^2 + \xi_1\xi_2^2 + \xi_2^3 - \xi_1\xi_2^3$$

Darstellung der Formfunktionen:

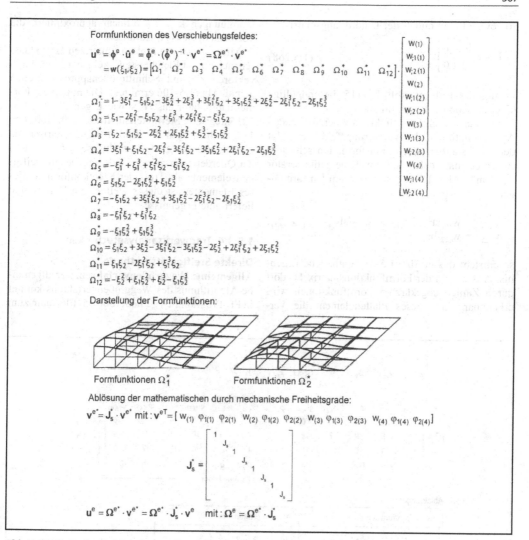

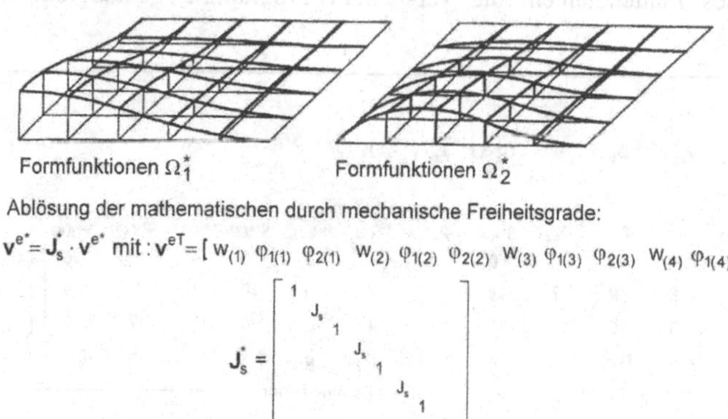

Ablösung der mathematischen durch mechanische Freiheitsgrade:

$$\mathbf{v}^{e^*} = \mathbf{J}_s^* \cdot \mathbf{v}^{e^*} \quad \text{mit}: \mathbf{v}^{eT} = [\, w_{(1)} \ \varphi_{1(1)} \ \varphi_{2(1)} \ w_{(2)} \ \varphi_{1(2)} \ \varphi_{2(2)} \ w_{(3)} \ \varphi_{1(3)} \ \varphi_{2(3)} \ w_{(4)} \ \varphi_{1(4)} \ \varphi_{2(4)} \,]$$

$$\mathbf{J}_s^* = \begin{bmatrix} 1 & & & & & & & \\ & J_s & & & & & & \\ & & 1 & & & & & \\ & & & J_s & & & & \\ & & & & 1 & & & \\ & & & & & J_s & & \\ & & & & & & 1 & \\ & & & & & & & J_s \end{bmatrix}$$

$$\mathbf{u}^e = \boldsymbol{\Omega}^{e^*} \cdot \mathbf{v}^{e^*} = \boldsymbol{\Omega}^{e^*} \cdot \mathbf{J}_s^* \cdot \mathbf{v}^e \quad \text{mit}: \boldsymbol{\Omega}^e = \boldsymbol{\Omega}^{e^*} \cdot \mathbf{J}_s^*$$

Abb. 1.5-115 Rechteckplattenelement: Verschiebungsfeldapproximation 2

[Krätzig/Basar 1997] gezeigt wird. Durchbiegungen werden je Richtung kubisch approximiert.

Aus dem Ansatz und dessen partiellen Ableitungen nach den ξ_α, abgekürzt durch ein Semikolon, gewinnt man im unteren Teil der Abb. 1.5-114 die Matrix $\boldsymbol{\Phi}^e$, wobei dort zunächst *mathematische* Drehfreiheitsgrade $\mathbf{v}^{e^*} = \{w_{;1}, w_{;2}\}$ Verwendung finden. Das Ergebnis der Ablösung der Freiwerte a_1 bis a_{12} gemäß der Standardvorgehensweise leitet Abb. 1.5-115 ein. Dort sind sämtliche Formfunktionen Ω_1^* bis Ω_{12}^* des Verschiebungsfeldes aufgeführt und die beiden ersten exemplarisch dargestellt.

Löst man nun noch die mathematischen Freiheitsgrade $\mathbf{v}^{e^*}$ durch die bekannten Drehfreiheitsgrade ab

$$\varphi_1 = w_{,2} = w_{;2}/b \ , \ \varphi_2 = -w_{,1} = w_{;1}/a \ , \qquad (1.5.267)$$

so gewinnt man mittels der Umordnungsmatrix

$$\mathbf{I}_s = \begin{bmatrix} 0 & b \\ -a & 0 \end{bmatrix} \qquad (1.5.268)$$

im unteren Teil von Abb. 1.5-115 die endgültige kinematische Feldapproximation.

Die aus diesen Formfunktionen herzuleitenden Approximationen der Verzerrungsfelder $\boldsymbol{\varepsilon}^e$ folgt den bereits aufgezählten Transformationsschritten. Beachtet man dabei die im Kinematikoperator $\mathbf{D}_k$ gemäß Abb. 1.5-101 verwendeten Umformungen

$$w_{,11} = w_{;11}/a^2 \,, \quad w_{,12} = w_{;12}/ab \,, \quad w_{,22} = w_{;22}/b^2 \,, \qquad (1.5.269)$$

so entsteht das in Abb. 1.5-116 enthaltene Ergebnis. Aus den in der Formfunktionsmatrix $\mathbf{H}^e$ dort durch Zahlen abgekürzten Formfunktionen wird erkennbar, dass dieses Plattenelement die Verkrümmungen κ_{11}, κ_{22} bilinear approximiert, die Verwindungen κ_{12} quadratisch.

Mittels der Formfunktionsmatrizen $\boldsymbol{\Omega}^e$, $\mathbf{H}^e$ lassen sich erneut Elementsteifigkeitsmatrix $\mathbf{k}^e$, Lastvektoren $\mathbf{s}^{0e}$ und Schnittgrößenapproximationen gemäß Abb. 1.5-106 ermitteln. Die mit einem Formelmanipulator aus $\mathbf{H}^e$ sowie $\mathbf{E}$ gemäß Abb. 1.5-101 integrierte Steifigkeitsmatrix enthält Abb. 1.5-117, darin kürzen die Zahlen die tabellarisch als Funktionen der Seitenverhältnisse *a/b, b/a* und der Querdehnungszahl ν wiedergegebenen Steifigkeitselemente ab. Trotz der Nichtkonformität dieses Elementes ist dieses vielfach im Einsatz und liefert gute Ergebnisse.

1.5.3.4 Tragwerksanalysetechniken

Direkte Steifigkeitsmethode

Allgemeines Weggrößenverfahren. Der allgemeine Algorithmus des Weggrößenverfahrens kommt in FE-Programmen gemäß Abb. 1.5-106 kaum zum

$$\boldsymbol{\varepsilon}^e = \begin{bmatrix} \kappa_{11} \\ 2\kappa_{12} \\ \kappa_{22} \end{bmatrix} = \mathbf{D}_k \cdot \mathbf{u}^e = \mathbf{D}_k \cdot \boldsymbol{\Omega}^e \cdot \mathbf{v}^{e*} = \mathbf{D}_k \cdot \boldsymbol{\Omega}^{e*} \cdot \mathbf{J}_s^* \cdot \mathbf{v}^{e*} = \mathbf{H}^e \cdot \mathbf{v}^e$$

$$\begin{array}{r|cccccccccccc|l}
 & w_{(1)} & \varphi_{1(1)} & \varphi_{2(1)} & w_{(2)} & \varphi_{1(2)} & \varphi_{2(2)} & w_{(3)} & \varphi_{1(3)} & \varphi_{2(3)} & w_4 & \varphi_{1(4)} & \varphi_{2(4)} & \\
 & 1 & 0 & 2 & -1 & 0 & 3 & 4 & 0 & 5 & -4 & 0 & 6 & \cdot(-1/a)^2 \\
\mathbf{H}^e = & 7 & 8 & 9 & -7 & -8 & 10 & 7 & 11 & -10 & -7 & -11 & -9 & \cdot(-2/ab) \\
 & 12 & 13 & 0 & 14 & 15 & 0 & -14 & 16 & 0 & -12 & 17 & 0 & \cdot(-1/b^2) \\
 & & \cdot b & \cdot(-a) & & \cdot b & \cdot(-a) & & \cdot b & \cdot(-a) & & \cdot b & \cdot(-a) &
\end{array}$$

Spaltenfaktor Zeilenenfaktor

Abkürzungen:

Nr.	Formfunktion	Nr.	Formfunktion
1	$-6+12\xi_1+6\xi_2-12\xi_1\xi_2$	10	$2\xi_1-3\xi_1^2$
2	$-4+6\xi_1+4\xi_2-6\xi_1\xi_2$	11	$-2\xi_2+3\xi_2^2$
3	$-2+6\xi_1+2\xi_2-6\xi_1\xi_2$	12	$-6+6\xi_1+12\xi_2-12\xi_1\xi_2$
4	$6\xi_2-12\xi_1\xi_2$	13	$-4+4\xi_1+6\xi_2-12\xi_1\xi_2$
5	$-2\xi_1+6\xi_1\xi_2$	14	$-6\xi_1+12\xi_1\xi_2$
6	$-4\xi_2+6\xi_1\xi_2$	15	$-4\xi_1+6\xi_1\xi_2$
7	$-1+6\xi_1+6\xi_2-6\xi_1^2-6\xi_2^2$	16	$-2\xi_1+6\xi_1\xi_2$
8	$-1+4\xi_2-3\xi_2^2$	17	$-2+2\xi_1+6\xi_2-6\xi_1\xi_2$
9	$-1+4\xi_1-3\xi_1^2$		

Abb. 1.5-116 Rechteckplattenelement: Formmatrix der Verzerrungen

Element und Knotenfreiheitsgrade:

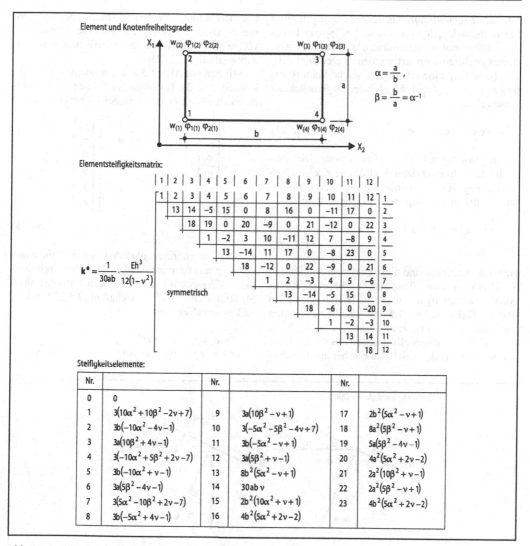

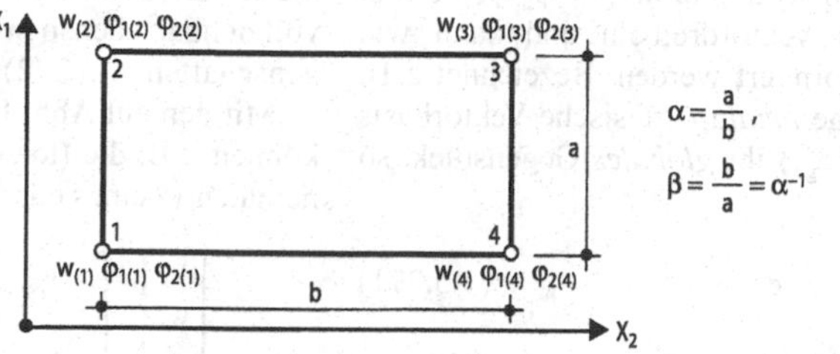

Elementsteifigkeitsmatrix:

$$k^e = \frac{1}{30ab} \cdot \frac{Eh^3}{12(1-\nu^2)} \cdot [\ldots]$$

1	2	3	4	5	6	7	8	9	10	11	12	
1	2	3	4	5	6	7	8	9	10	11	12	1
	13	14	−5	15	0	8	16	0	−11	17	0	2
		18	19	0	20	−9	0	21	−12	0	22	3
			1	−2	3	10	−11	12	7	−8	9	4
				13	−14	11	17	0	−8	23	0	5
					18	−12	0	22	−9	0	21	6
						1	2	−3	4	5	−6	7
symmetrisch							13	−14	−5	15	0	8
								18	−6	0	−20	9
									1	−2	−3	10
										13	14	11
											18	12

Steifigkeitselemente:

Nr.		Nr.		Nr.	
0	0				
1	$3(10\alpha^2+10\beta^2-2\nu+7)$	9	$3a(10\beta^2-\nu+1)$	17	$2b^2(5\alpha^2-\nu+1)$
2	$3b(-10\alpha^2-4\nu-1)$	10	$3(-5\alpha^2-5\beta^2-4\nu+7)$	18	$8a^2(5\beta^2-\nu+1)$
3	$3a(10\beta^2+4\nu-1)$	11	$3b(-5\alpha^2-\nu+1)$	19	$5a(5\beta^2-4\nu-1)$
4	$3(-10\alpha^2+5\beta^2+2\nu-7)$	12	$3a(5\beta^2+\nu-1)$	20	$4a^2(5\alpha^2+2\nu-2)$
5	$3b(-10\alpha^2+\nu-1)$	13	$8b^2(5\alpha^2-\nu+1)$	21	$2a^2(10\beta^2+\nu-1)$
6	$3a(5\beta^2-4\nu-1)$	14	$30ab\,\nu$	22	$2a^2(5\beta^2-\nu+1)$
7	$3(5\alpha^2-10\beta^2+2\nu-7)$	15	$2b^2(10\alpha^2+\nu+1)$	23	$4b^2(5\alpha^2+2\nu-2)$
8	$3b(-5\alpha^2+4\nu-1)$	16	$4b^2(5\alpha^2+2\nu-2)$		

Abb. 1.5-117 Rechteckplattenelement: Steifigkeitsmatrix

Einsatz. Aus Effizienzgründen soll dieser nun durch Modifikationen noch merkbar gestrafft werden.

Abgesehen von der Lösung der Gesamtsteifigkeitsbeziehung ist der Aufbau von **K** mittels der Kongruenztransformation

$$\mathbf{K} = \mathbf{a}^T \cdot \mathbf{k} \cdot \mathbf{a} \qquad (1.5.270)$$

besonders zeitintensiv und speicherplatzbeanspruchend. Dieser Schritt wird ganz erheblich vereinfacht, wenn die Elementfreiheitsgrade wie die Knotenfreiheitsgrade nach der globalen Basis ausgerichtet werden. Außerdem lässt sich die Leistung des Algorithmus erhöhen, wenn Tragwerke zunächst ohne ihre Auflagerbindungen behandelt werden.

Globale Elementmatrizen. Jeder Satz allgemeiner Freiheitsgrade $\{u_1\ u_2\ u_3\}$ bzw. $\{\varphi_1\ \varphi_2\ \varphi_3\}$ bildet ein orthogonales Vektordreibein und kann wie dieses drehtransformiert werden. Bezeichnet z. B. $\mathbf{e} = \{e_1\ e_2\ e_3\}$ eine *lokale* kartesische Vektorbasis und $\mathbf{e}_g = \{e_{g1}\ e_{g2}\ e_{g3}\}$ ihr *globales* Gegenstück, so beschreiben

$$\mathbf{e} = \mathbf{c}\cdot\mathbf{e}_g\,, \quad \mathbf{e}_g = \mathbf{c}^T\cdot\mathbf{e} \tag{1.5.271}$$

die gegenseitigen Drehtransformationen. Die quadratischen Drehmatrizen 3. Ordnung $\mathbf{c}$, $\mathbf{c}^T$ enthalten die sog. Winkelkosinus, sie sind stets *orthogonale* Matrizen mit folgenden Eigenschaften:

$$\mathbf{c}\cdot\mathbf{c}^T = \mathbf{c}^T\cdot\mathbf{c} = \mathbf{I}\,, \quad \text{d.h.} \quad \mathbf{c}^{-1} = \mathbf{c}^T\,, \quad \det\mathbf{c} = 1\,. \tag{1.5.272}$$

Besonders einfach sind diese Drehmatrizen für den Sonderfall *ebener* Tragwerke (ebene Stabtragwerke, Scheiben) aufzustellen. Hierzu wurde im oberen Teil von Abb. 1.5-118 ein Elementknoten mit seiner lokalen $\{x, z: \mathbf{e}_1, \mathbf{e}_3\}$ und globalen $\{X, Z: \mathbf{e}_{g1}, \mathbf{e}_{g2}\}$ Basis dargestellt. Die jeweils dritten Achsen weisen aus der Zeichenebene heraus. Die dortige Herleitung der beiden zueinander transponierten Drehmatrizen ist für den Leser leicht nachvollziehbar ebenso wie die Verifikation ihrer Eigenschaften (1.5.272).

Mit den auf Abb. 1.5-118 enthaltenen Matrizen können z. B. die (lokal ausgerichteten) Stabendkinematen $\mathbf{v}^e$ eines ebenen Stabelementes durch

$$\mathbf{v}^e = \begin{bmatrix} u_l \\ w_l \\ \varphi_l \\ u_r \\ w_r \\ \varphi_r \end{bmatrix} = \left[\begin{array}{c|c} \mathbf{c} & \mathbf{0} \\ \hline \mathbf{0} & \mathbf{c} \end{array}\right] \cdot \begin{bmatrix} \bar{u}_l \\ \bar{w}_l \\ \bar{\varphi}_l \\ \bar{u}_r \\ \bar{w}_r \\ \bar{\varphi}_r \end{bmatrix} = \mathbf{c}^e \cdot \mathbf{v}_g^e \tag{1.5.273}$$

aus den zugehörigen *globalen Stabendkinematen* $\mathbf{v}_g{}^e$ drehtransformiert werden. Die hierdurch definierte *Elementdrehmatrix* $\mathbf{c}^e$ besitzt infolge ihrer Struktur identische Eigenschaften (2.5.272) wie $\mathbf{c}$, und es gilt allgemein:

$$\begin{aligned} \mathbf{s}^e &= \mathbf{c}^e\cdot\mathbf{s}_g{}^e\,, & \mathbf{s}_g{}^e &= \mathbf{c}^{eT}\cdot\mathbf{s}^e\,, \\ \mathbf{v}^e &= \mathbf{c}^e\cdot\mathbf{v}_g{}^e\,, & \mathbf{v}_g{}^e &= \mathbf{c}^{eT}\cdot\mathbf{v}^e\,. \end{aligned} \tag{1.5.274}$$

Ebene lokale und globale Basen:

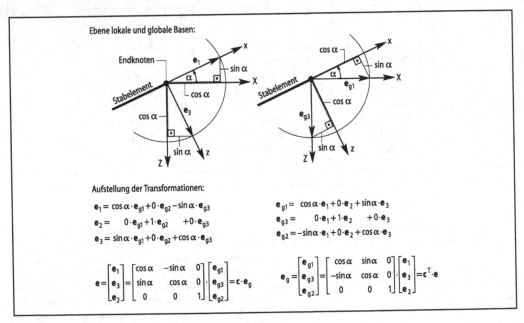

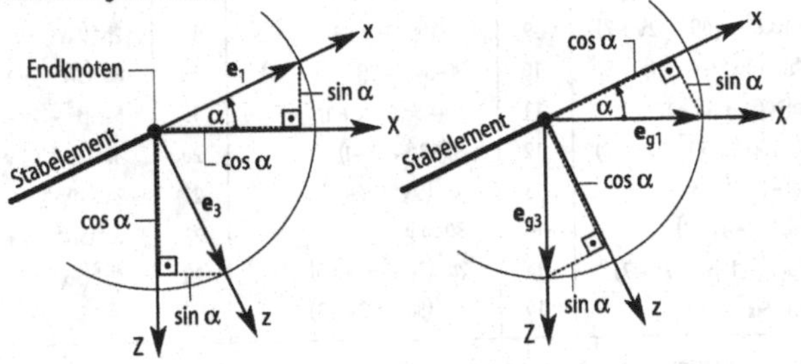

Aufstellung der Transformationen:

$$\begin{aligned} \mathbf{e}_1 &= \cos\alpha\cdot\mathbf{e}_{g1} + 0\cdot\mathbf{e}_{g2} - \sin\alpha\cdot\mathbf{e}_{g3} \\ \mathbf{e}_2 &= 0\cdot\mathbf{e}_{g1} + 1\cdot\mathbf{e}_{g2} + 0\cdot\mathbf{e}_{g3} \\ \mathbf{e}_3 &= \sin\alpha\cdot\mathbf{e}_{g1} + 0\cdot\mathbf{e}_{g2} + \cos\alpha\cdot\mathbf{e}_{g3} \end{aligned}$$

$$\begin{aligned} \mathbf{e}_{g1} &= \cos\alpha\cdot\mathbf{e}_1 + 0\cdot\mathbf{e}_2 + \sin\alpha\cdot\mathbf{e}_3 \\ \mathbf{e}_{g3} &= 0\cdot\mathbf{e}_1 + 1\cdot\mathbf{e}_2 + 0\cdot\mathbf{e}_3 \\ \mathbf{e}_{g2} &= -\sin\alpha\cdot\mathbf{e}_1 + 0\cdot\mathbf{e}_2 + \cos\alpha\cdot\mathbf{e}_3 \end{aligned}$$

$$\mathbf{e} = \begin{bmatrix} \mathbf{e}_1 \\ \mathbf{e}_3 \\ \mathbf{e}_2 \end{bmatrix} = \begin{bmatrix} \cos\alpha & -\sin\alpha & 0 \\ \sin\alpha & \cos\alpha & 0 \\ 0 & 0 & 1 \end{bmatrix} \cdot \begin{bmatrix} \mathbf{e}_{g1} \\ \mathbf{e}_{g3} \\ \mathbf{e}_{g2} \end{bmatrix} = \mathbf{c}\cdot\mathbf{e}_g \qquad \mathbf{e}_g = \begin{bmatrix} \mathbf{e}_{g1} \\ \mathbf{e}_{g3} \\ \mathbf{e}_{g2} \end{bmatrix} = \begin{bmatrix} \cos\alpha & \sin\alpha & 0 \\ -\sin\alpha & \cos\alpha & 0 \\ 0 & 0 & 1 \end{bmatrix} \cdot \begin{bmatrix} \mathbf{e}_1 \\ \mathbf{e}_3 \\ \mathbf{e}_2 \end{bmatrix} = \mathbf{c}^T\cdot\mathbf{e}$$

Abb. 1.5-118 Drehtransformationen lokaler und globaler Basen

Damit kann für jedes finite Element eines Tragwerks folgende Drehtransformation in die Richtung der globalen Basis aufgestellt werden:

$$\mathbf{s}_g{}^e = \mathbf{c}^{eT} \cdot \mathbf{s}^e$$
$$\mathbf{s}^e = \mathbf{k}^e \cdot \mathbf{v}^e + \mathbf{s}^{0e}$$
$$\mathbf{v}^e = \mathbf{c}^e \cdot \mathbf{v}_g{}^e$$

$$\mathbf{s}_g{}^e = \mathbf{c}^{eT} \cdot \mathbf{k}^e \cdot \mathbf{c}^e \cdot \mathbf{v}_g{}^e + \mathbf{c}^{eT} \cdot \mathbf{s}^{0e} = \mathbf{k}_g{}^e \cdot \mathbf{v}_g{}^e + \mathbf{s}_g^{0e} . \qquad (1.5.275)$$

Hierdurch sowie durch

$$\mathbf{k}_g{}^e = \mathbf{c}^{eT} \cdot \mathbf{k}^e \cdot \mathbf{c}^e \ , \ \mathbf{s}_g^{0e} = \mathbf{c}^{eT} \cdot \mathbf{s}^{0e} \qquad (1.5.276)$$

werden somit die ursprünglich auf die *lokale* Elementbasis bezogenen $\mathbf{k}^e$ und $\mathbf{s}^{0e}$ in die globalen Richtungen gedreht und man erhält die *globale Elementsteifigkeitsmatrix* $\mathbf{k}_g{}^e$ sowie die *globalen Volleinspannkraftgrößen* $\mathbf{s}_g^{0e}$.

Die zu Gl. (1.5.275) inverse Transformation besitzt einen analogen Aufbau. Selbstverständlich erfolgen diese Drehtransformationen computerintern. Zur Veranschaulichung für den Leser ist sie in Abb. 1.5-119 für ein ebenes Stabelement *analytisch* ausgeführt worden.

Gesamtmatrizen K und P durch Einmischen. Würde man nun mit den in die globale Richtung gedrehten Elementfreiheitsgraden $\mathbf{v}_g{}^e$ die kinematische Transformationsmatrix **a** aufbauen, so bestände diese offensichtlich nur aus den Werten 0 und 1. Die zur globalen Steifigkeitsmatrix **K** führende Kongruenztransformation (1.5.270) würde die einzelnen Steifigkeitszahlen in **k** daher unverändert lassen, diese aber an bestimmte Positionen von **K** befördern [Krätzig/Basar 1997]. Diese Positionen bestimmen sich aus der Zuordnung der gedrehten Elementfreiheitsgrade v^e_{gk} zu den ursprünglichen Knotenfreiheitsgraden V_i des Gesamttragwerks in folgender Weise: Entsprechen den globalen Knotenfreiheitsgraden V_i und V_j die Element-Freiheitsgrade v^a_{gk}, v^b_{gl}, ... und v^a_{gr}, v^b_{gs}, ..., so baut sich das Element $\tilde{K}_{ij}$ der Gesamt-Steifigkeitsmatrix $\tilde{\mathbf{K}}$ durch folgende Superpositionsregel auf:

$$\tilde{K}_{ij} = k^a_{kr} + k^b_{ls} + \dots \ , \qquad \forall\, i, j = 1, \dots m \ . \qquad (1.5.277)$$

Grundlage dieses Einmischprozesses ist die *Zuordnungs-* oder *Inzidenztabelle*, welche die globalen Elementfreiheitsgrade den Knotenfreiheitsgraden zuordnet (siehe Abb. 1.5-120). Eine solche Tabelle bildet die wichtigste topologische Information jedes FE-Programmsystems.

Gesamtsteifigkeitsmatrizen $\tilde{\mathbf{K}}$ lassen sich somit rechenzeit- und speicherplatzsparend durch positionsgerechten Einbau der Element-Steifigkeitswerte aufbauen, ausgehend von einer quadratischen Nullmatrix $\tilde{\mathbf{K}} = \mathbf{0}$. Dieser Vorgang wird als direktes *Einmischen der Steifigkeitszahlen* in $\tilde{\mathbf{K}}$ bezeichnet, er erspart die 2-fache Multiplikation der Kongruenztransformation (1.5.270) und gab der Gesamtmethode ihren Namen: *direkte Steifigkeitsmethode*. Ein gleichartiges positionsgerechtes Einmischen, nunmehr in eine Nullspalte $\tilde{\mathbf{S}}^0 = \mathbf{0}$, wird auf den Aufbau der Beiträge der globalen Festhaltekraftgrößen s^a_{gk}, s^b_{gl} übertragen. Zur Veranschaulichung dieses direkten Einmischprozesses dient das auf Abb. 1.5-120 wiedergegebene Beispiel.

Der Gesamtalgorithmus. In Abb. 1.5-120 wurden $\tilde{\mathbf{K}}$ und $\tilde{\mathbf{S}}^0$ zunächst für die Gesamtheit der möglichen Knotenfreiheitsgrade des Tragwerks aufgebaut, d. h. für die Summe der *aktiven* und *passiven*, durch Auflagerbindungen eigentlich gefesselten Freiheitsgrade. Auflagerbindungen blieben zunächst unberücksichtigt, das übliche Vorgehen von FE-Programmen. Damit werden zwar die Ordnungen von $\tilde{\mathbf{K}}$ und $\tilde{\mathbf{S}}^0$aufgebläht, aber erhebliche Vorteile gewonnen.

Die ersten 4 Schritte des in Abb. 1.5-121 zusammengestellten Algorithmus der direkten Steifigkeitsmethode folgen aus den bisherigen Ausführungen. Hieran anschließend erfolgt im Schritt 5 die Separation der *aktiven Knotenfreiheitsgrade* **V** von den passiven *Auflagerfreiheitsgraden* $\mathbf{V}_c$ in $\tilde{\mathbf{V}}$, vorbereitend zum späteren Einbau der Lagerungsbedingungen. Wegen der korrespondierenden Anordnung der Elemente in $\tilde{\mathbf{V}}$ und $\tilde{\mathbf{P}}$ ist diese Umordnung für alle Zeilen und Spalten der Gesamt-Steifigkeitsbeziehung gemäß Abb. 1.5-121 vorzunehmen.

Aus der so entstandenen oberen Matrizenzeile wird in Schritt 6 die reduzierte Gesamt-Steifigkeitsbeziehung gewonnen, deren Lösung die aktiven Knotenfreiheitsgrade **V** ergibt:

Element - Steifigkeitsbeziehung bezüglich der lokalen Elementbasis x, z:

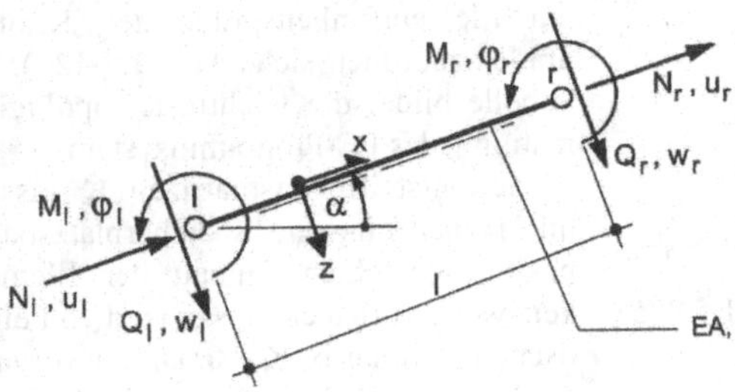

$$\phi = \frac{12\,EJ}{GA_Q l^2} = \frac{24\,(1+\nu)\,i^2}{\alpha_Q l^2}$$

Schubstarrheit: $\phi = 0$

EA, EJ, GA_Q elementweise konstant

$$\mathbf{s}^e = \begin{bmatrix} N_l \\ Q_l \\ M_l \\ N_r \\ Q_r \\ M_r \end{bmatrix}^e = \begin{bmatrix} \frac{EA}{l} & 0 & 0 & -\frac{EA}{l} & 0 & 0 \\ & \frac{12\,EJ}{l^3(1+\phi)} & -\frac{6\,EJ}{l^2(1+\phi)} & 0 & -\frac{12\,EJ}{l^3(1+\phi)} & -\frac{6\,EJ}{l^2(1+\phi)} \\ & & \frac{EJ(4+\phi)}{l\,(1+\phi)} & 0 & \frac{6\,EJ}{l^2(1+\phi)} & \frac{EJ(2+\phi)}{l\,(1+\phi)} \\ & & & \frac{EA}{l} & 0 & 0 \\ & \text{symmetrisch} & & & \frac{12\,EJ}{l^3(1+\phi)} & \frac{6\,EJ}{l^2(1+\phi)} \\ & & & & & \frac{EJ(4+\phi)}{l\,(1+\phi)} \end{bmatrix}^e \cdot \begin{bmatrix} u_l \\ w_l \\ \varphi_l \\ u_r \\ w_r \\ \varphi_r \end{bmatrix}^e = \mathbf{k}^e \cdot \mathbf{v}^e$$

Element - Steifigkeitsbeziehung bezüglich der globalen Elementbasis X, Z:

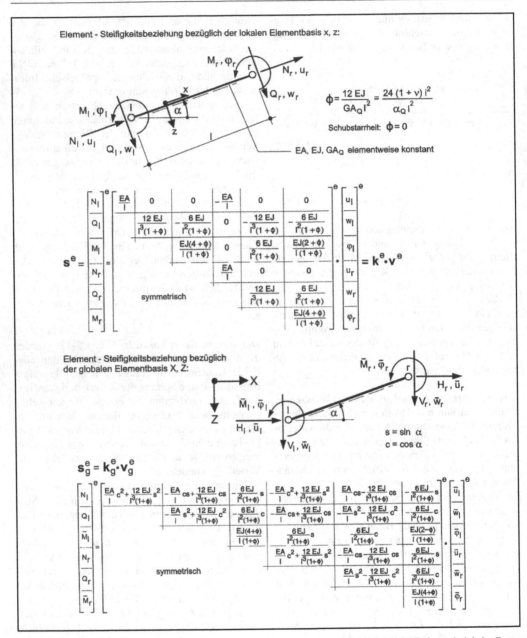

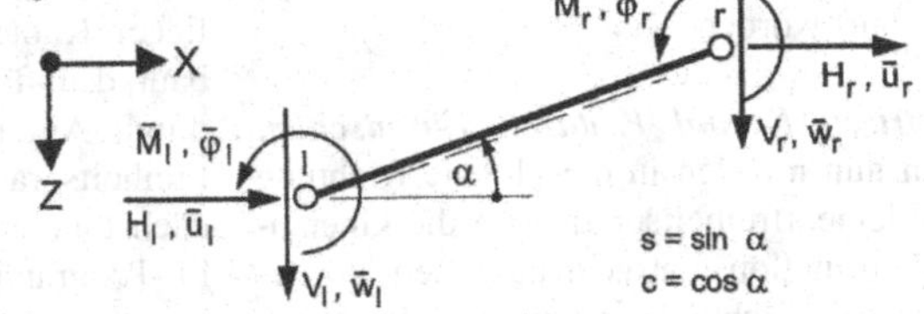

$$\mathbf{s}_g^e = \mathbf{k}_g^e \cdot \mathbf{v}_g^e$$

$$\begin{bmatrix} N_l \\ Q_l \\ \bar{M}_l \\ N_r \\ Q_r \\ \bar{M}_r \end{bmatrix}^e = \begin{bmatrix} \frac{EA}{l}c^2 + \frac{12\,EJ}{l^3(1+\phi)}s^2 & -\frac{EA}{l}cs + \frac{12\,EJ}{l^3(1+\phi)}cs & -\frac{6\,EJ}{l^2(1+\phi)}s & -\frac{EA}{l}c^2 + \frac{12\,EJ}{l^3(1+\phi)}s^2 & \frac{EA}{l}cs - \frac{12\,EJ}{l^3(1+\phi)}cs & -\frac{6\,EJ}{l^2(1+\phi)}s \\ & -\frac{EA}{l}s^2 + \frac{12\,EJ}{l^3(1+\phi)}c^2 & -\frac{6\,EJ}{l^2(1+\phi)}c & -\frac{EA}{l}cs + \frac{12\,EJ}{l^3(1+\phi)}cs & -\frac{EA}{l}s^2 - \frac{12\,EJ}{l^3(1+\phi)}c^2 & -\frac{6\,EJ}{l^2(1+\phi)}c \\ & & \frac{EJ(4+\phi)}{l\,(1+\phi)} & \frac{6\,EJ}{l^2(1+\phi)}s & \frac{6\,EJ}{l^2(1+\phi)}c & \frac{EJ(2-\phi)}{l\,(1+\phi)} \\ & & & \frac{EA}{l}c^2 + \frac{12\,EJ}{l^3(1+\phi)}s^2 & -\frac{EA}{l}cs - \frac{12\,EJ}{l^3(1+\phi)}cs & \frac{6\,EJ}{l^2(1+\phi)}s \\ & \text{symmetrisch} & & & \frac{EA}{l}s^2 - \frac{12\,EJ}{l^3(1+\phi)}c^2 & \frac{6\,EJ}{l^2(1+\phi)}c \\ & & & & & \frac{EJ(4+\phi)}{l\,(1+\phi)} \end{bmatrix}^e \cdot \begin{bmatrix} \bar{u}_l \\ \bar{w}_l \\ \bar{\varphi}_l \\ \bar{u}_r \\ \bar{w}_r \\ \bar{\varphi}_r \end{bmatrix}^e$$

Abb. 1.5-119 Elementsteifigkeitsbeziehung eines ebenen, schubweichen Stabes hinsichtlich lokaler und globaler Basen

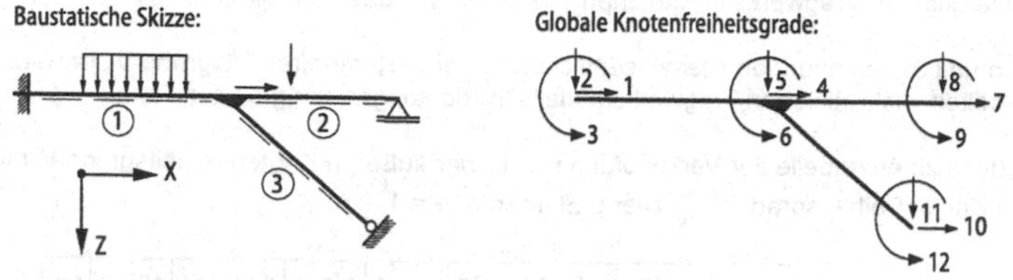

Inzidenztabelle:

V_i	1	2	3	4	5	6	7	8	9	10	11	12
Element 1	1	2	3	4	5	6						
2				1	2	3	4	5	6			
3				1	2					4	5	6

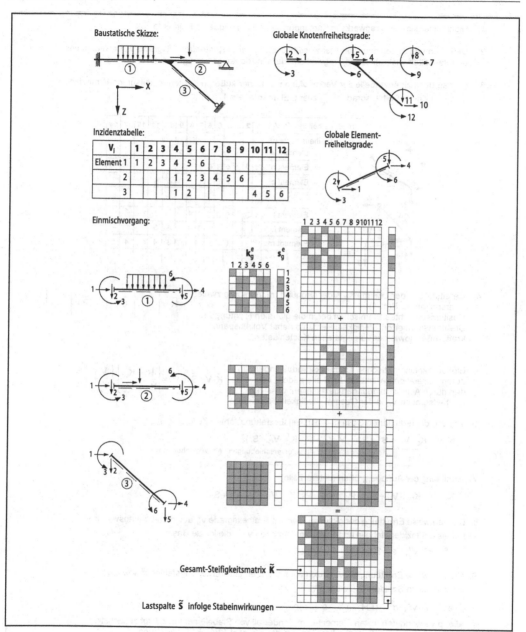

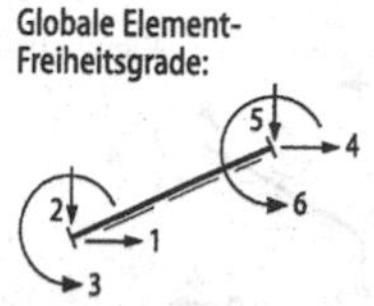

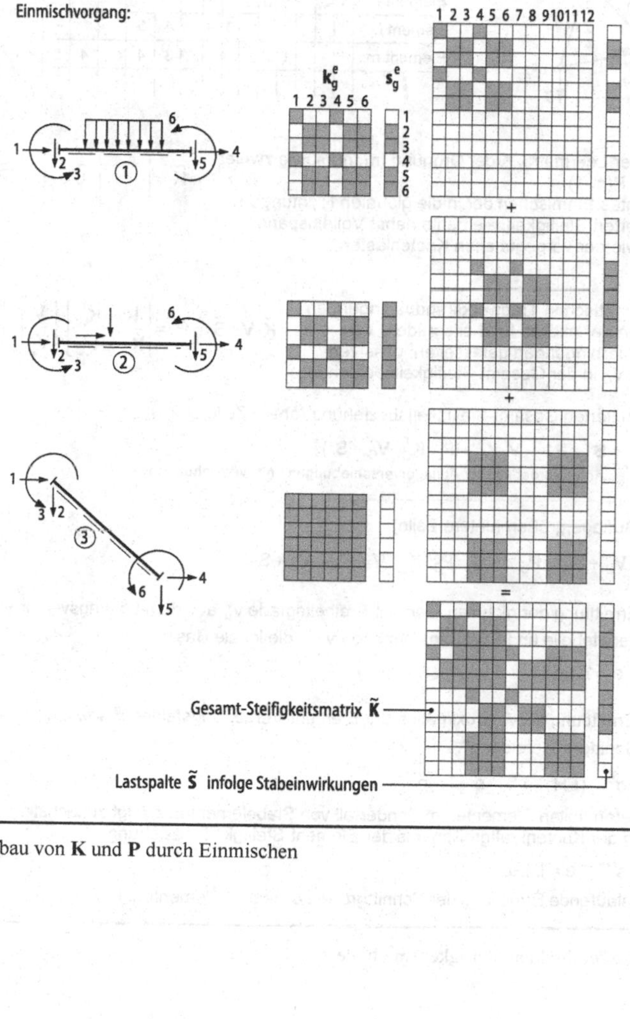

Abb. 1.5-120 Aufbau von **K** und **P** durch Einmischen

1. Diskretisierung des Tragwerks in Knotenpunkte und p geeigneten Elemente.

2. Definition und Bezeichnungen aller wesentlichen äußeren Knotenfreiheitsgrade V_j, j = 1, ... m des ungefesselten, diskretisierten Tragwerksmodells in Richtungen der globalen Basis.

3. Aufbau der Inzidenztabelle zur Verknüpfung sämtlicher äußeren Knotenfreiheitsgrade V_j mit den globalen Knotenfreiheitsgraden v_g^e aller p Elemente, e = 1, ...p:

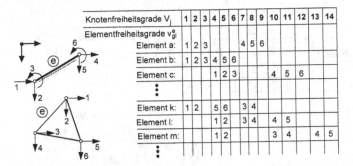

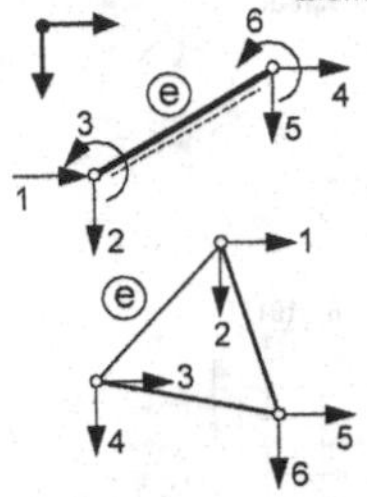

Knotenfreiheitsgrade V_j	1	2	3	4	5	6	7	8	9	10	11	12	13	14
Elementfreiheitsgrade v_{gl}^e														
Element a:	1	2	3				4	5	6					
Element b:	1	2	3	4	5	6								
Element c:				1	2	3				4	5	6		
⋮														
Element k:	1	2		5	6		3	4						
Element l:				1	2		3	4		4	5			
Element m:				1	2					3	4		4	5
⋮														

4. Bereitstellung der Leermatrix **K** der Ordnung (m, m) sowie zweier Leerspalten **S°**, **P**(m,1). Positionsgerechtes Einmischen der in die globalen Richtungen Drehtransformierten Steifigkeitselemente nebst Volleinspann-kraftgrößen sowie der vorgegebenen Knotenlasten.

$$\tilde{\mathbf{K}} = \begin{bmatrix} \quad \end{bmatrix}, \tilde{\mathbf{S}}^\circ = \begin{bmatrix} \quad \end{bmatrix}, \tilde{\mathbf{P}} = \begin{bmatrix} \quad \end{bmatrix}.$$

5. Einbau der kinematischen Tragwerksrandbedingungen durch Separation der aktiven Freiheitsgrade **V** von den durch Auflagerbindungen gefesselten, passiven Freiheitsgraden $\mathbf{V}_C$ in der Gesamt-Steifigkeitsbeziehung:

$$\tilde{\mathbf{K}} \cdot \tilde{\mathbf{V}} + \tilde{\mathbf{S}}^\circ = \mathbf{P} := \left[\begin{array}{c|c} \mathbf{K} & \mathbf{K}_C^T \\ \hline \mathbf{K}_C & \mathbf{K}_{CC} \end{array}\right] \cdot \left[\begin{array}{c} \mathbf{V} \\ \hline \mathbf{V}_C \end{array}\right] + \left[\begin{array}{c} \mathbf{S}^\circ \\ \hline \mathbf{S}_C^\circ \end{array}\right] = \left[\begin{array}{c} \mathbf{P} \\ \hline \mathbf{P}_C \end{array}\right].$$

6. Lösung der reduzierten Gesamt-Steifigkeitsbeziehung (obere Zeile).

$$\mathbf{K} \cdot \mathbf{V} + \underbrace{\mathbf{K}_C^T \cdot \mathbf{V}_C}_{} + \mathbf{S}^\circ = \mathbf{P}: \quad \mathbf{V} \cdot \mathbf{K}^{-1} \cdot (\mathbf{P} - \mathbf{K}_C^T \cdot \mathbf{V}_C - \mathbf{S}^\circ).$$

Anteil vorgegebener Auflagerverschiebungen und -verdrehungen.

7. Ermittlung der Auflagergrößen (untere Zeile).

$$\mathbf{K}_C \cdot \mathbf{V} + \mathbf{K}_{CC} \cdot \mathbf{V}_C + \mathbf{S}_C^\circ = \mathbf{P}_C: \quad \mathbf{C} = \mathbf{P}_C \cdot \mathbf{K}_C \cdot \mathbf{V} + \overbrace{\mathbf{K}_{CC} \cdot \mathbf{V}_C} + \mathbf{S}_C^\circ.$$

8. Elementweise Ermittlung der globalen Element-Freiheitsgrade $\mathbf{v}_g^e$ aus dem Lösungsvektor **V** mittels der Inzidenztabelle und Rücktransformation $\mathbf{v}_e$ in die lokale Basis.

$$\mathbf{v}^e = \mathbf{c}^e \cdot \mathbf{v}_g^e, \quad e = 1,...p.$$

9. Elementweise Ermittlung der Approximation der Element-Verzerrungsfelder $\boldsymbol{\varepsilon}^e$ sowie der zugeordneten Scnittgrößenfelder $\boldsymbol{\sigma}^e$.

$$\boldsymbol{\varepsilon}^e = \mathbf{H}^e \cdot \mathbf{v}^e, \quad \boldsymbol{\sigma}^e = (\mathbf{EH}^e) \cdot \mathbf{v}^e, \quad e = 1,...p.$$

aller p verwendeten finiten Elemente. Im Sonderfall von Stabelementen erfolgt zunächst die Bestimmung der Knotenkraftgrößen aus der Element-Steifigkeitsbeziehung.

$$\mathbf{s}^e = \mathbf{k}^e \cdot \mathbf{v}^e + \mathbf{s}^{oe}, \quad e = 1,...p.$$

sowie eine nachlaufende Ermittlung der Schnittgrößen $\boldsymbol{\sigma}^e$ in den Elementen.

Abb. 1.5-121 Algorithmus der direkten Steifigkeitsmethode

$$\mathbf{K}\cdot\mathbf{V} + \mathbf{K}_c^T\cdot\mathbf{V}_c + \mathbf{S}^0 = \mathbf{P}: \quad \mathbf{V} = \mathbf{K}^{-1}\cdot(\mathbf{P} - \mathbf{S}^0 - \mathbf{K}_c^T\cdot\mathbf{V}_c)\ . \quad (1.5.278)$$

Werden die Auflager als starr angenommen, $\mathbf{V}_c=\mathbf{0}$, so entfällt das Glied $\mathbf{K}_c^T\cdot\mathbf{V}_c$. Andernfalls liefert die untere Matrizenzeile des Schrittes 5 nach Substitution von $\mathbf{V}$ die den *passiven Freiheitsgraden* $\mathbf{V}_c$ zugeordneten Kraftgrößen $\mathbf{P}_c$, d. h. die *Auflagergrößen*:

$$\mathbf{K}_c\cdot\mathbf{V} + \mathbf{K}_{cc}\cdot\mathbf{V}_c + \mathbf{S}_c^0 = \mathbf{P}_c: \quad \mathbf{C} = \mathbf{P}_c = \mathbf{K}_c\cdot\mathbf{V} + \mathbf{K}_{cc}\cdot\mathbf{V}_c + \mathbf{S}_c^0\ . \quad (1.5.279)$$

Die vorgeschlagene Vorgehensweise eines Aufbaus der Gesamtsteifigkeitsbeziehung zunächst für die Gesamtheit der aktiven und passiven Knotenfreiheitsgrade und der erst spätere Einbau der Auflagerbindungen stellt somit auch die Auflagergrößen bereit.

Die abschließenden Schritte 8 und 9 der Abb. 1.5-121 sind aus dem bisherigen Gesamtzusammenhang heraus selbsterläuternd.

1.5.3.5 Statische Tragwerksstabilität

Stabilitätskriterien. Tragwerksanalysen mittels der FEM dienen im Bauwesen der Bemessung neuer oder der Beurteilung bestehender Tragwerke hinsichtlich ihrer Tragfähigkeit oder ihrer Gebrauchstauglichkeit. Im Grenzzustand der Tragfähigkeit unterscheidet man zwischen lokalem Materialversagen (*Spannungsproblem*) und globalem Gleichgewichtsverlust (*Stabilitätsproblem*).

Einer linearen Spannungsanalyse liegt in der Regel die globale Steifigkeitsbeziehung

$$\mathbf{K}\cdot\mathbf{V} = \rho\,\mathbf{P} \quad (1.5.280)$$

zugrunde, wobei $\mathbf{P}$ einen beliebigen Lastzustand und ρ einen Lastfaktor bezeichnen. Stabilitätsversagen entsteht, wenn sich bei gleichem ρ mindestens zwei Gleichgewichtslagen ausbilden können, ein ursprünglicher Verformungszustand $\mathbf{V}$ und z. B. ein zweiter, benachbarter Zustand $\tilde{\mathbf{V}} = \mathbf{V} + \Delta\tilde{\mathbf{V}}$. In derartigen Fällen spricht man von *Gleichgewichtsverzweigungen*, die sich zumeist durch *Knicken* oder *Beulen* der Struktur äußern. Gleichgewichtsbetrachtungen müssen dann am verformten Zustand $\tilde{\mathbf{V}}$ erfolgen, nach der geometrisch nichtlinearen Theorie oder Theorie 2. Ordnung. Dabei muss der Einfluss von Normalspannungen σ_N in der Steifigkeitsbeziehung mittels der *geometrischen Steifigkeitsmatrix* $\mathbf{K}_g(\sigma_N)$ zusätzlich berücksichtigt werden:

$$\mathbf{K}_G\cdot\tilde{\mathbf{V}} = [\mathbf{K} + \mathbf{K}_g(\sigma_N)]\cdot\tilde{\mathbf{V}} = \rho\,\mathbf{P}. \quad (1.5.281)$$

Da die Gesamtsteifigkeitsmatrix $\mathbf{K}_G$ nun last- und wegabhängig wird, erfordert eine Stabilitätsanalyse generell nichtlineare Lösungsverfahren. Die Instabilitätskriterien eines Gleichgewichtszustands $\mathbf{V}$ lassen sich von den Eigenschaften der Matrix $\mathbf{K}_G$ ableiten. Einem stabilen Zustand $\mathbf{V}$ entspricht eine positiv definite Matrix $\mathbf{K}_G$, d. h.: $\det \mathbf{K}_G > 0$ und alle Eigenwerte $\lambda_i > 0$. Bei $\det \mathbf{K}_G = 0$ wird das Gleichgewicht indifferent und bei $\det \mathbf{K}_G < 0$ instabil [Krätzig 1989]. Für den Aufbau der Gesamtsteifigkeitsmatrix $\mathbf{K}_G$ und die Lösung der nunmehr nichtlinearen FE-Gleichungssysteme sei auf [Wriggers 2001] verwiesen.

Lineare Stabilitätsanalyse. Unter Annahme eines linearen Zusammenhangs zwischen Last $\rho\mathbf{P}$ und Normalspannungen σ_N

$$\sigma_N(\rho) = \rho\cdot\sigma_N(1)$$

ergibt sich eine einfache, lineare Vorgehensweise zur Stabilitätsanalyse. Der Differenz zweier Steifigkeitsbeziehungen

$$[\mathbf{K} + \mathbf{K}_g(\sigma_N)]\cdot\mathbf{V} = \rho\,\mathbf{P} \quad \text{und} \quad [\mathbf{K} + \mathbf{K}_g(\sigma_N)]\cdot\tilde{\mathbf{V}} = \rho\,\mathbf{P} \quad (1.5.282)$$

entspringt ein homogenes Gleichungssystem für das Inkrement $\Delta\tilde{\mathbf{V}}$:

$$[\mathbf{K} + \mathbf{K}_g(\sigma_N)]\cdot\Delta\tilde{\mathbf{V}} = 0. \quad (1.5.283)$$

Dessen nichttriviale Lösung $\Delta\tilde{\mathbf{V}} \neq 0$ beschreibt die Richtung der Verformung beim Stabilitätsverlust. Die mathematische Bedingung für derartige Instabilität lautet

$$\det[\mathbf{K} + \mathbf{K}_g(\sigma_N(\rho))] = \det[\mathbf{K} + \rho\cdot\mathbf{K}_g(\sigma_N(1))] = 0, \quad (1.5.284)$$

worin $\mathbf{K}_g$ ($\sigma_N(1)$ die geometrische Steifigkeitsmatrix für $\rho = 1$ bezeichnet. Die Lösung des Eigenwertproblems (1.5.284)

$$\left[\mathbf{K}+\rho\cdot\mathbf{K}_g(\sigma_N(1))\right]\cdot\Delta\tilde{\mathbf{V}}=0 \qquad (1.5.285)$$

liefert somit gleichzeitig den *kritischen Lastfaktor* ρ (= kleinster Eigenwert) und die entsprechende räumliche Gleichgewichtslage $\Delta\tilde{\mathbf{V}}$ (= Eigenvektor), bei Stabtragwerken die sog. *Knickform* bzw. die Beulform bei Flächentragwerken. Diese Vorgehensweise ist wegen hoher Effizienz und ausreichender Genauigkeit unter den FE-Programmen für baupraktische Analysen weit verbreitet.

Abbildung 1.5.122 zeigt exemplarisch das Beulverhalten einer Kreiszylinderschale unter axialem Druck und deren erste sowie zweite Beulform nach (1.5.285).

1.5.3.6 Numerische Aspekte

Lösungsgenauigkeit und -konvergenz

Grundanforderungen an finite Elemente. Tragwerksanalysen mit Hilfe der FE-Methode besitzen stets Näherungscharakter: Mit zunehmender Netzverfeinerung sollen die Näherungslösungen möglichst monoton (einseitig) gegen die genaue Lösung konvergieren. Um dies zu erreichen, müssen die verwendeten finiten Elemente gewissen Grundanforderungen genügen:

- Alle Zeilen der Ansatzfunktionsmatrix $\mathbf{\Phi}^e$ müssen zeilenregulär sein. Zur eventuellen Definition von Freiheitsgraden aus Ableitungen, z. B. bei φ=-w′ in der Theorie schubsteifer Stäbe, müssen die Ansatzfunktionen in $\mathbf{\Phi}^e$ hinreichend oft differenzierbar sein. Ferner müssen die in den Formfunktionen $\mathbf{H}^e$ verwendeten Kinematikoperatoren konsistenten Theorievarianten nach Abb. 1.5-96 entstammen.
- Die Herleitung finiter Weggrößenelemente entspricht mathematisch einer *Rayleigh-Ritz*-Approximation des Energiefunktionals (1.5.203) mittels elementweiser Ansatzfunktionen [Braess 1992].
- Hieraus folgt die *Vollständigkeitsanforderung*: Durch die Ansatzfunktionen in $\mathbf{\Phi}^e$ müssen die Verzerrungsfelder $\boldsymbol{\varepsilon}^e$ elementweise mindestens konstant approximiert werden. Starrkörperdeformationen (= spannungsfreie Verschiebungen) müssen korrekt wiedergegeben werden und dürfen keine Knotenkräfte hervorrufen. Abbildung 1.5-123 veranschaulicht diese Forderung für Scheibentragwerke.
- Bei der Approximation des Verschiebungsfeldes $\mathbf{u}^e$ darf keine Koordinatenrichtung bevorzugt werden, was *Isotropie und Drehinvarianz* des

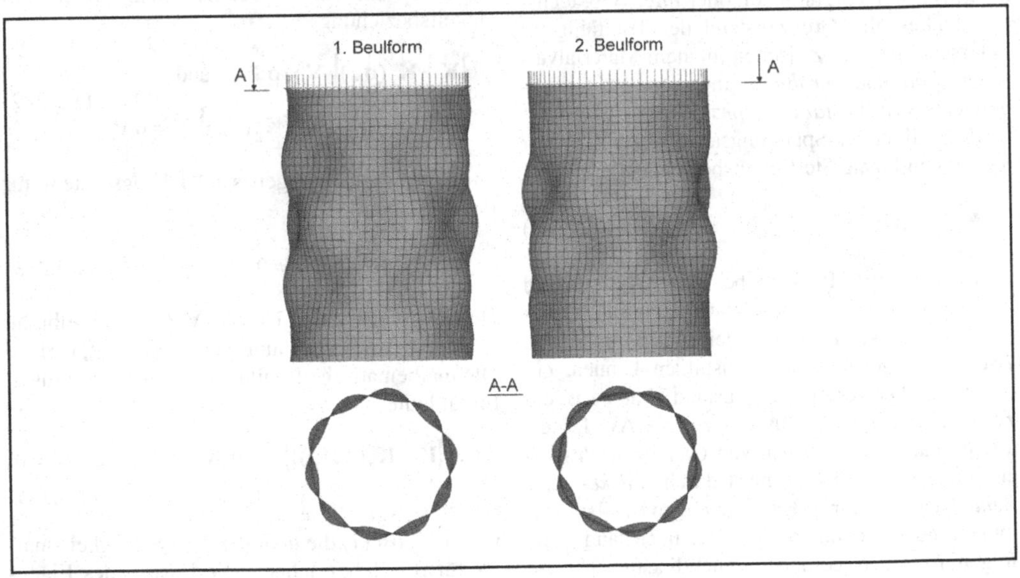

Abb. 1.5-122 Stabilitätsanalyse einer Kreiszylinderschale

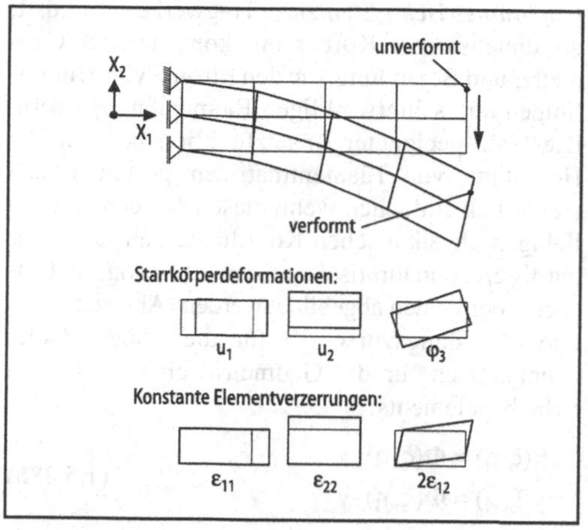

Abb. 1.5-123 Zum Vollständigkeitskriterium

Ansatzes erfordert. Für flächenhafte Elemente z. B. ist die Ansatzisotropie erfüllt, wenn alle symmetrischen Glieder des *Pascal'*schen Dreiecks gemäß Abb. 1.5-124 im Ansatz enthalten sind und die Drehinvarianz, wenn alle Ansatzfunktionen mit unterschiedlichen Freiwerten gekoppelt sind.

– Das *Kompatibilitätskriterium* schließlich regelt den stetigen Übergang der kinematischen Feldapproximationen zu den Nachbarelementen. Treten in $\mathbf{D}_k$ n-fache Ableitungen auf, so müssen die Ansatzfunktionen in $\mathbf{\Phi}^e$ C^n-stetig im Inneren des Elements und C^{n-1}-stetig längs der Ränder sein. Jedes Element, deren Ansatzfunktionen dieses Kriterium erfüllen, heißt *voll kompatibel* oder *konform*.

Patchtests und Benchmarks. Die eben dargelegten Anforderungen sind Grundvoraussetzungen für Konvergenz von Weggrößenelementen und gelten für den *Programmhersteller*. Für den *Programmanwender* stellen sich Konvergenzfragen anders: Er arbeitet mit einem Programmsystem, in welchem ein bestimmtes finites Element verfügbar ist. Ohne Einflussmöglichkeit auf dessen Eigenschaften soll er vorgegebene Genauigkeitsschranken seiner Tragwerksanalyse einhalten. Daher steht er vor der Aufgabe, sich ein Bild von der Approximationsgüte des Elementes für die vorliegende Problemstellung zu machen.

Ein wertvolles Instrument für diesen Zweck stellen *Patchtests* aus Ensembles von finiten Elementen dar, die von [Irons/Razzaque 1972, Strang/Fix 1973] zum Austesten nicht-konformer Elemente entwickelt wurden. Abbildung 1.5-125 zeigt ihren Einsatz zur *empirischen Leistungskontrolle* beim Austesten von durch Netzverzerrungen entstehenden Ungenauigkeiten: Die in den jeweiligen Testmakros wirkenden Einheitszustände der Scheiben- bzw. Plattenschnittgrößen seien dabei *exakt* bekannt. Die mittels des Patches, welcher ähnliche Netzverzerrungen wie das zu analysierende Problem aufweist, erzeugten Schnittgrößen lassen direkte Genauigkeitsaussagen dieses Problems zu.

Die zu verwendenden Testmakros lassen sich vielfältigen Fragestellungen anpassen, sofern die klassische Festigkeitslehre geeignete Standardlösungen bereithält. Hinweise auf den erforderlichen Verdichtungsgrad der Diskretisierung können derartige Patchtests ebenfalls liefern, leichter erfolgt dies jedoch mittels sog. *Benchmarks*, analysierter Beispiele einfacher Tragstrukturen. Abbildung 1.5-

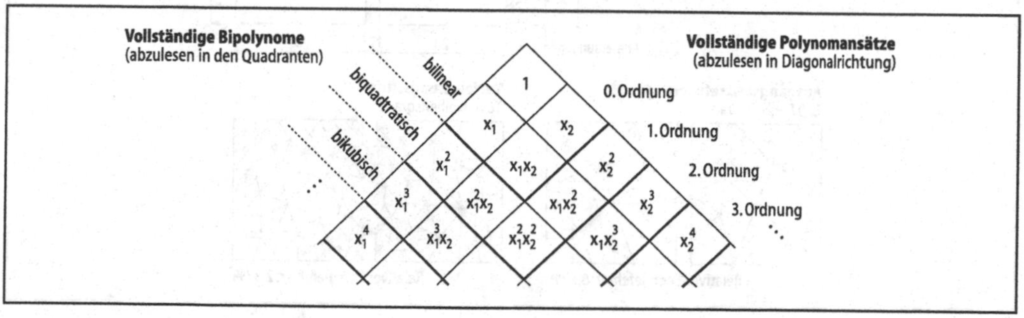

Abb. 1.5-124 *Pascal'*sches Dreieck im R^2

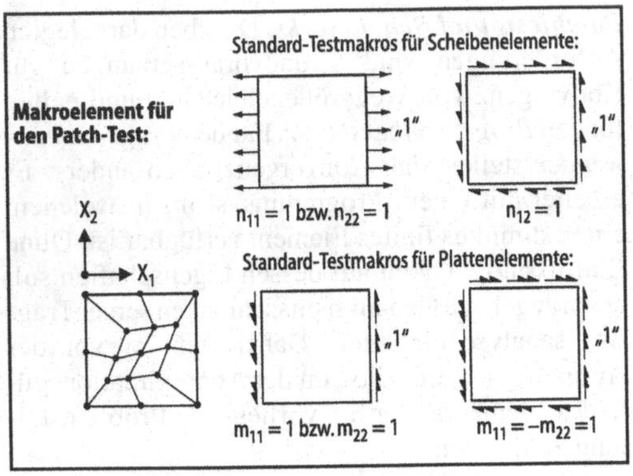

Abb. 1.5-125 Testmakros mit Patch

126 zeigt das Beispiel einer gekerbten Scheibe, für welches eine sehr genaue Lösung vorliegt.

Von besonderer Bedeutung ist der Nachweis der Spannungsfreiheit von Elementen unter Starrkörperdeformationen. Auch hierzu kann man den Patchtest einsetzen, indem man z. B. alle Außenknoten sukzessive translatorisch um den gleichen Betrag verschiebt. Erfahrene Programmanwender führen diesen Nachweis über das Eigenschwingverhalten des Testmakros, welches für jede Starrkörperbewegung den Eigenwert Null ergeben muss [Bathe 1986].

Isoparametrische Elemente. Tragwerke sind i. d. R. dreidimensionale Körper mit komplizierter Geometrie und Berandung, die den Einsatz von krummlinigen und schiefwinkligen Elementen erfordern. Die Wahl geeigneter Ansatzfunktionen sowie die Herleitung von Elementmatrizen gestalten sich wesentlich einfacher, wenn diese Elemente mit beliebigen physikalischen Koordinaten auf ein standardisiertes quadratisches Element in sog. natürlichen Koordinaten abgebildet werden (Abb. 1.5-127). Die Abbildungsvorschrift für die Ränder lautet exemplarisch für die Geometrie eines 4 Knoten Scheibenelements:

$$\begin{aligned} x(\xi,\eta) &= \mathbf{\Phi}(\xi,\eta)\cdot\mathbf{x} \\ y(\xi,\eta) &= \mathbf{\Phi}(\xi,\eta)\cdot\mathbf{y} \end{aligned}, \qquad (1.5.286)$$

wobei $\mathbf{\Phi}$ (ξ, η) die gewählten Näherungsfunktionen und $\mathbf{x}$, $\mathbf{y}$ die Vektoren der Knotenkoordinaten sind. Die Abbildung des Verschiebungsfeldes erfolgt bekanntlich mittels der Knotenverschiebungen $\mathbf{u}$ und $\mathbf{v}$:

$$\begin{aligned} u(\xi,\eta) &= \mathbf{\Phi}(\xi,\eta)\cdot\mathbf{u} \\ v(\xi,\eta) &= \mathbf{\Phi}(\xi,\eta)\cdot\mathbf{v} \end{aligned}. \qquad (1.5.287)$$

Bei *isoparametrischen* finiten Elementen verwendet man für die Approximation von Geometrie und Verschiebungsfeld die gleichen Ansatzfunktionen.

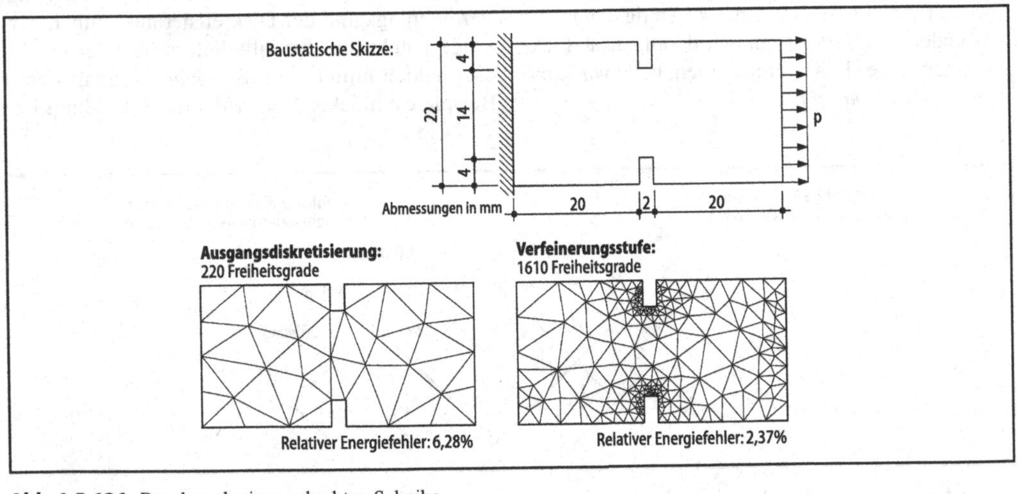

Abb. 1.5-126 Benchmark einer gekerbten Scheibe

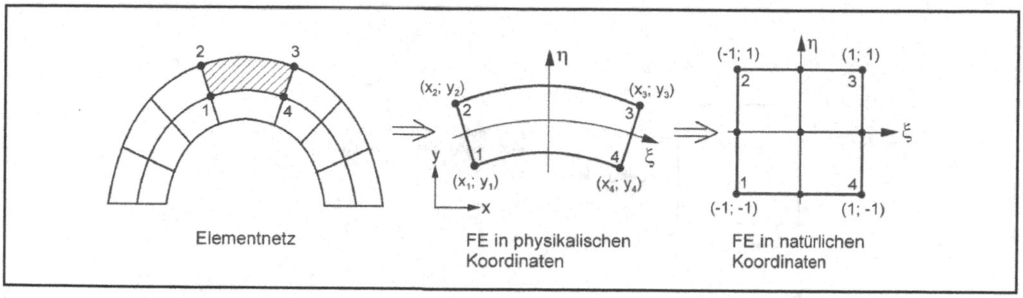

Abb. 1.5-127 Physikalische und natürliche Koordinaten eines FE

Bei *superparametrischen* Elementen wird die Geometrie mit Polynomen höherer Ordnung abgebildet; und bei *subparametrischen* Elementen ist der Polynomansatz für die Verschiebungsapproximation gegenüber dem Ansatz für die Geometrie von höherer Ordnung. Die überwiegende Mehrheit finiter Elemente gehört zur Gruppe der isoparametrischen Elemente. Aufgrund ihrer Eigenschaften erfüllen sie stets die wichtigen oben genannten Grundanforderungen.

Elementgeometrie. Die Genauigkeit einer FE-Lösung hängt stark von der Diskretisierung ab: Elementgeometrie und Lage der Elementknoten soll eine eindeutige und möglichst verzerrungsarme Abbildung des Elementgebiets auf die natürlichen Koordinaten garantieren. Diese Forderung lässt sich z. B. für ein 4-knotiges Element dann nicht aufrechterhalten, wenn ein Innenwinkel größer oder gleich 180° wird (Abb. 1.5-128). Im Allgemeinen sollte die *Jacobi-Determinante* $\det \mathbf{J}$ in jedem Elementpunkt positiv sein. Letztere charakterisiert die Transformation der Linien-, Flächen- oder Volumeninhalte von den physikalischen zu den natürlichen Koordinaten [Zienkiewicz/Taylor 2005]. Bei schiefwinkligen Elementen ergeben sich stark unterschiedliche Werte von $\det \mathbf{J}$ innerhalb eines Elementgebiets (Abb. 1.5-128). Daraus resultieren i. d. R. Verfälschungen der Feldvariablen und eine numerische Lösung von niedriger Qualität. Aus diesem Grund ist eine Diskretisierung mit regelmäßigen, äquidistanten Knotennetzen empfehlenswert.

Numerische Integration. Die Berechnung der Elementsteifigkeitsmatrizen und Elementlastvektoren führt nach (1.5.258) und (1.5.259) zu Linien-, Flächen-, oder Volumenintegralen der Ansatzfunktionen oder deren Ableitungen. Für die numerische Auswertung derartiger Integrale bietet sich die *Gauss*-Integration an.

Ein Integral über eine Funktion $N(\xi)$ lässt sich durch eine Summe der gewichteten Funktionswerte an den Stützstellen ξ_i, den sog. *Gauss-Punkten* berechnen:

$$\int_{-1}^{1} N(\xi)d\xi = \sum_{i=1}^{n} w_i \cdot N(\xi_i). \tag{1.5.288}$$

Mit Hilfe der *Gauss*-Quadraturformel der Ordnung n lässt sich ein Polynom $(2n-1)$-ter Ordnung exakt integrieren. Entsprechend (1.5.288) müssen die Ansatzfunktionen nur in den *Gauss*punkten ausgewertet werden. Für einen geringen numerischen Aufwand werden i. d. R. alle weiteren Zustandsvariablen, wie Spannungen und Verzerrungen, an den gleichen Stützstellen bestimmt.

Lösungskonvergenz. Die Genauigkeit einer FE-Analyse lässt sich steigern, indem man die Approximationsgebiete der Ansatzfunktionen, die Elementgrößen, verkleinert (*h-Adaption* des Modells) oder die Polynomordnung der Ansatzfunktionen nebst Anzahl der Elementknoten konsequent erhöht (*p-Adaption*) (Abb. 1.5-129).

Generell ist davon auszugehen, dass die Genauigkeit der FE-Lösung bei h-Adaption oder p-Adaption ansteigt. Das zugehörige Konvergenzverhalten lässt sich in einem Diagramm gut erkennen,

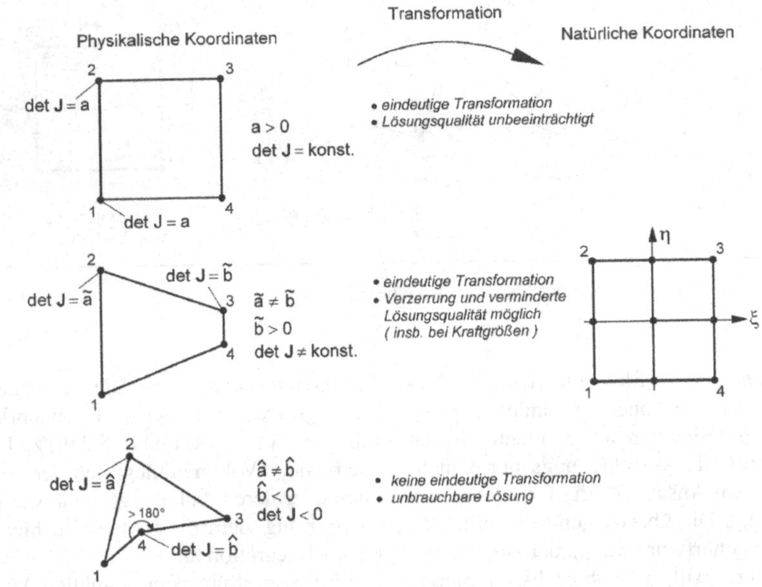

Abb. 1.5-128 Einfluss der Elementgeometrie auf die Lösungsqualität

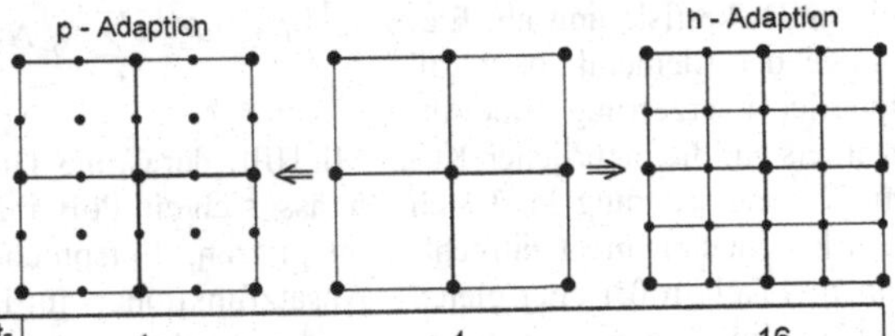

Element-anzahl	4	4	16
Polynom-grad	2	1	1

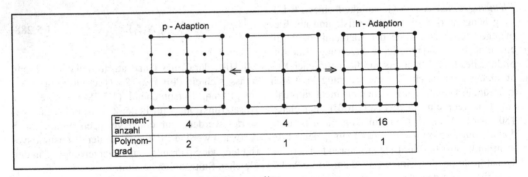

Abb. 1.5-129 Strategien zur Verbesserung der Lösungsqualität

indem man den Fehler der FE-Lösung einer charakteristischen Elementanzahl *n* oder dem Polynomgrad *m* gegenüberstellt, wie dies in Abb. 1.5-130 erfolgt ist. Dabei kann sich der Fehler auf lokale Zustandsvariablen, wie Verschiebungen, Verzerrungen oder Spannungen, aber auch auf globale Variablen, wie die Formänderungsenergie, beziehen.

Lässt sich die erwartete Konvergenz nicht feststellen, und kann hierfür die Elementgeometrie aufgrund ungünstiger Diskretisierung ursächlich ausgeschlossen werden, so ist der Einsatz des verwendeten Elements generell in Frage zu stellen. Die Verfeinerung des FE-Netzes sollte solange erfolgen, bis der Fehler unter eine Genauigkeitsschranke fällt. Falls die exakte Lösung unbekannt ist, kann die relative Veränderung der Referenzgröße zwischen zwei Verfeinerungsschritten als Konvergenzkriterium genutzt werden.

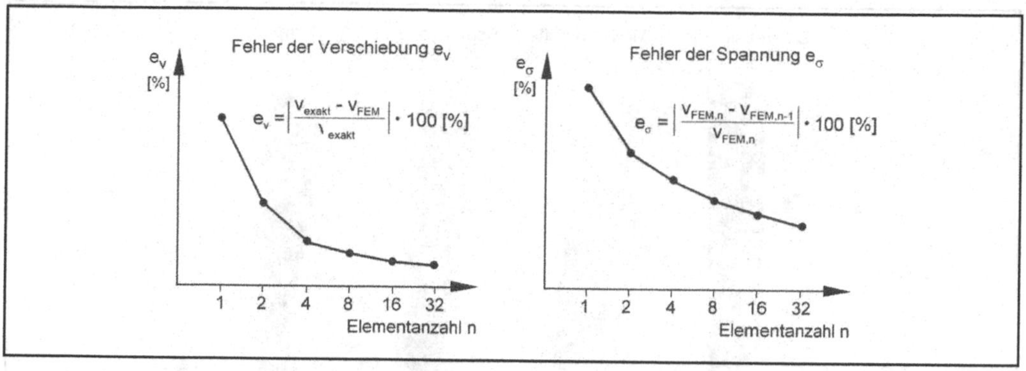

Abb. 1.5-130 Konvergenz von FE-Lösungen

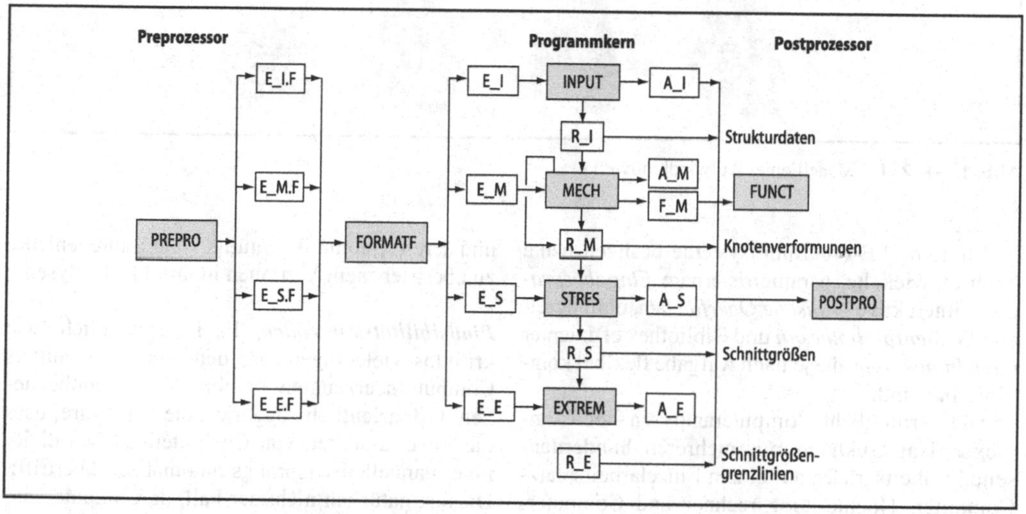

Abb. 1.5-131 FE-Programmstruktur

Für eine vertiefte Betrachtung der Genauigkeitsaspekte und des Konvergenzverhaltens finiter Elemente sei auf [Stein 2005] verwiesen.

1.5.3.7 FE-Programmsysteme und Fehlerquellen

Programmstruktur. Programmsysteme zur FE-Analyse von Tragwerken arbeiten fast ausschließlich nach der direkten Steifigkeitsmethode. Dem eigentlichen *Programmkern* sind das *Pre-Processing* vor- und das *Post-Processing* nachgeschaltet. Beide Programmphasen stellen autarke, zumeist graphisch-interaktiv arbeitende Programmteile dar, welche die generierten Daten über Schnittstellen einer im Hintergrund arbeitenden Datenbank zuführen. Dort bereitgehalten sind sie Basis der eigentlichen Analyse. Abbildung 1.5-131 gibt einen Überblick über die Struktur eines modernen FE-Systems. Aufbauend auf den aus Eingabe- und Berechnungsphase gespeicherten Daten stellt das Post-Processing die Ergebnisse grafisch dar, wie z. B. in Abb. 1.5-132 für ein 750 m hohes Aufwindkraftwerk.

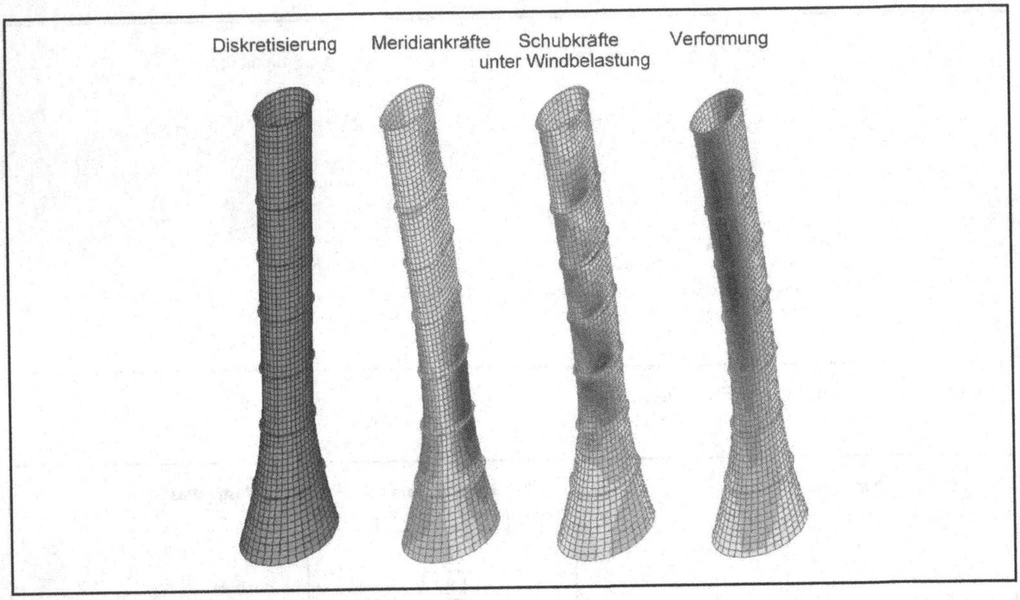

Abb. 1.5-132 FE-Modell eines Aufwindkraftwerks

Moderne FE-Programmsysteme besitzen heute hoch entwickelte, parametrisierbare *Eingabesprachen*, interaktive *grafische Oberflächen*, umfangreiche *Elementbibliotheken* und Bibliothek effizienter *Gleichungslöser*, die je nach Aufgabe flexibel kombinierbar sind.

Dies ermöglicht Computeranalysen hochkomplexer Tragstrukturen mit mehreren hunderttausend Freiheitsgraden auf einem Einzelarbeitsplatz-Computer. Hochleistungsrechner und Computercluster bewältigen mühelos einige Millionen von Freiheitsgraden.

Spezialisierte Softwarefirmen bieten heute *standardisierte Module* an, die durch angepasste Schnittstellen gleichermaßen mit verschiedenen FE-Systemen arbeiten können. Durch Import-/Exportfunktionen und *standardisierte Datenformate* funktioniert der Datenaustausch, zumindest für Objektgeometrie, unter nahezu allen professionellen FE-Programme und CAD- bzw. CAE-Systemen. Dies ermöglicht die Einbeziehung der Tragwerksanalyse unmittelbar in den *Entwurfsprozess,* legt allerdings die Fachsoftware oftmals in die Hände unerfahrener Anwender. Die scheinbare Leichtigkeit in der Handhabung der FE-Programme und deren Automatik ermutigt viele Bauingenieure zu übertriebenem Vertrauen in ihre FE-Analysen.

Plausibilitätskontrollen. Es ist erstaunlich, wie kritiklos viele Ingenieure den von ihnen mittels Computern erzeugten Ergebnissen gegenüberstehen. Offensichtlich suggeriert die Hardware, dass die Zuverlässigkeit von Computeranalysen diejenige manuellen Ursprungs automatisch übertrifft. Dies ist natürlich nicht der Fall, da Computeranalysen ebenfalls vielen Fehlerquellen unterliegen, die erkannt werden müssen und für welche Verifikationsstrategien beherrscht werden sollten. Zu jeder FE-Analyse gehört daher eine Plausibilitätskontrolle der Ergebnisse. Dafür stehen Visualisierungsmöglichkeiten, Patch-Tests, Benchmarks, Konvergenzstudien und nicht zuletzt auch klassische Handrechnungen zur Verfügung.

Modellfehler. Besonders zu erwähnen sind die Modellfehler. Die in der Theorie der Tragwerke zu analysierenden Strukturen sind vereinfachte, idealisierte Modelle der technischen Realität. Modell und Realität können bei unscharfer Modellbildung beträchtlich voneinander abweichen. Abhilfen bilden Sensitivitätsanalysen. Beim Verknüpfen unterschiedlicher finiter Elemente treten häufig Kopplungsinkompatibilitäten auf, z. B. bei der Kopplung drehfreiheitsgradfreier Scheiben- mit Balkenelemente. Zur Vermeidung derartiger Fehler sind Kenntnisse der Strukturmechanik unersetzlich.

1.5.4 Dynamik der Tragwerke

1.5.4.1 Der Einmassenschwinger

Allgemeines

Viele Lasteinwirkungen auf Bauwerke sind ihrem Wesen nach *dynamisch*, etwa die Windlast auf einen Kamin oder die Beanspruchung einer Eisenbahnbrücke während einer Zugüberfahrt. Wenn die – im Rahmen der Statik stillschweigend getroffene – Übereinkunft fallen gelassen wird, wonach die wirkenden Lasten so langsam aufgebracht werden, dass Massenkräfte (als Produkt Masse mal Beschleunigung) keine Rolle spielen, betritt man das Gebiet der *Baudynamik*, mit der Statik als Sonderfall. Entscheidend für die Notwendigkeit einer dynamischen Untersuchung ist somit das Auftreten nennenswerter Massenkräfte; dies ist dann der Fall, wenn das Tragwerk dem Lastprozess nennenswerte Energiebeträge entziehen und sie in kinetische Energie umwandeln kann.

Viele Methoden und Beziehungen der Baudynamik lassen sich am *Einmassenschwinger* als einfachstem baudynamischen Modell anschaulich demonstrieren. Bei diesem System kann der Verformungszustand durch die Angabe einer einzigen Koordinate, u(t), beschrieben werden (Abb. 1.5-133). Systemparameter sind die Masse m, die Steifigkeit k der linearen Feder und die Dämpfungskonstante c der viskosen Dämpfung. Nach dem *d'Alembert*'schen Prinzip tritt neben der äußeren Last F(t), der Rückstellkraft $F_R(t)$ und der Dämpfungskraft $F_D(t)$ die Trägheitskraft $F_I(t)$ auf, die gleich dem Produkt Masse mal Beschleunigung ist und der Bewegungsrichtung (positive Richtung von u) entgegengesetzt wirkt. Das Kräftegleichgewicht liefert

$$F_I + F_D + F_R = F \qquad (1.5.289)$$

oder

$$m\ddot{u}+c\dot{u}+ku = F(t) \qquad (1.5.290)$$

bzw.

$$\ddot{u} + \frac{c}{m}\dot{u} + \frac{k}{m}u = \frac{F(t)}{m} = f(t) \qquad (1.5.291)$$

mit der Masse m (z. B. in Tonnen), dem viskosen (geschwindigkeitsproportionalen) Dämpfungskoeffizienten c (z. B. in kN s/m) und der elastischen Steifigkeit (Federkonstante) k in kN/m. Wichtig ist die Wahl konsistenter Einheiten für Masse, Kraft, Zeit und Länge, um Umrechnungsfehler zu vermeiden. Die ausschließliche Benutzung der Einheiten t für Massen, kN für Kräfte, m für Längen und s für die Zeit beugt solchen Fehlern vor und wird dringend empfohlen.

Für freie Schwingungen (f(t) = 0 in Gl. 1.5.291) lautet die Lösung der homogenen Differentialgleichung für den allgemeinen Fall mit den Anfangsbedingungen $u(0) = u_0$, $\dot{u}(0) = \dot{u}_0$:

$$u(t) = e^{-D\omega_1 t}\left[u_0 \cos\left(\sqrt{1-D^2}\,\omega_1 t\right) + \frac{\dot{u}_0 + D\omega_1 u_0}{\omega_1\sqrt{1-D^2}}\sin\left(\sqrt{1-D^2}\,\omega_1 t\right)\right] \qquad (1.5.292)$$

Darin ist $\omega_1 = \sqrt{\frac{k}{m}}$ die (ungedämpfte) Kreiseigenfrequenz des Einmassenschwingers (Einheit rad/s), gleich der Anzahl der Schwingungszyklen in 2π Sekunden. Für die Dauer T eines Schwingungszyklus in Sekunden bzw. für die Frequenz f (Anzahl der Schwingungszyklen in einer Sekunde, Einheit 1/s oder Hz) ist:

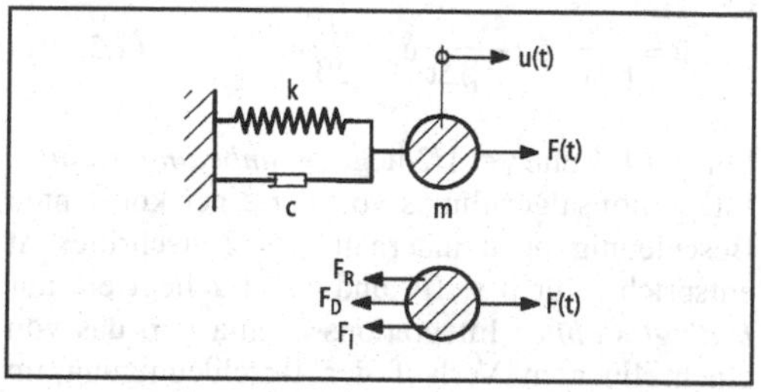

Abb. 1.5-133 Einmassenschwinger, System und wirkende Kräfte

Tabelle 1.5-9 Typische Dämpfungswerte

Konstruktion	Lehrsches Dämpfungsmaß D
Stahlkonstruktion, geschweißt	0,2 – 0,3%
Stahlkonstruktion, geschraubt	0,5 – 0,6%
Stahlbetontragwerk	1,0 – 1,5%
Mauerwerkskonstruktion	1,5 – 2%

$$T = \frac{2\pi}{\omega_1} = \frac{1}{f} \tag{1.5.293}$$

D ist ein *dimensionsloses* Dämpfungsmaß (*Lehrsches Dämpfungsmaß*), definiert als Verhältnis der vorhandenen zur kritischen viskosen Dämpfung, wobei letztere den Übergang zwischen einer Schwingung und einer *aperiodischen* Bewegung kennzeichnet. Typische Dämpfungswerte für übliche Bauwerke können Tabelle 1.5-9 entnommen werden. Es ist:

$$D = \frac{c}{c_{krit}} = \frac{c}{2m\,\omega_1} \tag{1.5.294}$$

Ein weiteres Dämpfungsmaß ist das *logarithmische Dämpfungsdekrement* Λ, definiert als der natürliche Logarithmus des Quotienten zweier aufeinanderfolgender Schwingungsmaxima. Für gering gedämpfte Systeme, wie sie in der Baudynamik üblicherweise vorkommen, ist Λ ungefähr gleich dem 2π-fachen Wert von D:

$$\Lambda = \ln\frac{u_i}{u_{i+1}} = D\frac{2\pi}{\sqrt{1-D^2}} \approx 2\pi D \tag{1.5.295}$$

Damit lässt sich der Dämpfungswert aus Messungen der Amplituden einer abklingenden freien Schwingung bestimmen. Werden, wie üblich, nicht zwei aufeinanderfolgende Maxima sondern die Amplituden u_1 und u_{n+1} zum Zeitpunkt t_1 und t_{n+1} (also nach n Schwingungszyklen) gemessen, so lautet das logarithmische Dekrement:

$$\Lambda = \frac{1}{n}\ln\frac{u_1}{u_{n+1}} \tag{1.5.296}$$

Bei einer erzwungenen Schwingung mit der Erregerfunktion f(t) auf der rechten Seite empfiehlt sich die schrittweise Lösung der Differentialgleichung (1.5.290) mit Hilfe der *Direkten Integration*. Hierbei hängt die Genauigkeit des Ergebnisses vor allem vom Verhältnis der gewählten Zeitschrittweite Δt zur Periode ab; anzustreben ist ein Wert von etwa 0,1. Ein weit verbreiteter Algorithmus ist der implizite *Newmark* β-γ-Integrator [Newmark 1959], dessen Stabilitäts- und Genauigkeitseigenschaften durch die Wahl der beiden Parameter β und γ beeinflusst werden können (siehe auch Abschn. 1.5.4.2). Das Verschiebungsinkrement in jedem Zeitschritt, $\Delta u = u(t_2) - u(t_1)$, $t_2 - t_1 = \Delta t$, beträgt:

$$\Delta u = \frac{f^*}{k^*} \tag{1.5.297}$$

mit

$$k^* = m\frac{1}{\beta\Delta t^2} + c\frac{\gamma}{\beta\Delta t} + k, \tag{1.5.298}$$

$$f^* = F(t_2) - F(t_1) + m\left(\frac{\dot{u}_1}{\beta\Delta t} + \frac{\ddot{u}_1}{2\beta}\right) + c\left(\frac{\gamma\dot{u}_1}{\beta} + \ddot{u}_1\Delta t\left(\frac{\gamma}{2\beta} - 1\right)\right). \tag{1.5.299}$$

Die Inkremente $\Delta\ddot{u}$, $\Delta\dot{u}$ der Beschleunigung und der Geschwindigkeit ergeben sich als Funktionen des Verschiebungsinkrements Δu und des Systemzustands zum Zeitpunkt t_1 zu:

$$\Delta\dot{u} = \frac{\gamma}{\beta\Delta t}\Delta u - \frac{\gamma}{\beta}\dot{u}_1 - \Delta t\left(\frac{\gamma}{2\beta} - 1\right)\ddot{u}_1 \tag{1.5.300}$$

$$\Delta\ddot{u} = \frac{1}{\beta\Delta t^2}\Delta u - \frac{1}{\beta\Delta t}\dot{u}_1 - \frac{1}{2\beta}\ddot{u}_1 \tag{1.5.301}$$

Für $\beta = 1/4$ und $\gamma = 1/2$ liegt ein *unbedingt stabiler* Integrationsalgorithmus vor, der einer konstanten Beschleunigung $\ddot{u}$ innerhalb des Zeitschrittes Δt entspricht. Für $\beta = 1/6$ und $\gamma = 1/2$ liegt ein nur *bedingt stabiles* Integrationsschema vor, das von einem linearen Verlauf der Beschleunigung im Zeitschritt ausgeht.

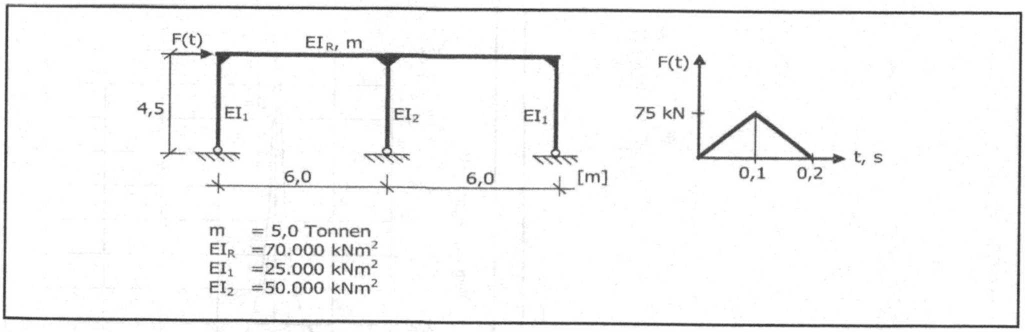

Abb. 1.5-134 Einstöckiger Rahmen mit Belastung

Einstöckige Bauwerke können i. d. R. ausreichend genau als Einmassenschwinger modelliert werden. Als Beispiel wird der in Abb. 1.5-134 skizzierte ebene Rahmen mit der auf Riegelhöhe angreifenden Horizontallast F(t) betrachtet, wobei die Stützen in erster Näherung als massefrei angenommen werden. Gesucht ist der Zeitverlauf der Riegelverschiebung u(t) für eine angenommene Dämpfung D = 1%. Die Masse m des Riegels beträgt 5,0 Tonnen, die Federkonstante ergibt sich als Kehrwert der statischen Horizontalverschiebung für eine Kraft F = 1,0 kN. Sie beträgt hier 1 kN/0,000376 m = 2659 kN/m. Damit ergibt sich die (ungedämpfte) Eigenkreisfrequenz des Einmassenschwingers zu

$$\omega_1 = \sqrt{\frac{k}{m}} = \sqrt{\frac{2659}{5}} = 23{,}06\frac{\text{rad}}{\text{s}}$$

Die zugehörige Periode ist $T = 2\pi/\omega_1 = 0{,}272$ s; in Abb. 1.5-135 ist der Zeitverlauf der Verschiebung u(t) dargestellt. Die maximale Auslenkung zum Zeitpunkt 0,17s erreicht einen Wert von 4,1 cm, während eine statische Auslenkung für F = 75 kN gleich 75 kN/2659 kN/m = 0,028 m, also 2,8 cm betragen würde. Das Verhältnis max u_{dyn}/ max u_{stat} beträgt hier somit 1,45.

Eine weitere für die Praxis wichtige Anwendung der Theorie des Einmassenschwingers betrifft die Bestimmung sogenannter Stoßspektren. Sie geben Vergrößerungsfaktoren, definiert als Verhältnis der maximalen dynamischen zur maximalen statischen Auslenkung, ungedämpfter Einmassenschwinger für bestimmte häufig vorkommende Belastungsbilder an, und zwar in Abhängigkeit vom Verhältnis der Entfaltungsdauer t_1 der Belastung zur Periode T des beanspruchten Einmassenschwingers.

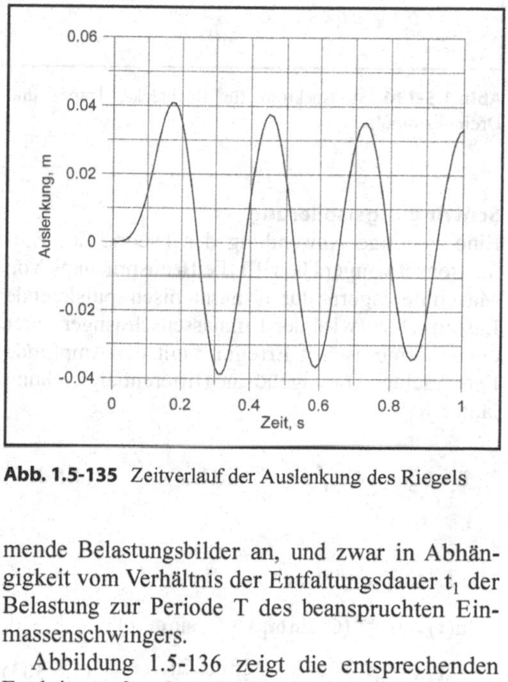

Abb. 1.5-135 Zeitverlauf der Auslenkung des Riegels

Abbildung 1.5-136 zeigt die entsprechenden Funktionen für einen Rechteckimpuls (obere Kurve), einen Trapezimpuls (mittlere Kurve) und einen Dreiecksimpuls (untere Kurve). Die beim obigen Rahmenbeispiel errechnete maximale dynamische Auslenkung könnte einfacher durch Verwendung der unteren Kurve dieses Bildes ermittelt werden; für ein Verhältnis von Impulsdauer zur Periode des Einmassenschwingers von 0,2/0,272 = 0,73. kann ein Wert des Vergrößerungsfaktors von ca. 1,5 abgegriffen werden.

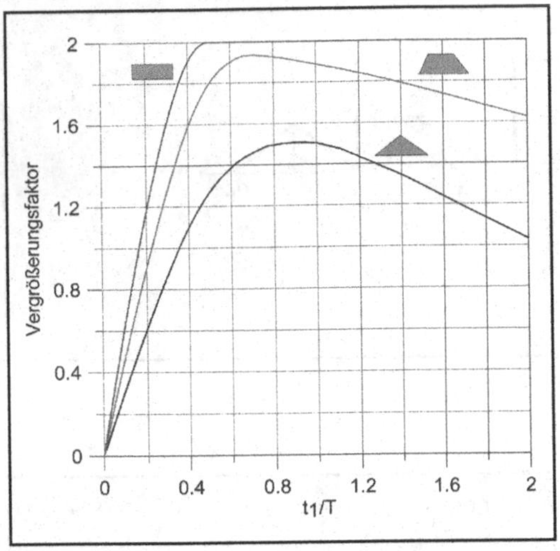

Abb. 1.5-136 Stoßspektren für Rechteck-, Trapez und Dreiecksimpulse

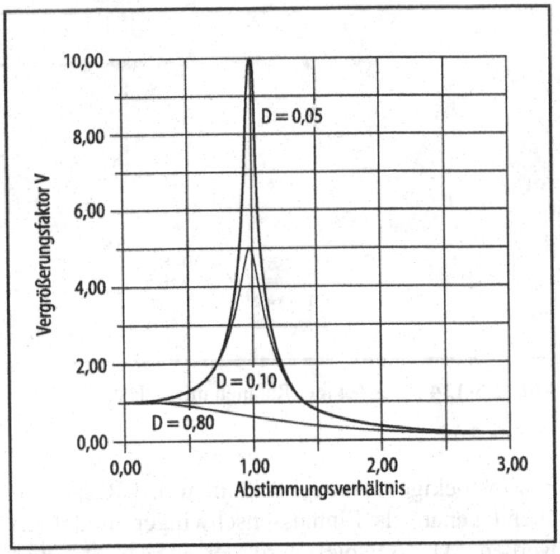

Abb. 1.5-137 Vergrößerungsfaktor für verschiedene Dämpfungswerte

Schwingungsisolierung

Eine wichtige Anwendung der Theorie des Einmassenschwingers betrifft die Beanspruchung von Maschinenlagern durch harmonisch pulsierende Lasten. Dazu wird der Einmassenschwinger unter einer harmonischen Erregung mit der Amplitude F_0 betrachtet. Die zugehörige Differentialgleichung lautet

$$\ddot{u} + 2\xi\omega_1\dot{u} + \omega_1{}^2 u = \frac{F_0}{m}\sin\Omega t. \qquad (1.5.302)$$

Die Lösung ergibt sich zu

$$u(t) = e^{-\xi\omega_1 t}\left(C_1 \sin\omega_D t + C_2 \sin\omega_D t\right) + \frac{F_0}{k}\frac{\left(1-\beta^2\right)\sin\Omega t - 2\xi\beta\cos\Omega t}{\left(1-\beta^2\right)^2 + \left(2\xi\beta\right)^2}, \qquad (1.5.303)$$

wobei $\beta=\Omega/\omega_1$ als Abstimmungsverhältnis bezeichnet wird. Der von den Anfangsbedingungen abhängige Teil der Lösung wird nach einiger Zeit durch Dämpfung eliminiert, so dass nur die partikuläre Lösung verbleibt. Die Gesamtverschiebung ergibt sich als geometrische Summe der Sinus- und Kosinusanteile zu

$$u_R = \frac{F_0}{k}\left[\left(1-\beta^2\right)^2 + \left(2\xi\beta\right)^2\right]^{-1/2}. \qquad (1.5.304)$$

Es gilt weiter

$$u(t) = u_R \sin(\Omega t - \theta) \qquad (1.5.305)$$

mit der Phasenverschiebung

$$\theta = \arctan\frac{2\xi\beta}{1-\beta^2}. \qquad (1.5.306)$$

Der Vergrößerungsfaktor V, bereits definiert als Verhältnis der maximalen dynamischen Auslenkung zu ihrem statischen Wert F_0/k, ergibt sich zu

$$V = \left[\left(1-\beta^2\right)^2 + \left(2\xi\beta\right)^2\right]^{-1/2}. \qquad (1.5.307)$$

Abbildung 1.5-137 zeigt den Verlauf von V als Funktion des Abstimmungsverhältnisses β für einige Dämpfungsniveaus.

Betrachtet sei nun eine Maschine, die über eine Feder- und eine Dämpferkonstruktion mit der Unterlage verbunden sei und eine harmonische Last $F = F_0 \sin \Omega t$ in vertikaler Richtung erzeuge. Nach dem Schnittprinzip ist die Fundamentkraft gleich der Summe der Federkraft $f_R = k\,u(t)$ und der Dämpfungskraft $f_D = c\,\dot{u}(t)$. Mit u(t) nach (1.5.305) erhält man

$$f_R = kV\frac{F_0}{k}\sin(\Omega t - \theta) \qquad (1.5.308)$$

$$\begin{aligned} f_D &= cV\Omega\frac{F_0}{k}\cos(\Omega t - \theta) \\ &= 2\xi\beta V F_0 \cos(\Omega t - \theta). \end{aligned} \qquad (1.5.309)$$

Rückstell- und Dämpfungskraft besitzen einen Phasenunterschied von 90°; ihre Resultierende beträgt

$$\sqrt{f_R^2 + f_D^2} = VF_0\sqrt{1+(2\xi\beta)^2}\,. \qquad (1.5.310)$$

Das ist die maximale Beanspruchung des Fundaments. Der Quotient dieser Kraft durch die Amplitude F_0 der harmonischen Belastung wird als Übertragungsfaktor V_F bezeichnet. Es gilt

$$V_F = V\sqrt{1+(2\xi\beta)^2} \qquad (1.5.311)$$

mit dem Vergrößerungsfaktor V nach (1.5.307). Abbildung 1.5-138 zeigt den Verlauf von V_F als Funktion des Abstimmungsverhältnisses für einige Dämpfungsprozentsätze; es ist zu beachten, dass alle Kurven für $\beta = \sqrt{2}$ den Wert $V_F = 1$ haben. Man bezeichnet das Gebiet $\beta < 1$ als *unterkritisch*, das Gebiet $\beta > 1$ als *überkritisch*. Im ersten Fall ist die Störfrequenz kleiner als die Eigenfrequenz des

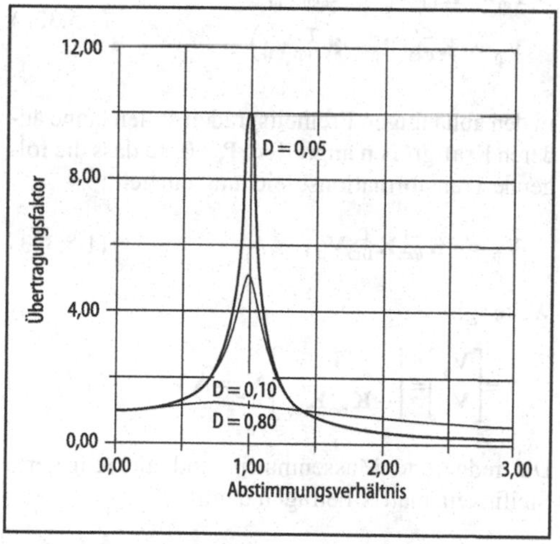

Abb. 1.5-138 Übertragungsfaktor für verschiedene Dämpfungswerte

abgefederten Systems (*tiefe Abstimmung*), im zweiten Fall größer (*hohe Abstimmung*).

1.5.4.2 Diskrete Mehrmassenschwinger, Modale Analyse und Direkte Integration

Grundgleichung

Das statische Gleichgewicht eines FE-diskretisierten Systems wird durch

$$\mathbf{P} = \mathbf{K}\,\mathbf{V} \qquad (1.5.312)$$

ausgedrückt, mit dem Lastvektor **P**, der Steifigkeitsmatrix **K** und dem Verschiebungsvektor **V**. Analog zum Einmassenschwinger liefert im dynamischen Fall das Gleichgewicht zwischen Trägheits-, Dämpfungs-, Rückstellkräften und der äußeren Belastung die Beziehung

$$\mathbf{F}_I + \mathbf{F}_D + \mathbf{F}_R = \mathbf{P} \qquad (1.5.313)$$

bzw.

$$\mathbf{M}\ddot{\mathbf{V}} + \mathbf{C}\dot{\mathbf{V}} + \mathbf{K}\,\mathbf{V} = \mathbf{P} \qquad (1.5.314)$$

mit den Vektoren der Trägheitskräfte $\mathbf{F}_I$, der Dämpfungskräfte $\mathbf{F}_D$, der Rückstellkräfte $\mathbf{F}_R$ und der äußeren Lasten **P**. Alle Zustandsvektoren besitzen n Komponenten entsprechend den n Freiheitsgraden des diskreten Systems, und die Matrizen **M**, **C** und **K** sind quadratische (n,n)-Matrizen. Wenn es sich bei diesen n Freiheitsgraden um die *wesentlichen* Systemfreiheitsgrade (s. u.) handelt, ist es üblich, die zugehörigen Massen, bzw. Massenträgheitsmomente, auf die Hauptdiagonale von **M** zu setzen (lumped mass model). Damit ist **M** ebenso wie **K** eine reelle, positiv definite Matrix. Die (viskose) Dämpfungsmatrix **C** hängt unter Anderem von der Systemumgebung ab, ist also im Gegensatz zu **M** und **K** nicht allein von den Systemeigenschaften abhängig.

Kondensation

Für die Lösung des Eigenwertproblems im Lauf einer *modalanalytischen* Untersuchung, aber auch bei einer *Direkten Integration* des Differentialgleichungssystems (1.5.314), ist es wichtig, die Problemgröße, also die Anzahl der Freiheitsgrade n, möglichst klein zu halten, damit sich der numerische Aufwand in Grenzen hält. Dies geschieht in der Regel, indem relativ wenige Freiheitsgrade als *wesentliche* Freiheitsgrade, die mit maßgebenden Massenträgheitskräften einhergehen, identifiziert und alle anderen Freiheitsgrade durch diese ausgedrückt werden. Das bedeutet natürlich nicht, dass die Verschiebungen, Geschwindigkeiten und Beschleunigungen in den restlichen, *unwesentlichen* Freiheitsgraden vernachlässigbar sind. Formal wird die Unterscheidung in *wesentliche* (unabhängige, beizubehaltende) Freiheitsgrade $\mathbf{V}_u$ und in *unwesentliche* (abhängige, zu eliminierende) Freiheitsgrade $\mathbf{V}_\varphi$ dadurch getroffen, dass die Systemmatrizen in entsprechend partitionierter Form dargestellt werden:

$$\begin{pmatrix} \mathbf{M}_{uu} & \mathbf{M}_{u\varphi} \\ \mathbf{M}_{\varphi u} & \mathbf{M}_{\varphi\varphi} \end{pmatrix} \cdot \begin{pmatrix} \ddot{\mathbf{V}}_u \\ \ddot{\mathbf{V}}_\varphi \end{pmatrix} + \begin{pmatrix} \mathbf{K}_{uu} & \mathbf{K}_{u\varphi} \\ \mathbf{K}_{\varphi u} & \mathbf{K}_{\varphi\varphi} \end{pmatrix} \cdot \begin{pmatrix} \mathbf{V}_u \\ \mathbf{V}_\varphi \end{pmatrix} = \begin{pmatrix} \mathbf{P}_u \\ \mathbf{P}_\varphi \end{pmatrix}. \qquad (1.5.315)$$

Es wird zunächst von einer Berücksichtigung der Dämpfung abgesehen, die im einfachsten Fall anschließend als *proportionale* Dämpfung berücksichtigt werden kann. Der Ersatz der unwesentlichen Freiheitsgrade durch die wesentlichen lässt sich als lineare Transformation

$$\mathbf{V}_\varphi = \mathbf{a}\,\mathbf{V}_u, \dot{\mathbf{V}}_\varphi = \mathbf{a}\,\dot{\mathbf{V}}_u, \ddot{\mathbf{V}}_\varphi = \mathbf{a}\,\ddot{\mathbf{V}}_u \qquad (1.5.316)$$

auffassen. Damit gilt

$$\mathbf{V} = \begin{bmatrix} \mathbf{V}_u \\ \mathbf{V}_\varphi \end{bmatrix} = \begin{bmatrix} \mathbf{V}_u \\ \mathbf{a}\mathbf{V}_u \end{bmatrix} = \begin{bmatrix} \mathbf{I} \\ \mathbf{a} \end{bmatrix} \mathbf{V}_u = \mathbf{A}\,\mathbf{V}_u \qquad (1.5.317)$$

mit entsprechenden Gleichungen für die Geschwindigkeits- und Beschleunigungsvektoren $\dot{\mathbf{V}}, \ddot{\mathbf{V}}$. Das ursprüngliche Problem (noch ohne Dämpfung) wird reduziert auf

$$\begin{aligned} &\mathbf{M}\mathbf{A}\ddot{\mathbf{V}}_u + \mathbf{K}\mathbf{A}\mathbf{V}_u = \mathbf{P} \\ &\mathbf{A}^T\mathbf{M}\mathbf{A}\ddot{\mathbf{V}}_u + \mathbf{A}^T\mathbf{K}\mathbf{A}\mathbf{V}_u = \mathbf{A}^T\mathbf{P} \end{aligned} \qquad (1.5.318)$$

bzw.

$$\tilde{\mathbf{M}}\ddot{\mathbf{V}}_u + \tilde{\mathbf{K}}\mathbf{V}_u = \tilde{\mathbf{P}} \qquad (1.5.319)$$

mit

$$\begin{aligned} \tilde{\mathbf{M}} &= \mathbf{A}^T\mathbf{M}\mathbf{A} \\ \tilde{\mathbf{K}} &= \mathbf{A}^T\mathbf{K}\mathbf{A} \\ \tilde{\mathbf{P}} &= \mathbf{A}^T\mathbf{P}. \end{aligned} \qquad (1.5.320)$$

Die Matrix $\tilde{\mathbf{K}}$ wird als *kondensierte* oder *reduzierte Steifigkeitsmatrix* bezeichnet, der Lastvektor $\tilde{\mathbf{P}}$ ist der zugehörige *reduzierte Lastvektor*. Sind die Unbekannten $\mathbf{V}_u, \dot{\mathbf{V}}_u, \ddot{\mathbf{V}}_u$ ermittelt worden, so lassen sich die übrigen Zustandsvariablen in den abhängigen Freiheitsgraden mit Hilfe von (1.5.316) bestimmen.

Bei der *statischen Kondensation* [Guyan 1965, Irons 1965], einer der einfachsten Techniken einer großen Gruppe von *Reduktionsalgorithmen*, sind die Bedingungen zur Elimination der abhängigen Freiheitsgrade statische Beziehungen. Dazu wird die zweite Zeile der Beziehung (1.5.315) explizit ausgeschrieben. Mit $\mathbf{K}_{u\varphi}{}^T = \mathbf{K}_{\varphi u}$ gilt:

$$\begin{aligned} \mathbf{P}_\varphi = {} & \mathbf{M}_{\varphi u}\ddot{\mathbf{V}}_u + \mathbf{M}_{\varphi\varphi}\ddot{\mathbf{V}}_\varphi + \mathbf{K}_{u\varphi}^T\mathbf{V}_u \\ & + \mathbf{K}_{\varphi\varphi}\mathbf{V}_\varphi. \end{aligned} \qquad (1.5.321)$$

Voraussetzungsgemäß seien bei der statischen Kondensation die Massenkräfte in den abhängigen Freiheitsgraden klein, so dass es zulässig ist, nur den *statischen Anteil* beizubehalten:

$$\begin{aligned} \mathbf{P}_\varphi &= \mathbf{K}_{u\varphi}^T\mathbf{V}_u + \mathbf{K}_{\varphi\varphi}\mathbf{V}_\varphi \\ \mathbf{V}_\varphi &= \mathbf{K}_{\varphi\varphi}^{-1}\left(\mathbf{P}_\varphi - \mathbf{K}_{u\varphi}^T\mathbf{V}_u\right). \end{aligned} \qquad (1.5.322)$$

In den abhängigen Freiheitsgraden sollen keine äußeren Kraftgrößen angreifen, $\mathbf{P}_\varphi=0$, so dass die folgende Transformationsgleichung entsteht:

$$\mathbf{V}_\varphi = -\mathbf{K}_{\varphi\varphi}^{-1}\mathbf{K}_{u\varphi}^T\mathbf{V}_u. \qquad (1.5.323)$$

Weiter gilt

$$\mathbf{V} = \begin{bmatrix} \mathbf{V}_u \\ \mathbf{V}_\varphi \end{bmatrix} = \begin{bmatrix} \mathbf{I} \\ -\mathbf{K}_{\varphi\varphi}^{-1}\mathbf{K}_{u\varphi}^T \end{bmatrix} \mathbf{V}_u = \mathbf{A}\,\mathbf{V}_u. \qquad (1.5.324)$$

Die reduzierte Massenmatrix und die reduzierte Steifigkeitsmatrix betragen damit

$$\widetilde{\mathbf{M}}=\mathbf{M}_{uu}-\mathbf{K}_{u\varphi}\mathbf{K}_{\varphi\varphi}^{-1}\mathbf{M}_{u\varphi}^{T}-\mathbf{M}_{u\varphi}\mathbf{K}_{\varphi\varphi}^{-1}\mathbf{K}_{u\varphi}^{T}+\mathbf{K}_{u\varphi}\mathbf{K}_{\varphi\varphi}^{-1}\mathbf{M}_{\varphi\varphi}\mathbf{K}_{\varphi\varphi}^{-1}\mathbf{K}_{u\varphi}^{T} \qquad (1.5.325)$$

$$\widetilde{\mathbf{K}}=\mathbf{K}_{uu}-\mathbf{K}_{u\varphi}\mathbf{K}_{\varphi\varphi}^{-1}\mathbf{K}_{u\varphi}^{T} \qquad (1.5.326)$$

und der Lastvektor ist voraussetzungsgemäß

$$\widetilde{\mathbf{P}}=\mathbf{P}_{u}. \qquad (1.5.327)$$

Modale Analyse

Grundgedanke dieses Verfahrens ist die Einführung neuer, *generalisierter Koordinaten* η anstelle von **V**, die als Amplituden zueinander orthogonal stehender Systemverschiebungskonfigurationen gedeutet werden können. Als solche Verformungsfiguren werden üblicherweise die Eigenschwingungsformen des Tragwerks verwendet, die sich durch Lösung des zugehörigen Eigenwertproblems (EWP) ergeben.

In das Differentialgleichungssystem (1.5.314) werden *Modalkoordinaten* $\boldsymbol{\eta}$ eingeführt:

$$\mathbf{V}=\boldsymbol{\Phi}\cdot\boldsymbol{\eta},\ \dot{\mathbf{V}}=\boldsymbol{\Phi}\cdot\dot{\boldsymbol{\eta}},\ \ddot{\mathbf{V}}=\boldsymbol{\Phi}\cdot\ddot{\boldsymbol{\eta}} \qquad (1.5.328)$$

Die (n,r)-Matrix $\boldsymbol{\Phi}$, deren Koeffizienten von der Zeit unabhängig sind, wird als *Modalmatrix* bezeichnet. Ihre r Spalten (wobei r in der Regel wesentlich kleiner ist als die Zeilenanzahl n von **V**) sind Eigenvektoren des Systems. Es gilt

$$\mathbf{M}\boldsymbol{\Phi}\ddot{\eta}+\mathbf{C}\boldsymbol{\Phi}\dot{\eta}+\mathbf{K}\boldsymbol{\Phi}\eta=\mathbf{P}(t) \qquad (1.5.329)$$

und weiter:

$$\boldsymbol{\Phi}^{T}\mathbf{M}\boldsymbol{\Phi}\ddot{\eta}+\boldsymbol{\Phi}^{T}\mathbf{C}\boldsymbol{\Phi}\dot{\eta}+\boldsymbol{\Phi}^{T}\mathbf{K}\boldsymbol{\Phi}\eta=\boldsymbol{\Phi}^{T}\mathbf{P}(t) \qquad (1.5.330)$$

Um zu einem entkoppelten System zu gelangen muss die Steifigkeitsmatrix durch die Transformation (1.5.328) diagonalisiert werden. Darüber hinaus wird der Einfachheit halber gefordert, dass die Massenmatrix nach der Ähnlichkeitstransformation mit der Modalmatrix zu einer Einheitsmatrix wird, womit alle *modalen Massen* der r *Modalbeiträge* den Betrag Eins erhalten:

$$\boldsymbol{\Phi}^{T}\mathbf{M}\boldsymbol{\Phi}=\mathbf{I}, \qquad (1.5.331)$$

$$\boldsymbol{\Phi}^{T}\mathbf{K}\boldsymbol{\Phi}=\boldsymbol{\omega}^{2}=\mathrm{diag}\left[\omega_{i}^{2}\right]. \qquad (1.5.332)$$

Die Dämpfungsmatrix **C** in (1.5.314) wird später behandelt. Die Bedingungen (1.5.331) und (1.5.332) lassen sich umformulieren, indem Gl. (1.5.332) von links mit der Einheitsmatrix multipliziert wird, wobei rechts vom Gleichheitszeichen anstelle der Einheitsmatrix die ähnlichkeitstransformierte Massenmatrix nach Gl. (1.5.311) als Faktor Verwendung findet:

$$\boldsymbol{\Phi}^{T}\mathbf{K}\boldsymbol{\Phi}=\boldsymbol{\Phi}^{T}\mathbf{M}\boldsymbol{\Phi}\boldsymbol{\omega}^{2}. \qquad (1.5.333)$$

Das ist gleichbedeutend mit dem allgemeinen Eigenwertproblem

$$\mathbf{K}\boldsymbol{\Phi}=\mathbf{M}\boldsymbol{\Phi}\boldsymbol{\omega}^{2}, \qquad (1.5.334)$$

dessen Lösungsmatrix $\boldsymbol{\Phi}$ wie gezeigt eine Diagonalisierung der Matrix **K** bewirkt. Dabei ist

- $\boldsymbol{\omega}^2$ eine Diagonalmatrix mit den r Eigenwerten ω_i^2, das sind die Quadrate der Eigenkreisfrequenzen, auf der Hauptdiagonale, und
- $\boldsymbol{\Phi}$ die (n,r)-Modalmatrix, deren Spalten r Eigenvektoren darstellen.

Nun wird die Dämpfung berücksichtigt indem zunächst unterstellt wird, dass sich die Dämpfungsmatrix **C** ebenfalls durch die Modalmatrix $\boldsymbol{\Phi}$ diagonalisieren lässt, eine *Bequemlichkeitshypothese*:

$$\widetilde{\mathbf{C}}=\boldsymbol{\Phi}^{T}\mathbf{C}\boldsymbol{\Phi}=\mathrm{diag}\left[\widetilde{c}_{ii}\right]. \qquad (1.5.335)$$

Analog zum Einmassenschwinger wird das Diagonalelement $\widetilde{c}_{ii}$ wie folgt angenommen:

$$\widetilde{c}_{ii}=2\,D_{i}\,\omega_{i}. \qquad (1.5.336)$$

Hierin sind D_i der Dämpfungsgrad und ω_i die Eigenkreisfrequenz der i-ten Modalform. Damit ergibt sich das entkoppelte Differentialgleichungssystem

$$\ddot{\boldsymbol{\eta}}+\widetilde{\mathbf{C}}\dot{\boldsymbol{\eta}}+\boldsymbol{\omega}^{2}\boldsymbol{\eta}=\boldsymbol{\Phi}^{T}\mathbf{P} \qquad (1.5.337)$$

mit r Differentialgleichungen 2. Ordnung der Form

$$\ddot{\eta}_{i}+2D_{i}\,\omega_{i}\,\dot{\eta}_{i}+\omega_{i}^{2}\,\eta_{i}=\boldsymbol{\Phi}_{i}^{T}\mathbf{P},\ i=1,2,..r \qquad (1.5.338)$$

Jede einzelne dieser Gleichungen kann mit Hilfe der bekannten Verfahren gelöst werden, wozu allerdings noch die Verschiebungs- und Geschwindigkeitsanfangsbedingungen in den Modalkoordinaten benötigt werden. Durch Multiplikation von (1.5.328) mit $\boldsymbol{\Phi}^T \mathbf{M}$ erhält man unter Berücksichtigung von (1.5.331):

$$\boldsymbol{\eta}(0)=\boldsymbol{\eta}_0=\boldsymbol{\Phi}^T \mathbf{M}\ \mathbf{V}_0, \quad (1.5.339)$$

$$\dot{\boldsymbol{\eta}}(0)=\dot{\boldsymbol{\eta}}_0=\boldsymbol{\Phi}^T \mathbf{M}\ \dot{\mathbf{V}}_0. \quad (1.5.340)$$

Der besondere Vorteil der Modalanalyse liegt darin, dass gute (= ausreichend genaue) Lösungen in der Regel bereits bei Verwendung von nur einigen wenigen Modalformen möglich sind. Die relative Bedeutung eines Modalbeitrags kann durch die Größe der *generalisierten Last* $\boldsymbol{\Phi}_i^T \mathbf{P}$ abgeschätzt werden, bzw. durch die in der Zeitfunktion enthaltenen Frequenzanteile in Relation zur Eigenfrequenz der jeweiligen Eigenform. Nachteil der Modalanalyse ist der bei größeren Systemen beträchtliche Aufwand für die Lösung des Eigenwertproblems, dazu die Tatsache, dass wegen der Überlagerung der Ergebnisse der einzelnen Modalbeiträge strenggenommen nur lineare Systeme, für die das Superpositionsgesetz gilt, behandelt werden können. Sind die zeitlichen Verläufe der Modalkoordinaten $\eta_i(t)$, $i = 1,2,\ldots r$ (bzw. der entsprechenden Ableitungen $\dot{\eta}_i(t), \ddot{\eta}_i(t)$) bekannt, so ergeben sich die Verschiebungen (bzw. Geschwindigkeiten und Beschleunigungen) aus Gleichung (1.5.328), wobei, wie bereits erwähnt, die Anzahl r der berücksichtigten Modalbeiträge in der Regel wesentlich kleiner ist als die Anzahl der wesentlichen Systemfreiheitsgrade.

Für das in Abb. 1.5-139 dargestellte Rahmentragwerk sei bereits die kondensierte Steifigkeitsmatrix ermittelt. Untersucht wird jetzt das Verhalten des Rahmens infolge einer dynamischen Belastung mit der Zeitfunktion f(t) gemäß Abb. 1.5-140. Abbildung 1.5-141 zeigt die Zeitverläufe der Dachauslenkung bei Mitnahme einerseits allein der Grundmodalform und andererseits aller vier Modalbeiträge, die allesamt mit 2% Dämpfung versehen wurden; in diesem Fall beträgt die maximale Dachauslenkung $6{,}15 \cdot 10^{-3}$ m und tritt zum Zeitpunkt t = 0,40 s auf. Auch der statische Wert der Auslenkung von 2,82 mm ist in Abb. 1.5-141 zum Vergleich eingezeichnet. In Abb. 1.5-142 sind die Zeitverläufe des Biegemoments am Fuß der linken Erdgeschossstütze skizziert, und zwar ebenfalls bei Berücksichtigung nur der Grundmodalform sowie aller vier Modalbeiträge; auch hier wurde der statische Wert von 48,6 kNm zum Vergleich mit eingezeichnet. Offenbar macht sich die Vernachlässigung höherer Modalbeiträge bei der Schnittkraftermittlung stärker bemerkbar als bei den Verformungen, was im Hinblick auf die Tatsache, dass das Biegemoment der Verkrümmung als zweiter Ableitung der Biegelinie proportional ist, sofort einleuchtet.

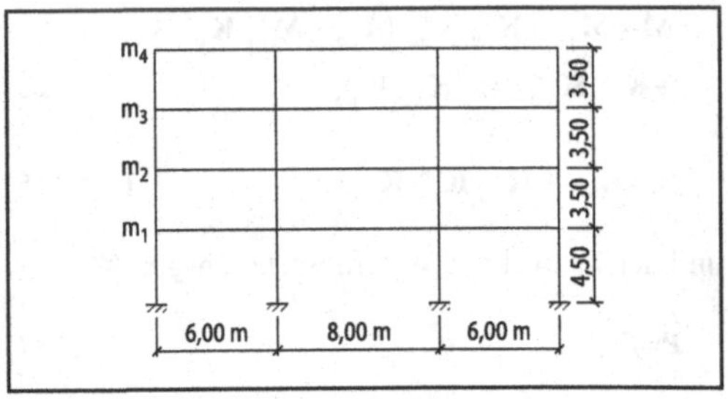

Abb. 1.5-139 Tragwerk mit Abmessungen

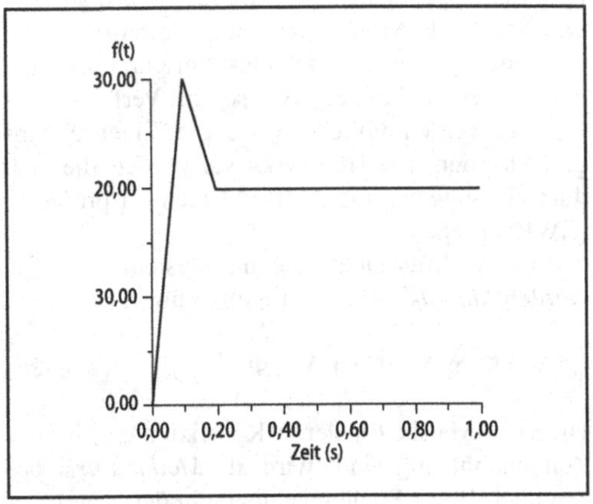

Abb. 1.5-140 Zeitfunktion f(t) der Tragwerksbelastung

Direkte Integration

Direkte Integrationsverfahren benötigen keine Modalzerlegung und sind auch bei nichtlinearen Systemen anwendbar; sie liefern Näherungslösungen für den Antwortprozess $\{\mathbf{V}, \dot{\mathbf{V}}, \ddot{\mathbf{V}}\}$ an diskreten Zeitpunkten $t=\Delta t, 2\Delta t, \ldots, N\Delta t$. Für Einschrittver-

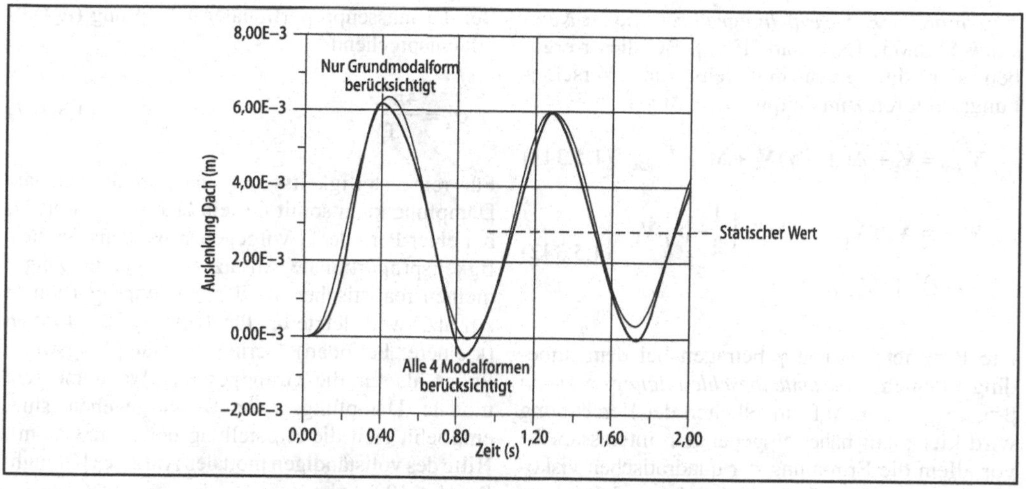

Abb. 1.5-141 Zeitverläufe der Dachauslenkung

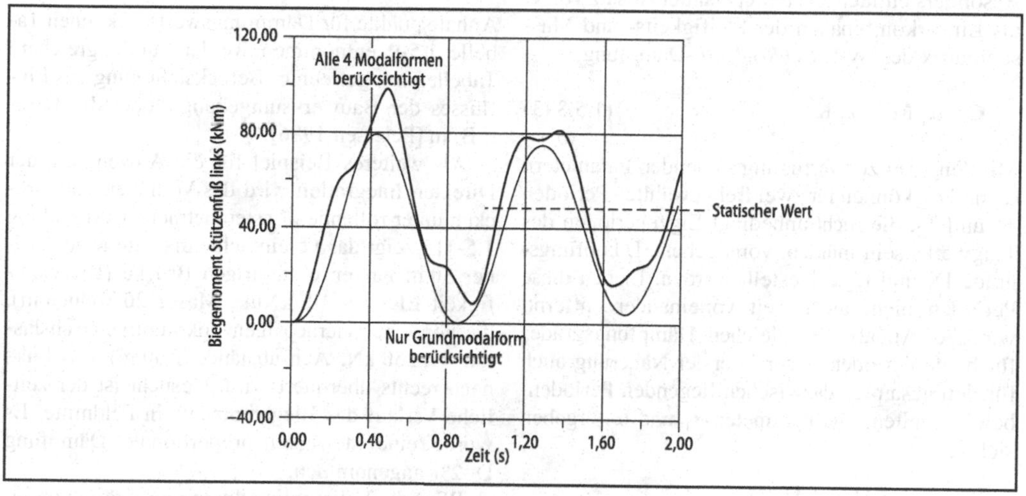

Abb. 1.5-142 Zeitverläufe des Biegemoments, Erdgeschossstütze links

fahren wird vorausgesetzt, dass – bei vollständig vorgegebener Erregung **P** – der gesamte Antwortprozess zu einem bestimmten Zeitpunkt t (üblicherweise wird t=0 gesetzt) bekannt ist. Aus diesen Anfangswerten wird die Systemantwort zu einem späteren Zeitpunkt t + Δt berechnet, wobei besonderer Wert auf die Verwendung eines *unbedingt stabilen* Integrationsschemas gelegt werden sollte, da die Zeitschrittweite Δt im Normalfall ein Mehrfaches der höheren Eigenperioden des Systems beträgt und die zugehörigen Lösungsanteile bei Instabilität die eigentlich interessante niederfrequente Lösung stark verfälschen würden. Bei baudynamischen Anwendungen besonders beliebt sind *implizite Einschritt-Integratoren* wie die *Newmark*-Methode [Newmark 1959]. Bei dieser ergeben sich die Geschwindigkeits- und Verschiebungsvektoren zum Zeitpunkt t + Δt als

$$\dot{\mathbf{V}}_{t+\Delta t} = \dot{\mathbf{V}}_t + \Delta t \cdot (1-\gamma)\,\ddot{\mathbf{V}}_t + \Delta t \cdot \gamma \cdot \ddot{\mathbf{V}}_{t+\Delta t} \qquad (1.5.341)$$

$$\mathbf{V}_{t+\Delta t} = \mathbf{V}_t + \dot{\mathbf{V}}_t\,\Delta t + (\Delta t)^2 \cdot \left(\frac{1}{2} - \beta\right) \cdot \ddot{\mathbf{V}}_t + (\Delta t)^2 \cdot \beta \cdot \ddot{\mathbf{V}}_{t+\Delta t} \qquad (1.5.342)$$

Die Parameter β und γ betragen bei dem unbedingt stabilen *Konstantenbeschleunigungs-Schema* β=0,25; γ=0,50. Auf Einzelheiten der Berechnung wird hier nicht näher eingegangen; interessant ist vor allem die Ermittlung der quadratischen viskosen Dämpfungsmatrix **C**, die bei der modalen Analyse wegen der Möglichkeit der direkten Vorgabe einer modalen Dämpfung nicht benötigt wurde. Besonders einfach und beliebt ist der Ansatz von **C** als Linearkombination der Steifigkeits- und Massenmatrix des Systems (*Rayleigh*-Dämpfung):

$$\mathbf{C} = \alpha_1\,\mathbf{M} + \alpha_2\,\mathbf{K} \qquad (1.5.343)$$

Mit den zwei zur Verfügung stehenden Parametern α_1 und α_2 können für zwei frei gewählten Perioden T_1 und T_2, die nicht unbedingt Eigenperioden des Tragwerks sein müssen, vorgegebene Dämpfungsgrade D_1 und D_2 eingestellt werden. Liegen diese Perioden nicht allzu weit voneinander entfernt, wird bei Angabe des gleichen Dämpfungsgrades für beide Perioden dieser in erster Näherung auch für den gesamten dazwischen liegenden Periodenbereich gelten. Die Parameter α_1 und α_2 ergeben sich zu:

$$\alpha_1 = 4\pi\,\frac{T_1 D_1 - T_2 D_2}{T_1^2 - T_2^2}, \qquad (1.5.344)$$

$$\alpha_2 = T_1\,T_2\,\frac{T_1 D_2 - T_2 D_1}{\pi\left(T_1^2 - T_2^2\right)}. \qquad (1.5.345)$$

Im Sonderfall der steifigkeitsproportionalen Dämpfung ist $\alpha_1 = 0$ und α_2 ergibt sich zu

$$\alpha_2 = \frac{D_1 T_1}{\pi}. \qquad (1.5.246)$$

Bei der massenproportionalen Dämpfung ($\alpha_2 = 0$) gilt entsprechend

$$\alpha_1 = \frac{4\pi\,D_1}{T_1}. \qquad (1.5.347)$$

Für reine steifigkeits- oder massenproportionale Dämpfung kann somit nur ein Dämpfungswert D_1 bei einer Periode T_1 vorgegeben werden; der steifigkeitsproportionale Ansatz ist dabei im Allgemeinen realistischer als der massenproportionale Ansatz, weil letzterer für höhere Eigenformen (kleinere Perioden) geringere Dämpfungswerte liefert als für die Grundperiode. Wenn mehrere modale Dämpfungsgrade D_i vorgegeben sind, empfiehlt sich die Aufstellung der Matrix **C** mit Hilfe des vollständigen modalen Ansatzes [Clough/Penzien 1993] als

$$\mathbf{C} = \mathbf{M}\,\mathbf{\Phi}\,\mathrm{diag}\left[2\,D_i\,\omega_i\right]\mathbf{\Phi}^T\,\mathbf{M}. \qquad (1.5.348)$$

Anhaltspunkte für Dämpfungswerte D können Tabelle 1.5-9 entnommen werden; umfangreichere Tabellen mit getrennter Berücksichtigung des Einflusses der Bauwerksumgebung findet der Leser z. B. in [Petersen 1996].

Als weiteres Beispiel für die Anwendung der Direkten Integration wird das Verhalten von Brücken unter rollenden Lasten betrachtet. Abbildung 1.5-116 zeigt das vereinfachte diskrete Modell einer 50 m langen einfeldrigen Brücke (Biegesteifigkeit EI = 1,6 10^7 kNm², Masse 20 Tonnen/m), die von einer vierachsigen Lokomotive (Achslasten 4 x 250 kN, Achsabstände 1,60 m) von links nach rechts überquert wird. Gesucht ist der zeitliche Verlauf des Biegemoments in Feldmitte. Es wurde eine steifigkeitsproportionale Dämpfung D=2% angenommen.

Wird die Lokomotive durch vier Kräfte von jeweils 250 kN abgebildet, ohne Berücksichtigung

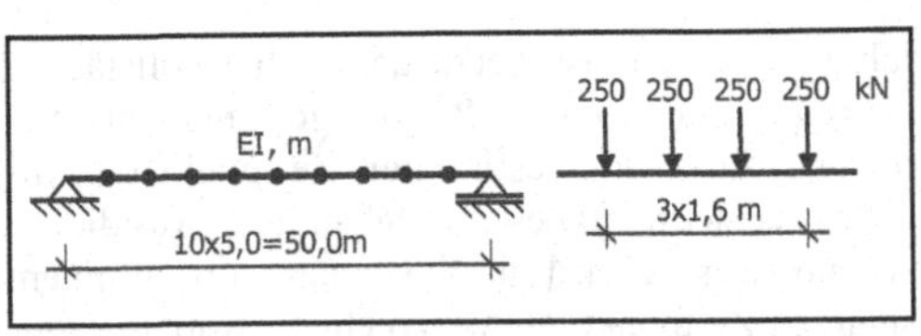

Abb. 1.5-143 Modell einer Eisenbahnbrücke und Lastenzug

Tabelle 1.5-10 Eigenkreisfrequenzen von Stabwerke

System	Eigenfrequenzen	Bemerkungen
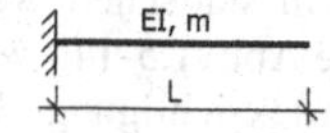	$\lambda_1 = 1{,}875$ $\lambda_2 = 4{,}694$ $\lambda_3 = 7{,}855$	
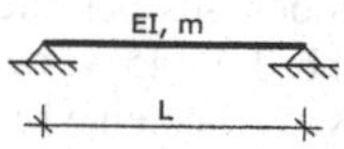	$\lambda_1 = \pi$ $\lambda_2 = 2\pi$ $\lambda_3 = 3\pi$	Biegeschwingungen: $\omega_i = \left(\frac{\lambda_i}{L}\right)^2 \sqrt{\frac{EI}{m}}$ Länge L in m, Biegesteifigkeit EI in kNm^2, Masse m in Tonnen pro m.
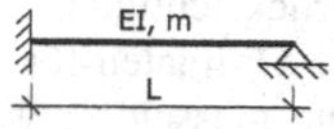	$\lambda_1 = 3{,}927$ $\lambda_2 = 7{,}069$ $\lambda_3 = 10{,}210$	
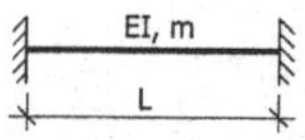	$\lambda_1 = 4{,}730$ $\lambda_2 = 7{,}853$ $\lambda_3 = 10{,}996$	
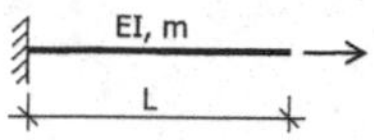	$\omega_1 = \left(\frac{\pi}{2L}\right) \sqrt{\frac{EA}{m}}$	Längsschwingung: Länge L in m Dehnsteifigkeit EA in kN, Masse m in Tonnen pro m
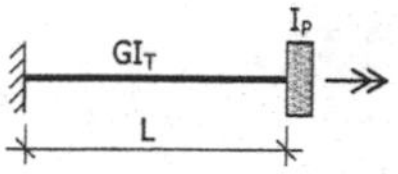	$\omega_1 = \sqrt{\frac{GI_T}{L \cdot I_P}}$	Torsionsschwingung, masseloser Stab: Schubmodul G in kN/m^2, Länge L in m, Torsionsträgheitsmoment I_T des Trägers in m^4 Polares Trägheitsmoment der Masse in Tonnen m^2

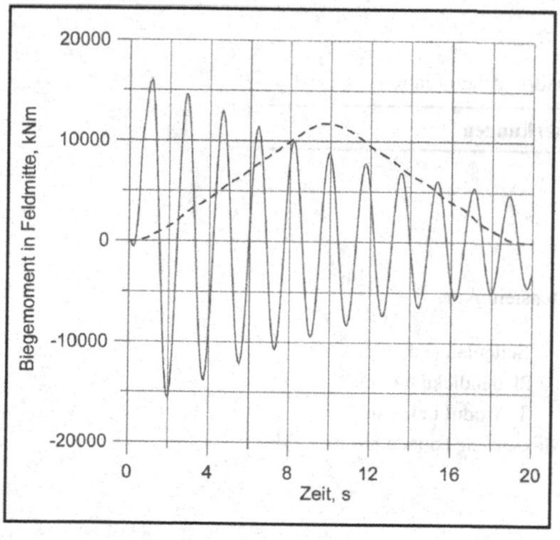

Abb. 1.5-144 Zeitverläufe des Biegemoments in Feldmitte, Brückenmasse 20 t/m

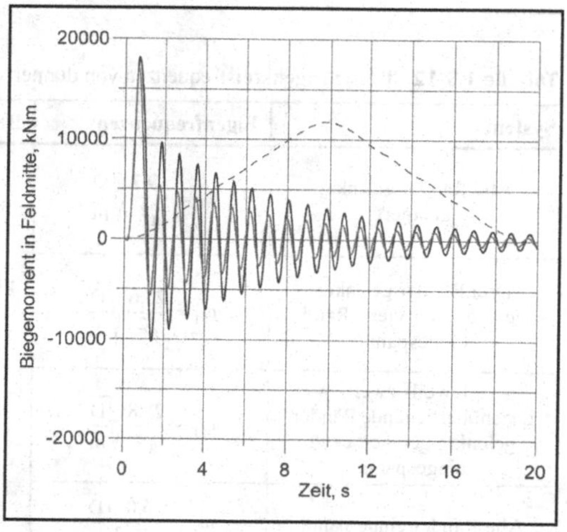

Abb. 1.5-145 Zeitverläufe des Biegemoments in Feldmitte, Brückenmasse 5 t/m

der dazugehörigen Massen von jeweils 25 Tonnen, ändern sich die Systemmatrizen in Gl. 1.5.314 während der Berechnung nicht, d. h. das System bleibt linear. Bei Berücksichtigung der mitwandernden Massen verändert sich dagegen die Massenmatrix von Zeitpunkt zu Zeitpunkt und das System reagiert nichtlinear. Es ist der große Vorteil von Direkt-Integrations-Verfahren, dass sie keine Probleme damit haben, dieses nichtlineare Systemverhalten zu beschreiben. In Abb. 1.5-144 sind die (praktisch zusammenfallenden) Zeitverläufe des Biegemoments in Feldmitte für eine Geschwindigkeit von v=160 km/h für beide Varianten (mit und ohne Berücksichtigung der Massen) zu sehen. Dazu ist zum Vergleich der Zeitverlauf des Biegemoments in Feldmitte für eine Geschwindigkeit von 10 km/h gestrichelt dargestellt, dessen Maximum erwartungsgemäß fast dem statischen Wert von 11700 kNm entspricht. Wie Abb. 1.5-144 verdeutlicht, macht sich die Berücksichtigung der Lokomotivmasse in diesem Fall so gut wie nicht bemerkbar. Anders sieht es jedoch aus bei leichten Brücken. Dazu sei auf Abb. 1.5-145 verwiesen, bei der zu Demonstrationszwecken eine Masse der Brücke von nur 5 Tonnen/m angenommen wurde. Hier liefert die Berücksichtigung der Masse der Lokomotive größere Ordinaten für das Biegemoment als bei Annahme masseloser wan-

Tabelle 1.5-11 Eigenkreisfrequenzen von dünnen Kreisplatten

System	Eigenfrequenzen $\omega_i = \frac{\lambda_i}{a^2}\sqrt{\frac{D}{m}}$	Bemerkungen
Rand gelenkig gelagert	$\lambda_1 = 19{,}9$	Plattensteifigkeit $D = \frac{Eh^3}{12(1-\nu^2)}$
	$\lambda_2 = 55{,}8$	Durchmesser a in m,
	$\lambda_3 = 102{,}6$	Plattendicke h in m,
Rand eingespannt	$\lambda_1 = 40{,}7$	E-Modul in kN/m²,
	$\lambda_2 = 85{,}0$	Masse m in Tonnen pro m².
	$\lambda_3 = 139{,}5$	

Tabelle 1.5-12 Tiefste Eigenkreisfrequenzen von dünnen quadratischen Platten

System	Eigenfrequenzen	Bemerkungen
Alle Ränder gelenkig gelagert	$\omega_1 = \frac{19{,}7}{a^2}\sqrt{\frac{D}{m}}$	Plattensteifigkeit $D = \frac{Eh^3}{12(1-\nu^2)}$
Drei Ränder gelenkig gelagert, der vierte Rand eingespannt	$\omega_1 = \frac{23{,}6}{a^2}\sqrt{\frac{D}{m}}$	Seitenlänge a in m,
Jeweils zwei gegenüberliegende Ränder gelenkig gelagert bzw. eingespannt	$\omega_1 = \frac{28{,}8}{a^2}\sqrt{\frac{D}{m}}$	Plattendicke h in m, E-Modul in kN/m²,
Alle Ränder eingespannt	$\omega_1 = \frac{36{,}0}{a^2}\sqrt{\frac{D}{m}}$	Masse m in Tonnen pro m².

dernder Achslasten und ist somit sicherheitsrelevant.

1.5.4.3 Zusammenstellung einiger Eigenfrequenzen

Zur überschlägigen Abschätzung der Eigenfrequenzen von Tragwerken und zur Überprüfung von Ergebnissen genauerer Untersuchungen können tabellarische Zusammenstellungen verwendet werden. In Tabelle 1.5-10 werden einige Eigenfrequenzen schlanker Linienträger (ohne Berücksichtigung ihrer Schubweichheit und Rotationsträgheit) präsentiert, dazu Grundeigenfrequenzen für Längs- und Torsionsschwingungen. Nachfolgend werden in Tabelle 1.5-11 Werte für Eigenkreisfrequenzen von dünnen Kreisplatten zusammengestellt, Tabelle 1.5-12 präsentiert einige Werte für die tiefsten Eigenfrequenzen von quadratischen Platten.

Literaturverzeichnis Kap. 1.5

Adini A (1961) Analysis of Shell Structures by the Finite Element Method. Ph.D. Dissertation, UC Berkeley

Anderson TL (1995) Fracture Mechanics: Fundamentals and Applications, CRC Press

Argyris JH, Mlejnek H-P (1986) Die Methode der Finiten Elemente. Friedr. Vieweg & Sohn, Braunschweig Wiesbaden

Argyris JH (1957) Die Matrizentheorie der Statik. Ingenieurarchiv 25, 174-192

Argyris JH (1954) Energy Theorems and Structural Analysis. Aircraft Engineering 26, 347-356, 383-394 und 27 (1955) 42-58, 80-94, 125-134, 145-158

Basar Y, Weichert D (2000) Nonlinear Continuum Mechanics of Solids. Springer, Berlin/Heidelberg/New York

Bathe K-J (1986) Finite-Elemente-Methoden. Springer, Berlin/Heidelberg/New York

Braess D (1992) Finite Elemente. Springer, Berlin/Heidelberg/New York

Bronstein IN, Semendjajew KA (1991) Taschenbuch der Mathematik, 25. Aufl. B.G. Teubner, Stuttgart

Bruhns O, Lehmann Th (1994) Elemente der Mechanik II. Vieweg, Braunschweig

CEB-FIP (1990) Model Code MC 90, Design Code. Comité Euro-International du Béton, Bulletin d'Information, Lausanne

Clough RW, Penzien J (1993) Dynamics of Structures, 2nd edn. McGraw-Hill, New York

Duddeck H, Ahrens H (1998) Statik der Stabtragwerke. In: Betonkalender, Teil I, 339-454. Ernst & Sohn, Berlin

Duddeck H (1984) Statik der Stabtragwerke. In: Betonkalender, Teil II, Abschnitt F, 1007-1095. Ernst & Sohn, Berlin

Duddeck H (1973) Seminar Traglastverfahren. Bericht 73-6, Institut für Statik, TU Braunschweig

Engeln-Müllges G, Reutter F (1988) Formelsammlung zur Numerischen Mathematik mit Standard-FORTRAN 77-Programmen. 6. Aufl. B.I.-Wissenschaftsverlag, Mannheim

Eschenauer H, Schnell W (1993) Elastizitätstheorie, 3. Aufl. B.I.-Wissenschaftsverlag, Mannheim/Wien/Zürich

Girkmann K (1976) Flächentragwerke, 6. Aufl. Springer, Wien

Griffith AA (1920) The Phenomena of Rupture and Flaw in Solds, Philosophical Transactions of the Royal Society London A 221, pp. 163-198

Gross D (1996) Werkstoffmechanik. In: Mehlhorn G (Hrsg) Der Ingenieurbau. Bd. Werkstoffe/Elastizitätstheorie. Ernst & Sohn Berlin

Gross D, Hauger W, Schnell W, Wriggers P (1993) Technische Mechanik. Bd. 4. Springer, Berlin/Heidelberg/New York

Guyan RJ (1965) Reduction of Stiffness and Mass Matrices. AIAA Journal 3, S. 380

Hagedorn P (1990) Technische Mechanik, Bd. 2 Festigkeitslehre. H. Deutsch, Frankfurt/Main

Hahn G (1975) Methoden der finiten Elemente in der Festigkeitslehre. Akademische Verlagsgesellschaft, Frankfurt

Haße G (1996) Statik und Festigkeitslehre. In: Wendehorst Bautechnische Zahlentafeln, 27. Aufl. Teubner, Stuttgart

Heckel K. (1983) Einführung in die technische Anwendung der Bruchmechanik. Carl Hanser Verlag, München

Hirschfeld K (1969) Baustatik. 1. und 2. Teil, 3. Aufl. Springer, Berlin/Heidelberg/New York

Inglis CE (1913) Stresses in a plate due to the presence of cracks and sharp corners. Proc. Institute Naval Architects

Irons BM (1965) Structural Eigenvalue Problems: Elimination of Unwanted Variables. AIAA Journal 3, S. 961-962

Irons BM, Razzaque A (1972) Experience with the patch test for convergence of finite elements. In: Aziz A (ed) The mathematical foundation of the finite element method, pp 557-587. Academic Press, New York

Irwin GP (1957) Analysis of Stresses and Strains Near the End of a Crack Traversing a Plate, Journal of Applied Mechanics 24, pp. 361-364

Kienzler R (1993) Konzepte der Bruchmechanik. Friedr. Vieweg Verlag & Sohn, Braunschweig

Kindmann R, Frickel J (2002) Elastische und plastische Querschnittstragfähigkeit. Verlag Ernst & Sohn, Berlin

Knothe K, Wessels H (2008) Finite Elemente, Eine Einführung für Ingenieure. Springer, Berlin/Heidelberg/New York

Krätzig WB, Harte R, Meskouris, K, Wittek U (2005) Tragwerke 2. 4. Aufl. Springer, Berlin/Heidelberg/New York

Krätzig WB, Harte R, Meskouris, K, Wittek U (2000) Tragwerke 1. 4. Aufl. Springer, Berlin/Heidelberg/New York

Krätzig WB, Basar Y (1997) Tragwerke 3. Springer, Berlin/Heidelberg/New York

Krätzig WB, Niemann HJ (1996) Dynamics of Civil Engineering Structures. AA Balkema, Rotterdam

Krätzig WB, Meskouris K, Link M. (1996) Baudynamik und Systemidentifikation. In: Mehlhorn G (Hrsg) Der Ingenieurbau. Bd. Baustatik/Baudynamik. Verlag Ernst & Sohn, Berlin

Krätzig WB, Meskouris K, Hanskötter U (1994) Nichtlineare Berechnung von Stahlbeton-Rahmentragwerken nach dem Fließgelenkverfahren. Bautechnik 71 (1994) 767-775

Krätzig WB (1989) Eine einheitliche statische und dynamische Stabilitätstheorie für Pfadverfolgungsalgorithmen in der numerischen Festkörpermechanik. ZAMM 69 7, 203-213.

Lehmann Th (1984): Elemente der Mechanik II, 2. Aufl. Fried. Vieweg & Sohn, Braunschweig

Link M (1989) Finite Elemente in der Statik und Dynamik. 2. Aufl. B.G. Teubner, Stuttgart

Mahin SA, Bertone VV (1977) RCCOLA-A computer program for RC column analysis. User's manual, University of California, Berkeley

Malvern L.E. (1969) Introduction to the mechanics of a continuous medium, Prentice-Hall Inc., Englewood Cliffs, New Jersey

Mang H., Hofstetter, G. (2000) Festigkeitslehre. Springer, Wien

Mang H (1996) Flächentragwerke. In: Mehlhorn G (Hrsg) Der Ingenieurbau. Bd. Rechnerorientierte Baumechanik. Ernst & Sohn, Berlin

Meskouris K (1999) Baudynamik – Modelle, Methoden, Praxisbeispiele. Ernst & Sohn, Berlin

Meskouris K, Hake E (1999) Statik der Stabtragwerke. Springer, Berlin/Heidelberg/New York

Natke HG (1989) Baudynamik. Teubner Verlag, Stuttgart

Newmark N M (1959) A Method of Computation for Structural Dynamics. ASCE Journal of the Engineering Mechanics Division 85, S. 67-94

Pestel E, Wittenburg J (1992) Technische Mechanik, Bd. 2 Festigkeitslehre. B.I.-Wissenschaftsverlag, Mannheim/Wien/Zürich

Petersen Chr (1996) Dynamik der Baukonstruktionen. F. Vieweg & Sohn, Braunschweig

Pflüger A (1978) Statik der Stabtragwerke. Springer, Berlin/Heidelberg/New York

Ramm E, Hofmann Th J (1995) Stabtragwerke. In: Mehlhorn G (Hrsg) Der Ingenieurbau. Bd. Baustatik/Baudynamik. Ernst & Sohn, Berlin

Roik K-H (1983) Vorlesungen über Stahlbau, 2. Aufl. Ernst & Sohn, Berlin

Rothe A (1984) Stabstatik für Bauingenieure. Bauverlag Wiesbaden/Berlin

Rothert H, Gensichen V (1987) Nichtlineare Stabstatik. Springer, Schneider, Bautabellen für Ingenieure

Rubin H, Schneider K-J (2002) Baustatik. In: Schneider, Bautabellen für Ingenieure, 15. Aufl. Werner-Verlag, Düsseldorf

Sattler K (1974/75) Lehrbuch der Statik. 2. Bd, Teil A und B. Springer, Berlin/Heidelberg/New York

Sattler K (1969) Lehrbuch der Statik, 1. Bd, Teil A und B. Springer, Berlin/Heidelberg/New York

Schwarz HR (1993) Numerische Mathematik, 3.Aufl. B.G. Teubner, Stuttgart

Schwarz HR (1980) Methode der finiten Elemente. B.G. Teubner, Stuttgart

Stein E (Ed.) (2005) Adaptive finite elements in linear and nonlinear solid and structural mechanics. CISM courses and lectures, Springer, Wien

Strang G, Fix GJ (1973) An analysis of the finite element method. Prentice Hall Inc., Englewood Cliffs

Szabo I (1963): Einführung in die Technische Mechanik, 6. Aufl. Springer, Berlin/Heidelberg/New York

Thieme D (1996) Einführung in die Finite-Elemente-Methode für Bauingenieure. Verlag für Bauwesen, Berlin

Timoshenko S, Woinowsky-Krieger S (1959) Theory of Plates and Shells. 2nd edn. McGraw-Hill, New York/Toronto/London

Tonti E (1975) On the formal structure of physical theories. Polytecnico di Milano, Milano

Turner MJ, Clough RW, Martin HC, Topp LJ (1956) Stiffness and Deflection Analysis of Complex Structures. J. Aeronaut. Science 23, 805-823, 854

Uhrig R (1992) Kinetik der Tragwerke-Baudynamik. Bibliographisches Institut & FA Brockhaus, Mannheim

Wittenburg J (1996) Schwingungslehre. Springer, Berlin/Heidelberg/New York

Wriggers P (2001) Nichtlineare Finite-Elemente-Methoden. Springer, Berlin/Heidelberg/New York

Wunderlich W, Redanz W (1995) Die Methode der Finiten Elemente. In: Mehlhorn G (Hrsg) Der Ingenieurbau. Bd. Rechnerorientierte Baumechanik. Ernst & Sohn, Berlin

Young WC (1989) Roarks's Formulas for Stress & Strain, 6th Ed. McGraw-Hill New York

Zienkiewicz OC, Taylor R L, Zhu J Z (2006) The finite element method. Vol. 1. Its basics and fundamentals. Elsevier, Amsterdam

Zienkiewicz OC, Taylor RL (1989) The Finite Element Method, Vol. 1, 4th Ed. McGraw-Hill Book Comp., London/New York

Zienkiewicz OC (1985) The Finite Element Method, 3rd Ed. McGraw-Hill Book Comp., London/New York

Zurmühl R, Falk S (1984) Matrizen und ihre Anwendungen für Angewandte Mathematiker, Physiker und Ingenieure. Teil 1 und 2. 5. Aufl. Springer, Berlin/Heidelberg/New York

1.6 Zuverlässigkeit von Tragwerken

Rüdiger Rackwitz, Konrad Zilch

1.6.1 Das Sicherheitsproblem im konstruktiven Ingenieurbau

Sicherheit, Zuverlässigkeit, Gebrauchstauglichkeit und Verfügbarkeit gehören zu den wichtigsten Eigenschaften von baulichen Anlagen. Im Allgemeinen werden sie durch vielerlei Unsicherheiten bedroht. Unter *Sicherheit* wird dabei die Abwesenheit von Gefährdungen für Leib und Leben bei Gebrauch und für die Umwelt verstanden, die mit hoher Wahrscheinlichkeit gewährleistet werden muss. Das gilt auch, wenn weder die Kenntnis von der natürlichen und künstlichen Umwelt perfekt ist noch diese vollkommen kontrolliert werden kann.

Unter *Zuverlässigkeit* soll die Eigenschaft verstanden werden, die vorgesehene Funktion für die beabsichtigte Zeit des Gebrauchs mit ausreichend großer Wahrscheinlichkeit zu erfüllen.

Unter *Verfügbarkeit* sei die Eigenschaft verstanden, bei Gebrauch in nutzungsfähigem Zustand zu sein, d.h. nicht etwa wegen Inspektions- oder Wartungsarbeiten oder auch wegen den uneingeschränkten Gebrauch verhindernder Systemzustände (z.B. zu starke Schwingungen) nicht zur Verfügung zu stehen.

Gebrauchsfähigkeit (Gebrauchstauglichkeit) ist schließlich die Eigenschaft eines Bauwerks, die uneingeschränkte Nutzung für den vorgesehenen Zweck zu gewährleisten.

Für bauliche Anlagen sind hohe Anforderungen an die genannten Eigenschaften charakteristisch. Die Anforderungen werden seit dem Ende des letzten Jahrhunderts durch bauaufsichtlich eingeführte Regelwerke wie die Normen des DIN und bauaufsichtliche Zulassungen festgelegt. In den für die Sicherheit und Zuverlässigkeit maßgebenden Teilen werden etwa Qualitätsanforderungen für die Produktion von Baustoffen spezifiziert, Nennwerte für Materialkenngrößen definiert, Sicherheitsbeiwerte für die Bemessung der Bauteile festgelegt sowie Verfahren zum Nachweis der Standsicherheit beschrieben und die dabei üblicherweise anzunehmenden Lasten angegeben. Die Regelwerke unterliegen ständiger Überarbeitung durch Anpassung an den gewachsenen Stand der Kenntnis, veränderte Anforderungen an Sicherheit und Gebrauchsfähigkeit der Bauwerke und an die Erfahrung mit diesen Regeln.

Die Sicherheit und Zuverlässigkeit gewährleistenden Maßnahmen lassen sich einteilen in:

- protektive Maßnahmen gegenüber potenziellen Gefährdungen,
- Tragwerksentwurf und -bemessung,
- Überprüfung des Tragwerksentwurfs und der Bemessung,
- Kontrolle der Baustoff- bzw. Bauteilqualität und ggf. der Nutzlasten sowie der Übereinstimmung von Tragwerksentwurf und Bauausführung,
- Unterhaltung und ggf. Reparatur.

Moderne Sicherheitskonzepte für Tragwerke beruhen auf der Theorie der Strukturzuverlässigkeit, die die Unsicherheiten und auch den Grad der Zuverlässigkeit mit Hilfe wahrscheinlichkeitstheoretischer Methoden und der Statistik erfasst. In dieser Theorie werden i. Allg. drei ausgesuchte Zustände eines Tragwerks stellvertretend für das kontinuierliche Spektrum aller Tragzustände untersucht. Man unterscheidet im Wesentlichen drei verschiedene Grenzzustände:

- Grenzzustand der Tragfähigkeit,
- Grenzzustand der Reversibilität,
- Grenzzustand der Gebrauchsfähigkeit.

Der Grenzzustand der Tragfähigkeit bezeichnet den Kollapszustand bei Bruch, Mechanismusbildung, Verlust der Standsicherheit oder Instabilität mit hohen Versagensfolgen. Nach Überschreitung dieses Grenzzustands ist i. Allg. ein Wiederaufbau notwendig. Der Grenzzustand der Reversibilität ist ein Tragzustand, bei dem geringfügige bleibende Verformungen eintreten, die Gebrauchsfähigkeit aber schon stark eingeschränkt ist. Nach erstmaliger Überschreitung dieses Grenzzustands, z.B. nach einer außergewöhnlichen Beanspruchung, ist i. Allg. eine Reparatur notwendig. Grenzzustände der Gebrauchsfähigkeit sind Zustände, bei denen uneingeschränkte Gebrauchsfähigkeit nicht mehr vorhanden ist. Jeder dieser Grenzzustände kann durch zufällige extreme Beanspruchungen, durch Alterungsvorgänge oder Ermüdung, aber auch durch Fehler, Unterlassungen und Nachlässigkeit bei Tragwerksentwurf, Bauausführung und Nutzung, allein oder im Verein mit den anderen genannten Versagensursachen, erreicht werden. Die Grenzzustände können schließlich schon bei der Bauausführung, bei Inbetriebnahme oder erst während der Lebenszeit eines Bauwerks eintreten.

Die Bestimmung der Tragwerkszuverlässigkeit erfordert nach der Formulierung des betreffenden Grenzzustands zunächst die Modellierung der Unsicherheiten durch geeignete stochastische Modelle, die statistisch abgesichert sein müssen – auch im Hinblick auf ihre Parameter. Dann muss die Versagenswahrscheinlichkeit berechnet werden. Sie ist dann einer zulässigen Versagenswahrscheinlichkeit gegenüberzustellen, die quantitativ ausdrückt, was sicher genug ist.

Der Zustand eines Tragwerks hänge von einer Reihe unsichere Größen ab, die in einem Vektor $\mathbf{X} = (X_1, X_2, \ldots, X_n)^T$ von Zufallsvariablen zusammengefasst werden. Die unsicheren Variablen werden als Basisvariablen bezeichnet. Daneben gibt es i. d. R. noch einen deterministischen Parametervektor **q**. In Abänderung der gewöhnlichen Notation im Ingenieurwesen werden die zufälligen Variablen durchgängig mit großen Buchstaben gekennzeichnet, ihre Werte und die Parameter jedoch mit kleinen Buchstaben.

$h(\mathbf{x}, \mathbf{q})$ nennt man *Zustandsfunktion*, $h(\mathbf{x},\mathbf{q}) > 0$ bezeichnet die intakten Zustände, $h(\mathbf{x},\mathbf{q}) = 0$ den sog. *Grenzzustand* und $h(\mathbf{x},\mathbf{q}) \leq 0$ die ungewollten *Versagenszustände*. Wenn weder der Vektor **X** noch der Vektor **q** von einem weiteren Parameter abhängt, etwa der Zeit, ist $F = \{\mathbf{X} \in V\}$ das *Versagensereignis*, und eine Hauptaufgabe der Zuverlässigkeitstheorie besteht darin, die Wahrscheinlichkeit für dieses Ereignis zu berechnen, wenn **X** nach $F_\mathbf{X}(\mathbf{x})$ verteilt ist. Hier und im Folgenden sei angenommen, dass **X** auch eine Dichte $f_\mathbf{X}(\mathbf{x})$ hat:

$$P_f = P(F) = \int_{V_x} dF_\mathbf{X}(\mathbf{x}) = \int_{V_x} f_\mathbf{X}(\mathbf{x})d\mathbf{x}\,. \tag{1.6.1}$$

Das Tragwerk versagt somit bei Erstbelastung mit Wahrscheinlichkeit P_f oder nie. P_f heißt *Versagenswahrscheinlichkeit* (probability of failure). Die Gegenwahrscheinlichkeit zur Versagenswahrscheinlichkeit ist die *Überlebenswahrscheinlichkeit* (survival probability) oder *Zuverlässigkeit* (reliability) $P_r = 1 - P_f$. Die Versagenswahrscheinlichkeit ist als n-dimensionales Volumenintegral i. Allg. nur sehr aufwendig zu berechnen.

Der zweidimensionale Fall, bei dem $V = \{R \leq S\}$, wobei R eine (verallgemeinerte) Widerstandsvariable und S eine (verallgemeinerte) Einwirkung ist, lässt sich in manchen Fällen analytisch berechnen. Ein System habe den normalverteilten Widerstand $R \sim N(m_R; \sigma_R)$ und sei der normalverteilten Einwirkung $S \sim N(m_S; \sigma_S)$ ausgesetzt. R und S seien unkorreliert. Dann ist mit $X_i = U_i\sigma_i + m_i$

$$\begin{aligned} V &= \{R - S \leq 0\} \\ &= \left\{ \begin{aligned} &\frac{\sigma_R}{\sqrt{\sigma_R^2+\sigma_S^2}} U_R - \frac{\sigma_R}{\sqrt{\sigma_R^2+\sigma_S^2}} U_S \\ &+ \frac{m_R - m_S}{\sqrt{\sigma_R^2+\sigma_S^2}} \leq 0 \end{aligned} \right\} \\ &= \{\alpha_R U_R + \alpha_S U_S + \beta \leq 0\}. \end{aligned}$$

Daher ist

$$P(V) = \Phi(-\beta) = \Phi\left(-\frac{m_R - m_S}{\sqrt{\sigma_R^2+\sigma_S^2}}\right), \tag{1.6.2}$$

weil Summen von normalverteilten Variablen wieder normalverteilt sind. Man sieht, dass durch Umformung der Versagensgleichung die sog. Hesse'sche Normalform einer Geradengleichung erreicht wird. β ist der Abstand der Geraden vom Ursprung und die α entsprechen den Richtungscosinus. Mit dem *„zentralen Sicherheitsfaktor"* $\gamma_0 = m_R/m_S$, der das Verhältnis der Mittelwerte von R und S angibt, und den Variationskoeffizienten $V_i = \sigma_i/m_i$ ($i = R, S$) erhält man für β in Gl. (1.6.2):

$$\beta = \frac{\gamma_0 - 1}{\sqrt{\gamma_0^2 V_R^2 + V_S^2}}\,. \tag{1.6.3}$$

Daraus folgt, dass $P(V)$ mit wachsendem γ_0, d. h. dem Abstand der beiden Mittelwerte, sinkt, aber mit den Streuungen von R und S wächst. Bei großem V ist diese Beziehung nicht gut brauchbar, weil die Versagenswahrscheinlichkeit fast ausschließlich von negativem R bestimmt wird, die für Festigkeiten definitionsgemäß nicht existieren.

Man kann einen *Sicherheitsfaktor* auch auf andere Werte in den Verteilungen für R und S beziehen. Beispielsweise definiert die Beziehung

$$\gamma_{k,i} = m_i + u_{p,i}\sigma_i = m_i(1 + u_{p,i} V_i) \tag{1.6.4}$$

die *charakteristischen Werte* der *i*-ten Variable als Fraktilen, wenn u_p der Merkmalswert der Standardnormalverteilung zur Wahrscheinlichkeit p_i ist. Für die Größe R nimmt man einen Wert im unteren Bereich der Verteilung. u_p wird negativ. Für $p = 0{,}05$ ist z.B. $u_p = -1{,}645$. Für die Einwirkungsgröße S wählt man einen hohen Wert, z.B. $u_p = 2{,}054$, dem eine Überschreitungswahrscheinlichkeit von 0,02 entspricht. Der entsprechende (dezentrale oder periphere) Sicherheitsfaktor ist dann durch

$$\gamma_k = \frac{r_k}{s_k} = \frac{m_R(1+u_{p,R}V_R)}{m_S(1+u_{p,S}V_S)} = \gamma_0 \frac{1+u_{p,R}V_R}{1+u_{p,S}V_S} \quad (1.6.5)$$

definiert.

Ein anderes nützliches analytisches Resultat erhält man, wenn die Größen unabhängig lognormal verteilt sind. Man sagt, dass eine Variable Y lognormal verteilt ist, wenn ihr Logarithmus $X = \ln Y$ normalverteilt ist. Dabei hängen Mittelwert und Varianz mit den Parametern ξ und δ der Lognormalverteilung nach

$m_X = E[X] = \ln_\xi = \ln m_Y - \frac{1}{2}\delta_Y^2 \approx \ln m_Y$ und

$\sigma_{\ln Y}^2 = \delta_Y^2 = \ln(1+V_Y^2) \approx V_Y^2$ zusammen.

Da $P_f = P(R-S \leq 0) = P(R/S \leq 1) = P(\ln(R/S) \leq 0) = P(\ln R - \ln S \leq 0)$,

ermittelt man durch elementare Rechnung

mit $\gamma_0 = m_R/m_S$

$$P_f = \Phi\left(\frac{m_{\ln R} - m_{\ln S}}{\sqrt{\sigma_{\ln R}^2 + \sigma_{\ln S}^2}}\right) = \Phi\left(-\frac{\ln\left(\gamma_0\sqrt{\frac{1+V_S^2}{1+V_R^2}}\right)}{\sqrt{\ln\left((1+V_R^2)(1+V_R^2)\right)}}\right) \approx \Phi\left(-\frac{\ln \gamma_0}{\sqrt{V_R^2+V_S^2}}\right). \quad (1.6.6)$$

Diese Formel ist für jedes Y, die Näherung nur für kleine $V_i (i = R,S)$, gültig und kann für Abschätzungen verwendet werden. Allerdings weist die Lognormalverteilung hohen Werten von S bei großem V_S i. d. R. zu große Wahrscheinlichkeiten zu. In diesem Fall ist außerdem mit den vorstehenden Bezeichnungen $\gamma_k = \gamma_0 \exp(u_{p,R}\,\delta_R - u_{p,S}\,\delta_S)$. Der Zusammenhang zwischen den Sicherheitsfaktoren und β ist in Abb. 1.6-1 dargestellt.

Im Allgemeinen hängen sowohl $\mathbf{X}$ als auch gewisse Parameter $\mathbf{q}$ von der Zeit τ ab. Das erfordert eine genauere Beschreibung der Kriterien für das Verhalten der Tragwerke und der Versagensereignisse. Wie sonst bezeichnet $h(\mathbf{X}(\tau);\tau) \leq 0$ den Versagenszustand und $h(\mathbf{X}(\tau);\tau) = 0$ den Grenzzustand. $\mathbf{X}(\tau)$ ist ein vektorieller stochastischer Prozess. Eine *zeitabhängige Versagenswahrscheinlichkeit* ist offensichtlich:

$$P_f(\tau) = P(\mathbf{X}(\tau) \in V(\tau)) = \int_{V(\tau)} f_{\mathbf{X}}(x,\tau)\,\mathrm{d}x\,. \quad (1.6.7)$$

Sie stellt eine Art Nichtverfügbarkeit der Komponente zum Zeitpunkt τ dar. Bei Stationarität hängt die Nichtverfügbarkeit nicht von τ ab, d.h. $P_f = P_f(\tau)$. Sie kann für die Untersuchung von Grenzzuständen der Gebrauchsfähigkeit von Interesse sein, da $t_G = t_s P_f$ gerade der mittlere Anteil der beabsichtigten Nutzungsdauer t_S ist, der bei eingeschränkter Gebrauchsfähigkeit verbracht wird.

Von größerer Bedeutung ist die Wahrscheinlichkeit, dass der Versagenszustand zum ersten Mal in einem vorgegebenen Zeitintervall erreicht wird. Als Beispiel sei der Kollaps eines Tragwerks unter zufällig in der Zeit streuenden Lasten $S(\tau)$ betrachtet. Der Einfachheit halber sind Widerstand und Einwirkung

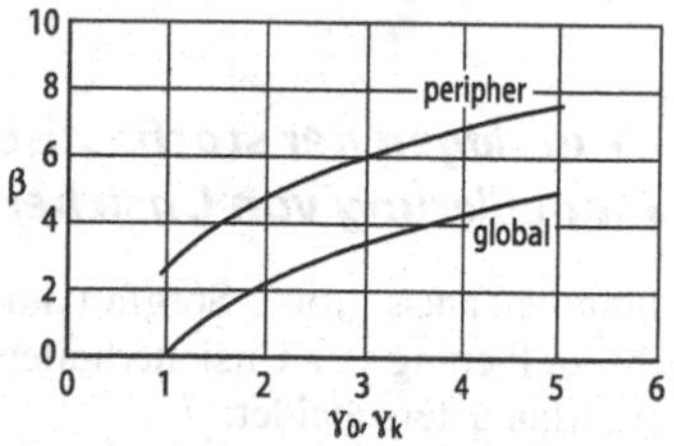

Abb. 1.6-1 Abhängigkeit des Zuverlässigkeitsindexes vom globalen bzw. peripheren Sicherheitsbeiwert ($u_{p,R} = -1{,}645$, $V_R = 0{,}15$; $u_{p,S} = 2{,}054$, $V_S = 0{,}3$)

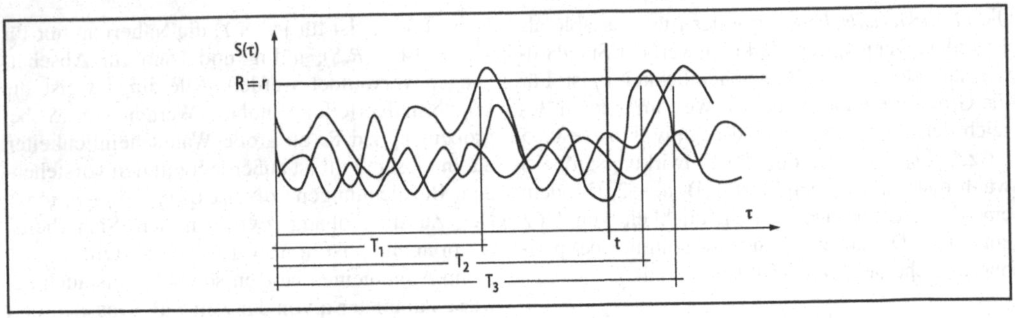

Abb. 1.6-2 Erstüberschreitungen durch Trajektorien eines Zufallsprozesses

skalare Größen, und es gilt für die physikalische Beschreibung der jeweiligen Versagenszustände

$$V(\tau)=\{h(\mathbf{X}(\tau))\leq 0\}=\{R-S(\tau)\leq 0\}. \quad (1.6.8)$$

t_s sei die beabsichtigte Nutzungsdauer des Objekts. Die Zeit, den Versagenszustand zum ersten Mal zu erreichen, ist eine Zufallsvariable T und das Versagensereignis ist $F=\{T\leq t_s\}$ (Abb.1.6-2).

Die Versagenswahrscheinlichkeit kann wie folgt geschrieben werden:

$$\begin{aligned}P(F)&=P(\,T\leq t_s)=F_T(\,t_s)\\&=1-P(h(\mathbf{X}(\tau),q)>0\,\forall\tau\text{ in }[0,t_s]).\end{aligned} \quad (1.6.9)$$

Sie ist eine Funktion der Zeit. Entsprechend definiert man die *Versagenswahrscheinlichkeitsfunktion* $F(t)=1-R(t)=P(T\leq t)$ bzw. die *Zuverlässigkeitsfunktion* $R(t)=P(T>t)$, worin T die Zeit bis zum ersten Eintritt des Ereignisses $V(\tau)=\{h(\mathbf{X}(\tau);\tau)\leq 0\}$ im Zeitraum $[0,t]$ ist. Die Aufgabe, die Wahrscheinlichkeit dieses Ereignisses zu berechnen, wird im Folgenden als *Erstüberschreitungsproblem* bezeichnet.

1.6.2 Grundlagen der stochastischen Modellierung von Unsicherheiten

In Anwendungen muss größte Sorgfalt auf die realistische Modellierung der Unsicherheiten gerichtet werden. Man unterscheidet:

- Epistemische Unsicherheiten oder Modellunsicherheiten im physikalischen Modell. In diese Klasse lassen sich auch die Unsicherheiten einordnen, die durch Vereinfachungen und Idealisierungen entstehen.
- Unsicherheiten über das „wahre" stochastische Modell.
- Räumliche und/oder zeitliche zufällige Schwankungen.
- Parameterunsicherheiten der stochastischen Modelle, entweder weil nur Stichproben begrenzten Umfangs zur Bestimmung der Parameter zur Verfügung stehen (statistische Unsicherheiten) oder weil das Modell selbst streuende Parameter enthält.

Weitaus am schwierigsten sind die epistemischen Unsicherheiten zu erfassen. Sie rühren rein aus der Unkenntnis der Zusammenhänge und der Einflussparameter. Eine wahrscheinlichkeitstheoretische Betrachtung kann hier kaum weiterhelfen. Man benötigt Erfahrung und Experimente. Unsicherheiten, die durch Vereinfachungen der mechanischen Zusammenhänge erzeugt werden, kann man in gewissem Umfang behandeln. Mechanische Modelle sollen erwartungstreue Modelle sein. Sie können durch Experimente auf ihre Richtigkeit (im Mittel) geprüft werden. Der dabei zu beobachtende Fehler wird meist „randomisiert", d. h. bei der weiteren Behandlung als eine zusätzliche Zufallsvariable eingeführt.

Jede wahrscheinlichkeitstheoretische Aussage beruht auf einem stochastischen Modell des jeweiligen Sachverhalts. Wie in der Mechanik handelt es sich nicht um die Wirklichkeit selbst, sondern um ein Modell, welches die wahren Sachverhalte mehr oder weniger gut erfasst. Von solchen Modellen wird verlangt, dass sie ingenieurmäßige Fragestellungen ausreichend gut erklären und voraussagen können. Vor allem aber wird einfache Handhabbarkeit gefordert.

Es gibt meist eine ganze Reihe von alternativen stochastischen Modellen. Und man muss unterstellen, dass manche besser und manche schlechter den jeweiligen Sachverhalt wiedergeben. Die Wahrheit wird aber i. d. R. durch keines der Modelle beschrieben. Es liegt im Wesen der wahrscheinlichkeitstheoretischen Betrachtung, dass Modelle strenggenommen nicht verifiziert, sondern nur falsifiziert werden können. Es ist also notwendig, sich auf einen ausreichend reichen Satz von Modellen zu beschränken, der erfahrungsgemäß zu „vernünftigen" Aussagen führt und ausreichend einfach zu handhaben ist. In diesem Sinne sind alle Aussagen, z. B. die Aussagen über das Tragverhalten von Strukturen bei deterministischer Kenntnis der Parameter ebenso wie Wahrscheinlichkeitsaussagen über gewisse Tragzustände, bedingte Aussagen.

Ob ein Modell geeignet ist, kann durch statistische Anpassungstests festgestellt werden. Werden Parameterunsicherheiten im stochastischen Modell zugelassen, so ist jede Aussage, z. B. zur Versagenswahrscheinlichkeit, zunächst ebenfalls eine bedingte Aussage. Die totale Versagenswahrscheinlichkeit ergibt sich aus

$$P_f = \int_{-\infty}^{\infty} \int_{V_x} f_{\mathbf{X}}(\mathbf{x} \mid \theta) f_{\Theta}\left(\theta \,\middle|\, \begin{matrix}\text{Daten und} \\ \text{Erfahrung}\end{matrix}\right) \mathbf{dxd\theta} = \mathbf{E}_{\Theta}\left[\int_{V_x} f_{\mathbf{X}}(\mathbf{x} \mid \Theta)\mathbf{dx}\right] \quad (1.6.10)$$

mit Θ dem Vektor der Verteilungsparameter. Die Verteilungsfunktion und die Parameter des Vektors Θ können mit Hilfe des Bayes'schen Satzes aus

$$f_{\Theta}(\theta \mid \textbf{Daten und Erfahrung}) = \frac{L(\theta \mid \textbf{Daten}) f_{\Theta}(\theta \mid \textbf{Erfahrung})}{\int_{-\infty}^{\infty} L(\theta \mid \textbf{Daten}) f_{\Theta}(\theta \mid \textbf{Erfahrung}) \mathbf{d\theta}} \quad (1.6.11)$$

entwickelt werden. Hierin ist $L(\theta|\text{Daten})$ die Likelihood-Funktion:

$$L(\theta \mid \textbf{Daten})\, \mathbf{d\theta} = P(\textbf{Daten} \mid \theta) \quad (1.6.12)$$

Unter „Daten" versteht man aktuelle Daten (z. B. eine unabhängige Stichprobe vom Umfang n), unter „Erfahrung" die a-priori-Annahmen über die Verteilung von Θ. Diese können subjektiv festgelegt sein oder aber, z. B. im Fall der Betonfestigkeit wie in Abb. 1.6-3, durch historische, umfangreiche Beobachtungsserien belegt sein.

Das führt auf eine hierarchische Struktur der Modelle. Es gibt immer ein Modell für die Parameterunsicherheiten auf der Ebene des Bauwerks oder einer anderen größeren Betrachtungseinheit (Makromodell) und ein oft ganz anderes für die zufälligen Fluktuationen innerhalb der Betrachtungseinheit (Mikromodell). Diese Hierarchie mag noch je nach Erfordernis und Zweckmäßigkeit weiter aufgesplittet werden.

So besteht ein Modell für Windlasten aus einem Makromodell für das Windklima, d. h. den Vertei-

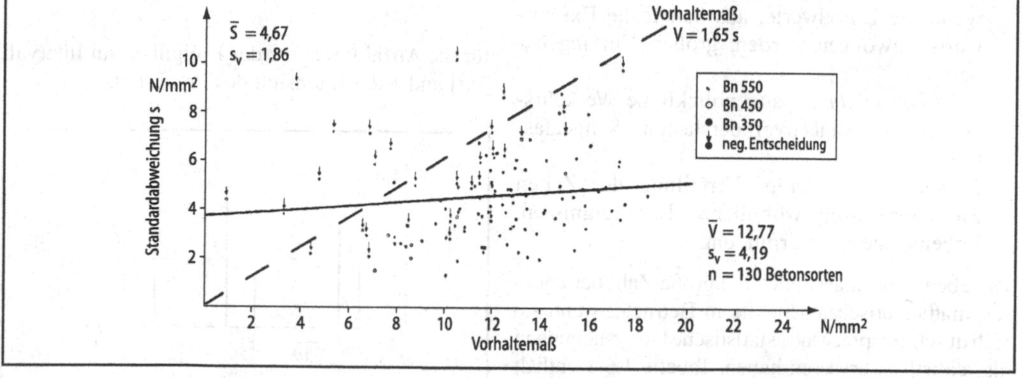

Abb. 1.6-3 Ergebnisse der Fremdüberwachung in Südbayern. Pfeile bezeichnen Lose, bei denen wenigstens eine Ablehnungsentscheidung gefällt worden ist

lungsfunktionen für die 10-min-Windgeschwindigkeiten und den zugehörigen Windrichtungen, und aus einem Mikromodell, welches die Turbulenz und lokale Strömungseigenheiten erfasst. Die 10-min-Windgeschwindigkeiten mögen schon die auf ein Jahr bezogenen Extrema sein. Sie folgen in guter Näherung einer Gumbel-Verteilung. Die turbulenten Geschwindigkeitsschwankungen sind von den Parametern des Windklimas abhängig. Sie sind näherungsweise normalverteilt und besitzen ein bestimmtes (Varianz-)Spektrum.

Ein Modell für die Kohäsion und die Reibung in Böden umfasst auf dem Makroniveau Unsicherheiten in der Klassifizierung und ggf. den Einfluss von Sondierungsergebnissen auf die Parameter. Auf dem Mikroniveau sind beide Größen z. B. als voneinander abhängige lognormale Zufallsfelder zu modellieren.

Es ist nicht leicht, allgemeine Vorschläge für eine Wahl der Modelle zu machen. In der Praxis werden im Wesentlichen nur folgende Modelle für einfache Zufallsvariable angewandt:

- *Normalverteilung:* ständige Lasten, Festigkeitsgrößen, wenn sie das Resultat von Mittelungsvorgängen wie bei Plastizität sind, und Abmessungen,
- *Lognormalverteilung:* Festigkeitsgrößen. Bei größeren Variationskoeffizienten ist die Lognormalverteilung als Modell für Einwirkungsgrößen nicht geeignet.
- *Weibull-Verteilung:* Festigkeitsgrößen bei sprödem Verhalten, Lebensdauern bei Ermüdung,
- *Gumbel-Verteilung:* Extremwerte für Lasten, wenn die Einzelwerte, aus denen die Extremwerte gewonnen werden, großen Umfang haben.
- *Gammaverteilung:* augenblickliche Verkehrslasten und Straßenverkehrslasten, Schneelasten,
- *Exponentialverteilung:* Verteilung der Zeiten zwischen außergewöhnlichen Lastereignissen, Lebensdauern bei Ermüdung.

Daneben kommt aber auch die große Zahl der anderen mathematischen Modelle in Betracht, wenn sie sich durch entsprechende statistische Untersuchungen als realistisch erwiesen haben. Tabelle 1.6-1 enthält einige der wichtigsten Modelle für eindimensionale unsichere Variablen. Die Exponentialverteilung entsteht aus der Gammaverteilung für $k = 1$. Die Rayleigh-Verteilung entsteht aus der Weibull-Verteilung für $k = 2$.

Modelle, die Zufallsprozesse oder sogar Zufallsfelder erfordern, sind fast durchwegs bei zeitveränderlichen Einwirkungen auf dem Mikroniveau, aber auch bei kontinuierlich sich ändernden Bauwerkseigenschaften und beim Boden einzusetzen. *Rechteckwellenprozesse* eignen sich gut, um Mieterwechsel im Hochbau zu erfassen, aber auch um den über eine Brücke rollenden Straßenverkehr zu modellieren. *Gauß'sche Prozesse* werden verwendet, um die turbulenten Geschwindigkeitsschwankungen des natürlichen Windes und um Windwellen zu modellieren. Auch die Bodenbeschleunigungen bei einem Erdbeben lassen sich gut mit instationären Gauß'schen Prozessen modellieren, wobei der Poisson-Prozess für das Auftreten angesetzt wird. Bei Böden werden *normale* oder *lognormale* Zufallsfelder eingesetzt.

Viele extreme Lastereignisse lassen sich gut durch einen markierten Punktprozess modellieren. Der Punktprozess selbst bestimmt das zeitliche Eintreten der Lastereignisse. Die zufälligen Marken sind z. B. Amplituden, Frequenzinhalt, Dauer des Impulses, Impulsform usw. (Abb. 1.6-4). Beispiele sind Stürme, Erdbeben, Explosionen und Lasten infolge Fahrzeuganprall. Im Allgemeinen ist der Poisson-Prozess für den Auftrittsprozess eine sehr gute Annahme. Der stationäre Poisson-Prozess ist gegeben durch

$$P(N(t)=k)=\frac{(\lambda t)^k}{k!}\exp(-\lambda t) \tag{1.6.13}$$

für die Anzahl $N(t) = k$ der Ereignisse im Intervall $[0,t]$ und λ der Intensität des Prozesses.

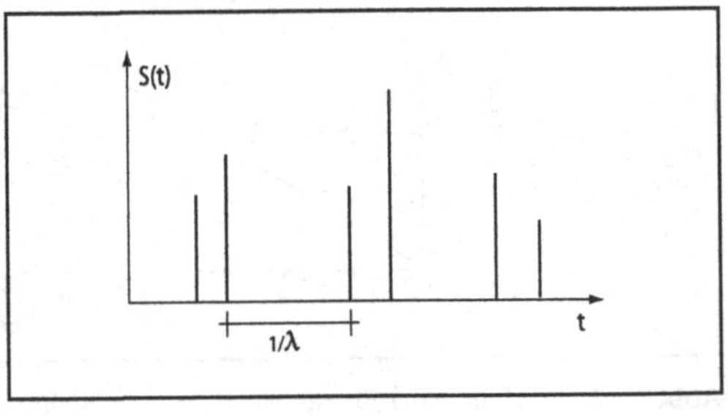

Abb. 1.6-4 Markierte Poisson-Folge

Tabelle 1.6-1 Ausgewählte eindimensionale Verteilungsfunktionen

Name	Verteilungsdichte Verteilungsfunktion	Def.-bereich Par.-bereich	Mittelwert	Standardabweichung
Rechteck	$f_X(x)=\frac{1}{b-a}$ $F_X(x)=\frac{x-a}{b-a}$	$a\le x\le b$ $a\le b$	$\frac{a+b}{2}$	$\frac{b-a}{\sqrt{12}}$
Normal	$f_X(x)=\frac{1}{\sqrt{2\pi}\sigma}\exp\left[-\frac{1}{2}\left(\frac{x-m}{\sigma}\right)^2\right]$ $=\frac{1}{\sigma}\varphi\left(\frac{x-m}{\sigma}\right)$ $F_X(x)=\Phi\left(\frac{x-m}{\sigma}\right)$ $=\int_{-\infty}^{x}\frac{1}{\sigma}\varphi\left(\frac{y-m}{\sigma}\right)dy$	$-\infty<x<\infty$ $\sigma>0$	m	σ
Lognormal	$f_X(x)=\frac{1}{\delta x}\varphi\left(\frac{\ln(x/\xi)}{\delta}\right)$ $F_X(x)=\Phi\left(\frac{\ln(x/\xi)}{\delta}\right)$	$0\le x<\infty$ $\xi,\delta>0$	$\xi\exp\left[\frac{\delta^2}{2}\right]$	$\xi\exp\left[\frac{\delta^2}{2}\right]\sqrt{\exp\left[\frac{\delta^2}{2}\right]-1}$
Gamma	$f_X(x)=\frac{1}{\Gamma(k)}\lambda(\lambda x)^{k-1}\exp[-\lambda x]$ $F_X(x)=\frac{\Gamma(\lambda x,k)}{\Gamma(k)}$	$0\le x<\infty;$ $k,\lambda>0$	$\frac{k}{\lambda}$	$\frac{\sqrt{k}}{\lambda}$
Gumbel	$f_X(x)=\alpha\exp[-\alpha(x-u)-\exp[-\alpha(x-u)]]$ $F_X(x)=\exp[-\exp[-\alpha(x-u)]]$	$-\infty<x<\infty$ $\alpha>0$	$u+\frac{0{,}577}{\alpha}$	$\frac{1}{\alpha}\frac{\pi}{\sqrt{6}}$
Weibull	$f_X(x)=\frac{k}{w}\left(\frac{x}{w}\right)^{k-1}\exp\left[-\left(\frac{x}{w}\right)^k\right]$ $F_X(x)=1-\exp\left[-\left(\frac{x}{w}\right)^k\right]$	$0\le x<\infty$ $w,k>0$	$w\Gamma\left(1+\frac{1}{k}\right)$	$w\sqrt{\Gamma\left(1+\frac{2}{k}\right)-\Gamma^2\left(1+\frac{1}{k}\right)}$

Die Zeiten zwischen den Auftritten sind exponentialverteilt. Die Marken sind häufig mehrdimensional, bei einem Erdbeben etwa die Intensität der Erdbeschleunigungen in horizontaler und vertikaler Richtung, der Frequenzgehalt und die Dauer, deren (zufällige) Änderung von Ereignis zu Ereignis ganz unterschiedliche Auswirkungen auf Bauwerke haben kann (Abb. 1.6-5). Ein anderes Beispiel sind Stürme, deren Marken die Windgeschwindigkeit, Windrichtung und Dauer sind.

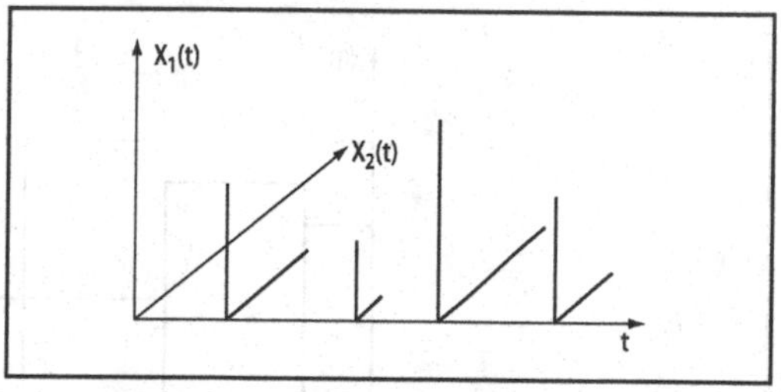

Abb. 1.6-5 Mehrdimensional markierte Poisson-Folge

Viele Lasten wie die Verkehrslasten des Hochbaus ändern sich über längere Zeiten gar nicht oder nur wenig. Zu bestimmten Zeitpunkten erfolgen dann aber sprunghafte Änderungen, z. B. bei Mieterwechseln. Da die Zeiten zwischen diesen sprunghaften Änderungen nicht notwendigerweise exponentialverteilt sind, kann man die Theorie der Erneuerungsprozesse heranziehen, um das Auftreten der besagten sprunghaften Änderungen zu beschreiben. Man kann die Erneuerungen mit Marken versehen, insbesondere mit sog. „Rechteckwellen" wie in Abb. 1.6-6 gezeigt. Für die Zeiten zwischen den Erneuerungen gilt Unabhängigkeit. Gleiches gilt für die möglicherweise mehrdimensionalen Marken in verschiedenen Erneuerungszeiträumen. Die Marken innerhalb eines Erneuerungszeitraumes können jedoch voneinander abhängig sein.

Ein besonders wichtiger Prozess für die Modellierung von Lasten ist der Gauß'sche Prozess und hier v. a. die stationären Gauß'schen Prozesse mit differenzierbaren Pfaden. Seine Bedeutung erhält er v. a. durch die Möglichkeit, die sog. Korrelationstheorie für Zufallsprozesse strikt anzuwenden. Beispiele für Lasten, die gut durch Gauß'sche Prozesse beschrieben werden können, sind der Seegang, die turbulenten Geschwindigkeitsschwankungen des natürlichen Windes, Erdbebenbeschleunigungen und Außentemperaturen.

Die Mittelwertsfunktion des Gauß'schen Prozesses $X(t)$ ist

$$E[X(t)] = m_X(t) = \int_{-\infty}^{\infty} x f_X(x;t)\mathrm{d}x\,. \tag{1.6.14}$$

Die (Auto-)Kovarianzfunktion ist definiert durch

$$\begin{aligned} C_{XX}(t_1,t_2) &= Cov[X(t_1),X(t_2)] = \\ &\int_{-\infty}^{\infty}\int_{-\infty}^{\infty} (x_1-m_X(t_1))(x_2-m_X(t_2)) \\ &\times f_X(x_1,x_2;t_1,t_2)dx_1dx_2\,, \end{aligned} \tag{1.6.15}$$

und es gilt $C_{XX}(t,t) \geq 0$, $C_{XX}(t_1,t_2) = C_{XX}(t_2,t_1)$ und $|C_{XX}(t_1,t_2)| \leq (C_{XX}(t_1,t_2)C_{XX}(t_2,t_1))^{1/2}$. Die Verteilungsdichte für den Gauß-Prozess ist bivariat-normal.

Bei Stetigkeit und Differenzierbarkeit der Pfade ist für den AbleitungsProzess $\dot{X}(t)$

$$E[\dot{X}(t)] = \frac{dm_X(t)}{dt}\,. \tag{1.6.16}$$

Für die Kreuzkovarianzfunktion ist

$$Cov[X(t_1),\dot{X}(t_2)] = \frac{\partial Cov[X(t_1),X(t_2)]}{\partial t_2} \tag{1.6.17}$$

und die (Auto-)Kovarianzfunktion

$$\begin{aligned} Cov[\dot{X}(t_1),\dot{X}(t_2)] &= \frac{\partial Cov[X(t_1),\dot{X}(t_2)]}{\partial t_1} \\ &= \frac{\partial^2 Cov[X(t_1),X(t_2)]}{\partial t_1 \partial t_2}\,. \end{aligned} \tag{1.6.18}$$

Für stationäre Prozesse ist

$$E[X(t)] = m_X \tag{1.6.19}$$

und mit $\tau = t_2 - t_1$

$$\mathrm{Cov}[X(t_1),\, X(t_1+\tau)] = C_{XX}(\tau), \tag{1.6.20}$$

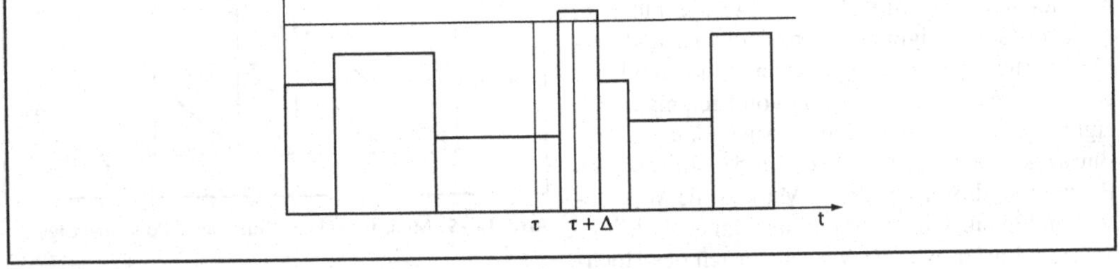

Abb. 1.6-6 Rechteckwellen-Erneuerungsprozess

da t_1 beliebig gewählt werden kann. In diesem Falle ist

$$E[\dot{X}(t)] = 0 \tag{1.6.21}$$

und

$$\begin{aligned} Cov[X(t), \dot{X}(t+\tau)] &= \frac{\partial Cov[X(t), X(t+\tau)]}{\partial \tau} \\ &= -\frac{\partial C_{XX}(\tau)}{\partial \tau}, \end{aligned} \tag{1.6.22}$$

$$\begin{aligned} Cov[\dot{X}(t), \dot{X}(t+\tau)] &= \frac{\partial Cov[X(t), \dot{X}(t+\tau)]}{\partial \tau} \\ &= -\frac{\partial^2 Cov[X(t), X(t+\tau)]}{\partial \tau^2} \\ &= -\frac{\partial^2 C_{XX}(\tau)}{\partial \tau^2}, \end{aligned} \tag{1.6.23}$$

und es ist wegen Symmetrie, d. h. $C_{XX}(\tau) = C_{XX}(-\tau)$, $C_{X\dot{X}}(0) = 0$. Also ist der Ableitungsprozess für $\tau = 0$ unabhängig vom Prozess selbst. Cov[$X(t)$, $\dot{X}(t+\tau)$] ist i. Allg. jedoch nicht Null. $\dot{X}(t)$ ist ebenfalls stationär. Die Existenz der zweiten Ableitung der Autokovarianzfunktion ist auch eine Bedingung für die Differenzierbarkeit von $X(t)$.

Für *ergodische Prozesse* gilt darüber hinaus für $T \rightarrow \infty$

$$E[X(t)] = m_X = \lim_{T \to \infty} \frac{1}{T} \int_0^T X(\tau) d\tau \tag{1.6.24}$$

und

$$C(\tau) = \lim_{T \to \infty} \frac{1}{T} \int_0^T X(t+\tau) X(t) d\tau . \tag{1.6.25}$$

Im Rahmen der Korrelationstheorie ist eine der Darstellung der Abhängigkeitsstruktur durch die Kovarianzfunktion äquivalente Darstellung durch die spektrale Dichte möglich. Insbesondere lässt sich für den zentrierten Prozess $X(t)$ mit $E[X(t)] = 0$ die Kovarianzfunktion durch das Fourierintegral

$$\begin{aligned} C(\tau) &= \int_{-\infty}^{+\infty} S(\omega) \exp(i\omega\tau) d\omega \\ &= 2\int_0^{+\infty} S(\omega) \cos(\omega\tau) d\omega \end{aligned} \tag{1.6.26}$$

mit der inversen Beziehung

$$\begin{aligned} S(\omega) &= \frac{1}{2\pi} \int_{-\infty}^{+\infty} C(\tau) \exp(-i\omega\tau) d\tau \\ &= \frac{1}{\pi} \int_0^{+\infty} C(\tau) \cos(\omega\tau) d\tau \end{aligned} \tag{1.6.27}$$

darstellen. $S(\omega)$ heißt Leistungsspektraldichte oder kurz Spektraldichte. Häufig benutzt man anstelle der Spektraldichte $S(\omega)$ die physikalisch sinnvolle halbseitige Spektraldichte $G(\omega) = 2S(\omega)$. Spektrale Momente werden nach

$$\lambda_k = \int_{-\infty}^{+\infty} \omega^k S(\omega) d\omega \tag{1.6.28}$$

ermittelt. Sie sind wichtige Kenngrößen für die spektrale Zusammensetzung des Prozesses. Die zentrale (mittlere) Frequenz ist

$$\omega_0 = \sqrt{\lambda_2 / \lambda_0} . \tag{1.6.29}$$

Zwei Irregularitätsmaße (Bandbreitenparameter) sind

$$\delta = \left(1 - \frac{\lambda_1^2}{\lambda_2 \lambda_0}\right)^{1/2}, \tag{1.6.30}$$

$$\varepsilon = \left(1 - \frac{\lambda_2^2}{\lambda_0 \lambda_4}\right)^{1/2}. \tag{1.6.31}$$

Dabei variieren beide Parameter zwischen 0 und 1. δ und ε wachsen mit wachsender Bandbreite. Reichhaltige zusätzliche Ergebnisse über Gauß'sche Prozesse findet man z. B. in [Cramer/Leadbetter 1967]. Vektorprozesse sind eine Verallgemeinerung eindimensionaler Prozesse. Man muss jedoch auch Kreuzkorrelationen bzw. Kreuzspektren definieren. Bei Zufallsfeldern gelten die vorstehenden Beziehungen analog. Im Unterschied zu einfachen Prozessen ist nunmehr der Parameter vektorwertig, d. h. er enthält z. B. die Koordinaten des Raumes.

1.6.3 Zeitinvariante Zuverlässigkeitsaufgaben

1.6.3.1 Zuverlässigkeitstheorie 1. und 2. Ordnung

Die praktische Berechnung von Versagenswahrscheinlichkeiten kann näherungsweise mit Hilfe der Zuverlässigkeitstheorie 1. oder 2. Ordnung erfolgen. Hierzu sind erforderlich:

- Definition des Versagenskriteriums als $V = \{h(\mathbf{X}) \leq 0\}$. $h(\mathbf{X})$ ist eine ein- bis zweimal stetig differenzierbare Funktion.
- Definition der Basisvariablen als Vektor $\mathbf{X} = (X_1, \ldots, X_n)^T$.
- Definition des stochastischen Modells als $F_X = (x_1, \ldots, x_n)$. $F_X = (x_1, \ldots, x_n)$ ist eine stetig differenzierbare gemeinsame Verteilungsfunktion des Vektors $\mathbf{X}$.

Des Weiteren wird angenommen, dass eine eineindeutige Transformation $\mathbf{x} = T(\mathbf{u})$ und ihre Umkehrung $\mathbf{u} = T^{-1}(\mathbf{x})$ vom Raum der ursprünglichen Variablen in den sog. „Standardraum" unabhängiger standardnormalverteilter Variablen existiert, derart dass

$$\begin{aligned} P_f &= P(\mathbf{X} \in V_x) = P(h(\mathbf{X}) \leq 0) \\ &= P(\mathbf{U} \in V_u) = P(h(T(\mathbf{U})) \leq 0) \\ &= P(g(\mathbf{U}) \leq 0). \end{aligned} \tag{1.6.32}$$

Dann ist:

$$\begin{aligned} P_f &= \int_{V_x} f_X(x)\mathrm{d}x = \int_{V_u} \varphi_{\mathbf{U}}(\mathbf{u})\mathrm{d}\mathbf{u} \\ &\sim \Phi(-\beta)\prod_{i=1}^{n-1}(1-\beta\kappa_i)^{-1/2} \approx \Phi(-\beta) \end{aligned} \tag{1.6.33}$$

mit

$$\beta = \|\mathbf{u}^*\| = \min\{\|\mathbf{u}\|\} \text{ für } \{\mathbf{u}: g(\mathbf{u}) \leq 0\}. \tag{1.6.34}$$

Hierin ist

β der geometrische Zuverlässigkeitsindex,
$\Phi(.)$ die Standardnormalverteilung,
$\|\mathbf{u}\|$ die Euklidische Norm des Vektors $\mathbf{u}$,
κ_i die Hauptkrümmungen von $g(\mathbf{u}) = 0$ in $\mathbf{u}^*$,
$\mathbf{u}^*$ der β-Punkt (wahrscheinlichster Versagenspunkt).

Das erste Resultat ist asymptotisch, d. h. für $\beta \to \infty$ exakt, und wird mit SORM (Second Order Reliability Method) bezeichnet [Breitung 1984]. Das zweite Resultat ist eine Näherung erster Ordnung und wird FORM (First Order Reliability Method) genannt. Es wurde in [Hasofer/Lind 1974] für normalverteilte Variablen angegeben und in [Rackwitz/Fiessler 1978] für beliebig verteilte Variablen verallgemeinert.

Um die Näherung zweiter Ordnung (SORM) zu berechnen, muss die Grenzzustandsfunktion mindestens zweimal stetig differenzierbar sein, für FORM genügt einfache Differenzierbarkeit. SORM verlangt die Lösung eines Eigenwertproblems, um die Krümmungen aus der Matrix der zweiten Ableitungen zu berechnen. Der Lösungspunkt $\mathbf{u}^*$ des Optimierungsproblems in Gl. (1.6.34) muss eindeutig sein. Ein einfacher Algorithmus zur Bestimmung des Bemessungspunktes $\mathbf{u}^*$ ist [Rackwitz/Fiessler 1978]

$$\mathbf{u}^{(k+1)} = \frac{\nabla g(\mathbf{u}^{(k)})}{\|\nabla g(\mathbf{u}^{(k)})\|^2}\left[\left(\mathbf{u}^{(k)}\right)^T \nabla g(\mathbf{u}^{(k)}) - g(\mathbf{u}^{(k)})\right]. \tag{1.6.35}$$

Dieser Algorithmus konvergiert nicht immer. Man kann ihn durch kleine Änderungen aber sicher konvergent machen und außerdem durch einige zusätzliche Maßnahmen so modifizieren, dass er sog. „überlineare Konvergenz" zeigt. In der Regel muss $\nabla g(\mathbf{u}^{(\kappa)})$ als Vorwärts-, Rückwärts- oder sogar als zentraler Differenzenquotient numerisch berechnet werden. In der Praxis werden höherkonvergente Algorithmen, die auf der sequentiellen quadratischen Programmierung aufbauen, verwendet [Gill et al. 1981, Schittkowski 1983].

1.6.3.2 Verteilungstransformationen

Transformation nichtnormaler unabhängiger Variablen

Für einen unabhängigen Vektor $\mathbf{X}$ mit den Randverteilungen $F_i(x)$ gilt die Identität $F_i(x) = \Phi(u_i)$ [Rackwitz/Fiessler 1978] und daher:

$$X_i = F^{-1}[\Phi(U_i)]. \tag{1.6.36}$$

Korrelierte normalverteilte Variablen

Es ist immer möglich, korrelierte normalverteilte Variablen durch unkorrelierte standardnormalverteilte Variablen darzustellen. War ursprünglich eine mehrdimensionale Variable $\mathbf{X} \sim N_n(\mathbf{m}; \Sigma)$ gegeben, so stellt man $\mathbf{X}$ wie folgt dar:

$$\mathbf{X} = \mathbf{C}\,\mathbf{U} + \mathbf{m}\,. \tag{1.6.37}$$

Man bestimmt die Matrix **C** so, dass die linke und rechte Seite von Gl. (1.6.37) die gleiche Kovarianzmatrix $\sum = \{\sigma_{ij}; 1 \le i,j \le n\}$ hat. Da jede Kovarianzmatrix symmetrisch und positiv definit ist, kann **C** als untere Dreiecksmatrix gewählt werden, d. h. $c_{ij} = 0$ für $j > i$. Führt man zusätzlich noch die Normierung $Z_i = (X_i - m_i)/\sigma_{ii}$ ein und daher $\sigma_{ij} = \rho_{ij}\,\sigma_{ii}\,\sigma_{jj}$ mit $\mathbf{R} = \{\rho_{ij}\}$ der Matrix der Korrelationskoeffizienten, so findet man die Cholesky'sche Dreieckszerlegung

$$\begin{aligned}
a_{11} &= \rho_{11} = 1\,,\\
a_{i1} &= \rho_{i1};\ 2 \le i \le n\,,\\
a_{ii} &= \left(\rho_{ii} - \sum_{k=1}^{i-1} a_{ik}^2\right)^{1/2};\ 2 \le i \le n\,,\\
a_{ij} &= \left(\rho_{ij} - \sum_{k=1}^{j-1} a_{ik} a_{jk}\right)\frac{1}{a_{ii}};\ 1 < j < i \le n
\end{aligned} \tag{1.6.38}$$

und somit

$$\mathbf{Z} = \mathbf{A}\,\mathbf{U}\,. \tag{1.6.39}$$

Die entsprechende Transformation besteht aus einer Verschiebung des Koordinatenursprungs, einer Skalierung der Achsen und einer Koordinatendrehung so, dass im transformierten Raum alle Variablen unkorreliert und standardnormal werden. Unkorrelierte normalverteilte Variablen sind auch unabhängig.

Bei lognormal verteilten Variablen gilt

$$Cov[\ln X_i, \ln X_j] = \ln\left[1 + \frac{Cov[X_i, X_j]}{E[X_i]E[X_j]}\right]. \tag{1.6.40}$$

Wenn X_i normalverteilt und X_j lognormal verteilt ist, gilt

$$Cov[X_i, \ln X_j] = \frac{Cov[X_i, X_j]}{E[X_j]}\,. \tag{1.6.41}$$

Nichtnormale abhängige Basisvariablen

Wenn **X** die Verteilungsfunktion $F(\mathbf{x}) = P(\mathbf{X} \le x) = P(\cap_{i=1}^{n}\{X_i \le x_i\})$ hat, ist es immer möglich, diese durch ein Produkt bedingter Verteilungen darzustellen, d. h. durch $F(\mathbf{x}) = F_1(x_1)F_2(x_2|x_1)\ \ldots\ F_n(x_n|x_1, \ldots, x_{n-1})$.

Die bedingten Verteilungen können nacheinander transformiert werden [Hohenbichler/Rackwitz 1981]. Die Transformation wird als *Rosenblatt-Transformation* bezeichnet.

$$\begin{aligned}
\Phi(u_1) &= F_1(x_1)\\
\Phi(u_2) &= F_2(x_1|x_2)\\
&\ \vdots\\
\Phi(u_n) &= F_n(x_n|x_1\ldots,x_2)
\end{aligned} \tag{1.6.42}$$

oder

$$\begin{aligned}
X_1 &= F_1^{-1}[\Phi(U_1)]\\
X_2 &= F_2^{-1}[\Phi(U_2)|F^{-1}[\Phi(U_1)]]\\
X_3 &= F_3^{-1}[\Phi(U_3)|F^{-1}[\Phi(U_2)|F^{-1}[\Phi(U_1)]]]\,.\\
&\ \vdots
\end{aligned} \tag{1.6.43}$$

Es gibt noch einige andere mehrdimensionale Modelle und die zugehörigen Transformationen [Der Kiureghian/Liu 1986, Winterstein/Bjerager 1987].

1.6.3.3 Sensitivitäten

Zunächst wird der sog. äquivalente Zuverlässigkeitsindex definiert durch

$$\begin{aligned}
P(\mathbf{U}\in V) &= P(\alpha_E^T\mathbf{U} + \beta_E \le 0)\\
&= P(Z + \beta_E \le 0) = \Phi(-\beta_E)\,.
\end{aligned} \tag{1.6.44}$$

α_E und β_E sind offensichtlich die Bestimmungselemente einer Hyperebene mit gleichem Wahrscheinlichkeitsinhalt wie das ursprüngliche Problem $P(\mathbf{U} \in V)$. Man erkennt, dass $\mathrm{Cov}[Z, U_i] = \rho_i = \alpha_{E,i}$. Also ist $\alpha_{E,i}$ der Korrelationskoeffizient zwischen U_i und der Zustandsvariablen Z. Die anderen Bedeutungen von $\alpha_{E,i}$ als normalisierter Gradient und als Richtungskosinus der äquivalenten Hyperebene sind bereits bekannt. Verschiebt man nun den Koordinatenursprung um eine kleine Größe ε (oder ersetzt **U** durch $\mathbf{U} + \varepsilon$), so ergibt sich

$$\begin{aligned}
\beta_E(\varepsilon) &= -\Phi^{-1}(P((\mathbf{U}+\varepsilon)\in V))\\
&= -\Phi^{-1}\left(P\left(\alpha_E^T(\mathbf{U}+\varepsilon)+\beta_E \le 0\right)\right)\\
&= -\Phi^{-1}\left(P\left(\alpha_E^T\mathbf{U} \le -\beta_E - \alpha_E^T\varepsilon\right)\right)\\
&= -\Phi^{-1}\left(\Phi\left(-\beta_E - \alpha_E^T\varepsilon\right)\right) = \beta_E + \alpha_E^T\varepsilon
\end{aligned} \tag{1.6.45}$$

und somit

$$\frac{\partial \beta_E(\varepsilon)}{\partial \varepsilon_i}|\varepsilon_i \to 0 = \alpha_{E,i} \tag{1.6.46}$$

bzw.

$$\frac{\partial P_f(\varepsilon)}{\partial \varepsilon_i}|\varepsilon_i \to 0 = \frac{\partial \Phi(-\beta_E(\varepsilon))}{\partial \varepsilon_i}|\varepsilon_i \to 0 = -\varphi(-\beta_E)\alpha_{E,i}\,. \tag{1.6.47}$$

Offensichtlich ist $\alpha_{E,i}$ ein Maß für die Empfindlichkeit von β_E gegenüber (Mittelwerts-)Änderungen der Variablen U_i. Mit asymptotischen Argumenten kann man zeigen, dass tatsächlich für $\beta \to \infty$ gilt:

$$\alpha_{E,i} = \alpha_{\mu,i} = \alpha_i = \frac{\partial \beta}{\partial u_i}\Big|_{\mathbf{u}=\mathbf{u}^*}. \tag{1.6.48}$$

Diese Größe ist bekannt, sobald man den β-Punkt bestimmt hat. Auf ähnlichem Wege zeigt man, dass

$$\alpha_{\sigma,i} = -\beta\alpha_i^2\,. \tag{1.6.49}$$

$\alpha_{\sigma,i}$ ist offensichtlich ein Maß für die Empfindlichkeit von β bei Änderung der Streuung der Variablen U_i. Schließlich kann man parametrische Sensitivitäten nach

$$\alpha_{\tau,i} = \frac{\partial \beta}{\partial \tau_i}\Big|_{\mathbf{u}=\mathbf{u}^*} \tag{1.6.50}$$

durch numerische Differentiation im β-Punkt bestimmen. Diese Sensitivitätsmaße sind wichtige Kenngrößen für die Bedeutung von Variablen und der Parameter.

1.6.3.4 Beispiel

Als Beispiel sei die Versagenswahrscheinlichkeit eines Zugstabes mit kreisförmigem Querschnitt unter Last berechnet (Abb. 1.6-7). Eine der möglichen Zustandsfunktionen ist

$$M = g(\mathbf{X}) = \frac{\pi}{4}X_2X_3^2 - X_1\,. \tag{1.6.51}$$

Sie ist, wie man sieht, nichtlinear. X_1 sei Gumbel-verteilt, und X_2 und X_3 seien lognormalverteilt. Sie haben die Mittelwerte $\mathbf{m} = (6,\ 2,\ 3)^T$ und die Varianzen $\sigma^2 = (1{,}8^2,\ 0{,}4^2,\ 0{,}3^2)^T$. Die Variablen seien unabhängig. Die Verteilungsfunktionen sind

$$F_1(x_1) = \exp[-\exp[-\alpha(x_1 - u)]]\,, \tag{1.6.52}$$

$$F_{2,3}(x_{2,3}) = \Phi\left(\frac{\ln(x_{2,3}/\xi_{2,3})}{\delta_{2,3}}\right). \tag{1.6.53}$$

Daher ist die Rosenblatt-Transformation

$$X_1 = u - \frac{1}{\alpha}\ln[-\ln(\Phi(U_1))]\,, \tag{1.6.54}$$

$$X_2 = \xi_2 \exp[U_2\,\delta_2]\,, \tag{1.6.55}$$

$$X_3 = \xi_3 \exp[U_3\,\delta_3]\,. \tag{1.6.56}$$

Die entsprechenden Parameter sind $\alpha = 1{,}283/\sigma_1$, $u = m_1 - 0{,}45\sigma_1$, $\delta_i = \ln(1 + (\sigma_i/m_i)^2)^{1/2}$, $\xi_i = m_i \exp[-\delta_i^2/2] (i = 2{,}3)$. Die Zustandsfunktion im Standardraum heißt damit:

$$Z = \frac{\pi}{4}\xi_2 \exp[U_2\,\delta_2](\xi_3 \exp[U_3\,\delta_3])^2 - \left(u - \frac{1}{\alpha}\ln(-\ln(\Phi(U_1)))\right). \tag{1.6.57}$$

Mit der Anfangslösung $\mathbf{u}^0 = 0$ ergibt der Algorithmus (1.6.35) die in Tabelle 1.6-2 dargestellten Ergebnisse. Der Suchalgorithmus konvergiert in vier Schritten. Die α-Werte entsprechend Gl. (1.6.48) sind $\alpha = -{}^1/_\beta$ $\mathbf{u}^* = (-0{,}748;\ 0{,}467;\ 0{,}471)^T$. Die Schätzung erster Ordnung für die Versagenswahrscheinlichkeit ist $P_f \approx \Phi(-\|\mathbf{u}^*\|) = 1{,}62 \cdot 10^{-2}$. Die Versagenswahrscheinlichkeit zweiter Ordnung berechnet man zu $1{,}67 \cdot 10^{-2}$, was auf kleine Krümmungen der Grenzzustandsfläche hinweist. Das ist auch das exakte, durch numerische Integration gewonnene Resultat.

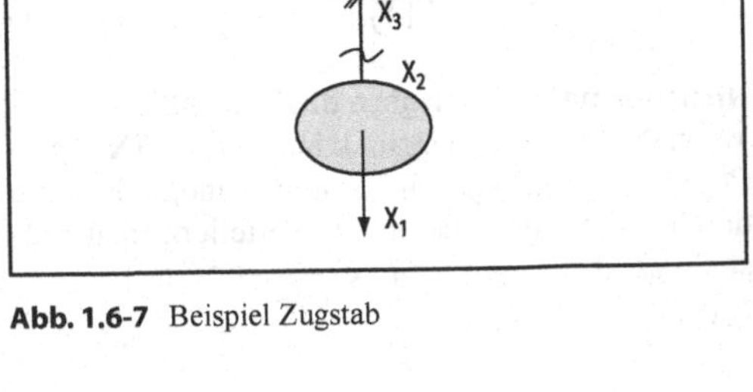

Abb. 1.6-7 Beispiel Zugstab

Tabelle 1.6-2 Beispiel: Iteration zur Bestimmung des Bemessungspunktes

u_1	u_2	u_3	$g(u)$	β
0	0	0	8,020	–
0,74	–1,25	–1,26	1,270	2,18
1,48	–1,16	–1,17	–0,235	2,21
1,61	–0,99	–0,99	–0,010	2,13
1,60	–1,00	–1,01	10^{-4}	2,14

1.6.3.5 Monte-Carlo-Verfahren zur Zuverlässigkeitsberechnung

Erzeugung von Zufallszahlen

Stochastische Simulation erfordert die Erzeugung langer Reihen von Zufallszahlen mit gegebener Verteilung. Solche erzeugt man am besten mit einem digitalen Rechner als sog. Pseudo-Zufallszahlen. Der erste Schritt ist die Erzeugung von Zufallszahlen im Intervall [0, 1].

Die Grundidee ist folgende: Man geht von dem Nachkommaanteil einer irrationalen Zahl, z. B. π, aus. Mit diesem führt man gewisse Operationen (z. B. Potenzieren) aus und erhält durch den Nachkommaanteil der entstandenen Zahl wiederum eine Zufallszahl, und so fort. Der jeweilige Algorithmus ist sorgfältig auf Unabhängigkeit und Gleichverteilung zu testen. In den meisten Rechnern sind solche Zufallsgeneratoren implementiert. Ist nun eine Serie von gleichverteilten Zufallszahlen g_i, $i = 1, 2, \ldots$, erzeugt, erhält man analog zu Gl. (1.6.36) aus

$$x_1 = F_x^{-1}(g_i) \tag{1.6.58}$$

die zur Verteilung $F_X(x)$ gehörige Zufallszahl. Zufallszahlen für Zufallsvektoren erzeugt man analog zum Vorgehen bei der Rosenblatt-Transformation. Man muss dort nur $\Phi(u_i)$ durch $g_i = F(g_i)$ ersetzen. Weiterführende Literatur findet man in [Rubinstein 1981].

Monte-Carlo-Integration

In 1.6.3.1 wurden Näherungen für Wahrscheinlichkeitsintegrale angestrebt, die aber nicht nur einen gewissen gedanklichen Aufwand erfordern, sondern auch in der Realisierung in Rechenprogrammen nicht trivial sind. Hierbei ging es im Wesentlichen darum, hochdimensionale numerische Integration zu vermeiden. Besonders naheliegend ist natürlich auch, Methoden der stochastischen Simulation für Berechnungen der Versagenswahrscheinlichkeit anzuwenden. Die einfachste Art der Berechnung eines Wahrscheinlichkeitsintegrals ist

$$\begin{aligned} P(V) &= \int_V f_X(\mathbf{x})\mathrm{d}\mathbf{x} = \int_{\Re^n} I_V(\mathbf{x}) f_X(\mathbf{x})\mathrm{d}\mathbf{x} \\ &= E[P(\mathbf{X} \in V)]. \end{aligned} \tag{1.6.59}$$

Hierin ist $I_V(\mathbf{x})$ die sog. Indikatorfunktion für den interessierenden Bereich mit den folgenden Eigenschaften:

$$I_V(\mathbf{x}) = \begin{cases} 1 \text{ für } \mathbf{x} \in V\,, \\ 0 \text{ für } \mathbf{x} \notin V\,. \end{cases}$$

Kann man Realisierungen des Vektors $\mathbf{X}$ in effizienter Weise zufällig erzeugen, gilt

$$\hat{P}(V) \approx \frac{1}{N} \sum_{i=1}^{N} I_V(\mathbf{x}_i)\,, \tag{1.6.60}$$

wobei $\hat{P}(.)$ den Wahrscheinlichkeitsschätzer bezeichnet. Das ist ein erwartungstreuer Schätzer für den wahren Wert von $P(V)$. Seine Varianz ist im Fall unabhängiger Realisationen des Vektors $\mathbf{X}$

$$\begin{aligned} Var[\hat{P}(V)] &= \sum_{i=1}^{N} \frac{1}{N^2} Var[I_V(\mathbf{x}_i)] \\ &= \frac{1}{N} Var[I_V(\mathbf{x})]\,. \end{aligned} \tag{1.6.61}$$

Die Varianz wird durch

$$\begin{aligned} Var[I_V(\mathbf{x})] \approx \frac{1}{N} \Bigg\{ & \frac{1}{N} \sum_{i=1}^{N} I_V(\mathbf{x}_i)^2 \\ & - N \left\{ \frac{1}{N} \sum_{i=1}^{N} I_V(\mathbf{x}_i) \right\}^2 \Bigg\} \end{aligned} \tag{1.6.62}$$

geschätzt.

Leider ist ein solches Vorgehen für die Bestimmung von Versagenswahrscheinlichkeiten, d. h. von i. Allg. kleinen Größen, sehr unzweckmäßig, da ein sehr hoher Berechnungsaufwand erforderlich ist, um ausreichend genaue Ergebnisse zu erzielen. Man vergegenwärtige sich, dass es sich hierbei um ein Bernoulli-Experiment handelt.

Es sei p die nach Gl. (1.6.60) zu schätzende Wahrscheinlichkeit. Dann ist die mittlere Anzahl von Treffern gleich Np und die Varianz gleich $Np(1-p)$. Der Variationskoeffizient ist also

$$V[\hat{P}] = \frac{\sqrt{Np(1-p)}}{Np} \approx \frac{1}{\sqrt{Np}} . \qquad (1.6.63)$$

Daraus sieht man, dass man gute Ergebnisse nur bei großem N, d. h. für $N >> 1/p$, erhalten kann.

Monte-Carlo-Methoden mit Importanzstichprobenwahl

Wesentlich effizienter sind Schemata mit Importanzstichprobenwahl, bei denen man $P(V)$ durch

$$\begin{aligned} P(V) &= E[I_V(\mathbf{X})] \\ &= \int_{\Re^n} I_V(\mathbf{X}) \frac{f_X(x)}{h_X(x)} h_X(x) \mathrm{d}x \end{aligned} \qquad (1.6.64)$$

berechnet mit $h(x)$, der sog. Importanzstichprobendichte. Dann ist

$$\begin{aligned} P(V) &= E\left[I_V(\mathbf{X}) \frac{f_X(\mathbf{X})}{h_X(\mathbf{X})} \right] \\ &\approx \frac{1}{N} \sum_{i=1}^{N} I_V(x_i) \frac{f_X(x_i)}{h_X(x_i)} . \end{aligned} \qquad (1.6.65)$$

Die wesentliche Frage ist, wie man die Stichprobendichte so wählt, dass ein möglichst kleiner Variationskoeffizient der Schätzung entsteht. Wählt man z. B.

$$h_X(x) = \frac{I_V(\mathbf{X}) f_X(x) \mathrm{d}x}{\int_{\Re^n} I_V(\mathbf{X}) f_X(x) \mathrm{d}x} , \qquad (1.6.66)$$

so zeigt man leicht, dass, da im Nenner genau die Größe $P(V)$ steht, die Varianz der Schätzung zu Null wird. Das ist wenig hilfreich, da man gerade $P(V)$ schätzen möchte. Jede Näherung für $P(V)$ sollte eine Schätzung jedoch effizienter machen. Kennt man z. B. den β-Punkt im Standardraum, so liegt es nahe, für $h_X(x)$ wiederum eine Normalverteilung mit unabhängigen Komponenten und Mittelwert im β-Punkt zu wählen, d. h. $N(\mathbf{u}^*, c\mathbf{I})$ (Abb. 1.6-8). Mit $c \approx 1$ hat man gute Erfahrungen gemacht. In diesem Fall ergibt sich eine Trefferwahrscheinlichkeit von ungefähr 0,5. Man braucht den β-Punkt nicht genau zu kennen.

Dieses Verfahren wird oft adaptiv angewandt, d. h. man verändert während der Simulation die Importanzstichprobendichte. Bei einfachen Komponenten startet man die Simulation am Mittelwertsvektor. Wird $g(\mathbf{x}_i)$ zufällig kleiner, verwendet man diesen Punkt als nächstes Zentrum der Importanzstichprobendichte. Wenn für ein $\mathbf{x}_i$ $g(\mathbf{x}_i) \leq 0$, verwendet man diesen Punkt als Zentrum der Importanzstichprobendichte und ändert das Zentrum nur noch, wenn $|g(\mathbf{x}_i)|$ kleiner und die Dichte $f_X(\mathbf{x}_i)$ größer wird als für ein früher gefundenes $\mathbf{x}_i$. Das Verfahren ist also ein stochastisches Suchverfahren nach dem β-Punkt. Dann beginnt man mit der Schätzung der Versagenswahrscheinlichkeit nach Gl. (1.6.65).

Dieses Verfahren benötigt keine Ableitungen von $g(x)$ und auch keine Wahrscheinlichkeitstransformation, obwohl es im transformierten Raum wegen der dann gegebenen Rotationssymmetrie am besten funktioniert. Man kann es im Hinblick auf verschiedene Kriterien noch verbessern. Beispielsweise kann man ein „besseres" Zentrum nur mit allmählich kleiner werdender Wahrscheinlichkeit akzeptieren. Außerdem kann man die Schrittweite, mit der ein bestehendes Zentrum in Richtung „besseres" Zentrum verändert wird, allmählich verkleinern. Dann besteht eine gewisse Möglichkeit, nicht in lokalen Zentren, d. h. lokalen Maxima, von $f_X(\mathbf{x})$ „hängen" zu bleiben. Das Verfahren ist leider ziemlich aufwendig.

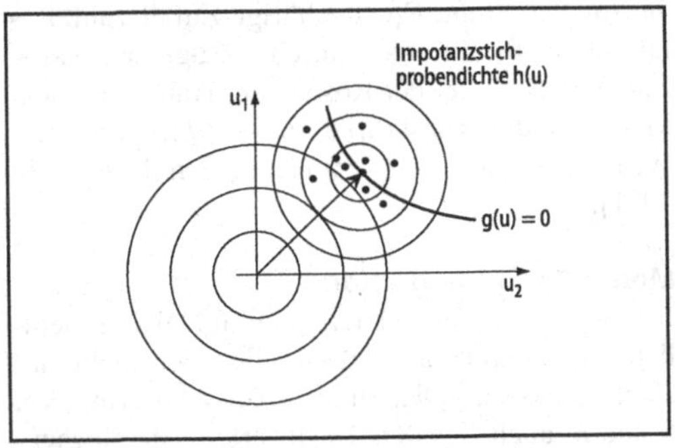

Abb. 1.6-8 Monte-Carlo-Verfahren mit Importanzstichprobenwahl

1.6.4 Zuverlässigkeit von Systemen

1.6.4.1 Logische Analyse von Systemen

Es ist nützlich, die verschiedenen Arten von Systemen aus der Sicht der Zuverlässigkeitstheorie zu klassifizieren. Ein *Seriensystem* versagt, wenn auch nur eine seiner Komponenten versagt. Ein typisches Beispiel ist die Kette, bei der das Versagen jedes einzelnen Gliedes dem Kettenversagen entspricht. Ein *Parallelsystem* versagt, wenn auch die letzte Komponente versagt. Solche Systeme nennt man auch „redundant“. Damit soll zum Ausdruck gebracht werden, dass das Versagen einer oder auch mehrerer Komponenten noch nicht das Versagen des Systems bedeuten muss. Beispiele sind Versorgungsanlagen für Wasser oder Elektrizität.

Diesen Systemen kommen wegen der zweiwertigen Beschreibung ihrer Zustände ganz bestimmte Mengenoperationen zu. In der Zuverlässigkeitstheorie spricht man daher auch schon dann von einem System, wenn solche Operationen für eine Beschreibung des Systemzustands notwendig sind. Im Allgemeinen sind Systeme aus vielen Komponenten in komplexer logischer Anordnung von seriellen und parallelen Untersystemen zusammengesetzt. Im Folgenden werden zunächst einige formale Regeln für die Analyse derartiger Systeme aufgestellt.

Es sei $F_i = \{\mathbf{X} \in V_i\}$ das Versagensereignis der i-ten Systemkomponente und F das Versagensereignis des Systems. Für ein *Seriensystem* (*„oder“-Verbindung*) ist das Versagensereignis die Vereinigung der Einzelereignisse

$$F_s = \cup\, F_i\,. \tag{1.6.67}$$

Für ein *Parallelsystem* (*„und“-Verbindung*) ist das Versagensereignis der Schnitt der Einzelereignisse

$$F_p = \cap\, F_i\,. \tag{1.6.68}$$

Entsprechend haben *Parallelsysteme in Serie* (*Vereinigungen von Schnittmengen*) die Darstellung

$$F_{sp} = \cup \cap F_{ij} \tag{1.6.69}$$

und *parallelgeschaltete Seriensysteme* (*Schnittmengen von Vereinigungen*) die Darstellung

$$F_{ps} = \cap \cup F_{st}\,. \tag{1.6.70}$$

Diese Systeme sind für ein Beispiel durch ihre Versagensbereiche und ihr Blockdiagramm in Abb. 1.6-9 dargestellt.

Von großer Bedeutung ist, dass jedes System durch eine der beiden letzten Darstellungen beschrieben werden kann, indem man von den distributiven Gesetzen der Mengenalgebra Gebrauch macht.

$$F_i = \cap\,(F_j \cup F_k) = (F_i \cap F_j) \cup (F_i \cup F_k)\,, \tag{1.6.71}$$

$$F_i = \cup\,(F_j \cap F_k) = (F_i \cup F_j) \cap (F_i \cup F_k)\,. \tag{1.6.72}$$

Ferner werden wesentliche Reduktionen durch die Absorptionsregeln, d. h. durch

$$\left.\begin{matrix} F_i \cup F_j = F_j \\ F_i \cap F_j = F_i \end{matrix}\right\}\text{für } F_i \subseteq F_j\,, \tag{1.6.73}$$

$$\left.\begin{matrix} (F_i \cup F_k) \subset F_j \\ (F_i \cap F_k) \subset F_j \end{matrix}\right\}\begin{matrix} \text{für } F_i \subset F_j \\ \text{und } F_k \subset F_j \end{matrix}\,, \tag{1.6.74}$$

möglich. Hierdurch kann man die Menge „minimal“ machen.

Minimale Schnittmengen, Gl. (1.6.69), sind solche, die keine andere *Schnittmenge* als echte Teilmenge enthalten. Analog wird die Darstellung (1.6.70) als *Pfadmenge* bezeichnet. Diese ist minimal, wenn sie keine andere Pfadmenge als echte Teilmenge enthält. Sie ist für Zuverlässigkeitsbetrachtungen weniger geeignet.

1.6.4.2 Wahrscheinlichkeitsschranken für Systeme

Einfache Schranken für die Versagenswahrscheinlichkeit von Systemen werden unter den vereinfachenden Annahmen erhalten, dass die Komponentenereignisse entweder voll voneinander abhängig oder voneinander unabhängig sind.

Für ein Seriensystem („oder“-Verknüpfung) hat man für unabhängige Ereignisse nach Übergang zu den komplementären Ereignissen

$$\begin{aligned} P_{f,S} &= P\left(\bigcup_{i=1}^{m} F_i\right) = 1 - P\left(\bigcap_{i=1}^{m} \bar{F}_i\right) = 1 - \prod_{i=1}^{m} P(\bar{F}_i) \\ &= 1 - \prod_{i=1}^{m} (1 - P(F_i))\,. \end{aligned} \tag{1.6.75}$$

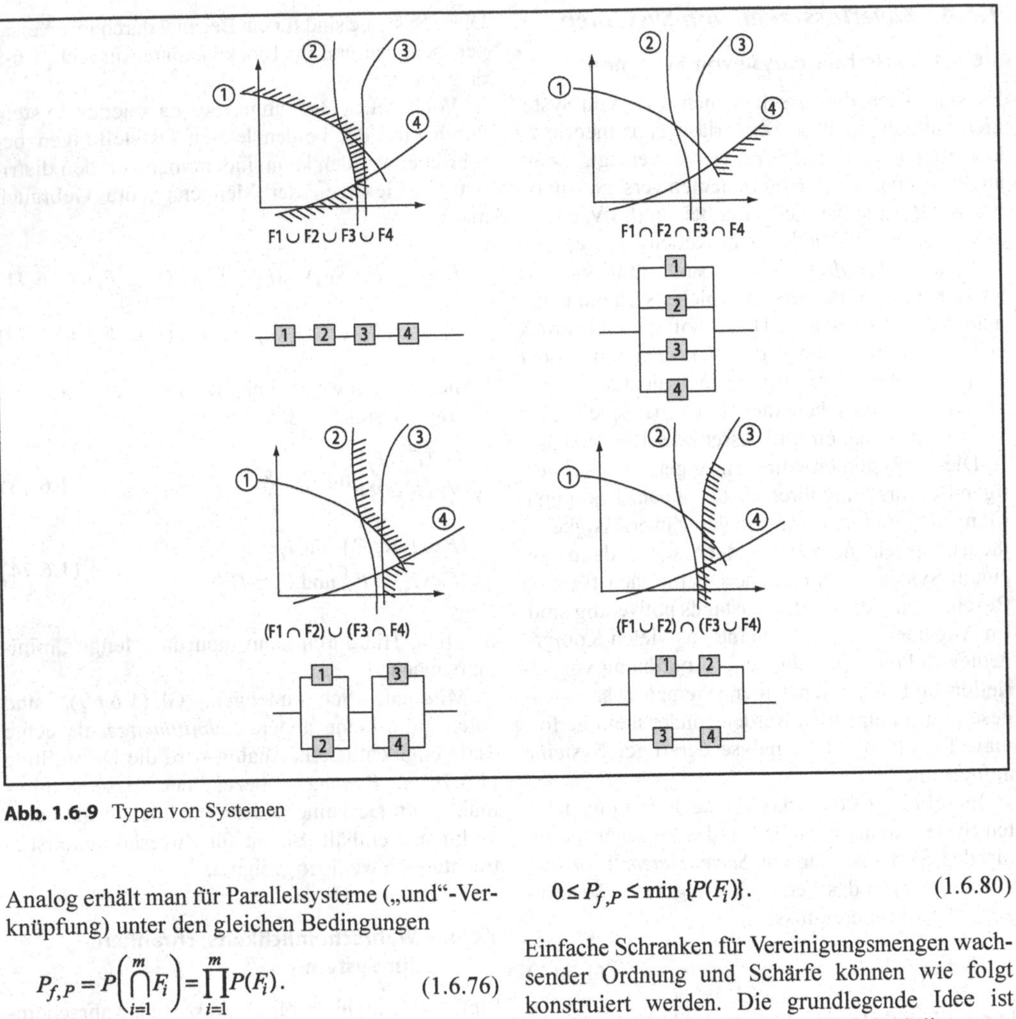

Abb. 1.6-9 Typen von Systemen

Analog erhält man für Parallelsysteme („und"-Verknüpfung) unter den gleichen Bedingungen

$$P_{f,P} = P\left(\bigcap_{i=1}^{m} F_i\right) = \prod_{i=1}^{m} P(F_i). \tag{1.6.76}$$

Im voll abhängigen Fall ist

$$P_{f,S} = P\left(\bigcup_{i=1}^{m} F_i\right) = \max\{P(F_i)\}, \tag{1.6.77}$$

$$P_{f,P} = P\left(\bigcap_{i=1}^{m} F_i\right) = \min\{P(F_i)\}. \tag{1.6.78}$$

Bei beliebiger Abhängigkeit der Ereignisse gelten die Schranken 1. Ordnung:

$$\max\{P(F_i)\} \le P_{f,S} \le \sum_{i=1}^{m} P(F_i), \tag{1.6.79}$$

$$0 \le P_{f,P} \le \min\{P(F_i)\}. \tag{1.6.80}$$

Einfache Schranken für Vereinigungsmengen wachsender Ordnung und Schärfe können wie folgt konstruiert werden. Die grundlegende Idee ist leicht aus Abb. 1.6-10 zu ersehen. Für die ersten beiden Ereignisse hat man

$$P(F_1 \cup F_2) = P(F_1) + P(F_2) - P(F_1 \cap F_2).$$

Für das dritte Ereignis in einer Vereinigung erhält man eine obere Schranke, wenn die größere Schnittwahrscheinlichkeit, d. h. $P(F_1 \cap F_3)$ oder $P(F_2 \cap F_3)$, von dem zusätzlichen Term $P(F_3)$ abgezogen wird. Eine untere Schranke gewinnt man, wenn man die Summe dieser Schnittwahrscheinlichkeiten abzieht unter der Bedingung, dass diese Summe nicht größer sein kann als $P(F_3)$. Wiederholte Anwendung dieses Schemas auf alle n Ereignisse in der Vereinigung ergibt [Ditlevsen 1979]

$$P\left(\bigcup_{i=1}^{m} F_i\right) = \begin{cases} \le P(F_1) + \sum_{i=2}^{m} (P(F_i) \\ \quad - \max_{j<i} P\{F_i \cap F_j\}) \\ \ge P(F_1) + \sum_{i=2}^{m} \max \{0, \\ \quad (P(F_i) - \sum_{j<i} P\{F_i \cap F_j\})\} . \end{cases} \qquad (1.6.81)$$

Diese Schranken werden als Schranken 2. Ordnung bezeichnet. Die Güte der Schranken hängt geringfügig von der Ordnung der F_i ab. Gute Schranken werden gewonnen, wenn die F_i nach der Größe von $P(F_i)$ geordnet werden.

1.6.4.3 Berechnung der Wahrscheinlichkeiten von Vereinigungs- und Schnittmengen

Das Versagensereignis (Versagensbereich) kann auch als Vereinigung oder Durchschnitt von einzelnen Versagensbereichen gegeben sein. Es sei $V = \cap_{i=1}^{m} V_i$ mit $V_i = H_i = \{\alpha_i^T \mathbf{U} + \beta_i \le 0\} = \{Z_i \le \beta_i\}$. Waren ursprünglich die einzelnen Bereiche durch nichtlineare Funktionen begrenzt, so kann man annehmen, dass diese, wie im vorigen Abschnitt beschrieben, durch Halbräume ersetzt werden können. Die Kovarianzmatrix des Vektors $\mathbf{Z}$ ist dann durch $\sum = \{\alpha_i^T\ \alpha_j;\ i, j = 1\ldots, m\}$ gegeben, welche gleich der Korrelationskoeffizientenmatrix $\mathbf{R}$ ist, da $\mathbf{Z}$ ein Vektor mit Mittelwert 0 und Varianz 1 ist [Hohenbichler/Rackwitz 1983, Hohenbichler et al. 1987]:

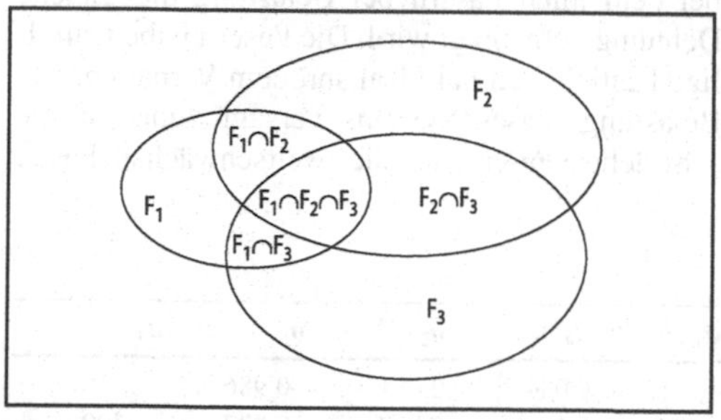

Abb. 1.6-10 Zur Ableitung von verbesserten Schranken für Vereinigungswahrscheinlichkeiten

$$P_f = P\left(\bigcap_{i=1}^{m} \{Z_i \le -\beta_i\}\right) = \Phi_m(-\beta; \mathbf{R}) . \qquad (1.6.82)$$

Φ_m ist das mehrdimensionale Normalverteilungsintegral. Für Vereinigungen $V = \cup_{i=1}^{m} V_i$ ist entsprechend

$$\begin{aligned} P_f &= P\left(\bigcup_{i=1}^{m} \{Z_i \le -\beta_i\}\right) = 1 - P\left(\bigcap_{i=1}^{m} \{Z_i > -\beta_i\}\right) \\ &= 1 - P\left(\bigcap_{i=1}^{m} \{Z_i \le \beta_i\}\right) = 1 - \Phi_m(\beta; \mathbf{R}) . \end{aligned} \qquad (1.6.83)$$

Die Berechnung des mehrdimensionalen Normalverteilungsintegrals ist i. Allg. schwierig (s. jedoch [Ruben 1964; Gollwitzer/Rackwitz 1988]). Bei Schnittmengen ergibt sich ein besseres Resultat, wenn die Linearisierung nicht in den individuellen β-Punkten, sondern im gemeinsamen β-Punkt $\mathbf{u}^*$, definiert durch

$$\begin{aligned} \beta &= \|\mathbf{u}^*\| = \min \{\|\mathbf{u}\|\} \\ &\text{für } \left\{\mathbf{u} : \bigcap_{i=1}^{m} g_i(\mathbf{u}) \le 0\right\} , \end{aligned} \qquad (1.6.84)$$

erfolgt, womit dann $\beta_i = -\alpha_i^T\ \mathbf{u}^*$.

Schließlich wurde auch für Schnittwahrscheinlichkeiten eine asymptotische Korrektur 2. Ordnung erarbeitet [Hohenbichler et al. 1987]. Für Vereinigungsmengen gilt asymptotisch $P(\cap_{i=1}^{m} F_i) \sim \sum_{i=1}^{m} P(F_i)$.

Die Berechnung der Wahrscheinlichkeit von Schnittmengen kann auch mit dem Monte-Carlo-Verfahren erfolgen, leider nur mit großem Aufwand.

1.6.4.4 Anwendung auf Tragsysteme

Die Anwendung auf Tragsysteme wird an einem starr-plastischen Rahmen mit verschiedenen Versagensmodi illustriert. Ein Portalrahmen kann auf die in Abb. 1.6-11 gezeigten Arten (Versagensmodi) versagen. Mithilfe des Arbeitssatzes erhält man drei Zustandsfunktionen:

$$M_1 = X_1 + X_2 + X_4 + X_5 - X_6 h , \qquad (1.6.85)$$

$$M_2 = X_1 + 2X_3 + 2X_4 + X_5 - X_6 h - X_7 h , \qquad (1.6.86)$$

$$M_3 = X_2 + 2X_3 + X_4 - X_7 h . \qquad (1.6.87)$$

Die einzelnen Versagensmodi sind an sich Parallelsysteme, da alle für einen Modus erforderlichen

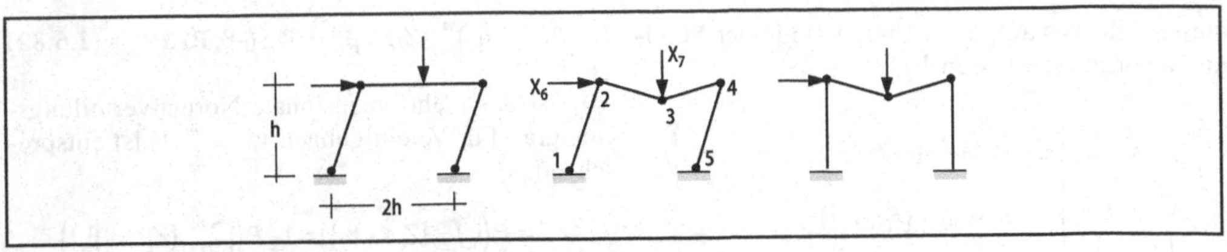

Abb. 1.6-11 Versagensmodi bei Portalrahmen

kritischen Punkte im Tragwerk ins Fließen kommen müssen. Bei voller Plastizität reduziert sich die Berechnung von Schnittmengen. Die Konstante ist $h = 5$ m. Für die unsicheren Variablen gilt Tabelle 1.6-3.

Die Durchführung der in diesem Fall sehr einfachen Transformation und die Bestimmung des jeweiligen β-Punktes liefern die in Tabelle 1.6-4 dargestellten Ergebnisse. Die Korrelationsmatrix der Sicherheitszonen lautet

$$\mathbf{R} = \begin{bmatrix} 1{,}000 & 0{,}841 & 0{,}014 \\ 0{,}841 & 1{,}000 & 0{,}536 \\ 0{,}014 & 0{,}536 & 1{,}000 \end{bmatrix}.$$

Geht man nach Gl. (1.6.81) vor, so errechnet sich folgende Matrix der Schnittwahrscheinlichkeiten bei Berechnung nach FORM:

$$\mathbf{P} = \begin{bmatrix} 3{,}36\,10^{-3} & & \text{symm.} \\ 9{,}20\,10^{-4} & 1{,}99\,10^{-3} & \\ 1{,}14\,10^{-6} & 4{,}25\,10^{-5} & 2{,}91\,10^{-4} \end{bmatrix}.$$

Tabelle 1.6-3 Unsichere Variablen im Beispiel

Variable	Vert.-Typ	m_i	σ_i
$X_1 \ldots X_5$	LN	134,9 kNm	13,49 kNm
X_6	LN	50 kN	15 kN
X_7	LN	40 kN	12 kN

Die nach Gl. (1.6.81) erforderlichen Schnittwahrscheinlichkeiten werden nach Standardisierung der Sicherheitszonen mit $Z_i = \dfrac{M_i - m_i}{\sigma_i}$ am besten aus

$$\Phi_2(-\beta_i, \beta_j; \rho_{ij}) = \Phi(-\beta_i)\Phi(-\beta_j) + \int_0^{\rho_{ij}} \frac{1}{2\pi\sqrt{1-u^2}} \exp\left[-\frac{1}{2}\frac{\left(\beta_i^2 - 2u\beta_i\beta_j + \beta_j^2\right)}{1-u^2}\right] du \tag{1.6.88}$$

mit numerischer Integration und $\rho_{ij} = \alpha_i^T \alpha_j$ berechnet. Damit sind die Schranken nach Gl. (1.6.79) bzw. (1.6.81)

$$3{,}36 \cdot 10^{-3} \le 4{,}67 \cdot 10^{-3} \le P_f \le 4{,}67 \cdot 10^{-3} \le 5{,}64 \cdot 10^{-3}\,. \tag{1.6.89}$$

Die verbesserten Schranken (1.6.81) sind in diesem Fall bis auf zwei Stellen nach dem Komma exakt. Das gleiche Ergebnis erhält man, wenn man nach Gl. (1.6.83) vorgeht.

Diese Vorgehensweise kann nicht immer angewandt werden, wie nachfolgend veranschaulicht wird. Abbildung 1.6-12 zeigt ein Daniels-System, bei dem allen Fasern bei Belastung die gleiche Dehnung aufgeprägt wird. Die Fasern haben zufällige Festigkeiten bei ideal sprödem Verhalten. Bei Belastung dieses Systems versagt zunächst die schwächste Faser, dann die zweitschwächste Faser,

Tabelle 1.6-4 Ergebnis für die einzelnenVersagensmodi

Modus	β	P_f	α_1	α_2	α_3	α_4	α_5	α_6	α_7
1	2,71	$3{,}36 \cdot 10^{-3}$	0,084	0,084	–	0,084	0,084	–0,986	–
2	2,88	$1{,}99 \cdot 10^{-3}$	0,077	–	0,150	0,150	0,077	–0,827	–0,509
3	3,44	$2{,}90 \cdot 10^{-4}$	–	0,084	0,164	0,084	–		–0,979

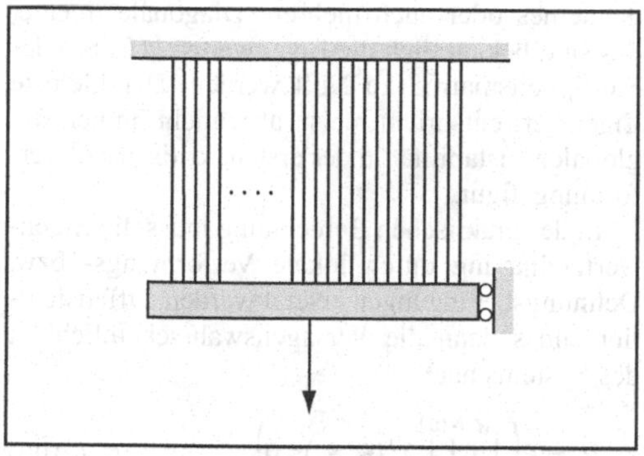

Abb. 1.6-12 Ideales Parallelsystem (Daniels-System)

usw. Beim Bruch einer Faser muss sich die Last auf die verbliebenen intakten Fasern gleichmäßig verteilen. Bei weiterer Steigerung der Last muss man bei einer gewissen Last erwarten, dass die Festigkeit der verbliebenen Fasern nicht mehr ausreicht, um die auf sie umgelagerte Last aufzunehmen. Das System versagt. Dabei sind dynamische Effekte vernachlässigt.

Die Fasern haben die identisch und unabhängig verteilten Festigkeiten X_k. Bei Ordnung nach ($\hat{X}_1 \leq \hat{X}_2 \leq \ldots \leq \hat{X}_n$) erkennt man, dass die Festigkeit des Systems durch [Daniels 1945; Hohenbichler et al. 1987]

$$R = \max_{k=1}^{n} \{(n-k+1)\hat{X}_k\} \tag{1.6.90}$$

gegeben ist. Also ist

$$P_f(s) = P\left(\bigcap_{k=1}^{n} \{(n-k+1)\hat{X}_k - s \leq 0\}\right), \tag{1.6.91}$$

und damit ist ein Parallelsystem (Schnittmengensystem) zu berechnen.

Die Abhängigkeit der Komponenten des Systems ergibt sich aus der Abhängigkeit der $\hat{X}_k$. Die Verteilungsfunktion von $\hat{X}_1$ ist

$$F_1(x_1) = 1 - [1 - F(x_1)]^n. \tag{1.6.92}$$

Die Verteilungsfunktionen der X_i sind die Verteilungsfunktionen der ursprünglichen Variablen, aber gestutzt bei $X_i = x_1$.

$$P(X_i \leq x | \hat{X}_i = x_1) = \frac{F_X(x) - F_X(x_1)}{1 - F_X(x_1)} \tag{1.6.93}$$
$$\text{für } x > x_1, i = 2, \ldots, n.$$

Entsprechend ist die Verteilungsfunktion von $\hat{X}_2 \mid \hat{X}_1 = x_1$

$$F_2(x_2|x_1) = 1 - \left[1 - \frac{F_X(x_2) - F_X(x_1)}{1 - F_X(x_1)}\right]^{n-1} \tag{1.6.94}$$

und allgemein

$$F_i(x_i|x_1, \ldots, x_{i-1}) = 1 - \left[1 - \frac{F_X(x_i) - F_X(x_{i-1})}{1 - F_X(x_{i-1})}\right]^{n-i-1} \tag{1.6.95}$$
$$\text{für } x_i > x_{i-1} > \ldots > x_1.$$

Damit kann die Rosenblatt-Transformation durchgeführt werden. Die Systemversagenswahrscheinlichkeit ermittelt man nach Gl. (1.6.91) oder nach [Daniels 1945].

In Tabelle 1.6-5 sind die Zuverlässigkeitsindizes für Daniels-Systeme mit wachsender Faseranzahl für ideal sprödes und ideal duktiles Verhalten angegeben. Für die numerischen Berechnungen wurde die Last deterministisch zu $s = n(m - a\,\sigma)$ mit $a = 2$ angenommen sowie ein Variationskoeffizient von $V = \sigma/m = 0{,}2$ für die unabhängig normal verteilten Faserfestigkeiten. Bei sprödem Faserverhalten ist

Tabelle 1.6-5 Sicherheitsindizes von Daniels-Systemen bei ideal elastisch sprödem und bei ideal plastischem Faserverhalten

n	ideal spröd	ideal plastisch
1	2,00	2,00
3	1,82	3,46
5	1,87	4,47
10	2,03	6,33
15	2,19	7,75
20	2,32	8,94
50	2,27	14,14
100	3,05	20,00
200	4,16	28,28
∞	∞	∞

die Lastabtragung durch kleine Daniels-Systeme zunächst unsicherer, als wenn die Last nur durch eine einzige starke Komponente abtragen würde. Mit zunehmender Anzahl der Fasern nimmt aber auch die Zuverlässigkeit wieder zu, allerdings recht langsam. Dieser Tatbestand hat erhebliche praktische Bedeutung.

Bei ideal plastischem Material werden die exakten Wahrscheinlichkeiten wie folgt berechnet:

$$P_f(s) = \Phi\left(-\frac{s-nm}{\sqrt{n}\cdot\sigma}\right). \tag{1.6.96}$$

In diesem Fall wachsen die Zuverlässigkeitsindizes monoton mit n. Auch dieser Tatbestand hat große praktische Bedeutung.

Allgemeine, mechanisch und/oder geometrisch nichtlineare Tragsysteme sind sehr schwierig zu behandeln, und es kann hier nur versucht werden, die Problematik zu veranschaulichen. Das geschehe im Rahmen einer FE-Modellierung eines Stockwerkrahmens ohne aussteifenden Kern. Der stabile Zustand eines Tragwerks kann bei quasistatischer Belastung durch

$$[\mathbf{K}_E(\mathbf{R},\mathbf{S}_\mu,\mathbf{v}^\upsilon)]\ \mathbf{v}^{\upsilon+1} = \mathbf{P}(\mathbf{S}_\mu)^\upsilon \tag{1.6.97}$$

beschrieben werden. Hierin ist

$\mathbf{K}_E(\mathbf{R},\mathbf{S}_\mu,\mathbf{v}^\upsilon)$ die (bei $\mathbf{v}^\upsilon$ linearisierte) Steifigkeitsmatrix des Systems,

$\mathbf{R}$ die (zufälligen) Tragwerkseigenschaften des Systems,

$\mathbf{S}_\mu$ die (zufälligen) Belastungen des Systems auf dem μ-ten Lastpfad,

$\mathbf{P}(\mathbf{S}_\mu)$ die Knotenkräfte am System.

Der Kopfzeiger v soll anzeigen, dass iteriert werden muss. Das Tragwerk versagt, wenn

$$[\mathbf{K}_E(\mathbf{R},\mathbf{S}_\mu,\mathbf{v}^\upsilon)]\ \mathbf{v}^{\upsilon+1} = 0 \tag{1.6.98}$$

oder

$$\det\ [\mathbf{K}_E(\mathbf{R},\mathbf{S}_\mu,\mathbf{v}^\upsilon)] = 0\ . \tag{1.6.99}$$

Dieses Kriterium schließt globale Instabilität, lokales Knicken und Mechanismusbildung ein.

Jede symmetrische Matrix lässt sich diagonalisieren. Dann wird die Determinante Null, wenn irgendeines oder auch mehrere Diagonalelemente, das sind bekanntlich die Eigenwerte $\lambda_n^\upsilon(\mathbf{R}, \mathbf{S}_\mu)$ der Steifigkeitsmatrix, zu Null werden. Der kleinste Eigenwert entspricht meist, aber nicht immer, der globalen Instabilität in der ersten, kritischsten Verformungsfigur.

In der praktischen Berechnung muss die Eigenwertbedingung durch lokale Verformungs- bzw. Dehnungsbedingungen ersetzt werden. Offensichtlich muss dann die Versagenswahrscheinlichkeit des Systems nach

$$P_f = P\left(\bigcup_{\mu=1}^{M}\bigcup_{n=1}^{N(\mu)} \lambda_n^\upsilon(\mathbf{R},\mathbf{S}_\mu)\le 0\right) \tag{1.6.100}$$

berechnet werden, wenn $\mathbf{R}$ und $\mathbf{S}_\mu$ als Zufallsvariable genommen werden. Sowohl $\mathbf{R}$ als auch $\mathbf{S}_\mu$ sind i. Allg. hochdimensionale und innerhalb des betrachteten Systems hochkorrelierte Zufallsvektoren.

Die Vereinigungsoperation kennzeichnet die Formulierung als Seriensystemproblem. Die sog. Trivialschranken sind

$$\begin{aligned} 0 &\le \max_{\mu,n}\left\{P\left(\lambda_n^\upsilon(\mathbf{R},\mathbf{S}_\mu)\le 0\right)\right\} \\ &\le P\left(\bigcup_{\mu=1}^{M}\bigcup_{n=1}^{N(\mu)} \lambda_n^\upsilon(\mathbf{R},\mathbf{S}_\mu)\le 0\right) \\ &\le \sum_{\mu,n} P\left(\lambda_n^\upsilon(\mathbf{R},\mathbf{S}_\mu)\le 0\right)\le 1, \end{aligned} \tag{1.6.101}$$

die, wenn nötig, mit Gl. (1.6.81) noch verbessert werden können.

Die Anzahl $N(\mu)$der Versagensmoden ist hier maximal gleich der Anzahl der Freiheitsgrade N des Systems. $N(\mu)$ hängt aber auch maßgeblich von der betrachteten Belastungskonfiguration und dem zugehörigen Lastpfad ab. In der Regel kann ohne wesentlichen Verlust an Genauigkeit $N(\mu) < N$ genommen werden, da der der Belastungskonfiguration zugehörige Lastpfad das Entstehen gewisser Versagensmoden mit großer Wahrscheinlichkeit ausschließt. M hängt von der Art und der Zeitveränderlichkeit der beteiligten Lasten ab.

Hervorgehoben werden soll, dass der Lastpfad i. d. R. keine proportionale Belastung ist. Beispielsweise wirken zunächst das Eigengewicht, dann die im Wesentlichen ruhenden Verkehrslasten beide vertikal, und die Lasten aus klimatischen Einwirkungen wie Wind und dieser horizontal. Eine Lastpfadabhängigkeit ist immer gegeben, wenn im Tragwerk irreversible plastische Verformungen auftreten.

Im Prinzip gibt es unendlich viele verschiedene Lastpfade, schon weil die Eigengewichtsbeanspruchung eine stetig verteilte Größe ist und somit jede zusätzliche Belastung durch Verkehrslasten und andere Lasten von einem zufälligen Punkt im Raum der Lasten ausgeht. Hier muss man sich durch entsprechende Modellierung der Belastungsereignisse behelfen und sich auf wenige charakteristische Lastpfade beschränken. Damit ist aber Gl. (1.6.101) nur eine untere Schranke, deren Güte nur schwierig zu beurteilen ist.

1.6.5 Berechnung von bedingten Wahrscheinlichkeiten

1.6.5.1 Allgemeines

Bedingte Versagenswahrscheinlichkeiten

$$P_f(F|A\cap B\cap C\ldots)=\frac{P(F\cap A\cap B\cap C\ldots)}{P(A\cap B\cap C\ldots)} \quad (1.6.102)$$

werden durch getrennte Berechnung des Zählers und des Nenners in Gl. (1.6.102) ermittelt. Bedingende Ereignisse können z. B. aktuelle Beobachtungen von Schädigungen sein, die Ergebnisse von Probebelastungen und Ähnliches. Wenn das bedingende Ereignis als Gleichheitsbedingung formuliert werden muss, ergeben sich einige Besonderheiten. Dann sind Oberflächenintegrale (erster Art) des Typs

$$I(D)=\int_D \varphi_n(\mathbf{x})\,ds(\mathbf{x}) \quad (1.6.103)$$

mit $D=E\cap F=\bigcap_{i=1}^{l}\{E_i\}\cap\bigcap_{i=l+1}^{m}\{F_i\}=\bigcap_{i=l}^{l}\{e_i(\mathbf{X})=0\}\cap\bigcap_{i=l+1}^{m}\{g_i(\mathbf{X})\leq 0\}$ zu berechnen.

Auf die konkrete Berechnung von Gl. (1.6.103) kann nicht eingegangen werden (s. [Schall et al. 1988]).

1.6.5.2 Versagenswahrscheinlichkeit bei existierenden Bauwerken

Die Berechnung der Versagenswahrscheinlichkeit von bestehenden Bauwerken ist ein typischer Anwendungsfall für bedingte Wahrscheinlichkeiten. Die Vorgehensweise wird an zwei Beispielen erläutert.

Für das *Risswachstum bei metallischen Werkstoffen* gilt die Formel von Paris und Erdogan

$$\frac{da(n)}{dn}=K(Y(a)\Delta S(n))^m(\pi a(n))^{m/2}, \quad (1.6.104)$$

worin $a(n)$ die Risslänge, K und m Materialparameter und $s(n)$ die Fernfeldspannung. $Y(a)$ ist ein Geometriefaktor, der bei Randrissen in großen Stahlplatten gleich $Y(a)\approx 1$ gesetzt werden kann. Integration von Gl. (1.6.104) ergibt für $m>2$

$$a(n)=\left\{a_0^{\frac{2-m}{2}}+\frac{2-m}{2}K\pi^{m/2}nE\left[\Delta S^m\right]\right\}^{\frac{2}{2-m}}, \quad (1.6.105)$$

wobei $s(n)$ als Zufallsbelastung eingeführt wurde und das Zeitintegral auf der rechten Seite nach dem Ergodensatz (Gesetz der großen Zahlen für Zufallsprozesse) durch den Ensemblemittelwert ersetzt wurde (vgl. auch 1.6.6.5). Wenn $S(n)$ eine Gauß'sche Folge ist mit Mittelwert 0 und Standardabweichung σ, so kann man zeigen, dass $E[\Delta S^m]=(2\sqrt{2}\sigma)^m\,\Gamma(1+m/2)$ [Miles 1954]. a_0 ist die Anfangsrisslänge. Als einfaches Versagenskriterium wird die Überschreitung einer gewissen Risslänge a_{cr} genommen. Also ist

$$V=\{a_{cr}-a(n)\leq 0\}. \quad (1.6.106)$$

Für Berechnungen der Versagenswahrscheinlichkeit führt man zweckmäßigerweise mindestens die Anfangsrisslänge und den Parameter K als Zufallsvariable ein. Wenn nun nach t_1 Jahren inspiziert und kein Riss beobachtet wird, kann man die Beobachtung durch

$$B(t_1)=\{a(t_1)\leq a_{th}+\varepsilon\} \quad (1.6.107)$$

beschreiben. Dabei ist a_{th} eine Risslänge, die gerade noch entdeckt werden kann. ε ist ein Messfehler. Nach der Beobachtung kann die Versagenswahrscheinlichkeit für den Zeitraum bis zur nächsten Inspektion t_2 berechnet werden.

$$P_f(t_1+t_2|B(t_1))=\frac{P(V(t_1+t_2)\cap B(t_1))}{P(B(t_1))}. \quad (1.6.108)$$

Es sei nun noch angenommen, dass zum Zeitpunkt $t_1 + t_2$ ein Riss der Größe a_2 beobachtet wird und zu entscheiden ist, ob man mit seiner Reparatur noch bis zum Inspektionszeitpunkt $t_1 + t_2 + t_3$ warten kann. Die letzte Beobachtung wird durch

$$C(t_1 + t_2) = \{a(t_1 + t_2) - (a_2 + \delta) = 0\} \quad (1.6.109)$$

beschrieben. δ ist wiederum ein Messfehler. Nunmehr hat man also

$$P_f(t_1 + t_2 + t_3 | B(t_1) \cap C(t_1 + t_2)) = \frac{P(V(t_1 + t_2 + t_3) \cap B(t_1) \cap C(t_1 + t_2))}{P(B(t_1) \cap C(t_1 + t_2))} \quad (1.6.110)$$

zu berechnen, wobei man beachte, dass Gl. (1.6.109) nunmehr eine Gleichheitsbedingung ist.

Als zweites Beispiel sei die *Versagenswahrscheinlichkeit eines existierenden Bauwerks* berechnet, welches einem neuen Verwendungszweck mit höherer Last zugeführt werden soll. Die Zustandsfunktion einer wichtigen Komponente des Bauwerks laute

$$V(t) = \{R - (D + L(t)) \le 0\}\,. \quad (1.6.111)$$

Darin ist R der Komponentenwiderstand, D die Lastwirkung aus Eigengewicht und $L(t)$ die in der Zeit veränderliche Nutzlastwirkung. Zum Zeitpunkt t_1 habe man neben der Feststellung, dass die Komponente bisher nicht versagt hat, noch die Information, dass die höchste während der Nutzung aufgetretene Nutzlastwirkung maximal gleich ℓ war. Außerdem hat man für den Tragwerkswiderstand zerstörungsfreie Prüfungen mit dem Ergebnis B_ρ durchgeführt. $L_1(t)$ sei durch eine Zufallsfolge modellierbar. Also ist

$$\overline{V}(t_1) = \{R - (D + \max\{L_1(t_1)\}) > 0\}\,. \quad (1.6.112)$$

$$B_l = \{\max\{L_1(t_1)\} \le \ell\}\,. \quad (1.6.113)$$

$$B_\varrho = \{R = \varrho + \varepsilon\} \quad (1.6.114)$$

mit ε einem Messfehler und für die neue Nutzung durch die unabhängige $L_2(t)$:

$$V(t) = \{R - (D + \max\{L_2(t)\}) \le 0\}\,. \quad (1.6.115)$$

Somit wird die Versagenswahrscheinlichkeit für den Zeitraum [0, t]

$$P_f(V(t) | B_l \cap B_\varrho \cap \overline{V}(t_1)) = \frac{P(V(t) \cap B_l \cap B_\varrho \cap \overline{V}(t_1))}{P(B_l \cap B_\varrho \cap \overline{V}(t_1))}\,, \quad (1.6.116)$$

die man natürlich beschränken muss. $\overline{V}(t_1)$ bezeichnet das Ereignis, dass das Bauwerk bis zum Zeitpunkt t_1 überlebte. Die einzelnen Ereignisse in Gl. (1.6.116) sind z. T. hoch abhängig. Beispielsweise sind die Variablen R und D in den Ereignissen $V(t)$ und $\overline{V}(t_1)$ enthalten. Die Möglichkeit, die Zuverlässigkeit von existierenden Bauwerken nach Schädigungen oder für zukünftige Nutzungsänderungen auf diesem Wege zu bewerten, hat in der Praxis große Bedeutung.

1.6.5.3 Zuverlässigkeit und Qualitätskontrolle

Ein wichtiges Instrument, Zuverlässigkeit zu erzielen, ist die Qualitätskontrolle. Der Zusammenhang von Zuverlässigkeit und Qualitätskontrolle kann ebenfalls auf der Grundlage von bedingten Versagenswahrscheinlichkeiten entwickelt werden. Es sei angenommen, dass eine Kontrolle eingerichtet ist. Diese entnehme dem Herstellungsprozess zufällig Proben, die anhand einer bestimmten Abnahmevorschrift über Abnahme und Ablehnung der entsprechenden Betrachtungseinheit entscheiden. Erfolgt Ablehnung, so wird die Betrachtungseinheit entweder zurückgewiesen oder einer i. d. R. sorgfältigeren Nachprüfung unterzogen. Diese Betrachtungseinheiten seien hier nicht weiter von Interesse.

Statistische Qualitätskontrolle kann jedoch ungenügende Betrachtungseinheiten aufgrund der begrenzten Probennahme nur mit gewisser Wahrscheinlichkeit entdecken. Eine Versagenswahrscheinlichkeit muss also bestimmt werden unter der Annahme, dass eine Qualitätskontrolle vorhanden ist, die ungenügende Betrachtungseinheiten (Lose) mit gewisser Wahrscheinlichkeit ausfiltert. Es sei $f_\Theta(\theta)$ das sog. Qualitätsangebot. Die Qualität ist durch den Vektor Θ, z. B. Mittelwert und Standardabweichung, beschrieben wie in Abb. 1.6-3. Weiter sei eine Abnahmevorschrift, z. B. $A = \{\overline{x}_n \ge x_a\}$, gegeben, worin $\overline{x}_n = 1/n \sum_{i=1}^{n} x_i$ der aus der unabhängigen Stichprobe vom Umfang n ermittelte Mittelwert und x_a eine vorgegeben Abnahmegrenze sei. Die Operationscharakteristik (Annahmewahrscheinlichkeit) des Abnahmetests sei $L(A|\theta) = P(\bar{x}_n \geq x_a |\theta)$. Dann ist

$$P_f = P(V|A) = \frac{P(V \cap A)}{P(A)}, \tag{1.6.117}$$

worin

$$P(A) = \int_{-\infty}^{\infty} P(\bar{x}_n \geq x_a|\theta) f_\Theta(\theta) d\theta, \tag{1.6.118}$$

also die Wahrscheinlichkeit für alle angenommenen Betrachtungseinheiten. Wenn für das Abnahmeereignis $A = \left\{x_a - \frac{1}{n}\Sigma_{i=1}^n x_i \leq 0\right\}$ geschrieben wird, hat man die gewünschte Formulierung

$$P(V \cap A) = E_\Theta[P(\{g(\mathrm{X}, \Theta) \leq 0\} \cap \left\{x_a - \frac{1}{n}\sum_{i=1}^n X_i \leq 0|\Theta\right\})]. \tag{1.6.119}$$

Diese Formulierung gilt für beliebige Verteilungsfunktionen von X und kann natürlich für kompliziertere Abnahmevorschriften verallgemeinert werden.

Das ist jedoch nur ein Aspekt der Qualitätskontrolle. Ihre Wirksamkeit hängt neben den Details der Abnahmevorschrift ganz wesentlich von der Stabilität des Qualitätsangebots ab. Diese Stabilität erreicht man z. B. durch ein System von Eigen- und Fremdüberwachung. Die Eigenüberwachung und ihre Wirkung auf die Versagenswahrscheinlichkeit wurde schon beschrieben. Eigenüberwachung aber ist mehr. Sie ist vielmehr die bewusste Steuerung der Produktion im Hinblick auf ein durch den Wert von Θ festgelegtes Qualitätsniveau. Θ ist aus der Sicht des Entwurfsverfassers eine Zufallsvariable, da die Produktionsstrategien der Hersteller unterschiedlich sind und der Produzent i. d. R. im Vorhinein nicht bekannt ist. Die Aufgabe der Fremdüberwachung ist die Sicherung des langfristigen Qualitätsniveaus, also der Verteilung von Θ. Sie überprüft nicht nur das Qualitätsniveau, sondern auch die Funktionsfähigkeit der Elemente der Produktionssteuerung.

1.6.6 Zeitvariante Zuverlässigkeit

1.6.6.1 Schranken für die Versagenswahrscheinlichkeit

Zurück zu der mit Gl. (1.6.9) gestellten Aufgabe: Im Gegensatz zu 1.6.3 bis 1.6.5 sei nun die Verteilung der Zeit bis zum Versagen einer Komponente weder aus einem mathematischen Modell der in Abschnitt 1.6.2 vorgeführten Art noch durch Beobachtungen direkt bestimmbar.

Eine erste Methode führt die allgemeine Fragestellung auf ein skalares Problem zurück, für das eine Lösung existiert. Das ist aber nur für stationäre, eindimensionale Folgen oder skalare Zufallsprozesse, für die eine Maximumverteilung angegeben werden kann, möglich. In 1.6.2 ist eine Reihe solcher Maximumverteilungen angegeben. Im mehrdimensionalen Fall hat der Begriff eines Maximums keinen Sinn mehr. Eine Möglichkeit ist aber, einen neuen skalaren Prozess $Y(\tau) = g(X(\tau); \tau)$ zu konstruieren. Versagen nach der in Gl. (1.6.9) benutzten Definition erfolgt, wenn zum ersten Mal $Y(\tau) \leq 0$ in $[0, t]$.

Offensichtlich ist

$$\begin{aligned} P_f(t) &= F_T(t) = P(T \leq t) \\ &= 1 - P(Y(\tau) > 0 \text{ für alle } \tau \in [0,t]) \\ &\geq P\left(\bigcup_{i=1}^{n} \{Y(\tau_i)\} \leq 0\right), \end{aligned} \tag{1.6.120}$$

wobei die Zeitachse in eine geeignete Anzahl n von kleinen Teilintervallen zerlegt wird. Also wird die Bestimmung der Wahrscheinlichkeit der Zeit bis zum ersten Nulldurchgang des Prozesses $Y(\tau)$ von oben durch eine skalare Extremwertbetrachtung ersetzt.

Die Schwierigkeiten dieser Methode liegen zum einen in der Konstruktion des neuen Prozesses $Y(\tau)$, der auf z. T. komplexe Weise über die Funktion $g(.)$ von allen Komponenten von $X(\tau)$ abhängt. Zum anderen muss die Verteilung von $\{Y(\tau)\}$ bestimmt werden. Beides kann erhebliche Schwierigkeiten bereiten.

Aus Gl. (1.6.9) lässt sich eine untere Schranke für die Versagenswahrscheinlichkeit herleiten, ist doch $\sum_{i=1}^n P_{f,i}(\tau_i)) \geq P_f(t) \geq \max_{i=1}^n \{P_{f,i}(\tau_i)\}$ und deshalb

$$P_f(t) \geq \max_{i=1}^{n} \{P_{f,i}(\tau_i)\} \tag{1.6.121}$$

mit geeigneter Teilung der Zeitachse.

Wesentlich breitere Anwendung erfährt die dritte *Methode der Schwellenwertkreuzungen* oder der Austritte von $X(\tau)$ aus dem zulässigen Bereich. Hierzu formuliert man den zum ursprünglichen Prozess gehörigen Zählprozess $N(t)$ der Austritte aus dem sicheren Bereich. Man kann eine wichtige obere Wahrscheinlichkeitsschranke angeben. Versagen erfolgt, wenn entweder $\mathbf{X}(0)$ in V oder $N(t) > 0$. Dann kann man zeigen, dass gilt:

$$P_f(t) \leq P(\mathbf{X}(0) \in V) + E[N(t)]\,. \qquad (1.6.122)$$

1.6.6.2 Ein wichtiges asymptotisches Ergebnis

Wenn der ZufallsProzess $Y(\tau)$ asymptotisch unabhängig wird – man sagt „stark mischend" –, d. h. wenn

$$P(\{Y(\tau) \leq 0\} \cap \{Y(\tau+\theta) \leq 0\}) \\ -P(Y(\tau) \leq 0)P(Y(\tau+\theta) \leq 0) \rightarrow 0$$

für $\theta \rightarrow \infty$ und außerdem Versagen „selten" ist, gilt unter sehr allgemeinen Bedingungen für das Intervall $[0, t]$ [Cramer/Leadbetter 1967]

$$P_f(t) \approx 1 - \exp[-E[N(t)]]\,, \qquad (1.6.123)$$

und das bedeutet, dass der Versagensprozess asymptotisch ein Poisson-Prozess wird.

Des Weiteren werden einige wichtige Bedingungen und Definitionen eingeführt. Mit $N(t)$ wird nunmehr der Zählprozess der Austritte bezeichnet (vgl. Abb. 1.6-13). Ein Punktprozess heißt regulär, wenn

$$\lim_{\Delta \rightarrow 0} \frac{P(N(\tau,\tau+\Delta) > 1)}{\Delta} = 0\,, \qquad (1.6.124)$$

d. h. in einem genügend kleinen Zeitintervall Δ ist die Wahrscheinlichkeit von mehr als einem Ereignis vernachlässigbar klein. Die Wahrscheinlichkeit für ein Ereignis in Δ nennt man im vorliegenden Zusammenhang *Austrittsrate*

$$\upsilon^+(\tau) = \lim_{\Delta \rightarrow 0} \frac{1}{\Delta} P(N(\tau,\tau+\Delta) = 1)\,, \qquad (1.6.125)$$

wenn für den ursprünglichen Prozess

$$\upsilon^+(\tau) = \lim_{\Delta \rightarrow 0} \frac{1}{\Delta} P_1(\{\mathbf{X}(\tau) \in \overline{V}(\tau)\} \cap \\ \{\mathbf{X}(\tau+\Delta) \in V(\tau+\Delta)\})\,, \qquad (1.6.126)$$

wobei der Index 1 für die Wahrscheinlichkeit auf die Gültigkeit von Gl. (1.6.124) hinweist. Erneuerungsprozesse sind reguläre Prozesse.

Regularität bedeutet weiter die *Additivität* der Kreuzungswahrscheinlichkeiten in sich nicht überlappenden Zeitintervallen, d. h. für den Mittelwert der Austritte gilt

$$E[N(t)] = \int_0^t \upsilon^+(\tau)d\tau\,. \qquad (1.6.127)$$

Regularität des Austrittsprozesses ist insbesondere eine der Voraussetzungen für die Anwendung der *Methode der Austritte oder Schwellenwertkreuzungen*, denn nur dann ist die Austrittsrate definiert.

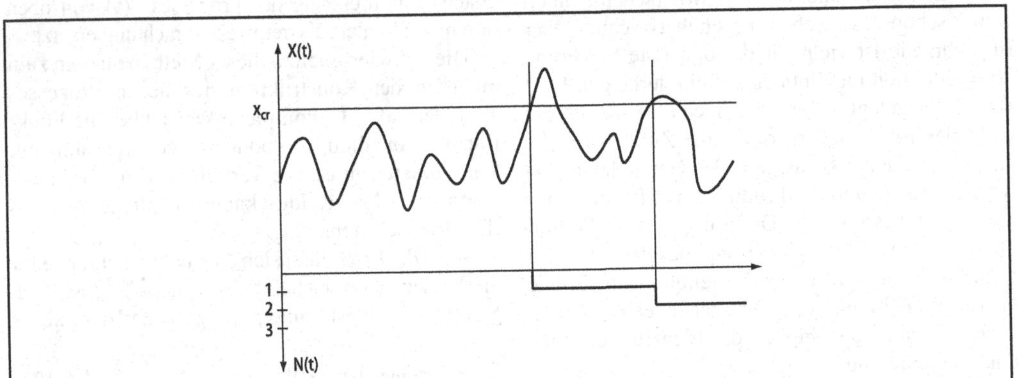

Abb. 1.6-13 Trajektorie eines Zufallsprozesses und Zählprozess der Überschreitungen

Offensichtlich darf der Ausgangsprozess $\mathbf{X}(\tau)$ nicht zu stark „zittern". Also ist [Cramer/Leadbetter 1967]

$$P_f(t) \approx 1-\exp\left[-\int_0^t \upsilon^+(\tau)\mathrm{d}\tau\right]. \qquad (1.6.128)$$

Derart ideale Voraussetzungen sind jedoch meist nicht gegeben. Die Mischungsbedingung ist insbesondere nicht erfüllt, wenn gewisse Komponenten von $\mathbf{X}(\tau)$ nicht von der Zeit abhängen, sondern einfache Zufallsvariable sind. Es bezeichne $\mathbf{R}$ diesen (nicht-ergodischen) Vektor. $\mathbf{R}$ beschreibe z. B. die Festigkeitseigenschaften der Komponente. Dann gilt Gl. (1.6.128) nur noch bedingt, d. h. unter der Bedingung $\mathbf{R} = \mathbf{r}$. Die totale Versagenswahrscheinlichkeit erhält man aus

$$\begin{aligned} P_f(t) &= \int_{\mathbf{R}^r} P_f(t|\mathbf{r})\mathrm{d}F_{\mathbf{R}}(\mathbf{r}) \\ &\approx 1-\int_{\mathbf{R}^r} \exp\left[-E\left[N^+(0,t)|\mathbf{r}\right]\right]\mathrm{d}F_{\mathbf{R}}(\mathbf{r}) \\ &\le E_{\mathbf{R}}\left[E\left[N^+(0,t)|\mathbf{R}\right]\right]. \end{aligned} \qquad (1.6.129)$$

Das ist eine spürbare Verkomplizierung. Falls jedoch die bedingende Größe, zur Unterscheidung $\mathbf{Q}$ genannt, ihrerseits ein ergodischer Prozess oder eine ergodische Folge ist, z. B. die Parameter von Seezuständen oder die 10-min-Mittel der Windgeschwindigkeiten, gilt im stationären Fall

$$P_f(t) \approx 1-\exp\left[-E_{\mathbf{Q}}\left[\upsilon^+(V(\mathbf{Q}))\right]t\right] \qquad (1.6.130)$$

und damit allgemein [Schall et al. 1991]

$$P_f(t) \approx 1-E_{\mathbf{R}}\left[\exp\left[-E_{\mathbf{Q}}\left[\upsilon^+(V(\mathbf{R},\mathbf{Q}))\right]t\right]\right] \qquad (1.6.131)$$

mit den allgemeinen Schranken

$$P_f(t) = \begin{cases} \le P_f(0) + E_{\mathbf{R}}\left[E_{\mathbf{Q}}\left[N^+(t)|\mathbf{R},\mathbf{Q}\right]\right] \\ \ge \max\{P_f(\tau)\} \text{ für } 0 \le \tau \le t. \end{cases} \qquad (1.6.132)$$

Näherungsweise gilt Gl. (1.6.131) auch für den instationären Fall

$$P_f(t) \approx 1-E_{\mathbf{R}}\left[\exp\left[-E_{\mathbf{Q}}\left[\int_0^\infty \upsilon^+(V(\tau,\mathbf{R},\mathbf{Q}))\mathrm{d}\tau\right]\right]\right]. \qquad (1.6.133)$$

1.6.6.3 Austrittsraten bei vektoriellen Rechteckwellenprozessen

Für einen skalaren stationären Rechteckwellenerneuerungsprozess mit Erneuerungsrate λ und unabhängigen nach $F(x)$, $x \ge 0$, verteilten Amplituden (vgl. Abb. 1.6-6) ist

$$\begin{aligned} \upsilon^+(a)\Delta &= P(\{\text{Sprung in } [\tau,\tau+\Delta]\} \cap \\ &\quad \{X(\tau) \le a\} \cap \{X(\tau+\Delta) > a\}) \\ &= \lambda\Delta F_X(a)(1-F_X(a)), \end{aligned} \qquad (1.6.134)$$

$$E[N(0,t)] = t\,\lambda F_X(a)(1-F_X(a)). \qquad (1.6.135)$$

Danach ist der Mittelwert der Austritte direkt proportional zur Länge des betrachteten Zeitintervalls $[0,\ t]$ und der Erneuerungsrate λ. Der Term $F_X(a)(1 - F_X(a))$ ist klein für kleines a, hat für ein bestimmtes a ein Maximum (bei stetigem und unimodalem $F(x)$) und geht für große a gegen Null.

Die Vorgehensweise lässt sich leicht auf Vektorprozesse übertragen. Der stationäre Prozess $\mathbf{X}(\tau)$ habe n unabhängige Komponenten $X_i(\tau)$ mit Erneuerungsrate λ_i und Verteilungsfunktion $F_i(x)$. Es gilt Regularität, d. h. in einem kleinen Zeitintervall „springt" nur jeweils eine Komponente mit Wahrscheinlichkeit $\lambda_i\,\Delta$. Die Sprungereignisse sind unabhängig. Die Rate der Austritte in den Bereich V ist dann (der Bezug auf die Zeit τ wird im vorliegenden stationären Fall weggelassen)

$$\begin{aligned} \upsilon^+(V)\Delta &= P\left(\bigcup_{i=1}^{n} \{\text{Sprung in } [0,\Delta]\} \cap \right. \\ &\quad \left. \{\mathbf{X}_i \in \overline{V}\} \cap \{\mathbf{X}_i^+ \in V\}\right) \\ &= \sum_{i=1}^{n} \Delta\,\lambda_i P\left(\{\mathbf{X}_i \in \overline{V}\} \cap \{\mathbf{X}_i^+ \in V\}\right) \\ &= \sum_{i=1}^{n} \Delta\,\lambda_i \left[P\left(\mathbf{X}_i^+ \in V\right) - \right. \\ &\quad \left. P\left(\{\mathbf{X}_i \in V\} \cap \{\mathbf{X}_i^+ \in V\}\right)\right] \\ &\le \sum_{i=1}^{n} \Delta\,\lambda_i P\left(\mathbf{X}_i^+ \in V\right). \end{aligned} \qquad (1.1.136)$$

Hierin bezeichnet $\mathbf{X}_i$ den Prozess vor und $\mathbf{X}_i^+$ den Prozess nach einem Sprung der i-ten Komponente. Regularität des mehrdimensionalen Erneuerungsprozesses bedeutet Disjunktivität der Sprungereignisse. Daher gilt die Summe der Wahrscheinlichkeiten für die Austrittsereignisse. Die zweite Wahrscheinlichkeit in runden Klammern ist die Wahrscheinlichkeit dafür, dass $\mathbf{X}_i$ und $\mathbf{X}_i^+$ vor und nach dem Sprung in V sind. Die Ereignisse $\{\mathbf{X}_i \in \overline{V}\}$ und $\{\mathbf{X}_i^+ \in V\}$ bzw. $\{\mathbf{X}_i \in V\} \cap \{\mathbf{X}_i^+ \in V\}$ sind abhängige Ereignisse, da sich nur eine Komponente im Zeitintervall änderte, alle anderen jedoch nicht. Nimmt man zunächst an, dass der Versagensbereich nach Transformation in den Standardraum durch $V = \{\alpha^T \mathbf{u} + \beta \le 0\}$ gegeben ist, so berechnet man [Breitung/Rackwitz 1982]

$$\begin{aligned} \upsilon^+(V) &= \sum_{i=1}^{n} \lambda_i [\Phi(-\beta) - \Phi_2(-\beta,-\beta;\varrho_i)] \\ &= \sum_{i=1}^{n} \lambda_i \Phi(-\beta)\left[1 - \frac{\Phi_2(-\beta,-\beta;\varrho_i)}{\Phi(-\beta)}\right] \\ &\le \sum_{i=1}^{n} \lambda_i \Phi(-\beta), \end{aligned} \tag{1.6.137}$$

wobei man den letzten Faktor oft vernachlässigen kann, da meist $\Phi_2(-\beta,-\beta;\rho_i) << \Phi(-\beta)$. In diesen Formeln ist $\rho_i = 1 - \alpha_i^2$ die Kovarianz zwischen dem Zustand des Prozesses vor und nach dem Sprung. Asymptotisch kann man sogar zeigen, dass [Breitung 1993]

$$\upsilon^+(V) = \sum_{i=1}^{n} \lambda_i \Phi(-\beta) \prod_{i=1}^{n-1} (1 - \beta \kappa_i)^{-1/2} \tag{1.6.138}$$

in Analogie zu Gl. (1.6.33). Die mittlere Anzahl der Austritte gewinnt man durch Zeitintegration – auch im nichtstationären Fall. Für stationäre Prozesse ist

$$E\left[N^+(t_1,t_2)\right] = \upsilon^+(V)(t_2 - t_1). \tag{1.6.139}$$

Bei nichtlinearen Grenzzustandsflächen ist im β-Punkt zu linearisieren bzw. quadratisch zu entwickeln.

1.6.6.4 Austrittsraten bei differenzierbaren Prozessen

Ricesche Formel

Ein fundamentales Ergebnis für Prozesse mit differenzierbaren Pfaden ist die Ricesche Formel [Rice 1944]. Zunächst sei der skalare und stationäre Fall betrachtet. Die gemeinsame Dichte von $X(\tau)$ und $\dot{X}(\tau)$ sei $f_{X,\dot{X}}(x,\dot{x})$. Die Kreuzungswahrscheinlichkeit für das Niveau a in $[\tau, \tau + \Delta]$ für genügend kleines Δ ist

$$\begin{aligned} \upsilon^+(a)\Delta &= P\left(N^+(\tau,\tau+\Delta) = 1\right) \\ &= P(\{\dot{X} \ge 0\} \cap \{a - \Delta \dot{X} \le X \le a\}) \\ &= \int_0^\infty \int_{a-\Delta\dot{x}}^{a} f_{X,\dot{X}}(x,\dot{x}) \mathrm{d}x \mathrm{d}\dot{x} \\ &= \Delta f_X(a) \int_0^\infty \dot{x} f_{\dot{X}}(\dot{x}|a) \mathrm{d}x \\ &= \Delta f_X(a) E_0^\infty[\dot{X} \mid X = a]. \end{aligned} \tag{1.6.140}$$

Streichung von Δ ergibt die Austrittsrate. In der vierten Zeile wurde der Mittelwertssatz der Integralrechnung verwendet. Dieses Ergebnis gilt für beliebige differenzierbare Prozesse.

Bei einem stationären Gauß'schen Prozess mit Autokovarianzfunktion $C(\tau)$ sind $X(\tau)$ und $\dot{X}(\tau)$ unabhängig. Daher ist

$$f_X(a) = \frac{1}{\sqrt{2\pi}} \cdot \frac{1}{\sigma_X} \exp\left[-\frac{1}{2}\left(\frac{a - m_X}{\sigma_X}\right)^2\right]. \tag{1.6.141}$$

und

$$E_0^\infty[\dot{X}|X = a] = E_0^\infty[\dot{X}] = \frac{\sigma_{\dot{X}}}{\sqrt{2\pi}}. \tag{1.6.142}$$

Also ist

$$\upsilon^+(a) = \frac{1}{\sigma_X} \varphi\left(\frac{a - m_X}{\sigma_X}\right) \frac{\sigma_{\dot{X}}}{\sqrt{2\pi}}. \tag{1.6.143}$$

Die benötigte Standardabweichung der Geschwindigkeit des Prozesses wird nach Gl. (1.6.23) ermittelt, z. B. für $C(\tau) = C\sigma_X^2 \exp[-b\tau^2]$

$$\frac{\mathrm{d}C(\tau)}{d\tau} = -2\sigma_X^2 b\tau \exp\left[-b\tau^2\right],$$

$$\frac{\mathrm{d}^2C(\tau)}{\mathrm{d}\tau^2} = -2\sigma_X^2 b \exp\left[-b\tau^2\right]\left(1 - 2b\tau^2\right)$$

und daher

$$\sigma_{\dot{X}}^2 = -\frac{\mathrm{d}^2C(0)}{\mathrm{d}\tau^2} = 2\sigma_X^2 b.$$

Der Ausdruck

$$\nu_M^+ = \nu^+(m_X) = \frac{1}{\sqrt{2\pi}} \frac{\sigma_{\dot{X}}}{\sigma_X} \tag{1.6.144}$$

heißt „Rate der Mittelwertskreuzungen".

Für instationäre Prozesse gibt es ebenfalls ein analytisches Resultat [Madsen et al. 1987].

Austrittsrate von Vektorprozessen
Die Berechnung von Austrittsraten für stationäre Vektorprozesse ist i. Allg. schwierig und nur für Sonderfälle analytisch. Bei Vektorprozessen existieren neben der Matrix der Kreuzkorrelationsfunktionen $C_{X,X}(\tau_1, \tau_2)$ auch die Matrix der Funktionen $C_{X,\dot{X}}(\tau_1, \tau_2)$ und die Matrix der Korrelationsfunktionen der Ableitungen $C_{\dot{X},\dot{X}}(\tau_1, \tau_2)$. Außerdem muss Gl. (1.6.140) modifiziert werden. Im stationären Fall findet man

$$\begin{aligned}\upsilon^+(\partial V) &= \int_{\partial V}\int_0^\infty \dot{x}_N\,\varphi(\mathbf{x},\dot{x}_N)\mathrm{d}\dot{x}_N\mathrm{d}s(\mathbf{x}) \\ &= \int_{\partial V} E[\dot{X}_N|\mathbf{X}=\mathbf{x}]\,\varphi(\mathbf{x})\mathrm{d}s(\mathbf{x}),\end{aligned} \tag{1.6.145}$$

wobei $\dot{X}_N = \mathbf{n}^T(\mathbf{x})\dot{\mathbf{X}}$ die Projektion von $\dot{\mathbf{X}}$ auf die Normale $\mathbf{n}(x) = -\alpha(x)$ von ∂V im Punkt x ist. $\mathrm{d}s(x)$ bedeutet Oberflächenintegration. Es ist klar, dass die Oberflächenintegration und die kompliziertere Struktur von $\mathbf{X}$ und $\dot{\mathbf{X}}$ Lösungen sehr erschweren.

Wenn in $E[\dot{X}_N|\mathbf{X} = \mathbf{x}]$ die Bedingung $\mathbf{X} = \mathbf{x}$ entfallen kann, ist

$$\begin{aligned}\upsilon^+(\partial V) &= E[\dot{X}_N|\mathbf{X}=\mathbf{x}]\int_{\partial V}\varphi(\mathbf{x})ds(\mathbf{x}) \\ &= E[\dot{X}_N|\mathbf{X}=\mathbf{x}]f(\partial V).\end{aligned} \tag{1.6.146}$$

Dabei ist $f(\partial V)$, multipliziert mit einem kleinen Zeitintervall, die Wahrscheinlichkeit, dass sich der Prozess zu einem beliebigen Zeitpunkt auf der Versagensfläche ∂V befindet.

Es ist zweckmäßig, den Vektorprozess zu standardisieren. Die Matrix der Autokorrelationsfunktionen kann immer diagonalisiert werden und wird mit $\mathbf{R}(.)$ bezeichnet. Die Matrix der Korrelationsfunktionen der Ableitungsprozesse $\ddot{\mathbf{R}}(.)$ ist dann ebenfalls diagonal. Die Matrix der Korrelationsfunktionen von $\mathbf{X}(.)$ und $\dot{\mathbf{X}}(.)$ wird mit $\dot{\mathbf{R}}(.)$ bezeichnet. Diese ist i. Allg. voll besetzt und schiefsymmetrisch.

Bei linearen Grenzzustandsflächen ist die Versagensfläche gegeben durch [Veneziano 1977]

$$\partial V = \left\{\sum_{i=1}^n \alpha_i x_i + \beta = 0\right\}. \tag{1.6.147}$$

Man kann durch eine geeignete Transformation immer erreichen, dass die Prozesse unkorreliert und standardisiert werden. Damit werden auch die Ableitungsprozesse unkorreliert und haben als Korrelationsmatrix eine Diagonalmatrix $\ddot{\mathbf{R}}(0) = \{\kappa_i^2, i = 1,\ldots, n\}$. Der Normalenvektor ist $n = -\alpha$. Der skalare AbleitungsProzess senkrecht zur Versagensfläche ist $\dot{X}_N(\tau) = \sum_{i=1}^n n_i\,\dot{X}_i(\tau)$ und hat Mittelwert Null und die Varianz $\kappa_N{}^2 = \sum_{i=1}^n n_i^2\kappa_i^2$ und damit

$$\upsilon^+(\partial V) = E[\dot{X}_N]f(\partial V) = \frac{\kappa_N^2}{\sqrt{2\pi}}\varphi(\beta). \tag{1.6.148}$$

Bei nichtlinearen Grenzzustandsflächen ist im β-Punkt zu linearisieren. Resultate 2. Ordnung gibt es ebenfalls [Breitung 1993], ebenso wie Resultate für gewisse nichtnormale Prozesse [Grigoriu 1995].

1.6.6.5 Kumulative Versagenserscheinungen

Im Vorstehenden war eine wesentliche Voraussetzung, dass es zum Versagen kommt, wenn der Lastwirkungsprozess zum ersten Mal innerhalb eines gewissen Zeitintervalls den Grenzzustand erreicht. Dabei konnten der Grenzzustand bzw. die Widerstandsvariablen Funktionen der Zeit sein. Es wurde jedoch angenommen, dass keine gegenseitige Beeinflussung erfolgt. Eine Alterung der Komponente geschah z. B. vollkommen unabhängig von der Lastgeschichte, der die Komponente ausgesetzt war. Das ist eher der Sonderfall.

Häufig sind es gerade die wiederholt auftretenden Beanspruchungen, die sich akkumulierende Schädigungen erzeugen, so dass die Komponente den Beanspruchungen nach einer gewissen Zeit nur noch verminderten Widerstand leistet. Versagen erfolgt, wenn entweder die Schädigungen einen Grenzwert erreichen oder wenn eine extreme Beanspruchung auf eine geschädigte Komponente einwirkt. Zunächst wird der erste Fall beobachtet. Die einfachste Formulierung für einen kumulativen Vorgang ist

$$\frac{\mathrm{d}x(t)}{\mathrm{d}t} = f(x(t),\ z(t)), \tag{1.6.149}$$

worin X ein bestimmter Schadensindikator und $Z(t)$ der Beanspruchungsprozess ist. Das Schadensinkrement pro Zeiteinheit ist damit eine Funktion des zum Zeitpunkt bereits eingetretenen Schadens und der zum Zeitpunkt t auftretenden Beanspruchung. Ist insbesondere

$$\frac{\mathrm{d}x(t)}{\mathrm{d}t}=f(x(t))h(z(t));\ h(z(t))>0\,, \qquad (1.6.150)$$

so kann man die Differentialgleichung separieren und integrieren. Wenn die Beanspruchung ein Zufallsprozess $Z(t)$ ist, ist natürlich auch der Schadensindikator $X(t)$ ein Zufallsprozess. Der Versagenszustand sei

$$V(t)=\{x_{cr}-x(t)\le 0\}\,. \qquad (1.6.151)$$

Darin ist x_{cr} ein ggf. zufälliger Grenzschaden. Integration ergibt

$$\int_{x(t_0)}^{x(t)}\frac{\mathrm{d}x(\tau)}{f(x(\tau))}=\int_{t_0}^{t}h(Z(\tau))\mathrm{d}\tau\,, \qquad (1.6.152)$$

$$\Psi(x(t))-\Psi(x(t_0))=\chi(t_0,t)\,, \qquad (1.6.153)$$

woraus

$$x(t)=\Psi^{-1}[\chi(t_0,t)+\Psi(x(t_0))]\,. \qquad (1.6.154)$$

Die Funktion $\Psi(.)$ hängt, abgesehen von nicht aufgeführten Konstanten, von der Funktion $f(.)$ ab. Beispielsweise kann man $f(x(t))=x(t)^n$ wählen. Dann ist $\Psi(x(t))$ durch

$$n=0:\Psi(x(t))=x(t),$$
$$n=1:\Psi(x(t))=\ln x(t),$$
$$n>1:\Psi(x(t))=\frac{x^{n+1}}{n+1}$$

gegeben.

Der Fall $n = 0$ ist ein Modell für Abnützungsvorgänge, so etwa für die Dicke des durch darüber rollenden Verkehr aufgezehrten Straßenbelags oder den flächigen Korrosionsabtrag in der Spritzwasserzone von Schiffen oder Spundwänden. Die Fälle n >1 entsprechen den Gesetzen für die Rissfortpflanzung in metallischen Werkstoffen. $x(t)$ wird dort explizit als Risslänge interpretiert (Vgl. 1.6.5.2). Nimmt man $n = -1$, so bestimmt man

$$n=-1:\ \Psi(x(t))=x(t)^2/2$$

und kann die entsprechende Gleichung als das Fick'sche Gesetz für den Karbonatisierungsfortschritt in Beton interpretieren.

Offensichtlich ist $\chi(t_0,t)$ eine Zufallsvariable, wenn $Z(\tau)$ ein Zufallsprozess ist. Wenn $h(Z(\tau))$ strikt nichtnegativ ist, ist der Schadensindikator monoton wachsend. Wenn $Z(t)$ kein Zufallsprozess, sondern eine Zufallsfolge ist, muss man die Integrale durch Summen ersetzen.

Von entscheidender Bedeutung ist der additive Charakter der rechten Seite, da er unter bestimmten Bedingungen die Anwendung des Gesetzes der großen Zahlen (hier in der Form des Ergodensatzes) erlaubt. Setzt man voraus, dass $Z(t)$ ein stationärer, ausreichend mischender Prozess und $h(Z(\tau))$ eine monotone Funktion von $Z(\tau)$ ist, ist nach dem Ergodensatz in der Form

$$\lim_{T\to\infty}\frac{1}{2T}\int_{-T}^{+T}h(Z(\tau))\mathrm{d}\tau=E[h(Z(t))] \qquad (1.6.155)$$

das Zeitintegral

$$\chi(t_0,t)\approx E[h(Z(\tau))](t-t_0)\,.$$

Obwohl darin der Zufallsprozess $Z(\tau)$ bzw. $h(Z(\tau))$ nur noch mit seinem Mittelwert eingeht, reicht dieser Ansatz in vielen Anwendungen bereits aus, da die einzelnen durch die Beanspruchung verursachten Schädigungen sehr klein sind, deren Anzahl, d. h. $(t-t_0)$, aber sehr groß ist. Wenn er eine streng monoton wachsende Funktion ist, kann man also den Versagensbereich durch Gl. (1.6.151) definieren und mit einem Verfahren für zeitinvariante Aufgaben die Zuverlässigkeit berechnen.

Schwierig sind Zuverlässigkeitsprobleme, bei denen kumulative Erscheinungen zusammen mit extremen Beanspruchungen auftreten. In diesem Fall ist es notwendig, das Versagenskriterium im Raum der Lastwirkungen zu formulieren. Im Augenblick des Versagens ist der Grenzzustand strenggenommen nicht nur von der ganzen Beanspruchungsgeschichte abhängig, die augenblickliche Schädigung hängt darüber hinaus von der augenblicklichen Beanspruchung ab. Selbst wenn man Regularität des Versagensprozesses und damit auch eine gewisse Glattheit des Beanspruchungs- und des Schädigungsprozesses voraussetzt, ergibt sich eine außerordentlich komplizierte Abhängigkeitsstruktur. Eine Lösung mit Hilfe der Methode der Austrittsraten wird möglich, wenn man für den

Schädigungsprozess die Gültigkeit des ergodischen Resultats in Gl. (1.6.155) annehmen kann und der Beanspruchungsprozess die erforderlichen Regularitätseigenschaften besitzt.

Als Beispiel wird ein Sonderfall der Gl. (1.6.149) verwendet.

$$\frac{\mathrm{d}x(t)}{\mathrm{d}t} = c\,x(t)z(t)\,. \tag{1.6.156}$$

$z(t)$ bezeichne einen stationären impulsförmigen Prozess mit Erneuerungsrate λ und Verteilungsfunktion $F(z)$ für die unabhängigen Amplituden. $x(t)$ kann als Risslänge interpretiert werden. c ist eine Konstante. Integration nach Separation ergibt

$$\ln x(t) - \ln x(0) = c\,t\,E[Z(\tau)] \tag{1.6.157}$$

bzw. nach Auflösung nach $x(t)$

$$x(t) = x(0)\exp[ct\,E[Z]]\,. \tag{1.6.158}$$

Hierbei ist $x(0)$ der „Anfangsschaden".

Ein Objekt mit der Anfangsfestigkeit $R(0)$ hat also zum Zeitpunkt $\tau \geq 0$ die „Restfestigkeit"

$$R(\tau) = R(0)\left(1 - \frac{X(0)}{R(0)}\exp[C\,\tau\,E[Z]]\right). \tag{1.6.159}$$

Der Versagensbereich ist offensichtlich

$$V(\tau) = \{R(\tau) - Z(\tau) \leq 0\}\,. \tag{1.6.160}$$

Die Austrittsrate ist demnach

$$\nu^{+}(\tau) = \lambda\,(1 - F_Z(r(\tau)))\,. \tag{1.6.161}$$

In der Regel wird der Anfangsschaden $X(0)$, die Festigkeit $R(0)$ und die Konstante C als Zufallsvariable zu modellieren sein. Die Versagenswahrscheinlichkeit im Intervall $[0,t]$ ist dann nach Gl. (1.6.133)

$$\begin{aligned} P_f(t) &\sim 1 - \exp\left[-N^{+}(t)\right] \\ &= 1 - E_{X(0),R(0),C}\left[\exp\left[-\int_0^t \lambda\{1 - F_Z(R(\tau))\}\mathrm{d}\tau\right]\right] \end{aligned} \tag{1.6.162}$$

1.6.6.6 Monte-Carlo-Verfahren in der zeitvarianten Zuverlässigkeit

Die vorstehenden Betrachtungen waren weitgehend auf semi-analytische Berechnungsverfahren und spezielle stochastische Prozesse zugeschnitten – und das mit gutem Grund. Wenn elementare Monte-Carlo-Verfahren eingesetzt werden, wird der rechnerische Aufwand sehr hoch. Es müssen nämlich die gesamten Trajektorien der stochastischen Prozesse simuliert werden und dies so oft, dass der errechneten Erstüberschreitungswahrscheinlichkeit ein gewisses numerisches Vertrauen zugemessen werden kann. Auf der anderen Seite kann man mit Monte-Carlo-Verfahren sehr viel kompliziertere als die vorgestellten Modelle, auch nichtlineare dynamische Probleme, behandeln, sofern deren mathematische Struktur beschrieben werden kann.

Als Beispiel für die Simulation eines stochastischen Prozesses wird ein amplitudenmodulierter skalarer Gauß'scher Prozess angegeben, d. h. für den mittelwertsbereinigten Prozess

$$X(t) = I(t)Y(t) \tag{1.6.163}$$

mit $Y(t)$, einem stationären und ergodischen Prozess mit Spektraldichte $G_Y(\omega)$ gilt

$$x(t) = I(t)\sum_{i=0}^{m-1}(2G_Y(i\Delta\omega)\Delta\omega)^{1/2}\cos(i\Delta\omega t + \phi_i)\,, \tag{1.6.164}$$

$$x(t) = I(t)\sum_{i=0}^{m-1}(A_i\cos(i\Delta\omega t) + B_i\sin(i\Delta\omega t))\,. \tag{1.6.165}$$

Hierin sind ϕ_i unabhängige, gleichverteilte Phasenwinkel in $[0, 2\pi]$, die mit einem geeigneten Pseudozufallszahlengenerator erzeugt werden können, und $m = \omega_o/\Delta\omega \approx 1000$ mit ω_o einer oberen Frequenzgrenze von mindestens 150 rad/s. A_i und B_i sind unabhängige normalverteilte Variable mit Mittelwert Null und Standardabweichung $(2\,G_Y(i\Delta\omega))^{1/2}$. Der erste Prozess ist mit $I(t) = 1$ ergodisch und asymptotisch normal, d. h. für große m. Der zweite Prozess ist mit $I(t) = 1$ nicht ergodisch, aber für jedes m strikt normalverteilt.

1.6.7 Optimierung als Ziel eines Tragwerksentwurfs im Hinblick auf Zuverlässigkeit

1.6.7.1 Allgemeine Zielfunktion

Zweck jeder Ingenieurtätigkeit ist, den Nutzen, der aus Entwurf, Errichtung und Unterhaltung des Tragwerks bei vorgesehener Nutzung entstehen kann, zu maximieren – eine Optimierungsaufgabe. Ohne Verlust an Allgemeinheit kann unter Nutzen eine skalare Größe verstanden werden, die in monetären Einheiten messbar ist. Sie kann durchaus Prestige oder allgemeinen gesellschaftlichen Nutzen enthalten, die dann, in allerdings subjektiver Weise, monetär bewertet werden müssen.

Eine geeignete Zielfunktion ist [Rosenblueth/Mendoza 1971]:

$$Z(p) = B(p) - C(p) - D(p) \qquad (1.6.166)$$

$B(p)$ ist der aus der Existenz einer baulichen Anlage erwachsende Nutzen, $C(p)$ sind die Errichtungskosten und $D(p)$ die Kosten bei einem Versagen der Anlage. p ist ein Vektor von Parametern, der die Zuverlässigkeit oder Gebrauchsfähigkeit kontrolliert. Bei Unsicherheiten sind im Sinne der statistischen Entscheidungstheorie jeweils die Erwartungswerte zu nehmen. $B(p)$ wird i. Allg. nicht direkt von den Bemessungsparametern abhängig sein oder allenfalls mit p geringfügig abnehmen. Für die Erstellungskosten macht man häufig den Ansatz $C(p) \approx C_0 + \sum_{i=1}^{n} c_i p_i$. C_0 sind die nicht von p abhängigen Kosten. Die erwarteten Schadenskosten $D(p)$ ergeben sich als Produkt der Schadenskosten H und der von p abhängigen Versagenswahrscheinlichkeit. Diesen Sachverhalt veranschaulicht Abb. 1.6-14.

Die Kostenansätze werden für die Beteiligten, also z. B. den Bauherrn, die Entwurfsverfasser, die Bauausführenden, den Nutzer und die Gesellschaft verschieden sein. Ein Bauwerk ist wirtschaftlich nur sinnvoll, wenn für alle Beteiligten $Z(p)$ für gewisse Parameterbereiche positiv ist. Der sinnvolle Parameterbereich ist der Durchschnitt aller mit verschiedenen Kostenansätzen enthaltenen positiven Zielfunktionen.

Eine Optimierung muss für den Zeitpunkt der Entscheidung über die die Zuverlässigkeit kontrollierenden Parameter, d. h. für $t = 0$, angestellt werden. Alle Kosten müssen daher abgezinst werden. Für das Weitere gilt die stetige Zinsfunktion

$$\delta(t) = \exp[-\gamma t]\,, \qquad (1.6.167)$$

die die übliche jährliche Verzinsung nach $\delta(t) = (1+\gamma')^{-t}$ mit $\gamma = \ln(1+\gamma')$ in hervorragender Weise nähert. Der Zinssatz γ ist von In- bzw. Deflationstendenzen bereinigt und ein langfristiges Mittel. Diese Bereinigung gilt zweckmäßigerweise auch für alle anderen monetär bewerteten Größen wie Nutzen, Errichtungskosten und Schadenskosten.

Es ist zweckmäßig, zumindest gedanklich zwischen Bauwerken zu unterscheiden, die nach dem Versagen aufgegeben werden, und solchen, bei denen systematischer Wiederaufbau erfolgt. Außerdem sei zwischen Bauwerken unterschieden, die bei Inbetriebnahme oder nie versagen, und solchen, die durch zeitabhängige Lasten oder Ermüdung später

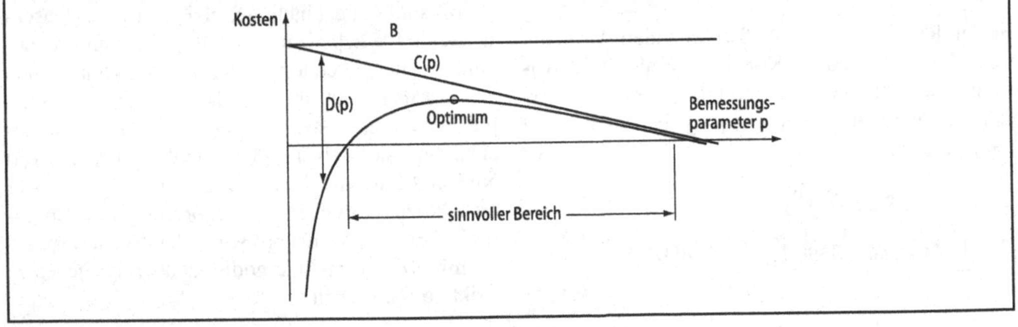

Abb. 1.6-14 Erwartete Kostenanteile [Rosenblueth/Esteva 1972]

zu zufälligen Zeitpunkten versagen. Dabei gilt die Annahme, dass die Bauzeiten vernachlässigbar klein gegenüber den Nutzungszeiten sind.

1.6.7.2 Versagen bei Errichtung oder Inbetriebnahme durch zeitinvariante Lasten

Die Zielfunktion für *Versagen bei Inbetriebnahme und Aufgabe des Bauwerks nach dem Versagen* ist

$$\begin{aligned} Z(p) &= B\,R_f(p) - C(p) - H\,P_f(p) \\ &= B - C(p) - (B + H)P_f(p)\,. \end{aligned} \tag{1.6.168}$$

Hierin sind $R_f(p)$ die Zuverlässigkeit (Überlebenswahrscheinlichkeit) und $P_f(p)$ die Versagenswahrscheinlichkeit.

Bei *Versagen bei Inbetriebnahme und systematischem Wiederaufbau nach dem Versagen* ist jedoch

$$\begin{aligned} Z(p) &= B - C(p) - (C(p)+H)\sum_{i=1}^{\infty} iP_f(p)^i R_f(p) \\ &= B - C(p) - (C(p)+H)\frac{P_f(p)}{1-P_f(p)}\,. \end{aligned} \tag{1.6.169}$$

Nach einem Versagen wird man natürlich die Ursachen für das Versagen erforschen und den Entwurf ggf. ändern. War der Entwurf im Hinblick auf die Entwurfsregeln und die Parameter p bereits optimal, besteht keine Veranlassung, die Bemessungsregeln zu ändern. Es gilt weiter die Annahme, dass jede neue Realisation des Bauwerks im Hinblick auf die Unsicherheiten statistisch identisch mit früheren Realisationen ist.

Für eine beabsichtigte Nutzungsdauer t_s ist

$$B(t_s) = \int_0^{t_s} b(t)\delta(t)\mathrm{d}t = \frac{b}{\gamma}[1-\exp[-\gamma t_s]] \tag{1.6.170}$$

mit b dem konstant angenommenen Nutzen pro Zeiteinheit. Für $t_s \to \infty$ gilt

$$B = \frac{b}{\gamma}. \tag{1.6.171}$$

Der Fall, dass *Versagen bei Inbetriebnahme* oder schon während des Baues erfolgt, ist denkbar bei ausschließlich durch ständige Lasten beaufschlagten Bauwerken, deren Tragwerkswiderstand zeitunveränderlich ist.

1.6.7.3 Versagen durch extreme Belastungen

Ein Bauwerk kann durch extreme Belastungen oder durch Alterung bzw. Ermüdung zu zufälligen Zeitpunkten lange nach seiner Errichtung versagen. Meist ist anzunehmen, dass das Bauwerk nach seinem Versagen wieder errichtet wird. Die Lebensdauern seien zumindest näherungsweise unabhängige, identisch verteilte Zeiten mit Verteilungsfunktion $F(t)$ und Dichte $f(t)$. Identische Verteilungen sind gegeben, wenn die Entwurfsregeln bei jeder Erneuerung beibehalten werden, auch wenn jeder Neuentwurf sich von den Vorgängern nach Konstruktion, Topologie und Ästhetik unterscheidet. Wenn das Tragwerk nach dem ersten Versagen aufgegeben wird, ist bei konstantem Nutzen pro Zeiteinheit der verzinste Nutzen [Hasofer/Rackwitz 1999]

$$\begin{aligned} B &= \frac{b}{\gamma}\int_0^{\infty}\left(1-e^{-\gamma t}\right)f(t)\mathrm{d}t \\ &= \frac{b}{\gamma}\left[1-f^*(\gamma)\right] \end{aligned} \tag{1.6.172}$$

mit

$$f^* = \int_0^{\infty} e^{-\gamma t} f(t)\mathrm{d}t \tag{1.6.173}$$

der Laplace-Transformierten der Dichte der Zeit bis zum Versagen. Analog ist der verzinste Schaden

$$D = H\int_0^{\infty} e^{-\gamma t} f(t)\mathrm{d}t = H f^*(\gamma). \tag{1.6.174}$$

Für einen stationären Poisson'schen Prozess der Versagensereignisse mit Intensität $\lambda(p,R)$, d. h. mit einer Dichte der Versagenszeiten von $f(t,p,R) = \lambda(p,R)\exp(-\lambda(r, R)t)$, wobei R einen beliebigen Zufallsvektor bezeichnet, ist

$$Z(p) = E_R\left[\frac{b-\lambda(p,R)H}{\gamma+\lambda(p,R)}\right] - C(p). \tag{1.6.175}$$

Für den wichtigeren Fall des *systematischen Wiederaufbaus nach einem Versagen* ist

$$B = b\int_0^{\infty} e^{-\gamma t}\mathrm{d}t = \frac{b}{\gamma}\,. \qquad (1.6.176)$$

Die Dichte zum n-ten Versagen wird durch Rekursion erhalten:

$$f_n(t) = \int_0^{\infty} f_{n-1}(t-\tau)f(\tau)\mathrm{d}r,\; n = 2,3,\ldots \qquad (1.6.177)$$

oder mit Hilfe der Laplace-Transformation $f^*(\gamma) = \int_0^{\infty} e^{-\gamma t} f(t)\mathrm{d}t$ und $f_n^*(\gamma) = \int_0^{\infty} e^{-\gamma t} f_n(t)\mathrm{d}t$ aus

$$f_n^*(\gamma) = f_{n-1}^*(\gamma)f^*(\gamma) = f^*(\gamma)\left[f^*(\gamma)\right]^{n-1} \qquad (1.6.178)$$

und somit

$$\begin{aligned} D &= (H+C)\sum_{n=1}^{\infty}\int_0^{\infty} e^{-\gamma t} f_n(t)\mathrm{d}t \\ &= (H+C)\frac{f^*(\gamma)}{1-f^*(\gamma)} = (H+C)h^*(\gamma)\,. \end{aligned} \qquad (1.6.179)$$

$h^*(\gamma)$ ist die Laplace-Transformierte der sog. Erneuerungsintensität. Die Erneuerungsintensität $h(t)$ kann auch als (unbedingte) Versagensrate interpretiert werden.

Für den wichtigen Poisson-Prozess, dessen Verteilungsfunktion der Zeiten zwischen den Ereignissen die Exponentialverteilung ist, ist

$$\begin{aligned} f^*(\gamma,p,R) &= \int_0^{\infty} \exp[-\gamma t]\lambda(p,R)\exp[-\lambda(p,R)t]\mathrm{d}t \\ &= \frac{\lambda(p,R)}{\gamma+\lambda(p,R)} \end{aligned} \qquad (1.6.180)$$

und daher

$$Z(p) = B - C(p) - (C(p)+H)\frac{E_R[\lambda(p,R)]}{\gamma}\,. \qquad (1.6.181)$$

Für anders verteilte Zeiten zwischen den Ereignissen kann man in einigen anderen Fällen die Laplace-Transformationen analytisch angeben. Darüber hinaus gilt ein asymptotisches Resultat, welches für alle praktisch vorkommenden Fälle ausreichend genau ist. Es ist nämlich

$$\lim_{t\to\infty} h(t) = \lim_{\gamma\to 0} \gamma h^*(\gamma) = \frac{1}{m}\,. \qquad (1.6.182)$$

$m = E[T]$ ist der Mittelwert der Versagenszeiten. Wenn also die Verteilungsfunktion der Versagenszeiten wenigstens punktweise bekannt ist, ist unter Verwendung von

$$\begin{aligned} E[T(R)] &= \textstyle\int_0^{\infty}(1-F(t|R))\mathrm{d}t \\ &\geq \min\{1;1-P_f(0)-\textstyle\int_0^{\infty}+E_R[E[N^+(0,t)|R]]\mathrm{d}t\} \end{aligned}$$

$$Z(P) \approx B - C(p) - \frac{C(p)+H}{\gamma E_R[E[T(R)]]}\,. \qquad (1.6.183)$$

Das ist ein weitreichendes Ergebnis. Es bedeutet, dass zulässige Versagenswahrscheinlichkeiten als auf eine Zeiteinheit bezogene Versagensrate oder als mittlere Zeiten zwischen dem Versagen vorzugeben sind.

1.6.7.4 Kosten-Nutzen-Ansatz aus der Sicht der Beteiligten

Die Festlegung der Anteile B und $C(p)$ ist i. d. R. unkritisch. Der Ansatz von b oder von $b(t)$ ist allein Sache des Benutzers, von $C(p)$ allein Sache des Bauherrn. Die Quantifizierung von H erfordert eine Versagensfolgenrechnung. Diese ist für alle und insbesondere für die Gesellschaft betreffende Folgen, auch die Spätfolgen eines Versagens, durchzuführen. Auf die Ermittlung der Anzahl und des Umfangs wahrscheinlicher Personenschäden ist besonderer Wert zu legen.

Am Ergebnis (1.6.173) wird deutlich, dass bei zeitvarianten Problemen grundsätzlich ein Zinssatz $\gamma > 0$ zu wählen ist. Andernfalls würden die Schadenskosten unendlich groß.

Erwarteter Nutzen und Schaden können, wie schon erwähnt, für jeden der Beteiligten anders verzinst werden. Für den Bauherrn und den Benutzer ist es sicher richtig, sich an den gängigen (langfristigen) Zinssätzen zu orientieren. Hierbei muss aber beachtet werden, dass der Zeithorizont bei Bauwerken i. d. R. viel weiter gesteckt ist als bei anderen Investitionen. Für die Öffentlichkeit müsste ein (langfristiger) Zinssatz genommen werden, der ungefähr dem jährlichen Zuwachs des realen Bruttosozialprodukts entspricht, das sind gegenwärtig etwa 2% bis 3%.

Die Gesellschaft muss ihre Belange zumindest immer dann schützen, wenn Menschen an Leib und Leben gefährdet sind, v. a. auch, weil die Nutzung von Bauwerken durch den Menschen eine notwendige und unfreiwillige Tätigkeit ist. Dafür gibt es im Wesentlichen drei Ansätze. Die Gesellschaft kann ein bestimmtes Risiko für Leib und Leben in und um Bauwerke herum festsetzen, wobei sie sich an statistischen Zahlen, soweit sie vorliegen und für unfreiwillige Tätigkeiten toleriert werden, orientieren kann. Bei Tragwerksversagen wurde hierfür ein Lebensrisiko von 10^{-6} pro betroffene Person und Jahr diskutiert. Dem steht ein Risiko von $>10^{-4}$ pro Jahr und Person durch sämtliche Unfälle aller Art einschließlich des Risikos im Straßenverkehr gegenüber.

Die Gesellschaft kann desweiteren unterstellen, dass die Gesamtheit des für Bauwerke gültigen Regelwerkes bereits optimale Bauwerke erzielt, und hieraus Rückschlüsse auf das tolerierte Risiko ziehen. Nachrechnungen haben ergeben, dass das derzeitige Bauen mit einer (rechnerischen) jährlichen Wahrscheinlichkeit für Tragwerksversagen von 10^{-3} (vorwiegend bei außergewöhnlichen Situationen wie Erdbeben, Fahrzeuganprall, Gasexplosion) bis weit unter 10^{-7} (für normale Beanspruchungen) ohne Berücksichtigung von menschlichen Fehlern als Versagensursache verbunden ist. Das Lebensrisiko ist dabei mindestens um eine Größenordnung niedriger.

Schließlich kann im Namen der und in der Verantwortung für die Gesellschaft eine Kosten-Nutzen-Rechnung durchgeführt werden. Zwei Fragen sind hierbei zu beantworten:

- Darf auch bei möglichem Verlust von Leib und Leben eine Kosten-Nutzen-Rechnung durchgeführt werden?
- Dürfen ggf. „Kosten" für Menschenleben verzinst werden?

In der neueren Forschung auf diesem Gebiet hat sich die Auffassung durchgesetzt, dass es nicht die „Kosten" eines verlorenen Menschenlebens bzw. der versagensbedingten Behinderung der Menschen sind, die zur Diskussion stehen, sondern jener Aufwand, den die Gesellschaft fähig und bereit ist, zur Rettung bzw. *qualitätvollen* Lebensverlängerung eines Menschenlebens aufzubringen. Das Problem der Bauwerkssicherheit durch Bauvorschriften ist damit nicht anders gelagert als das Problem der Sicherheit auf Straßen oder der Gesundheitsfürsorge für die Öffentlichkeit. Ein einfaches, sicher noch verbesserbares Kriterium geht von der Vorstellung aus, dass der mittlere Beitrag eines Mitglieds der Gesellschaft zum realen Bruttosozialprodukt pro Jahr g zu seiner „qualitätvollen" Lebenserwartung bei Geburt e ins Verhältnis gesetzt wird. Da Bauwerkssicherheit im Sinne der Abwesenheit von Gefahr für Leib und Leben durch Bauvorschriften eine solche Tätigkeit ist, kann, volkswirtschaftlich gesehen, nur ein bestimmter Aufwand für Bauwerkssicherheit getrieben werden. Ein bestimmter Aufwand ist jedoch notwendig und sinnvoll, zumal es sich bei der Benutzung von Bauwerken um eine unerlässliche und unfreiwillige Tätigkeit handelt. Man geht davon aus, dass eine hohe Lebenserwartung der Individuen ein wichtiges Ziel der Gesellschaft ist.

Als Maß für die Qualität des Lebens wird das reale Bruttosozialprodukt genommen. Nach einem Vorschlag von Lind [Lind 1994] geht man von einem zweckmäßig definierten zusammengesetzten Sozialindikator aus:

$$f = f(a, b, \ldots, e, \ldots)\,. \qquad (1.6.184)$$

Dieser sei differenzierbar. In differentieller Schreibweise ist dann

$$df = \frac{\partial f}{\partial a}da + \frac{\partial f}{\partial b}db + \ldots + \frac{\partial f}{\partial e}de + \ldots \qquad (1.6.185)$$

Wenn nur die genannten zwei Indikatoren, also g und e, betrachtet werden, verschwindet df für

$$\frac{dg}{de} = -\frac{\frac{df}{de}}{\frac{df}{dg}}\,. \qquad (1.6.186)$$

Anders ausgedrückt: jede Tätigkeit, die die Erhöhung der Lebenserwartung zum Ziel hat, muss auch durch einen entsprechenden Zuwachs im Bruttosozialprodukt aufgefangen werden.

Konkret ist der hier als Beispiel verwendete zusammengesetzte Sozialindikator (Life Quality Index – LQI) durch [Nathwani et al. 1997]

$$f = g^w e^{1-w} \qquad (1.6.187)$$

definiert. Dieser Indikator ist offensichtlich gleich der Lebenserwartung gewichtet mit dem mittleren jährlichen Beitrag zum Bruttosozialprodukt als Maß für die Qualität des Lebens. Der Parameter w wichtet Lebensqualität und Lebenserwartung und ist gleich dem mittleren Lebensanteil, der den rein ökonomischen Tätigkeiten gewidmet ist. Er beträgt 10% bis 15% von e. Eine so bewertete Tätigkeit ist also sinnvoll, wenn $\mathrm{d}e/e + \frac{w}{1-w}\mathrm{d}g/g > 0$. Das gilt für alle lebensverlängernden bzw. lebensrettenden Maßnahmen der Öffentlichkeit. Einsetzen in Gl. (1.6.186) ergibt:

$$\frac{\mathrm{d}g}{\mathrm{d}e} = -\frac{\frac{\mathrm{d}f}{\mathrm{d}e}}{\frac{\mathrm{d}f}{\mathrm{d}g}} = -\frac{g(1-w)}{we}. \tag{1.6.188}$$

Auf Bauwerksversagen mit Todesopfern angewandt, bezeichne nun F die erwartete Anzahl der bei einem Bauwerksversagen Getöteten und $\bar{e} \approx 40$ Jahre die verbleibende mittlere Lebenserwartung der Betroffenen im Bauwerk. N ist die Bevölkerungsanzahl. Sie fällt in der weiteren Betrachtung heraus. Bei inkrementeller Veränderung der Versagenswahrscheinlichkeit ist dann die Anzahl der „verlorenen" Lebensjahre gleich $\bar{e}F\mathrm{d}P_f$ und deshalb

$$\mathrm{d}e = -\bar{e}\frac{F}{N}\mathrm{d}P_f. \tag{1.6.189}$$

Für die Bauwerkskosten ergibt sich analog

$$\mathrm{d}g = -\frac{\mathrm{d}C}{N}. \tag{1.6.190}$$

Also ist

$$\frac{\mathrm{d}g}{\mathrm{d}e} = -\frac{-\frac{\mathrm{d}C}{N}}{-\bar{e}\frac{F}{N}\mathrm{d}P_f} = -\frac{g(1\pm w)}{we} \tag{1.6.191}$$

und damit

$$\frac{\mathrm{d}C}{\mathrm{d}P_f} = -\frac{g(1-w)\bar{e}}{we}F. \tag{1.6.192}$$

Einsetzen des mittleren Beitrags zum realen Bruttosozialprodukt von 18000.– bis 20500.– € pro Jahr und Person (19900.– € für Deutschland im Jahre 1997 bei 2,2% realem Wachstum) und der Zahlen für $e \approx 80$ Jahre, $\bar{e} \approx 40$ Jahre und $w = 0{,}125$ sowie $F = 1$ ergibt einen „vernünftigen" Aufwand für Bauwerkssicherheit von $\frac{g(1-w)\bar{e}}{we}F = 70000$,– € pro Jahr und potentiell betroffener Person. t auf den einzelnen Betroffenen mit der mittleren Lebenserwartung $\bar{e}$ sind das rund 2700000,– €. Das ist weit mehr als gewöhnlicherweise angesetzt wird. Es ist wichtig, dass die rechte Seite von Gl. (1.6.192) nicht mehr von Bauwerksparametern abhängt.

Auch die Frage nach der Verzinsung eines solchen Betrags wurde auf verschiedenen Ebenen, der moralischen und ethischen Ebene, der ökonomischen Ebene und dem von der Gesellschaft ausgedrückten Wollen, beantwortet [Lind 1994]. Wenn auch in Zukunft und für künftige Generationen die gleichen Werte und Zielvorstellungen der Gesellschaft wie heute Gültigkeit haben und für die Zukunft die gleichen finanziellen Möglichkeiten erhalten werden sollen, muss jede Investition, auch die zur Rettung von Menschenleben, über die Bauvorschriften jetzt (und in Zukunft) wie jeder andere Kostenfaktor verzinst werden – und zwar mit dem gleichen Zinssatz wie rein ökonomische Größen [Paté-Cornell 1984].

Damit ist eine Optimierung unter Einfluss der Kosten für die Vermeidung des Verlustes von Menschenleben

$$H_M = \frac{g(1-w)\bar{e}^2}{we}F \tag{1.6.193}$$

durchzuführen. Das Kriterium Gl. (1.6.192) ist als zusätzliche Restriktion zu berücksichtigen, d. h. bei vektoriellem Parameter p

$$\|\nabla_p C(p)\| \geq \frac{g(1-w)\bar{e}}{we}F\|\nabla_p P_f(p)\|. \tag{1.6.194}$$

Der Zinssatz kommt nicht mehr vor. Es zeigt sich, dass diese Bedingung häufig maßgebend ist.

1.6.8 Anwendung in der Normung

1.6.8.1 Teilsicherheitsfaktoren

Zeitinvarianter Fall

Es liegt nahe, die in der Bemessungspraxis verwendeten Sicherheitsbeiwerte auf den sog. „Bemessungswert" zu beziehen. Ist $x_{c,i}$ ein charakteristischer Wert der Größe i (vgl. 1.6.1), so gilt generell

$$\gamma_i = \frac{x_{c,i}}{x_i^*}. \tag{1.6.195}$$

für Widerstandsvariable (positive Ableitung der Grenzzustandsfunktion) und

$$\gamma_i = \frac{x_i^*}{x_{c,i}}. \tag{1.6.196}$$

für Lastvariable (negative Ableitung der Grenzzustandsfunktion). Dabei ist

$$x_i^* = F^{-1}(\Phi(u_i^*)) = F^{-1}(\Phi(-\alpha_i\beta)). \tag{1.6.197}$$

Diese Definitionen sind gültig bei unabhängigen Variablen. α_i entspricht exakt dem Richtungskosinus des β-Punktes im Standardraum.

Bei abhängigen Variablen muss man ein neues repräsentatives $\alpha_{r,i}$ aus

$$\alpha_{r,i} = \frac{-\Phi^{-1}(F(x_i^*))}{\beta} \tag{1.6.198}$$

bilden, welches nur bei unabhängigen Variablen mit α_i übereinstimmt. Hierzu muss $\mathbf{u}^*$ in $\mathbf{x}^*$ zurücktransformiert werden. Damit kann festgestellt werden, dass zwischen einer rigorosen probabilistischen Betrachtung und einer deterministischen Bemessung eindeutige Korrespondenz hergestellt werden kann.

Als Beispiel sei eine Last mit Mittelwert μ und Standardabweichung σ normalverteilt. Bei gegebenem α_S und β sowie charakteristischem Wert als p_S% – Quantil s_c ist

$$\Phi\left(\frac{s^*-\mu}{\sigma}\right) = \Phi(u_S^*) = \Phi(-\alpha_S\beta), \quad s^* = -\alpha_S\beta\sigma+\mu. \tag{1.6.199}$$

Man beachte, dass α_S für eine „Lastvariable" negativ ist. Also ist

$$\gamma_S = \frac{s^*}{s_c} = \frac{-\alpha_S\beta\sigma+\mu}{\Phi^{-1}(p_S)\sigma+\mu}. \tag{1.6.200}$$

Wenn eine Widerstandsgröße unter sonst gleichen Umständen lognormalverteilt ist, berechnet man

$$\gamma_R = \frac{r_c}{r^*} = \frac{r_c}{\mu\exp\left[-\frac{1}{2}\ln(1+V^2) - \alpha_R\beta[\ln(1+V^2)]^{1/2}\right]} \approx \frac{r_c}{\mu\exp[-\alpha_R\beta V]} \tag{1.6.201}$$

mit $V = \sigma/\mu$.

Die Widerstandsgröße R sei entsprechend einer Weibull-Verteilung verteilt:

$$F_R(r) = 1-\exp\left[-\left(\frac{r}{w}\right)^k\right].$$

Bei gegebenem α_R und β sowie charakteristischem Wert als p_R% – Quantil ist

$$1-\exp\left[-\left(\frac{r^*}{w}\right)^k\right] = \Phi(-\alpha_R\beta) \tag{1.6.202}$$

und somit

$$r^* = w[-\ln(\Phi(\alpha_R\beta))]^{1/k} \tag{1.6.203}$$

und

$$\gamma_R = \frac{r_c}{r^*} = \frac{[-\ln(p_R)]^{1/k}}{[-\ln(\Phi(\alpha_R\beta))]^{1/k}}. \tag{1.6.204}$$

In neueren Vorschriften wird bei unabhängigen Variablen folgende Näherung zugelassen:

α_R = 0,8 für die dominante Widerstandsvariable,
α_S = 0,7 für die dominante Lastvariable.
α_S ≈ 0,28 für alle anderen Lastvariablen.

Damit ist die Bedingung $\sum_{i=1}^{n} \alpha_i^2 > 1$ und daher mit Ausnahme des Falles, dass jeweils nur eine Zufallsvariable gegenwärtig ist, übererfüllt. Die Näherungen für die α gelten nur für unabhängige Zufallsvariable. Die Teilsicherheitsbeiwerte können damit ohne genaue Rechnung und ohne genaue Kenntnis des mechanischen Zusammenhangs für jedes Sicherheitsniveau, jede Verteilungsfunktion und Parameterkombination abgeschätzt werden.

Wenn der charakteristische Wert direkt aus Versuchen oder Beobachtungen gewonnen wird, ist er als p%–Quantil in der prädiktiven Verteilung (oder Bayes'schen Verteilung), d. h. in

$$F_X(x) = \int_{-\infty}^{\infty} F_X(x|\theta) f''_{\Theta}(\theta) d\theta \qquad (1.6.205)$$

definiert. Hierin ist nach Bayes die a-posteriori-Dichte

$$f''_{\Theta}(\theta) = \frac{\ell(x|\theta) f'_{\Theta}(\theta)}{\int_{-\infty}^{\infty} \ell(x|\theta) f'_{\Theta}(\theta) d\theta} \qquad (1.6.206)$$

mit $\ell\,(x|\theta)$ der Likelihood-Funktion der Stichprobe x und $f_{\Theta}'(\theta)$ der a-priori-Dichte des Parametervektors Θ (vgl. auch Gl. (1.6.10) bis (1.6.12)).

Für eine Normalverteilung mit bekannter Standardabweichung σ bzw. ohne jede Vorinformation ($\nu = n - 1$) ist beispielsweise

$$x_c = \bar{x}_n + k_n s_n \qquad (1.6.207)$$

mit:

$$k_n = \begin{cases} T^{-1}(p,\upsilon)\sqrt{\dfrac{n+1}{n}} & \sigma \text{ unbekannt ,} \\ \Phi^{-1}(p)\sqrt{\dfrac{n+1}{n}} & \sigma \text{ unbekannt .} \end{cases} \qquad (1.6.208)$$

Hierin ist $T^{-1}(p,\nu)$ die Inverse der zentralen t-Verteilung mit Freiheitsgrad ν. Bei bekannter Standardabweichung ist s_n durch σ zu ersetzen.

Bei einer Lognormalverteilung bildet man $\bar{x}_n$ und s_n für die Logarithmen der Einzelwerte, und der charakteristische Wert ist $x_c = \exp\,[\bar{x}_n + k_n s_n]$. In diesen Formeln ist nur die aktuelle Stichprobe, gekennzeichnet durch $\bar{x}_n$, s_n und n, berücksichtigt. Wenn Vorinformationen vorliegen, also in Form von $\bar{x}'_n$, s'_n und n', kann man sich neue Werte

$$n'' = n + n', \quad \bar{x}'' = \frac{\bar{x}n + \bar{x}'n'}{n + n'} \qquad (1.6.209)$$

sowie bei unbekannter Standardabweichung

$$\begin{aligned} s''^2\upsilon'' &= \left[\upsilon' s'^2 + n'\bar{x}'^2\right] + \left[\upsilon s^2 + n\bar{x}^2\right] - n''\bar{x}''^2 , \\ \upsilon'' &= \upsilon' + \delta(n') + \nu + \delta(n) - \delta(n'') \end{aligned} \qquad (1.6.210)$$

errechnen. Man beachte, dass die Stichproben für $\bar{x}''$ und $\bar{s}''$ unterschiedlich groß sein können, nämlich $\bar{n}''$ bzw. $\bar{\upsilon}''$. Ähnliche Formeln gibt es für eine Reihe von anderen Modellen.

Zeitvarianter Fall

Ein erster Vorschlag zur Ableitung von Teilsicherheitsfaktoren bei Gegenwart von stationären Lasten stammt von Turkstra [Turkstra 1970]. Er nahm an, dass die Lasten unabhängig sind und berechnete eine untere Schranke für die Versagenswahrscheinlichkeit, indem er unterstellte, dass zu einem beliebigen Zeitpunkt jeweils eine Last ihr Extremum annimmt, während alle anderen Lasten einen Wert aus ihrer Augenblicksverteilung realisieren. Also ist

$$\begin{aligned} P_f \ge \max_{i=1}^{n} \Big\{ P\Big(g(R, S_1(\tau), S_2(\tau), \ldots, \\ \max_{0 \le \tau \le t} \{S_i(\tau)\}, \ldots, S_n(\tau)) \le 0 \Big) \Big\} \end{aligned} \qquad (1.6.211)$$

Das ist eine untere, i. d. R. unter den genannten Voraussetzungen gar nicht so unkonservative Schranke, weil die größte Wahrscheinlichkeit auch zu anderen Zeitpunkten erreicht werden kann. Wegen ihrer Einfachheit ist die „Turkstra'sche Regel" in der Praxis sehr beliebt. Das zeitvariante Zuverlässigkeitsproblem oder Lastkombinationsproblem wird auf ein zeitinvariantes Zuverlässigkeitsproblem zurückgeführt. Man muss nur die jeweiligen Augenblicksverteilungen und die zugehörigen Extremwertverteilungen kennen.

Es sei ein einfaches Beispiel mit der Zustandsfunktion

$$M = R - S_1 - S_2 \qquad (1.6.212)$$

betrachtet. R sei normalverteilt, S_1 sei ein Sprungprozess mit Rate λ, dessen Amplituden Rayleigh-verteilt sind, und S_2 sei eine Gumbel-verteilte Zufallsfolge mit $n = 50$ „Wiederholungen“, d. h.

$$R \sim \Phi\left(\frac{r-m_R}{\sigma_R}\right), \tag{1.6.213}$$

$$S_1 \sim 1-\exp\left[-\frac{1}{2}\left(\frac{s_1}{a_1}\right)^2\right], \tag{1.6.214}$$

$$S_2 \sim \exp[-\exp[-a_2(s_2-u_2)]]. \tag{1.6.215}$$

Die zu S_1 und S_2 gehörigen Extremwertverteilungen im Zeitraum $[0,t]$ sind

$$\max_{0\leq\tau\leq t}\{S_1\} \sim \exp\left[-\lambda t \exp\left[-\frac{1}{2}\left(\frac{s_1}{a_1}\right)^2\right]\right], \tag{1.6.216}$$

$$\max_{0\leq\tau\leq t}\{S_2\} \sim \exp\left[-\exp\left[-a_2\left(s_2-u_2-\frac{\ln(n)}{a_2}\right)\right]\right]. \tag{1.6.217}$$

Die Bemessungswerte x_i^* lassen sich bei gegebenem α_i und β analytisch bestimmen (Tabelle 1.6-6). Natürlich ist $r^* = m_R - \alpha_R\,\beta\,\sigma_R$.

Die Bemessungswerte der Lasten kann man nun durch den jeweiligen charakteristischen Wert teilen. Für jede Kombination erhält man einen Teilsicherheitsbeiwert für das extremale Niveau und aus der Augenblicksverteilung. Diese sind natürlich verschieden, und man kann $\gamma_{\text{augenbl.}} = \gamma_{\text{extr.}}\psi$ setzen (Tabelle 1.6-7). ψ hängt im Einzelnen von den stochastischen Charakteristiken der betreffenden Last ab. Einige der modernen Bemessungsvorschriften gehen so vor.

Die Turkstra'sche Regel ist an einschneidende Annahmen gebunden. Man kann mit ihr keine intermittierenden Lasten behandeln. Die einzelnen Lasten müssen unabhängig sein. Daher müssen abhängige Einzellasten entsprechend zusammengefasst werden. Weiter macht sie nur im stationären Fall Sinn. Außerdem liefert sie, wie erwähnt, nur eine untere Schranke für die Versagenswahrscheinlichkeit.

Nachweise bei Verlust der Dauerhaftigkeit durch Materialermüdung, Korrosion

Derartige Nachweise können dann wie Nachweise gegen Verlust der Tragfähigkeit geführt werden, wenn eine Dauerfestigkeit oder dergleichen existiert.

Tabelle 1.6-6 Bemessungswerte der Lasten

	s_1^*	s_2^*
Kombination 1	$a_1\sqrt{-2\ln\left(\frac{\ln(\Phi(-\alpha_{s1}\beta))}{\lambda t}\right)}$	$-\frac{1}{a_2}\ln(-\ln(\Phi(-\alpha_{s2}\beta)))+u_2$
Kombination 2	$a_1\sqrt{-2\ln(\Phi(\alpha_{s1}\beta))}$	$-\frac{1}{a_2}\ln(-\ln(\Phi(-\alpha_{s2}\beta)))+u_2+\frac{1}{a_2}\ln(n)$

Tabelle 1.6-7 Kombinationsbeiwerte (ohne mögliche algebraische Vereinfachungen)

	ψ_{r^*}	$\psi_{s_1^*}$	$\psi_{s_2^*}$
Kombination 1	1	1	$\dfrac{-\frac{1}{\alpha_2}\ln(-\ln(\Phi(-\alpha_{s2}\beta)))+u_2}{-\frac{1}{\alpha_2}\ln(-\ln(\Phi(-\alpha_{s2}\beta)))+u_2+\frac{1}{\alpha_2}\ln(n)}$
Kombination 2	1	$\dfrac{a_1\sqrt{-2\ln(\Phi(\alpha_{s1}\beta))}}{a_1\sqrt{-2\ln\left(-\frac{\ln(\Phi(-\alpha_{s1}\beta))}{\lambda t}\right)}}$	1

Sonst muss eine Nachweisgleichung im Raum der Lebensdauern formuliert werden. Bei Ermüdungsnachweisen geht man meist von Wöhler-Linien aus, d. h. von $N = C\Delta S_{eq}^{-m}$ mit N der ertragbaren Lastspielzahl für eine äquivalente Einstufenbelastung ΔS_{eq}, die mit Hilfe der Palmgren-Miner'schen Hypothese zur Akkumulation von Schädigungen ermittelt wird. C und m sind experimentell für jeden Baustoff, jedes Bauteil und jedes Konstruktionsdetail ermittelte Materialkennwerte. Gelegentlich muss der Einfluss der Mittelspannung mitberücksichtigt werden. Manchmal werden zwei Neigungen der Wöhler-Linie, z. B. $m = 3$ für große ΔS_{eq} und $m = 5$ für kleine ΔS_{eq}, angegeben. ΔS_{eq} enthält ggf. Spannungskonzentrationsfaktoren (Kerbfaktoren) und ist aus der Überlagerung aller ermüdungswirksamen Beanspruchungen zu bilden. Man unterstellt also, dass die Beanspruchungszyklen jeweils nur kleine Schädigungen hervorrufen.

Um die Streuungen der Lebensdauern bei gleicher vorgegebener Einstufenbelastung und gleichen sonstigen Parametern zu berücksichtigen, setzt man für C eine Verteilung, z. B. die Weibull-Verteilung, an und hat eine Grenzzustandsgleichung der Form

$$C\Delta S_{eq}^{-m} - n_s \upsilon_1 \leq 0 . \qquad (1.6.218)$$

n_s ist die beabsichtigte Nutzungsdauer in Jahren und υ_1 die mittlere Anzahl der Spannungszyklen pro Jahr. Die Teilsicherheitsbeiwerte für die unsicheren Größen, z. B. $C, \Delta S_{eq}$ und ggf. $n_s \upsilon_1$, ermittelt man nach Schema in Gl. (1.6.195) oder Gl. (1.6.196). Analog wird bei anderen Dauerhaftigkeitsaufgaben vorgegangen.

Bei Wöhler-Linien wird meist von den charakteristischen Werten ausgegangen. Bei Bayes'scher Betrachtungsweise sind die Werte dann mit Hilfe Bayesscher Regression zu berechnen. Hier werden zunächst die Formeln für normalverteilte Residuen angegeben. Nunmehr ist für einen vorgegebenen Wert x_0

$$y_c = a_0 + a_1 x_0 + k_n s_n . \qquad (1.6.219)$$

Hierin ist:

$$a_0 = \bar{y} - a_1 \bar{x},$$

$$a_1 = \frac{\sum_{i=1}^{n} x_i y_i - n\bar{x}\,\bar{y}}{\sum_{i=1}^{n} x_i^2 - n\bar{x}^2},$$

$$\bar{x} = \frac{1}{n}\sum_{i=1}^{n} x_1,$$

$$\bar{y} = \frac{1}{n}\sum_{i=1}^{n} y_1,$$

$$s^2 = \frac{1}{\upsilon}\sum_{i=1}^{n} (y_i - a_0 - a_1 x_i)^2,$$

$$k_n = T^{-1}(p,\upsilon)\left(1 + \frac{1}{n} + \frac{(\bar{x} - x_0)^2}{\sum_{i=1}^{n}(x_i - \bar{x})^2}\right)^{1/2}$$

mit Freiheitsgrad $\upsilon = n - 2$. Angewandt auf Wöhler-Linien bedeutet das, dass $\ln(N) = \ln(C) - m\ln(\Delta S)$ und daher $y = \ln(N)$, $x = \ln(\Delta S)$, $a_0 = \ln(C)$, $a_1 = -m$. Der charakteristische Wert von N ist bei gegebenem $x_0 = \ln(\Delta s_{eq})$ gleich $N_c = \exp[y_c]$. Wird der Parameter m bzw. a_1 gesetzt, ist der Freiheitsgrad $\upsilon = n - 1$. Diese Betrachtungsweise impliziert eine Lognormalverteilung für die Lebensdauern. Die charakteristischen Wöhler-Linien entsprechen oft dem 2%-Quantil.

1.6.8.2 Vorgesehene Lebensdauern und Zielzuverlässigkeit

Für die Erarbeitung von Vorschriften sind einige Vereinbarungen zu treffen. Es ist festzulegen, auf welchen Zeitraum eine Zuverlässigkeitsvorgabe zu beziehen ist und ob sich die Zuverlässigkeitsvorgabe auf Systemkomponenten oder auf das System selbst bezieht. Im Rahmen der Arbeiten für die EUROCODES sind die in den Tabellen 1.6-8 bis 1.6-10 wiedergegebenen Festlegungen getroffen worden. Bei den Referenzzeiträumen wird unterstellt, dass in diesen Zeiträumen nur unwesentliche Reparaturen bei angemessener Unterhaltung notwendig sind.

Nicht sehr klar sind die Festlegungen über den Systembezug. Man sollte die Zahlen in den Tabellen 1.6-8 und 1.6-9 aber so interpretieren, dass die jeweiligen Zuverlässigkeitsindizes sich auf den

Tabelle 1.6-8 Zuverlässigkeitsindizes $\beta(n_s)$ für den Grenzzustand der Tragfähigkeit[1]

Relativer Aufwand der Maßnahmen	Versagensfolgen klein	normal	groß
hoch	2,8	3,3	3,8
normal	3,3	3,8	4,3
gering	3,8	4,3	4,8

Tabelle 1.6-9 Zuverlässigkeitsindizes $\beta(n_s)$ für den Grenzzustand der Gerbrauchsfähigkeit[1]

Relativer Aufwand der Maßnahmen	Grenzzustand der Gebrauchsfähigkeit
hoch	1,0
normal	1,5
gering	2,0

Tabelle 1.6-10 Empfohlene Referenzzeiträume n_s in Jahren [DIN EN 1990 (2010-12)]

Klasse	Beabsichtigte Nutzungsdauer n_s in Jahren	Beispiel
1	10	Tragwerke mit befristeter Standzeit
2	10 bis 25	Austauschbare Tragwerkteile, z.B. Kranbahnträger, Lager
3	15 bis 30	Landwirtschaftlich genutzte und ähnliche Tragwerke
4	50	Gebäude und andere gewöhnliche Tragwerke
5	100	Monumentale Gebäude, Brücken und andere Ingenieurbauwerke

einzelnen Versagensmodus beziehen. Diese sind i. d. R. hochkorreliert, so dass das Vorgehen bei einem einzigen dominanten Versagensmodus nicht über Gebühr unkonservativ ist. Immer wenn Systeme viele verschiedene, im Hinblick auf die Zuverlässigkeit ausgewogene und wenig hochkorrelierte Versagensmodi besitzen, sollte man die erforderlichen Sicherheitsindizes erhöhen.

1.6.8.3 Größe der Teilsicherheitsfaktoren in Euronormen

Die neue, auf europäischer Ebene entwickelte Normung geht von dem sog. „Teilsicherheitskonzept" aus. Es gilt die Nachweisgleichung

$$g_{U,S,A}\left(\ldots,\frac{r_{c,i}}{\gamma_i},\ldots,\gamma_j\psi_j S_{c,j},\ldots\right)\leq 0 \qquad (1.6.220)$$

mit

$r_{c,i}$ charakteristischer Wert der Basisvariable der Widerstandsseite,
γ_i Teilsicherheitsbeiwert für diese Basisvariable,
$s_{c,j}$ charakteristischer Wert der Basisvariable der Einwirkungsseite,
γ_j Teilsicherheitsbeiwert für diese Basisvariable,
ψ_j Kombinationsbeiwert für diese Basisvariable.

Die Indizes in der Grenzzustandsfunktion U, S und A beziehen sich jeweils auf Grenzzustände der Tragfähigkeit bei normalen Bemessungssituationen, auf Grenzzustände der Gebrauchstauglichkeit und auf Grenzzustände der Tragfähigkeit bei Gegenwart außergewöhnlicher Einwirkungen.

Hierbei gelten folgende Vereinbarungen:

- Alle Teilsicherheitsbeiwerte sind größer Null. Sie werden durch äquivalente additive Sicherheitselemente ersetzt, wenn der charakteristische Wert gleich Null oder nahe Null ist.
- Die Teilsicherheitsbeiwerte für den Gebrauchsfähigkeitsnachweis sind gleich Eins.
- Variablen, die Modellunsicherheiten erfassen, erhalten normalerweise keinen Sicherheitsbeiwert. Diese Unsicherheiten sind durch die Teilsicherheitsbeiwerte der anderen Basisvariablen abzudecken.
- Charakteristische Werte der Basisvariablen der Widerstandsseite sind normalerweise als 5%-Quantil der Verteilung definiert, die bei einer Schätzung mit Stichprobenumfang $n \to \infty$ entstehen würde.
- Charakteristische Werte der Vorspannung (P_k) sind als Mittelwerte definiert.

[1] entnommen aus [JCSS 1996]. Die Zuverlässigkeitsindizes gemäß DIN EN 1990 (2010–12) entsprechen den Werten für normalen relativen Aufwand der Maßnahme aus Tabelle 1.6-8 und 1.6-9. In DIN 1055-100 (2001–03) ist im GZT $\beta = 3{,}8$ und im GZG $\beta = 1{,}5$.

- Charakteristische Werte geometrischer Größen sind normalerweise als Nominalwerte, d. h. als Mittelwerte, definiert.
- Charakteristische Werte von ständigen Lasten (G_k) sind als Mittelwerte definiert.
- Charakteristische Werte von veränderlichen Lasten (Q_k) sind als Werte mit 50jähriger mittlerer Wiederkehrdauer definiert.
- Charakteristische Werte von außergewöhnlichen Beanspruchungen (A_k) sind als Werte mit rund 500jähriger mittlerer Wiederkehrdauer definiert.
- Die Teilsicherheitsbeiwerte bei außergewöhnlichen Situationen sind normalerweise gleich Eins.
- Für Kombinationsbeiwerte gilt grundsätzlich $0 \leq \psi_j \leq 1$. Der Kombinationsbeiwert der vorherrschenden Einwirkung ist gleich Eins.
- Die Teilsicherheitsbeiwerte und Kombinationsbeiwerte auf der Einwirkungsseite nach EN 1990 sind den Tabellen 1.6-11 und 1.6-12 zu entnehmen. Sie sind für alle Bauweisen und Bauarten gleich.
- Wenn der Grenzzustand der Tragfähigkeit durch Traglastnachweise für redundante, ausreichend duktile Strukturen geführt wird, dürfen die Teilsicherheitsbeiwerte auf der Widerstandsseite, wenn sie direkt die rechnerische Bauteilsteifigkeit beeinflussen, abgemindert werden. Werte zwischen den Bemessungswerten und den charakteristischen Werten sind angemessen.

Der Beiwert ψ_1 soll so festgelegt werden, dass seine Überschreitungshäufigkeit 5%, bezogen auf die Referenzzeit, beträgt. Der Beiwert ψ_2 entspricht dem langfristigen Mittelwert.

Die Lastkombinationen werden wie bei Turkstra angesetzt, d. h. beispielsweise bei einem Vergleich von (vektoriellen) Schnittgrößen symbo-

Tabelle 1.6-11 Kombinationsbeiwerte [DIN EN 1990/NA (2010-12)]

Einwirkung	ψ_0	ψ_1	ψ_2
Nutzlasten im Hochbau			
– Kategorie A: Wohn- und Aufenthaltsräume	0,7	0,5	0,3
– Kategorie B: Büros	0,7	0,5	0,3
– Kategorie C: Versammlungsäume	0,7	0,7	0,6
– Kategorie D: Verkaufsräume	0,7	0,7	0,6
– Kategorie E: Lagerräume	1,0	0,9	0,8
– Kategorie F: Verkehrsflächen, Fahrzeuglast ≤ 30 kN	0,7	0,7	0,6
– Kategorie G: Verkehrsflächen, 30 kN ≤ Fahrzeuglast ≤ 160 kN	0,7	0,5	0,3
Schnee- und Eislasten			
– Orte bis zu NN + 1000 m	0,5	0,2	0
– Orte über NN + 1000 m	0,7	0,5	0,2
Windlasten	0,6	0,2	0
Temperatureinwirkungen (nicht Brand)	0,6	0,5	0
Baugrundsetzungen	1,0	1,0	1,0
Sonstige Einwirkungen	0,8	0,7	0,5

Tabelle 1.6-12 Beispiele für Teilsicherheitsbeiwerte für Einwirkungen [DIN EN 1990/NA (2010-12)]

Versagen	**Einwirkung**		**Charakteristische Situation**	**Außergewöhliche Situation**
Verlust der Lagesicherheit	ständig	ungünstig	1,1	1,0
		günstig	0,9	0,95
	veränderlich		1,5	1,0
Verlust der Tragfähigkeit	ständig	ungünstig	1,35	1,0
		günstig	1,0	1,0
	veränderlich		1,5	1,0

Tabelle 1.6-13 Beispiele für Teilsicherheitsbeiwerte für Widerstände bei Nachweisen des Grenzzustands der Tragfähigkeit

Bauweise	Baustoff	Charakteristische Situation	Außergewöhnliche Situation
Stahl- und Spannbetonbau	Beton-, Spannstahl	1,15	1,0
DIN EN 1992-1-1 (2011-01)	Beton	1,5	1,3
Stahlbau DIN EN 1993-1-1/NA (2010-12)	Baustahl (Querschnittsversagen	1,0	1,0
	Baustahl (Stabilitätsversagen)	1,1	1,0
	Baustahl (Bruchversagen unter Zugbeanspruchung)	1,25	1,15
Holzbau	Holz	1,3	1,0
DIN EN 1995-1-1/NA (2010-12)	Verbindungsmittel	1,25…1,3	1,0
Mauerwerksbau DIN EN 1996-1-1/NA 2011-04)	Mauerwerk	1,5	1,3

lisch („≈" als Operationszeichen für „in Kombination mit") für alle $j = 1, \ldots, n$

$$E\Big(\bigoplus_{i>1}\gamma_{G,i}G_{k,i}\oplus\gamma_P P_k\oplus\Big\{\gamma_{Q,j}Q_{k,j}\oplus \bigoplus_{i\neq j}\psi_{0,i}\gamma_{Q,i}Q_{k,i}\Big\}\Big)\subseteq W\Big(\ldots,\frac{r_{k,i}}{\gamma_{m,i}},\ldots\Big). \qquad (1.6.221)$$

Hierin bezeichnet $E(.)$ die Lastwirkung und $W(.)$ den Widerstand. Bei Traglastnachweisen ist

$$\bigoplus_{i>1}\gamma_{G,i}G_{k,i}\oplus\gamma_P P_k\oplus\Big\{\gamma_{Q,j}Q_{k,j}\oplus \bigoplus_{i\neq j}\psi_{0,i}\gamma_{Q,i}Q_{k,i}\Big\}\subseteq T\Big(\ldots,\frac{r_{k,i}}{\gamma_{T,i}},\ldots,\bigoplus_{i\geq 1}\gamma_{G,i}G_{k,i}\oplus\gamma_P P_k \oplus\gamma_{Q,j}Q_{k,j}\oplus\bigoplus_{i\neq j}\psi_{0,i}\gamma_{Q,i}Q_{k,i}\Big), \qquad (1.6.222)$$

wobei $T(.)$ die von der jeweiligen Kombination abhängige Traglast und $\gamma_{T,i}$ die für den Traglastnachweis geltenden Teilsicherheitsbeiwerte für die Tragwerkseigenschaften bezeichnet. Man beachte, dass damit immer auch ein Lastpfad vorgegeben ist, d. h., es werden die Längen von Vektoren in einer bestimmten Richtung verglichen.

Die Teilsicherheitsbeiwerte auf der Widerstandsseite berücksichtigen die Streuungen sowie die mechanische Bedeutung der jeweiligen Basisvariablen. Für Tragfähigkeitsnachweise auf der Ebene der Schnittgrößen gilt z. B. Tabelle 1.6-13.

Die angegebenen Teilsicherheitsbeiwerte gelten nicht für kumulative Vorgänge wie bei Materialermüdung. Geometrische Unsicherheiten werden i. d. R. durch gewisse Erhöhungen der Teilsicherheitsbeiwerte auf der Widerstandseite berücksichtigt, bei großer Empfindlichkeit gegenüber diesen Unsicherheiten (z. B. bei Stabilitätsaufgaben) durch gesonderte Angaben über Imperfektionen. Sowohl Kombinationsbeiwerte als auch Teilsicherheitsbeiwerte sind wenigstens z. T. zuverlässigkeitstheoretisch begründbar.

Literaturverzeichnis Kap. 1.6

Belyaev YK (1968) On the number of exits across the boundary of a region by a vector stochastic process. Theor. Probab. Appl. (1968) 13, pp 320–324

Breitung K (1984) Asymptotic approximations for multinormal integrals. J. Eng. Mech. Div. 110 (1984) 3, pp 357–366

Breitung K (1988) Asymptotic crossing rates for stationary Gaussian vector processes. Stochastic Processes and their Applications 29 (1988) pp 195–207

Breitung K (1993) Asymptotic approximations for the crossing rates of Poisson square waves. In: Proc. of the Conf. on Extreme Value Theory and Applications,

Gaithersburg, Maryland (USA). NIST Special Publication 866, Vol 3 (1993) pp 75–80
Breitung K, Rackwitz R (1982) Nonlinear combination of load processes. J. Struct. Mech. 10 (1982) 2, pp 145–166
Cramer H, Leadbetter MR (1967) Stationary and related stochastic processes. John Wiley and Sons, New York
Daniels HE (1945) The statistical theory of the strength of bundles of threads. Part I. Proc. Roy. Soc., A 183, pp 405–435
Der Kiureghian A, Liu P-L (1986) Structural reliability under incomplete probability information. J Eng. Mech. Div., ASCE, 112 (1986) 1, pp 85–104
Ditlevsen O (1979) Narrow reliability bounds for structural systems. J. Struct. Mech. 7 (1979) 4, pp 453–472
Gollwitzer S, Rackwitz R (1988) An effect numerical solution to the multinormal integral. Probabil. Engng. Mech. 3 (1988) 2, pp 98–101
Gill PE, Murrey W, Wright MH (1981) Practical optimization. Academic Press, London
Grigoriu M (1995) Applied non-Gaussian processes. Prentice-Hall, Englewood Cliffs, NY (USA)
Gumbel EJ (1958) Statistics of extremes. Columbia University Press, New York
Hasofer AM, Lind NC (1974) An exact and invariant first order reliability format. J Eng. Mech. Div., ASCE, 100 (1974) 1, pp 111–121
Hasofer AM (1974) Design for infrequent overloads. Earthquake Eng. and Struct. Dynamics 2 (1974) 4, pp 387–388
Hasofer AM, Rackwitz R (1999) Time-dependent models for code optimization. In: Melchers RE, Steward MG (Eds) Proc. of the ICASP 8th Conf., Sydney 1999. Balkema, Rotterdam (Niederlande) pp 151–158
Hohenbichler M, Rackwitz R (1981) Non-normal dependent vectors in structural safety. J Eng. Mech. Div., ASCE, 107 (1981) 6, pp 1227–1249
Hohenbichler M, Rackwitz R (1983) First-order concepts in system reliability. Structural Safety 1 (1983) pp 177–188
Hohenbichler M, Gollwitzer S et al. (1987) New light on first- and second-order reliability methods. Structural Safety 4 (1987) pp 267–284
Hohenbichler M, Rackwitz R (1988) Improvement of second-order reliability estimates by importance sampling. J Eng. Mech. Div., ASCE, 114 (1988) 12, pp 2195–2199
JCSS – Joint Committee on Structural Safety (1996) Background Document to CEN-ENV-1991-1, Basis of Design. JCSS Working Document. Brüssel (Belgien)
Kuschel N, Rackwitz R (1997) Two basic problems in reliability-based structural optimization. Mathematical Methods of Operations Research 46 (1997) pp 309–333
Lind NC (1994) Target reliabilities from social indicators. In: Proc. ICOSSAR'93. Balkema, Rotterdam (Niederlande) pp 1897–1904
Madsen HO, Lind NC, Krenk S (1987) Methods of structural safety. Prentice-Hall, Englewood Cliffs, NY (USA)
Mayer M (1926) Die Sicherheit der Bauwerke. Springer, Berlin
Matoussek M, Schneider J (1976) Untersuchungen zur Struktur des Sicherheitsproblems. IBK-Bericht 59, ETH Zürich (Schweiz)
Miles JW (1954) On structural fatigue unter random loading. J. Aero. Sci. 21 (1954) pp 753–762
Nathwani JS, Lind NC, Randey MD (1997) Affordable safety by choice: the life quality method. Institute for Risk Research, University of Waterloo, ON (Canada)
Pate-Cornell ME (1984) Discounting in risk analysis: capital vs. human safety. In: Proc. Symp. Structural Technology and Risk, University of Waterloo, ON (Canada)
Rackwitz R, Fiessler B (1978) Structural reliability under combined random load sequences. Comp. & Struct. 9 (1978) pp 484–494
Rice SO (1945) Mathematical analysis of random noise. Bell System. Tech. J. 32 (1944) p 282; 25 (1945) p 46
Rosenblueth E, Esteval (1972) Reliability basis for some Mexican codes. In: ACI Special Publication SP-31, American Concrete Institute (USA)
Rosenblueth E, Mendoza E (1971) Reliability optimization in isostatic structures. J Eng. Mech. Div., ASCS, 97 EM6 (1971) pp 1625–1642
Ruben H (1964) An asymptotic expansion for the multivariate normal distribution and Mill's ratio. J. Res. of the National Bureau of Standards 68B (1964) p 1
Rubinstein RY (1981) Simulation and the Monte Carlo method. John Wiley and Sons, New York
Schall G, Gollwitzer S, Rackwitz R (1988) Integration of multinormal densities on surfaces. In: Thoft-Christensen P (Ed) Proc. 2nd IFIP WG 7.5 Work. Conf. on Reliability and Optimization of Structural Systems, London 1988. Springer, Berlin, pp 235–248
Schall G, Faber M, Rackwitz R (1991) The ergodicity assumption for sea states in the reliability assessment of offshore structures. J Offshore Mech. and Arctic Engng., Trans. ASME, 113 (1991) 3, pp 241–246
Schittkowski K (1983) Theory, implementation, and test of a nonlinear programming algorithm. In: Eschenauer H, Olhoff N (eds) Optimization methods in structural design. Proc. Euromech Colloquium 164, Universität GH Siegen, 12.–14.10.1982. Bibliographisches Institut, Mannheim
Shinozuka M (1981) Stochastic characterization of loads and load combinations. In: Moan T, Shinozuka M (Eds) Proc. 3rd ICOSSAR: Structural safety and reliability. Trondheim 23.–25.06.1981. Elsevier, Amsterdam (Niederlande)
Turkstra C (1970) Theory of structural design decisions. SM-Study No 2. University of Waterloo, ON (Canada)
Winterstein SR, Bjerager P (1987) The use of higher moments in reliability estimation. In: Proc. ICASP, 5. Int. Conf. on Appl. of Statistics and Prob. in Soil and Struct. Vol 2. Vancouver, British Columbia (Canada) 1987, pp 1027–1036
Veneziano D, Grigoriu M, Cornell CA (1977) Vector process models for system reliability. J. Eng. Mech. Div., ASCE, 103 (1977) 3, pp 441–460

Stichwortverzeichnis

C

D

E

F

H

N

O

S

T

U

Z